Serafín Mazparrote

*Licenciado en Biología,
Universidad Central de Venezuela*

*Postgrado en Oceanografía Biológica,
Universidad de París*

Alfredo Romero S.

*Ingeniero Agrónomo,
Universidad del Zulia*

*MSc en Comunicaciones y
Transferencia de Tecnología
Universidad de Wisconsin*

I0507498

Fundamentos de Ecología

Visiones acerca de la complejidad de los Ecosistemas,
la Biodiversidad, el Cambio climático y la Sustentabilidad
en el nuevo milenio

Segunda edición revisada y ampliada

EDITORIAL BIOSFERA

Gerente editorial:
Julio Mazparrote

Original de: Serafín Mazparrote y Alfredo Romero

Dirección de arte y portada:
Alicia Carbajal

Diseño Gráfico y diagramación:
Maribel Rangel

www.editorialbiosfera.com.ve

DERECHOS RESERVADOS
CONFORME A LA LEY

© EDITORIAL BIOSFERA C.A.
RIF: J-00140007-9
Apartado postal 50634
Caracas 1050-A
Telfs.: 58-212-7538892 - 7519119

Depósito Legal: MI2020000645

Código de barras: 978-980-210-247-1

Impreso en Venezuela por:
Lithomundo S.A.
Telfs.: 58-212-362-7977
58-212-362-7960
Guarenas, edo. Miranda

SEGUNDA EDICIÓN: 2020

La diagramación, montaje, fotos e ilustración de este libro son propiedad de **Editorial Biosfera C.A.**, por lo tanto, queda terminantemente prohibida la reproducción, transmisión o divulgación total o parcial de la obra, por ningún medio, ya sea electrónico, mecánico o magnético sin permiso escrito de la editorial.

Tabla de contenido

Prólogo
Presentación

Capítulo 1. Ecología: concepto, perspectivas y contextos
1.1. Concepto y objetivos de la Ecología
1.2. Los niveles de organización en la Ecología
1.3. Ramas de la Ecología
1.4. Relaciones de la ecología con otras ciencias
1.5. El ambiente
1.6. Medio y sustrato
1.7. Los seres vivos y su ambiente
1.8. La biósfera
1.9. La complejidad en Ecología
1.10. Ecología profunda

Capítulo 2. El Ecosistema y sus componentes
2.1. Concepto y tipología de los ecosistemas
2.2. Estructura y funcionamiento del ecosistema
    2.2.1. Estructura
    2.2.2. Funcionamiento
2.3. El flujo de la energía en el ecosistema
2.4. Transferencia de materia y energía en los ecosistemas
2.5. Naturaleza de la energía
2.6. La productividad de los ecosistemas
2.7. Cadenas alimentarias
2.8. Complejidad de las cadenas alimentarias (Tramas alimentarias)
2.9. No toda la energía disponible es aprovechada por los seres vivos
2.10. Pirámides ecológicas
2.11. El hombre en el tope de las pirámides ecológicas
2.12. Los servicios del ecosistema

Capítulo 3. Las poblaciones y las relaciones interespecíficas
3.1. Concepto de población
3.2. La reproducción de la población
3.3. Densidad y crecimiento de la población
3.4. Natalidad y mortalidad
3.5. Potencial biótico y resistencia ambiental
3.6. Distribución de la población por edades
3.7. Distribución de los individuos de una población
3.8. Relaciones interespecíficas en las comunidades bióticas
3.9. Simbiosis (o Sinergia)
3.9.1. Comensalismo
3.9.2. Mutualismo
3.10. Antagonismo
    3.10.1. Competencia
    3.10.2. Parasitismo
    3.10.3. Depredación
3.10.4. Antibiosis
3.11. La competencia como factor limitante
3.12. La complejidad de las interacciones en las comunidades

Capítulo 4. Las comunidades del ecosistema
4.1. Concepto de comunidad
    4.1.1. La especie como componente fundamental de la comunidad
    4.1.2. Nicho ecológico y Hábitat

4.2. Características de la biocenosis
4.3. Estructura de la comunidad
4.4. Delimitación y tipificación de las comunidades
4.5. Nomenclatura de las biocenosis
4.6. Ecotono
4.7. La diferencia entre asociación y formación
4.8. La complejidad de las redes ecológicas
4.9. Los ingenieros del ecosistema

Capítulo 5. La Sucesión y la Restauración ecológicas
5.1. Concepto de sucesión.
5.2. Tipos de sucesión.
5.3. Características de la sucesión
5.4. Causas de la sucesión.
    5.4.1. Los factores biológicos
    5.4.2. Los factores geológicos y edáficos
    5.4.3. Los factores climáticos
    5.5. Importancia de la sucesión
5.6. Restauración ecológica
5.7. Importancia de la sucesión para la restauración
5.8. El factor antropocéntrico, la sucesión y conservación de los ecosistemas

Capítulo 6. Ciclos biogeoquímicos
6.1. Introducción
    6.1.1. El entorno fisicoquímico del planeta y los ciclos de los elementos
6.1.2. La aparición de la vida (y de la ecología)
6.2. Reciclaje de los elementos inorgánicos
6.3. Ciclo biogeoquímicos
6.4. Ciclo del agua
6.5. Ciclo del carbono
    6.5.1. Las relaciones tróficas en el ciclo del carbono
    6.5.2. El CO_2 y su importancia
6.6. Ciclo del nitrógeno
    6.6.1. El componente biótico del ciclo del nitrógeno
    6.6.2. Impacto humano sobre el ciclo del nitrógeno
6.7. Ciclo del oxígeno
6.8. Ciclo del fósforo
6.9. Ciclo del azufre
6.10. Ciclo del silicio
6.11. Otros elementos inorgánicos
6.12. La influencia de las actividades antropocéntricas en los ciclos biogeoquímicos

Capítulo 7. La energía en los sistemas ecológicos
7.1. Introducción
7.2. Principios de Termodinámica
    7.2.1. Primera ley de la Termodinámica (Conservación de la energía)
    7.2.2. Segunda ley de Termodinámica
7.3. La energía en el ecosistema
7.4. Captación de la energía por los ecosistemas
7.5. La fotosíntesis y los factores que la determinan
7.6. La quimiosíntesis
7.7. Organismos heterótrofos
7.8. Las cadenas alimentarias y la energía
7.9. Eficiencia del proceso fotosintético
7.10. Utilización de la energía por los ecosistemas
7.11. La respiración es un proceso liberador de energía
7.12. La fermentación
7.13. Concepto de biomasa y productividad
7.14. Métodos para medir la producción
7.15. Eficiencia de los ecosistemas

7.16. La producción de la tierra y del mar
7.17. La energía como recurso esencial de la sociedad industrial
    7.17.1. Las distintas fuentes de energía
    7.17.2. El consumo de energía en el mundo contemporáneo

Capítulo 8. Los factores ecológicos y sus interacciones: el clima
8.1. Introducción: los factores ecológicos y sus interacciones
8.1.1. Ley del mínimo de Liebig
8.1.2. Ley de la tolerancia de Shelford
8.2. Clasificación de los factores ecológicos
8.3. Nutrimentos
8.4. Radiación solar
8.5. Temperatura
8.6. Agua
    8.6.1. La precipitación
    8.6.2. Humedad atmosférica
    8.6.3. Evaporación
    8.6.4. Transpiración
    8.6.5. Importancia del agua en los ecosistemas
8.7. Atmósfera
8.8. Presión y movimientos del medio
8.9. Viento
8.10. Suelo
8.11. Las radiaciones
8.12. Interacción ente los factores ecológicos: el clima
    8.12.1. Concepto de clima
    8.12.2. Tipos de clima
    8.12.3. Las relaciones del clima con los ecosistemas: bioclimática y zonificación
8.13. La zonificación ecológica en Venezuela

Capítulo 9. Ecología de aguas dulces
9.1. Introducción
9.2. Factores que influyen en el medio acuático
    9.2.1. La temperatura
    9.2.2. La iluminación.
    9.2.3. Los gases disueltos en el agua.
    9.2.4. Sales minerales
    9.2.5. El pH.
    9.2.6. Interacción de los factores en el ecosistema dulceacuícola
9.3. Origen de los lagos.
9.4. Comunidades del medio dulceacuícola.
9.5. Estratificación lumínica de los lagos
9.6. Estratificación térmica de los lagos
9.7. Clasificación de los lagos por su estratificación térmica y por su productividad
9.8. La sucesión de los lagos
9.9. Humedales
9.10. Ambientes lóticos o aguas corrientes
9.11. Características de las aguas lóticas
9.12. Comunidades lóticas

Capítulo 10. Ecología marina
10.1. Los océanos y su importancia
10.2. El origen de los océanos
10.3. Origen de la salinidad de los océanos
10.4. Perfil del océano
10.5. Corrientes oceánicas
10.6. Factores que determinan el ambiente marino
    10.6.1. La luz o radiación solar
    10.6.2. La salinidad
    10.6.3. La temperatura

    10.6.4. La presión
    10.6.5. El oxígeno y el CO_2 disueltos en el agua de mar
    10.6.6. Los elementos minerales
10.7. Comunidades o grupos ecológicos marinos
    10.7.1 La diversidad de ecosistemas marinos
    10.6.2 Comunidades o grupos ecológicos oceánicos
10.8. El plancton
    10.8.1 El fitoplancton
    10.8.2. El Zooplancton
10.9. El bentos. Comunidades bentónicas
10.10. El necton
10.11. Complejidad de las redes alimentarias
10.12. El flujo de la energía en el océano: la producción marina
10.13. El manglar
10.14. Arrecifes coralinos
10.15. Estuarios
10.16. Interacciones entre el océano y la atmósfera
10.17. El impacto de la pesca en los ecosistemas marinos
10.18. La acidificación de los océanos

Capítulo 11. Ecología terrestre
11.1. Concepto de suelo y su importancia ecológica
11.2 Procesos fundamentales de la ecología de suelos
11.3. Formación del suelo
11.4. Perfil del suelo
11.5. Composición del suelo
    11.5.1. Elementos minerales
    11.5.2. La materia orgánica (MO) del suelo
11.6. Estructura del suelo
    11.6.1. Partículas del suelo
    11.6.2. Humedad
    11.6.3. Aire
11.7. Estructura de las comunidades terrestres
11.8. El estrato subterráneo: la biota del suelo
    11.8.1. Hongos
    11.8.2. Bacterias
    11.8.3. Protozoarios y nematodos
    11.8.4 Mesofauna
    11.8.5. Macrofauna
11.9. Las redes alimentarias del suelo
11.10. Interacciones entre la vegetación y la biota del suelo
11.11. La nueva ecología microbiana
11.12. Características del suelo y distribución de las plantas
11.13. Clasificación de los suelos
11.14. Regiones biogeográficas del mundo
    11.14.1. Región paleártica
    11.14.2. Región neártica
    11.14.3. Región neotropical
    11.14.4. Región etiópica
    11.14.5. Región oriental
    11.14.6. Región australiana

Capítulo 12. Principales biomas del mundo
12.1. ¿Qué son los biomas?
12.2. Los principales biomas del mundo
12.3 La tundra.
12.4. El bosque boreal o taiga
12.5. El bosque templado
12.6. Las praderas.
12.7. La sabana.

12.8. El desierto.
12.9. La selva tropical lluviosa, subtropical y monzónica
12.10. Bosque tropical caducifolio
12.11. Biomas acuáticos
12.12. La emergencia de los biomas antropogénicos o antromas

Capítulo 13. La Biodiversidad y su conservación
13.1. ¿Qué es la Biodiversidad?
13.2. Componentes de la biodiversidad
13.3. Biodiversidad y evolución: las extinciones masivas
13.4. La biodiversidad como elemento esencial para la humanidad
13.5. Papel de la biodiversidad en el ecosistema
    13.5.1. La magnitud de la pérdida de biodiversidad
    13.5.2. La interacción entre biodiversidad y servicios ecosistémicos
13.6. Biodiversidad en Venezuela
13.7. Amenazas a la biodiversidad
13.8. Estado actual y tendencias de la biodiversidad
13.9. Especies invasoras: una grave amenaza para la biodiversidad
13.10. Biodiversidad en los agroecosistemas
13.11. Biodiversidad de bosques y selvas
    13.11.1. La degradación de bosques y selvas
    13.11.2. El servicio de los bosques y selvas
13.12. Biodiversidad marina
13.13. Biodiversidad y cambio climático

Capítulo 14. Contaminación ambiental: causas y controles
14.1. Introducción
    14.1.1. La contaminación del ambiente es un problema mundial
    14.1.2. Relevancia y preocupación por la contaminación
14.2. ¿Qué se entiende por contaminación?
14.3. El resultado de la contaminación: los residuos sólidos, las aguas servidas y la polución del aire
14.4. Causas de la contaminación
14.5. La contaminación atmosférica
    14.5.1. Importancia del oxígeno
    14.5.2. Los agentes contaminantes de la atmósfera y sus fuentes
    14.5.3. Efectos de la contaminación atmosférica
    14.5.4. Control de la contaminación atmosférica
14.6. Contaminación del suelo
    14.6.1. Los contaminantes sólidos
    14.6.2. Contaminación rural
    14.6.3. Los compuestos orgánicos persistentes (COP) y los pesticidas
14.7. Contaminación de las aguas
    14.7.1. Fuentes de contaminación del agua
    14.7.2. ¿Cómo se calcula el grado de contaminación del agua?
    14.7.3. Efectos de la contaminación de las aguas
    14.7.4. La calidad del agua potable y el impacto de las aguas residuales en los ecosistemas
    14.7.5. Implicaciones de la calidad del agua
    14.7.6. Eutrofización de las aguas
    14.7.7. Origen de las aguas negras y su descomposición
    14.7.8. El aprovechamiento y la gestión de las aguas residuales
    14.7.9. Normas internacionales para el agua potable
    14.7.10. Contaminación del mar
14.8. Contaminación por radiactividad
14.9. Contaminación sónica
14.10. La Basura: su incidencia en la salud pública
    14.10.1. Soluciones para el problema de la basura
    14.10.2. Sistemas para la disposición final de la basura
14.11. El desarrollo sustentable: hacia una producción más limpia
    14.11.1. La sustentabilidad como necesidad y como desafío

14.11.2. Principios del desarrollo sustentable
14.11.3. El enfoque ecosistémico: base para las iniciativas de desarrollo sustentable
14.11.4. La necesidad de una producción sustentable

Capítulo 15. Conservación de los recursos naturales
15.1. Contexto y relevancia de la conservación
15.2. La problemática actual del deterioro del medio ambiente
15.3. Concepto e importancia de los recursos naturales
15.4. Conservación del suelo
15.5. La degradación de los suelos
    15.5.1. La desertificación: producto de la degradación continuada de los suelos
    15.5.2. Erosión de los suelos
    15.5.3. Prácticas que empobrecen y agotan los suelos
    15.5.4. Medidas para la protección de los suelos y control de la erosión
15.6. Conservación del agua
    15.6.1. La situación actual del recurso agua en el mundo
    15.6.2. Protección del recurso agua
15.7. Conservación de la atmósfera
15.8. Las áreas protegidas para la preservación del paisaje natural y la biodiversidad
15.9. Los Parques Nacionales

Capítulo 16. Ecología humana y social. I: Población y ecosistemas
16.1. El hombre en la biósfera
16.2. La Ecología Humana y Social y su relevancia
16.3. El ámbito y significación del estudio de la Ecología humana y social
16.4. La Ecología humana y la sustentabilidad
16.5. La población humana del globo
16.6. El crecimiento demográfico
16.7. Etapas de transición en el crecimiento de la población
    16.7.1. Evolución demográfica en Europa
    16.7.2. Evolución demográfica del tercer mundo
16.8. Los patrones de natalidad del mundo
16.9. La disminución de la mortalidad
16.10. Las tendencias demográficas recientes y futuras
16.11. Las Teorías de Thomas R. Malthus (1766-1834)
16.12. Las migraciones como instancia de las relaciones población-ecosistema
    16.12.1. Migraciones voluntarias
    16.12.2. Los desplazados ambientales
16.13. Los servicios del ecosistema
    16.13.1. La apropiación humana de la productividad primaria neta
    16.13.2. La integración del sistema socio-ecológico o humano-ambiental
16.14. La situación actual y prospectiva de la interacción hombre-ecosistema
    16.14.1. Estado de los ecosistemas
    16.14.2. Amenazas a la biodiversidad
    16.14.3. Servicios ecosistémicos
16.15. Análisis crítico de la Evaluación de los Ecosistemas del Milenio

Capítulo 17. Ecología humana y social. II: Agricultura, alimentación y nutrición
17.1. Una mirada a los Agroecosistemas
17.2. Origen de la agricultura
17.3. La producción mundial de alimentos
    17.3.1. Áreas cultivadas
    17.3.2. Producción y disponibilidad
    17.3.3. La crisis reciente de los precios
    17.3.4. Los rendimientos crecientes
    17.3.5. Producción de alimentos en América Latina
    17.3.6. El aporte alimentario de producción pesquera y acuícola
17.4. La Alimentación y la nutrición
17.5. El problema de la provisión de alimentos y el nuevo sistema agroalimentario actual
    17.5.1. El sistema alimentario global 17.6. La revolución verde y sus resultados

17.5.2. Hacia un enfoque multidimensional de la agricultura
17.5.3. El desperdicio y las pérdidas del sistema alimentario actual
17.6. La Revolución verde y sus resultados
17.7. Seguridad e inseguridad alimentaria
17.8. Factores determinantes de la inseguridad alimentaria
17.9. Hambre y pobreza van de la mano
17.9.1. El hambre y sus dimensiones
17.9.2. La pobreza como determinante de la inseguridad alimentaria
17.10. Una mirada a las opciones posibles para aliviar la crisis alimentaria
17.10.1. La agricultura intensiva convencional
17.10.2. Agricultura ecológica
17.10.3. Agricultura orgánica
17.10.4. Agricultura conservacionista
17.10.5. El pago por servicios ambientales
17.10.6. Agricultura familiar

Capítulo 18. Cambio climático
18.1. Contexto introductorio
18.1.1. La ciencia y la tecnología del cambio climático
18.1.2. Implicaciones para la ecología humana
18.1.3. La percepción y conciencia acerca del cambio climático
18.1.4. La agenda política alrededor del cambio climático
18.2. Panorama general del cambio climático
18.2.1. El concepto de cambio climático
18.2.2. La génesis del cambio climático
18.2.3. La influencia antropogénica
18.2.4. El efecto invernadero
18.3. Los gases de efecto invernadero
18.4. La importancia del bióxido de carbono
18.5. Las emisiones de gases de efecto invernadero
18.6. El aumento en las concentraciones de los gases de efecto invernadero en la atmósfera
18.7. La base científica del cambio climático
18.7.1. El consenso científico sobre el cambio climático
a) Cambios observados en el clima: causas y efectos
b) Detonantes y proyecciones de cambios climáticos futuros
18.7.2. Impactos del cambio climático sobre algunos ámbitos relevantes
a) Efectos específicos sobre los Ecosistemas
b) Efectos sobre el agua
c) La acidificación del océano
d) Impactos en la producción de alimentos
e) Impactos sobre la salud humana
18.8. Visiones y controversias alrededor del Cambio Climático
18.8.1. Mitos popularizados acerca del cambio climático
18.8.2. Evidencias del cambio global en los eventos climáticos extremos
18.9. El cambio climático y sus efectos en el ecosistema
18.9.1. Recursos energéticos y Clima
18.9.2. Biodiversidad y Clima
18.9.3 Agua y Clima
18.9.4 Agricultura y Clima
18.9.5 Bosques y Clima
18.9.6. Océanos y Clima
18.10. Las respuestas al cambio climático
18.10.1. Adaptación y Mitigación del cambio climático
18.10.2. La política y la economía del cambio climático
18.10.3. Mecanismos e instrumentos de la política de cambio climático

Capítulo 19. La sustentabilidad como paradigma ambiental
19.1. Contexto introductorio
19.2. La sustentabilidad como necesidad y como desafío
19.3. Las visiones de sustentabilidad

19.4. Los sistemas socio-ecológicos
19.5. El capital natural y la sustentabilidad
19.6. Principios del desarrollo sustentable
19.7. El enfoque ecosistémico: base de las iniciativas de desarrollo sustentable
19.8. Los indicadores de la sustentabilidad
    19.8.1 La huella ecológica
    19.8.2. El Indice de Sociedad Sustentable (ISS)
19.9. Hacia la Producción y Consumo Sustentables
    19.9.1. Objetivos y herramientas para la PML
    19.9.2. El manejo de los residuos: las siete Rs
    19.9.3. La ecoeficiencia energética
    19.9.4. Una agricultura más limpia y eficiente
    19.9.5. La intensificación de los sistemas agrícolas de los pequeños y medianos productores: La estrategia de la FAO
19.10. El consumo sustentable
19.11. La Economía verde

Bibliografía

Prólogo

Este libro es un regalo de gran valor que nos hacen los autores. En él encontramos una amplia cobertura de los temas básicos de la ecología, así como una minuciosa presentación de las herramientas más modernas utilizadas por esta disciplina El libro nos permite enfocar la ecología desde sus fundamentos filosóficos hasta sus métodos de análisis, de modelaje y predicción ambiental. Incorpora en su discurso conceptos novedosos de los problemas ambientales y explora sus relaciones con otras disciplinas.

Esto lo convierte en una guía de estudio muy útil para consultantes del área de la biología como de otros áreas científicas y técnicas. El enfoque de la ecología interesa cada vez más a más campos científicos y tecnológicos. Es un enfoque indispensable en la red interdisciplinaria que debe hacer frente a los graves desafíos ambientales del mundo actual.

El profesor Mazparrote amó a Venezuela desde su niñez. La recorrió durante muchos años, dedicando su atención y su talento a estudiar la naturaleza. Su profundo conocimiento de la biología le permitió adaptar los conceptos modernos de esta disciplina a las especies, climas y paisajes venezolanos y sudamericanos, ofreciendo a sus lectores una profusión de ejemplos de los principios ecológicos de estas tierras.

Mazparrote y Romero nos aproximan a una biosfera compleja, compuesta por sub-sistemas que interactúan generando nuevas categorías emergentes. La consideración de esta perspectiva abre nuevas direcciones para el estudio, comprensión y tratamiento racional del ambiente. Este enfoque incluye al hombre y su actividad en la definición general de ambiente lo que incorpora las variables social y cultural al ecosistema. De este modo plantea la participación del sistema socio-ecológico en el cambio climático y plantea la importancia de nuevas estrategias tecnologías para lograr la sustentabilidad.

En este libro el interés por la biología desbordaba la natural curiosidad por el mundo en que vivimos, por los principios y mecanismos básicos que operan en él. Su investigación y reflexión se extienden a la creación de conciencia sobre la importancia decisiva del cuidado de la naturaleza, frente a una civilización orientada a obtener el máximo provecho de los recursos naturales en desmedro de su subsistencia.

Desde su disciplinada comprensión de la naturaleza el profesor Mazparrote puso al alcance de más de dos generaciones de niños la curiosidad y el amor por la naturaleza. Desde los años setenta, generaciones de jóvenes venezolanos aprendieron sus primeras nociones de biología con sus libros. El enfoque eminentemente científico de esta obra no deja de lado la importancia de desarrollar el amor a la naturaleza y una ética que nos permita orientar nuestras relaciones con el medio ambiente hacia formas de convivencia armónica.

El libro acercará a muchos lectores, científicos o legos a contribuir a la conservación y expansión de nuestro bioentorno. Representa una de las obras más ambiciosas en la que participa el profesor Serafín Mazparrote, quien ha dedicado gran parte de su vida a investigar y difundir el mundo de la biología. Sus numerosos libros sobre diferentes temas del área han llegado a formar criterios de respeto a la naturaleza e interés por sus mecanismos en muchas generaciones en Venezuela y otros países de Latinoamérica. Es de destacar la importante participación del dr. Romero en la revisión y actualización de esta obra, su eficiente trabajo y su devoción respetuosa por el maestro.

Luis Levin
Licenciado en Biología, Doctor en Psicología, UCV:

Presentación

El inicio del nuevo milenio ha conocido un espectacular auge de la Ecología y en general de las ciencias ambientales. Pareciera que el hombre ha tomado conciencia del peligro que supone la explotación incontrolada e irracional de los recursos naturales, la contaminación a gran escala y del constante deterioro del ambiente por efecto de sus actividades, a tal punto que su propia existencia como especie está amenazada.

Esta popularidad de la Ecología y de la Educación Ambiental es un hecho positivo y una autodefensa de la humanidad, un acto de reflexión para frenar la expoliación y el deterioro que el hombre está causando, y que lo llevará, sino se corrige este rumbo, hacia la aniquilación de la vida sobre la Tierra. Es una toma de conciencia de los riesgos de un desarrollo desbocado y arrasador de los recursos naturales; pero no basta eso solo, es necesario tomar las acciones adecuadas para corregir y encauzar el desarrollo por vías más humanas y menos perjudiciales para el equilibrio de la Naturaleza.

Sin embargo, existen todavía muchos sectores de la población a los que no ha llegado la inquietud por los temas ecológicos, y en otros, la divulgación masiva de los conocimientos de las ciencias ambientales sin rigor conceptual, ha tenido como consecuencia que los conceptos sean mal entendidos y peor utilizados. Queda por tanto mucho que hacer en este campo. Con esta obra revisada y ampliada queremos contribuir en aclarar ideas y concientizar a la ciudadanía, y especialmente a los jóvenes, a colaborar y poner en práctica las medidas que tienden a preservar y mejorar el ambiente.

Hemos revisado minuciosamente la primera edición, revisando conceptos y agregando nuevos descubrimientos en el área. Luego de 25 años de la primera publicación son variados y marcados los avances de la ciencia y las nuevas tecnologías. Hemos hecho hincapié en el desarrollo de los capítulos sobre Ecología humana y social, y agregamos los de cambio climático y desarrollo sustentable.

El conocimiento de la Naturaleza en su misma esencia, solo puede realizarse en contacto con ella. Recomendamos las excursiones planificadas al campo con objetivos claros, para vivir y observar directamente los fenómenos naturales, no solo con un enfoque contemplativo, que es también deseable, sino con una necesidad viva de estudiar la Naturaleza para entender las interrelaciones entre los diversos componentes del ecosistema, los procesos y los cambios, contribuyendo a entender mejor nuestro ambiente y estableciendo motivaciones para preservarlo y evitar todo aquello que pueda alterarlo.

En las excursiones al campo utilizaremos los recursos necesarios, como instrumentos, fotografías, gráficos, mapas y todos los que las nuevas tecnologías nos facilitan para el mejor aprovechamiento de este contacto con la naturaleza. Las salidas deben planificarse con anterioridad, preparando el material y equipo a utilizar en la observación y recolección de las muestras. Debemos definir claramente los temas a investigar y los objetivos que se proponen alcanzar.

Hemos pretendido redactar un libro didáctico, claro en las exposiciones, y profusamente ilustrado, de manera que nos puedan entender los lectores no especializados. Nuestra mayor ocupación ha sido crear conciencia en nuestros lectores sobre la importancia vital de proteger y mantener el ambiente en las condiciones óptimas para la vida. Si con esta publicación logramos este objetivo, daremos por bien utilizados nuestros esfuerzos y desvelos.

Ecología: concepto, perspectivas y contextos

Capítulo 1

1.1. Concepto y objetivos de la Ecología

La **Ecología**, una disciplina de la Biología (estudio de la vida), es la ciencia que estudia *las relaciones e interacciones de los organismos entre sí y con el medio ambiente en el cual viven*. Es una rama del saber humano que nos enseña acerca de las comunidades naturales y su propio dinamismo, sometidas a leyes que determinan su permanencia y evolución, leyes que deben respetarse para permitir su estabilidad. Los principios ecológicos gobiernan el crecimiento y la sostenibilidad de todos los organismos vivos y sus poblaciones, incluyendo la humana. El hombre debe estudiar e interpretar esos fenómenos naturales con el objetivo fundamental de mantener el equilibrio necesario de los factores ecológicos, facilitando su permanente utilización y conservación en bene cio de la sociedad (Figura 1.1).

El término Ecología fue utilizado por primera vez por el biólogo alemán Ernst Haeckel, en 1869. Deriva de la raíz griega *oikos* (casa); de aquí, que la acepción literal de la Ecología es el estudio de la "casa" o, más ampliamente, el "estudio del ambiente que rodea a los organismos". Así, es usual definir a la Ecología como "la ciencia que estudia las interrelaciones de los organismos entre sí y con su ambiente físico y químico".

Aun cuando la gran revolución tecnológica continuará asegurando mejores condiciones de vida al hombre, no por ello su existencia dejará de depender de los recursos naturales y, en modo especial, de la producción orgánica de los océanos, de las aguas continentales y de la tierra firme, fruto de los intercambios bioquímicos y bioenergéticos naturales.

El hombre debe asumir una responsabilidad cada vez mayor frente a la conservación de la naturaleza. El desarrollo industrial, la contaminación, la amenaza del cambio climático y la pérdida de biodiversidad han situado los problemas ecológicos en primer plano en el pensamiento de los hombres preocupados por el futuro de la humanidad. La contaminación de la atmósfera con emisiones de gases causantes del cambio climático, el decreciente manejo de las tierras cultivables causantes de la erosión, el agotamiento y la irracional explotación de los recursos naturales, son ejemplos de la destrucción paulatina de los ambientes naturales y la consiguiente ruptura del equilibrio ecológico.

En esta línea de pensamiento, Likens (1992), en su libro "El enfoque de ecosistema: su uso y abuso", propone una definición que trasciende el concepto fundamental de Haeckel:

"La Ecología es el estudio científico de los procesos que determinan la distribución y abundancia de los organismos, las interacciones entre ellos y la interacción entre los organismos y la transformación y flujo de energía y materia".

La Ecología es una ciencia de síntesis que ha posibilitado entender lo que Odum, uno de los fundadores de la nueva Ecología, denomina la trama de la vida, conjugando por

Figura 1.1. La Ecología es la ciencia que estudia las interacciones entre los seres vivos y con el medio ambiente

Fundamentos de Ecología

primera vez el mundo biológico y el mundo físico, lo que es posible ver a través de sus tres conceptos clave: energía, materia y organización. La energía responde a las leyes de la Física (principalmente las tres leyes de la Termodinámica que establecen que la energía se transforma en calor no disponible para muchos procesos de la vida) y tiene presencia en la Ecología a través de los ujos que van y vienen a través las cadenas tró cas). La materia, por otro lado, es constante y ponderable a través de medidas como la biomasa, así que mientras la materia circula constantemente, la energía uye en un solo sentido y no puede volver a usarse íntegramente de la misma manera; por ello, es apropiado hablar de ciclos de materia y ujos de energía, implícitos en la organización, estructura y funcionamiento que alude a la riqueza, diversidad y adaptación de las especies que conforman un ecosistema (Figura 1.2).

1.2. Los niveles de organización en la Ecología

Un modo de delimitar el campo de la Ecología consiste en examinar y precisar el concepto de niveles de organización. Como muestra, en el Cuadro 1.1, arbitrariamente se reconoce un espectro biológico integrado por 11 niveles biológicos: moléculas, protoplasma, célula, tejido, órgano, sistema, individuo, población, comunidad, ecosistema y biósfera. La Ecología se relaciona con los cinco últimos conceptos; es decir, con los niveles de organización que se hallan a partir del nivel de organismo o individuo.

- El **individuo** se refiere al ser organizado perteneciente a una especie.
- En Ecología se entiende por **población**, al conjunto de individuos de una misma especie, que comparten un área limitada, en un tiempo determinado.
- La **comunidad**, también llamada comunidad biótica o **biocenosis**, es la asociación de animales y vegetales que habitan una misma zona natural, presentan adaptaciones adecuadas a dicho ambiente y tienen entre sí relaciones,

o sea están integrados formando un conjunto. El lugar o espacio donde habita una comunidad o biocenosis se denomina **biotopo**.

- El conjunto de comunidad y biotopo forman las unidades ecológicas fundamentales llamadas **ecosistemas**. Éstos son sistemas complejos, jerárquicos, organizados en un conjunto gradual de componentes interrelacionados y semiindependientes, que se agregan en órdenes y patrones superiores de totalidades integradas y complejas (comunidades). Tales agregaciones no pueden ser entendidas como una simple suma de partes, ya que la interacción provoca la emergencia de propiedades únicas, inherentes a la relación imbricada entre ellas, independientemente de los cambios individuales de cada una. La totalidad de organismos vivos, variables en sus diferentes formas y dimensiones, constituyen la biodiversidad y son la base esencial el ecosistema.
- Por último, se denomina biósfera a la masa total de materia viva que se halla en nuestro planeta y en la que los ecosistemas pueden operar.

En la práctica, no podemos estudiar ninguno de estos niveles de organización sin descubrir aspectos de los otros, porque cada unidad más amplia incluye todas las unidades menores.

La Ecología, a través de estos entramados niveles de organización, intenta así explicar:

- Los procesos de la vida y sus adaptaciones,
- La distribución y abundancia de los organismos,
- Las interacciones entre los organismos (intra e interespecíficas),
- Los movimientos de materiales y energía a través de las comunidades vivientes,
- El desarrollo y transformación sucesiva de los ecosistemas y
- La abundancia y distribución de la biodiversidad en el contexto de su medio ambiente.

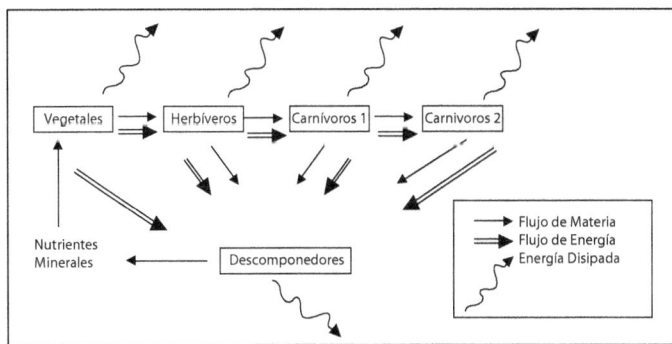

Figura 1.2. El ciclo de la materia y los flujos de energía, la esencia de los procesos ecológicos.

Fundamentos de Ecología

Cuadro 1.1. Los niveles de organización de la vida: de abajo hacia arriba se incrementa la complejidad. Los seis niveles superiores constituyen el campo de la Ecología.*

	Biósfera. Todos los organismos que habitan la Tierra constituyen la biósfera. La biósfera es la parte de la Tierra en la que existe vida.
	Biomas. La superficie de la Tierra se puede dividir en diferentes biomas. Los biomas son áreas geográficas que se diferencian por su clima particular y vegetación característica.
	Ecosistemas. Los distintos componentes de cada bioma se encuentran en permanente interacción; analizándolo desde este punto de vista, constituyen un ecosistema.
	Comunidades. Las comunidades están formadas por poblaciones. Los ecosistemas están formados por comunidades. Las comunidades están constituidas por los componentes bióticos de un ecosistema.
	Poblaciones. Las poblaciones están formadas por individuos. Las poblaciones son grupos de organismos de la misma especie que se cruzan entre sí y que conviven en el espacio y en el tiempo.
	Individuos. Los individuos multicelulares están formados por sistemas de órganos. Los individuos multicelulares pueden alcanzar el nivel de organización de tejidos.
	Sistema de órganos. Los sistemas de órganos están constituidos por órganos particulares. Los sistemas de órganos trabajan en forma integrada y desempeñan una función particular (sistema nervioso, digestivo, respiratorio)
	Órganos. Los órganos tienen una estructura tal que les permite realizar diversas funciones en forma integrada (corazón, cerebro, riñones, estómago)
	Tejidos. Los órganos están formados por distintos tipos de tejidos. Los tejidos están constituidos por células y se encuentran unidos estructuralmente y funcionan de manera coordinada.
	Células. Las células contienen numerosos complejos macromoleculares. Los tejidos están formados por células. La célula es la unidad estructural y funcional de los seres vivos. Muchos organismos son unicelulares.
	Complejos de macromoléculas. Las macromoléculas constituyen estructuras complejas tales como las membranas y los organelos. (Mitocondrias).
	Macromoléculas. Las macromoléculas pueden estar constituidas por moléculas semejantes o diferentes. Las estructuras complejas macromoleculares están formadas por distintas macromoléculas. Las macromoléculas cumplen funciones esenciales en la célula. (ADN).
	Moléculas. Las moléculas están constituidas por átomos. Las moléculas son los componentes fundamentales de las células. Existen moléculas orgánicas e inorgánicas. (Aminoácidos).
	Átomos y partículas subatómicas. Los átomos son las partículas más pequeñas de un elemento –una sustancia que no puede ser desintegrada en otra sustancia por medios físicos o químicos ordinarios–.

*Los niveles sombreados pertenecen al ámbito de la Ecología y sus disciplinas.
Fuente: Adaptado de Starr y Taggart (2004) y Mader (2008).

Fundamentos de Ecología

En la actualidad se habla de una crisis ambiental sin precedentes, que pone en riesgo la existencia misma de la vida sobre el planeta. Hay una preocupación legítima por la salud ambiental de los ecosistemas y su destino, inquiriendo a los científicos sobre el futuro de la vida en la Tierra, sus predicciones y tendencias. Así, se habla sobre Ecología, una y otra vez, muchas veces sin entender plenamente su significado. En este contexto, tal y como lo señala textualmente Oyama (2002):

> *"La Ecología ha sufrido una serie de transformaciones conceptuales y metodológicas sin precedentes. Los nuevos paradigmas y las fronteras de investigación en Ecología se pueden ubicar, en primer lugar, en el hecho de que muchos de los problemas no resueltos en la investigación ecológica se intentan resolver combinando conceptos y métodos que provienen de otras disciplinas (multi e interdisciplinaridad). En segundo lugar, el reconocimiento de los sistemas naturales organizados en niveles dentro de un sistema jerárquico ha permitido distinguir los procesos ecológicos propios de cada nivel y su relación con otros niveles (la trans-escalaridad de los fenómenos es una parte de esta teoría de las jerarquías)".*

En tercer lugar — enfatiza Oyama —, el análisis de los sistemas complejos, como una forma más precisa de estudiar los sistemas naturales —reconociendo que éstos no son siempre lineales y que poseen múltiples estados de equilibrio—, presentan una diversidad de mecanismos de autorregulación impredecibles e irreversibles que ocurren a distintas escalas. El estudio de los sistemas naturales como fenómenos complejos no es nuevo, pero existe una nueva conceptualización en sus principios, teorías y aplicaciones, como veremos en una sección posterior del capítulo.

En el campo de la Ecología prevalece actualmente la tendencia a considerar que los sistemas naturales no son completamente independientes de los sistemas sociales. El análisis de la influencia de las actividades humanas en los sistemas naturales indica que la interacción sociedad-naturaleza presenta nuevas propiedades emergentes que deben enfocarse bajo nuevos paradigmas. Ejemplo resaltante, de acuerdo con Oyama, lo constituye, por una parte, el nuevo enfoque del estudio de las poblaciones, bajo una visión holística e integradora, a través de la cual se profundiza el conocimiento de las interacciones bióticas entre las diversas especies presentes en el ecosistema. Y por la otra, la emergente Ecología molecular, en la cual las aplicaciones de la Biotecnología moderna han ampliado la posibilidad de explicar y comprender los procesos del comportamiento de los organismos y su evolución. En la sección 1.9 se discute el enfoque de la complejidad en la Ecología con mayor detalle.

1.3. Ramas de la Ecología

La Ecología ha sido dividida tradicionalmente en dos grandes ramas:

1. La **Autoecología**, o el estudio del individuo en relación con su ambiente, que incluye investigaciones sobre las adaptaciones de los organismos a su hábitat, ya sean morfológicas, anatómicas o fisiológicas, y sobre las respuestas a los distintos factores del medio.
2. La **Sinecología**, que investiga las relaciones entre organismos de una población o comunidad. La Sinecología puede a su vez subdividirse, de acuerdo con el nivel de organización que trate, en: **Ecología de la población, Ecología comunitaria** y **Ecología del ecosistema.**

Son posibles también otras subdivisiones de la Ecología. Es así como, frecuentemente, se diferencian la Ecología Vegetal y la Ecología Animal. Pero esta división resulta absolutamente artificial, a no ser que se haga referencia al campo de la Autoecología y la Ecología de la población.

Mayor justificación existe para dividir la Ecología en: **Ecología acuática** y **Ecología terrestre**; aunque los principios generales son aplicables en ambas orientaciones, la metodología difiere, especialmente cuando se trata de muestreos ecológicos.

Dentro del estudio de los ambientes acuáticos se han ido desarrollando dos disciplinas, la **Oceanografía** y la **Limnología**, que han alcanzado su propia jerarquía, aunque sigue existiendo entre ellas un gran paralelismo, ya que los adelantos en una redundan en beneficio de la otra. La primera se interesa por el estudio integral de los océanos, mares y estuarios; la segunda, por todos los cuerpos de agua continentales (aguas subterráneas, charcos, arroyos, ríos, lagunas, lagos, ciénagas y cualquier manto de agua, temporal o permanente).

En el medio terrestre, la **Ecología aplicada** se ocupa de la gestión de poblaciones de cultivos y animales, para así aumentar las producciones y reducir el impacto de las plagas, la degradación y la contaminación del suelo y del subsuelo, así como del efecto de los humanos sobre su ambiente y la supervivencia de otras especies. La Ecología aplicada a los medios acuáticos incluye la explotación racional de los recursos acuáticos renovables, el estudio de la contaminación de las aguas por desechos industriales y otros aspectos sanitarios del aprovechamiento de los recursos hídricos, cría y cultivo de organismos marinos y dulceacuícolas y cualquier otra actividad que conduzca a la aplicación de los conocimientos ecológicos a favor de un aprovechamiento inmediato del ambiente acuático.

En los últimos años, en función de la sinergia e integración con otras disciplinas, se han venido diferenciando y conformando otras ramas específicas de la Ecología, entre las cuales se encuentran:

- **Biogeografía**: rama que estudia la distribución de los seres vivos sobre la tierra, así como los procesos que la han originado, que la modifican y que la pueden hacer desaparecer.

- **Ecología agrícola**: orientada al estudio de las relaciones entre las actividades agrícolas, ganaderas y pastoriles y el medio ambiente donde se desarrollan.

- **Ecología comunitaria**: referida al análisis y caracterización de las interacciones entre distintas especies interdependientes que comparten un área geográfica común.

Fundamentos de Ecología

- **Ecología cultural**: interdisciplina con la Antropología y Sociología, que estudia las relaciones entre una sociedad dada y su medio ambiente, las formas de vida y los ecosistemas que dan soporte a sus modos de vida.
- **Ecología del paisaje**: producto de la interacción entre la Geografía física orientada regionalmente y la Biología. Estudia los paisajes naturales, prestando especial atención a los grupos humanos como agentes transformadores de la dinámica físico-ecológica de los mismos.
- **Ecología de poblaciones**: llamada también Demoecología o Ecología demográfica, estudia las poblaciones formadas por los organismos de una misma especie, desde el punto de vista de su tamaño, estructura y dinámica.
- **Ecología del comportamiento**: derivada de la Etología (estudio biológico de la conducta), que estudia la conducta animal desde el punto de vista de la evolución. En su aplicación al estudio de los seres vivos, por parte de psicólogos evolucionistas y ecólogos del comportamiento, ha aportado nuevas ideas que ilustran nuestra propia comprensión.
- **Ecología recreacional**: dedicada al estudio científico de las relaciones ecológicas entre el ser humano y la naturaleza dentro de un contexto recreativo.
- **Ecología económica**: orientada a la gestión de la sustentabilidad y el estudio y valoración de la sostenibilidad o insostenibilidad de un ecosistema.
- **Ecología evolutiva**: la interacción entre la evolución y la Ecología, estudia la selección natural, el desarrollo, adaptación y mecanismos heredados de las comunidades y poblaciones que conforman los ecosistemas.
- **Ecología forestal**: rama interdisciplinaria orientada al estudio de las relaciones entre las actividades forestales y conservacionistas y el medio ambiente donde se desarrollan.
- **Ecología humana**: interdisciplina que estudia la relación entre el hombre y el ambiente en el cual vive y se desarrolla, así como los impactos que tales procesos puedan tener sobre el ecosistema.
- **Ecología matemática**: estudia la aplicación de los teoremas y métodos matemáticos al modelaje, explicación y predicción de los fenómenos ecológicos y la relación de los seres vivos con su medio.
- **Ecología microbiana**: encargada de estudiar los microorganismos (algas, bacterias, hongos y virus) en su ambiente natural y las actividades y procesos en los cuales intervienen, imprescindibles para la vida en la tierra.
- **Ecología molecular**: la aplicación de las herramientas de la Biología molecular (marcadores moleculares, análisis genealógico y filogenético) en el marco de las subdisciplinas de la Ecología evolutiva y la Ecología del comportamiento.
- **Ecología pesquera**: orientada al estudio de las relaciones entre las actividades pesqueras, tanto continentales como marinas, y los procesos de extracción e intervención generados por la acción antropogénica.
- **Ecología regional**: rama que estudia los procesos ecosistémicos como el flujo de energía, el ciclo de la materia o la producción de gases de invernadero a escala de paisaje regional o biomas.
- **Ecología política**: disciplina encargada de introducir en el campo político los múltiples aspectos y realidades que engloba el término Ecología.
- **Ecología psicológica**: también conocida como **Psicología ambiental**, es la interdisciplina que analiza los procesos psicológicos humanos en función de la percepción, aptitudes, sentimientos, aspiraciones, puntos de vista y conocimientos que poseen los individuos sobre el medio ambiente en el que viven y actúan individual y socialmente.
- **Ecología social**: orientada al estudio del comportamiento social y parasocial de las especies gregarias y organizadas como los insectos, topos, aves, especies acuáticas, manadas de mamíferos superiores como primates, lobos, leones, elefantes, entre otras especies, incluyendo al hombre.
- **Ecología urbana**: orientada al estudio de las relaciones entre los habitantes de un asentamiento urbano y sus múltiples interacciones con el ambiente.

Este crecimiento y diversificación de la Ecología en los últimos 30 años reviste singular significación, en tanto que la interdisciplinariedad y sinergia de la Ecología con otras ciencias ha revolucionado los conceptos básicos que la sustentan (población, comunidad, ecosistema, simbiosis, competencia, salud, sustentabilidad, entre otros). De esta manera, se han generado nuevas visiones y, en muchos casos, un mejor y más claro entendimiento y comprensión acerca de los complejos fenómenos y procesos inherentes a la ciencia ecológica. En este contexto, destacan la Ecología evolucionaria, la Ecología microbiana, la Ecología molecular y la Ecología humana, como lo veremos a lo largo de los capítulos subsiguientes.

1.4. Relaciones de la Ecología con otras ciencias

Lo expuesto anteriormente pone en evidencia que la Ecología es una ciencia interdisciplinaria, compleja, una ciencia de síntesis, y como tal, tiene estrechas relaciones con otras ramas más amplias de la ciencia, tales como la Geología, Meteorología, Geografía, Física, Química y Matemáticas, así como con otras disciplinas biológicas.

Una de las principales herramientas de trabajo es la **Taxonomía**. Los inventarios detallados de la fauna y flora (biodiversidad) de una región son básicos para cualquier estudio ecológico integral. En países o regiones donde falta esta elemental información se hacen sumamente difíciles los estudios ecológicos. Es así como la mayoría de los ecólogos son, además, especialistas en uno o más grupos de animales o vegetales, según sea su orientación.

La Ecología tiene estrechas relaciones con la **Fisiología**, la **Genética**, la **Morfología** y la **Anatomía**, como se hará evidente a través del libro. Por lo que se refiere al hábitat de los organismos, son muy importantes las vinculaciones

Fundamentos de Ecología

de la Ecología con la **Climatología**, la **Geografía física** y la **Geología**, en razón de que la distribución de las plantas y animales se halla en estrecha relación con los tipos de clima, el relieve y las características de las masas de agua. La **Zoogeografía** y la **Fitogeografía** tienen un fundamento estrictamente ecológico (Figura 1.3). Hasta las Ciencias Sociales llega la influencia de la Ecología o mejor dicho la interrelación, como ocurre con la **Sociología**, la **Psicología**, la **Economía**, la **Planificación** y la **Demografía**.

La **Biogeoquímica**, ciencia que analiza las concentraciones y el control de los elementos en y sobre la corteza terrestre, a través de la síntesis, muerte y descomposición de los organismos, los cuales en su mayoría capturan la energía de la luz del sol, es fundamental para la Ecología (Gorham, 1991). Ella permite estudiar los ciclos de los elementos (oxígeno, carbono, hidrógeno, nitrógeno, azufre, entre otros) y sus relaciones con los procesos esenciales de fotosíntesis, descomposición, metabolización de los elementos, la nutrición inorgánica de las plantas y el desgaste de las rocas y el suelo. El estudio de la complejidad de las interacciones entre los elementos que conforman la corteza terrestre y los organismos vivos — y la manera como éstos influyen y determinan los ciclos geoquímicos —, ha sido objeto de análisis desde el siglo XIX y ha permitido entender los procesos y condiciones que dieron origen a la vida en el planeta.

Otra de las ciencias determinantes en el desarrollo de la Ecología, inicialmente en los primeros años del estudio de las poblaciones y más recientemente en su consolidación teórica, es la **Matemática**. El avance significativo en las aplicaciones matemáticas para el desarrollo de **modelos**[1] de las funciones y procesos ecológicos, a través del uso de las técnicas computacionales y de simulación, han brindado a los ecólogos la posibilidad de construir teorías cada vez más robustas en la explicación y predicción de los fenómenos y procesos complejos característicos de la Ecología. Con ellos se han podido resolver, aclarar y predecir ciertos fenómenos inherentes a los ecosistemas, que no son directamente observables o palpables a simple vista. La aplicación de los métodos estadísticos y matemáticos al estudio de los fenómenos vitales (Biometría) tiene una gran significación en la Ecología moderna, del mismo modo que la utilización de métodos físicos y químicos.

1.5. El ambiente

El Comité de Terminología de la *"Ecological Society of America"* define al ambiente como, la suma total o resultado de todas las condiciones externas que actúan sobre un individuo. De acuerdo con Camacho y Ariosa (2000), es el "Sistema de factores abióticos, bióticos y socioeconómicos con los que interactúa el hombre en un proceso de adaptación, transformación y utilización del mismo para satisfacer sus necesidades en el proceso histórico-social". Para la UNESCO (2010)[2], el medio ambiente es el conjunto de relaciones fundamentales que existen entre el mundo material o biofísico (atmósfera, litosfera, hidrosfera y biosfera) y el mundo social, político y cultural (es decir, el medio "construido") o los sistemas sociales o institucionales creados para atender a las exigencias del hombre.

Tal y como la usaremos aquí, la palabra **ambiente** tiene un significado amplio; comprende todo aquello que es extrínseco al organismo y que, de algún modo, actúa sobre él. Incluye no sólo la luz, la temperatura, la lluvia, la humedad y la topografía, sino también otros seres vivos (ambiente bio-físico-químico) así como el medio social y cultural (ambiente sociocultural).

Cualquier factor que no sea parte integrante de un organismo particular forma parte del ambiente de dicho organismo. Convencionalmente, el ambiente de un organismo comprende por lo común dos componentes principales: el **ambiente físico** (abiótico) y el **ambiente biótico**. El primero abarca todas las cosas no vivas, condiciones o factores que son extrínsecas al organismo. El segundo comprende todos los organismos vivos que, directa o indirectamente, tienen influencia sobre la vida del individuo. Aunque estos dos componentes del ambiente no pueden ser separados en la realidad con tanta facilidad, como parecería indicar tal definición, con frecuencia es conveniente tratarlos por separado y así lo haremos con fines didácticos.

El ambiente es para el ser humano lo que el medio para el animal; es ese entorno que nos rodea y con el que estamos en permanente relación, siendo al mismo tiempo expresión y causa de las lógicas sociales. El ambiente incluye tanto al mundo natural (clima, entorno biofísico, vegetación) como al entorno construido por los seres humanos (viviendas, construcciones, infraestructura, vías y demás). Tanto se asemejan las nociones de ambiente y entorno que es frecuente escuchar la utilización de metáforas como ambiente laboral, ambiente de trabajo, ambiente social, expresiones que aluden mas bien a dominios sociales, que a reflexiones atinentes a la naturaleza.

1.6. Medio y sustrato

Todos los organismos, sean plantas o animales, están rodeados por agua o por aire. Aún organismos, como los del suelo, que aparentemente se encuentran en otro medio, están en realidad inmersos en el agua o en el aire, ya que estos dos elementos llenan los espacios entre las partículas sólidas.

Es aceptado, por otra parte, que el agua constituyó el medio primitivo donde surgió la vida y que las células individuales de todos los organismos, acuáticos, aéreos o terrestres, solamente pueden mantenerse activas si están húmedas (Figura 1.4).

El agua de mar es el **medio** más estable en el cual pueden vivir los organismos. Sufre muy pequeñas variaciones tanto en su contenido de sales, oxígeno, dióxido de carbono, como en su pH o en su temperatura. Sólo cerca de la superficie o de las costas se pueden encontrar fluctuaciones

---

[1] Artefactos abstractos, representacionales e interpretativos, basados en premisas preestablecidas, por medio de los cuales se amplían las capacidades del pensamiento humano (Churchman, 1968).

[2] UNESCO. Teaching and learning for a sustainable future. http://www.unesco.org/education/tlsf/extras/tlsf_glossary.html

Fundamentos de Ecología

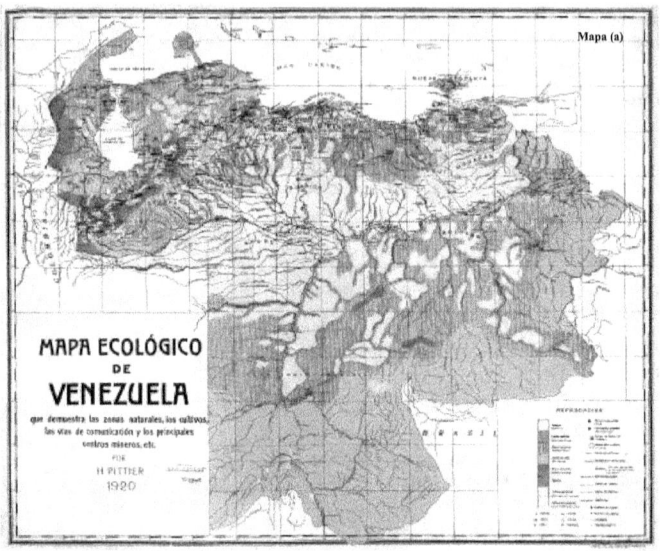

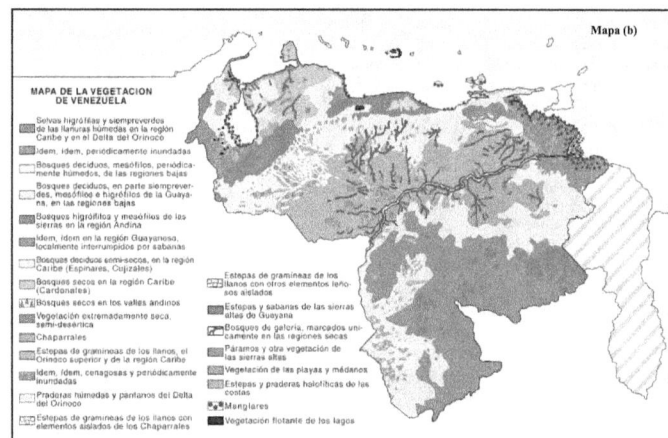

Figura 1.3. Mapas ecológicos elaborados por el trabajo conjunto de geógrafos, ecólogos y climatólogos (Fitogeografía): (a) Mapa ecológico de Venezuela, elaborado por Henry Pittier (1926). (b) Mapa de Vegetación de Venezuela.
Fuente: (a) Pérez-Hernández y Lew (2001); (b) MARN (2003)

Fundamentos de Ecología

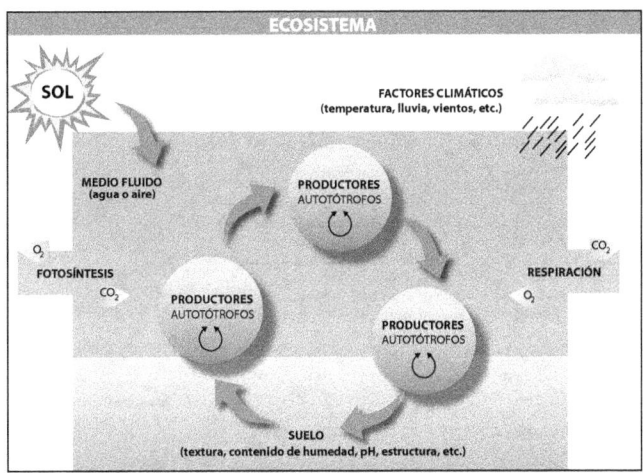

Figura 1.4. Los sustratos de la vida: agua, tierra y aire

apreciables, siendo aún allí bastantes moderadas. Las aguas dulces están sometidas a fluctuaciones mucho mayores, sobre todo en estanques muy pequeños; su temperatura puede variar en muchos grados a lo largo del año, y como la temperatura afecta profundamente la solubilidad del oxígeno, la concentración de éste puede variar ampliamente. El tipo y cantidad de materiales sólidos arrastrados a ríos y lagos, por el agua de lluvia que escurre de los terrenos adyacentes, puede alterar profundamente el contenido de minerales y el pH de aquellas aguas, además de cambiar radicalmente su transparencia.

El aire, por el contrario, rara vez experimenta cambios importantes en su composición química. Sin embargo, está sometido a cambios frecuentes, amplios y rápidos en su temperatura y humedad. El contenido de oxígeno del aire es mucho mayor que el del agua. Unos pocos organismos pasan la mayor parte de su existencia suspendidos en el aire, y muchos otros permanecen toda la vida en el agua. Pero la mayoría de los organismos terrestres —y muchos acuáticos— pasan largo tiempo adheridos o moviéndose sobre una superficie sólida o **sustrato**.

Las características de este sustrato son componentes importantes del ambiente físico del organismo. Las plantas, por ejemplo, son a menudo muy sensibles a pequeñas variaciones en el sustrato en el cual viven, los suelos. La presencia de animales también está influenciada por las características del suelo. Los distintos tipos de insectos, lombrices y ciempiés, así como las algas, bacterias y hongos que hacen vida en la zona arable del suelo son sensibles a la estructura, drenaje, acidez y composición química del mismo. Los animales que no viven bajo tierra están, por supuesto, indirectamente condicionados en su distribución por los tipos de suelo y por su dependencia de las plantas como fuente de nutrimentos orgánicos y energéticos.

1.7. Los seres vivos y su ambiente

En éste y los capítulos siguientes, hablaremos de diversos temas que se incluyen dentro de la Ecología, los organismos vivos y sus interacciones, así como todo lo que es exterior a ellos, o sea, su ambiente.

En los últimos años, la Ecología ha experimentado un gran auge, y cada vez más se reconoce su importancia tanto teórica como práctica. Las razones que han llevado a esta valorización se comprenderán al leer las páginas que siguen; se entenderá, también, que ha sido un hecho afortunado para toda la humanidad esta aceptación generalizada de la importancia de la Ecología. Pero, junto con las ventajas que tiene el reconocimiento de la trascendencia de los estudios ecológicos, la divulgación masiva —realizada sin rigor científico— ha conducido a que muchos conceptos sean mal entendidos y peor utilizados.

En el ámbito de numerosos medios de comunicación masiva, la Ecología ha llegado a ser sinónimo de ideas como: conservación de recursos, lucha contra la contaminación, suspensión del crecimiento económico, retorno a la vida primitiva, defensa del estilo actual de vida, y otras tantas que pueden tener relación con esta ciencia —pero que son casi siempre, y en el mejor de los casos, sólo aplicaciones— de las cuales no es posible hablar con fundamento, si no se tiene un buen conocimiento básico de ella. En varios países como EE UU, Colombia, Francia, México, Suecia, Alemania, In-

Fundamentos de Ecología

glaterra, entre otros, se han constituido partidos ecológicos, asociaciones civiles con fines de intervención en la política, lo cual, si se pretende hablar con rigor científico, tiene tanto sentido como organizar un partido químico o matemático.

Por otra parte, debe reconocerse que ha habido una explotación irracional y, en algunos casos, hasta saqueo de los recursos naturales. Esto no justifica la posición de algunos pseudoconservacionistas, que pretenden imponer o prohibir absolutamente toda actividad humana que pueda beneficiarse de la naturaleza: pesca, explotación de los bosques, caza, actividad industrial. Lo indicado es reglamentar y regular estas actividades para que, obteniendo beneficios, no se perjudique o destruya el equilibrio ecológico y, antes por el contrario, se asegure su sostenibilidad en el tiempo.

Pero, aunque los ecosistemas hacen la Ecología visible, no podemos olvidar que el planeta azul —visto desde el espacio estelar como una gran esfera azulada, gracias a los avances de la tecnología satelital— es también un gran ecosistema, cuya estabilidad descansa en el equilibrio de sus componentes. La regulación de temperatura por las corrientes de aire, los ciclos biogeoquímicos y las corrientes marítimas, son algunos de los ejemplos de que la Tierra se comporta como una unidad funcional que no responde a barreras geopolíticas, ni a fronteras regionales; de igual manera, los desechos industriales y la contaminación escapan a la soberanía nacional. De tal manera que la Ecología permite una triple visualización de la naturaleza: la primera, de lo visible o superficial, que son los organismos vivos y su entorno (plantas, animales, montañas, ríos, océanos); segunda, la de lo no visible, por lo menos inmediatamente, que son los procesos y relaciones que existen entre los organismos y de éstos con su medio, así como los procesos que se van dando en el tiempo; y tercera, la de lo global, que es la visualización del planeta tierra como una gran unidad ecológica integrada. Sin embargo, la complejidad de los problemas ambientales y del propio concepto de ambiente ha hecho evidente la incapacidad de las ciencias clásicas para cumplir con estos objetivos. Dadas la fragmentación, especialización, reduccionismo y linealidad del pensamiento que caracterizan al desarrollo científico, las diferentes disciplinas científicas no han podido dar cuenta satisfactoriamente de la multiplicidad de elementos, interrelaciones y determinantes de las situaciones en que se expresa la crisis ambiental contemporánea, ni del concepto de ambiente que podría explicarla.

En los años recientes, ha surgido una nueva interdisciplina científica denominada **Ciencias ambientales**, un campo académico multidisciplinario que, bajo la visión de la complejidad, integra las Ciencias físicas y biológicas, (incluyendo pero no limitada a la Ecología, Física, Química, Biología, Edafología, Geología, Ciencias Atmosféricas y Geografía) para el estudio del medio ambiente, y la solución de los problemas que lo afectan. Miller (2007) agrega que las Ciencias ambientales utilizan *"la información y las ideas de las ciencias físicas y de las sociales para aprender cómo trabaja la naturaleza, cómo interaccionamos con el ambiente y cómo podemos vivir de una manera sustentable, sin degradarlo"*, en la cual la Ecología es una de las principales herramientas cognitivas que se utilizan en las Ciencias ambientales.

1.8. La Biósfera

Entendemos por **biósfera** la delgada capa de la superficie terrestre donde se desarrollan las únicas manifestaciones conocidas de vida del sistema solar, y probablemente de una porción bastante mayor del universo. La noción de biósfera, o dominio poblado por los seres vivos en la Tierra, fue introducida por Lamarck y desarrollada por el geólogo austriaco Edward Suess, en 1873. Pero su estudio sistemático desde el punto de vista geoquímico no adquirió la debida difusión hasta 1929, con motivo de la edición francesa de la obra del académico ruso V. I. Vernadski, *La biosphere*3.[3]

La **biósfera** es una capa relativamente delgada de aire, tierra y agua capaz de dar sustento a la vida, que abarca desde unos 10 km de altitud en la atmósfera hasta lo más profundo de los fondos oceánicos. En esta zona la vida depende de la energía del Sol y de la circulación del calor y los nutrientes esenciales. La biósfera es una de las cinco capas que rodean la Tierra junto con la **litósfera** (rocas), la **hidrósfera** (agua), la **criósfera** (**hielo**) y la **atmósfera** (aire), constituyendo la suma de todos los ecosistemas (Figura 1.5).

La biósfera es única. Hasta el momento no se ha encontrado existencia de vida en ninguna otra parte del universo. Sin embargo, Stephen H. Dole, en su libro *"Habitable Planets for man"*, así como las elaboraciones de Stephen Hawking, estiman que existe una alta probabilidad de que haya, al menos, un planeta habitable para formas superiores de vida en una esfera de radio de 27,2 años luz alrededor del sol, y este número se elevaría a dos para una esfera de radio de 34,3 años luz. Estas cifras y las correspondientes a la biosfera, ilustran lo aislado que se encuentra el hombre en el cosmos, y lo relativamente exiguo que es el espacio del cual dispone.

Como veremos en más adelante, el origen de toda la energía que utilizan los seres vivos es la luz solar. Por otra parte, el efecto de la inclinación del eje terrestre respecto al plano determinado por su órbita combinado con la incidencia de la luz solar, da lugar a las **estaciones**. El relieve terrestre, al hacer variar el espesor y composición de la atmósfera que se encuentra sobre la superficie de la Tierra, hace variar el equilibrio entre la energía recibida por esa superficie, lo que provoca variaciones importantes del clima. Cuando hay menor ángulo de incidencia, disminuye la radiación solar a medida que aumenta la latitud y provoca otras variaciones del clima. Estas variaciones dan origen a grandes corrientes atmosféricas y oceánicas.

De la misma manera, la atracción gravitatoria del Sol y de la Luna origina las mareas. Finalmente, los procesos geológicos, originados por el núcleo caliente del planeta, han producido modificaciones en la estructura de su superficie. Tanto estas modificaciones como las influencias climáticas,

---

[3] Librairie Félix Alca, París, traducción de la publicada en su lengua original en 1924.

Fundamentos de Ecología

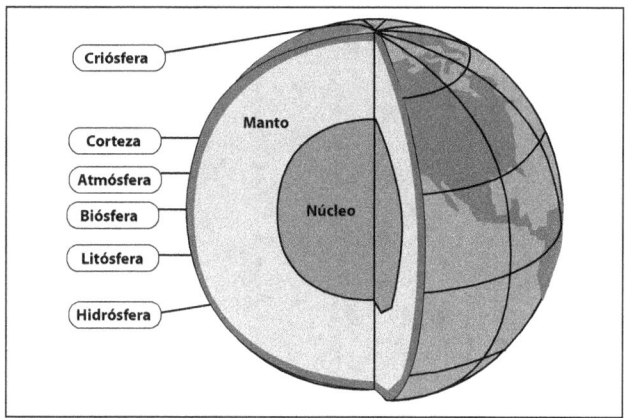

Figura 1.5. Sección transversal del planeta donde se muestra la delgada capa de biosfera

han condicionado profundamente —a través de los mecanismos de la evolución—, las características de los seres vivos que hoy pueblan la Tierra.

La biosfera representa la totalidad de la vida organizada en poblaciones, comunidades y ecosistemas. En esta capa del planeta se establece una compleja trama de interrelaciones entre todos los seres vivos, donde cada uno de ellos ocupa su nicho y desempeña su papel en el equilibrio ecológico. Tal vez la nota discordante en este intrincado mundo de interrelaciones, sea el hombre —debido a su poder, inteligencia y acción destructiva— quien ejerce una acción nefasta que ha destruido este equilibrio en muchas zonas del planeta.

1.9. La complejidad en la Ecología

La comprensión del concepto de Ecología amerita profundizar en los conceptos fundamentales de sistemas y totalidades. Nuestro mundo material puede ser analizado como un gran sistema que engloba otros subsistemas. La teoría de los sistemas es clave para la comprensión inter y transdisciplinaria, pues facilita el análisis y la explicación de las interacciones entre los organismos, el hombre y las instituciones más allá de las escalas y límites disciplinarios, por lo cual ha tenido un impacto significativo tanto en las ciencias naturales como las sociales. Hobson e Ibisch (2010) resumen acertadamente la importancia del enfoque de sistemas para la Ecología, destacando los siguientes puntos básicos:

- Los componentes del mundo, tal como lo conocemos, tienden a interactuar entre sí **intercambiando energía, materia y/o información**. En última instancia, todas las interacciones son el resultado y la causa de la conversión de energía de acuerdo con las leyes de la Termodinámica.
- Los sistemas son creados a partir de componentes que interactúan, cuyos efectos combinados son más grandes y diferentes de los esperados a partir de los componentes individuales. Esto es lo que se denomina **emergencias**.

- Los sistemas que se han desarrollado tienden a iniciar interacciones con otros sistemas y con ello dan lugar a sistemas de orden superior. En consecuencia, el mundo se compone de sistemas "**anidados**" (o agrupados), en el que los componentes son a la vez un todo y una parte auto-organizada y en funcionamiento conjunto de un sistema más grande (los holones).
- Un motor de la conformación del sistema parece ser la tendencia hacia el logro la de eficiencia termodinámica, la relación de orden posible y de trabajo creado por el uso de una cierta cantidad de energía. Ésta parece conducir a una proximidad máxima de los sistemas que a su vez fortalece la definición del sistema e induce un "efecto de borde" o límite. Sin embargo, como los sistemas no son completamente cerrados, sino que interactúan con otros sistemas, estos límites no son aislantes, sino más bien "**permeables**". El mantenimiento activo de los límites del sistema es especialmente característico de los organismos vivos y es fundamental para mantener la eficiencia termodinámica y evitar el colapso entrópico.
- La interacción de los componentes en los sistemas tiende a crear la dinámica del sistema y los cambios que a menudo se caracterizan por ciclos de **retroalimentación**, y, por tanto, con un desempeño auto-referencial y auto-regulador y auto-organizado, así como un comportamiento impredecible y no lineal.
- Las características del sistema tales como la rotación del espacio ocupado, la complejidad, la energía y la materia adoptan estados específicos o puntos de operación. El desempeño no lineal de los sistemas está relacionado con el desplazamiento de un estado del sistema a otro.
- Con el tiempo, los cambios del sistema pueden correlacionarse con un aumento de la complejidad estructural y funcional, así como con el grado de "anidamiento". Este

Fundamentos de Ecología

es el proceso de la evolución. Una disminución correspondiente está relacionada con la degradación o incluso la disolución y colapso.

- Los sistemas que persisten como resultado de los procesos de auto-regulación sin cambiar abrupta y significativamente en su complejidad estructural y funcional, es decir, sus características (propiedades emergentes), se describen como sostenibles.
- La **imprevisibilidad**, la **incertidumbre** y la **probabilidad** de las propiedades emergentes sorprendentes aumentan con la complejidad de los sistemas. La complejidad es una medida que depende del número de componentes del sistema y sus interacciones.

Prigogine y Stengers (1984) llaman a los sistemas abiertos **estructuras disipativas**, es decir, que su forma o estructura se mantiene por una continua disipación o consumo de energía. Como el agua se mueve en un remolino y al mismo tiempo lo crea, la energía se mueve a través de todas las estructuras disipativas y las crea. En tal sentido, la idea de estructuras disipativas concuerda con los principios de la Ecología, en donde constantemente la materia cicla y la energía fluye, de manera tal que a partir de estos dos complejos procesos el ecosistema se estructura, organiza y mantiene; de esta estabilidad alejada del equilibrio el ecosistema es inducido a mantenerse y evolucionar en el tiempo.

Como puede verse, los sistemas surgen de las interacciones entre componentes que por lo general producen efectos combinados que son más amplios y distintos de aquellos esperados de los componentes individuales, dando lugar a propiedades emergentes. En la Ecología, lo más común es la emergencia de fenómenos y propiedades, producto de las interacciones entre los individuos y de la estructura y funcionamiento tan diversos y complejos de los seres vivos. Los sistemas evolucionan y a su vez interactúan con otros sistemas, originando sistemas de niveles superiores, con capacidades de auto-organización y funcionamiento, simultáneamente como una totalidad y como una parte de sistemas de mayor alcance, constituyendo los denominados "holones".

Por su relevancia para complementar las ideas de esta sección, a continuación se sintetizan algunas ideas del extracto del libro "La evolución en la era de la complejidad: Charles Darwin siglo y medio después", de Jorge L. Fontenla Rizo, realizado por Cañedo-Andalia (2009).

El salto más grande en la evolución de la vida fue el de la célula bacterial procariota a la eucariota, con núcleo, mitocondria y retículos, que integran una red de producción, movilización, reconstitución y regulación de sustancias, que recorre todo el citoplasma y conecta éste con el núcleo y a toda la célula con su entorno. El salto primigenio de la vida a una mayor complejidad vino acompañado de flujos y procesos en retículos, auto-organización y estructura en redes.

Los sistemas complejos se caracterizan por:
- La **dialógica**, es decir, por la interacción de principios, fuerzas o procesos opuestos entre ellos, pero necesarios para mantener la estabilidad de la organización. Es el éxito de la diferencia, de la dimensión complementaria y necesaria de lo distinto.
- La **recursividad** organizativa, donde los productos y los efectos son, al mismo tiempo, causas y productores de aquello que los produce. El efecto se vuelve causa y la causa se vuelve efecto.
- La **emergencia**, como la propiedad resultante de la unidad global del sistema, y no presente en ninguno de los componentes del sistema por separado; es una consecuencia de la red de interacciones y de las relaciones entre estos.
- Cumplir con el **principio hologramático**, donde se intenta superar la antinomia holismo-reduccionismo. El holismo no ve más que el todo; lo global en lo global. El reduccionismo no ve más que partes y las partes en el todo; explica el todo por las partes y las partes por el todo. El reduccionismo reduce tanto el todo a las partes como las partes al todo. Sobre la base del principio hologramático se observan las partes en el todo y el todo en las partes, pero no como repetición exacta, sino como articulación, codependencia y codeterminación.
- Una falta de **linealidad**, es decir, por una correspondencia no proporcional entre causa y efecto. Perturbaciones pequeñas pueden amplificarse en el sistema y ocasionar grandes modificaciones, o viceversa.
- El orden y la cohesión percibidos en la naturaleza es el resultado de su organización en redes de sistemas. Los propios átomos, lejos de ser simples, son uno de los sistemas más complejos e inciertos que se conocen.
- Un sistema es una unidad global organizada de interrelaciones entre elementos, acciones o individuos, compuesta por elementos que no pueden distinguirse más que unos en relación con los otros. La función es relativa, en dependencia de su participación en diferentes facetas de la existencia del sistema.

Todo sistema existe en y por medio de una organización y una estructura. La organización son las relaciones entre componentes que definen un sistema como un tipo específico de sistema y mantienen su identidad. La estructura es la configuración espacial de los componentes y sus relaciones; realiza y materializa la organización. Lo jerárquico implica que una entidad, sistema o proceso está subsumido o anidado dentro de otro. Cada jerarquía tiene propiedades emergentes que definen sus propios componentes.

La organización es posible por la interacción y la interrelación. La interacción es la acción recíproca que modifica la naturaleza o el comportamiento de los elementos, cuerpos o fenómenos. La interrelación son interacciones que forman asociaciones, comunicación, uniones, combinaciones. Para que haya organización es preciso que haya interacciones y encuentros; estos solo pueden ocurrir en ambientes dinámicos y heterogéneos. Son necesarios también el desorden y el azar. Las leyes de la naturaleza son interactivas y relacionales. Pero estas leyes no se expresan con independencia de los sistemas, sino que emergen de

Fundamentos de Ecología

las interacciones entre los sistemas y sus componentes. Las interacciones son la base de la complejidad, de la recursividad, de la no linealidad y de las emergencias. La aprehensión de la naturaleza compleja de los fenómenos nos impone el reto de comenzar a aprender a desaprender lo inculcado por la manera tradicional de educar, de hacer y de pensar la ciencia.

Un sistema vivo es, a la vez, abierto y clausurado: abierto en su estructura, pero clausurado en su organización. Esta clausura organizativa implica que su orden y comportamiento no se imponen desde el exterior, sino que se establecen por el propio sistema (como igualmente lo señala Capra, 2002)[4]. Los sistemas biológicos exhiben un orden profundo, asombroso. Este es el resultado de constreñimientos de índole diversa, los cuales permiten ciertas formas, mientras prohíben otras. En los sistemas vivos, el orden emergente del no equilibrio y la no linealidad resulta mucho más evidente. La molécula de ADN es muy interesante pues, a la vez que ordenada y reproducible, es muy irregular. Esta molécula es capaz de replicar esa irregularidad, incluso de replicar errores estructurales o mutaciones sin perder su organización. Esta es la misteriosa fuente de variabilidad que Darwin nunca pudo conocer.

En la perspectiva de la complejidad, aprendemos que el no equilibrio es una fuente de profundo orden. Los flujos turbulentos de agua y aire, aparentemente caóticos, se encuentran altamente organizados. Todos los organismos son "sistemas complejos adaptativos". El acoplamiento estructural o adaptación incluye el entorno, pues no existe adaptación si no existe un entorno al cual adaptarse. Por esta razón, lo externo tiene que ser parte de la descripción e identidad de los sistemas.

La simbiogénesis, por ejemplo, es el cambio que emerge a causa de la simbiosis –una prolongada asociación física entre organismos de especies diferentes, de la cual obtienen beneficios mutuos–, al fusionarse el material genético de las especies involucradas. Vivimos en un planeta simbiótico. La simbiosis nos enseña cómo los sistemas complejos son capaces de interaccionar unos con otros, de coadaptarse y de hacer emerger sistemas más complejos, interconectados y autorregulados.

La biósfera es una emergencia de emergencias, una gran red de redes locales, donde las propiedades globales codeterminan la coevolución de las redes locales. Al considerar en la existencia de los sistemas, su historia, entorno y la acción del azar, necesitamos una concepción de contexto. Todo desarrollo y evolución, todo tejido de eventos, ocurre en contextos específicos espacio-temporales. Cada sistema es moldeado por las circunstancias en las cuales se desarrolló y evolucionó. No existen sistemas sin contextos.

La auto-organización ocurre en un estado o fase espacio-temporal particular, donde el sistema tiende a estabilizarse. Ello constituye el ámbito de estado del sistema, el cual se mantiene por la acción de atractores. El atractor es un concepto de orden organizativo, de constreñimientos que mueven al sistema de una región de espacio o de estado posible a una persistentemente más pequeña.

Un concepto importante en el campo de la complejidad es el de fractal, que se refiere a una configuración que no presenta una dimensión regular medible como una línea, una superficie o un volumen. Ejemplos de fractales son las nubes, los perfiles de las montañas y las líneas costeras. Un fractal es el resultado de la acción combinada de atractores "extraños, caóticos o complejos". Las formas biológicas más sofisticadas son también fractales, como las del sistema nervioso y circulatorio, del cerebro y de los pulmones.

En sistemas que intercambian materia y energía constantemente, el equilibrio estacionario termodinámico no es posible. Por ello, ciertas fluctuaciones no lineales y retroacciones positivas son capaces de llevarlos más allá del umbral de estabilidad, hacia un punto de bifurcación o catástrofe. Estos puntos constituyen umbrales de estabilidad, donde la estructura disipativa se derrumba o se autoorganiza en uno o varios nuevos estados de orden. Los atractores pueden desaparecer o intercambiarse y nuevos atractores pueden aparecer súbitamente. Lo que sucede exactamente en ese punto crítico depende de la historia del sistema y de las condiciones del entorno.

El proceso vital de los organismos vivos es la cognición. Vivir es conocer, es saber cómo. La cognición es, ante todo, percepción, procesamiento e interpretación.

Cuando se habla de ecosistemas se habla de redes. Las interacciones de cualquier individuo a escala social: equipos de trabajo, organizaciones o sociedad están determinadas por constreñimientos dinámicos, morfo-estructurales, conductuales, fisiológicos, ambientales, legales, tecnológicos, cognitivos, afectivos y profesionales. Además de los producidos por las interacciones de cualquier clase que en esos ambientes se generan con otros miembros en cada uno de los niveles de organización social referidos. Todo individuo, organización, fuente o servicio de información puede ser un recurso para otro en determinado momento y bajo ciertas condiciones particulares.

Como se puede deducir, bajo esta perspectiva, es evidente que la Ecología requiere de visiones del mundo que incorporen al mismo tiempo los enfoques de sistemas, redes, holística y de complejidad, si se quiere trascender lo meramente descriptivo y funcional, para poder llegar a una comprensión integral y precisa de las funciones, procesos y emergencias, producto de las interacciones entre y dentro de los componentes bióticos y abióticos de la naturaleza.

1.10. Ecología profunda

La **Ecología profunda** surge como corriente filosófica a finales de la década de los años sesenta del pasado siglo, vinculada con la revolución ecologista y los movimientos

---

[4] Anotación nuestra

contraculturales de la época. Naess[5], creador del término, la Ecología profunda o de amplio alcance *(deep, long-range ecology)*, para distinguirla de la Ecología superficial o de corto alcance *(shallow, short-range ecology)* por un cuestionamiento más profundo de las causas y fundamentos de la crisis ecológica.

Partiendo del reconocimiento del valor inherente de la diversidad ecológica y cultural de todos los seres vivos, la Ecología profunda no se limita a aquello que pone en peligro el bienestar o la supervivencia de la especie humana, sino que declara la interdependencia fundamental entre todos los fenómenos y el hecho de que, como individuos y como sociedades, estamos inmersos en, y finalmente dependientes de, los procesos cíclicos de la naturaleza.

Sin embargo, el sistema económico globalizado que impera actualmente —basado en la máxima producción, el exacerbado consumo, la explotación ilimitada de recursos y el beneficio como único criterio de la buena marcha económica—, es insostenible. Un planeta limitado no puede suministrar indefinidamente los recursos que esta explotación exigiría. Por ello se ha impuesto la idea de que hay que ir a un desarrollo real, que permita la mejora de las condiciones de vida, pero compatible con una explotación racional del planeta que cuide el ambiente. Es el llamado desarrollo sustentable, concepto que se trata en profundidad en el capítulo 19.

Aparejada con esta apreciación, recientemente ha surgido esta corriente de la Ecología profunda, la cual considera a la humanidad parte de su entorno, proponiendo cambios culturales, políticos, sociales y económicos para lograr una convivencia armónica entre los seres humanos y el resto de seres vivos. Es un enfoque holístico hacia el mundo, que une pensamiento, sentimiento, espiritualidad y acción. Trata sobre cómo trascender el individualismo de la cultura occidental, para vernos a nosotros mismos como parte de la Tierra, lo que nos lleva a una conexión más profunda con la vida, donde la Ecología no es algo que pasa "allá afuera", sino algo de lo cual formamos parte.

En la actualidad existen muchos científicos, filósofos y pensadores de alto calibre —inclusive políticos prominentes— asimilados a estas ideas. Desgraciadamente, los centros de poder que toman las decisiones fundamentales en los entornos políticos y económicos del ecosistema global no consideran ni toman en cuenta tales visiones y planteamientos.

En este orden de ideas, y para mencionar sólo uno de ellos, ha venido trabajando Capra (2002), quien considera necesaria la integración de las tres dimensiones básicas: la biológica, la cognitiva y la social, como marco para los problemas críticos que afectan la vida en el siglo XXI. Es defensor de la tesis de que la Teoría cuántica se asemeja muchísimo a los marcos mentales de los pensadores y filósofos orientales.

Capra afirma que el proceso de la vida es en realidad un proceso ecológico, pues materia, proceso, forma y significado se entrelazan íntimamente para conformar el marco fundamental de la Ecología profunda: la totalidad y la integración del hombre como sistema humano, con su entorno, en términos de lograr la sostenibilidad global, como parte de la Tierra y del Universo.

Capra define seis principios de la Ecología, los que se sustentan en la creciente **alfabetización ecológica**[6] ocurrida en los últimos 30 años y bajo visiones transdisciplinarias y emergentes, facilitadas por la intensa integración y sinergia entre casi todas las ciencias. Dichos principios se exponen textualmente a continuación:

- "**Redes**: en todas las escalas de la naturaleza encontramos sistemas de vida anidados en otros sistemas de vida, redes entre redes. Todos los sistemas vivientes se comunican entre sí a través de sus fronteras o límites.
- **Ciclos**: todos los seres vivos requieren flujos de materia y energía de su ambiente para poder vivir. Y todos producen continuamente basura. Sin embargo, los ecosistemas no generan basura neta, pues el desperdicio de una especie sirve de alimento (materia y la energía que contiene) a otra especie. Por lo que la materia circula continuamente a través de la trama de la vida.
- **Energía solar**: la mayor fuente de energía, el Sol, que se transforma en energía química a través de la fotosíntesis, direcciona el ciclo ecológico.
- **Alianzas o vínculos**: el intercambio de energía y recursos se logra por la cooperación intensa y extendida. La vida no se impuso sobre el planeta por combate o conquista, sino por la cooperación, las alianzas y las redes.
- **Diversidad**: los ecosistemas alcanzan la estabilidad y resiliencia a través de la riqueza y complejidad de sus entramados ecológicos. A mayor diversidad mas resiliencia.
- **Balance dinámico**: un ecosistema es una red de redes flexible y con permanentes fluctuaciones que, a través de su retroinformación múltiple, mantiene el sistema en un estado de balance dinámico. Ninguna variable es maximizada y todas fluctúan alrededor de su valor óptimo" (Capra, 2002).

Lo señalado por Capra tiene gran relación con lo expuesto sobre complejidad en la sección anterior. En este sentido, este libro procura evidenciar la complejidad de los hechos, fenómenos y procesos de la Ecología. Se plantea al lector el sano reto de encontrar en los capítulos subsiguientes, el sentido y explicación para algunas de estas ideas que propone Capra, y sus conexiones con los conceptos y perspectivas expuestos sobre la complejidad ecológica expuestos. Quien desee ampliar el contexto y formulación de esta visión ecológica de la vida, debe consultar a Capra (2002; 2009).

---

[5] A. D. E. Næss (1912-2009) fue el fundador de la Ecología profunda y el más reputado filósofo noruego del siglo XX, catedrático de la Universidad de Oslo y uno de los impulsores de los movimientos ambientalistas del siglo XX.

[6] De acuerdo con Capra (2002), se refiere a las habilidades para entender los sistemas naturales que facilitan la vida en la Tierra, a la comprensión de los principios de organización de las comunidades ecológicas y los ecosistemas, que deben utilizarse para promover la sustentabilidad de las comunidades humanas.

Fundamentos de Ecología

Capítulo 2
El Ecosistema y sus componentes

2.1. Concepto y tipología de los ecosistemas

Entre los seres vivos que viven en un área determinada, sea un lago, un bosque, un valle o una estepa, existe una serie de interacciones, tanto entre ellos como con el medio donde habitan. Como vimos en el capítulo 1, el conjunto de seres vivos que habitan la Tierra constituye la **biósfera**; concepto que ya había sido concebido como idea por Lamarck. En tiempos recientes, se ha introducido el término **ecósfera**, que completa el anterior, pues incluye los seres vivos y las interrelaciones que se establecen entre ellos y con el medio en que viven, así como la atmósfera, la litósfera y la hidrósfera.

El término **ecosistema** fue introducido por Tansley en 1935; pero, ya, con bastante anterioridad, se habían utilizado diferentes vocablos con la misma o parecida acepción. Möbius en 1877, refiriéndose a una comunidad de ostras, habló de una "biocenosis". Forbes, en 1887, introduce el término microcosmos para expresar la misma idea. Posteriormente, En 1939, Thienemann utiliza la palabra biosistemas como sinónimo de ecosistema.

El estudio de las interrelaciones que existen entre los integrantes de la biósfera corresponde a la Ecología del ecosistema. Si consideramos un sistema ecológico definido, limitado espacialmente y con características comunes, que abarca el conjunto de los seres vivos que habitan en un área determinada, podemos definir el ecosistema, en concordancia con lo señalado en el capítulo 1, como:

"una unidad ecológica que incluye los organismos vivos que habitan en un área determinada y el ambiente con todos sus factores: clima, substrato, temperatura e iluminación, así como el flujo de energía que se establece entre los diversos integrantes del sistema". Otra definición expresa que el ecosistema es "una comunidad de organismos que se mantiene a sí misma (biocenosis) y que comprende a su vez el ambiente que la rodea (biotopo)".

Starr y Taggart (2004) resumen el concepto de ecosistema de la siguiente manera:

"Un ecosistema es una asociación de organismos y su entorno físico, conectados entre sí por un flujo constante de energía y un movimiento cíclico de nutrimentos. Un ecosistema es un sistema abierto, con entradas, transferencias internas y salidas, tanto de energía como de nutrimentos. La energía fluye en una sola dirección y se inicia cuando organismos autótrofos fotosintetizadores capturan la energía solar y las convierten en formas que ellos y otros organismos pueden usar."

Todo el conjunto de organismos que habitan en un ecosistema en particular se denomina **comunidad**. Odum (1971), uno de los principales fundadores de la Ecología, considera que:

"..toda unidad que incluye todos los organismos (es decir: la comunidad) en una zona determinada interactuando con el entorno físico, así como un flujo de energía que conduzca a una estructura trófica claramente definida, diversidad biótica y ciclos de materiales (es decir, un intercambio de materiales entre la vida y las partes no vivas) dentro del sistema es un ecosistema".

La comunidad, también denominada biocenosis, y el biotopo constituyen dos componentes íntimamente relacionados que actúan el uno sobre el otro. Por tanto, en el ecosistema se consideran dos partes, una **biótica** que comprende todos los seres vivos del sistema, y otra **abiótica**, que se refiere al medio físico compuesto por sustancias inertes. Por tanto, podemos representar por esta igualdad de la manera siguiente: *Ecosistema = biocenosis + biotopo* (Figura 2.1). El concepto de ecosistema incluye los organismos vivos de un área dada (biocenosis) y el medio en el que viven (biotopo). Por tanto, el ecosistema constituye una unidad ecológica básica y fundamental. La naturaleza, en cierto modo, no es sino un macro-ecosistema o, si se quiere, un mosaico de ecosistemas relacionados entre sí. El ecosistema es un nivel ecológico que no presenta limitaciones de espacio, sino una serie de características y configuraciones bien definidas respecto al clima, al medio físico, la flora y la fauna. Por tanto, forman un ecosistema un charco, un bosque, un lago, un desierto, una sabana, un páramo, un arrecife de coral, un pantano o el océano.

Los ecosistemas pueden ser **naturales** o **artificiales**. Los naturales incluyen los ecosistemas **terrestres** y los **acuáticos**, que incluyen los **marinos** y los **dulceacuícolas**: éstos últimos a su vez pueden ser **lénticos**, en el caso de un lago, estanque o pantano, o **lóticos**, como los manantiales, arroyos y ríos. Los ecosistemas artificiales son los creados por el hombre, como es el caso de los **agroecosistemas** (cultivos, pastizales) dedicados a la producción de alimentos (Figura 2.2) y los **ecosistemas urbanos**, característicos de las ciudades y centros industriales, donde se concentran las comunidades humanas para disfrutar de los avances de la tecnología y los servicios, escasos en los ecosistemas rurales.

Un ecosistema puede ser tan grande como el océano o un bosque, o uno de los ciclos de los elementos, o tan pequeño como un acuario con peces tropicales, plantas verdes y caracoles; para calificarlo como ecosistema, la unidad debe ser un sistema estable, donde el intercambio de materiales

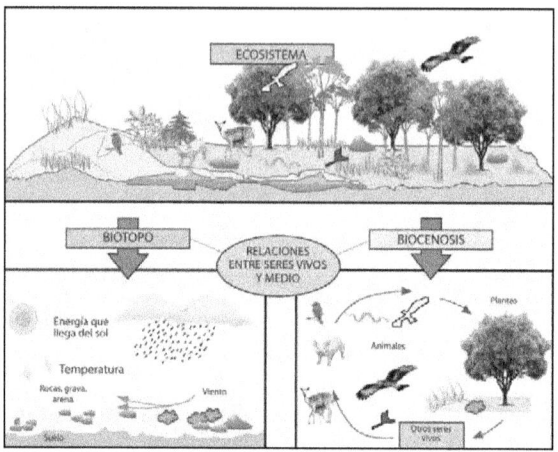

Figura 2.1. El modelo general del ecosistema

siga un camino circular. Un ejemplo de ecosistema en el que pueden verse claramente los elementos comprendidos en la definición es la selva tropical. Allí coinciden millares de especies vegetales, animales y microbianas que habitan el aire y el suelo; además, se producen millones de interacciones entre los organismos y entre éstos y el medio físico. La extensión de un ecosistema es siempre relativa: no constituye una unidad funcional indivisible y única, sino que es posible subdividirlo en infinidad de unidades de menor tamaño. Por ejemplo, el ecosistema selva abarca, a su vez, otros ecosistemas más específicos como el que constituye el dosel superior o un tronco caído en descomposición.

Los ecosistemas han adquirido políticamente una especial relevancia, ya que en el Convenio sobre la Diversidad Biológica (CDB) establecido a escala mundial en la conferencia de Río en 1992 —y ratificado a la fecha por más de 192 países— se estableció la protección de los ecosistemas, los hábitats naturales y el mantenimiento de poblaciones viables de especies en entornos naturales como un compromiso de los países firmantes. Esto ha creado la necesidad política de identificar espacialmente los ecosistemas y de alguna manera distinguir entre ellos. El CDB define al ecosistema como "un complejo dinámico de comunidades vegetales, animales y de microorganismos y su medio no viviente que interactúan como una unidad funcional".

Entre 2001 y 2004, bajo los auspicios del Programa de las Naciones Unidas para el Medio Ambiente (PNUMA o UNEP, por sus siglas en inglés) y el Banco Mundial, tuvo lugar un proceso de evaluación de los ecosistemas del mundo, el cual contó con la participación de más de 1.300 científicos, donde se definió al ecosistema como "el complejo dinámico de comunidades de plantas, animales y microorganismos y el medioambiente que las rodea, interactuando como una unidad funcional" (UNEP 2005)

2.2. Estructura y funcionamiento del ecosistema

Todo organismo vivo requiere de ciertos materiales y de una fuente de energía para poder existir. Estos materiales provienen del medio que lo rodea, con el cuál intercambia materiales y energía a través de una membrana u otro revestimiento que lo rodea. Para persistir, el organismo debe tener un balance positivo de energía y materiales para sostener su mantenimiento, crecimiento y reproducción. En el curso de sus vidas, los organismos transforman la materia y energía a medida que metabolizan, crecen y se reproducen. Al hacerlo, modifican las condiciones del ambiente y contribuyen con el flujo de energía y reciclado de materia del medio.

Al abordar la estructura de un ecosistema se habla a veces de una estructura abstracta en la que sus partes son las distintas clases de componentes, es decir, el biotopo y la biocenosis, y los distintos tipos ecológicos de organismos (productores, degradadores, predadores). Sin embargo, los ecosistemas tienen además una estructura física en tanto que nunca son totalmente homogéneos, sino que presentan componentes variables donde las condiciones son distintas, más o menos uniformes, o con gradientes en alguna dirección.

Desde el punto de vista del funcionamiento del ecosistema, los organismos cumplen distintos papeles, especialmente en cuanto al flujo de la energía. Como veremos más adelante,

Fundamentos de Ecología

Figura 2.2. Paisaje con un agroecosistema (Mucuchíes, estado Mérida). Las plantas constituyen los organismos productores de los cuales dependen, directa o indirectamente, los demás seres vivos, incluyendo al hombre (Foto: A. Romero S.)

el papel que juega un organismo en relación con la transferencia de energía en el ecosistema determina su pertenencia a un nivel trófico, y los niveles tróficos constituyen entonces los compartimentos en los cuales agrupamos el componente biótico del ecosistema. La cuantificación del contenido de estos compartimentos se efectúa en general en términos de biomasa, en lugar de abundancia o densidad, como en el nivel de poblaciones.

2.2.1. Estructura

El ambiente ecológico aparece estructurado por diferentes interfases o zonas de transición más o menos definidas, llamados **ecotonos**, y por gradientes direccionales, llamados **ecoclinas**, determinados por los factores fisicoquímicos del medio. Por ejemplo, los gradientes de humedad, temperatura e intensidad lumínica en el seno de un bosque, o el gradiente en cuanto a luz, temperatura y concentraciones de gases (por ejemplo O_2) en un ecosistema léntico.

La **estructura física** del ecosistema puede desarrollarse en una dirección vertical u horizontal, pero en ambos casos se habla de estratificación.

- **Estructura vertical.** Un ejemplo claro e importante es el de la estratificación lacustre, donde se distingue esencialmente el epilimnion o zona superior más cálida, y el hipolimnion, la zona más profunda y de menor temperatura, separadas por el mesolimnion o termoclina, que actúa como límite entre los dos estratos de agua. El perfil de un suelo, con su subdivisión en horizontes, es otro ejemplo de estratificación en la dimensión ecológica. Las estructuras verticales más complejas se dan en los ecosistemas de bosques húmedos o selvas lluviosas, donde inicialmente distinguimos un estrato herbáceo, un estrato arbustivo y un estrato arbóreo.

- **Estructura horizontal.** En algunos casos puede reconocerse una estructura horizontal, a veces de carácter periódico. En los ecosistemas ribereños, por ejemplo, aparecen franjas paralelas al cauce fluvial, dependientes sobre todo de la profundidad del nivel freático. En ambientes periglaciales, los fenómenos periódicos relacionados con los cambios de temperatura, heladas y deshielo, producen estructuras regulares en el sustrato que afectan también a la biocenosis. Algunos ecosistemas desarrollan estructuras horizontales en mosaico, como ocurre en extensas zonas bajo climas tropicales de dos estaciones, donde se combina la llanura herbosa y el bosque o el matorral espinoso, formando un paisaje característico conocido como la sabana arbolada.

Bajo una visión más amplia, en todo ecosistema encontramos elementos que lo identifican y le dan las características propias. Al definir anteriormente el concepto de ecosistema incluimos dos tipos de componentes principales:

A) **Componentes abióticos:** son de naturaleza no viva o inerte y comprenden el medio donde viven los seres vivos (gaseoso, como el aire; líquido, como en los medios acuáticos; terrestres como el suelo); el clima, que incluye factores como la temperatura, la radiación solar, los vientos, las precipitaciones y la humedad; sustancias inorgánicas como el agua, nitratos, fosfatos, carbonatos; compuestos orgánicos como hidratos de carbono, lípidos y proteínas.

B) **Componentes bióticos,** que comprende a todos los seres vivos que habitan en un área determinada; el conjunto de ellos corresponde a la comunidad o biocenosis. Los organismos de la comunidad dependen unos de otros para su alimentación, constituyendo una jerarquía de relaciones de alimentación llamadas niveles tróficos (Figura 2.3). Estos niveles son:

1. **Organismos productores.** Pertenecen a este grupo los vegetales que poseen clorofila. Son capaces de sintetizar los alimentos, mediante la fotosíntesis, a partir de la energía solar, del CO_2 y del agua y las sales. Por esta capacidad de elaborar sus propios alimentos se les llama,

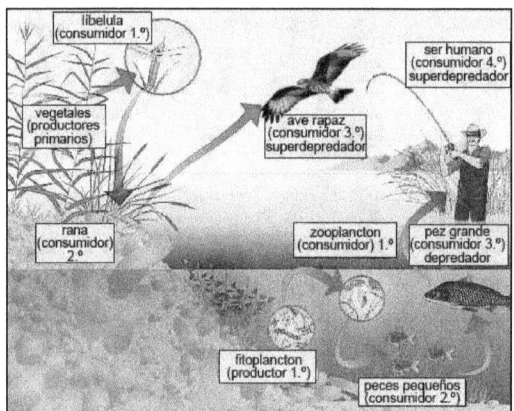

Figura 2.3. Estructura del ecosistema

también, seres **autótrofos**. Constituyen el primer eslabón de la cadena alimentaria y son la base de la vida en la naturaleza. Todos los demás organismos dependen de los productores. En el medio acuático, tanto marino como dulceacuícola, el fitoplancton (plancton vegetal) constituye el grupo productor más importante. Además, también son productoras las algas macroscópicas, tales como las clorofíceas y las feofíceas; algunas criptógamas que habitan en aguas dulces; y ciertas fanerógamas marinas. Indudablemente, en aguas marinas, lagos y ciertos tramos de los ríos, el fitoplancton constituye el elemento de los ecosistemas acuáticos más importante de la producción. Los mineralizadores son autótrofos quimiolitótrofos. Obtienen energía oxidando materia inorgánica procedente del metabolismo de otros organismos, transformándola en sales minerales asimilables para los productores. Son las bacterias que cierran el ciclo de los bioelementos en los ecosistemas.

En el medio terrestre, las plantas con clorofila, como los musgos, las hepáticas, los helechos y, principalmente, las espermatofitas o plantas superiores, pertenecen al grupo de organismos productores.

2. **Organismos consumidores**. Este grupo está integrado por todos los animales que dependen para su alimentación directa o indirectamente de los productores. Por esta razón se les llama también seres **heterótrofos** (que se alimentan de otros). Dentro de este grupo podemos considerar varias categorías:

a) **Los consumidores primarios o herbívoros**. Se alimentan de los organismos autótrofos, las plantas y algas. En el medio acuático, muchas especies que pertenecen al zooplancton (plancton animal) se alimentan del fitoplancton; además, muchos invertebrados y algunos peces, como las sardinas y otras especies móviles, se alimentan igualmente del fitoplancton. En los ecosistemas terrestres, los consumidores primarios corresponden a los animales herbívoros como venados, conejos, chigüires y muchos otros roedores, incluyendo también los animales domésticos, como la vaca, el caballo y la cabra (Figura 2.4).

b) **Consumidores secundarios o carnívoros**. Se alimentan de los consumidores primarios. Hay peces que devoran a otras especies de peces que a su vez se alimentan del zooplancton. En el medio terrestre, el jaguar, el puma, las aves de rapiña, las culebras cazadoras, son consumidores secundarios y terciarios. También algunos insectos y otros invertebrados que consumen pequeños animales fitófagos.

c) **Los consumidores terciarios o carnívoros de 2º orden**. Se alimentan de otros animales carnívoros. Muchos peces, algunas aves y mamíferos pertenecen a este grupo, aunque algunas veces pertenezcan al grupo de consumidores secundarios. En este grupo están los animales dominantes en los ecosistemas, los que influyen en una medida muy superior a su contribución —que es casi siempre escasa— a la biomasa total. En el caso de los grandes animales cazadores, que consumen incluso a otros depredadores, les corresponde ser llamados superpredadores (o superdepredadores). En los ambientes terrestres son, por ejemplo, las aves de presa y los grandes felinos y cánidos. Éstos siempre han sido considerados como una amenaza para los seres humanos, por padecer directamente su depredación o por la competencia por los recursos de caza. Han sido exterminados de manera sistemática y llevados a la extinción en muchos casos (como es el caso del Tylazin en Australia). En este grupo entrarían también, además de los predadores, los

Fundamentos de Ecología

Figura 2.4. Los vacunos son organismos consumidores, ya que se alimentan de las plantas. (Foto: A. Romero S.)

parásitos, los comensales de los carnívoros y los carroñeros (zamuros, buitres, zorros).

3. **Organismos descomponedores o desintegradores.** Los organismos saprófagos descomponen los cadáveres y provocan la desintegración de las partículas orgánicas y pueden ser:

- **Necrófagos**, que se alimentan de cadáveres y materia orgánica descompuesta;
- **Coprófagos**, que se alimentan de excrementos, y
- **Detritívoros**, como los pólipos y las lombrices, los cuales se alimentan de materia orgánica muy fragmentada.

Estos organismos son seres saprofíticos, porque se alimentan de sustancias en descomposición. En condiciones normales y, sobre todo a temperatura óptima, aceleran la desintegración de los organismos muertos y desdoblan las sustancias complejas en compuestos más simples que son utilizados nuevamente por otros seres vivos. De esta manera, completan el ciclo de circulación de la materia.

Los microorganismos descomponedores mineralizan, por decirlo así, la materia orgánica, liberando elementos químicos como producto de la descomposición que realizan mediante enzimas. Pertenecen a este grupo las bacterias y los hongos. Las bacterias se hallan ampliamente distribuidas en el medio acuático y el terrestre, mientras los hongos son escasos en el medio marino, pero abundantes en el terrestre. Los detritos (restos orgánicos de seres vivos) constituyen en muchas ocasiones el inicio de nuevas cadenas tróficas. Por ej., los animales de los fondos abismales se nutren de los detritos que van descendiendo de la superficie. En la Figura 2.5 se ilustra esquemáticamente la estructura de un ecosistema y los flujos de materia a través de la cadena trófica.

2.2.2. Funcionamiento

El funcionamiento de los ecosistemas, con su estructura y niveles de organización, se basa en la circulación eficiente de materia y energía, a través los complejos procesos de interacción entre tres ciclos básicos evidentes (Boero y Bonsdorff, 2007):

a) **Ciclos extraespecíficos:** referidos a los ciclos biogeoquímicos, donde factores bióticos y abióticos interactúan para la producción y disponibilidad de los elementos esenciales de la vida, derivados de la descomposición de la materia y de los flujos de energía.

b) **Ciclos intraespecíficos:** corresponden a los ciclos de vida y la historia de cada especie que aseguran su reproducción, adaptabilidad y permanencia, promoviendo a la vez la evolución y crecimiento de la diversidad.

c) **Ciclos interespecíficos:** como es el caso de las cadenas alimentarias o las relaciones simbióticas o competitivas entre las especies, que permiten la producción y descomposición de la materia, a través de las complejas relaciones tróficas entre especies.

Lo resaltante de esta concepción del funcionamiento de los ecosistemas está en la integración sinérgica de los complejos procesos de flujo energético y reciclaje de materia, en contraste con los tradicionales conceptos reduccionistas que consideran los ciclos biogeoquímicos como procesos básicos para el funcionamiento ecosistémico, sin tomar en cuenta la diversidad de especies y sus ciclos intra e interespecíficos.

Las leyes físicas son fundamentalmente incompatibles con la heterogeneidad y singularidad que caracterizan a los ecosistemas. Tal y como señalamos en el capítulo 1, las

Fundamentos de Ecología

propiedades emergentes de las interacciones ecosistémicas responden más a la coherencia (vista como capacidad de persistencia), auto-organización, selección, escalamiento espacio-temporal, retroalimentación (múltiple y recursiva) y concatenación de procesos autocatalíticos; atributos que parecen caracterizar a los sistemas ecológicos y la evolución de las especies, haciendo virtualmente imposible una explicación meramente física de su complejo funcionamiento (Ulanowicz, 2009).

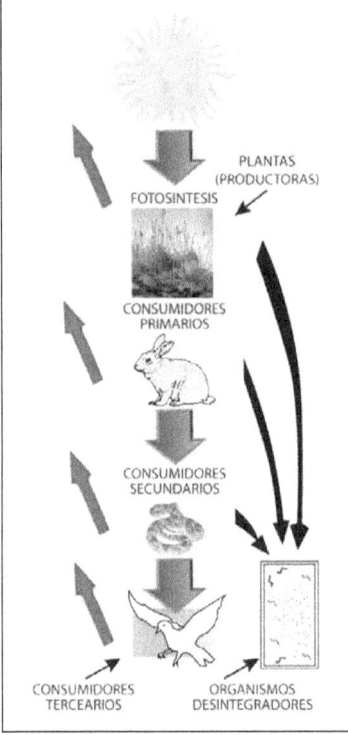

Figura 2.5. El flujo de la materia a través de los niveles tróficos del ecosistema. Las flechas negras más gruesas indican la dirección del flujo de la materia. Las más finas indican la transferencia de energía y materia bajo la forma de restos orgánicos hacia los descomponedores. Las flechas rojas indican la pérdida o gasto de energía

2.3. El flujo de la energía en el ecosistema

Los seres vivos necesitan energía para realizar todas sus funciones vitales. Pero ¿de dónde toman la energía los seres vivos? La energía proviene del Sol y es captada e incorporada al ecosistema por las plantas, las cuales, mediante la fotosíntesis, transforman la materia inorgánica (CO_2, sales y agua) en alimentos, utilizando la energía solar, la cual queda almacenada en ellas. La energía química, proporcionada por los alimentos, es transformada por el metabolismo celular en energía mecánica y térmica. Se establece en el ecosistema, por tanto, un flujo de energía a través de los diversos componentes que lo integran.

Se calcula que sólo 1/50.000.000 parte de la energía emitida por el sol llega a la capa exterior de la atmósfera a intensidad constante. Esta radiación se denomina **constante solar** o **flujo solar** y se estima, al llegar a la atmósfera, en dos calorías por centímetro cuadrado y por minuto (2 $cal/cm^2/min$). La cantidad de energía solar se reduce al atravesar las capas de la atmósfera y las nubes, de modo que los organismos vivos reciben solamente 27% en forma de radiación directa y 16% en forma de radiación difusa (Walter, 1962). Esto es suficiente para la realización de las funciones vitales de los organismos y para mantener la biósfera en equilibrio. En la fotosíntesis sólo se utiliza de 1 a 2% de la energía total incidente.

La radiación solar varía en los distintos lugares de la Tierra y su intensidad depende de diversos factores: latitud, densidad de las nubes, hora del día, relieve, entre otros. El ojo humano percibe la radiación comprendida entre 360 a 760 milimicras, es decir, la radiación que va del violeta al rojo; por esta razón se denomina **espectro visible**. Algunas de las bandas del espectro son absorbidas por las plantas verdes. La radiación comprendida entre 360 y 760 milimicras se conoce como **luz** y como **calor**, a las ondas más largas.

2.4. Transferencia de materia y energía en los ecosistemas

La radiación solar es incorporada al ecosistema por las plantas verdes que, mediante la fotosíntesis, la transforman en energía química. Pero ¿cómo se efectúa la captación de la energía?

Las plantas verdes tienen una sustancia llamada **clorofila**, que se encuentra dentro de unos organelos denominados **cloroplastos**, en los cuales se realiza la fotosíntesis. Los electrones de la molécula de clorofila son excitados al recibir los fotones de la luz solar, dando inicio a una cadena de reacciones complejas que, partiendo del CO_2, del agua y de las sales minerales, producen o sintetizan azúcares, lípidos y proteínas, a la vez que generan oxígeno como subproducto.

En los ecosistemas marinos, los productores más importantes son las algas microscópicas (fitoplancton), especialmente las diatomeas y los dinoflagelados. Les siguen las algas macroscópicas, que viven en el litoral o zonas próximas a las costas, como *Ulva* y *Sargassum* y algunas fanerógamas como *Thalassia*. En las aguas dulces, las algas y las fanerógamas son los principales productores. En los ecosistemas

Fundamentos de Ecología

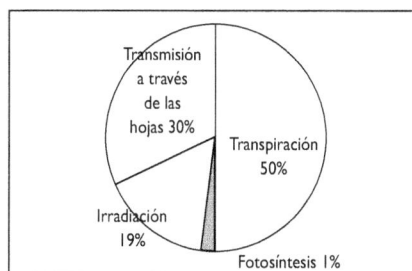

Figura 2.6. Solamente de 1 a 2% de la energía solar incidente sobre las plantas se aprovecha para la fotosíntesis

terrestres, las espermatofitas— y en menor proporción, las pteridofitas y briofitas—, constituyen los organismos productores. Por tanto, las plantas son los organismos que, mediante la fotosíntesis, captan la energía solar para el ecosistema, y ponen a funcionar todo el complicado mecanismo de la vida en la naturaleza. Una vez sintetizada la materia orgánica por los vegetales, la energía pasa a los **consumidores primarios** (herbívoros) que se alimentan de los productores.

En el medio terrestre, los animales herbívoros son los **consumidores primarios**, mientras que, en el medio acuático, son los crustáceos, moluscos y algunas especies de peces que se hallan en este nivel trófico.

Los **consumidores terciarios** se alimentan de otros animales carnívoros y de los herbívoros. Entre estos consumidores hay: **depredadores**, que capturan sus presas y las matan para después devorarlas, y **parásitos**, que se alimentan a costa de sus hospedadores.

Es importante hacer notar que cada categoría de estos organismos forma un **nivel trófico** (del griego *trophé* = relativo a nutrición), el cual se define como la posición jerárquica que ocupa un organismo dentro de la cadena alimentaria. Así, los vegetales con clorofila constituyen el primer nivel trófico. De estos niveles hablaremos más adelante.

Finalmente, el ciclo de la materia en el ecosistema se completa cuando los seres vivos mueren y los cadáveres son descompuestos por la microfauna, las bacterias y los hongos. Estos organismos forman el grupo de los **descomponedores** (Figura 2.7), que constituyen la denominada cadena detrítica.

La acción de estos organismos se efectúa más o menos lentamente, según las condiciones del medio ambiente. Ellos obtienen la energía desdoblando las sustancias complejas para convertirlas en sustancias simples (nutrimentos y gases como el CO_2 y el N_2), las cuales podrán ser utilizadas nuevamente por los productores. Se cierra así el ciclo de la materia en el ecosistema y parte de la energía pasa de un eslabón a otro y la otra se disipa en forma de calor.

Desde otra perspectiva, podemos visualizar la circulación de la materia y su relación con los flujos de energía. La materia es el vehículo de la transferencia de energía, que se transforma continuamente mediante reacciones químicas de óxido-reducción. Cuando la materia se reduce, almacena energía química y cuando se oxida, la libera en forma de energía química o calor. A diferencia de la energía, la materia puede circular en el ecosistema. La circulación consiste en la transferencia desde los medios inertes, en donde suele estar oxidada, hasta los seres vivos (donde aparece reducida), los cuales la utilizan (la oxidan) y se producen de nuevo los medios inertes.

Los procesos implicados en estas transformaciones son la fotosíntesis y la respiración. La circulación de la materia en los ecosistemas es abierta, ya que siempre hay salida y entrada de organismos, fijación de gases, pérdidas por erosión, precipitación, gasificación, lixiviados y otros procesos. Sin embargo, si tenemos en cuenta el sistema Tierra, el ciclo de la materia puede considerarse cerrado, aunque algunos materiales pueden quedar fuera del circuito durante mucho tiempo, permaneciendo en yacimientos o depósitos (sumideros), como es el caso del carbono (en forma de hidrocarburo) contenido en los yacimientos de petróleo.

Más aun, la naturaleza es capaz de convertir y almacenar la energía en la materia como **exergía** (la energía contenida en el carbón, el petróleo o la madera); esto es, la potencialidad del sistema para auto regular los cambios que faciliten un estado de equilibrio entre energía y materia. Lo que indica que la vida en la Tierra tiene una influencia significativa en las condiciones ambientales de la misma, al tratar de mantener la eficiencia termodinámica (reducción de la entropía). Por ejemplo, los grandes bosques interactúan con el sistema climático al absorber y reflejar la radiación, secuestrar el CO_2 (exergía), liberar oxígeno, almacenar el agua de la precipitación y luego disipando energía para evaporarla. De allí la importancia de la biodiversidad para el funcionamiento de los ecosistemas (Ibisch *et al.*, 2010b).

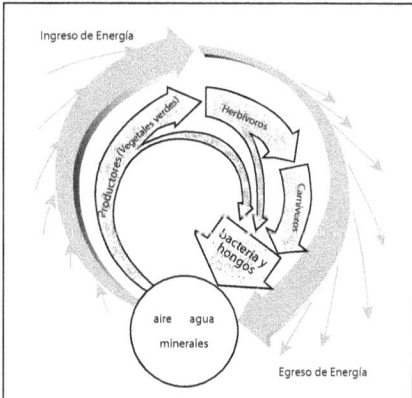

Figura 2.7. La transferencia de materia en la cadena trófica es posible por la síntesis que absorbe energía y la descomposición que la libera

2.5. Naturaleza de la energía

Como sabemos, la energía es la capacidad para producir trabajo: todo trabajo requiere energía. Existen diversos tipos de energía: electromagnética, mecánica, química y térmica.

- **Energía electromagnética.** Está contenida en la radiación solar y constituye la fuente esencial de energía para la vida en los ecosistemas, pues es la que facilita la producción primaria que sustenta el resto del ecosistema.
- **Energía Mecánica.** Es la capacidad que tiene un cuerpo o conjunto de cuerpos de realizar movimiento, debido a su energía potencial o cinética; por ejemplo: La energía que poseemos para correr en bicicleta (energía potencial) y hacer cierto recorrido (energía mecánica); o el agua de una cascada (energía potencial) al caer hacer mover las aspas de una turbina (energía mecánica).
- **Energía Química.** Es la producida por reacciones químicas que desprenden calor o que por su violencia pueden desarrollar algún trabajo o movimiento. Los alimentos son un ejemplo de energía química, ya que al ser procesados por el organismo le aportan calor (calorías) o son
- **Energía Calórica o térmica.** Producida por el aumento de la temperatura de los objetos. Como sabemos, los cuerpos están formados por moléculas y éstas están en constante movimiento. Cuando aceleramos este movimiento se origina mayor temperatura y al haber mayor temperatura hay energía calorífica. Esto es lo que sucede cuando calentamos agua hasta hervir y se produce gran cantidad de vapor.

Como puede verse, en la naturaleza hay un continuo flujo y transformación de energía — la cual pasa por los diferentes tipos (electromagnética, mecánica, química y calórica)— que implica tanto componentes bióticos como abióticos, a través de la complejidad y heterogeneidad de los múltiples sistemas y escalas concatenadas que conforman los ecosistemas.

2.6. La productividad de los ecosistemas

La función de fotosíntesis realizada por las plantas verdes produce sustancias orgánicas, principalmente carbohidratos. Este poder de las plantas para elaborar alimentos a partir de la energía constituye la base de los ecosistemas.

La velocidad con que se almacena la energía (sustancias orgánicas) por los organismos productores, mediante la actividad fotosintética y quimiosintética, se conoce con el nombre de producción o productividad, y podemos distinguir dos tipos:

a) La **producción primaria**, que es la velocidad de almacenamiento de materia orgánica que poseen los organismos productores. En la actividad fotosintética intervienen la luz, los elementos nutritivos minerales y la concentración de pigmentos de clorofila.

b) La **producción secundaria**, representada por la biomasa producida por los consumidores o los descomponedores.

La producción, en términos de beneficio rentable referido a los sistemas naturales, es el conjunto de biomasa que el hombre aprovecha o retira de un ecosistema. La producción de una parcela sembrada de maíz, será la cosecha de maíz que se ha recogido. En términos biológicos, en cambio, el concepto de producción se define como la velocidad con que son almacenadas las sustancias orgánicas por los organismos productores en un tiempo dado.

Dentro de este concepto cabe distinguir dos tipos fundamentales:

a) La producción **primaria bruta** que es la velocidad de la fotosíntesis, incluida la materia orgánica utilizada en la respiración.

b) La producción **primaria neta**, que se define como la velocidad de almacenamiento de sustancias orgánicas, sin incluir la cantidad que ha sido utilizada en la respiración.

La productividad es una consecuencia de la fotosíntesis; por ello, los métodos para estimarla o medirla se basan en la energía fijada durante ese proceso, cuya ecuación general podemos representar así:

$$6 CO_2 + 12 H_2O = C_6 H_{12} O_2 + 6O_2 + 6H_2O$$

La productividad se expresa en miligramos de carbono por metro cúbico (mg de C/m^3) o miligramos de carbono por metro cuadrado (mg de C/m^2). Los ecosistemas naturales son tanto más productivos cuando las condiciones ecológicas sean más favorables para el desarrollo de los seres vivos. El mismo principio se puede aplicar a los sistemas o áreas cultivadas por el hombre. No se deben confundir los términos biomasa y productividad, ya que la biomasa expresa la cantidad total de materia viva presente en un momento dado, en un área determinada; mientras que la productividad representa la materia orgánica que se forma durante un tiempo determinado, en un espacio definido. En el capítulo 7 ampliaremos el conocimiento ecológico relacionado con el flujo de energía, la biomasa y la productividad de los ecosistemas.

2.7. Cadenas alimentarias

En todo sistema ecológico se produce una transferencia de energía que pasa de los organismos productores o plantas verdes a los animales herbívoros, y de éstos, a los carnívoros. La energía circula, así, de un organismo a otro, y se establece una relación trófica (alimentaria) entre los diversos organismos que integran el ecosistema, formando una **cadena alimentaria**. Cada eslabón integrante de esta cadena constituye un **nivel trófico**. Se entiende por nivel trófico, el lugar que ocupa un ser vivo en la cadena alimentaria. Dos animales pertenecen al mismo nivel trófico, cuando están separados de los productores por el mismo número de eslabones (Figuras 2.8 y 2.9).

En un ecosistema siempre encontramos cadenas alimentarias más o menos complejas, de acuerdo con los seres vivos que las integran. Las plantas sirven de alimento a los herbívoros; éstos son devorados por los carnívoros, los cuales

Fundamentos de Ecología

a su vez pueden ser aprovechados por otros carnívoros y así sucesivamente. Generalmente las cadenas alimentarias no sobrepasan el nivel cuaternario o de 4° orden, y en muchos casos un mismo animal puede ocupar distintos niveles tróficos. El hombre, por ejemplo, que entre sus alimentos incluye la carne, puede igualmente comer verduras u hortalizas; en el primer caso el nivel trófico corresponde a un consumidor secundario o terciario y en el segundo viene a ser un herbívoro o consumidor primario.

Es posible diferenciar tres tipos de cadenas:

1) **Cadenas de depredadores**, en los que el consumidor mata a su presa para devorarla.
2) **Cadena de consumidores de detritus**, en la que la materia orgánica sirve de alimento a los detritívoros, que luego son consumidos por otros organismos.
3) **Cadena de los parásitos**, en la que la relación se establece de mayor a menor y los organismos que se aprovechan de los otros son más pequeños. Por ejemplo: Pasto → vaca → hombre → mosquito → *Plasmodium malariae* (protozoario).

Aunque en las comunidades se establecen interrelaciones tróficas entre los organismos que las componen, las cadenas alimentarias no son excesivamente largas, ya que comprenden tres o cuatro eslabones y en algunos casos hasta 5, como ocurre en los ecosistemas marinos (Figura 2.9). La estructura del ecosistema y las pérdidas de energía entre cada nivel trófico, sobre todo si los animales son de gran tamaño, imponen una reducción en la longitud de las cadenas. Un venado, por ejemplo, necesita determinada área mínima de pasto para poder subsistir. Si el espacio se reduce por el aumento de individuos hasta límites inusitados, automáti-

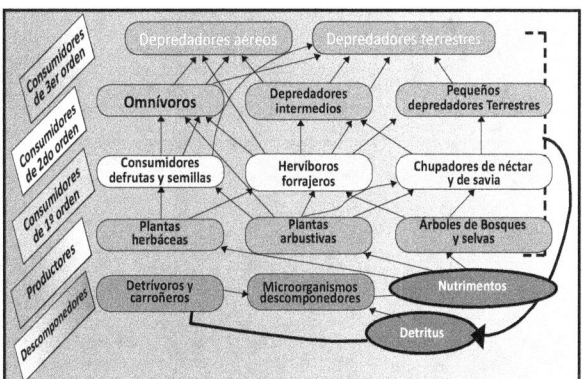

Figura 2.8. Cadenas alimentarias que conforman la red trófica de un ecosistema terrestre En los recuadros inclinados se identifican los niveles tróficos

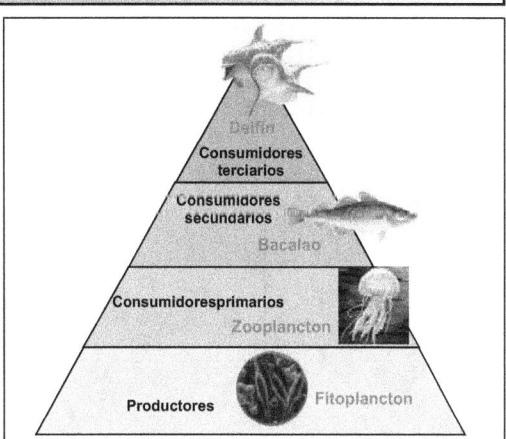

Figura 2.9. Las cadenas tróficas pueden ser complejas, como sucede en el ecosistema marino, donde puede haber hasta cinco niveles tróficos

Fundamentos de Ecología

camente la población se regula, bien sea por la muerte de algunos venados debido a la escasez de alimento, o bien por migración de éstos hacia otros lugares en busca de alimentos. El tigre, que se alimenta de venados y otros animales, necesitará todavía mayor área para conseguir sus presas.

En realidad, en la naturaleza —y por tanto en los ecosistemas— las cadenas alimentarias no son simples eslabones que se siguen unos a otros, sino que más bien, forman una especie de red o trama en la que los diferentes niveles tróficos se interrelacionan, constituyendo redes alimentarias, las cuales constituyen sistemas complejos y paradigmáticos, según muchos teóricos y especialistas de la ecología. En la Figura 2.10 se pueden observar diferentes cadenas dentro de la red trófica de un ecosistema terrestre. Con un ejemplo podremos entenderlo mejor. Un saltamontes (consumidor de 1er orden) puede competir con una mariposa o con un escarabajo por una determinada planta (productor). El lagarto y el sapo (consumidor de 2° orden) pueden alimentarse de esos insectos, o puede intervenir un depredador como la cerbatana. De modo que la cadena puede seguir distintas direcciones de acuerdo con los tipos de consumidores presentes en el ecosistema. Asimismo, el hombre, como carnívoro situado en el último eslabón de la cadena alimentaria, actúa como herbívoro en muchos casos; por tanto, puede ocupar distintos niveles tróficos de acuerdo con la disponibilidad de alimentos o la composición específica de la comunidad.

2.8. La complejidad de las redes alimentarias

En la terminología de las redes alimentarias, la complejidad es producto del número de especies y de la conectividad entre ellas, o la fracción de todos los vínculos posibles que se realizan en una red. En los diferentes niveles en la jerarquía de la vida, tales como las redes alimenticias estables, la misma estructura general se mantiene a pesar de un continuo flujo y cambio de componentes. Cuánto más un sistema de vida (por ejemplo, un ecosistema) se balancea fuera del punto de equilibrio, mayor es su complejidad.

Varios conceptos han surgido del estudio de la complejidad en la cadena alimentaria. La complejidad explica muchos principios pertenecientes a la auto-organización, la no linealidad, la interacción, la retroinformación cibernética, la discontinuidad, el surgimiento y la estabilidad en las cadenas alimentarias. Por ejemplo, el anidamiento o agrupamiento en las redes mutualísticas, se define como un patrón de interacción en la que las especies más especialistas (que se alimentan de una especie en particular) interactúan con las especies que forman subgrupos perfectos de las especies generalistas (que se alimentan de varias especies), es decir, la dieta de las especies más especialistas es una parte de la dieta de la especie siguiente más generalista y, a su vez, su dieta es un subconjunto de la siguiente más generalista, y así sucesivamente.

Hasta hace poco, se pensaba que las redes mutualísticas tenían una estructura producto del azar bien o compartamentalizada, pero la evidencia empírica muestra un alto proceso de anidamiento altamente estructurado Este patrón de estructuración de las redes mutualistas reduce la competencia interespecífica y fomenta la coexistencia de mayor número de especies (Bastolla et al., 2009).

Las redes alimentarias son complejas y como tal presentan las mismas propiedades estructurales; se intenta explicarlas mediante las leyes matemáticas utilizados para describir otros sistemas complejos. Las redes ecológicas, especialmente las redes mutualistas, son muy heterogéneas, con alto grado de especialización *(especialistas vs generalistas)* y marcada asimetría en las interacciones entre especies. (Figura 2.11).

Dentro de las cadenas alimentarias, especialmente en los sistemas acuáticos, el anidamiento parece estar relacionado con el tamaño corporal, ya las dietas de los depredadores más pequeños tienden a ser subconjuntos anidados de las dietas de los grandes depredadores. Las redes alimentarias son complejas debido a que cambian de escala, estación o geografía.

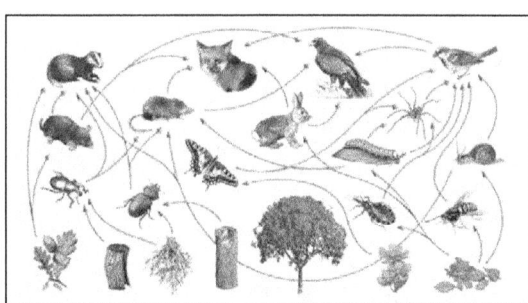

Figura 2.10. Una red de cadenas tróficas del ecosistema terrestre con cuatro niveles tróficos

Fundamentos de Ecología

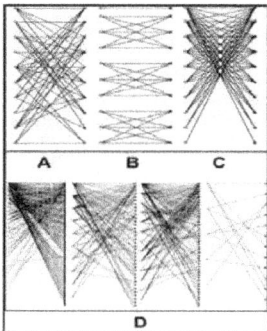

Figura 2.11. Diferentes tipos de interacciones entre las especies mutualistas: (a) al azar, (b) compartamental, (c) anidada o agrupada y (d) varios grados de asimetría.
Fuente: Guimarães Jr. *et al.* (2006)

Starr y Taggart (2004) diferencian dos grandes categorías de redes alimentarias, en función de la dinámica de la transferencia de energía de los ecosistemas:

- En una red alimentaria de ramoneo, la energía pasa de los fotoautótrofos a los herbívoros y después a los carnívoros.
- En cambio, en una red de detrívoros, la energía pasa de los autótrofos a los detrívoros y degradadores.

Ambas redes están interconectadas en los ecosistemas. El grueso de la producción primaria se mueve a través de una red alimentaria de detrívoros. Por ejemplo, el ganado ramonea sobre el pasto, pero no aprovecha toda la energía contenida en el pasto, y una gran cantidad de materia vegetal y heces queda disponible para los degradadores y detrívoros.

2.9. No toda la energía disponible es aprovechada por los seres vivos

En la transferencia de energía de un nivel a otro de las redes alimentarias, o de un eslabón al siguiente, se pierde mucha energía, tanto más cuanto más larga sea la cadena. Se pierde menor cantidad de energía cuando la cadena es más corta, es decir, cuanto más cerca esté el consumidor del productor. En esto ocurre lo mismo que en una red comercial de distribución de un producto: cuantos más intermediarios haya, más caro costará al consumidor el artículo. Sucede que la naturaleza es muy compleja y cada organismo juega un papel importante en el mantenimiento del equilibrio ecológico.

Cuando el hombre ha intentado destruir o suprimir algunos eslabones en la delicada trama de la naturaleza, como en los casos de la lucha contra determinadas plagas, se ha encontrado con funestas consecuencias, y si aparentemente logró una solución transitoria a un problema, en muchos casos ha provocado males mayores.

Fundamentos de Ecología

Toda la biomasa vegetal es producida por el Sol (a través de la fotosíntesis), por la Tierra (agua y sales minerales), y por el aire (anhídrido carbónico). Las plantas introducen la energía solar en el ecosistema. Esta biomasa está a disposición de los consumidores, excepto una pequeña parte de la producción, que es utilizada por las plantas en la respiración.

Solamente una pequeña parte de la energía almacenada en los vegetales es aprovechada por los consumidores que forman las cadenas alimentarias. Se calcula que sólo 10% de la energía disponible es utilizada en el nivel trófico siguiente. Cuanto más larga sea la cadena, más energía se pierde. Si lo miramos desde el punto de vista humano, esto reduce las posibilidades de alimentación del hombre. El cultivo de plantas, así como la actividad de cría de ganado, reduce las etapas intermedias que se producen en los ecosistemas naturales, para así obtener mayor rendimiento y evitar las pérdidas de alimentos en los niveles intermedios. Por ejemplo, al hombre le interesa una cadena simple para obtener el máximo rendimiento en el cultivo de pastos, con el fin de criar ganado para leche o carne. Esta cadena podría ser:

Pasto → vaca → hombre.

En un ecosistema acuático se establecen infinidad de cadenas alimentarias muy complejas. La serie de interacciones que se producen entre los diversos organismos que pueblan las aguas marinas son muy numerosas. Pero, en forma general, podemos así esbozar una cadena alimentaria en un ecosistema marino: las algas microscópicas y las algas macroscópicas (productores) sirven de alimento al zooplancton (consumidor primario), que es devorado por algunos peces (consumidores secundarios); estos peces a su vez son devorados por otros mayores, los cuales vienen a ser los consumidores terciarios.

2.10. Pirámides ecológicas

En las cadenas alimentarias que se establecen en la naturaleza o en los ecosistemas existen, como acabamos de ver, transferencias de energía de un eslabón a otro de un nivel trófico al siguiente. La transferencia de energía lleva a la pérdida de una parte considerable de la misma. Por ello, en general, el nivel de los productores debe contar con una biomasa mucho mayor que la de los consumidores para poder soportar las poblaciones o comunidades. Esta relación, entre los productores y los diferentes niveles de consumidores, es lo que se ha llamado pirámide ecológica. Se denomina así por su forma de pirámide, cuya base está formada por los productores y los restantes niveles por los consumidores, que van disminuyendo hasta cerrar el vértice, ocupado por el último nivel de consumidores.

Los ecólogos distinguen tres tipos de pirámides ecológicas:

a) **La pirámide de los números.** Toma en cuenta el número de individuos que existen en cada nivel. Esta pirámide se forma superponiendo rectángulos cuya longitud es proporcional al número de individuos de cada nivel trófico. Se superpondrán tantos rectángulos cuantos niveles tróficos haya en el ecosistema. En la mayoría de los casos, debido a que se reduce el número de individuos en cada nivel, el esquema tendría forma triangular.

La pirámide de los números no tiene un valor representativo de la relación trófica entre los distintos niveles, ya que solamente toma en cuenta el número de individuos, sin dar importancia a su talla y peso. En los ecosistemas marinos donde el fitoplancton constituye el principal productor, el número de especies de los productores será mucho más numeroso que el de los consumidores. En un bosque, en el que predomine la vegetación alta, puede ocurrir que el número de organismos consumidores sea mayor que el de los productores. En este caso, el número de organismos en la pirámide no expresará la relación trófica real del ecosistema, pues debe tomarse en cuenta el tamaño o volumen de los organismos productores que en estos ecosistemas es considerable (Figura 2.12 - A y B).

b) **La pirámide de la biomasa**. Estas pirámides expresan la biomasa de los organismos de cada nivel trófico. Entendemos por biomasa, el peso total de la materia viva por unidad de superficie o volumen de un área determinada en un momento dado. Como en el caso anterior, el nivel de los productores constituye la base de la pirámide y los consumidores se superponen de acuerdo a la biomasa que presentan. La pirámide será tanto más alta cuanto más niveles tengan la relación trófica del sistema ecológico considerado. Las pirámides de biomasa generalmente tienen la base en la parte inferior y el vértice en el extremo superior. Sin embargo, hay excepciones y, en algunos casos, puede ocurrir que en un ecosistema acuático la biomasa del fitoplancton sea inferior a la del zooplancton. Fleming y Laevastu (1956) han constatado que la relación zooplancton-fitoplancton puede variar, en los mares de latitudes altas, de 1 a 1/25 según las estaciones. Así, el fitoplancton en primavera tiene generalmente una biomasa considerablemente mayor que el zooplancton, mientras que en otras estaciones (invierno) puede ocurrir que la biomasa de los consumidores sea mayor, en un momento dado, que la biomasa del fitoplancton.

Por estas razones, en algunos casos, esta representación tampoco refleja lo que ocurre en la naturaleza con el flujo de energía, pues hay que tomar en cuenta la tasa de multiplicación de los organismos pequeños, así como su metabolismo, datos que determinan una alta producción, la cual puede mantener una biomasa de consumidores mayor que la biomasa de los productores. Este es un caso excepcional y, por lo general, como afirmamos anteriormente, las pirámides ecológicas tienen la base ancha para soportar todos los demás niveles tróficos que directa o indirectamente dependen de los productores (Figura 2.12 - C y D).

c) **Pirámide de la energía**. Constituye la representación más exacta de lo que ocurre con el flujo de energía a través de los diferentes niveles tróficos de los ecosistemas. El mantenimiento del equilibrio en la naturaleza, desde el punto de vista alimentario, más depende de la velocidad de la producción del alimento, que de la biomasa. Por tanto, la pirámide de energía refleja mejor la funcionalidad de la comunidad, ya que las otras representaciones, como vimos anteriormente, pueden crear situaciones que no corresponden a la realidad en cuanto al flujo de energía, aunque sí en cuanto al número de organismos y su biomasa.

2.11. El hombre en el tope de la pirámide ecológica

El hombre representa muchas veces el elemento perturbador de este equilibrio por su afán de riquezas y —en algunos casos— por su desviación enfermiza de matar por el solo placer de matar. Un tigre matará sólo las presas que necesita para su alimentación; un venado cortará las hierbas o pastos necesarios para satisfacer su hambre; un pájaro cazará los insectos que requiere para su alimentación; ninguno de estos animales matará más de lo que necesita para subsistir. No podemos imaginar un tigre matando por el placer de matar venados, ni un pájaro eliminando más insectos que los necesarios, ni un venado destruyendo más vegetación que la suficiente para satisfacer su hambre.

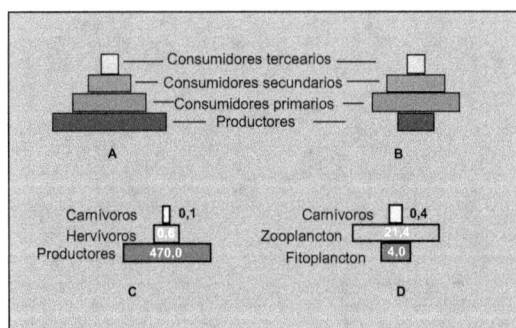

Figura 2.12. Diferentes tipos de pirámides ecológicas: (A) Pirámide de números de un ecosistema de pradera y (B) en un ecosistema con productores escasos, pero de gran tamaño; (C) Pirámide de biomasa, expresada en peso seco (g/m2) y (D) en un ecosistema oceánico

Fundamentos de Ecología

El hombre muchas veces caza y mata animales por el placer de matar, para exhibirse como experto cazador, o destruye extensas zonas boscosas para obtener unos pocos árboles maderables en su insaciable afán de lucro. En otros casos, dará fuego a la vegetación por un malévolo placer de la piromanía. La explotación agrícola rudimentaria le hará devastar zonas boscosas para obtener una cosecha fácil y segura. Es frecuente también el caso en que, ante el esfuerzo físico que exige una deforestación o simplemente la eliminación de las malas hierbas, busque la ayuda del fuego, provocando el incendio de bosques y pastos, por no tomar las previsiones del caso.

En los momentos actuales se impone la reconciliación del hombre con la naturaleza. El hombre no puede seguir despilfarrando los recursos naturales, ni puede seguir siendo el destructor del equilibrio de la naturaleza, pues él será una de las primeras víctimas de su conducta insensata. El hombre, lejos de destruir, debe ayudar a la naturaleza para aprovechar al máximo la energía de los ecosistemas.

Los seres humanos están alterando la composición de las comunidades biológicas a través de una variedad de actividades que incrementan las tasas de invasiones de especies y la extinción de especies, en todos los ámbitos, desde lo local a lo global (Hooper et al., 2005). Estos cambios en los componentes de la biodiversidad de la Tierra causan preocupación por razones éticas y estéticas, pero también tienen un fuerte potencial para alterar propiedades de los ecosistemas y los bienes y servicios que prestan a la humanidad (Figura 2.13).

Experimentos ecológicos, observaciones y desarrollos teóricos muestran que las propiedades del ecosistema dependen en gran medida de la biodiversidad, en términos de las características funcionales de los organismos presentes en el ecosistema, así como la distribución y abundancia de los organismos en el espacio y tiempo. Los efectos de la especie actúan en concierto con los efectos del clima en la disponibilidad de recursos, así como los regímenes de perturbación al que están sometidos, para influir en las propiedades del ecosistema.

Las actividades humanas pueden modificar todos estos factores mencionados. La comunidad científica ha llegado a un amplio consenso sobre muchos aspectos de la relación entre biodiversidad y funcionamiento de los ecosistemas, incluidos los puntos relevantes a la gestión de los ecosistemas (Ver capítulo 13). Se requiere de la integración de los conocimientos acerca de los factores bióticos y abióticos y su efecto sobre las propiedades del ecosistema, cómo se estructuran las comunidades ecológicas, y las fuerzas que impulsan la extinción de especies e invasiones. Al fortalecer los vínculos con la política y la gestión, también tenemos que integrar nuestros conocimientos ecológicos con la comprensión de las limitaciones sociales y económicas de las prácticas de manejo posibles. Es necesaria la comprensión de esta complejidad —al igual que la adopción de medidas fuertes para minimizar las pérdidas actuales de las especies— para la gestión responsable de los ecosistemas de la Tierra y la biota diversa que contienen.

Un resumen digno de considerar acerca de esta problemática, es el que realiza Diamond (2006), en su libro: *Colapso: Por qué unas sociedades perduran y otras desaparecen*. A partir de la visión integradora de múltiples disciplinas (Ecología, Historia, Antropología, Política y Geografía), señala 12 problemas que de una u otra manera, en el pasado y el presente, han llevado a la desaparición de muchas sociedades o comunidades (naturales y humanas):

1. La destrucción de los hábitats naturales.
2. La sobreexplotación de las fuentes de alimentos marinos.
3. La creciente y preocupante pérdida de biodiversidad.
4. La erosión del suelo fértil en grandes extensiones por una inadecuada gestión.

Figura 2.13. La ocupación del territorio por las actividades humanas (urbanismo, agricultura) provoca graves alteraciones a los ecosistemas originarios (Foto: A. Romero S.)

Fundamentos de Ecología

5. El abuso de las energías de origen fósil y sus costes medioambientales, frecuentemente irreparables.
6. La contaminación e inutilización del agua potable dulce.
7. El "techo fotosintético" o una utilización excesiva de la luz solar para usos humanos, que es detraída de su aprovechamiento por las comunidades vegetales.
8. La contaminación química del aire y las aguas superficiales y subterráneas
9. El traslado de especies vegetales y animales a lugares distintos y distantes a los de su desarrollo original, con todas las consecuencias ecológicas y económicas que ello ha producido a lo largo de la historia (los conejos en Australia, la extensión de plagas, la proliferación de especies vegetales parásitas).
10. La producción de gases destructores de la capa de ozono que aumentan el efecto invernadero natural, con sus consecuencias para el calentamiento del planeta.
11. El incremento de la población mundial, pese al freno de su ritmo de crecimiento.
12. El impacto per cápita sobre el medio ambiente, que es creciente debido al incremento del consumo y del nivel de vida, incluso en países del Tercer Mundo.

2.12. Los servicios del ecosistema

El buen funcionamiento de los ecosistemas proporciona una amplia gama de servicios que son esenciales y beneficiosos para la sociedad y las personas, beneficios tales como la fertilidad del suelo —esencial para la producción de alimentos— o los flujos de agua no contaminada, para citar dos ejemplos significativos.

Algunos de los servicios específicos ofrecidos por el medio ambiente y sus recursos son (Roopsind *et al.*, 2010):

- La dispersión de semillas.
- La producción de alimentos
- La mitigación (o reducción) la sequía y las inundaciones.
- La protección a las personas de los dañinos rayos ultravioleta del sol.
- El reciclaje y movilización de los nutrientes.
- La protección de cauces de arroyos y ríos y costas de la erosión.
- La desintoxicación y descomposición de los residuos.
- El control biológico de plagas agrícolas.
- El mantenimiento de la biodiversidad.
- La generación y conservación de suelos y la renovación de su fertilidad.
- Contribución a la estabilidad del clima.
- Purificación del aire y el agua.
- Regulación de organismos que transmiten enfermedades.
- Polinización de los cultivos y la vegetación natural.
- Provisión de agua dulce.
- Control de plagas.
- Secuestro de carbono.
- Protección de cuencas.
- Conservación de la Biodiversidad.

Estos beneficios son conocidos como los servicios de los ecosistemas o servicios ambientales. Lamentablemente, la actividad humana está afectando los ecosistemas hasta el punto en que algunos de estos servicios de apoyo están empezando a fallar. Las cuencas carentes de vegetación por causa de la deforestación están perdiendo su capacidad para filtrar el agua, los humedales destruidos por la expansión urbana ya no son capaces de controlar las inundaciones cuando ocurren fuertes lluvias, o la pérdida de hábitat natural que causa el declive de los polinizadores silvestres esenciales para la agricultura. Tal vez lo más peligroso de todo, es la fluctuación de la temperatura global (propiciando los fenómenos climáticos extremos) en la medida que los bosques y los océanos pierden su capacidad para absorber los gases de invernadero.

A partir de los años '90, se comenzó a considerar a los ecosistemas como un **capital natural**, asignándole un valor en función de la capacidad de prestar bienes y servicios que de otra manera no son accesibles. En este sentido, el trabajo de Gómez-Baggethun y de Groot (2007) establece que el capital natural no debe ser definido solamente como un stock o agregación de elementos que componen la estructura de los ecosistemas, sino también desde el entendimiento de los procesos e interacciones entre los mismos (funcionamiento del ecosistema), que determinan su integridad y resiliencia ecológica.

Más recientemente se ha venido desarrollando una creciente toma de conciencia mundial sobre los servicios que proveen los ecosistemas naturales. El valor de estos servicios y los costos a largo plazo que acarrea su pérdida, sin embargo, son rara vez tenidos en cuenta en las decisiones acerca de cómo utilizar y aprovechar los recursos naturales. En tanto las decisiones de gestión a menudo se centran en los resultados financieros a corto plazo, los ecosistemas que proveen estos servicios son degradados a menudo, y a veces de manera irreparable, reduciendo los servicios benéficos que antes nos brindaban. La degradación de estos ecosistemas y los servicios que proporcionan crea mayores dificultades para los pequeños campesinos pobres, siendo a veces la principal causa de la pobreza rural y el conflicto social. Para el mundo actual, la mejora de la situación y la gestión de los servicios de los ecosistemas es un componente esencial para reducir la pobreza.

El concepto de los servicios de los ecosistemas se ha convertido en un importante instrumento para vincular el funcionamiento de los ecosistemas con el bienestar humano. La comprensión de este vínculo es fundamental para un contexto de amplio rango en la toma de decisiones relacionadas con la utilización y sostenibilidad de los ecosistemas. La importancia del concepto se evidencia en el proyecto de *"Evaluación de los Ecosistemas del Milenio"*, un monumental trabajo iniciado en 2001, en donde participaron más de

Fundamentos de Ecología

1.300 científicos, bajo los auspicios de las Naciones Unidas (UNEP, 2005). Uno de los principales resultados fue la conclusión de que, en todo el mundo, 15 de los 24 servicios ecosistémicos analizados se encuentran en un estado de deterioro, lo que es probable que tenga un gran impacto negativo sobre el futuro el bienestar de la humanidad (Fishera *et al.*, 2009; UNEP, 2010). Dicha evaluación ha establecido que los servicios del ecosistema incluyen cuatro categorías principales:

- Servicios de apoyo, tales como: producción primaria, producción secundaria y biodiversidad, ésta última esencial para la perpetuación de los bienes y productos que los humanos disfrutan como parte de los ecosistemas.
- Provisión de productos tales como alimentos, fibras, productos medicinales y cosméticos.
- Servicios regulatorios, tales como: secuestro del carbono, regulación del clima y del agua, la protección contra amenazas y desastres naturales (avalanchas, inundaciones, huracanes), purificación del agua y regulación de plagas y enfermedades.
- Servicios culturales que satisfacen la apreciación espiritual y estética de los ecosistemas y sus componentes (UNEP, 2005).

Basado en la definición propuesta por Boyd y Banzhaf, citados por Fishera *et al.* (2009), se considera que los servicios de los ecosistemas son los componentes utilizados de los ecosistemas (activa o pasivamente) para producir bienestar humano. Los puntos clave de esta definición son que: (1) los servicios deben ser fenómenos ecológicos y (2) no tienen que ser utilizados directamente. Definidos de esta forma, los servicios incluyen tanto la organización o estructura de los ecosistemas así como los procesos y/o funciones que tienen lugar al ser consumidos o utilizados por la humanidad, ya sea directa o indirectamente. Las funciones o procesos se convierten en servicios si hay seres humanos que se benefician de ellos. Sin beneficiarios humanos no son servicios. Igualmente, debe considerarse que las decisiones relacionadas con el uso de los ecosistemas son eminentemente sociales, por lo que el aporte científico relacionado con la situación y potencialidad del ecosistema debe ser insumo esencial en la toma de decisiones relacionadas con los servicios que puede brindar el ecosistema.

Daily *et al.* (2009) consideran que durante la última década, los esfuerzos para valorar y proteger los servicios ambientales han sido promovidos por muchos como la última y mejor esperanza para hacer atractiva y global la visión conservacionista de los ecosistemas. Si podemos, teóricamente, ayudar a las personas y las instituciones a reconocer el valor de la naturaleza, entonces esto debería aumentar considerablemente las inversiones en la conservación, mientras que al mismo tiempo, se fomentaría el bienestar humano. En la práctica, sin embargo, todavía no hemos desarrollado suficientemente la base científica, ni los mecanismos de política y financieros para la incorporación del capital natural como un recurso esencial en las decisiones de uso de la tierra a gran escala, aun cuando los poderes políticos y económicos globales están impulsando algunos intentos para valorizar y comerciar con el capital natural, como veremos en el capítulo 19.

Recuadro 2.1. Los Módulos de Apure como ecosistema artificial

Los Módulos de Apure son una red de diques perimetrales, construidos en las sabanas inundables del estado Apure, con el objetivo de represar las aguas con diques de retención durante el período de lluvias y así evitar las inundaciones causadas por río Apure y del Orinoco; ello condujo a la creación de una mayor superficie de esteros, es decir, humedales artificiales con el propósito secundario de alargar el período de producción forrajera y permitir una mayor producción ganadera. En principio debían cubrir más de un millón de hectáreas, sin embargo, el esfuerzo se agotó cuando escasamente se había construido una séptima parte del proyecto inicial (140.000 ha). Los objetivos originales de este programa fueron el control de inundaciones, atenuar el efecto de la sequía y recuperar las sabanas inundables para la ganadería vacuna mediante la configuraron de una red escalonada de reservorios de agua de lluvia en módulos de 2.000 a 4.000 ha cada uno, constituyendo un sistema reticular para represar el agua y manejar en forma de franjas de pastoreo los forrajes existentes: la paja de agua (*Hymenachne amplexicaulis*) y la lambedora (*Leercia hexandra*); pastizales de gran calidad ofrecidos al ganado mediante la liberación de la lámina de agua del dique con el manejo de la compuerta. Así se garantiza forraje de gran valor nutritivo durante gran parte del año.

Rápidamente se demostró la importancia de tal propuesta en términos ecológicos y sobre todo de protección de la diversidad biológica de las sabanas inundables que, mediante esta ampliación artificial del período de retención de aguas y los volúmenes de agua retenida, se poblaron rápidamente de fauna, particularmente de avifauna. Esto a su vez creó un gran incentivo turístico, producto de la presencia casi continua de una avifauna diversa y abundante presencia de otros animales ligados al recurso agua: quelonios, babas, chigüires y peces. Tal fue el interés, que el ecólogo Kormondy (1974) opinó que estos módulos ofrecían una oportunidad de beneficio, tanto para la agricultura como el ambiente, y un excelente laboratorio de investigaciones en un ecosistema tan productivo, de alta diversidad de entes productores, como lo observó en los llamados "módulos de Apure". Con este simple manejo de la lámina de agua se incrementó la capacidad de carga del área modulada hasta una cabeza de ganado por dos hectáreas, sin contar todo el aporte que la fauna silvestre introdujo en el sistema, tanto en el reciclaje de nutrientes como en la producción secundaria. Este humedal artificial constituye un aporte tecnológico repetible en muchos de los humedales estacionales del mundo.

Fundamentos de Ecología

Las poblaciones y las relaciones interespecíficas

Capítulo 3

3.1. Concepto de población

El conjunto de parámetros relacionados con la vida de un individuo desde su nacimiento hasta su muerte, que determinan su capacidad para sobrevivir y dejar descendencia fértil, es lo que denominamos la **Historia de Vida** de un organismo, que igualmente sirve de base para aproximarnos al concepto de población ecológica. Algunos de los parámetros de historias de vida de un organismo son los siguientes (Márquez, 2000):

- El patrón de crecimiento (etapas como la infancia, adultez y senectud, o fases de desarrollo: huevos, larva, juvenil, adulto).
- La edad a la cual alcanza los distintos estadios del desarrollo.
- El grado de dependencia de sus progenitores después del nacimiento o la dedicación al cuido y alimentación de la crianza.
- El modo y eficiencia para controlar y asegurar el acceso al alimento.
- La capacidad de predicción e interpretación de los cambios en el medio.
- El modo de reproducción de la especie (sexual, asexual o ambas)
- El sistema de apareamiento utilizado por la población.
- La fertilidad a lo largo de su vida.
- El número de crías que puede tener y efectivamente tiene en cada evento reproductivo.
- El número de oportunidades en que se reproduce.
- La edad a la cual envejece.

El conjunto de valores de estos parámetros (o eventos) en un organismo se conoce como su **Estrategia de Historia de Vida**, y su evolución es el principal objeto de estudio de la ecología evolutiva (Marquez, 2000).

Una **Población** se define como un conjunto de individuos de una misma especie que viven en un lugar determinado. Es, en otras palabras, el conjunto de organismos de la misma especie que ocupan un espacio definido, en un momento dado (Figura 3.1). Por ejemplo, es posible hablar de la población de picures que vive en el Parque Nacional Henry Pittier, o la población de plantas de palma real que ocupan el Jardín Botánico de Caracas.

Una población constituye un nivel de organización único, porque posee un cierto número de importantes **propiedades de grupo** que no pertenecen ni a cada uno de los individuos que la forman, ni a la comunidad. Aunque los individuos de una misma especie tienen idéntico ADN, presentan variabilidad genética, constituyendo un fondo común de genes que les permite evolucionar. Pero su reserva genética en un momento y espacio definidos, es el fundamento para la gama de características y rasgos morfológicos, fisiológicos y de comportamiento. Los individuos nacen y mueren, de acuerdo con sus historias de vida, pero características tales

Figura 3.1. Ejemplos de poblaciones de animales

Fundamentos de Ecología

32

como natalidad, mortalidad o densidad, solamente adquieren un significado auténtico cuando se refieren al grupo, es decir, a la población. El estudio de las poblaciones nos permite integrar las características y procesos de los individuos en atributos que describen las características y procesos de una población. Son atributos de toda población: la **densidad**, la **natalidad**, la **mortalidad**, la **distribución según la edad**, la **tasa de crecimiento**, la **dispersión** y la **evolución**.

Al estudiar las comunidades naturales es lógico comenzar por conocer los atributos más sobresalientes de las poblaciones de organismos que las integran. Es preciso indagar sobre la densidad de esas poblaciones, la estructura por edades, la proporción de nacimientos y muertes, entre otros aspectos. En caso de tratarse de comunidades de organismos con interés económico, estas investigaciones son de fundamental importancia para fijar las pautas a que debe ceñirse su explotación racional.

Un aspecto que presenta la población, debido a que los individuos que la componen se entrecruzan, es que puede considerarse como un fondo común de genes. Cada individuo presenta determinada combinación o dotación genética diferente de los demás; y toda esa información enriquece la de la población. **Es la población la que evoluciona como tal y no los individuos**, ya que al combinarse los genes al azar hay nuevas variaciones físicas que la enriquecen; tal vez para adaptarse mejor a las condiciones ambientales por selección natural.

Los ecosistemas se caracterizan porque sus comunidades bióticas son abundantes y variadas, en casi la totalidad de los casos, incluyendo poblaciones de las más diversas especies, géneros, familias, órdenes, clases y phyla. Entre y dentro de ellas ocurren las más variadas interacciones de simbiosis, mutualismo, comensalismo, competencia y depredación, como lo veremos más adelante en este capítulo.

3.2. La reproducción de la población

La reproducción de la especie es la característica fundamental de su capacidad de adaptación o eficiencia con la que asegura la perpetuación futura de la especie. Sin embargo no es la única, ya que el individuo debe crecer y desarrollarse, en función de los recursos disponibles en su hábitat. La reproducción puede ser sexual, mediante la fusión de gametos masculino (esperma, polen) y femenino (huevo, ovario). Pero muchos individuos se reproducen asexualmente, sin necesidad de intervención de otro individuo, bien sea por multiplicación vegetativa (brotación, gemación) o por partenogénesis. En la reproducción sexual se produce variabilidad genética mediante la recombinación de genes paternos y maternos, lo cual aumenta el potencial de adaptación al medio ambiente y la posibilidad de sobrevivencia a los cambios. La reproducción asexual produce individuos genéticamente idénticos a sus padres, por lo que tiene alta capacidad de adaptación al ambiente local, pero con baja variabilidad genética.

Los individuos u organismos pueden ser unitarios o modulares. Los animales son individuos definidos por la naturaleza unitaria, cuya reproducción sexual los hacen genéticamente únicos. Algunos animales como los corales y esponjas son modulares, al igual que algunas plantas, pues una vez establecidas como individuos a partir de una semilla o cigoto, desarrollan extensiones en sus raíces que producen brotes nuevos, que pueden permanecer unidos a la planta madre, o bien separarse y constituir una unidad de construcción que se convierte en módulo, que a su vez producirá posteriormente más módulos similares.

El apareamiento entre machos y hembras en la reproducción sexual constituye un rasgo fundamental en las especies, pudiendo ocurrir bajo diversos sistemas:

La **Monogamia**, que implica la formación de un vínculo perdurable entre macho y hembra, es característico de muchas aves y algunos pocos mamíferos (zorros, castores, ratas almizcleras). Su ocurrencia es debida a la necesidad de cooperación de ambos padres para asegurar la crianza y supervivencia de los hijos.

La **Promiscuidad**, en la cual machos y hembras se aparean con uno o varios individuos del sexo opuesto, sin formar vínculos perdurables entre ellos.

La **Poligamia** es la captación de dos o más parejas por parte de un individuo, ninguna de las cuales se aparea con otro, creando vínculos entre el individuo y cada pareja. Puede ser de un macho con varias hembras (**Poliginia**), o viceversa, una hembra con varios machos (**Poliandria**). El número de parejas que un individuo puede monopolizar dependerá del grado de sintonía en la receptividad sexual.

La naturaleza y evolución de las relaciones macho-hembra son influenciadas por las condiciones del hábitat, especialmente la distribución y calidad de los recursos y la capacidad de los individuos para controlar el acceso a los mismos. La intervención de uno de los padres más que el otro en la alimentación y protección de las crías determinará la prevalencia del sistema de apareamiento que practiquen.

Las especies varían entre sí en relación con el tiempo de reproducción y la frecuencia de actos o eventos reproductivos, la inversión energética en reproducción, así como en el número de crías que pueden procrear. La reproducción temprana, a diferencia de la tardía, compromete a la especie a un menor crecimiento, a una madurez temprana y potencialmente a una supervivencia reducida (Miller y Spoolman, 2010). Muchas especies invierten inicialmente su energía en crecer y desarrollarse, al tiempo que almacenan energía para posteriormente hacer un esfuerzo reproductivo masivo, luego del cual mueren. Este modo de reproducción se denomina **semelparidad** y es muy común entre insectos y otros invertebrados, algunos peces como el salmón y muchas especies vegetales. Tales especies son denominadas especies con estrategia r. En cambio otras especies son **iteróparas**, esto es, se reproducen varias veces a lo largo de su vida y producen menos crías a la vez. Tal es el caso de los vertebrados, las plantas herbáceas perennes y los árboles (estrategia K) La procreación de pocos descendientes por evento reproductivo es característico de las especies de vida larga, las cuales ajustan el número de descendientes es respuesta a las condiciones ambientales y a la disponibilidad de recursos (Smith y Smith, 2007).

Fundamentos de Ecología

3.3. Densidad y crecimiento de la población

Por **densidad de población** se entiende el número e individuos que se encuentran en una superficie o volumen dados. Algunos factores que limitan el crecimiento de la población tienen mayor efecto en la medida que la densidad de población se incrementa. La cantidad de individuos de una población define la **abundancia**, función ésta que depende de dos factores: la **densidad** de población y el área efectiva o **hábitat** en la que se distribuye. La densidad se refiere entonces al número de individuos de una especie presentes en unidad de área. Está influenciada por la cantidad de nacimientos y muertes de los individuos que la componen, así como por la inmigración y emigración de individuos, lo cual implica la existencia de poblaciones variables y heterogéneas en el tiempo. Una población en la cual el número de nacimientos y muertes es muy similar en un período determinado se estabiliza, por lo que se define como **crecimiento poblacional cero**, suponiendo que la emigración e inmigración de individuos es igualmente equilibrada.

La densidad de una población depende de la intensidad del reclutamiento de nuevas generaciones y de las bajas sufridas por muerte, dispersión o migración. Los cambios de densidad en una población, sus fluctuaciones y la variación en el tiempo es lo que constituye la **dinámica de poblaciones**. Se puede expresar el número de individuos por unidad de superficie o volumen (200 árboles por hectárea de bosque, 5 x 105 diatomeas por litro de agua), o bien en términos de **biomasa** (peso total de materia viva). El primer caso resulta conveniente cuando el tamaño de los ejemplares es más o menos uniforme; pero cuando se trata de poblaciones muy heterogéneas, la biomasa es más representativa. Esta puede expresarse en peso húmedo y en peso seco o cenizas. Para este último caso, la muestra debe ser sometida a temperaturas elevadas hasta alcanzar un peso constante por eliminación de la humedad.

El crecimiento de una población depende, entre otros factores, del desempeño de los parámetros de la historia de vida de los individuos que la componen. Como hemos visto, las especies poseen diversos mecanismos que aseguran su persistencia en el tiempo y en el espacio, de acuerdo con las limitaciones que el medio imponga. La fertilidad, fecundidad, longevidad y senescencia determinan en gran parte la densidad, estructura por edad, natalidad y mortalidad, lo que a su vez determina la curva de supervivencia de las especies.

Algunas especies pueden crecer **exponencialmente** por cierto período —mientras dispongan de recursos—, como los microorganismos del plancton, mientras otras no lo pueden hacer geométricamente, como es el caso de brotes poblacionales de algunos insectos. El crecimiento de una población tiende a un estado de equilibrio de acuerdo con la disponibilidad de recursos, la competencia con otras especies y las variaciones en el medio ambiente, entre los factores más comunes.

El crecimiento poblacional más común que se observa en las poblaciones naturales es el **crecimiento logístico**, se representa con una curva en forma de S, o sigmoidea. Hay una fase de establecimiento inicial en la que el crecimiento de la población es relativamente lento, seguida de una fase de aceleración rápida (Figura 3.2). Luego, a medida que la población se aproxima a la capacidad de carga del ambiente, la tasa de crecimiento se hace más lenta y finalmente se estabiliza, aunque puede haber fluctuaciones alrededor de la capacidad de carga. Otros patrones de crecimiento observados en las poblaciones naturales son considerablemente más complejos.

La determinación del número real de individuos en una población determinada es muy difícil, dada la amplitud y complejidad de la dinámica misma de las poblaciones. Por ello se recurre a muestreos aleatorios estratificados, que permiten estimar, con alto grado de probabilidad, la abundancia y densidad de una población. El muestreo se realiza mediante cuadrículas, o áreas específicas en las cuales se realiza el contaje de las especies no móviles, mientras que las especies móviles se estiman a través de la técnica de la captura, liberación y recaptura.

La densidad puede también expresarse indirectamente, por medio de la **Abundancia relativa**, referida al número de individuos de una especie en relación con el número total de organismos presentes en una muestra representativa de la comunidad.

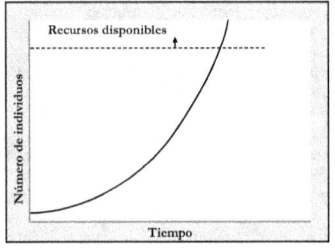 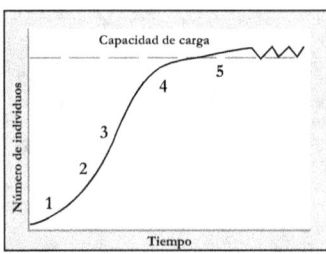

Figura 3.2. Tipos de crecimiento poblacional. Izquierda: crecimiento exponencial; derecha: crecimiento logístico

Fundamentos de Ecología

Los índices de abundancia relativa pueden ser también utilizados en los casos en que resulte difícil efectuar censos por falta de elementos técnicos, o bien, por tratarse de grandes áreas o de organismos de difícil individualización. En estos casos, los datos obtenidos no indican la densidad de la población; para expresarla, se utilizan términos usuales, como: **dominante**, **abundante**, **común**, **raro** y **muy raro**, cuya exactitud depende del observador y que equivalen a los índices de 5, 4, 3, 2 y 1, respectivamente, en una escala comparativa. Sea cual fuere la unidad de medida que se use, se comprueba frecuentemente que la densidad de población es bastante variable, aunque parece haber, ciertamente, límites superiores definidos.

El límite superior teórico de la densidad de una población está determinado por la interacción de diversos factores tales como el flujo total de energía en el ecosistema, el nivel trófico al cual la especie en cuestión pertenece, el tamaño y la actividad metabólica de los individuos. En otras palabras, la disponibilidad de energía será siempre, en última instancia, el **factor limitante** para cualquier población. En todo ecosistema hay sólo una cierta cantidad de energía disponible en un nivel trófico particular, y no puede haber allí más biomasa que aquélla que esa cantidad de energía puede mantener.

Al estudiar los ecosistemas se comprueba que las densidades de las poblaciones fluctúan frecuentemente, bastante por debajo del nivel máximo teórico; uno de los grandes temas de la Ecología moderna es el estudio de estos niveles reales de densidad y su regulación.

3.4. Natalidad y mortalidad

El número de individuos existentes en un área determinada no aumenta ni disminuye indefinidamente, sino que fluctúa dentro de ciertos límites, manteniéndose más o menos constante a través del tiempo, a no ser que se produzcan cambios catastróficos en el hábitat. Por ejemplo, la densidad de la población de almeja amarilla en una playa arenosa determinada, se mantiene dentro de ciertos límites, pero en caso de producirse mareas extraordinarias con fuerte oleaje, una parte de la población puede ser arrojada sobre la playa distal, sobreviniendo grandes mortandades y la consiguiente disminución de la densidad.

Se define la **Natalidad** como el número de nacimientos ocurridos en la población en un período de tiempo determinado. La **Natalidad teórica o potencial** describe la capacidad intrínseca de una población para aumentar el número de individuos en ausencia de factores limitantes, o sea, con plena disponibilidad de alimentos y en un ambiente adecuado. Representa una constante de la población derivada de sus características genéticas, las cuales justifican variaciones en la natalidad potencial entre diferentes poblaciones de la misma especie, pero que pueden ser alcanzadas solamente en el laboratorio en condiciones óptimas y controladas. En condiciones naturales, o sea, en presencia de factores ambientales adecuados, la natalidad que se encuentra es la **natalidad ecológica** o **natalidad real**.

Así, mientras la natalidad teórica potencial es constante, dependiendo únicamente de las condiciones fisiológicas de los progenitores, la natalidad ecológica o real varía de un período de reproducción a otro, de acuerdo con las condiciones más o menos favorables del medio.

La **Mortalidad** se define como el número de muertes ocurridas en la población en un período de tiempo determinado. Se distingue también una **Mortalidad teórica** o potencial, que describe la pérdida de individuos en ausencia de factores limitantes —ya descritos para la natalidad teórica—, y la **Mortalidad ecológica** que se produce en condiciones ambientales normales, en presencia de factores positivos y negativos.

En condiciones naturales, casi nunca se produce la mortalidad teórica, pues sobre ella ejercen una notable influencia las condiciones ambientales abióticas, representadas por la disponibilidad de materiales y sobre todo por las condiciones que dependen de factores bióticos, representados por las características de competencia con individuos de la misma y de otras especies.

A la mortalidad está ligada la **Longevidad**, como expresión de la **duración de la vida de los individuos**. La representación gráfica de la longevidad de una población se denomina **curva de supervivencia**, de la cual se pueden obtener interesantes informaciones relativas a la probabilidad de vida de los individuos en las diferentes edades. Puede, en efecto, señalar eventualmente la vulnerabilidad de los individuos en determinados períodos del ciclo vital.

Las observaciones para obtener la curva de supervivencia de una población en la Naturaleza o en el laboratorio, se realizan sobre una población de dimensiones definidas (por ejemplo de 1.000 individuos), registrando la edad a la que muere cada uno. La representación gráfica de la curva de mortalidad se obtiene colocando en la abscisa la edad alcanzada por un organismo y en la ordenada, el número de individuos muertos, clasificados por edades.

Las curvas de la Figura 3.3 muestran varios tipos de modelos de supervivencia. La curva A se aproxima a la que resultaría de una población en la cual todos los individuos alcanzarían su longevidad promedio fisiológicamente posible. Habrá supervivencia de todos los individuos en la primera época de vida, como se muestra con el trazo horizontal de la curva, y luego todos los individuos morirían más o menos al mismo tiempo y la curva caería en forma brusca y abrupta. La curva D se aproxima al otro caso extremo donde la mortalidad es extremadamente alta entre los jóvenes, pero donde cualquier individuo que supere esa etapa tiene buenas probabilidades de sobrevivir por un largo tiempo más. Entre estos dos extremos encontramos las condiciones representadas por la curva C, en la cual la mortalidad es constante para todas las edades.

Probablemente, las curvas de supervivencia de la mayoría de las poblaciones de animales salvajes tienen formas intermedias entre las curvas B y D, y las curvas correspondientes a la mayoría de las poblaciones vegetales se aproximan al caso extremo D. En otras palabras, la regla general en la

Fundamentos de Ecología

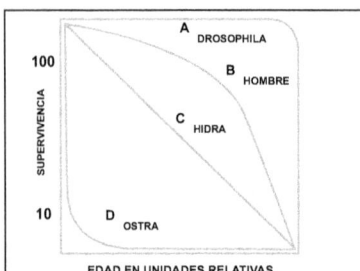

Figura 3.3. Cuatro tipos de curvas de supervivencia. El eje de la ordenada representa el crecimiento logarítmico

naturaleza es la de una alta mortalidad entre los individuos jóvenes.

Los cambios en las condiciones ambientales pueden alterar en manera radical la forma de la curva de supervivencia de cualquier población y, a su vez, el cambio en las tasas de mortalidad puede tener profundos efectos en la dinámica de esa población y su tamaño futuro. Por ejemplo, una de las principales causas del enorme aumento en la población humana ha sido la gran reducción en la mortalidad durante la infancia, como consecuencia de las mejoras en las condiciones sanitarias, de nutrición y de cuidados médicos. Estos cambios han ocasionado un desplazamiento de la curva de supervivencia del hombre desde una intermedia entre las curvas C y D, semejante a la de los animales salvajes, a otra que se aproxima a la curva A en los países en desarrollo, y a la curva B en los países más desarrollados. Todo parece indicar que la longevidad humana máxima se sitúa alrededor de los 120 años, aunque son raros los individuos que superan este límite físico. Esta edad avanzada representa un punto máximo y de hecho por diversas causas que afectan a las poblaciones humanas, los individuos van muriendo en diferentes etapas de su desarrollo; son relativamente pocos los que alcanzan edades superiores a los 90 años.

Como señalamos antes, la regla general en la naturaleza es una alta mortalidad entre individuos más jóvenes. Los cambios en las condiciones ambientales pueden alterar de manera radical la forma de la curva de supervivencia de cualquier población, y a su vez, el cambio en las tasas de mortalidad puede tener profundos efectos en la dinámica de esa población y en su tamaño futuro.

3.5. Potencial biótico y resistencia ambiental

Antes señalamos que, en condiciones naturales, el número de nacimientos es menor y el número de muertes tempranas mayor que aquéllos supuestos para condiciones ideales. En estas condiciones ideales, sin la presencia de factores limitantes, la máxima tasa de incremento de la población se denomina **potencial biótico** o **incremento potencial**, y se ha definido como la propiedad inherente de un organismo para reproducirse y sobrevivir, o sea, para aumentar su número bajo condiciones ideales.

El término **capacidad de carga (o de soporte)** se refiere al número máximo de individuos de una especie que un medio ambiente dado puede sostener indefinidamente. La diferencia entre el potencial biótico y el aumento real de la población, que se efectúa en condiciones naturales, o sea, el potencial alcanzado en presencia de factores limitantes (bióticos y abióticos), se denomina resistencia ambiental. Los factores limitantes son los recursos que pueden escasear en un momento dado (alimento, cobijo, espacio). Sin los efectos de la **resistencia ambiental**, muchos organismos que presentan una elevada fecundidad, estarían en grado de ejercitar una despiadada competencia con todos los otros organismos que conviven en el ecosistema (Figura 3.4). Dentro de los factores bióticos que limitan el crecimiento de las poblaciones se cuentan: predadores, parásitos, competidores, y la falta de alimento. Entre los factores abióticos de resistencia ambiental se cuentan: humedad, luz, salinidad, pH, y la falta de nutrimentos.

Los factores que promueven el incremento de la población y los factores de la resistencia ambiental cambian permanentemente. Cuando las condiciones son favorables, la población se puede incrementar. Cuando las condiciones son desfavorables, la población disminuye. En general, la rata reproductiva de una especie es casi constante, debido a que la rata de reproducción hace parte del fondo genético de la especie. Lo que varía en una especie es el reclutamiento. La sobrevivencia a través del ciclo de crecimiento hasta volverse parte de la población reproductiva se conoce como reclutamiento. Es decir, en los estadios tempranos del crecimiento (plantas o animales) son más vulnerables a la depredación, las enfermedades, la falta de alimentos (o nu-

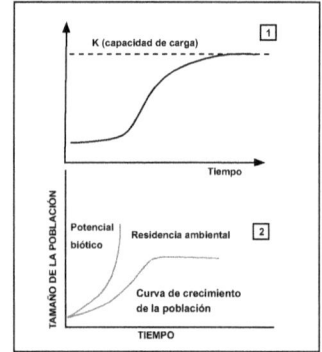

Figura 3.4. Los factores ecológicos son factores limitantes del crecimiento de las poblaciones. 1. Capacidad de carga. 2. Resistencia ambiental

Fundamentos de Ecología

trientes) o agua, y otras condiciones adversas. Por lo tanto, la resistencia ambiental reduce el reclutamiento. Si el reclutamiento es igual al índice de reemplazo, los nuevos individuos reemplazaran a los individuos muertos y el tamaño de la población permanecerá constante. Si el reclutamiento no es suficiente para reemplazar las pérdidas en la población reproductiva, el tamaño de la población declinará.

Una sola termita reina está en condiciones de depositar 100 millones de huevos al ritmo de 30.000 huevos por día; las ostras depositan, cada una, 500 millones de huevos por puestas; un hongo parásito del maíz, *Sclerospora* sp, produce cada noche y durante muchos meses seis mil millones de conidios por planta de maíz parasitada. Es, en efecto, una verdadera fortuna que la resistencia ambiental impida, por ejemplo, a todas las jóvenes ostras (admitiendo que existiera en el ambiente marino el carbonato de calcio suficiente para construir sus valvas), alcanzar un volumen aproximadamente equivalente a 8 veces el de la tierra. El que no se produzcan estas explosiones de incremento de la población demuestra que siempre hay factores limitantes que impiden que una población alcance todo su potencial biótico. En la naturaleza, ninguna población es capaz de crecer indefinidamente, incluso las que presentan un incremento exponencial, pues se enfrentan a las limitaciones ambientales.

Existen interacciones entre los individuos de una población que son determinadas por los factores ambientales, las cuales limitan y regulan el tamaño poblacional. En tanto que una población de animales crece y aumenta su densidad, el espacio vital esencial puede reducirse, ocasionando estrés en los individuos, cuya respuesta puede ser la agresividad o la alteraciones hormonales que reducen el crecimiento y retrasan las actividades reproductivas. En las especies que exhiben comportamientos sociales, como es el caso de las manadas que caracteriza a muchos mamíferos, la jerarquía y dominancia de algunos individuos excluye a otros de las posibilidades de reproducción o de acceso a los alimentos. La competencia es inevitable cuando hay escasez de recursos esenciales y puede tomar dos formas: competencia de pelea y competencia de torneo. En la primera, el crecimiento y la reproducción disminuyen de forma pareja a medida que aumenta la competencia. En la segunda, los individuos dominantes se apropian de los recursos escasos para su desarrollo y reproducción (territorialidad), mientras que el resto no logran reproducirse y mueren (Smith y Smith, 2007).

3.6. Distribución de la población por edades

En el ciclo biológico de la mayoría de las especies pueden diferenciarse tres períodos: uno de **premadurez** o **juvenil**, en el que los organismos no han alcanzado la madurez sexual; un **período adulto**, en el que la fecundidad alcanza su grado más alto; y un tercer período de **senectud**, en el que se produce la pérdida de la capacidad de reproducción, finalizando con la muerte.

La tasa de **mortalidad potencial** aumenta progresivamente en cada uno de esos períodos post-reproductivos. Por ejemplo, en los efemerópteros, insectos que pasan un largo período de su vida (entre uno y tres años) en estado ninfal en lagos y lagunas, ocurre que, cuando las condiciones ecológicas resultan favorables, se completa la metamorfosis y los adultos, que solamente viven algunos minutos o poco más de 24 horas, se reproducen y mueren inmediatamente después.

Es evidente que al variar tanto la tasa de natalidad como la de mortalidad con la edad de los individuos, el conocimiento de la composición por edades de una población resulta de gran importancia para predecir su desarrollo futuro.

Así que, cuando el porcentaje de juveniles es muy elevado, la población se hallará en plena expansión, mientas que cuando predominan los adultos, lo más probable es que exista una declinación en su desarrollo. Poblaciones estabilizadas o en equilibrio son aquéllas en que la composición por edades resulta uniforme en el tiempo.

Para conocer el ritmo de crecimiento de los organismos, el método más directo consiste en el marcaje y recuperación posterior de un número representativo de ejemplares. Sin embargo, no resulta ser un método absolutamente práctico. Por ello, es más frecuente utilizar las marcas de crecimiento rítmico que se registran en ciertos órganos. Por ejemplo, en las escamas y otolitos de los peces y en las conchillas u opérculos de los moluscos, se forman estructuras de relieves concéntricos que corresponden, en general, a la estación fría, época en la cual se detiene o retarda el crecimiento.

La valoración de estas señales requiere una precisa interpretación que permitirá relacionar la talla de los individuos con su edad. De todos modos, es preciso correlacionar, además, los anillos de crecimiento con otro parámetro, pues no siempre existe una relación directa debido a la existencia de líneas secundarias que marcan otros acontecimientos en la vida del organismo.

La estructura de una población, considerando la edad de los individuos que la componen, se representa gráficamente con las llamadas **pirámides de edad**, en las cuales la **frecuencia relativa** (porcentaje) de las varias clases de edades sobre las abscisas corresponde a la sucesión de edades sobre el eje de las ordenadas. Pueden darse tres casos hipotéticos bien diferenciados: en el primero, la pirámide posee una base muy amplia debido al predominio de los ejemplares juveniles, es decir, la población se halla en plena expansión; en el segundo, la pirámide tiene forma triangular e indica que la población se halla en **equilibrio**; y en el tercero, la pirámide adopta la forma de trapecio invertido, lo que indica un predominio de los ejemplares de edad más avanzada, es decir, la población se encuentra en **declinación** (Figura 3.5).

Como hemos afirmado anteriormente, el conocimiento de la estructura de la población por clases de edad es de fundamental importancia para predecir su desarrollo futuro, y tiene especial significación cuando se trata de recursos naturales explotables. El estudio de las pirámides de edad en las poblaciones humanas es tan importante como el estudio de las poblaciones de otras especies. En particular, cuando se considera el fenómeno actual de la explosión demográfica

Fundamentos de Ecología

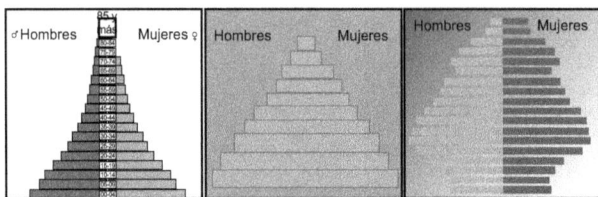

Figura 3.5. Estructuras de población por edades. A: población en expansión; B. población estable; C: población en declive

y los posibles medios para frenarla, como se verá en detalle en el capítulo 16. Es importante tener en cuenta, en la evolución predecible de la población de cada país, su pirámide de edades.

3.7. Distribución de los individuos de una población

El concepto de **distribución de los individuos** en el espacio se refiere al desplazamiento de algunos organismos dentro del hábitat de la población, como ocurre en el caso de los animales que modifican constantemente su localización en el área.

La ubicación espacial de los individuos de una población depende de una serie de factores, a su vez influenciados por las características del ambiente, las modalidades de utilización de los recursos ambientales, de las relaciones de comportamiento, antes, durante y después de la reproducción, principalmente en función de las dimensiones de la prole.

Pueden diferenciarse tres casos principales de distribución espacial:

- **Distribución al azar:** en la cual la probabilidad de que un individuo se encuentre en un punto cualquiera es similar cuando el ambiente es uniforme y los organismos no tienen tendencia a la agregación. Esta distribución es muy rara en la naturaleza, pues requeriría de un medio totalmente homogéneo y de que los individuos no mostraran tendencia a la agregación.
- **Distribución uniforme:** ocurre cuando los individuos están dispuestos más regularmente que en la distribución al azar, y tiene lugar, en casos de existir una gran competencia, entre los integrantes de una población que origina un antagonismo tal que evita la agrupación de los individuos. Implica el desarrollo de territorios.
- **Distribución agrupada:** es la más generalizada y tiene su origen en la tendencia de los animales y vegetales a agruparse de distintas maneras con el propósito de asegurar los ritmos reproductivos (Fig. 3.6). Alcanza su mayor expresión en los animales sociales.

La tendencia a la agregación tiene su origen en diversas causas:

a) Diferencias de hábitat que crean discontinuidad, obligando a los individuos a vivir en un área más reducida.

b) Variaciones climáticas diarias, estacionales o anuales, lo que produce la agregación de los individuos para resistir mejor los cambios en los factores ambientales.

c) Las crías (larvas, semillas u otras formas inmaduras de la nueva generación) no son dispersadas hacia áreas muy grandes.

d) Factores bióticos adversos que conducen a la agrupación de los individuos para protegerse mejor de los peligros externos y la atracción social entre los organismos.

Además de estas tres formas principales de dispersión pueden hallarse formas intermedias como son los casos de distribución al **azar-agrupada**, **uniforme-agrupada** y **agregada-agrupada**. La dispersión uniforme, motivada por casos de antagonismo, da origen al aislamiento, mientras que la dispersión agrupada origina el **territorialismo**.

La ubicación definitiva de los individuos de una población en el estado adulto depende del transporte pasivo, o sea, de una dispersión efectuada por factores ambientales, como en las plantas cuyas semillas son distribuidas por aves, mamíferos y murciélagos frugíforos (**diseminación**), o de un desplazamiento autónomo y activo, cumplido por los individuos mismos en las fases más avanzadas del desarrollo (**migración**).

Los principales agentes de diseminación son: el viento, el agua, los animales e incluso el hombre. En los diversos cuerpos hídricos, las corrientes tienden a dispersar en forma pasiva huevos y larvas en estado diverso de desarrollo. En la atmósfera, el transporte pasivo de los organismos sub-aéreos, aún en significativas dimensiones (Lepidópteros), pero sobre todo en las fases juveniles, se efectúa por la circulación de masas de aire de todo tipo. Estos transportes aéreos son de notable importancia sobre todo para los insectos parásitos de plantas, los cuales, así dispersos de las zonas de reproducción, encuentran el modo de difundirse y de colonizar otras áreas. Se halla limitada por la capacidad de traslado que tienen las esporas, semillas, huevos y larvas, así como por barreras biogeográficas.

Desiertos y altas montañas son las más importantes barreras geográficas para los organismos dulceacuícolas, mientras que para los marinos son las masas de agua, los cambios de sustrato y la desembocadura de los grandes ríos. Es importante entonces, tener en cuenta que, tanto la disemi-

Fundamentos de Ecología

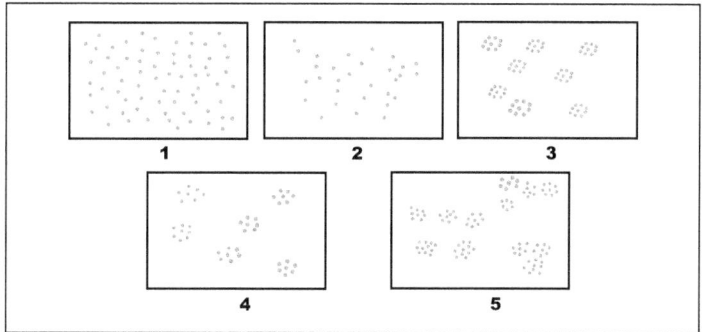

Figura 3.6. Tipos de distribución de los individuos dentro de una población:
1. Uniforme; 2. Al azar; 3. Agregados uniformemente difusos; 4. Agregados al azar; 5. Agrupados con agregación

nación como la migración y la mortalidad, influyen en la dinámica de las poblaciones.

3.8. Relaciones interespecíficas en las comunidades bióticas

Las distintas especies de organismos que viven en determinada área forman parte de la misma comunidad y ecosistema y, por lo tanto, se afectan mutuamente de diversas maneras. En esencia, una comunidad está conformada por numerosas poblaciones de especies que incluyen esencialmente productores y consumidores. Los productores son los seres autótrofos, los organismos vegetales fotosintetizadores (algas, bacterias y plantas) y los consumidores incluyen los herbívoros, quienes dependen de las plantas verdes para conseguir la energía (carbohidratos, lípidos y proteínas) que requieren para vivir. Los carnívoros, por su parte, la obtienen cuando se alimentan de los herbívoros.

Todos los organismos a su vez dependen de los descomponedores (hongos y bacterias) que liberan al ambiente de restos muertos y excreciones, que de otro modo, en corto tiempo, harían la vida imposible. Larvas de insectos y otros artrópodos, anélidos, miriápodos y otros animales subterráneos trabajan en el suelo y cambian sus características, determinando el número y tipos de plantas que pueden crecer en él.

Las plantas altas proyectan su sombra sobre los organismos que viven bajo ellas, y cambian el tipo de vientos y la humedad a que éstos están expuestos. Las plantas proporcionan a los animales protección y lugares para anidar. Al mismo tiempo dependen de los polinizadores para poder completar su proceso reproductivo. Así se podría continuar con esta lista de interacciones.

Pero lo importante es resaltar que una comunidad no es simplemente una colección de diferentes poblaciones de especies que casualmente son capaces de vivir bajo las condiciones de un lugar, sino un sistema integrado de interacciones entre especies que comparten un ecotono. Dichas interacciones constituyen mecanismos o procesos a través de los cuales los ecosistemas logran regular y mantener el equilibrio entre las numerosas poblaciones de individuos que conforman la comunidad o biocenosis.

En el estudio de las interacciones interespecíficas tradicionalmente se han considerado las siguientes categorías:

a) **Simbiosis**: es la asociación entre dos especies en la cual, una o las dos participantes, se benefician mutuamente. Comprende a su vez el **amensalismo**, el **comensalismo** y el **mutualismo**.

b) El **Antagonismo**: relación en que al menos una de las dos especies resulta perjudicada. Comprende: la **Competencia**, el **Parasitismo**, la **Depredación** y la **Antibiosis**.Vico-Gray (2001) y Jose *et al*. (2004).

3.9. Simbiosis (o Sinergia)

El término simbiosis es utilizado de diferentes maneras en la literatura biológica. Algunos autores lo aplican sólo en los casos en que dos especies viven juntas con beneficio mutuo. Otros lo aplican no sólo en casos en que ambas especies se benefician, sino también cuando sólo una especie se beneficia, mientras que la otra no sufre daño (Figura 3.7). Aquí usaremos el término con un sentido más amplio. Etimológicamente, simbiosis significa sencillamente "vivir juntos". Este es el significado que se le dio a la palabra cuando se introdujo por primera vez en Biología, aunque la tendencia hoy día es a referirse al término **sinergia** como sinónimo de simbiosis (Vico-Gray, 2001; Jose *et al*., 2004).

No obstante, se reconocen tres tipos de interacción en esta categoría. La primera es el **comensalismo**, que se aplica a una relación en la cual una especie se beneficia mientras que la otra no sufre daño, ni recibe beneficio. La segunda es el **mutualismo**, en la cual ambas especies se benefician. La tercera es el **amensalismo**, donde una especie se inhibe y la otra no es afectada.

Fundamentos de Ecología

Cuadro 3.1. Interacciones entre dos especies descritas en la literatura ecológica

Interacción	Efecto de la interacción sobre la especie 1	Efecto de la interacción sobre la especie 2	Naturaleza de la interacción
Neutralismo	0	0	Ninguna especie es afectada por la otra
Amensalismo	-	0	Una especie se inhibe y la otra no es afectada
Comensalismo	+	-	Una especie se beneficia y la otra no es afectada
Mutualismo	+	+	Ambas especies se benefician mutuamente
Competencia	-	-	Ambas especies son afectadas negativamente como resultado del uso de cada una de los recursos
Depredación, Parasitismo	+	-	Una especie se beneficia a expensas de la otra

El símbolo + significa beneficio o ventaja para una especie; el – significa perjuicio o daño y el 0 ni ventajas ni daños. Adaptado de Vico-Gray (2001) y Jose et al. (2004)

Figura 3.7. Interacción entre especies en un mismo hábitat. A la izquierda, el búfalo es asistido por las garzas para eliminar los ectoparásitos; a la derecha, las rémoras y los tiburones son inseparables

3.9.1. Comensalismo

El comensalismo puede manifestarse a través de los mecanismos de facilitación que una especie brinda a otra, como por ejemplo, el refugio ante el estrés físico, ante la predación o la competencia; o mejorando la disponibilidad de recursos, como es el caso de las plantas epífitas que pueden recibir mayor cantidad de luz en las ramas altas de los árboles donde crecen. Refugio, soporte, transporte y alimento son algunas de las ventajas que una especie comensal obtiene de su asociación con la especie huésped. Por ejemplo, en los bosques tropicales, muchas pequeñas plantas, las epífitas, crecen en las ramas u horquetas de los grandes árboles. Estos comensales, entre los que se encuentran las especies de orquídeas y bromeliáceas, no son parásitos, ya que usan los árboles como soporte, sin extraer alimento de ellos (Figura 3.8). Aparentemente no dañan a su huésped, excepto cuando se agrupan en tal cantidad que dificultan su crecimiento o provocan rupturas en las ramas. Un tipo similar de comensalismo es el uso que los pájaros hacen de los árboles para nidificar.

Fundamentos de Ecología

Figura 3.8. Relaciones entre comensales. A la izquierda, árboles con nidos de arrendajos; a la derecha, Bromelia creciendo sobre rama de un árbol

Es difícil, a veces, descubrir el beneficio que surge de una relación de comensalismo. Por ejemplo, ciertas especies de lapas sólo prosperan fijadas al lomo de las ballenas, mientras que otras sólo se desarrollan fijadas a las lapas que a su vez se fijan a las ballenas. No está claro cuál es la ventaja que aprovechan estos grupos de moluscos, excepto que evidentemente, encuentran bases de apoyo poco ocupadas y un medio de transporte que aumenta su dispersión. No obstante, es difícil ver cómo estos beneficios han llegado a ser suficientes para provocar el desarrollo evolutivo y la especialización.

En otros casos de comensalismo el beneficio es muy evidente. Algunas especies de peces, por ejemplo, viven normalmente en asociación con las anémonas de mar, obteniendo de ellas protección y refugio, a veces robándoles parte de su alimento. Estos peces nadan libremente entre los tentáculos de las anémonas, a pesar de que otros peces son paralizados rápidamente cuando tocan estos tentáculos. Las anémonas se alimentan de peces, pero la especie que vive en comensalismo con ellas, a veces, llega a entrar en la cavidad gastrovascular sin sufrir ningún daño aparente. Las adaptaciones fisiológicas y de comportamiento que hacen posible esta relación de comensalismo deben ser realmente importantes.

Otro ejemplo curioso es el de un pequeño pez tropical *(Fieraster)* que habita en el recto de una especie de pepino de mar. El pez sale periódicamente para alimentarse y luego vuelve a su extraña guarida, hurgando primero el orificio rectal del huésped con su hocico y luego dando vueltas rápidamente para entrar en retroceso. Otro ejemplo es el de un pequeño cangrejo que vive en la cavidad del manto de las ostras. El cangrejo entra allí en su estado larval y puede llegar a crecer tanto, que la apertura entre las valvas de las ostras resulta demasiado estrecha para que pueda escapar. Queda así convertido en un muy bien protegido prisionero. Toma una parte del alimento de la ostra, pero, aparentemente, no le causa ningún daño significativo.

3.9.2. Mutualismo

Son muchos los ejemplos de relaciones que benefician a ambas especies. Por ejemplo, la relación entre una planta y los insectos que intervienen en su polinización es evidentemente mutualística, lo mismo que la relación entre las leguminosas y las bacterias fijadoras del nitrógeno presentes en sus rizoides. Se considera también del término de simbiosis mutualística en el caso de las interacciones permanentes y cercanas entre dos especies, como es el caso de la relación entre una termita o una vaca y los microorganismos que, en sus tractos digestivos, digieren la celulosa; o entre un alga y un hongo que constituyen los líquenes. Aparentemente, el hongo se beneficia de la actividad fotosintética del alga, y ésta de la retención del agua por las paredes del hongo.

El comensalismo y el mutualismo son partes de un espectro continuo de interacciones positivas posibles. Hemos llamado comensalismo a la relación entre las epífitas y su huésped, pero hemos reconocido que a veces el huésped puede sufrir daños. ¿Deberíamos clasificar esos casos como parasitismo? También podría discutirse el caso de los peces que viven en comensalismo con las anémonas. ¿Habría desarrollado las anémonas tal adaptación a menos que la relación las beneficiara? Si esto es así, ¿no debería hablarse más bien de mutualismo? Y en el caso del cangrejo y la ostra, ¿estamos seguros que la relación no es de algún modo nociva para la ostra? ¿Cómo podemos asegurar que el cangrejo no la daña al quitarle parte de su alimento? ¿No sería esto parasitismo? También puede discutirse la clasificación de los líquenes. Las especies de algas que se encuentran en los líquenes también pueden vivir solas, no así los hongos. ¿No se debería hablar de comensalismo, o quizás de parasitismo?

En realidad, en la mayoría de estos casos, no es importante el esquema de la clasificación que se elija, ya que las categorías son sólo instrumentos mentales para ayudarnos a entender la naturaleza. Lo importante es recordar que las subdivisiones carecen de límites netos y que cada caso de mutualismo es diferente de los demás.

Una de las interacciones mutualísticas más estudiadas es la que se establece entre plantas y animales. Las plantas ofrecen alimento o refugio a los animales, y estos a su vez facilitan la polinización (himenópteros, lepidópteros, coleópteros, aves), ayudan a dispersar la semillas (aves, primates y murciélagos), o protegen a la planta de los herbívoros

Fundamentos de Ecología

defoliadores o chupadores (hormigas, artrópodos depredadores). Las intrincadas interacciones en cada una de las posibles combinaciones, por ejemplo plantas-abejas o plantas-hormigas (Figura 3.9), están determinadas por muchos factores y escalas, los cuales a su vez normalmente tienen una estructura causativa, jerárquica y compleja (Vasquez *et al.*, 2009):

1. La riqueza de las especies involucradas: una red puede estar circunscrita a un par de especies específicas, o a una especie de planta y varias de animales (o viceversa), o a varias especies de plantas y animales, lo cual hace que la interacción sea progresivamente más compleja, tendiendo a la estructuración de redes asimétricas y bajo patrones de agrupación o anidamiento.[1]
2. *La abundancia y distribución de cada especie* involucrada: las especies más abundantes interactúan con mayor frecuencia e intensidad y tienden a la estabilidad del sistema.
3. *La distribución espacio-temporal de individuos y especies:* aunque este factor no ha sido estudiado en profundidad, se sabe que las especies involucradas en redes mutualistas deben compartir rangos de espacios geográficos y temporalidad solapada.
4. *La coincidencia de caracteres fenotípicos y de comportamiento* (tamaño morfología, colores, tipo de recurso ofrecido, época de floración, ciclo de vida): los cuales determinan la conectancia y el anidamiento que pueda haber entre los componentes de la red.
5. *La relación filogenética* entre las especies involucradas: determinan el grado de intensidad en las interacciones, en especial en las redes más complejas (múltiples especies de plantas y animales).

3.10. Antagonismo

Como señalamos antes, el antagonismo ocurre cuando al menos una de las dos especies resulta perjudicada, bien porque se dificulta su acceso a los recursos, o bien porque su integridad física se vea amenazada. Incluye cuatro tipos de interacciones: **competencia, parasitismo, depredación y antibiosis.**

3.10.1. Competencia

La **competencia** se puede definir como una interacción biológica entre organismos o especies, en la cual la aptitud o adecuación biológica de uno es limitada o afectada como consecuencia del uso de los recursos por otra especie. Los ecólogos utilizan esta palabra de muchas maneras. Algunos le dan un significado muy amplio, incluyendo cualquier interacción dañina para uno o ambos de los individuos interactuantes, lo que incluye el parasitismo y la depredación, pero en la actualidad éstas se consideran como tipos de antagonismo (Vigo-Gray, 2001). La competencia entre miembros de la misma especie se llama competencia intraespecífica y la que tiene lugar entre miembros de diferentes especies es competencia interespecífica. La competencia no siempre es un fenómeno simple y directo y puede ocurrir en formas indirectas.

Según el principio de exclusión competitiva, las especies menos aptas para competir deben adaptarse para lograr la coexistencia o, de lo contrario, se extinguen, ya que de acuerdo con la teoría de la evolución, la competencia dentro de una especie y entre especies juega un papel fundamental en la selección natural. La competencia es considerada históricamente como uno de los mecanismos en la estructuración de las comunidades, determinando los patrones de diversidad, abundancia y distribución.

En general, la competencia ocurre cuando dos o más especies utilizan un mismo recurso disponible en cantidades limitadas, como el alimento, agua, luz, refugio, espacio, lugar de nidificación o parejas para la reproducción (Figura 3.10).

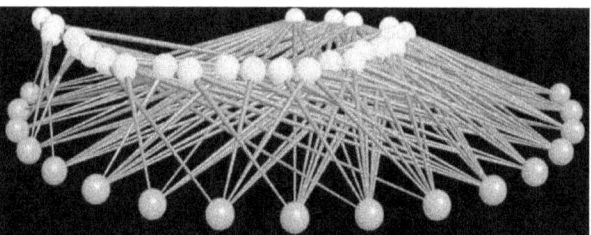

Figura 3.9. Red planta-animal de polinización. Los nodos verdes y amarillos representan plantas y especies de animales, respectivamente. El vínculo o conexión entre una planta y un animal indica que la primera es polinizada por el segundo. Fuente: Vasquez et al. (2009)

---

[1] Ver capítulo 2, sec. 2.9

Figura 3.10. La competencia por la luz es una característica de las comunidades selváticas. (Foto: A. Romero S.)

Cuanto más similares son las necesidades de las especies, más intensa es la competencia. Se reconocen tres mecanismos, directos o indirectos, por los cuales tiene lugar la competencia:

- **Competencia por interferencia**: ocurre directamente entre individuos mediante el acto de agresión, por ejemplo, cuando un individuo interfiere con el forrajeo, supervivencia, reproducción de otros, o por prevención directa del establecimiento de una porción del hábitat. La preservación y defensa del territorio es un rasgo de la competencia común en poblaciones de muchas especies.
- **Competencia por explotación**: ocurre indirectamente por medio de un recurso limitado común que actúa como un intermediario. Por ejemplo, el uso de un recurso por unos causa la escasez para otros o, también la competencia por espacio, desplazando a ahuyentando al competidor.
- **Competencia aparente**: ocurre indirectamente entre dos especies que, por ejemplo, son presas de un depredador común. En tal caso hay competencia por el espacio libre de depredadores.

La competencia por interferencia conduce por lo general a la extinción de una de las especies, mientras que en la competencia por explotación entre algunas especies puede llegarse a la coexistencia de ambas, aunque con una disminución del potencial de crecimiento, mediante el reparto de los recursos disponibles, evadiendo así el principio de la exclusión competitiva.

3.10.2. Parasitismo

Las mismas salvedades que se hicieron al hablar de la distinción entre las formas de mutualismo se pueden hacer con respecto al parasitismo y la depredación. Generalmente, la distinción estriba en que el predador consume su presa rápidamente y sigue su camino, mientras que el parásito pasa buena parte de su vida sobre o entro de su huésped en una forma nociva para éste. Aunque puede haber casos intermedios, es conveniente distinguir entre depredación y parasitismo, ya que muchos organismos desarrollan adaptaciones características para llevar estos tipos de vida.

Los parásitos pueden ser externos e internos. Los externos o ectoparásitos viven sobre la superficie exterior del huésped, alimentándose generalmente de su pelo, plumas, escamas, piel o chupando su sangre. Los parasitoides son aquellos que colocan sus huevos dentro del huésped, para que las larvas se alimenten de él. Los parásitos internos o endoparásitos pueden vivir en los espacios de los diversos conductos del cuerpo o pueden introducirse en tejidos como los músculos o el hígado. En otros casos, como los virus y algunas bacterias y protozoos, viven dentro de las células del huésped, parásitos intracelulares.

Los parásitos, además de eliminar algunas estructuras de su organismo, han desarrollado otras muy específicas, como la piel resistente a las enzimas digestivas de los huéspedes o los ganchos y el aparato chupador para aferrarse a la pared intestinal.

Pero, quizás, las adaptaciones más interesantes de los parásitos internos son las que se relacionan con su ciclo vital. Como los huéspedes no viven eternamente, las especies parásitas necesitan un mecanismo para trasladarse de uno a otro, so pena de ver comprometida su existencia como especie.

Por eso, se observa que todos los parásitos internos se trasladan de un individuo a otro en algún momento de su existencia; en general, siguiendo procesos y rutas complicadas. Por ejemplo, los huevos de la tenia que vive en el intestino humano, son arrastrados al exterior con las heces. Si una vaca come plantas contaminadas por estas heces, los huevos se desarrollan en su intestino y producen larvas que perforan la pared intestinal, alcanzan un vaso sanguíneo y son transportadas por la sangre hasta un músculo, donde se enquistan. Si un hombre come la carne cruda o poco cocida, la larva se activa en su intestino, la cabeza de la larva se fija a la pared intestinal y se desarrolla una tenia (solitaria) madura. De este modo, la tenia pasa por dos huéspedes duran-

Fundamentos de Ecología

te su ciclo vital; uno intermedio (la vaca) y uno definitivo (el hombre) donde madura (Figura 3.11).

Este ciclo es algo complejo, ya que hay parásitos con dos o tres huéspedes intermediarios y etapas larvales de vida libre. Tal complejidad hace que la probabilidad de un individuo de encontrar la sucesión adecuada de huésped sea baja. Muchos individuos mueren sin completar su ciclo. Esta alta mortalidad se encuentra compensada por una alta fertilidad, gracias a estructuras reproductivas muy bien desarrolladas, que en algunos casos ocupan casi todo el cuerpo.

Además, muchos parásitos son hermafroditas, lo que también mejora sus probabilidades de supervivencia, ya que sería excesivamente difícil que dos individuos de distinto sexo se encontraran en el mismo huésped. Así como el huésped desarrolla mejores defensas, el parásito a su vez evoluciona, y mejora los medios de superarlas y, aunque esta influencia evolutiva mutua, continúa mientras se mantiene la relación de parasitismo entre ambas especies, lo común es que se llegue a una situación de equilibrio, en la cual la especie huésped sobrevive sin ser excesivamente dañada y la especie parásita prospera moderadamente.

Probablemente, la mayoría de las relaciones de parasitismo muy antiguas son de este tipo equilibrado. Aquéllas en las que el huésped sufre daños serios, son por lo general relaciones relativamente recientes, o en las cuales ha aparecido recientemente una forma nueva muy virulenta de parásito. También ocurre en aquéllas en las que la especie más dañada no es el huésped principal. Se conocen muchos casos de este último tipo en los que el hombre es sólo huésped ocasional y sufre trastornos serios, mientras que los animales que son el huésped principal no parecen padecer molestias graves.

Para Lafferty *et al.* (2008), el parasitismo como estrategia de consumo más común entre los organismos, se ha enfocado recientemente hacia la inclusión de los agentes de enfermedades infecciosas en la cadena alimentaria. El valor de este esfuerzo será fructífero si los parásitos afectan a las propiedades de la cadena alimenticia. Los parásitos tienen el potencial de alterar la topología única de la red alimentaria en términos de la longitud, conectividad y robustez de la cadena. Además, los parásitos pueden afectar la estabilidad de la red alimentaria, la intensidad de interacción y el flujo de energía. La estructura de la red alimentaria también afecta a la dinámica de las enfermedades infecciosas, porque los parásitos dependen de las redes ecológicas en las que viven. Estos autores señalan que la incorporación de los parásitos en las redes tróficas es muy sencilla. Podemos empezar con redes alimentarias actuales y añadir los parásitos como nodos de la misma, o podemos tratar de construir las redes alimentarias en los sistemas para los que ya tenemos una buena comprensión de los procesos infecciosos. Aunque los parásitos pueden afectar a la topología de red, no hay mucha información sobre cómo los parásitos afectan a diversos aspectos de las dinámicas ecológicas, incluyendo la variación de la abundancia entre las especies y los flujos a lo largo de los enlaces.

Las investigaciones sobre la dinámica de las complejas redes ecológicas utilizan diversos enfoques; los más recientes de ellos son los modelos bioenergéticos no lineales. En comparación con otros consumidores, los parásitos pueden tener coeficientes diferentes en la escala metabólica, las respuestas funcionales y las conexiones con otras especies. Estas variables son determinantes críticos de la conducta de los modelos bioenergéticos de la red alimentaria. Además, la diversidad de especies que consumen un parásito — una

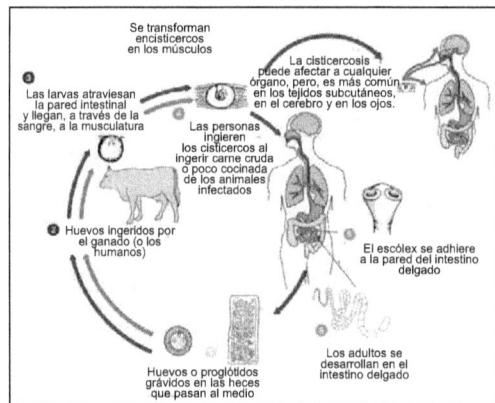

Figura 3.11. Un ejemplo de relaciones parasíticas entre un parásito y el huésped. El ciclo de la *Tenia* sp

Fundamentos de Ecología

medida topológica de la vulnerabilidad de una especie— puede diferir de la de especies no parasitarias de tamaño similar, porque los parásitos están protegidos de los depredadores, mientras viven dentro de sus huéspedes. Lafferty *et al*. (2008) concluyen que los estudios recientes sobre el tema apuntan a un potencial considerable para aprender sobre los ecosistemas, incluyendo los parásitos en las cadenas alimentarias. El beneficio potencial más grande para la sociedad al analizar los parásitos en las redes tróficas, será una mejor comprensión de la dinámica de enfermedades infecciosas.

3.10.3. Depredación

Definiremos a un depredador como un organismo de vida libre que mata y se alimenta de otros seres vivos. Es, evidentemente, una definición amplia que abarca no sólo a los carnívoros sino a los herbívoros.

La mayoría de los depredadores son animales, pero algunos son plantas (las llamadas plantas carnívoras). Muchos de los depredadores carnívoros y algunos herbívoros matan a su presa, pero algunos carnívoros (mosquitos, tábanos) y muchos herbívoros, sólo devoran una parte de la presa, que generalmente sobrevive. Los depredadores son generalmente muchos menos específicos que los parásitos.

El efecto de una "especie-depredadora" sobre la "especie-presa" varía. En algunos casos el depredador puede reducir tanto el número o distribución de la presa que ésta se extingue. En otros, su efecto es mínimo, sea porque su número respecto al de las presas es muy bajo, o porque generalmente usa otras fuentes de alimentos. Lo más común es el caso intermedio, en que el depredador contribuye a reducir la población de la presa, pero sin poner en peligro su existencia, lo que es beneficioso para la existencia de ambas especies, ya que regula la población de la presa, que de otro modo podría sobrepasar la capacidad del ambiente. Se alcanza un equilibrio que favorece también al depredador, ya que la desaparición severa de la población de la presa, significaría una disminución en los recursos del depredador, lo que podría afectar seriamente su población.

Las **Cascadas tróficas** ocurren cuando los depredadores en una red alimentaria suprimen la abundancia de sus presas, liberando así al nivel trófico inmediatamente inferior (o herbívoros si el nivel trófico intermedio es un herbívoro) de la depredación. Por ejemplo, si la nutria de mar ve disminuida su población, la abundancia de sus presas —los erizos de mar — debería aumentar, y a su vez la abundancia del kelp gigante sería menor (Figura 3.12). Esta teoría ha estimulado nuevas investigaciones en muchas áreas de la Ecología. Las cascadas tróficas también pueden ser importantes para la comprensión de los efectos de la eliminación de los principales depredadores de cadenas alimentarias, como los seres humanos han hecho en muchos lugares a través de la caza discriminada y las actividades pesqueras excesivas. Por ejemplo, si la abundancia de grandes peces piscívoros se incrementa en un lago, la abundancia de sus presas, los peces zooplanctívoros, debería disminuir y ello conduciría a gran abundancia del zooplancton, lo que a su vez debería disminuir la biomasa de fitoplancton.

Los factores que influyen en este equilibrio entre depredador y presa son, entre otros:

1. Las poblaciones y tamaños relativos de ambas especies.
2. La vulnerabilidad de la presa para el depredador.
3. El grado en que el depredador utiliza otras fuentes de alimentos.
4. La cantidad de energía que el depredador obtiene consumiendo cada presa.

3.10.4. Antibiosis

Una forma muy particular de competencia es la que se realiza excretando al ambiente metabolitos poco dañinos para la especie que los produce, pero muy tóxicos, dañinos o repelentes para otras especies. Este tipo de interacción es llamado antibiosis. Un ejemplo son las plantas que, cuando se desarrollan sin competidores, toleran intervalos de pH del suelo bastante amplios; mientras que cuando se hallan en presencia de competidores, inducen en el suelo un pH

Figura 3.12. Los predadores, en este caso las nutrias, se encuentran en la cúspide de la pirámide alimentaria y su ausencia puede alterar la composición del ecosistema.

Fundamentos de Ecología

muy bajo que las otras especies no toleran. Otras plantas, como la *Encelia farinosa*, que vive en zonas desérticas donde la competencia por el agua es muy intensa, produce en sus hojas un derivado del *benzaldehído* que impide el crecimiento de otras especies en sus cercanías. Hay dos especies de cebada cuyas raíces excretan alcaloides que obstaculizan el desarrollo de otras especies. Otros ejemplos de antibiosis los tenemos en el eucalipto, el nogal negro americano *(Junglans nigra)* y algunas algas como *Chlorella vulgaris*, que produce un antibiótico contra las diatomeas.

Un ejemplo muy importante de antibiosis lo constituye la relación entre hongos y bacterias. Se ha comprobado que en los medios donde abundan ciertos hongos, las bacterias no existen o están muy controladas. Esto se debe a ciertas sustancias químicas producidas por los hongos, como el *Penicilium*, que impiden el desarrollo bacteriano.

Estas observaciones han permitido a la ciencia, desde hace aproximadamente 70 años, encontrar la aplicación de estas sustancias con fines curativos contra enfermedades cuyo agente productor es una bacteria. De este modo se han descubierto los **antibióticos**. El primero de ellos fue la **penicilina** que debe su nombre al hongo del cual se extrae *(Penicilium notatum)* y que fue descubierto en 1944 por Alexander Fleming. En la actualidad se han descubierto numerosos antibióticos que se utilizan exitosamente en la curación de muchas enfermedades infecciosas. La antibiosis también tiene aplicación en el control biológico de pestes (plagas y enfermedades), cuando se utilizan especies como *Trichoderma y Beuveria*, capaces de producir metabolitos que afectan el desarrollo de otros seres vivos, en el control de bacterias e insectos que afectan algunos cultivos como el café y las hortalizas.

3.11. La competencia como factor limitante

Como se ha podido evidenciar de los expuesto anteriormente, la competencia es uno de los principales factores limitantes dependientes de la densidad de población. La existencia saludable de la mayoría de los organismos depende de la utilización de recursos que se encuentran en cantidades limitadas, sean estos: agua, comida, espacio o luz. A medida que aumenta la densidad de la población, la competencia por esos recursos se hace más intensa y su efecto nocivo más efectivo para limitar la población. Esto vale tanto para la competencia entre especies como para la competencia entre individuos de una misma especie.

Un ejemplo familiar es el del cantero o almácigo de flores, donde si las plantas están demasiado cercanas entre sí, algunas se debilitarán; las plantas restantes crecerán bien. La declinación de las poblaciones de linces en la bahía de Hudson y de los ciervos en Kaibab puede considerarse causada por la intensa competencia por una provisión limitada de alimentos.

Se ha discutido mucho sobre la importancia relativa de la depredación y la competencia como factores limitantes. No hay, una vez más, leyes generales exactas. Algunos biólogos sugieren que se pueden identificar factores característicos para los distintos niveles tróficos. Sostienen que "el mundo es verde", es decir que, en condiciones normales, los herbívoros no están limitados por la escasez de alimentos. La población de productores, según ellos, está limitada por la competencia por los recursos, en especial la luz; la población de consumidores primarios, por la competencia, por el alimento, y la población de los consumidores secundarios, en general, por la depredación.

Otros factores limitantes importantes son los fenómenos endocrinos y de comportamiento ocasionados por las altas densidades de población. Estos fenómenos pueden manifestarse mediante la disminución de la fertilidad, el aumento de la mortalidad de los embriones, y de la susceptibilidad a las enfermedades o los parásitos, el aumento de comportamiento agresivo hacia otros individuos, incluidos los del sexo opuesto y las crías.

En algunos casos la superpoblación desencadena comportamientos migratorios, como en la langosta (*Locusta migratoria*); algunas de estas migraciones, como en el caso del leming escandinavo, terminan con verdaderos suicidios en masa en el mar.

3.12. La complejidad de las interacciones en las comunidades

Los avances de la investigación Ecológica bajo el enfoque de la complejidad ha permitido en la actualidad que la ecología de poblaciones y comunidades vaya más allá de las listas de factores que influyen en su estructuración y distribución, permitiendo el establecimiento de marcos de predicción acerca de dónde, cuándo y cómo los múltiples factores pueden influir, tanto individualmente como en combinación, en la estructura de las comunidades. El avance proviene no solo de indagar si determinados factores tienen efectos detectables en la estructura de la comunidad, sino también en la cuantificación de la magnitud de los efectos que determinan su importancia relativa.

Adicionalmente, ahora se reconoce que tanto la magnitud como el resultado de las interacciones pueden cambiar en función del contexto biótico y abiótico. Por ejemplo, muchos estudios han demostrado una influencia sustancial de las condiciones locales o del paisaje sobre la abundancia de las especies y los resultados de las interacciones entre ellas. Los hongos micorrízicos interactúan mutualísticamente con sus plantas hospedantes en condiciones de baja humedad o nutrientes, pero se convierten en parásitos en los entornos altos en nutrimentos y agua (Agrawal *et al.*, 2007).

De esta manera, tres áreas principales se han desarrollado en el estudio de la población y la ecología de las comunidades:

- la fortaleza y modificación de las interacciones de las especies a través de múltiples escalas,
- la importancia de las reacciones dentro y fuera de las escalas ecológicas y
- el patrón y proceso de la coexistencia de especies.

Un análisis de los rasgos o características de los organismos, determinado por la variación ambiental, la selección

Fundamentos de Ecología

natural y la historia filogenética es una vía clave para tales propósitos. En el área de retroinformación individual y comunitaria, los avances teóricos y empíricos son necesarios, ya que estos procesos pueden generar resultados inesperados pero valiosos para el desarrollo teórico. También debe tenerse en cuenta los aspectos emergentes en la investigación sobre las mediciones del cambio global y la cuantificación del tamaño y las fuerzas de interacción, que están dando lugar a importantes conocimientos sobre las fuentes de variación en la estructura de la comunidad.

Los indicadores del efecto del tamaño en la población se han utilizado para comparar e integrar los resultados de múltiples estudios aislados de medición del efecto de un determinado factor en una comunidad específica (meta-análisis). Este enfoque de meta-análisis ha permitido correlacionar la variación entre el estudio de la facilidad o resistencia del efecto de algunos factores y el efecto de otras covariables intervinientes existentes en las comunidades. Por ejemplo, a pesar de que el mutualismo está recibiendo creciente atención en la Ecología, los impactos de tales interacciones positivas en la estructura y la función de la comunidad no se han integrado con la teoría general a través de las pruebas empíricas que la teoría necesita.

Así, una porción muy grande (a menudo >50%) de los efectos indirectos que se producen entre los depredadores, los herbívoros y las plantas reflejan los efectos que los primeros tienen sobre el comportamiento de la presa (por ejemplo, tasas de alimentación, el comportamiento de clandestinidad, la emigración), en lugar de la reducción directa en la densidad de presas. La depredación y los efectos sobre el comportamiento de las presas son una ilustración de un proceso mucho más amplio, en el que las respuestas de los rasgos fenotípicos al medio ambiente modifican el contexto de las interacciones entre las especies, alterando cuantitativamente la dinámica de la población, las fortalezas de las interacciones y los resultados en el comportamiento de la comunidad.

La mayoría de los organismos exhiben **plasticidad fenotípica**, o la capacidad de un organismo de producir fenotipos diferentes en respuesta a cambios en el ambiente (Gianoli, 2004). Este concepto se visualiza en la norma de reacción, que es el rango de respuestas fenotípicas de un genotipo expresado en un gradiente ambiental. Si bien la plasticidad fenotípica puede simplemente describir cambios morfológicos y fisiológicos de los individuos, resulta de mayor interés estudiar el valor potencial adaptativo de dichos cambios. La plasticidad fenotípica es un fenómeno que se da en una escala ecológica y sus consecuencias en este rango son evidentes, por ejemplo, el aumento de la tolerancia a hábitats extremos. Sin embargo, sus consecuencias evolutivas pueden ser significativas, al modular la acción de la selección natural. El significado adaptativo de la plasticidad fenotípica se puede determinar a la escala del individuo, de la población y de la especie. En el primer caso, enmarcado dentro de una perspectiva ecofisiológica, se indaga por el significado funcional de las respuestas plásticas observadas en los fenotipos. En el segundo caso, orientado a la ecología evolutiva, se aborda la relación entre la norma de reacción y la adecuación biológica de genotipos representativos de una población. En el tercer caso, vinculado con la ecología clásica, se estudia el rol de la plasticidad fenotípica en los patrones de distribución de una especie.

Un ejemplo relevante para las interacciones (intra e interespecíficas) en las distintas poblaciones de las comunidades bióticas es la ocurrencia de diferentes escalas, tamaños, edades o etapas ontogénicas dentro de una población (Miller y Rudolph, 2011), que conducen a una amplia heterogeneidad de comportamientos en las relaciones de mutualismo, competencia, antagonismo, depredación y canibalismo. En algunos organismos, las diferencias ecológicas y morfológicas entre las etapas son dramáticas (anfibios, insectos y muchos invertebrados marinos holometábolos), mientras que en otras (muchas plantas, peces y arácnidos), las diferencias pueden ser más graduales. Cada etapa del ciclo de vida de un organismo es dinámicamente vinculada a la otra a través de procesos demográficos de crecimiento, supervivencia y reproducción, dada su influencia en la densidad de individuos de una etapa o en varias etapas, en un momento dado, la estabilidad de la dinámica entre consumidores y recursos, y las intensidades de las interacciones (competencia, predación, canibalismo).

 Fundamentos de Ecología

Las comunidades del ecosistema

Capítulo 4

4.1. Concepto de comunidad

Como hemos visto en capítulos anteriores, los vegetales y animales no viven aislados, en el sentido absoluto de la palabra, ya que se necesitan recíprocamente para subsistir. La comunidad es un nivel de organización que comprende varias poblaciones de animales o plantas que viven en un área determinada y que interactúan directa o indirectamente entre sí. **La comunidad** constituye una unidad ecológica cuya dimensión es muy elástica, tanto respecto al número de individuos o poblaciones que la forman, como a la extensión territorial o espacial que cubre.

Hoy en día hay la tendencia a sustituir el término comunidad por el de **biocenosis** (del griego *bios* = vida y *koinos* = conjunto), tal vez, para darle mayor precisión y evitar la confusión que se deriva del empleo del término comunidad, utilizado en el lenguaje corriente con otras acepciones e interpretaciones.

Estudiando un "banco de ostras" en 1877, Möbius introdujo por primera vez el término biocenosis definiéndolo así:

"una agrupación de seres vivos que responden por su composición, número de especies e individuos a ciertas condiciones generales del medio: salinidad, sustrato adecuado, alimento suficiente y temperatura favorable a su desarrollo; están ligados por una dependencia recíproca y se mantienen en posesión de un territorio determinado en virtud de su propia reproducción".

Por lo tanto, aceptando que ambos términos son sinónimos, una comunidad o biocenosis puede estar integrada por vegetales, animales o ambos. A veces se habla de comunidad vegetal o comunidad animal, pero, en general, la comunidad está integrada por vegetales y animales estrechamente relacionados entre sí y con los factores del medio. Esta organización, sin embargo, no es autosuficiente, ya que no existen sistemas totalmente cerrados y estáticos; por tanto, reciben influencia de otros sistemas ecológicos próximos. Así, el banco de ostras depende para su alimentación de las especies planctónicas arrastradas por las corrientes de agua.

Una definición aceptada de comunidad o biocenosis podría ser la de Shelford y otros autores, que se enuncia como el *"conjunto de organismos que se relacionan e interactúan entre sí, viven en un área determinada y tienen una organización trófica definida"*. A pesar de la precisión de esta definición, debemos reconocer que en la práctica resulta, a veces, difícil delimitar claramente una comunidad, debido a la complejidad de su estructura, sobre todo, cuando está formada por muchas especies, ya que existen relaciones entre los organismos que la componen y, a veces, con otros ajenos o exteriores a ella.

Otra definición de **biocenosis** se refiere al conjunto de seres vivos con relaciones e interacciones recíprocas y con los factores del medio. En este caso, la biocenosis está conformada por la suma de las fitocenosis, zoocenosis y microbiocenosis. Se caracteriza por una composición bien determinada y ocupa un espacio limitado llamado biotopo. Más recientemente se está utilizando una nueva definición de biotopo: la combinación del hábitat (o ambiente físico) con la comunidad (conjunto de especies) que lo ocupa, independientemente de las relaciones abióticas y bióticas que se sucedan en el marco del ecosistema. Con ello se busca caracterizar con más precisión la escala y magnitud del espacio físico del hábitat que junto con una comunidad de especies con-

Figura 4.1. Una comunidad la conforman el conjunto de plantas y animales que viven en un biotopo determinado

Fundamentos de Ecología

forman un biotopo. Ello resulta indispensable, al menos en los estudios de los ecosistemas costeros, para diferenciar los distintos biotopos que surgen en tan variados sistemas (Olenin y Ducrotoy, 2006).

4.1.1 La Especie como componente fundamental de la comunidad

El conjunto ampliamente diverso de seres vivos que conforman una comunidad se diferencia entre sí por sus características esenciales y particulares (morfología, tamaño, hábitos, sustrato que ocupan, entre otros), existiendo por lo general muchos de ellos que son capaces de reproducirse entre sí, pero no con otros. Esta capacidad de reproducción unívoca es el rasgo fundamental del conjunto de organismos que constituyen una **Especie**. Este concepto es esencial para entender, explicar y predecir la complejidad de los ecosistemas y los individuos que los integran. En Biología se denomina **especie** (del latín *species*) a cada uno de los grupos en que se dividen los géneros, es decir, la limitación de lo genérico en un ámbito morfológicamente concreto. Una especie es la unidad básica de la clasificación biológica o niveles taxonómicos. Por lo tanto, se considera convencionalmente como un grupo de organismos capaces de entrecruzarse y de producir descendencia fértil. La totalidad de las especies y organismos vivos constituye la biodiversidad del planeta. Se estima que existen alrededor de 10 a 100 millones de especies de organismos vivos, incluyendo bacterias, algas, hongos, líquenes, plantas superiores, animales invertebrados y vertebrados. Sin embargo, a la fecha sólo han sido identificados y clasificados 1,7 millones de ellas.

Van Valen (1976) ha propuesto el concepto de **especie ecológica**, según el cual la especie es un linaje (o un conjunto de linajes cercanamente relacionados) que ocupa una zona adaptativa mínimamente diferente en su distribución de aquellas pertenecientes a otros linajes, y que además se desarrolla independientemente de todos los linajes establecidos fuera de su área biogeográfica de distribución. En este caso, la concepción de **nicho** y **exclusión competitiva** son importantes para explicar cómo las poblaciones pueden ser dirigidas a determinados ambientes y traer como resultado divergencias genéticas y geográficas fundamentadas en factores eminentemente ecológicos. En tal sentido, ha sido ampliamente demostrado que las diferencias entre especies, tanto en forma como en comportamiento, están a menudo relacionados con diferencias en los recursos ecológicos que la especie explota. El conjunto de recursos y hábitats explotados por los miembros de una especie constituye el **Nicho ecológico** de esa especie; visto de otro modo, la especie ecológica es un conjunto de individuos que explota un solo nicho.

Uno de los temas principales de la ecología de finales del siglo XX y principios del actual es la formación o aparición de nuevas especies, o especiación, destacándose dos posibles mecanismos para su ocurrencia (Schluter, 2009):

- **La especiación ecológica**, referida a la evolución, a lo largo del tiempo, a través del aislamiento reproductivo dentro de poblaciones o sectores de una población, por su adaptación a diferentes ambientes o nichos ecológicos.

- **La especiación por mutaciones** se enfoca, por otro lado, en la evolución del aislamiento reproductivo por la ocurrencia y fijación al azar de diferentes alelos entre poblaciones en proceso de adaptación a presiones de selección similares.

En la actualidad, la Ecología evolucionaria, en conjunto con la Ecología molecular, se dedican al estudio y significación de cada una de estas dos posibilidades, en aras de definir claramente los procesos y fenómenos complejos que permiten la diferenciación de nuevas especies, a partir de las ya existentes.

La especiación ha sido el factor fundamental, a lo largo de millones de años, para la existencia de la biodiversidad que hoy conocemos. Los avances en las técnicas de observación y medición de los procesos evolutivos de los ecosistemas y poblaciones —relacionadas con el comportamiento y cambios en las características fundamentales de las diferentes especies, así como el avance de las técnicas biotecnológicas para el análisis del genoma— están aportando hipótesis y visiones interesantes (aunque todavía algunas de ellas requieren de confirmación empírica sólida) sobre este fenómeno determinante en los procesos y el funcionamiento de los ecosistemas.

4.1.2. Nicho ecológico y hábitat

Desde el punto de vista funcional, los elementos que constituyen una comunidad pueden considerarse como **tipos de correlación**. Al hablar de correlación en una comunidad, con frecuencia se introduce el concepto de nicho ecológico antes mencionado. Mucho se ha discutido sobre el sentido de este término; los autores lo han definido de distintas maneras, dándole mayor o menor amplitud, ya que algunos lo referían a la localización o espacio físico ocupado por una especie. Hoy en día se define, más bien, como la función que cada organismo o especie desempeña en la comunidad. El nicho, expresado en otros términos, comprende el lugar que ocupa un determinado ser vivo en el entorno en el cual puede persistir, su posición trófica, su función y sus relaciones con otras especies competidoras; mientras que el **hábitat** constituye la ubicación de la especie, es decir, el lugar donde vive, en el sentido más amplio.

Por lo tanto, el nicho es el hábitat compartido por varias especies y los factores bióticos y abióticos con los cuales el organismo se relaciona. Formalmente, el nicho ha sido descrito (Hutchinson, citado por Leibold y Geddes, 2005) como un híper volumen de n-dimensiones, donde cada dimensión corresponde a los factores antes descritos. De esta forma, el nicho involucra a todos los recursos presentes del ambiente, las adaptaciones del organismo a estudiar y cómo se relacionan estos recursos y adaptaciones (por ej., nivel de adaptación, eficiencia de consumo, nivel de espacio ocupado o compartido). El nicho ecológico permite que en un área determinada convivan muchas especies, herbívoras, carnívoras u omnívoras, habiéndose especializado cada una de ellas en una determinada planta o presa, sin competir unas con otras.

Fundamentos de Ecología

Figura 4.2. Una laguna o embalse constituye un nicho para algunas especies de anfibios (ranas y sapos), reptiles (babas) insectos y plancton. Embalse de Tierra blanca, estado Guárico. (Foto: A. Romero S.)

Actualmente se debaten diversas teorías y propuestas acerca del concepto de nicho (Vásquez, 2005), especialmente acerca de si las especies tienden a conservar su **nicho fundamental** o potencial (el espacio total de las variables climáticas) debido a la selección natural, al flujo de genes o a la falta de variabilidad; o si al menos tienden a persistir en el nicho actual, o espacio actual donde habita la especie, dependiendo de la capacidad para manejar o responder a las interacciones con otras especies y poblaciones, tales como la simbiosis, la predación, el parasitismo, la migración o invasión de especies foráneas, e incluso por factores antropogénicos.

Leibold y Geddes (2005), al revisar las concepciones de la ecología clásica de Elton y Hutchinson, las integran en una nueva definición, más referida al concepto de población:

"Nicho es la relación entre una población de organismos y su medio ambiente en la que las interacciones pueden operar en ambas direcciones: del organismo al ambiente y viceversa. De este modo, el ambiente afecta la aptitud esperada de un organismo (como en la definición de Hutchinson), pero a la vez responde a las actividades de los organismos (como lo propuesto por Elton)".

Bajo esta concepción, dichos autores separan dos componentes: componente de impacto y componente de respuesta y demuestran que ambos influyen sobre varios aspectos de la Ecología evolutiva, de poblaciones, de comunidades y de ecosistemas de manera muy distinta. Lo que puede tener implicaciones para la coexistencia de las especies, así como para las interacciones entre ellas, con el medio y sobre la dinámica de las poblaciones y comunidades dentro del ecosistema.

Con el inicio de la popularización de los Sistemas de Información Geográfica en la década de los años '90 y la mayor disponibilidad y manejo de grandes bases de datos, se dispone de nuevas herramientas para proyectar en el espacio ecológico y geográfico los modelos estadísticos del nicho.

Así han surgido distintas aproximaciones estadísticas y programas computacionales que permiten determinar la distribución espacial de las especies y ecosistemas, basándose en datos de presencia/ausencia (Pliscoff y Fuentes-Castillo, 2011).

4.2. Características de la biocenosis

Como todo nivel de organización, la biocenosis presenta algunas características propias que la tipifican y la hacen reconocible en la naturaleza. A continuación explicaremos las más importantes, ampliando las seis características reconocidas por Vega (2000).

1. **La diversidad de los seres vivos que la componen.** Plantas y animales de las más diversas especies coexisten, estableciéndose entre ellas relaciones mutuas o recíprocas, que hacen de este nivel de organización una unidad bastante estable y dinámica. **La riqueza de especies** es la medida más simple de la estructura de la comunidad y se refiere al número de especies que existen dentro de ella. La **abundancia relativa** se refiere al porcentaje de individuos de una especie con relación al total de individuos presentes en una muestra o conjunto de muestras. Se calcula con base en las muestras tomadas en diferentes puntos de la biocenosis. La abundancia relativa será mayor para una especie cuanto mayor sea el número de muestras en las que esté presente.

   La diversidad se expresa mediante el índice de diversidad, el cual indica tanto la riqueza como la abundancia relativa de especies de una comunidad y puede calcularse mediante fórmulas matemáticas. Uno de los índices de diversidad más simples y más utilizados es el índice de Diversidad de Simpson, el cual representa la probabilidad de que dos individuos seleccionados aleatoriamente en un hábitat sean de la misma especie (Smith y Smith, 2007). Este índice se calcula mediante la siguiente fórmula:

Fundamentos de Ecología

$$D = 1 - \sum (ni / N)2$$

Donde:

D = Índice de diversidad de Simpson
$\sum$ = Sumatoria de todas las especies
n = número de individuos de las especies i
N = Número total de individuos de todas las especies

El valor obtenido oscila entre 0 y 1, incrementándose con la diversidad. El índice de diversidad expresa el estado funcional y la edad de la comunidad. Un índice de diversidad bajo, significa condiciones duras o desfavorables del medio o comunidades muy jóvenes. Si el índice de diversidad es elevado, significa que las condiciones del medio son favorables, pues permiten la instalación de numerosas especies, aunque con pocos individuos, como ocurre en las selvas tropicales y en los arrecifes de coral (Figura 4.3).

2. **La dominancia**. La dominancia, al contrario de la diversidad, ocurre cuando una única o unas pocas especies predominan dentro de una comunidad. En la comunidad existen una o varias especies dominantes que ejercen una influencia decisiva. La dominancia no depende exclusivamente del número de individuos de una especie o especies, sino más bien de la combinación de características como el tamaño y número de individuos y la influencia de otros factores extrínsecos como la presencia de otras especies. El papel que cada organismo desempeña en la comunidad varía para cada una de ellas. Observando una comunidad, se puede notar que, entre la multitud de organismos que la constituyen, se encuentran una o dos especies que ejercen mayor influencia, ya sea por su abundancia, por su tamaño, por sus actividades o por su papel en la comunidad (Figura 4.4). La especie o grupo de especies que caracteriza a una comunidad se denomina dominante y el grado de dominio se puede expresar mediante el Índice de predominio.

3. Cuando se estudia la vegetación, se utiliza el **porcentaje de cobertura** para expresar la abundancia. Para expresar la dominancia se utiliza el coeficiente mixto abundancia-dominancia de Braun-Blanquet. Este coeficiente indica la abundancia de la especie (densidad) en relación con la superficie ocupada. Las especies con coeficiente más alto son las dominantes. Los coeficientes frecuentemente utilizados son:

• 5, cuando la especie cubre más de 75% de la superficie;
• 4, cuando cubre de 50 a 75%;
• 3, cuando cubre de 25 a 50%;
• 2, cuando cubre de 5 a 25%; y
• 1, cuando cubre menos de 5%.

4. En muchos ecosistemas se presentan las denominadas **Especies clave** (Payton, *et al.*, 2002), cuya actuación en el ecosistema tiene efectos desproporcionadamente altos y significativos sobre el mismo, en relación con su abundancia o biomasa. Tales especies pueden ejercer su acción de diversas maneras: controlando otras especies potencialmente dominantes, proveyendo recursos críticos, actuando como mutualistas, compitiendo con otras o modificando el ambiente. La eliminación de las especies clave genera cambios significativos en la estructura de la comunidad y a menudo resulta en una pérdida de diversidad. Las especies depredadoras dentro de una cadena alimentaria funcionan por lo general como especies clave. Un ejemplo lo constituyen las nutrias, que se alimentan de erizos de mar, ya que cuando aquellas decrecen en población, la de los erizos aumenta de manera espectacular. Otros ejemplos de especies clave son

Figura 4.3. El índice de diversidad de los arrecifes de coral está entre los más altos en la naturaleza

Fundamentos de Ecología

Figura 4.4. En las sabanas tropicales predominan las gramíneas

el plancton, los castores, los lobos y la múltiple diversidad de microorganismos que conforman la capa arable del suelo. Algunos ecólogos consideran algunas especies clave como ingenieros del ecosistema, a los cuales nos referiremos en la sección 4.9 de este capítulo. Las abejas constituyen una especie clave en los agroecosistemas, pues sin ellas no se fertilizan las flores, y no habría cosecha, por lo que se han convertido en una especie clave cultural, más allá de la ecología, por la dependencia que experimenta el sistema socio-ecológico por los alimentos generados en los agroecosistemas.

5. **Dependencia** entre los seres vivos que integran la comunidad. En la comunidad existe cierto grado de autosuficiencia con respecto a otros sistemas, pero siempre existen dependencias e interrelaciones complejas entre los organismos productores, consumidores y descomponedores. Esta estructura trófica establece interrelaciones entre las diversas especies y organismos que integran la comunidad. En un pastizal, por ejemplo, las plantas son los productores, el ganado es el consumidor primario y las bacterias, que descomponen las plantas y animales muertos, son los desintegradores, los cuales a su vez contribuyen con el crecimiento de los productores. En la comunidad de una laguna se establecen, entre los diversos componentes que la integran, relaciones muy estrechas, no solamente desde el punto de vista trófico, sino también de protección, refugio y locomoción. En todas las comunidades se establecen interrelaciones recíprocas entre sus componentes incluyendo el mutualismo, la competencia, el parasitismo y la predación.

Si observamos ciertas zonas de los Llanos venezolano, notaremos la presencia de una vegetación herbácea constituida principalmente por gramíneas. Éstas constituyen las especies dominantes que caracterizan la sabana llanera. Naturalmente, en estas zonas viven otras especies de plantas herbáceas y leñosas. En algunas regiones la presencia de la palma moriche *(Mauritia minor)*, alrededor de los manantiales y de los ríos, caracteriza el paisaje llanero, y a la vez es protectora de dichos cursos de agua.

6. **Funciones.** Las comunidades bióticas cumplen funciones esenciales en los ecosistemas de los que forman parte. Los árboles y arbustos que forman parte de una microcuenca permiten la retención del agua en el suelo y a la vez la evaporan mediante la transpiración, en otras palabras su funcionamiento dinamiza el ciclo hidrológico de esa microcuenca. Similarmente, las poblaciones de especies en un determinado nivel trófico facilitan los flujos de energía y el reciclaje de nutrimentos. Por ejemplo, la comunidad de carroñeros (zamuros, zorros y otras especies) en la cuenca del Lago de Valencia, o la comunidad de micorrizas en el suelo de un bosque tropical y sus interacciones con el resto de la comunidad biótica (vegetación) y abiótica (suelo superficial).

7. **Persistencia de la comunidad.** Una vez establecida la comunidad en un área determinada, suele persistir con modificaciones más o menos notables durante tiempo indefinido; y sólo cambios bruscos u otros fenómenos, pueden alterarla o destruirla. En general, la comunidad se mantiene en un equilibrio dinámico; es decir, ocurren pequeños cambios y fluctuaciones en las poblaciones que la componen, pero siempre dentro de un marco de equilibrio que no altera fundamentalmente las relaciones entre las diversas especies. Sin embargo, variaciones profundas en las condiciones ambientales, o la introducción de una especie extraña, la alteran en tal forma, que se producen la sucesión[1] o sustitución de unas especies por otras. La eliminación de una especie dominante se traduciría no solamente por alteraciones en la comunidad, sino también en el medio físico. Sin embargo, existen comunidades que persisten poco tiempo, como ocurre en el plancton de ciertos medios acuáticos; por ejemplo, las de charcos y caños, que son eliminadas al desaparecer el agua.

8. **Extensión espacial de la comunidad.** Uno de los problemas que presenta el análisis de las comunidades es su delimitación, tanto respecto al espacio como a las interrelaciones, ya que exista una gama amplia de variaciones, tanto en la extensión espacial como en el número de espacios. Así, los seres vivos que habitan en un

---

[1] En el próximo capítulo trataremos con detalle el tema de la sucesión ecológica.

Fundamentos de Ecología

Figura 4.5. Una gran extensión de sabana africana constituye una comunidad, al igual que una charca

tronco en putrefacción, en una cueva, en un charco, en un lago, en un bosque, en una sabana o en el océano, forman, en cada uno de estos casos, una comunidad, a pesar de la diferente extensión del área que ocupan.

9. **Las perturbaciones**, ya sean naturales o de origen humano, constituyen un aspecto fundamental para la comunidad. Los incendios de la vegetación en las laderas de montañas con gramíneas en la época seca, o la formación de claros por la caída y descomposición de los árboles en las selvas tropicales, son eventos que perturban la comunidad, pero en todo caso, las poblaciones aprovechan de diversos modos las consecuencias de tales perturbaciones.

10. **Estabilidad de la comunidad.** Un principio central de la ecología clásica es que las comunidades complejas tienden a ser más estables (principalmente con base en la observación), teoría que recientemente ha sido desafiada con el argumento de que los sistemas simples pueden estar menos sujetos a alteraciones externas. Lo que ha surgido de esto es que:

a. Las interacciones de competencia entre especies llevan a inestabilidad a menos que sean dominadas por retroinformación negativa dentro de ciclos completos. La misma especie pone en movimiento oscilaciones cíclicas.

b. El número de especies competidoras que aumentan las interacciones competitivas deben ser proporcionalmente más débiles o resultará en inestabilidad.

c. Las interacciones entre niveles tróficos (predador/presa) tienden a estabilizar las poblaciones.

d. La estabilidad de la comunidad frecuentemente es interrumpida por varias alteraciones del medio ambiente, llevando a una serie de comunidades sucesionales que gradualmente evolucionan hacia asociaciones de clímax. Alteraciones frecuentes o continuas pueden llevar a comunidades persistentes que no son el clímax. Los herbívoros juegan un papel importante en la sucesión de las plantas, tienen la tendencia a cosechar miembros antieconómicos de la comunidad de plantas, por ejemplo, árboles sobre maduros, y de esa manera reciclan nutrimentos y aumentan la productividad y vigor de la comunidad.

11. *La heterogeneidad y la escala.* En pocas palabras, estos términos enfatizan que la comunidad y la naturaleza en general no es uniforme, que su variación (heterogeneidad) es una propiedad intrínseca e inseparable, que no se puede comprender realmente la dinámica de una comunidad sin tomar en cuenta que la variación se halla en una dimensión espacio-tiempo particular (micro, macro o mega escala). Implícita en esta característica está la jerarquía, que permite diferenciar las observaciones a lo largo de las distintas escalas. A menor escala jerárquica, se pueden estudiar muchas relaciones entre la entidad (el objeto bajo análisis) y su contexto (las interrelaciones con su matriz) con amplia variabilidad y predictibilidad. Pero en escalas más altas, los procesos son más complejos y son pocas las variables simples que explican los procesos, por lo cual se incrementa la incertidumbre.

Todas estas características de las comunidades se pueden trasladar a las poblaciones y a las redes de interacciones que determinan sus procesos y funciones dentro de un ecosistema.

4.3. Estructura de la comunidad

Las comunidades están compuestas por una gran variedad de individuos de diferentes especies o, al menos, por organismos de dos especies. Entre los individuos que integran la biocenosis se establecen interrelaciones muy estrechas que le dan su fisonomía propia, hasta tipificarla y diferenciarla de otras. Es difícil encontrar especies estrictamente exclusivas y una cualquiera de ellas puede aparecer en distintas comunidades. Sin embargo, ciertos grupos de plantas son características para determinados ecosistemas. En una comunidad de sabana o de pradera, aparecerán siempre, como grupo característico, las plantas herbáceas, principalmente gramíneas. Es una comunidad semidesértica en América, estarán representadas las plantas xerófilas, como las cactáceas.

Fundamentos de Ecología

La Estructura de una biocenosis puede considerarse desde dos puntos de vista: descriptivo y funcional/estructural. En el primer caso, la biocenosis comprende una serie de asociaciones que ocupan diferentes espacios (nicho espacial). Además, una relación taxonómica de las especies nos indicaría la composición de la biocenosis, pero no su estructura o funcionamiento. Considerada la biocenosis desde el punto de vista descriptivo, puede ser reconocida por el biotopo que ocupa y por las especies vegetales y animales que la componen.

La estructura de la biocenosis se establece como consecuencia de la necesidad que tienen los organismos que la constituyen de obtener alimentos y energía. Esta necesidad origina una serie de relaciones interespecíficas, que ofrecen gran interés para el ecólogo; pues, como afirmamos anteriormente, la obtención de alimento y refugio crean una serie de interrelaciones entre los organismos que viven en una comunidad y que determinan su verdadera estructura. De la convivencia entre las especies se originan una serie de interacciones tales como la simbiosis, el comensalismo, el mutualismo, la competencia, la depredación y el parasitismo, conceptos tratados en el capítulo anterior.

Existe cierta uniformidad e igualdad de condiciones ambientales que permiten la estabilidad, así como cierto grado de permanencia a las comunidades establecidas en un área dada. Un charco, una quebrada, un bosque, una sabana, un pastizal, un páramo, el océano, constituyen ejemplos de ecosistemas. La biocenosis es, pues, la parte viva o el conjunto de organismos que viven en un biotopo. Éste comprende el área ocupada por la biocenosis; y el ecosistema abarca el biotopo más la biocenosis con todas las interrelaciones que se establecen entre los organismos y su ambiente.

La estructura de la biocenosis se refiere a la distribución espacial de los individuos de diversas especies, y varía en forma vertical y horizontal de acuerdo al medio. Por ejemplo, en un bosque podemos considerar que su estructura está determinada por la **Estratificación** que presenta la vegetación. Esta estratificación a su vez está condicionada, por una serie de factores, como luz, agua, temperatura y humedad. Para los animales, su distribución dependerá de la localización de los alimentos y de la protección o refugio.

En un bosque tropical por ejemplo, podemos distinguir cuatro estratos bien diferenciados:

a) El estrato criptogámico: formado por líquenes, musgos y briofitas, que se disponencomo una costra sobre el suelo o las rocas.

b) El estrato herbáceo: formado por hierbas cuya altura alcanza hasta un metro o metro y medio.

c) El estrato arbustivo: que comprende arbustos y árboles pequeños, hasta una altura de 8 a 10 metros y forman el dosel inferior. Se denomina también sotobosque, pues en él se encuentran las plantas jóvenes de los árboles que eventualmente llegarán hasta los estratos superiores.

d) El estrato arbóreo: que comprende los árboles cuya altura es superior a los ocho metros (Figura 4.6). Actualmente se diferencia este estrato en dos capas (Smith y Smith, 2007): los árboles emergentes, que alcanzan las máximas alturas y se ubican por encima la capa que ocupa el dosel superior

Naturalmente, esta estratificación no es igual para todos los bosques, pues varía de acuerdo con sus características y conformación. Igualmente hay especies que se ubican a lo largo de los diferentes estratos: las lianas, plantas trepadoras que se apoyan en los troncos de los árboles para crecer hacia arriba en busca de luz; las micro y macroepífitas, que se pueden ubicar en cualquier estrato y se fijan sobre la corteza de las ramas; y las plantas estranguladoras, que se inician como epífitas, para luego desarrollar raíces hacia el suelo y crecer alrededor de los trancos de los árboles (Smith y Smith, 2007).

En los medios acuáticos la estratificación vertical es evidente ya que una serie de factores, como la luz, la temperatura y la turbulencia determinan la distribución vertical de los organismos a diferentes profundidades. Las especies no se distribuyen regularmente, sino heterogéneamente.

4.4. Delimitación y tipificación de las comunidades

Para delimitar y tipificar las comunidades se requiere de una serie de muestreos sobre las condiciones físico-químicas y biológicas del ambiente. Las muestras deben ser com-

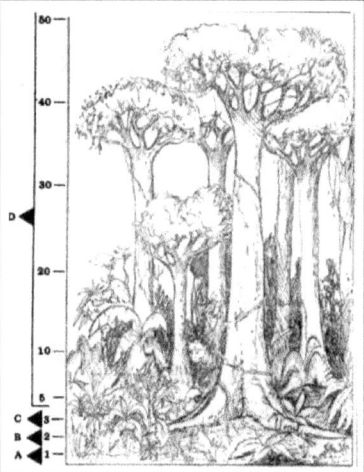

Figura 4.6. Estratificación de una selva. En el dibujo esquemático de una selva se pueden aprender los siguientes estratos: A) criptogámico, B) herbáceo, C) arbustivo y D) arbóreo

Fundamentos de Ecología

pletas en cuanto a flora y fauna de un área, si se trata de una comunidad terrestre, o de un volumen conocido, si se trata de una comunidad acuática.

El estudio de las muestras debe hacerse **cualitativamente** para expresar el número de especies presentes; y **cuantitativamente** para determinar o cuantificar el número de individuos presentes por unidad de superficie o volumen.

La coexistencia de diversas especies en la misma área indica que el medio satisface sus exigencias comunes. El análisis de las muestras puede incluir especies que se repiten frecuentemente. Estas son las especies características que permiten identificar la biocenosis, mientras otras aparecen raramente. Para expresar los resultados se utilizan algunos términos que definimos y describimos a continuación. Se denomina **Frecuencia**, en Ecología, al porcentaje en que una especie está presente en una muestra. Así, si hemos tomado 100 muestras de plancton y, pongamos por caso, el dinoflagelado *Peridinium divergens* aparece en 50 muestras, su frecuencia alcanza 50 por ciento.

Otro término utilizado para el muestreo ecológico es el de **Cobertura**; este término se utiliza principalmente en el estudio de la vegetación y cuando se muestrean colonias de ciertos organismos acuáticos, como los corales. En estos casos, se prefiere una expresión amplia, ya que la cuantificación de los individuos resultaría no representativa o una tarea demasiado tediosa. La cobertura se refiere al porcentaje de superficie muestreada cubierta por la proyección vertical de la vegetación o de las colonias animales. La cobertura se puede expresar mediante una escala convencional que va de 1 a 5:

- 5, equivale a un porcentaje de 75 a 100% de la superficie;
- 4, cubre de 50 a 75%;
- 3, cubre de 25 a 50%;
- 2 cubre de 5 a 25% y
- 1, cubre menos de 5%.

Para expresar los resultados de algunos censos o inventarios rápidos, como muestra de insetos, plancton u otros organismos cuyo contaje resultaría muy largo y tedioso, se emplea una escala convencional que va del 1 al 5. A esta escala se le asignan los siguientes grados de abundancia:

- 5, muy abundante (100%);
- 4, abundante (60%);
- 3, medianamente abundante (30%);
- 2, escasas (10%);
- 1, rara (2%).

La Constancia indica la relación existente entre el número de muestras en las que está presente una especie y el número total de muestras recolectadas. Esta relación se expresa en tanto por ciento y se calcula así:

$$C = p \times 100 / P$$

Donde:
C= Constancia
p= número de muestras en la que está presente la especie, y
P= Número total de muestras recolectadas

Fundamentos de Ecología

4.5. Nomenclatura de las biocenosis

Las biocenosis pueden recibir distintas denominaciones de acuerdo con los siguientes criterios.

1. Los botánicos denominan a las biocenosis vegetales añadiendo la terminación etum al nombre del género más representativo, seguido del nombre específico en genitivo. Así en el páramo andino, cuyo principal representante es el frailejón, *Espeletia*, se denominaría a la comunidad *Espeletietum*.
2. Algunos autores prefieren nombrar las biocenosis utilizando el nombre de una o dos especies características.
3. Se pueden nombrar las biocenosis haciendo alusión a su medio, así tenemos la biocenosis de insectos acuáticos. Con referencia a los organismos marinos se distinguen dos grupos: las comunidades pelágicas y las comunidades bénticas. En general, existen múltiples denominaciones según las diversas escuelas, cada una con diferentes criterios.

A veces se nombran dos especies características: una animal y otra vegetal. La tendencia actual es la de llegar a simplificar estas denominaciones, pues la diversidad de criterios ha traído mucha confusión sobre este tema.

4.6. Ecotono

Entre dos biomas o comunidades próximas o yuxtapuestas suele existir una zona de transición denominada **Ecotono**. Esta zona constituye el paso gradual o cinturón de tensión entre una comunidad y otra. Se habla de ecotono cuando se refiere a la zona de transición entre la selva y la sabana, entre el bosque y la playa o entre cualquier comunidad acuática y terrestre. Por ser un área de transición, en el ecotono se encuentran muchos organismos de las dos comunidades a las que sirve de lazo de unión; sin embargo, se encuentran también especies que son propias del ecotono.

En cuanto a las condiciones de temperatura, luz, humedad, y otros factores climáticos, el ecotono representa una medida de las que predominan en las comunidades limítrofes. Dadas estas condiciones intermedias, se manifiesta una tendencia al aumento de la actividad y de la densidad en relación con las comunidades vecinas. Hay varias características distintivas de un ecotono. En primer lugar, un ecotono puede tener una transición brusca de vegetación, con una línea clara entre dos comunidades. Por ejemplo, un cambio en los colores de las hierbas o las plantas pueden indicar un ecotono. En segundo lugar, un cambio en la fisonomía (apariencia física de una especie de planta) puede ser un indicador clave. Los científicos observan las variaciones de color y cambios de altura de la planta. En tercer lugar, un cambio de las especies puede indicar un ecotono. Habrá organismos específicos en un lado de un ecotono o del otro.

Otros factores que pueden ilustrar u oscurecer un ecotono, por ejemplo, la migración y el establecimiento de nuevas plantas. Éstos se conocen como efectos de masa espaciales, que son perceptibles debido a que algunos organismos no serán capaces de formar poblaciones autosostenibles si cruzan el ecotono. Si las diferentes especies pueden sobrevivir en las comunidades de los dos biomas, el ecotono se considera que tiene mayor riqueza de especies, lo cual se puede evidenciar en el funcionamiento de la cadena alimentaria. Por último, la abundancia de las especies exóticas en un ecotono puede revelar el tipo de bioma o la eficiencia entre dos comunidades que comparten el espacio, muchas formas diferentes de vida comparten y/o compiten por el espacio. Existen ecotonos perfectamente definidos, como los que encontramos entre la selva y la sabana, entre el bosque y el páramo, entre la sabana y el charco y entre la zona costera y el mar.

En el ecotono pueden vivir especies características de las comunidades que separa y esta propiedad se conoce como el **Efecto de borde**. Esto ocurre, probablemente, porque el ecotono presenta condiciones más suaves que las extremas de las comunidades adyacentes, lo cual permite que las especies se adapten mejor, especialmente en lo que se refiere a la vegetación. Todo esto trae como consecuencia mayor disponibilidad de alimentos y refugio para la fauna. Mientras la flora y la fauna de cada ambiente convergen o cruzan el ecotono, fundamentalmente trasplantan semillas o crías en la frontera entre sus respectivos hábitats. A menudo dichas semillas o crías permanecen en el ecotono y se observa un fuerte aumento en la densidad de la población. La vida de ambos lados del ecotono se acumula y permanece, lo que imprime aspectos de cada lado de la frontera entre ellos (Figura 4.7).

Además de las ecotonías respecto al espacio, existen ecotonías en el tiempo, como ocurre cuando por regresión y destrucción de una comunidad, las condiciones cambian bruscamente y se producen discontinuidades que ocasionan la aparición de otros organismos, que a su vez, serán sustituidos por poblaciones más estables.

La influencia del hombre sobre los ecosistemas y su acción mediante la explotación de las tierras baldías, crea entre las parcelas de cultivo y la comunidad original, zonas de transición o ecotonos, conocidas como setos o fajas de vegetación, en las cuales viven especies características, tanto de plantas como de animales. Todos estos conocimientos nos llevan a recomendar el mayor cuidado en el manejo y uso de las tierras, para no alterar excesivamente las condiciones naturales y a la vez sacar el mayor rendimiento posible mediante su utilización racional.

4.7. La diferencia entre asociación y formación

El número de especies dominantes varía según las condiciones del clima. En el caso de los bosques tropicales húmedos, las especies llegan a ser tan numerosas, que hacen difícil determinar su grado de dominancia. En climas templados y fríos, la dominancia de una o varias especies es más notoria y, por tanto, más fácil de determinar. Incluso, en algunos casos, se reduce a una sola especie.

En la práctica, algunos consideran la asociación, como una unidad operacional utilizada para realizar un muestreo de la composición florística o faunística a fin de obtener la identificación de los grupos taxonómicos y su cuantificación.

Estos términos tienen diferentes acepciones según las escuelas ecológicas. El término asociación fue utilizado por Humboldt, en 1805, para referirse a la composición florística de una colectividad vegetal. Para H. del Villar "es una cohabitación botánica individualizada por su composición florística". Lo característico de la asociación es que se distinguen en ella una o varias especies dominantes.

El término formación se refiere a una agrupación vegetal que debe su aspecto característico a la dominancia de uno o más tipos biológicos. Aunque se emplea con frecuencia, debe reconocerse que no es un término preciso, pues no hace referencia a la taxonomía y no tiene en cuenta otros datos de la población.

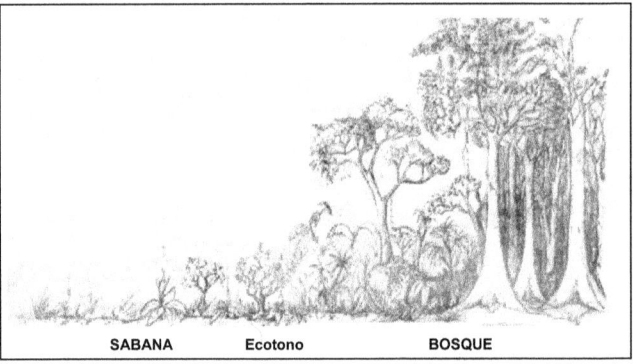

SABANA   Ecotono   BOSQUE

Figura 4.7. El ecotono constituye una zona de transición entre dos comunidades adyacentes

Fundamentos de Ecología

A veces, el uso de estos términos, formación y asociación, trae confusión. Conviene precisar aquí el significado de cada uno: formación se refiere al aspecto fisionómico, es decir a la forma biológica; mientras asociación debe reservarse más bien al aspecto sistemático, es decir a la composición florística y faunística.

Por tanto, la formación hace referencia a las formas de las agrupaciones que indican más el aspecto de los componentes que su sistemática. La asociación, como hemos afirmado anteriormente, se utiliza como una unidad operacional, en la que se determinan, por ejemplo, las especies vegetales de un área dada, indicando además las especies dominantes y la cobertura del área, que generalmente se expresa mediante una escala que va de 1 a 5.

La convivencia de las especies asociadas dentro de los ecosistemas y la estabilidad de los patrones de cambios temporales en el tamaño de la población son aspectos resaltantes de las modernas teorías ecológicas. En la última década, de acuerdo con Valdovinos et al. (2010), el comportamiento adaptativo ha sido propuesto como un mecanismo de estabilización de la población. En particular, los rasgos en el comportamiento de adaptación trófica (CAT), y los cambios en la mejora de la aptitud de los individuos relacionada con la alimentación —debido a las variaciones en su entorno tróficos— pueden jugar un papel clave en la modulación de la dinámica de las relaciones dentro de la alimentación natural de las comunidades. De acuerdo con la corriente de conocimiento actual, las CAT promueven la compleja estructura de las redes ecológicas, aumenta la estabilidad de su dinámica y proporciona elasticidad y resistencia de las redes frente a las perturbaciones.

4.8. La complejidad de las redes ecológicas en la comunidad

Como se ha hecho evidente en las características descritas hasta ahora de la comunidad o biocenosis, las interacciones de los individuos entre ellos y con su entorno muestran otra característica esencial para el estudio de la ecología en el mundo actual, cual es la conformación de un entramado complejo de relaciones, o Redes ecológicas (Montoya et al., 2006), las cuales son diversas y variadas, al grado de casi imposibilitar su cabal comprensión. Un objetivo fundamental de la investigación de las redes ecológicas es comprender cómo la complejidad observada en la naturaleza puede persistir y cómo esto afecta el funcionamiento del ecosistema.

Esta suma de interacciones o redes ecológicas, mediante la cual las especies se vinculan entre sí, directa o indirectamente, a través de especies intermediarias, tienen patrones bien definidos que nos permiten indagar los mecanismos ecológicos subyacentes y ofrecen la posibilidad de entender mejor la relación entre la complejidad y la estabilidad ecológica (Ings, 2009).

Una de las más importantes manifestaciones de esta complejidad, lo constituyen las redes alimentarias, descritas en el capítulo 2. Las interacciones entre una red ecológica tienden a estar anidadas, esto es, la dieta de las especies más especializadas es un conjunto de la dieta de la próxima especie más generalista.

En particular, las interacciones mutualísticas entre plantas y animales han moldeado gran parte de la biodiversidad de la Tierra. Tales interacciones mutualistas implican docenas, incluso cientos, de las especies que conforman redes complejas de interdependencia, cuya estabilidad y persistencia se aseguran por una compleja dinámica en su funcionamiento. Bascompte et al. (2003) consideran que estas redes tienden a estar anidadas, antes que ordenadas o al azar, como se ilustra en la Figura 4.8. Esta arquitectura anidada le otorga robustez y persistencia al funcionamiento de tales ineracciones.

Las redes mutualistas tienen una arquitectura bien definida que puede tener un efecto considerable en el proceso de co-evolución y la respuesta de estas redes a las perturbaciones antropogénicas Esto es esencial para poder predecir y, eventualmente, mitigar, las consecuencias del aumento de las perturbaciones ambientales, tales como la pérdida de hábitat, el cambio climático y las invasiones de especies exóticas (Bascompte, 2009).

Las redes ecológicas pueden dividirse en tres grandes tipos: las tradicionales redes o tramas alimentarias (ver capítulo II), las redes mutualísticas y las redes huésped-parasito. Las redes mutualísticas definen los nexos de servicios ecosistémicos más que la dinámica poblacional o los flujos de energía propiamente dichos. Las redes de polinización se establecen por las interacciones entre las plantas y los animales que las polinizan y las redes frugívoras resultan de las interacciones entre las plantas y los animales que realizan la dispersión de sus semillas. En estas redes se observa una modularidad en la relación entre las especies, según la cual hay grupos de especies que interactúan intensamente entre ellas, pero muy rara vez con las especies de otros módulos.

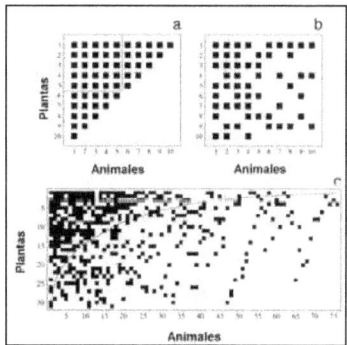

Figura 4.8. Los patrones de interacción entre especies pueden ser ordenados (a), al azar (b) o anidadas (c). En las interacciones de las redes mutualísticas planta-animal son mayormente anidadas. Fuente: Bascompte et al. (2003)

Fundamentos de Ecología

Un tipo especial de redes mutualísticas es la que se establece entre algunas especies de plantas y las colonias de hormigas, donde las plantas ofrecen alimento y refugio a las hormigas, a cambio de protección de predadores o parásitos. Las redes huésped-parasito se refieren a las relaciones entre los parasitoides y sus huéspedes, de gran importancia en el control biológico de poblaciones, natural o inducido, éste último de relevancia en el caso de los ecosistemas agrícolas.

Hay una tendencia reciente a las comparaciones entre los distintos tipos de redes, desde una perspectiva más mecánica que fenomenológica. Por ejemplo, el análisis de configuraciones de red, tal como los compartimentos, permite explorar el papel de la coevolución en la estructuración de las redes mutualistas y las redes huésped-parasitoides, así como del tamaño real de las cadenas alimentarias.

Las investigaciones de las redes ecológicas conducen a la producción de un nuevo acervo de datos e información cuantitativa cada vez más completo y taxonómicamente resuelto. Se han descubierto nuevos patrones topológicos y cada vez es más evidente que es la distribución de fuerzas de interacción y de la configuración de la complejidad, y no sólo su magnitud, la que gobierna la estabilidad y la estructura de la red.

Otro avance significativo es el creciente reconocimiento de la importancia de los rasgos individuales y el comportamiento, en tanto que las interacciones ocurren entre los individuos. La nueva generación de redes de alta eficiencia es lo que nos permite ahora alejarnos de la descripción de las redes basadas en los datos promediados de las especies, para empezar a explorar los patrones sobre la base de los individuos y su comportamiento. Tales refinamientos permitirán abordar cuestiones ecológicas más amplias y generales relacionadas con la teoría del ramoneo (forrajeo) y las recientes teorías evolucionarias y metabólicas de la ecología.

4.9. Los ingenieros del ecosistema

Tradicionalmente se denominó la Construcción de nicho a la alteración del hábitat propio o de otra especie por parte de un organismo vivo. Este proceso de modificación del entorno suele llevar aparejado objetivos específicos muy dispares para el organismo, tales como el cuidado de las crías, el mejor manejo de recursos o un incremento de la seguridad. Como parece evidente, es un fenómeno muy extendido por todo el mundo animal (incluidos los seres humanos): las represas de los castores, los nidos de las aves, las telas de araña o los hormigueros, son algunas de las construcciones de nichos más comunes.

En los años recientes se ha denominado a este proceso Ingeniería del ecosistema, donde algunas especies de una comunidad actúan como ingenieros funcionales (constructores o modificadores) en su hábitat, provocando —con sus hábitos y formas de interacción con los sustratos y con otras especies— modificaciones sustanciales del ecosistema, inclusive en diversas escalas espacio-temporales (Hastings et al., 2007). Un ejemplo de ingenieros del ecosistema son los castores, mediante las presas que construyen en las corrientes de agua y ríos pequeños, los cuales crean cuerpos de agua artificiales, semiestancados, donde florece un ecosistema característico que ofrece un medio para el crecimiento y desarrollo de otros organismos (algas, bacterias, pequeños vertebrados e insectos acuáticos).

En el caso de la capa superficial del suelo (0-25 cm), el principal sustrato terrestre, alberga una gran diversidad de organismos vivos, desde microorganismos (bacterias y hongos) —reportándose hasta 40.000 especies de bacterias en un g de suelo (Tiedje, 1995)— hasta macro invertebrados como la lombriz de tierra. Se incluyen a también hormigas y avispas (Hymenoptera), escarabajos (Coleoptera), Isópodos (Hemíptera) miriápodos (Myriapoda), las arañas (Aracnida), entre otros. La lombriz de tierra —de la cual se han descrito más de 3.700 especies— constituye un excelente ejemplo de los ingenieros del ecosistema, con su movimiento continuo a través de la capa arable y su ingesta de residuos vegetales y animales que a su vez transforma en humus y lo devuelve al medio (Jiménez et al., 2003) (Figura 4.9).

Las lombrices aportan estructuras biogénicas características de la especie, contribuyendo significativamente con los procesos bioquímicos del suelo, especialmente en el incremento del fósforo disponible en la materia orgánica y en el control de la erosión a través de los agregados de suelo que generan dichas estructuras biogénicas, en los suelos tropicales de sabanas. Igualmente puede señalarse el efecto de las hormigas y termitas en la movilización del suelo desde las capas más profundas del perfil hacia la superficie, con su efecto beneficioso para la capa vegetal, al disponer de cantidades de elementos minerales adicionales a los que se encuentran en la capa arable (Chapuis-Lardy et al., 2011).

Sin embargo, el efecto antropogénico de los agroecosistemas, al sustituir la vegetación natural y aplicar aradura, rastreo mecánico y agroquímicos, tiene efectos contrastantes en las comunidades de ingenieros ecológicos del suelo, pues las prácticas agrícolas pueden afectar a la comunidad de ingenieros y sus efectos benéficos pueden variar (Jiménez et al., 2003).

Figura 4.9. Las lombrices del tierra son consideradas ingenieros del ecosistema

Fundamentos de Ecología

Capítulo 5

La Sucesión y la Restauración ecológicas

5.1. Concepto de sucesión

Una de las características fundamentales de los ecosistemas es su dinamismo, la tendencia a evolucionar desde una etapa inestable hasta su estabilización, que puede ser modificada sólo a través de una intervención externa que logre alterar el biotopo en el cual se halla la biocenosis.

La **sucesión** se puede definir como un proceso progresivo mediante el cual se sustituye una comunidad por otra en un área determinada o biotopo. Es de común conocimiento que una parcela de cultivo abandonada será colonizada primero por hierbas, después por arbustos, para transformarse, finalmente, en un bosque. Esta última etapa quedará invariable hasta que una intervención externa (la acción del hombre o los cambios climáticos drásticos, por ejemplo), logre modificar las condiciones necesarias para la permanencia del ecosistema (Figura 5.1). A este proceso de sucesión de comunidades que se sustituyen unas a otras se le denomina serie; y por lo tanto se designan como **etapas seriales** y **comunidades seriales** a las comunidades transitorias. La etapa final de este proceso, o sea la comunidad estable, recibe el nombre de **clímax**.

Hablando en términos de energía, la comunidad pionera, usualmente pobre en especies y en biomasa total, modifica su biotopo acumulando energía. Esta acción favorece la introducción de nuevas especies y nuevos individuos, de modo que va aumentando la biomasa y la diversidad de especies presentes en la comunidad. La relación producción-consumo de energía, inicialmente de valor elevado, va descendiendo hasta acercarse a 1, lo que significa que la producción neta del ecosistema es muy baja o nula.

La sucesión es en sí misma un proceso de adaptación de la comunidad al ambiente, por lo cual resulta ser, en general, razonablemente orientada. Por esta razón, algunos autores hablan de auto-organización del ecosistema, o de estrategia de desarrollo de la comunidad o ecosistema (Odum, 1969). Esta, a su vez, va modificando el biotopo en el cual vive, para permitir la existencia de una comunidad más adaptada a las características físicas, químicas y climáticas. Definimos entonces a la sucesión, como el proceso más o menos ordenado de cambio que se produce en una comunidad. Según esta definición, la sucesión:

1. Es el cambio ordenado en la comunidad con sentido de orientación y adaptación.
2. Resulta de las modificaciones del ambiente y de la estructura de la población.
3. Finaliza en una comunidad estable (clímax).

Según Clements (1916), el clímax es determinado sólo por el clima regional, por lo cual, cada región tiende a tener su propio clímax, sin que otros factores edáficos, geológicos o bióticos puedan modificar esta tendencia. Sin embargo, los autores modernos aceptan más bien la posibilidad de que una región pueda tener varias **comunidades clímax**, cuya existencia estaría condicionada por otros factores, en

Figura 5.1. Sucesión de una parcela de cultivo abandonada

Fundamentos de Ecología

general, relacionados con la naturaleza del suelo (**clímax edáficos**).

Odum (1969) amplia el modelo de sucesión ecológica, señalando las tendencias de los cambios que aparecen en el desarrollo de los ecosistemas en cinco áreas: energía, estructura de la comunidad, desarrollo vital, presión de selección y homeóstasis total. Por ejemplo, en términos de energía, en las etapas iniciales de la sucesión la relación entre la producción bruta y la respiración es mayor o menor que 1, mientras que en las comunidades maduras tiende a 1. La relación entre la producción bruta y la biomasa es alta en el principio de la sucesión, pero luego baja, lo que concuerda con la mayor existencia de materia orgánica en las comunidades maduras. Igualmente la productividad neta de la comunidad es alta al comienzo y baja al final (Figura 5.2). En relación con la estructura de la comunidad la variedad y diversidad de especies es baja en los inicios de la sucesión, pero se incrementa al final de la misma, mientras que las redes alimentarias son lineales en los inicios y más complejas y con predominio del detritus en las comunidades maduras. En cuanto a la homeóstasis, que refleja el funcionamiento y los procesos del ecosistema, en las comunidades ya desarrolladas las interacciones simbióticas internas, la conservación de nutrimentos y estabilidad y la información son mayores que en los inicios de la sucesión, mientras que la entropía en éstas es muy alta, en comparación con aquellas.

5.2. Tipos de sucesión

Cuando se trata de un medio poco habitado, en el cual subsisten condiciones propicias para la vida, podemos observar cómo, en tiempo más o menos breve, algunas especies empiezan a colonizar ese medio. Estas especies se definen como **pioneras** o **colonizadoras**. En el caso en que el medio nunca haya sido ocupado por otras especies, se habla de **sucesión primaria**; mientras que si el medio ha sido colonizado anteriormente, se habla de **sucesión secundaria**.

Las dunas que se forman en los ecotonos, por acción del viento y deposición sobre una cubierta vegetal, una vez estabilizadas, constituyen un sustrato perfecto para la formación de un ecosistema a través de la sucesión primaria. Las especies iniciales o pioneras, por lo general de pequeño tamaño, tienen altas tasas de crecimiento poblacional y capacidad de dispersión, aunque de vida corta. Posteriormente se establecen las especies tardías, por lo general de mayor tamaño, pero menor tasa de dispersión y colonización, y con un mayor tiempo de vida. Algunos casos de sucesión primaria se pueden observar, por ejemplo, sumergiendo placas de asbesto en agua de mar, como hacen los investigadores que estudian el cultivo de ciertos organismos marinos que viven sobre objetos fijos. Se observará que, en poco tiempo, la superficie está colonizada por bacterias y microalgas, que constituyen la base para el asentamiento de especies más grandes, como algas, moluscos bivalvos, cirrípedos o briozoarios. Sobre esta comunidad se establecen depredadores, comensales y parásitos, hasta llegar al establecimiento de una comunidad típica.

Una sucesión secundaria ocurre por efecto de las perturbaciones que pueden afectar un ecosistema, como por ejemplo un deslave, un incendio o una inundación fuerte, y alcanza un grado de madurez muy diferente al clímax primitivo, y se denomina **disclímax**. Un ejemplo clásico es el del bosque recién deforestado, donde se inicia rápidamente el establecimiento de una cobertura de especies herbáceas y luego por arbustos más grandes que luego dan paso especies arbóreas madereras.

Algunos ejemplos de sucesión secundaria se pueden observar después de perturbaciones como, por ejemplo, un incendio forestal. En este caso, la colonización es, por lo general, comparativamente más rápida, debido al hecho de que el medio es más adecuado para la vida, pues contiene los restos de la energía (substancias orgánicas) y los minerales dejados por la comunidad anterior.

Existen también en la naturaleza, sucesiones que no terminan en un clímax. Éstas se definen como **sucesiones regresivas**, donde las modificaciones del medio son debidas exclusivamente a factores bióticos. Ejemplos típicos de esta sucesión son los troncos de árboles muertos o la carroña (animales muertos en descomposición).

Como ya se ha mencionado, el sustrato vacío es colonizado más o menos rápidamente, por algunas especies pioneras que constituyen la primera biocenosis o primera etapa serial. Ésta es generalmente sencilla, compuesta por pocas especies —cada una representada por muchos individuos, en general de talla reducida— pero dotadas de una alta capacidad reproductiva. Si tomamos por caso una sociedad colonizadora ideal formada, por una sola especie de microalgas en un acuario, observaremos que estas microalgas, utilizando la energía luminosa, elaboran sustancias orgánicas en cantidad elevada, o sea, almacenan en el sistema energía que no es utilizada sino en una mínima parte por la respiración y la reproducción de la propia alga.

Si introducimos una especie de protozoarios, por ejemplo *Paramecium*, la energía almacenada podrá ser utilizada en parte por estos depredadores. Esto hará que después de algunas generaciones, la población se estabilice hasta donde el medio lo permita (Figura 5.2). Si a este sistema le añadimos organismos transformadores (bacterias) que descompongan las sustancias orgánicas, produciendo la cantidad de sales minerales necesarias para la supervivencia de las algas, ob-

Figura 5.2. Los manglares son ejemplos típicos de sucesión.

Fundamentos de Ecología

tendremos un sistema cerrado en el cual la utilización de la energía es máxima, elevándose la biomasa total en relación con la cantidad de energía suministrada y baja la producción neta. Este ecosistema final representa la comunidad clímax, en la cual se han dado todas las condiciones para que la biocenosis alcance su equilibrio. Si en lugar de introducir artificialmente los grupos de organismos mencionados, dejamos que éstos se introduzcan naturalmente en el medio, la comunidad resultante será mucho más compleja por la variedad de especies y relaciones interespecíficas, y requerirá más tiempo para formarse. De todos modos, el resultado final será aproximadamente igual, por lo que se refiere a las condiciones energéticas del mismo.

5.3. Características de la sucesión

Entre los varios factores que hay que tomar en cuenta cuando se habla de las características de las sucesiones ecológicas, aparte de los aspectos energéticos ya tratados en forma resumida en los capítulos anteriores, es imprescindible estudiar algunos otros puntos relevantes sobre este tema.

Un ecosistema joven está dotado de alta entropía, es decir, de una alta capacidad de sufrir cambios espontáneos, debido a la tendencia de todo sistema a crear y mantener un orden interior y un bajo nivel de información, debido al escaso número de especies presentes.

Por lo que a la entropía se refiere, el sistema tiende a llegar a niveles bajos a causa de una gran disipación de energía (luz, alimentos), que se convierte en energía de baja utilidad (calor, por ejemplo). Esta dispersión de energía es debida, sobre todo, a la respiración de la comunidad. En términos energéticos, el ecosistema se va modificando por el almacenamiento y sucesiva transformación de la energía, con una tendencia a llegar a un valor 1, que es la razón entre la **producción neta** (energía almacenada) y la **respiración** (energía consumida), lo cual representa el nivel de conservación del ecosistema mismo.

Este proceso se puede también interpretar en términos de información. Las primeras etapas de la sucesión sufren el impacto del ambiente y de sus cambios. Los organismos de la comunidad desaparecen, bien sea por acción del ambiente físico, o debido a las relaciones interespecíficas que empiezan a establecerse. Con el tiempo, la información adquirida origina el establecimiento de una comunidad más adaptada, la cual no sólo está en capacidad de hacer previsiones sobre los cambios ambientales, sino que puede también modificarlos.

En consecuencia, en las comunidades pioneras tiene lugar una sobreproducción de individuos destinados a ser destruidos (alta producción primaria por unidad de flujo energético), mientras que un sistema clímax reacciona a los cambios, bien sea adaptándose a ellos (ciclos estacionales) o bien minimizando el impacto de estos cambios, como se puede comprobar por las diferencias de temperatura existentes entre un bosque y sus zonas adyacentes con vegetación pobre. En este caso, el bosque ha alcanzado su clímax y mantiene sus condiciones térmicas cercanas a los valores óptimos. De esta forma el impacto de los factores externos a la comunidad queda muy reducido, como si ésta hubiera aprendido los cambios y pudiera anticiparse a ellos o contrarrestarlos.

Paralelamente, en el componente heterótrofo (descomponedores) de la biocenosis ocurren de la misma manera procesos de sucesión de las especies. Los árboles caídos, los cadáveres y los excrementos constituyen sustratos para la sucesión de organismos descomponedores (Smith y Smith, 2007). Los primeros en colonizar un tronco caído son los escarabajos de corteza y los perforadores de madera que producen galerías profundas y se alimentan de la corteza interior y del cambium, transformándolos en excremento. Éste a su vez sirve de sustrato para el crecimiento de hongos, y la madera ablandada y fragmentada es invadida por las bacterias. Con el tiempo, el resto del árbol ya degradado

Figura 5.3. Desarrollo de la vegetación y del suelo en una sucesión primaria. No debe olvidarse que existe un desarrollo paralelo de la fauna, aunque no esté representado.

Fundamentos de Ecología

se convierte en refugio de insectos depredadores, el ciempiés, ácaros y diversas especies de macrofauna (lagartos, ratones, entre otras). Luego, las plántulas echan raíces sobre los restos del tronco y lo penetran profundamente, facilitando la entrada de hongos.

Con el avance de la sucesión vegetal, los cambios en la estructura y composición de la vegetación generan cambios en la biota animal que depende del hábitat que le brinda la vegetación. Algunas especies adaptadas a las condiciones de praderas o sabanas desaparecen en la medida que la sucesión avanza hacia la etapa arbustiva y de la misma manera, en la medida que la estructura de la vegetación se hace más densa y voluminosa, aparecen otras distintas especies animales (aves, insectos y mamíferos) adaptadas a las nuevas condiciones.

De lo expuesto anteriormente, podemos resumir las características principales de la sucesión en los siguientes puntos:

1) La sucesión puede considerarse como un proceso continuo de colonización (inmigración) y desplazamiento (extinción local) de especies en un lugar.

2) La composición de las especies vegetales y animales cambia continuamente con la sucesión; las especies dominantes en las etapas iniciales no lo son probablemente en las etapas finales; hasta algunas de ellas pueden desaparecer totalmente.

3) La biomasa va en aumento con la sucesión. Esto es fácilmente comprensible, ya que durante las diferentes etapas de la sucesión se acumula materia orgánica y aumenta por tanto la biomasa. Sin embargo, la relación producción-biomasa (P/B) es menor a medida que avanza la sucesión.

4) La diversidad de especies tiende a aumentar con la sucesión. El número de especies presentes al final de la sucesión es mayor que al inicio, ya que además, como característica general, podemos señalar que la sucesión comienza normalmente con una sola clase de organismos.

5) La producción bruta aumenta con la sucesión, pero la producción neta disminuye, pues se incrementa la demanda respiratoria que disminuye la relación entre producción bruta y respiración.

6) El tiempo que se invierte en las etapas de la sucesión es muy variable, pues hay comunidades planctónicas que pasan por las etapas de sucesión varias veces al año, mientras que algunas comunidades terrestres pueden invertir varios años y hasta siglos para alcanzar la etapa de clímax.

7) Durante la sucesión, las cadenas alimentarias se hacen cada vez más complejas.

5.4. Causas de la sucesión

Las causas que influyen en los cambios en las estructuras físicas y biológicas de las comunidades son múltiples y complejas y algunos factores específicos hacen de la sucesión un fenómeno lógico, podríamos decir casi dirigido y previsible hasta sus últimas consecuencias. Muchos de los cambios son el resultado de la acción directa de los organismos que componen la comunidad, los cuales se denominan autogénicos. El patrón de entrada de luz a través del dosel en un bosque, determinado por la intercepción de las especies de árboles, influye sobre el tipo de especies que pueden crecer en los estratos más bajos, constituyendo un factor autogénico en la sucesión. Al contrario, los cambios alogénicos son causados por variaciones en las características del ambiente físico, como sería el caso de la disminución de la temperatura en las zonas más profundas de un lago, o los cambios en la salinidad y profundidad del agua en las zonas costeras (Smith y Smith, 2007). No hace falta recordar que durante las glaciaciones las comunidades eran bien distintas de las presentes en las mismas regiones.

Muchos de los cambios que ocurren en las biocenosis tienen su explicación en la influencia que ejerce sobre ellas el medio físico o biotopo (cambios alogénicos). Los factores físicos que determinan estos cambios son principalmente: la acción del clima, los factores geológicos y químicos.

Dicho de otra manera, los cambios autoegénicos proceden directamente de la misma comunidad por la competencia que se establece entre las diferentes especies que la componen, y los alogénicos se deben a las modificaciones y alte-

Figura 5.4. Sucesión secundaria luego de un incendio

Fundamentos de Ecología

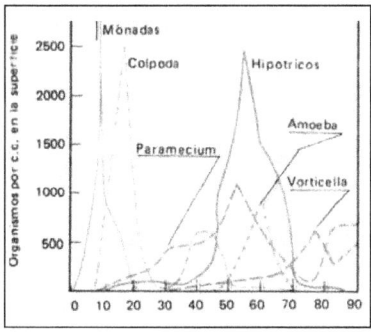

Figura 5.5. Sucesión de una parcela de cultivo abandonada

raciones del medio físico que producen en el área donde viven, de tal manera que provocan condiciones desfavorables para ellas mismas u otras especies, que son sustituidas por competidores más aptos.

Sheley, Mangold y Anderson (2006) resumen un modelo sobre las causas y procesos que intervienen en la sucesión y los factores modificadores que la determinan, especialmente aplicable en la gestión de plantas invasivas en las praderas del noroeste de EE UU, pero de gran valor heurístico en el análisis de los procesos de sucesión (Ver Cuadro 5.1).

A continuación estudiaremos con más detalle los factores, biológicos, edáficos y climáticos relacionados con los procesos de sucesión en los ecosistemas.

5.4.1. Factores biológicos

Son los más frecuentes y los que actúan más rápidamente en la biocenosis provocando las sucesiones. La actividad de los organismos ocasiona cambios físicos y químicos en el medio. Por ejemplo, en suelos rocosos e inhóspitos, las algas, líquenes y musgos descomponen las rocas sobre las que se fijan, disgregando el material rocoso; posteriormente se instalan hierbas y arbustos que al introducir sus raíces profundizan las fisuras de las rocas mediante la secreción de ácidos. Así comienza a formarse el suelo, que sirve como sustrato para el establecimiento y desarrollo de la nueva comunidad. Así se instala una comunidad donde antes persistía una roca desnuda.

Igualmente, ciertos animales marinos se adhieren a las rocas, cuya superficie descomponen y en algunos casos perforan, preparando así este medio para sea invadido por algas y otros organismos marinos. Algunos animales terrestres, como las lombrices de tierra y los animales cavadores de galerías, remueven y aflojan el suelo, lo cual permite la oxigenación del mismo; además con sus deposiciones aumentan la cantidad de nitrógeno y otros elementos.

Por otra parte, cuando los seres vivos (plantas y animales) mueren, sus restos se acumulan sobre el suelo, contribuyendo a enriquecerlo con sustancias químicas y con las reacciones que provocan como, por ejemplo, la fermentación bacteriana.

Cuadro 5.1. Causas de sucesión, procesos contribuyente y factores modificadores.

Causas de sucesión y procesos contribuyentes	Factores modificadores
Perturbaciones	Tamaño, severidad, intervalos de tiempo, agregación, previas perturbaciones
Disponibilidad de especies	
Dispersión	Mecanismos de dispersión, características del paisaje
Conjunto de propágulos	Uso de la tierra, intervalos e perturbación, historia de vida de las especies
Comportamiento y desempeño de las especies	
Suplencia de recursos Ecofisiología Historia de vida Estrés Interferencias	Suelo, topografía, clima, microbiota, retención de residuos vegetales
	Requerimientos de germinación, tasa de asimilación, tasa de crecimiento, diferenciación genética
	Ubicación, reproducción temporal, cantidad
	Clima, historia del lugar, ocupantes previos, herbívoros, enemigos naturales
	Competencia, herbívoros, alelopatía, disponibilidad de recursos, otros niveles de interacción
Fuente: Sheley, Mangold y Anderson (2006)	

Fundamentos de Ecología

En los medios acuáticos, los cadáveres de las plantas y animales se depositan en los fondos marinos y fluviales, donde se mineralizan y son distribuidos posteriormente por las corrientes o movimientos verticales que se producen en las masas de agua.

Entre los organismos que componen la biocenosis se establece una dura competencia por los alimentos y el territorio. En esta lucha por la existencia, el más débil muere o emigra a otra zona, por lo cual va modificándose la composición de la comunidad y nuevas especies mejor adaptadas se establecen en el área.

5.4.2. Factores geológicos y edáficos

En muchos casos, las condiciones del medio varían, no por la influencia exclusiva de los seres vivos, sino por ciertos factores que dependen de otras causas como la erosión, la sedimentación, la acción destructora de los volcanes o la orogénesis. Estos factores producen modificaciones en los suelos y, por tanto, en las condiciones ambientales, provocando cambios en la composición florística y faunística de la comunidad.

5.4.3. Factores climáticos

Estos factores se refieren a los cambios locales o regionales que ocurren estacionalmente. Desde luego que, a través de los tiempos, los cambios climáticos bruscos ocurridos en la Tierra han provocado la drástica desaparición de ciertas especies de animales y plantas. A este tipo de cambios pertenecen las glaciaciones que ocurrieron en el período cuaternario.

Los cambios climáticos bajo determinadas condiciones, ya sean naturales, ya por la intervención del hombre, pueden tener una influencia determinante en la biocenosis, lo que conduce a la sustitución de unas comunidades por otras mejor adaptadas a las nuevas condiciones. Existen variaciones temporales en las condiciones climáticas tales como: inviernos severos, precipitaciones abundantes o sequías prolongadas, que naturalmente pueden modificar el curso de una sucesión.

5.5 Regresión del ecosistema

En escalas temporales de cientos de millones de años y en ausencia de trastornos de rejuvenecimiento que inician la sucesión primaria o secundaria del ecosistema, las propiedades tales como la productividad primaria neta, la descomposición y las tasas de reciclaje de nutrientes están sometidas a una disminución sustancial denominada **regresión del ecosistema** (Peltzer *et al.*, 2010). La regresión es el resultado del agotamiento o reducción en la disponibilidad de nutrimentos y sólo puede ser revertida a través del rejuvenecimiento de la perturbación que permite restablecer el sistema, lo que difiere de la declinación de la productividad del bosque, impulsada por la depresión a corto plazo de la disponibilidad de nutrimentos y las tasas de los procesos ecofisiológicos de las plantas durante el proceso de sucesión.

Los estudios de regresión han mejorado nuestro conocimiento de cómo los cambios pedogénicos a largo plazo conducen a cambios en los procesos biológicos a corto plazo, así como las consecuencias de estos cambios para los ecosistemas en desarrollo. También revelan que un patrón similar de retroceso –que incluye reducción de la fertilidad del suelo, cambios previsibles en la estructura y funcionamiento de las comunidades y otros procesos ecológicos– se produce en sistemas con regímenes climáticos, sustratos geológicos y tipos de vegetación muy diferentes, aunque los plazos y los mecanismos que provocan el retroceso puede variar mucho entre los distintos sitios.

Los estudios sobre regresión de los ecosistemas también demuestran que en muchas regiones, los clímax o alta biomasa de los bosques son a menudo transitorios y no permanecen indefinidamente, aun en ausencia de perturbaciones de rejuvenecimiento. De esta manera se presentan diversos estadios de sucesión dentro del ecosistema, denominadas cronosecuencias. Las investigaciones recientes sobre cronosecuencias regresivas en regiones contrastantes ofrecen oportunidades inigualables para el desarrollo de principios generales sobre la retroinformación *(feedback)* a largo plazo entre las comunidades biológicas y los procesos pedogenéticos y cómo éstos controlan el desarrollo del ecosistema.

5.6. Restauración ecológica

De acuerdo con la Sociedad de Restauración Ecológica (SER, 2004), la restauración es una actividad deliberada o inducida que inicia o acelera la recuperación de un ecosistema con respecto a su salud, integridad y sostenibilidad. Por lo general, el ecosistema que requiere restauración se ha degradado, dañado, transformado o totalmente destruido como resultado directo o indirecto de las actividades del hombre como por ejemplo, los lotes agrícolas abandonados. En algunos casos, estos impactos sobre los ecosistemas son causados o empeorados por causas naturales, tales como incendios, inundaciones, tormentas o erupciones volcánicas, hasta tal grado que el ecosistema no se puede restablecer por su cuenta al estado anterior a la alteración o a su trayectoria histórica de desarrollo.

La restauración trata de regresar un ecosistema a su trayectoria histórica. Por lo tanto, las condiciones históricas son el punto de partida ideal para diseñar la restauración. El ecosistema restaurado puede no recuperar su condición anterior, debido a limitaciones y condiciones actuales que pueden orientar su desarrollo por una trayectoria diferente. La trayectoria histórica de un ecosistema gravemente impactado puede ser difícil o imposible de determinar con exactitud.

No obstante, la dirección general y los límites de esa trayectoria se pueden establecer a través de una combinación de conocimientos sobre la estructura, composición y funcionamiento preexistentes del ecosistema dañado, de estudios de ecosistemas intactos comparables, información sobre condiciones ambientales de la región y análisis de otras informaciones ecológicas, culturales e históricas del ecosistema de referencia. Esta combinación de fuentes permite trazar la trayectoria histórica o condiciones de referencia a partir de los datos ecológicos iniciales y con ayuda de modelos predictivos. La emulación de éste proceso, durante la res-

Fundamentos de Ecología

tauración, deberá ayudar a guiar al ecosistema hacia una mejor salud e integridad.

Desde otro punto de vista, Walker *et al.* (2007) y Walker y del Nogal (2008) consideran la restauración como la manipulación e intervención de un paisaje o hábitat perturbado hacia un estado deseable, mediante acciones planificadas y estructuradas, basadas en el conocimiento de los procesos naturales de sucesión ecológica. Ello requiere de un conocimiento amplio del paisaje o hábitat a ser restaurado y de su historia, incluyendo los aportes de la Paleografía y la Arquebotánica. Pero especialmente, es necesario conocer detalladamente los procesos de sucesión naturales previamente ocurridos, o en todo caso de regiones con similares condiciones de clima, suelo y biota.

La restauración implica la introducción y colonización con las especies de plantas eliminadas por la perturbación, así como el mejoramiento de las condiciones para la recuperación de los sustratos básicos que puedan haberse deteriorado, tal y como la preparación y acondicionamiento del suelo. Igualmente será necesario introducir las especies polinizadoras específicas para asegurar la reproducción y las que facilitan la dispersión de las semillas necesaria en el repoblamiento de dicho hábitat (Walker *et al.* 2007). Un problema común en los programas de forestación y reforestación en muchas partes del mundo es el deseo de introducir nuevas especies de plantas, de las cuales no se conoce su capacidad de adaptación a los factores de clima y suelo prevalecientes en la zona a recuperar, lo que trae consigo el fracaso de las iniciativas y la pérdida de ingentes recursos.

Aunque es imposible reconstruir un ecosistema idéntico al que fue perturbado, se pueden restablecer con algunas características similares a los que existían antes de la perturbación y ellos pueden brindar algunos de los servicios prestados por los ecosistemas originales. Sin embargo, el costo de la restauración es por lo general extremadamente alto, comparado con el costo de prevenir la degradación de los ecosistemas. No todos los servicios pueden restaurarse y los que están severamente degradados pueden requerir un tiempo considerable para su restauración.

La restauración representa un compromiso de tierras y recursos a un largo plazo indefinido, de tal forma que la propuesta de restaurar un ecosistema requiere una deliberación cuidadosa. Las decisiones colectivas tienen más probabilidad de ser acatadas y ejecutadas que aquellas tomadas unilateralmente. Por lo tanto, es conveniente tomar por consenso la decisión de iniciar un proyecto de restauración. Una vez que se toma la decisión de restaurar, el proyecto requiere de una planificación cuidadosa y sistemática y un plan de seguimiento dirigido al restablecimiento del ecosistema. La necesidad de planificación es aún mayor cuando la unidad a ser restaurada es un paisaje complejo de ecosistemas contiguos. Las intervenciones que se emplean en la restauración varían mucho de un proyecto a otro, dependiendo de la extensión y la duración de las perturbaciones pasadas, de las condiciones culturales que han transformado el paisaje y de las oportunidades y limitaciones actuales.

La restauración implica eliminar o modificar una alteración específica, para permitir que los procesos ecológicos inicien su recuperación por sí solos. Por ejemplo, la remoción de un dique o represa permite el retorno de un régimen histórico de inundaciones. En circunstancias más complejas, la restauración también podría requerir de la reintroducción intencional de especies autóctonas que se habían perdido y de la eliminación o control, hasta donde sea posible, de especies exóticas invasoras y dañinas (Walker y del Nogal, 2008).

Figura 5.6. Los hábitats deteriorados (A) pueden ser recuperados mediante la sucesión natural, inducida y monitoreada a través de procesos de restauración ecológica (B)

La degradación o transformación de un ecosistema tiene orígenes múltiples y prolongados de forma tal que desaparecen los constituyentes históricos de un ecosistema. A veces, la trayectoria de desarrollo de un ecosistema degradado queda totalmente bloqueada y su restablecimiento a través de procesos naturales parece demorarse indefinidamente. En todos estos casos, sin embargo, la restauración ecológica busca iniciar o facilitar la reanudación de estos procesos, los cuales retornarán el ecosistema a la trayectoria deseada.

Un ecosistema se ha recuperado y restaurado cuando contiene suficientes recursos bióticos y abióticos como para continuar su desarrollo sin ayuda o subsidio adicional. Este ecosistema podrá así mantenerse tanto estructural como funcionalmente. Demostrará capacidad de recuperación dentro de los límites normales de estrés y alteración ambiental. Interactuará con ecosistemas contiguos en términos de flujos bióticos y abióticos e interacciones culturales.

Los nueve atributos que se indican a continuación (SER, 2004) proveen una base para determinar cuándo se ha logrado la restauración. No es esencial la expresión total de todos estos atributos para demostrar la restauración. En cambio, sólo se necesita que estos atributos demuestren una trayectoria apropiada de desarrollo ecosistémico hacia la meta o la referencia deseada. Algunos atributos son fácilmente mensurables. Otros se tendrán que evaluar indirectamente, incluyendo la mayoría de las funciones de un ecosistema, las cuales no se pueden medir sin recurrir a investigaciones que excederían la capacidad y el presupuesto de la mayoría de los proyectos de restauración.

1) Un ecosistema restaurado contiene un conjunto característico de especies que habitan en el ecosistema original o de referencia y que proveen una estructura apropiada de la comunidad.

2) El ecosistema restaurado consta de especies autóctonas hasta el grado máximo factible. En ecosistemas culturales restaurados, se puede ser indulgente con especies exóticas domesticadas y con especies ruderales y arvenses que se supone coevolucionaron con ellas. Las especies ruderales son plantas que colonizan los sitios alterados; las especies arvenses típicamente crecen entre plantas de cultivo.

3) Todos los grupos funcionales necesarios para el desarrollo y/o la estabilidad continua del ecosistema restaurado se encuentran representados o, si no, los grupos faltantes tienen el potencial de colonizar por medios naturales.

4) El ambiente físico del ecosistema restaurado tiene la capacidad de sostener poblaciones reproductivas de las especies necesarias para la continua estabilidad o desarrollo a lo largo de la trayectoria deseada.

5) El ecosistema restaurado aparentemente funciona normalmente de acuerdo con su estado ecológico de desarrollo y no hay señales de disfunción.

6) El ecosistema restaurado se ha integrado adecuadamente con la matriz ecológica o el paisaje, con los cuales interactúa a través de flujos e intercambios bióticos y abióticos.

7) Se han eliminado o reducido del paisaje que lo rodea, tanto como sea posible, las amenazas potenciales a la salud e integridad del ecosistema.

8) El ecosistema restaurado tiene suficiente capacidad de recuperación como para soportar los acontecimientos estresantes periódicos y normales del ambiente local y que sirven para mantener la integridad del ecosistema.

9) El ecosistema restaurado es autosostenible en el mismo grado que su ecosistema de referencia y tiene el potencial de persistir indefinidamente bajo las condiciones ambientales existentes. No obstante, los aspectos de su biodiversidad, estructura y funcionamiento podrían cambiar como parte del desarrollo normal del ecosistema y podrían fluctuar en respuesta a acontecimientos normales y periódicos aislados de estrés y de alteración de mayor trascendencia. Como con cualquier ecosistema intacto, la composición de las especies y otros atributos de un ecosistema restaurado podrían evolucionar a medida que cambian las condiciones ambientales.

5.7. Importancia de la sucesión para la restauración

Walter y del Moral (2008) consideran que el estudio y análisis detallado de la sucesión primaria ofrece lecciones valiosas para la comprensión de la dinámica temporal, a través de las observaciones directas a largo plazo, en los hábitats severamente perturbados, proporcionando las herramientas más adecuadas para la restauración de los sistemas gravemente perturbados, tanto de origen natural como antropogénico. Estos estudios de sucesión han permitido entender:

- Cómo crecen las comunidades de plantas por la acumulación de carbono;
- El proceso de desarrollo de la estructura espacial;
- La cuantificación del flujo de nutrimentos entre suelos y plantas;
- Cómo las especies colonizan, se establecen, crecen e interactúan; y
- Cómo todas estas interacciones producen las transiciones entre las comunidadespara, finalmente, crear trayectorias complejas de sucesión.

Este conocimiento básico del cambio de la vegetación es una rica fuente de ideas para la planificación de los programas de restauración. A su vez, estos programas tienen un gran potencial para dilucidar los principios de la sucesión, si existe un adecuado intercambio de información.

5.8. El factor antropocéntrico, la sucesión y conservación de los eco-sistemas

De acuerdo con la Evaluación de los Ecosistemas del Milenio (2005), las actividades destinadas a restaurar los ecosistemas que han resultado deteriorados por la acción antropogénica son ahora un hecho corriente en muchos países. Los procesos de forestación y reforestación implantados en

Fundamentos de Ecología

diversos ecosistemas alrededor del mundo, así como la rehabilitación de tierras degradas, son un buen ejemplo de ello. En el caso de China, por ejemplo, desde 2006 se han iniciado diversos programas para expandir en 40 millones de ha las zonas de bosque entre 2005 y 2020.

Los procesos de sucesión ecológica, tal como lo hemos descrito en este capítulo, revisten crucial importancia en la actualidad, dada la creciente globalización y expansión económica mundial, a expensas de todos los recursos, incluso los bienes naturales que conforman la biósfera. El aumento progresivo de la población conduce a la ocupación de los ecosistemas naturales o silvestres nunca antes intervenidos, en función, principalmente, de la creación de nuevos agroecosistemas, pero también para el desarrollo de centros urbanos e industriales (Figura 5.7).

En todo caso, los ciclos naturales de sucesión ecológica se han visto muchas veces afectados o se han detenido por esta causa. El grado del deterioro causado a los diferentes ecosistemas del mundo es significativo, como lo reconocen los expertos conocedores del problema y las instituciones internacionales vinculadas, como la ONU, la UNEP y la FAO. (UNEP, 2005). Como veremos en capítulos subsiguientes, la acción antropocéntrica está contribuyendo no solo con la disfuncionalidad de los complejos procesos inherentes a los ecosistemas, sino a su deterioro funcional y en ocasiones a su destrucción parcial o total.

En pocas palabras, la destrucción de los recursos naturales, su explotación incontrolada y la contaminación provocada por el hombre ponen en peligro la existencia de la humanidad. Si la acción del hombre en tiempos pasados tuvo escasa repercusión, o al menos no era tan desastrosa y notoria sobre el ambiente como en el momento actual, su influencia —por la magnitud de su intervención— conduce a una serie de transformaciones que afectan negativamente al paisaje, la flora, la fauna, la atmósfera, los suelos y al ambiente en general, reduciendo o eliminando los servicios que el ecosistema es capaz de ofrecer.

De allí que sea necesaria una reconciliación del hombre con la naturaleza de la cual forma parte, su concientización sobre el papel que hasta ahora ha venido ejerciendo, y el aprendizaje de valores ecológicos y ambientales que modulen sus conductas y comportamientos presentes y futuros, para frenar el deterioro de los ecosistemas y asegurar que el equilibrio ecológico se mantenga. Lo expresado no implica un conservacionismo a ultranza, sino necesidad de comprender e internalizar la necesidad de enfocar racional y estratégicamente la servicios ecosistémicos que nos brindan, sin costo alguno, los diversos biomas y los ecosistemas que los conforman.

Figura 5.7. La influencia antropogénica (agricultura, crecimiento urbano) provoca la fragmentación de los ecosistemas y el deterioro ambiental (Foto: A. Romero S.)

Fundamentos de Ecología

Ciclos biogeoquímicos

Capítulo 6

6.1 Introducción

Los ciclos geoquímicos han venido ocurriendo desde que se inició el enfriamiento del agregado inicial del planeta por las fuerzas gravitatorias hace más de 4 mil millones de años, cuando se conformó la corteza del planeta con la posterior emergencia de la hidrósfera y la atmósfera, producto de la desgasificación de la litósfera. Las descargas eléctricas en forma de rayos, radiación y/o descargas radioactivas generaron los compuestos de carbono, nitrógeno, oxígeno e hidrógeno, surgiendo una mezcla de gases contentivos de metano, amonio, dióxido de carbono y vapor de agua. Los ciclos biogeoquímicos emergen cuando los primeros seres vivos comienzan a utilizar compuestos del entorno y a expulsar otros, y han sido los detonantes de la multiplicación y posterior evolución de la vida en el planeta y, como veremos a lo largo de este texto, la comprensión de los mismos es necesaria, pues la complejidad de la ecosfera se origina en la recursiva influencia de los mismos a lo largo de todos los ecosistemas.

Como se ha establecido en capítulos anteriores, el funcionamiento de los ecosistemas se basa en una circulación eficiente de materia y energía a través de los diversos niveles de organización biológica, involucrando la producción y descomposición primaria, secundaria (y superior). Los nutrimentos (no vivos) que se derivan de la descomposición fluyen como ciclos biogeoquímicos y son el combustible esencial para la producción primaria. Los procesos y patrones bióticos (producción y descomposición) y abióticos (ciclos biogeoquímicos) son esenciales para el funcionamiento de los ecosistemas y están profundamente interconectados.

En términos de la diversidad biológica que caracteriza la vida en el planeta, el funcionamiento de los sistemas ecológicos integran tres ciclos básicos de materia y energía: ciclos biogeoquímicos (extraespecíficos), ciclos de vida (intraespecíficos) y redes alimentarias (ciclos interespecíficos) (Boero y Bonsdorff, 2007). La Biogeoquímica explica la producción y la disponibilidad de los bloques básicos de la vida que se derivan de la descomposición de los alimentos; las redes alimentarias explican todos los tipos de producción y descomposición, y los ciclos de vida, la persistencia de las especies.

6.1.1. El entorno fisicoquímico del planeta y los ciclos de los elementos

Hace aproximadamente 3 mil 500 millones de años la combinación de los elementos **carbono, hidrógeno, oxígeno y nitrógeno** permitió la emergencia de las primeras moléculas orgánicas complejas que dieron origen a la vida, en la forma de agregados de dichas moléculas, separados del entorno por una membrana, conformando las células, unidad fundamental de la vida. Los primeros organismos vivos fueron células capaces de organizarse y perpetuarse mediante procesos quimioautótrofos que se alimentaban de las moléculas orgánicas que tomaban del medio ambiente. Procesos posteriores todavía poco conocidos, permitieron el desarrollo de estos organismos microscópicos y su evolución y reproducción hasta llegar a la diversidad de organismos que conocemos hoy.

A lo largo de todo el proceso, demasiado complejo y profuso como para entrar en detalles al respecto, se conforman los ciclos biogeoquímicos, que integran la vida y los componentes del medio ambiente en la cual ésta se desarrolla y evoluciona. Miles de millones de años han transcurrido y multitud de fenómenos geológicos recurrentes y de grandes magnitudes, han complejizado los ciclos de estos elementos básicos para la vida: agua, carbono, oxígeno y nitrógeno, así como los de otros elementos minerales con los que forman compuestos moleculares como fósforo, azufre y silicio.

A lo largo de los últimos 600 millones de años se han conformado entonces los ecosistemas, emergencias complejas de interacciones entre los organismos vivos —ahora infinitamente diversos en su morfología y estructura— con el medio ambiente que los rodea. Los ciclos biogeoquímicos de los elementos mencionados inicialmente se han estabilizado, cuya recursividad ha permitido la emergencia de nuevos estados estacionarios o estables, aun cuando fácilmente perturbados por las variaciones de cualquiera de ellos (SCOPE, 1977).

6.1.2. La aparición de la vida (y de la Ecología)

En los capítulos precedentes hemos analizado los conceptos básicos relacionados con la Ecología y su funcionamiento, enfatizando los conceptos esenciales del flujo de energía y los ciclos de los nutrimentos (ver Cap. 2), como los procesos esenciales que permiten el florecimiento de la vida. El flujo de energía en el ecosistema es abierto, puesto que al ser utilizada en el seno de los niveles tróficos para el mantenimiento de las funciones propias de los seres vivos, se degrada y disipa en forma de calor (respiración). En cambio, el flujo de materia es en gran medida cerrado, ya que los nutrimentos son reciclados cuando la materia orgánica del suelo (restos, deyecciones) es transformada por los descomponedores en moléculas orgánicas o inorgánicas que, como nuevos nutrimentos se incorporan de nuevo a las cadenas tróficas. La materia es el vehículo de la transferencia de energía, que se transforma continuamente mediante reacciones químicas de óxido-reducción (Redox). Cuando

Fundamentos de Ecología

la materia se reduce, almacena energía química y cuando se oxida, la libera en forma de energía química o calor.

A diferencia de la energía, la materia puede circular en el ecosistema. La energía solar se transforma en energía química por medio de la fotosíntesis que realizan las plantas. Las plantas incorporan a sus células o tejidos, elementos y compuestos inorgánicos como CO_2, agua, nitrógeno, fósforo, magnesio, calcio y otros elementos (producción primaria). Los animales transforman, posteriormente, la energía química en energía mecánica para realizar sus funciones vitales y luego en energía calórica (producción secundaria). De esta manera, la disponibilidad de nutrimentos y energía influyen en la estructura de los ecosistemas.

6.2. Reciclaje de los elementos inorgánicos

Como señaláramos antes en la sección 6.1.1, la vida ha existido en la Tierra desde hace más de tres mil millones de años. Si durante este intervalo de tiempo los nutrimentos inorgánicos hubiesen sido extraídos del ambiente físico, sin posibilidad de recuperación, ya muchos de ellos se habrían agotado. Esto no ha ocurrido por cuanto los seres vivos, mediante el metabolismo, transforman las sustancias y después de muertos, al descomponerse, devuelven tales elementos esenciales al medio. En la corteza terrestre, la atmósfera y los cuerpos de agua (océanos, lagos y ríos) se acumula la mayor parte de estos elementos, donde se transforman mediante procesos químico-biológicos y fluyen en un proceso cíclico permanente.

En un ciclo biogeoquímico, los iones o moléculas de un nutrimento se transfieren del entorno al organismo, para luego volver al entorno, el cual actúa como un gran depósito de ellos. De esta manera, la vida continúa gracias a la utilización de los nutrimentos inorgánicos, como consecuencia de varios ciclos de transformación de la materia (Figura 6.1). Los animales satisfacen sus necesidades alimentarias (energía) aprovechando la materia orgánica producida por las plantas. Estas, a su vez, satisfacen las suyas extrayendo nutrimentos inorgánicos del sustrato que incorporan a su organismo mediante la fotosíntesis, utilizando la energía de la luz solar.

6.3. Ciclos biogeoquímicos

Los elementos fundamentales que forman parte de la materia viva están presentes en la atmósfera, la hidrosfera y la litósfera y son incorporados por los seres vivos a sus tejidos. De los 106 elementos conocidos en la actualidad, apenas 30 a 40 de ellos son utilizados por los seres vivos. La importancia y cantidad utilizada de cada elemento varía mucho de una especie a otra. Sin embargo, todos ellos tienden a formar ciclos, algunas veces amplios y complejos, otras en cambio, bastante sencillos. De esta manera, todos siguen un ciclo biogeoquímico, el cual tiene dos etapas: una abiótica y una biótica. La primera suele contener grandes cantidades de elementos, pero el flujo de los mismos es lento, donde tienen largos períodos de almacenamiento. En cambio, el flujo a través de la etapa biótica del ciclo es más rápido, pero la cantidad de tales sustancias que forman parte de los seres vivos es relativamente pequeña.

De entre ese gran número de elementos, son especialmente relevantes los ciclos del agua (H_2O), carbono (C), nitrógeno (N), oxígeno (O) fósforo (P), azufre (S) y silicio (Si). Las sales de estos elementos, en particular nitratos y nitritos, fosfatos, sulfatos y silicatos, constituyen compuestos esenciales —con frecuencia limitantes— para cualquier proce-

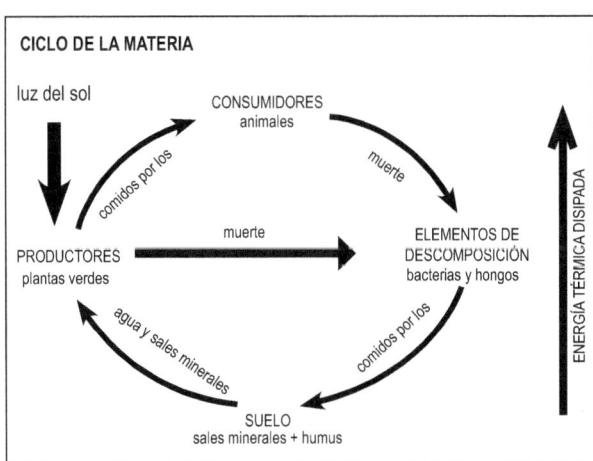

Figura 6.1. El ciclo de la materia

Fundamentos de Ecología

so vital. Las plantas necesitan estas sales y su presencia es fundamental para su desarrollo. Por esta razón, se añaden a los ecosistemas agrícolas en forma de fertilizantes, nitratos, superfosfatos, amoníaco, urea, entre otros. Es necesario tener en cuenta que en un ciclo biogeoquímico se pueden distinguir dos fases (Figura 6.2):

- Fase geoquímica: la materia fluye entre sistemas abióticos (atmósfera, hidrosfera, litosfera);
- Fase biogeoquímica: paso de la materia orgánica a inorgánica y viceversa.

6.3.1. Concepto e importancia

Los ciclos globales de nitrógeno, carbono y oxígeno están inextricablemente interconectados mediante la acción de los componentes bióticos del ecosistema y las reacciones de óxido-reducción (redox). En la historia de la Tierra, las actividades biológicas redox han provocado la aparición de un medio ambiente superficial altamente oxidante sobre una cubierta sedimentaria rica en productos biogénicos altamente reducidos, tales como la materia orgánica, sulfuros, minerales y metano. A lo largo de este gradiente redox global, las numerosas combinaciones posibles de donadores de electrones, receptores de electrones y fuentes de carbono han dado lugar a la enorme diversidad ecológica y metabólica de los microorganismos (Borch et al., 2009). Las reacciones primarias incluyen la fijación de nitrógeno, la nitrificación, desnitrificación, la oxidación y reducción del azufre, la fotosíntesis oxigénica y la respiración. El ensamble de estas reacciones produce un conjunto de ciclos interconectados que permiten al conglomerado de cada elemento existir fuera de su estado de equilibrio termodinámico en los ecosistemas, facilitando el reciclaje de los elementos y el flujo de energía implícitos. La evolución milenaria de estos ciclos se ha codificado en la estructura y funcionamiento de los genes y las proteínas de los seres vivos. Mientras que la selección de genes modificadores continúa en el proceso evolutivo, un conjunto central de los genes responsables de los procesos subyacentes han permanecido notablemente conservados (Berman-Frank, 2008).

Un ciclo biogeoquímico consiste en el movimiento de cantidades masivas de carbono, nitrógeno, oxígeno, hidrógeno, calcio, sodio, azufre, fósforo, potasio y otros elementos entre los seres vivos (biomasa) y el ambiente (atmósfera, litósfera e hidrósfera), mediante una serie de procesos bioquímicos de producción y descomposición. En la biósfera la materia es limitada, de manera que su reciclaje es un punto clave en el mantenimiento de la vida en la Tierra; de otro modo, los nutrimentos se agotarían y la vida desaparecería.

Los elementos requeridos por los organismos en grandes cantidades se clasifican como:

1. Macronutrimentos: carbono, oxígeno, hidrógeno, nitrógeno, fósforo, azufre, calcio, silicio, magnesio y potasio. Estos elementos y sus compuestos constituyen 97% de la masa del cuerpo humano, y más de 95% de la masa de todos los organismos.

2. Micronutrimentos: son los elementos requeridos en cantidades pequeñas (hasta trazas) tales como hierro, cobre, magnesio, zinc, cloro, yodo, manganeso, cobalto, entre otros.

La mayor parte de las sustancias químicas de la Tierra no

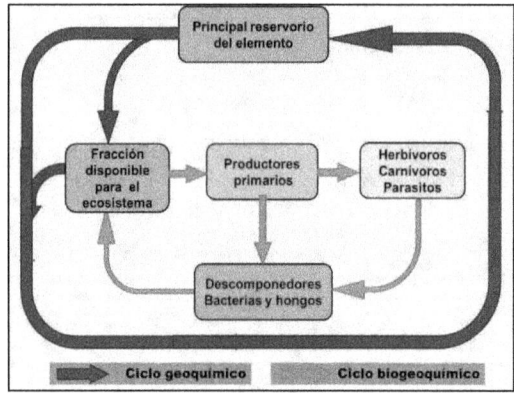

Figura 6.2. Ciclos biogeoquímicos de los elementos

Fundamentos de Ecología

están en formas directamente utilizables para los organismos. Los elementos y sus compuestos necesarios como nutrimentos, son reciclados continuamente dentro de y a través de las partes vivas y no vivas de la biósfera, y convertidos en formas útiles por una combinación de procesos geológicos, químicos y biológicos. En otras palabras, toda la materia está en constante movimiento entre el suelo, la atmósfera y los cuerpos de agua (lagos, ríos y océanos).

La Biogeoquímica es la ciencia que estudia los ciclos biogeoquímicos y tuvo sus orígenes en los primeros estudios acerca de la fotosíntesis y la respiración, la descomposición de los desechos vivos, el metabolismo del nitrógeno y el azufre, la nutrición mineral de las plantas y otros organismos vegetales y la meteorización de la roca madre. El desarrollo posterior de la Biología, la Bioquímica y la Ecología permitieron integrar el conocimiento en el cual se sustentan los ciclos biogeoquímicos tal y como los conocemos hoy, siendo esenciales para el entendimiento cabal de los procesos y funcionamiento de los ecosistemas (Gorham, 1991).

La comprensión de estos ciclos biogeoquímicos es fundamental, debido al papel esencial que juegan en el funcionamiento del sistema climático y en la provisión de bienes y servicios que los ecosistemas ofrecen a los seres vivos, incluyendo al hombre. Los ciclos biogeoquímicos describen el movimiento y la conversión de los materiales por actividades bioquímicas que impulsan la circulación de los elementos por vías características entre los componentes bióticos y abióticos de la ecosfera. A su vez, los cambios o alteraciones que puedan ocurrir en el ecosistema, pueden afectar significativamente los ciclos biogeoquímicos. De especial importancia es el papel fundamental que juegan en el sistema climático global y regional, sobre todo cuando la interferencia y perturbación de dichos ciclos afecta dicho sistema.

El ciclo de los nutrientes desde el biotopo (en la atmósfera, la hidrosfera y la corteza de la Tierra) hasta la biota y viceversa, tiene lugar en los ciclos biogeoquímicos, activados directamente por la energía solar. Así, una sustancia química puede ser parte de un organismo en un momento y parte del ambiente del organismo en otro momento. Por ejemplo, una molécula de agua ingresada a un vegetal, puede ser la misma que pasó por el organismo de un dinosaurio hace millones de años.

En los años recientes, las técnicas para el análisis y modelaje de los ciclos biogeoquímicos han tenido un avance sorprendente. Las tecnologías de sensores químicos y biológicos que requieren baja potencia y pueden operar continuamente durante varios años están ahora disponibles para la medición de datos como el contenido de O, N, y una variedad de propiedades bio-ópticas que sirven como sustitutos de los componentes importantes del ciclo del carbono (por ejemplo, partículas de carbono orgánico). Estos sensores han sido desplegados con éxito durante largos períodos de tiempo, en algunos casos más de cinco años, en plataformas como flotadores o planeadores. Las tecnologías para mediciones del pH, CO_2 y partículas de carbono inorgánico están perfeccionándose rápidamente y podrán permitir un sistema de observación de los ciclos biogeoquímicos en una escala global (Johnson *et al.*, 2009).

6.3.2. Categorías de ciclos biogeoquímicos

En la naturaleza se pueden identificar tres categorías de ciclos biogeoquímicos: hidrológicos, atmosféricos y sedimentarios (Starr y Taggart, 2004). En el ciclo hidrológico las moléculas de hidrógeno y oxígeno se mueven en forma de moléculas de agua (H_2O). De allí que se denomine ciclo del agua. En los ciclos atmosféricos, gran parte de los nutrimentos están en forma de gases, como por ejemplo el nitrógeno y el carbono, éste último en forma de CO_2. En los ciclos sedimentarios intervienen otros elementos que no forman gases o líquidos, sino que se encuentran en estado sólido, como es el caso del fósforo y el azufre.

Los ciclos globales del H_2O, nitrógeno, carbono y oxígeno están íntimamente interconectados a través de las reacciones redox (transferencia de electrones) mediadas por los seres vivos, especialmente los microorganismos como la microbiota del suelo o el plancton (fito y zoo) de los cuerpos de agua. Las reacciones principales son la fijación de nitrógeno, nitrificación, desnitrificación, fotosíntesis oxigénica y respiración. El conjunto de estas reacciones genera un conjunto de ciclos de conexión que permite a las grandes agregaciones de cada elemento existir fuera de su estado de equilibrio termodinámico. La evolución e historia de estos ciclos ha sido incorporada en la estructura y desempeño de los seres vivos (esto es, en los genes y proteínas), a través del continuo *feedback* o retroinformación (positiva o negativa) que tiene lugar, producto de las variaciones de los factores determinantes de los procesos, a lo largo de las interacciones entre los seres vivos y su ambiente.

6.4. Ciclo del agua

El agua es esencial para el desarrollo de la vida y, por lo tanto, uno de los componentes de mayor proporción en la composición de los organismos. Está formado por dos átomos de hidrógeno unidos a uno de oxígeno. La proporción ponderada es de 88,88% de oxígeno y 11,11% de hidrógeno; la relación volumétrica es de dos volúmenes de hidrógeno por uno de oxígeno. Sin embargo, ni los animales ni los vegetales constituyen la más importante reserva de agua sobre el planeta. Son los océanos, mares, lagos y ríos los que acumulan las mayores cantidades de agua; y es en ellos donde se inicia un largo ciclo que recorre todos los niveles tróficos. Este ciclo acaba finalmente en el mar, donde empezó. La Figura 6.3 muestra el panorama completo del ciclo del agua.

El agua existe en la Tierra en tres estados: sólido (hielo, nieve), líquido y gas (vapor de agua). Océanos, ríos, nubes y lluvia están en constante cambio: el agua de la superficie se evapora, el agua de las nubes precipita, la lluvia se filtra por la tierra, o corre hacia los ríos y finalmente llega al océano, donde nuevamente se evapora. La cantidad de agua en los ríos y lagos está permanentemente cambiando, debido a las entradas y salidas del agua al sistema. El agua que entra proviene de las precipitaciones, de la escorrentía superficial, del agua subterránea que se filtra hacia la superficie en los manantiales y de los ríos tributarios. La pérdida de agua de los lagos y ríos se debe a la evaporación y la descarga

Fundamentos de Ecología

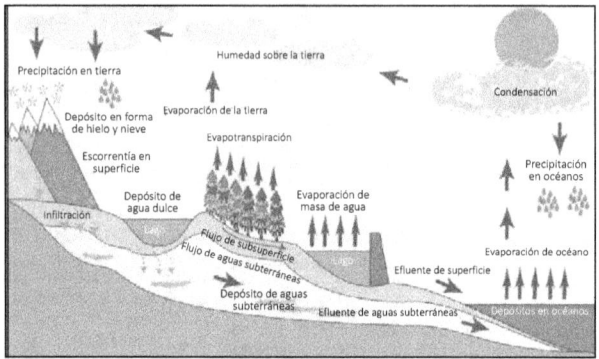

Figura 6.3. El ciclo del agua en la biosfera. Fuente: Rev. TUNZA (UNEP), Tomo 6, N° 3. (http://www.unep.org/pdf/tunza/Tunza_6.3_SP.pdf).

hacia aguas subterráneas. Los seres humanos también usan el agua superficial para satisfacer sus necesidades. La cantidad y localización del agua superficial varía en el tiempo y el espacio, ya sea por causas naturales o debidas a la acción del hombre.

Sin embargo, la cantidad total de agua en el planeta no cambia. La circulación y conservación de agua en la Tierra se llama **ciclo hidrológico**, o ciclo del agua. Cuando se formó, hace aproximadamente cuatro mil quinientos millones de años, la Tierra ya tenía en su interior vapor de agua. En un principio, era una enorme bola en constante fusión con cientos de volcanes activos en su superficie. El magma, cargado de gases con vapor de agua, emergió a la superficie gracias a las constantes erupciones. Luego la Tierra se enfrió, el vapor de agua se condensó y cayó nuevamente al suelo en forma de lluvia.

La **evaporación** del agua desde la superficie del océano, por efecto de la energía solar, da inicio al ciclo hidrológico. A medida que se eleva, el aire humedecido se enfría y el vapor se transforma en agua *(*condensación*)*. Las gotas se juntan y forman una nube. Luego, caen por su propio peso (**precipitación**). Si en la atmósfera predominan las bajas temperaturas, el agua cae como nieve o granizo. Si es más cálida, caerán gotas de lluvia.

Una parte del agua que llega a la superficie terrestre será aprovechada por los seres vivos; otra escurrirá por el terreno hasta llegar a un río, un lago o el océano. A este fenómeno se le conoce como **escorrentía**. Otro porcentaje del agua se filtrará a través del suelo *(***infiltración o percolación***)* dependiendo de su permeabilidad, acumulándose en capas de agua subterránea, conocidas como **acuíferos**. Cuando el acuífero se llena completamente, el agua tiende a salir por la superficie de la tierra, conformando los manantiales. Tarde o temprano, toda esta agua volverá nuevamente a la atmósfera, debido principalmente a la evaporación y en menor proporción por la transpiración. En el ciclo hidrológico, como puede verse, el agua se mueve progresivamente desde el principal depósito (los océanos) hacia la atmosfera y luego hacia la Tierra. Al caer en forma de lluvia sobre el ecosistema terrestre, por ejemplo, en la cuenca del río Orinoco (Orinoquia), las plantas absorben el agua y los minerales disueltos, reduciendo grandemente las pérdidas de los mismos por escurrimiento.

En el agua, podríamos diferenciar la existencia de un ciclo rápido y de un ciclo lento. El ciclo rápido sería: precipitación—escorrentía superficial–río–mar–evaporación –precipitación. El ciclo lento sería: precipitación–infiltración–circulación en el manto acuífero (muy lenta)— manantial–río–mar–evaporación–precipitación. Mientras que el rápido puede durar pocos días, o algunos meses a lo sumo, el ciclo lento puede durar varios años, e incluso milenios, como consecuencia de la baja velocidad de circulación de las aguas en el interior de los acuíferos. El agua se distribuye desigualmente entre los distintos compartimentos y los procesos por los que éstos intercambian el agua ocurren a ritmos heterogéneos. En el Cuadro 6.1 se presenta la distribución en los diferentes compartimentos. El mayor volumen corresponde al océano (90%), seguido del hielo glaciar (8,9%) y después por el agua subterránea. El agua dulce superficial representa sólo una exigua fracción y aún menor el agua atmosférica (vapor y nubes)[1]. Esta cantidad

---

[1] Información detallada del ciclo del agua puede verse en el sitio del Servicio Geológico de los EE UU: http://ga.water.usgs.gov/edu/watercyclespanish.html

Fundamentos de Ecología

Depósito	Volumen (en millones de km^3)	Porcentaje
Océanos	1.370,0	90,4
Casquetes y glaciares	546,0	8,90
Agua subterránea	9,5	0,68
Lagos	0,125	0,01
Humedad del suelo	0,065	0,005
Atmósfera	0,013	0,001
Arroyos y ríos	0,0017	0,0001
Biomasa	0,0006	0,00004

Cuadro 6.1. Distribución del agua en los diferentes depósitos o compartimientos

relativamente pequeña está distribuida en forma muy desigual alrededor del mundo: en los desiertos, por ejemplo, casi no hay precipitaciones, pero en los bosques tropicales caen varios metros de lluvia por año. Los ríos más grandes del mundo —como el Amazonas y el Congo— llevan la mayor parte del flujo de agua potable del planeta, mientras las regiones áridas y semiáridas, que comprenden 40% de las masas continentales de la Tierra, tan sólo dan cuenta de 2% de la escorrentía global.

El ciclo hidrológico está íntimamente ligado a otros ciclos biogeoquímicos. El agua, al desplazarse a través del ciclo hidrológico, transporta sólidos y gases en disolución. El carbono, el nitrógeno y el azufre, elementos todos ellos importantes para los organismos vivientes, son volátiles y solubles y, por lo tanto, pueden desplazarse por la atmósfera y realizar ciclos completos, semejantes al ciclo del agua. La lluvia que cae sobre la superficie del terreno contiene ciertos gases y sólidos en solución. El agua que pasa a través de la zona insaturada de humedad del suelo recoge dióxido de carbono del aire y del suelo, y de ese modo aumenta de acidez. Esta agua ácida, al entrar en contacto con partículas de suelo o roca madre, disuelve algunas sales minerales. En esta forma son aprovechados por las plantas, generándose nueva biomasa. Si el suelo tiene un buen drenaje, el flujo de salida del agua freática final puede contener una cantidad importante de sólidos totales disueltos, que irán finalmente al mar.[2]

El ciclo del agua disipa una gran cantidad de energía, la cual procede de la que aporta el sol. La evaporación es debida al calentamiento solar y animada por la circulación atmosférica, que renueva las masas de aire y que es a su vez debida a diferencias de temperatura, igualmente dependientes de la insolación. Los cambios de estado del agua requieren o disipan mucha energía, por el elevado valor que toman el calor latente de fusión y el calor latente de vaporización. Así, esos cambios de estado contribuyen al calentamiento o enfriamiento de las masas de aire, y al transporte neto de calor desde las latitudes tropicales o templadas hacia las frías y polares, gracias al cual es más suave en conjunto el clima planetario.

6.5. Ciclo del carbono

El carbono (C) es el cuarto elemento más abundante en el Universo, después del hidrógeno (H), el helio (He) y el oxígeno (O). Es el componente fundamental de la vida que conocemos, pues es esencial para construir las moléculas orgánicas que caracterizan a los organismos vivos. La principal fuente de C para los productores es el CO_2 del aire atmosférico, que también se halla disuelto en lagos y océanos.

En el planeta Tierra, el C circula a través de los océanos, la atmósfera y la superficie y el interior terrestre, en un gran ciclo biogeoquímico. Este ciclo puede ser dividido en dos: el ciclo lento o geológico y el ciclo rápido o biológico. Existen básicamente dos formas de C: orgánico (presente en los organismos vivos y cadáveres en descomposición) e inorgánico, presente en las rocas carbonatadas (calizas, coral) y en los combustibles fósiles (carbón mineral y petróleo).

El ciclo del C es un ciclo por el cual éste se intercambia entre la biósfera, la litosfera, la hidrosfera y la atmósfera de la Tierra. El ciclo comprende la transferencia del C atmosférico entre la atmósfera — donde está principalmente en forma de CO_2— , la hidrosfera y la litosfera, donde está en forma de C orgánico e inorgánico. El proceso de fijación del C atmosférico se produce por microorganismos fotolitótrofos y quimiolitótrofos. El C fijado (reducido) vuelve a la atmósfera como resultado de la respiración.

El proceso completo de las fases de absorción, utilización y restitución del C por parte de las plantas y de los animales que dependen de ellas, se presenta esquemáticamente en la Figura 6.4. La atmósfera representa la fuente donde empieza la absorción del C y es, en parte, la sede adonde vuelve.

---

[2] En los capítulos 9 y 10, referentes a los ecosistemas dulceacuícolas y marinos, respectivamente, se amplía información relacionada con el ciclo hidrológico y su influencia sobre la biocenosis en cada uno de ellos.

Fundamentos de Ecología

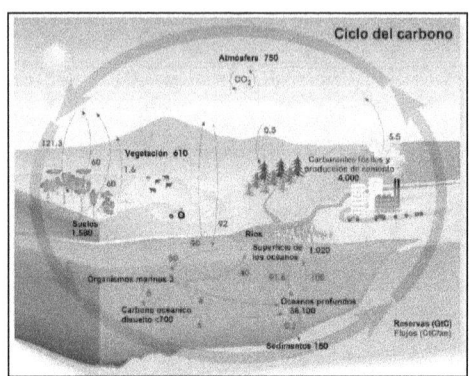

Figura 6.4. El ciclo de carbono y sus cuatro componentes principales: atmósfera, suelos, biósfera y océanos. Las cifras se refieren al contenido de C en cada componente y las transferencias entre ellos, expresadas en 10^{15} g C/año. Fuente: IPCC (2001)

El C no se encuentra libre en la atmósfera, sino combinado con el oxígeno en forma de anhídrido carbónico (CO_2).

Suele considerarse que este ciclo tiene cuatro reservorios principales de C interconectados a través de diversas rutas de intercambio. Estos reservorios son:

- La atmósfera,
- La biósfera terrestre (que, por lo general, incluye sistemas de agua dulce y material orgánico no vivo, como el C del suelo),
- Los océanos (que incluyen el C inorgánico disuelto, en forma de carbonatos y bicarbonatos, los organismos marítimos y la materia no viva),
- Los sedimentos en la corteza superficial del planeta (que incluyen los combustibles fósiles).

A todo lo anterior debe sumarse la enorme cantidad de CO_2 que llega a la atmósfera como producto de la actividad volcánica, la erosión de las rocas carbonatadas y, sobre todo, la quema de combustibles fósiles por el hombre.

Un átomo de C pasará, tarde o temprano, por todas las partes constitutivas del planeta (biósfera, atmósfera, hidrosfera y litosfera) permaneciendo un tiempo variable en cada una de ellas. Los tiempos de permanencia del C en los diferentes depósitos de la biosfera oscilan entre menos de un año en los órganos verdes, flores, frutos y raicillas; de 20 a cientos de años en la madera; y hasta miles de años en el humus estable de los suelos o millones de años en los depósitos del subsuelo en forma de carbón o hidrocarburos.

Los movimientos anuales de C entre reservorios ocurren debido a varios procesos químicos, físicos, geológicos y biológicos. El océano contiene el fondo activo más grande de C cerca de la superficie de la Tierra, pero la parte del océano profundo no se intercambia rápidamente con la atmósfera. Ello se debe al movimiento del agua en las grandes corrientes oceánicas que circulan por todo el globo, impulsadas por el viento y las diferencias de densidad del agua en las distintas regiones. Adicionalmente, en el Atlántico Norte el agua fría se mueve hacia las profundidades, donde el CO_2 disuelto se deposita en el fondo del océano, volviendo a la superficie en el Pacífico con temperaturas más cálidas.

La concentración del CO_2 a lo largo del ciclo depende de varios factores:

6.5.1. Las relaciones tróficas en el ciclo del carbono

Durante la fotosíntesis, las plantas verdes (productores primarios) toman CO_2 del ambiente abiótico e incorporan el C en los carbohidratos que sintetizan. Parte de estos carbohidratos son metabolizados por los mismos productores en su respiración, devolviendo C al medio circundante en forma de CO_2. Otra parte de esos carbohidratos son transferidos a los animales y demás organismos heterótrofos, que también liberan CO_2 al respirar.

La parte del ciclo referida a la restitución del C por parte de los organismos vivos, implica la degradación y mineralización de la materia orgánica de los organismos muertos o de partes muertas de organismos vivos. Esto se lleva a cabo a nivel superficial del suelo, bajo forma de restos vegetales y animales, o sobre el fondo de los lagos y mares, donde se depositan por gravedad las sustancias orgánicas muertas. Los microorganismos son los principales responsables de la mineralización de la materia orgánica del detritus. Los distintos productos orgánicos tienen diferentes tasas de mineralización por los microorganismos y la velocidad de mineralización microbiana tiene una gran influencia el pH, temperatura, humedad y grado de aireación del suelo; fac-

Fundamentos de Ecología

tores éstos que influyen también en los tipos de poblaciones microbianas que van a desarrollar los respectivos procesos. El ciclo completo del C requiere que los descomponedores metabolicen los compuestos orgánicos de los organismos muertos y agreguen nuevas cantidades de CO_2 al ambiente (Figura 6.5).

Aunque el ciclo del CO_2 es muy complejo bioquímica y fisiológicamente, sin embargo, el proceso se puede resumir en la forma siguiente:

En las siguientes ecuaciones que sintetizan los complejos procesos bioquímicos y fisiológicos de la fotosíntesis y la respiración, se pueden apreciar las combinaciones y transformaciones del CO_2.

6.5.2. El CO_2 y su importancia

La absorción de CO_2 por parte de las plantas es balanceada mediante la emisión de CO_2 por la misma planta y los animales durante la respiración, determinando el ritmo día-noche del anhídrido carbónico, junto con el ritmo día-noche del oxígeno, del cual se hablará más adelante.

La mayor parte del C se pierde en forma de CO_2, por lo que conforme se asciende en la cadena trófica la cantidad de biomasa es menor. El producto cuantitativamente más importante que se deriva de la oxidación del carbonato es el anhídrido carbónico o CO_2, que representa un factor limitante y cumple una importante función en el mantenimiento de la vida sobre la Tierra; como ya hemos dicho, junto con el agua, interviene en la acumulación de energía en los hidratos de carbono. Actualmente, debido al incremento de las actividades económicas y de transporte de la sociedad moderna, la utilización de los combustibles fósiles (petróleo y carbón), así como la destrucción de los bosques para el incremento de las actividades agrícolas y forestales, provoca el incremento de las emisiones de CO_2 a la atmósfera; aunque el volumen de los compuestos de carbono en la atmósfera es muy pequeño, un leve aumento de los mismos incrementa la refracción de la radiación solar en la atmósfera, dando como resultado el conocido efecto invernadero, que actualmente está alterando el sistema climático global de manera significativa, debido al aumento de la temperatura ambiental (Figura 6.6).

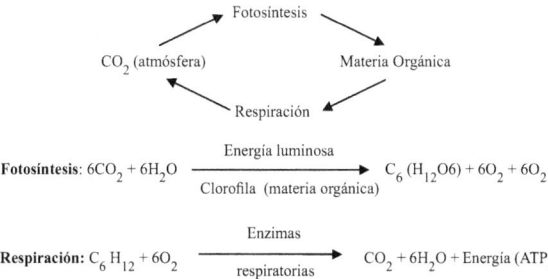

Fotosíntesis: $6CO_2 + 6H_2O \xrightarrow[\text{Clorofila (materia orgánica)}]{\text{Energía luminosa}} C_6(H_{12}O6) + 6O_2 + 6O_2$

Respiración: $C_6H_{12} + 6O_2 \xrightarrow[\text{respiratorias}]{\text{Enzimas}} CO_2 + 6H_2O + \text{Energía (ATP)}$

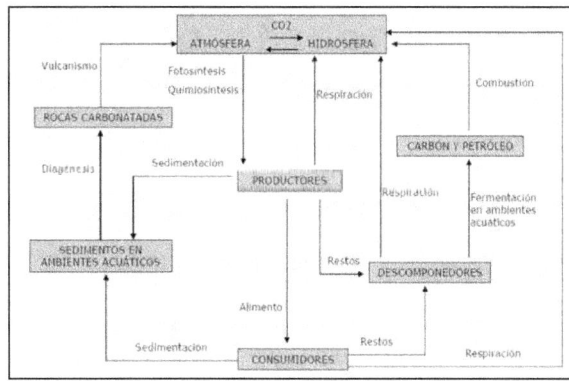

Figura 6.5. Ciclo esquemático del ciclo el carbono, mostrando las relaciones entre las cadenas tróficas y los reservorios.

Fundamentos de Ecología

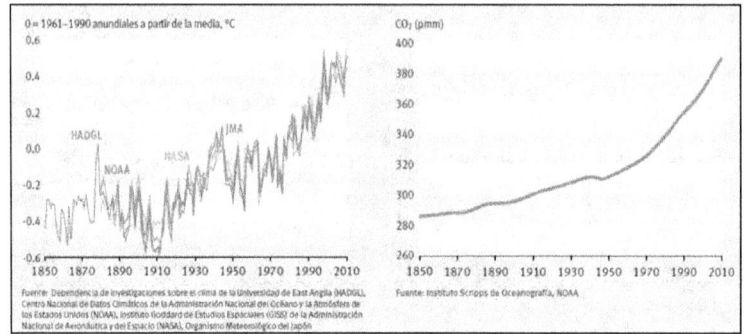

Figura 6.6. Tendencias en la variación de las temperaturas y las concentraciones de CO_2 en la atmósfera (1950-2010). Fuente: tomado de PNUMA (2012)

Por otra parte, el incremento del CO_2 atmosférico promueve la acidificación del agua de mar, la cual a su vez altera los ciclos biogeoquímicos de muchos elementos y compuestos. Un conocido efecto es la reducción de los estados de saturación de carbonato de calcio, que afecta la formación de conchas de organismos marinos bentónicos, desde el plancton hasta moluscos, equinodermos y corales. Muchas especies con conchas (calcificadores) muestran una calcificación y tasas de crecimiento reducidas, en experimentos en laboratorio bajo condiciones de altos niveles de concentración de CO_2. La acidificación de los océanos también provoca un aumento en las tasas de fijación de carbono en algunos organismos fotosintéticos, tanto calcificadores como no calcificadores (Doney et al., 2009).

En los océanos, la cantidad de CO_2 que se deriva del intercambio directo con la atmósfera, siempre ha sido considerada insuficiente para sostener los procesos fotosintéticos que se suceden en el agua. Se considera más importante la fuente biogénica, formada por el conjunto de procesos respiratorios de los seres vivos acuáticos y el aporte del agua de lluvia saturada de anhídrido carbónico atmosférico.

La formación de metano (CH_4) por bacterias metanógenas es una desviación del ciclo llevada a cabo por arqueobacterias. El metano no es utilizable por otros organismos. La principal fuente de metano atmosférico es la biogénica y, dentro de ella, la producción de este gas durante el proceso de fermentación que tiene lugar en el rumen de los herbívoros (vacunos, cabras, ovejas).

El balance global es el equilibrio entre intercambios (ingresos y pérdidas) de C entre los reservorios o entre una ruta específica del ciclo (por ejemplo, atmósfera-biósfera). Un examen del balance de C de un fondo o reservorio puede proporcionar información sobre si funcionan como una fuente o un almacén para el dióxido de carbono.

6.6. Ciclo del oxígeno

El oxígeno es esencial para la vida. Aunque el volumen de oxígeno disponible equivale a 1/5 del aire, se extinguiría en aproximadamente 2.000 años —debido a la actividad respiratoria de plantas y animales —si continuamente no regresase a la atmósfera como un producto secundario de la fotosíntesis. El tiempo de residencia en cada reservorio es variable, siendo muy largo en la litósfera (500 millones de años), en la atmósfera es de 4.500 años, mientras en que en la biósfera es de apenas 50 años. Como tal, el oxígeno está involucrado en el resto de los ciclos biogeoquímicos (agua, carbono, nitrógeno, fósforo y azufre), pues es el oxidante más conspicuo de la biósfera.

El ciclo biogeoquímico del oxígeno comprende su circulación dentro de tres reservorios principales: la atmósfera, la materia orgánica total de la biósfera y la corteza terrestre. El agua recibe el oxígeno del aire y en ella se disuelve por contacto con las capas inferiores de la atmósfera; además, una parte del oxígeno disuelto en el agua proviene de la actividad de los organismos acuáticos autótrofos. Durante la respiración, el oxígeno se combina con el hidrógeno para formar agua. En la fotosíntesis se descompone el agua y se libera oxígeno, el cual vuelve a ser utilizado. El oxígeno puede ser encontrado en la atmósfera bajo varias formas. Sea en la forma de oxígeno molecular (O_2) o en composición con otros elementos (CO_2, NO_2, SO_2, PO_4) el hecho es que el oxígeno es el elemento más abundante en la corteza terrestre y en los océanos (99,5% del oxígeno está contenido allí) y el segundo más abundante en la atmósfera (0,49% del oxígeno existente está en la atmósfera, y el otro 0.01% están formando parte los seres vivos).

Fundamentos de Ecología

El oxígeno combinado con el C (CO_2) circula libremente a través de la biósfera, formando compuestos carbonados con el calcio y otros elementos; participa en la formación de los nitritos y nitratos y se combina con iones de hierro y otros minerales para formar óxidos, permitiendo que dichos elementos se encuentren más o menos disponibles. Debe destacarse su papel en la formación del ozono al reaccionar las moléculas de O_2 con los rayos ultravioletas y generar dos átomos de oxígeno, los cuales se unen a la molécula de O_2 y constituyen la molécula triatómica de ozono. Éste ascenderá a los límites superiores de la atmósfera para formar la capa de ozono, que nos protege de la radiación electromagnética.

El ciclo de oxígeno está íntimamente relacionado con el del CO_2, como lo demuestra la reacción general de la fotosíntesis:

$$CO_2 + H_2O \xrightarrow[\text{Clorofila}]{\text{Luz}} \text{Carbohidratos} + O_2$$

La reacción anterior hacia la derecha representa el proceso de la fotosíntesis y exige la presencia de plantas verdes, energía solar y sales minerales. Ni en el mar, ni en la tierra el CO_2 es factor limitante, siendo por el contrario lo suficientemente abundante para asegurar ampliamente el proceso. Sin embargo, las sales minerales (nitratos y fosfatos, principalmente) y la luz solar sí representan limitaciones a la fotosíntesis y la producción de oxígeno, aunque aparentemente las sales minerales no tengan relación directa (Figura 6.7).

A pesar de la gran cantidad de energía solar que recibe el mar y probablemente debido a ella —pues supera la iluminación óptima— en la superficie no se alcanzan nunca valores máximos de fotosíntesis. Éstos se encuentran más bien por debajo de la superficie. A partir de este punto, comienza a descender hasta que se alcanza una zona donde la producción de oxígeno por fotosíntesis es equivalente al consumo en la respiración; es la **profundidad de compensación.** Por debajo de esa zona, el consumo de oxígeno por respiración supera al producido por la fotosíntesis. En las grandes profundidades se mantiene la cantidad de oxígeno disuelto debido a los movimientos verticales de las aguas, que arrastran al fondo las capas superiores y afloran las profundas, lo cual produce la distribución del oxígeno en las capas profundas. Existen en el mar, sin embargo, zonas en las que no se consigue oxígeno disuelto. Tal es el caso de la fosa de Cariaco, situada en la costa Norte de Venezuela, entre la isla de la Tortuga y la isla de Cubagua. En esta fosa el contenido de oxígeno por debajo de los 200 metros es casi nulo.

6.7. Ciclo del nitrógeno (N)

El nitrógeno fue llamado azote (lat. sin vida) por Lavoisier, porque era inerte, incapaz de mantener con vida a los organismos. Sin embargo, constituye 25% de la estructura de las moléculas fundamentales para los organismos vivos, como son los aminoácidos, proteínas y enzimas. Cerca de 98% del N de todo el mundo se encuentra en los continentes, dentro de la estructura química de roca, tierra y sedimento. Sin embargo, esa forma de N no está disponible para las plantas, por lo menos en el mediano plazo. Por lo tanto, se puede considerar que esta forma del N no está disponible para los seres vivos. El resto del N (2%) se mueve en un ciclo dinámico entre la atmósfera, océanos, lagos, corrientes, plantas y animales (Figura 6.8). Se considera que el ciclo de nitrógeno, en comparación con los otros ciclos, es el que tiene la relación más intensa e importante con

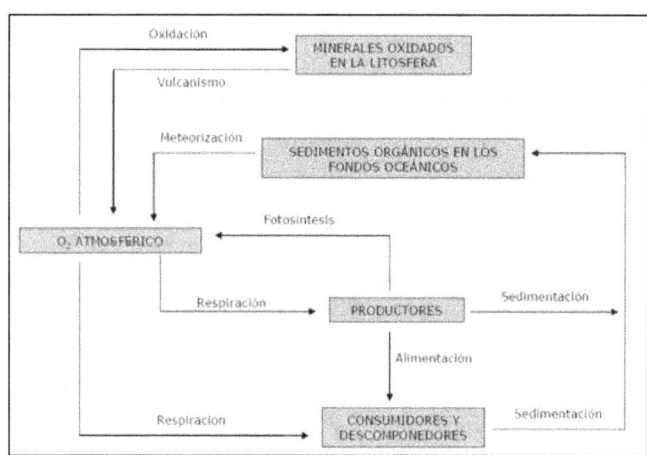

Figura 6.7. Esquematización de la dinámica del oxígeno en el ecosistema

Fundamentos de Ecología

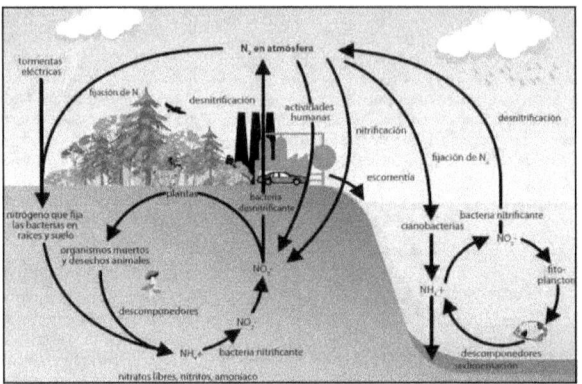

Figura 6.8. El ciclo del nitrógeno a través de la atmósfera, los suelos y los océanos y sus procesos básicos: fijación, asimilación, mineralización, amonificación, nitrificación y desnitrificación. Fuente: UNEP (2010)

los microorganismos, pues éstos son los actores principales en los procesos dinámicos del nitrógeno disponible en el ambiente.

La principal y más importante reserva cuantitativa de N es la atmósfera, constituyendo aproximadamente 87% de la misma; se encuentra en forma molecular (N_2), de óxido (N_2O) y de otros compuestos gaseosos —producidos por procesos fotoquímicos naturales o por descargas eléctricas de alta energía—, o como compuestos incorporados a la atmósfera por las erupciones volcánicas o por las actividades humanas. La otra reserva importante de N es la materia orgánica del suelo (MOS). Del total del N que hay en el suelo, aproximadamente 98% se encuentra formando compuestos orgánicos. Dependiendo de su contenido de materia orgánica, los primeros 20 centímetros de profundidad de un suelo pueden contener entre 1.000 y 10.000 kg/ha. En la biomasa, el N se encuentra en forma de iones de amonio (NH_4^+), nitritos (NO_2^-) y nitratos (NO_3^-), dependiendo de la etapa del ciclo en la que se encuentre.

El N es el elemento más limitante en los ecosistemas terrestres para el crecimiento de las plantas, en especial en los ecosistemas áridos y semiáridos. La abundancia de N molecular no tiene mayor influencia sobre los organismos vivos, ya que éstos lo incorporan y utilizan casi exclusivamente cuando está combinado con otros elementos. El problema consiste en "fijar" este elemento, relativamente inerte, ya que es básico en la síntesis de las proteínas. Sólo los microorganismos son capaces de llevar a cabo este proceso.

Los principales procesos involucrados en la dinámica del N (orgánico, inorgánico y gaseoso) en el suelo son: fijación, mineralización, inmovilización, asimilación, desnitrificación y volatilización. El N inorgánico está constituido por las formas nitrito (NO_2^-), nitrato (NO_3^-) y amonio (NH_4^+). El contenido de N orgánico en el suelo incluye una gran variedad de formas que no están disponibles para las plantas, con excepción de las que están asociadas con ectomicorrizas.

6.7.1. El componente biótico del ciclo del nitrógeno

La cantidad de N gaseoso que se fija en un momento dado por procesos naturales representa sólo una pequeña adición al reservorio de nitrógeno previamente fijado que circula entre los componentes bióticos y abióticos de los ecosistemas terrestres. El N participa en los procesos bióticos de fijación, asimilación, biosíntesis y en la descomposición y amonificación que realizan los microorganismos que componen la microbiota del suelo.

Fijación. Las bacterias (*Rhizobium y Azotobacter*) que crecen en los nódulos de las raíces de las leguminosas (por ejemplo, caraotas y frijoles) y otras plantas angiospermas —a través de la simbiosis entre las dos especies— pueden fijar el N libre de la atmósfera en moléculas orgánicas (NH_4^+), para uso propio de la planta hospedante. Por esta razón se conocen con el nombre de **bacterias fijadoras de N**. Estos últimos organismos desempeñan un papel más importante en los trópicos que en las regiones templadas. También ciertas bacterias y algas azules en los ecosistemas acuáticos, entre ellas el complejo *Azolla-Anabaena*, son capaces de fijar el N en forma de compuestos orgánicos Vitousek. Los líquenes (organismos que surgen de la simbiosis entre un hongo llamado micobionte y un alga o cianobacteria llamada ficobionte) también colaboran en la fijación de N. En conjunto, estos microorganismos fijan cerca de 200 millones de toneladas de N al año (Starr y Taggart, 2004).

Fundamentos de Ecología

En los ecosistemas acuáticos, el ciclo del N es más complejo que en los terrestres, dada la diversidad de especies y cadenas alimentarias presentes, así como las interacciones entre el N y el P, como factores limitantes de la producción primaria en el ecosistema acuático. La magnitud de la fijación de N por los microorganismos que conforman el fitoplancton alcanza cerca de 140 millones de t de N/año (Gruber y Galloway, 2008). Las formas de nitrógeno reactivo que afectan a los ecosistemas acuáticos incluyen compuestos inorgánicos disueltos (NO_2^- y NH_3) y una variedad de compuestos orgánicos como urea, aminoácidos y otros compuestos orgánicos disueltos. El fitoplancton y las plantas superiores utilizan estas diferentes formas de N, pero dependiendo de la proporción de cada uno de ellos, el crecimiento y la estructura de la comunidad del fitoplancton serán variables.

La fijación del N en los organismos vivos es completada por los relámpagos, que al atravesar la atmósfera producen óxido de nitrógeno. Estos óxidos son lavados y llevados al suelo en donde forman nitratos, los cuales pueden ser absorbidos por plantas no leguminosas y luego incorporados en forma de proteínas vegetales (Figura 6.9). Además, las actividades humanas están acelerando la liberación de nitrógeno almacenado a largo plazo en los suelos y la materia orgánica. Actualmente la fijación industrial de N para uso como fertilizante alcanza un total de 80 millones de t/año, y representa la contribución humana más alta de entrada de nitrógeno al ciclo global.

Amonificación. La proteína animal se fabrica a partir de los aminoácidos sintetizados inicialmente por las plantas. Tanto las plantas como los animales muertos y sus excreciones contienen compuestos inorgánicos nitrogenados que finalmente se descomponen en amoniaco (NH_3). Ciertas bacterias y hongos del suelo son los principales responsables de la descomposición de las sustancias orgánicas muertas. Estos microorganismos utilizan las proteínas y excreta el exceso de N en forma de amoniaco (NH_3) o de ion amonio (NH_4^+). Este proceso se denomina amonificación. Varias especies de bacterias corrientes en los suelos (*Nitrosomonas* y *Nitrobacter*) pueden oxidar el amoniaco o el ion amonio. Esta oxidación se denomina nitrificación y es un proceso productor de energía. La energía desprendida en esta reacción la utilizan las bacterias como fuente primaria de energía. Un grupo de bacterias oxidan el amoniaco (o el ion amonio) a nitrito (NO_2^-):

El nitrito es tóxico para los vegetales superiores, pero raramente se acumula. Miembros de otros géneros de bacterias oxidan el nitrito a nitrato, desprendiendo de nuevo energía según la siguiente reacción:

$$2\ NO^- + O_2 \rightarrow 2\ NO_3^- + E \text{ (nitrato)}$$

$$2\ NH_3 + 3O_2 \rightarrow 2\ NO_2^- + 2H^+ + 2\ H_2O + E \text{ (nitrito)}$$

El nitrato es la forma en la que casi todo el N pasa del suelo a las raíces. Las raíces jóvenes de casi todas las plantas forman micorrizas a través de simbiosis mutualísticas con hifas de hongos. Estas micorrizas facilitan la absorción por la planta de muchos iones minerales del suelo. Una vez que el nitrato se encuentra dentro de la célula, se reduce de nuevo a ion amonio. En contraste con la nitrificación, este proceso de asimilación precisa de energía. Los iones amonio así formados se transfieren a compuestos carbonados para producir aminoácidos y otros compuestos orgánicos nitrogenados.

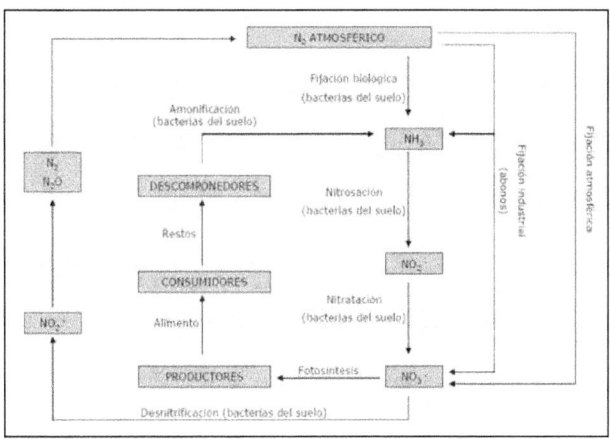

Figura 6.9. La dinámica del nitrógeno en la biota del ecosistema

Fundamentos de Ecología

Los compuestos nitrogenados de las plantas verdes son devueltos al suelo cuando la planta muere (o cuando mueren los animales que se han alimentado de las plantas). A lo largo de este ciclo siempre se "pierde" una cierta cantidad de N que no es asimilado por las plantas terrestres.

Desnitrificación. La causa principal de las pérdidas de N es la extracción del suelo por los cultivos y pasturas en los agroecosistemas. Los suelos cultivados presentan a menudo un lento declive del contenido de N. El N también se puede perder cuando el suelo superficial es arrastrado por el agua o el viento, o cuando la cubierta vegetal del suelo es destruida por el fuego. El N se pierde igualmente por percolación, al ser arrastrado por el agua que se filtra a través del suelo hasta las aguas subterráneas. Además, numerosos tipos de bacterias presentes en el suelo (entre ellas las *Pseudomonas*) pueden descomponer los nitratos y nitritos en ausencia de oxígeno, desprendiendo nitrógeno gaseoso y utilizando el oxígeno para la oxidación de compuestos de C (respiración). Este proceso denominado desnitrificación, tiene lugar en suelos mal drenados (y por ello poco aireados).

6.7.2. El impacto humano sobre el ciclo del nitrógeno

Siguiendo a Vitousek *et al.* (1997), los impactos del dominio humano del ciclo del N, que se han identificado con certeza incluyen:

- Incremento en las concentraciones globales de óxido nitroso (N_2O), un potente gas de invernadero, en la atmósfera así como el aumento regional de otras formas de óxidos de N (incluyendo óxido nítrico, NO) que conducen a la formación de smog fotoquímico;
- Perdida de nutrimentos del suelo, tales como calcio y potasio, que son esenciales para su fertilidad a largo plazo;
- Acidificación substancial de suelos y cuerpos de agua ribereños y lacustres de diversas regiones;
- Fuertes incrementos en el transporte de N por los ríos hacia los estuarios y aguas costeras en donde se constituye en un contaminante principal.
- Aceleración de la pérdida de diversidad biológica, especialmente entre plantas adaptadas a suelos pobres en N y subsecuentemente, de los animales y microorganismos que dependen de dichas plantas.
- Causante de cambios en la vida vegetal y animal, así como en los procesos ecológicos estuarinos y costeros, contribuyendo a la disminución a largo plazo de la producción pesquera marina.

La acumulación de N es el principal impulsor de los cambios en la composición de especies a través de toda la gama de diferentes tipos de ecosistemas, debido a las interacciones competitivas que conducen al cambio de la composición y/o haciendo que las condiciones sean desfavorables para algunas especies. Otros efectos incluyen la toxicidad directa de gases de N y aerosoles, los efectos negativos a largo plazo de una mayor disponibilidad de amonio y amoniaco y los efectos sobre la acidificación del suelo en ecosistemas específicos. Es importante destacar que los ecosistemas considerados hasta ahora sin limitantes debidas al N, tales como los sistemas tropicales y subtropicales, pueden ser más vulnerables en la fase de regeneración, en situaciones en las que la heterogeneidad en la disponibilidad de N se reduce por deposición atmosférica de N, en suelos arenosos o en zonas de montaña (Bobbink *et al.*, 2010).

Bajo condiciones naturales, el N perdido por los ecosistemas a través de la desnitrificación, volatilización, percolación y otros procesos, es recuperado por los procesos de fijación biológica en los ecosistemas terrestres y acuáticos. Ello permite mantener el equilibrio dinámico donde los cambios en cualquiera de las fases, afecta las otras. La acción antropocéntrica está teniendo efectos perturbadores en la estabilidad del ciclo del N, debido a la deforestación continua y creciente y la conversión de pastizales naturales en sistemas agrícolas para la producción de alimentos y fibra, provocando pérdidas de grandes cantidades de nitrógeno.

La tala de un bosque implica la pérdida del N acumulado durante cientos o miles de años, que no compensa el sistema de cultivo que se establezca en esos suelos. Algunos agricultores compensan estas pérdidas a través de la rotación de cultivos, alternando cereales y leguminosas, por ejemplo, o aplicando fertilizantes ricos en N, como el nitrato de amonio o la urea. Estas prácticas tienen efectos favorables para el agroecosistema —como la obtención de mayor rendimiento de biomasa de cultivos por superficie— pero pueden tener efectos negativos en el ecosistema más amplio, modificando el patrón de intercambio de iones entre suelo y planta, debido al incremento de la acidez provocada por la aplicación de fertilizantes. Adicionalmente, la acumulación de óxido nitroso en las capas superiores de la atmósfera puede desencadenar reacciones que desgastan o disminuyen la capa de ozono.

Nitrógeno reactivo. En la escala global, la producción de energía y de alimentos son los procesos dominantes de la sociedad actual, siendo su efecto el rompimiento del triple enlace en el N molecular (N_2) y como resultado se crea N reactivo (Nr). La circulación de Nr antropogénico en la atmósfera terrestre, la hidrosfera y la biósfera tiene múltiples consecuencias que se magnifican con el tiempo cuando el Nr se mueve a lo largo de sus rutas biogeoquímicas. El mismo átomo de Nr puede causar múltiples efectos en la atmósfera, en los ecosistemas terrestres, en los sistemas de agua dulce y marinos y en la salud humana. Esta secuencia de efectos se conoce como cascada de nitrógeno. Al avanzar la cascada, el origen del Nr (industrial, agrícola, urbano) deja de tener importancia. El Nr en cascada no avanza a la misma velocidad a través de todos los sistemas ambientales; Algunos sistemas tienen la capacidad de acumular Nr, lo que conduce a un retardo en la continuación de la cascada. Estos retrasos la ralentizan y el resultado es la acumulación de Nr en determinados depósitos, lo que a su vez puede incrementar los efectos de Nr en ese entorno (Galloway *et al.*, 2003).

La presencia de cantidades excesivas de N en los cuerpos de agua, acumuladas por el deslave y arrastre del agua de lluvias provoca efectos tóxicos para la salud humana, el excesivo crecimiento de algunos organismos (afloramientos) y la disminución de los niveles de oxígeno (hipoxia).

Fundamentos de Ecología

En el mismo sentido, la elevación en la acumulación de N atmosférico, en forma de gases como el óxido nitroso y nítrico, crean una lluvia ácida que afecta negativamente los ecosistemas en donde se precipita (Gruber y Galloway, 2008). Similarmente, las perturbaciones del ciclo del N, junto con los aumentos en la concentración del CO_2 atmosférico y en la temperatura, contribuyen con el cambio climático observado en las últimas décadas. La quema de combustibles fósiles libera hacia la atmósfera grandes cantidades de N almacenado durante mucho tiempo en las formaciones geológicas, principalmente en forma de óxido nitroso. El óxido nitroso es un gas con una gran capacidad para atrapar calor en la atmósfera, en parte debido a que absorbe radiación infrarroja que sale de la tierra y que no es atrapada por otros gases de efecto invernadero (vapor de agua o dióxido de carbono). Al absorber y devolver a la tierra este calor, el óxido nitroso contribuye en un pequeño porcentaje al calentamiento global.

Otra perturbación la constituye la contaminación de los cuerpos de agua —a través del vertido de las aguas negras o servidas— en ríos, lagos y océanos, las cuales modifican el ciclo natural del N y del P y provocan perturbaciones para los ecosistemas acuáticos y sus comunidades, como la eutrofización (exceso de nutrimentos), hipoxia (ausencia de oxígeno) y anoxia (muy bajas concentraciones de oxígeno) de las aguas; todo lo cual afecta negativamente la biodiversidad en los ecosistemas acuáticos (Figura 6.10).

Desde otra perspectiva, Reay *et al.* (2008), al analizar la literatura sobre el efecto de la relación C/N sobre la descomposición y la producción primaria neta, plantean que la absorción de dióxido de carbono por la superficie terrestre y el océano pueden verse fortalecidos con los aumentos en la deposición de nitrógeno. A pesar de que las altas tasas de deposición de nitrógeno podrían mejorar la absorción de carbono en los bosques boreales y la región tropical, probablemente tendrán un menor impacto en la fortaleza del sumidero oceánico. Combinados, los sumideros terrestres y oceánicos podrían secuestrar un 10% adicional de emisiones antropogénicas de carbono en 2030, debido al aumento de las aportaciones de nitrógeno, aunque una estimación más conservadora es más probable (de 1 a 2%). Así, es poco probable que los aumentos en las fortalezas de los sumideros de la superficie terrestre y el océano inducidas por mayores cantidades de nitrógeno puedan contener el ritmo de los previsibles aumentos de dióxido de carbono en el futuro.

6.8. Ciclo del fósforo

El fósforo (P) sigue un proceso similar al N, aunque más sencillo. Su ciclo está circunscrito a movimientos a través de la litósfera, la hidrósfera y la biósfera. A diferencia de otros ciclos biogeoquímicos, la atmósfera no juega papel importante en el ciclo del P, porque los compuestos de este elemento son usualmente sólidos. Es esencial en los procesos vitales, pues forma parte de los fosfolípidos y aminoácidos fosforados, enzimas y muchas otras sustancias indispensables para el metabolismo de los seres vivos.

El P es un mineral no renovable, la reserva del mismo solo existe en la corteza terrestre en forma de rocas de fosfato y su ciclo implica transferencias mecánicas y transformaciones físicas, químicas y biológicas. Para poder visualizar el ciclo del P es necesario comprender antes su relación con el carbono, nitrógeno, oxígeno, hidrógeno, calcio, sodio y

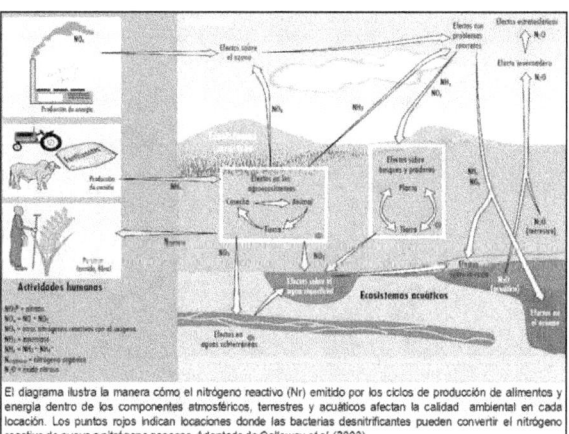

Figura 6.10. Diagrama que representa la cascada del nitrógeno consecuencia de las actividades antropogénicas. Fuente: Tomado de UNEP-GEO4 (2007)

Fundamentos de Ecología

azufre, con los cuales se une para formar compuestos inorgánicos y orgánicos. El P se encuentra en la naturaleza en forma de compuestos de calcio (apatita), fierro, manganeso y aluminio conocidos como fosfatos, que son poco solubles en el agua (Filippelli, 2002). En los buenos suelos agrícolas el P está disponible en forma de iones de fosfato (P_2O_5). Los microorganismos del suelo son uno de los principales actores en el ciclo del P, pues actúan tanto como sumideros y como fuentes de P disponible en el ciclo biogeoquímico. Para aumentar la producción de alimentos se aporta fósforo al suelo en forma de abono mineral o estiércol. La mayor parte del fósforo que no es absorbido por las plantas permanece en el suelo, y se puede usar en el futuro. El P puede llegar a las aguas superficiales durante su extracción o procesado, cuando se aporta excesiva cantidad de fósforo al terreno, por erosión del suelo, o cuando se vierten efluentes desde plantas depuradoras de aguas residuales. A nivel local, las transformaciones de P son químicas, biológicas y microbiológicas. Sin embargo, las mayores transferencias en el ciclo global, sin embargo, son impulsadas a muy largo plazo (tiempo geológico) por las placas tectónicas en movimiento. El flujo natural del P ocurre muy lentamente, requiriendo en algunos casos varios millones de años. A lo largo de este tiempo, el P contenido en las rocas erosionadas es lentamente meteorizado e incorporado al suelo para luego ser lixiviado hacia ríos, lagos y finalmente al mar, donde reacciona con el calcio para formar fosfato de calcio insoluble que se deposita en el fondo sedimentario de los océanos (Figura 6.11). La mayor cantidad del P disponible en la tierra se origina de la mineralización de minerales de fosfato de calcio, una pequeña parte del cual se ubica en la capa arable y puede ser aprovechado por la biota, mientras que el resto es transportado por los flujos hidrológicos a los océanos. De la misma forma, una mínima parte del P en el medio acuático está disponible para ser utilizada por los organismos vivos; el resto se deposita continuamente como sedimentos en el fondo del mar, constituyendo el mayor depósito de P en la biósfera (Liu *et al.*, 2008).

Los procesos orgánicos que mueven el P a través de las cadenas alimentarias son dos; el primero, en los ecosistemas terrestres, es la transferencia desde el suelo hacia las plantas, a los animales y finalmente devuelto al suelo; el segundo, en los ecosistemas acuáticos a través de sus cadenas tróficas. Mientras el primero dura un año aproximadamente, el segundo se cumple en pocas semanas. El P circulante en estos dos procesos gobierna la biomasa viva en ambos ecosistemas.

Durante el proceso de fotosíntesis, las plantas lo asimilan principalmente en forma de PO_4 (fosfato) pasando a formar parte del tejido vegetal. Los animales se alimentan de las plantas y los fosfatos pasan al tejido animal donde contribuyen a formar compuestos similares a los que formó en los vegetales. En el proceso de reciclaje, ya sea producto de excreción del metabolismo, o a partir de la descomposición de plantas y animales muertos, pasa de nuevo a la forma inorgánica por la acción de bacterias, quedando disponible para iniciar nuevamente el ciclo. El ciclo del P no es completamente cerrado. Al morir, los organismos marinos que asimilan P se hunden, arrastrando consigo parte de ese P hasta el fondo, donde se convierte en roca fosfatada. Esta pérdida es compensada por el aporte que hacen los ríos, los cuales transportan gran cantidad de sustancias fosforadas como consecuencia del lavado de la superficie terrestre que sucede cada vez que llueve. La superficie marina es pobre en fosfatos debido a que las algas lo asimilan durante el proceso fotosintético. Su concentración aumenta con la profundidad (Figura 6.12).

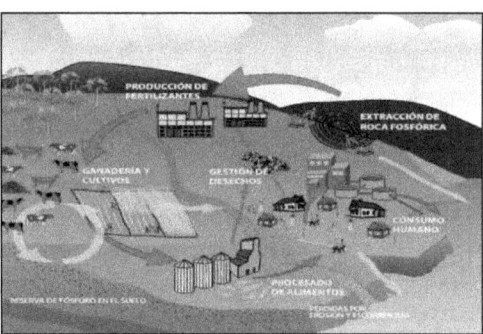

Figura 6.11. Circulación de fósforo en el medio ambiente. Las flechas rojas indican la circulación primaria del fósforo; las amarillas indican el reciclaje del fósforo que contiene el sistema de cultivos y del suelo y su desplazamiento hacia las masas de agua; y las flechas grises representan el fósforo que se pierde con los restos de alimentos que acaban en los vertederos.
Fuente: tomado del Anuario UNEP (2011)

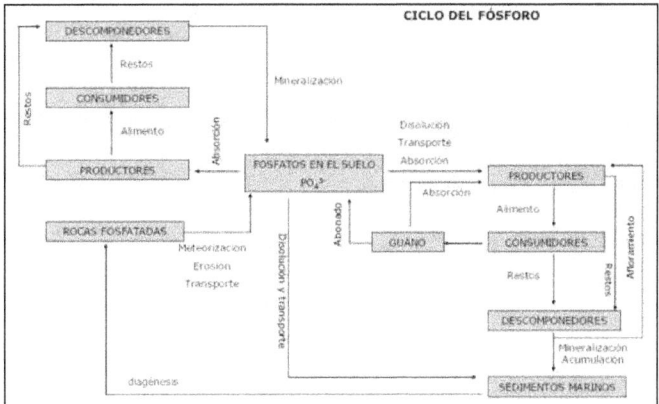

Figura 6.12. Esquema simplificado de la dinámica del fósforo en el ecosistema

Durante los meses de invierno, la actividad fotosintética disminuye en los mares templados, pero ocurren fenómenos físicos (tormentas, vientos y corrientes oceánicas) que mezclan las aguas superficiales con otras más profundas ricas en nutrimentos, poniendo éstos a disposición del fitoplancton que los asimilará en la primavera. En los trópicos, donde la actividad fotosintética es continua, el gasto de nutrimentos también es continuo.

En general, los mares tropicales son más pobres en P que los templados, y solamente en los lugares donde ocurren fenómenos de afloramiento (aguas profundas ricas en sales nutritivas que suben a la superficie) tienen lugar productividades altas, comparables con las de los mares templados y son en consecuencia ricas en plancton, permitiendo el incremento de la biomasa viva.

El P constituye un factor limitante para las poblaciones, pudiendo llegar a constituir un factor de control o regulación. Si su ausencia o escasez es un problema, su abundancia no lo es menos, como se demuestra cuando el exceso de fosfatos en forma de detergentes fosfatados contamina las aguas de los ríos y lagos.

Impacto humano en el ciclo del fósforo. El consumo de P por el hombre se ha incrementado sustancialmente desde la era industrial, esencialmente a partir de los afloramientos de rocas ricas en fosfato (fosforita) y en menor grado de los depósitos acumulados por las deposiciones de animales (guano). Las sociedades humanas lo utilizaron en mayor grado como fertilizante, siendo sustituido por los fertilizantes sintetizados químicamente, y en procesos industriales para producir detergentes y aditivos alimentarios.

Otros usos marginales incluyen la producción de surfactantes, anticorrosivos, tratamiento de aguas y cerámica. La acumulación progresiva de P en los ríos y lagos —producto de la escorrentía y la lixiviación de los suelos y el flujo de aguas servidas de las ciudades y los sistemas agropecuarios— están creando problemas graves en los ecosistemas ribereños, lacustres y en las zonas costeras marítimas, como son la contaminación y la eutrofización de las aguas, aspectos éstos a ser tratados en capítulo 14.

Por otra parte, varios grupos de científicos e instituciones han alertado acerca de la explotación incontrolada de los afloramientos de rocas fosfóricas para su utilización como fertilizantes en la agricultura y otros procesos industriales[3], pues los estudios realizados señalan que tales yacimientos se extinguirán dentro de los próximos 15 a 20 años, y no existe otra fuente bioquímica disponible. Sin embargo, dado que el P que circula en la biota del ecosistema no desaparece, consideran que es necesario perfeccionar y popularizar las técnicas de recuperación del fósforo de las aguas servidas urbanas y agroindustriales, que se han venido desarrollando experimentalmente. En países como Israel, China y Reino Unido ya existan plantas de tratamiento de aguas servidas en las cuales se logra recuperar el fósforo exitosamente.

6.9. Ciclo del azufre

El azufre (S) es uno de los componentes de muchas proteínas, vitaminas y hormonas. Se recicla como en otros ciclos biogeoquímicos. Los pasos esenciales del ciclo del S son los siguientes:
- La mineralización de S orgánico a la forma inorgánica, sulfuro de hidrógeno (H_2S).

---

[3] Global Phosphorus Research Initiative (http://phosphorusfutures.net/); Global water community (http://www.iwawaterwiki.org/xwiki/bin/view/Articles/NutrientRecoveryProceedings)

Fundamentos de Ecología

- La oxidación de sulfuro y S elemental (S) y compuestos relacionados a sulfato (SO_4^{2-}).
- Reducción de sulfato a sulfuro.
- Inmovilización microbiana de los compuestos de S y posterior incorporación en la forma orgánica de S.

Estos procesos ocurren a través de diversas reacciones bioquímicas

- La reducción asimilativa del sulfato, en el que el sulfato (SO_4^{2-}) se reduce a los grupos de sulfhidrilo orgánico (R-SH) en las plantas, hongos y diferentes procariotas. Los estados de oxidación de S en el sulfato es de +6 y -2 en los R-SH.
- Desulfuración, en la que las moléculas orgánicas que contienen S pueden de desulfurizan, produciendo gas de sulfuro de hidrógeno (H_2S), con el estado de oxidación = -2.
- La oxidación de sulfuro de hidrógeno produce S elemental, con estado de oxidación = 0. Esta reacción se lleva a cabo por las bacterias fotosintéticas verdes y púrpura del azufre y algunos quimiolitótrofos.
- La posterior oxidación del S elemental por oxidantes de azufre produce sulfato.
- La reducción desasimilativa de S en la que el S elemental puede ser reducido a sulfuro de hidrógeno.

Cuando el SO_4 es asimilado por los organismos se reduce y se convierte en S orgánico, que es un componente esencial de las proteínas. Sin embargo, la biósfera no actúa como un importante sumidero de S y la mayoría del mismo se encuentra en el agua de mar o las rocas sedimentarias, especialmente las pizarras ricas en pirita y rocas evaporitas (anhidrita y barita).

La cantidad de sulfato en los océanos es controlado por tres grandes procesos:

1. Las aportaciones de los ríos;
2. Reducción del sulfato y la reoxidación de sulfuro en plataformas y taludes Continentales, y
3. La sedimentación de anhidrita y pirita en la corteza oceánica.

En la atmósfera no hay una cantidad significativa de S y la que existe proviene más bien de la espuma del mar o de vientos cargados de polvo de S, ninguno de los cuales es de larga vida en la atmósfera. En los últimos tiempos, la entrada de grandes cantidades anuales de S proveniente de la combustión de carbón y otros combustibles fósiles añade una cantidad considerable de SO_2, que actúa como un contaminante del aire (Figura 6.13).

El ciclo del S se relaciona estrechamente con los otros ciclos biogeoquímicos, el agua, el aire y el suelo. Algunos microorganismos especializados, como las bacterias del azufre (incoloras, verdes y purpúreas) las bacterias desulfovibriones y los tiobacilos, utilizan el S o sus componentes H_2S (ácido sulfhídrico) y el ion $SO_4=$, mediante reacciones de óxido-reducción, para provocar una serie de transformaciones de estos productos.

El H_2S gaseoso va a la atmósfera donde se oxida y se transforma en $SO_4=$; en esta forma es absorbido por las plantas. Los animales excretan productos sulfurosos que van a la atmósfera y nuevamente son reciclados por las plantas. La descomposición de los materiales orgánicos y de los abonos a base de SO_2 produce la iniciación del ciclo nuevamente.

Impacto humano en el ciclo del S. El S está íntimamente relacionado con la producción de combustibles fósiles y la mayoría de los depósitos de metales, debido a su capacidad de actuar como un agente oxidante o reductor. La gran mayoría de los yacimientos minerales importantes en la Tierra contienen una cantidad considerable de azufre.

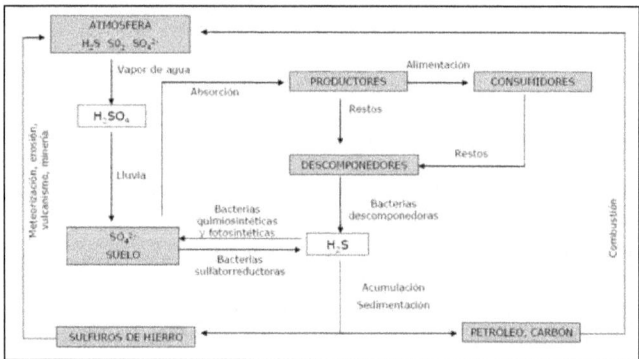

Figura 6.13. Esquema simplificado de la dinámica del azufre en el ecosistema.

Fundamentos de Ecología

Las actividades humanas han tenido un efecto importante en el ciclo del S global. La quema de carbón, gas natural y otros combustibles fósiles ha aumentado considerablemente la cantidad de S en la atmósfera y el océano y el agotamiento de la capa de rocas sedimentarias. Sin el impacto humano, el S se quedaría atado en las rocas durante millones de años hasta que fuese nuevamente elevada a través de eventos tectónicos y luego liberada a través de la erosión y los procesos de meteorización. En su lugar, se perfora, se bombea y se quema a una velocidad cada vez mayor, al punto que sobre las zonas más contaminadas se ha producido un aumento de 3.000% en la deposición de sulfato.

Aunque la curva de S muestra los cambios entre la oxidación neta de S y la reducción neta de S en el pasado geológico, la magnitud del impacto humano actual no tiene precedentes en el registro geológico. Las actividades humanas aumentan en gran medida el flujo de S a la atmósfera, algunas de las cuales se transfieren al ámbito mundial. Por ejemplo, la minería del carbón y la extracción de petróleo de la corteza de la Tierra a un ritmo que moviliza 150 x 10^{12} g S/año, lo que es más del doble de la tasa de hace 100 años. El resultado del impacto humano en estos procesos es aumentar el total de S oxidado (SO_4) en el ciclo global, a expensas del almacenamiento de S reducido en la corteza de la Tierra. Por lo tanto, las actividades humanas no causan un cambio importante en los sumideros globales de S, pero sí producen grandes cambios en el flujo anual de S a través de la atmósfera.

Cuando se emite SO_2 como contaminante del aire, se forma ácido sulfúrico al reaccionar con el agua en la atmósfera. Una vez que el ácido se disocia completamente en el agua, el pH puede bajar a 4.3 o menos, causando daños a los sistemas, tanto artificiales como naturales. De acuerdo con la EPA, la lluvia ácida es un término amplio que se refiere a una mezcla de deposición húmeda y seca (material depositado) de la atmósfera que contiene cantidades de ácidos nítrico y sulfúrico mayores que las normales. El agua destilada, que no contiene dióxido de carbono, tiene un pH neutro de 7. La lluvia natural tiene un pH ligeramente ácido (5.6), ya que el dióxido de carbono y agua en el aire reaccionan para formar ácido carbónico, un ácido muy débil.

6.10. Ciclo del silicio

El silicio (Si) se presenta formando varios compuestos como sílice puro (SiO_2) y ciertos tipos de arenas, silicatos más o menos complejos y arcilla simple. El silicio es el segundo elemento en abundancia en la corteza terrestre y minerales primarios, después del oxígeno, por lo que en la naturaleza se encuentra en estado oxidado como dióxido de silicio (SiO_2), aunque su forma soluble principalmente está en la forma de ácido ortosilícico y sus sales derivadas. Aunque el silicio no se considera dentro de los 16 elementos esenciales para la nutrición, tiene una acción dinámica en el sistema agua-suelo-planta, estimándose que anualmente se remueven del suelo un promedio de 400 kg/ha, ya que se encuentra presente de manera soluble y sólida en los diferentes tejidos de la planta, especialmente, formando parte de las células que componen el sistema tegumentario. En las hojas, dependiendo de las condiciones bióticas y abióticas del medio ambiente, su concentración es variable durante el desarrollo del cultivo, observándose concentraciones de 200 a 7,000 mg/kg, mientras que en el suelo la concentración de silicio soluble está presente entre 5 y 250 mg/kg. La mayor parte del silicio que contiene el mar es de origen terrestre y ha sido depositado allí por los ríos. Por esta razón, las mayores concentraciones corresponden a las desembocaduras de los ríos y las zonas donde los glaciares de la región Antártica depositan las masas de hielo que lijan la tierra por donde pasan.

El estudio del ciclo del silicio en el mar es particularmente interesante. Aunque en la actualidad no parece tener tanta importancia, en el pasado (épocas geológicas precedentes) el sistema ácido silícico-silicatos desempeñaba un papel amortiguador, parecido al que en la actualidad desempeña el sistema ácido carbónico-carbonatos. El ácido silícico, una compuesto soluble de silicio (Si), es un importante nutrimento marino. Estimula la producción primaria porque facilita el crecimiento de las diatomeas, que lo emplean para construir sus esqueletos de sílice biogénica. A su vez, el incremento de la fotosíntesis en las poblaciones de diatomeas facilita la transferencia de CO_2 desde la atmósfera al océano, ayudando a paliar el calentamiento climático y estableciendo una conexión entre los ciclos del silicio y del carbono. Las diatomeas son organismos unicelulares, con caparazones de silicio (frústulos) de formas simétricas de gran belleza. Mientras el organismo vive, su membrana rica en sílice no sufre corrosión, lo que indica que hay algún mecanismo que la hace insoluble; apenas muere, en muchas especies ella se disuelve rápidamente. Posiblemente hay una membrana orgánica que rodea a los frústulos, aunque se cree que tenga un revestimiento de silicato insoluble de aluminio y de hierro.

Al comenzar la primavera, en los mares templados hay un rápido descenso en la concentración de silicatos. La mayor parte ha sido asimilada por las diatomeas. El zooplancton ingiere las diatomeas; en el proceso digestivo, se rompe la membrana silícea y el animal aprovecha la parte orgánica y desecha la parte dura. La membrana silícea se hunde junto con el resto de las diatomeas muertas. Durante el proceso de hundimiento de los frústulos, actúan los agentes químicos y gran parte de ellos se descomponen devolviendo el silicio al mar. La concentración de silicio disuelto aumenta en las aguas profundas y quedan las aguas superficiales muy pobres. Solamente en las regiones donde ocurren afloramientos, las capas superficiales son ricas en silicio disuelto.

Las aguas de los ríos aportan silicio a los mares, de tal manera que éstos están renovando casi continuamente su contenido de silicio. La presencia de zonas de afloramiento y las grandes tormentas que remueven el agua hacen subir a la superficie grandes cantidades de silicio. Tanto estos fenómenos, como el aporte de los ríos, mantienen dentro de ciertos límites los niveles de silicio en el mar, aunque éste se halla normalmente por debajo de sus niveles óptimos de saturación.

Fundamentos de Ecología

En el ciclo del silicio intervienen también animales inferiores del fondo marino (radiolarios, pterópodos, esponjas), estimándose que el volumen de silicio que es utilizado por ellos es mucho mayor que el que se involucra en el ciclo de las diatomeas, aportando compuestos de silicio al sistema marino. Por lo cual su aporte al ciclo del silicio es muy significativo. Sin embargo, la importancia de las diatomeas es superior a la de cualquier otro ser vivo, debido a su función en la producción primaria de los ecosistemas acuáticos.

La transcendencia del silicio no puede compararse con la del N o el P; sin embargo, en los lugares donde hay deficiencia de silicio, ciertos procesos no se llevan a cabo normalmente, y por tanto se retarda y entorpece el desarrollo de las diatomeas.

6.11. Otros elementos inorgánicos

Los iones potasio, sodio, calcio (solamente en los animales), y en menor medida una variedad de otros iones (microelementos), son también necesarios para la vida. Las plantas absorben estos iones del suelo a través de las raíces. Los animales los ingieren de los alimentos y del agua. Todos estos elementos y compuestos son devueltos al suelo y al agua, gracias a la acción detrítica de las bacterias sobre los animales y los cuerpos sin vida de plantas y animales.

En áreas extensas, y a largos intervalos de tiempo, los ciclos naturales de los nutrimentos inorgánicos aseguran adecuadamente el bienestar de las generaciones sucesivas de los organismos vivos. Sin embargo, bajo ciertas condiciones pueden ocurrir mermas locales. Esto tiende a suceder particularmente cuando el hombre practica una agricultura intensiva. Los minerales son sustraídos del suelo con la cosecha, sin que se devuelva al suelo la materia orgánica en descomposición, para restituir los minerales extraídos. Bajo estas condiciones es necesario añadir fertilizantes al suelo con el objeto de mantener la productividad.

Los nitratos y fosfatos resultan especialmente aptos para ser consumidos rápidamente y la pérdida puede ser resarcida mediante la adición de materiales tales como nitrato de sodio o soda ($NaNO_3$) y fosfato de calcio o superfosfato [$Ca(H_2PO_4)_2$]. Estos minerales y otros semejantes son extraídos de las minas o manufacturados sintéticamente con este propósito. Algunos fertilizantes se fabrican a partir de los desperdicios domésticos y la basura. Cuando el hombre utiliza estos materiales, no hace sino acelerar y uniformar una etapa natural del ciclo de restitución de estos minerales.

La contaminación por mercurio (Hg) afecta la salud humana global y crea riesgos ambientales, como lo señala Selin (2009). El mercurio es el contaminante más tóxico de los metales, con efectos nocivos sobre los organismos marinos. Una vez incorporado en la célula puede enlazarse con grupos sulfhidrilos tales como glutatión y metalotioninas. Estas moléculas intervienen en los procesos de acumulación, metabolización y depuración de los metales. Los contaminantes, incluido el mercurio, pueden inducir estrés oxidativo en las células, generando gran cantidad de radicales libres. Estos radicales pueden producir la muerte celular si no son contrarrestados por mecanismos antioxidantes, entre los que se encuentran principalmente las enzimas antioxidantes, el glutatión y las metalotioninas que participan en la eliminación de especies reactivas (Rojas et al., 2009).

Aunque el Hg se encuentra naturalmente en el medio ambiente, las actividades humanas, tales como la minería y la quema de carbón han aumentado la cantidad de mercurio reciclado entre la tierra, la atmósfera y el océano por un factor de tres a cinco. Desde mediados del siglo pasado se hicieron evidentes los serios efectos del mercurio sobre la salud humana, que incluyen retardo mental, sordera, ceguera, malformaciones durante el embarazo y problemas neurológicos. En los medios silvestres, a la concentración actual, se han observado efectos en el comportamiento, las hormonas y los procesos reproductivos de muchas especies salvajes. Emitido a la atmósfera en su forma elemental, durante los procesos geológicos como las erupciones volcánicas y las emisiones naturales a la superficie en zonas de abundancia, el Hg circula globalmente antes de su oxidación, hasta que se deposita en los fondos marinos. Se calcula que el ciclo completo hasta la sedimentación tarda de 3.000 a 10.000 años. Las fuentes antropogénicas por la combustión del carbón y los procesos industriales de producción de cemento, acero y otros metales no ferrosos, así como la minería de oro, han incrementado el volumen de mercurio circulante en el ambiente de manera significativa En la Figura 6.14 se ilustra el flujo del mercurio a través de los ecosistemas.

En los sistemas acuáticos, el mercurio puede convertirse en metilmercurio, una potente neurotoxina, por efecto de las bacterias sulfato-reductoras. Personas y animales se exponen al metilmercurio en la medida que se bio-acumula en la cadena alimentaria. El mercurio sigue circulando en la atmósfera, los océanos y el sistema terrestre durante siglos o milenios antes de volver a las profundidades de los sedimentos oceánicos. No se conoce a ciencia cierta el ciclo biogeoquímico global del mercurio, los procesos de oxidación en la atmósfera, la tierra y la hidrósfera, el movimiento del océano a la atmósfera, ni los procesos de metilación en el océano. Las políticas nacionales e internacionales se han ocupado de las emisiones directas de mercurio, pero los esfuerzos para reducir los riesgos se enfrentan a numerosos escollos económicos, políticos y técnicos (Selin, 2009).

6.12. La influencia de las actividades antropocéntricas en los ciclos biogeoquímicos

Como se indicó previamente en la sección 6.1, y a lo largo de la discusión de los diferentes elementos, los ciclos biogeoquímicos se desarrollaron durante millones de años, hasta alcanzar estados de estabilidad que han permitido el funcionamiento integral de la biósfera y los diferentes ecosistemas que la conforman. Sin embargo, los componentes de la misma — la atmósfera, la hidrósfera, la cubierta de suelo y la biodiversidad — han sido afectados de muy diversas maneras por las actividades humanas en los últimos 200 años y más significativamente desde la década de los 60, incluyendo a la corteza terrestre, a través de la minería y la extracción de combustibles fósiles.

Fundamentos de Ecología

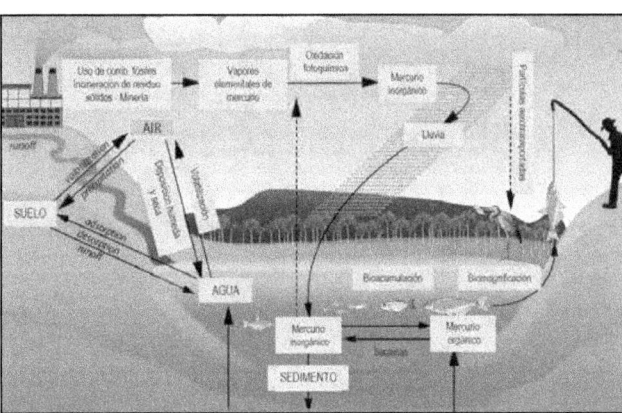

Figura 6.14. La contaminación con mercurio afecta a los humanos por varias vías ambientales. El metilmercurio altamente tóxico se forma en los suelos húmedos, sedimentos y el agua, donde se bioacumula y biomagnifica. El consumo por los peces es la principal ruta de exposición para los humanos. Los infantes, niños y mujeres en edad de crianza son particularmente vulnerables a los efectos adversos en la salud, incluyendo daños permanentes del sistema nervioso. El mercurio puede transferirse de la madre al feto en formación en la placenta.
Fuente: UNEP (2013

Las actividades humanas producen alrededor de 120 millones de t de nitrógeno reactivo cada año, pero sólo una tercera es utilizada por las plantas. Unos 20 millones de t de fósforo se extraen cada año y casi la mitad entra en el océano, ocho veces más que la tasa natural de entrada. Al mismo tiempo, algunas zonas sufren de escasez de nutrimentos. Muchos de los lagos de agua dulce del mundo, arroyos y embalses sufren de eutrofización (exceso de nutrientes) e hipoxia, lo que causa la muerte de los seres vivos. Millones de personas dependen de los pozos para el agua, donde los niveles de nitratos son muy superiores a los niveles recomendados. A nivel mundial, el número de zonas costeras afectadas por la eutrofización causada por el exceso de nutrientes está en más de .500, disminuyendo la contribución de los ecosistemas a los medios de subsistencia y la pesca y la capacidad de hacer frente a cambio climático (GPNM, 2010).

Los impulsores de esta situación incluyen:

a) La deforestación de inmensas áreas boscosas en todo el globo y la mecanización de extensas áreas de pasturas naturales pueden conducir a una declinación de la biomasa global, a la disminución de la biodiversidad y al deterioro de la capa arable del suelo, cuyos efectos en el mantenimiento de los ecosistemas comienzan a hacerse visibles.

b) Las modificaciones de la cubierta vegetal, producto de la deforestación, alteran el régimen de las aguas superficiales y si no se controlan adecuadamente, pueden conducir a intensos procesos de erosión y pérdidas de agua por la evaporación.

c) La modificación de los paisajes de los ecosistemas, como ocurre a causa de la construcción de presas y canales de regadío implica la acumulación excesiva de sales en la capa arable del suelo y en las aguas superficiales.

d) El crecimiento de la población mundial está alterando el mosaico natural de los ecosistemas con su heterogeneidad y diversidad de vegetación y fauna, sus particularidades topográficas e hidrológicas, implantando agroecosistemas artificiales homogéneos (que reducen o eliminan la vegetación natural), depósitos y sistemas de suministro de agua (embalses); uso indiscriminado de fertilizantes nitrogenados y fosfóricos; parques industriales contaminantes, sistemas de deposición y acumulación de desperdicios. Todos ellos representan alteraciones antropocéntricas que atentan contra la salud y el bienestar de las poblaciones aledañas.

e) El consumo (combustión) de energía fósil, la eyección de polvos y aerosoles, al igual que la aplicación intensiva de fertilizantes químicos y enmiendas para la agricultura y la ganadería, agregan nuevos compuestos que irrumpen en el equilibrio milenariamente logrado de los elementos primordiales a través de sus ciclos biogeoquímicos (C, N, O, P, S), perturbando el funcionamiento y los procesos naturales a través de los cuales fluyen y se transforman, modulando y manteniendo la salud de los ecosistemas. Por ejemplo: el aumento de la nitrificación del ambiente, el aumento progresivo de los niveles de CO_2 y otros compuestos del C, la eyección de compuestos sulfurados en la atmósfera, la acidificación de los cuerpos de agua, el incremento de los niveles de fosfatos y nitritos en los depósitos naturales de agua dulce y la aparición de nuevos elementos contaminantes como el mercurio.

Desde mediados de la década de los años 70 se ha alertado sobre esta situación (SCOPE, 1977); en la actualidad muchos de estos efectos se han acentuado dramáticamente.

Fundamentos de Ecología

Incluso se han documentado con los más altos estándares científicos y tecnológicos (UNEP, 2005; IPPC, 2004; IPCC, 2007). Sin embargo, a inicios de la segunda década del siglo actual, todavía no se han considerado enteramente en su efecto deletéreo (actual y potencial) sobre los ecosistemas, e incluso en algunos casos se han menospreciado. La falta de consenso entre las naciones en relación con el compromiso de reducir las emisiones de gases de invernadero, como lo demuestran las recientes reuniones globales mediadas por la ONU, lo demuestran fehacientemente. Todas estas perturbaciones antropocéntricas, alteran el normal flujo de nutrimentos a través de los ciclos analizados a lo largo de este capítulo y como veremos en otros subsiguientes, las consecuencias están teniendo un impacto negativo en el deterioro y calidad de los servicios que los ecosistemas han brindado al hombre durante miles de años.

Capítulo 7
La energía en los sistemas ecológicos

7.1. Introducción

La energía se ha definido como la capacidad de producir trabajo. El trabajo se realiza cuando una fuerza mueve un cuerpo una dada distancia. La energía en general se mide en kilocalorías (kcal). Una kcal es la cantidad de energía necesaria para aumentar en un grado centígrado la temperatura de un kg de agua. La energía puede tomar diversas formas: mecánica (potencial o cinética), eléctrica, gravitacional, electromagnética y química. La energía potencial es la que se encuentra almacenada y lista para utilizarse. La energía electromagnética es la que viaja como onda, producto de los cambios eléctricos y magnéticos de la materia, y es la que recibimos del Sol en grandes cantidades. El calor es la energía cinética asociada al movimiento aleatorio de moléculas y átomos. El flujo de energía está íntimamente relacionado con la circulación de la materia en el ecosistema. Ambos aspectos del funcionamiento son interdependientes. En particular las ganancias de carbono y el flujo de energía, en buena medida, pueden considerarse como aspectos de un mismo proceso. La energía que se almacena en los organismos vivos permite hacer frente a los costos energéticos de absorber y reciclar nutrimentos en el ecosistema.

Todos los seres vivos necesitan materia y energía para llevar a cabo sus funciones vitales. Los organismos que integran un ecosistema captan y transforman la energía incidente. Toda la energía utilizada por los seres vivos proviene del Sol, la cual es consumida y ya no volverá a ser utilizada por los seres vivos, por eso se dice que la energía que atraviesa un ecosistema es unidireccional, es decir, fluye en una sola dirección. La materia orgánica procedente de restos y cadáveres de seres vivos es transformada por algunos microorganismos en materia inorgánica. Esta materia es consumida por los seres autótrofos y heterótrofos. A su vez, cuando estos mueren, sus restos son de nuevo transformados en materia inorgánica. Por ello, la materia constituye un ciclo cerrado en el ecosistema.

Un ecosistema, en tanto que constituye un sistema integrado, es un conjunto de partes interdependientes que funcionan como una unidad que requiere entradas y salidas de energía. Un ecosistema puede tener dimensiones muy variadas, aunque presenta siempre cierta homogeneidad. Un bosque, un lago, un campo cultivado o un simple charco de agua pueden considerarse ecosistemas. El ecosistema es un sistema abierto, ya que recibe la energía del exterior y la transmite a los ecosistemas vecinos a través de los flujos de materia o los desplazamientos de animales. Las plantas verdes utilizan en esta transformación la energía solar y las sales minerales.

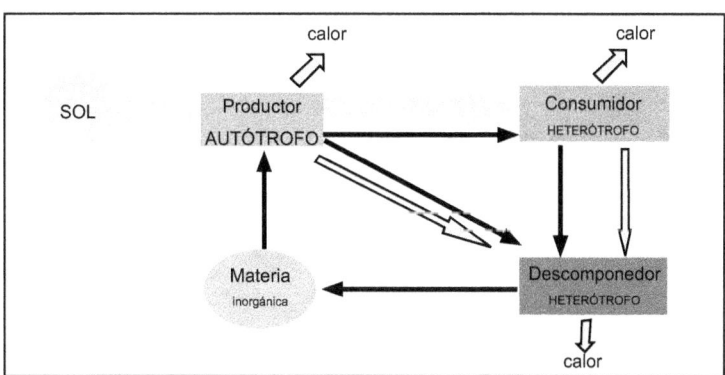

Figura 7.1. El flujo de energía y el reciclaje de la materia en el ecosistema. Las flechas amarillas señalan el flujo de energía y su disipación como calor. Las flechas negras indican la circulación de la materia

Fundamentos de Ecología

El paso de unos niveles tróficos a otros lleva consigo una transferencia de materia y energía, con degradación de partes de la energía en cada transferencia. De este modo, a medida que se asciende en los niveles tróficos, el flujo de energía decrece, lo que limita el número de niveles posible. La cantidad de materia de producida en cada nivel por unidad de tiempo se llama producción o productividad, y las relaciones entre la producción en los niveles próximos o en los distintos pasos dentro de un mismo nivel se llaman eficiencias ecológicas. El conjunto de las relaciones de alimentación entre las distintas especies de un ecosistema se plasma en una trama compleja de relaciones que conocemos como cadena trófica: unas especies se alimentan de otras y a su vez sirven de alimento a unas terceras.

Desde hace 12.000 años, mediante la agricultura y el proceso de fotosíntesis, el hombre aprovecha la energía del sol (electromagnética) para transformarla en alimentos (energía potencial) que luego consume para cubrir sus necesidades (energía cinética). En los tiempos modernos, gracias a la tecnificación, los fertilizantes y el riego, se ha logrado utilizar la energía solar de 100 a 500 veces más eficientemente que las plantas no cultivadas. Estos logros nos llevan a pensar en la posibilidad que ofrece la tecnología agrícola en la producción de alimentos. Sin embargo, al estudiar la evolución del desarrollo tecnológico agrícola, se ha llegado a descubrimientos sorprendentes. La alta tecnificación del campo no implica, después de que se alcanzan ciertos niveles, aumentos de la producción en la misma magnitud que la energía aplicada. Si comparamos la variación en la producción agrícola, a medida que varía el grado de tecnificación se observa un máximo en la producción que no se supera, no importa cuánto aumenta la aplicación de insumos, maquinaria y energía.

7.2. Principios de Termodinámica

Existe una rama de la ciencia experimental, la Termodinámica, cuyas leyes explican el camino que debe seguir la energía a través de los sistemas. Puesto que las leyes termodinámicas son la expresión matemática y teórica de los procesos naturales, al seguirlas el hombre encontrará alivio a los problemas energéticos.

Los procesos físicos y químicos están acompañados de cambios de energía más o menos detectables. Esta energía, ya sea luminosa, calórica o eléctrica, es medible no sólo en sí misma, sino también a través de sus efectos. Por lo tanto podemos definir a la Termodinámica como la ciencia que estudia la energía a través de sus efectos.

En forma especial, la Termodinámica relaciona el calor y el trabajo con las otras formas de energía que envuelven los cambios físicos y químicos. Los conceptos calor y trabajo son fundamentales en Termodinámica. De hecho, la termodinámica se convirtió en ciencia como consecuencia de las investigaciones de la equivalencia entre trabajo mecánico y calor. El **Calor** es una forma de energía que fluye de un sistema a otro debido a la diferencia de temperatura entre los sistemas. La trayectoria que sigue el flujo lo determina la temperatura, al pasar de un sistema de temperatura mayor a uno de menor temperatura.

Trabajo es cualquier cantidad de energía que fluye de un sistema durante un cambio de estado y que puede usarse para realizar un trabajo o mover un cuerpo. La relación entre trabajo y calor ha dado origen a las leyes de la Termodinámica que, basadas exclusivamente en la experiencia, permiten predecir con seguridad la posibilidad la ocurrencia o no un proceso físico-químico. Las leyes de la Termodinámica rigen las transformaciones de energía de un tipo a otro y fijan los patrones fundamentales que regulan el flujo de energía de un sistema a otro.

7.2.1. Primera ley de la termodinámica (Conservación de la energía)

La primera ley de la Termodinámica está relacionada con la conservación de la energía. Este concepto es bastante antiguo en lo que se refiere a la energía mecánica. En 1847, Hermann Von Heimboltz lo estableció como ley. Esta ley puede ser enunciada de varias formas y puede expresarse así: *La energía no puede ser creada ni destruida, pero puede ser transformada de una forma a otra*.

Para comprender mejor las ideas que se anotan a continuación, es preciso definir algunos conceptos utilizados en otras ciencias, que tienen un sentido particular en Termodinámica.

- Sistema: espacio del Universo limitado por fronteras definidas. Esto permite estudiarlo aisladamente. La limitación puede provenir de la naturaleza y puede hacerse por parte del hombre. Así, un lago es un sistema natural, mientras que una rata dentro de una jaula en un laboratorio es un sistema artificial.

- Sistema cerrado: sistema donde no existe un intercambio de masa entre él y su entorno.

- Sistema aislado: sistema cerrado donde tampoco hay intercambio de energía.

- Energía interna de un sistema: cantidad de energía que posee un sistema aislado. Depende exclusivamente del estado físico del sistema sin importar cómo alcanzó este estado. Por definición de la primera Ley esta cantidad de energía (E) es constante. Si un sistema cerrado pasa del estado 1 al estado 2, la cantidad de energía variará, o bien aumenta o bien disminuye.

$$(\Delta) = \text{Variación}.$$

Si denominamos E_1 a la energía del sistema en el estado 1, y E_2 a la energía del sistema en el estado 2, podemos llegar a la siguiente fórmula:

$$\Delta E = E_2 - E_1$$

Esta variación o cambio de energía (ΔE) aparece en forma de calor absorbido por el sistema adyacente. Si denominamos Q al calor absorbido con el trabajo T producido dentro del sistema, tenemos:

$$\Delta E = Q - T$$

Esta expresión matemática se considera como la formulación de la primera Ley. La energía es constante; los cambios de energía se compensan con un trabajo producido o recibido y con calor irradiado o absorbido.

Fundamentos de Ecología

Cuando la energía del segundo estado E_2 es menor que la del primer estado E1, el sistema ha cedido calor o ha hecho un trabajo sobre el circundante, disminuyendo por lo tanto su energía interna:

Si $E_2 < E_1$ El sistema pierde calor - (Cambio exotérmico)

Por el contrario, si los adyacentes ceden calor o hacen trabajo, el sistema aumenta su energía:

Si $E_2 > E_1$ El sistema recibe calor - (Calor endotérmico)

7.2.2. Segunda ley de termodinámica

Esta ley podemos enunciarla así: Siempre que la energía se transforma, tiende a pasar de una forma más organizada y concentrada a otra menos organizada y dispersa. Esta ley limita las posibilidades de intercambio de un tipo de energía a otro. Asimismo, señala la dirección que siguen los procesos naturales, tanto los físico-químicos como los biológicos.

Aquellos procesos que ocurren en forma natural, sin que fuerzas externas los obliguen, se llaman espontáneos. Los sistemas espontáneos siempre tienden a adoptar una condición de equilibrio y son siempre exotérmicos.

Como aplicación de esta ley podemos obtener la siguiente combinación: cuando una forma de energía se transforma en otra, siempre se disipa una parte en forma de calor, ya que no es posible ninguna transformación de energía con un rendimiento de 100%. En los sistemas ecológicos la transferencia de energía de un nivel a otro no es muy eficaz y a su vez disminuye la capacidad de producir trabajo. La diversidad de las manifestaciones vitales va acompañada siempre de cambios de energía y constantemente una parte se pierde en el ambiente en forma de calor (energía degradada). La energía solar, al ser transformada en energía química, es compensada por la pérdida de energía en forma de calor.

Las leyes de la termodinámica se cumplen en los seres vivos. La energía es el motor responsable de las actividades vitales. Esta energía al llegar a la Tierra atravesando la atmósfera, se convierte en su mayor parte en energía térmica, calentando la superficie y produciendo la evaporación del agua y como consecuencia se producen los vientos.

Para revalorizar esta energía se necesita un sistema capaz de realizar transformaciones diferentes a la que producen calor. Una porción muy pequeña (1,2%) de la energía solar es aprovechada y transformada por los vegetales verdes, provistos de clorofila, en energía potencial que se almacena en forma de alimentos. Otra gran parte se transforma en calor que sale de las plantas y se disipa en el ambiente.

Todo el resto del mundo biológico obtiene su energía a partir de las sustancias alimenticias producidas por los vegetales verdes en la fotosíntesis o por microorganismos autótrofos (quimiosíntesis). Cuando un animal aprovecha la energía química potencial almacenada en los alimentos, parte de ella se utiliza para nuevos intercambios que permiten el metabolismo celular y otra parte se convierte en calor. A cada paso de la transferencia de energía de un ser vivo a otro, una gran parte de la energía se convierte en calor, degradándose. A esta reducción en la energía se denomina entropía (Figura 7.2).

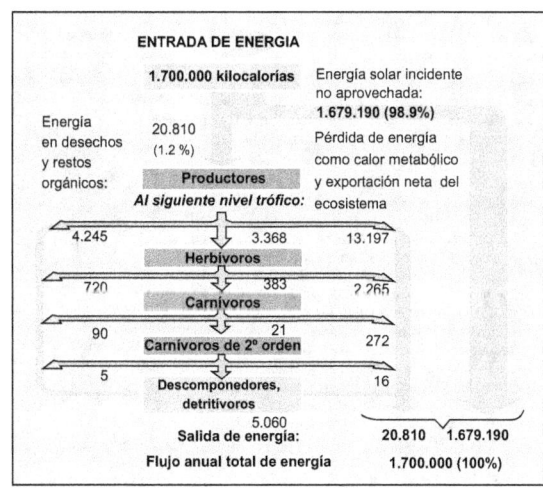

Figura 7.2. La entropía a lo largo de la cadena trófica. Se observa la disminución progresiva en la medida que fluye a través de las etapas o niveles tróficos de las cadenas.

Fundamentos de Ecología

7.3. La energía en el ecosistema

Los organismos que conforman todo ecosistema se encuentran en constante actividad. Se mueven, se reproducen, se movilizan, es decir, viven. Toda actividad vital necesita de una fuente de energía, al igual que una máquina que utiliza electricidad, agua en movimiento, aire o cualquier otra fuente.

Dentro de un ecosistema, la energía fluye en un solo sentido, de las formas utilizables a las menos utilizables. La energía del ecosistema procede del exterior —esencialmente de la luz solar— y debe ser captada de algún modo para acumular, sintetizar, reordenar y desintegrar sustancias dentro de las células que componen los tejidos de los seres vivos; es decir, transformarla y hacerla aprovechable para los seres vivos de los diferentes niveles tróficos que lo constituyen.

7.4. Captación de la energía por los ecosistemas

La obtención de energía es vital tanto para el ecosistema como para cada uno de sus componentes vivientes. Una vez obtenida, será empleada en todas las actividades vitales mediante transformaciones adecuadas. Para el movimiento se utilizará energía mecánica que se libera en órganos especiales, los músculos; para el metabolismo se empleará la energía química; para el mantenimiento de la temperatura corporal se transformará en calor.

En relación con la manera en que los seres vivos captan la energía, se diferencian dos grandes grupos:

a) **Seres Autótrofos:** son capaces de captar la energía solar (fotótrofos), o la energía que contienen ciertos compuestos químicos (quimiótrofos) y transformarla en sustancias orgánicas.

b) **Seres Heterótrofos:** son incapaces de captar la energía proveniente del exterior del ecosistema. Sin embargo, pueden utilizar la energía captada y transformada por los autótrofos en forma de compuestos químicos orgánicos.

La mayoría de los seres autótrofos captan la energía de la radiación electromagnética procedente del sol en forma de luz; y muy específicamente la que está ubicada entre 3800 Å y 7800 Å del espectro visible. Para que este tipo de energía sea aprovechable, debe ser transformada en energía química. Esta transformación se realiza mediante un proceso denominado **fotosíntesis**, mediante el cual la energía procedente del sol es utilizada para impulsar una serie de reacciones químicas mediante la cual (a) el CO_2 se fija en los carbohidratos y (b) se libera oxígeno como subproducto. La fotosíntesis sólo puede realizarse en aquellos seres que contienen clorofila. Todos los seres poseedores de este pigmento de color verde constituyen los vegetales verdes o fotosintéticos (productores). Sin embargo, entre los seres autótrofos también está el grupo de bacterias quimiosintéticas, que no obtienen su energía del sol, sino de las reacciones químicas con elementos de su entorno.

7.5. La fotosíntesis y los factores que la determinan

Este complejo proceso de reacciones químicas se realiza en dos fases definidas: la fase lumínica y la fase oscura, determinadas por la presencia o ausencia de luz. En la primera, la energía luminosa es captada por las moléculas de **clorofila**, quienes quedan sobrecargadas de energía o "excitadas", provocando que los electrones de niveles de baja energía pasen a niveles de alta energía. La clorofila excitada es **inestable** y, para volver a un estado normal, debe desprenderse de esta energía que ha captado de la luz. La nueva energía desprendida de la clorofila ya no es energía luminosa, sino energía química, la cual permite el desdoblamiento de la molécula de agua (H_2O), formándose iones hidrógeno (H+) y oxígeno (O_2), que es liberado por la planta a través de los estomas. Esta energía química, en forma de H+ se emplea para producir ATP (adenosintrifosfato) rico en energía, y NADPH (nicotinamida adenina dinucleótido fosfato reducido) de gran poder reductor.

En la fase oscura, la energía del ATP y del NADPH es utilizada por los seres autótrofos para activar las moléculas de CO_2 y combinarla con un compuesto pentacarbonado, la ribulosa fosfato, para así producir **glucosa** ($C_6H_{12}O_6$), una sustancia química rica en energía potencial. Este proceso es catalizado por una enzima denominada **rubisco** (ribulosa bifosfato carboxilasa-oxigenasa). No toda la energía es utilizada en la producción de glucosa, pues una porción debe utilizarse para sintetizar de nuevo el rubisco. Adicionalmente, una parte de los carbohidratos producidos en la fotosíntesis son consumidos por la planta para la respiración celular.

El proceso fotosintético de los vegetales está determinado por varios factores ambientales:

• La intensidad de la radiación solar, que le provee la energía luminosa, la cual influye en la velocidad a la que se realiza la fotosíntesis. Esta intensidad debe ser suficiente para que la planta iguale el balance entre el carbono ganado por la fotosíntesis y el perdido por la respiración, cuyo valor se conoce como punto de compensación. En condiciones normales la intensidad es suficiente para alcanzar una velocidad de fotosíntesis que le permita acumular energía química (como hidratos de carbono), pero en exceso puede alcanzar un punto de saturación de luz, más allá del cual no se aumenta la fotosíntesis.

• Las variaciones de temperatura, cuyo valor óptimo es de 25°C (± 5°C), ante la cual responden tanto la fotosíntesis como la respiración. La temperatura depende a su vez de la intensidad de la radiación solar, cuyo efecto calórico afecta los tejidos de la planta, los cuales deben mantenerla en los niveles adecuados mediante adaptaciones morfológicas en las hojas o por evaporación (transpiración) y convección.

• La tasa de transpiración foliar a través de los estomas, para mantener el rango de temperatura adecuado, que es dependiente de la humedad relativa del aire,

Fundamentos de Ecología

- la disponibilidad de agua en el suelo, la cual es tomada a través de las raíces, para reponer la pérdida por transpiración.
- la difusión de CO_2 dentro del tejido foliar, dependiente de la concentración del mismo en los espacios del tejido foliar y en la atmósfera circundante.
- La interacción entre los factores mencionados (luz, temperatura y humedad), los cuales determinan el clima (árido, húmedo o frío), y obligan a las plantas a adaptar su morfología y estructura de manera de hacer frente a las condiciones ambientales extremas.

7.6. La quimiosíntesis

En menor escala, un conjunto de individuos procariotas (bacterias) obtienen su energía mediante las reacciones químicas que provocan en el medio donde viven. Estos organismos oxidan algunas sustancias y como producto de esta reacción química se desprende energía que almacenan en forma de ATP que posteriormente utilizarán en sus procesos vitales.

El aprovechamiento de la energía química por parte de estos organismos se denomina quimiosíntesis. Un ejemplo de este proceso es el que ocurre en las bacterias ferruginosas que viven en medios ricos en hierro al cual oxidan y lo transforman en hidróxido férrico, $Fe(OH)_3$. Así aprovechan la energía que se desprende en la reacción. Otros casos lo constituyen las **bacterias nitrificantes, desnitrificantes** y **las sulfurosas**. Las dos primeras tienen una gran importancia en la incorporación del nitrógeno atmosférico a los ciclos vitales, en tanto que las terceras participan activamente en los cambios y transformaciones del ciclo del azufre.

7.7. Seres heterótrofos

Son los organismos que no tienen capacidad para aprovechar la energía solar ni la que se deriva de las reacciones de oxidación de compuestos químicos. Todos los animales y ciertas plantas (hongos) figuran entre los organismos heterótrofos. Estos seres necesariamente obtienen la energía vital a partir de las sustancias orgánicas que han producido los seres autótrofos.

7.8. Las cadenas alimentarias y la energía

Tal y como se expuso en el capítulo 2 (sec. 2.7), en todo sistema ecológico se produce una transferencia de energía que pasa de los organismos productores o plantas verdes a los animales herbívoros, y de éstos, a los carnívoros. La energía circula, así, de un organismo a otro, y se establece una relación trófica (alimentaria) entre los diversos organismos que integran el ecosistema, formando una **cadena alimentaria**. Las plantas verdes dotadas de clorofila y otros pigmentos, pueden sintetizar materia orgánica con la ayuda de la luz solar. Alrededor de las plantas verdes, y obteniendo de ellas su alimento, crece un número considerablemente menor de animales: insectos, mamíferos pequeños y aves. Los mamíferos de mayor tamaño, herbívoros, aún son menos numerosos. Existe otro grupo de animales que no depende en forma inmediata de los vegetales, los carnívoros, los cuales representan grupos muy pequeños, dependiendo de la cantidad de herbívoros e indirectamente de la cantidad de vegetales (Figura 7.4).

Desde este punto de vista, plantas verdes, herbívoros y carnívoros forman una cadena. Esta cadena trófica alimentaria, si bien no es totalmente exacta, da una idea aproximada de lo que ocurre en la naturaleza. En la actualidad, se habla de redes o tramas tróficas, más que de cadena alimentaria, pues la relación entre los distintos niveles tróficos es mucho más compleja que una simple línea recta (ver capítulo 2).

Un ecosistema que ha alcanzado su madurez presenta un estado de equilibrio ecológico. Cada nivel trófico queda perfectamente enmarcado dentro de la red, aparentando estabilidad, incluso en el número de individuos. Sin embargo, este equilibrio depende de muchos factores. Un cambio en el régimen de lluvias, por ejemplo, puede transformar por completo un hábitat. La vegetación disminuye o desaparece provocando la desaparición de los animales. Circunstancias, aparentemente favorables, pueden provocar también catástrofes ecológicas.

En muchos de estos casos, la intervención del hombre puede ser determinante. El exterminio de ciertas especies de carnívoros 'perjudiciales', provoca explosiones demográficas de herbívoros. Éstos acaban con las reservas vegetales, arruinando regiones enteras, provocando finalmente su propia desaparición. En consecuencia, el equilibrio que representan las pirámides alimentarias es muy inestable y con frecuencia el hombre es el principal factor de desequilibrio.

7.9. Eficiencia del proceso energético en el ecosistema

La energía solar que llega anualmente a la tierra es del orden de 5×10^{20} Kcal. Esto representa anualmente un promedio de 9.000 a 10.000 Kcal/ha de superficie terrestre. Si esta energía fuera aprovechada en su totalidad, sería capaz de satisfacer las necesidades vitales de más de 1.000 planetas semejantes a la tierra. Pero una gran cantidad de esta energía nunca llegará a formar parte del flujo vital de los ecosistemas.

¿Con cuál eficiencia se utiliza este potencial energético por parte de los ecosistemas? Para los ecosistemas terrestres, los principales datos son suministrados por la producción vegetal, es decir, por el flujo de energía en el nivel de los productores. Se ha calculado que una hectárea de un bosque templado medio, si fuera quemado en su totalidad, originaría 58,5 millones de Kcal (toda la producción anual), pero como esa hectárea recibe unos 9.000 millones de Kcal, la eficiencia resulta ser del orden de 0,6%. Es decir, no llega a 1%. Esto sucede en un bosque frondoso.

Ello puede variar al estudiar cada uno de los distintos ecosistemas. En las mejores condiciones, las plantas verdes utilizan y transforman en energía química de 1 a 5% de la energía luminosa recibida. Además, la respiración vegetal consume del 80 a 90% de los glúcidos formados, por lo que la eficiencia fotosintética es del orden del 0,1 a 0,5 % (Ver Figura 7.3).

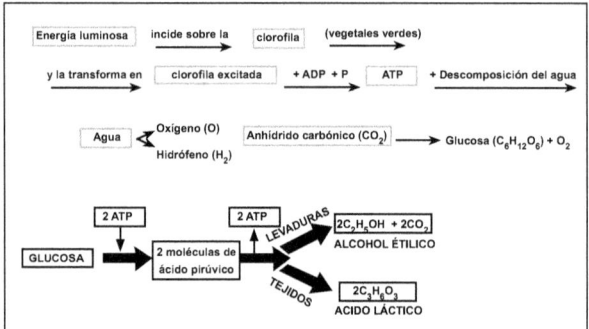

Figura 7.3. Esquema del proceso de fotosíntesis

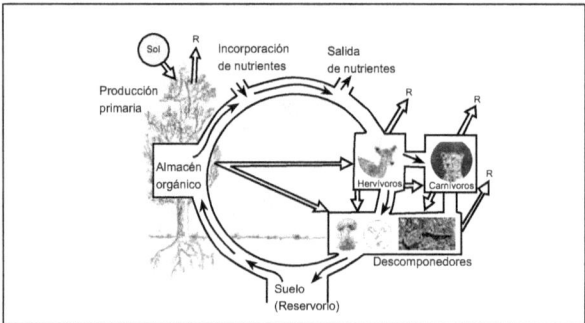

Figura 7.4. El flujo de energía y el reciclaje de la materia en el ecosistema, a través de las cadenas tróficas

Para el conjunto de la biósfera, esta eficiencia es de 0,25%. Los herbívoros solamente utilizan 1% de la energía contenida en los vegetales; en el resto de los niveles, el rendimiento puede llegar a 10%. El cerdo es un animal muy eficiente como transformador de la energía; se estima que 20% de lo que consume es transformado en alimento comestible por el hombre. El rendimiento o eficiencia fotosintética promedio solamente llega al 1%. Este porcentaje varía de un medio a otro, pero da una idea del grado de aprovechamiento de la energía solar por los ecosistemas.

Para detallar este aspecto, en la Figura 7.5 se ilustra la el flujo de la energía y sus destinos en el funcionamiento del ecosistema. No toda la energía ni la materia entrantes (I) en un nivel trófico, por ingestión en el caso de heterótrofos, o la luz fotosintéticamente activa que incide sobre las plantas, es transformada en energía química almacenada en la biomasa de ese nivel. En primer término, una parte no llega a incorporarse, sino que sale sin ser asimilada, con las heces en el caso de heterótrofos, o no es incorporada en la fotosíntesis en el caso de las plantas (**NU**). El total de energía o biomasa incorporadas se denomina producción bruta o asimilación (**A**). Luego, parte de esta energía asimilada se pierde como calor en la respiración y por la excreción (F) (material no digerido y excretas). La restante puede ser incorporada en la biomasa (P) siendo utilizada en crecimiento o reproducción. Esta última porción (la producción neta - P) es la que queda disponible para ser incorporada por el nivel siguiente. La proporción entre la producción neta de un nivel y la del nivel anterior representa la eficiencia ecológica del primero, y es igual al producto de las eficiencias de explotación, asimilación y producción neta.

Fundamentos de Ecología

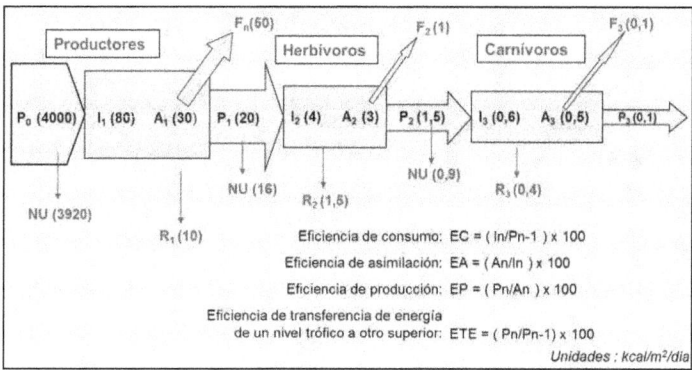

Figura 7.5. Flujo de energía en el ecosistema y su eficiencia a lo largo de las cadenas tróficas.
Fuente: adaptado de Odum (1969)

Cada una de las etapas del paso de la energía por un nivel trófico se caracteriza por un nivel particular de eficiencia, determinada por la proporción de lo entrante que se convierte en producto luego de las pérdidas. En primer término podemos considerar la eficiencia de explotación o consumo: energía ingerida/energía disponible en el nivel trófico anterior; luego la eficiencia de asimilación: energía asimilada/energía ingerida, y por último la eficiencia de producción neta: producción neta/energía asimilada. La proporción entre la producción neta de un nivel y la del nivel anterior representa la eficiencia ecológica del primero, y es igual al producto de las eficiencias de explotación, asimilación y producción neta.

Por ejemplo, el conjunto de herbívoros de un pastizal ingiere una parte de la biomasa vegetal (con la energía química almacenada), la restante queda en pie o muere y es consumida por el nivel trófico de los descomponedores. De la biomasa que ingieren los herbívoros, una gran parte sale con las heces sin ser asimilada (las heces pueden ser utilizadas por otros organismos y, por último, descomponedores). Lo que se asimila es la producción bruta. Parte de lo asimilado es utilizado en procesos metabólicos y los subproductos salen con la excreción, parte de la energía se pierde en respiración; lo restante, o sea, la producción neta, es utilizada para incrementar la biomasa (engordar o crecer) o reproducirse. En la sección 7.13 ampliaremos los conceptos relacionados con la producción bruta y la producción neta en los ecosistemas.

La excreción (F) tiene como destino el nivel de los descomponedores o detrívoros, los cuales se encargan de procesar los residuos y restos de animales y vegetales muertos, cuya misión completar el reciclaje de nutrimentos como el carbono, nitrógeno, fósforo, azufre, calcio, potasio, entre otros, completando así los ciclos biogeoquímicos y, en el caso del suelo, donde se encuentra la mayor parte de los detrívoros, creando condiciones para el crecimiento de las plantas.

7.10. Utilización de la energía por los ecosistemas

La energía captada por los seres autótrofos, sea de origen solar o químico, se almacena en forma de compuestos orgánicos, siendo la glucosa el más común. Pero la energía se almacena en todos los compuestos orgánicos y tejidos que constituyen una planta o animal.

La energía almacenada en estas sustancias, al pasar de un ser a otro, se transforma y parte de ella se disipa. La serie de transformaciones químicas que se suceden ininterrumpidamente dentro de los seres vivos, junto con la transferencia de energía recibe el nombre de metabolismo.

El metabolismo comprende las denominadas vías metabólicas, que consisten en una serie de reacciones en donde participan:

- Las sustancias que intervienen en las reacciones,
- Los intermediarios, o sustancias que se forman entre los reactivos y los productos en una reacción,
- Los productos, resultantes finales de una reacción o vía,
- Las enzimas, ciertas proteínas que aceleran la velocidad de las reacciones,
- Los cofactores, que incluye coenzimas (como el NADP, NAD$^+$ y FADH$_2$) e iones metálicos, que ayuda a las enzimas a transportar electrones, hidrógeno o grupos funcionales entre los sitios de la reacción,
- Los portadores de energía, principalmente el ATP que acopla reacciones de liberación de energía con otras que la requieren,
- Las proteínas de transporte, que de manera pasiva ayudan a las sustancias a atravesar una membrana celular (Starr y Taggart, 2004).

Las reacciones metabólicas pueden ser de dos tipos: unas reacciones tienen por objeto la división de grandes moléculas que almacenan una gran cantidad de energía para transformarla en moléculas más pequeñas con menos energía (vías degradativas) y emplear así el excedente energético en las funciones del organismo. El conjunto de estas reacciones se llama **catabolismo**.

Otras reacciones tienen como finalidad la **construcción** de grandes moléculas, empleando como materiales de construcción moléculas más pequeñas (vías biosintéticas); para esto se necesita el aporte suplementario de energía y así el organismo puede elaborar grandes moléculas con las cuales puede fabricar sus tejidos y órganos. El conjunto de estas reacciones se llama **anabolismo**.

Anabolismo y catabolismo no son, en realidad, dos sistemas de reacciones separadas. Se realizan simultáneamente y la manifestación vital no es otra cosa que una consecuencia de la interacción de estos dos sistemas. La vida no es sino un metabolismo funcionando establemente en estos dos procesos.

7.11. La respiración es un proceso liberador de energía

No se debe confundir este proceso de liberación de energía con el intercambio gaseoso que se realiza a nivel pulmonar o celular. En este caso, los pulmones y células renuevan su contenido de oxígeno y dióxido de carbono. En la respiración, en cambio, tiene lugar una liberación de energía. Este proceso celular se puede considerar como el final de una serie de reacciones catabólicas que comienzan en la molécula de glucosa, la cual va a ser dividida poco a poco, a la vez que va liberando su contenido energético.

El proceso de la respiración tiene dos etapas:

- **Respiración anaeróbica**: se realiza en el citoplasma celular y no necesita oxígeno. La glucosa se divide en dos moléculas de 3 átomos de carbono y finalmente se transforma en 2 moléculas de ácido pirúvico (CH_3 CI - COOH). A este proceso se le denomina glucólisis. En estas reacciones se desprende energía que se emplea para formar el adenosintrifosfato (ATP). Esta molécula es el principal portador de energía en las células y acopla las reacciones que liberan energía con otras que requieren de ella, mediante la transferencia del grupo fosfato, el cual libera suficiente energía útil para activar el complejo de reacciones implicadas en el metabolismo.

- **Respiración aeróbica**: se realiza en las mitocondrias de la célula y al final se necesita oxígeno para combinarlo con hidrógeno y formar agua. Las dos moléculas de ácido pirúvico forman parte de un conjunto de complicadas reacciones, que constituyen el Ciclo de Krebs, y que darán origen a: (1) CO_2, que será expulsado al ambiente, (2) hidrógeno, que se unirá con el oxígeno para formar agua y (3) energía, que se almacenará en moléculas de ATP.

En cuanto a la eficiencia de la respiración, la conversión de glucosa a bióxido de carbono y agua, produce alrededor de 4 Kcal/g. La energía se libera en forma de enlaces fosfato de alta energía (~P).

La ecuación completa de la respiración es:

$$C_6H_{12}O_6 + 6O_2 \rightarrow 6CO_2 + 6H_2O + \text{energía}$$

En la 1ª Etapa (Glucólisis) ocurre:

$$C_6H_{12}O6 + 2 \sim P \rightarrow 2 \text{ Piruvato} + 2 \text{ NADP}[1] + 4 \sim P[2]$$

La glucosa es activada por dos moléculas de ATP[3] y produce 4 ATP.

En la segunda etapa se obtienen los siguientes resultados:

$$2 \text{ Piruvato} \rightarrow 2 \text{ CO}_2 + 2 \text{ Acetil CoA} + 2 \text{ ADP}[4]$$
$$2 \text{ Acetil CoA} \rightarrow 4 \text{ CO}_2 + 6 \text{ NADPH+}[5] + 2 \text{ FADH}_2[6] + 2 \sim P$$

Las reacciones anteriores podemos representarlas por la siguiente ecuación general:

$$C_6H12O6 \rightarrow 6 \text{ CO}_2 + 10 \text{ NADPH} + 2 \text{ FADH}_2 + 4 \sim P$$
(glucosa)

Cada molécula de NADPH produce tres moléculas de ATP y la oxidación de H2FP produce 2 ATP.

Si sumamos todos estos resultados se obtiene:

$$C_6H_{12}O_6 + 6O_2 \rightarrow 6CO2 + 6H2O + 30 \sim P + 4 \sim P$$

Cada molécula de glucosa produce por metabolismo aerobio completo 38 ~P. Cada enlace ~P (enlace fosfato rico en energía) produce unas 7.000 calorías, lo cual nos da 266.000 calorías por cada molécula de glucosa metabolizada. Sin embargo, el poder calórico de la glucosa es mucho mayor. Si se quema en un calorímetro una molécula de glucosa se liberan alrededor de 690.000 calorías en forma de calor. Esto nos indica la proporción de energía que se libera de la glucosa en los procesos vitales y que viene siendo equivalente a 40% del valor total. El restante 60% se disipa en forma de calor.

7.12. La fermentación

En algunos seres, la obtención de energía se realiza de modo diferente. Cuando a partir de la glucosa se obtienen dos moléculas de ácido pirúvico (glucólisis), éstas no siguen el camino descrito anteriormente sino que se convierten en otros productos, como ácido láctico o alcohol etílico. Estas transformaciones también liberan energía, pero en menor proporción. A este proceso productor de energía se le denomina **fermentación**. Entre los seres que realiza este tipo de proceso podemos citar a las levaduras, que convierten el

---

[1] Nicotinamida adenina dinucleótido fosfato, coenzima que transfiere electrones durante la fotosíntesis
[2] Enlace fosfato rico en energía
[3] Adenosin trifosfato
[4] Adenosin difosfato
[5] Nicotinamida adenina dinucleótido fosfato, en forma reducida
[6] Flavina adenina dinucleótido en forma reducida

Fundamentos de Ecología

ácido pirúvico proveniente de glucosa en alcohol etílico y anhídrido carbónico.

7.13. Concepto de biomasa y productividad

Antes señalábamos que la vida sobre la Tierra está basada en un gasto continuo de energía, la cual proviene casi exclusivamente del Sol. Las plantas verdes poseen el mecanismo que hace posible el aprovechamiento de esta fuente inmensa de energía, la fotosíntesis. De toda la energía recibida y transformada por las plantas ¿Cuál porcentaje es aprovechado por el segundo nivel trófico? Para comprender mejor las respuestas, es necesario aclarar dos conceptos fundamentales: **biomasa** y **productividad**. Se denomina biomasa a la masa de materia viva que contiene la totalidad de los organismos de un ecosistema (o de un determinado nivel trófico). La biomasa puede medirse en **peso fresco**, es decir, el peso de los organismos tal como se encuentran en la naturaleza; o en **peso seco**, el peso de los organismos una vez eliminada al agua que contienen; o en peso de carbono o, finalmente, en cantidad de calorías; para esto es necesario conocer de antemano la cantidad de energía fijada por cada unidad de masa de materia viva: calorías/g, por ejemplo. La biomasa se expresa generalmente por unidades de peso y unidades de superficie (kg/ha o g/cm^2). La producción primaria se basa en la capacidad de las plantas verdes (productores primarios) para realizar la fotosíntesis. La producción primaria indica la velocidad a la que los organismos productores almacenan energía en forma de sustancias orgánicas aprovechables como alimento, en un tiempo dado y en un espacio definido.

La **productividad**, o sencillamente **producción**, con sus diversas acepciones, mide la capacidad de un sistema o una comunidad para almacenar energía a partir de la energía solar. Si el almacenamiento se realiza a nivel de los productores primarios, se habla de productividad o producción primaria. Esos productos finales de la fotosíntesis constituyen la **Productividad Primaria Bruta** (PPB). Estos azúcares podrán ser respirados o utilizados para la síntesis de estructuras o sustancias de reservas de las plantas. Aquella porción de la productividad primaria bruta que no es respirada y, por lo tanto, se acumula como biomasa constituye la **Productividad Primaria Neta** (PPN). La PPN puede expresarse como:

$$PPN = PPB - Ra$$

donde Ra corresponde a la respiración de los autótrofos.

La **Productividad Primaria Neta**, la suma de la biomasa aérea y subterránea que se acumula en un intervalo de tiempo dado, puede repartirse de distintas formas entre los individuos que conforman una dada comunidad vegetal. Las relaciones de competencia determinan en buena medida esa partición de la biomasa. La PPN es la base de la trama trófica y su estimación tiene una gran relevancia. Una variedad de métodos se han propuesto para su estimación (Paruelo y Batista, 2006).

La biomasa acumulada en los vegetales queda disponible para los niveles tróficos superiores. Parte de la productividad será consumida por los herbívoros. Aquí nos interesa sólo cuánto de la energía acumulada por los autótrofos pasa a los consumidores primarios. La presencia de defensas químicas y físicas, la capacidad de las poblaciones de herbívoros de ajustarse a los cambios estacionales e interanuales de la productividad primaria y el acceso a los tejidos vegetales determinarán la magnitud de la energía contenida en tejidos vegetales que **no es utilizada por los herbívoros (NUH)**; a esta fracción se la ha denominado **Productividad Neta de la Comunidad**.

En general los sistemas acuáticos alcanzan niveles de productividad primaria neta similares a los de los sistemas terrestres con sólo un décimo de la biomasa de estos últimos. Los costos energéticos de mantenimiento de los tejidos de sostén son responsables de la menor relación PPN/biomasa de los sistemas terrestres. No todos los tejidos vegetales estarán igualmente disponibles para los herbívoros dominantes. Así, en un sistema dominado por grandes herbívoros, las partes basales de las plantas o las hojas de las copas de los árboles no pueden ser consumidas tan fácilmente. La productividad primaria está controlada por factores limitantes, como la concentración de nutrimentos en el agua, la intensidad de la radiación solar y la capacidad del ecosistema para utilizar los elementos puestos a su disposición. En los desiertos, el factor limitante es la falta de agua, mientras que en las profundidades marinas lo será la falta de luz y la concentración de sales nutritivas.

La **producción secundaria** se mide en el nivel de los consumidores y estará limitada por la producción primaria. Sólo las plantas provistas de clorofila son capaces de sintetizar materia orgánica; los consumidores son los animales que aprovechan dicha materia, transformándola en tejido animal. La producción secundaria indica la proporción de almacenaje de energía en esos consumidores. Del total de energía consumida por los herbívoros, una parte no es asimilada, es decir, no es incorporada a la biomasa animal. Esta energía no asimilada es eliminada como excrementos y pasa al compartimiento de necromasa, donde queda disponible para los descomponedores. La proporción de la energía consumida no asimilada depende de la fisiología del animal pero también de la calidad del material consumido. La proporción de lo ingerido que es asimilada por un herbívoro varía entre un 40 y 50%. Tomando el caso de rumiantes (vacas y ovejas), la cantidad de proteína y fibra de lo consumido determinará la proporción que no será asimilada. La modificación de la calidad de lo consumido, en este caso el contenido de proteínas, aumentará o disminuirá la energía no asimilada. Los herbívoros modifican la calidad de lo consumido seleccionando aquellos tejidos de mayor calidad. A través de prácticas de manejo tales como la suplementación con nitrógeno o proteínas, el hombre modifica la calidad de lo consumido por los herbívoros domésticos y disminuye lo no asimilado. De la energía efectivamente asimilada una parte será usada para producir trabajo, será el combustible del proceso de respiración de los heterótrofos. El resto se acumulará en ese nivel trófico constituyendo la **Productividad Secundaria Neta** (PSN) (Paruelo y Batista, 2006).

Fundamentos de Ecología

7.14. Métodos para medir la producción

Se han desarrollado varios métodos que permiten medir la producción de un ecosistema. En estos últimos años ha cobrado importancia el uso de trazadores, principalmente isótopos radioactivos. Sin duda alguna, el isótopo radiactivo C-14 es el que se emplea con más frecuencia. Recientemente ha comenzado a usarse el N-15, aunque éste no es radioactivo y para su detección es preciso usar métodos diferentes.

Por su amplio y frecuente uso, discutiremos únicamente tres métodos para la medición de la producción:

a) **Concentración de oxígeno disuelto:** este método, particularmente útil en los sistemas acuáticos, se basa en la relación que existe entre fotosíntesis y producción de oxígeno. En sistemas terrestres se hace más difícil su medida, ya que animales y plantas utilizan el oxígeno rápidamente.

El método consiste en determinar la concentración inicial de oxígeno disuelto en el agua y compararla con la cantidad que hay al cabo de cierto tiempo. Por separado, se llenan con agua, tomada del lugar en estudio, dos botellas, una transparente y otra oscura. Se las devuelve al lugar y profundidad de donde se tomaron las muestras y se dejan incubando hasta 24 horas (incubación in situ). Las muestras se pueden incubar en el laboratorio, simulando las condiciones naturales. En la botella transparente, el oxígeno se produce por fotosíntesis y parte se consume en la respiración. En la botella oscura tan sólo hay consumo de oxígeno por la respiración.

La determinación de la concentración de oxígeno se realiza por el método Winkler. Si llamamos Oi a la cantidad de oxígeno inicial, Of al oxígeno que contiene la botella en la que ocurre la fotosíntesis al terminar el ensayo; y Or al que resta en la botella opaca, tendremos los resultados siguientes:

$Oi - Or$ → Oxígeno gastado en la respiración.
$Of - Or$ → Producción primaria bruta.
$Of - Oi$ → Producción primaria neta.

En principio, estas relaciones parecen muy sencillas. Sin embargo en la práctica se complican bastante. En las botellas, tanto oscuras como transparentes, ocurren reacciones quimiosintéticas; incluso hay bacterias que multiplican su actividad en ausencia de luz. A pesar de todo esto, puede servir como método indicativo. En el trópico, las incubaciones largas representan una dificultad más que una solución. Se ha podido comprobar que al cabo de unas horas se completa el ciclo y el plancton recicla los elementos nutritivos una y otra vez. Por esta razón se recomiendan incubaciones no superiores a 6 horas.

Método de Winkler. A una botella de 125 ml llena de agua de la muestra que se quiere analizar, se le añade 1,0 ml de sulfato de magnesio. Inmediatamente después se añade 1,0 ml de solución alcalina (NaOH-IK). Se tapa la botella y se agita fuertemente, se forma un precipitado de hidróxido magnesio-mangánico. Se espera unas 3 o 4 horas y se agita de nuevo. Al cabo de 5 horas se añade 1,0 ml de H_2SO_4 y se valora con solución 0,01N de tiosulfato sódico. Durante el tiempo de espera, las muestras de agua deben permanecer en la oscuridad.

b) **Concentración de CO_2:** este método está basado en principios similares al anterior y se utiliza en medios terrestres. Se cubre con una campana transparente cierta extensión de terreno. Se fija un período de tiempo, al final del cual se extrae el aire haciéndolo pasar a través de una solución de KOH. El CO_2 queda en la solución y se determina la cantidad por valoración. La cantidad obtenida se compara con la concentración de CO_2 que contenga una campana opaca de las mismas dimensiones y en las mismas condiciones de tiempo y lugar. Ambas cantidades se comparan también con la que contiene un volumen igual de aire en condiciones similares. Recientemente se están empleando métodos más sofisticados para medir la concentración de CO_2, particularmente mediante el uso de la radiación infrarroja.

c) **Trazadores radioactivos:** el uso de trazadores radioactivos para medir la producción es relativamente moderno (1952). Se ha usado sobre todo el Carbono-14 (^{14}C). El carbono radiactivo se añade al agua de mar en forma de bicarbonato. El plancton asimila el ^{14}C y lo fija. Se filtra la muestra y queda un residuo de carbón radioactivo fijado, formando la materia orgánica, y se determina la cantidad de fotosíntesis con la ayuda de un radiocontador.

El método seguido es similar al del oxígeno. Se usan botellas claras y oscuras. A una botella llena de agua se le añade cierta cantidad de bicarbonato con ^{14}C y se le devuelve al lugar original de donde se tomó. Durante unas horas se incuba las muestras de agua. Finalmente se filtran y se lee en el radiocontador de pulsaciones (cuentas por minutos CPM). El número de pulsaciones dependerá de la cantidad de ^{14}C fijado. Se pueden hacer con este método observaciones similares a las de la determinación del oxígeno. Como método no es mejor que aquél, aunque su uso permite detectar cantidades de producción mucho menores, que sería difícil apreciar con el método del oxígeno.

7.15. La eficiencia de los ecosistemas

Una de las consecuencias prácticas de la segunda ley de la Termodinámica es la disipación de energía en los procesos naturales. Siempre que hay traspaso de energía de una forma a otra, o de un nivel trófico al inmediato, no se aprovecha toda la energía; una parte se pierde y pasa al medio ambiente en forma de calor o trabajo. La eficiencia de un sistema mide la relación entre la cantidad de energía gastada y el trabajo realizado.

En nuestro caso, la eficiencia se refiere la relación entre el alimento consumido (energía) y el crecimiento que éste produce (Ver sección 7.9). No hay reglas generales de eficiencia pues varía de una especie a otra y de individuo a individuo. Incluso en un mismo individuo, la eficiencia varía con la edad.

La eficiencia teórica de la fotosíntesis es aproximadamente de 13%. Sin embargo, el gasto provocado por la respiración y la liberación del CO_2 de los productos fotosintetizados,

Fundamentos de Ecología

además de la absorción incompleta de la luz solar por las hojas, reducen notablemente esa eficiencia, incluso en los períodos de máximo crecimiento. No es nada extraño pues, encontrar valores de eficiencia que oscilan entre 0,1 y 3%.

La eficiencia de algunas plantas cultivadas consideradas como relativamente productivas, el maíz por ejemplo, alcanza apenas 0,4% de la energía solar irradiada. En los medios acuáticos, tanto marinos como de agua dulce, la eficiencia del plancton es muy baja y se sitúa alrededor de 1 por mil (1‰) entre un nivel trófico y el siguiente. En procesos agrícolas terrestres, se ha calculado que fluctúa entre 1,23 y 2,20%. Se necesitan 40 kg de hierba para producir un kilogramo de carne. La eficiencia de este proceso está, por consiguiente, en 2,5% para el herbívoro.

En general, podemos decir que la eficiencia de crecimiento es mayor en las plantas que en los animales; la eficiencia de producción animal es mayor en el medio terrestre que en los medios acuáticos, debido a que en los primeros las cadenas alimentarias son más cortas. Es relativamente sencillo medir la eficiencia de algunos sistemas si se dispone de un espacio cerrado y bajo control. La eficiencia de los procesos marinos es más difícil de medir. Los estudios que se han hecho, comparan la energía radiante teórica caída sobre el sistema y la pesca obtenida.

Estas mediciones se refieren particularmente a lagos o mares interiores en los que se puede controlar fácilmente ambas cosas: energía absorbida y pesca. La comparación ha dado como resultado valores del orden de 0,00015% sobre la energía total recibida. Tal vez este valor no se pueda hacer extensivo a todo el medio marino. Sin embargo la cadena alimentaria es muy larga y cada nivel trófico disipa gran cantidad de energía (segunda ley de la Termodinámica).

Llama la atención los valores de eficiencia tan bajos encontrados en la naturaleza, si los comparamos con los que ofrecen los equipos eléctricos y mecánicos. Esto ha llevado a querer mejorar la eficiencia de los procesos naturales. Tal acción es casi siempre inútil y con frecuencia contraproducente. Los procesos naturales gastan gran parte de la energía en su propio mantenimiento y en la supervivencia, cosas que le asegura autonomía respecto a cualquier factor externo. Las máquinas necesitan del mantenimiento y su control o manejo por el hombre. Ninguno de estos dos factores se considera al juzgar su eficiencia. Por otro lado, las máquinas se desgastan con relativa rapidez, factor éste que tampoco se toma en cuenta al medir la eficiencia.

7.16. La producción de la tierra y del mar

Las dos terceras partes del planeta Tierra están cubiertas de agua. Este detalle, unido al hecho de que hasta ahora no se ha estudiado lo suficiente, ha hecho pensar a muchas personas que el mar es una despensa que solucionará los problemas alimentarios de la humanidad.

Es cierto que el mar está sobrepoblado y que sabemos muy poco sobre las grandes posibilidades que encierra; pero, no es conveniente pensar en el mar como la solución universal a los problemas del hombre.

En cuanto a la producción, el medio terrestre lleva ventaja sobre el marino, ya que hay más luz disponible (el mar refleja la mayor parte de la luz) y las plantas de gran tamaño son más abundantes, lo que hace que las cadenas alimentarias sean más cortas. De ahí se deriva una mayor eficiencia en la tierra que en el mar (Cuadro 7.1).

Cuadro 7.1. Productividad primaria en diferentes ecosistemas

Ecosistema	Productividad primaria kc/m²	Eficiencia de la productividad primaria (%)
Ecosistemas Naturales		
Subtropical	2,9	0,09
Desierto	0,4	0,05
Tundra ártica	1,8	0,08
Arrecife de coral	39-151	2,4
Pradera marina tropical	20-144	2,0
Selva tropical lluviosa	131	3,5
Ecosistemas fertilizados		
Cultivo de algas	72	3,0
Campo de caña de azúcar	74	1,8
Bosque tropical	28	0,7
Jacintos de agua	20-40	1,5

Fuente: Odum (1971).

Fundamentos de Ecología

Como el suelo no tiene la movilidad del agua, las sales minerales (nitratos y fosfatos principalmente) están más concentradas y los productos de descomposición permanecen cerca de la superficie en forma de humus. Sin embargo, la ausencia de agua y los cambios bruscos de temperatura que ocurren en la corteza terrestre, convierten amplias zonas de la tierra en terrenos incapaces de producir alimento alguno.

En el medio marino podemos distinguir dos regiones claramente diferenciadas: zona costera o litoral y alta mar. La zona costera presenta ventajas y su producción es tan alta como las mejores zonas agrícolas. El agua está bien mezclada y los ríos aportan continuamente elementos nutritivos. Sin embargo, debemos señalar como desventajas la excesiva acción de las olas contra la costa rocosa, los cambios de temperatura bruscos (con influencia terrestre) y los peligros de la contaminación humana.

En alta mar y lagos profundos, la fotosíntesis tiene lugar en las aguas superficiales. En realidad nunca supera los cien metros de profundidad, aunque el proceso tiene máxima eficiencia únicamente cuando los productores están concentrados en los cien primeros metros. Los organismos que viven en las grandes masas de agua tienen la ventaja de gozar de temperaturas relativamente estables; sin embargo su capacidad de producir queda muy restringida, pues la cantidad de sales minerales es mínima en la superficie y la luz no penetra en las aguas profundas.

En resumen, aunque el mar admite todavía enormes progresos en la explotación de sus recursos, debemos reconocer que la tierra presenta ventajas sobre el mar y su capacidad de producción de alimentos es superior. Por esta razón no es válido pensar en el mar como una panacea milagrosa capaz de remediar los problemas de la humanidad. Representa sólo una de las posibles fuentes de proteínas para aliviar la demanda de alimentos.

7.17. La energía como recurso esencial de la sociedad industrial

La evolución del ser humano en la Tierra le condujo progresivamente a intervenir en los procesos de la biósfera al domesticar la técnica del fuego y desarrollar herramientas, inicialmente de piedra y luego de metales y sus aleaciones. El cambio más significativo posteriormente fue la revolución Neolítica, cuando se desarrolla la agricultura, que constituye el primer ecosistema artificial creado por el hombre.

A lo largo de los últimos 2.000 años, todo el progreso del hombre se ha sustentado sobre estos dos pilares:
- La invención de instrumentos para multiplicar el rendimiento del trabajo: herramientas y máquinas.
- El descubrimiento de nuevas fuentes y formas de energía para sumarlas a la suya limitada y poder mover con ellas sus cada vez más complicadas máquinas.

Al descubrir la existencia de fuentes de energía no somática (aquella generada por el propio movimiento o la fuerza animal), particularmente la madera y los recursos de energía fósil, la sociedad humana inició un proceso de transformación paulatina que finalmente, entre los siglos XVIII y XIX, desembocó en la Revolución Industrial. A partir de entonces, la demanda y el uso intensivo de energía se ha venido incrementando aceleradamente en función de las capacidades de transporte, manufactura y transformación de recursos a través de procesos industriales.

Desde los albores de la era industrial, la capacidad de aprovechar y utilizar diferentes formas de energía ha transformado las condiciones de vida de miles de millones de personas, lo que permite que disfruten de un nivel de comodidad y movilidad sin precedentes en la historia de la humanidad y liberándolos para realizar tareas cada vez más productivas. Así, durante los últimos 200 años, el crecimiento constante del consumo de energía ha estado estrechamente ligado al aumento de los niveles de prosperidad y oportunidades económicas en muchas partes del mundo (Ahuja y Tatsutani, 2008). Sin embargo, en las épocas más recientes, el desarrollo económico y científico/tecnológico ha provocado el consumo excesivo de energía en todos los ámbitos, donde la humanidad, o buena parte de ella, ha desarrollado procesos que le permiten extender su dominio y control sobre la naturaleza, especialmente con base en máquinas que consumen grandes cantidades de energía.

7.17.1. Las distintas fuentes de energía

Existen siete fuentes de energía fundamentales en el mundo actual:

1) **La madera**: fue el primer combustible que conoció el hombre en el mundo; y aún hoy día la madera quemada en todo el mundo produce más energía que la nuclear o la hidroeléctrica. En la actualidad continúa siendo una importante reserva de combustible, sobre todo en los países más pobres, que carecen de otros recursos naturales. Se estima que la madera proporciona casi 70% de la producción de energía del continente africano.

Existen razones para pensar en la madera como la fuente de energía ideal. Es barata, fácil de conseguir. A diferencia del carbón o del petróleo, la madera se puede conseguir casi en cualquier sitio, no necesita ninguna tecnología especial y, lo más importante, es una fuente de energía que no tiene por que agotarse nunca, si tenemos la precaución de plantar nuevos árboles.

2) **El carbón mineral**: el elemento principal del carbón es el carbono y se divide en tres clases: el lignito, el bituminoso y la antracita, según el contenido de carbono, que puede ser de 40 a 90% de carbono. El carbón lignito todavía con mucha humedad, es el más contaminante por su alto contenido de azufre, además de ser el más joven de los tres tipos de carbono, ya que se estima fue depositado hace 74 millones de años. Existen grandes reservas de esta clase en Europa y Australia.

El carbón bituminoso es de color negro, más duro que el lignito, con menor contenido de humedad y de carbono, está depositado a mayor profundidad. Es de mejor combustibilidad y mucho más limpio, ardiendo a una temperatura mayor; Es la clase de carbón más abundante y se encuentra en muchos países del mundo entero.

Fundamentos de Ecología

El carbón antracita es el mejor carbón, el más duro y de mayor contenido de carbono; de difícil y costosa extracción por su profundidad. Tiene unos 300 millones de años de antigüedad.

El carbón lleva muchos siglos en uso; los antiguos habitantes de Gales, los griegos y los romanos, la China en el siglo XII ya lo usaban. Pero no se convirtió en una importante fuente de energía sino hasta hace uno doscientos años, cuando tuvo su momento decisivo con la Revolución Industrial, al inventarse las máquinas que recibían su energía del vapor de agua, generado mediante la combustión del carbón.

3) **El carbón vegetal**: es el súper combustible del mundo. Sólo 50% de la madera es carbono combustible y gran parte de su peso se debe al agua que contiene. Cuando la madera se transforma en carbón vegetal, se elimina el agua que no sirve para la combustión obteniéndose casi 100% de carbono. El carbón vegetal se obtiene mediante la pirolisis, esto es, quemando madera en condiciones controladas que limitan la cantidad de aire con la que se quema, lo que hace desaparecer la humedad y otras impurezas de la madera. El carbón vegetal, duro y quebradizo, es más ligero que la madera y por tanto más fácil de transportar. Al quemarse ofrece temperaturas mucho más altas que la madera, lo que aumenta su utilidad.

4) **El Agua**: los molinos de viento y las ruedas hidráulicas (movidas por la fuerza del agua), dos de las fuentes más antiguas que se conocen. Incluso en la actualidad se continúan utilizando para generar energía en muchas partes del mundo. Funcionan siguiendo un sencillo principio: convertir la energía del agua que corre, en un movimiento circular o de rotación; al hacerla chocar contra los álabes o paletas de una rueda dispuesta verticalmente u horizontalmente, y que mueve una serie de engranajes y otros mecanismos con el objeto de poner en marcha máquinas sencillas como molinos de harina, sierras, fuelles o piedras de molinos.

En la actualidad, el agua es retenida en embalses mediante presas de concreto que cierran el flujo del agua de una cuenca o microcuenca, algunas de ellas de gran tamaño, y se utiliza en su caída libre para generar energía eléctrica a través de la activación de grandes turbinas electromagnéticas. La energía hidroeléctrica, como se le denomina, constituye una porción significativa de la energía consumida en los grandes centros urbanos.

5) **El petróleo**. mientras que el carbón es llamado ocasionalmente el "Diamante Negro", al petróleo se le ha llamado "Oro Negro". El petróleo es utilizado como combustible, lubricante, materia prima para la elaboración de plásticos, pinturas, cosméticos, explosivos y hasta alimentos. Por ello pasó a ser la fuente de energía más importante del mundo, correspondiendo a un tercio del total de la energía utilizada en el mundo. El petróleo es un aceite mineral formado básicamente de grandes cadenas hidrocarbonadas y, al igual que el carbón, es un combustible fósil, compuesto de los restos de animales y plantas que vivieron hace millones de años.

6) **El Gas natural**: se comenzó a considerar como combustible hace apenas 50 años, pues antes representaba un peligro que debía evitarse. Pero hoy día las nuevas tecnologías permiten su extracción, movilización y procesamiento para uso doméstico e industrial, representando 18% de la energía que se consume en el mundo.

7) **La energía nuclear**: a diferencia de los combustibles fósiles, la energía atómica no depende de la combustión ni de las reacciones químicas. Es energía liberada por los átomos, la misma que hace que el sol brille, la más poderosa que se conoce. Existen elementos que expulsan energía de forma natural y hay manera de acelerar este proceso, a través de la fisión y la fusión. Estos métodos dependen del choque controlado de átomos. En el proceso de fisión, el núcleo del átomo se divide en dos núcleos más pequeños; lo que al producirse libera enormes cantidades de energía. Mientras la fusión es el caso contrario, donde se combinan dos átomos para convertirlos en uno e igualmente se libera gran cantidad de energía. Estos procesos se desarrollan en los reactores, dispositivos debidamente diseñados para este fin y donde se garantizan condiciones controladas y de seguridad. La energía nuclear resultó muy atractiva porque con ella se podría producir cualquier cantidad de energía sin límites, utilizando un combustible que nunca se agotaría. Sin embargo, los recientes problemas surgidos, por ejemplo en Chernobil (1986) y en Japón, por el desastre ocurrido debido al tsunami (2009) han hecho de ella una alternativa muy complicada, cara y peligrosa, por el alto poder contaminante de la radioactividad que se emite en situaciones accidentales o catástrofes.

7.17.2. La producción y el consumo de energía en el mundo contemporáneo

El producción global de energía se ha duplicado entre 1971 y 2009, de acuerdo con las cifras de la Agencia Internacional de Energía (IEA, 2011), como se puede apreciar en la Figura 7.6. Destaca igualmente que la principal fuente de energía es el petróleo, seguido del carbón y el gas natural, los cuales en conjunto abarcan más de 80% de la totalidad de la energía producida globalmente.

Durante el siglo XX, el consumo de energía de la humanidad estuvo marcado por cuatro grandes tendencias:

1) El aumento del consumo y la transición de las fuentes tradicionales de energía (por ejemplo, madera, estiércol, residuos agrícolas) a las formas comerciales de energía (por ejemplo, electricidad, combustibles fósiles);

2) La relativa mejora continua de la potencia y eficacia de las tecnologías energéticas; sin embargo 1.440 millones de personas todavía arecen de electricidad en sus hogares (PNUMA, 2011);

3) La tendencia (al menos para la segunda mitad del siglo XX) hacia la diversificación de combustibles y la carbonización, sobre todo para la producción de electricidad, mediante el uso de energías renovables, y

Fundamentos de Ecología

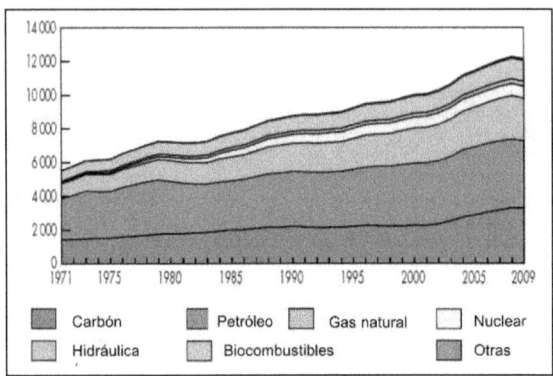

Figura 7.6. Producción global de recursos energéticos durante el período 1971-2009, en millones de t.
Fuente: International Energy Agency (2011)

4) Las iniciativas crecientes (aunque insuficientes) para el control de la contaminación y la disminución de emisiones producto del uso de energía.

Sin embargo, la humanidad se encuentra actualmente frente al desafío de un consumo exacerbado de energía. Este desafío tiene al menos dos dimensiones críticas. Por un lado, ha quedado claro que los patrones actuales de uso de la energía son ambientalmente insostenibles. La abrumadora dependencia de los combustibles fósiles (energía no renovable), amenaza con alterar el clima de la Tierra en una medida que podría tener graves consecuencias de vital importancia para la integridad los sistemas humanos y naturales. Al mismo tiempo, el acceso a la energía sigue dividiendo a los "ricos" de la que "no la tienen". A nivel mundial, una gran parte de la población mundial —más de dos mil millones de personas—, según algunas estimaciones, todavía carece de acceso a uno o varios tipos de servicios energéticos básicos, como electricidad, combustibles limpios para cocinar y medios de transporte adecuados.

7.17.3. Opciones de fuentes de energía renovable

Existen varias fuentes energéticas renovables que actualmente están siendo utilizadas, aunque representan una proporción muy pequeña de la producción energética global. Entre ellas se incluyen las siguientes:

- **Bioenergía.** Puede ser producida a partir de la agricultura, la silvicultura y la los residuos de la ganadería, los cultivos energéticos, y otros residuos orgánicos corrientes. Existe una amplia gama de estas tecnologías, que varían mucho en su madurez técnica. La producción de bioenergía compite con la producción de alimentos, si no se regulan los usos y sectores donde pueda ser aprovechada.

- **Energía solar directa.** Tecnologías que aprovechan la energía del sol para producir electricidad y calor. Se utilizan paneles con células fotovoltaicas que atrapan la energía de los rayos solares. La energía solar es variable y cantidades intermitentes, producindo diferentes de poder en días diferentes y en diferentes momentos del día. relativamente maduros tecnologías de energía solar existen.

- **Energía geotérmica.** Se produce a partir de la energía térmica en el interior de la Tierra. Las centrales eléctricas geotérmicas, que extraen energía procedente de depósitos lo suficientemente permeables y calientes, son tecnologías muy maduras. La energía geotérmica puede También puede utilizar directamente para la calefacción.

- **Energía hidroeléctrica.** Se produce mediante el aprovechamiento de la energía del agua que se mueve entre diferentes elevaciones. Los reservorios de agua utilizados a menudo tienen múltiples usos, además de la producción de electricidad, tales como apoyo a la disponibilidad de agua potable, la sequía y las inundaciones controlar, y el riego.

- **Energía marina.** Aprovecha la energía cinética térmica y la energía química del agua de mar. La mayoría de las tecnologías de la energía del océano todavía están en las fases de investigación y desarrollo o de prueba.

- **Energía eólica.** Se produce a partir de la energía cinética del movimiento del aire, con los grandes aerogeneradores en alta mar y en tierra. Son tecnologías ampliamente utilizadas, aunque los vientos son variables y, en algunos lugares, impredecibles, pero la investigación indica que muchos de los obstáculos técnicos se pueden superar.

Fundamentos de Ecología

En los últimos 20 años, se ha experimentado un crecimiento moderado del uso de energías renovables en todo el mundo, de acuerdo con el informe de REN21 (2012). Las fuentes renovables de energía cubren un estimado de 16,7% del consumo mundial de energía en el año 2010 y a finales de 2011, la capacidad total mundial de energías renovables superó 1.360 GW, un incremento de 8% respecto a2 2010, ubicando el aporte de las energías renovables en casi 25% de total mundial de la capacidad de generación de energía, estimada en 5.360 GW en 2011. Para finales de 2014, se estima que las fuentes renovables de energía llegarán a 19,2% del consumo energético global (REN21, 2016). En el sector energético, las energías renovables representaron casi la mitad de los aproximadamente 208 gigavatios (GW) de la capacidad de energía eléctrica añadida a nivel mundial durante el 2011.

El viento y la energía solar (células fotovoltaicas) representaron cerca de 40% y 30% de las energías renovables añadidas, respectivamente, seguidas de la energía hidroeléctrica (casi 25%).

Los factores ecológicos y sus interacciones: el clima

Capítulo 8

8.1. Introducción: los factores ecológicos y sus interacciones

Todos los organismos viven en comunidades que ocupan un medio físico o lugar determinado, sujetos a la acción simultánea de factores diversos: físicos, químicos, climáticos, edáficos y bióticos. Estos factores determinan las condiciones propias del medio ambiente, que constituye todo lo que rodea al organismo. Cada organismo tiene su propia manera de adaptarse o reaccionar ante los **factores ecológicos** (Figura 8.1). Entendemos por factor ecológico a todo elemento o agente del ambiente capaz de actuar o influir directamente sobre los seres vivos. Los factores ecológicos influyen sobre los seres vivos de diversas formas:

a) Determinan la distribución geográfica de las especies, eliminando aquellas especies no resistentes en algunas zonas con condiciones fisicoquímicas o climáticas particulares

b) Modifican las tasas de mortalidad y natalidad de las especies, actuando sobre los ciclos de desarrollo y condicionando, de esa manera, la densidad de las poblaciones.

c) Favorecen la aparición de modificaciones adaptativas, por ejemplo la diapausa, la hibernación y las reacciones fotoperiódicas.

Los organismos que toleran variaciones amplias en sus condiciones de vida se denominan **eurióicos**; los que viven en condiciones dentro de límites estrechos de tolerancia se denominan **estenóicos**. Cada especie tiene su **amplitud ecológica**, es decir, su **tolerancia** para determinado factor ambiental. Las condiciones ambientales que más favorecen el desarrollo de un organismo conforman, para esa especie, las **condiciones óptimas**.

Para cada especie existe un punto mínimo y un punto máximo de tolerancia, que recibe el nombre de **condición mínima** y **condición máxima**, respectivamente. Por debajo o por encima de los límites externos de tolerancia, la especie muere. Cada organismo está expuesto a diversos factores ecológicos que actúan sobre él, pero suele existir uno que es de importancia vital, mientras los otros, aunque importantes, no lo afectan tanto. El factor del cual depende si el organismo puede o no sobrevivir en un hábitat se denomina **factor limitante**.

8.1.1. Ley del mínimo de Liebig

Justus von Liebig, investigador pionero en las ciencias agrícolas en el siglo XIX, realizó experimentos con cultivos de plantas en diferentes medios de cultivo constituidos por compuestos químicos. Como conclusión de sus experiencias, en 1840 estableció la Ley del mínimo en los siguientes términos: *"el crecimiento de los vegetales está limitado por*

Figura 8.1. En cualquier medio físico, los factores físicos, químicos, geológicos y bióticos determinan las condiciones del ecosistema. (Fotos: A. Romero S.)

Fundamentos de Ecología

el elemento nutritivo cuya concentración es inferior a un valor mínimo, por debajo del cual no se puede realizar la síntesis".

Cuando se agota este elemento, el crecimiento de las plantas se detiene. En las aguas marinas, por ejemplo, la sílice constituye un factor limitante para las diatomeas, las cuales fabrican su caparazón o frústulo a partir de este elemento. La Ley de Liebig sólo es aplicable en condiciones de estabilidad, es decir, cuando las entradas de energía compensan las salidas. Debe considerarse en relación con esta ley el **factor de interacción**, según el cual los organismos son capaces de sustituir, al menos en parte, una determinada sustancia deficiente en el medio por otra que se relacione con ella o tenga efectos parecidos. Se ha visto que algunos moluscos que habitan en lugares ricos en estroncio, sustituyen parcialmente en sus conchas del calcio por este elemento.

Así, en las zonas frías las bajas temperaturas son las que actúan como factor limitante (zonas de vegetación en la falda de las montañas o en las regiones polares): del mismo modo, en las zonas áridas es el escaso contenido de agua en los suelos o las pocas lluvias las que determinan el establecimiento de la distribución de los seres vivos, como por ejemplo, en el sur del Sahara. La clasificación más sencilla de los factores ecológicos distingue los factores climáticos, edáficos (ligados al suelo) y bióticos. De una manera sucinta, entre los factores climáticos se distinguen los que están ligados a la temperatura, precipitaciones, a la luz y a los vientos. En cuanto a los factores edáficos (suelos), se separan ordinariamente en factores físicos (textura, estructura, hidratación) y en factores químicos: contenido en diferentes sales (en particular calcio), reacciones de pH (acidez) y capacidad de intercambio catiónico. En los vegetales, en lo que concierne a los factores bióticos, la competencia entre las especies, la actividad de la microflora y los fenómenos parasitarios juegan un gran papel. En los animales, se encuentra la acción de estos mismos factores, complicados por el hecho de que los individuos son casi siempre móviles.

Todas estas consideraciones nos llevan a estudiar el concepto de valencia ecológica de un organismo, que se define como la capacidad para vivir en condiciones diferentes. Mientras más amplia sea su tolerancia a la variación, su valencia será mayor; en caso contrario será menor.

8.1.2. Ley de la tolerancia de Shelford

Esta ley se puede enunciar así: *"cada especie presenta límites de tolerancia entre los cuales se sitúa el óptimo ecológico"*. Según Shelford, los organismos tienen una amplitud determinada de tolerancia a la variación de condiciones ecológicas. Esta ley viene a complementar la Ley del mínimo de Liebig, ya que no sólo existen factores limitativos mínimos, sino también factores limitativos máximos por encima de los cuales el organismo no puede subsistir. El conjunto formado por todos los límites de tolerancia de una especie para los distintos factores ambientales es lo que normalmente se denomina nicho ecológico. El exceso de sol, de temperatura o de agua, puede resultar fatal para algunos organismos. Naturalmente, si los márgenes de tolerancia de una especie son amplios para varios factores ecológicos, mayor probabilidad existe para que la especie logre una amplia distribución y supervivencia. Los límites de tolerancia pueden reducirse para la misma especie, cuando el organismo se encuentra en período de reproducción o en las etapas de desarrollo (Figura 8.2).

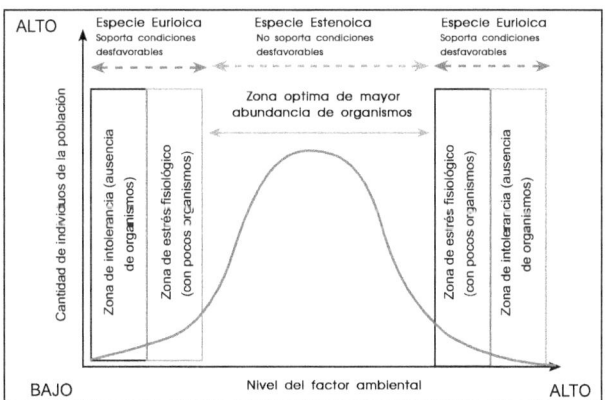

Figura 8.2. Representación de la ley general de tolerancia ecológica, en función de la intensidad de un factor ecológico determinado

Fundamentos de Ecología

8.2. Clasificación de los factores ecológicos

Existen dos grandes categorías de factores ecológicos: los **abióticos** o físicos y los **bióticos**. Los factores abióticos tienen su origen en el medio físico que rodea a los seres vivos y comprenden: los nutrimentos, la radiación solar, el agua, la temperatura, el viento, las características del suelo y el clima, como expresión de la interacción entre dichos factores.

Los factores bióticos son los que se originan de la interacción entre los organismos vivos, tales como: simbiosis, competencia, depredación y parasitismo. Todos estos factores, analizados en el capítulo 4, contribuyen a crear las condiciones propias de cada hábitat, donde se desarrollan los organismos vivos, estableciéndose interacciones entre todos los componentes del ecosistema que determinan su funcionamiento y estabilidad.

8.3. Nutrimentos

Las plantas requieren de 17 elementos esenciales, entre los cuales se encuentran los **macronutrimentos**, que incluyen: carbono, oxígeno, hidrógeno, nitrógeno, potasio, fósforo, calcio, azufre y magnesio; y los **micronutrimentos**, entre los cuales se encuentran: hierro, cloro, boro, cobre, molibdeno, manganeso, níquel y zinc. Otros elementos pueden ser necesarios para algunos organismos vegetales, tales como el sodio, el silicio, el cobalto y el selenio (Hernández, 2002). No todas las plantas requieren estos elementos en las mismas cantidades y proporciones, pero todas tienen sus requerimientos específicos y en una mínima cantidad.

Las plantas varían en relación con sus habilidades específicas para aprovechar los nutrimentos. Los niveles de nutrimentos y el pH del suelo influencian significativamente el crecimiento y la distribución de las plantas en un entorno específico. Los niveles de algunos elementos pueden resultar tóxicos para algunas especies, en tanto que para otras no. El factor limitante de los nutrimentos en el crecimiento y desarrollo de las plantas es evidente cuando se aplican fertilizantes como el fosfato de amonio, por ejemplo. Esta característica es fundamental para los agroecosistemas, donde la aplicación de fertilizantes permite incrementar significativamente la productividad de biomasa en la mayoría de los cultivos.

En tanto que los animales dependen directa o indirectamente de las plantas para su alimentación e ingesta de nutrimentos, la calidad y cantidad de éstas afectará la supervivencia y bienestar de aquéllos. Existe cierta correlación entre la presencia o ausencia de algunos nutrimentos y la abundancia de determinados animales. Igualmente, además de los nutrimentos, la presencia o ausencia de ciertas vitaminas, hormonas o enzimas en las plantas afectarán la salud y bienestar de los animales.

Los herbívoros (consumidores de 1er orden) varían de acuerdo con sus necesidades de alimentos. Los rumiantes pueden subsistir con pastos de baja calidad, pues poseen un rumen (con numerosos y variados microorganismos descomponedores de celulosa en su interior) que les permite aprovechar al máximo el pasto y sintetizar sus requerimientos de vitamina B_1 y algunos aminoácidos, a partir de compuestos nitrogenados simples. Otros herbívoros dependen de complejas relaciones simbióticas con algunas bacterias en su tracto digestivo para obtener los compuestos proteicos que requieren.

En los carnívoros (consumidores de 2º orden), la cantidad del alimento consumido es más importante que su calidad, pues se alimentan de otros animales que han sintetizado y almacenado proteínas a partir de las plantas que han consumido. Adicionalmente, algunos carnívoros pueden obtener los nutrimentos faltantes, consumiendo frutos o semillas que los contienen en altas cantidades.

8.4. Radiación solar

Como se ha destacado previamente en otros capítulos, la radiación solar es indispensable para la vida, ya que la totalidad de la energía que necesitan los seres vivos proviene del Sol. La radiación influencia los ecosistemas de dos maneras: es esencial para la actividad fotosintética de los vegetales y determina los patrones de actividad diaria y estacional de las plantas y animales.

La radiación solar está compuesta por ondas electromagnéticas de 2.860 a 135.000 Å de longitud. Comprende los rayos gamma (muy penetrantes), hasta las ondas hertzianas; todas estas ondas viajan a la misma velocidad, es decir, a 300.000 km/seg. Una parte de esta radiación se refleja en el espacio, mientras otra parte es absorbida por las capas superiores de la atmósfera (especialmente la radiación ultravioleta). De esta manera solamente llega a la superficie de la tierra menos del 50% de la radiación inicial. La radiación que recibe la tierra es de tres tipos diferentes:

a) **Radiación de onda corta o ultravioleta** (por debajo de 3.600 Angström[1])

b) **Luz visible**, entre 3.600 y 7.600 Angström (espectro de luz visible),

c) **Radiación infrarroja**, más de 7.600 Å. Una parte de esta radiación, al llegar a la superficie terrestre, es reflejada por el agua o por el suelo y otra parte es absorbida.

La absorción de la radiación por la superficie del globo (agua y tierra) produce calor, el cual se mide mediante la temperatura. La cantidad de luz solar que llega al planeta varía de acuerdo con la latitud, debido al ángulo de incidencia de la misma, el cual es mayor en los trópicos y se reduce progresivamente hacia los polos. Por efecto de la inclinación del eje terrestre, la cantidad de luz incidente varía con la latitud, lo que da lugar a las cuatro estaciones que conocemos. Adicionalmente, el calor recibido del sol influye en la circulación del aire atmosférico y en la formación de corrientes en los océanos. De la radiación total proveniente del Sol, 30% es reflejada por las nubes, la superficie terrestre y la nieve los océanos congelados alrededor de los polos (albedo), 25% es absorbida por la atmósfera debido a la capa de ozono (3%), vapor de agua y partículas del aire (17% ambos) y las nubes (5%), mientras que 45% es absorbida por la superficie (océanos y continentes), calor que saldrá de la

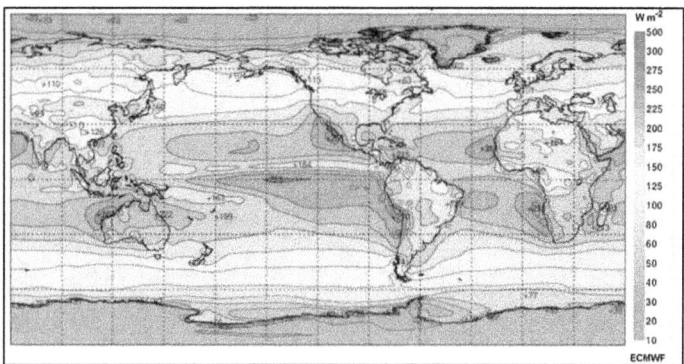

Figura 8.3. Radiación solar media neta anual en la superficie. Los valores se expresan en W/m2. Fuente: Laing y Evans. (2011). Reproducido de http://www.meted.ucar.edu/tropical/textbook_2nd_edition_es/index.htm

superficie lenta y gradualmente hacia la atmósfera en forma de calor latente asociado a la evaporación y conducción directa a la atmósfera. La radiación presente en la atmósfera (tanto la absorbida por ésta como la recibida de la superficie terrestre que acaba volviendo a la atmósfera) es devuelta al espacio en forma de radiación de onda larga (aunque el efecto invernadero o contra-radiación retarda la vuelta al espacio de la radiación) (Figura 8.3).

En la mayoría de los sistemas terrestres la intensidad de luz durante la estación de crecimiento supera los límites de saturación de la mayor parte de las plantas, pero en las zonas de latitudes altas la duración del período de crecimiento limita la producción primaria anual. En estas zonas el período de crecimiento está limitado por las horas de disponibilidad de luz durante el invierno. La calidad de la luz visible —su intensidad y duración a lo largo del día— tiene gran importancia ecológica, pues las plantas y los animales reaccionan de distinta manera a dichas características. Las plantas utilizan la luz solar para realizar la fotosíntesis, proceso fundamental en el mantenimiento de la vida sobre la tierra. Los vegetales se pueden clasificar en plantas de sol o **heliófilas** y plantas de sombra o **umbrófilas**, de acuerdo con la cantidad de luz requerida para su crecimiento óptimo, aunque entre estos extremos existe toda una gama de tipos intermedios. En las plantas acuáticas se desarrollan pigmentos para aprovechar mejor las longitudes de onda que penetran en el agua (ésta rechaza la radiación roja y la azul). Por ejemplo, las algas rojas poseen **ficoeritrinas**, las cuales permiten aprovechar la luz que reciben.

Los **rayos ultravioleta** afectan el metabolismo de los organismos, pues cuando es excesiva genera efectos perjudiciales y provoca trastornos fisiológicos e incluso, en algunos casos, la muerte. Los animales y las plantas se protegen de estos efectos cubriendo su cuerpo con adaptaciones morfológicas y pigmentos.

Cada planta o animal tiene sus propios requerimientos con respecto a la luz. A diferencia de mamíferos y aves, las especies de invertebrados, peces, anfibios y reptiles no poseen mecanismos fisiológicos de regulación térmica, siendo denominados **poiquilotermos**, y la temperatura de sus cuerpos varía con las condiciones del ambiente. Por ejemplo, los anfibios y reptiles buscan lugares asoleados para calentar su cuerpo directamente con la luz solar y acelerar así su metabolismo.

Entre las plantas, aun cuando la luz es indispensable para la fotosíntesis, la intensidad de la misma determina la rata y eficiencia del proceso fotosintético. La rata de fotosíntesis se incrementa linealmente conforme aumenta la intensidad de la luz, hasta un 20% de la misma, cuando la eficiencia será mayor (~20%). A plena intensidad de luz, la rata de fotosíntesis no se incrementa, y a pesar de que una mayor superficie de la planta está expuesta a la luz, su eficiencia fotosintética es menor (5%). Cada especie requiere determinada intensidad luminosa; así, el maíz requiere para su desarrollo fuerte intensidad solar, mientras el café y el cacao requieren de lugares sombreados. El fitoplancton alcanza mayor actividad fotosintética debajo de la superficie del agua que sobre la misma, donde la intensidad luminosa es mayor. Podemos concluir, por tanto, que si bien la radiación es beneficiosa para los seres vivos, éstos presentan distintos grados de necesidad, tanto respecto a la intensidad luminosa, como a su calidad y tiempo de exposición. El efecto de la luz, en general, está asociado al de las temperaturas, ya que una mayor intensidad luminosa va aparejada con temperaturas más altas.

Otro efecto resaltante de la influencia de la luz en los seres vivos es el conocido como **fotoperiodo**, que se define como el conjunto de procesos mediante los cuales las especies vegetales regulan sus funciones biológicas (como por ejemplo la floración, reproducción y crecimiento) de acuerdo con

Fundamentos de Ecología

la duración de los días y las noches del año, según las estaciones y el ciclo solar. Así, existen plantas de día corto que florecen sólo cuando los días son más cortos de lo normal. Las **plantas de día corto** florecen a finales de verano y a principios de otoño. Algunos ejemplos de estas plantas son la nochebuena, la soya, la violeta y algunas fresas. Una **planta de día largo** florece sólo cuando la duración del día es mayor de lo habitual. Algunos ejemplos son el trébol, las petunias y el trigo. Las plantas de día largo florecen a finales de primavera o a principios de verano. Una planta de día neutro florece independientemente de la duración del día. Algunos ejemplos son el maíz y la caña de azúcar.

8.5. La temperatura

Es el grado de calor de un cuerpo, representa la intensidad de la energía calórica y se mide en grados Celsius o centígrados (°C), o Fahrenheit (°F). El calor es una forma de energía y se expresa en calorías. Una **caloría** se define como la cantidad de calor necesario para elevar en un grado centígrado (de 15° a 16°) la temperatura de 1 g de agua. La temperatura es uno de los factores ecológicos más importantes en la distribución de las especies. Los seres vivos solamente pueden subsistir dentro de ciertos límites de temperatura, que van desde algunos grados bajo cero, hasta 85°C. A este respecto, cabe señalar, que algunas algas viven a temperatura de congelación y otras en aguas termales (como algunas Cianofíceas; entre ellas *Osillatoria*). Así mismo, algunas bacterias (en forma de esporas) soportan, al menos por breve tiempo, temperaturas superiores a 100°C.

El espectro de temperatura para la vida se puede fijar en una banda de 200°C, es decir entre -100°C y 100°C, pero estos son los puntos extremos. En la práctica, el margen es mucho más estrecho y estaría entre menos -60°C y 50°C. El rango inferior de la temperatura de una especie determina sus ciclos vitales como el crecimiento y la reproducción.

El gradiente de incidencia de la radiación solar determina a su vez un gradiente de temperatura, por lo que la temperatura promedio disminuye aproximadamente 0,4°C por cada grado de latitud. Adicionalmente, la altitud y la presión atmosférica influyen marcadamente en la temperatura del aire, el cual se enfría cerca de 1°C por cada 100 m de altitud, lo que se conoce como gradiente adiabático. La menor presión en las alturas igualmente provoca el enfriamiento del aire, pues hay menos moléculas desviando y absorbiendo la energía solar. Ello conduce a que haya una mayor fluctuación de temperatura entre el día y la noche. De la misma manera, el rango de variación de la temperatura es mayor en los continentes que en los océanos, debido a la altitud variable de las masas continentales. De hecho, la temperatura es el principal determinante del clima sobre los ecosistemas terrestres, por lo que al correlacionarla con la precipitación y las temperaturas de los océanos, se pueden establecer las zonas térmicas del clima, que son de gran relevancia en el estudio de los sistemas climáticos de regiones o zonas determinadas. En la Figura 8.4 se visualizan las principales zonas térmicas del globo (tropical, subtropical, templada, boreal y ártica), de acuerdo con la FAO (Fischer et al., 2002).

La temperatura de los seres vivos depende del balance entre la energía la radiante obtenida por radiación y conducción y la perdida por radiación, evaporación y convección. Para poder sobrevivir en condiciones extremas de temperatura en el ambiente, los organismos desarrollan adaptaciones morfológicas y fisiológicas. Los seres vivos son muy sensibles a los cambios de temperatura y aunque algunos presentan sis-

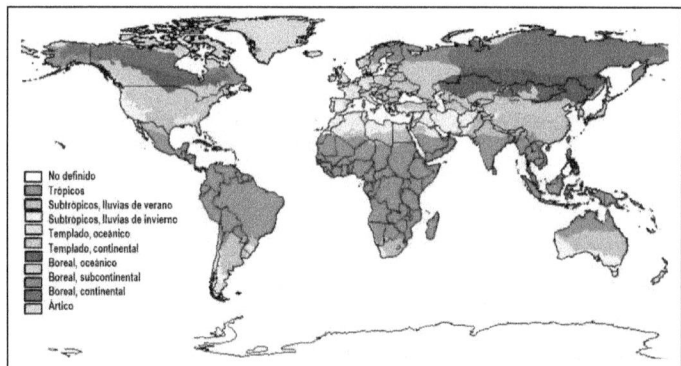

Figura 8.4. Zonas térmicas del globo, de acuerdo la Zonificación Agroecológica Global desarrollada por la FAO. Fuente: FAO (2013): http://webarchive.iiasa.ac.at/Research/LUC/SAEZ

Fundamentos de Ecología

temas auto reguladores que les permiten soportar amplias variaciones de temperatura, existen otros que sólo soportan pequeñas variaciones. Los primeros reciben el nombre de **euritermos** y los segundos **estenotermos**. Ello permite entender la distribución de los seres vivos en grandes escalas espaciales. La mosca doméstica (*Musca domestica*) soporta la temperatura que van desde 6,5°C hasta 44°C; por eso es cosmopolita y está prácticamente distribuida por toda la tierra. Las abejas, por su parte, mantienen la temperatura de la colmena varios grados por encima de la ambiental, haciendo vibrar los músculos de sus alas constantemente. Los animales **homeotermos** tienen el metabolismo acelerado y pueden mantener constante la temperatura interna del cuerpo, a pesar de las variaciones que ocurren en el medio. A este grupo pertenecen las aves y los mamíferos.

La temperatura, en términos generales, actúa sobre los seres vivos de varias maneras:

1. Las temperaturas extremas son letales y actúan como factores limitantes.
2. Cada aumento de temperatura, entre los límites de tolerancia, acelera el metabolismo y la velocidad de desarrollo.
3. Los cambios de temperatura modifican otros factores ambientales como la humedad relativa del aire o el contenido de oxígeno disuelto en el agua.
4. La temperatura determina la distribución geográfica de las especies.

En las zonas intertropicales la variación del ciclo circadiano (una especie de reloj biológico) es más importante que la anual. En las zonas templadas y frías, la variación a lo largo del ciclo anual influye en los seres vivos más que la variación diaria.

La temperatura del ambiente también influye en el enfriamiento y calentamiento de las masas de aire en la atmósfera. La inestabilidad de los gases atmosféricos se origina en el diferencial de temperatura entre el suelo y la atmósfera baja. Durante el día, la radiación solar calienta el agua, el suelo y la vegetación, y por conducción y convección se calienta la atmósfera baja, provocando su movimiento ascendente, mientras que el aire más frío tiende a descender, creando una turbulencia que se incrementa con los vientos.

En los cuerpos de agua, que ocupan 71% de la superficie de la Tierra, la temperatura varía de acuerdo con la latitud, siendo más alta en las regiones intertropicales (Figura 8.5). La tolerancia de las especies a la temperatura es variable. Algunos peces y artrópodos en las zonas templadas son sensibles a los cambios en la temperatura del agua. Incluso, para algunos organismos que se adaptan a los rangos de la temperatura del entorno, los cambios en ella pueden limitar su crecimiento poblacional, si por efecto de la temperatura se eliminan o desaparecen los alimentos dentro de la cadena trófica. Los corales de los ecosistemas marinos son muy exigentes y sólo se desarrollan en temperaturas superiores a 20°C, tolerando sólo pequeñas variaciones.

La mayoría de los procesos metabólicos, y entre ellos la fotosíntesis, tienen su óptimo en un rango estrecho de temperaturas que depende del clima donde las plantas se hayan desarrollado (16°C para plantas de zonas templadas hasta 38°C para plantas tropicales). Un incremento en la temperatura puede aumentar la tasa fotosintética en determinadas condiciones, pero también, y en mayor grado, la de la respiración, por lo que podría disminuir la producción neta. Por otro lado, un aumento de la temperatura produce un incremento en la pérdida de agua por evaporación y transpiración, lo que limitaría la producción en los lugares donde el agua es limitante.

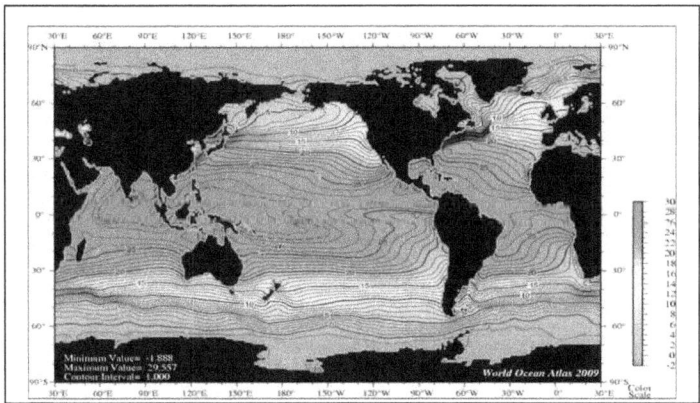

Figura 8.5. Mapa de la distribución anual de la temperatura de los océanos en la superficie (°C) a escala global. Fuente: NOAA (2011)

Fundamentos de Ecología

La influencia de la temperatura en los ecosistemas es determinante, incluso para la salud humana; tanto así que el incremento de la temperatura global en los últimos 30 años ha permitido la difusión de la malaria hacia zonas de mayor altitud donde antes no se presentaba. Y ello se debe esencialmente a la expansión del hábitat de los mosquitos transmisores del parásito, quienes ahora pueden vivir en espacios que anteriormente le eran limitantes debido a las bajas temperaturas.

8.6. Agua

Todos los seres vivos requieren el agua para realizar sus funciones vitales y está comprobado que la vida se originó en el medio acuático. Por tanto, el agua constituye un factor ecológico de primera importancia en los ecosistemas, tanto acuáticos como terrestres. Casi toda el agua del globo se encuentra en los océanos, los cuales ocupan cerca del 71% de la superficie terrestre. El agua se halla en el planeta en los tres estados: **estado gaseoso**, formando las nubes; **estado líquido**, constituyendo los océanos, lagos, ríos y manantiales; **estado sólido**, formando los glaciares y zonas heladas de la tierra bajo la forma de hielo o nieve.

La distribución del agua en la tierra no es homogénea en cuanto al espacio geográfico, ni tampoco en cuanto a las precipitaciones lluviosas. El agua presenta un ciclo —como lo vimos en el capítulo 6— el cual se origina en la evaporación de una parte de las masas de agua; este vapor se eleva varios cientos de metros sobre la superficie y forma las nubes, que pueden ser transportadas a grandes distancias por los vientos y, al ser afectadas por corrientes de aire frío, vuelven al estado líquido y se precipitan como lluvia. Este ciclo de **evaporación** de las aguas, especialmente marinas, es complementado por la **transpiración** de las plantas sobre el suelo y concluye con la **precipitación**. Todos estos procesos están íntimamente ligados a otros factores (temperatura, radiación y vientos).

Del agua derivan varios factores ecológicos, que influyen notablemente sobre los organismos y su distribución; estos factores son la **precipitación** y la **humedad**. En las regiones tropicales y subtropicales el régimen de lluvias determina dos estaciones bien definidas: la **estación seca** (verano) que se caracteriza por la ausencia casi absoluta de lluvia; y la **estación lluviosa o húmeda** (invierno) en la que las lluvias son abundantes y frecuentes.

8.6.1. La precipitación

La distribución de la precipitación en la superficie de la tierra es muy irregular y está determinada por la situación geográfica, los movimientos de las masas de aire y las condiciones meteorológicas. La distribución estacional de las lluvias es más importante que el volumen promedio de precipitación anual. La zona ecuatorial, bajo el dominio de la zona de convergencia intertropical, recibe abundantes y continuas lluvias durante todo el año, más de 2.000 mm. En las zonas tropicales húmedas oscilan entre 2.000 y 500 mm de precipitación, disminuyendo a medida que se avanza en latitud, ya que debido al vaivén de la convergencia intertropical parte del año están bajo su influencia y parte bajo la influencia de los anticiclones tropicales.

En la Figura 8.6 se muestra la distribución mundial de precipitación media anual sobre las áreas continentales, se observa abundante precipitación en zonas tropicales y muy poca en latitudes altas y en las zonas polares. En latitudes subtropicales se observan regiones con alta precipitación, pero también regiones muy secas, los desiertos, lo que se explica por la distribución de los regímenes de presión y viento global.

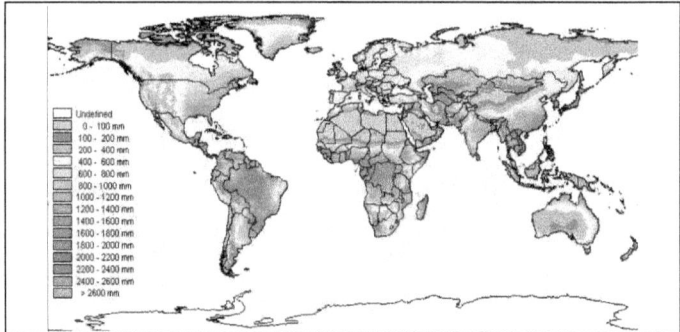

Figura 8.6. Distribución promedio de las precipitaciones en las diferentes regiones del planeta, de acuerdo la Zonificación Agroecológica Global desarrollada por la FAO
Fuente: http://webarchive.iiasa.ac.at/Research/LUC/SAEZ

Fundamentos de Ecología

El volumen de precipitación lluviosa caracteriza de manera determinante, aunque no totalmente, los distintos biomas o ecosistemas de la tierra: desierto, sabana, pradera, páramo, tundra y bosques, como puede visualizarse en la Figura 8.6. Claro está que existen otros factores que caracterizan estos sistemas ecológicos, entre los cuales vale mencionar el equilibrio entre la precipitación, la evaporación y la transpiración. Por ejemplo en las regiones tropicales.

Aunque por lo general la distribución global de precipitación es compleja, se puede explicar en términos de la circulación general de la atmósfera y de los sistemas de presión y de viento globales. En las regiones de altas presiones se tiene subsidencia por efecto de la convergencia en altura, que produce compresión, calentamiento, secamiento y viento divergente en la superficie, por lo que son regiones secas. Por el contrario, en las áreas de bajas presiones se tiene convección por efecto de la divergencia en niveles superiores, que produce expansión, enfriamiento, condensación y viento convergente en la superficie, por lo que en estas áreas se produce abundante precipitación. Pero estos factores de latitud no son los únicos que regulan el régimen de precipitación, pues influyen también la ubicación geográfica, distribución de océanos y continentes, topografía y relieve superficial. Como el aire cálido tiene una mayor capacidad para aceptar humedad comparada con el aire frío, en las latitudes más bajas se produce una mayor cantidad de precipitación, y en las latitudes altas menor precipitación.

La distribución de océanos y continentes también influye en los patrones de precipitación. Las grandes masas de tierras en latitudes medias experimentan un aumento de la precipitación desde la costa oeste hacia el interior, a la misma latitud. Las cadenas montañosas también alteran el régimen de precipitaciones respecto a lo esperado sólo con la distribución de vientos. A Barlovento (desde donde sopla el viento) de las montañas se produce abundante precipitación y a Sotavento escasa precipitación. Por ejemplo, en la región de los vientos del oeste, la Patagonia Argentina es una zona desértica, que se encuentra a sotavento de los Andes, en cambio en el Sur de Chile se produce intensa precipitación al oeste de los Andes.

La reducción de la precipitación con respecto a la considerada como normal se conoce como **sequía**, fenómeno que se extiende de manera irregular a través del tiempo y del espacio, y provoca que el agua disponible sea insuficiente para satisfacer las distintas necesidades humanas y de los ecosistemas. A lo largo de la historia, la sequía ha sido una amenaza para la supervivencia de la humanidad, siendo causa de migraciones masivas, hambrunas y guerras, e incluso ha llegado a alterar el curso de la historia misma. Hoy en día, la sequía sigue afectando a la población mundial de diferentes maneras, y se considera como el fenómeno natural que afecta a más personas que cualquier otro desastre natural en el planeta. No obstante, la sequía es un fenómeno complejo y quizá el menos comprendido de todos los peligros naturales. Todavía no se han determinado a ciencia cierta las complejas interrelaciones entre la sequía y la sociedad, y se implementan diversas estrategias de respuesta y mitigación que permitan reducir los impactos del fenómeno y, por lo tanto, la vulnerabilidad de las generaciones futuras (Ortega, 2013). Las causas de este fenómeno pueden ser naturales o antropogénicas. Las primeras se refieren, por una parte, a las variaciones en la actividad solar y, por la otra, a las resultantes de diferencias en el calentamiento de los continentes y los mares, que provocan oscilaciones de la temperatura y la presión. Ambas situaciones afectan el proceso global de circulación general de la atmósfera, cuyo funcionamiento determina la distribución de las lluvias sobre los continentes y océanos. Un ejemplo lo constituye el ciclo de variaciones en la precipitación llamado "El niño"/Oscilación del Sur (ENOS), el cual revierte los patrones normales de temperaturas y precipitaciones a lo ancho de la faja intertropical del océano Pacífico y es considerado el factor detonante de muchos desastres climáticos (sequías, inundaciones) en dichas regiones.

De otra parte, también existen factores originados por la actividad humana, tales como la deforestación, el cambio climático y la emisión de contaminantes a escala global, los cuales alteran los patrones climáticos regionales y locales en muchas zonas del globo. Este asunto se tratará posteriormente en diversos capítulos del libro.

8.6.2. La humedad atmosférica

La humedad atmosférica indica la cantidad de vapor de agua en el aire y depende de la intensidad de la evaporación. Se expresa como el peso de agua por volumen de aire, es decir, en gramos por litro o por metro cúbico de aire. La humedad constituye un factor ecológico importante y junto con la temperatura y la luz influyen notablemente en la distribución de los seres vivos. La humedad relativa varía a lo largo del día: es baja durante el día y alta durante la noche. Igualmente es variable de acuerdo con la topografía, siendo mayor en lo alto de una montaña y más baja en el fondo de un valle. La transformación del vapor de agua al estado líquido se denomina condensación y libera una cantidad equivalente de energía.

La humedad relativa indica el porcentaje de vapor de agua realmente presente en una masa de aire, en comparación con la cantidad que se requiere para la saturación en las condiciones de temperatura y presión existentes. A 15ºC, la presión de saturación es de 12,73 mm de mercurio, es decir equivale a 11 g de agua por m^3. La humedad relativa se mide con un aparato denominado psicrómetro, el cual está formado por dos termómetros, uno de bulbo seco y otro de bulbo húmedo, montados sobre un soporte de madera o de otro material. La diferencia entre las dos lecturas efectuadas en estos termómetros da un número, el cual, relacionándolo con los valores en las tablas correspondientes, permite determinar la humedad relativa. Generalmente el resultado es menor de 100 y solamente será 100 cuando las lecturas de los dos termómetros sean iguales. También se utiliza el **higrómetro** para la medición de la humedad relativa. Éste consta de un cabello humano largo, uno de cuyos extremos acciona una palanca o aguja que escribe sobre un tambor. El pelo humano tiene la propiedad de encogerse o estirarse de acuerdo al grado de humedad de la atmósfera.

Si el aire tiene 80% de humedad relativa, quiere decir que hay 7,44 mg de vapor de agua por metro cúbico de aire. El punto de saturación sube con la temperatura y por lo tanto se necesita mayor cantidad de vapor de agua a 35°C que a 20°C. La humedad relativa varía de acuerdo con la temperatura; por tanto, si el vapor de agua permanece constante, la humedad relativa baja al aumentar la temperatura, y viceversa.

Esta relación entre la humedad relativa, humedad absoluta y la temperatura es fundamental, pues determina el grado en que circula el calor en un espacio dado, y se puede visualizar mediante los diagramas bioclimáticos (Figura 8.7). La intersección de ciertos valores en estas variables, determina la zona de confort, aquella donde los seres vivos se sienten cómodos cuanto a temperatura y humedad del ambiente. Para el ser humano, es determinante la zona de confort, pues fuera de ella se enfrenta a situaciones que le pueden causar incomodidad e incluso afectar su sistema homeotermo, al no poder desprender o absorber el calor que necesita su cuerpo.

Los organismos vivos despliegan procesos adaptativos en función de la humedad reinante en el medio. Cuando la humedad del aire alcanza el punto de saturación (tasa de evaporación = tasa de condensación), el exceso de agua se condensa y forma las nubes; si la condensación tiene lugar cerca del suelo, se forma el **rocío**. En las comunidades xerófilas el rocío facilita la incorporación del agua a la comunidad, permitiendo su aprovechamiento por plantas y animales. En zonas áridas, las plantas tienden a ser suculentas y con superficie coriácea y su tasa de transpiración se reduce, cerrando los estomas en las hojas y acumulando humedad en sus tejidos. Por lo general, tienen raíces profundas para aprovechar la humedad acumulada en los horizontes profundos del suelo. Otras enrollan sus hojas para reducir el área expuesta a la radiación o se recubren de una capa cerosa que evita la transpiración.

Los animales en estas zonas son más activos al amanecer o al atardecer, cuando la humedad es alta y la temperatura menor. Algunos incluso entran en estados de mínima actividad metabólica (dormancia) ante el déficit de humedad en su entorno.

8.6.3. La evaporación

La **evaporación** es un proceso físico por el cual el agua cambia de estado líquido a gaseoso, incorporándose a la atmósfera en forma de vapor. Puede ocurrir también el paso del estado sólido a vapor, lo que se conoce como **sublimación**. Requiere de una fuente de energía, es la radiación solar, tanto directa como indirectamente. El calor absorbido por la unidad de masa de agua para este cambio de estado se denomina calor latente de evaporación. Es un fenómeno que está en relación directa con la temperatura, con la cantidad de vapor de agua en el aire y con el flujo del aire. La evaporación aumenta cuando disminuye la presión atmosférica y viceversa, debido a la influencia de la temperatura del agua y del aire. También influye la naturaleza y forma de la superficie evaporante. En los suelos, la evaporación depende de la estructura del mismo y de la profundidad de la capa freática. La mayor fuente de evaporación del agua la constituye el mar y es más la que se evapora que la que vuelve a él por lluvia. En el medio terrestre ocurre lo contrario. En los ecosistemas terrestres, la evaporación es complementada por la transpiración de la cubierta vegetal, por lo que se habla de **evapotranspiración** Este proceso tiene gran importancia en el ciclo total del agua en la biósfera y es de gran relevancia en los agroecosistemas.

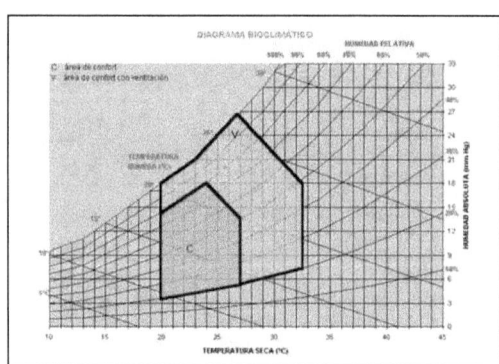

Figura 8.7. Diagrama bioclimático donde se observa la zona de confort (C) y la zona de confort que requiere ventilación. Fuente: http://www.miliarium.com/Bibliografia/Monografias/Construccion_Verde/Herramientas_Diseno_Bioclimatico.asp

Fundamentos de Ecología

8.6.4. La transpiración

Este proceso es similar a la evaporación y consiste en la pérdida de vapor de agua de algunas partes de las plantas, especialmente las hojas. Es un proceso equivalente al la sudoración de los animales. Ocurre a través de unas estructuras en la superficie de las hojas denominada estomas, las cuales tienen la capacidad de cerrarse o abrirse, según sea menor o mayor la necesidad de transpiración, de acuerdo con las condiciones de humedad y temperatura del medio circundante. A mayores temperaturas, así como a menor humedad relativa en el medio ambiente, mayor será la transpiración, La presencia de cutícula en algunas plantas evita el calentamiento de las hojas y reduce la transpiración, como es el caso de muchas plantas en ambientes áridos. Las plantas transpiran por las hojas casi la totalidad del agua que han absorbido del suelo a través de las raíces.

Algunas plantas poseen receptáculos en los cuales recogen el agua de lluvia, como ocurre en las epifitas y en algunas bromeliáceas y strelitziáceas (entre éstas, el ave del paraíso). Una parte del agua es absorbida por estas plantas y el resto queda almacenado, desarrollándose en ellas diversos organismos acuáticos. Las plantas que crecen en terrenos xerófilos reducen la superficie de sus hojas para evitar la excesiva transpiración o pérdida de agua. Otras acumulan en sus tejidos cantidad considerable de agua como reserva para soportar las grandes sequías, como es el caso de las cactáceas.

La capacidad de producción de un ecosistema terrestre está ligada al fenómeno de **evapotranspiración**, que se define como la pérdida real de agua que se produce en una determinada área por superficie del suelo o de las aguas, así como por los organismos vivos, principalmente la vegetación, y se expresa en mm de H_2O por unidad de tiempo. Siendo esta relación tan importante, se comprenderá la necesidad de conocer y monitorear la magnitud de la evapotranspiración, especialmente en los agroecosistemas, donde puede ser necesario el riego suplementario a fin de evitar la carencia de agua de los cultivos y proteger la vegetación (Figura 8.8). Se ha calculado que una hectárea de bosque tropical devuelve a la atmósfera 50.000 t/año, mientras que en las zonas templadas esta relación oscila entre 2.500 y 6.500 t/ año.

La evapotranspiración se mide utilizando los instrumentos siguientes: lisímetro (para medir la infiltración) evaporímetro (para medir la evaporación) y pluviómetro (para medir la precipitación). Con dicha información se puede establecer el balance hídrico. El establecimiento del **balance hídrico** en un ecosistema (cuenca o región determinada) está íntimamente relacionado con la evapotranspiración y permite obtener información sobre:

a) El volumen anual de escurrimiento o excedentes.
b) El período en el que se produce el excedente y por tanto la infiltración o recarga del acuífero.
c) Período en el que se produce un déficit de agua o sequía y el cálculo de demanda de agua para riego en ese período.

8.6.5. Importancia del agua en los ecosistemas

Tal y como lo vimos en el capítulo 6 (sección 6.4), el agua es fundamental para la vida y es componente mayoritario en la mayoría de los seres vivos (de 60 a 80% del peso vivo es agua). El ciclo del agua viabiliza el funcionamiento y los procesos esenciales de los ecosistemas, pues facilita los flujos de energía y el reciclaje de los nutrientes a lo largo de sus componentes. De allí que la escasez de agua constituye probablemente el mayor factor limitante para los seres vivos. Los procesos de circulación y transporte del agua a tra-

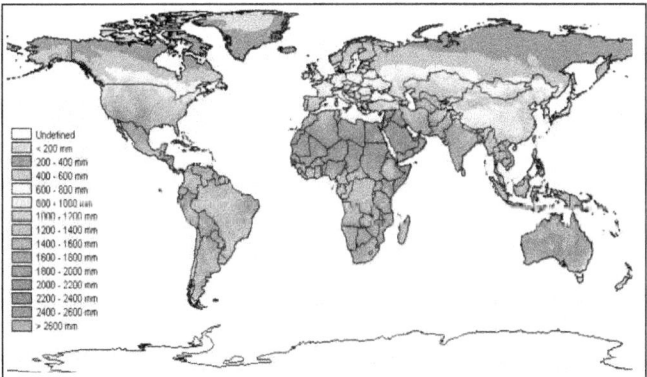

Figura 8.8. Distribución de la evapotranspiración en las diferentes regiones del planeta, de acuerdo la Zonificación Agroecológica Global desarrollada por la FAO
Fuente: http://webarchive.iiasa.ac.at/Research/LUC/SAEZ

Fundamentos de Ecología

vés de los ecosistemas permiten las transferencias de calor entre los componentes de la biósfera y movilizan las sustancias y nutrimentos que requieren los seres vivos para su existencia. En los Llanos venezolanos, por ejemplo, el cauce de muchos ríos se seca durante la estación seca, las lagunas y caños desaparecen, el pasto bajo el sol abrasador se reseca, de tal forma que no proporciona al ganado el agua que éste necesita. La situación para muchos animales se torna insostenible, especialmente para algunos animales acuáticos, que mueren al desecarse el último reducto de la laguna o charco donde viven. Algunos animales poiquilotermos pueden entrar en período de estivación, y así soportan las condiciones adversas, reduciendo al mínimo su actividad. Otros perecen, irremediablemente, atrapados en el barro reseco. Algunos mamíferos pueden recorrer largas distancias en busca de agua, como ocurre con algunas especies que habitan las sabanas, sucumbiendo a veces en el camino. Otros, cuando logran llegar a algún cuerpo de agua, son víctimas de depredadores.

Muchos animales se han adaptado y evolucionado para combatir la desecación, desarrollando mecanismos metabólicos o estructuras para protegerse; así, los órganos de respiración, que generalmente son externos en los animales acuáticos, en los terrestres son internos, con lo cual reducen la superficie de evaporación. Otros animales, como los anfibios y anélidos, prefieren los ambientes húmedos; muchas serpientes y lagartos viven en ambientes caracterizados por su humedad relativamente baja, ya que están adaptados a estas condiciones.

El balance hídrico de los ecosistemas es por lo general muy delicado y la construcción de embalses no es siempre la medida más acertada para mantener el equilibrio ecológico, ni para la estabilidad de ciertas condiciones óptimas de zonas más o menos extensas. Sin embargo, reconocemos que los embalses suministran agua potable, resuelven problemas de riego, evitan inundaciones, regulan los cursos de agua y permiten la generación de energía eléctrica. Pero indudablemente antes de construirlos, deben evaluarse las ventajas y perjuicios que pueden ocasionar, para así ubicarlos donde menos daños ocasionen y más beneficios aporten.

8.7. La Atmósfera

La atmósfera es una envoltura gaseosa que rodea la Tierra y está formada por capas superpuestas. La más cercana a la tierra es la **troposfera**, tiene unos 15 km de altura, y su temperatura disminuye a medida que se asciende; en ella tienen lugar los cambios del tiempo y los fenómenos meteorológicos. Su espesor es mayor en la zona ecuatorial que en los polos, y contiene alrededor del 75% de la masa gaseosa de la atmósfera, así como casi todo el vapor de agua. La interacción entre los sistemas atmósfera e hidrosfera determina la humedad o cantidad de vapor de agua en la atmósfera. Esta humedad influye en las precipitaciones y las características climáticas.

La **Estratosfera**, que se extiende desde los 15 hasta los 50 km de altura; en ella los gases se encuentran separados formando capas o estratos de acuerdo con su peso. Las cantidades de oxígeno y CO_2 son mínimas, mientras que abunda el hidrógeno. Entre los 15 y 40 km de altura sobre la superficie de la tierra, se encuentra una **capa rica en Ozono**, que sirve como el tamiz o filtro de las radiaciones ultravioletas.

La **Mesósfera** se encuentra por encima de la estratosfera hasta los 80 km de altura. En esta capa los gases están ionizados por la acción del Sol (especialmente por las radiaciones de onda corta), por lo cual es conocida también como **Ionosfera**. El elemento más común es el hidrógeno y en ella se produce la destrucción de los meteoritos que se dirigen a la Tierra. Algunos autores consideran que por encima de la ionosfera existe la **termósfera**, en la cual se establecen campos magnéticos y los gases están ionizados que se extiende hasta los 500 km de altura. Por encima se encuentra la **exosfera**, desde donde se escapan los iones y átomos hacia el espacio interestelar (Figura 8.9).

Los gases que componen la atmósfera se reparten en la siguiente proporción: nitrógeno, 78%; oxígeno, 21%; argón 0,930%; CO_2 0,030%; vapor de agua en proporciones variables y pequeñas cantidades de helio, metano, criptón, xenón, ozono y otros elementos.

La cantidad del aire es importante para los organismos vivos. Se afirma que la atmósfera es notablemente homeostática, sobre todo en épocas pasadas, cuando la acción del hombre apenas afectaba el equilibrio de los ecosistemas. En la actualidad, la excesiva intervención del hombre y el volumen de contaminación de todo tipo que escapa a la atmósfera, ha provocado una situación de desequilibrio en algunas regiones del globo.

Los movimientos de la atmósfera son suficientes para mantener una gran cantidad de partículas líquidas y sólidas en suspensión en el aire. Aunque el polvo algunas veces opaca el cielo, esas partículas son relativamente grandes y muy pesadas, por lo que permanecen poco tiempo en suspensión. Pero muchas de esas partículas son microscópicas y pueden permanecer suspendidas por largos períodos de tiempo. És-

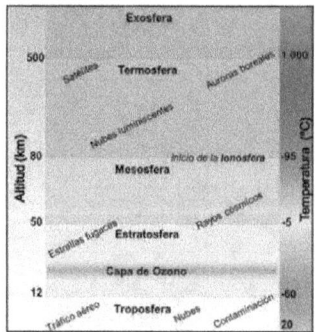

Figura 8.9. La atmósfera y las diferentes capas que la componen

Fundamentos de Ecología

tas se originan de diversas fuentes, naturales o humanas, e incluyen la sal marina producida por el rompimiento de las olas, polvo muy fino, humo y hollín de industrias e incendios, polen liberado por el viento, ceniza y polvo de erupciones volcánicas.

A este conjunto de partículas se les llama **aerosoles**, y se concentran principalmente en la baja atmósfera. La importancia meteorológica de estos aerosoles está en que sirven como superficie donde puede comenzar la condensación del vapor de agua, pueden absorber o reflejar la radiación solar y reducir la cantidad de luz que llega a la superficie, y contribuyen a observar un fenómeno óptico, el cielo amarillento - naranjo - rojizo cuando el Sol está cerca del horizonte.

La atmósfera está contaminada por una serie de gases tóxicos, sobre todo en las grandes ciudades y zonas industriales, que la hacen cada día más impura e irrespirable, ya que se ve afectada por lluvias radiactivas, monóxido de carbono y anhídrido sulfuroso que inhibe el desarrollo de los líquenes; además, existen otros gases de índole diversa que ponen en peligro la existencia de los seres vivos.

El nitrógeno es el gas más abundante en la atmósfera. Aunque biológicamente es inerte, algunas bacterias especializadas pueden utilizar el nitrógeno libre y fijarlo en formas aprovechables por los seres vivos.

El oxígeno constituye el gas indispensable para la vida de los organismos, ya que lo utilizan en la respiración. Las variaciones del oxígeno en la atmósfera en condiciones normales son muy pequeñas. En los suelos ricos en materia orgánica o en zonas donde se hace difícil la circulación del aire, la falta de oxígeno puede constituir un factor limitante. En el medio acuático, el oxígeno disuelto es un factor importante y por tanto en algunos casos puede resultar un factor limitante, especialmente en aguas que contienen gran cantidad de materia orgánica.

El oxígeno se encuentra disuelto en el agua en proporciones variables, pero nunca excede a 10 ml/L de agua. A 30°C, el agua queda saturada con 8,3 ml de O_2/L. El oxígeno disuelto en el agua proviene de la fotosíntesis de las plantas acuáticas y la atmósfera, de la cual pasa por difusión a las capas superficiales del agua. El grado de saturación disminuye al aumentar la temperatura, por lo que las aguas frías poseen mayor saturación que las calientes.

El volumen de oxígeno disuelto en las aguas es un factor muy importante para los organismos vivos, los cuales mueren cuando la cantidad de oxígeno es inferior a los límites de tolerancia. En las aguas tropicales, las altas temperaturas hacen que el contenido de oxígeno sea menor. Adicionalmente, los microorganismos que provocan la descomposición del material orgánico consumen mucho oxígeno en su metabolismo. De allí que en algunos casos el oxígeno viene a constituir un serio factor limitante, especialmente en los cuerpos de agua dulce, lo cuales reducen su extensión durante el verano. Algunos peces de agua dulce han desarrollado sistemas que les permiten aprovechar directamente el oxígeno atmosférico, como en el caso del temblador (*Electrophorus electricus*) y la guabina (*Hoplias malabaricus*).

El volumen de CO_2 está sujeto a pequeñas variaciones y su presencia es indispensable para la realización de la fotosíntesis. Se ha comprobado que la tasa fotosintética puede ser aumentada en muchas plantas, al incrementar el CO_2 alrededor de sus hojas. El CO_2 lo utilizan las plantas como materia prima para la síntesis de los azúcares. Proviene de la respiración de los organismos y la descomposición de la materia orgánica.

Por otra parte, el CO_2 es uno de los gases que más contribuye al efecto invernadero, fenómeno éste que consiste en impedir que escape al espacio exterior la energía que la superficie de la Tierra emite en forma de radiación infrarroja. Parte de la luz visible no reflejada llega al suelo y causa su calentamiento. Como consecuencia de este calentamiento, se produce lentamente una posterior radiación de calor (radiación infrarroja) desde el suelo hacia la atmósfera, que produce su calentamiento al ser absorbida por el CO_2 y el vapor de agua, entre otros componentes atmosféricos, calentando la atmósfera. Éste es el fenómeno llamado efecto invernadero, que es aumentado por la contra-radiación, ya que parte de esta radiación absorbida es devuelta a la superficie.

El CO_2 se combina con el agua y forma el ácido carbónico (H_2CO_3) que a su vez se combina con las calizas para formar carbonatos y bicarbonatos. Estos compuestos actúan también como **amortiguadores** o **buffers** para mantener la concentración de iones de hidrógeno en el océano.

8.8. La Presión y movimientos del medio

Algunos organismos, especialmente en los medios acuáticos profundos, están sometidos a fuertes presiones. Sin embargo, la presión en sí no constituye, para la mayoría de los animales, un factor limitante. Su influencia puede considerarse más desde el punto de vista de su relación con el estado del tiempo y el clima. Una zona de presión más baja que la normal en la atmósfera, significa vientos y lluvias; las zonas de presión alta, predicen tiempo estable y claro. La presión barométrica está ligada a factores climáticos, por lo que ciertos animales son muy sensibles a los cambios de la presión atmosférica. En las montañas de gran altura disminuye considerablemente la presión, y esto constituye un factor limitante para la mayoría de las especies, ya que, además, la baja de presión va acompañada con un enrarecimiento del oxígeno, descenso de la temperatura, disminución de la densidad del aire y aumento de la radiación ultravioleta.

Para los seres vivos acuáticos, la presión hidrostática impone límites a su distribución vertical. Se sabe que por cada 10 metros de profundidad en el agua, la presión aumenta una atmósfera. Son relativamente pocas las especies que han desarrollado adaptaciones para vivir a grandes profundidades y por tanto bajo fuertes presiones.

Algunas bacterias están adaptadas para soportar altas presiones, por esta razón se denominan bacterias **barófilas**. En general, las altas presiones en el fondo de los océanos sólo permiten la permanencia de especies que desarrollan una actividad precaria y lenta. La actividad de las bacterias

Fundamentos de Ecología

a grandes profundidades queda disminuida, debido también a las bajas temperaturas que provocan la reducción de su metabolismo. En general, todos los organismos acuáticos son sensibles a los cambios de presión y aun cuando algunos toleran ciertas variaciones que les permiten descender en el medio acuático, existen límites que no se pueden sobrepasar.

Algunos peces presentan una **vejiga natatoria** para regular la presión; sin embargo, los efectos de la presión en el agua sobre los animales no son bien conocidos y, en términos generales, parece afectar más a los animales que poseen cavidades llenas de aire, como por ejemplo, los peces con vejiga natatoria y algunos mamíferos acuáticos como las ballenas que poseen pulmones. Para estos animales la presión constituye un factor limitante para su distribución con respecto a la profundidad.

Muchos seres vivos han desarrollado una serie de estructuras para fijarse al substrato y poder resistir o soportar el embate de las olas o el flujo de las mareas. Así, algunas algas presentan rizoides con los que se adhieren a las rocas u otros objetos fijos; algunos moluscos como la *Littorina* sp, el chitón y otros invertebrados, poseen estructuras que les permiten adherirse fuertemente a las rocas y objetos fijos; otros, como algunos bivalvos, se entierran en la arena y evitan así el ser arrastrados por el oleaje.

En el medio acuático se producen movimientos que afectan a los seres vivos. En los mares, lagos y lagunas se producen olas; en los ríos, de acuerdo con la inclinación de los suelos por donde pasan, se producen corrientes que tienen más o menos fuerza de arrastre. Los movimientos de las masas de agua, olas y corrientes marinas, contribuyen notablemente a la distribución de los gases, sales minerales y materia orgánica disueltos en el agua. En los océanos, que abarcan 71% de la superficie del planeta, existe un ciclo dinámico de desplazamientos de grandes volúmenes de agua denominadas **corrientes marinas** o **submarinas**, generadas por la rotación de la Tierra sobre su eje, los cambios en la temperatura del agua, así como por la fricción de los vientos sobre la superficie.

En función de la distribución de los continentes y la configuración de las cuencas oceánicas se producen una serie de corrientes que modifican el régimen térmico de las aguas, a la par que influyen en los climas de las diferentes regiones. El plancton marino es transportado a través de largas distancias por estas corrientes, contribuyendo así con la distribución de los nutrimentos minerales en los diferentes ecosistemas y la "fertilización" de las aguas superficiales con sales minerales, extraídas de las capas profundas de los océanos.

8.9. El viento

La atmósfera sobre la tierra está en constante movimiento, siguiendo patrones de circulación determinados por la intensidad de otros factores ecológicos tales como radiación, temperatura y humedad atmosférica. La configuración del globo crea movimientos de aire desde el Ecuador en dirección norte y sur en la región intertropical, por efecto de los gradientes de presión y temperatura entre el Ecuador y los trópicos de Cáncer y Capricornio. Los vientos responden igualmente a la rotación y curvatura de la tierra, generándose corrientes de aire hacia el este y el oeste. Como la velocidad de rotación en mayor en el Ecuador y disminuye conforme aumenta la latitud, se crean gradientes de velocidad, lo cual, por los principios de movimiento angular de una mayor superficie hacia otra menor se produce una desviación en la dirección norte-sur, hacia la derecha en el hemisferio norte y hacia la izquierda en el hemisferio sur. Este fenómeno es conocido como **Efecto de Coriolis** y es el responsable de la formación de las franjas o células de viento representadas en la Figura 8.10.

Debido a esta configuración particular, la superficie de la tierra está cubierta por seis fajas o celdas de corrientes de aire, ocupando aproximadamente 30° latitudinales cada una, a ambos lados del Ecuador, las cuales determinan los principales patrones de vientos y las precipitaciones. Hay un movimiento circular dentro de cada faja y movimientos ascendentes sobre el ecuador y en la franja de los 60° de latitud Norte y Sur, que determinan zonas de alta precipitación, mientras que en los polos y en la franja de los 30° de latitudes Norte y Sur, los movimientos son descendentes, responsables de la formación de las zonas desérticas.

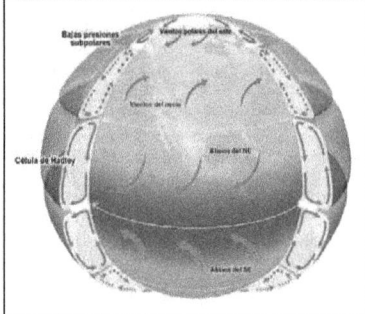

Figura 8.10. Las fajas de corrientes de aire globales, mostrando las tres células o fajas de circulación. Las flechas azules indican el movimiento dentro de las fajas. Las rojas negras indican la dirección de los vientos prevalecientes en la superficie del planeta, generados por la rotación y la inclinación de la tierra. Fuente: http://www.meted.ucar.edu/tropical/textbook_2nd_edition_es/index.htm [3]

---

[3] Este material proviene del sitio web http://meted.ucar.edu/ de COMET® de la University Corporation for Atmospheric Research (UCAR), patrocinado en parte a través de uno o más acuerdos de cooperación con la National Oceanic and Atmospheric Administration (NOAA), Department of Commerce (DoC). ©1997-2013 University Corporation for Atmospheric Research.

Fundamentos de Ecología

Otros factores como la mayor evaporación sobre los océanos —y los gradientes de presión con respecto a la superficie terrestre— promueven la circulación desde aquellos hacia las masas continentales, contribuyendo con la continuidad del ciclo hidrológico.

Los vientos son un factor limitante sobre el desarrollo de la vegetación, al interactuar con la temperatura y la humedad relativa, afectando el proceso de evaporación y la disminución o incremento de la temperatura en determinados lugares. La vegetación expuesta a fuertes vientos, especialmente en regiones montañosas, puede verse limitada en su capacidad para desarrollarse y cumplir sus procesos metabólicos; incluso las especies con sistemas radicales superficiales pueden ser arrancadas de su anclaje por vientos muy fuertes. El viento también es factor determinante en la distribución y dispersión de las semillas de algunas especies de plantas, de los insectos y de la fauna, especialmente de las aves.

8.10. El suelo

La biosfera se compone de un medio líquido (**hidrosfera**), un medio gaseoso (**atmósfera**) y un medio sólido o sustrato que se conoce con el nombre de **litosfera**. Cada uno de estos medios presenta características propias, con un denominador común que es la presencia en ellos de los seres vivos.

Al suelo se le ha definido como la capa más externa de la litosfera, donde crecen las plantas y está formado por materiales inorgánicos, organismos vivos y restos orgánicos en putrefacción. El suelo es el producto de la acción del clima y los seres vivos, especialmente de la vegetación. La sucesión de las comunidades terrestres está íntimamente ligada al suelo. Muchas veces las plantas, particularmente los líquenes, constituyen junto con los factores del clima, los agentes que inician la sucesión en las rocas y en medios duros e inhóspitos. El suelo está compuesto también de agua, gases y una serie de sustancias minerales.

La enumeración anterior nos da una idea de complejidad del suelo. El suelo constituye el sustrato donde se desarrollan los organismos terrestres y por tanto su estudio tiene grandes implicaciones ecológicas. Son muchos los animales terrestres que viven sobre él o abren galerías penetrando hasta cierta profundidad. Algunas musarañas sólo penetran en suelos de poca consistencia o con material suelto. Las hormigas cavan sus galerías en suelos duros; los topos cavan galerías como medio de protección o refugio.

El suelo es una estructura sólida, como acabamos de ver, pero presenta poros que están ocupados por aire o agua. Estas cavidades del suelo representan de 40% a 60% de su volumen total. El agua del suelo arrastra partículas orgánicas en suspensión y sales minerales. La cantidad de agua en el suelo depende de factores climáticos, de la porosidad y la capacidad del suelo para retener agua, así como de la vegetación.

En cierto modo, podemos considerar el suelo como un organismo, ya que en su composición entran gran variedad de seres vivos como las bacterias, hongos, protozoarios, nematodos y lombrices. Este tema se tratará más extensamente en el capítulo 11.

8.11. Las radiaciones

Entre otros factores que influyen sobre el ambiente, se encuentran las radiaciones emitidas por los isótopos radiactivos. Estas radiaciones pueden ser de tres tipos:

a) **Radiaciones Alfa (α)**. Provienen de la desintegración radiactiva de constitución similar a los iones de Helio (He4++); contienen mucha energía, aunque su velocidad es muy baja. Pueden ser detenidos por una hoja de papel o por la epidermis del hombre.
b) **Radiaciones Beta (β)**. Están constituidas por electrones de alta velocidad y pueden penetrar en los tejidos.
c) **Radiaciones Gamma (λ)**. Son ondas electromagnéticas muy penetrantes y, por tanto, pueden afectar los tejidos biológicos. Los efectos de la radiactividad son perjudiciales a los organismos, porque causan o provocan la ionización de los átomos que componen las macromoléculas del protoplasma.

Las dos primeras radiaciones están constituidas por partículas, mientras que las radiaciones gamma son ondas electromagnéticas. Se ha demostrado en trabajos experimentales que los animales más evolucionados son más sensibles a las radiaciones. La radiactividad normal en el planeta es baja y los animales están adaptados a ella. Sin embargo, el manejo de los elementos radiactivos por el hombre, las explosiones atómicas y la creciente utilización de los radioisótopos, pueden crear situaciones muy peligrosas para la vida sobre el planeta, sobre todo si no se utilizan con criterio sano y constructivo y ajeno a todo intento criminal o de dominio sobre otros pueblos.

8.12. Interacción ente los factores ecológicos: el clima

La acción de cada factor ecológico hay que estudiarla en conjunto o en un contexto general. En el ecosistema actúan conjuntamente, por lo que el estudio o investigación de un ecosistema debe comprender la acción conjunta de todos los factores, aunque por razones prácticas y metodológicas se traten aisladamente para su estudio y diferentes unidades para medirlos o estimar sus efectos. Resulta entonces inexacto pretender explicar un hecho o determinados fenómenos naturales, atribuyéndolos a un solo factor. Por ejemplo, la humedad relativa varía en función de la temperatura; la temperatura del agua influye sobre la cantidad de oxígeno disuelto y la salinidad modifica las propiedades térmicas del agua.

8.12.1. Concepto de clima

El clima es el resultado de la interacción entre los factores o fenómenos atmosféricos y meteorológicos específicos de una región, que determinan las condiciones ecológicas propias de la misma, en un período dado. En el glosario de la Sociedad Norteamericana de Meteorología, el clima se refiere a:

"las lentas variaciones en los aspectos del sistema atmósfera-hidrosfera-superficie terrestre. Se caracteriza típicamente en términos de los promedios adecuados del sistema

a lo largo de un período, por lo general un mes, tomando en consideración la variabilidad en el tiempo de las magnitudes promediadas. Las clasificaciones climáticas incluyen las variaciones espaciales de estas variables promediadas en el tiempo. Comenzando con la perspectiva del clima local como algo tan pequeño como la tendencia anual de los promedios de la temperatura de la superficie y la precipitación, el concepto de clima se ha ampliado y evolucionado en las décadas recientes en respuesta a las necesidades de comprender los procesos subyacentes que determinan el clima y su variabilidad".

De acuerdo con el Panel Internacional sobre Cambio Climático (IPCC, 2001), el clima, en un sentido estricto, se define generalmente como:

"el 'tiempo promedio', o más rigurosamente, como la descripción estadística en términos de la media y la variabilidad de las cantidades correspondientes durante un período de meses a miles o millones de años. El período clásico es de 30 años, según lo definido por la Organización Meteorológica Mundial (OMM). Estas cantidades son a menudo variables de superficie, tales como temperatura, precipitación y viento. El clima en un sentido más amplio es el estado, incluyendo una descripción estadística del sistema climático."

La ciencia que lo estudia es la Climatología, la cual está íntimamente relacionada con la Meteorología, ciencia física que estudia las variaciones del tiempo, los cambios y fenómenos que ocurren en la atmósfera. El clima abarca los valores estadísticos sobre los elementos del tiempo atmosférico en una región durante un período representativo: temperatura, humedad, presión, viento y precipitaciones, principalmente. Los factores naturales que afectan al clima son: latitud, altitud, orientación del relieve, distancia del mar y corrientes marinas. Según se refiera al mundo, a una zona o región, o a una localidad concreta se habla de clima global (macroclima), zonal, regional (mesoclima) o local (microclima), respectivamente, de acuerdo con el vocabulario meteorológico internacional [5]. Ambas ciencias se encargan de estudiar las variaciones estacionales, los cambios (en función de los parámetros estadísticos registrados en el tiempo y el espacio), las anomalías y su ocurrencia, así como el establecimiento de modelos y muchos otros aspectos de gran importancia para la comprensión de los ecosistemas.

El **macroclima** se refiere al clima de una región geográfica extensa, de un continente o incluso de todo el mundo. Mientras que el **mesoclima** es el característico de una región natural de pequeñas dimensiones (valle, bosque, lago); la escala es intermedia entre la del microclima y la del macroclima. El microclima constituye la estructura del clima, a una escala pequeña, en la capa atmosférica adyacente a una superficie determinada.

Diversos índices climáticos han sido propuestos para explicar la distribución de la vegetación en la superficie terrestre.

Uno de ellos, el **índice de aridez** o índice de Martonne, el cual se expresa mediante la fórmula:

$$I = \frac{P}{T + 10}$$

Donde I representa al índice climático; P es la pluviosidad anual en mm y T es la temperatura media anual en grados centígrados. El índice será tanto más bajo, cuanto más seco sea el clima.

8.12.2. Tipos de clima

Existen dos factores que por la reciprocidad con que operan, constituyen las bases fundamentales del clima: la temperatura y la humedad.

Existen varias clasificaciones de los climas que difieren poco unas de otras, pues dependen de la importancia que se da a los diversos elementos climáticos. Las clasificaciones más conocidas son las de Emberger, Koppen y Thornthwaite. A título de información se presenta la de Wilhem Köppen, modificado por Geiger, por ser una de las más utilizadas (Figura 8.11):

a) **Climas tropicales/megatérmicos.** Se caracterizan por temperaturas altas constantes, con pocas variaciones y se diferencian dos estaciones: la estación seca (verano) en la cual las precipitaciones lluviosas son escasas; la estación lluviosa (invierno) con frecuentes precipitaciones lluviosas. La temperatura se mantiene normalmente por encima de los 20°C. Incluye tres subdivisiones: clima tropical lluvioso, clima tropical monzónico y clima tropical húmedo/seco o de sabana.

b) **Climas secos (áridos y semiáridos).** La precipitación lluviosa es escasa, a veces no ocurre en todo el año, y menor que la evapotranspiración potencial. Comprende: el clima de estepa, en el que la precipitación anual oscila entre 150 y 500 milímetros; el clima desértico, donde la precipitación es inferior a 250 milímetros; la temperatura es alta durante el día con fuertes descensos durante la noche.

c) **Climas lluviosos templados / mesotérmicos.** En estos climas, la temperatura del mes más caluroso es superior a 10°C y la del mes más frío puede oscilar entre –20 y 18°C. Dentro de esta división existen otras denominaciones de acuerdo con la distribución de las precipitaciones a lo largo del año. En estos climas están bien diferenciadas las cuatro estaciones. Algunos autores reconocen varios subtipos de este clima: continental, subtropical húmedo, oceánico (templados y sub-árticos) y mediterráneo (subtropical de verano seco y de verano cálido).

d) **Climas continentales/microtérmicos.** La temperatura durante el mes de enero es inferior a –3°C y la de julio está por encima de 10°C. Se consideran varios tipos: de verano caliente, de verano cálido o hemiboreal, sub-artico-boreal (taiga), subártico con inviernos severos.

---

[5] Vocabulario Meteorológico Internacional. OMM-N' 182. http://www.wamis.org/agm/pubs/CAGMRep/CAGM40.pdf

Fundamentos de Ecología

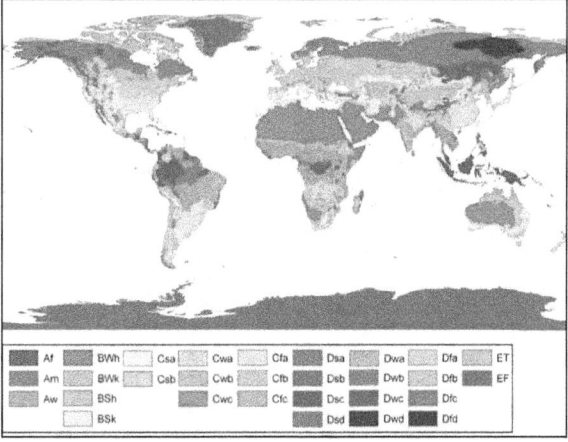

Figura 8.11. Distribución de los climas de la tierra, según Koppen. Fuente: Reproducido de Peel et al. (2007), disponible en el sitio: http://people.eng.unimelb.edu.au/mpeel/koppen.html

e) **Climas polares**. Se caracterizan por temperaturas promedio inferiores a 10°C durante todo el año, e incluyen el clima de tundra y el de la capa polar.

e) **Climas alpinos**. La temperatura media del mes más cálido es inferior a 10°C y corresponde a las regiones montañosas altas. Originalmente se consideraba dentro de los climas polares.

La representación gráfica del clima de una región se hace por medio de los **climatogramas**. Las lecturas de la temperatura se colocan en el eje de las ordenadas y la pluviosidad en el de las abscisas; también se puede representar utilizando la humedad relativa en lugar de la pluviosidad y la evaporación en lugar de la temperatura. El estudio y comparación de diferentes climatogramas permite determinar las posibilidades de introducción y expansión de una especie en determinadas regiones.

El clima incluye una serie de factores que actúan ampliamente en un área determinada. Sin embargo, dentro de regiones específicas se presentan condiciones climáticas muy especiales y distintas de las generales. De aquí nació el término **micromedio** y por paralelismo, **microclima**. En un hábitat de bosque o sabana, pueden existir infinidad de micromedios cada uno con su propio microclima. Las grietas de una roca, una cueva, un lugar al abrigo del viento y de los rayos solares, presentan condiciones diferentes a las que predominan en otros puntos de un bosque o sabana, expuestos a los vientos y los rayos solares. La **microfauna** de la capa húmica del suelo goza de condiciones diferentes de la fauna que vive sobre un tronco en descomposición.

Por tanto, todas estas consideraciones demuestran que el ecosistema es muy complejo y que su conocimiento abarca una serie de parámetros que es necesario estudiar para comprenderlo en su más íntima esencia. Existen condiciones generales que abarcan en forma amplia a todos los componentes de un sistema ecológico, pero es cierto también que, debido a la competencia entre especies contiguas y factores localizados en el micromedio, existen condiciones particulares que difieren de las generales.

8.12.3. Las relaciones del clima con los ecosistemas: zonificación ecológica

Sobre la base de las interacciones y efectos de los factores ecológicos sobre el ecosistema y sus componentes (sustratos, comunidades, poblaciones), los ecólogos han buscado representar gráficamente las variaciones de los factores ecológicos y climáticos mediante mapas en diferentes escalas, incluso la global, con el objeto de visualizar la dinámica y complejidad de los fenómenos emergentes que son determinados por los factores ecológicos. Un tipo de mapas de relevancia son aquellos que permiten visualizar los patrones bioclimáticos y biogeográficos de los sistemas ecológicos. En la evaluación de los sistemas ecológicos, con fines de conservación y/o desarrollo integrado, se representan las zonas o áreas con características similares en cuanto a tipos de vegetación y condiciones climáticas, a diferentes escalas.

Un sistema ecológico se define como un grupo de comunidades de plantas que concurren dentro de paisajes con procesos ecológicos, sustratos y gradientes ambientales similares. Como se muestra en la Figura 8.12, se han identificado 23 divisiones ecológicas, dentro de las cuales se incluyen 693 sistemas ecológicos diferentes (Natureserve, 2003). En la actualidad se avanza en la caracterización de los diferentes sistemas ecológicos, sobre la base de integrando la información de las estructuras de vegetación, la fenología y los factores ambientales.

Fundamentos de Ecología

Figura 8.12. Divisiones ecológicas de las Américas básicas para la organización y nomenclatura de los sistemas ecológicos estudiados por NatureServe. Fuente: Natureserve (2003).

La zonificación ecológica puede definirse como un proceso de sectorización de un área compleja, en áreas relativamente homogéneas, caracterizadas de acuerdo con factores físicos, biológicos y socioeconómicos, evaluados en cuanto a su potencial de uso sostenible y restricciones ambientales. Vista así, la zonificación ecológica constituye un instrumento para plantear la ocupación racional de los espacios, Sus resultados pueden utilizarse para diversos fines, por ejemplo: la planificación de áreas naturales protegidas, desarrollo de una agricultura sostenible, protección y defensa de la biodiversidad, determinación de la aptitud de las tierras para determinados usos o el desarrollo de planes de ordenamiento territorial.

8.13. La zonificación ecológica en Venezuela

En el caso específico de Venezuela, se han realizado diversos estudios de zonificación ecológica, entre los cuales, es necesario reseñar el trabajo de Ewel y Madriz (1976), quienes elaboraron el Mapa Ecológico de Venezuela (Figura 8.13), de acuerdo con el Sistema de Clasificación de Zonas de vida o Formaciones vegetales de Holdridge (1947).

La identificación y demarcación de 22 formaciones o zonas de vida en Venezuela, de acuerdo con Ewel y Madriz, responden al marco conceptual que Holdridge elabora, sobre la base de la interacción de los factores climáticos (pisos latitudinales y altitudinales, biotemperatura, fajas de precipitación y provincias de humedad ambiental) con la vegetación y su fisonomía, relacionada ésta última con las condiciones locales específicas de topografía suelos, exposición y actividad animal, incluso humana.

Las principales zonas de vida identificadas para Venezuela y la superficie que cubre cada una se presenta en el Cuadro 8.1.

Como puede verse, una de las zonas de vida —bosque seco tropical— abarca 37,6% del territorio, y 40,9% corresponden a bosque húmedo tropical y bosque muy húmedo premontano.

El clima característico del bosque seco tropical predominante en Venezuela se caracteriza por un régimen de precipitación con cuatro meses secos y cuatro meses de precipitación excesiva, con terrenos en su mayoría planos, excepto por

Fundamentos de Ecología

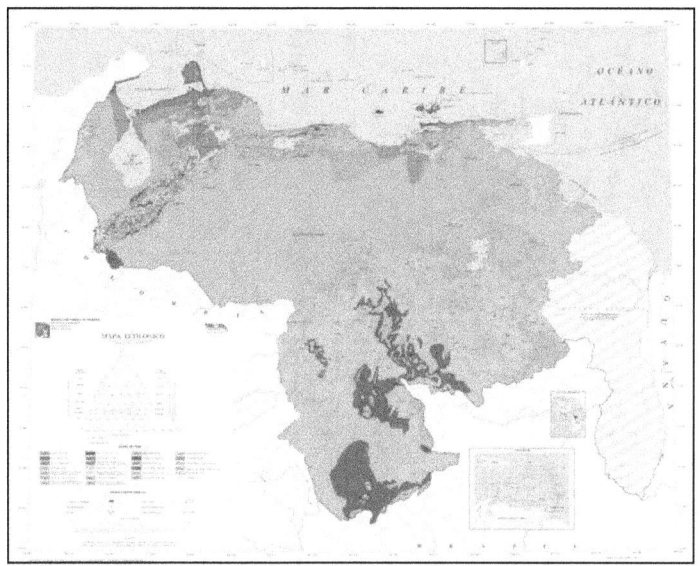

Figura 8.13. Mapa de zonas ecológicas o zonas de vida de Venezuela, elaborado por Ewel y Madriz (1976).
Fuente: Instituto Geográfico Simón Bolívar (2013)

las planicies de los piedemontes de los Andes y de la Cordillera del Centro. Tiene una alta variabilidad en tipos de suelos, desde litosoles ácidos, hasta los aluviones ribereños recién depositados. Los abundantes bosques secundarios de sabana, sometidos a quemas estacionales, representan una interrupción de largo plazo a la sucesión hacia el bosque climax, del cual existen cada vez menos áreas, debido a la explotación maderera y la expansión de la frontera agrícola (Ewel y Madriz, 1976).

Un ejemplo de la variabilidad y disposición de las zonas de vida a escala regional puede apreciarse en el mapa ecológico del Parque Nacional Sierra Nevada (Figura 8.14), ubicado en el estado Mérida (Veenezuela), el cual muestra un total de 14 zonas de vida, y dos zonas de transición (ecotonos), en una superficie de 2.764,46 km2, con altitudes de 400-4.980 msnm y precipitaciones entre 500 y 2.400 mm.

Sánchez Carrillo (1981) delimitó y mapeó seis regiones o grupos mesoclimáticos en Venezuela: áridos, semiáridos, subhúmedos secos, subhúmedos húmedos, húmedos y superhúmedos, sobre la base del análisis de la información climatológica de 130 localidades del país, durante un período de 20 años. El autor propuso una clasificación de mesoclimas según los regímenes hídrico y térmico prevalecientes y elabor{o 11 mapas a escala 1:2.000.000, descriptivos de los mesoclimas y los índices climáticos respectivos (temperatura, precipitación, humedad).

Venezuela —en el contexto de los países tropicales y conjuntamente con Colombia—, presenta una de las mayores variabilidades en ecosistemas tropicales. Así, según las zonas de vida de Holdridge que se han aplicado en Latinoamérica, ambos países tienen alrededor de 80% de las zonas de vida posibles en la región tropical. Esta variabilidad es causa y efecto de condiciones climáticas, por ejemplo, precipitaciones que van desde 100 mm hasta más de 5.000 por año; de materiales geológicos, desde aluviones recientes y ricos en minerales hasta rocas precámbricas altamente meteorizadas; desde desiertos hasta selvas pluviales; desde relieves planos, inundables o no, hasta montañas escarpadas y, finalmente, de suelos que tienen representación en 10 de los 11 ordenes mundiales. Toda esa variabilidad anterior se ha tratado de sintetizar en dos estudios que se efectuaron en los años 80. Estos fueron los estudios de áreas agroecológicas por el FONAIAP y de áreas naturales por el MARN. Ambos son muy similares en sus componentes, solo que se enfatizan aspectos agrícolas en el estudio agroecológico, y los aspectos ambientales, en el estudio de las áreas naturales. Como una muestra de esa variabilidad encontramos que al norte del Orinoco y a una escala de 1:250.000, se han identificado alrededor de 530 unidades agroecológicas diferentes, cada una con situaciones que por su combinación de suelos, clima, relieve y vegetación, implican usos o modalidades de manejo diferentes.

Fundamentos de Ecología

Ecología de aguas dulces

Capítulo

9.1. Introducción

El agua constituye el recurso esencial para el desarrollo de la vida, siendo el compuesto más abundante en el protoplasma de los seres vivos y requerido para el mantenimiento y supervivencia de la humanidad. El hombre ha podido expandirse en la superficie del planeta, gracias a la provisión de agua de los ecosistemas, no sólo para su consumo esencial en la alimentación y en la vida hogareña, sino también como proveedora de recursos alimenticios, como medio de transporte a través de los ríos y mares y como medio de generación de energías renovables.

Es un hecho palpable la concentración de la mayor parte de las poblaciones humanas en las zonas ribereñas y costeras, y en el siglo XXI están siendo evidentes los claros indicios de reducción de la disponibilidad del agua en cantidad y calidad para la sostenibilidad de muchas regiones del planeta; el incremento de los efectos nocivos de desechos domésticos e industriales —vertidos en cantidades que sobrepasan la capacidad de los ecosistemas hasta degradarlos—; la creciente inestabilidad macro, meso y microclimática; los problemas de salud asociados con ello y hasta aquellos vinculados al deterioro pesquero. Los signos y síntomas de deterioro de los ambientes acuáticos y sus posibilidades reales de conservación o restauración son aspectos difusos o desconocidos en el devenir cotidiano de la sociedad (Sánchez, 2007; UNEP, 2007).

9.2. Los recursos dulceacuícolas de Venezuela

En Venezuela, las aguas continentales conforman seis grandes cuencas hidrográficas:

- Cuenca del río Orinoco, 770.000 km².
- Cuenca del lago de Maracaibo, 74.000 km².
- Cuenca del mar Caribe, 80.000 km².
- Cuenca del río Cuyuní, 40.000 km².
- Cuenca del río Negro, 11.900 km².
- Cuenca del lago de Valencia, 3.000 km².

Dentro de los ecosistemas de agua dulce más importantes del país se encuentra el Lago de Maracaibo con una superficie de más de 12.500 km², comunicado con el mar y el más grande de Suramérica. El lago interior más extenso es el Lago de Valencia (364 km²). Distribuidas en todo el país existen cerca de 2.000 lagunas de menor tamaño, algunas de las cuales sirven de refugio para numerosas especies de fauna, entre las cuales destacan Tacarigua, La Restinga, Las Marías, Los Cedros, Mucujabí, Canaima, Cogollal, La Malorita y Los Patos, entre otras.

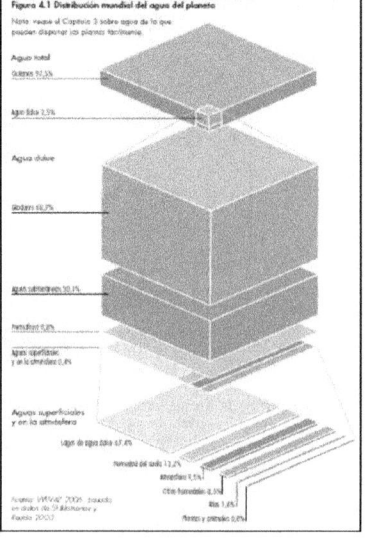

Figura 9.1. Distribución mundial del agua en el plantea. A pesar del gran volumen de agua, las aguas dulces son escasas. Fuente: UNEP (2007) Rehacer siguiendo patrón y con títulos internos mas grandes

Por otra parte, Venezuela cuenta en su territorio con miles de ríos, arroyos y corrientes, algunos secos durante una época del año, que forman una especie de columna vertebral hidrológica, la cual confluye en al menos 124 mesocuencas con 1.000 km² o más. Un total de 167 ríos contribuyen con la formación de las cuencas principales: cerca del 40% con la cuenca del Orinoco, 33% con la cuenca del Caribe y el resto en las cuencas de los lagos de Maracaibo y Valencia. El río Orinoco es el tercer río más caudaloso, después del Congo y el Amazonas, conformando la cuenca conocida como la Orinoquia, con una superficie aproximada de 989.000 km², de los cuales algo más de 65% quedan en territorio venezolano, mientras que el 35% restante está en territorio colombiano, en los Llanos colombianos y la

Fundamentos de Ecología

vertiente oriental de la Cordillera Oriental de Colombia (Figura 9.2).

De la porción localizada en Venezuela, algo más de la mitad se extiende desde los Andes venezolanos y la Cordillera de la Costa hasta la ribera noroccidental del propio río Orinoco (la margen izquierda), formando la mayor parte de los Llanos venezolanos y el delta del Orinoco. La parte sur de la cuenca recoge la mayor parte de las aguas que proceden de la Guayana Venezolana En conjunto, la vertiente del Orinoco drena 74,5% de las aguas continentales venezolanas (Figura 9.3).

Con la intervención humana en la doma del rio Caroní (estado Bolívar) con fines hidroeléctricos, mediante la construcción del represa de Guri, se conformó el embalse de agua más grande de Venezuela que, por su extensión y volumen —con un espejo de agua almacenada de 4.750 km^2 en la temporada lluviosa— es el segundo cuerpo lacustre (artificial) más grande del país (Figura 9.4). Además, existen 110 embalses que son utilizados en la dotación de agua para consumo humano, irrigación e industria, así como 35 sistemas de riego grandes o medianos y 1.112 pequeños sistemas de riego distribuidos a lo largo del territorio nacional. Las aguas subterráneas también constituyen un valioso recurso hidrológico para el consumo y el riego en el país, con reservas de 7,7 billones de m^3 en una superficie de 468.000 km^2, distribuidos en la superficie del territorio al norte del río Orinoco (FUNDAMBIENTE, 2006).

9.3. Factores que influyen en el medio acuático

En todos los continentes existen masas de agua dulce, más o menos extensas, que forman lagos, lagunas, pantanos, ríos, riachuelos y barrancos. Las aguas dulces continentales constituyen un hábitat donde viven y se desarrollan una gran diversidad de seres vivos, distinguiéndose tres tipos:

Figura 9.2. El Agua es un recurso abundante en la Orinoquia (Fotos: A. Romero S.)

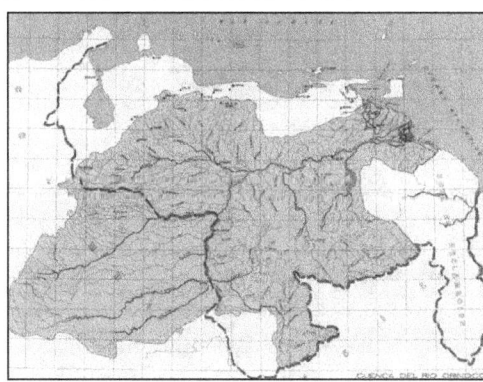

Figura 9.3. Mapa de la cuenca del rio Orinoco.   Fuente: Reproducido de la obra El Orinoco Aprovechado y Recorrido (1976), de R. de León y Alberto J. Rodríguez Díaz. Caracas, Ministerio de Obras Públicas/ Corporación Venezolana de Guayana

Fundamentos de Ecología

Figura 9.4. Embalse de la represa de Guri, estado Bolívar. Fuente: Google Earth.

a) **Aguas lénticas o estancadas**, que son todas las aguas interiores que no presentan corrientes continuas; a este grupo pertenecen los **lagos, lagunas, charcas** y **pantanos**, así como los **embalses** construidos por el hombre. En estos sistemas, según su tamaño, puede haber movimiento de las aguas: olas y mareas.

b) **Aguas lóticas o corrientes**, que incluyen todas las masas de agua que se mueven continuamente en una misma dirección. Hay por consiguiente un movimiento definido de avance irreversible. Este sistema comprende los **manantiales, corrientes, riachuelos** y **ríos**.

c) **Humedales**. Zonas en las que el suelo está saturado o inundado durante al menos parte del tiempo. A este tipo pertenecen las sabanas inundables que rodean parte de los ríos Apure y Orinoco.

A escalas local, regional, subcontinental y continental, existen muy diversas posibilidades de estructuración y funcionamiento de los ecosistemas acuáticos. Los factores que proporcionan en menor o mayor medida las características de cada entorno acuático incluyen, entre otros, el tamaño (en volumen o superficie ocupada), la temperatura del líquido (cuya marcha, a su vez, es determinada por la topografía del vaso, por su profundidad máxima, y por la forma y velocidad en que ingresa y egresa agua en el sistema), el movimiento, la evaporación, la oxigenación, el tipo de sedimentos presentes y su tasa de depósito. Todo ello varía entre los distintos tipos de ecosistemas acuáticos.

Debe destacarse que los cuerpos de agua continentales drenan los excesos de agua y dependen en gran medida de los ecosistemas terrestres que los circundan, especialmente del volumen y clase de vegetación que crecen en sus márgenes, la cual constituye una de las fuentes principales de materiales orgánicos esenciales para las comunidades bióticas y las cadenas tróficas de los ecosistemas de agua dulce. Por lo general, entre el río y la superficie del terreno se forman ecotonos o zonas de transición características. Un ejemplo típico son los bosques de galería y los morichales que se forman a orilla de los ríos. La vegetación de estas zonas depende de la provisión de agua superficial (precipitación) y del nivel freático en los suelos (agua subterránea).

9.3.1. La temperatura

En tanto que la temperatura de los cuerpos de agua guarda relación con la radiación solar, las variaciones ocurren a lo largo del día y la noche. Tal vez es el factor que más influencia tiene sobre los lagos, pues determina la densidad, velocidad y movimiento del agua. La temperatura juega un papel importante en la distribución, periodicidad y reproducción de los organismos. Esto se debe a que el agua presenta ciertas propiedades térmicas como son:

a) **Calor específico**. La capacidad calórica del agua a 15°C se toma como punto de referencia y equivale a 1 caloría/gramo. Solamente el calor específico del hidrógeno líquido, del litio y del amoníaco, son superiores a este valor; los demás sólidos y líquidos son inferiores a 1. Una masa de agua requiere cierta cantidad de calor, suministrado en un determinado tiempo, para elevar su temperatura; y tarda más en enfriarse, debido a que el agua actúa como regulador térmico.

b) **Calor latente de fusión**. Para convertir un gramo de hielo en agua se requieren 80 calorías a 0°C. El proceso inverso requiere la pérdida de igual cantidad de calor para que el agua se convierta en hielo.

c) **Conductividad térmica**. La conductividad térmica del agua es muy baja; por lo tanto, su calentamiento por conducción es muy lento.

d) **Calor de evaporación**. El agua tiene el valor más alto. Gran parte de la radiación solar se utiliza en la evaporación del agua, produciendo efectos beneficiosos sobre los climas y éstos a su vez sobre las comunidades.

Fundamentos de Ecología

e) **Densidad del agua.** El agua al solidificarse aumenta de volumen; por lo tanto, el hielo flota sobre las aguas. Esta propiedad evita que las aguas de los lagos se solidifiquen totalmente y sólo se congelan en la superficie.

De gran importancia para el funcionamiento y procesos ecológicos, son las variaciones de las temperaturas en un cuerpo de agua, los cuales, en su interacción con otros factores, tienen efectos en el mesoclima y los microclimas locales En la Figura 9.5 se observa cómo fluctua la temperatura anualmente entre puntos diferentes del lago de Maracaibo. A lo largo del capítulo se discutirá el papel de la temperatura en los distintos ecosistemas acuáticos, dada su significación en las características, estructura y funcionamiento de los mismos.

9.3.2. La iluminación

La radiación solar penetra en las aguas hasta determinadas profundidades, dependiendo de los materiales que se encuentran en suspensión y del ángulo de incidencia del rayo luminoso el cual es variable según la latitud. La luz es indispensable para la fotosíntesis que realizan las plantas acuáticas, especialmente el fitoplancton.

Parte de la luz que penetra en el agua es absorbida selectivamente, es decir, determinadas longitudes de onda penetran más profundamente que otras. Una parte de la luz es desviada o sufre fenómenos de reflexión. Por tanto, las condiciones ópticas de las aguas son de importancia primordial para la productividad biológica y el mantenimiento de la vida. Una de las propiedades ópticas del agua que influye en la penetración de la luz es la **transparencia**. Si existen muchos materiales en suspensión, aumenta la turbidez de las agua y la penetración de la luz será menor; esto puede constituir un factor limitante para el desarrollo de los organismos vivos. Las diferencias de transparencia en las aguas dulces varían de un lugar a otro. Así, por ejemplo, las aguas del río Orinoco presentan mayor turbidez que las aguas de un riachuelo de montaña y menor que las de un río que recoja las aguas de zonas desprovistas de vegetación.

La transparencia de las aguas puede medirse con el **disco de Secchi**, que consiste en un disco blanco de 20 cm de diámetro, que se sumerge en el agua y se va bajando hasta que se pierde de vista. En ese instante se anota la profundidad. Este sencillo aparato se ha venido usando en trabajos de Oceanografía y Limnología desde que lo diseñó Secchi en 1865. Existen otros aparatos más precisos. Todavía muchos investigadores prefieren el uso del disco de Secchi por su manejo sencillo y por su bajo costo. Entre los factores que influyen en la penetración de la luz en el agua cabe citar: la intensidad luminosa, el porcentaje de nubosidad, el ángulo de incidencia del rayo de luz con la superficie del agua y el grado de agitación del agua.

Parte de la Radiación solar incidente en los cuerpos de agua es radiación ultravioleta (RUV). La RUV afecta (en general, negativamente) casi todos los procesos, desde la fijación de carbono hasta el comportamiento y ciertamente todos los niveles tróficos dentro del plancton, desde virus hasta larvas de peces. En los metazoos, la RUV puede ser un factor de estrés que afecta la supervivencia, o bien puede mostrar efectos subletales tales como en el comportamiento y alimentación. Es difícil extraer un patrón general en cuanto a las respuestas, aun dentro de un grupo de organismos, ya que éstas son generalmente específicas para cadad especie y están fuertemente influenciadas por condiciones locales . A pesar de que en muchos casos se han determinado efectos significativos, muchos organismos también disponen de mecanismos para evitar o minimizar el daño producido por la RUV (Goncalves *et al.*, 2010).

9.3.3. Los gases disueltos en el agua

El ciclo hidrológico global está íntimamente relacionado con los ciclos de oxígeno y el anhídrido carbónico, los cuales son los dos gases de mayor importancia disueltos en el agua. Tanto la concentración de oxígeno como la de CO_2 constituyen con frecuencia factores limitantes. El oxígeno disuelto en el agua proviene de la fotosíntesis que realizan los vegetales con clorofila. Como esta actividad fotosintéti-

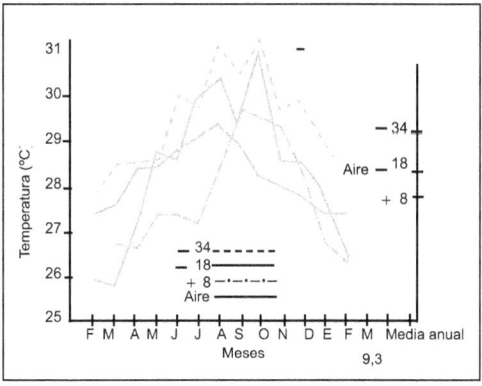

Figura 9.5. Fluctuación anual de la temperatura en tres puntos diferentes, en comparación con la temperatura del aire. Las estaciones de muestreo están situadas a 18 y 34 km de la boca del lago y a ocho km tierra adentro.
Fuente: Sistemas ambientales

Fundamentos de Ecología

ca es mayor en las capas superiores bien iluminadas, su concentración será mayor a ese nivel. En los niveles próximos al fondo, su concentración es mínima, debido a los procesos de oxidación de la materia orgánica. La concentración de oxígeno se expresa en ml/L de agua. El método de Winkler es corrientemente utilizado para la determinación del oxígeno disuelto en el agua.

El CO_2 se combina con el agua para formar ácido carbónico. Proviene de la atmósfera y de la actividad respiratoria de los seres vivos. Su concentración en el agua es variable; cuando es alta, puede constituir un factor limitante para los animales, ya que en estos casos suele ir asociado a concentraciones bajas de oxígeno. El CO_2 tiene relación con el pH del medio acuático e interviene en la formación de los esqueletos, carapachos y conchas de muchos seres vivos.

Existen en el medio acuático otros gases, como el **anhídrido sulfuroso**, (SO_2), que es muy venenoso y constituye un factor limitante cuando se acumula en aguas estancadas ricas en restos orgánicos. Este gas proviene de la reducción del sulfato de calcio por la bacteria *Microspira aestuaril*. En muchas marismas se desprende a veces **metano**, el cual se produce por la descomposición anaeróbica de restos vegetales.

9.3.4. Las sales disueltas

Debido a la presencia de los gases de O_2 y CO_2, en las aguas dulces los minerales son disueltos formando **carbonatos, sulfatos, cloruros, nitratos** y **fosfatos**. Los cationes de mayor importancia son: el calcio, el magnesio, el sodio, el potasio, el aluminio, el silicio y el hierro, provenientes del sustrato litológico por donde fluye el agua antes de llegar al cuerpo de agua. El calcio juega un papel fundamental, ya que determina dos tipos de aguas: a) **Aguas duras**, cuando la concentración de calcio es superior a 9 mg/L. b) **Aguas blandas**, cuando la concentración de calcio es inferior a 9 mg/L. Muchos moluscos, crustáceos y otros invertebrados, tienen necesidad de calcio para formar sus caparazones o conchas y, por tanto, su escasez puede ser factor limitante para algunas especies.

La concentración de sales minerales en las aguas dulces tiene relación con los procesos de osmo-regulación de los seres vivos. Estos presentan en muchos casos mecanismos de regulación de la presión osmótica, lo cual les permite subsistir en un medio con diferente concentración a la del medio interno.

9.3.5. El pH

El agua está parcialmente disociada en iones H^+ y OH^-. Las sales minerales disueltas en el agua se disocian en iones positivos y negativos. Esta ionización varía de unos compuestos a otros. El pH se representa de manera sencilla mediante una escala que va de 1 a 14 y expresa la concentración de iones en el agua o en otra sustancia. Por ejemplo, si decimos que el pH de una solución es 7, es que existe un equilibrio entre los iones (H^+) y (OH^-); por lo tanto, este valor constituye el **punto neutro**, el cual corresponde al agua pura (agua destilada). Por debajo de este valor, el pH es ácido y lo será tanto más, cuanto más se aproxime a 0. Así, por ejemplo una solución de pH 3.5 es más ácida que una de pH 5.

Por encima del punto neutro (7), los valores expresan **alcalinidad** y ésta será más alta, cuanto más se aproxime a 14. Hay organismos que viven en agua con un pH ácido, otros en medios acuáticos alcalinos. Así, la planta *Elodea canadiensis*, vive en aguas con un pH entre 7.4 y 8.8. La *Thypha angustifolia* (enea) vive en aguas con pH de 8.4 a 9. Los hongos y otros organismos viven en medios ácidos. En las aguas dulces, en general, el pH se sitúa entre 6.5 y 8.7; en las aguas marinas entre 8 y 8.5.

9.4. Interacción de los factores en el ecosistema dulceacuícola

Los factores ambientales dinámicos mencionados regulan la mayor parte de la estructura y funcionamiento de cualquier ecosistema acuático. La interacción en el tiempo y el espacio de éstos y otros aspectos relacionados definen la naturaleza dinámica de los ecosistemas de agua dulce (Baron *et al.*, 2003) de la siguiente manera:

1. El **patrón del caudal** define las tasas y vías por las que la lluvia y la nieve derretida entran y circulan por los cauces de los ríos, los lagos, los humedales y el agua subterránea que los conecta, y también determina cuánto tiempo el agua queda almacenada en estos ecosistemas. Los ecosistemas de agua dulce difieren entre sí por el tipo, la ubicación y el clima, pero de cualquier manera comparten características importantes. Los lagos, humedales, ríos y el agua subterránea que los conecta, comparten una necesidad común de agua en un determinado rango de cantidad y calidad. Además, debido a que los ecosistemas de agua dulce son dinámicos, todos requieren de cierta variación natural o de perturbación para mantener su viabilidad o resiliencia.

Las variaciones en las corrientes de agua de estación a estación y de año a año son necesarias, por ejemplo, para el mantenimiento de las comunidades de plantas y animales, y de la dinámica natural del hábitat que garantiza la producción y la supervivencia de las especies. La variabilidad en la tasa y en la periodicidad del caudal de agua impacta significativamente sobre

- el tamaño de las poblaciones de plantas y animales nativas y en su estructura de edades;
- la presencia de especies raras o altamente especializadas, y
- la interacción de las especies entre sí y con el ambiente y en muchos otros procesos del ecosistema.

Los patrones periódicos y episódicos del caudal de agua también influyen en su calidad, en las condiciones físicas del hábitat y en las conexiones y fuentes de energía de los ecosistemas acuáticos. Los ecosistemas de agua dulce, por lo tanto, han evolucionado al ritmo de la variabilidad hidrológica natural. La estructura y el funcionamiento de los ecosistemas de agua dulce están estrechamente ligados también a las cuencas o zonas de influencia de las que forman parte. El flujo del agua a

Fundamentos de Ecología

través del paisaje en su camino hacia el mar, transcurre en tres dimensiones:

- desde la porción superior del cauce a la inferior,
- de los cauces pequeños a las planicies de inundación y humedales ribereños, y
- el agua superficial al agua subterránea (Baron et al., 2003).

El destino del agua de lluvia cuando llega al suelo depende en gran manera de la cobertura del mismo, de los materiales geológicos que forman el sustrato y de la pendiente del terreno así como de la intensidad de la propia lluvia. La proporción de agua que se infiltra en el terreno depende en gran parte de la constitución geológica del terreno pero también de la cobertura vegetal. La vegetación tiene un papel importantísimo en la regulación del flujo de agua en una cuenca. Cuando existe una cobertura arbórea bien constituida, gran parte del agua es usada por la vegetación y devuelta en forma de vapor a la atmósfera mediante el proceso de transpiración.

La **evapotranspiración** (suma de la evaporación directa y la transpiración de los vegetales) está muy relacionada con la temperatura ambiente. Así, en climas húmedos y fríos, gran parte del agua precipitada no es usada por la vegetación y poca es evaporada directamente. De allí que el flujo de los ríos en estas regiones es importante. En cambio, en zonas más cálidas y poco lluviosas, gran parte del agua es usada por la vegetación o evaporada directamente del suelo y muy poca fluye a través de los ríos, excepto en los momentos de lluvias torrenciales (Prat, 2003).

2. FA54XSRRLa **entrada de sedimentos y materia orgánica** proporciona la materia prima que crea la estructura física del hábitat, los refugios, los sustratos y los sitios de desove, y provee y almacena los nutrientes que sustentan a las plantas y los animales acuáticos.

El hombre ha alterado de modo severo las tasas naturales de entrada de sedimentos y materia orgánica a los sistemas acuáticos, aumentando algunas entradas mientras que disminuía otras. Las prácticas irracionales de agricultura indigente, tala o construcción, por ejemplo, fomentan altas tasas de erosión del suelo. En muchas regiones, los arroyos pequeños y los humedales han sido eliminados completamente por las pavimentaciones o por el redireccionamiento del agua dentro de canales artificiales.

3. Las **características de temperatura y luz** regulan los procesos metabólicos, los niveles de actividad y la productividad de los organismos acuáticos. Particularmente en los lagos, la absorción de energía solar y su disipación como calor son procesos críticos en el desarrollo de gradientes de temperatura entre la superficie y las capas más profundas de agua, así como en los patrones de circulación del agua. Los patrones de circulación y los gradientes de temperatura influyen a su vez sobre los ciclos de nutrientes, sobre la distribución del oxígeno disuelto y sobre la distribución y el comportamiento de los organismos.

4. Las **condiciones químicas y nutricionales** regulan el pH, la productividad de plantas y animales y la calidad del agua. Las condiciones nutricionales y químicas naturales son reflejo del clima local, del lecho rocoso, del suelo, del tipo de vegetación y de la topografía. Las condiciones naturales del agua pueden ir desde claras, pobres en nutrientes, en ríos y lagos sobre lechos rocosos cristalinos, hasta mucho más enriquecidas químicamente, productoras de algas, en aguas de cuencas de captación con suelos ricos en materia orgánica o sustratos de caliza. Esta diversidad regional natural de las cuencas de agua, a su vez, sustenta una alta biodiversidad.

Una condición conocida como **eutrofización cultural** ocurre cuando una cantidad adicional de nutrientes, básicamente nitrógeno y fósforo, provenientes de las actividades humanas, ingresa en los ecosistemas de agua dulce. La consecuencia es una disminución en la biodiversidad a pesar de que la productividad de ciertas especies de algas puede incrementarse muy por encima de los niveles originales.

5. El **ensamble de plantas y animales** influye en las tasas de los procesos del ecosistema y la estructura de la comunidad. La comunidad de especies que vive en cualquier ecosistema acuático refleja tanto el conjunto de especies disponible en la región, como la habilidad de las especies individuales para colonizar y sobrevivir en ese cuerpo de agua. La **habitabilidad** de un ecosistema de agua dulce para cualquier especie en particular está determinada por las condiciones ambientales —es decir, el caudal de agua, los sedimentos, la temperatura, la luz y los patrones de nutrimentos— y por la presencia de otras especies en el sistema y sus interacciones con ella. Así, tanto el hábitat como la comunidad biótica proporcionan el control y la retroinformación (o *feedback*) que mantienen un rango de diversidad de especies.

En los ecosistemas de agua dulce que funcionan naturalmente, estos cinco factores varían a lo largo del año dentro de un rango definido, siguiendo los cambios estacionales en el clima y los fenómenos naturales. Las especies evolucionaron y los ecosistemas se ajustaron para acomodarse a estos ciclos anuales. Además desarrollaron estrategias para sobrevivir —y a menudo requerir— extremos hidrológicos periódicos causados por inundaciones y sequías, que exceden los límites anuales normales de caudal, temperatura y otros factores. Si se considera un factor a la vez no se puede obtener una verdadera imagen del funcionamiento del ecosistema. Para evaluar la integridad de los ecosistemas de agua dulce se requiere que los cinco factores ambientales dinámicos se integren y se consideren en forma conjunta.

Los lagos, lagunas y charcas constituyen depósitos de aguas dulces, con escasa o nula movilidad, que se forman por los aportes de los ríos que desembocan en ellos, en los cuales existe una mayor biodiversidad, comparados con los ríos que lo originan. Por lo general, poseen un flujo de salida natural (río o corriente) por el cual drenan el exceso de

Fundamentos de Ecología

agua. Desde el punto de vista ecológico tiene gran interés el conocimiento del origen de los ambientes lénticos (lagos y lagunas), pues esto determina la forma y persistencia de las cubetas y explica la duración de estos sistemas. La vida de los lagos, en general, es relativamente corta. Los lagos se originan por diversas causas, entre las cuales mencionaremos la acción de los glaciares. Algunos lagos actuales tienen este origen y, por tanto, no sobrepasan los 11.000 años de existencia. La acción de los glaciares en la formación de los lagos, puede ocurrir por: **excavación**, por **deposición de morrenas** y materiales que cierran una cuenca y por obstrucción del hielo. Ejemplo de ello son los miles de lagos que caracterizan gran parte de Canadá y el norte de los EE UU (Figura 9.6).

Muchos lagos y lagunas pueden haberse originado por otras causas, como por ejemplo, por derrumbes que obstruyeron pasos estrechos o gargantas entre montañas, por **movimientos tectónicos**, por disolución de rocas calcáreas debido a la acción de las aguas con hundimiento del fondo y por represamiento de aguas en **cráteres** de volcanes apagados. Los lagos Victoria, Tanganica, Malawi y los lagos de Etiopia (Zuway, Abijata, Koka, Langano, Shala y Turkana) se formaron por el efecto de los movimientos de las placas tectónicas (zona Rift) hace 30 millones de años, alrededor del denominado Cuerno de África

Los seres humanos también influyen en la formación de lagos artificiales, mediante la construcción de presas o diques de contención, principalmente con fines de asegurar la provisión de agua fresca, para el consumo de las concentraciones urbanas, el regadío de las tierras cultivadas, para evitar las inundaciones en zonas planas, para la generación de electricidad y, colateralmente, para la recreación, la pesca y los deportes acuáticos.

El ingreso del agua a un lago proviene de varias fuentes:

- **Precipitaciones directas** sobre la superficie del mismo. Este factor reviste particular importancia en el caso de los grandes lagos.

- **Aguas superficiales provenientes de la cuenca de drenaje**. La cantidad de agua de escurrimiento que llega a un lago es sumamente variable y depende de la morfometría, de la naturaleza de los suelos y de la cubierta vegetal de la cuenca de drenaje. De gran relevancia resultan asimismo los patrones de precipitación: un alto escurrimiento superficial puede tener su origen en el desarrollo de fuertes lluvias durante un período de tiempo relativamente corto con, una elevada carga de nutrientes debido a la erosión de los suelos.

- **Infiltración de aguas subterráneas por debajo de la superficie de lago**. Esta es una de las principales fuentes en el caso de lagos formados por actividad glaciar sin drenaje superficial o de aquellos localizados en cuencas rocosas. El agua subterránea puede entrar al lago también en estos casos, a través de manantiales perfectamente definidos.

9.6. Comunidades del ecosistema léntico

Son muchas las especies de seres vivos adaptadas a las condiciones ambientales del medio lacustrino. Éstas varían de un lugar a otro, de acuerdo con las condiciones físico-químicas de las masas de agua y la naturaleza de las mismas. La clasificación ecológica de las comunidades acuáticas la estudiaremos a continuación:

a) **Plancton**. Comprende los organismos que viven suspendidos en las aguas y que por carecer de medios de locomoción, o ser estos muy débiles, se mueven o se trasladan a merced de los movimientos de las masas de agua o las corrientes. Generalmente son organismos muy pequeños, la mayoría microscópicos. Son responsables del componente biótico de los ciclos biogeoquímicos, especialmente del carbono, por lo que su papel es fundamental en la estabilidad de los ciclos climáticos regionales. De allí que se reconocen dos grupos: **fitoplancton** o plancton vegetal y **zooplancton** o plancton animal:

Figura 9.6. Los glaciares pueden dar origen a los lagos. Por ejemplo, los lagos Cedar (izquierda), Winipeg (derecha) y Manitoba (abajo) de la provincia de Manitoba en Canadá, vistos en la foto a través de Google Earth

Fundamentos de Ecología

- El **Fitoplancton** representa el primer eslabón de la cadena alimentaria y junto con las plantas superiores, que habitan en las aguas dulces, constituyen los organismos productores. Entre los grupos más importantes pertenecientes al fitoplancton encontramos las **diatomeas**, los **dinoflagelados**, las **cloroficeas**, y las **euglenoficeas**. El fitoplancton y las algas en general están tan diversificados en las aguas dulces como en los océanos, aunque en agua dulce no se encuentran equivalentes de las grandes algas marinas. La vegetación terrestre ha colonizado intensamente las aguas epicontinentales y su contribución a la producción primaria es frecuentemente mucho mayor que el plancton y el bentos algal. Las fanerógamas acuáticas son, en biomasa y producción, más que equivalentes a las algas marinas, pero están limitadas en ríos y lagos que tengan sedimentos finos, para permitir una buena inserción de las raíces. Desde el punto de vista de producción y debido a que se distribuyen por toda la capa fótica, las diatomeas y dinoflagelados son los productores más importantes, ya que generan la mayor cantidad de materia orgánica y son realmente los pilares fundamentales del ecosistema. Entre las diatomeas los géneros más abundantes y frecuentes son: *Navicula, Pinnularia, Asterionella y Tabellaria*. Entre los Dinoflagelados los géneros más importantes son: *Peridinium y Ceratium*. En las aguas dulces son muy abundantes y frecuentes, ciertos flagelados como *Euglena* y *Colponema*. Entre las cianoficeas cabe destacar la *Osillatoria* (alga filamentosa) y la Rivularia. Entre las *Chlorophyta* filamentosas muy frecuentes en las aguas lacustres tenemos: *Spirogyra, Oedogonium y Zignema* (Figura 9.7).

En los últimos 15 años se ha reconocido al **picofitoplancton**, un grupo de minúsculos organismos, con tamaños de 0,2 a 2 μm, ubicuos en todos los ecosistemas acuáticos, con propiedades autotróficas, pertenecientes a los géneros *Procholrococcus, Synechococcus* y *Cianobium*, entre otros no conocidos, los cuales juegan un papel importante en los procesos fotosintéticos y las cadenas tróficas microbianas de los ecosistemas acuáticos (Callieri, 2007).

- El **Zooplancton** está representado por especies de varios phyla: protozoarios, celenterados, rotíferos, briozoarios y sobre todo, por algunos grupos de crustáceos como los cladóceros, los copépodos y los ostrácodos. Cabe citar también, las larvas de muchos insectos y los huevos y larvas de peces. La mayoría de los organismos que pertenecen al zooplancton se alimentan del fitoplancton, aunque existen especies de crustáceos que se alimentan de animales más pequeños. De esta manera el zooplancton está compuesto, desde el punto de vista trófico, por consumidores primarios o herbívoros y por consumidores secundarios.

Se acepta, con base en investigaciones bien fundadas, que las aguas, tanto continentales como marinas en las regiones tropicales, son menos productivas que las aguas de las regiones templadas o frías. Las razones que se aducen para explicar este fenómeno son las siguientes:

1. Las temperaturas bajas retardan la acción desnitrificante de las bacterias; por lo tanto, los nitratos no son destruidos tan rápidamente y, al permanecer en el agua, son aprovechados por el fitoplancton para la producción de biomasa.

2. Las temperaturas bajas retardan el metabolismo de los organismos, lo cual permite que éstos vivan más tiempo, produciéndose como consecuencia, una acumulación de generaciones. En los trópicos, el metabolismo de los organismos es alto y su desgaste mayor, lo cual ocasiona que vivan menos tiempo.

3. Se ha comprobado también que las aguas frías tienen mayor capacidad de saturación para el oxígeno que las aguas cálidas, lo cual contribuye a una mayor producción del fitoplancton.

Con respecto a las especies que habitan las aguas dulces se ha observado una característica muy peculiar y es que

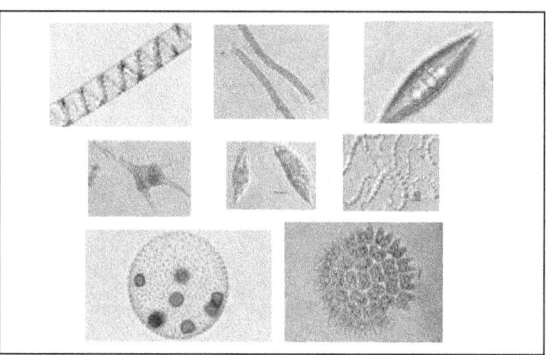

Figura 9.7. Algas más frecuentes y abundantes en aguas dulces.

Fundamentos de Ecología

la mayoría son cosmopolitas, pues es frecuente encontrar algunas especies en latitudes y climas muy diferentes. Muchas especies de aguas dulces templadas se encuentran en aguas dulces tropicales. Los grupos de seres vivos que presentan especies con mayor grado de cosmopolitismo son: las diatomeas, los dinoflagelados, las cloroficeas, los protozoarios, y los copépodos.

b) **Necton**. Son organismos capaces de nadar libremente y de trasladarse de un lugar a otro, recorriendo a veces grandes distancias (migraciones). En las aguas dulces, los peces son los principales representantes de esta clase (Figura 9.8), aunque también encontramos algunas especies de anfibios, moluscos, crustáceos y otros grupos.

c) **Bentos**. Comprende la mayoría de los organismos que viven en el fondo de los depósitos de agua o fijos a él, del cual dependen para su existencia. Las comunidades del bentos se caracterizan por ser muy ricas en especies y formas; prácticamente están representados allí todos los grupos de animales.

d) **Neuston**. A este grupo pertenecen los organismos que nadan o "caminan" sobre la superficie del agua; por tanto, viven en la interfase agua-aire. La mayoría son insectos Figura 9.9).

d) **Seston**. Es un término adoptado recientemente y se aplica a la mezcla heterogénea de organismos vivientes del plancton y detritos de origen orgánico sin vida (*tripton*) que flotan sobre las aguas.

e) **Pleuston**. Organismos que viven en la superficie del agua, entre los cuales se puede mencionar la Azolla, algunas cianobacterias y especies de insectos capaces de desplazarse por sobre la superficie del agua, debido al fenómeno de la tensión superficial.

9.7. Estratificación de los lagos

La zonificación de los lagos presenta muchas dificultades, ya que su delimitación resulta en algunos casos muy artificial y poco clara. La variedad existente de lagos y lagunas, tanto en lo referente a profundidad como a extensión, impide hacer generalizaciones. La zonificación que damos a continuación servirá de modelo para muchos lagos. Generalmente se distinguen tres zonas verticales o estratos bien diferenciados en lagos y lagunas:

a) **La zona litoral**: comprende la zona de agua somera de la orilla y parte del fondo, hasta donde penetra la luz. Es la zona donde crecen las plantas con raíces y donde abundan material flotante y depósitos orgánicos. Es la zona más rica en especies. En ella viven plantas con raíces que penetran en el fondo, pertenecientes a las espermatofitas que, junto con el fitoplancton y las plantas flotantes, constituyen los productores del ecosistema lacustre.

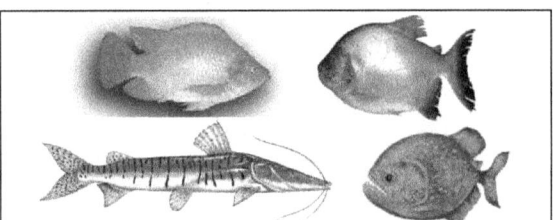

Figura 9.8. Algunas especies que habitan en aguas dulces en Venezuela

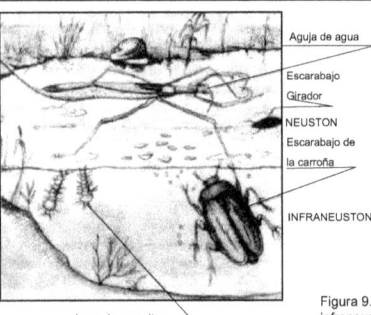

Figura 9.9. El neuston y el infraneuston

Entre las plantas superiores que frecuentemente habitan la zona litoral encontramos: la "enea" (*Thypha angustifolia* y *T. latisfolia*), planta ampliamente distribuida en lagunas y lagos tropicales y templados, que ocupa generalmente las aguas someras próximas a las riberas; los juncos (*Scirpus*) y el "jacinto", llamado también bora o lirio de agua (*Eichornia crasipess*) que crece y se multiplica rápidamente en muchas lagunas y embalses. Todas estas plantas emergen del agua, formando en algunos casos una vegetación tupida que sirve de albergue para animales, aves e insectos.

En la zona litoral de los lagos y lagunas viven plantas con raíces, cuyas hojas flotan sobre la superficie de las aguas como es el caso de los nenúfares (*Nuphar*) y ninfas (*Nymphaca*); también encontraremos al "repollito de agua" (*Pistia stratiotes*). Algunas algas viven sumergidas o flotando, como Chara y Nitella. Encontramos en estos ambientes plantas como *Elodea* y *Anacharis* (plantas de acuario). Algunos helechos viven en el medio acuático y entre los más conocidos tenemos los géneros *Salvinia* y *Marsilia*.

En cuanto a la fauna béntica se calcula que más de 70% de las especies presentes en los lagos se encuentran en la zona litoral y sublitoral. Los grupos mejor representados son los siguientes: nematelmintos como la sanguijuela (*Hirudo*), moluscos como las almejas y los caracoles, crustáceos, anélidos, rotíferos y algunas larvas de rotíferos.

b) **La zona limnética**: corresponde a la zona de las aguas abiertas. Se extiende hasta la profundidad donde se alcanza el nivel de compensación, es decir, donde la fotosíntesis equilibra a la respiración. Por debajo de este nivel y debido a la escasez de radiación solar, hay déficit de productividad. Esta zona sólo existe en los lagos de profundidad considerable. En cierto modo corresponde a lo que en los medios marinos se denomina mar abierto o zona oceánica.

c) **La zona profunda**: comprende los fondos y las aguas a donde no llega luz. En el fondo se deposita el fango, restos orgánicos y minerales. Muchas lagunas y algunos lagos carecen de esta zona por no tener suficiente profundidad (Figura 9.10).

9.8. Estratificación térmica de los lagos

En los lagos, la absorción de energía solar y su disipación como calor son procesos críticos en el desarrollo de gradientes de temperatura entre la superficie y las capas más profundas de agua, así como en los patrones de circulación del agua. Los patrones de circulación y los gradientes de temperatura a su vez influyen sobre los ciclos de nutrientes, sobre la distribución del oxígeno disuelto, y sobre la distribución y el comportamiento de los organismos (Baron *et al.*, 2003).

Las diferencias de densidad en las aguas de los lagos son consecuencia del gradiente térmico. Estas diferencias de densidad influyen sobre la circulación vertical de las aguas a lo largo del año. La circulación general depende de la temperatura y por consiguiente va ligada al clima de la región. La clasificación de los lagos en función de la estratificación de las aguas tiene mucha importancia desde el punto de vista biológico. Por ejemplo, en los lagos de las zonas templadas suficientemente profundos, se producen ciclos estacionales que alteran la estratificación de las aguas. Durante el verano, las aguas de las capas superiores se calientan más que las del fondo.

La diferencia de temperatura entre las aguas superiores y las profundas, determina una zona intermedia denominada termoclina, que separa dos capas de agua bien diferenciadas: la que está por encima de la **termoclina** se denomina **epilimnio**, y está constituida por aguas calientes circulantes; la capa profunda o **hipolimnio** se halla por debajo de la termoclina y se caracteriza por tener aguas frías no circulan-

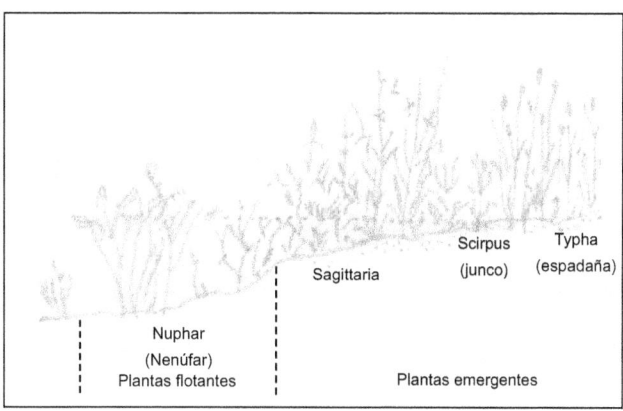

Figura 9.10. Zonas de vegetación de un lago

Fundamentos de Ecología

131

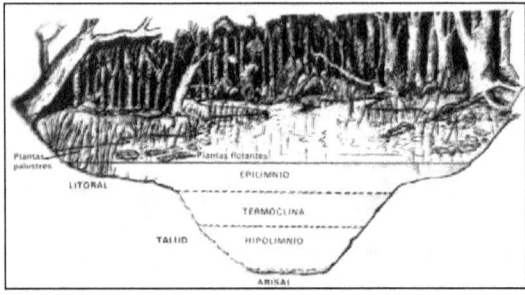

Figura 9.11. Estratificación térmica de un lago.

tes, generalmente con poco contenido de oxígeno disuelto (Figura 9.11).

En el otoño, la temperatura baja en el epilimnio hasta igualar la del hipolimnio; este hecho provoca la circulación total de las aguas superficiales y profundas. Durante el invierno se produce una estratificación, debido a que las aguas de la superficie se congelan, mientras que las aguas del fondo permanecen a 4°C. Esta temperatura corresponde al máximo de densidad del agua. La descomposición bacteriana disminuye a bajas temperaturas.

Durante la primavera sube la temperatura de las aguas del epilimnio, el hielo se funde y al hacerse el agua más pesada, pues ha aumentado su densidad, desciende hacia el fondo provocando la subida de las aguas profundas. Así, se establece una circulación total de las aguas con la consiguiente fertilización de las capas superiores por el afloramiento desde el fondo de nutrimentos en suspensión (Figura 9.12).

9.9. Clasificación de los lagos por su estratificación térmica y productividad

a) **Lagos fríos monomícticos** (míctico = mezclado). La temperatura del agua profunda y superficial no sobrepasa nunca los 4°C. Cuando las aguas superficiales alcanzan en verano 4°C puede producirse una circulación vertical que origina la mezcla de las aguas. Estos lagos se encuentran en las regiones polares.

b) **Lagos templados dimícticos**. Estos lagos presentan dos períodos estacionales de circulación libre debido a que se igualan las densidades, lo cual trae como consecuencia la circulación y mezcla de las aguas superficiales y profundas en primavera y otoño.

c) **Lagos templados y subtropicales monomícticos**. En estos lagos la temperatura del agua superficial nunca baja a 4°C y en invierno no se hielan. La mezcla vertical de las aguas sólo se puede producir durante la estación fría.

d) **Lagos tropicales oligomícticos**. La temperatura del agua superficial oscila entre 20°C y 30°C manteniéndose casi constante durante todo el año. El gradiente térmico es débil y por consiguiente se producen cambios poco notorios. La circulación vertical es irregular y rara vez es total. Las condiciones climáticas se mantienen casi constantes.

La clasificación de los lagos basada en la productividad se relaciona con la cantidad de nutrimentos inorgánicos disponibles. Los lagos y lagunas pertenecen al tipo de ecosistema maduro y por tanto presentan en muchos casos alta tasa de productividad.

De acuerdo con la productividad se conocen las siguientes clases de lagos:

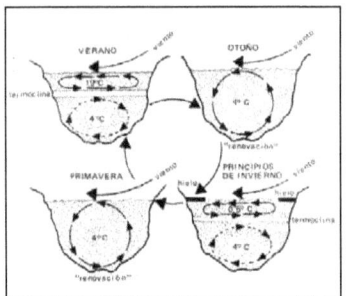

Figura 9.12. Estratificación térmica y movimientos del agua en un lago de clima templado. [Figura 9.11 original del libro]

Fundamentos de Ecología

a) **Lagos oligotrofos**. Son pobres en alimentos. La productividad primaria depende de la concentración de nutrientes en disolución, los cuales provienen de los aportes de los cursos de agua, de la lluvia y del fondo. Los lagos oligotróficos contienen pocos nutrimentos minerales disueltos; son lagos geológicamente jóvenes, en general profundos, con un hipolimnio importante. En este tipo de lagos la productividad es escasa, sobre todo en la zona profunda donde la temperatura es baja. El contenido de oxígeno es elevado y la descomposición de los cadáveres vegetales y animales es lenta. Las aguas son claras y azuladas.

b) **Lagos eutróficos**. Son ricos en alimentos. Son menos profundos que los anteriores y las aguas próximas al fondo tienen la temperatura más elevada que los lagos oligotróficos y la cantidad de nutrimentos es mayor. Los fenómenos de descomposición bacteriana son más intensos, lo que ocasiona la disminución de la concentración de oxígeno en las aguas profundas. La vegetación litoral es abundante y las poblaciones de plancton densas.

c) **Lagos distróficos**. Contienen gran cantidad de ácido húmico, que comunica a las aguas un color marrón y las hace ácidas. La vegetación es escasa, el contenido de oxígeno es bajo y el plancton escaso.

9.10. La sucesión de los lagos

Dada la variedad los procesos de sucesión que ocurren en los lagos, resulta imposible establecer un mismo patrón cada caso particular. En los lagos se producen cambios muy lentos, pero que van marcando paso a paso su evolución. A estos cambios contribuyen los aportes de los cursos de agua, los cuales depositan los sedimentos y materiales sólidos que arrastran sus corrientes rellenando progresivamente la cubeta del lago (Figura 9.13).

El arrastre de tierras erosionadas, restos vegetales y sales minerales, acarrea cambios en sus condiciones físicas, biológicas y químicas; sobre todo cuando el enriquecimiento de las aguas no es compensado por los procesos de mineralización. Existe, pues, en los lagos, un proceso más o menos lento de **eutrofización**, que se caracteriza por una mayor productividad del sistema.

En muchos casos, los lagos o lagunas desaparecen por la acumulación de residuos arrastrados por las aguas, la evaporación y la acción de algunas plantas acuáticas que absorben gran cantidad de agua y provocan su desecación. La sucesión se inicia cuando la vegetación terrestre comienza a invadir el lecho del lago ya parcialmente seco, hasta que se produce su desaparición.

En otros casos, como hasta hace sucedía en el lago de Valencia en Venezuela, la disminución del agua acusa un proceso lento, pero continuo, reduciendo considerablemente la superficie, debido a la disminución del caudal de agua de los ríos que lo alimentan, el alto índice de evaporación y la contaminación. En la actualidad, el nivel del lago de Valencia ha comenzado a aumentar en forma notable, siendo una amenaza grave para urbanizaciones, instalaciones industriales y zonas agrícolas de sus márgenes. Ello es la consecuencia del control de vertidos de aguas de la ciudad de Valencia y, además, por el hecho de tomar agua para su abastecimiento de los cursos pertenecientes a la cuenca natural del lago, así como también de cursos de agua que corresponden a otras cuencas hidrográficas. Entre las medidas correctivas que podrían salvar a este tipo de lagos se pueden mencionar: la reforestación de las cuencas de los ríos que lo alimentan, la prohibición del uso del agua del lago para el

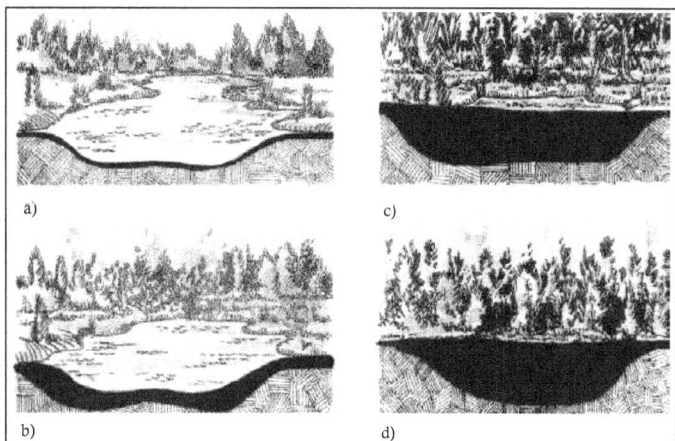

Figura 9.13. Proceso de sucesión en los lagos. (a) Estado inicial del lago; (b) Inicio de la sedimentación; (c) Comienza la invasión de la vegetación circundante; (d) nuevo ecosistema

Fundamentos de Ecología

riego y la eliminación de la contaminación con desechos y aguas servidas.

9.11. Ambientes lóticos (ríos)

Los ríos son sistemas sumamente complejos. En su organización poseen muchos componentes únicos y son las características geológicas y climáticas, las que explican las diferencias entre ríos de distintas latitudes y biomas, tales como la densidad y tipo de vegetación, meteorización y desarrollo de sedimentos, pendiente de la cuenca y caudal circulante (Sabater et al., 2009). Otro aspecto de su complejidad es la estructura jerárquica por la que los afluentes confluyen sucesivamente para formar cauces más y más anchos. Uno de los elementos principales del ecosistema fluvial es el cauce, el cual, por efecto del relieve y las pendientes de la superficie, puede presentar diversidad de formas (rápidos, pozas, presas de material orgánico, barras de sedimentos), cada uno de los cuales constituyen hábitats para comunidades biológicas específicas. De allí que la forma y heterogeneidad del cauce tiene implicaciones en la comunidad biológica a distintas escalas, desde varios kilómetros (en zonas relativamente planas) hasta unos pocos metros (en relieves con pendientes pronunciadas).

El tránsito del agua sobre el medio terrestre se produce en las cuencas de drenaje, o **cuencas hidrográficas**, constituida por cada una de las partes del territorio que conduce sus aguas a un río, un lago o el mar. Estas cuencas se delimitan por las líneas divisorias de las aguas que determina el relieve. Se establece así una especie de esqueleto ramificado una y otra vez que cubre toda la superficie delimitada de la cuenca. La red de drenaje de una cuenca implica el arrastre mayor o menor de sedimentos y componentes orgánicos, dependiendo de las condiciones de relieve y topografía y de la intensidad de las precipitaciones sobre la misma (Pozo y Elosegui, 2009b).

En la Figura 9.14 se observa la red hidrográfica de cada una de las grandes cuencas del territorio nacional (Macro cuencas). Pero a su vez, dentro de éstas, cada río subsidiario del principal drena a su vez una cuenca más pequeña (mesocuenca), la cual también está integrada por varias microcuencas.

El movimiento o flujo de las aguas de los ríos determina un ambiente muy especial, distinto al de los lagos y de los mares. Una serie de factores ecológicos actúan sobre las poblaciones y comunidades de los ríos entre los cuales cabe mencionar: el flujo de la corriente de agua, (cuya velocidad depende de la inclinación del terreno), la naturaleza del fondo, la temperatura, la oxigenación, la composición química del agua y la disponibilidad de alimentos.

9.11.1. Zonificación de los ríos

La velocidad del agua en los ríos no es igual a lo largo de su recorrido. Esto ha servido de criterio para dividir los ríos en tramos o zonas que se relacionan con la pendiente y las poblaciones que viven en sus aguas. De allí que exista una zonificación de los ríos, que tiene carácter general y que se basa en la velocidad del flujo del agua y la topografía de los terrenos por donde fluye, desde las cabeceras hasta la desembocadura. En general, en los ríos se pueden considerar las siguientes zonas (Figura 9.15):

- **Curso superior.** Corresponde al sector montañoso de los ríos y va desde su nacimiento y cabecera hasta alcanzar los valles. Los pequeños manantiales de las altas mon-

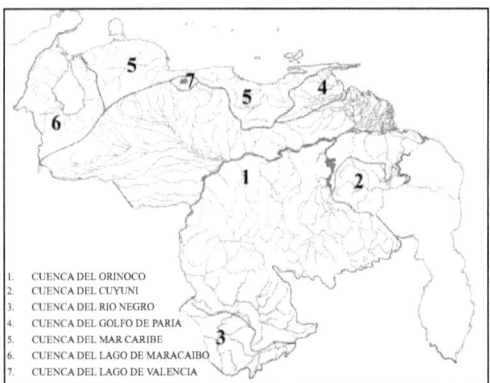

1. CUENCA DEL ORINOCO
2. CUENCA DEL CUYUNI
3. CUENCA DEL RIO NEGRO
4. CUENCA DEL GOLFO DE PARIA
5. CUENCA DEL MAR CARIBE
6. CUENCA DEL LAGO DE MARACAIBO
7. CUENCA DEL LAGO DE VALENCIA

Figura 9.14. Mapa con las redes fluviales de las principales cuencas hidrográficas de Venezuela.
Fuente: Atlas de peces de aguas dulces de Venezuela (2013)
(http://izt.ciens.ucv.ve/mbucv/peces/Proyecto%20Atlas/PaginaWeb/Pagina_Identificacion_Grupos.htm)

Fundamentos de Ecología

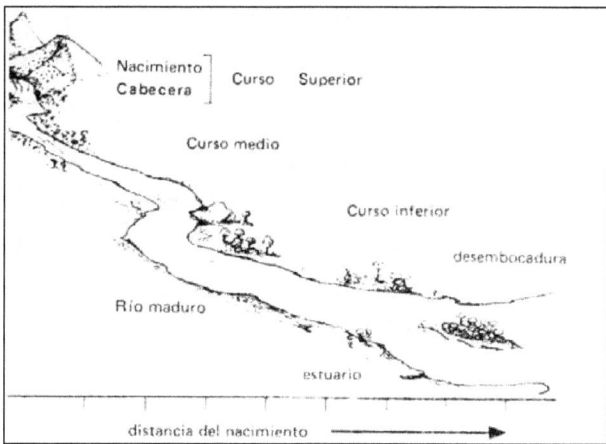

Figura 9.15. Esquema que representa el curso de un río, mostrando los cursos y sus cambios de pendiente y velocidad

tañas forman torrentes de aguas frías, bien oxigenadas. Debido a las fuertes pendientes por donde corren, adquieren velocidad y fuerza considerable. La formación de cascadas y la misma impetuosidad ocasionan un buen contacto del agua con la atmósfera, por lo que el contenido de oxígeno y de gases en disolución es alto. En este sector no puede desarrollarse el plancton, ya que sería totalmente arrastrado por la fuerza de las corrientes. Sin embargo, ciertas plantas como diatomeas, algas clorofíceas y cianofíceas, hepáticas y musgos se adhieren a las piedras y otros objetos fijos y, por lo tanto, constituyen los organismos productores de esta zona. Estos organismos sirven de alimento a las larvas de los insectos, que junto a los moluscos, espongiarios y briozoarios bénticos, sirven a su vez de alimento a algunos peces que viven en esos ambientes, como las truchas y los salmones.

Las especies animales que viven en estas zonas poseen apéndices con ganchos o ventosas para fijarse fuertemente a los objetos fijos. Algunos dípteros de la familia Simuliidae, conocidos como "jejenes", poseen una especie de ventosa en su región ventral mediante la cual se adhieren a los objetos fijos. Otros insectos acuáticos desarrollan diferentes adaptaciones para adherirse a las rocas y superficies fijas.

- **Curso medio**. Comprende el sector del río que corre por los valles de escasa pendiente donde las aguas son más lentas. El cauce se va ensanchando y se van depositando los materiales en suspensión tanto inorgánicos como orgánicos. Aquí se desarrollan algunas especies del plancton que, dentro de su transitoriedad, hacen las aguas más productivas. Con frecuencia crecen en las riberas plantas superiores acuáticas, que hunden sus raíces en el lecho del río o bien se mantienen flotando.

La abundancia de vegetación favorece el desarrollo de algunas especies animales que viven en el fondo del río, como son: lamelibranquios (almejas), caracoles, camarones de río, oligoquetos y larvas de insectos. Otros animales completan la biota de los ríos; culebras de agua, tortugas (varias especies viven en los ríos de Venezuela), anfibios y peces.

- **Curso bajo o inferior**. Corresponde al recorrido del río por las llanuras de poca pendiente, donde la corriente se hace lenta y frecuentemente forman meandros. El río deposita en este sector grandes cantidades de material, lo cual provoca desbordamientos, con formación de canales o caños. Es el caso de las sabanas inundables del río Orinoco, las cuales se inundan estacionalmente, determinando la dinámica y funcionamiento de los ecosistemas de sabana y la gran biodiversidad que los caracteriza. Debido a los materiales en suspensión, las aguas son generalmente turbias, lo cual reduce la penetración de la luz, sobre todo en los niveles más profundos. El plancton es abundante, ya que existen grandes cantidades de nutrimentos y restos orgánicos, por lo que esta zona resulta altamente productiva. Los peces abundan y algunos alcanzan tamaño considerable. En la desembocadura forman deltas, como, por ejemplo, el Delta del Orinoco, que constituye un gran humedal cenagoso. El agua que aportan los ríos en su desembocadura al mar contribuye significativamente a la formación de los estuarios, que constituyen la parte del océano muy cercana a la costa, donde el agua de mar se diluye con el agua dulce que procede del ecosistema terrestre a través de los ríos. En el próximo capítulo se detalla más información sobre este ecosistema particular.

9.11.2. Características de las aguas lóticas

Fundamentos de Ecología

Los ríos presentan grandes diferencias en relación con los lagos. Estas diferencias provienen principalmente de la velocidad del flujo del agua, del mayor intercambio entre el agua y la tierra y la mayor oxigenación.

- **La velocidad del flujo de agua.** Los ríos se han definido como una masa de agua en movimiento a través de un lecho o cauce, con un caudal determinado. Sin embargo, este movimiento no es uniforme y depende tanto del régimen pluviométrico de la zona como de la inclinación de los terrenos que atraviesa. En una zona montañosa la velocidad de las aguas de un río será considerablemente mayor que sobre una llanura. Este hecho, naturalmente crea condiciones diferentes para los organismos que viven en los ríos; la flora y la fauna varían en un mismo río según el trecho o tramo que se considere. Existen dos tipos de caudal (Sabater *et al.*, 2009): el caudal basal, en la estación seca, y el caudal de tormenta o crecida, que ocurre posterior a las altas precipitaciones alrededor de la cuenca y en mucho mayor que el basal pero temporal, pues al drenarse los excesos de agua caída, el caudal vuelve a ser basal.
- **Intercambio entre el agua y la tierra.** Los ecosistemas fluviales canalizan, transportan, redistribuyen, transforman y disipan materia y energía, modulando activamente su entorno. A lo largo de sus trayectorias, el agua interacciona constante e incesantemente con los componentes abióticos y bióticos de la cuenca y modifica su composición química (Elosegui y Bitturini, 2009). En los ríos, los intercambios con el medio terrestre próximo son evidentes y proporcionalmente mayores que en los lagos. Los manantiales que dan origen a los ríos y los aportes que éstos reciben del suelo en forma de sales minerales, sustancias orgánicas y detritus, nos indican que es un ecosistema abierto, asociado a la zona terrestre circundante. Por ejemplo en una zona de cabecera rocosa, si el agua tiene mucha materia orgánica disuelta y sedimentos muy finos, indica que el agua ha circulado rápidamente, con escaso contacto con el sustrato rocoso del lecho. Existe, por tanto, un constante aporte terrestre a los ríos. Estos configuran un ecosistema característico, inmaduro, ya que las condiciones ecológicas debidas a la "movilidad" del medio y las influencias externas, están en constante cambio. Por estas razones, la acción perturbadora del hombre, ya sea talando en las cabeceras de los ríos o estableciendo agroecosistemas y contaminando sus aguas, es más perjudicial en este ecosistema, en comparación con otros.
- **Materia orgánica.** Las corrientes de agua contienen materiales orgánicos disueltos o en descomposición, utilizados por las cadenas tróficas de microorganismos, artrópodos y consumidores como anfibios y peces que forman el ensamble de la biocenosis del río. Dichas sustancias provienen, por una parte, de la producción primaria del fitoplancton y algas presentes en el río, y por la otra, de las hojas y restos vegetales de las plantas. También puede ser materia orgánica disuelta proveniente del lavado de los suelos o particulada, la cual fomenta el crecimiento de los detrívoros
- **Oxígeno disuelto.** El contenido de oxígeno de los ríos en general es bastante elevado debido a la superficie expuesta, la poca profundidad y el movimiento constante de la masa de agua, lo que facilita el intercambio gaseoso entre ella y la atmósfera.

En condiciones naturales, la fauna de los ríos dispone de suficiente oxígeno para su respiración, ya que una existe constante oxigenación de sus aguas. La concentración de oxígeno puede variar en los remansos y tramos de gran profundidad. Los animales adaptados a este alto contenido de oxígeno son muy sensibles a cualquier modificación de su concentración, ya sea por la descomposición orgánica o por las sustancias extrañas que contaminan las aguas.

- **La temperatura.** En los ríos, por lo general, no existe una marcada variación vertical de temperatura; la variación es más bien longitudinal, es decir, de acuerdo al trayecto de su curso y generalmente aumenta aguas abajo, hacia la desembocadura.

9.11.3. Comunidades lóticas

Por definición, el ambiente lótico se refiere a aguas corrientes, es decir, con movimientos en una dirección. Sin embargo, la velocidad de las aguas varía a lo largo del río y esto crea condiciones ecológicas diferentes según el sector de que se trate. En las zonas montañosas la velocidad de desplazamiento de las aguas suele ser muy grande, mientras que en las llanuras disminuye. Los grandes ríos, en ciertos tramos de poca pendiente pueden presentar condiciones muy parecidas a las de las aguas lénticas o estancadas. Por esta razón algunos autores distinguen en los ríos dos tipos de hábitat: los **rabiones** y los **remansos**. Cada uno de estos presenta condiciones diferentes.

En los rabiones, el agua puede alcanzar velocidades considerables que, de acuerdo con la naturaleza del fondo, determinan el tipo de organismos que se fijan al sustrato. Los remansos presentan más afinidad con las condiciones predominantes en los lagos y, por esta razón, en ellos se desarrolla con frecuencia un plancton abundante, que juega un papel importante en la cadena trófica. En los grandes ríos tropicales de aguas lentas, se forman frecuentemente meandros, caños y lagunas, que constituyen sistemas ecológicos bastante duraderos y donde se desarrolla una rica variedad de especies con numerosos individuos.

Las comunidades de animales en las aguas corrientes han desarrollado adaptaciones únicas para sobrevivir. Por ejemplo, los peces poseen una estructura aerodinámica que ofrece menos resistencia al agua corriente. Los invertebrados tienen cuerpos planos y largas extremidades que les permite adherirse a las rocas circundantes. Los organismos que viven en los ríos especialmente en los rabiones han desarrollado adaptaciones morfológicas, que les permiten adherirse a objetos fijos.

Algunos organismos presentan ventosas y ganchos para fijarse, como ocurre con varias larvas de dípteros. Otras larvas construyen tubos pegados a los musgos u otras plantas. Ciertas especies desarrollan en la parte dorso-ventral, patas

Fundamentos de Ecología

y uñas adaptadas para adherirse fuertemente y vivir debajo de las piedras.

De acuerdo con sus características tróficas, los invertebrados acuáticos se clasifican en cuatro grandes grupos:

- **Trituradores**: los tricópteros y plecópteros abarcan un gran grupo de larvas de insectos que se alimentan de materia orgánica particulada gruesa, principalmente restos vegetales (hojas) que caen al arroyo o riachuelo. Éstas, al entrar en contacto con el agua, se transforman en medio de crecimiento de bacterias y hongos, lo que proporciona un recurso que aprovechan los trituradores, al mismo tiempo que generan una gran cantidad de materia fecal (casi 60% de lo que consumen es expulsado). Los restos desmenuzados de material vegetal parcialmente descompuesto por los microbios se transforman en materia orgánica particulada fina, la cual tiende a descender hasta el fondo del cauce.
- **Colectores**: pueden ser de dos tipos, filtradores o recolectores, alimentándose de la materia orgánica fina. Los filtradores incluyen, entre otros, las larvas de moscas negras y algunos tricópteros. Los recolectores, como las larvas de mosquitos y otros insectos, se alimentan de los sedimentos orgánicos finos (o detritus) en el fondo del arroyo, aprovechando igualmente las bacterias asociadas a la descomposición de las partículas finas de detritus.
- **Pastadores**: incluye larvas de escarabajos y tricópteros móviles que se alimentan de la cubierta de algas que crecen adheridas a piedra y rocas, parte de la cual se incorpora a la materia orgánica de partículas finas del agua y sirve de sustrato a otros organismos.
- **Barrenadores**: diversos invertebrados que se alimentan de tejidos que extraen al hacer cuevas en las ramas y troncos caídos hundidos en el agua.

Las larvas de insectos depredadores, de peces y de anfibios se alimentan de los que se alimentan de la materia orgánica y detritus, así como de invertebrados terrestres que caen al agua y son arrastrados por la corriente.

El plancton en los ríos llega a constituir un elemento importante del ecosistema, ya que dentro de su transitoriedad contribuye al equilibrio del sistema, sobre todo en lo referente a productividad, pues los nutrimentos contenidos y arrastrados por las aguas, favorecen la proliferación de ciertos organismos, especialmente del fitoplancton. En los ríos pequeños se encuentra plancton procedente de las tierras contiguas, las cuales han sido lavadas por el agua y arrastradas hasta los cursos de agua.

El bentos en los ríos se distribuye según los fondos y la velocidad de las corrientes. En los remansos, las comunidades que se establecen tienen mucho en común con las de los lagos. Los fondos arenosos y arcillosos con piedras sueltas, son más propicios para el desarrollo de gran variedad y abundancia de especies sedentarias.

En cuanto al necton, existen especies que caracterizan a cada tramo del río especialmente en los climas templados. En los ríos tropicales existen variedad de especies de invertebrados que pueblan las aguas, y, sobre todo, diferentes grupos de vertebrados que las frecuentan, incluyendo una gran diversidad de peces, tortugas, culebras de agua, caimanes, cocodrilos, entre otros. En relación con la fauna ictiológica en Venezuela, Lasso et al. (2004) contabilizan un total de 1.198 especies, agrupadas en 22 órdenes, 82 familias y 471 géneros. Los órdenes con mayor representación específica fueron: Characiformes (450), Siluriformes (395), Perciformes (160) y Gymnotiformes (65). La cuenca con la mayor riqueza de especies fue Orinoco (939), seguida de río Negro (283), Caribe (194), Cuyuní (186), Maracaibo (177), Paria (158) y Valencia (32).

Las redes tróficas de los ríos son más complejas que las terrestres y varían de acuerdo con el tipo de clima, el curso (alto, medio o bajo), y las características y condiciones de la vegetación prevalecientes en la cuenca. En la Figura 9.16 se muestra un ejemplo de red trófica de un río de la Pampa Argentina.

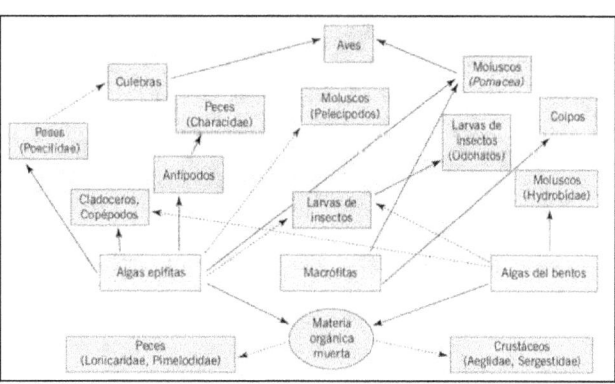

Figura 9.16. Diagrama que ilustra la red trófica de un río de la Pampa argentina, que demuestra la complejidad de las interacciones tróficas. Fuente: reproducido de Sabater et al. (2009)

Fundamentos de Ecología

9.12. Humedales

Tal como define la Convención RAMSAR (2010), en los humedales se incluye una amplia variedad de hábitat tales como pantanos, turberas, llanuras de inundación, ríos y lagos, y áreas costeras tales como marismas, manglares y praderas de pastos marinos, pero también arrecifes de coral y otras áreas marinas cuya profundidad en marea baja no exceda de seis metros, así como humedales artificiales tales como estanques de tratamiento de aguas residuales y embalses Dentro de los ecosistemas acuáticos, los **humedales** son zonas de suelos saturados de agua, e incluyen pequeños lagos, llanuras aluviales y ciénagas o pantanos. Un humedal es una zona de la superficie terrestre que está temporal o permanentemente inundada, regulada por factores climáticos y en constante interrelación con los seres vivos que la habitan, por lo general, con una gran riqueza de biodiversidad. Ocurren donde el nivel del agua del subsuelo, o capa freática, se halla en la superficie terrestre o cerca de ella, o donde la tierra está cubierta por aguas. Los humedales incluyen las zonas de inundación periódica de los ríos bajos, los bosques inundados, los pantanos y las ciénagas. El Pantanal de Matogrosso en Brasil, el complejo lacustre de la Chingaza en Colombia, las lagunas de Unare (Figura 9.17), Tacarigua y Cuaro y la ciénaga de los Olivitos en el estado Zulia, en Venezuela, son ejemplos de ecosistemas de gran importancia. Dependiendo de los criterios de clasificación utilizados, los manglares, estuarios y corales, son considerados por algunos autores como humedales, pero por su estrecha relación con el océano, se tratarán en el capítulo 10 (ecosistemas marinos).

Los humedales cubren solamente una pequeña proporción de la superficie terrestre de la Tierra (aproximadamente entre 2% y 6%, dependiendo de las definiciones), pero contienen una gran proporción del carbono del mundo (aproximadamente 15×10^{14} kg) almacenada en los depósitos del suelo terrestre. La importancia de los humedales se confirmó a través de la iniciativa internacional conocida como Tratado RAMSAR. La Convención Internacional Relativa a los Humedales, especialmente como Hábitats de Aves Acuáticas fue firmada en la ciudad de Ramsar (Irán), el 2 de febrero de 1971 y entró en vigor en 1975. Su principal objetivo es la conservación y el uso racional de los humedales mediante acciones locales, regionales y nacionales, gracias a la cooperación internacional, como contribución al logro de un desarrollo sostenible en todo el mundo. En el año 2011, 160 estados miembros se habían sumado a dicho acuerdo, protegiendo 1.950 humedales, con una superficie total de 190 millones de hectáreas. La lista Ramsar de Humedales de importancia internacional incluye en la actualidad más de 1.900 lugares (sitios Ramsar) que cubren un área de 1.900.000 kilómetros cuadrados[1].

Los humedales figuran entre los ecosistemas más productivos del mundo. Son la cuna de la diversidad biológica y fuentes de agua y productividad primaria, de la que un gran número de especies vegetales y animales dependen para su supervivencia. Los humedales brindan enormes beneficios económicos a través de su papel en el apoyo a la pesca, la agricultura y el turismo, y en gran parte del mundo tienen un papel fundamental como fuente de agua potable y control de las inundaciones. Los servicios ecosistémicos que

Figura 9.17. Vistas de la Laguna de Unare, un humedal de agua dulce situado en el estado Anzoátegui, Venezuela. Fotos: Edgloris Marys

---
[1] Información detallada sobre este convenio internacional se puede encontrar en http://www.ramsar.org

Fundamentos de Ecología

proporcionan los humedales incluyen: purificación del aire y el agua, regulación de la escorrentía del agua de lluvia y la sequía, retención y exportación de sedimentos y nutrimentos, asimilación y la desintoxicación de residuos, formación y mantenimiento del suelo, control de plagas y enfermedades, mantenimiento de la biodiversidad para la agricultura, refugios de aves migratorias, protección contra la radiación UV y estabilización del clima, a través de secuestro de carbono (Zedler y Kercher, 2005). Sin embargo, como se señala en la Evaluación de Ecosistemas del Milenio (UNEP, 2005), también están entre los ecosistemas más amenazados del mundo, debido principalmente al drenaje continuo, la contaminación, la sobreexplotación, los impactos de las especies exóticas invasoras y otros usos no sostenibles de sus recursos.

En relación con los procesos y funcionamiento de los humedales de agua dulce, ellos proporcionan un depósito potencial de carbono en la atmósfera, siempre y cuando sean diseñados y gestionados correctamente; de lo contrario, podrían convertirse en fuentes de gases de efecto invernadero como el dióxido de carbono y el metano. Según las estimaciones de los flujos de gases de efecto invernadero de los humedales, en los humedales artificiales son más altos que los de naturales; los primeros tienen más capacidad de secuestro de carbono que los últimos. Los humedales desempeñan un papel importante en el ciclo del carbono, ya que representan 15% de las pérdidas terrestres de materia orgánica hacia los océanos. Entre todos los ecosistemas terrestres, tienen la mayor densidad de carbono. Además, los humedales son una fuente difusa de las sustancias húmicas para algunos sistemas de agua dulce receptores.

El ciclo de carbono en los humedales comprende los siguientes componentes clave: la biomasa vegetal, las plantas muertas, las partículas de carbono orgánico, el carbono orgánico disuelto, y el carbono refractario, es decir, el que mantiene su resistencia a altas temperaturas. Los procesos clave en los humedales son la respiración en la zona aeróbica, la fermentación, la producción de metano, sulfato, hierro y la reducción de nitratos en la zona anaeróbica. La materia orgánica contiene típicamente entre 45% y 50% de carbono. Los humedales contienen una gran cantidad de oxígeno disuelto que promueve la actividad microbiana sobre la materia orgánica y facilita su mineralización hacia sustancias inorgánicas.

La protección de humedales y las medidas de restauración pueden mejorar el potencial de secuestro de carbono de los mismos. Sin embargo, los humedales restaurados tardan varias décadas en alcanzar su capacidad de secuestrar carbón a niveles comparables con los de los humedales naturales, tales como las turberas y los humedales arbolados (Kayranli et al., 2010).

Una síntesis de la importancia y significación de los humedales la expone recientemente el Secretario General de la Convención RAMSAR, Anada Tiéga, con motivo de los 40 años de vida del programa:

"Los humedales son la infraestructura natural que reciben el agua, la purifican, la almacenan, transportan y distribuyen a múltiples usuarios, incluyendo aldeas, pueblos, agricultores, pescadores, parques nacionales y administradores de áreas protegidas, empresarios, operadores turísticos, y todos los otros seres vivos. Es fácil olvidar que el agua es indispensable para la vida y que sin los humedales no tendríamos agua potable. No tenemos otra opción que no sea para su gestión: gestionar los humedales y administrar el agua que nos proporciona la naturaleza de forma gratuita, incluyendo la gestión de la calidad y cantidad de agua, de conflictos relacionados con el agua, del manejo de desastres naturales como consecuencia de la falta de agua o de una sobre-abundancia de agua. No podemos controlar la naturaleza. Tenemos que manejarla".[2]

Los deltas que se forman donde los ríos se encuentran con el océano, son también considerados como humedales. Allí se forman naturalmente por las fuerzas de los ríos, las olas y las mareas, intrincados laberintos de canales de ríos, humedales y formas costeras, formando una gran variedad de ecosistemas únicos. Actúan como filtros, depósitos y reactores para un conjunto de materiales continentales, incluyendo el carbono, en su camino hacia el océano costero. Debido a su bajo relieve, de alta productividad, la riqueza de la biodiversidad, y el fácil transporte a lo largo abundantes canales, los deltas son los lugares de preferencia para los asentamientos humanos. Aunque solo abarcan 5% de la superficie terrestre, más de 500 millones de personas viven en ellos: El Ganges-Brahmaputra, Yangtze y el delta del Nilo son más densamente poblados, con 230 millones de personas en 2000. Los deltas presentan también características geomorfológicas frágiles, y pueden cambiar drásticamente con modificaciones modestas en las condiciones ambientales que los determinan (Overeem y Syvitski, 2009). El desarrollo humano intensivo, el crecimiento de la población, como así como los cambios globales inducidos por el hombre están degradando los últimos deltas y transformándolos, a menudo en regiones costeras cada vez más peligrosas. Dadas las tendencias actuales, muchos deltas están en peligro de colapso en el siglo XXI. Un colapso puede incluir la pérdida total de los humedales y su biodiversidad concomitante, la inundación de ciudades, pueblos y la infraestructura asociada, la pérdida permanente de las zonas de pesca, tierras de cultivo y bosques valiosos y rápido retroceso de la línea costera.

---

[2] http://www.ramsar.org/cda/es/ramsar-home/main/ramsar/1_4000_2__

Ecología marina

Capítulo 10

10.1. Los océanos y su importancia

La inmensa extensión de los mares[1] y océanos que cubren aproximadamente 71% de la superficie terrestre, constituye un medio excelente donde se desarrolla una amplia variedad de formas de vida que van desde los organismos microscópicos inferiores, hasta los cetáceos que alcanzan el mayor tamaño en la biósfera. Se calcula la superficie de los océanos en 361 millones de km^2, con una profundidad media de 3.790 m. Ello representa un volumen de 1.300 millones de km^3 y una masa de 1,4 trillones de toneladas de agua salada (1,4 x 10^{21} kg), equivalente a 0,023% de la masa total de la tierra. En algunos lugares, la profundidad alcanza los 11.034 m, como en la fosa de las Islas Marianas, cerca de Filipinas, en el Océano Pacífico. Al norte de Puerto Rico se halla una fosa de más de 8.000 m de profundidad y en el norte de la península de Paria se encuentra la fosa de Cariaco, con una profundidad máxima conocida de 1.435 m. Los océanos son fundamentales para la biósfera, pues forman parte esencial de los ciclos del carbono y del agua, al tiempo que influye en los sistemas climáticos de las diferentes regiones del planeta. En el Cuadro 9.1 se señala la superficie de los diferentes océanos y su proporción con respecto al total.

Este asombroso medio, bullente de vida, ha integrado a los científicos de diferentes campos de la ciencia quienes, desde diversos ángulos, han enfocado sus estudios e investigaciones, tratando de descubrir sus secretos. Los conocimientos adquiridos sobre el océano han sido importantes y este mismo hecho ha provocado mayor dedicación de hombres y el empleo de cuantiosos recursos para seguir avanzando en este sentido.

Los océanos son el origen de la mayor parte de las precipitaciones que ocurren en el planeta, absorben la energía solar incidente y el CO_2 en exceso en la atmósfera. Específicamente, los océanos absorben 80% o más del calor añadido al sistema climático por efecto antropogénico (UNEP, 2007). La presión de un crecimiento demográfico desbordante ha hecho volver los ojos hacia el océano en busca de alimentos. De allí que los océanos presten una porción de los servicios ecosistémicos más importantes para el hombre, como son las proteínas de la dieta alimentaria. La importancia del mar para la humanidad es vital, pues es el principal sustrato regulador del clima y constituye el medio donde están representados casi todos los grupos de los seres vivos; además, encierra en su seno recursos naturales y minerales incalculables, en gran medida esenciales para los seres humanos (UNEP, 2010c). Adicionalmente, debe considerarse el gran potencial del mar como fuente de energía mecánica renovable, especialmente a partir de las corrientes marinas y de los ciclos de mareas, un área que todavía es incipiente en relación con su conocimiento y factibilidad económica y técnica, pero de lo cual existen experiencias piloto exitosas.

10.2. El origen de los océanos

Una hipótesis generalmente aceptada en la comunidad científica propone que el agua del océano fue lentamente agregada en el tiempo geológico, aunque no necesariamente en forma uniforme o continua. La fuente de agua es la actividad volcánica, fuentes termales y el calentamiento de rocas ígneas. En la actividad volcánica, aparte de agua, son expulsados aniones (átomos o moléculas con carga negativa), tales como cloruros o sulfuros. La mayor parte de la

Cuadro 10.1. Superficie (en millas y km cuadrados de los cinco océanos y por proporción con respecto al océano global.

Océano	Área Superficial (mi2)	Área Superficial (km2) Total	% del
Pacífico	60.060.000	155.557.000	46,3%
Atlántico	29.637.000	76.762.000	22,8%
Índico	26.469.000	68.556.000	20,4%
Antártico	7.848.000	20.327.000	6,1%
Ártico	5.427.000	14.056.000	4,2%

[1] Se conoce como Mar a una parte del océano delimitada geográficamente. En este texto se utilizan como sinónimos, aunque existen mares con características particulares, especialmente si su comunicación con el océano está limitada por un estrecho pasaje, como el mar Mediterráneo, o es cerrado (endorreico) como el mar Caspio o el mar Muerto.

Fundamentos de Ecología

actividad volcánica ocurre, tanto ahora como en el pasado, a lo largo de las dorsales submarinas ubicadas en el centro de los océanos y en las áreas ubicadas hacia tierra firme de las fosas oceánicas, especialmente aquellas que rodean el océano Pacífico.

El origen de los océanos no se conoce con suficiente certidumbre, pues los datos que se tienen son fragmentarios y se prestan a interpretaciones diversas según los autores. El geólogo Arnold Urey (citado por Cifuentes *et al.*, 1997) supone que alrededor de 10% del agua que se encuentra actualmente en los océanos existía ya, como agua superficial, al terminar de formarse el planeta. En esa época la Tierra quizás estuvo rodeada por una atmósfera primitiva constituida por gases pesados como el kriptón y el xenón, por otros más ligeros, como el neón y el argón y por pequeñas cantidades de hidrógeno y helio. Con seguridad, esta atmósfera se fue perdiendo para dar lugar a una "segunda atmósfera" conformada por los materiales volátiles que escapaban del interior de la Tierra por la intensa actividad volcánica, como el nitrógeno, el bióxido de carbono y el vapor de agua; su temperatura era muy elevada debido al calor emitido por la tierra sólida, razón por la cual no existía agua líquida. Con el tiempo, la nueva atmósfera se enfrió y se piensa que, cuando ésta alcanzó una temperatura crítica de 374°C, el agua líquida fue apareciendo en pocas cantidades, conservándose también el vapor de agua. Es posible que las lluvias hayan empezado a caer cuando descendió la temperatura. El agua se encontraba entonces en forma de vapor, en nubes cuyo espesor probable era de miles de kilómetros. En un principio, la corteza sólida estaba tan caliente que el agua de las lluvias, al posarse sobre ella, se evaporaba instantáneamente. Sin embargo, la temperatura bajó todavía más, lo cual permitió que en algunos puntos se depositaran pequeñas cantidades de agua líquida. La lluvia siguió cayendo con abundancia durante miles de años. Los terrenos bajos, las cuencas y hondonadas se llenaron de agua, y los ríos bajaron caudalosamente desde las montañas para dar origen a los océanos.

Para muchos geólogos, el mar se originó por levantamiento y hundimiento de la corteza terrestre, que a través de los tiempos fue variando en aspecto y forma. Para otros, los océanos han permanecido más o menos constantes, sin experimentar grandes transformaciones durante los últimos 3.000 millones de años, lo que se corresponde con la aparición de la vida sobre la tierra (la edad de nuestro planeta se calcula en 4.500 millones de años). Según la hipótesis de Taylor y Wegener, la masa total de los océanos y de los continentes no ha cambiado en cuanto a extensión, sino en cuanto a posición, ya que para estos autores los continentes formaban un bloque único, que posteriormente se fragmentó bajo la acción de fuerzas no bien determinadas (Figura 10.1). Posteriormente, por movimientos lentos durante cientos de millones de años, estos bloques se separaron y fueron a la deriva en distintas direcciones por efecto de la fuerza centrífuga de la tierra, los movimientos de las placas tectónicas y la atracción solar y lunar.

Sin embargo, hipótesis recientes de los investigadores de la Astrobiología, en proceso de confirmación y contrastación, consideran que una parate del agua llegó a la Tierra, en los miles de cometas (asteroides cargados de agua) que a lo largo de millones de años, durante su enfriamiento, chocaron contra el planeta.

10.3. Origen de la salinidad de los océanos

La composición del agua del mar se fue complementando debido a la acumulación de sales y minerales. Al principio la concentración era mínima, pero creció a medida que los ríos erosionaban la corteza sólida de la Tierra, y conforme las fuertes mareas reducían las costas a arena; además, como resultado de la influencia del clima sobre los mismos minerales metálicos, éstos se fueron añadiendo al océano en cantidades crecientes. Las sustancias disueltas se vieron incrementadas por las erupciones, probablemente muy frecuentes, de volcanes submarinos y terrestres, erupciones ocurridas debido al escaso grosor de la corteza recién formada. La salinidad es una propiedad que resulta de la combinación de las diferentes sales que se encuentran disueltas en el agua oceánica, siendo las principales los cloruros, carbonatos y sulfatos. Se puede decir que básicamente el mar es una solución acuosa de sales, característica que le confiere su sabor. De estas sales, el cloruro de sodio, conocido como sal común, destaca por su cantidad, ya que constituye por sí sola 80% de las sales. El restante 20% corresponde a elementos como el Magnesio (Mg^{2+}), Calcio (Ca^{2+}), Potasio (K^+) y un gran número de otras muchas sales disueltas en mínimas cantidades.

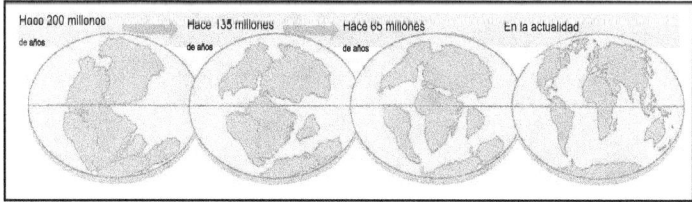

Figura 10.1. El movimiento de las placas tectónicas provocó el desplazamiento y posición actual de los continentes, separando el gran océano en los cinco que conocemos actualmente

Fundamentos de Ecología

Conforme los primeros investigadores se dieron cuenta de que las proporciones de algunas de estas sales se mantenían aparentemente constantes en las muestras de agua marina, surgió la necesidad de hacer uniformes y comparables entre sí las distintas medidas de salinidad de los diferentes mares y ello obligó a los oceanógrafos químicos a proponer una definición de la misma: *"Salinidad es la cantidad total en gramos de las sustancias sólidas contenidas en un kilogramo de agua del mar."* Se representa en partes por mil, y se encuentra en los océanos como salinidad media la de 35 partes por mil, o sea que un kilogramo de agua de mar contiene, en promedio, 35 g de sales disueltas. Por consiguiente, según todas las evidencias, el mar ha tenido sales disueltas desde sus comienzos, variando poco su salinidad (Cifuentes *et al.*, 1997). En la sección 10.6.2 se ampliará el análisis de la salinidad en los océanos.

10.4. Perfil del océano

Los océanos están enclavados en la corteza terrestre formando una depresión parecida a una cubeta. La superficie de los fondos marinos no es regular, sino que por el contrario, presenta un relieve más o menos pronunciado que le da un aspecto accidentado, formado por picos, depresiones, cañones, crestas y surcos. Sobre la inmensa cubeta que forman los mares, podemos diferenciar lo que se ha dado en llamar provincias o regiones. La profundidad y el porcentaje de los fondos marinos, que ocupa una de las mencionadas provincias se señala en el Cuadro 10.2 y se ilustra en la Figura 10.2.

a) **Zona epipelágica**. Se extiende desde el litoral o zona de las mareas hasta la parte más o menos próxima a la costa, la zona de los fondos marinos que se extiende a lo largo de las costas, hasta alcanzar una profundidad de 200 m aproximadamente, Conocida también como plataforma continental. Su límite mar adentro está señalado por un abrupto desnivel que, por lo regular, se presenta después de los 200 m de profundidad. Denominamos **zona Nerítica** a las aguas que cubren la plataforma continental y **zona Oceánica** a las aguas que cubren los fondos marinos con profundidad superiores a los 200 metros. La zona nerítica corresponde a la región marina que se localiza sobre la plataforma continental dentro de un intervalo de profundidades de 0 a 200 m. En esta región se lleva a cabo 80% de la captura pesquera. Su productividad promedio es aproximadamente el triple de la productividad del océano abierto. De la zona nerítica es importante destacar la **franja litoral** y las **zonas de surgencias**, que comprenden solamente 10% de esta región y, sin embargo, poseen los ecosistemas con más alta productividad primaria. En esta pequeña franja predominan los ecosistemas lagunares-estuarinos (50%), comunidades de corales y macroalgas (25%) y, en una extensión proporcionalmente menor (5%), los pantanos de manglar en los trópicos y los pastizales acuáticos (de **Spartina alterniflora**) de las zonas de mareas de regiones templadas. En la Plataforma se halla la zona litoral, que comprende el área situada entre las líneas de la marea (bajamar y pleamar).

Cuadro 10.2. Profundidad y proporción de las provincias oceánicas.

Provincia o Región	Profundidad	%
Plataforma Continental	0-200 m.	7,6
Talud Continental	200-2.500 m.	8,6
Región Abisal	2.500-6.000 m	82,2
Región Hadal o ultra abisal	> 6.000 m.	2,1

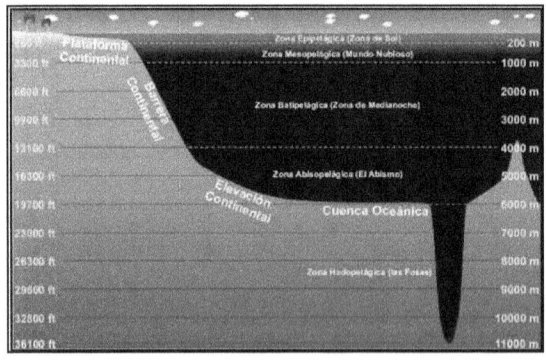

Figura 10.2. Estructura vertical de los océanos. Fuente: NOAA (2012). Disponible en: http://www.srh.noaa.gov/srh/jetstream_sp/oceano/capas_oceano.htm#capas

Desde el punto de vista ecológico, la plataforma continental tiene muchísima importancia, pues en ella se encuentra la mayor parte de la flora y fauna marina y es la zona productiva por excelencia; en ella las especies vegetales fotosintetizadoras son muy abundantes y se encuentra una gran diversidad de especies y comunidades de animales marinos, la mayor parte de ellos con gran valor económico para el hombre.

Los ecosistemas bénticos costeros más importantes, según biotopos y biocenosis características, son:
- Ecosistemas de litorales y fondos rocosos;
- Ecosistemas de litorales y fondos arenosos;
- Manglares;
- Arrecifes coralinos;
- Praderas de pastos marinos;
- Estuarios, donde se combinan las influencias marinas con las de aguas dulces.

En esta categoría entran las lagunas costeras y otros estuarios.

b) **Zona Mesopelágica**. Se denomina así a zona que comienza a los 200 m de profundidad y continúa hasta alcanzar 1.000 m, a lo largo del talud continental, con una pendiente promedio de 5%, en la cual la luz es mucho menor y donde el gradiente térmico es más suave y con menores variaciones en el tiempo; en esta subzona existe un nivel mínimo de oxígeno y mayores concentraciones de nitratos y fosfatos. Probablemente sean las zonas marinas más importantes para el hombre, debido a que poseen una gran biodiversidad y en ellas se desarrollan principalmente las actividades pesqueras marítimas. La mayor parte de los peces y otros organismos de gran importancia para el consumo humano son obtenidos de comunidades biológicas que habitan en extensiones más o menos superficiales de agua marina pero, hasta el momento y a pesar de distintos esfuerzos, no se conoce exactamente la magnitud de las poblaciones de las especies que se pescan, ni sus relaciones con otras especies y comunidades, las fluctuaciones naturales, los determinantes de los procesos de productividad y la estabilidad de los ecosistemas que sostienen la pesca.

c) A mayor profundidad se halla la **zona Batipelágica**, que llega hasta los 4.000 m (en promedio), las temperaturas varían de 4 a 10°C y las presiones son muy altas. Esta zona es oscura, pues la luz no llega a ella y es denominada zona de medianoche. La única luz en estas profundidades y más abajo proviene de los animales bioluminiscentes. No existen plantas vivas y los animales que la habitan se alimentan depredando a otros o del detritus marino que cae de las áreas más superficiales. En esta zona son comunes los calamares y es visitada por las ballenas y otros cetáceos en busca de alimentos (Figura 10.3).

d) **Región Abisopelágica**. Se sitúa por debajo de los 4.000 m de profundidad y se extiende hasta profundidades de 6.000 m. Comprende inmensas extensiones y representa 82,2% de la superficie de los fondos oceánicos. Los avances tecnológicos han permitido la exploración de estas zonas, encontrándose comunidades de bacterias, invertebrados y algunos vertebrados que se sustentan de manera estable gracias a la energía quimioautotrófica que producen los microorganismos adaptados a las condiciones prevalecientes alrededor de los surtidores hidrotermales, asociados con la actividad volcánica que ocurre bajo la corteza terrestre. La fauna abisal se caracteriza por cierta morfología particular: mandíbulas grandes, dientes largos y filosos, estómagos dilatados, coloración roja, negra o azul intensos. Muchas especies poseen bioluminiscencia y algunas son ciegas y otras poseen ojos muy grandes que les permite captar la tenue luz que llega de la superficie.

e) **Región Hadopelágica**. Comprende los fondos marinos que sobrepasan los 6.000 m de profundidad. Es muy poco lo que se conoce acerca de las características de estas profundas regiones del océano. La mayor profundidad registrada es de 11.034 m. y se encuentra en la

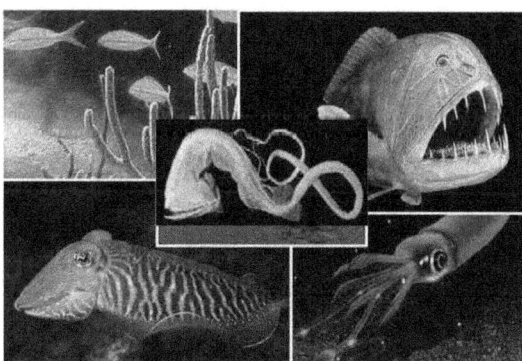

Figura 10.3. Ejemplos de fauna batipelágica

Fundamentos de Ecología

fosa de las Islas Marianas, cerca de las Filipinas, en el Océano Pacífico.

En la superficie de las zonas más profundas de los océanos se encuentran las **dorsales oceánicas**, un sistema montañoso submarino extendido a través de los océanos, que tiene varias ramales paralelas, con una altura entre 2.000 y 3.000 m sobre el nivel del fondo, con un valle en el medio conocido como grieta, donde, a través de la actividad volcánica, se forma nueva corteza terrestre (la delgada capa externa de la Tierra, que conforma tanto los continentes como los fondos oceánicos). En estas dorsales ocurre la expansión divergente del fondo marino, cuando dos placas se separan, ayudando así a explicar la deriva continental (Figura 10.4). En ellas se forman ecosistemas de agua profunda particulares, como las comunidades de microorganismos extremófilos que tienen su hábitat alrededor de las fuentes hidrotermales características de las dorsales.

10.5. Corrientes oceánicas

La complejidad del gran ecosistema oceánico implica fenómenos en macro-escalas espacio-temporales difíciles de visualizar. Uno de ellos es la dinámica de los flujos y movimientos de grandes masas de agua, o corrientes oceánicas, a través de toda la superficie del globo. Una corriente es un movimiento continuo y dirigido de agua oceánica, generado por fuerzas tales como:

- El oleaje,
- Los vientos,
- El efecto Coriolis,
- Las diferencias en temperatura y salinidad,
- Las mareas causadas por las fuerzas gravitatorias de la luna y el sol,
- Los contornos del fondo del océano,
- La configuración de las líneas costeras demarcadas por los continentes, y
- Las interacciones con otras corrientes determinan la dirección e intensidad de una corriente.

Las corrientes oceánicas trasladan grandes cantidades de calor de las zonas ecuatoriales a las polares y, junto a las corrientes atmosféricas, son las responsables de que las diferencias térmicas en la Tierra no sean muy pronunciadas, por lo que su influencia en el clima es fundamental. Un ejemplo es la corriente del Golfo que hace menos templado el clima de la Europa Nor-occidental, o la corriente de California que permite un clima más frío (subtropical) en las islas hawaianas, que se encuentran en el área intertropical. Por su parte, las corrientes marinas son causadas por la variación del nivel del mar, debido a la atracción de la Luna y el Sol. De esta manera se producen las mareas, lo que ocasiona una elevación y un descenso del nivel del agua en ciclos de seis horas. El viento y las tormentas crean las olas marinas, que por oscilación pueden recorrer grandes distancias. El giro de la Tierra hacia el Este influye también en las corrientes marinas, porque tiende a acumular el agua contra las costas situadas al oeste de los océanos. Las olas, las mareas y las corrientes tienen también una gran importancia para las zonas costeras porque erosionan y transportan los materiales hasta dejarlos sedimentados en las zonas más protegidas. De esta manera, el agua ascendente arrastra nutrimentos a la superficie, lo que induce la proliferación de los seres vivos. Las trayectorias de tales corrientes son constantes, por lo que históricamente los marinos lo han tenido en cuenta para sus viajes, puesto que favorecen o entorpecen la navegación según el sentido en que se las recorra (Figura 10.5).

Las corrientes oceánicas fluyen a lo largo de grandes distancias y direcciones y crean en su conjunto el gran flujo de la **Faja transportadora global** de aguas oceánicas, la cual determina los climas imperantes en muchas regiones de la Tierra.

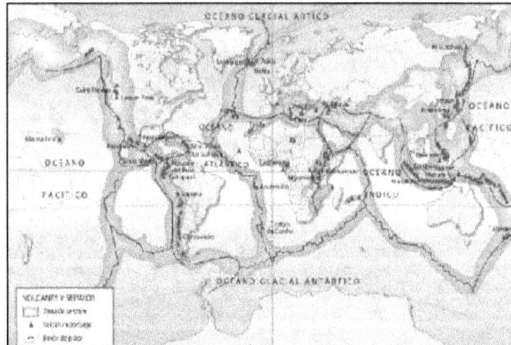

Figura 10.4. Mapa con las dorsales oceánicas y las grandes fallas que separan las placas tectónicas.
Fuente: www.kalipedia.org

Fundamentos de Ecología

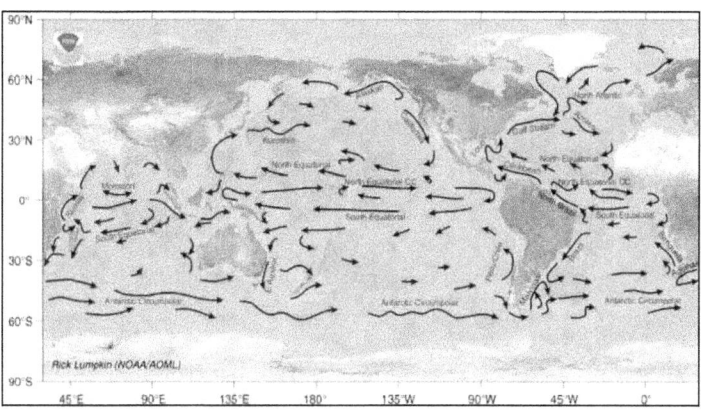

Figura 10.5. Corrientes oceánicas mundiales. Fuente: NOAA (2013).
(http://www.adoptadrifter.noaa.gov/images/oceancurrents.jpg)

Las corrientes pueden diferenciarse en dos tipos: de densidad y de arrastre. Las **corrientes de densidad** se producen cuando las diferencias de temperatura y salinidad entre dos masas de agua situadas en distintos lugares o profundidades tienen como consecuencia una variación de densidad. Como la tendencia natural es a compensar esta diferencia de densidad, una de las masas se desplaza hacia la otra. Las **corrientes de arrastre** se establecen en la superficie de los océanos y mares debido a la acción directa del viento, siendo de mayor intensidad cuando el viento es constante sobre una masa extensa de agua, como los alisios que soplan en el Atlántico y Pacífico, creando corrientes de grandes masas de agua en dirección oeste. La circulación de grandes masas de agua más o menos constante se debe a la combinación de las corrientes de densidad y las de arrastre.

Las corrientes superficiales, entre 0 y 400 m de profundidad, son debidas a los vientos y se mueven en el sentido de las agujas del reloj en el hemisferio norte, mientras que el sur lo hacen en sentido contrario. Las cuencas oceánicas tienen generalmente una corriente superficial no simétrica, en tanto que los flujos orientales hacia el ecuador son anchos y difusos, mientras que los flujos occidentales hacia los polos son muy angostos. Un ejemplo de este último tipo de flujo es la corriente del Golfo.

Las corrientes oceánicas profundas (por debajo de los 400 m de profundidad) son impulsadas por los gradientes de densidad y temperatura, mediante la denominada **circulación termohalina**, que crea corrientes de aguas frías profundas que se elevan y surgen hacia la superficie y sustituyen las aguas cálidas en un ciclo complejo a escala global, debido a las **surgencias** (Figura 10.6). Las aguas cálidas —y pobres en nutrimentos— de la superficie, son reemplazadas por aguas más densas y ricas en nutrientes, lo cual tiene importantes implicaciones para el funcionamiento global del ecosistema marino (Rahmstorf, 2006), pues la riqueza de las aguas frías y densas permite los altos niveles de productividad primaria, y en consecuencia la posibilidad de la producción pesquera.

La faja transportadora global del océano se inicia en la superficie cerca del Polo Norte en el Atlántico. Las bajas temperaturas congelan el agua superficial y se hace más salada, porque la sal no se congela y queda en el agua circundante, ahora con una mayor densidad, por lo que se hunde hacia el fondo del océano. Al hundirse, es reemplazada por aguas superficiales y de esta forma se crea la corriente. Las aguas con mayor densidad en el fondo se mueven hacia el sur, pasan el Ecuador hasta los extremos de Suramérica y África y cerca de la Antártida se repite el fenómeno y la corriente es "recargada". Al moverse alrededor de la Antártica se divide en dos ramas, una va hacia el Pacífico occidental y otra hacia el Índico. Ambas ramas comienzan a incrementar su temperatura en la medida que avanzan hacia el norte y luego giran hacia el sur y al oeste, para reencontrarse y subir hacia el norte en el Atlántico, hasta el polo norte, donde se reinicia el ciclo.

10.6. Factores abióticos que determinan el ambiente marino

El mar forma un ecosistema y como tal presenta características abióticas que deben ser consideradas: radiación solar, presión, salinidad, gases disueltos, temperatura y sustancias minerales, las cuales describiremos a continuación,

10.6.1. La luz o radiación solar

La radiación solar penetra en el mar hasta cierta profundidad de acuerdo con las características de las aguas: transpa-

Fundamentos de Ecología

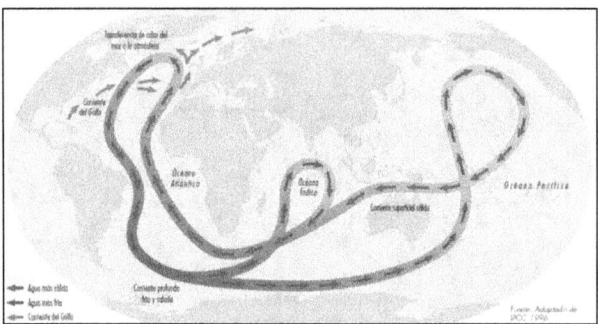

Figura 10.6. Corrientes oceánicas profundas: circulación termohalina en la faja transportadora global.
Fuente: NOAA (2013). (http://oceanservice.noaa.gov/education/tutorial_currents/05conveyor1.html)

rencia, ángulo de incidencia del rayo luminoso y movimientos superficiales de las aguas. La luz es absorbida por el agua de manera que a medida que aumenta la profundidad disminuye la iluminación. En relación con la iluminación se consideran tres zonas:

a) **La zona eufótica**. Es la capa de agua mejor iluminada, donde se desarrollan casi todos los organismos fotosintetizadotes, constituyendo por consiguiente la zona más productiva. Se extiende desde la superficie hasta los 80 m de profundidad, aproximadamente en el océano abierto.

b) **La zona oligofótica**. Esta capa se encuentra por debajo de la anterior y recibe poca iluminación, por lo cual son raros los organismos fitoplanctónicos que pueden llevar a cabo su función fotosintetizadora. Se extiende de los 80 hasta los 200 m, aunque en algunos mares puede alcanzar hasta 500 m de profundidad.

c) **La zona afótica**. Después de los 500 m, ya no hay luz. No hay posibilidad de fotosíntesis. Algunos organismos planctónicos que se encuentran en estas profundidades, como ciertos cocolitofóridos, son heterótrofos.

10.6.2. La salinidad

Se entiende por salinidad la cantidad de sustancias sólidas disueltas en un kilogramo de agua de mar. La salinidad se expresa generalmente en partes de sales disueltas por mil, o sea, que si la salinidad de un área marina es de 35 partes de sales por cada mil partes de agua de mar, se entiende que hay 35 gramos de sales por kilogramo de agua de mar. La salinidad promedio de los océanos es de 35‰, pero varía mucho según las zonas, sobre todo en las áreas influenciadas por la desembocadura de los ríos. Las sales más abundantes son el cloruro de sodio (NaCl), el cloruro de magnesio ($MgCl_2$), el cloruro de calcio ($CaCl_2$) y el cloruro de potasio (KCl). Además existen sulfatos, nitratos y numerosos oligoelementos en cantidades mínimas; por ejemplo en 1 m^3 de agua de mar hay 0,004 mg de oro. De estas sales, alrededor de 27% corresponde a cloruro de sodio, y el resto lo constituyen sales de magnesio, calcio, potasio y otros compuestos, en proporciones muy pequeñas. Dada la importancia del factor salinidad en la distribución de las especies marinas, y como factor determinante de la densidad del agua de mar, conviene conocer su composición.

La salinidad tiene relación con el equilibrio osmótico que se establece entre el protoplasma de los organismos y el medio marino. Los organismos marinos, de acuerdo con su comportamiento con respecto a la salinidad, pueden ser: **estenohalinos**, si no toleran amplias variaciones de contenido de sal en las aguas, y **eurihalinos**, si toleran variaciones notables de la salinidad. Los organismos que viven en mar abierto suelen ser estenohalinos, mientras los que viven en las proximidades de las costas y zonas neríticas, suelen ser eurihalinos. La razón de esta adaptación de los organismos neríticos a las variaciones de salinidad, se debe a que las aguas costeras están influenciadas por las desembocaduras de los ríos, la presencia de bahías y ensenadas. La salinidad fluctúa según las estaciones del año y la mayor o menor precipitación lluviosa.

Las observaciones satelitales a nivel global (Nasa, 2013) indican variaciones en la salinidad de los océanos (Figura 10.7). El Mar Arábigo, acurrucado junto al seco Oriente Medio, se muestra mucho más salobre que la vecina Bahía de Bengala, la cual recibe intensas lluvias monzónicas y desembocaduras de agua dulce provenientes del río Ganges. Otro gran río, el Amazonas, libera una descarga de agua dulce de gran tamaño que, o bien se dirige al este hacia Áfri-

Fundamentos de Ecología

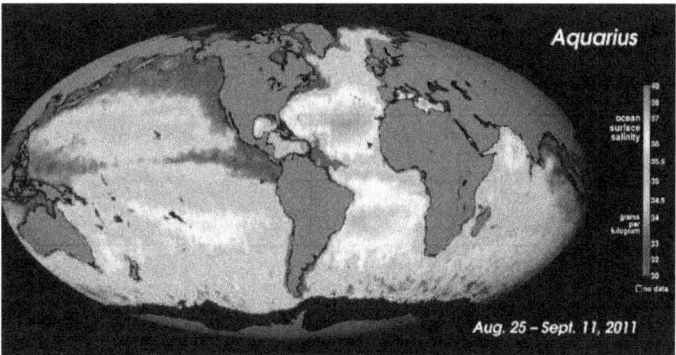

Figura 10.7. Niveles de salinidad en el globo, de acuerdo con las observaciones del satélite argentino Aquarius. Fuente: NASA (2013) Disponible en: http://www.nasa.gov/images/content/730117main_591159main_pia14786-43_946-710.jpg

ca, o bien gira al norte hacia el Caribe, dependiendo de qué corriente marina estacional predomine. Aglomeraciones de agua dulce, transportadas por las corrientes del océano desde zonas en el centro del Océano Pacífico donde se dan fuertes lluvias, se apelotonan junto a la costa de Panamá, mientras que el Mar Mediterráneo se distingue como un mar muy salado. Una de las características que se destacan con mayor claridad es una gran aglomeración de agua salubre en el Atlántico Norte. Esta zona, la más salada del océano, es análoga a los desiertos terrestres, donde se da muy poca lluvia y mucha evaporación.

10.6.3. La temperatura

Es un factor que está relacionado con la profundidad de las aguas y con la atmósfera. Las aguas superficiales son muy sensibles a los cambios térmicos de la atmósfera. La temperatura del agua superficial del mar cerca de los polos es muy baja, mientras en las zonas ecuatoriales llega hasta 30°C. A pesar de este contraste, la diferencia entre la temperatura máxima y mínima en los océanos no es tan pronunciada como en la tierra, pues se mantiene entre 30°C y 2°C (Figura 10.7).

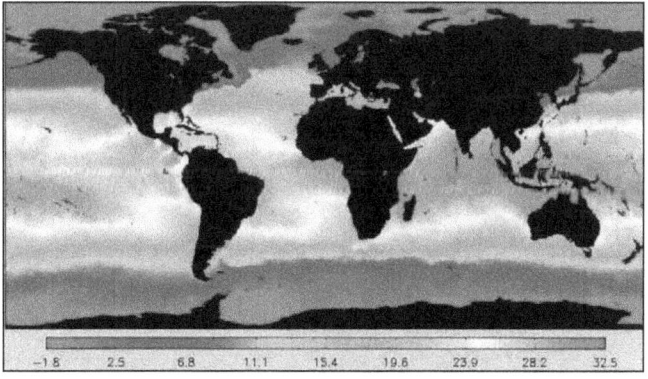

Figura 10.7. Niveles globales de temperatura en el océano
Fuente: NOAA (2013). (http://www.osdpd.noaa.gov/data/sst/fields/FS_km5000.gif)

Fundamentos de Ecología

La temperatura disminuye con la profundidad en los mares templados y tropicales; a profundidades de más de 5.000 m. la temperatura es casi igual en todos los mares, pues oscila entre 4°C y 2°C. Por tanto, en los polos prácticamente no existen cambios de temperatura con la profundidad, mientras en los otros mares existe una estratificación térmica. En estos mares aparece en las capas superiores del agua una **termoclina** en la estación estival, que luego desaparece en la estación fría (Figura 10.8). Por otra parte, existe una termoclina permanente a grandes profundidades. La termoclina se establece como consecuencia de un cambio brusco de temperatura a cierta profundidad. Las especies marinas muy sensibles a los cambios de temperatura se denominan **estenotermas**, y las que pueden soportar variaciones amplias de temperatura, reciben el nombre de **euritermas**.

Los océanos juegan un papel clave en la regulación del clima, debido en gran medida a su capacidad de almacenar calor, en comparación con la atmósfera. Pero el calor no sólo se almacena en los océanos, sino que es redistribuido por el transporte de las masas oceánicas en las corrientes y por los intercambios de calor con la atmósfera. Otro aspecto relevante para el clima es la capacidad de los océanos para almacenar gases como el CO_2. En la superficie existe equilibrio entre el CO_2 atmosférico y el contenido en el agua. Parte de éste se transforma en carbono disuelto y es transferido al océano profundo por procesos de mezcla vertical y circulación.

10.6.4. La presión

La presión hidrostática aumenta aproximadamente una atmósfera por cada 10 metros de profundidad. Un metro cúbico de agua de mar pesa 1.300 kg; por tanto, una columna de agua de mar que tenga 10 m de altura ejercerá presión de una atmósfera, o sea el equivalente a la presión de una columna de mercurio de 760 mm de altura, que equivale a la presión de la atmósfera terrestre a nivel del mar. En consecuencia, a una profundidad de 5.000 metros, la presión será de 500 atmósferas. A pesar de estas tremendas presiones, existen especies de peces que pueden soportarlas y viven a profundidades considerables, gracias a la resistencia de su esqueleto óseo y otras adaptaciones fisiológicas y morfológicas.

10.6.5. El oxígeno y el CO_2 disueltos en el agua de mar

La concentración de oxígeno disuelto en el agua de mar está en relación directa con la actividad fotosintética de los organismos productores marinos (principalmente fitoplancton) y con el intercambio que se establece entre las aguas superiores y la atmósfera. Se calcula que un litro de aire contiene 200 ml de oxígeno aproximadamente, mientras que en el mar apenas llega, como máximo teórico, a 9 ml de oxígeno por litro de agua.

La distribución del oxígeno en el medio marino depende de la circulación de las masas de agua. Por encima de los 2.000 m de profundidad, la cantidad promedio de oxígeno va decreciendo de los polos hasta los 15° de Latitud Norte y Sur. El promedio de oxígeno disuelto aumenta ligeramente en el Ecuador. Por debajo de los 2.000 m la concentración de oxígeno varía poco y se mantiene entre 3,4 y 6,6 ml/L de agua. Por ejemplo, en el golfo de Cariaco (Venezuela) la concentración máxima de oxígeno que se ha registrado ha sido 6,2 ml/L de agua. El oxígeno es utilizado por los organismos marinos, tanto vegetales como animales; por consiguiente, su consumo es constante. A cierta profundidad, denominada **profundidad de compensación**, la producción y consumo de oxígeno se equilibran. Por debajo de este nivel hay un déficit de oxígeno, ya que se consume más de lo que se produce.

El CO_2 disuelto en el agua de mar juega un papel importante durante la fotosíntesis y actúa sobre el pH del agua y sobre su reserva alcalina, estableciéndose un equilibrio entre el dióxido de carbono y los carbonatos disueltos, como se muestra a continuación:

CO_2 (Atmosférico)
⇓
CO_2 disuelto + $H_2O \Rightarrow CO_3H_2 \Rightarrow CO_3H^- + H^+ \Rightarrow CO^=_3 + {}_2H^+$

Los carbonatos y bicarbonatos son utilizados por muchas especies en la constitución de conchas, esqueletos y otras formaciones calcáreas en ciertos ecosistemas como los arrecifes de coral. Sin embargo, el exceso de CO_2 disuelto libera iones hidrógeno (H^+), los cuales provocan la disminución del pH de las aguas marinas o acidificación de los océanos, tema que se tratará en la sección 10.17 al final del capítulo.

10.6.6. Los elementos minerales

Algunos elementos minerales juegan un papel importante en el agua de mar, pues constituyen factores limitantes para las poblaciones marinas. Aunque la concentración de estos elementos es baja con respecto a la del NaCl, la utilización de los mismos por parte de los organismos vivos los hace indispensables para el desarrollo de la vida.

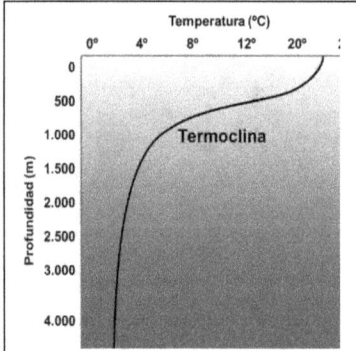

Figura 10.8. Perfil térmico del océano.

Fundamentos de Ecología

En este grupo de elementos podemos incluir principalmente el nitrógeno, el fósforo, el hierro y el silicio. Los dos primeros se encuentran formando sales, como son los nitratos, nitritos y fosfatos. La concentración de estas sales en determinadas épocas del año constituye un factor limitante para el desarrollo de determinadas poblaciones de seres vivos.

El ciclo anual de algunos grupos de organismos, como las diatomeas y dinoflagelados que forman parte del fitoplancton, depende en gran parte de la presencia de estos compuestos. Durante la primavera se produce una proliferación de diatomeas en las aguas marinas y esto ocasiona el agotamiento de los silicatos, sales requeridas por estas algas para la constitución de los frústulos o envoltura externa.

Estas poblaciones son sustituidas por los dinoflagelados, que no requieren silicio sino hierro y otros compuestos. Transcurrido algún tiempo, el zooplancton comienza a desarrollarse a expensas de estas poblaciones y asimila nitrógeno y fósforo, mientras el silicio y el hierro reaparecen ya liberados, comenzando nuevamente la aparición de las diatomeas. Este diferente requerimiento de elementos minerales explica las sucesiones del plancton en el mar.

El **nitrógeno** se encuentra en el agua en forma de nitratos, nitritos, amonio, como gas disuelto y como parte de compuestos orgánicos. Se ha observado experimentalmente que enriqueciendo con nitratos los cultivos de algas planctónicas en muestras de aguas oceánicas, ocurría un incremento en la proliferación de las algas.

Las sales minerales disueltas en el agua de mar son aprovechadas por las bacterias quimio-sintéticas, las cuales son asimiladas mediante reacciones químicas complejas. Asimismo, algunas bacterias descomponen restos orgánicos, cadáveres y partículas sólidas para transformarlos en amoníaco y productos inorgánicos, los cuales son nuevamente aprovechables por los seres vivos. Algunas veces, estos compuestos permanecen en las capas profundas del océano o se depositan sobre los fondos marinos, desde donde son arrastrados a las capas superiores por movimientos verticales de las aguas o por corrientes marinas, por el fenómeno de **afloramiento** o **surgencia**, consistente en el transporte de nutrientos de las capas profundas a las superficiales, logrando en consecuencia la fertilización de las aguas.

La presencia de **fósforo** en forma de fosfatos en el agua de mar coincide con zonas de gran fertilidad, ya que es utilizado por el fitoplancton. El fósforo constituye un factor limitante, pues aunque la productividad de las aguas, en general, guarda relación con la concentración del fósforo, esta correlación no siempre es positiva. La distribución del fósforo en el mar varía con la estación del año y de una zona a otra. En las costas del Océano Atlántico se han encontrado concentraciones de fosfatos que van de 0,2 a 1 µg/L en aguas superficiales. La concentración de fósforo en aguas marinas es mayor a medida que aumenta la profundidad. En el Pacífico la concentración de fosfatos entre los 1.000 y 2.000 m de profundidad oscila entre 2,1 y 3,6 µg/L. Tanto el nitrógeno como el fósforo constituyen los dos nutrimentos más importantes para los organismos productores, especialmente para el fitoplancton. De allí que la distribución o abundancia de muchas especies del fitoplancton depende principalmente de la concentración de dichos elementos.

El **silicio** es otro elemento presente en el agua de mar, en la cual se encuentra frecuentemente formando silicatos. Son varios los organismos que utilizan el silicio para la constitución de algunas partes del cuerpo. Entre éstos tenemos las esponjas, los silicoflagelados, los radiolarios y sobre todo las diatomeas. Los frústulos que envuelven a las diatomeas están compuestos por sílice y por la abundancia de estos

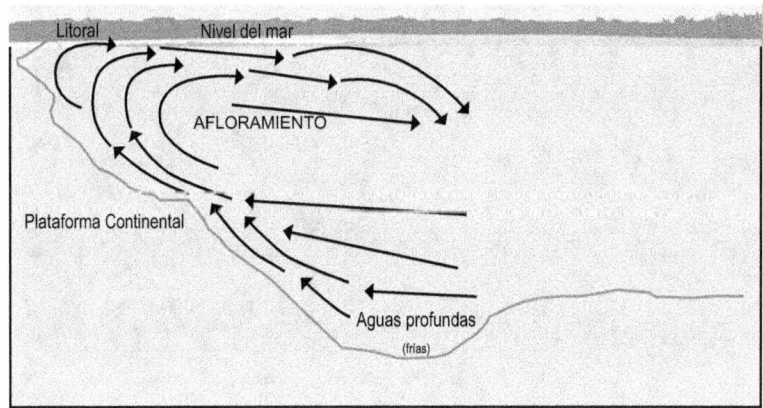

Figura 10.9. Esquema del proceso de afloramiento o surgencia de las aguas profundas hacia la plataforma continental.

Fundamentos de Ecología

organismos en el mar podemos deducir el papel que desempeñan estas algas en el ciclo del silicio.

El **hierro** se encuentra en el agua de mar formando sales diversas. Su concentración en el agua es muy baja, lo cual no es obstáculo para que tenga una función importante, ya que interviene en la síntesis de la clorofila y forma parte de la hemoglobina de los vertebrados. La concentración de hierro soluble en el agua de mar oscila entre 0,01 y 1,5 μg por litro.

El **mercurio** entra en los ecosistemas marinos derivado de las precipitaciones y a través de los ríos, donde se disuelve y asocia a partículas pequeñas en la columna de agua, con lo que pasa a estar disponible en el alimento en suspensión para los organismos filtradores, particularmente para los bivalvos (Rojas *et al.*, 2009). Debido a su gran toxicidad, el mercurio ha generado efectos significativos en poblaciones humanas a través de la biomagnificación, por lo que representa un problema ambiental. En Venezuela existen serios problemas de contaminación mercurial, con elevados niveles en los ríos Orinoco y Caroní, derivados de la extracción del oro, lo que ha incrementado los niveles de este metal en los tejidos de los peces. Estos ríos descargan sus aguas en el Mar Caribe y es posible que este metal se desplace a lo largo de las costas del Estado Sucre debido a las corrientes marinas que prevalecen en la zona. De allí que se haya encontrado en la parte blanda de bivalvos, como el *Perna viridis*, en la costa norte del estado Sucre.

10.7. Los ecosistemas y las comunidades marinas

Los principales ecosistemas marinos se encuentran en los océanos y en sus costas se forman los ecosistemas de transición, como son los manglares y estuarios. En lo que sigue se tratan los diversos aspectos relacionados con los océanos y en las secciones finales se tratan en detalle los arrecifes y los ecosistemas costeros.

10.7.1 La diversidad de ecosistemas marinos

Los ecosistemas marinos ocupan cerca de las tres cuartas parte de la superficie del planeta y son hogar de una gran cantidad de especies diferentes que van desde pequeños organismos planctónicos que conforman la base de la red marina alimentaria (es decir, fitoplancton y zooplancton) hasta grandes mamíferos como ballenas, orcas, delfines y manatíes, incluyendo gran cantidad de especies de peces de tamaño intermedio, como el atún, jurel, tiburones, agujas, peces espada, bacalaos, entre otros; así como numerosas especies de tamaño pequeño (sardinas y anchoas) y muchas especies de reptiles como tortugas y serpientes, moluscos, equinodermos y crustáceos (pulpos, calamares, estrellas de mar, pepinos de mar, cangrejos, langostas). También abundan las aves que se alimentan de peces, incluyendo gaviotas, cormoranes, pelícanos, pingüinos, aves zancudas y golondrinas, entre otras muchas (Figura 10.10).

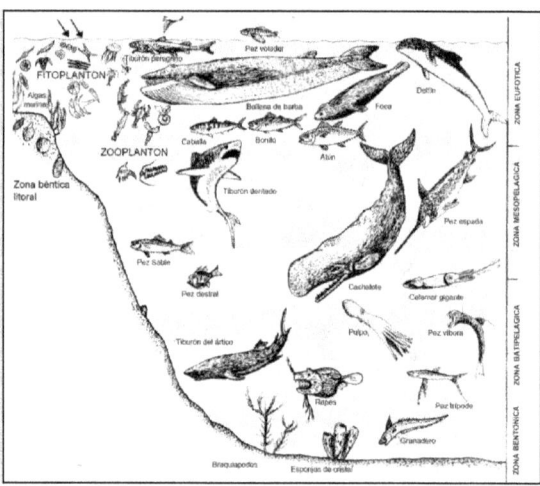

Figura 10.10. Distribución de las comunidades del océano

Fundamentos de Ecología

En cuanto a biodiversidad, el censo mundial de especies marinas realizado entre 2000 y 2010[2], en un esfuerzo internacional e interdisciplinario, identificó más de 30.000 nuevas especies marinas, para totalizar a la fecha ~446.000, de las cuales 85% pertenecen al reino animal, de acuerdo con Registro Mundial de Especies Marinas[3]. Dentro de los animales, destacan en orden decreciente los phila artrópodos, moluscos y cordados, que abarcan un poco más de 50% de las especies del reino animal. Los científicos consideran que todavía existen cerca de 300.000 especies marinas desconocidas.

10.7.2 Comunidades o grupos ecológicos oceánicos

Dentro de la diversidad de especies de organismos que pueblan las aguas marinas, podemos distinguir, por las condiciones ecológicas en que se encuentran, varios grupos bien definidos. Atendiendo a la forma en que viven, o por el espacio que ocupan en el medio marino, se reconocen tres grupos de organismos: el plancton, el bentos y el necton.

El plancton flota en el agua; el bentos vive sobre los fondos marinos; y el necton se traslada de un lugar a otro en el agua. A continuación estudiaremos con detalle cada uno de estos grupos.

10.8. El plancton

La palabra plancton deriva del griego y significa "errático" o "flotante", y por lo tanto son organismos que se desplazan a la deriva. El vocablo fue introducido por Hensen en 1877, para definir "todo lo que flota en el agua". Comprende un conjunto de organismos, en su mayoría microscópicos, que flotan a merced de las olas y son transportados de un lugar a otro por las corrientes o movimientos de las masas de agua.

Esto se debe a la carencia de órganos de locomoción y, en otros casos, a que éstos son muy débiles.

Atendiendo a su composición, el plancton se ha dividido en dos grandes grupos: el **fitoplancton** (plancton vegetal) y el **zooplancton** (plancton animal). El método para la recolección de estos organismos es prácticamente el mismo, y consiste en arrastrar en el agua una red cónica de seda o de nylon, con aberturas de diferentes tamaños entre los hilos, según el tipo de plancton que se desea recolectar. La red filtra el agua y retiene los organismos en la parte final de la red ocupada por un frasco o copo. Para el fitoplancton se usan redes de tela muy fina, en algunos casos con hilos formando aberturas de 60 a 70 micras; para el zooplancton se utilizan redes con mayor abertura entre los hilos.

Un modelo de análisis de los ciclos biogeoquímicos de los océanos, desarrollado sobre la base de la incorporación del plancton funcional como componente dentro de los ciclos (Le Quéré *et al.*, 2005), identifica al menos 10 tipos principales de plancton funcionales:

10.8.1. El fitoplacton

El fitoplancton comprende el grupo de organismos productores más importante del medio marino y lo forman las diatomeas, los dinoflagelados, los cocolitofóridos, los silicoflagelados, algunas cianoficeas y otros grupos de menor importancia. La amplia distribución y abundancia de estos organismos en la capa fótica de las aguas marinas, hace que, desde el punto de vista de la productividad, constituyan la base fundamental de la vida en el mar (Figura 10.11).

La riqueza pesquera de ciertas áreas marinas proviene de la abundancia del fitoplancton, especialmente de diatomeas y dinoflagelados. El estudio cuantitativo de las muestras de

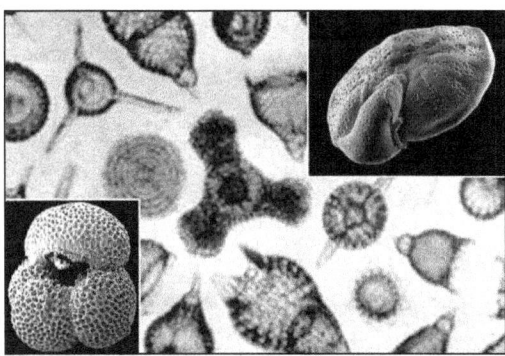

Figura 10.11. El plancton es esencial para el funcionamiento de la biósfera

---

[2] Appeltans W, Bouchet P, Boxshall GA, Fauchald K, Gordon DP, Hoeksema BW, Poore GCB, van Soest RWM, Stöhr S, Walter TC,Costello MJ. (eds) (2011). World Register of Marine Species. Accessed at http://www.marinespecies.org on 2011-08-29.

Fundamentos de Ecología

fitoplancton ha demostrado que en un litro de agua de mar, en condiciones normales, pueden encontrarse de 50.000 a 300.000 organismos. Naturalmente, esto varía mucho de un mar a otro, y en un mismo mar depende del área muestreada y de la estación o época del año. En las costas orientales de Venezuela, entre Margarita y La Península de Araya, se han determinado concentraciones superiores a 300.000 células u organismos fitoplanctónicos por litro. En ciertos casos se han encontrado concentraciones muy superiores, cuando concurren una serie de factores ecológicos especiales, que determinan la proliferación de algunos microorganismos, dinoflagelados principalmente, que debido a su abundante colorean las aguas de color rojizo, vino tinto o marrón según los casos. El fenómeno se conoce como "marea roja" y en Venezuela recibe el nombre de "turbio". Mazparrote (1967) determinó un caso de marea roja en el Golfo de Cariaco, cuya concentración de organismos superaba los 10 millones de células por litro.

La distribución tanto vertical como horizontal del fitoplancton depende de muchos factores, entre los cuales se encuentran principalmente la luz, la temperatura, las sales minerales, las corrientes marinas y los movimientos de las masas de agua. El fitoplancton se desarrolla, en general, entre la superficie y los 200 metros de profundidad. Por debajo de estos niveles pueden existir algunos elementos del fitoplancton, pero sin importancia desde el punto de vista de la producción, ya sea por su pequeño número o porque generalmente se trata de algunas formas heterotróficas. Algunos géneros como *Ceratium* y *Peridinium* se encuentran ampliamente distribuidos. Los mares de aguas templadas y frías suelen ser más productivos que los cálidos o tropicales.

El fitoplancton marino, responsable por la mitad de la producción primaria fotosintética, contribuye igualmente con los depósitos del carbono, mediante la denominada **bomba biológica**, la cual proviene de las cadenas alimentarias y la formación de detritus, que eventualmente se depositan en el fondo del océano. De allí la importancia de los océanos en la disminución del volumen de carbono en la atmósfera, y consecuentemente en la tasa de cambio climático antropogénico (Barange *et al.*, 2010) (Figura 10.12).

10.8.2. El zooplacton

Desde el punto de vista trófico, el zooplancton constituye un sector importante de los consumidores primarios o herbívoros marinos. El zooplancton comprende grupos de diversos organismos que durante todo su ciclo vital o una parte de él, pertenecen al plancton. De acuerdo con esta modalidad, se distinguen dos clases de zooplancton: el *holoplancton* y el *meroplancton*. Al primero pertenecen los organismos que durante toda la vida son planctónicos, como los foraminíferos y los radiolarios. El meroplancton lo forman los organismos que sólo pertenecen al plancton durante una época de su ciclo vital, como sucede con las larvas de los moluscos, huevos de peces y otros.

Los grupos zoológicos representados en el zooplancton son varios: los radiolarios, los foraminíferos, los tintínidos y otros; los espongiarios están representados por gémulas armadas; entre los celenterados tenemos los hidrozoarios, las medusas, las larvas de antozoarios y actinias y los sifonóforos. Entre los vermes encontramos algunas especies de anélidos y poliquetos. Los quetognatos están representados por ciertos géneros, el más conocido es la Sagita. El grupo más importante del zooplancton lo constituyen los crustáceos, que por su abundancia y amplia distribución, juegan un papel muy importante en las redes alimentarias marinas. A este grupo pertenecen los copépodos, los ostrocodos, los eufásidos, los decápodos y los misidáceos. También pertenecen al plancton las larvas de equinodermos, moluscos y

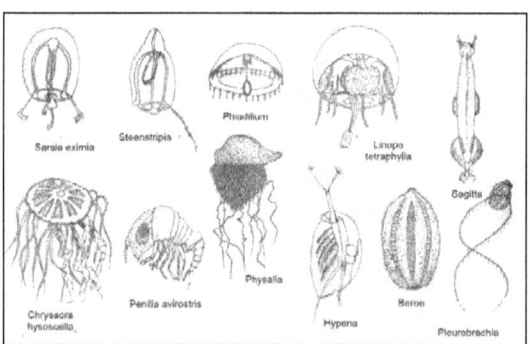

Figura 10.12. Organismos comunes del fitoplancton oceánico.

Fundamentos de Ecología

152

peces. Algunos tunicados, como las salpas y doliólidos, pertenecen al plancton durante todo su ciclo vital.

Uno de los crustáceos más sorprendentes es el *Euphausia superba*, conocido como krill. Vive en el Antártico, puede alcanzar concentraciones de 20.000 individuos por metro cúbico de agua. Es el alimento principal de la ballena azul y representa una reserva de proteínas de 150 millones de toneladas anualmente.

En cuanto a la distribución del zooplancton, en los mares templados y fríos es más homogénea, hay menos diversidad de especies. En los mares tropicales el zooplancton es más heterogéneo y hay mayor variedad de especies. Entre las especies de copépodos de más amplia distribución encontramos el *Calanus Finmarchicus*, muy abundante en el Mar del Norte. En los trópicos, los copépodos más abundantes y conocidos son: *Eucalanus elongatus* y *Rhincocalanus cornutus*. Entre otros organismos pertenecientes al plancton se encuentran *Velella spirans* (medusa), *Sagitta enflata* (quetognato) y algunos tunicados (Figura 10.13).

En cuanto a la distribución vertical, se observan notables diferencias cuantitativas y cualitativas según los gradientes físicos y químicos. En las capas superficiales abundan los individuos jóvenes de varias especies, grandes concentraciones de larvas de moluscos y algunos copépodos como Temora y Paracalanus. En cambio, a profundidades mayores, abundan las formas adultas de copépodos y especies de otros grupos. A profundidades mayores de 100 m también se encuentran organismos pertenecientes al zooplancton, pero en número muy escaso, como lo demuestran los ejemplares hallados a más de 6.000 m de profundidad. La distribución vertical no es regular y se encuentran algunos casos anómalos de distribución, por lo que resulta inconveniente hacer generalizaciones. Sin embargo, datos obtenidos por algunos autores en muestreos realizados en diferentes mares, indican que existe un límite de distribución entre 500 y 1.000 metros de profundidad. Entre los factores determinantes que influyen sobre la distribución vertical del zooplancton se encuentran la temperatura, la luz, la salinidad, la presión y el contenido de oxígeno.

A la distribución vertical del zooplancton y a su abundancia a determinadas profundidades, se debe un fenómeno detectado por primera vez durante la segunda Guerra Mundial (1939-45). Se observó que los barcos militares equipados con ecosonda, registraban falsos fondos ubicados a profundidades menores a las de fondo verdadero. El fenómeno produjo expectativa y desconcierto, ya que contradecía aparentemente los datos de profundidad señalados en las cartas de navegación. Pronto hallaron que las ondas ultrasonoras chocaban contra algún obstáculo antes de llegar al fondo real y sufrían fenómenos de reflexión. Las investigaciones lograron determinar que esta "capa difusora" (*Deep scattering layers*), se debía a la presencia de grandes concentraciones de crustáceos, ubicados entre 200 y 400 metros y a veces hasta 600 metros de profundidad.

10.9. El bentos y las comunidades bénticas

Los organismos que pertenecen al bentos viven sobre el piso de los océanos o bien dependen directamente de él. Dentro de este grupo, que presenta gran variedad de formas y tamaños, se reconocen dos tipos de organismos según sean sus relaciones con el sustrato.

a) La **epifauna**, que comprende los organismos que viven fijos sobre el fondo o bien moviéndose libremente sobre él. Entre éstos tenemos algas macroscópicas con pocas excepciones; algunas fanerógamas marinas como *Ruppia maritima, Zoostera marina, Thalassia testudinium* y otras, que forman verdaderas praderas sobre los fondos arenosos bajos (pastos marinos). En cuanto a los grupos de animales pertenecientes a la epifauna, encon-

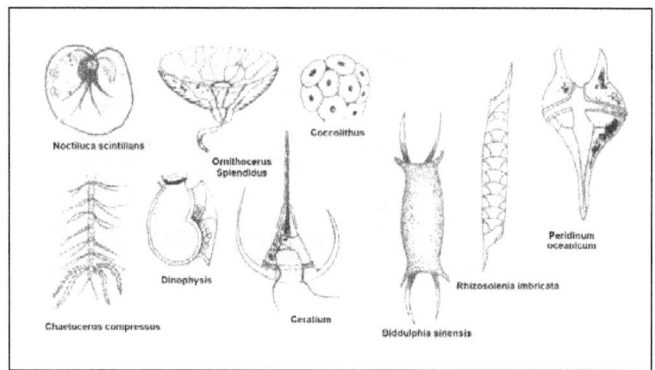

Figura 10.13. Especies de zooplancton mas comunes en los océanos.

Fundamentos de Ecología

tramos espongiarios, hidrozoarios, moluscos, ascidias, crustáceos y equinodermos.

b) Los organismos que pertenecen a la **infauna**, penetran o perforan el sustrato construyendo tubos, galerías o simplemente se entierran en él, como muchos lamelibranquios, escafópodos y crustáceos que viven en los fondos arenosos o fangosos.

Debido a la estrecha relación entre los seres vivos que forman el bentos y los fondos marinos donde habitan o de los cuales dependen, es útil recordar las denominaciones que reciben estos ambientes de acuerdo con su ubicación. Aunque no existe criterio unificado entre los autores que tratan este tema, ni en cuanto al número de zonas, ni en cuanto a la extensión de cada una de ellas, intentaremos dar una clasificación lo más clara posible, definiéndolas concisamente en cuanto a su situación y extensión. Mencionaremos algunos ejemplos de la flora y de la fauna que nos permitan caracterizar cada zona.

Las zonas bénticas marinas son las siguientes:

- **Zona Supralitoral.** Es la parte superior del litoral que va desde la línea de pleamar hasta donde comienza la vegetación terrestre. Comprende la zona de humectación o aspersión producida por el oleaje al estrellarse contra la costa. En esta zona se encuentran algunos líquenes sobre las rocas, gasterópodos como Littorina y anfineuros como el Chiton.
- **Zona Litoral**. Esta zona tomada en sentido estricto comprende el espacio demarcado por las líneas de pleamar y bajamar; algunos la llaman zona de las mareas o zona intercotidal. El litoral, así entendido, queda alternativamente emergido y sumergido a lo largo del día. Su biota está adaptada a permanecer expuesta durante horas a los rayos solares durante la marea baja; y en la marea alta permanece cubierta por las aguas. En los substratos rocosos se pueden observar franjas de algas marrones: *Sargassum* y *Turbinaria*, en los trópicos, en los trópicos; *Fucus*, *Laminaria* y *Macrocystis*, en las zonas templadas. En cuanto a la fauna, encontramos con frecuencia poblaciones de ostras, mejillones y algunos gasterópodos, hidrozoarios, poliquetos y briozoarios. Esta zona se caracteriza por la presencia de algunos Cirrípedos, como *Balanus* y *Chathamalus* (Figura 10.14).
- **Zona Sublitoral**. Llamada también infralitoral, comprende la zona que va desde la línea de las mares más bajas, hasta el borde de la plataforma continental. Viven en esta zona organismos bénticos siempre sumergidos. Las algas macroscópicas forman un cinturón en el límite superior constituido principalmente por *Ulva*, *Entermorpha* y *Laurentia* en lugares protegidos. Por debajo de estos niveles se encuentran algas rojas calcáreas y algunas cloroficeas. Es una zona muy rica en especies, tanto vegetales como animales. Sobre sus fondos arenosos o fangosos, se extienden las praderas de fanerógamas marinas formadas por *Thalassia*, *Ruppia* y *Halophila* en el trópico, mientras en las zonas templadas están formadas principalmente por *Zoostera* y

Las Madréporas, los poliquetos, los moluscos, los equinodermos y las esponjas, están ampliamente representadas por muchas especies que habitan en esta zona. En aguas transparentes y tranquilas se forman los corales que constituyen un ecosistema con gran diversidad de especies.

Figura 10.14. Especies del bentos litoral

Fundamentos de Ecología

- **Zona abisal.** Comprende la mayor parte del fondo de los océanos. Aunque algunos autores dividen esta zona en tres: **zona batial, zona abisal** y **zona hadal**, nosotros la trataremos como una sola, a fin de simplificar y por considerar que ecológicamente no presentan diferencias notables. La población de esta zona es escasa en número de individuos, aunque variada en especies, sobre todo en los fondos rocosos. Sobre los fondos blandos la fauna es más abundante y está formada por algunas especies de holoturios, lamelibranquios, poliquetos, actinias, moluscos y algunos crustáceos, isópodos y anfípodos. La biomasa de esta zona es escasa en comparación con la de la plataforma continental; basta considerar que en ésta se calcula en 6.000 el número de individuos por m^2, mientras en la zona abisal apenas se alcanza 25 a 100 individuos por m^2. Sin embargo, sus aportes a la biodiversidad son significativos en cuanto a la variedad de especies presentes en él, ya que muchos de los organismos que habitan estos abismos son endémicos. En en el fondo marino de esta zona se distinguen tres tipos de ecosistemas (Arico y Salpin, 2005):

- **Fuentes hidrotermales.** Se encuentran a lo largo de las crestas centro-oceánicas, donde emerge el magma de las partes profundas de la Tierra. Un respiradero se forma típicamente cuando el agua de mar penetra en la corteza, es calentada por el magma, y vuelve a entrar en el océano a través de un respiradero caliente, arrastrando consigo sustancias minerales. El término "fumarolas negras", comúnmente utilizado para designar a los respiraderos hidrotermales, indica cuán intensas y densas son las emisiones de fluidos del fondo del océano. Estos respiraderos hidrotérmicos también se puede encontrar dentro de las montañas submarinas donde el tipo de actividad volcánica y la interacción entre el agua de mar y el fondo marino permiten su formación. Las fuentes hidrotermales pueden ser permanentes o transitorias, dependiendo de la intensidad y la duración del fenómeno de ventilación. Todas las aberturas se caracterizan por una presión extremadamente alta debido a la profundidad a la que se encuentran, por las temperaturas extremadamente altas, valores de pH y salinidad extremos y alta toxicidad, debido a los minerales que se escapan de la corteza terrestre (Figura 10.15). Los microorganismos conocidos como extremófilos son la base de las cadenas tróficas de los respiraderos, y la base del funcionamiento del ecosistema, dependientes de estas sustancias minerales. Los microorganismos presentes no utilizan la luz como fuente de energía en el proceso de formación de sustancias orgánicas. Como resultado de ello, se conocen como organismos quimiolitotróficos, en oposición a los fotosintéticos.

- **Surgencias frías y otros ecosistemas similares en aguas profundas.** Son áreas profundas de fondo blando donde el agua y los gases se filtran fuera de los sedimentos. Se trata de zonas extremas debido a la alta presión y los niveles de toxicidad. Sin embargo, en contraste con las chimeneas hidrotermales, las temperaturas tienen los mismos valores moderados como las de las aguas circundantes.

- **Montes submarinos.** Se caracterizan por procesos activos de circulación de agua, que se traducen en una gran riqueza de especies pertenecientes al grupo funcional de los alimentadores de la suspensión, Las especies típicas son los corales de aguas profundas, esponjas, crinoideos, hidroideos y ofiuroideos de aguas profundas. También propor-

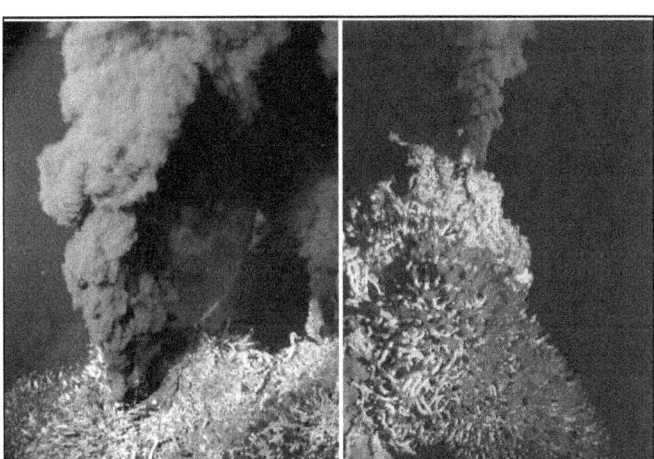

Figura 10.15. Organismos vivos alrededor de las fuentes hidrotermales profundas

cionan un hábitat para varias especies de peces de interés comercial, como el reloj anaranjado, y son visitados por peces espada, atunes, tiburones, tortugas y ballenas.

En la región abisal las condiciones de vida son muy uniformes: la temperatura varía en conjunto entre 5 y 1°C, pero localmente es muy estable; no hay luz solar ni estaciones del año y las variaciones de las propiedades del agua son insignificantes; no hay presencia de oxígeno y la presión es inmensa. Aunque la vida no está totalmente ausente en las regiones abisales, las especies e individuos son menos numerosos que en las otras regiones del mar gracias a las condiciones ambientales ya mencionadas: la zona abisal carece de luz solar y por lo tanto de algas. El factor principal que limita toda la vida abisal es, pues, el aporte de alimento forzosamente alóctono (proviene de otros lugares diferentes al lugar de vida). En estas condiciones se le da paso a la biomasa más abundante de los abismos: las bacterias. Una parte de éstas son autótrofas quimiosintéticas, que cubren sus necesidades de carbono, a expensas del ion bicarbonato, oxidando amoniaco, hidrógeno, nitrito, metano o substancias inorgánicas.

Las bacterias son prácticamente los únicos productores por debajo de la región iluminada. Otras bacterias, heterótrofas, se nutren a expensas de la masa orgánica disuelta que aporta el agua circulante, así como de toda clase de cadáveres y excreciones. La representación del mundo animal en las regiones abisales es mucho más amplia y todavía no se ha estudiado suficientemente. Incluye variadas formas de rizópodos y una gran variedad de esponjas, entre las que son especialmente características las hexatinélidas. Entre los celentéreos se encuentran hidrozoos, como grandes pólipos solitarios, pennatularios y actinias. Se han encontrado 375 especies de equinodermos por debajo de los 2.000 metros. Los briozoos abisales son raros, se encuentran algunos anélidos poliquetos y los braquiópodos en un número muy

notable. La mayor parte de cefalópodos de profundidad son batipelágicos. Estas formas animales se dividen entre los que se alimentan de presas vivas (depredadores) y de residuos (detritívoros). Algunas formas viven en contacto con el fondo (bentos) y por lo tanto pueden ser excavadores, fijos, errantes o libres (pelágicos). Como respuesta al medio, estos organismos presentan las siguientes particularidades: la ausencia de luz lleva consigo la atrofia general de los órganos de la visión, compensada por un alargamiento de los órganos táctiles, por lo cual se han observado crustáceos cuyas antenas alcanzan longitudes desmesuradas. Por otro lado, la ausencia de luz es la posible causante de la producción de luz orgánica (bioluminiscencia) aunque este fenómeno se le atribuye también a la luciferina. La bioluminiscencia tiene como función la atracción de presas; por ejemplo, el *Melanoccetus murrayi*, usa como cebo sus órganos luminosos. Por otro lado, la pigmentación se da entre tonos rosados y violeta y por lo general también se encuentran organismos con cuerpos transparentes.

10.10. El necton

Comprende los seres vivos capaces de flotar y nadar a voluntad para trasladarse de un lugar a otro. La diversidad del necton es menor que la observada en el bentos. Pertenecen a este grupo: los peces (el grupo más numeroso e importante del necton), grandes crustáceos, la mayor parte de los cefalópodos, algunos quelonios (tortugas marinas) y mamíferos como las focas y las ballenas.

Sin lugar a dudas, los peces constituyen el grupo más importante en individuos y variedad de especies pertenecientes al necton. Para el estudio de la distribución de los peces y del necton en general, consideraremos dos dominios acuáticos: el **Dominio pelágico costero** y el **Dominio pelágico oceánico**. En la práctica resulta difícil delimitar estas regiones, máxime si se toma en cuenta que los peces viven

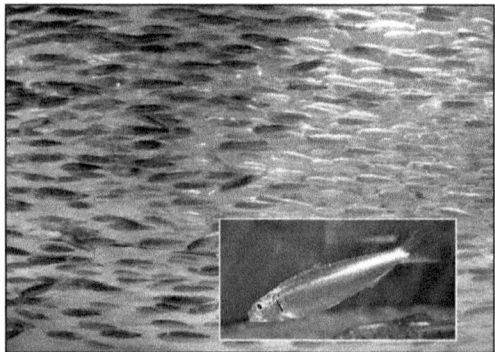

Figura 10.16. Los cardúmenes de sardina abundan en el los ecosistemas costeros del mar Caribe

Fundamentos de Ecología

habitualmente en determinado dominio marino, pero pueden trasladarse a otro durante períodos de tiempo más o menos largos.

a) **El Dominio pelágico costero.** Las aguas cercanas a la costa se caracterizan por ser ricas en plancton, pues debido a la proximidad del fondo marino hay buena distribución y abundancia a nutrientes. Abundan en esta zona, peces que se alimentan de plancton, especialmente algunas especies de la familia *Clupeidae*, como el arenque y las diferentes especies de sardina: *Sardinella anchovia* y *Sardinella brasiliensis*, en el Atlántico Tropical; *Sardinella pilchardus* y *Sardinella anita*, en otros mares (Figura 10.16). La anchoveta es muy abundante en las costas de Perú, donde forma grandes cardúmenes compactos generalmente cercanos de las costas ya sean rocosas o arenosas. Su tamaño no sobrepasa los 25 cm. Presenta un ciclo vital rápido y su fecundidad es elevada. La mayoría de estas especies se alimentan principalmente de fitoplancton, que retienen cuando el agua pasa a través de las branquias, provistas de estructuras finas, las cuales actúan como redes de plancton muy eficaces. Además se alimentan de algas y animales pertenecientes al zooplancton, actuando como consumidores secundarios. Estas especies desempeñan un papel importante en la cadena trófica, pues sirven de alimento a otros peces e inclusive a las aves marinas. Los tiburones, depredadores voraces, viven en esta zona y compiten con el hombre como reguladores de las poblaciones de peces.

A lo largo de las costas caribeñas de Venezuela, debido a la ocurrencia de surgencias o afloramientos, existe una intensa producción biológica y una abundante biodiversidad: más de 450 especies de peces, crustáceos, reptiles, anfibios y mamarios (de acuerdo con la ONG *Nature Conservacy*[4]), que incluye aproximadamente 57 especies de peces aprovechables mediante la pesca, incluyendo también crustáceos y moluscos (Novoa *et al.*, 1998).

Ruiz *et al.* (2003), en un muestreo en dos localidades del formaciones coralinas del Parque Nacional Mochima, capturaron mediante nasas e identificaron 67 especies de peces, pertenecientes a 25 familias. En el delta del río Orinoco, Lasso *et al.* (2009) registran 438 especies de peces dulceacuícolas, estuarinos y marinos. Estas especies se encuentran representadas en 20 órdenes, 82 familias y 281 géneros. Los órdenes con mayor representación específica fueron Characiformes (132 especies), Perciformes (99 especies) y Siluriformes (87 especies). De manera general, debemos señalar que las grandes zonas pesqueras del mundo se hallan en el dominio pelágico o costero muy próximas a la plataforma continental.

b) **El Dominio Pelágico Oceánico.** Aunque, como afirmamos en el punto anterior, resulta difícil delimitar las zonas ecológicas marinas, se toma como punto de referencia la línea imaginaria vertical coincidente con el borde de la plataforma continental para señalar el comienzo del dominio pelágico oceánico.

Los peces tienen ciclos de vida complejos, que comprende varias etapas (huevo, larva, juvenil y adulto), cada uno de los cuales pueden verse afectados de manera diferente por el cambio climático. Durante su ciclo de vida, los peces suelen aumentar en el tamaño corporal en un factor de 105 y las sucesivas etapas del ciclo biológico pueden requerir hábitats separados espacialmente. Un requisito previo para la persistencia de la población es la conectividad entre los hábitats necesarios para las sucesivas etapas de la vida, lo que permite a los sobrevivientes madurar y volver a las zonas de desove para reproducirse con éxito. Dentro de estos hábitats específicos, los peces deben experimentar las condiciones abióticas adecuadas, encontrar el alimento para el crecimiento, y encontrar un refugio para escapar de la depredación o la enfermedad.

Los peces del ambiente pelágico generalmente presentan un ciclo vital largo y se caracterizan por:

i) Efectuar migraciones a veces a lugares muy distantes. Estas migraciones tienen relación con la reproducción, como sucede en algunas especies de atún y anguilas. En estas migraciones buscan condiciones ecológicas apropiadas, sobre todo en relación con la temperatura y demás características del agua. Los huevos y las larvas, producidos en gran cantidad, navegan a la deriva y son llevados por las aguas hasta que pueden valerse por sus propios medios.

ii) Tienen tendencia a formar "bancos" más o menos compactos y amplios, lo cual representa una ventaja para su captura por el hombre. Entre las especies más importantes de esta zona encontramos los atunes (*Tunnus*), algunos tiburones (ciertos géneros muy peligrosos, como el tiburón-tigre) y las especies pertenecientes a la familia **Istiphoridae** que viven en mares tropicales y subtropicales, y entre las que encontramos la aguja azul (*Makaira nigricans*), la aguja blanca (*Tetrapturus albidus*), el pez vela (*Istiophorus americanus*) y el pez espada (*Xiphias gladius*).

El salmón, el bacalao, el atún y los cetáceos, como la ballena, viven igualmente en esta zona y son objeto de pesca intensiva por las flotas pesqueras del mundo. Son los peces pelágicos los que aportan mayor tonelaje a la pesca mundial. La explicación de este hecho la encontramos en la estructura de las cadenas alimentarias del dominio pelágico, que son más cortas que las del dominio béntico. Los peces pelágicos devoran invertebrados que se han alimentado de fitoplancton y no tienen muchos depredadores; por tanto, la cadena que se establece es más simple y no tiene grandes pérdidas colaterales.

---

[4] http://espanol.tnc.org/dondetrabajamos/venezuela/lugares/

Fundamentos de Ecología

En el dominio béntico, las cadenas alimentarias, por lo general, son más largas y complejas y presentan pérdidas laterales por causa de la depredación que ocasionan las especies no comerciales. Por otra parte, el ciclo vital de estas especies es más largo y por estas razones la pesca **demersal** (pesca de especies que viven sobre los fondos) no es tan abundante.

Los animales que pertenecen al necton son **filtradores** o bien **depredadores**. Las sardinas, anchoas y arenques (Clupeidos) son de talla pequeña y poseen órganos filtrantes, consistentes en radios espinosos (branquiespinas), situados sobre los arcos branquiales. Algunas de estas especies dependen solamente del fitoplancton, mientras otras se alimentan del zooplancton. En el otro extremo, por una curiosa paradoja, algunas especies poseen en su boca elementos filtrantes, los cuales retienen en sus barbas córneas grandes cantidades de plancton. Entre los peces depredadores encontramos algunas especies de la familia Thunnidae, como el atún, el bonito y el pez espada, que se alimentan de peces pequeños y de invertebrados. Debido a que el ciclo de vida de los peces se inserta en un marco geográfico, el tamaño de los diferentes hábitats difiere, lo que podría dar lugar a cuellos de botella en determinados etapas del ciclo.

De acuerdo con Rijnsdorplos *et al.* (2009), los cambios en las poblaciones de peces, impulsados por las variaciones en el clima, pueden deberse a cuatro mecanismos, a menudo relacionados entre sí. Tales mecanismos son:

a) Respuesta fisiológica a los cambios en los parámetros ambientales, tales como la temperatura.

b) Respuesta de comportamiento, tales como evitar las condiciones desfavorables y trasladarse a nuevas áreas más adecuadas,

c) La dinámica de población, a través de cambios en el equilibrio entre las tasas de mortalidad, el crecimiento y la reproducción en combinación con la dispersión, lo que podría resultar en el establecimiento de nuevas poblaciones en áreas nuevas, o el abandono de los sitios tradicionales.

d) Cambios en los ecosistemas a nivel de la productividad y/o las interacciones tróficas.

Tales cambios provocan alteraciones en la distribución y abundancia de algunas especies y generan migraciones hacia hábitats más adecuados, modificaciones en el ciclo de vida y cambios en los hábitos alimenticios. Adicionalmente, la explotación comercial en gran medida afecta a la abundancia y distribución de los peces y puede interactuar con los efectos del cambio climático.

10.11. Complejidad de las redes alimentarias oceánicas

Aunque las cadenas tróficas de los diversos ecosistemas oceánicos, siguen los mismos principios universales de las terrestres, el medio oceánico presenta características singulares en cuanto a hábitats y nichos, producto de la gran riqueza, movilidad (migraciones), ciclos de vida y hábitos alimenticios de las especies:

- Los productores primarios son mayoritariamente microscópicos,
- Las cadenas tróficas contienen más eslabones y redundantes (la falta o pérdida de un eslabón es compensada por otros similares o superpuestos).
- Tienden a prevalecer el tipo de especies generalistas y oportunistas en lugar de las especialistas,
- Existen mayor número de especies omnívoras y carnívoras, y
- Ocurre cierto grado de canibalismo inter e intra específico, al compartir el mismo espacio diferentes especies del mismo género en distintos estados de desarrollo (larvas, juveniles y adultos).

En la Figura 10.17 se representa el esquema de la red alimentaria característica —que incluye 70 especies estudiadas— de la costa Noreste de los EE UU, una de las regiones con mayor diversidad pelágica y béntica (Link, 2002). Se observa la presencia de hasta 5 y 6 niveles tróficos y la gran

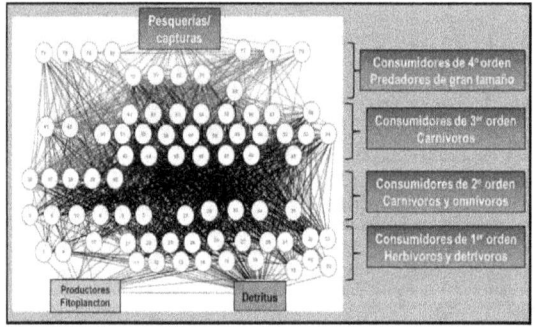

Figura 10.17. Esquema representativo de la complejidad de las redes alimentarias de los ecosistemas oceánicos.
Fuente: adaptación propia de Link (2002)

Fundamentos de Ecología

diversidad de cadenas tróficas que pueden sucederse, con un alto nivel de conectividad y anidamiento.

En el océano, sin embargo, se pueden diferenciar dos redes alimenticias principales: la red alimenticia de ingestión en el sistema pelágico y la red alimenticia detrítica en el sistema bentónico. La cadena alimenticia detrítica depende en gran parte del plancton. En el ambiente pelágico son dominantes los copépodos, pequeños crustáceos herbívoros, muy abundantes (pueden representar más de 90%) y excretan los restos de la digestión en forma de pequeñas cápsulas compactas cubiertas por una cáscara protectora, que impide que se disgreguen en el agua y por ello se hunden con rapidez y marchan a los fondos. Donde abundan los copépodos hay una verdadera "lluvia" de cápsulas fecales, muy ricas en materia orgánica y recubierta de bacterias con lo que aumenta su valor como alimento. Para muchos investigadores, las redes alimentarias del océano son muy complejas y el funcionamiento de las transferencias de energía y reciclaje de nutrimentos no son lo suficientemente conocidas, por lo que deben profundizarse los estudios respectivos.

10.12. El flujo de la energía en el océano: la producción marina

El océano forma un ecosistema amplio y complejo, en el que la vida, igual que en el ecosistema terrestre, tiene un ciclo que le permite renovarse y prolongarse en el tiempo y en el espacio. En este ciclo participan los elementos abióticos y los organismos vivos. Como primer elemento de este ciclo biológico, los organismos vegetales unicelulares y pluricelulares constituyen el primer eslabón de la cadena alimentaria y, por tanto, la base de la vida en el océano.

De estos organismos productores, el fitoplancton es el más importante, ya que se extiende por toda la capa fótica del océano, mientras que la producción de las algas superiores, representan una pequeña parte del total, pues sólo prosperan en las zonas marinas próximas al litoral, donde el espesor de la capa de agua alcanza pocos metros.

Los organismos productores sirven de alimento a los animales herbívoros, los cuales pertenecen principalmente al zooplancton y otros grupos diversos de la escala zoológica. Esta fase corresponde al segundo nivel o **consumidores primarios**. Entre los consumidores encontramos un grupo de animales que se alimentan de herbívoros, los **consumidores secundarios**. Estos, a su vez, pueden ser devorados por otros, los cuales constituyen el grupo de **consumidores terciarios**, y así sucesivamente.

Los desechos orgánicos que generan estos seres, ya sea por muerte o desintegración, son aprovechados por las bacterias y hongos que constituyen el grupo de los desintegradores o descomponedores. Las bacterias degradan y mineralizan la materia orgánica y la reducen a sustancias minerales más simples. Este proceso bacteriano es inverso al que realizan los vegetales con clorofila. Las sustancias minerales así formadas, se incorporan nuevamente al ciclo en forma de nitratos, fosfatos y silicatos, que son utilizados por el fitoplancton y las algas superiores para la síntesis de alimentos orgánicos.

El rendimiento de este ciclo, en términos de producción para el hombre, es bastante bajo. Esto quiere decir que es mucha la energía que se disipa en forma de calor, movimiento y desechos.

10.13. El manglar

En las aguas tropicales y subtropicales, sobre algunas áreas costeras y en las zonas de mareas, se forman unos ecosistemas de transición entre la costa y el mar, los manglares, donde prevalecen un conjunto de hábitats que forman un biotopo particular. Los manglares constituyen la vegetación dominante en más de 70% de las costas tropicales y subtropicales del mundo (Figura 10.18). Para el año 2005 la FAO estimó que en el planeta existían alrededor de 15,2 millones de hectáreas, localizándose los mayores porcentajes de cobertura en Asia y África, seguido de Norte y Centro América (FAO, 2007). En América Latina se ha estimado una cobertura de 4.000.000 hectáreas.

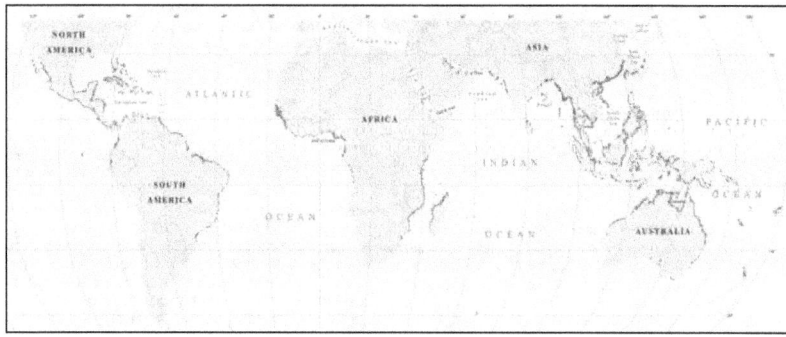

Figura 10.18. Mapa de distribución global de los manglares. Fuente: http://www.lme.noaa.gov/index

Fundamentos de Ecología

El nombre de **manglar** proviene de las especies arbóreas que lo forman, que comúnmente se llama **mangle**. Estas plantas toleran una salinidad alta. El mangle rojo (*Rhizophora mangle*) crece en contacto con el agua marina, sobre fondos de poca profundidad, a los cuales se adhiere fundamentalmente por medio de sus numerosas raíces adventicias. Alrededor de éstas y de los tallos leñosos, se acumulan diversos materiales: arena, cieno y restos orgánicos, que paulatinamente van rellenando y elevando los fondos marinos. En algunas costas tropicales, el manglar forma una franja litoral que puede alcanzar varios kilómetros de ancho, donde vive una comunidad rica en especies e individuos con una alta productividad. Una gran diversidad de fauna vive en este medio y muchas especies como el ostión (*Crassostrea rhizophorae*) se fijan en las raíces. Los manglares son uno de los ecosistemas más productivos, enriquecen y protegen las aguas costeras y ofrecen al hombre productos como la madera y la pesca de varias especies, entre ellas el ostión.

Los manglares se desarrollan bajo condiciones de alta salinidad, mareas extremas, vientos fuertes y suelos anaeróbicos. Los frutos del mangle germinan sobre la planta, se desprenden y caen al fondo clavándose en él. De esta manera, las raíces y los frutos hacen que el manglar avance hacia el mar, al tiempo que, gracias a los materiales sedimentarios que se depositan entre sus raíces, se forma un suelo sólido, preparando el terreno para la invasión de la vegetación terrestre. Como elemento en esta sucesión viene después el "mangle negro", *Avicennia nitida*, que emite gran cantidad de raíces respiratorias (neumatóforos) entre las que se acumulan materiales inorgánicos y materias orgánicas. Posteriormente se establece el mangle blanco (*Laguncularia racemosa*) y el mangle botoncillo (*Conocapus erectus*) y otras plantas francamente terrestres.

En su revisión de laBiología de los ecosistemas de manglares, Kathiresan y Bingham (2001) señalan que se han identificado 69 especies de plantas que forman manglares, incluidas en 26 géneros y 20 familias. Asociadas al manglar se encuentran diversos microorganismos, incluyendo bacterias con características particulares para reducir sulfatos y fijar nitrógeno, formar relaciones simbióticas con hongos, quienes juegan un papel importante en el reciclaje de nutrimentos del manglar. El fitoplancton asociado tiene una contribución limitada en el ecosistema, debido a las condiciones extremas de salinidad y las mareas. Además de las ostras, otras especies animales son comunes en los manglares, incluyendo esponjas, insectos, cocodrilos, balanos, serpientes, anfibios, peces, langostinos, camarones, langostas y cangrejos. Para algunas especies pelágicas el manglar constituye un nicho temporal de refugio durante sus etapas juveniles.

La zona de mareas se caracteriza por factores ambientales muy variables, tales como la temperatura, la sedimentación y las corrientes de marea. Las raíces aéreas de los manglares estabilizan parcialmente este medio ambiente y proporcionan un sustrato sobre el que muchas especies de plantas y animales viven. Por encima del agua, los árboles de mangle y la cubierta proporcionan un hábitat importante para una amplia variedad de especies. Estos incluyen aves, insectos, mamíferos y reptiles. Bajo el agua, las raíces de los manglares están cubiertas por epibiontes como los tunicados, esponjas, algas y moluscos bivalvos. El sustrato blando en los manglares conforma el hábitat para varias especies de infauna y epifauna, mientras que el espacio entre las raíces ofrece refugio y alimento para la fauna móvil, tales como gambas, cangrejos y peces. Las hojas caídas del manglar se transforman en detritus y en buena parte respalda la red alimentaria del manglar. El plancton, algas epífitas y microphytobenthos también constituyen una base importante para la red alimentaria del manglar. Debido a la gran abundancia de alimento, y bajo la presión de depredación, los manglares son un hábitat ideal como refugio para una gran variedad de especies animales, durante parte o la totalidad de su ciclo de vida. Como tal, los manglares pueden funcionar como hábitats de cría de especies (de importancia comercial): cangrejo, gambas y para la pesca de peces de las poblaciones circundantes (Nagelkerken et al., 2008).

El manglar, además de constituir un sistema ecológico de gran interés biológico, ofrece las siguientes ventajas:

a) Protege a las costas contra la erosión de las aguas marinas.

b) Permite el avance terrestre sobre el mar.

c) Por sus condiciones ecológicas, el manglar presenta ventajas excelentes para el desarrollo de larvas y estadios juveniles de muchos organismos marinos.

En Venezuela existen más de 1.000 km de litoral con formaciones de manglares, cubriendo aproximadamente 25.000 km² de las zonas costeras e insulares del país, especialmente en la región del delta del Orinoco, el golfo de Paria, las lagunas costeras y el golfo de Venezuela. El Manglar está representado en Venezuela por las siguientes especies: *Rhizophora mangle*, *R. harrisonii*, *R. racemosa* (mangles rojos); *Avicennia germinans*, *Avicennia schaueriana* (mangles negros); *Laguncularia racemosa* y *Conocarpus erectus* (mangle botoncillo).

En relación con la fauna, de acuerdo con el Primer informe de Venezuela para la Convención sobre Diversidad Biológica (MARNR, 2000), en las siete áreas donde se han realizado inventarios, se han contabilizado 141 especies de aves, entre las más comunes están el pelícano o alcatraz (*Pelecanus occidentalis*), la garza (*Casmeroduis albus*), el gallinazo negro o zamuro (*Coragyps atratus*) y el ibis escarlata o corocora roja (*Endocimus ruber*). También han sido observados ejemplares de caimán de la costa (*Crocodilus acutus*), y diversas tortugas marinas (*Chelonia mydas*), serpientes como la coral de árbol (*Coralus mydas*). Hay un conjunto de invertebrados típicos de nuestros manglares, entre ellos los cangrejos mangleros (*Aratus pisonii*, *Ganiopsis cruentata* y *Veides cordatus*), la ostra de manglar (*Crossostrea rhizophorae*), un gran número de esponjas y peces. Muchos manglares de nuestra costa están asociados con extensos arrecifes coralinos cercanos. También hay un conjunto de mamíferos terrestres, la lapa (*Aguti paca*), el cuchi cuchi (*Potos flavus*) y el picure del delta (*Dasyprocta guamaca*).

Fundamentos de Ecología

La destrucción del manglar, con el fin de tomar los ostiones y otros animales comestibles, así como para la recolección de madera con fines culinarios y artesanales, ocasiona daños inmensos a la fauna que habita en este medio. Por otra parte, las costas quedan sin protección contra las arremetidas de las tormentas tropicales. La explotación del mangle para obtener madera y otros derivados, requiere estudios muy serios, para evaluar las consecuencias y daños que esto podría ocasionar al equilibrio de la naturaleza.

10.14. Arrecifes coralinos

Los **Arrecifes de coral** forman ecosistemas complejos en la faja intertropical de los mares cálidos con temperaturas superiores a 20°C, a lo largo de todo el planeta. Las aguas presentan condiciones ecológicas muy estables con alto nivel de temperatura. Las especies constituyentes de los corales son Madréporas (phylum Coelenterata), que forman comunidades de gran diversidad de especies vegetales y animales. Los arrecifes coralinos, denominados como los "bosques lluviosos" del océano, son uno de los más grandes refugios de biodiversidad y prestan servicios ecosistémicos al turismo, la pesca, y en la protección de las costas. Existen tres tipos principales de arrecifes coralinos: costeros, que se forman en la línea de las costas; de barrera, que crecen a cierta distancia de las costas; y atolones, que se forman sobre islas volcánicas hundidas.

Los arrecifes coralinos constituyen ecosistemas maduros, donde se establece una cadena trófica compleja, ya que en ellos existen organismos productores, como las algas superiores y el fitoplancton, organismos consumidores como crustáceos, moluscos y peces y bacterias que actúan como descomponedores. Los corales generalmente se desarrollan a profundidades que no sobrepasan los 30 metros. Aunque solo cubren 0,1% de la superficie de los océanos, proveen hábitats para 25% de las especies marinas, incluyendo peces (aproximadamente 4.000 especies), moluscos, gusanos, crustáceos, equinodermos, esponjas, tunicados y otros Cnidarios. En las zonas marinas tropicales, donde existe afloramiento de las aguas o donde desembocan cursos de agua dulce, no se forman arrecifes.

Los corales no se forman en aguas templadas, pues lo cambios estacionales y las fluctuaciones térmicas son demasiado fuertes para el establecimiento de estos ecosistemas. Se estima que los arrecifes de coral cubran cerca de 647.000 km² de la superficie global de los océanos, de los cuales 92% se ubican en la región del Pacífico (Mar Rojo, Océano Índico, sudeste asiático y Océano Pacífico) y el resto en los arrecifes del Océano Atlántico y del Mar del Caribe (Figura 10.19). Dicha superficie equivale a 0,1% del gran ecosistema oceánico, pero en ella habita 25% de la biodiversidad marina (Burke *et al.*, 2011). El ecosistema coralino más grande es la Gran Barrera de Arrecifes al este de las costas australianas en el Pacífico, que se extiende por 2.000 km kilómetros de longitud, abarcando más de 344.000 km² y con 900 islotes e islas pequeñas.

Además del factor temperatura, la iluminación influye en la persistencia de los corales, pues las algas que viven en simbiosis con los tejidos de los pólipos necesitan la luz para sus procesos fotosintéticos. Otro factor que influye en la salud de los arrecifes es la condición de las escorrentías terrestres que llegan a ellos, especialmente el contenido de minerales disueltos de nitrógeno y fósforo, de materia orgánica disuelta y los sedimentos, todos los cuales pueden crear perturbaciones, a veces letales, en el funcionamiento y persistencia del ecosistema coralino, pues afectan los procesos de calcificación indispensables para su crecimiento, rata de fotosíntesis, estructura y riqueza de las comunidades bióticas que contienen (Fabricius, 2005).

En los corales existe una asociación íntima entre las algas denominadas *zooxanthellae*, de las cuales se han registrado 487 especies en todo el mundo, y los pólipos en cuyos tejidos viven, abrigados en su esqueleto calcáreo, que le otorgan su color característico. El plancton es atrapado por los

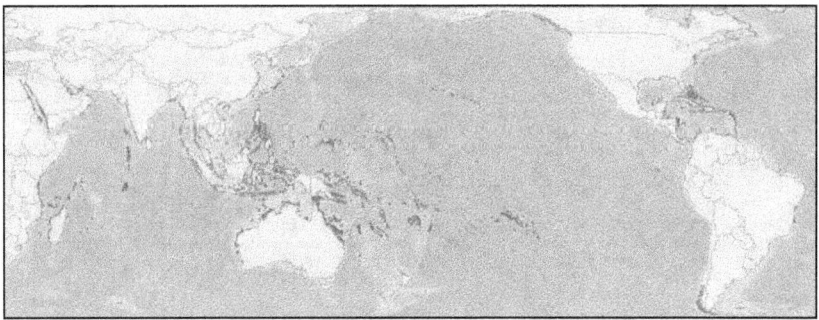

Figura 10.19. Mapa de distribución global de los arrecifes de coral.
Fuente: Burke *et al.* (2011). http://www.wri.org/publication/reefs-at-risk-revisited-coral-triangle

Fundamentos de Ecología

pequeños tentáculos de los pólipos. En las partes del arrecife expuestas al oleaje, se desarrollan algas rojas calcáreas incrustantes y las más frecuentes son *Bryopsis pennata, Laurentia intricata* y otras. En ocasiones se pueden establecer en los arrecifes coralinos algunas especies de algas bénticas que corresponden a una estratificación de las asociaciones o comunidades de corales. Así, en los niveles superiores, encontramos *Halimeda opuntia, Caulerpa racemosa y Valonia ocellata*. Entre los huecos y grietas de los corales se encuentra frecuentemente un alga clorofícea unicelular, *Valonia ventricosa*, que puede medir 5 cm de diámetro.

Gran variedad de especies de peces multicolores buscan refugio o sencillamente viven en las proximidades de los arrecifes, alimentándose de plancton o de algas macroscópicas y de algunos otros organismos. Algunas de estas especies forman cardúmenes más o menos grandes. Muchas especies coralinas establecen relaciones mutualísticas que aseguran la supervivencia de ambas. Los peces que viven en estrecho contacto con los corales tienen el cuerpo comprimido lateralmente, y presentan el eje dorso-ventral alto y la boca pequeña, lo que constituye una adaptación al medio. En muchas especies existe dimorfismo sexual y en general desarrollan el "territorialismo". En los corales del Mar Caribe son frecuentes algunas especies como: *Scarus guacamaia* (guacamaya), *Chaetodon striatus* (isabelitas), *Acanthurus chirurgus* (navajones o sangradores) y *Sparisoma* (loros). Algunos depredadores frecuentan los arrecifes coralinos, como las morenas y los tiburones, que se aproximan en busca de sus presas.

El arrecife coralino, como se afirmó anteriormente, es un ecosistema maduro y estable —aunque de enorme heterogeneidad—, pues lo constituyen un mosaico de comunidades diferentes. Por la simbiosis que existe entre el coral y ciertas algas y las relaciones con el mundo circundante, su existencia se prolonga a pesar de los cambios y perturbaciones que los afectan.

El informe sobre Biodiversidad en Venezuela (MARNR, 2000) informa sobre las principales áreas coralinas del país, situadas en las islas (Margarita, Coche, Cubagua, Los testigos, Aves, La Tortuga, Los Frailes y La Orchila), los archipiélagos de Los Roques, Los Monjes y Las Aves, así como en las costas de Falcón-Yaracuy, Carabobo, Anzoátegui y Sucre. También señala que estos arrecifes coralinos suelen hallarse asociados en muchas localidades de aguas someras a las praderas de *Thalassia* (pasto marino). Ambos ecosistemas son estabilizadores de los sedimentos, permitiendo su acumulación de y generando una heterogeneidad morfológica, que permite a muchos organismos vivir asociados, constituyendo, de este modo, un lugar de refugio y cría de importantes especies marinas, como peces, langostas, pulpos, tortugas, entre otros. Asimismo, los dos sistemas son propios de las aguas tropicales cálidas, bien iluminadas y oxigenadas, y no sobreviven en condiciones de baja salinidad ni temperaturas frías, porque no toleran aguas turbias

cargadas de sedimentos, ni pueden desarrollarse en las desembocaduras de ríos de caudal considerable. En los arrecifes, los corales escleractínidos (duros) son dominantes y producen abundante carbonato de calcio y en las praderas de hierbas marinas domina la planta angiosperma *Thalassia testudinum*, cuyos rizomas se entierran en la arena fangosa y sus hojas se levantan sobre el sustrato generando espacio y refugio para un gran número de organismos. Son frecuentes las migraciones diarias de animales entre un sistema y otro; por ejemplo, algunos peces que se refugian durante el día en la heterogeneidad espacial que les brinda el arrecife, se alimentan durante la noche en dichas praderas; mientras que muchos habitantes del arrecife se reproducen en éstas y pasan aquí sus etapas larvales y juveniles.

Sin embargo, pese a la estabilidad de este ecosistema, es evidente su fragilidad a los fenómenos climáticos. Por ejemplo, los huracanes que afectan anualmente la región caribeña han dañado severamente las formaciones coralinas en el golfo de México y en Jamaica. El fenómeno climático de El Niño ha provocado la muerte de 16% de las superficies de coral en todo el mundo. Igualmente, el ecosistema coralino es muy sensible a la contaminación y esto puede acarrear su deterioro y hasta su desaparición. La acidificación del océano y la contaminación de las aguas marinas, bien sea por aguas negras, derrames de petróleo y rellenos marinos, también amenazan la estabilidad del arrecife coralino y su existencia como ecosistema natural.

Al igual que en otras partes del mundo, el ecosistema coralino de Venezuela ha venido sufriendo un creciente deterioro en las dos últimas décadas (blanqueamiento o blanqueo), debido a cambios climáticos globales y a diversas actividades humanas, que incluyen la extracción de corales, la pesca, un aumento en los volúmenes de sedimentos y materiales suspendidos y disueltos en el agua, que son descargados al mar por los ríos, así como el aumento en la materia orgánica, las cantidades de nutrientes y los compuestos químicos tóxicos que son vertidos a las aguas costeras. Al respecto se ha indicado que el ejemplo más notorio de esta situación ha sido la mortandad masiva que afectó entre 60% y 80% de los corales y otros invertebrados marinos del Parque Nacional Morrocoy, estado Falcón, en enero de 1996 (Losada, citado por MARN, 2000).

De acuerdo con la Evaluación de los Ecosistemas del Milenio (UNEP, 2005) aproximadamente 20% de los arrecifes de coral del mundo se perdieron y un 20% más se degradaron en las últimas décadas del siglo XX. Específicamente, la Gran Barrera Coralina de Australia, ha perdido más de la mitad de sus corales (De'ath, 2012), durante los últimos 27 años[5]. Sin embargo, la recuperación de las áreas coralinas deterioradas es posible, tal y como lo reseñan Kellner et al. (2010) y De'ath (2012), quienes concluyen que, a través del establecimiento de áreas marinas protegidas, es posible incrementar la biomasa total de herbívoros y predadores del ecosistema coralino, al reducir la presión ejercida por la pes-

---

[5] Instituto Australiano de Ciencias marinas (AIMS). http://www.aims.gov.au/docs/research/biodiversity-ecology/corals/corals.html

ca comercial en dicha zona, como es el caso de la Reserva Marina en las Bahamas (400 km²), establecida en 1987. Sin embargo, la complejidad de las interacciones multitróficas que tienen lugar en estos ecosistemas, requiere de un enfoque integral que permita modelar y comprender la dinámica de poblaciones de las múltiples especies que hacen vida en los arrecifes de coral.

10.15. Estuarios

Un **Estuario** es un cuerpo de aguas costeras parcialmente cerrado, con uno o más ríos o arroyos que desembocan en él y con una conexión libre a mar abierto. Los estuarios forman una zona de transición entre los ríos y el océano, sujetos por una parte a influencias marinas, como las mareas, las olas y la afluencia de agua salina, y por la otra, a influencias fluviales, tales como las corrientes de agua dulce y los sedimentos arrastrados del continente. La afluencia de mar y agua dulce proporciona altos niveles de nutrimentos y sedimentos en la columna de agua, haciendo de los estuarios uno de los hábitats naturales más productivos del mundo.

La mayoría de estuarios se formaron por fenómenos geológicos o por la inundación de valles erosionados por el río o cuando el nivel del mar comenzó a subir hace 10.000-12.000 años. Están entre las áreas más densamente pobladas del mundo, con cerca de 60% de la población mundial que vive a lo largo de las zonas costeras. El estuario es una trampa de nutrimentos debido a sus condiciones físicas y biológicas y por la gran cantidad de sedimentos que arriban a él. Tradicionalmente, se les ha dado un gran aprovechamiento desde el punto de vista pesquero y agrícola en las zonas circundantes. Por ejemplo la descarga del río Paraná, sobre el estuario del río de La Plata es de 260.000 t/día.

El ambiente estuarino figura entre los más productivos en la tierra, creando cada año más materia orgánica que la producida en áreas equivalentes de bosques, prados o tierras agrícolas. Dentro y alrededor de los estuarios se encuentran una gran variedad de hábitats que incluyen aguas poco profundas, pantanos de agua dulce y/o agua salada, playas arenosas, llanos de arena y lodo, costas rocosas, arrecifes de ostras, bosques de mangles, deltas de ríos, lechos de algas marinas y pantanos boscosos.

Se distinguen tres tipos de productores primarios: el plancton, la microflora bentónica (algas) y la macroflora (fanerógamas), cuyo funcionamiento es el responsable de la alta productividad.

Los estuarios proporcionan hábitats para viveros de salmón y truchas de mar y para las poblaciones de aves migratorias. Muchos animales también los utilizan para evitar la depredación y vivir en entornos sedimentarios más estables. Los estuarios son críticos para la supervivencia de muchas especies. Miles de pájaros, mamíferos, peces y otros tipos de vida silvestre dependen de los hábitats estuarinos para vivir, alimentarse y reproducirse. Los estuarios proveen puntos ideales para que los pájaros migratorios descansen y se reabastezcan durante sus jornadas. Muchas especies de peces y crustáceos dependen de las aguas estuarinas como lugares seguros para reproducirse, y de aquí el sobrenombre dado a los estuarios de "cunas marinas". Cientos de organismos marinos, incluyendo peces de alto valor comercial, dependen de los estuarios durante algún momento de su desarrollo.

Por ejemplo, los peces anádromos son aquellos que viven la mayor parte de su vida en aguas saladas y vuelven al agua dulce para desovar, mostrando una gran capacidad para resistir los cambios de salinidad. Las larvas y peces jóvenes se mueven río abajo hacia aguas estuarinas en la medida en que crecen, para luego trasladarse a mar abierto (Smith y Smith, 2007).

A los estuarios llegan muchas especies, durante alguna etapa de su vida, en busca de alimentación y protección. Ejemplo de esto son los camarones peneidos, que llegan como post-larva a los estuarios, en los que permanecen de cuatro a cinco meses. También se incluyen en este grupo a algunas especies de peces como son los centropómidos, bérridos, mugílidos y los góbidos. En estos lugares se puede encontrar especies que son endémicas, mientras que otras sólo vienen a desovar o a pasar una parte de su ciclo de vida (camarón, sábalo, jarea). Algunas especies de camarones palemónidos pertenecen a este grupo (*Palaemon gracilis, Macrobrachium panamense*), así como algunos peces góbidos (*Dormitator latifrons*). Para estos animales, cualquier impedimento que obstruya su acceso al estuario puede implicar una alteración en su ciclo de vida, imposibilitando así la reproducción de generaciones futuras.

Dos de las principales características de la vida de estuario son la variabilidad en la salinidad y la sedimentación. Muchas especies de peces e invertebrados tienen diversos métodos para controlar o ajustarse a los cambios en las concentraciones de sal. Sin embargo, dentro de los sedimentos se encuentran grandes cantidades de bacterias que tienen una demanda muy alta de oxígeno, resultando a menudo con condiciones parcialmente anóxicas, que pueden ser agravadas por el limitado flujo de agua. El fitoplancton es un productor primario clave en los estuarios. Se mueve con las masas de agua y puede entrar y salir con las mareas. Su productividad depende en gran medida de la turbidez del agua.

En Venezuela existe un importante conjunto de lagunas litorales y estuarios, con una superficie total de 6.737 km², repartida desde la península de la Guajira hasta los estados Sucre y Nueva Esparta, encontrándose por orden de distribución de occidente hacia oriente las lagunas siguientes: Cocinetas en la Guajira; La Boca del lago de Maracaibo; Boca de Caño en el estado Falcón; Patanemo en el estado Carabobo; La Salina, Laguna Grande, La Reina y Tacarigua en el estado Miranda (Figura 10.20); Unare, Píritu y el Juncal-Boca de Caimán en el estado Anzoátegui; Los Patos, Laguna Grande del Obispo, Bocaripo y Chacopata en el estado Sucre; Boca Chica, La Restinga, Los Portillos, Boca de Palo, Laguna de Raya, Punta de Piedras, Punta de Mangle, Las Marites, el morro de Porlamar, caño El Cardón y Zaragoza en la Isla de Margarita, y El Saco en la isla de Coche del estado Nueva Esparta (MARN, 2000). Algunos autores consideran que el lago de Maracaibo es un gran estuario (Rodríguez y Conde, 1989).

 Fundamentos de Ecología

El estuario constituye un buen ejemplo de un ecosistema acoplado, donde hay equilibrio entre los parámetros fisicoquímicos y biológicos. En él se encuentran los siguientes subsistemas:

- Zona de producción en las aguas someras, en las que la zona de producción primaria excede a la intensidad de la respiración animal.
- Un subsistema sedimentario de pequeño esteros, canales de mareas y lagunas costeras, en los que la respiración es superior a la producción y donde se utiliza la materia orgánica (particulada y disuelta), proveniente de la zona de producción. Aquí los elementos nutritivos son regenerados, se vuelven a poner en circulación y se almacenan.
- El plancton y el necton que se mueven libremente entre los dos subsistemas fijos, produciendo, transformando y transportando elementos nutritivos y energía, con periodicidad diurna, por mareas y algunas veces por estación. Este subsistema reacciona rápidamente a la abundancia y escasez local de los recursos disponibles.

10.16. Interacciones entre el océano y la atmósfera

La atmósfera afecta a los océanos y es a su vez influenciado por ellos. La acción de los vientos que soplan sobre la superficie del océano crea el oleaje y las grandes corrientes de los océanos. Cuando los vientos son lo suficientemente fuertes como para producir aerosol, pequeñas gotas de agua de mar se lanzan a la atmósfera, donde algunas se evaporan, dejando granos microscópicos de sal impulsados por la turbulencia del aire. Estas pequeñas partículas pueden convertirse en núcleos de la condensación del vapor de agua para formar nubes y nieblas. Cuando el agua se evapora, se elimina el calor de los océanos y se almacena en la atmósfera por las moléculas de vapor de agua. Cuando se produce la condensación, el calor almacenado se libera a la atmósfera para desarrollar la energía mecánica de su movimiento.

La atmósfera obtiene casi la mitad de su energía de la condensación del agua del océano que se evapora. Debido a que los océanos tienen una capacidad térmica muy alta, en comparación con la atmósfera, la temperatura de los océanos fluctúa estacionalmente mucho menos que la temperatura atmosférica. Por la misma razón, cuando sopla aire sobre el agua, su temperatura tiende a llegar a la temperatura del agua y no al revés. Así, los climas marítimos son generalmente menos variables que las regiones en el interior de los continentes.

10.17. El impacto de la pesca en los ecosistemas marinos

Dado su papel determinante en la alimentación humana, la captura de biomasa oceánica a través de la pesca con fines alimentarios se ha incrementado desde 16,7 millones de t en 1950, a 84 millones de t en el 2000 (UNEP, 2009b). Similarmente, se ha incrementado la profundidad de captura de las especies de mayor consumo de 160 m a más de 250 m, entre 1950 y 2001. Como se puede ver en la Figura 10.21, los aportes de la pesca continental y la acuicultura (marina y continental) han crecido significativamente a partir de 1990, permitiendo cubrir la demanda que la pesquería marina dejó de atender.

Tal y como lo expresa acertadamente la Academia Nacional de Ciencias de los EE UU (NAS, 2006), la pesca puede alterar —y de hecho ha alterado— una amplia gama de interacciones biológicas, provocando cambios en las relaciones depredador-presa, los efectos en cascada mediadas a través de interacciones de la cadena alimentaria, y la pérdida o

Figura 10.20. Comunicación con el mar de la laguna de Tacarigua, uno de los estuarios de la costa venezolana

Fundamentos de Ecología

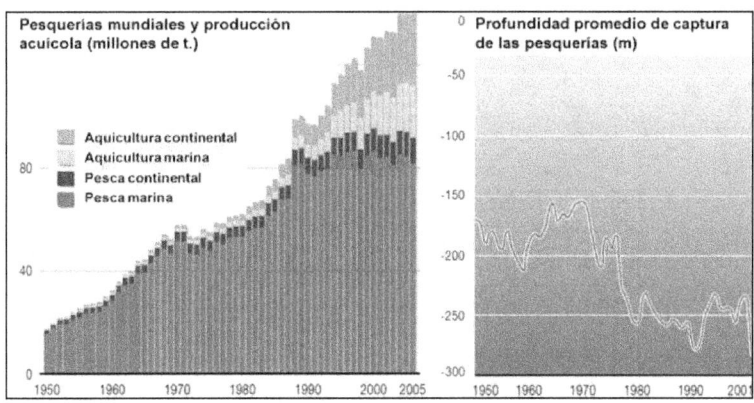

Figura 10.21. Tendencias de la producción pesquera mundial y de la profundidad de pesca en los últimos 50 años.
Fuente: UNEP (2009b)

degradación de los hábitats esenciales. Estos impactos, a lo largo de las fluctuaciones naturales en el estado físico del océano, pueden interactuar para intensificar impactos de la pesca más allá de las especies objetivo. La pesca es también selectiva en cuanto al tamaño y las especies, cambiando potencialmente la estructura genética y composición por edad de las poblaciones de pescado, así como la disminución de la diversidad de las comunidades marinas.

Algunas artes de pesca son particularmente dañinas para los hábitats marinos. La pesca de arrastre con grandes redes que barren el fondo del mar elimina muchas especies que crecen o viven en los fondos marinos. Por ejemplo, la pesca de camarones en el Caribe, además de alterar los el lecho marino, conlleva la captura de toda la fauna existente en los sitios de arrastre. Es lo que se denomina **fauna de acompañamiento**. Una vez seleccionada la especie de interés, en este caso los camarones, el resto de fauna se arroja al mar, casi en su totalidad muerta.

La disminución de la abundancia de las poblaciones se han medido para muchas especies a lo largo de los océanos del mundo, pero la extensión y gravedad de estos descensos difieren de un poblaciones y áreas geográficas. Los cambios en las interacciones de la cadena alimenticia son de esperarse, porque la pesca excesiva reduce la abundancia de uno o más componentes de la red alimentaria, al mismo tiempo que afectan las interacciones entre las especies y la estabilidad de las mismas. Las relaciones directas depredador-presa han cambiado, ya sea por la liberación de niveles tróficos inferiores de la depredación o la reducción de la disponibilidad de presas para los depredadores de alto nivel. Estos efectos pueden extenderse a niveles tróficos sucesivos en ambos sentidos en la cadena alimentaria. Tales efectos en cascada son muy imprevisibles y las acciones de manejo a menudo tienen resultados inesperados, especialmente si la especie objetivo juega un papel fundamental en el ecosistema. Muchas especies, incluyendo mamíferos, aves, tortugas, tiburones, ostras, laminarias y algas marinas, se han visto negativamente afectados por la pesca, bien sea directamente, a través de la captura incidental o daños al hábitat, o bien indirectamente, a través de alteraciones en las interacciones redes tróficas.

Una de las consecuencias negativas de la pesca excesiva —evidente en casi todos los sistemas marinos— es que captura preferentemente los individuos de mayor tamaño (por ende, los más viejos). Esta eliminación selectiva por tamaño trunca la estructura de la población de edad y tiene varias consecuencias. Una es la reducción en la capacidad amortiguadora de la población. Mientras que una población compuesta por grupos de edad variados puede hacer frente a muchos períodos largos de condiciones ambientales adversas, una población de la misma especie con menor número de clases de edad no puede ser capaz de sobrevivir a la extracción durante años sucesivos. Adicionalmente, las características del ciclo de vida (longevidad, es decir, la edad de madurez y la dependencia de la densidad dentro y entre las cohorte) modulan la forma en que ocurre la variabilidad ambiental en la población. Esto conduce a la predicción de que las poblaciones explotadas deben mostrar una mayor variabilidad. Además, estas poblaciones con estructuras de edad truncadas deben responder con mayor intensidad a las fluctuaciones climáticas interanuales, mientras que la respuesta de las poblaciones no explotadas o poblaciones con muchas clases de edad puede ser frenada en escalas de tiempo más corto, pero es más evidente en escalas de tiempo más largo (por ejemplo, entre décadas). Los efectos de la pesca excesiva convergen hacia una reducción de la diversidad de las características demográficas, espaciales y temporales de la población (Perry, 2010).

Fundamentos de Ecología

10.18. La acidificación de los océanos

Los océanos han absorbido una parte importante de todas las emisiones antropogénicas (aproximadamente un tercio del CO_2 emitido por las emisiones de combustibles fósiles, la producción de cemento y la deforestación), y al hacerlo, han moderado el aumento en los niveles del CO_2 atmosférico y evitado el calentamiento climático. Además de jugar un papel fundamental en moderar el clima, la absorción oceánica de CO_2 está causando importantes cambios en la química y la biología del océano. El dióxido de carbono disuelto en el agua actúa como un ácido, disminuyendo su pH y generando una serie de cambios químicos (NRC, 2010a). Todo ello ha generado, en una escala espacio-temporal global, una variación en el pH de los mares. En la Figura 10.22 se ilustra el aumento de la concentración de CO_2 y la disminución del pH entre 1992 y 2007.

De acuerdo con la revisión de Doney et al. (2009a) sobre el impacto del CO_2 en los procesos y funciones del ecosistema marino, la cantidad de carbono liberado por estas actividades humanas es enorme. El CO_2 acumulado por las emisiones de origen humano durante la era industrial asciende en la actualidad a cerca de 560 mil millones de toneladas. Poco menos de la mitad de este CO_2 antropogénico permanece en la atmósfera —sin duda lo suficiente como para ser motivo de gran preocupación— como un gas de efecto invernadero y su relación con el cambio climático. El resto es almacenado, en la actualidad, en partes iguales en los océanos y la vegetación terrestre. A diferencia del caso de las plantas terrestres, muchas especies del fitoplancton marino no están limitadas por las concentraciones acuosas de gases de CO_2, habiendo desarrollado técnicas bioquímicas para modificar la concentración de CO_2 en el interior sus células.

El crecimiento del fitoplancton también puede estar influenciado por los cambios impulsados por el CO_2 en la química ácido-basal y la disponibilidad de metales traza. Del mismo modo, el gradiente de pH a través de las membranas celulares se suma a las numerosas reacciones fisiológicas/bioquímicas críticas en los organismos marinos, que van desde procesos diversos como la fotosíntesis, para el transporte de nutrientes, al metabolismo respiratorio. El impacto de la acidificación de los océanos (pH y el cambio gradientes) en esta bioquímica es apenas entendida.

Muchos organismos marinos utilizan minerales de carbonato para formar sus conchas y esqueletos, incluyendo algas coralinas, algunas especies de fitoplancton, los corales de agua caliente y fría, y una variedad de invertebrados pelágicos y bentónicos, de caracoles pelágicos pequeños y las langostas. La capacidad de estos estos organismos para calcificar es influenciada por la acidez del agua de mar, la disponibilidad de iones carbonato y la temperatura. El aumento de la solubilidad de los minerales de carbonato de calcio que se utiliza como esqueleto de los corales y otros calcificadores pelágicos y bentónicos generalmente resulta en una desaceleración del proceso de calcificación por mecanismos que apenas están empezando a ser comprendidos. De hecho, la respuesta de los organismos calcificadores ante la acidificación del océano puede ser más variada de lo que se pensaba, según se indica en experimentos recientes que muestran elevadas tasas de calcificación de algunos taxones en mayores concentraciones de CO_2.

La disminución de la calcificación puede tener un impacto negativo sobre los ecosistemas marinos, con los consiguientes efectos sobre la pesca marina y la protección costera de las tormentas. La abundancia de especies de moluscos de

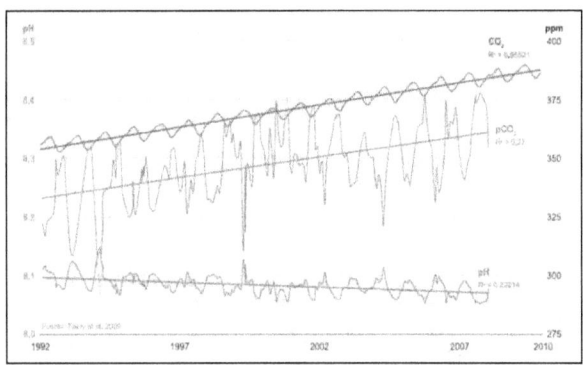

Figura 10.22. Cambios ocurridos en la concentración del CO2 y el pH, entre 1992 y 2007. Fuente: PNUMA (2011)

Fundamentos de Ecología

importancia comercial (por ejemplo, almejas, ostras, erizos de mar), también podría disminuir, lo cual podría tener graves consecuencias para los recursos marinos de alimentos (Doney *et al.*, 2009)

Más recientemente, Doney *et al.* (2012) agregan que los cambios ocurridos en las poblaciones de algunas especies se producen a causa de intolerancia fisiológica a nuevos ambientes, los patrones de dispersión alterados, y los cambios en las interacciones interespecíficas. Junto con la invasión inducida por el clima local, estos procesos dan lugar a alteraciones en la estructura comunitaria y la diversidad, incluyendo la posible aparición de nuevos ecosistemas. Los impactos son especialmente llamativos en los polos y los trópicos, debido a la sensibilidad de los ecosistemas polares al retiro del hielo marino y de las migraciones de especies hacia los polos, como así como la sensibilidad de la simbiosis algas-coral a los pequeños aumentos de temperatura. Igualmente, los sistemas de surgencias en latitudes medias, como la corriente de California, muestran fuertes vínculos entre las distribuciones del clima y de la fenología y demografía de las especies. Efectos agregados pueden modificar los flujos de energía y materiales, así como los ciclos biogeoquímicos, eventualmente afectar el funcionamiento del ecosistema global y los servicios de los que dependen las personas y las sociedades. La acidificación oceánica puede destruir ecosistemas valiosos. De hecho, se puede predecir que si los niveles de CO_2 atmosféricos continúan creciendo al ritmo esperado, hacia 2050 las condiciones ecológicas serán tolerables sólo marginalmente para el desarrollo de los arrecifes de coral de aguas cálidas, lo que probablemente conllevaría la extinción de algunas especies.

Finalmente, podemos concluir que el impacto de la acidificación oceánica sobre las especies y redes tróficas marinas afectará muchos intereses económicos y podría poner en riesgo la seguridad alimentaria, particularmente en regiones que dependan especialmente de las proteínas de pescados y mariscos.

Fundamentos de Ecología

Ecología terrestre

Capítulo 11

11.1. Concepto de suelo y su importancia ecológica

En los ecosistemas acuáticos vimos que el factor determinante era el medio físico y sus características, pero en los ecosistemas terrestres lo constituye las formas dominantes de vida vegetal. Sobre 29% de superficie del planeta, la corteza terrestre aflora en lo que conocemos como **suelo**, cuya apariencia física es sólida, pero en realidad es una mezcla de partículas sólidas, agua y aire. Todos los organismos, sean plantas o animales, están rodeados por agua, aire o una mezcla de ambos. El suelo es como una delgada epidermis que cubre la corteza terrestre, la cual permite la emergencia y sostenimiento de la biodiversidad.

Algunos organismos viven en ambos medios (terrestre y aéreo), como en el caso de las plantas terrestres: las raíces y pelos radicales están en contacto con el agua del suelo, mientras el tallo y las hojas se extienden en el aire. Existen muchos organismos que viven en el suelo y que aparentemente están en él y, sin embargo, se encuentran realmente en el agua o en el aire que ocupan los espacios que existen entre las partículas del suelo. Es el caso de los microorganismos que forman el ecosistema microbiano o microbiota del suelo.

La cantidad y tipo de suelo y los residuos transportados a lagos y arroyos por el agua de lluvia que escurre de los terrenos circundantes, pueden alterar profundamente el contenido de minerales y el pH de aquellas aguas y puede cambiar radicalmente la profundidad a la cual puede penetrar la luz. El aire, por el contrario, rara vez experimenta cambios significativos en su composición química fundamental, pero está sujeto a fluctuaciones frecuentemente rápidas y extremas de temperatura y humedad. Por otra parte, la cantidad de oxígeno es mucho mayor en el aire que en el agua.

La mayoría de los organismos terrestres y muchos acuáticos pasan la mayor parte del tiempo adheridos a una superficie sólida o sustrato. Las plantas, por ejemplo, son a menudo sensibles a pequeñas diferencias en la composición y estructura de los suelos, cuyas características son muy variables, tales como profundidad, propiedades físicas, composición química y origen.

Podemos definir el **suelo** como la capa superficial de la corteza terrestre constituida por partículas minerales, materia orgánica, agua y aire en la cual viven las plantas y animales. Esencialmente, el suelo constituye el sustrato del ambiente terrestre. En cada una de sus manifestaciones, formas o estructuras, representa el hábitat para muchísimos organismos vegetales y animales. El suelo brinda sostén a las plantas, les permite extender las hojas en el aire y, al mismo tiempo, les suministra sales minerales y agua. Con estos materiales se efectúa la fotosíntesis y, por consiguiente la producción de moléculas orgánicas, de las que depende la vida humana y la vida animal. El suelo puede ser considerado como el estrato superficial de las tierras emergidas, derivado directa o indirectamente de la disgregación del manto rocoso, en el cual están presentes el agua, el aire y los organismos vivos (Figura 11.1). En otras palabras, el suelo está constituido por:

- una fracción inorgánica derivada de la degradación de la corteza terrestre,

Figura 11.1. El suelo constituye el sustrato fundamental del ecosistema terrestre y uno de los más imprescindibles para la sociedad humana. (Foto: A. Romero S.)

Fundamentos de Ecología

- una fracción orgánica viviente constituida por todos los organismos que habitan en él,
- una fracción orgánica degradada representada por los residuos y productos de descomposición de los organismos vivos.

11.2 Procesos fundamentales de la ecología de suelos

Los suelos como sistemas naturales abiertos, se caracterizan por los siguientes procesos:

1) **Entradas y salidas de materia** (agua, raíces, organismos del suelo y restos vegetales) y energía (radiación solar y energía química de los residuos) que enriquecen al suelo de nutrimentos, le provee de agua y regula su temperatura, permite acumulación de materia orgánica, principalmente en el horizonte superior. Paralelamente, se desarrolla la sucesión vegetal que conduce a la formación del ecosistema propio de la región climática ecológica.

2) **Transformación de la materia orgánica y mineral** por la acción de los agentes químicos y biológicos en un ambiente húmedo, generando como producto los compuestos minerales (arcillas y óxidos) y sustancias húmicas, las cuales son típicas de cada región climática ecológica (o ecosistema) y ayudan a formar la estructura del suelo.

3) **Translocación de la materia por:**

   a) Reciclaje de las plantas, al depositar residuos que contribuyen con la materia orgánica y elementos químicos minerales en la superficie del suelo, desarrollando de esta forma la capa arable o suelo fértil.

   b) El agua que transporta materia mineral y orgánica en solución o en suspensión en sentido descendente, dando lugar a la formación de horizontes específicos sub-superficiales y a las pérdidas por drenaje.

4) **Reorganización de la materia**, por procesos físicos químicos y biológicos, tales como la cristalización de la materia mineral, la formación por polimerización de sustancias húmicas de alto peso molecular, la formación de complejos órgano-minerales y de estructuras a nivel micro, meso y macro. La combinación de estos procesos permite la formación de los horizontes de los suelos y del sistema circulatorio para el agua y el aire, fundamentales para la vida del suelo.

5) **Funcionamiento de las redes tróficas** de la biota que reside en el suelo (microorganismos, micro fauna, meso fauna y raíces de vegetales) necesaria para gran parte de los procesos señalados antes.

En las secciones que siguen, trataremos con detalles estos procesos fundamentales para la permanencia y salud de los ecosistemas terrestres.

11.3. Formación del suelo

Las rocas que dan origen al suelo pueden ser de naturaleza **ígnea**, **sedimentaria** o **metamórfica**. El origen de las rocas influyen directamente sobre la naturaleza y tipo de suelo en que deriva, como consecuencia de los componentes y de las medidas de degradación de una roca pueden ser: físicos, químicos y biológicos.

Una acción exclusivamente física es ejercida por algunos componentes del clima, como la **insolación diurna**, que transfiere a la roca una notable cantidad de calor, con la consiguiente expansión de la roca misma y de sus componentes, mientras que durante la noche ocurre la pérdida de calor con ulterior deformación (contracción). Tal fenómeno se conoce como **termoclastia**. Cuerpos muy compactos, constituidos por un solo elemento, como por ejemplo, un bloque o una barra de metal, sufren continuos movimientos de expansión y contracción, pero sin evidentes consecuencias. La roca en cambio, al estar compuesta por minerales diversos —cada uno con sus específicas características de reacción al calor y siendo escasamente elástica—, sufre un proceso de disgregación superficial y de agrietamiento hacia lo profundo, que la vuelve frágil en la superficie y progresivamente hacia el interior. Ni aún las rocas más duras pueden resistir esta continua disgregación en fragmentos más o menos grandes (Figura 11.2).

Figura 11.2. Los suelos provienen de la meteorización progresiva de las rocas de la corteza terrestre.(Foto: Google images).

Fundamentos de Ecología

El agua que embebe la estructura superficial, ya alterada, o que penetra en el interior de las microfisuras producidas por la acción de la temperatura, se expande al congelarse y completa así la actividad de degradación y disgregación de la roca. Además, junto con el CO_2 el agua provoca una serie de reacciones químicas de disolución, oxidación, carbonatación e hidrólisis de algunos materiales constituyentes de la roca, contribuyendo a hacerla más porosa y frágil en su espesor externo. La presencia CO_2 en el agua favorece la transformación de los carbonatos insolubles en bicarbonatos solubles, lo que determina el aumento de la porosidad de una roca compacta, haciéndola más vulnerable a la acción física de disgregación debida al congelamiento del agua.

La actividad desintegradora de estos factores puede estar también acompañada de la actividad de organismos vivos y de sus productos de degradación. La acción bioquímica de ataque a una roca puede ser realizada por bacterias, hongos y líquenes, a través de sus exudados ácidos capaces de solubilizar algunos componentes de la roca. Las raíces de las plantas, al penetrar en las fisuras de las rocas, provocan una acción bioquímica disolvente a través de sus exudados ligeramente ácidos —y a veces, también, una acción física de rotura— debida a su lento desarrollo volumétrico.

Algunos productos de degradación de los organismos vivos —los ácidos húmicos— aumentan la acidez de las aguas superficiales filtrantes y contribuyen con la acción química degradante ejercida por el agua sobre las rocas, no sólo desnudas, sino también sobre las que están ya cubiertas por un estrato de suelo y por ello, en cierto modo, protegidas de la acción física de los cambios de temperatura. Todo este conjunto de actividades disgregadoras y degradantes facilita la fragmentación de las rocas, aún de las más compactas (Figura 11.2).

El componente orgánico, vivo o inerte, es un elemento muy importante en la génesis del suelo. En efecto, a la aparición de formas vivientes pioneras (líquenes, luego musgos, después pequeñas fanerógamas) que se instalan sobre los primeros derivados de la disgregación físico-química de una roca, se añaden el agua de lluvia y los grupos químicos orgánicos reactivos, que favorecen la disolución y el transporte de los carbonatos.

El transporte de los carbonatos determina un gradiente de pH en profundidad que facilita la solución de los fosfatos con transporte y sucesiva precipitación en zonas más profundas. Del mismo modo, las variaciones de las condiciones físico-químicas del ambiente superficial reaccionan sobre los feldespatos ferromagnésicos, induciendo movilizaciones de cationes de hierro, aluminio, potasio y magnesio transferidos y acumulados en zonas más profundas. Los trozos de roca, fragmentos y gránulos derivados de la disgregación de una roca son así expuestos a la acción de la gravedad, que los acumula sobre los flancos de las rocas emergentes y son transportados por las aguas superficiales y el viento. Naturalmente, las características del transporte diferencian los varios tipos de suelo, tanto en su estructura como en su composición.

La topografía o relieve de la zona es igualmente determinante en la formación del suelo. La pendiente o inclinación determinará la mayor escorrentía del agua y el arrastre de materiales hacia las zonas bajas, limitando la percolación y acumulación de minerales hacia las capas inferiores en los suelos inclinados, resultando en suelos poco profundos y pobres. Mientras que en las zonas bajas de depresión se acumula gran cantidad de aguas y materiales, originando suelospantanosos (Figura 11.3).

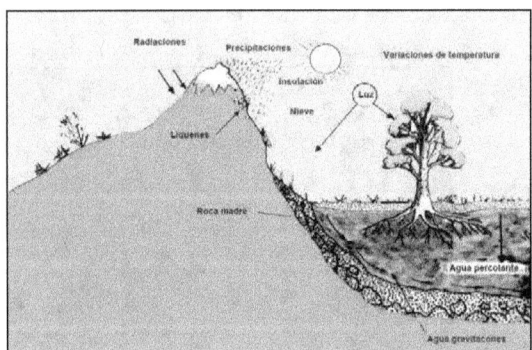

Figura 11.3. Factores físicos, químicos y biológicos que contribuyen con la formación de los suelos y su evolución

Fundamentos de Ecología

Como ya hemos dicho, los organismos vivos juegan un papel muy importante en la formación de un suelo. Con sus productos orgánicos tienden a favorecer los procesos de degradación de las rocas y aportan nitratos indispensables para la instalación de un número cada vez mayor de organismos, sobre todo vegetales. Estos organismos son importantes también para la evolución de un suelo joven a maduro. En efecto, con su actividad no sólo determinan modificaciones químicas y estructurales, sino también una mezcla de los componentes del suelo, al menos en su parte más superficial. Las raíces de las plantas, en particular, retiran agua y sales minerales en solución de las zonas profundas, que transportan a la superficie y restituyen a la atmósfera por evaporación y transpiración y por degradación de las hojas y ramas. Esta degradación tiende a transportar al interior del suelo, por obra de las aguas de lluvia, los elementos minerales, que posteriormente son extraídos de la zona profunda por las raíces. Además, con la muerte de la planta, éstas participan en la constitución bioquímica del suelo junto con los restos de materia viva. Los animales (micro y macro fauna) participan en la recomposición de las capas superficiales del suelo, al excavar túneles para la búsqueda de alimento o para la construcción de refugios o cuevas y por la deposición de sus excrementos y desechos.

Todos estos factores mencionados (material parental, temperatura, precipitación, vegetación y organismos vivos) interactúan entre sí a lo largo del tiempo; tal interacción se convierte en un factor primordial en la formación y evolución del suelo, pues el proceso de formación del suelo es continuo. Por ejemplo, el material depositado recientemente por la deposición de sedimentos de una inundación, no presenta las características de desarrollo del suelo que se encuentra en capas inferiores. La superficie del suelo anterior y horizontes subyacentes quedan enterrados, pero con el transcurso del tiempo tales sedimentos son incorporados a las capas superficiales del suelo original o lixiviados hacia las capas más profundas. En la Figura 11.4 se presenta el modelo básico de interacciones entre los diversos factores que influyen la formación del suelo.

11.4. Perfil del suelo

Un suelo maduro que ha pasado por todas las fases de su evolución —de la degradación de la roca madre a su colonización y transformación por parte de los organismos vivos— consta de una serie de estratos —fácilmente diferenciables por sus características físico-químicas y estructurales—, así como por su diversa participación en las numerosas actividades constructivas y destructivas que tienen lugar en él. Todas esas características dependen de las condiciones ambientales, pero fundamentalmente de los ciclos vitales de los organismos que utilizan el suelo como sustrato. Los diversos estratos del perfil del suelo son frecuentemente denominados **horizontes A, B y C**. El suelo es, generalmente, más oscuro en el horizonte A, debido a su contenido de materia orgánica, y gradualmente se hace más claro en los estratos inferiores.

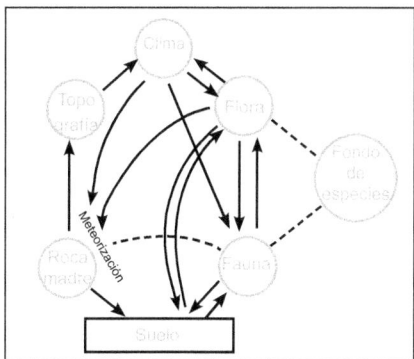

Figura 11.4. La interacción entre los actores físicos, químicos y biológicos detrminantes en la formación de los suelos y su evolución.

El horizonte A, o suelo superficial, está constituido por un componente inorgánico derivado en su mayor parte de la roca madre y por un componente orgánico viviente o degradado en forma de diversos compuestos orgánicos. Este horizonte por lo general está recubierto por una capa de residuos orgánicos, como hojas muertas, heces, cadáveres de insectos y otros animales. Este estrato de desechos orgánicos no forma parte del suelo, estrictamente hablando, pero gradualmente se incorpora al estrato más superficial del mismo, con el avance de la descomposición por obra de los organismos degradadores: bacterias, hongos, protozoarios, nematodos, microartrópodos, entre otros. Esta degradación transforma gradualmente los residuos orgánicos en compuestos más simples: nitratos, fosfatos y azúcares, que son transportados por las precipitaciones al suelo verdadero donde continúa su transformación en humus.

Dependiendo de su contenido orgánico y de su estado de degradación, el horizonte superior del suelo se subdivide en varios niveles, como se puede ver en la Figura 11.5. El nivel A_{oo}, comprende hojas caídas y restos orgánicos descompuestos; el nivel A_o comprende el estrato de desechos orgánicos que, si bien no forma parte del suelo verdadero, está en vías de transformación; el nivel A_1 es el más rico en sustancia orgánica degradada que se encuentra presente en compuestos y moléculas de grandes dimensiones; el nivel A_2 tiene contenido orgánico más degradado, en tanto continúa la descomposición de la materia orgánica y se realiza la mineralización, o sea, la verdadera restitución al suelo de los compuestos inorgánicos y de los elementos a su tiempo retirados por las plantas. Puede presentarse en ciertas situaciones un nivel A_3, el cual se considera de transición respecto al horizonte B. Al transporte de la materia orgánica del estrato de desechos orgánicos hacia los estratos inferiores, contribuyen el agua que se filtra y también la actividad de excavación y mezcla causada por los organismos del suelo (artrópodos, anélidos o pequeños mamíferos).

Fundamentos de Ecología

cilmente solubles, particularmente el carbonato de calcio (Figura 11.5).

A medida que avanza la influencia pedogenética de los varios factores que determinan la formación y evolución del suelo (clima, vegetación, reacciones físico-químicas), en función del yacimiento y del tiempo, se diferencian los horizontes. Un suelo joven presenta sólo horizontes A y C, pero a medida que avanza la pedogénesis ocurre la formación progresiva del estrato intermedio B, que puede tener un espesor variable. En los suelos de evolución más avanzada, el horizonte A ha quedado empobrecido, pues los elementos más finos y solubles han sido transportados por el agua de filtración.

11.5. Composición del suelo

La composición del suelo es también de gran importancia. La mayoría de los suelos son un complejo de partículas minerales, materia orgánica, sustancias solubles, agua y aire. La parte sólida ocupa 50% y el resto es agua y aire. En este sistema, los componentes dominantes son las partículas minerales, que están constituidas principalmente por compuestos de silicio, aluminio y otros elementos. Varían de tamaño, desde pequeñas partículas de arcilla a gruesos granos de arena.

11.5.1. Elementos minerales

El estudio químico del suelo se basa sobre todo en la medida del pH, la presencia de iones fácilmente solubles (como Ca, Mg, Fe, Zn, cloruros, sulfatos o nitratos) y en el análisis del humus.

El **calcio** es un elemento importante para casi todos los organismos vivos, animales y plantas, entre las cuales se distinguen grupos de especie más o menos exigentes, clasificadas como **calcícolas** o **calcífugas**, en función de su preferencia por ambientes (suelo y agua) con alto o bajo contenido de calcio. Es indispensable para las plantas con función clorofílica y está presente en el suelo en forma de carbonatos, derivados de la degradación de las rocas dolomíticas, como sulfato (yeso), silicato o fosfato, o bien ligado a los ácidos orgánicos del humus (humatos de calcio).

En el suelo, los iones de calcio actúan sobre los coloides, induciendo floculaciones y favoreciendo la permeabilidad y la aireación del terreno. Estas condiciones, asociadas a los compuestos que se forman con los ácidos húmicos (humatos de calcio), determinan condiciones favorables para el desarrollo de la microflora del suelo y de la vegetación del sobresuelo (Figura 11.6).

Los terrenos que contienen calcio en una proporción de 0,5 a 3% del total tienen reacción neutra. Contenidos inferiores o superiores determinan condiciones de acidez o alcalinidad, con asociaciones de fauna y de vegetación de tipo calcífuga o calcícola, respectivamente.

En las plantas verdes, el **magnesio** es esencial, pues forma parte de la molécula de clorofila; participa también en las transformaciones de los hidratos de carbono y de algunos ácidos orgánicos, entre ellos el ácido cítrico. La carencia de magnesio se manifiesta con síntomas de clorosis en las ho-

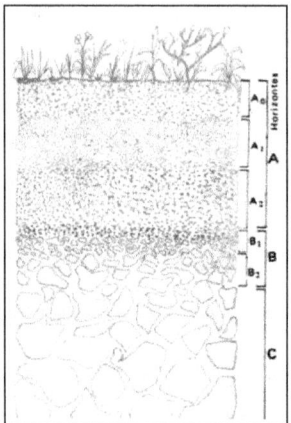

Figura 11.5. Representación esquemática del perfil del suelo, con los diferentes horizontes y subhorizontes que lo caracterizan. Figura 11.5 del libro original.

El complejo de los materiales obtenidos de la degradación de la sustancia orgánica en el suelo, principalmente vegetal (pero también anima)l, se denomina **Humus**. La composición química del humus —como veremos más adelante— es muy compleja, tanto por la heterogeneidad de la materia orgánica que constituye el punto de partida en el proceso de degradación, como por el diverso grado de transformación que no ocurre uniformemente para todos los componentes: lignina, celulosa, proteínas de los residuos vegetales y animales, compuestos orgánicos derivados de las bacterias y hongos; sin embargo, todos participan en la degradación y por lo tanto en la formación del humus.

El siguiente es el horizonte B o subsuelo, caracterizado por la ausencia de compuestos orgánicos. Consiste en suelo aireado por el viento, el agua o el hielo (en zonas boreales). En el nivel superior, esta capa contiene una mayor cantidad de arcilla, compuesta de partículas muy pequeñas provenientes de la capa superior y tienden a mantenerse juntas. Frecuentemente este horizonte es más claro que el precedente y, si el suelo está muy desarrollado, se subdivide dos o tres en niveles: B_1, B_2 y B_3.

Los horizontes A y B constituyen el llamado **Solum**, en el cual tienen lugar las actividades de absorción activa por parte de los vegetales, del agua, de los compuestos nitrogenados y de los macro y microelementos, indispensables para las variadas funciones metabólicas.

El horizonte C se encuentra por debajo del horizonte B, representado por la roca madre más o menos disgregada y por la iluviación o acumulación de las sales poco o difí-

Fundamentos de Ecología

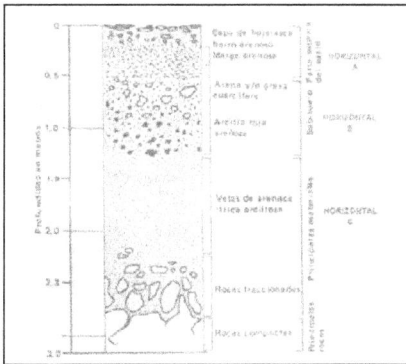

Figura 11.6. Diagrama del perfil típico de un suelo tropical.

jas. Un exceso de magnesio, no regulado por la presencia de sales de calcio, determina efectos tóxicos que se manifiestan en los ápices foliares que se marchitan y luego se secan.

La elevada cantidad de magnesio presente en los suelos derivados de rocas serpentínicas, contienen selectivamente también otros microelementos, como el cromo y el níquel en concentraciones subtóxicas, pero carecen de calcio. Ello determina una acción altamente selectiva sobre el tipo de vegetación que se puede desarrollar sobre ese suelo.

Otra acción importante de los iones Ca^{++} y Mg^{++} es la de ligarse a los ácidos húmicos con la consiguiente formación de humatos, que tienen una acción reguladora sobre el pH del humus. Por eso, los terrenos con suficiente cantidad de calcio y de magnesio son generalmente suelos ricos, no tanto por la influencia directa de estos iones, sino más bien por las transformaciones determinadas por su presencia.

El **potasio** está presente principalmente en las rocas feldespáticas (silicatos dobles de aluminio y potasio), cuya degradación transfiere estos elementos al suelo y a las aguas. Los graves síntomas de carencia que presentan los vegetales cultivados en suelos pobres de este elemento —o experimentalmente en soluciones nutritivas sin potasio— ponen en evidencia que es indispensable para un metabolismo normal. Al parecer, la actividad del potasio va más allá de favorecer la fotosíntesis, pues interviene como regulador del estado físico-químico de los coloides del plasma celular. Esta influencia se refleja, en general, sobre el metabolismo del agua, de los glúcidos y de las proteínas. En las diversas especies de vegetales, la carencia de potasio se evidencia por la decoloración de las hojas, seguida de necrosis, retardo en la floración y fructificación y una mayor sensibilidad a los parásitos. La absorción del potasio por parte de los vegetales se realiza principalmente bajo forma de nitrato, pero también como sulfato o como cloruro. Bajo estas mismas formas es suministrado a los terrenos pobres en este elemento, mediante los fertilizantes.

Los suelos salinos se forman casi exclusivamente en las zonas que son periódicamente inundadas por aguas marinas y por ello son prevalentes a lo largo de los litorales. La salinidad del terreno se expresa frecuente mediante la concentración de los iones Cl^- presentes en el agua del suelo.

Son suelos no salinos aquéllos cuya concentración va de 0 a 0,1%; subsalinos los que tienen una concentración de 0,1 a 1%; netamente salinos los que tienen concentración del 1 a 5%. Si el tenor de los iones Cl^- es mayor de 5%, la salinidad supera el punto de saturación y la sal se deposita sobre la superficie del terreno. La salinidad varía notablemente durante el año y es menor después de períodos lluviosos. El agua salada circulante en el terreno determina condiciones de sequía fisiológica para las plantas, que reaccionan elevando la presión osmótica de los jugos celulares.

11.5.2. La materia orgánica (MO) del suelo

Anteriormente hemos descrito el estrato de desechos orgánicos como el conjunto de sustancias de origen animal y vegetal que yace sobre el terreno y que gradualmente entra a formar parte del horizonte superior del suelo. Forman parte de este estrato compuestos sin nitrógeno, entre ellos, azúcares simples e hidratos de carbono complejos; así como también, compuestos constituidos en gran parte por nitrógeno y otros elementos. Entre los compuestos no nitrogenados, los azúcares y el almidón constituyen una parte limitada de este estrato, en tanto que han sido generalmente utilizados por los organismos antes de su muerte. En la descomposición de los hidratos de carbono participan numerosas enzimas producidas por los organismos degradadores, que actúan en presencia de agua y la mayor parte en presencia de oxígeno y nitrógeno, determinando fenómenos de hidrólisis, oxidaciones, roturas y reagrupamientos moleculares con producción de anhídrido carbónico, agua, ácidos orgánicos, alcoholes, metano e hidrógeno.

La MO incluye todas las sustancias orgánicas en y sobre el suelo, agrupando diferentes tipos: organismos vivos, detritus, residuos superficiales (hojarasca), materiales en descomposición de los organismos recién muertos, fracción activa (compuestos que pueden ser usados como alimento por los organismos), exudados de las raíces, lignina, MO recalcitrante y humus.

La MO está presente en cantidades muy variables según los diversos tipos de suelo. Así por ejemplo, está presente en cantidades significativas, hasta 77%, en las turberas, y casi insignificantes en terrenos areno-arcillosos (0,34%). En el primer tipo de suelo resulta enriquecido por restos vegetales no elaborados; en el segundo, empobrecido.

La sustancia orgánica deriva de la actividad de las raíces, bacterias, animales o del humus en los terrenos húmicos. El humus, como hemos dicho, es producido por la descomposición parcial de sustancias orgánicas presentes en el suelo, derivadas de plantas o animales y combinadas con las partículas de tierra más finas, formando un complejo coloidal. El humus está concentrado generalmente en la capa superficial y confiere al suelo una coloración oscura, tiene acción reguladora sobre el pH, retiene la humedad

Fundamentos de Ecología

y mejora su estructura. Está compuesto fundamentalmente por carbono (alrededor del 65% del total), además de oxígeno, hidrógeno, nitrógeno y otros elementos. En los terrenos naturales, el humus puede variar entre 1% (zonas áridas) y 70% (turberas y bosques lluviosos). Las arenas sueltas pueden no contener nada de humus, mientras las turberas pueden contener hasta 99 por ciento.

Microscópicamente y pedológicamente, se distinguen dos tipos de humus:

Humus ácido (**moder**), en el cual predominan los ácidos húmicos, y por tanto tienen reacción siempre ácida. Se forma en condiciones de humedad elevada y clima bastante frío. Presenta aspecto pulverulento, formado por excrementos globulares o granulados que se mezclan, pero no se combinan, con los restos vegetales no ingeridos y con las partículas del suelo.

Humus elaborado (**mull**), donde predominan los humatos, sobre todo de calcio, con una reacción neutra o ligeramente básica. Está formado por una mezcla de arcilla y de coloides orgánicos y materia vegetal digerida, formando un complejo húmico arcilloso.

11.6. Estructura del suelo

Las características físicas del terreno, es decir, el grosor y el estado de agregación de las partículas que lo componen, la humedad, la aireación y la temperatura son de gran importancia para la vida de los organismos.

11.6.1. Partículas del suelo

Las partículas que constituyen el suelo tienen diámetro variable. Están formadas por sustancias minerales y consolidadas con sustancias coloidales. Podemos distinguir las siguientes categorías:

- Guijarros, con más de 2 mm de diámetro.
- Arena gruesa, de 2 a 0,2 mm.
- Arena fina, de 0,2 a 0,02 mm.
- Limo, de 0,02 a 0,002 mm.
- Arcilla, con menos de 0,002 mm.

Elementos de mayores dimensiones que los guijarros, son considerados como el "esqueleto del suelo". Un porcentaje de 3 a 5% de limo y arcilla es suficiente para volver bastante compacto un terreno. Generalmente las partículas más finas se encuentran en los estratos más profundos (Cuadro 11.1). La modalidad de agregación y las proporciones relativas de los elementos granulares de dimensiones diversas y las sustancias coloidales, frecuentemente de origen orgánico, define la "estructura" de un suelo. La composición mineralógica de los gránulos y la cantidad de sustancias orgánicas degradadas condicionan en pH, del cual nos ocuparemos más adelante.

11.6.2. Humedad

La capacidad del suelo de retener agua está determinada por su estructura y, en particular, por la cantidad de fraccio-

Cuadro 11.1. Categorías de las partículas y texturas de los suelos

Fracciones	Suelos arcillosos	Arcillas limosas	Arenas limosas	Suelos poco sólidos	Arenas húmicas húmedas	Arcillas húmicas húmedas	Arcillas calcáreas	Arenas calcáreas
Arcilla 0,002 mm	25%	20%	5-10%	5-10%	1-5%	20%	20%	5%
Limo 0,002-2.02 mm	25 - 50%	25 - 40%	30 40%	10 - 15%	10 - 15%	10 - 20%	10 - 20%	5 - 10%
Arena fina 0,02-02 mm.	20 - 25%	20- 30%	20 - 40%	15 - 30%	15 - 30%	15 - 30%	15 - 30%	15 - 30%
Arena gruesa 0,2-2 mm	5%	5%	20%	30-50%	30%	5 - 15%	5 - 15%	30 - 40%
Carbonato de calcio	1%	1%	1%	1-5%	1-3%	1-3%	5 - 30%	5 - 30%
Materia orgánico	3%	3%	3%	3-5%	10%	10%	3%	3%

Fundamentos de Ecología

nes finas, entre éstas principalmente la arcilla, además de estar condicionada por la cantidad de sustancias orgánicas degradadas presentes (humus). En efecto, los distintos componentes, agregándose, determinan en el suelo la presencia de espacios intergranulares llenos de aire o agua, en función de sus dimensiones y de la cantidad de agua contenida en el suelo.

En la Figura 11.9 se esquematiza la estructura de un suelo en el cual se reconocen gránulos de dimensiones variables y espacios intergranulares. Es obvio que los volúmenes de estos espacios dependen de las dimensiones de los gránulos que componen el suelo. Cuanto menores son las dimensiones de los gránulos, tanto menores son los espacios intergranulares. Se comprende así que los suelos exclusivamente arenosos, o sea, carentes de arcilla, presenten tan escasas aptitudes para retener el agua de lluvia que, al filtrarse alcanza rápidamente la capa subterránea. Sobre estos suelos, no obstante tengan un régimen de suficientes lluvias, pueden instalarse vegetaciones de tipo desértico y constituir así, los denominados "desiertos en la lluvia". En cambio, suelos arcillosos, con estructuras muy finas y con mucha sustancia orgánica, tienden a acumular y

retener mucha agua en tal grado que llegan a excluir completamente el aire del suelo, determinando condiciones de asfixia. Por lo tanto, la estructura del suelo y su composición están en capacidad de condicionar cualitativamente las comunidades vegetales del sobresuelo a través de la capacidad de retención de agua.

Teniendo en cuenta el agua que cae sobre la superficie del suelo, su permanencia en el mismo y la que filtra, podemos distinguir los siguientes tipos: **agua gravitacional, agua de capilaridad y agua higroscópica**; se puede agregar también, el agua de constitución que vuelve a entrar en la estructura cristalina de los minerales, como por ejemplo, el agua de los minerales de yeso ($CaSO_4.2H_2O$).

El agua de lluvia que se filtra en el suelo llena los espacios intergranulares por gravedad, desplazando al aire. Terminada la lluvia, siempre por gravedad, se filtra hacia los estratos inferiores del suelo; el agua abandona los espacios intergranulares más grandes que se llenan de aire, mientras es retenida en los espacios de menores dimensiones, donde de nuevo la fuerza de capilaridad supera la fuerza de gravedad. La fracción de agua que filtra y no es retenida en el suelo representa el agua gravitacional, mientras que la retenida en los espacios de menores dimensiones, se define como agua de capilaridad. Desde el punto de vista de los organismos vegetales, los cuales obtienen agua y nutrimentos del suelo —a través del aparato radical— por diferencias en la presión osmótica entre los líquidos circulantes y el ambiente, es obvio que el agua gravitacional no tiene tanta relevancia, pues su permanencia en el suelo es temporal y breve, mientras que el agua de capilaridad tiene capital importancia.

El agua higroscópica, que se adhiere a la superficie de los gránulos, representa una limitada fracción del agua del suelo. Como la fuerza higroscópica es mayor que la presión osmótica, el agua no puede ser absorbida por las raíces de las

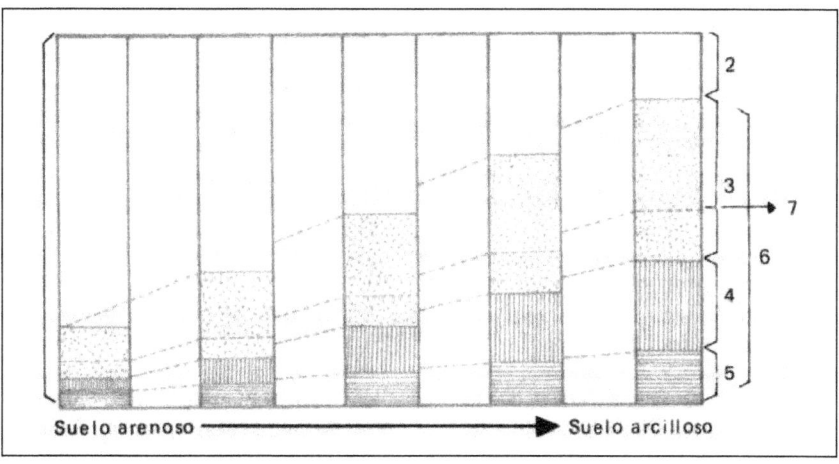

Figura 11.9. Diferentes forma de agua en función de la estructura del suelo.
1. Total del agua en el suelo; 2. Agua gravitacional; 3. Agua de capilaridad; 4. Agua higroscópica; 5. Agua combinada; 6. Capacidad hídrica del suelo; 7. Índice de Marchitez

Fundamentos de Ecología

plantas. Tampoco puede ser utilizada por las plantas el agua combinada químicamente en los minerales del suelo. Por lo tanto, solamente el agua acumulada en el suelo disponible para las plantas, es la de capilaridad. El agua gravitacional, higroscópica y sus combinaciones, si bien están presentes en el suelo temporal o permanentemente, no son utilizadas por las plantas.

11.6.3. Aire

La estructura del suelo y la cantidad de agua que ocupa los espacios intergranulares condicionan la presencia de aire en el suelo. El aire es esencial para las plantas, por cuanto las raíces respiran activamente, absorbiendo oxígeno y liberando anhídrido carbónico. Suelos bien aireados, como son los de estructura gruesa o porosa, presentan condiciones óptimas para la respiración radical, pero tienen el inconveniente de la poca retención de agua. Suelos muy compactos como los arcillosos tienen mucha agua disponible, pero poseen poco aire y pueden así, determinar fácilmente condiciones de asfixia radicular. Por ello, los suelos ideales para las plantas son de estructura intermedia, con espacios intergranulares suficientemente amplios como para ser llenados por el agua gravitacional durante las precipitaciones y posteriormente ocupados por el aire; así como otra parte con espacios suficientemente pequeños como para retener el agua de capilaridad disponible para la absorción por las plantas.

El aire presente en el suelo no tiene la misma composición química del aire atmosférico, debido a la actividad de los organismos vivos, a la respiración de las raíces y a la oxidación de las sustancias orgánicas por parte de las bacterias y hongos aerobios. Como falta un intercambio rápido con la atmósfera, se establece un gradiente de CO_2 que aumenta hacia los estratos más profundos. Mientras en la atmósfera, sobre un suelo con vegetación, el nivel del CO_2 a 1 m del suelo oscila entre 0,03 y 0,07%, y a nivel del suelo entre 0,05 y 0,3%. El CO_2 presente en el aire contenido en un suelo bien aireado varía con la profundidad entre 0,2 y 0,4%. En los terrenos compactos, el CO_2 puede acumularse hasta 2,5% y también en concentraciones que son tóxicas (alrededor de 10%) o letales para muchas plantas (30-50%).

Se deduce, entonces, que la acumulación de CO_2 por recambio escaso del aire, condición normal para los terrenos pantanosos o muy compactos, representa un factor selectivo importante para la composición de las comunidades vegetales del sobresuelo y de los animales del subsuelo.

Los suelos constituyen un compartimiento primordial de los ecosistemas terrestres. Ellos son la interfaz entre la capa mineral de la Tierra y la Biosfera. Son el resultado tanto de la degradación de la roca madre —liberando nutrientes minerales esenciales para la vida—, como de la acumulación de materia orgánica muerta. Los nutrimentos secuestrados en la materia orgánica muerta son reciclados por los microbios del suelo, constituyendo una condición esencial para el mantenimiento de la producción primaria del ecosistema.

Además, enormes cantidades de carbono son secuestradas en la parte recalcitrante de la materia orgánica en el suelo,

en ocasiones durante siglos o milenios, antes de ser liberado en forma de CO_2. En el largo plazo, este secuestro influye en la cantidad de CO_2 atmosférico y el clima. Por lo tanto, los suelos juegan un papel esencial en todos los ciclos biogeoquímicos.

11.7. Estructura de las comunidades terrestres

En el ambiente terrestre, la estratificación vertical del suelo colonizado por organismos vivos puede dividirse en dos estratos: el **subsuelo** y el **sobresuelo**. Sin embargo, esta subdivisión, aunque cierta, debe completarse para representar toda la estructura de las comunidades terrestres y su estratificación. Así podemos considerar en un bosque los siguientes estratos:

1. **Estrato subterráneo**, en el cual se encuentran las raíces de las plantas que pertenecen a los estratos superiores, hongos, bacterias y protozoarios degradadores, artrópodos o depredadores y anélidos, así como pequeños mamíferos, reptiles e insectos que excavan guaridas o que completan su desarrollo. Este estrato es de dimensiones diversas para los distintos organismos: las raíces pueden llegar hasta cinco m según el nivel freático, mientras los otros componentes están en general ligados al estrato superficial húmico, con excepción de algunas hormigas que llegan con sus galerías hasta los tres m de profundidad y los roedores terrícolas que llegan hasta los cuatro metros.

2. **Estrato basal**, en el cual se reconocen las partes vegetales basales de las plantas de la comunidad, comprendiendo también rizomas superficiales, cubiertos de una capa de detritos de origen vegetal y animal. En este estrato viven organismos degradadores, muchos de los cuales están presentes también en el estrato superior.

3. **Estrato herbáceo**, representado por vegetación baja, constituida por hierbas y plantas bajas y muchos animales que viven en este medio.

4. **Estrato arbustivo**, que comprende los arbustos y árboles de baja altura (menos de tres metros).

5. **Estrato arbóreo**, donde el espesor de los varios estratos, ya sea en la comunidad de pradera o en la del bosque, es variable dependiendo por consiguiente de las especies que forman parte de la comunidad del sobresuelo, así como del grado de utilización que el hombre realiza.

En los bosques tropicales lluviosos, los estratos reconocibles en el sobresuelo pueden ser numerosos y todos diferenciables por la ubicación vertical de especies adaptadas a condiciones particulares.

En los diversos estratos verticales de un bosque, además de las variaciones de la intensidad luminosa— provocada sobre todo por la naturaleza de las especies presentes y su estrategia de asociación — se encuentran gradientes de temperatura, oxígeno, anhídrido carbónico y velocidad del viento. La estratificación vertical aparece tanto más subdividida, cuanto más compleja es la comunidad del bosque.

Fundamentos de Ecología

Según las formas de crecimiento de las plantas en ambientes terrestres, Wittaker (1979) las clasifica en:

- **Arbóreas**, plantas leñosas, en general con alturas mayores de 3 metros, con estatificación vegetativa.
- **Lianas**, trepadoras, leñosas.
- **Epífitas**, plantas exclusivamente aéreas, que viven sobre otras plantas.
- **Arbustivas**, plantas leñosas de dimensiones menores de tres metros.
- **Semi-arbustivas enanas**, adherentes al suelo con altura menor de 25 cm.
- **Herbáceas**, privada de tallos leñosos perennes, como las gramíneas.
- **Talofitas**, no vasculares, muy bajas y con hábitos adherentes.

11.8. El estrato subterráneo: la biota del suelo

Como se mencionara antes en este capítulo, los procesos del suelo dependen de parámetros físicos y químicos (clima, roca madre), pero también de la diversidad de organismos que lo habitan.

Convencionalmente, la biota del suelo se clasifica de la siguiente manera:

- **Microorganismos** del suelo, tales como bacterias, hongos, algas, rotíferos, protozoarios y nematodos (Figura 11.11).
- **Mesofauna**, lo componen organismos cuyo tamaño oscila entre los 0,2 y 2 mm y forman parte de él los microartrópodos (ácaros, colémbolos, proturos, dipluros y sínfilos) y los enquitreídos.

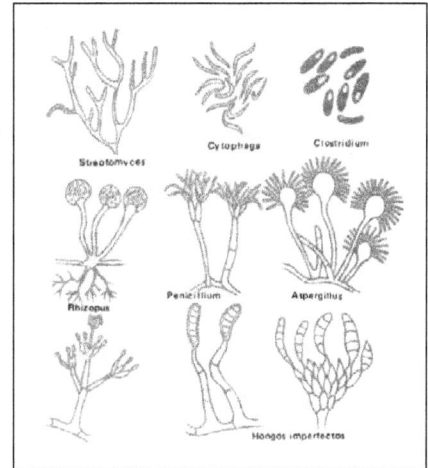

Figura 11.11. Organismos vegetales característicos del suelo

- **Macrofauna**, compuesta por organismos de más de 2 mm de longitud, que se mueven activamente a través del suelo y pueden elaborar galerías en las cuales viven. Forman parte de este grupo los isópodos (cochinillas), quilópodos (ciempiés), diplópodos (milpiés), arácnidos, moluscos, formícidos (hormigas), isópteros (termitas), coleópteros y oligoquetos (lombrices de tierra) (Figura 11.12).

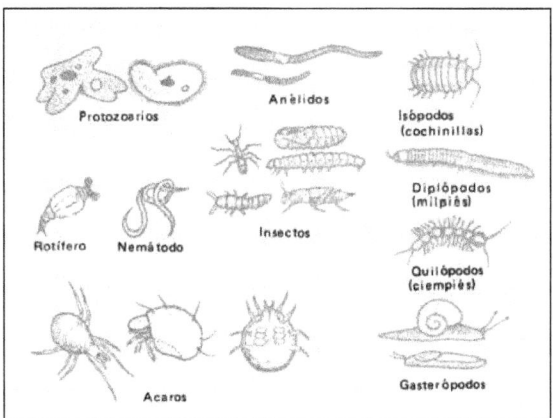

Figura 11.12. Principales representantes de la fauna del suelo.

Fundamentos de Ecología

- Las **raíces** de las plantas que, junto con los organismos que viven alrededor o en su cercanía, conforman la rizósfera del suelo.

Los seres vivos que habitan en el perfil del suelo pueden clasificarse en tres grupos funcionales, de acuerdo con Turbé *et al.* (2010): **microorganismos descomponedores** (bacterias, hongos y protozoarios), denominados ingenieros químicos del suelo, **reguladores biológicos** (colémbolos, ácaros y nematodos) e **ingenieros del ecosistema** (lombrices de tierra, termitas, hormigas y excavadores), los cuales actúan en escalas espaciotemporales diversas, pero que están interrelacionados mediante las redes tróficas.

El estudio de las interacciones entre estos organismos —y de éstos con su medio ambiente físico—, ha requerido el desarrollo de un dominio científico conjunto: la Ecología del suelo, denominada también Ecología microbiana. Adicionalmente, el deseo de aumentar los conocimientos ecológicos, y la importancia de la aplicación de los temas involucrados (la fertilidad del suelo, los suelos como sumideros de carbono, la biodiversidad) ha fomentado el desarrollo de esta rama de la Ecología, lo cual se demuestra por la existencia de la inmensa cantidad de revistas especializadas relacionadas con el tema (Barot *et al.*, 2007; Coleman, 2008).

Es difícil tener una idea de la enorme cantidad y diversidad de organismos que están presentes en el suelo, si no se procede a muestreos y a un inventario. Por ejemplo, investigaciones realizadas en campos abandonados en California, han demostrado que en una hectárea están presentes, como término medio, 50 roedores terrícolas; las lombrices llegan a algunos centenares de miles, los artrópodos son aproximadamente 3.500 por m^2, mientras los hongos y bacterias están representados de 20.000 a 10 millones de individuos por g de suelo, en función de la cantidad de sustancia orgánica presente.

La frecuencia total de los organismos vivos en un área cualquiera depende en gran parte de las características de la vegetación del sobresuelo: praderas naturales, matorrales, bosques o campos cultivados y, particularmente, de la rapidez con que se recicla la sustancia orgánica.

Las diferencias en el número de organismos presentes en el suelo son grandes y evidentes cuando se compara, por ejemplo, el componente biótico de un suelo de pastos naturales no explotados por el hombre, con el de los campos cultivados. En los primeros, el ciclo de todos los elementos absorbidos por los organismos vivos del suelo y nuevamente restituidos al mismo, está representado por un ciclo cerrado, o sea, en equilibrio entre absorción y restitución, ya que no ha habido una extracción por parte del hombre de una parte considerable de biomasa (Coleman, 2008).

En cambio, en todos los agroecosistemas explotados por el hombre hay extracción de sustancias minerales y orgánicas bajo la forma de producción (cosecha), la cual se somete en otra parte al ciclo natural de restitución, provocando un empobrecimiento continuo del suelo. Es cierto que, por lo menos en los cultivos, el hombre trata de mantener un equilibrio entre extracción y restitución de elementos con la fertilización orgánica e inorgánica, pero esta práctica raramente se realiza respetando un balance correcto y completo entre extracción y restitución.

Los microorganismos del suelo son importantes reguladores de la productividad de las plantas, especialmente en ecosistemas infértiles, donde los simbiontes de las plantas son responsables de la adquisición de nutrientes limitantes. Los hongos micorrízicos y las bacterias fijadoras de N son responsables de cerca de 20,5% (praderas y sabanas) y 80% (bosques templados y boreales) de todo el nitrógeno, y hasta 75% del fósforo absorbido por las plantas anualmente. Los microorganismos de vida libre también regulan la productividad vegetal, a través de la mineralización der los nutrimentos que suplen a las plantas, así como los patógenos microbianos, por sus efectos en la dinámica de la comunidad vegetal, la diversidad de plantas y su abundancia (Van der Heijden *et al.*, 2008).

11.8.1. Hongos

Son microorganismos heterótrofos saprófitos o parásitos, muy abundantes en el suelo, responsables de la degradación y descomposición de los restos de materia orgánica de la cual se alimentan, al tiempo que liberan compuestos aprovechables por otros organismos. Algunos de ellos provocan enfermedades en las plantas, siendo responsables de grandes pérdidas en las cosechas de plantas cultivadas por el hombre. Entre ellos, los géneros más comunes son *Penicillium, Aspergillus, Fusarium, Mucor, Trichoderma* y *Rhizoctonia* (Figura 11.13).

En el ecosistema del suelo destacan los **hongos micorrízicos arbusculares** (HMA) pertenecientes al phylum Glomeromycota, que interactúan mutualísticamente con las raíces de la mayoría de las especies vegetales y les proporcionan

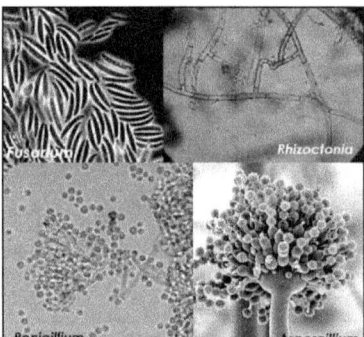

Figura 11.13. Hongos más comunes en los suelos tropicales. Fuente:http://www.plantpath.caes.uga.edu/extension/plants/turf/brownpatch.html; http://www.moldtestingnj.com/index.html

Fundamentos de Ecología

múltiples beneficios: mayor transporte de nutrimentos, protección en condiciones de estrés como patógenos de hábitos radicales, salinidad, sequía, acidez y elementos tóxicos. También son responsables de influenciar la diversidad vegetal y productividad en ecosistemas naturales. Las hifas micorrízicas son el mayor componente de los hongos del suelo donde se desarrollan plantas, en particular cuando son plantas micorrízicas; esto es, son susceptibles de la colonización por estos hongos. De la longitud hifal en el suelo, los HMA contribuyen con una enorme proporción. En comparación con la raíz, el área de la superficie por unidad de volumen de las hifas de los HMA puede ser aproximadamente 100 veces mayor. Esta cantidad de hifas varía en los ecosistemas y presenta valores promedio comunes de 0,5 a 5 m (de hifa por gramo de suelo) en suelos cultivados y de hasta 20 m en suelos no perturbados.

La función de los estos microorganismos del suelo en la formación y estabilidad de la estructura del suelo es muy importante; por ejemplo, en las raíces, en particular en los pelos radicales, las hifas de los hongos exudan polisacáridos y otros compuestos orgánicos, formando una malla pegajosa que une partículas individuales del suelo y microagregados para formar macroagregados. Los procesos involucrados incluyen las relaciones planta-simbionte, la interfase raíz-hongo y la estructura del micelio, en escalas físicas, biológicas y bioquímicas. Muchos de estos pegamentos resisten a la disolución por agua y no sólo permiten la formación de agregados, sino que también le dan estabilidad por largos períodos (Rilling y Mummey, 2006).

Las funciones de los HMA se pueden resumir de la siguiente manera (González-Chávez *et al.*, 2004):

1) Enlazamiento físico por desarrollo extensivo de las hifas externas en el suelo para crear un esqueleto estructural que participa en la adherencia de partículas del suelo;

2) Enlazamiento químico, debido al mucigel (glomalina) que las hifas producen y excretan en las raíces colonizadas y en el suelo;

3) Creación de condiciones adecuadas para el desarrollo de raíces e hifas externas;

4) Envolvimiento de microagregados en macroagregados pequeños y la creación de la estructura del macroagregado;

5) Protección contra los procesos de excesivo secado y humedecimiento de los agregados de los diferentes niveles jerárquicos, debido al carácter hidrofóbico de la glomalina; y

6) Creación de condiciones adecuadas para el desarrollo de otros microorganismos de la rizósfera involucrados.

11.8.2. Bacterias

Las bacterias son organismos esenciales de la biota terrestre y participan en muchas transformaciones y procesos indispensables en el mantenimiento de la vida en el suelo y en los ciclos biogeoquímicos globales. Las bacterias descomponedoras consumen compuestos carbonados y convierten la energía de la materia orgánica del suelo en formas utilizables por otros organismos. Algunas especies son patógenas de las plantas, como *Xanthomonas, Erwinia* y *Phitophtora*. Las bacterias mantienen una alta interacción con las plantas y participan en diversas actividades tales como la fijación de nitrógeno atmosférico, la solubilización del fósforo y del zinc, y la oxidación del metano. Algunas autótrofas como las cianobacterias y otras liberan metabolitos secundarios, como *Pseudomonas fluorescens*, participando activamente en la actividad antifúngica contra patógenos de las plantas. Los phyla más comunes en el suelo son Firmicutes (*Clostridium*), Actinobacteria, a-Proteobacteria (*Nitrobacter* y *Rhizobium*), b-Proteobacteria (*Nitrosomonas*) y, c-Protobacteria (*Azotoboacter*) y Cianobacteria (Figura 11.14).

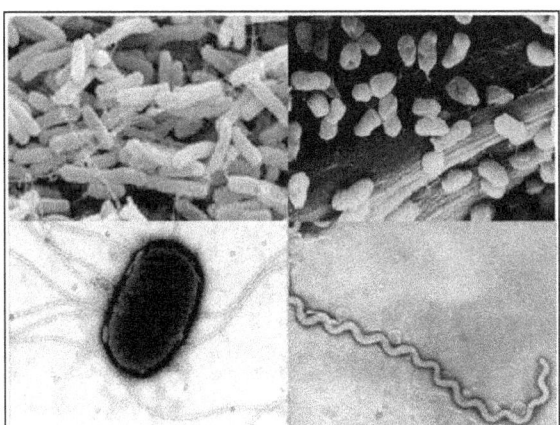

Figura 11.14. Las bacterias son los microorganismos más abundantes en los suelos.
Fuente: reproducido de Turbé *et al.* (2010).

Las bacterias fijadoras de nitrógeno como las especies del género *Rhizobium*, establecen relaciones simbióticas con las leguminosas y otras especies, formando pequeños nódulos en las raíces, donde la planta suple compuestos de carbono a la bacteria y ésta convierte el nitrógeno atmosférico en formas que la planta aprovecha en su metabolismo. Las bacterias nitrificantes (*Nitrosomonas*) cambian el amonio (NH_4^+) a nitritos (NO_2^-) y luego a nitratos (NO_3^-), los cuales son aprovechables por las plantas.

11.8.3. Protozoarios y nematodos

Los **protozoarios** son animales unicelulares con tamaños de 5 a 500 µ, que se alimentan principalmente de bacterias, pero igualmente de otros protozoarios, materia orgánica soluble y en algunas ocasiones, hongos. Al alimentarse de las bacterias, colaboran a regular sus poblaciones, al tiempo que liberan nitrógeno utilizable luego por las plantas u otros organismos de la red alimentaria del suelo. Incluyen tres grandes grupos: los ciliados, las amebas y los flagelados. Al mismo tiempo los protozoarios sirven de alimento a otros organismos del suelo.

Los **nematodos** son pequeños gusanos no segmentados con 50 µ de diámetro y hasta 1 mm de longitud. Aunque muchos de ellos son parásitos y pueden ser dañinos para las plantas, la gran variedad existente de ellos juega un papel importante en las cadenas tróficas de la biota del suelo. Se diferencian cinco grupos de nematodos, de acuerdo con su dieta:

- Consumidores de bacterias.
- Consumidores de hongos.
- Depredadores de otros nematodos o protozoarios.
- Parásitos de las raíces.
- Omnívoros

Como eslabones de las cadenas tróficas del suelo, los nematodos influyen en la dinámica de las poblaciones relacionadas: en bajas densidades de población, los consumidores de bacterias provocan crecimiento bacteriano, mientras que en altas poblaciones, reducirán la población de bacterias. Los predadores de nematodos regulan la población de los consumidores de bacterias y hongos, ayudando a controlar la abundancia de éstos. Los nematodos constituyen a su vez alimento para organismos de mayor nivel en la cadena trófica, como los microartrópodos e insectos del suelo.

11.8.4 Mesofauna

Los ácaros y los colémbolos son los invertebrados más relevantes de este grupo. La pulverización del material orgánico por sus piezas bucales expone un área superficial mayor y más susceptible a la actividad microbiana (Cabrera y Crespo, 2001). La principal contribución de estos microartrópodos al proceso de descomposición es la de promover el crecimiento y la distribución de microorganismos y hongos, transportando los productos de descomposición a los estratos inferiores y a las zonas radicales del perfil del suelo. De esta forma desempeñan el papel más prominente en el transporte vertical de la materia orgánica. La descomposición de la materia orgánica puede ser acelerada de 1,7 a 1,9 veces en presencia de ácaros, en comparación con la presencia en el suelo de microrganismos solamente. Además, diversos autores consideran estos animales agentes dispersantes de esporas de micorrizas vesículo-arbusculares, que facilitan la toma de nutrimentos por las plantas (Figura 11.15).

11.8.5. Macrofauna

Los artrópodos del suelo consumen y fragmentan el material vegetal muerto, lo cual facilita la acción de bacterias y hongos, poniendo así a su disposición un material más ho-

Figura 11.15. Diversidad de Mesofauna que tiene su hábitat en el suelo. Fuente: reproducido de: http://www.madrimasd.org/blogs/universo/2007/03/25/62254

Fundamentos de Ecología

mogéneo y con mayor superficie de ataque. Posteriormente, los artrópodos absorben y asimilan los hidratos de carbono degradados por la actividad enzimática extracelular de los hongos y bacterias y toman, del mismo modo, protoplasma vivo de estos microorganismos, proteínas, aminoácidos y otros compuestos esenciales (Cabrera y Crespo, 2001). Desde el punto de vista ecológico, éste es quizás el papel más importante que cumplen los artrópodos del suelo. En efecto, ingiriendo con su actividad notable cantidad de hongos y bacterias influyen en el control numérico de éstos. La presencia de los artrópodos en la fauna del suelo está condicionada principalmente por la cantidad de sustancias orgánicas presentes. Por otra parte, con su presencia y actividad, los artrópodos contribuyen con el reciclaje de macro y microelementos en el ecosistema.

Las lombrices de tierra, las hormigas y las termitas son llamados ingenieros del ecosistema se responsabilizan en gran medida por la creación de condiciones adecuadas de aireación del suelo y el troceado grueso de los tejidos vegetales y animales que componen los restos orgánicos (Figura 11.16); por tal motivo, constituyen los iniciadores de la actividad biótica. Se conocen 23 familias de lombrices, con aproximadamente 700 géneros y más de 7.000 especies (Jiménez *et al.*, 2003). Las lombrices prestan inmensos beneficios al suelo, entre los que se pueden mencionar:

- Estimulan la actividad microbiana y el reciclaje de nutrimentos, especialmente incrementando la disponibilidad del fósforo.
- Contribuyen a la formación del humus y de agregados en la estructura del suelo.
- Mejoran la infiltración del agua y reducen la erosión, mediante los túneles que construyen en su movimiento por el suelo.
- Facilitan la penetración y extracción de nutrimentos de las raíces.
- Mejoran la capacidad de retención de humedad del suelo en su conjunto.

Los diplópodos, por su parte, se alimentan exclusivamente de residuos vegetales en diversos estados de descomposición, lo cual facilita la actividad de los otros descomponedores de la cadena trófica. La fauna cropófila, representada por los coleópteros, favorece la descomposición activa de los excrementos en el pastizal y acelera así el reciclaje de los nutrimentos, mientras que los ácaros y colémbolos pulverizan el material orgánico y lo hace susceptible a la actividad microbiana; estos microartrópodos promueven el crecimiento y la distribución de los microorganismos y hongos, transportando los productos de la descomposición hacia la zona radicular. Especies como los topos y las aves se alimentan de la macrofauna, contribuyendo así a controlar dichas poblaciones.

11.9. Las redes alimentarias del suelo

La red alimentaria del suelo es el complejo de interacciones entre la comunidad de organismos que viven toda o parte de su vida en el suelo. El diagrama de la red alimentaria muestra un conjunto de procesos de conversión de energía y nutrimentos (representados por las flechas), en la medida en que un organismo se alimenta de otros.

La descripción de los distintos tipos de organismos en la sección anterior hacía referencia a los hábitos alimenticios de

Figura 11.16. Las lombrices de tierra son catalogadas como ingenieros del ecosistema, por su efecto beneficioso en el componente orgánico del suelo. Fuente: http://abiculiberal.blogspot.com/2010/11/dandole-cuero-en-colonia-agripinensis.html

Fundamentos de Ecología

cada uno, lo cual se refleja en la representación de la red alimentaria visualizada en la Figura 11.17, con sus diferentes niveles tróficos. Como toda red alimentaria, son los organismos autótrofos los que generan la producción primaria: plantas, líquenes, bacterias fotosintéticas y algas que utilizan la energía del sol para fijar el CO_2 de la atmósfera. El resto de los organismos del suelo obtienen la energía y el carbono consumiendo los compuestos orgánicos de las plantas, de otros organismos o de los subproductos de los desechos orgánicos. Unas pocas bacterias obtienen su energía a partir del nitrógeno, azufre o hierro (quimioautótrofas), en lugar de los compuestos carbonados o el sol (Tugel et al., 2000).

Cuando los organismos descomponen las sustancias complejas, o se alimentan de otros organismos, los nutrientes se transforman en otros compuestos aprovechables por las plantas y otros organismos del suelo. Todas las plantas —pastos, árboles, cultivos— dependerán de la red alimentaria para su nutrición.

La supervivencia de las plantas y los organismos del suelo depende de las interacciones entre ellos. Los subproductos de los residuos de las raíces y plantas sirven de alimento a los organismos del suelo. A su vez, éstos brindan soporte a las plantas cuando descomponen la materia orgánica, reciclan nutrimentos, mejoran la estructura del suelo y controlan las poblaciones de otros organismos, incluyendo las pestes de las plantas cultivadas.

La materia orgánica (MO) es el gran depósito de energía y nutrimentos utilizados por las plantas y el resto de organismos. Bacterias, hongos y otros habitantes presentes transforman y liberan los nutrimentos de la materia orgánica. La MO tiene muchos tipos distintos de compuestos —algunos mas útiles que otros para los organismos—. Por regla general, la MO del suelo está constituida por partes iguales de humus y materia orgánica activa (la porción disponible para los organismos). Las bacterias tienden a usar los compuestos orgánicos más sencillos, tales como el exudado de las raíces o los residuos vegetales frescos. Por su parte, los hongos aprovechan los recursos más complejos, como los residuos vegetales fibrosos (celulosa y hemicelulosa), de la madera y la hojarasca del suelo.

La estructura de la red alimentaria está determinada por la composición y número relativo de organismos en cada grupo dentro del sistema suelo. Cada tipo de ecosistema tiene una estructura característica en su red alimentaria.

La proporción de hongos y bacterias es característica en cada ecosistema. Los pastizales y los suelos agrícolas por lo general tienen redes dominadas por bacterias (la mayor parte de la biomasa la constituyen bacterias) en una proporción 1:1, mientras que en los bosques los hongos son predominantes, con proporciones de 5:1 a 10:1 en los deciduos, y de 100:1 a 1000:1 en los de coníferas.

Los organismos reflejan su fuente de alimento. Por ejemplo, los protozoarios abundan donde hay muchas bacterias. Cuando las bacterias dominan sobre los hongos, los nematodos que se alimentan de ellas son más numerosos que los que comen hongos. Igualmente, las prácticas de manejo en los agroecosistemas modifican las redes alimentarias. Por ejemplo, en sistemas de labranza mínima, la proporción entre hongos y bacterias se incrementa con el tiempo y las lombrices de tierra y los artrópodos son muy abundantes.

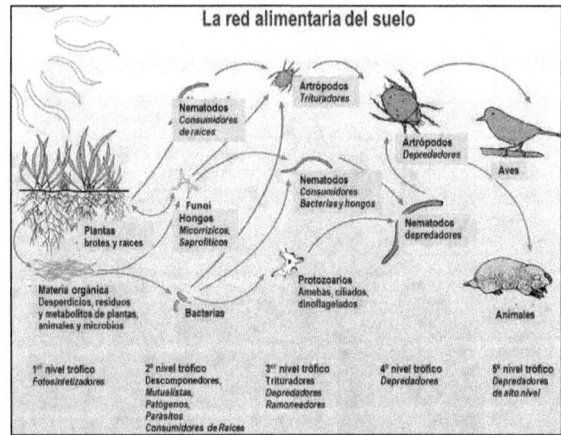

Figura 11.17. La red alimentaria del suelo y sus diferentes cadenas tróficas.
Fuente: Servicio de Conservación de los Recursos Naturales del Dpto. de Agricultura de los EE UU.
Disponible en: www.soils.usda.gov/sqi/concepts/soil_biology/biology.html

Fundamentos de Ecología

11.10. Interacciones entre la vegetación y la biota del suelo

Todos los ecosistemas terrestres se componen de elementos ubicados sobre la superficie (comunidad vegetal) y por debajo de ella (biota del suelo), cuyas complejas interacciones influyen en los procesos y propiedades de la comunidad y del ecosistema. El *feedback* o retroinformación entre las plantas y el suelo se asume sobre la base de la evidencia de sus efectos mutuos. La retroalimentación puede ser positiva o negativa y puede operar a través de diversas vías, incluyendo las propiedades físicas y químicas del suelo, las propiedades y procesos biogeoquímicos y las propiedades biológicas, incluyendo la composición de la comunidad de la flora y fauna del suelo. Tales mecanismos son variables en complejidad, especificidad y fortaleza, en relación con otros factores ecológicos, así como en función de las escalas temporales y espaciales en las que operan (Ehrenfeld *et al.*, 2005).

Tal y como lo plantean Wardle *et al.* (2004), estos componentes están estrechamente vinculados dentro de la comunidad, con un alto grado de especificidad entre las plantas y los organismos del suelo que hasta ahora no habían sido considerados de importancia. Por razones didácticas se han analizado ambos ecosistemas (vegetación y biota del suelo) aisladamente, pero existe un creciente interés y reconocimiento de la influencia de estos componentes entre sí, así como del papel fundamental que desempeña la retroinformación entre ambos en el ecosistema como un todo suelo-planta (Turbé *et al.*, 2010) (Figura 11.18).

Las plantas (productores primarios) ofrecen tanto el carbono orgánico necesario para el funcionamiento del subsistema de descomposición, como los recursos para los organismos asociados con la raíz, tales como los herbívoros de las raíces, los agentes patógenos y los simbióticos mutualistas. El subsistema de descomposición a su vez desdobla el material vegetal muerto y regula indirectamente el crecimiento vegetal y composición de la comunidad mediante la oferta de nutrimentos disponible en el suelo.

Los organismos asociados con las raíces y sus consumidores influencian las plantas de manera más directa e influyen en la calidad, la dirección y del flujo de energía y nutrimentos entre las plantas y los descomponedores. Sin embargo, existe una creciente evidencia de que los diferentes componentes de la red alimentaria del suelo muestran una serie de respuestas a las entradas de recursos provenientes del sobresuelo, ya que son impulsadas variablemente por fuerzas de arriba hacia abajo (la regulación por los consumidores) y de abajo hacia arriba (la cantidad y calidad de recursos).

Debido a que las especies de plantas difieren en la cantidad y la calidad de los recursos que devuelven al suelo, pueden tener efectos importantes en los componentes de la biota del suelo y los procesos que regulan. Por ejemplo, las especies de los pastizales difieren en la composición de las comunidades microbianas en torno a sus raíces, lo que ayuda a explicar porqué los suelos plantados con diferentes especies de pastizales promueven diferentes niveles de abundancia de microbios y de la fauna que se alimenta de ellos.

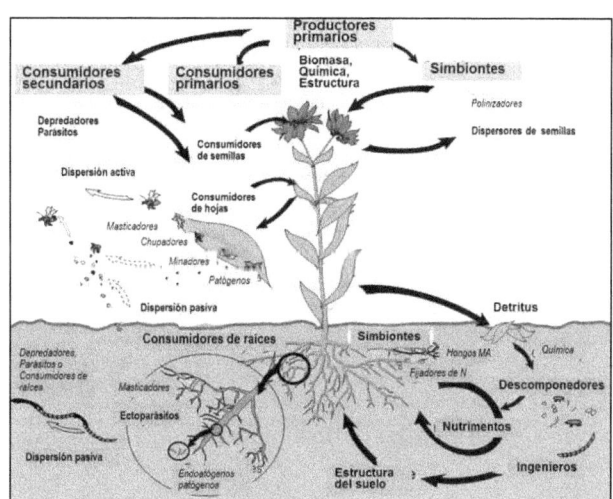

Figura 11.18. Interdependencia entre la biodiversidad de la comunidad vegetal y la biota del suelo. Fuente: Turbé *et al.* (2010).

Fundamentos de Ecología

En los bosques, las diferencias en la calidad de los desperdicios producidos por especies de árboles que coexisten en la superficie explican la distribución desigual de los organismos del suelo. Los efectos de la composición de las plantas de la comunidad tienen efectos mucho más específicos en la composición de la comunidad de organismos asociados a las raíces. Sin embargo, los efectos de la composición de las plantas en las comunidades de descomponedores parecen depender de contextos particulares (Turbé *et al.*, 2010).

Los suelos están en el corazón de la "zona crítica" de la Tierra, la externa y delgada capa entre la parte superior de la copa de los árboles y el fondo de los acuíferos subterráneos en los que los humanos se basan en la mayor parte de sus recursos. Ellos forman y cambian continuamente durante miles de años, a lo largo de vías diferentes, en la medida que el material mineral de la roca descompuesta es colonizado por las plantas y la biota del suelo. Esta colonización lleva a la formación de materia orgánica del suelo (MOS) y de la estructura del mismo, que controla el ciclo del carbono, nutrimentos y agua (Brantley, 2010 citado por UNEP, 2012). El carbono del suelo existe en formas tanto orgánicas como inorgánicas. El carbono inorgánico del suelo se deriva de la roca o se forman cuando el CO_2 es atrapado en forma mineral (por ejemplo, como carbonato de calcio), y es mucho menos propenso a la pérdida de carbono orgánico del suelo (SOC). Aunque se puede disolver, particularmente bajo condiciones ácidas, el carbono inorgánico del suelo no es susceptible a la biodegradación. La materia orgánica del suelo está formada por la descomposición biológica, química y física de materiales orgánicos que se incorporan al suelo, provenientes de la vegetación que crece en su superficie (por ejemplo, caída de las hojas, residuos de las cosechas, desechos de animales y restos) o por debajo de tierra (por ejemplo, raíces, la biota del suelo). La biota del suelo (por acción de los microbios y de las lombrices de tierra) contribuirá con la mezcla y descomposición de la materia orgánica a través de reacciones físicas y bioquímicas.

El manejo del suelo puede afectar el equilibrio relativo de estos procesos y sus impactos ambientales. En la medida que la materia orgánica del suelo se descompone, algo de carbono se mineraliza con bastante rapidez y se libera como CO_2, pudiendo también perderse por efecto de la erosión física de la escorrentía. El nitrógeno orgánico contenido en la biodegradación de materia orgánica del suelo se transforma de N_2O y otros compuestos de óxido de nitrógeno (NO_X). Sin embargo, algunas fracciones de materia orgánica del suelo, no se degradan fácilmente. El carbono orgánico del suelo tiende a aumentar con el tiempo, a medida que se desarrolla un suelo sin perturbaciones. En suelos saturados de agua, la materia orgánica del suelo, se puede acumular en capas gruesas de turba. La materia orgánica se une a los minerales, en particular, las partículas de arcilla, y también proporciona fuerza cohesiva y mejora la fertilidad del suelo, el movimiento del agua, y la resistencia a la erosión.

Varios estudios recientes indican que las interacciones tróficas de la comunidad superficial tienen efectos indirectos sobre la biota del suelo, en función de la cantidad y la calidad de los recursos que las plantas aportan. En el corto plazo, los herbívoros foliares pueden causar la liberación sustancial de carbono en la rizósfera, lo que puede influir en la actividad microbiana, provocando una retroinformación positiva, al aumentar la disponibilidad de nitrógeno para la planta. A largo plazo, pueden afectar a la calidad y cantidad de los recursos derivados de las plantas de los organismos del suelo través de varios mecanismos. Los efectos positivos se presentan cuando los herbívoros promueven el crecimiento compensatorio de la planta y ocurre una devolución de materia orgánica al suelo como materia fecal lábil (no como restos de plantas recalcitrantes), induciendo una mayor concentración de nutrimentos en los tejidos remanentes de las plantas y reduciendo la sucesión vegetal, inhibiendo así la entrada de especies de plantas con recursos de baja calidad. Los efectos negativos se producen a través de alteración de la productividad de la planta por la eliminación de los tejidos, induciendo la producción de defensas secundarias, y favoreciendo la promoción de la sucesión con el predominio de especies de plantas no palatables o con baja calidad de residuos.

Los ecosistemas dominados por especies de plantas adaptadas a las condiciones fértiles pueden soportar altas densidades de herbívoros, con más de 50% de la productividad primaria neta (PPN) devuelta al suelo como materia fecal lábil. En condiciones infértiles, casi toda la PPN se devuelve al suelo como restos vegetales recalcitrantes. Los suelos fértiles también apoyan las redes alimentarias del suelo en las que el flujo de energía es dominado por bacterias. Las lombrices de tierra desempeñan un papel importante en el ciclo de nutrimentos, mientras que los suelos infértiles promueven las redes tróficas dominadas por hongos y artrópodos (especialmente los ácaros, colémbolos y milpiés). En condiciones de alta fertilidad, por lo tanto, se suceden ciclos rápidos de nutrimentos y baja acumulación neta de carbono en el suelo, mientras que las condiciones infértiles apoyan ciclos lentos donde los nutrimentos se conservan y se promueve el secuestro de carbono en el suelo.

Debido a que los organismos del suelo pueden estimular la movilización y absorción de nutrimentos por las plantas, también tienen el potencial de afectar indirectamente a los consumidores sobre el suelo. Por ejemplo, se ha encontrado que los áfidos chupadores se desempeñan mejor cuando las plantas hospederas crecen en suelos con abundante presencia de colémbolos o lombrices de tierra. Del mismo modo, la microfauna consumidora de bacterias incrementa indirectamente el número y la biomasa de los brotes de áfidos en algunos cereales, a través de sus efectos positivos sobre la rotación de nitrógeno en el suelo y el estado nutricional de la planta (Turbé *et al.*, 2010).

Durante el siglo pasado, gran parte de la superficie terrestre ha sido transformada por una serie de los fenómenos que incluyen la invasión de especies exóticas en nuevos territorios, la alteración del clima a través del enriquecimiento de CO_2 atmosférico, la deposición de nitrógeno, y el cambio de uso del suelo. Entender las consecuencias de estos fenómenos requiere la consideración explícita de vínculos entre

Fundamentos de Ecología

la vegetación aérea y la biota subterránea. Con la excepción de algunas grandes perturbaciones que afectan directamente a la biota del suelo, como por ejemplo, los incendios de vegetación, los fenómenos de cambio global afectan indirectamente a la biota del suelo y sus procesos, a través de los cambios inducidos en la composición de la comunidad de plantas en la superficie y en la cantidad y calidad de la materia orgánica incorporada al suelo (Wardle *et al.*, 2004).

Repercusiones similares se evidencian en la estabilidad de las redes alimentarias debidas a los cambios antropogénicos en los paisajes, como los cambios artificiales en la vegetación y la fisonomía, las cuales resultan perturbadas más rápidamente si hay dominancia de hongos, en comparación con las dominadas por bacterias (Hedlund *et al.*, 2004).

11.11. La nueva ecología microbiana

En los años recientes, los avances y descubrimientos en la ecología microbiana han ido creciendo significativamente. Por ejemplo, muchos estudios recientes revelan nuevos mecanismos que podrían influir profundamente en la fertilidad del suelo, la competencia entre las plantas o la reacción del ecosistema ante el cambio global.

Sin embargo, entre algunos científicos existe la percepción de que la ecología del suelo se ha desarrollado, hasta hace poco, de forma independiente del resto de la Ecología y que sus métodos y técnicas no abordan los modernos enfoques evolucionarios, holístico-sistémicos, de modelaje y simulación que caracteriza al resto de los campos de la Ecología (Barot *et al.*, 2007).

Una primera explicación de la relativa independencia entre la Ecología del suelo y la Ecología en general sería que la ecología del suelo es intrínsecamente difícil de estudiar debido a los siguientes factores:

1. El suelo es una especie de "caja negra". Es muy difícil de manipular y observar los organismos del suelo sin perturbar su entorno, lo que no sucede cuando se estudian los organismos sobre la superficie del mismo.
2. El suelo es un medio muy complejo en el que es difícil separar las interacciones bióticas y abióticas.
3. Estas interacciones implican una fase sólida, una fase acuática, una fase gaseosa y el intercambio complejo entre estas fases.
4. Los suelos son muy heterogéneos, con una gran variabilidad debida a factores pedogénicos, fisicoquímicos y climáticos incidentes en todas las escalas espacio-temporales (micro, meso y macro).
5. Los procesos del suelo dependen directamente de una gran variedad de organismos, cuyo tamaño es generalmente pequeño o microscópico, cuya taxonomía y diversidad son poco conocidas en comparación con los organismos sobre la superficie. Más complejos aún son las interacciones entre los organismos, y sus efectos en el medio circundante, como es el caso de los ingenieros del ecosistema, mencionados en el capítulo 2.

El acelerado avance de la Ecología del suelo nos muestra, sin embargo, que en realidad el suelo está constituido por unidades organizadas a escalas discretas, con límites dentro de los cuales los organismos interactúan y generan estructuras que influencian las tasas y rutas de los procesos, formando sistemas autoorganizados (Lavelle, 2009). Un ejemplo de ello es la rizósfera, donde las raíces interactúan con una comunidad de microorganismos e invertebrados, en una relación mutualística (Garrido *et al.*, 2010), aunque limitada por la alta densidad de las hifas fúngicas, que pueden inhibir el crecimiento de la planta huésped.

Dentro del complejo de la rizósfera se forman estructuras entre agregados, raíces y microorganismos que mejoran la eficiencia de todos los que participan: la planta extrae nutrimentos a través de las interacciones con micorrizas y bacterias fijadoras de nitrógeno; la activación y selección de los microorganismos depende de los exudados de la raíz; todo ello dentro de las finas películas de humedad y microensamblajes de partículas arcillosas. De la misma manera, ocurren interacciones con las estructuras biogénicas de los gusanos de tierra y las termitas. A esta escala microscópica, le sigue otra más amplia, donde operan las cadenas tróficas, y luego otra, donde funcionan los ingenieros del ecosistema, como las lombrices de tierra, para generar las mencionadas estructuras biogénicas. La escala siguiente es la del horizonte húmico, donde se ensamblan los dominios funcionales de los ingenieros del ecosistema con algunas estructuras no biológicas. Esta visión de los sistemas auto organizados en la rizósfera, bien podría aportar elementos para una explicación más precisa de los procesos implícitos en la dinámica de agregación de la estructura del suelo (Lavelle, 2009).

Por otra parte, los procesos del suelo implican una gran variedad de moléculas orgánicas y procesos bioquímicos y metabólicos que han sido poco dilucidados y explicados. Tal es el caso de las enzimas producidas por los microorganismos y su papel en los ciclos biogeoquímicos que tienen lugar en el suelo. Aunque existe una inmensa variabilidad de expresión en el ecosistema que conforma la biota y el sustrato fisicoquímico del suelo, la similitud de la composición de la materia orgánica (MO) en él, señala evidencias de la consistencia de los procesos biogeoquímicos a lo largo de dicho ecosistema.

Las investigaciones realizadas durante la última década han demostrado que las proporciones de C:N en la MO se mantienen en un rango de 14:1 a 10:1, entre un suelo sin perturbaciones y uno cultivado, respectivamente, así como las características genotípicas y fenotípicas de las comunidades microbianas presentes en diferentes tipos de suelo, independientemente del tipo de comunidades vegetales en el sobresuelo (Fierer *et al.*, 2009). Así, a lo largo de un amplio rango de tipos de suelos y ecosistemas, tanto las enzimas extracelulares y la composición de la comunidad bacteriana pueden ser predichas con bastante precisión a partir de una variable sencilla: el pH. Igualmente, el tamaño de la biomasa microbiana está íntimamente ligado al contenido del conjunto de carbono orgánico en el suelo, relativamente constante, de 1-3%, Por otra parte, existe un conjunto discreto de factores abióticos del ambiente del suelo (temperatura, humedad y pH) y de las propiedades edáficas (textura y mineralogía) que constriñen el carbono en la MO, en

Fundamentos de Ecología

tanto que los procesos bioquímicos de la microbiota y la fisicoquímica de los elementos se ajustan a procesos estoiquiométricos.

Otro frente de avance lo constituye la aplicación de técnicas moleculares en el estudio de la microbiota del suelo, a través de la **Metagenómica**, que comprende el aislamiento del DNA y su estudio para obtener información filógenética. A través de ellos se ha determinado que el número de especies prokariotas en una simple muestra de suelo, excede el de las especies catalogadas en bases de datos de ADN, que hasta 2005 contenía registros de 16.177 especies diferentes (Daniel, 2005).

El creciente número de secuencias metagenómicas, junto con los avances revolucionarios en la bioinformática y análisis de proteínas, han abierto por completo nuevos horizontes para investigar las bases moleculares de procesos tan complejos como los que caracterizan la Ecología del suelo. La **Proteómica**, por su parte, ha contribuido en gran medida a nuestra comprensión de los organismos individuales a nivel celular, en tanto que ofrece excelentes posibilidades para explorar muchas funciones de las proteínas y sus respuestas de forma simultánea. Sin embargo, en la Ecología microbiana aún no ha sido ampliamente aplicada, aunque la mayoría las proteínas tienen una función metabólica intrínseca que puede ser usada para relacionar las actividades microbianas con la identidad de los organismos definidos en comunidades muy diversas (Schneider y Redel, 2010). Aunque todavía en su infancia, la Proteómica ambiental permite la catalogación de proteínas simples, su análisis comparativo y semi-cuantitativo, análisis de localización de proteínas e incluso, la determinación de las secuencias de aminoácidos de los genotipos por la **Proteogenómica**.

11.12. Características del suelo y distribución de las plantas

Como ya hemos visto en varias partes de este capítulo, la composición físico-química del suelo tiene notable importancia sobre la distribución de las plantas. No se debe creer, sin embargo, que el terreno y las condiciones climáticas sean los dos factores completamente extraños entre sí. Prueba de ello es que la moderna Pedología (ciencia que estudia el suelo) ha puesto en evidencia que a determinados tipos de clima corresponden otros tantos tipos de suelo, que se encuentran —casi en equilibrio— en el ambiente en el cual se han formado.

Los diversos tipos de suelo son clasificados teniendo en cuenta el sustrato pedogenético, la estructura y características físico-químicas de los horizontes, las condiciones climáticas y las características del sobresuelo. En efecto, el régimen de precipitaciones desempeña un papel importante en la evolución del suelo, así como en la determinación del tipo de vegetación del sobresuelo y, como consecuencia, la cantidad de sustancia orgánica degradada.

Los factores determinantes de la distribución de las plantas en un ecosistema incluyen:

• La cantidad de agua disponible (precipitación),
• La profundidad de la capa acuífera,
• El porcentaje de arena, arcilla o humus, y
• La estructura de las partículas del suelo,

Entre estos factores, uno de los más importantes se refiere a la proporción de calcita (carbonatos de calcio) que, si se encuentra presente en pequeña cantidad, el suelo resulta neutro o básico. Por el contrario, en su ausencia se encuentran generalmente grandes cantidades de sílice y el suelo presenta reacción ácida, a veces muy fuerte. Desde el punto de vista sistemático, existen numerosas especies que pueden vivir sólo en terrenos calcáreos y otras que se desarrollan solamente en terrenos con reacción ácida. Especies como la acelga, espinaca, lechuga, coliflor, cebolla, arveja, hierbas medicinales y trébol prefieren terrenos alcalinos. Otras plantas como las azaleas, prefieren terrenos ácidos.

La mayoría de las plantas terrestres comunes son **mesófitas**; las raíces viven en el suelo aireado y húmedo pero no saturado. Por ello, minimizan al máximo la pérdida de agua a través de las partes aéreas. La mayoría de las plantas de clima templado pertenecen a este grupo.

Los grandes bosques templados están constituidos por mesófitas (castaños, abedules, robles), que pierden las hojas al comienzo del invierno, cuando la estación fría provocaría grandes daños si no se sacrificara drásticamente el sistema evaporador, pues las bajas temperaturas impiden a las raíces absorber agua del terreno. Muchas plantas herbáceas, en cambio, sacrifican toda su porción aérea y quedan "en reposo" durante la estación adversa.

Las plantas **xerófitas** se han adaptado a períodos prolongados de sequía. Estas plantas (los cactos, entre ellos) poseen varias modificaciones que les permiten resistir a tales condiciones de sequedad. Muchas de ellas son suculentas, es decir, poseen hojas y/o tallos carnosos que almacenan agua. A menudo se observa que estas plantas poseen también espinas u otras estructuras que impiden sean devoradas por animales sedientos. La cutícula gruesa y los escasos estomas situados debajo de la superficie de la hoja o del tallo, reducen la pérdida de agua por transpiración. En el caso de los cactos, la superficie de transpiración disminuye además por la ausencia de hojas anchas. Las hojas están reducidas a espinas protectoras y la fotosíntesis es función del tallo. Los sistemas radiculares de las xerófitas son complejos y en las dunas arenosas constituyen un factor importante en el control de la erosión.

Las **higrófilas** son plantas que viven en lugares donde nunca hay carencia de agua. Estas plantas están conformadas de modo de facilitar en todo lo posible la transpiración, asegurando así la máxima producción de sustancias orgánicas y, en consecuencia, un notable crecimiento. Es el caso de los bosques tropicales con lluvias diarias, elevada temperatura y una fuerte luminosidad, factores que permiten un rápido desarrollo de biomasa. Éstas desarrollan la máxima superficie de transpiración y, como consecuencia, presentan hojas grandes de lámina sutil. El sistema conductor de agua está muy bien desarrollado y las plantas tienen troncos gruesos y gigantescos. La gran altura de los árboles del bosque ecuatorial depende también de la necesidad de encontrar luz en abundancia para la fotosíntesis.

Fundamentos de Ecología

Figura 11.19. Las plantas xerófitas están adaptadas a períodos prologados de sequía

Las **hidrófitas** se pueden considerar como una subcategoría de las higrófilas. Comprenden todas las plantas acuáticas, algunas de las cuales viven completamente sumergidas; otras, si bien están fijas al fondo, tienen largos tallos que llevan las hojas hasta la superficie del agua (ninfas); otras son flotantes como la lenteja de agua, o bien emergen del agua la parte superior de su estructura.

11.13. Clasificación de los suelos

Existen varios criterios para la clasificación de los suelos basados en su origen, composición y propiedades. Así, por su origen, se dividen en residuales, si se forman en el mismo sitio que los origina y sedimentarios, si han sido transportados o arrastrados desde otro lugar.

Otros edafólogos, de acuerdo con la composición del suelo y sus componentes, reconocen cuatro tipos de suelos: **húmicos, arenosos, calcáreos y arcillosos**, según predominen en su composición el humus, la arena, las sales de calcio o la arcilla, respectivamente.

Existen diversas clasificaciones, algunas muy complejas debido a la cantidad de unidades empleadas. Una de las más conocidas —que a nuestro entender da una idea amplia y general sobre los diferentes tipos de suelo— es la establecida por la FAO en los años 70, que clasifica los suelos en 13 tipos principales: **podsólicos, pardos forestales, chernosémicos, latosólicos, castaños y serosems, latosólicos, castaños y serosems, desérticos, rojos mediterráneos**, de **tundra**, de **montaña** y **lateríticos**.

Suelos Podsólicos (Podsoles). Son suelos de climas fríos y con abundantes precipitaciones. La mineralización es lenta y su color es grisáceo-ceniciento debido a su alto contenido de sílice en el horizonte A. En estos suelos se desarrollan bien las coníferas. Cubren alrededor de 15 millones de km^2 y se encuentran principalmente en Finlandia, Suecia, EE UU, Canadá y URSS.

Suelos Pardos Forestales. Se caracterizan por la fácil mineralización de los restos orgánicos que contienen. Los coloides arcillosos se hallan suficientemente estabilizados y mezclados con óxidos de hierro, que confieren a este suelo su color pardo característico. Encontramos estos suelos en climas templados húmedos, en los que prospera el bosque caducifolio, es decir, árboles que pierden las hojas en el invierno. Se encuentra este tipo de suelo en la Europa Central y Occidental, EE UU y Canadá.

Suelos Chernosémicos (Chernozems) tierras negras. Estos suelos contienen en el horizonte A, de gran espesor, abundante calcio y magnesio; los coloides húmicos forman con la arcilla complejos ricos en ácidos húmicos, que le dan su coloración negra características. Se forman sobre rocas madres ricas en carbonatos de calcio y magnesio en climas continentales semiáridos. Constituyen suelos excelentes para el cultivo de cereales y están conceptuados como los más fértiles del planeta. Se encuentran en la pradera norteamericana, en la pampa Argentina, en Europa Central, en Ucrania y en Asia Central.

Suelos Latosólicos (Latosoles). Contienen abundantes sesquióxidos de hierro y aluminio en las capas profundas. Los horizontes con frecuencia resultan indiferenciados. Si la roca madre es básica se produce una rápida lixiviación de las bases y de la sílice, subsistiendo una mezcla de hidróxido de hierro y aluminio. Si las rocas madres son ácidas, la sílice se mezcla con la alúmina para formar arcillas poco fértiles mezcladas con hidróxido de hierro.

Suelos Castaños y Serosems. Son suelos de color marrón debido a la presencia de humus, aunque en menor cantidad que en los chernosem. La vegetación que crece en estos suelos es estaparia. Se forman en climas continentales de escasa precipitación (entre 250 y 300 mm anuales). El horizonte A, tiene unos 50 cm de espesor y el contenido de carbonato es del orden del 3 a 7%. En las proximidades de los

Fundamentos de Ecología

Figura 11.20. Las plantas higrófilas requieren de ambientes húmedos.

desiertos, donde la pluviosidad es de 100-200 mm, se forman suelos pobres en humus y carentes de óxidos de hierro libres, ricos en carbonatos y de color gris; son los Serosems o suelos grises. Son suelos pocos fértiles por ser pobres en humus, pero pueden ser cultivados si hay posibilidades de irrigación, pues contienen abundantes sustancias minerales. Ocupan alrededor de 12 millones de km cuadrados.

Suelos Desérticos. Estos suelos se originan por descomposición mecánica de la roca madre, ya que la carencia de agua no permite la descomposición química. Según sea el grado de disgregación de la roca madre, se originará, o un desierto de piedras o un desierto de arena. La alta evaporación que se produce en estas regiones ocasiona el transporte hacia la superficie de considerables cantidades de elementos biógenos. Los desiertos ocupan alrededor de 13 millones de km^2 de la superficie emergida del planeta. Pueden convertirse en suelos productivos si se cuenta con suficiente cantidad de agua.

Suelos Rojos Mediterráneos. Provienen de la alteración profunda de la roca madre que por acción del calor y la humedad libera arcillas y óxidos de hierro. Esta composición química compleja de óxidos y sílice procedente de la roca madre, le dan al suelo aspecto rojizo.

Se forman en climas mediterráneos de inviernos húmedos y veranos muy secos. Por la infiltración de las aguas y arrastre posterior se forma un horizonte C, rico en carbonatos, que les da color más claro

Suelos de Tundra. Son características de las regiones polares con vegetación escasa. En estas regiones el subsuelo se halla permanentemente helado y recibe el nombre de permafrost. Debido a las bajas temperaturas y a la poca actividad biológica y, por otra parte, a que la descomposición de la materia orgánica es lenta, llega a formar un humus turboso y grueso inadecuado para los cultivos. Este tipo de suelo ocupa una superficie de 10 millones de Km^2 aproximadamente.

Suelos Lateríticos. En climas tropicales y en lugares donde ha desaparecido la selva y se ha establecido la vegetación de sabana, el horizonte B se enriquece con óxidos de hierro (Fe2O3). Generalmente el horizonte A es erosionado por el agua y el viento y al quedar el horizonte B expuesto al sol, se produce la deshidratación de los ácidos y se compacta el suelo, tomando un color rojizo, como el ladrillo. De esta manera se forma la **laterita**, del latín *later* = ladrillo, que da nombre a estos suelos ricos en óxidos de hierro y meteorizados por la acción del sol. Son suelos improductivos, casi impermeables al agua y solamente ciertas plantas pioneras se establecen en ellos.

Luego de un largo proceso de estudios y armonización del conocimiento de los diferentes tipos de suelos, en 2007 la FAO estableció una base referencial mundial de los diferentes tipos de suelo, en la que se identifican 32 grupos de suelos, al desagregar los 13 tipos inicialmente establecidos previamente, en función de nuevos criterios de clasificación resultantes de la armonización del conocimiento del recurso suelo (Cuadro 11.2). Las clasificaciones modernas toman en cuenta las capas horizontales que se forman sobre la roca madre y en esto influyen, naturalmente, la interacción del clima, la topografía, la geoquímica de la roca y la vegetación.

En los suelos de las zonas tropicales y subtropicales húmedas a veces es muy difícil separar los horizontes, ya que resultan de un avanzado proceso de meteorización de la roca madre. Por tanto, las condiciones climáticas y fluviales de las zonas tropicales húmedas determinan un perfil particular que no sigue el mismo esquema del perfil de las zonas templadas.

Otra clasificación muy utilizada en la actualidad es la del Servicio de Conservación de Suelos del Departamento de Agricultura de los EE UU, la cual clasifica los suelos en 12 órdenes principales, utilizando como criterio de mayor rango el carácter mineral u orgánico del suelo, cada uno de ellos con varios sub ordenes, que integran diversos grandes grupos de suelos y éstos a su vez, varios subgrupos, familias y clases, respectivamente.

Fundamentos de Ecología

Cuadro 11.2. Grupos referenciales de tipos de suelos, con base en los 10 criterios de clasificación establecidos en la armonización del conocimiento.

1. Suelos con gruesas capas orgánicas	Histosoles
2. Suelos con fuerte influencia humana	
Suelos con uso agrícola prolongado e intensivo	Antrosoles
Suelos que contienen muchos artefactos	Tecnosoles
3. Suelos con enraizamiento limitado debido a permafrost	
Suelos afectados por hielo	Criosoles
Suelos someros o extremadamente gravillosos	Leptosoles
4. Suelos influenciados por agua	
Condiciones alternadas de saturación-sequía, ricos en arcillas expandibles	Vertisoles
Planicies de inundación, marismas costeras	Fluvisoles
Suelos alcalinos	Solonetz
Enriquecimiento en sales por evaporación	Solonchaks
Suelos afectados por agua subterránea	Gleysoles
5. Suelos regulados por la química de Fe/Al	
Alofano o complejos Al-humus	Andosoles
Queluviación y quiluviación	Podzoles
Acumulación de Fe bajo condiciones hidromórficas	Plintosoles
Arcilla de baja actividad, fijación de P, fuertemente estructurado	Nitisoles
Dominancia de caolinita y sesquióxidos	Ferralsoles
6. Suelos con agua estancada	
Discontinuidad textural abrupta	Planosoles
Discontinuidad estructural o moderadamente textural	Stagnosoles
7. Acumulación de materia orgánica, alta saturación con bases	
Típicamente mólico	Chernozems
Transición a clima más seco	Kastanozems
Transición a clima más húmedo	Phaeozems
8. Acumulación de sales menos solubles o sustancias no salinas	
Yeso	Gipsisoles
Sílice	Durisoles
Carbonato de calcio	Calcisoles
9. Suelos con subsuelo enriquecido en arcilla	
Lenguas albelúvicas **Albeluvisols**	
Baja saturación con bases, arcillas de alta actividad	Alisoles
Baja saturación con bases, arcillas de baja actividad	Acrisols
Alta saturación con bases, arcilla de alta actividad	Luvisols
Alta saturación con bases, arcilla de baja actividad	Lixisoles
10. Suelos jóvenes o suelos con poco o ningún desarrollo de perfil	
Con suelo superficial oscuro acídico	Umbrisols
Suelos arenosos	Arenosols
Suelos moderadamente desarrollados	Cambisoles
Suelos sin desarrollo significativo de perfil	Regosoles

Fuente: IUSS Grupo de Trabajo WRB. 2007. Base Referencial Mundial del Recurso Suelo. Primera actualización 2007. Informes sobre Recursos Mundiales de Suelos No. 103. FAO, Roma.

Fundamentos de Ecología

Los 12 órdenes de la denominada "7ª aproximación de la taxonomía de suelos" (Figura 11.21) son los siguientes[1]:

1. **Gellisoles**: suelos con permafost en los dos metros superficiales; incluye tres subórdenes. Predominantes en las zonas de alta latitud.
2. **Histosoles**: suelos ricos en materia orgánica; incluye cinco subórdenes. Característicos de los humedales y zonas inundadas.
3. **Spodosoles**: suelos forestales ácidos con una acumulación subsuperficial de complejos de humus con aluminio y hierro; incluye cinco subórdenes.
4. **Andisoles**: suelos formados en cenizas volcánicas; incluye ocho subórdenes. Tienen alto contenido de fósforo y gran capacidad de retención de agua.
5. **Oxisoles**: suelos altamente meteorizados de ambientes tropicales y subtropicales; incluye cinco subórdenes. Poseen baja fertilidad y capacidad de intercambio catiónico
6. **Vertisoles**: suelos arcillosos con alta capacidad de contracción y expansión; incluye seis subórdenes. Al secarse se agrietan y tienen poco desarrollo de horizontes.
7. **Aridisoles**: suelos ricos en CaCO3 de ambientes áridos son desarrollo de horizonte subsuperficial; incluye siete subórdenes. Contienen horizontes subsuperficiales de arcillas, sales, silicatos y carbonatos de calcio.
8. **Ultisoles**: suelos fuertemente lixiviados de bosques tropicales con baja fertilidad; incluye cinco subórdenes. Son típicos en zonas templadas y tropicales con alta precipitación y forman un horizonte arcilloso.
9. **Mollisoles**: suelos de pasturas con horizonte superficial oscuro: incluye ocho sub órdenes; incluye ocho subórdenes. Característicos de las zonas de latitudes medias (30-60° NL) y con altos niveles de materia orgánica.
10. **Allfisoles**: suelos moderadamente lavados con relativamente alta fertilidad nativa; incluye cinco subórdenes. Se encuentran en zonas húmedas y subhúmedas del subtrópico.
11. **Inceptisoles**: suelos con un mínimo desarrollo e horizontes; incluye siete subórdenes. Abundantes en zonas de montaña y piedemontes en todas las regiones del globo.
12. **Entisoles**: suelos de origen reciente; incluye seis subórdenes. Solo poseen un horizonte A y son característicos de zonas de laderas y cuencas rivereñas.

11.14. Regiones biogeográficas del mundo

Las zonas geológicas o ecológicas que se interponen entre dos regiones cualesquiera pueden ser barreras mucho más efectivas contra la dispersión de unas especies contra otras. Una amplia extensión del océano puede impedir casi por completo el paso de caballos o elefantes; pero los cocoteros pueden cruzarla en gran número, gracias a que sus frutos pueden flotar y resistir sin daño el agua de mar durante muchas semanas. Una sabana que separe dos bosques puede ser una barrera casi insuperable para muchos animales de la floresta. Algunos pueden experimentar dificultades en cru-

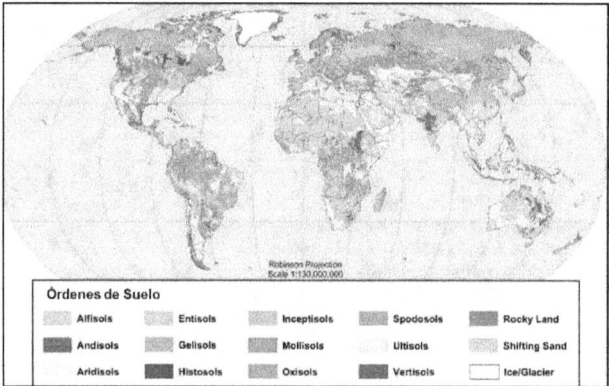

Figura 11.21. Mapa global de órdenes de suelos.
Fuente: USDA/NRCS (2013). http://soils.usda.gov/use/worldsoils/mapindex/Global_Soil_Orders_Map.jpg

---

[1] Adaptado de: http://soils.cals.uidaho.edu/soilorders/index.htm [03-09-11]

zar la sabana, pero lo harán ocasionalmente, mientras otros lo harán sin dificultad. En otras palabras, lo que es una barrera para la dispersión de una especie, puede ser para otra una ruta difícil pero posible, y para otra, un camino fácilmente transitable. Debemos por lo tanto, comprender el tipo de ruta y obstáculos efectivos para cada especie si queremos entender los esquemas de distribución de los organismos en la superficie terrestre. Pero seríamos incapaces de explicar totalmente todas las distribuciones de plantas y animales que se encuentran en el momento presente, aun cuando conociéramos completamente la ecología de todas las especies vivientes, incluyendo su potencial fisiológico para sobrevivir en otros hábitats, las formas en que pueden dispersarse, las rutas y barreras que podrían encontrar y la geografía actual de la tierra. La razón es simple: la tierra y los organismos que en ella viven en constante cambio/evolución y las distribuciones del presente, son en gran medida el resultado de las condiciones del pasado que, a menudo, han sido muy diferentes de las que prevalecen ahora.

Por ejemplo, el conocimiento de las condiciones actuales sería insuficiente por sí solo para explicar por qué ciertos animales existen solamente en Sudamérica, África y el Sur de Asia. Solamente combinando el conocimiento del presente con los registros fósiles y con las evidencias geológicas de las formas, climas de los continentes y océanos, se puede comprender la biogeografía. Con estas ideas en mente, veamos brevemente algunos de los patrones regionales, tal como han sido descritos y clasificados por los biólogos durante el último siglo. Básicamente tres factores influyeron en la distribución de las especies:

1. Medios que cuentan las especies para diseminarse.
2. Conformación de la tierra en épocas geológicas.
3. Variación de las condiciones ambientales a lo largo del tiempo.

A continuación se describen brevemente las principales regiones biogeográficas del mundo (Figura 11.22).

11.14.1. Región paleártica

Esta región comprende Europa, Norte de África (hasta el Sahara) y el Norte de Asia, limitando al sur con la cadena del Himalaya. Existen áreas extensas cubiertas de bosques, zonas desérticas, amplias e inmensas estepas. Esta región ha formado una masa terrestre más o menos continua a lo largo de la mayor parte de las eras geológicas.

Una vez que se entiende la historia de las grandes masas y de los dos principales puentes terrestres, y que se tienen en cuenta los cambios de clima, es posible encontrar más sentido en las distribuciones geográficas actuales de las especies. Como ejemplo citemos el caso de especies que aparecen en América del Sur, África y Asia Meridional. Se puede suponer que tales especies tuvieron una dispersión más amplia, pasando del nuevo al viejo Mundo por la ruta Siberiana y entre Norte y Sur América por América Central, extinguiéndose luego en América del Norte, sea por cambios de clima o por competencia intensa.

Los registros fósiles muestran que este esquema de dispersión entre las regiones meridionales a través del norte se ha dado repetidas veces. Por ejemplo, la familia de los camélidos se encuentra actualmente en América del Sur (llamas, alpacas y vicuñas), en África del Norte (Dromedarios) y en Asia Central 8camellos). Pero los fósiles indican que la familia se originó en América del Norte, se dispersó luego del modo ya descrito y finalmente se extinguió en su lugar de origen. Muchos biólogos piensan que la mayoría de las

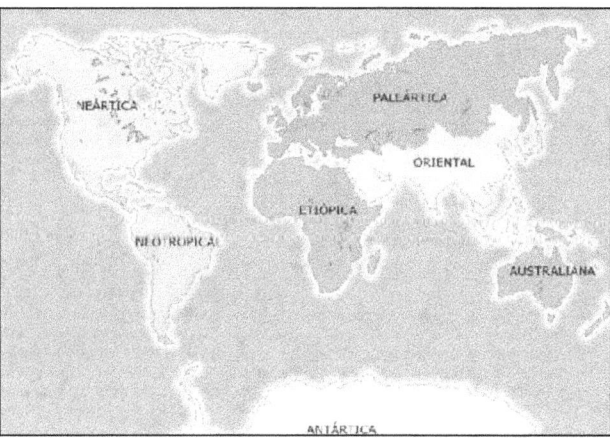

Figura 11.22. Mapa de las regiones biogeográficas del mundo.

Fundamentos de Ecología

dispersiones discontinúas del hemisferio sur se pueden explicar así, y que las ideas sobre uniones terrestres entre los continentes meridionales durante la Edad de los mamíferos deben descartarse no sólo por razones geológicas, sino también en base a evidencias biológicas. Esto no excluye que tales conexiones hayan existido, pero en eras anteriores.

En la región Paleártica existen plantas típicas, como el trigo, el centeno, la cebada y una gran variedad de árboles frutales como el manzano, el peral, la vid, el melocotón y el olivo. Abundan los bosques de pinos, hayas y robles, entre otros.

Entre los animales típicos, podemos citar: **mamíferos**, como el caballo, el bisonte europeo, cabras, antílopes, topos, erizos entro muchos otros; **aves**, como las perdices, los tordos y los cuervos; **reptiles**, como las culebras y las víboras; **anfibios**, como la rana, el sapo, el tritón; **moluscos**, como la babosa; abundantes insectos y otros artrópodos terrestres.

11.14.2. Región neártica

Comprende esta región Groenlandia y América del Norte, a excepción de México. Las condiciones climáticas, así como las plantas y animales son tan parecidos a los de la región paleártica que algunos autores la incluyen en una sola a la que denominan Región Holártica.

Abundan en esta región los bosques de pinos, abetos, hayas, abedules, álamos y castaños. Entre los animales típicos podemos mencionar el alce, la mofeta, el zorrillo, el toro almizclero, el castor, el oso blanco y el reno. En cuanto a serpientes, se encuentran la coral, la cascabel y otras. Entre las aves citaremos los cuervos y el pavo común (*Meleagris gallipavo*).

11.14.3. Región neotropical

Incluye América del Sur, Centro América, parte de México y las Antillas. Se ha dicho que es el continente de las aves, pues las especies típicas de la región alcanzan la respetable cifra de 1.500. La Región Neotropical ha tenido una historia similar a la de Australia. Ha sido un continente insular sin conexión con otras grandes masas terrestres durante la mayor parte de su historia y tuvo también, como muestran los registros fósiles, una fauna primitiva de mamíferos con una gran variedad de marsupiales. También tuvo una variedad de placentarios llegados, probablemente, durante un corto período de conexión con Norteamérica, a través de América Central, al comienzo de la Edad de los mamíferos, hace unos 60 millones de años.

Cuando este puente de tierra firme desapareció, tanto los marsupiales como los placentarios desarrollaron muchas características convergentes a las de otros placentarios del resto del mundo. Durante este período de aislamiento de 60 millones de años, hubo épocas en que la barrera acuática entre Sudamérica y lo que es hoy la parte septentrional de América Central no era tan amplia. En esas épocas, algunos otros placentarios consiguieron llegar a Sudamérica, como por ejemplo, los antepasados de los actuales monos del Nuevo Mundo y un cierto número de roedores. Finalmente, hace algunos pocos millones de años, surgió de nuevo un istmo y llegaron muchos nuevos inmigrantes. Algunas especies se movieron a su vez hacia el norte, como la zarigüeya, el puercoespín y el cachicamo o armadillo.

América Central ha sido siempre, en el mejor de los casos, un puente estrecho, y tanto su clima como su relieve abrupto son poco hospitalarios para muchas especies del norte, por lo que muchos grupos de organismos nunca fueron capaces de pasar de América del Norte a América del Sur. América Central, de este modo, nunca fue una vía de dispersión, sino más bien una ruta selectiva, como un filtro que sólo algunas especies han podido atravesar.

Las plantas más características de la región Neotropical son las bromeliáceas como la piña; las cactáceas, como el cardón; el árbol del caucho, hoy ya cultivado en otras regiones; el árbol del cacao, las papas, el maíz, las quinas y entre las plantas acuáticas, la Victoria Regia del Amazonas.

En cuanto a la fauna encontramos gran cantidad de especies exclusivas. Entre las más comunes podemos citar: mamíferos, como los rabipelados, los monos platirrinos (titís, aulladores, capuchinos), los vampiros; los carnívoros como el jaguar o tigre, rumiantes como las llamas; roedores: lapa, chigüire, acure; desdentados: pereza, oso hormiguero; aves, como los tucanes, guacamayos y colibríes; reptiles, como los caimanes, iguanas, boa, cascabel, etc., anfibios, como la pipa americana y las ranas marsupiales; peces, como el temblador y el dipnoo (*Lepidosiren sp*). Entre los insectos destacan la gran variedad de hormigas de la región amazónica. Faltan casi por completo los insectívoros, y no se ven hiénidos, antílopes, óvidos, bóvidos ni proboscídeos.

11.14.4. Región etiópica

Es obvio que las regiones Paleártica, Oriental y Etiópica forman una masa continua de tierra, pero se puede preguntar por qué se considera a la región Neártica como parte de esa masa. La respuesta es que durante la mayor parte de su historia geológica, Asia y América del Norte estuvieron conectadas por un puente terrestre en lo que hoy es el estrecho de Behring.

Siendo el clima de Alaska y Siberia tan duro, se podría pensar que pocas especies pasaron por esa ruta. Una vez más, no hay que dejarse engañar por las condiciones actuales, ya que el clima de esa zona ha sufrido grandes cambios, como lo demuestran los fósiles de muchas especies de zonas templadas y aún subtropicales que se han encontrado allí. Todo indica, realmente, que durante los últimos 60 millones de años, hubo mucho movimiento entre Asia y América del Norte a través de Siberia y Alaska.

11.14.5. Región oriental

Esta región comprende toda la parte de Asia situada al sur de la cordillera del Himalaya, es decir desde Arabia hasta el mar de la China. Predominan en esta región altas montañas y selvas tropicales exuberantes. Muchas plantas de gran importancia económica y alimenticia son originarias de esta zona: arroz, naranjas, limones, plátanos, mangos y té.

La fauna es muy rica y diversificada y entre las especies más comunes se encuentran: elefantes, tigres, cabras, mangostas, társidios, gallos, pavos reales; entre los monos encontramos

Fundamentos de Ecología

el orangután, gibones y el macaco (*Rhesus*), célebre por los experimentos realizados en el caso del factor Rh.

11.14.6. Región australiana

La biota (flora y fauna) de la región Australiana (Australia, Nueva Zelandia e Islas adyacentes) es como mucho la más extraña de las encontradas en todas las grandes masas de tierra. Un gran número de especies australianas no se encuentra en ninguna otra parte del mundo y, a la inversa, muchas especies ampliamente dispersas en el mundo no se encuentran en Australia. Tanto esta evidencia biológica como los datos muy convincentes que aporta la geología, indican que Australia ha estado separada de Eurasia por largo tiempo, o quizás nunca estuvo unida a ella. Todos o la mayoría de los antepasados de los organismos que viven en la actualidad en Australia, tienen que haber cruzado una barrera acuática para llegar allí.

Es importante sin embargo, darse cuenta que esta barrera está salpicada de Islas (la actual Indonesia) y que estos organismos pueden haber ido pasando de isla en isla en un período de millones de años. De tal modo, no hay por qué suponer que grandes extensiones oceánicas hayan sido cruzadas de una vez. Por otra parte, la mayoría de las islas occidentales de este archipiélago estuvieron conectadas más de una vez al continente asiático en el pasado, de modo que la distancia entre Asia y Australia no ha sido siempre tan grande como lo es hoy.

Quizás el aspecto mejor conocido de la peculiar biota australiana es su fauna de mamíferos, totalmente diferente de la de los otros continentes. Aparte de los perros salvajes (dingos) y las gallinas, probablemente llevados allí por el hombre prehistórico, los únicos mamíferos placentarios autóctonos son varias especies de roedores de la misma familia y una variedad de murciélagos. Los murciélagos, por supuesto, pueden haber llegado volando. Los roedores parecen ser relativamente recientes, llegados de Asia pasando de una isla a otra.

 Fundamentos de Ecología

Principales biomas del mundo

Capítulo 12

12.1. ¿Qué son los biomas?

Aunque las tendencias actuales en Ecología son contrarias a la definición del clímax regional como una congregación de especies, particulares, dominantes o codominantes, muchos biólogos piensan que es conveniente aceptar la existencia de un número limitado de grandes comunidades clímax, llamadas biomas.

Un bioma, también llamado paisaje bioclimático o área biótica (que no debe confundirse con una ecozona o una ecorregión), es una determinada parte del planeta que comparte clima, vegetación y fauna. Un bioma es el conjunto de ecosistemas característicos de una zona biogeográfica nombrada a partir de la vegetación y de las especies animales adaptadas y predominantes en dicha zona. Es la expresión de las condiciones ecológicas del lugar en el plano regional o continental: el clima induce el suelo y ambos inducen las condiciones ecológicas a las que responderán las comunidades de plantas y animales del bioma en cuestión.

En lugar de decir que casi todas las comunidades en una zona tienden a converger a un clímax regional de bosques de arces y hayas, se dice sencillamente que se trata de una región con un bioma de bosque templado deciduo, o sea, que la forma dominante de vida vegetal son los árboles de hojas caducas o deciduos. Esto no equivale a sostener que todos los lugares comprendidos en la región con bioma de bosques deciduos están convergiendo hacia un clímax de bosque templado de hojas caducas, ya que las condiciones locales pueden determinar una comunidad clímax con hierbas altas o pinos como especies dominantes. Tampoco se sostiene que todos los lugares dentro de ese bioma que tienen un bosque templado de hojas caducas como clímax estarán dominados por hayas y arces, sino que se supone que la importancia de las diversas especies variará de un lugar a otro.

En función de la latitud, la temperatura y las precipitaciones, esto es, de las características básicas del clima, la superficie terrestre se puede dividir en zonas de características semejantes; en cada una de esas zonas se desarrolla una vegetación (fitocenosis) y una fauna (zoocenosis) que cuando son parecidas, definen un bioma, el cual comprende las nociones de comunidad y la interacción entre suelo, plantas y animales (Figura 12.1).

Dicho de otra manera, los biomas son áreas con similares condiciones ecológicas definidas climática y geográficamente, tales como las comunidades de plantas, animales y organismos del suelo (que a menudo se nombran como ecosistemas). Los biomas están definidos por factores tales como la estructura de las plantas (árboles, arbustos y hierbas), los tipos de hojas (como hoja ancha y agujas), el espaciado de las plantas (bosque, foresta, sabana) y el clima.

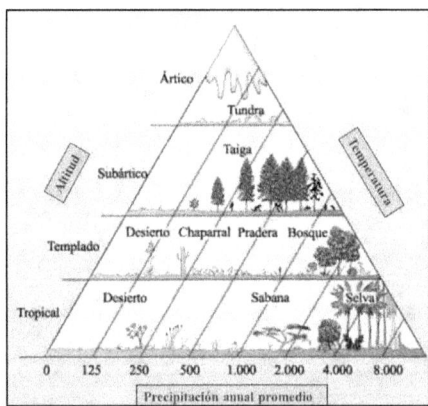

Figura 12.1. Precipitación, temperatura y altitud: determinantes de los tipos de biomas.
Fuente: adaptado del sitio: http://biomasargentinos.wikispaces.com/Inicio

Fundamentos de Ecología

Por otra parte, de acuerdo con Schultz (2005), una ecozona es una extensa región en la masa terrestre del mundo "donde factores físicos tales como el clima, los suelos, formas del terreno y rocas interactúan para forman un entorno original en el que una mezcla de la vida vegetal crece y proporciona un hábitat para la vida animal". Debido a que se encuentra en la superficie de la tierra, la cubierta de vegetación es la expresión más visual de la ecología en cada ecozona, sea la cobertura natural, el resultado del uso de la tierra por el hombre, o incluso en ausencia de ella, como en el desierto. A diferencia de las ecozonas, los biomas no están definidos por semejanzas genéticas, taxonómicas o históricas. Los biomas con frecuencia se identifican con patrones particulares de sucesión ecológica y vegetación clímax (cuasi-estado de equilibrio del ecosistema local). La sutil diferencia entre ecozona y bioma radica en que en la primera se toma en consideración los procesos de formación del suelo y el sustrato rocoso de donde se origina, además de las condiciones de clima y la cobertura vegetal y animal consideradas en la última. Hay diferentes sistemas de clasificación de biomas, que suelen dividir la tierra en tres grandes grupos —biomas terrestres, biomas de agua dulce y biomas marinos—, con un número no demasiado grande de biomas. A escala planetaria, la selva tropical densa, la sabana, la estepa, los bosques templados caducifolios o mixtos y la tundra, son los grandes biomas que caracterizan la biosfera y que tienen una distribución zonal, es decir, que no superan ciertos valores latitudinales. A escala regional o continental, los biomas pueden ser difíciles de definir, en parte porque existen diferentes patrones y también porque sus fronteras pueden ser difusas.

Los sistemas de clasificación de los biomas más importantes incluyen los siguientes:

- Sistema de clasificación de **Holdridge**. Basado en el comportamiento bioclimático, utiliza el concepto de zonas de vida, determinadas de acuerdo con cuatro factores: biotemperatura, piso altitudinal, precipitación anual y el índice de evapotranspiración potencial, definiendo 30 "provincias de humedad" o zonas de vida.
- Esquema de clasificación de **Whittaker**: una especie de simplificación del sistema de Holdrigde, está basada en dos factores abióticos: temperatura y precipitación, utilizando los conceptos de ecoclinas, análisis de gradientes, fisionomía, bioma, formación y tipos de formación, definiendo 11 biomas principales.
- Sistema de **Bailey**. Se basa en el clima y está dividido en siete dominios (polar, templado húmedo, seco, húmedo y húmedo tropical), con otras divisiones basadas en otras características climáticas (subártica, cálido templado, caliente templado y subtropical; marinos y continental; tierras bajas y montaña).
- Sistema de **Walker**. Se diferencia tanto de los regímenes de Holdridge y Whittaker porque tiene en cuenta la estacionalidad de la temperatura y las precipitaciones. El sistema identifica 9 grandes biomas.

El Fondo Mundial para la Naturaleza (WWF, por sus siglas en inglés) en un esfuerzo interinstitucional continuado durante los últimos 15 años, ha propuesto una clasificación, a una escala global, utilizando el caudal de conocimiento existente sobre valoración y descripción de los ecosistemas y su biodiversidad, así como modernas técnicas de sensores remotos y modelos informáticos. De esta manera, se identifican ocho ecozonas en la superficie terrestre, divididas a su vez 14 biomas (Olson, 2001), cuya distribución global se muestra en la Figura 12.2. Dentro de cada uno de los

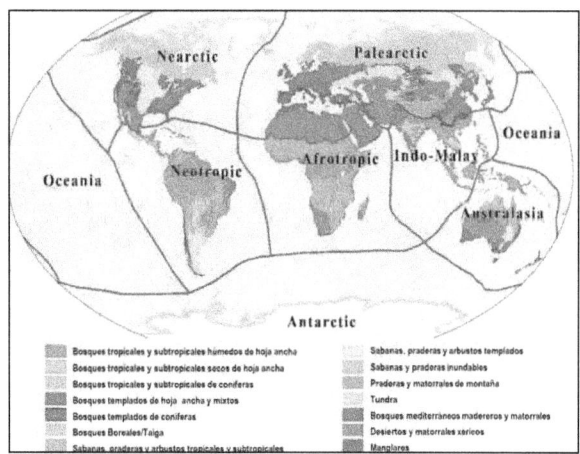

Figura 12.2. Mapa de las diferentes ecozonas y biomas del planeta, donde se distinguen 8 grandes ecozonas y 14 biomas. Fuente: (Olson et al. 2001)

Fundamentos de Ecología

14 biomas, se ha podido diferenciar más de 800 ecorregiones, que se definen —principalmente en función de la biodiversidad—, como una unidad grande de tierra o agua que contiene un conjunto geográficamente distinto de especies, comunidades naturales y condiciones ambientales. La biodiversidad no se distribuye uniformemente en toda la Tierra, pero sigue patrones complejos determinados por el clima, la geología y la historia evolutiva del planeta. Los límites de una ecorregiones no son fijas y nítidas, sino que abarcan un área en la que importantes procesos ecológicos y evolutivos interactúan intensamente. Las ecozonas están bien definidas, pero los límites de las ecoregiones están aún sujetos a cambios y a estudios específicos en el ámbito de programas y proyectos regionales y nacionales.

12.2. Los principales biomas del mundo

A continuación se ofrece una descripción, a grandes rasgos, de los ocho biomas presentes sobre la tierra, siguiendo una secuencia que parte de la vegetación vecina a los polos, o sea, de las regiones permanentemente cubiertas de hielo, hasta la vegetación de las regiones ecuatoriales. Algunos de estos biomas son desagregados, por algunos autores, en función del régimen de precipitación y temperatura, como es el caso de Olson (2001), quien considera 14 biomas, al desagregar algunos de los ocho biomas en varias categorías.

12.3. Tundra

La tundra abarca un área muy extensa en las márgenes de las regiones de los casquetes polares, perennemente cubiertas de hielo, es decir, parte de Alaska, Canadá, Groenlandia, Norte de Europa y Siberia. Presenta una larguísima estación invernal y un verano breve (sólo 3 meses sin heladas).

El invierno es duro (hasta 50°C bajo cero o más) y el verano es moderado (máximo 10°C). Las precipitaciones son escasa (menos de 250 mm al año), representadas por nieve que, derritiéndose en el corto verano, mantiene muy húmedo el suelo, favorecido por la escasa evaporación y la incapacidad de sostener la fase de vapor en el aire frío. Por otra parte, el suelo se deshiela sólo hasta la profundidad de pocos decímetros; debajo, el suelo, permanentemente helado, recibe el nombre de **permafrost**. El agua, producida al derretirse la nieve, se acumula por encima de este nivel permanentemente helado y forma zonas anegadas, no obstante las escasas precipitaciones anuales. Estas condiciones son favorables para el desarrollo de una vegetación especializada con período vegetativo muy breve, de pequeñas dimensiones, pues no puede llevar a profundidad el sistema radicular, que encuentra posibilidades de supervivencia en el curso del largo y duro invierno, no obstante las bajas temperaturas, por la presencia protectora de la capa de nieve (Figura 12.3).

La vegetación está en gran parte formada por líquenes, algas y briofitas. Entre las plantas vasculares, abundan las ciperaceae, graminaceae y otras pocas fanerógamas. Las plantas leñosas están representadas por pocos arbustos. Está muy difundida entre las plantas la reproducción vegetativa que se alterna, en las estaciones favorables, con la reproducción sexual.

La población más numerosa de la tundra son los insectos, en gran parte dípteros (mosquitos y tábanos). Los invertebrados pasan el invierno en el estado de huevo o de larvas y completan rápidamente el ciclo de desarrollo en el curso del corto verano. Los vertebrados están representados por insectívoros y herbívoros, tales como el reno, el caribú, el

Figura 12.3. Bioma de tundra en las zonas ltas de Colorado (EE UU) Repropducido de: https://commons.wikimedia.org/w/index.php?curid=11245239
Photo By John Holm from Leadville, CO, USA - tundra on Spaulding Ridge, CC BY 2.0,

Fundamentos de Ecología

buey almizclero, la musaraña, el castor, el lemming (exclusivo de este bioma); y carnívoros, como el zorro azul (Alopex lagopus). Entre las aves que viven en la tundra una gran cantidad son migratorios. Los vertebrados estables pueden superar la larga estación invernal utilizando la energía acumulada, durante el verano, en forma de grasa. Los reptiles y anfibios son muy raros en este bioma. En el hemisferio austral, por la carencia de vastas áreas continentales expuestas a las particulares condiciones climáticas, la tundra está escasamente representada.

Otras áreas que presentan aspectos similares a la tundra se pueden encontrar también sobre las altas montañas, próximas a los límites de las nieves perennes, pero con características particulares en cada lugar.

12.4. El bosque boreal o taiga

Al terminar la tundra, con arbustos enanos, se inicia hacia el sur el bosque boreal, que en la zona euroasiática se denomina taiga, constituida por coníferas siempre verdes, tales como pinos, abetos y pinabetos, en la región septentrional. El verano, suficientemente caluroso, permite eliminar el permafrost típico de la tundra, por lo cual el aparato radicular, de naturaleza leñosa, puede penetrar profundamente en el suelo y la percolación elimina la acumulación de agua característica de la tundra (Figura 12.4).

En la parte más meridional, el bosque de coníferas se continúa con un bosque deciduo o con la estepa-pradera, en función de la cantidad de las precipitaciones estivales y de la distancia de los océanos, de los cuales proviene el aire húmedo. En las partes más húmedas son comunes plantas herbáceas perennes; menos frecuentes son los arbustos. Los animales permanentemente presentes en este bioma no son numerosos, aunque sí más que los de la tundra. En la estación favorable, la población crece notablemente por la migración, especialmente de aves, que llegan a esta zona para la reproducción.

Figura 12.4. Bosque de coníferas.

Fundamentos de Ecología

Los diversos estratos en sentido vertical del bosque crean nichos ecológicos que favorecen la presencia de numerosos vertebrados: ardillas, puercoespín, lirones, oso, visión y alce. Muchas aves son migratorias y en invierno viajan hacia el sur buscando temperaturas más benignas. Al nivel del suelo son numerosos los roedores y los carnívoros que dependen de ellos: lobo y zorro, y los grandes herbívoros: ciervos, cabras y jabalíes.

12.5. El bosque templado

Al bosque boreal sigue el bosque templado, constituido por árboles de hojas caducas, que alcanzan su máximo desarrollo en las regiones con veranos relativamente calurosos e inviernos moderados, con precipitaciones que varían de 750 a 2.500 mm anuales. Este bioma se extiende por Europa, parte de Norteamérica, parte oriental de Asia, y sur de Chile. La abundante caída de las hojas, al comienzo del invierno, determina una notable cantidad de materia orgánica de rápido deterioro. El suelo es muy ácido por la notable cantidad de humus.

Las especies anuales del bosque bajo son bastante raras, probablemente por las densas coberturas arbóreas. En su extensión más meridional, el bosque templado cambia gradualmente hacia un bosque subtropical de siempreverdes. Son especies típicas del bosque templado, los árboles de hojas caduca: robles, arces, hayas, tilos, castaños, olmos y otras especies arbóreas de madera más bien dura. Algunas especies son de hojas perennes, como el pino y el abeto (Figura 12.5).

Este bosque, desde los primeros tiempos en que se instalaron los pueblos agricultores, ha sido muy explotado por el hombre, y en gran parte destruido, para dejar lugar a la agricultura.

La fauna de estos bosques es abundante. Los insectos están bien representados y constituyen el alimento para los pájaros insectívoros. Abundan las aves rapaces nocturnas. Entre los mamíferos se encuentran osos, lobos, ciervos, jabalíes, zorros y comadrejas. Los reptiles y anfibios se adaptan bien a estos ambientes. La humedad que persiste en estos bosques, y la abundancia de materia orgánica en descomposición, facilita el crecimiento de muchas especies de hongos, algunos de ellos comestibles.

12.6. Las praderas

Las praderas se extienden desde el límite meridional del bosque caducifolio en las áreas continentales de Europa, Asia, Norteamérica, Australia y Argentina (Pampa). El verano es caluroso, con escasas precipitaciones (máxima 1.000 mm anuales). El invierno es húmedo con precipitaciones de nieve en la parte más septentrional y con lluvia en la parte más meridional. La vegetación está compuesta por plantas herbáceas perennes y plantas anuales que forman extensos pastizales (Figura 12.6).

La población animal natural está representada por grandes herbívoros, el bisonte de Norteamérica y los antílopes en África y en Asia, que tienen sus respectivos depredadores (leones y leopardos). La riqueza de la vegetación favorece la presencia de numerosos pequeños herbívoros terrícolas,

197

Figura 12.5. Bosque caducifolio templado.

Figura 12.6. Ganado pastando en una pradera.

sobre los cuales es muy activa la depredación. En este bioma se desarrolla una gran cantidad agrícola y ganadera por parte del hombre, favorecida por la fertilidad del suelo.

En las áreas con menores precipitaciones, las praderas se transforman en estepas que pasan a desiertos, donde las precipitaciones son más escasas. Una parte del bosque templado caducifolio, después de la destrucción del sobresuelo forestal por obra del hombre, se ha transformado en fértiles praderas y en zonas agrarias. Pero su excesiva explotación, ha transformado en desiertos vastas regiones, tanto en Norteamérica como en Asia. En la parte más septentrional de este bioma se encuentran, en los EE UU, las típicas fajas cultivadas con maíz (corn-belt) y trigo (wheat-belt) que preceden al bosque caducifolio.

12.7. La sabana

La sabana representa una situación intermedia entre el bosque tropical estacional y la pradera, una comunidad vegetal en la cual conviven árboles espaciados y hierbas. Las características de las formaciones vegetales de la sabana no son uniformes, pues las precipitaciones varían de región a región, y oscilan de 900 mm a 1.500 mm al año, con notables diferencias estacionales. Durante la estación seca hay árboles y arbustos que pierden las hojas y la sabana se reseca, pero nuevamente vuelve a reverdecer al comienzo de la estación lluviosa. Esta heterogeneidad del clima justifica el hecho de que no se puede definir un clima típico de sabana (Figura 12.7).

El alcance del término sabana es muy discutido, ya que algunos piensan que la extensión actual de la sabana es una consecuencia de la actividad del hombre que, por las necesidades de la crianza de animales domésticos, a través de incendios, sustituyó los bosques por este bioma, con notable influencia sobre el clima local.

Otros consideran que las sabanas son biomas naturales en los que la acción del hombre ha aumentado su extensión. El estrato herbáceo está representado por gramíneas; el arbustivo y arbóreo por diversas especies, según los países: acacias, baobab (*Adansonia digitate*) y palma borassus en África; Eucalyptus diversos en Australia; y palma moriche (*Mauritia*), chaparros y otros árboles en los Llanos de Venezuela, Colombia y Brasil.

La fauna está constituida por grandes herbívoros y carnívoros: cebras, jirafas, ñus, antílopes diversos, gacelas, búfalos, elefantes, rinocerontes, leones, leopardos, en África; venados, tigres, jaguares, chigüires, gran variedad de aves, en las sabanas de Suramérica. Las hormigas, las termitas y la

Fundamentos de Ecología

Figura 12.7. Sabana típica de los Llanos guariqueños. Reproducido de: http://divaganciasdesobremesa.blogspot.com/2010/07/flora-de-venezuela-en-tiempos-de.html

langosta migratoria son los representantes más numerosos entre los invertebrados (Figura 12.8).

La vegetación en cada continente es diferente. Frecuentemente, las grandes llanuras, donde predomina la vegetación sabanera, se hallan interrumpidas por agrupaciones vegetales características, de las cuales las más importantes y frecuentes en los Llanos venezolanos, son:

- El **morichal**, formado por la agrupación de la palma moriche (*Mauritia minor*) (Figura 12.9).
- El **chaparral**, formado por árboles pequeños de cuatro a ocho metros de altura y algunos arbustos. La especie más representativa es el chaparro (*Curatella americana*).
- El **bosque de galería** lo encontramos a los lados de los ríos que atraviesan los llanos.
- Las **zonas inundables** en época de lluvias se denominan esteros y bajíos, y las zonas no inundables se llaman **bancos**.

Las formaciones boscosas de los llanos constituyen una riqueza apreciable, ya que muchas de sus especies son maderables. En los países templados responden a este tipo de características las praderas que, como las sabanas, se utilizan principalmente para el pastoreo y cultivo de gramíneas.

Entre los animales más característicos de las sabanas de Venezuela encontramos los venados, la danta o tapir, el oso hormiguero, algunos roedores y muchas aves y reptiles.

12.8. El desierto

Todas las áreas en las cuales las precipitaciones son muy escasas y están concentradas en una breve estación, están colonizadas por plantas altamente xerófilas; si la disponibilidad de agua superficial es demasiado escasa no presentan ninguna vegetación y constituyen el bioma desierto (Figura 12.10).

Es obvio que la limitada presencia de la vegetación representa a su vez una limitación para la presencia de otros or-

Figura 12.8. La avifauna es muy abundante en los llanos venezolanos.

Fundamentos de Ecología

Figura 12.9. Morichal formado por la agrupación de varias palmas moriche en las zonas ribereñas de los Llanos.

Figura 12.10. Vegetación típica de las regiones semiáridas de Venezuela. (Foto: A. Romero S.)

ganismos. Los desiertos comprenden, según algunos ecólogos, las regiones con precipitaciones inferiores a los 250 mm anuales. En el hemisferio austral se encuentran desiertos en las regiones vecinas al Polo Sur, extendiéndose por la parte meridional de América, África y Australia.

El amplio intervalo de clasificación, en función de las precipitaciones, conduce a distinguir desiertos privados de vegetación o con vegetación escasa y estacional y otros desiertos, como los californianos, con vegetación abundante, representada por plantas suculentas y otras con ciclo vegetativo limitado a la breve estación de lluvias. Actualmente se reconoce a las regiones semiáridas tropicales y subtropicales por su extensión e importancia en la producción de alimentos, especialmente en países en vías de desarrollo.

Como las plantas, también los animales de los desiertos están adaptados para vivir con escasez de agua, utilizando, por ejemplo, casi exclusivamente el agua metabólica derivada de los procesos oxidativos de los hidratos de carbono de la dieta alimentaria. Los animales, además, están adaptados a la vida nocturna y permanecen escondidos durante el día en las cuevas excavadas en el suelo para evitar las elevadas temperaturas (más de 36°C).

En las regiones semiáridas y muy áridas prevalecen las plantas anuales, las cuales deben la supervivencia a las semillas, que son capaces de mantener la capacidad de germinación por largo tiempo. Las pocas plantas perennes son criptófitas (bulbosas) o las plantas grasas espinosas (cactáceas y euforbiáceas) provistas de pequeñas hojas de vida breve que se pierden en la estación seca. La fotosíntesis puede realizarse en el tallo, en el cual, gracias a una particular estructura de la cutícula y a la presencia de mucílagos en el interior, puede conservar el agua absorbida en la breve estación de las lluvias. También, el sistema radicular muy expendido y superficial es típico para permitir una rápida absorción del agua de lluvia, demasiado escasa para embeber suficientemente el suelo. Estas condiciones llevan a una elevada competencia entre las plantas, de la que se deriva una distribución espacial regular de los individuos.

La fauna de grandes vertebrados es pobre (algunos antílopes en el Sahara), mientras que los roedores son numerosos. Entre los pájaros se destacan los corredores. Los coleópteros y algunos mántidos (ortópteros) son relativamente abundantes.

En algunos desiertos, como el Sahara, por ejemplo, se encuentran pequeñas áreas con vegetación muy rica, corres-

Fundamentos de Ecología

pondientes a capas acuíferas superficiales, que constituyen los oasis.

12.9. La selva tropical lluviosa, subtropical y monzónica

En la selva tropical la abundancia de agua y la temperatura alta, con raras excepciones, representan factores favorables para la más elevada productividad y variedad de especies que se encuentran en las comunidades terrestres. Las precipitaciones son abundantes (más de 2.500 mm anuales), las temperaturas son altas y la media anual está cerca de los 30°C (Figuras 12.11 y 12.12).

Están representadas numerosas especies de arbóreas siempreverdes, las cuales determinan una estratificación vertical compleja, y presenta numerosos hábitats, con nichos ecológicos que hospedan plantas epifitas y lianas; mientras el estrato bajo es pobre por la carencia de luz que es retenida en los estratos más elevados. Los árboles llegan a alturas que sobrepasan los 40 m en promedio, alcanzando hasta 80 m en algunos casos.

El suelo es muy rico en humus por el abundante material orgánico que deriva del manto vegetal. El aspecto de estas selvas es exuberante e imponente por la majestuosidad y frondosidad de la vegetación. Este tipo de selva se extiende por la cuenca del Amazonas y del Orinoco y otras áreas tropicales de Suramérica, Centroamérica, África y Asia.

En estas condiciones ambientales, la fauna de los invertebrados es muy rica en especies, con las más diversas formas de vida; pues muchos mamíferos son arborícolas y otros terrestres. Entre los mamíferos abundan los monos (como el capuchino y el araguato), dantas, jaguares, pumas, armadillos, ocelotes o cunaguaros, osos palmeros, perezas, armadillos gigantes, entre otros. En cuanto a la avifauna, existen muchas especies adaptadas a cada estrato vegetal, y se caracterizan por sus vistosos colores: tucanes, loros,

Figura 12.11. Selva húmeda tropical.

Figura 12.12. Selva nublada de montaña en el Parque Nacional Henry Pittier. Vista general y detalle de vegetación. (Foto: A. Romero S.)

Fundamentos de Ecología

guacamayas, gallito de las rocas, así como diversas especies aves de rapiña (gavilanes, halcones y águilas).

Los reptiles también abundan y encontramos la culebra de agua o anaconda, la cuaima-piña, los caimanes, las iguanas, los camaleones, etc. Los insectos son muy abundantes, en número y especies (mariposas de vistosos colores, abejas, hormigas, termitas, zancudos, entre otros).

12.10. Bosque tropical caducifolio

En las regiones **subtropicales** las formaciones boscosas se diferencian del bosque lluvioso sólo por una menor estratificación vertical de la vegetación y una organización más simple de la comunidad vegetal, la fauna es muy abundante, similar a la del bosque lluvioso tropical (Figura 12.13).

La vegetación del bosque tropical caducifolio está constituida por árboles que generalmente pierden las hojas en la estación seca. Estos bosques son más claros que la selva, y la penetración de la luz solar permite el crecimiento de una vegetación baja, constituida por hierbas y arbustos, formando un conjunto boscoso conocido a veces con el nombre de **jungla**.

Algunas epifitas de la familia de las Bromeliáceas prosperan en estos bosques. En América del Sur se encuentra, en Brasil, un tipo de bosque espinoso y seco, que se conoce con el nombre de coatinga. También encontramos el bosque tropical caducifolio en Venezuela, Colombia, India y Costa de África Oriental.

En Venezuela este tipo de bioma está representado por bosques que durante la estación seca pierden su follaje y reverdecen en la estación lluviosa. Este tipo de bosque lo encontramos por debajo de la selva nublada, en las faldas de las montañas y en terrenos planos. Las especies más representativas son: la ceiba, el roble, el saquisaqui y el granadillo. La fauna es muy variada e incluye: lapas, venados, chigüires, tigres, monos, guacharacas, paujíes, tragavenados, corales venenosas y mapanares y muchas otras especies de invertebrados, especialmente artrópodos de las clases Arácnida e Insecta.

12.11. Biomas acuáticos

La vastedad del océano y la inmensa diversidad de vida que le caracteriza hacen de él un mega-ecosistema, con una gran variedad de ecosistemas definidos. Sin embargo, investigación de los mismos resulta muy difícil y costoso. A los fines de facilitar el estudio y caracterización del gran ecosistema oceánico, Spalding *et al.* (2007) distinguen 12 grandes áreas que denominan "reinos" (Figura 12.14), que se pueden considerar equivalentes o similares a biomas, proponen un total de 232 ecorregiones dentro de tales reinos. Sherman y Hempel (2009) describen 64 provincias ecológicas, que corresponden a grandes zonas biogeográficas, esencialmente en las zonas costeras y abarcando las plataformas continentales respectivas, que pueden considerarse similares a ecozonas (Figura 12.15). La demarcación de estas provincias sigue los conceptos inicialmente utilizados en la delimitación de los biomas terrestres, pero se utilizan criterios basados en los indicadores ecológicos: (a) batimetría, (b) hidrografía, (c) productividad y (d) relaciones tróficas.

12.12. La emergencia de los biomas antropogénicos o antromas

Los seres humanos, desde tiempos inmemoriales, se han distinguido de otras especies por su capacidad de configurar el ecosistema y sus procesos, mediante el uso de herramientas y tecnologías —tales como incendios, el arado y los canales de riego— que están más allá de la capacidad de otros organismos. Esta capacidad excepcional para intervenir los

Figura 12.13. Bosque tropical caducifolio.

Fundamentos de Ecología

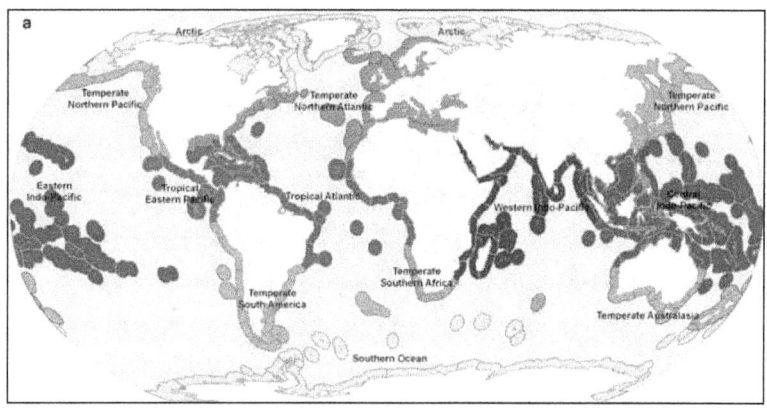

Figura 12.14. Distribución de los reinos oceánicos. Fuente: Spalding *et al.* (2007).
http://www.nature.org/ourinitiatives/regions/northamerica/unitedstates/colorado/
scienceandstrategy/marine-ecoregions-of-the-world.pdf [1]

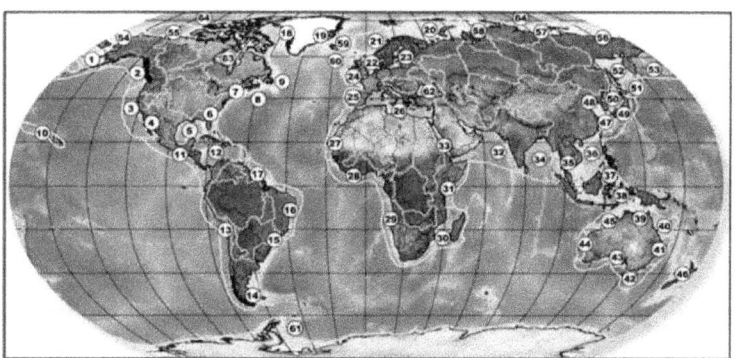

Figura 12.15. El océano contiene 64 grandes ecosistemas marinos. Fuente: Sherman y Hempel (2009).
Tomado de: http://www.lme.noaa.gov/index.php?option=com_content&view=category&id=41&Itemid=53 [2]

ecosistemas ha contribuido a sostener un crecimiento sin precedentes de la población humana en el último medio siglo, hasta el punto de que los seres humanos consumen actualmente alrededor de un tercio de la producción primaria neta terrestre. Como lo veremos en capítulos posteriores, los seres humanos son también causa de extinciones globales de algunas especies y de cambios sustantivos en el clima, que no son comparables a los ocurridos naturalmente. Claramente, el *Homo sapiens* se ha convertido en una fuerza de la naturaleza, rivalizando con las fuerzas climáticas y geológicas en la configuración de la biosfera terrestre y sus procesos. Es necesario reconocer la situación que vive el

---

[1] En este enlace se presenta información detallada sobre los reinos y ecorregiones identificados en el estudio.
[2] En este sitio, es posible obtener información sucinta de cada uno de los 64 ecosistemas señalados con números en el mapa.

Fundamentos de Ecología

planeta en el principio del siglo XXI. Como se detallará en capítulos posteriores (15 y 16), la mayor parte de la biosfera terrestre ha sido alterada por los asentamientos humanos y las actividades agropecuarias, para dar paso a los ecosistemas urbanos y los agroecosistemas. Menos de una cuarta parte de la Tierra libre de hielo es natural; de éstas, sólo 20% son bosques y más de 36% es estéril. Más de 80% de la población vive en biomas con zonas urbanas y rurales densamente pobladas, donde las aldeas agrícolas ocupan la mayor parte: uno de cada cuatro personas vive en ellas. De esta manera emerge el concepto de biomas Antropogénicos o antromas, como los han denominado Ellis y Ramankutty (2008) y Ellis et al. (2010), quienes ofrecen una nueva visión de la biosfera terrestre en su forma alterada por el hombre contemporáneo.

Bajo estas premisas, Ellis y Ramankutty (2008) plantean una visión alternativa de la biosfera terrestre, sobre la base de un análisis empírico de los patrones globales de la interacción directa y sostenida de los humanos con los ecosistemas, proponiendo el concepto, por demás abstracto, de "biomas antropogénicos". Estos autores, utilizando el criterio básico de la densidad de población (habitantes/km^2) y relacionando la información disponible sobre los biomas naturales tal y como los conocemos, identifican 6 regiones antropogénicas, las cuales incluyen 18 biomas antropogénicos y tres biomas silvestres, que van desde los asentamientos urbanos densamente poblados, pasando por las comunidades agrícolas rurales, zonas de cultivo, hasta los bosques silvestres. Los Bosques templados caducifolios ya estaban siendo fuertemente en 1700 (28%), pero la mayoría de los bosques de otros biomas, las sabanas y pastizales fueron predominantemente utilizados en forma seminatural, con menor intensidad. Durante 300 años siguientes (hasta el 2000), la mayoría de estos biomas progresivamente se convirtieron, de tierras silvestres y seminaturales, a tierras de cultivo, pastizales y otros antromas intensamente utilizados. En efecto, las tierras utilizadas para la agricultura y los asentamientos urbanos se incrementaron de 5% a 39% de la superficie total libre de hielo, manteniendo una proporción bastante constante en las zonas con asentamientos humanos con alta densidad de población y en los agroecosistemas. Los 6.400 millones de habitantes humanos de la Tierra (en el año 2000), 40% vive en biomas con asentamientos humanos densos (con 82% de población urbana), 40% viven en los biomas cubiertos por aldeas agrícolas (con 38% urbano), 15% viven en los biomas de tierras cultivadas (7% urbano), y 5% viven en los biomas de pastizales (5% urbano). Las actividades humanas han inducido y facilitado la introducción, domesticación, invasión y extinción de especies; el aumento de la erosión y agotamiento de los suelos; la frecuencia de incendios y alteraciones en la hidrología de las cuencas, así como cambios profundos en la productividad primaria y otros procesos claves biogeoquímicos y ecosistémicos (Ellis et al., 2010).

Como consecuencia de ello, la biosfera terrestre se usa ahora mucho más intensamente que nunca, y los biomas originales se han convertido mayormente en antromas constituidos por paisajes con áreas fragmentadas que contienen mosaicos de ecosistemas urbanos, agroecosistemas, zonas seminaturales y una mínima proporción de fragmentos de biomas en su estado natural (áreas protegidas).

Las interacciones humanas con los ecosistemas abarcan desde impactos relativamente ligeros de los grupos nómadas de cazadores-recolectores a la sustitución completa de los ecosistemas pre-existentes con nuevas estructuras construidas y establecidas por el hombre. La densidad de población es un indicador útil de la forma e intensidad de estas interacciones, en tanto que los aumentos de población han sido considerados causa, y a la vez consecuencia, de la modificación de los ecosistemas para producir alimentos y cubrir otras necesidades.

La influencia humana en la biosfera terrestre es ahora dominante. Si bien el clima y la geología moldean forma y la evolución los ecosistemas en el pasado, existe creciente evidencia que demuestra que las fuerzas humanas pueden ser ahora mayores en la mayor parte de la Tierra. De hecho, las áreas silvestres constituyen en la actualidad sólo una pequeña fracción de la superficie terrestre. En el futuro previsible, el destino de los ecosistemas terrestres y las especies que sustentan se entrelazan con los sistemas humanos: la mayor parte de la "naturaleza" está ahora integrada en mosaicos antropogénicos de uso y cobertura del suelo, y la proporción de biomas naturales intactos es ínfima (< 2%), en comparación con los biomas modificados antropogénicamente.

Fundamentos de Ecología

Capítulo 13
La Biodiversidad y su conservación

13.1. ¿Qué es la Biodiversidad?

La parte del planeta ocupada por los organismos vivos puede ser representada como un envoltorio delgado e irregular en torno a la superficie de la Tierra, en su mayor parte de tan sólo unos pocos kilómetros de profundidad, dentro de un radio de más de 6.000 km de la Tierra. Debido a que la mayoría de los organismos dependen directa o indirectamente de la luz del sol, las regiones alcanzadas por la luz del sol forman el núcleo de la biosfera: es decir, la superficie de la tierra, los pocos milímetros del suelo y la parte superior de las aguas de los lagos y el océano. Las bacterias, por ejemplo se reproducen en casi todas partes, incluso a kilómetros de profundidad dentro de la corteza terrestre. En general los organismos vivos están ausentes donde no hay agua, pero las esporas latentes de bacterias y hongos están en todas partes, desde los casquetes polares hasta muchos kilómetros por encima de la superficie de la Tierra (CDB, 2001). Esto da una idea de la magnitud de la biosfera.

La biodiversidad, o diversidad biológica, es el grado de variabilidad de las formas de vida en un ecosistema, un bioma o el planeta como un todo y es considerada como un indicador de la salud de los ecosistemas. El concepto moderno de la ecología contempla los factores bióticos (ver capítulo 1), como un determinante del funcionamiento y procesos en los ecosistemas. Dichos factores bióticos se refieren a la biodiversidad. Una definición general y aceptada la considera "la totalidad de genes, especies y ecosistemas en una región". De acuerdo con el Convenio de Diversidad Biológica (1992), la biodiversidad se define como:

"...la variabilidad de seres vivos sobre la Tierra, incluyendo, inter alia, todos los ecosistemas terrestres, marinos y acuáticos continentales y los complejos ecológicos de los cuales forman parte: esto incluye diversidad dentro de especies, entre especies y de ecosistemas".

La biodiversidad es el recurso más valioso de nuestro planeta y si no hay cambios en el patrón y eficiencia de uso de los mismos, estamos a punto de perder la mayor parte de ella. Durante el siglo XXI, como resultado de un efecto combinado de las presiones de las contaminaciones, alteraciones humanas y el cambio climático, la mayoría de los expertos han advertido de que se podría perder la mitad de todas las especies que habitan nuestro planeta a finales de este siglo (Figura 13.1).

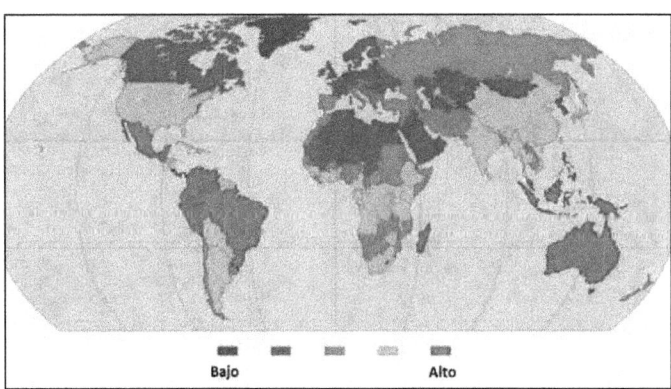

Figura 13.1. Mapa global que representa el estatus de la biodiversidad en el mundo. Fuente: GBO (2001).

Fundamentos de Ecología

Cada organismo tiene un papel específico que desempeñar en los complejos ecosistemas de la Tierra que han alcanzado el equilibrio a través de millones de años. Muchos de estos ecosistemas están al borde del colapso, con consecuencias a menudo desconocidas para los humanos, tal y como lo señala la Convención de Biodiversidad Biológica, cuando reconoce que el ritmo de pérdida de la biodiversidad no ha disminuido (CDB, 2010):

"No se ha alcanzado la meta acordada en 2002 por los gobiernos del mundo, de lograr para el año 2010 una reducción significativa del ritmo actual de pérdida de la biodiversidad, a nivel mundial, regional y nacional, como contribución a la reducción de la pobreza y en beneficio de todas las formas de vida en la tierra".

13.2. Componentes de la biodiversidad

Existen tres niveles de diversidad: de especies, genética y de ecosistemas. De acuerdo con Gaston (2010), la diversidad de especies abarca la totalidad de la jerarquía taxonómica y sus componentes, incluyendo los individuos, poblaciones, especies, géneros, familias, clases, órdenes, phyla y reinos. La diversidad de especies se mide en función del número de especies existentes. De tal diversidad el hombre obtiene beneficios que le son esenciales: alimentos, fibras, combustible, polinización de cultivos, mejora del suelo, entre tantos otros (Figura 13.2). La cuantificación del número de especies incluidas en la biodiversidad de microorganismos, plantas y animales es difícil, pues no existe una base de datos unificada, completa y mantenida de registros con nombres validos y formales, aunque se considera que la ciencia ha identificado aproximadamente 2,2 millones de especies de organismos (incluyendo arqueo-bacterias, eubacterias, protistas, plantas, hongos y animales)[1]. Por su parte, Chapman (2009) estima que sólo entre los invertebrados existen 1.359,365 especies, de las cuales aproximadamente un millón son insectos. Sin embargo, la carencia de registros documentados precisos, así como la existencia de muchas especies individuales clasificadas con nombres distintos, o viceversa, muchas especies con características similares, clasificadas como una sola, hace muy difícil una estimación real. Sin embargo, si se toma en cuenta la cantidad de nuevas especies clasificadas (aprox. 13.000 a 15.000 por año), se puede inferir que la diversidad total es muy grande, y que sólo conocemos una proporción más bien pequeña de ella. Igual sucede con el número total de individuos vivos de una misma especie en un momento dado.

El CDB (2010) estima en 15 millones el número total de especies de animales, vegetales y microrganismos, aunque señala que uno de los principales obstáculos para el conocimiento y el manejo racional de la biodiversidad reside en el impedimento taxonómico, un vacío de conocimiento en nuestro sistema taxonómico, incluyendo los relacionados con la genética, la falta de personal capacitado para la labor taxonómica y la deficiencias en nuestras habilidades para conservar, utilizar y compartir los beneficios de nuestra biodiversidad. Esto es especialmente cierto en la mayoría de las especies que componen la biodiversidad: insectos, plantas y microorganismos. Mientras que 90% de los vertebrados ha sido descrito y clasificado, no obstante es muy poco lo que se conoce acerca de su distribución, biología y genética. Se estima que poco más de 50% de los artrópodos terrestres y 95% de los microorganismos no han sido clasificados. De manera conservadora, se estima que hay muchas otras especies desconocidas, estimadas en más de 6 millones, que las conocidas actualmente.

El Censo de la Biodiversidad Marina realizado entre 2000 y 2009, en un esfuerzo internacional e interdisciplinario, descubrió más de 30.000 nuevas especies marinas, para totalizar a la fecha cerca de 446.000, de las cuales 85% pertenecen al reino animal, de acuerdo con Registro Mundial de Especies Marinas (Applestan *et al.*, 2011). Dentro de los animales, destacan en orden decreciente los phyla artrópodos, moluscos y cordados, que abarcan poco más de 50% de las especies del reino animal[2]. Los científicos consideran que todavía existen cerca de 300.000 a un millón de especies marinas desconocidas. El Censo realizó las primeras comparaciones regionales y mundiales de la diversidad de especies marinas, contribuyendo con la creación de la primera lista integral de especies marinas conocidas, que ya superan las 190.000 (a septiembre de 2010), y con la descripción y taxonomía de más de 80.000 de ellas, cuya información taxonómica se encuentra disponible en la Encyclopedia of Life[3] (Enciclo-

Figura 13.2. Una pequeña muestra de la diversidad de especies de frutos que el hombre utiliza en su alimentación. (Fotos: A. Romero S.)

---

[1] Ver: http://eol.org/
[2] http://www.marinespecies.org/aphia.php?p=stats
[3] http://eol.org/

pedia de la vida). El Censo revela que los mares y océanos que rodean Japón y Australia son los más ricos en biodiversidad marina, con aproximadamente 65.000 especies. Más recientemente, una expedición de dos años y medio y un recorrido de 70.000 km en el Atlántico y el Pacífico, auspiciada por la Fundación Tara-Oceans, ha reportado preliminarmente el descubrimiento de más 1,5 millones de nuevas especies en el plankton oceánico. Sin embargo, apenas 400 especies vegetales son utilizadas por el hombre, esencialmente como recursos alimenticios.

La **diversidad genética** incluye los componentes del código genético que estructuran los seres vivos (nucleótidos, genes y cromosomas) y las variaciones en la conformación genética entre individuos y entre poblaciones. Los servicios derivados de la diversidad genética incluyen los usos medicinales, la resistencia a enfermedades y la capacidad adaptativa de las especies. La medida básica de la diversidad genética es el tamaño del genoma —la cantidad de ADN en un cromosoma de un individuo—, el cual es inmensamente variable. Hughes *et al.* (2008) concluyen que la diversidad genética tiene efectos ecológicos —tan significativos como la diversidad de especies o de ecosistemas— en la productividad primaria, la dinámica de poblaciones, las competencias interespecíficas, la estructura de las comunidades y los flujos de energía y nutrimentos.

La **biodiversidad intraespecífica** se mide mediante la diversidad genética, referida a la variedad de alelos y su combinación (genotipos) presente en una especie. Aunque los individuos de una especie tienen semejanzas esenciales entre sí, no son iguales. Las poblaciones de una determinada especie son diferentes genéticamente, existen variedades y razas distintas dentro de la especie, producto de la evolución en el tiempo, debido a la frecuencia relativa de diferentes alelos para adaptarse a diferentes condiciones ambientales. Esta diversidad es una gran riqueza específica que facilita su adaptación a medios cambiantes y su evolución. La abundante diversidad genética de numerosas especies de plantas y animales ha permitido al hombre la explotación y aprovechamiento de las mismas, mediante la selección artificial y el cruzamiento o hibridación controlada (Figura 13.3).

De allí la importancia de mantener la diversidad genética de las especies utilizadas en los cultivos o en la ganadería. La magnitud y distribución de la diversidad genética depende de los efectos de las interacciones de diversas fuerzas evolucionarias, tales como mutaciones, selecciones artificiales, migraciones y deriva genética (UNEP/MEA, 2005a).

La diversidad del ecosistema se refiere a las escalas de diferencias ecológicas de poblaciones a través de hábitats, ecosistemas, ecorregiones o provincias, y biomas o reinos biogeográficos. Proporciona servicios que incluyen: secuestro del carbono, regulación de las aguas y recreación. La diversidad ecológica es la más aparente para el observador, aunque su demarcación responde a reglas arbitrarias, además de la existencia de componentes abióticos y bióticos que interactúan en la definición de los ecosistemas y ecorregiones. Éstas son grandes unidades geográficas que contienen ensambles de diferentes especies bajo condiciones ambientales y geográficas distintivas. Como lo mencionáramos en el capítulo 12, se han establecido 825 ecorregiones terrestres, 426 de aguas dulces agrupados en 14 biomas terrestres y 232 ecorregiones marinas, a su vez integrados en 8 reinos biogeográficos terrestres y 12 marinos. Tales demarcaciones, aun cuando basadas en criterios climáticos y bióticos, en la realidad son difusas y no están separadas de manera precisa, especialmente entre ecorregiones.

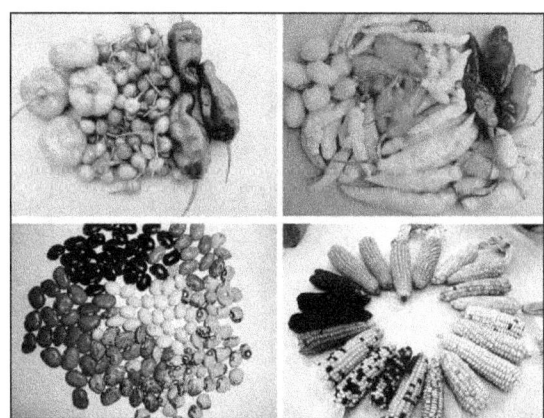

Figura 13.3. La diversidad genética dentro de una especie es muy grande, permitiendo al hombre seleccionar y utilizar las más adecuadas a sus necesidades. Arriba: diversidad de ajíes dulces y picantes. Abajo: diversidad de caraotas y maíz. Fotos: J. Fernández y A. Romero S.)

Fundamentos de Ecología

Una de las características fundamentales de la biodiversidad es que no está distribuida uniformemente a lo largo de las distintas regiones del globo, debido a la influencia de factores climáticos (radiación, temperatura, humedad y vientos), factores geográficos y a la existencia de otras especies. Se observa un gradiente latitudinal de la biodiversidad del Ecuador hacia los Polos, explicándose la mayor abundancia de especies por el factor temperatura. De allí que la mayor proporción de biodiversidad se encuentra en la zona intertropical, al menos en los ecosistemas terrestres, pues en los océanos no siempre se cumple este gradiente (Figura 13.4).

La biodiversidad abarca más que una simple variación en apariencia y composición. Incluye la diversidad en abundancia (como el número de genes, individuos, poblaciones o hábitats en una ubicación en particular), distribución (a través de las diferentes ubicaciones y a lo largo del tiempo) y comportamiento, inclusive las interacciones entre los componentes de la biodiversidad, como por ejemplo entre las especies de polinizadores y las plantas o entre los depredadores y sus presas (UNEP, 2007).

La biodiversidad también incorpora la diversidad cultural humana, que puede verse afectada por los mismos factores y que tiene impacto sobre la diversidad de los genes, sobre las demás especies y los ecosistemas en general. La biodiversidad y la diversidad cultural son mutuamente dependientes y se refuerzan entre sí (Ibisch et al., 2010).

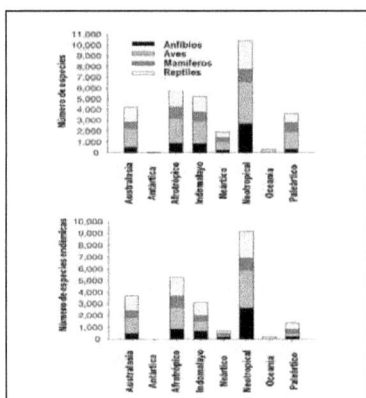

Figura 13.4. Distribución de la biodiversidad de vertebrados en los grandes reinos biogeográficos.
Fuente: UNEP (2007)

13.3. Biodiversidad y evolución: las extinciones masivas

La biodiversidad es el resultado de la evolución de la vida durante miles de millones de años, determinada por numerosos procesos y factores geológicos y climáticos. Según la evidencia acumulada por los científicos durante los últimos dos siglos, la vida ha evolucionado —a lo largo de los últimos 540 millones de años transcurridos— a través de etapas sucesivas en la que han ocurrido al menos cinco **extinciones masivas** y subsecuentes recuperaciones. Las probables causas de estas extinciones incluyen movimientos geotectónicos de la corteza, probables impactos de asteroides, grandes erupciones volcánicas, cambios o alteraciones en los ciclos biogeoquímicos y procesos de glaciación, entre otros (Figura 13.5). Dichas extinciones han sido identificadas y descritas por los especialistas como sigue:

1. Evento de extinción del Cretácico-Paleógeno (443 millones de años a.C.) Alrededor de 17% de todas las familias, 50% de todos los géneros y 75% de todas las especies se extinguieron.

2. Extinción del Triásico-Jurásico 200 (millones de años a.C.) Alrededor de 23% de todas las familias, 48% de todos los géneros (20% de las familias marinas y 55% de los géneros marinos) y 75% de todas las especies se extinguieron. La mayoría de los no-dinosaurios arcosaurios y la mayor parte de los grandes anfibios fueron eliminados, dejando los dinosaurios con poca competencia terrestre.

3. Extinción del Pérmico-Triásico (251 millones de años a.C.) La mayor extinción de la Tierra: desaparecieron 57% de todas las familias, 83% de todos los géneros y 90% de todas las especies, principalmente especies marinas e insectos.

4. Extinción del Devónico: 375-360 (millones de años a.C.). Al final del período Devónico, una prolongada serie de extinciones (durante 20 millones de años) eliminó alrededor de 19% de todas las familias, 50% de todos los géneros y 70% de todas las especies.

5. Extinción del Ordovícico-Silúrico (450-440 millones de años a.C.) Dos hechos ocurrieron que eliminaron a 27% de todas las familias, 57% de todos los géneros y 60%-70% de todas las especies. En conjunto, se clasifican por muchos científicos como el segundo más grande de las cinco grandes extinciones en la historia de la Tierra en términos de porcentaje de los géneros que se extinguieron.

La mayoría de los científicos (biólogos, ecólogos, paleotólogos y paleobiólogos) están convencidos de que la sexta extinción masiva de plantas y animales está en marcha y representa una gran amenaza para los seres humanos en el próximo siglo, pero la mayoría de los ciudadanos desconoce o está desinformado sobre esta posibilidad[4]. El dodo (*Raphus cucullatus*), el tilacino (*Thylacinus cynocephalus*),

---

[4] http://www.mysterium.com/extinction.html

Fundamentos de Ecología

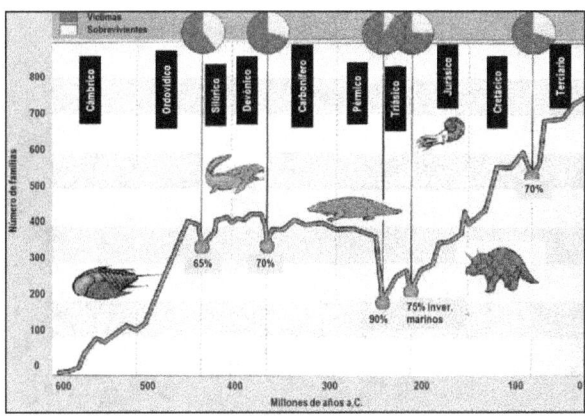

Figura 13.5. Las cinco extinciones masivas y la era geológica en la que ocurrieron.
Fuente: reproducido de http://biouatx.blogspot.com/2011/10/extinciones.html

los dinornítidos o moas (*Dinornithidae*) y el delfín de río Chino (*Lipotes vexillifer*) son ejemplos emblemáticos de la extinción reciente. La IUCN ha registrado como extintas 869 especies, de las cuales 65 figuran como extintas en estado silvestre, así como 290 que se encuentran en peligro crítico de extinción, etiquetadas como posiblemente extinguidas. Reconoce también que 16.928 especies están amenazadas de extinción (3.246 en peligro crítico, 4.770 amenazadas y 8.912 son vulnerables), un tercio (32%) de las especies de anfibios del mundo se conocen extintos o están amenazados, y que 159 especies de anfibios pueden estar ya extintos (Vié *et al.* 2009).

Algunos expertos consideran que la aparición y posterior distribución del hombre (*Homo sapiens*) sobre la tierra, hace aproximadamente 150-200 mil años, ha dado inicio a una nueva era: el **Antropoceno**[5], y a nueva etapa de extinción, en tanto que su evolución y consolidación como especie dominante ha implicado la modificación y alteración progresiva de los patrones naturales emergidos durante millones de años. Más recientemente, en la época industrial —los últimos 250 años— el impacto del hombre y la tecnología se ha hecho sentir con mucha intensidad sobre los ecosistemas y su biodiversidad, afectando negativamente el sistema climático global, el equilibrio y la estabilidad de los procesos biogeoquímicos y energéticos y las funciones esenciales de los ecosistemas.

La rápida desaparición de especies durante los siglos XIX y XX ha sido clasificada como una de las más graves preocupaciones ambientales del planeta, superando a la contaminación, el calentamiento global y el adelgazamiento de la capa de ozono (UNEP/GEO5, 2012). Barnosky *et al.* (2011) coinciden con esta apreciación y analizan la magnitud de las distintas extinciones, con las extinciones recientes señaladas por la UICN, con base en registros paleontológicos y estudios de Biología comparada, comparando las estimaciones de las extinciones de especies de los últimos 500 años. Tomando en cuenta que en las extinciones anteriores la desaparición se ha estimado a lo largo de una progresión de varios centenares de miles de años, las magnitudes de las desapariciones recientes (últimos 500 años) están ocurriendo a una tasa muy alta, comparadas con las primeras, sobre la base referencial de 75% (Figura 13.6).

Luego de tales eventos de extinción masiva, a partir los linajes de las pocas especies supervivientes, se conformaron nuevas especies, por la radiación adaptativa de la evolución, que les permitió adaptarse a los hábitats no ocupados o utilizar nuevos recursos, y evolucionar en su estructura o funciones para ocupar dichos hábitats. En la actualidad se estima que en los últimos 100 millones de años, ha ocurrido la mayor proporción de toda la biodiversidad desde la aparición de la vida (CDB, 2010). Adicionalmente, debe considerarse las pérdidas de la biodiversidad cultural, especialmente de muchos grupos y sociedades aborígenes, fenómeno que está afectando a ciertas etnias indígenas en Mesoamérica, África y el sur de Asia. Históricamente son conocidas las desapariciones de sociedades como la antigua Mesopotamia hace 7.000 años, y la de los Mayas, las culturas de Groenlandia y de Isla de Pascua en los últimos 1.000 años. Se considera que algunos fenómenos climáticos como la sequía y el agotamiento de los recursos fueron los principales detonantes de tales colapsos civilizatorios (Diamond, 2005).

---

[5] En el cap. 16, sec. 16.13.2 se trata el tema del antropoceno con con más detalle.

Fundamentos de Ecología

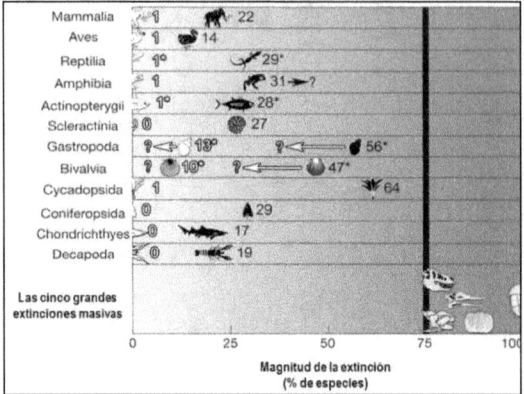

Figura 13.6. Magnitudes de extinción de los taxones evaluados por la IUCN, en comparación con el 75% de la extinción masiva referencial. Los números al lado de cada ícono indican el porcentaje de especies. Los ícono blancos indican especies extintas y extintas en estado silvestre en los últimos 500 años. Los íconos negros suman actualmente las especies "amenazadas" a los que ya están "extintos" o "extinto en estado silvestre". Los íconos amarillos indican las pérdidas de especies en las cinco grandes extinciones del Cretácico Devónico, Triásico, Ordovícico y Pérmico (de izquierda a derecha). Fuente: Barnosky et al. (2011).

13.4. La biodiversidad como elemento esencial para la humanidad

La problemática sobre el medio ambiente y la biodiversidad ha adquirido relevancia política y económica, además de científica, a partir de la década de los años 80 del siglo pasado. Ya en 1972, el informe del Club de Roma (Límites del crecimiento), alertaba sobre los peligros y amenazas del acelerado crecimiento en ese momento, así como el reporte de la WWF al presidente Carter en los EE UU, sobre la necesidad de conservar y proteger la diversidad de especies. Posteriormente, aparece el Informe Bruntland, producto del trabajo de Comisión Mundial sobre el Ambiente y el Desarrollo, designada por las Naciones Unidas en 1983, y publicado finalmente en 1987 con el título Nuestro Futuro Común. A partir de entonces, las organizaciones multilaterales inician un conjunto de programas y acciones, incluyendo la designación de un grupo de trabajo ad hoc en el Programa de las naciones Unidas para el Medio Ambiente – PNUMA (UNEP, por sus siglas en inglés) en 1988, cuyo trabajo de tres años fue discutido y analizado en la Conferencia de Rio sobre Ambiente y Desarrollo o Cumbre de la Tierra (1992), de cuyo seno surge:

(a) una nueva versión del informe Nuestro Futuro Común actualizado y ampliado, y

(b) la firma de la Convención sobre Diversidad Biológica (CDB), el cual entró en vigencia en diciembre de 1993,

con firma de 168 países signatarios (hoy cuenta con 193 países miembros).

El CDB es gestionado y evaluado por la Conferencia de las Partes (COP), que se reúne bianualmente, incorporando a lo largo del tiempo diversos temas de gran importancia, relacionados con los ecosistemas y la biodiversidad en el mundo. Dos protocolos de gran alcance se han establecido como producto de las actividades de la CBD (CBD, 2011)[6] :

• El Protocolo de Cartagena sobre Seguridad de la Biotecnología para el Convenio sobre Diversidad Biológica. Es un acuerdo internacional que busca asegurar el manejo seguro, el transporte y el uso de organismos vivos modificados (OVMs) que resultan de la aplicación de la tecnología moderna que puede tener efectos adversos en la diversidad biológica, considerando al mismo tiempo los posibles riesgos para la salud humana. Fue adoptado el 29 de enero de 2000 y entró en vigencia el 11 de septiembre de 2003.

• El Protocolo de Nagoya sobre el Acceso a los Recursos Genéticos y Participación Justa y Equitativa en los Beneficios que se Deriven de su Utilización en el Convenio sobre la Diversidad Biológica. Es un acuerdo internacional que tiene como objetivo compartir los beneficios derivados de la utilización de los recursos genéticos en forma justa y equitativa, incluyendo el acceso adecuado a esos recursos y una transferencia apropiada de las tecnologías

---

[6] Amplia información sobre este tema disponible en: http://www.cbd.int/convention/

Fundamentos de Ecología

pertinentes, tomando en cuenta todos los derechos sobre esos recursos y tecnologías, mediante un financiamiento apropiado, contribuyendo así a la conservación de la diversidad biológica y a la utilización sostenible de sus componentes. El Protocolo fue adoptado por la Conferencia de las Partes en el Convenio sobre la Diversidad Biológica en su décima reunión, el 29 de octubre de 2010 en Nagoya, Japón.

Esta consolidación de la relevancia científica, política, social y económica de la biodiversidad llevó a la ONU a declarar el 2010 como año internacional de la Biodiversidad, y dentro de las resoluciones recientes está la designación de la Década de la biodiversidad 2011-2020. A todo esto se suma el esfuerzo colaborativo de más de una veintena de organizaciones internacionales —multilaterales y no gubernamentales—, junto con los programas nacionales, las cuales trabajan coordinadamente en diferentes programas, convenios y tratados, adicionales y/o complementarios del CDB, enfocados total o parcialmente en el tema de la diversidad. Entre ellos, cabe destacar algunos:

- Convenio para la conservación de Especies Migratorias y Animales salvajes (CMS, por sus siglas en Ingles) (IUCN).
- Convenio Internacional sobre el Comercio de Especies Amenazadas – CITES (por sus siglas en Ingles) (ONU-UNEP).
- El Tratado Internacional sobre Recursos Filogenéticos para la Agricultura y la Alimentación –TIRFAA (FAO).
- Convenio RAMSAR, orientado a la protección de los Humedales (UNEP).
- Convenio de Conservación y Protección del Patrimonio Mundial Cultural y Natural (UNESCO).
- Programa Mundial de las Reservas de Biósfera (UNESCO).
- Programa Mundial de Áreas Protegidas (UNEP).

13.5. El papel de la biodiversidad en el ecosistema

Los servicios del ecosistema aprovechables por el hombre se apoyan en la biodiversidad y las redes que emergen de las interacciones entre las especies, especialmente las redes alimentarias. El flujo de energía y el reciclaje de nutrimentos se materializan a través de la vida y muerte de la infinitud de especies que componen la biodiversidad. Estas funciones se refieren a los procesos esenciales de producción y descomposición de biomasa, en una compleja cadena de interacciones, incluyendo plantas, animales y microorganismos, a la vez que participan activamente en los procesos biogeoquímicos esenciales para la vida, como se ha señalado en capítulos anteriores.

En el capítulo 2 se trató el tema de los servicios del ecosistema en un contexto general. Veamos ahora aspectos específicos relacionados con dichos servicios, desde la perspectiva del papel que juegan y los beneficios que brinda la biodiversidad. Se ha convenido internacionalmente (UNEP, 2005) que son cuatro los servicios principales que se derivan de la biodiversidad:

1) Servicios de apoyo: servicios que son necesarios para la producción de todos los servicios de los ecosistemas:
   o El Ciclo de nutrimentos y del agua
   o Formación y retención del suelo
   o Dispersión de semillas
   o Producción primaria (fotosíntesis terrestre y acuática)

2) Servicios de aprovisionamiento: los productos obtenidos de los ecosistemas:
   o Alimentos, mediante los cultivos los cultivos y la ganadería, las pesquerías, la caza, especias y alimentos silvestres
   o Agua para uso doméstico e industrial
   o Minerales
   o Productos medicinales
   o Energía (hidroeléctrica, combustibles de biomasa)

3) Regulación de los servicios: los beneficios obtenidos de la regulación de los procesos ecosistémicos:
   o El secuestro de carbono y regulación del clima
   o Residuos de descomposición y detoxificación
   o Resistencia a las especies invasoras
   o Purificación del agua y del aire
   o Polinización de cultivos
   o Control de plagas y enfermedades

4) Servicios culturales: beneficios no materiales que las personas obtienen de los ecosistemas a través del enriquecimiento espiritual, el desarrollo cognitivo, la reflexión, la recreación (ecoturismo) y las experiencias estéticas.

Como puede observarse en esta lista, el papel de la biodiversidad es esencial en todos los servicios que brinda el ecosistema a la humanidad. A largo plazo, el valor de los servicios perdidos puede superar con mucho los beneficios que se obtienen a corto plazo al transformar los ecosistemas. Pero en los últimos 50 años se ha producido un impacto sin precedentes humana sobre los ecosistemas y su biodiversidad.

13.5.1. La magnitud de la pérdida de biodiversidad

De acuerdo con la Unión Internacional para la Conservación de la Naturaleza (McNelly *et al.*, 2009; CDB, 2010), sobre la base de 47,677 especies evaluadas, hasta 2009, 36% se considera en peligro de extinción; mientras que de las 25.485 especies de los grupos evaluados en su totalidad (mamíferos, aves, anfibios, corales, cangrejos de agua dulce, cícadas y coníferas), 21% se considera amenazado. De las 12.055 especies vegetales evaluadas, 70% está en peligro. Las poblaciones de especies silvestres de vertebrados decreció en promedio casi un tercio (31%) en todo el mundo, entre 1970 y 2006. La disminución fue especialmente marcada en los trópicos (59%) y en los sistemas de agua dulce (41%) (Figura 13.7). De todas las especies amenazadas, los anfibios son los que corren mayor peligro de extinción, junto con los corales constructores de arrecifes, mientras que las

Fundamentos de Ecología

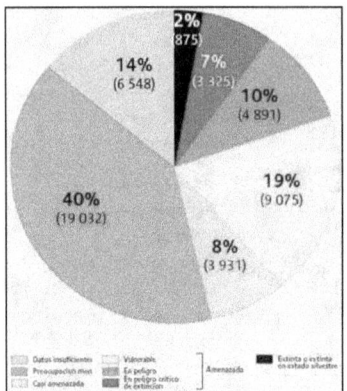

Figura 13.7. Distribución de 47.677 especies estudiadas por la UICN en el mundo, de acuerdo con las categorías que definen el estatus de vulnerabilidad, amenaza o peligro de extinción.
Fuente: CBD (2010).

especies vegetales medicinales en peligro de desaparecer se ha incrementado en los últimos 10 años, especialmente en África y América Latina.

El uso humano de los recursos naturales ha crecido sustancialmente en los últimos 70 años: aproximadamente la mitad de la superficie terrestre utilizable ahora se dedica a la ganadería de pastoreo o a cultivos. Esa expansión se ha realizado a expensas de hábitats naturales, de manera que entre un cuarto y la mitad de toda la producción primaria es ahora desviada hacia el consumo humano. Otras amenazas principales a la diversidad biológica incluyen la introducción de especies exóticas (o invasiones), la contaminación con residuos y sustancias, el cambio climático y la sobreexplotación. En los ecosistemas marinos, esta última ha sido la causa más grave de degradación de los ecosistemas y la extinción de especies. Estos cambios tienen implicaciones considerables para la sociedad humana. Lo grave de esta situación es que las extinciones son irreversibles, a diferencia de otras amenazas que se pueden revertir. Las tasas de extinción recientes son 100 veces más rápidas que las del pasado. Las especies con mayor posibilidad de extinción son las exóticas o raras, debido a los reducidos rangos geográficos y a la baja densidad de población que las caracteriza, y la propensión a la extinción se acentúa con los impactos antropogénicos sobre sus hábitats, y seguramente se potenciarán por efecto de los cambios en el clima (Pimm y Jenkins, 2010).

La pérdida de biodiversidad tiene efectos negativos sobre varios aspectos del bienestar humano, como la seguridad alimentaria, la vulnerabilidad ante desastres naturales, la seguridad energética y el acceso al agua limpia y a las materias primas. También afecta a la salud del hombre, las relaciones sociales y la libertad de elección. La sociedad suele tener varios objetivos en conflicto, muchos de ellos dependientes de la biodiversidad. Cuando el hombre altera un ecosistema para mejorar uno de los servicios que éste proporciona, su acción suele acarrear también cambios para otros servicios de los ecosistemas. Por ejemplo, las medidas para aumentar la producción de alimentos pueden traducirse en menos agua disponible para otros usos y el cambio de uso de la tierra. Como consecuencia de dichas contrapartidas negativas, muchos servicios han quedado degradados. Muchas poblaciones de plantas y animales han declinado en número, extensión geográfica o ambas variables (Figura 13.8) y se encuentran en peligro crítico de extinción. Aunque la extinción de especies forma parte del curso natural de la historia de la Tierra. Sin embargo, la actividad del

Figura 13.8. Algunas de las especies que se clasifican dentro de la categoría de amenaza crítica. Arriba, de izquierda a derecha: tortuga excavadora de Madagascar (*Astrochelys yniphora*), rana moteada (*Atelopus balios*), mono araña (*Brachyteles hypoxanthus*), Pereza pigmea de tres uñas (*Bradypus pygmaeus*), Camaleón tarzán de Madagascar (*Calumma tarzan*). Abajo: murciélago enano de Seychelles (*Coleura seychellensis*), iguana de Jamaica (*Cyclura collei*), orquídea fantasma (*Dendrophylax fawcettii*), Ñame salvaje (*Dioscorea strydomiana*), correlimos cuchareta (*Eurynorhyncus pygmeus*).
Fuente: Reproducido de Baillie y Butcher (2012).

Fundamentos de Ecología

hombre ha acelerado el ritmo de extinción al menos cien veces respecto al ritmo natural.

En términos generales, los impulsores directos más importantes de la pérdida de la diversidad biológica —y de los cambios en los servicios de los ecosistemas— son los cambios de los hábitats (tal como cambios de la utilización de la tierra, modificación material de las cuencas hidrográficas, retiro de agua de los ríos, pérdida de arrecifes de coral, y daños al lecho del mar por causa de la pesca de arrastre), el cambio climático, las especies exóticas invasoras, la explotación excesiva y la contaminación (MEA, 2005; PNUMA, 2007).

Sekercioglu (2010) resume el papel de los seres vivos en los diferentes servicios ecosistémicos como sigue:

- Los servicios del ecosistema se evidencian a partir del nivel más fundamental: la creación del aire que respiramos. A través de la fotosíntesis de las bacterias, algas, plancton y plantas, el oxígeno atmosférico es mayormente generado y mantenido por el ecosistema y sus especies constituyentes, permitiendo al hombre y a otras innumerables especies sobrevivir. El oxígeno también ayuda a limpiar la atmósfera, oxidando sustancias como el monóxido de carbono y formando el ozono que nos protege contra los rayos ultravioleta.
- Cada organismo vivo en el planeta es parte del ciclo global del carbono, pues contribuyen con la fijación del CO_2 atmosférico y su almacenamiento en los bosques y selvas.
- Uno de los aportes vitales del ecosistema es la provisión, suplencia y distribución del agua para el consumo humano. Las plantas (bosques y selvas y otros vegetales) redistribuyen el agua a través del ciclo hidrológico, al evaporar grandes cantidades a través de la transpiración y regular la circulación del agua precipitada sobre las cuencas.
- Los suelos sirven de apoyo y sustento a las plantas debido a la macrobiota y microbiota que albergan, cuya influencia en el reciclaje del nitrógeno, fósforo y otros elementos es determinante.
- En las cadenas tróficas, los carnívoros alteran la abundancia y distribución de las presas, con efectos complementarios beneficiosos para el ecosistema. Por ejemplo, la repoblación de lobos en el parque Yellowstone (EE UU), ha alterado la abundancia y distribución de los alces, lo que ha disminuido el ramoneo de ciertas especies vegetales, que a su vez han permitido el incremento de otras poblaciones como castores, aves y otras plantas.
- Las especies móviles, como insectos, aves, murciélagos y primates frugívoros transportan genes y semillas a través de diferentes regiones, promoviendo así la regeneración y restauración de ecosistemas perturbados o degradados y una mayor diversidad. La resiliencia del ecosistema se ve así favorecida por estas especies con capacidad de desplazamiento.
- Los ingenieros del ecosistema (ver capítulo 3) son especies que aportan valiosos servicios, como por ejemplo el castor, que contribuye con la creación de humedales y lagos pequeños y facilita cambios significativos en la composición florística de una zona determinada. Otro ejemplo significativo es el de la reintroducción de los lobos en el Parque nacional Yellowstone (EE UU), que ha permitido la recuperación de las características originales de dicho ecosistema, tanto en lo que se refiere a la biodiversidad, como a los aspectos fisiógráficos (Mombiot, 2011). Más recientemente, Roman *et al.* (2014) consideran que las ballenas en el océano Antártico cumplen el rol de ingenieros del ecosistema, al actuar como predadores en las profundidades del océano y luego, depositar nutrimentos en las zonas superficiales, mediante la defecación, favoreciendo el desarrollo del plancton.
- Numerosas especies de plantas, especialmente en las zonas intertropicales, son utilizadas por las poblaciones locales e indígenas en el tratamiento y cura de muchas enfermedades.

En relación con la microbiota del suelo, Turbé *et al.* (2010) consideran que los de los ecosistemas del suelo y su biodiversidad incluyen, entre otros servicios, los siguientes:

- Reciclaje de la materia orgánica del suelo, mejora de la fertilidad, e incluso la formación del suelo: una básica función que soporta el ciclo de nutrimentos y la producción primaria que luego contribuye a la producción de biomasa.
- Regulación del flujo de carbono y el control climático mediante el almacenamiento de carbono.
- Regulación del ciclo del agua, la infiltración, el almacenamiento, la purificación, la transferencia a los acuíferos y efluentes superficiales, prevención de la erosión y la regulación de los flujos de efluentes (inundaciones o la desecación de los ríos).
- Descontaminación y biorremediación: mediante la neutralización química y física de contaminantes.
- Control de plagas: control biológico de plagas y patógenos de plantas, animales y seres humanos.
- Salud humana: esto incluye servicios directos (por ejemplo, el aprovisionamiento de moléculas y especies con potencial farmacéutico) y los servicios indirectos (por ejemplo, evitando los impactos vinculados a la no prestación de los servicios antes mencionados).

Puede deducirse que la biodiversidad es esencial en la integración de ecosistemas y en su funcionamiento y procesos básicos. En pocas palabras, la biodiversidad es la base sobre la cual se ha desarrollado la civilización humana y de la cual continuará dependiendo para su sustentabilidad y evolución futura.

13.5.2. La interacción entre biodiversidad y servicios ecosistémicos

De expuesto hasta ahora se desprende la necesidad de mantener la capacidad de los ecosistemas para brindar estos servicios que son esenciales para la sociedad humana. De allí que sea necesario comprender el papel que juega la biodiversidad en la prestación de estos servicios y la necesidad impostergable de su conservación.

Fundamentos de Ecología

Los organismos vivos que interactúan con su entorno en las complejas relaciones que caracterizan a los ecosistemas (auto organización, autorregulación, recursividad, sinergia), ofrecen importantes beneficios a la humanidad, en algunos casos decisivos e insustituibles. Los organismos no sólo proporcionan productos en forma de alimentos, combustible y materiales para la construcción, sino que entregan también otros servicios, menos evidentes. Por ejemplo, los insectos, especialmente abejas, juegan un papel importante en la polinización de las plantas, incluidos los cultivos de alimentos básicos, y los microorganismos (bacterias y hongos) reciclan o neutralizan los residuos producidos por la sociedad. Tanto las abejas como los microbios funcionan dentro de y dependen del funcionamiento de los ecosistemas para su supervivencia (Fitter et al., 2010).

Los ecosistemas funcionan a través de tres ciclos básicos de la materia y la energía: ciclos extraespecíficos (ciclos biogeoquímicos), los ciclos intraespecíficos (historias y ciclos de vida), y los ciclos interespecíficos (redes alimentarias). Estos ciclos mantienen a su vez una compleja interacción que es la que, de hecho, permite el reciclaje de la materia y el flujo de energía. En un marco evolutivo, la Ecología se caracteriza por el cambio: los procesos evolutivos nunca se detienen. El cambio puede ser estructural, funcional o ambos a la vez.

La Paleontología y las series ecológicas a largo plazo muestran que los ecosistemas estables no existen, por lo menos en su estructura. En sistemas no lineales, como los ecosistemas, incluso los pequeños cambios en la biodiversidad pueden causar cambios bruscos en su funcionamiento, cambiando la forma de los atractores[7] del medio ambiente. La definición convencionalmente aceptada del funcionamiento de los ecosistemas (la eficiencia de los ciclos biogeoquímicos) es insuficiente por sí misma para explicar la salud de los ecosistemas. La eficiencia de los ciclos externos (ciclos biogeoquímicos) y los intra e interespecíficos (riqueza, abundancia, rasgos específicos de las especies y redes tróficas) deben tenerse en cuenta para saber "quién hace qué" (Boero y Bonsdorff, 2007).

De acuerdo con la revisión de Cardinale et al. (2006) sobre el tema, la pérdida de biodiversidad —especialmente la disminución de su riqueza y abundancia—, tienen efectos negativos sobre la cantidad de biomasa de los grupos tróficos involucrados. Las interacciones tróficas tienen un fuerte impacto en las relaciones entre la diversidad y funcionamiento de los ecosistemas, tanto si la propiedad ecosistémica considerada es la biomasa total, como al considerar la variabilidad temporal de la biomasa en los diferentes niveles tróficos (Hooper et al., 2005). En ambos de los casos, la estructura de la red alimentaria y las ganancias o pérdidas que afectan las fuerzas de interacción tienen efectos importantes en estas relaciones. En las interacciones multitróficas, las relaciones funcionales entre el ecosistema y la biodiversidad son más complejas y no lineales, en contraste con las redes con un solo nivel trófico (Thébault y Loreau, 2006).

La Interconexión espacial mantiene los vínculos y el intercambio genético entre poblaciones de especies y el funcionamiento del ecosistema se sustenta directamente a través de conexiones físicas. Esto es evidente cuando se consideran los balances de energía y de nutrimentos, por ejemplo, donde los nutrimentos que se mueven aguas abajo provocan cambios en las llanuras inundables y ecosistemas fluviales, especialmente debido a los eventos de inundación. De esta manera, las poblaciones de peces de los ríos africanos se benefician de la materia orgánica y nutrimentos depositados por los herbívoros tanto silvestres como domésticos que pastan las llanuras de inundación durante la estación seca. La materia orgánica "alóctona" (es decir, la materia orgánica muerta producida que se exporta fuera del ecosistema) puede ser importante para la estabilidad de los ecosistemas. A escala local, las partículas de materia orgánica disueltas se dispersan por los ríos durante la inundación. A mayor escala, la migración anual de salmones del Pacífico (Oncorhynchus spp.) desempeña un papel clave en el reciclaje de nutrimentos entre el agua dulce y la marina a través de grandes distancias, así como las muchas dependencias conocidas para las comunidades de insectos acuáticos en los ríos de Alaska, los osos y las aves depredadoras Todo ello pone de relieve la importancia de comprender el impacto de las transferencias de nutrimentos a través de los límites del ecosistema en la comprensión de la dinámica de estos sistemas (TEEB, 2010).

Similarmente, Duffy et al. (2007) plantean la necesidad de comprender el papel de la biodiversidad en el funcionamiento de los ecosistemas, a través de la integración de la diversidad dentro de los niveles tróficos (diversidad horizontal) y entre los niveles tróficos (diversidad vertical, incluyendo la longitud de la cadena alimentaria y los omnívoros). La diversidad horizontal implica la riqueza y uniformidad dentro de un nivel trófico determinado, donde la especificidad de los recursos requeridos determina la competencia interespecífica. La diversidad vertical se refiere a la longitud de la cadena trófica y a la presencia de especies omnívoras (que se alimentan de varios niveles tróficos al mismo tiempo) creando interacciones más complejas que potencialmente pueden hacer difuso el límite entre varios niveles tróficos. Experimentalmente se ha demostrado que la biomasa y la utilización de los recursos aumentan de manera similar con la diversidad horizontal de productores y consumidores. Entre las presas, una mayor diversidad a menudo aumenta la resistencia a la depredación, debido a una mayor probabilidad de inclusión de especies no comes-

---

[7] En las Ciencias de la Complejidad, el atractor es el conjunto de condiciones o factores espacio-temporales hacia el cual evoluciona un sistema dinámico para alcanzar un estado de equilibrio y estabilidad. La interacción compleja entre tales factores tiene como meta el atractor, el cual deberá modificarse en la medida de la intensidad de las perturbaciones en los factores. En el ecosistema, los atractores dependen de factores muchas veces impredecibles, dentro de los sistemas dinámicos, que en un momento dado, crean estados lejanos del punto de equilibrios (caóticos o turbulentos), provocando la emergencia de los llamados atractores extraños, los cuales determinarán los nuevos estados de equilibrio dinámico (auto-organización) del ecosistema.

Fundamentos de Ecología

tibles y la reducción de la eficiencia de un predador especialista frente a diversas presas. Entre los depredadores, la diversidad cambiante puede afectar en cascada a la biomasa vegetal, pero la fuerza y dirección de este efecto depende del comportamiento del omnívoro y de la presa. La diversidad horizontal y vertical también interactúan: la adición de un nivel trófico puede cambiar cualitativamente efectos de la diversidad en los niveles adyacentes. Las interacciones multitróficas también producen una variedad más rica de relaciones en el funcionamiento del ecosistema, cuya complejidad depende del grado de generalismo de la dieta del consumidor, el equilibrio entre la capacidad competitiva y la resistencia a la depredación, la interdepredación, y la movilización o migración de especies.

Lo expuesto hasta ahora evidencia la complejidad implícita en la biodiversidad y su influencia determinante en gran medida del funcionamiento y los procesos ecosistémicos, como lo señalan Scherer-Lorenzen (2005) y Hillebrand and Matthiessen (2009), quienes consideran muy necesario abordar el análisis bajo una perspectiva que no sólo incluya la diversidad y abundancia de especies, sino también sus rasgos característicos: morfología, fenología, fisiología, uso de recursos y las interacciones entre las diferentes especies de una comunidad (simbiosis, competencia o antagonismo), puesto que las mismas determinan la capacidad de adaptación para la supervivencia, crecimiento y reproducción de las mismas, como lo ha propuesto Norberg (2004). Ello conduce a la emergencia de patrones de multifuncionalidad, heterogeneidad espacio-temporal, dinámicas poblacionales espaciales y alteraciones en las cadenas tróficas que pueden alterar las condiciones y resultados de los emergentes atractores ecológicos.

Como lo señalan Naeem (2002) y Hooper et al. (2005), ha emergido un nuevo paradigma —cada vez más determinante en la evolución de las ciencias ecológicas— que considera a la biodiversidad como el factor que gobierna el funcionamiento y los procesos de los ecosistemas, por lo que es necesario integrar conocimientos que permitan dilucidar con mayor certeza la interacción entre los factores bióticos y abióticos y el desempeño ecosistémico.

No obstante, se ha determinado que la mayor riqueza de diversidad de especies está asociada con la estabilidad o equilibrio del ecosistema y con una mayor producción primaria —aunque no se ha determinado la fracción de pérdida de diversidad que provoque una disminución de la producción primaria—. De la misma manera, la complementariedad de nichos y la partición de recursos en comunidades muy diversas, permiten el uso más eficiente de los mismos. También, la riqueza de especies de una comunidad la hace más resistente a la entrada de especies exóticas, hasta un cierto grado (Mittelbach, 2012).

13.6. La biodiversidad en Venezuela

Al estar ubicada en la franja intertropical, Venezuela es uno de los países con mayor biodiversidad en las Américas, hecho reconocido por las organizaciones internacionales especializadas y comprobado por los estudios científicos realizados (Figura 13.9). De acuerdo con VITALIS[8], Venezuela ocupa el 9° lugar con mayor biodiversidad en el mundo, y el 7° en cuanto a diversidad de aves, con al menos 1.417 especies, de las cuales 50 son endémicas. Se estima que existen alrededor de 15.820 especies que conforman la biodiversidad vegetal del país, agrupadas en 275 familias y 2.480 géneros de plantas. En Venezuela existe una alta di-

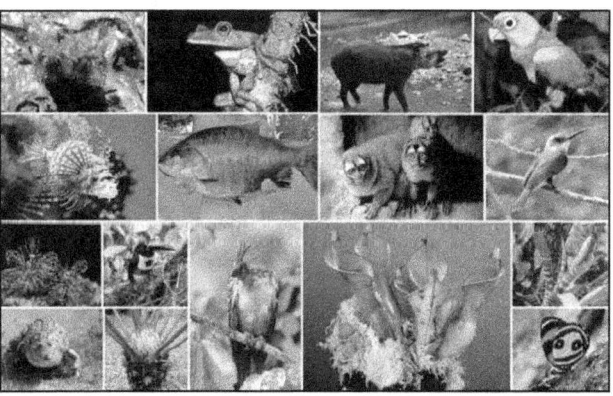

Figura 13.9. Venezuela ocupa el 9° lugar entre los países con mayor biodiversidad

[8] http://www.vitalis.net/2013/05/venezuela-ocupa-7mo-lugar-en-el-mundo-en-mayor-diversidad-de-aves/

Fundamentos de Ecología

versidad florística, producto de la gran variedad de paisajes y ecosistemas —22 zonas de vida diferentes en territorio nacional, de acuerdo con Ewel et al. (1976)— desarrollados sobre basamentos de diferentes orígenes. Las angiospermas comprenden 87,64% del total de familias y 92,52% de las especies de flora (Figura 13.10).

Este grupo de plantas incluye las dicotiledóneas con 10.505 (66,41%) especies y las monocotiledóneas con 4.131 (26,11%) (Hokche et al., 2008). La mayor riqueza de especies se encuentra en la región de Guayana con 9.500 a 10.300 especies, seguida de los Andes con 4.500 a 5.000 especies, la Región de la Cordillera de la Costa con 3.000 a 3.500 especies y finalmente la Región de los Llanos con 2.000 a 2.500 especies.

En cuanto al endemismo, se puede afirmar que el número probable de especies vegetales es alrededor de 3.250, especialmente en la región Guayana, donde se ha registrado un total de 2.136 especies, lo que representa 22,7% de su flora y 14% en relación con toda la flora del país (MARN, 2000). En cuanto a la diversidad animal, se han reconocido 1.300 especies de aves que representan 15% del total de las conocidas en el mundo (cerca de 9.000) y 40% de las 3.000 especies existentes en el neotrópico. También, existen 332 especies de reptiles, 113 de anfibios, 1.195 de peces, 328 de mamíferos y un alto número de especies invertebradas. Un porcentaje relativamente elevado de los taxa está constituido por especies endémicas, particularmente en lo referente a aves, mamíferos e invertebrados.

En la América del Sur hay más de 2.400 especies en la ictiofauna de las aguas continentales, siendo los carácidos (orden Characiformes) y los bagres (orden Siluriformes) los grupos dominantes. En Venezuela, los primeros tienen 12 familias y 248 especies (41,3% del total de la ictiofauna) y los segundos 12 familias y 208 especies (34,7% del total de la ictiofauna), indicando que la composición porcentual de nuestra ictiofauna no se diferencia del resto de los países suramericanos. De un estimado de 49 familias presentes, se sólo reporta tres de ellas introducidas: *Salmonidae, Centrarchidae y Cyprinidae* (MARN, 2000). Más recientemente, Machado-Allison (2006) indica que poseemos más de un millar de especies de peces dulceacuícolas incluidas en 11 órdenes, 53 familias y 380 géneros.

Sin embargo, esta riqueza de biodiversidad que posee el país enfrenta problemas de conservación y en los años recientes se ha detectado un aumento en el número de especies amenazadas. En su versión más reciente, en el 2008, el Libro Rojo de la Fauna Venezolana incluye información sobre 748 especies: 4 extintas global o regionalmente, 199 amenazadas, 138 casi amenazadas y 407 con datos insuficientes. Las aves y los anfibios encabezan la Lista, con 164 (22% del total) y 160 (21% especies, respectivamente (Cuadro 13.1). Esto representa más del doble que la Lista Roja de la Fauna Venezolana de 1999, que incluyó a 341 especies: 3 posiblemente extintas, 96 amenazadas, 65 NT, 94 DD y 82 en otras categorías (Rodríguez y Rojas-Suares, 2010). La principal causa de riesgo de las especies amenazadas de Venezuela es la pérdida o degradación de los hábitats, afectando a 83% de ellas, seguida por factores intrínsecos (45%) y la cosecha (40%).

13.7. Las amenazas a la biodiversidad

Los seres humanos, al igual que todas las otras especies, se han desarrollado en interacción con su entorno. Dicha interacción es impulsada por las actividades humanas cada vez más amplias, influyendo prácticamente en todos los componentes de nuestra biosfera y el sistema climático global. Estas actividades se llevan a cabo en un mundo cada día más globalizado, industrializado e interconectado, impulsadas por la expansión de los flujos de bienes, servicios, capitales, personas, tecnologías, información, ideas y trabajo.

Figura 13.10. Una pequeña muestra de la biodiversidad de la flora en Venezuela. (Fotos: A. Romero S.).

Fundamentos de Ecología

Cuadro 13.1. Distribución de las especies en riesgo en Venezuela, de acuerdo con la categorías establecidas por la Unión Internacional de Conservación de la Naturaleza (2008)

Clase	Extinto	Extinto a Nivel Regional	En Peligro Crítico	En Peligro	Vulnerable	Casi Amenazado	Datos Insuficientes	Total
Amphibia	1	-	11	5	10	38	95	160
Anthozoa	-	-	-	-	2	-	-	2
Arachnida	-	-	-	-	1	-	12	13
Aves	-	1	4	14	17	38	90	164
Bivalvia	-	-	-	-	-	2	-	2
Chondrichthyes	-	-	-	-	-	2	49	51
Crustacea	-	-	-	1	9	3	17	30
Gastropoda	-	-	-	-	3	-	3	6
Insecta	-	-	-	7	11	18	40	76
Mammalia	-	1	3	14	27	19	64	128
Osteichthyes	1	-	-	14	23	14	29	81
Reptilia	-	-	5	4	13	4	9	35
Total	2	2	23	59	116	138	408	748

Fuente: Rodríguez y Rojas-Suárez (2010).

Las consecuencias se han hecho evidentes y, en la actualidad, existe un reconocimiento general del impacto ambiental negativo de todas esas actividades. Entre las consecuencias más graves están la degradación de los ecosistemas, la contaminación del aire y aguas y la pérdida de la biodiversidad. De manera que estamos siendo testigos de intensos cambios en el medio ambiente en todas las escalas, que no tienen precedentes en la historia humana.

La tasa actual de pérdida de biodiversidad terrestre, acuícola y marina es mayor que la experimentada en cualquier etapa de la historia humana y no hay señales que indiquen que pueda disminuir, en las actuales condiciones. A pesar de la abrumadora evidencia científica que apoya las argumentaciones acerca de la inextricable relación entre la biodiversidad y la supervivencia de la humanidad, la degradación de los ecosistemas, la extinción de especies y pérdida de poblaciones y diversidad genética continúan en una trayectoria exponencial.

La evaluación del CDB apunta a *"la falta de atención prestada por instituciones involucradas y gobiernos nacionales a las causas subyacentes de la pérdida de biodiversidad: degradación y pérdida de hábitats, la sobreexplotación de recursos, la contaminación creciente, el incremento de especies invasoras y el cambio climático"* (CDB, 2010). De otra parte, el Índice del Planeta Vivo, elaborado por WWF, da muestras de la disminución de la abundancia global de especies silvestres. Este indicador analiza las tendencias de un gran número de poblaciones de especies de forma muy parecida a como un índice bursátil analiza el valor de una serie de participaciones o un índice de precios al consumo el coste de la cesta de la compra. Los datos utilizados para construir el índice son series temporales de tamaño, densidad y abundancia poblacional (Figura 13.11). La pérdida de biodiversidad tiene graves consecuencias potenciales para el bienestar humano. De hecho, la capacidad de los ecosistemas para prestar servicios a la sociedad, ya se encuentra bajo estrés (Mooney, 2009), comprometiendo su capacidad de adaptación en el futuro. La pérdida de biodiversidad puede reducir, por ejemplo, la capacidad de producción de alimentos, el almacenamiento de carbono en los bosques y los humedales, el abastecimiento de agua limpia y suficiente agua dulce y las oportunidades para la recreación y el turismo.

Las alteraciones causadas por la acción antropogénica, como es el caso de la reestructuración de los ríos y cuerpos de agua mediante presas para la generación de energía, reduce la biodiversidad como resultado de la inundación de variados hábitats, la disrupción de patrones de corrientes, el aislamiento de poblaciones animales y el bloqueo de rutas de migración. Los cambios en el uso de la tierra, al deforestar bosques para implantar agroecosistemas requeridos para la producción de alimentos, o para la expansión urbana, tiene consecuencias en todas las escalas: global regional y local.

Fundamentos de Ecología

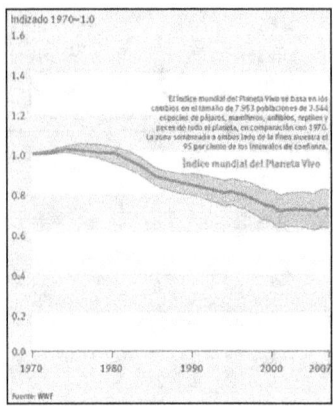

Figura 13.11. Tendencia del Índice de Planeta Vivo.
Fuente: UNEP/GEO5 (2012).

13.8. Estado actual y tendencias de la biodiversidad

A continuación se destacan algunos aspectos importantes en varios contextos relevantes, que ofrecen datos y evidencias acerca de la situación crítica actual descrita en la sección anterior, así como de las amenazas potenciales para la conservación de la biodiversidad.

- La **degradación de los servicios de los ecosistemas** y la exacerbación de la tensión ambiental tiene consecuencias potencialmente graves para el bienestar humano, especialmente para los grupos pobres y vulnerables de la sociedad, ya que las consecuencias de la pérdida de biodiversidad y de servicios de los ecosistemas no son compartidas por igual. Las áreas de mayor dependencia de los servicios de los ecosistemas están en los países en desarrollo, que son también los más ricos en biodiversidad, donde millones de personas pobres dependen de la biodiversidad para cubrir sus necesidades básicas (UNEP, 2010b).

- El Cuarto Informe de Evaluación del IPCC (2007) afirma que los **ecosistemas más vulnerables** son los arrecifes de coral, el bioma de los hielos marinos, y los ecosistemas de altas latitudes, tales como los bosques boreales, los ecosistemas de montaña y los ecosistemas mediterráneos. El informe también señala que aproximadamente de 20 a 30% de las especies vegetales y animales evaluadas hasta la fecha es probable que estén en mayor riesgo de extinción, si ocurre un aumento de la temperatura media global superior a 2,5°C. El informe destaca que, dado que las pérdidas globales de la biodiversidad son irreversibles, los impactos previstos sobre la biodiversidad son significativos y relevantes.

- Se considera que la **destrucción de hábitats** es uno de los más importantes impulsores de la extinción de especies globalmente. La destrucción de hábitats ocurre cuando un hábitat natural, —un bosque o un humedal, por ejemplo— sufre alteraciones tan significativas que deja de ser hábitat para las especies que inicialmente cobijaba (Laurance, 2010). Las poblaciones de plantas y animales sufren fuertes alteraciones o desplazamientos, conduciendo a la extinción en algunos casos, con la consecuente pérdida de biodiversidad. Sin embargo, pocos hábitats pueden ser destruidos totalmente, ocurriendo más bien la reducción de su extensión y la fragmentación del mismo, resultando en una especie de "océano" de tierra degradada con pequeñas islas del hábitat original. Tanto la pérdida como la fragmentación de hábitats es una amenaza grave para la supervivencia de algunas especies.

- Al año 2010, se ha comprobado la destrucción de casi la mitad de los **bosques** en cerca de 50 países del mundo y la desaparición de millones de ha de ecosistemas —como los humedales y los manglares, por mencionar algunos— para dar paso a agroecosistemas controlados y manipulados por el hombre (FAO, 2010). Sin embargo, la degradación de los hábitats no es un fenómeno generalizado en todos los biomas y ecosistemas, sino más bien en las zonas con altas densidades de población y de expansión de la frontera agrícola. Los primeros hábitats en ser degradados han sido los bosques mediterráneos y los bosques templados y de coníferas, seguidos de los bosques tropicales (Figura 13.12).

- La **fragmentación de los hábitats** es el resultado de la ocurrencia de tres procesos relacionados entre sí: la reducción por completo de la cubierta vegetal original de un área (pérdida de hábitat), la reducción de algunos sectores o parches de vegetación originaria, y la introducción de nuevas formas de uso de la tierra en las zonas intervenidas (Bennet y Saunders, 2010). En la práctica resulta difícil determinar el efecto relativo en las comunidades o especies debidas a estas tres alteraciones, normalmente concurrentes.

Ante esta situación, se ha establecido el concepto de cambios en el paisaje, en lugar de destrucción o fragmentación de hábitats, el cual tiene lugar especialmente en las zonas planas y semiplanas, con suelos de alta capacidad productiva. La resiliencia de algunas comunidades y especies —por sus atributos o rasgos particulares de movilidad, historia de vida o requerimientos de hábitat— influencia la manera cómo una especie asume el paisaje y su adaptabilidad a los cambios en el mismo. En otras palabras, el grado de vulnerabilidad de las especies de un hábitat a los cambios que se produzcan, alterará con mayor o menor intensidad la estructura de la comunidad y los procesos de interacción entre las especies que lo conforman, como las redes alimentarias y las interacciones mutualísticas o competitivas.

Figura 13.12. Estado actual del riesgo y vulnerabilidad de las ecorregiones terrestres. Fuente: WWF (2014). Living Planet report

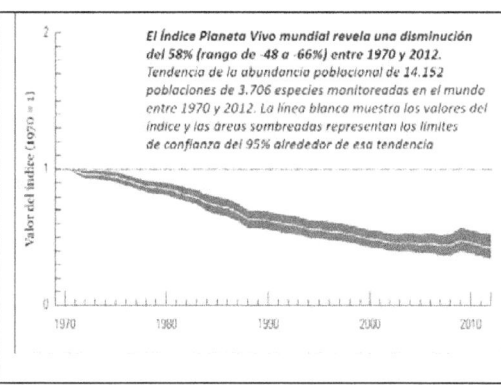

- La **degradación de tierras** se define como la reducción o pérdida de la diversidad biológica o económica y de la productividad de las tierras de cultivo —de secano y de regadío—, los pastizales, pastos, selvas y bosques. Aunque puede tener múltiples causas, es el resultado del uso inapropiado de la tierra o de los sistemas de gestión aplicados. La degradación de la tierra puede resultar en cambios generalizados en los recursos, sobre todo suelos, agua y vegetación, así como a los cambios en la prestación de servicios de los ecosistemas. Estos suelen ser especialmente frecuentes en pastizales nativos, arbustos y bosques que han sido talados y drenados para la producción agrícola, con la consiguiente pérdida significativa de hábitats de vida silvestre.

- Peres (2010) indica que el aprovechamiento por el hombre de los productos biológicos que le ofrece el ecosistema implica la extracción de recursos de la tierra, océano, o cuerpos de agua dulce, que se utilizan para diversos propósitos (agricultura, cría de ganado y pesca). Cuando la tasa de **extracción del recurso** sobrepasa la capacidad de reposición del mismo, bien sea por la escasa reproducción misma o por la inmigración desde otras poblaciones, estamos en presencia de la sobreexplotación de recursos o ecosistemas. Aunque algunas especies son resilientes a la extracción, y mantienen su abundancia a pesar de la sobreexplotación, otras pueden ser extinguidas rápidamente, aun bajo niveles mínimos de extracción. Las actividades de caza, pesca, pastoreo y deforestación son ejemplos de la interacción recurso-consumidor, las cuales tienden a mantener un equilibrio con la productividad intrínseca de un hábitat y la tasa de extracción del recurso. Sin embargo, a largo plazo puede haber alteraciones en las características de las especies; por ejemplo, la densidad de población, su tasa de crecimiento per cápita y la dispersión espacial de su hábitat. Ello puede conducir a una sobreexplotación y provocar pérdidas en la biodiversidad del ecosistema.

- A pesar de su importancia crucial como soporte de las sociedades, **la agricultura** sigue siendo el mayor factor desencadenante de erosión genética, pérdida de especies y alteración de hábitats naturales en todo el mundo (MEA, 2005). La creciente globalización amenaza con disminuir las variedades que se usan tradicionalmente en la mayoría de los sistemas agrícolas. Por ejemplo, 90% de toda la producción de ganado está concentrada en la actualidad exclusivamente en 14 especies animales, mientras que apenas 30 cultivos dominan la agricultura global, proporcionando una cantidad estimada de 90% de las calorías consumidas por la población (McNelly et al., 2009). Sin embargo, la explotación de unas pocas variedades mejoradas, pone en peligro los materiales locales conservados por los pequeños productores.

- Todos los subsectores de la agricultura dependen de la biodiversidad. La selección por los agricultores y ganaderos de muchas especies locales —a lo largo de varias generaciones— en combinación con la selección natural, se han traducido en el desarrollo y el uso de miles de variedades de cultivos y razas de animales. Existe un creciente reconocimiento del papel esencial de esta biodiversidad agrícola y la biodiversidad en general, en el logro de la seguridad alimentaria y las necesidades nutricionales, así como en el mantenimiento de las funciones del ecosistema (descomposición de materia orgánica, el desarrollo del suelo, la retención de humedad, filtraciones de agua, control de la erosión, captura de carbono, polinización y dispersión de semillas). Sin embargo, los sistemas agrícolas intensivos tienden a estar dominados exclusivamente por unas pocas variedades y se asocian habitualmente con altos niveles de inversión, lo que incluye tecnología, productos agroquímicos, mayor energía y uso intensivo del agua para riego. Los tres últimos de ellos, no solo tienen serios impactos negativos sobre la biodiversidad, sino también sobre la salud de los ecosistemas.

Fundamentos de Ecología

- Las **regiones tropicales** albergan la mayor parte de la biodiversidad en la biosfera. Los sistemas agrícolas en los trópicos se caracterizan, en primer lugar, por grandes y extensas plantaciones, heredadas de la época colonial, casi siempre alterando radicalmente los ecosistemas naturales. En la actualidad, la producción extensiva e intensiva de las grandes explotaciones, basada en el monocultivo, tiene efectos deletéreos sobre la biodiversidad, al alterar el funcionamiento y los procesos de los ecosistemas circundantes. En segundo lugar, existen diversos sistemas extensivos conformados por pequeñas explotaciones en las que participan un gran número de pequeños y medianos agricultores, realizando actividades productivas de subsistencia, bajo el esquema de conucos, en algunos casos articulados con los mercados locales. El resultado se refleja en ecosistemas altamente alterados y fragmentados, cuya biodiversidad ha mermado o está amenazada, debido a prácticas no sustentables (Perfecto y Vandermeer, 2008; IICA 2009).

- Los vínculos entre la **biodiversidad agrícola y la nutrición** se muestran en un estudio reciente preparado por el Centro para la Nutrición de los Pueblos Indígenas y Medio Ambiente (CINE) y la FAO (FAO/CINE, 2010), donde se demuestra que, en muchas partes del mundo, un aumento en el tiempo de los alimentos comerciales, resulta a la larga en una disminución de la calidad de la dieta. El estudio también muestra el papel crucial de una dieta equilibrada basada en la biodiversidad local y los alimentos tradicionales para lograr la seguridad alimentaria y la salud humana.

- De allí la necesidad de un nuevo paradigma agroproductivo y ecológico (agroecológico) que aproveche, por ejemplo, las costumbres ancestrales de los agricultores de mantener los jardines caseros (*home gardens*), uno de los mecanismos reconocidos por la FAO para la preservación de la biodiversidad, especialmente de la agrobiodiversidad (Figura 13.13). En este mismo sentido, Bengston *et al.* (2005) destacan los efectos positivos de los sistemas de agricultura orgánica —donde no se utilizan agroquímicos ni fertilizantes inorgánicos y se aplica la rotación de cultivos— sobre la biodiversidad, al incrementar la riqueza de especies en aproximadamente 30%, en comparación con la agricultura tecnificada convencional, mientras que Letourneau y Bothwell (2008) y Hole *et al.* (2005) resaltan los efectos positivos de la agricultura orgánica sobre la riqueza y abundancia de la biodiversidad, aunque consideran que es necesario profundizar los estudios sobre las diversas especies que resultan beneficiadas y su papel en los agroecosistemas orgánicos.

- Los sedimentos y sustancias generados de la erosión del suelo, los pesticidas, combustibles y otras formas de escorrentía de productos químicos **contaminan** los ríos, arroyos, lagunas y lagos, afectando negativamente las especies acuáticas. De la misma manera, algunas especies utilizadas en la agricultura se han convertido en invasoras en algunos lugares, mientras que la agricultura es en sí misma puede verse afectada a su vez por otras especies invasoras (FAO, 2009).

- En cuanto a la biodiversidad de los **mares y océanos**, es posible identificar varias amenazas de importancia:
  o La sobrepesca: con los consiguientes problemas de captura incidental (fauna de acompañamiento), tanto de la pesca comercial, pesca deportiva y la pesca ilegal no regulada o no reglamentada;
  o Los daños causados al hábitat, principalmente por algunas artes de pesca, especialmente la pesca de arrastre, pero incluyendo también los efectos del desarrollo costero: la destrucción de los arrecifes de coral, los manglares, los flujos naturales de agua dulce (y de paso), humedales costeros y estuarios
  o La contaminación (tanto en el mar como en tierra firme, difusa como puntual, incluyendo nutrimentos, sedimentos, basura (plástico, metales), sustancias peligrosas y radiactivas, la contaminación microbiana y trazas de productos químicos tales como sustancias cancerígenas y alteradores endocrinos, y

Figura 13.13. A la izquierda un jardín familiar en los valles altos del estado Yaracuy. A la derecha, un conuco típico de las zonas altas del estado Carabobo. (Foto: A. Romero S.).

Fundamentos de Ecología

o Las alteraciones de los ecosistemas causados por la introducción de organismos exóticos, sobre todo los transportados por el agua de lastre y las incrustaciones en el casco de las embarcaciones.
- El mundo natural tiene una fuerte influencia sobre la **salud humana**, específicamente en la transmisión de enfermedades de animales a personas. Cuando un agente infeccioso responsable de una enfermedad humana también es capaz de infectar a otras especies, éstas pueden actuar como reservorios o los vectores de la enfermedad. Las aves de corral y el ganado son importantes reservorios naturales del virus de la gripe, por ejemplo. Las enfermedades transmitidas por vectores son las que se transmiten de animales a los humanos por un huésped intermediario, por lo general una insecto vector, por ejemplo, la transmisión de la malaria los mosquitos. Las alteraciones de la biodiversidad que afectan la reserva y especies de vectores, por lo tanto, afectará a las enfermedades humanas. La deforestación, la construcción de presas, la pesca excesiva y el desarrollo de la agricultura tienen grandes impactos en los ecosistemas, en tanto que fomentan cambios naturales en la biodiversidad y la estructura de las comunidades que constituyen importantes reservorios de especies vectores de enfermedades (Comisión Europea, 2011).
- El uso de **plantas medicinales** es la forma más común de tratamiento en la medicina tradicional y es un complemento de la medicina convencional en todo el mundo (CDB, 2010), por lo cual su desaparición amenazaría la salud de buena parte de la población. Las plantas medicinales provienen de la colección de las poblaciones silvestres y su cultivo por poblaciones remotas o indígenas. Incluso en los tiempos modernos, la medicina tradicional sigue jugando un papel esencial en el cuidado de la salud, especialmente en atención primaria de salud, y en algunos países se ha incorporado ampliamente en el sistema de salud pública. La Organización Mundial de la Salud (OMS) ha estimado que las medicinas tradicionales son utilizadas por 60% de la población mundial.

13.9. Especies invasoras: una grave amenaza para la biodiversidad

Las especies exóticas invasoras son aquellas cuya introducción y/o propagación fuera de sus hábitats naturales afectan la diversidad biológica. Mientras que sólo un pequeño porcentaje de los organismos transportados a los nuevos entornos se convierten en invasoras, sus impactos negativos en la seguridad alimentaria, vegetal, animal, en la salud humana y en el desarrollo económico puede ser amplia y sustancial (CDB, 2009). Una especie introducida, exótica, o *alien* (en inglés) es una especie originaria de otra región. Aunque no todas las especies introducidas son invasoras; por ejemplo, la multitud de plantas ornamentales que hay en parques y jardines; o los animales de compañía, incapaces de sobrevivir sin los cuidados que les proporciona el hombre. Las invasiones biológicas se refieren a la introducción, establecimiento y expansión de especies exóticas procedentes de otras áreas geográficas. La mayoría de estas invasiones han sido ocasionadas natural o accidentalmente, pero en otros casos han sido intencionadas (Schüttler y Karez, 2009). Este traslado de especies de unas regiones a otras se ha llevado a cabo desde tiempos inmemoriales pero, indudablemente, los movimientos humanos, la intensificación del comercio, la creciente globalización, la alteración de los ecosistemas y el mayor desarrollo han acelerado el proceso.

Aunque la gran mayoría de las especies invasoras son introducidas, ocasionalmente algunas especies nativas pueden transformarse en invasoras, expandiéndose rápidamente hacia otros hábitats no ocupados previamente. Esta modalidad de invasión es causada por el hombre cuando, por ejemplo, se introducen nuevos genotipos de una especie cultivada y se convierten en invasoras por sí mismas o al recombinarse con los genotipos nativos. También se da el caso de que las alteraciones ambientales producidas por la actividad humana, como el pino de Oregon (*Pseudotsuga menziesii*) en el Noroeste de los EE UU, el cual se ha extendido hacia las zonas de praderas y matorrales, cuando éstas se incorporan a la producción ganadera se eliminan los incendios naturales (Simberloff, 2010).

Las pestes o plagas son aquellas especies invasoras que ocasionan un impacto ambiental y económico importante como el desplazamiento o la desaparición de especies nativas, cambios en los ciclos de nutrimentos, transmisión de enfermedades o daños en infraestructuras (Vilà, 2006); por tanto, interfieren de forma directa o indirecta en el estado de bienestar del ser humano. Los ecólogos recomiendan que una especie se considere invasora con base en la información existente sobre su capacidad de dispersión. Por ejemplo, estimando si ha aumentado en abundancia o extendido su área de distribución con el tiempo.

Las invasiones biológicas constituyen un componente del cambio global, al igual que la explotación no sostenible de los recursos naturales, los cambios de uso de la tierra y, sobre todo, la destrucción del hábitat (Carvallo, 2009). Las invasiones están muy relacionadas con los cambios de uso de suelo, puesto que muchos de estos cambios conllevan perturbaciones que suponen la apertura de espacios y la liberación de recursos (nutrimentos) disponibles para aquellas especies con gran capacidad de establecimiento. Por ejemplo, el abandono de tierras de cultivo ofrece una vía libre tanto para la colonización de especies nativas como para la invasión de especies exóticas.

Los rasgos vegetativos, reproductivos y de tolerancia a distintos tipos de estrés que confieren potencial invasor a una especie, están influenciados principalmente por el lugar de origen donde ha evolucionado la especie y por el grupo filogenético al que pertenecen. Sin embargo, no hay una estrategia común entre todas las plantas que llegan a ser invasoras, ni la misma estrategia es adecuada para vivir en todos los ecosistemas (Amat-García *et al.*, 2011). Una elevada plasticidad fenotípica, o la habilidad de un genotipo de dar lugar a distintos fenotipos en respuesta a distintos ambientes, así como su capacidad reproductiva, le permite a una planta invasora superar en un corto periodo de tiempo los límites que supone una adaptación con base genética a

Fundamentos de Ecología

las nuevas condiciones ambientales del territorio donde ha sido introducida (Barret, 2011).

Un número creciente de estudios está mostrando que las interacciones positivas (mutualismos) entre especies, concretamente las que se establecen entre muchas plantas y animales, promueven la integración de especies invasoras en las comunidades nativas, además de determinar el éxito de muchas de las invasiones vegetales y animales. Una vez integradas en la comunidad receptora, las especies invasoras pueden alterar dramáticamente las interacciones mutualistas en ella presentes, las cuales a su vez pueden retroalimentarse para influir sobre la dinámica de la comunidad.

Las especies invasoras experimentan, tras su introducción en una región fuera de su rango natural, una liberación de la regulación que sobre ellas ejercían sus enemigos naturales (depredadores, herbívoros, parásitos o patógenos), lo que propicia el aumento de su abundancia y la expansión de su rango invasor. Esto representa el fundamento teórico de los programas de control biológico, que se centran en buscar, en su rango de origen, enemigos naturales especializados en la especie invasora que se pretende controlar, con la expectativa de que el escape de los ataques de dichos enemigos haya contribuido de forma significativa a su carácter invasor y, por lo tanto, la invasión será revertida al introducir uno o varios de sus enemigos especializados (CSIC, 2008).

Las especies invasoras pueden producir cambios radicales en la abundancia y la integridad genética de especies nativas e incluso conducir a su extinción local. El impacto resulta particularmente grave cuando las especies nativas desplazadas están amenazadas o en peligro de extinción. Algunas comunidades, tales como las islas oceánicas tropicales parecen ser particularmente vulnerables a las invasiones, aunque la evidencia puede ser errónea. La hipótesis de los nichos vacantes sugiere que las comunidades isleñas y algunas otras están relativamente empobrecidas en el número de especies nativas y por lo tanto no pueden ofrecer "resistencia biológica" a los recién llegados. Como contrapartida, al llegar a una isla, muchos invasores potenciales podrían no encontrar en los organismos nativos las asociaciones biológicas necesarias, como polinizadores, simbiontes u otras (Mack, 2000).

A pesar de que no todas las especies exóticas llegan a desencadenar procesos de invasión, la proliferación de algunas de ellas constituye hoy en día la segunda causa de pérdida de biodiversidad, después de la destrucción de los hábitats. Según el Libro Rojo de la UICN de 2004, las especies exóticas invasoras son responsables de poner en peligro a 5,4% de las especies con algún grado de amenaza.

Cuando una especie introducida ocupa el mismo nicho ecológico que una especie autóctona, pero con mayor eficacia, la autóctona puede extinguirse localmente. La mayor capacidad competitiva de la especie invasora frente a la nativa puede ser el resultado de la competencia por explotación o por interferencia. En el caso de los animales, la depredación es el mecanismo más frecuente por el que las especies invasoras pueden tener un impacto directo sobre la biodiversidad. Las ratas (*Rattus rattus*) introducidas en muchas islas en el mundo han causado la extinción de al menos 37 especies o subespecies de aves. Los animales introducidos pueden también tener un efecto supresor sobre la vegetación nativa, como el caso de los conejos europeos (*Oryctolagus cuniculus*) introducidos en muchas islas alrededor del mundo (Simberloff, 2010).

En el caso de las plantas, se ha demostrado que la capacidad competitiva de diferentes especies invasoras está en relación con su gran capacidad de crecimiento. En el caso de los animales, la dominancia del invasor sobre el autóctono cuando comparten un mismo nicho, está relacionado con el mayor tamaño y capacidad reproductiva del invasor o bien con la mayor amplitud de su nicho trófico. La competencia por interferencia está muy relacionada con determinadas ventajas de comportamiento respecto a las especies nativas (Mack, 2000).

Las plantas vasculares producen compuestos químicos como resultado de sus procesos metabólicos que en algunos casos pueden resultar tóxicas para las plantas adyacentes. Este mecanismo recibe el nombre de alelopatía, y cuando es ejercido por las plantas invasoras puede producir un impacto sobre la comunidad vegetal nativa.

El cruzamiento entre poblaciones de la misma especie pero de diferente origen geográfico también puede conllevar cambios genéticos. La hibridación puede ser una amenaza para la integridad genética de las especies nativas, particularmente destacable en el caso de algunas especies endémicas, ya que puede, en casos extremos, implicar la extinción de sus poblaciones. La principal consecuencia negativa de la hibridación es la pérdida de diversidad genética y la pérdida de poblaciones localmente adaptadas (Simberloff, 2010). Las especies invasoras no sólo afectan a especies nativas concretas, sino también pueden reducir la biodiversidad nativa a nivel de la comunidad o del ecosistema.

Cuando el organismo invasor es extremadamente competitivo, puede formar áreas monoespecíficas. En los ecosistemas terrestres donde la producción primaria está limitada por la escasez de nitrógeno, la introducción de especies exóticas capaces de fijar nitrógeno atmosférico —mediante simbiosis con microorganismos— puede incrementar notablemente la producción. Este efecto es especialmente notable cuando las especies nativas carecen de esa capacidad (incorporación de un grupo funcional nuevo) o la realizan con menor eficacia que la invasora.

La IUCN, en cooperación con el Grupo Especialista de Especies, ha identificado las 100 especies invasoras más dañinas del mundo (Lowe *et al.* 2004)[9], entre las cuales destacan las siguientes: hormiga loca (*Anoplolepis gracilipes*), malaria aviar (*Plasmodium relictum*), cerdo silvestre (*Sus scrofa*), caracol lobo (*Euglandina rosea*), jacinto de agua (*Eichhornia crassipes*), perca del nilo (*Lates niloticus*) y el

---

[9] La lista completa puede consultarse en: www.issg.org/booklet5.pdf.

Fundamentos de Ecología

pez león (*Pterois antennata*). En Venezuela, el Ministerio del Ambiente, a través de la Oficina Nacional de Diversidad Biológica, ha reportado que, hasta el año 2002, se habían identificado 1.410 especies exóticas, de las cuales 139 se han tornado invasoras, con consecuencias negativas para los ecosistemas del país. En particular, especies como el corocillo (*Cyperus rotundus* L.) y la paja Johnson (*Sorghum halepense*) se han convertido en malezas de muchos cultivos en las zona s agrícolas del país, al igual que varias especies de insectos plaga como la mosca prieta de los cítricos (*Aluerocanthus woglumy*), la cochinilla rosada (*Maconellicoccus hirsutus*), la polilla de la papa (*Tecla solanivora*) y los trips (*Thrips palmi*), que han provocado ingentes pérdidas económicas en los cultivos afectados por ellas.

Con base en lo expuesto sobre las especies invasoras, debería tomarse en cuenta el marco referencial propuesto por Goodenough (2010), quien aboga por una visión menos convencional y más realista en relación con la movilización (natural, accidental o a propósito) desde su hábitat original hacia nuevos espacios, puesto que existen casos poco conocidos en los que la invasión de una especie no es negativa para la biodiversidad del nuevo hábitat. En una extensa revisión de este autor sobre la introducción de especies en ecosistemas terrestres, marinos y agua dulce —que implica una amplia gama de taxones (incluyendo microorganismos, parásitos, plantas, insectos, anfibios, reptiles, aves, mamíferos, peces y crustáceos)— demostró que, a pesar de la limitada investigación en interacciones de facilitación entre la especie invasora y las nativas, sorprendentemente, tales interacciones ocurren con cierta frecuencia. Se encontraron ejemplos de especies introducidas, actuando como anfitriones, fuentes de alimentación, polinizadoras o dispersoras de semillas de especies nativas, así como el abastecimiento de herbívoros, depredadores o liberación de parásitos. De allí que sugiera un marco referencial integral para determinar las consecuencias de las invasiones, el cual se muestra en la Figura 13.14.

13.10. Biodiversidad en los agroecosistemas

Desde hace ~11.000 años, el hombre comienza a intervenir los ecosistemas para implantar la agricultura, dando origen los agroecosistemas (ver capítulo 17, secciones 17.1 y 17.2). La biodiversidad constituye la base de la agricultura y posibilita la producción de alimentos tanto silvestres como cultivados, lo que contribuye a la salud y la nutrición de todos los seres humanos. Sin embargo, en los agroecosistemas la biodiversidad tiende a ser reducida. De entre las aproximadamente 270.000 especies de plantas superiores que se conocen, entre 10.000 y 15.000 son comestibles, pero solo unas 40 de ellas son explotadas intensivamente para la producción de alimentos, mientras que alrededor de 7.000 se han usado o se usan extensivamente en la agricultura tradicional o ancestral, todavía practicada por numerosos grupos y comunidades indígenas aisladas (McNelly *et al.*, 2009). Este conjunto de especies se conoce como agrobiodiversidad, la cual incluye también los recursos genéticos animales domesticados por el hombre, así como las especies silvestres presentes en los agroecosistemas.

Mediante la agrobiodiversidad, la agricultura proporciona una amplia gama de energía, proteínas, grasas, minerales, vitaminas y otros micronutrimentos necesarios para la seguridad alimentaria y la nutrición. Sin embargo, la agrobiodiversidad —en el seno de los sistemas agrícolas y de los hábitats— naturales está desapareciendo a un ritmo sin precedentes. Una gran proporción de la producción de alimentos en la agricultura mundial es realizada en pequeñas unidades de producción, donde prevalece la diversificación de las especies cultivadas y la combinación de cultivos y cría de rebaños. El resto de los alimentos es generado en explotaciones que practican la agricultura intensiva (en capital, insumos y tecnología), basada en el monocultivo continuo. Mientras que en las primeras la diversificación y la escala de producción favorecen la biodiversidad y

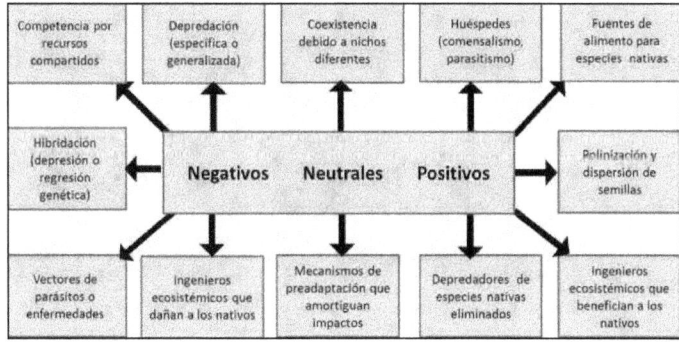

Figura 13.14. Marco referencial para clasificar las consecuencias de las invasiones biológicas. Fuente: Goodenough (2010)

Fundamentos de Ecología

aprovechan el funcionamiento de las redes tróficas para el control natural de las pestes, en las segundas se pierde la biodiversidad natural de las tierras utilizadas (y también de los ecosistemas).

La diversidad de cultivos y ganaderías de las pequeñas unidades productivas ha sido desarrollada a través del conocimiento ancestral y los sistemas agrícolas tradicionales. Se mantiene a través de redes sociales informales, instituciones locales y transferencias de una generación a otra. Los agricultores han conservado la agrobiodiversidad mediante la obtención de semillas y propágulos vegetativos y su siembra continua en un proceso dinámico, donde se selecciona e introduce permanentemente variabilidad, mediante el libre intercambio de materiales entre comunidades. De esta manera, se ha logrado el desarrollo de las llamadas variedades locales o folclóricas, las cuales tienen entre otras ventajas la adaptación a ambientes marginales y a estrés, con una conservación vinculada con su utilización y con un proceso evolutivo en marcha, como respuesta a cambios ambientales y presiones de patógenos y pestes (Lobo y Medina, 2009). Los alimentos y los sistemas agrícolas localmente adaptados, diversos y tradicionales, tienen un gran valor para las comunidades indígenas y locales, así como para la agricultura en general, por el acervo genético del que disponen (IPGRI, 2004).

Desde mediados del siglo pasado, la preocupación por la agrobiodiversidad se ha incrementado a un grado tal que los estados nacionales y varios organismos internacionales se han abocado a la creación de los llamados "bancos de germoplasma", con el fin de colectar y conservar la gran diversidad de líneas y variedades locales (recursos fitogenéticos) de los diferentes cultivos utilizados local y comercialmente para la producción de alimentos. En el ámbito internacional, la FAO ya ha publicado dos informes (1998 y 2010) del estado de los recursos filogenéticos, los cuales señalan que existen, debidamente identificados y registrados, 6,3 millones de accesiones de los principales cultivos, en miles de bancos de germoplasma (Figura 13.14) y en parcelas de agricultores (FAO/SOWPGR, 2010). De los recursos fitogenéticos en conservación, 40% corresponde a cereales, de las cuales un millón de accesiones son de las tres entidades biológicas de mayor consumo: trigo, maíz y arroz; 15% de leguminosas comestibles y 10% o menos a cada uno de los grupos que comprenden hortalizas, tubérculos, raíces, frutales y plantas forrajeras.

Infortunadamente, también durante los últimos cincuenta años, unas pocas variedades comerciales modernas de los principales cultivos (cereales, leguminosas, oleaginosas, textiles y frutales) ha reemplazado a miles de variedades locales en extensas áreas de producción. Más del 90% de las variedades locales de cultivos han desaparecido en los últimos 100 años y 690 razas de ganado (bovinos, ovinos, caprinos, aves y cerdos) se han extinguido. El remanente se encuentra en estado de vulnerabilidad o en peligro de extinción.

Los animales, al igual que las plantas, están sometidos a procesos de estrechamiento en su diversidad genética por destrucción de sus hábitats naturales, donde las especies silvestres relacionadas con las especies utilizadas por el hombre; lo cual se ve magnificado por la domesticación y desarrollo de conjuntos de animales uniformes y por las preferencias de los productores o consumidores por ciertas razas.

Entre los factores que amenazan esta diversidad se encuentran: cruzamiento con razas importadas o su reemplazo por éstas para mejorar la productividad animal; relegamiento por cambios sociales, sistemas de producción o demandas por ciertos productos animales; urbanización y su impacto en la agricultura tradicional de animales; sequía, conflictos civiles y hambre. Así, alrededor de 30% de especies, correspondiente a mamíferos y aves, conectadas a procesos productivos, están en riesgo de pérdida, como consecuencia de la producción comercial que ha conducido a uniformidad genética.

Figura 13.14. Bancos de germoplasma de musáceas y girasol, mantenidos en el Centro nacional de Investigaciones Agropecuarias del INIA en Maracay. (Fotos: A. Romero S.).

Fundamentos de Ecología

Al mismo tiempo, la biodiversidad de la microbiota (especies de microorganismos que viven bajo la superficie del suelo), se ve disminuida o afectada, alterando el desempeño de sus funciones en el ecosistema. En relación con este aspecto, se ha dado muy poca atención a la conservación del germoplasma de microorganismos, el cual representa un enorme recurso genético para ser utilizado en la agricultura y está sometido a pérdida por factores como la destrucción y fragmentación de hábitats, la conversión de ecosistemas a agroecosistemas, la erosión de los recursos animales y vegetales.

Los logros alcanzados por la investigación agrícola en los últimos 60 años —en términos de mejoramiento genético, prácticas agronómicas, técnicas de riego, uso de fertilizantes y combate de pestes utilizando agroquímicos—, ha permitido incrementar la producción de alimentos y cubrir la demanda mundial, a través de la intensificación de la agricultura. Sin embargo, los efectos colaterales han tenido un alto costo. La aparición de grandes desiertos biológicos terrestres y de zonas muertas en los océanos y lagos es una muestra de ello, a las que se agregan la creciente contaminación de los cursos de agua, la disminución de la superficie de bosques y obviamente, la pérdida de biodiversidad.

Ante este panorama, uno de los dilemas principales que enfrenta la humanidad (~7.100 millones de almas, en mayo de 2013) es la necesidad de producir alimentos y al mismo tiempo mantener la biodiversidad. Porque es un hecho establecido que los agroecosistemas dedicados a producir dichos alimentos, por lo general, inducen la pérdida de biodiversidad, al sustituir la gran variedad de especies de una parcela con una sola, la que se explota y cosecha. Tal modificación del biotopo conduce a la perdida de las especies naturales, pero también crea nuevos nichos para otras especies, herbívoros y parásitos en su mayoría, que generalmente se transforman en pestes para el cultivo y afectan su rendimiento negativamente. En la medida que más superficies de tierra se dedican a la producción de alimentos, el riesgo de pérdida de la biodiversidad aumenta de manera significativa. Como respuesta a este fenómeno, en los últimos 30 años han surgido algunas alternativas de soluciones, entre ellas, la agricultura orgánica, la agroecología, el aprovechamiento y fomento de los jardines familiares (*Home gardens*, por su denominación en inglés) y, muy recientemente, la intensificación sustentable de los sistemas agrícolas locales en las zonas rurales de los países más severamente afectados. Estos aspectos se tratarán con mayor profundidad en los capítulos 16 y 18.

13.11. Biodiversidad de bosques y selvas

Los bosques son el acervo más importante de la biodiversidad terrestre, donde viven más de la mitad de las especies conocidas. Constituyen depósitos de una amplia gama de recursos genéticos, muchos de los cuales aún no se han descubierto, mucho menos utilizado. Los bosques son componentes importantes de los ecosistemas a todas las escalas y proporcionan una gran variedad de servicios y funciones:

- Regulan el ciclo hidrológico y el suministro de agua,
- Protegen las cuencas hidrográficas
- Atenúan las inundaciones y las sequías,
- Ofrecen productos como la madera de uso ornamental y de construcción y como fuente de energía (leña)
- Mitigan los efectos perjudiciales de las emisiones de gei y
- Fomentan la biodiversidad.

Aproximadamente 350 millones de las personas más pobres del mundo, incluidos 60 millones de indígenas, emplean los bosques de manera intensiva para su subsistencia y supervivencia. Estas poblaciones engloban a los sectores más desfavorecidos y vulnerables de la sociedad, y a menudo los más débiles en el plano político, para los cuales los bosques son el principal medio para hacer frente a las contingencias y reducir los riesgos derivados de imprevistos. Estas poblaciones son extraordinariamente competentes, creativas e innovadoras en su uso de los bosques y de sus productos y servicios ecosistémicos (FAO, 2012)

El área boscosa del mundo es de unos 40 millones de km2, algo más de 30% de la superficie total de la Tierra (FAO, 2010), que corresponde a un promedio de 0,6 hectáreas per cápita. Los cinco países con mayor riqueza forestal (la Federación de Rusia, Brasil, Canadá, Estados Unidos de América y China) representan más de la mitad del total del área de bosque. Diez países o áreas no tienen bosque alguno y otros 54 los tienen en menos de 10% de su extensión total de tierra (Figura 13.15).

Se calcula que los bosques almacenan unas 289 gigatoneladas de carbono tan solo en su biomasa, por lo que desempeñan un papel decisivo en el equilibrio mundial del carbono y poseen un potencial importante de mitigación del cambio climático (FAO, 2010b). Dado que los bosques contienen más el 80 % de la biodiversidad terrestre mundial (plantas, animales, aves e insectos), serán un recurso importante en el desarrollo de nuevos medicamentos, variedades vegetales mejoradas e innumerables productos adicionales.

La FAO (2010) estima que, en la última década, alrededor de 13 millones de hectáreas de los bosques del mundo se han destinado a otros usos o se ha perdido. El área promedio de bosque per cápita en todo el mundo disminuyó a la mitad: de 1,2 ha en 1960 a 0,59 ha en 2008. Las causas de la pérdida de bosques y la conversión son muy variadas. Los factores más importantes asociados con la disminución de la diversidad biológica forestal son de origen humano, e incluyen:

- La extracción de madera y la conversión de bosques en tierras agrícolas,
- El pastoreo excesivo,
- La prevalencia de la agricultura migratoria,
- Las prácticas no sostenibles de manejo forestal,
- La introducción de plantas y animales exóticas invasoras,
- El desarrollo de infraestructura (construcción de carreteras, por ejemplo, la explotación hidroeléctrica de desarrollo, la expansión urbana),

Fundamentos de Ecología

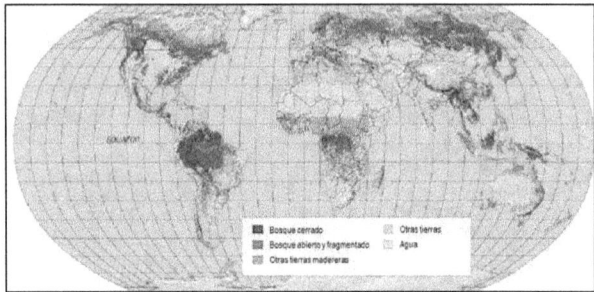

Figura 13.15. Mapa global de distribución de los bosques, de acuerdo con su estado actual. Fuente: FAO (2010).

- La minería y el petróleo,
- Los incendios forestales antropogénicos,
- La contaminación y el cambio climático.

El área de bosques sembrados (secundarios) y/o recuperados está aumentando y es posible que en el futuro estos bosques cubran una mayor proporción de la demanda de madera, aliviando así la presión sobre los bosques primarios y otros bosques naturalmente regenerados.

El área de bosque que tiene como función principal designada la conservación de la diversidad biológica ha aumentado en más de 95 millones de ha desde 1990, de las cuales la mayor parte (46%) fue designada entre los años 2000 y 2005. Estos bosques actualmente representan 12% del área total de bosque, equivalente a más de 460 millones de ha. La mayor parte de estos bosques, aunque no todos ellos, se encuentran en áreas protegidas.

El total de las existencias en formación de los bosques del mundo es de 527.000 millones de m^3 o 131 m^3/ha. El total de estas existencias muestra una tendencia ligeramente descendente, provocada por la disminución mundial en el área de bosque. No obstante, las existencias por hectárea aumentan ligeramente, especialmente en el caso de Norteamérica y de Europa, excluyendo la Federación de Rusia. Los bosques tropicales de Sudamérica, así como del África occidental y central, tienen las mayores existencias en formación por hectárea, pero también son altas en los bosques templados y boreales. El total de existencias en formación en otras tierras boscosas asciende a unos 15.000 millones de m3 o 13 m3/hectárea.

Cerca de 13 millones de hectáreas de bosque se transformaron para otros usos —especialmente agrícolas— o se perdieron por causas naturales cada año en la última década, en comparación con una cifra revisada de 16 millones de hectáreas anuales en la década de los noventa. El cambio neto en área de bosque en el periodo 2000-2010 se estima en una disminución global de 5,2 millones de ha/año (aproximadamente el área de Costa Rica), lo que representa una reducción en relación con los 8,3 millones de ha perdidas anualmente entre 1990 y 2000. Esta notable disminución se debe tanto a la caída en la tasa de deforestación como al incremento en el área de nuevos bosques establecidos mediante plantación o siembra y la expansión natural de bosques ya existentes.

Se estima que los bosques primarios –bosques de especies nativas en los que no hay muestras visibles de actividad humana tanto actual como en el pasado– suman 36% del total de área de bosque. Otros bosques regenerados naturalmente reúnen cerca de 57%, mientras que los bosques plantados representan aproximadamente 7%, del total del área de bosque.

Venezuela posee una extensa superficie de bosques, aproximadamente 53 millones de ha, la mayor parte aún vírgenes, que ofrecen una excelente oportunidad para la conservación y el desarrollo sustentable. Aproximadamente la mitad del país presenta una cobertura vegetal boscosa, con la mayor proporción ubicada al sur del río Orinoco, en la región Guayana y en la zona occidental del país (Figura 13.16). Entre un quinto y un tercio de las tierras boscosas del país han sido protegidas con fines conservacionistas. Los ecosistemas boscosos de la región Guayana albergan una proporción elevada de la fauna silvestre del país y otros recursos no maderables que ayudan a la subsistencia de los pueblos indígenas.

Los bosques de la región Guayana están en riesgo debido a la extracción de maderas, la minería, la agricultura y las presiones demográficas. La colonización de los mismos por parte de pequeños agricultores y mineros representa la mayor presión generada sobre los ecosistemas boscosos en la región Guayana. Las presiones poblacionales y los conflictos por uso de la tierra crean el potencial para la pérdida de bosques. Las prácticas vigentes para el aprovechamiento de maderas y la minería promueven la degradación de los bosques y, donde la presión demográfica es alta, facilitan la deforestación de la región Guayana.

Fundamentos de Ecología

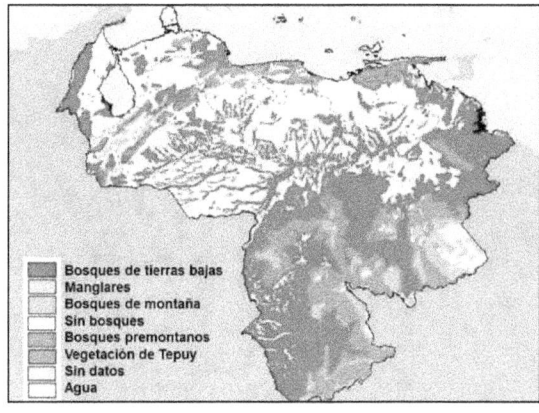

Figura 13.16. Mapa de la cobertura de vegetación del territorio venezolano, donde se puede apreciar la gran proporción de bosques que el país posee. Fuente: Reproducido de: www.Globalforestwatch.org

13.11.1. La degradación de bosques y selvas

La última gran edad de hielo, que finalizó hace unos 10 000 años, dejó casi 6.000 millones de hectáreas de bosque, lo cual representaba 45% de la superficie terrestre del planeta. Desde entonces, los ciclos de variaciones climáticas y de la temperatura han seguido influyendo en los bosques del planeta, mientras que la actividad humana ha tenido un efecto progresivamente mayor. Se estima que a lo largo de 5.000 años la desaparición total de terreno forestal en todo el mundo ha ascendido a 1.800 millones de hectáreas, lo cual supone un promedio neto de pérdida de 360.000 hectáreas al año (Williams, citado por FAO, 2012). El crecimiento demográfico y el auge de la demanda de alimentos, fibra y combustible han acelerado el ritmo de desmonte hasta el punto de que en los últimos 10 años el promedio anual neto de desaparición de bosques llegó a los 5,2 millones de hectáreas (FAO, 2010).

Desde la perspectiva de la Ecología social, es interesante considerar lo señalado por el *Forest Peoples Programme* (Chao, 2012), quienes han investigado y recopilado información acerca de la relevancia de los ecosistemas de bosques y selvas para la población que vive en o depende de ellos, resaltando los siguientes hallazgos:

- De 1.000 a 1.200 millones de habitantes que viven en niveles variables de pobreza dependen de los recursos forestales para la totalidad o parte de sus medios de subsistencia, proveyéndoles de combustible (leña) para cocinar y de otros recursos que proveen los bosques, entre ellos alimentos, materiales de construcción y sustento de rebaños o cultivos en sistemas silvopastoriles.

- 240 millones de personas viven en los ecosistemas forestales predominantemente, y 300-350 millones de personas dependen en gran medida los bosques, pues viven dentro o cerca de densos bosques de los que dependen para su subsistencia e ingresos. En suma, se estima que hay 500 millones de personas que dependen de los bosques, de los cuales 200 millones son los pueblos indígenas.

Resulta obvio que la deforestación está relacionada con la pobreza de las poblaciones que dependen de los bosques para su sustento. Es menester reconocer que para las 240 millones de personas que habitan en o cerca de los ecosistemas forestales obtienen un medio de vida que es compatible con la conservación de los bosques, pues la intensidad de deforestación es mínima y el sistema silvopastoril permite la resiliencia del ecosistema boscoso. Sin embargo, cuando la deforestación ocurre en gran escala, para la explotación maderera y la expansión de los agroecosistemas, esos pobladores resultan severamente afectados, pues los beneficios son extraídos fuera del sistema (madera, cosechas) por los inversionistas y el régimen socio-ecológico inicial pierde su capacidad de resiliencia (Chomitz, 2007).

Existen cuatro razones principales de la degradación de los bosques: i) producción maderera ilegal, ii) incendios, iii) recolección de leña y iv) agricultura migratoria. La deforestación y la degradación de los bosques han alterado muchos de los paisajes forestales tropicales del planeta hasta tal punto que sólo 42% de la cobertura forestal restante (18% de la cobertura forestal original).

La degradación de los bosques generalmente se asocia con una reducción de la cubierta vegetal, especialmente de árboles, originado por la tala selectiva de especies de alto valor comercial. La degradación es causada generalmente por alteraciones que varían en términos de extensión, severidad, calidad, origen y frecuencia. El proceso del cambio puede ser natural (causado por incendios, tormentas, sequía, nieve, parásitos, enfermedades, contaminación atmosférica, cambios de temperatura) o puede ser inducido por el hombre (por ejemplo: explotación forestal insostenible, recolec-

Fundamentos de Ecología

ción excesiva de leña para quemar, agricultura migratoria, pastoreo excesivo, y casería no sostenible). Este último puede ser intencional (directo) como, por ejemplo, la explotación forestal excesiva, sobrepastoreo, período de descanso entre cultivos demasiado corto, en el caso de la agricultura migratoria; o puede ser no intencional (indirecto), por ejemplo, con la expansión de especies invasoras o plagas, o la construcción de carreteras que abre un área que antes era inaccesible a la ocupación de bosques.

El proceso de degradación de los bosques puede ser repentino (por ejemplo, debido a la explotación forestal excesiva) o un proceso lento y gradual que puede extenderse por largos períodos de tiempo (por ejemplo, la recolección de leña). El primer tipo, aun siendo importante, es fácilmente detectable por medio de la teledetección, mientras que un cambio del segundo tipo a menudo es difícil de detectar, aun por medio de la observación en campo, ya que implica una pérdida de biomasa o de la productividad a largo plazo que resulta difícil de evaluar, en particular, cuando se trata del suelo, el agua, los nutrimentos y el paisaje. La degradación producida por el hombre generalmente se presenta en pequeños claros en la cubierta de copas y pérdidas graduales de biomasa debajo de la cubierta de copas que no son detectables mediante el uso de métodos de teledetección ópticos normales.

La degradación de los bosques disminuye la capacidad de recuperación de los ecosistemas forestales y hace más difícil hacer frente a las cambiantes condiciones ambientales. La deforestación representa hasta 20% de las emisiones mundiales de gases de efecto invernadero que contribuyen al calentamiento global y afectan negativamente los recursos hídricos y del suelo, contribuyendo con la extinción de especies (FAO, 2010).

La degradación de los bosques y selvas del planeta constituye un proceso progresivo muy grave, particularmente en los países en desarrollo. Adicionalmente, la construcción de viviendas campestres, el esparcimiento y el turismo son mencionados como causas de la degradación de los bosques en algunos países desarrollados.

Existen también otras causas subyacentes indirectas de la degradación, como la pobreza y las faltas de alternativas y oportunidades económicas, las políticas inadecuadas, las debilidades institucionales, la falta de recursos financieros, la corrupción y otros factores tecnológicos, culturales y demográficos.

La degradación natural y la inducida por el hombre a menudo dependen una de la otra, ya que la acción humana puede influenciar la vulnerabilidad del bosque debida a la degradación debida a causas naturales (por ejemplo: un incendio forestal natural puede determinar el avance de la agricultura migratoria). La separación entre causas naturales o provocadas por el hombre es difícil de establecer en situaciones en las que los factores abióticos y bióticos son generados por eventos climáticos extremos y por los cambios climáticos causantes de una mayor frecuencia, escala y repercusiones en la degradación de los bosques.

Existen complejas interdependencias y desbalances entre los diferentes aspectos de la degradación de los bosques. Los factores que producen la degradación pueden afectar selectivamente determinadas características forestales específicas (por ejemplo: la explotación maderera que reduce la biodiversidad) o bien una complejidad de funciones o valores forestales (por ejemplo, los devastadores incendios forestales). Los impactos pueden tener escalas de variación espacio-temporal que dependen del tipo y de las características del bosque. Los episodios recientes de grandes incendios en California (EE UU) y Sidney (Australia) ilustran esta situación.

13.11.2. El servicio ecosistémico de los bosques y selvas

Además de constituir el principal sustento para muchas poblaciones humanas, especialmente indígenas, pues extraen de ellos alimentos, recursos energéticos y plantas medicinales, los bosques y selvas prestan servicios inmensos a los ecosistemas, ya que además de proteger y enriquecer el suelo, debido a la magnitud de la biomasa que contienen, constituyen el recurso principal para producir el oxígeno de la atmósfera y depositar o secuestrar el carbono. Los bosques del mundo almacenan más de 650.000 millones de toneladas de carbono: 44% en la biomasa, 11% en madera muerta y hojarasca, y 45% en el suelo. Las estimaciones de la FAO (2012) indican que los bosques del mundo almacenan 289 gigatoneladas de carbono sólo en su biomasa. Globalmente, las existencias de carbono en la biomasa forestal se redujeron en una cantidad estimada de 0,5 gigatoneladas de carbono por año durante el período 2005-2010, principalmente debido a una reducción en el área mundial de bosque. Sin embargo, en el ámbito mundial, el promedio de existencias de biomasa por hectárea no presentan cambios significativos en el período 1990-2010. Asia meridional y Asia sudoriental registraron una reducción en las existencias de biomasa por hectárea, mientras que África, Europa, Norteamérica y Centroamérica, y Sudamérica registraron un ligero incremento. Si bien la ordenación sostenible, la plantación y la rehabilitación de bosques pueden permitir conservar o aumentar las existencias de carbono forestales, la deforestación, la degradación y la escasa ordenación forestal las reducen.

13.12. Biodiversidad marina

Si se parte del reconocimiento de que la vida tuvo sus comienzos en los océanos, la biodiversidad marina tiene un papel crucial en la biosfera. Más de 70% de la biodiversidad que ha poblado la tierra desde hace 3.000 millones de años, ha habitado en el océano y los cuerpos de agua continentales. La inmensidad de la hidrosfera (72% de la superficie del planeta), así como la no existencia de límites entre los varios ecosistemas acuáticos y la compleja estructura y funcionamiento de los ecosistemas acuáticos, conlleva un gran desconocimiento de los mismos en la actualidad, aun cuando es crucial para la seguridad de los recursos globales, funciones y servicios y la dinámica del clima global de la Tierra (UNEP, 2010c). Los océanos regulan los principales ciclos biogeoquímicos, generan gran parte del oxígeno

Fundamentos de Ecología

atmosférico, absorben la mayor parte del CO_2 atmosférico, constituyen el reservorio último del agua que circula hacia la superficie terrestre —debido a la formación de nubes— y, lo más importante, son la principal fuente de proteínas de la dieta diaria de miles de millones de seres humanos. La conclusión del Censo 2000-2010 de vida marina estima que en regiones de alta riqueza de biodiversidad, de 25 a 80% de las especies aún no han sido descritas (Ver capítulo 10, sec. 10.7.1).

Los ecosistemas marinos son en gran parte invisibles y misteriosos para la mayor parte de la población mundial y las comunidades humanas costeras han persistido sobre la base de las expectativas culturales de que siempre habrá otro pez y el mar siempre se puede aceptar otra gota de residuos líquidos. Ahora está claro que los impactos humanos sobre los ecosistemas marinos son omnipresentes, que ninguna zona marina se ve libre de la influencia humana y que casi la mitad de las áreas se ven fuertemente afectadas por múltiples factores de cambio (Costello et al., 2010).

La inmensa importancia de la biodiversidad marina es destacada en un reporte del Instituto de Estudios Avanzados de la Universidad de las Naciones Unidas (UNU-IAS), donde se señala que los océanos del mundo albergan 32 de 34 phyla descubiertos en la Tierra y una diversidad y abundancia de especies por unidad de área de hasta 1.000 especies/m2 en el Océano Indo-Pacífico. Debido a su extraordinaria diversidad y propiedades, los organismos marinos ofrecen posibilidades para el desarrollo de fármacos. La relación de componentes naturales potencialmente útiles es significativamente mayor en los seres vivos del océano que los terrestres. Por ejemplo, la utilización de extremófilos en procesos industriales incluye su uso en liposomas para la administración de fármacos y cosméticos, tratamiento de residuos, biología molecular y en la industria alimentaria. Un homólogo eucariota de arqueas halófilas produce un marcador oncogénico, el cual es utilizado para la inspección de los pacientes de cáncer. Las enzimas aisladas o adaptadas de extremófilos también se usan en la química clínica, industrias de papel, procesamiento de alimentos, de limpieza, tecnologías de teñido, del refinado y en la biorremediación (Arico y Salpin, 2005).

Todos los océanos se ven afectados por los seres humanos en diversos grados, pero la sobrepesca constituye el impacto directo dominante y el más extendido para los servicios de provisión de alimentos de las futuras generaciones. Estudios recientes han demostrado que los desembarques mundiales de la pesca alcanzaron su punto máximo a finales de 1980 y ahora están disminuyendo, a pesar del incremento del esfuerzo pesquero, con poca evidencia de que esta tendencia se esté invirtiendo con las prácticas actuales.

De manera especial, los ecosistemas costeros, o áreas donde se mezcla el agua dulce y salada, se encuentran entre los más biodiversos y productivos, pero constituyen los ecosistemas más severamente afectados en todo el mundo. Estos ecosistemas producen muchos más servicios relacionados con el bienestar humano que la mayoría de sistemas, incluso aquellos que cubren en total áreas más grandes. Estos ecosistemas están experimentando un crecimiento vertiginoso de la población y actualmente, casi 40% de la población mundial vive a menos de 100 kilómetros de la costa (UNEP/MEA, 2005).

Las áreas más allá 50 metros de profundidad son los más afectados directamente por la pesca, e indirectamente por la contaminación. Los peces y otras especies marinas también se ven directamente afectadas por la contaminación costera y la degradación, especialmente cuando parte de su ciclo de vida ocurre en los hábitats costeros, y debido a la dispersión de larvas por las corrientes en los ambiente pelágicos. Hasta hace unas décadas, profundidad y distancia de las costas protegidas tanto de la fauna en alta mar desde el efecto de la pesca. Sin embargo, las flotas pesqueras de alta mar y en aguas más profundas, extraen las especies con mayor precisión y eficiencia, lo que compromete las áreas que servían de refugios para el desove de muchas especies de interés comercial, tanto para flotas industriales como artesanales (UNEP, 2005c).

La biodiversidad marina, al igual que la de los ecosistemas terrestres, se encuentra amenazada en diversos grados (Figura 13.17). De las 1.046 especies de tiburones y sus parientes (clase Chondrichthyes), 17% de los se encuentran en categorías de amenaza (en peligro crítico, en peligro, y vulnerable) y 13% se consideran casi amenazados. Por lo menos 12,4% de las 161 especies de mero del mundo están ahora en la lista de categorías de amenaza (en peligro crítico, en peligro o vulnerable), otro 14% está casi amenazado. De las 845 especies de corales (zooxantelados, orden Scleractinia, más las familias Helioporidae, Tubiporidae y Milleporidae), 27% se ubican en categorías de amenaza, lo que supone un alto riesgo de extinción. La cuarta parte de las especies de mamíferos marinos ballenas, delfines, leones marinos y focas) se encuentran en categorías de amenaza. Las principales amenazas para estas especies incluyen enmallamiento en artes de pesca, la recolección de instrucciones, los efectos de la contaminación acústica de sonar militar y sísmicos, y golpes de las embarcaciones. Las aves marinas (27,5%) están amenazadas y cuatro especies se han extinguido en los últimos 500 años. Las principales amenazas para las aves marinas incluyen la mortalidad por consumo de fauna de acompañamiento, el enredado en artes de pesca, derrames de petróleo y el impacto de las especies exóticas invasoras (en particular, la depredación por roedores y gatos) en las colonias de cría. A partir de 2008, seis de las siete especies de tortugas marinas (orden Testudines) se han incluido en la categoría de amenaza (Polidoro et al., 2008).

13.13. Biodiversidad y cambio climático

El cambio climático y la biodiversidad están interconectados y son interdependientes, no sólo a través de los efectos del cambio climático sobre la biodiversidad, sino también porque los cambios en el funcionamiento de la biodiversidad y el ecosistema afectan el cambio climático. Ya se han hecho evidentes los efectos de éste último, tanto en la extinción de especies, como en alteraciones en las relaciones interespecíficas, especialmente las mutualísticas y las com-

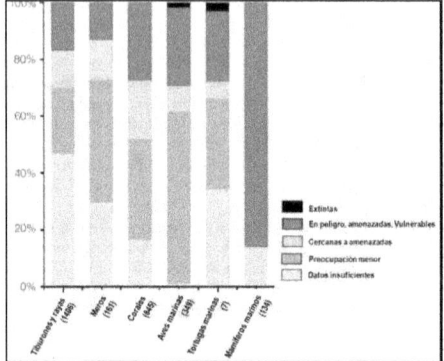

Figura 13.17. Gráfica que resume la distribución porcentual de las categorías de la Lista Roja de las especies marinas hasta ahora estudiadas por el IUCN. Para cada categoría se señalan los valores absolutos entre paréntesis. Fuente: Polidoro et al. (2008).

petitivas. Algunas especies tienden a florecer y reproducirse más tempranamente que lo normalmente esperado, mientras que las especies migratorias han modificado sus patrones de movilización hacia otras latitudes, cuando todavía no encuentran en éstas las condiciones requeridas para su alimentación o reproducción.

Algunas especies invaden otros ecosistemas, cuando en su hábitat natural ocurren cambios en el régimen de aguas, la temperatura y la concentración de CO^2, o por efecto de desastres climáticos como huracanes o inundaciones, incluso por causas humanas, voluntarias o involuntarias (Lovejoy, 2010). En los nuevos hábitats, las especies invasoras encuentran oportunidades para adaptarse y sobrevivir, afectando la dinámica de poblaciones y ocupando nichos de las especies nativas, incluso alterando las cadenas tróficas originales.

En conjunto, la complejidad de la interacción de estos dos factores globales —cambio climático y especies invasoras— se está incrementando dramáticamente, al igual que la evidencia sobre cómo el cambio climático está agravando los efectos de por sí devastadores de las especies invasoras especies. Los impactos del cambio climático, como el incremento de las temperaturas y los cambios en las concentraciones de CO^2, es probable que aumenten las oportunidades de las especies invasoras debido a su capacidad de adaptación a las perturbaciones y a una gama más amplia de condiciones biogeográficas y controles ambientales. Los impactos de las especies invasoras pueden ser más graves en tanto que aumentan en número y en alcance, al competir por los recursos disminuidos como el agua y los alimentos. Las temperaturas del aire y el agua más cálidas también pueden facilitar el movimiento de las especies a lo largo de las vías propagación que antes eran inaccesibles, tanto naturales como provocados por el hombre (Burgiel y Muir, 2010).

En relación con los ecosistemas acuáticos, Worm et al. (2006) señalan que las relaciones positivas entre la diversidad de los océanos y las funciones y servicios del ecosistema se han establecido científicamente, así como la pérdida y recuperación de la misma, en función de políticas y mecanismos adecuados. Las consecuencias sociales de una erosión continua de la diversidad de los océanos parecen estar acelerándose a escala global; tendencia muy preocupante, más aun cuando las proyecciones sugieren que los taxones actualmente explotados mediante la pesca desaparecerían a mediados del siglo XXI. Sugieren además que la eliminación de las poblaciones de especies adaptadas localmente no sólo deteriora la capacidad de los ecosistemas marinos a alimentar a una población humana creciente, sino también altera su estabilidad y su potencial de recuperación en un entorno rápidamente cambiante del mar. Mediante la restauración de la biodiversidad marina a través de gestión de la pesca sostenible, el control de la contaminación, el mantenimiento de hábitats esenciales y la creación de reservas marinas, es posible invertir en la productividad y la fiabilidad de los bienes y servicios que el mar proporciona a la humanidad.

Un ejemplo dramático lo constituye en pez león (*Pterois volitans*), originario del océano Indico y el mar Rojo, cuando varios ejemplares escaparon de un acuario en Florida a finales de los años 80. Con el tiempo, esta especie se aclimató a la zona del norte caribeño y su población se ha multiplicado, invadiendo los arrecifes coralinos y los manglares, especialmente en las Bahamas, donde se ha convertido en el principal predador de muchas especies de peces herbívoros y carnívoros, crustáceos, invertebrados y otras especies coralinas (Barbour et al., 2010).

Como veremos en próximos capítulos, el establecimiento de áreas protegidas, el pago por la restauración y preserva-

Fundamentos de Ecología

ción y la valoración monetaria de los servicios ecosistémicos, entre otras medidas, buscan minimizar la pérdida de biodiversidad y fortalecer la resiliencia de los ecosistemas y sus servicios para las comunidades humanas que hacen vida en ellos.

En el contexto del cambio climático y la biodiversidad, la vulnerabilidad es el grado en que se ve amenazada una especie o población con el deterioro, la reducción de aptitud o adaptabilidad, pérdida genética, o la extinción debido al cambio climático (Dawson et al., 2011). La vulnerabilidad tiene tres componentes: la exposición (que está positivamente relacionado con la vulnerabilidad), sensibilidad (relación positiva), y la capacidad de adaptación (de forma negativa relacionados). La exposición se refiere a la magnitud de los cambios climáticos que experimenta una especie o localidad. La exposición depende de la velocidad y la magnitud del cambio climático (temperatura, precipitación, nivel del mar, inundaciones frecuencia, y otros riesgos) en los hábitats y regiones ocupadas por la especie.

La sensibilidad es el grado en que la supervivencia, la persistencia, la aptitud, el rendimiento o la regeneración de una especie o población dependen del clima imperante, sobre todo las probabilidades de experimentar un cambio en las variables del clima en el futuro cercano. Las especies más sensibles son propensas a mostrar una mayor reducción de la supervivencia o la fecundidad con cambios menores de las variables climáticas. La sensibilidad depende de una variedad de factores, incluyendo la ecofisiología, la historia de vida y preferencias de microhábitat.

La capacidad de adaptación se refiere a la capacidad de una especie o población constituyente para hacer frente al cambio del clima por la persistencia in situ, desplazándose a microhábitats locales más adecuados, o emigrando a regiones más apropiadas. La capacidad de adaptación depende de una variedad de factores intrínsecos, como la plasticidad, fenotípica la diversidad genética, las tasas de evolución, los rasgos de historia de vida, y la dispersión y capacidad de colonización.

Fundamentos de Ecología

Contaminación ambiental: causas y controles

Capítulo 14

14.1. Introducción

En capítulos anteriores señalamos el concepto de biosfera como la zona del planeta de varios kilómetros de espesor, donde es posible el desarrollo de los seres vivos. La biosfera puede ser considerada como un sistema abierto con relación al sol, el cual interviene constantemente por medio de su insustituible energía, y a la vez como un sistema cerrado en cuanto a su biomasa, es decir, en cuanto a los materiales que componen la materia viviente que de una u otra forma influyen sobre ella. Dado que los materiales existen en el planeta y en la biosfera no pueden llegar de afuera, es necesario utilizarlos de tal modo que una vez cumplida una función, puedan ser aprovechados sucesivamente de varias formas. Esto constituye el reciclaje.

Los materiales orgánicos presentes en el suelo son desintegrados y transformados por hongos y bacterias, regenerando las sustancias minerales que posteriormente serán aprovechadas por las plantas verdes. Con estos materiales las plantas verdes, por medio de la fotosíntesis, utilizan y transforman la energía solar en diferentes compuestos químicos que llamamos alimentos. Todos los materiales fabricados por las plantas verdes son aprovechados por los animales herbívoros (consumidores primarios) y posteriormente éstos servirán de alimento a los carnívoros (consumidores secundarios, terciarios, cuaternarios). Cuando los vegetales y los animales perecen, sus componentes pasan a formar parte del suelo, donde la acción de las bacterias y hongos los transforman en elementos simples, que son absorbidos en forma de sales por las plantas, en un ciclo que ocurre ininterrumpidamente. Este complejo sistema de relaciones en cuyas fases se realiza la utilización constante de los elementos naturales, constituye un gigantesco reciclaje, gracias al cual, se mantiene el equilibrio ecológico sobre el planeta.

De lo antes expuesto, se deriva una consecuencia fundamental para el hombre y su papel en el ecosistema, relacionada con la necesidad de reutilizar los residuos y productos de desecho de los diversos procesos que el mismo induce, como materia prima de los consiguientes procesos en los que se involucra.

El hombre ha luchado desde su aparición sobre la tierra para poder dominar los fenómenos naturales y esto le ha costado mucho sudor y lágrimas. Tal vez por esto se ha creído dueño y señor de la naturaleza. Y esto es una realidad: el hombre ha aprovechado y explotado los recursos para su propio y egoísta beneficio, sin pensar más allá de sí mismo, ni siquiera en sus propios descendientes (Lovelock, 2007). Como lo señala León (2009), un hombre que ha evolucionado queriendo separarse cada vez más de la naturaleza, explicándosela únicamente para beneficio propio y colocándose por encima de sus propias limitaciones, en un extraño, ecológicamente hablando, comportamiento como individuo y como especie.

Desafortunadamente, la actividad humana, dentro de un sistema económico globalizado cuyo fin esencial es el lucro, está produciendo sustancias tóxicas y peligrosas a un ritmo creciente, que están agregándose a la atmósfera, cuerpos de agua y suelos que sustentan la vida, con devastadoras consecuencias para los ecosistemas. No solo los ecosistemas están sufriendo las consecuencias, sino también muchas de las poblaciones más vulnerables del mundo, que a menudo son los que sufren a la final los efectos de la contaminación: los niños, los pobres y los marginados.

14.1.1. La contaminación del ambiente es un problema mundial

La contaminación, con todos y cada uno de los problemas que acarrea, es hoy en día una preocupación mundial. No es necesario estudiar ni discutir mucho para comprender que los problemas de la contaminación son reales y apremiantes y exigen soluciones urgentes. Estos problemas afectan a la gran mayoría de los seres humanos sin distinción de raza, condición social, progresos técnicos, educación, religión o cultura. Más aún, los países industrializados son los primeros en percibir y sufrir los inconvenientes derivados de la contaminación. Esta toma de conciencia comienza con la información acerca del problema y sus posibles causas y soluciones. Después se pasa directamente a la denuncia de los responsables directos de la degradación del ambiente, para luego llegar a manifestaciones de protesta para concientizar a la opinión pública. Los numerosos grupos denominados ecologistas iniciaron estas acciones y continúan haciéndolo, alcanzando notoriedad y apoyo de la sociedad civil. La concientización de los sectores populares en torno a las agresiones a la naturaleza y al equilibrio ecológico, han tenido como resultado el involucramiento de los organismos internacionales en la elaboración de estudios e informes que proponen soluciones que, en muchos casos, son aceptadas por los distintos gobiernos, naciendo de este modo una legislación con espíritu conservacionista. Por ejemplo, mediante disposiciones legales, se están protegiendo las especies en peligro de extinción, o las zonas representativas de los biomas, mediante la creación de las reservas de biosfera. Progresivamente, en la mayoría de los países, esta preocupación por el ambiente ha llevado a discutir, redactar y decretar leyes y normas para protegerlo y aplicar sanciones a los delitos ecológicos.

Fundamentos de Ecología

Figura 14.1. La contaminación atenta contra la salud de los ecosistemas y del hombre (buscar fotos similares en banco de imágenes)

14.1.2. Relevancia y preocupación por la contaminación

Durante los últimos 40 años, los gobiernos y organismos multilaterales, así como una gran cantidad de organizaciones no gubernamentales y privadas, han realizado diversas iniciativas y proyectos de gran envergadura enfocados a reconocer el impacto negativo de la contaminación sobre la sustentabilidad de los recursos naturales. Algunas de ellas se describen brevemente a continuación:

➢ En 1962, se publicó el libro "Primavera Silenciosa", de la investigadora norteamericana Rachel Carson, pionera en los estudios ambientales, sobre los efectos de sustancias complejas como los pesticidas y los metales pesados, estableciendo conceptos como la persistencia, biomagnificación y bioacumulación de dichos productos, términos que hoy día son cotidianos en las ciencias ambientales.

➢ En 1968 se fundó el club de Roma con la finalidad de estudiar los problemas que afectan al futuro de la humanidad y, en particular, la alimentación y la contaminación. Como resultado, se redactó un informe, publicado en 1972, que contiene los principios fundamentales de un nuevo modelo de desarrollo económico, que mantenga el equilibrio de la naturaleza. Aunque el informe del Club de Roma es marcadamente pesimista, pone el dedo en la llaga y, a pesar de sus fallas, logró el objetivo previsto: concientizar a la humanidad sobre los problemas del ambiente.

➢ En 1972 un grupo de científicos ingleses dio apoyo a estas ideas, mediante un documento titulado "Manifiesto para la supervivencia". Posteriormente se realizó la Conferencia de las Naciones Unidas sobre el Medio Ambiente a la que asistieron 152 especialistas de 58 países, en la ciudad de Estocolmo. Las resoluciones y recomendaciones de esta conferencia constituyeron el inicio de una serie de medidas e iniciativas para concientizar a la sociedad acerca de la necesidad de preservar el medio ambiente y combatir la contaminación, que llevaron a las Naciones unidas a crear el Programa de las Naciones Unidas para el Medio Ambiente, cuya sede principal se encuentra en Nairobi (Kenya).

➢ Posteriormente, aparece el documento conocido como Informe Bruntland, producto del trabajo de Comisión Mundial sobre el Ambiente y el Desarrollo, designada por la Naciones Unidas en 1983, y publicado finalmente en 1987 con el título Nuestro Futuro Común. A partir de entonces, las organizaciones multilaterales inician un conjunto de programas y acciones, incluyendo la designación de un grupo de trabajo ad hoc en el PNUMA (UNEP) en 1988, cuyo trabajo de tres años fue discutido y analizado en la Conferencia de Rio (1992) sobre Ambiente y Desarrollo (Cumbre de la Tierra),

➢ La Cumbre de la Tierra celebrada por iniciativa de las Naciones Unidas, en Río de Janeiro en 1992, reconoció la necesidad mundial de conciliar la preservación futura de la biodiversidad con el progreso humano según criterios de sostenibilidad o sustentabilidad promulgados en el Convenio internacional sobre la Diversidad Biológica que fue aprobado en Nairobi el 22 de mayo de 1992, fecha posteriormente declarada por la Asamblea General de la ONU como Día Internacional de la Biodiversidad.

➢ A solicitud de las Naciones Unidas, en la denominada Cumbre del Milenio celebrada en New York en el año 2000, se establecieron las Metas de Desarrollo del Milenio, un conjunto de programas y objetivos relacionados con el desarrollo equitativo y el bienestar global, uno de los cuales se refiere al ambiente y la necesidad de conservarlo, especialmente de las amenazas de la creciente contaminación de los recursos suelo, aire y agua.

➢ Entre 2001 y 2004, bajo los auspicios de la UNEP y el Banco Mundial, tuvo lugar un programa de evaluación de los ecosistemas del mundo, el cual contó con la participación de más de 1300 científicos, cuyo producto principal fue el reporte de Evaluación de los Ecosistemas del Milenio. En el mismo se destaca el efecto negativo de la

Fundamentos de Ecología

contaminación (del aire, suelo y agua) en el funcionamiento de los ecosistemas, como una de las principales causas de la degradación ambiental en todo el mundo.

➢ En el año 2000, las Naciones Unidas crean el Programa Mundial Valoración del Agua, más conocido como UN-Water (por su denominación en inglés) y en 2006 se publica el primer Reporte del Desarrollo Mundial de las Aguas dulces, el cual evalúa y caracteriza los problemas relacionados con el agua dulce, sus fuentes, usos, calidad y dificultades de acceso en muchas regiones densamente pobladas del planeta. La UNESCO, por su parte, ha fortalecido el Programa Hidrológico Internacional y la Comisión Intergubernamental Oceanográfica (creada en 1964) a partir de 2004, para desarrollar proyectos y acciones relacionados con el estado y preservación de las aguas dulces y los océanos.

➢ En 2002, se realiza la Cumbre Mundial sobre Desarrollo Sustentable, en Johanesburg (Rio + 10), en la cual, después de 10 años de discusiones y proyectos, en un clima de frustración y la inacción de los gobiernos, lo único que se acuerda es promover las alianzas intersectoriales e intergubernamentales en pro de la sustentabilidad, bajo un enfoque "no negociable".

➢ El 11 de diciembre de 1997 los países industrializados se comprometieron, en la ciudad de Kyoto, a ejecutar un conjunto de medidas para reducir los gases de efecto invernadero. Los gobiernos signatarios de dichos países pactaron reducir en al menos un 5 % en promedio las emisiones contaminantes entre 2008 y 2012, tomando como referencia los niveles de 1990. El acuerdo entró en vigor el 16 de febrero de 2005, después de la ratificación por parte de Rusia el 18 de noviembre de 2004.

➢ Las cumbres de Cancún y Durban en 2009 y 2011, respectivamente, no resultaron en mayores cambios en el estado de inacción sobre la sustentabilidad del planeta. Destaca el hecho de que en Durban, virtualmente se desecha el protocolo de Kyoto y se plantean iniciativas de mitigación del cambio climático, con compromisos no vinculantes de las naciones desarrolladas y algunas en desarrollo, las cuales fueron duramente criticadas por muchos expertos nacionales y organizaciones no gubernamentales.

➢ La Cumbre Mundial de Desarrollo Sustentable (Rio + 20), en junio de 2012, celebrada en Rio de Janeiro. El resultado de esta cumbre ha sido considerado por la mayoría de la comunidad interesada en el asunto como una reiteración de compromisos a futuro y sin propuestas ni acuerdos concretos inmediatos, a no ser por la promoción de la propuesta de la economía verde, aunque sin basamentos conceptuales ni filosóficos que la justifiquen, al menos por ahora.

A la par con estas iniciativas internacionales, la mayoría de los gobiernos nacionales se viene involucrando progresivamente con los propósitos y objetivos de la conservación ambiental, bien sea suscribiendo convenciones o proyectos en marcha, o ejecutando actividades puntuales relacionadas. De la misma manera, en el ámbito empresarial privado se internaliza y practica con más frecuencia el principio de responsabilidad social empresarial, lo que ha permitido el financiamiento de innumerables programas y proyectos regionales y locales en pro de la conservación del medio ambiente, y al mismo tiempo la implantación de principios ambientales en los procesos productivos, con énfasis en los estudios de impacto ambiental y el diseño de procesos de producción más limpia. Sobre este tema se detalla mayor información en la última sección del capítulo.

14.2. ¿Qué se entiende por contaminación?

La contaminación es un problema intimamente ligado a la degradación del ambiente, constituyendo uno de los más graves problemas de la civilización actual. La explotación irracional y sin control de los bosques, el deterioro de las aguas y del aire, la gran variedad de especies animales extinguidas o en peligro de extinción, y otros problemas semejantes, ha llevado a constatar un hecho verdaderamente grave: el hombre, por afán de lucro y con la finalidad de obtener beneficios personales y por lo tanto temporales, sigue un camino que solamente conduce a la destrucción y deterioro de la faz de la tierra, sin dejar ningún refugio posible para el florecimiento en toda su plenitud de la calidad de vida y de la salud.

La contaminación es la alteración nociva del estado natural de un medio como consecuencia de la introducción de un agente totalmente ajeno a ese medio (contaminante), causando inestabilidad, desorden, daño o malestar en un ecosistema, en el medio físico o en un ser vivo. El contaminante puede ser una sustancia química, energía (como sonido, calor, o luz), o incluso genes.. El rápido crecimiento urbano e industrial ha ocasionado enormes desechos residuales potencialmente nocivos que han sido vertidos y diluidos en la atmósfera, en el agua o en los suelos, esperando que se biodegradasen naturalmente. Como el carácter depurador del medio natural es limitado, el resultado ha sido que la contaminación ha afectado a la salud de muchas personas, ha producido daños generalizados en la vegetación, en la fauna y en el medio ambiente en general.

En el progreso de la industrialización, la humanidad no ha sabido solucionar el problema del reciclaje de los residuos. En realidad, no se puede culpar al proceso de desarrollo industrial, sino a la falta de previsión del hombre para realizar un desarrollo armónico que le permitiera conservar y mejorar su ambiente.

14.3. El resultado de la contaminación: los residuos sólidos, las aguas servidas y la polución del aire

Los residuos incluyen todos aquellos elementos que provienen de actividades humanas, son normalmente sólidos y son desechados como inútiles y superfluos. Como lo señala Gascón-Cervantes (2007), generalmente se denomina residuo tanto a la masa heterogénea de los desechos de la comunidad urbana, como la acumulación más homogénea de los residuos agrícolas, industriales y minerales. Antiguamente

Fundamentos de Ecología

no se percibía la generación de residuos como un problema, pues la población era reducida y el espacio muy grande; bastaba simplemente en disponerlos en áreas donde no fueran una molestia por provocar olores, impacto visual o nido de animales transmisores de enfermedades. Igualmente, la explotación de los recursos naturales no representaba problema alguno. Sin embargo, desde ese momento comienza el hombre a contaminar su ambiente, e inconscientemente asume una cultura de explotación sin restricciones según las necesidades, pues no se reflejaba en su calidad de vida; no porque no existiera, sino por su poco tamaño y cuantía. Al paso de los años, las concentraciones humanas en centros urbanos comenzaron a sentir la acumulación de residuos como un problema, especialmente de salud, y luego con la revolución industrial, la explosión en la producción de residuos magnificó el problema acerca de la disposición de los mismos. En la actualidad se considera una concepción más amplia de los residuos, definiéndose como:

"cualquier materia (generalmente sólida o semisólida), generada por el hombre y sus actividades, de la que su poseedor se desprende por haber perdido estimación o utilidad en un contexto determinado, o por tener la necesidad de hacerlo, que pudiera ser útil en otro contexto, mediante su aplicación inteligente como producto, materia prima o fuente de energía, a través de su reutilización o reciclado, y que finalmente es depositada en situación controlada en la naturaleza de forma tal que no afecte al hombre mismo y/o al medio ambiente." (Gascón-Cervantes, 2007).

Más sintéticamente, Barradas (2009) define los residuos como *"todo material que es destinado al abandono por su productor o poseedor, pudiendo resultar de un proceso de fabricación, transformación, utilización, consumo o limpieza".*

Las aguas residuales (denominadas también negras o servidas) son el resultado de la utilización del agua limpia en la satisfacción de las necesidades personales y comunitarias, así como en las actividades agropecuarias y en los procesos antropogénicos de producción y transformación industrial.

Las aguas residuales se definen como una combinación de uno o varios de las siguientes situaciones:

➢ efluentes domésticos consistente de aguas negras (excrementos, orina y lodos fecales) y aguas grises (cocina y baño);

➢ agua de los establecimientos comerciales e instituciones, incluidos los hospitales, la industria, efluentes de aguas pluviales y otras escorrentías urbana;

➢ los efluentes de la agricultura, horticultura y la acuicultura.

Las aguas residuales contienen, en mayor o menor cantidad, partículas de residuos físicos, químicos y/u orgánicos, bien sea disueltos o en suspensión (PNUMA, 2007).

La polución del aire o contaminación atmosférica es el resultado de la incorporación de sustancias químicas principalmente en forma de gases, pero también sólidas y líquidas. Entre ellas, el dióxido de carbono, el metano, diversos compuestos de nitrógeno y azufre y otras sustancias químicas provenientes de los procesos industriales, que afectan la calidad del aire respirable, así como las propiedades térmicas de la atmósfera, especialmente las relacionadas con el efecto invernadero.

14.4. Causas de la contaminación

Existen dos causas principales y fundamentales de la contaminación: la Revolución Industrial y la explosión demográfica.

➢ La Revolución Industrial comienza a principios del siglo XIX, siendo sus típicos representantes, el motor de combustión interna, el ferrocarril y las fundiciones. En esta etapa el hombre utiliza máquinas accionadas por fuentes energéticas diferentes a la solar, como la obtenida de combustibles sólidos (carbón, hulla). Los productos de desecho de estos materiales energéticos fueron enviados

Figura 14.2. Los residuos sólidos y las aguas servidas deterioran severamente el ecosistema urbano

Fundamentos de Ecología

hacia la atmósfera, que hasta entonces había permanecido prácticamente virgen. Igualmente, los materiales empleados por el hombre para uso doméstico o industrial no entraban en el reciclaje normal y poco a poco su disminución se haría notar en la Naturaleza.

> La explosión demográfica acarrea una serie de consecuencias muy graves, que hacen que la contaminación se agigante rápidamente. En 1650, la población humana apenas llegaba a los 500 millones de seres humanos, pero la tasa de crecimiento era muy baja (aprox. 0,3% anual). Por el año 1900, la tierra contaba con 1.000 millones de seres humanos. Pero es a partir de esta fecha, cuando comienza un crecimiento demográfico galopante. En 2011, la población del planeta llegó a los 7.000 millones, con una tasa de crecimiento de 2,1% anual. Con esta tasa de crecimiento la humanidad se duplica cada 33 años, en lugar de los 250 años que fueron necesarios entre 1650 y 1900.

14.5. La contaminación atmosférica

La vida necesita para su desarrollo materiales de todo tipo, que se pueden encontrar en estado sólido, líquido y gaseoso. El aire constituye uno de estos materiales básicos de todo ser vivo, pues lo requieren en la respiración u oxigenación necesaria para los procesos metabólicos.

Como se expuso en el capítulo 8 (sección 8.7, pág. xx), la capa gaseosa que cubre la tierra, en un espesor de hasta 30 km se denomina atmósfera. La composición de la atmósfera es la siguiente: 75,3% de nitrógeno, 23,2% de oxígeno, 1,3% de CO^2. El 0,2% restante está representado por los llamados gases nobles como: Argón 0,04%, Criptón 0,028%, Xenón 0,005%, Neón 0,00086%, Helio 0,000056% e hidrógeno 0,000004%. Toda sustancia que altere esta composición se considera contaminante.

14.5.1. Importancia del oxígeno

El oxígeno constituye más de 23% del peso de la atmósfera y junto con el nitrógeno es el responsable principal de la presión atmosférica, cuya unidad es la atmósfera, la cual es igual al peso de una columna de mercurio (Hg) de un cm2 de base y 76 cm de altura. El peso de 1 atmósfera equivale a 1 kg aproximadamente por centímetro cuadrado.

Cada día respiramos unos 15 kg de aire atmosférico, mientras que solamente tomamos 2,5 kg de agua y menos de 1,5 kg de alimentos sólidos. De aquí se deriva la gran importancia que tiene la presencia de una atmósfera natural pura, rica en oxígeno. Desgraciadamente, esta atmósfera ha venido contaminándose, sobre todo a partir de la industrialización moderna y, en la actualidad, es uno de los problemas más agobiantes a resolver, constituyendo un motivo de alarma en las grandes ciudades y en las zonas industriales.

Cuando una persona que habita normalmente en zonas rurales visita ciudades tales como: Chicago, New York, Madrid o Caracas, siente de inmediato la presencia de una atmósfera contaminada, a la cual le resultará difícil acostumbrarse.

14.5.2. Los agentes contaminantes de la atmósfera y sus fuentes

La contaminación atmosférica es causada por la presencia de sustancias sólidas o gaseosas que son expulsadas hacia la atmósfera por diversos medios y que al permanecer suspendidas, cambian la composición físico-química del aire. Esto introduce variaciones en los constituyentes del aire y puede provocar molestias y daños a los seres vivos, en especial al hombre. Se calcula que existen en el aire más de cien sustancias contaminantes. Entre estas sustancias tóxicas, las más importantes son:

a) Gases tóxicos como el monóxido de carbono, óxidos de nitrógeno y azufre, compuestos de plomo y mercurio en suspensión, aldehídos y muchos más.

b) Partículas sólidas de tamaño inferior a 20 micras, producidas por trituración de materiales y pulverización de productos.

Figura 14.3. El desarrollo industrial y la superpoblación han sido determinantes para la contaminación y deterioro del medio ambiente.

Fundamentos de Ecología

Las fuentes antropogénicas de contaminación atmosférica (o fuentes emisoras) son básicamente de dos tipos:

> *Estáticas*: a su vez pueden subdividirse en fuentes zonales (Cocinas de leña, producción agrícola, minas y canteras, zonas industriales), fuentes localizadas y zonales (fábricas de productos químicos, productos minerales no metálicos, industrias básicas de metales, centrales de generación de energía) y fuentes municipales (p. ej., calefacción de viviendas y edificios, incineradoras de residuos municipales y fangos cloacales, chimeneas, cocinas, servicios de lavandería y plantas de depuración).

> *Móviles*: como los vehículos con motor de combustión (p. ej., vehículos ligeros con motor de gasolina, vehículos pesados y ligeros con motor diesel, trenes que funcionan con carbón, motocicletas, aviones incluyendo fuentes lineales con emisión de gases y partículas del conjunto del tráfico de vehículos).

Existen también fuentes naturales de contaminación (p. ej., zonas erosionadas, volcanes o ciertas plantas que liberan grandes cantidades de polen, focos bacteriológicos, esporas o virus).

En la actualidad se conocen más de cien sustancias contaminantes de la atmósfera. A continuación se describen algunos de los más importantes contaminantes

> *Dióxido de carbono* (CO_2). El CO_2 proviene de la combustión de hidrocarburos, azúcares y aceites, siendo necesario para que las plantas realicen la fotosíntesis, pero al aumentar en exceso influye negativamente en la atmósfera, ocasionando un recalentamiento de la misma, que provoca el llamado efecto invernadero. Esto puede traer como consecuencia, entre otras cosas, el deshielo de los polos, cambios bruscos en la pluviosidad y desbordamiento de los ríos.

> *Monóxido de carbono* (CO). El monóxido de carbono inodoro e incoloro, proviene de los gases del motor de los automóviles, principalmente de aquéllos que tienen su sistema de ignición en condiciones deficientes. La toxicidad de este gas se debe a su gran capacidad de combinarse con la hemoglobina de la sangre, impidiendo que ésta se asocie normalmente con el oxígeno, lo cual ocasiona la disminución de la capacidad respiratoria.

> *Óxidos de nitrógeno* (NO, NO_2, N2O). De los ocho óxidos que puede formar el nitrógeno, sólo tres aparecen en la atmósfera: monóxido de dinitrógeno (N_2O), monóxido de nitrógeno (NO) y dióxido de nitrógeno (NO_2), los tres en estado gaseosos. El N_2O, incoloro, no tóxico ni inflamable, procede fundamentalmente de fuentes naturales y actividades agrícolas. La principal es la desnitrificación microbiana del nitrógeno de origen proteico. El NO es incoloro e inodoro, no inflamable, tóxico, que interviene en procesos fotoquímicos troposféricos y El NO_2, es pardo-rojizo, tóxico y asfixiante, que interviene en procesos fotoquímicos troposféricos. El NO y el NO_2 tienen un origen principalmente antropogénico, en especial a partir de reacciones de combustión a temperatura elevada. Estos compuestos afectan a la fotosíntesis y producen clorosis, lesiones y necrosis en plantas; en animales es más tóxico el NO_2 que, a concentración relativamente elevada, causa irritación ocular y respiratoria y posteriormente problemas respiratorios, edemas pulmonares y muerte; los óxidos de nitrógeno y nitratos derivados afectan también a tintes y fibras textiles y aleaciones de cuproníquel. El principal problema está en la contribución de estos óxidos al smog o niebla fotoquímica, así como por la formación de ácido nítrico y de lluvia ácida por disolución de éste; en la estratosfera, contribuyen a la destrucción de la capa de ozono.

En el Cuadro 15.1 se presenta información sobre las concentraciones de los gases contaminantes CO_2, CH_4, N2O, CFC-11 y CFC-12, para los años 2005, 2009 y 2010, observándose una tendencia incremental para el CO_2, CH_4 y NO_2, mientras que para los CFC, la tendencia es a la disminución moderada.

> *Metano* (CH_4). Aunque el metano no es es tóxico, su principal peligro para la salud son las quemaduras que puede provocar si entra en ignición. Pero en una escala global, es uno de los gases que más contribuyen con el cambio climático. La principal fuente de metano son los cambios de uso de la tierra (deforestacióN9 y los rebaños ganaderos, que lo producen en gran cantidad en su sistema digestivo, aunque también se consideran las descargas naturales de yacimientos gasíferos y los escapes en la industria de la extracción de gas. Durante el siglo XX se produjo un brusco incremento en la cantidad de metano, con un nivel atmosférico superior en un 50% al del siglo XIX. El permafrost de la criósfera en las zonas polares y boreales constituye una fuente potencial de metano que puede exacerbarse de continuar la tendencia del calentamiento global y el derretimiento de hielo superficial en esas zonas.

> *Compuestos de azufre* (SH_2, SO_2 y SO_3). Son contaminantes habituales y típicos del aire de las ciudades y se encuentra presente en diversas proporciones en una gran

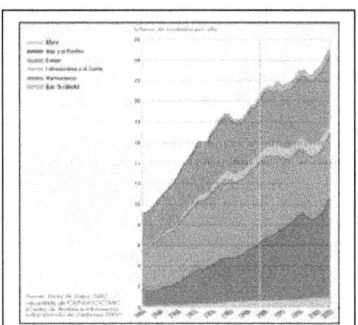

Figura 14.4. Tendencia de las emisiones de CO2 entre 1960 y 2003 (billones de tonelada
Fuente: UNEP-GEO4 (2007)

Cuadro 14.1. Concentraciones de gases de efecto invernadero, para los años 2005, 2009 y 2010 (billones de t).

Año	2005	2009	2010
CO_2 (ppm)	378,7	386,3	388,8
CH_4 (ppb)	1 774,5	1 794,2	1 799,4
N_2O (ppb)	319,2	322,5	323,4
CFC-11 (ppt)	251,5	243,1	240,8
CFC-12 (ppt)	541,5	532,6	530,11
HCFC-22	168,3	198,4	206,5
HFC-134a (ppt)	34,4	52,4	57,11

Fuente: NOAA GMD 2011a. Reproducido de UNEP-GEO5 (2012)

parte de los combustibles fósiles, tanto sólidos como líquidos. Procede de la combustión del carbón, petróleo y gas utilizados en la producción de energía, en la industria y en la calefacción doméstica. El petróleo contiene entre 0,2 y 1% de azufre, dependiendo del yacimiento que se trate. Los pantanos y turberas son particularmente emisores de SH_2. La actividad volcánica genera cierta cantidad de SH_2, pero a nivel mundial es despreciable, si se compara con los procesos de descomposición biológica. El SO_2 produce la clorosis y necrosis de las hojas de las plantas; al disolverse con el vapor de agua presente en la atmósfera forma una suspensión de ácido sulfúrico que por su mayor densidad cae poco a poco perjudicando los suelos, al modificar el pH. Produce bronquitis crónica, enfisema pulmonar y puede provocar cáncer en el pulmón. La suspensión de dióxido de azufre contribuye con la formación del Smog. De la misma manera, contribuye con la lluvia ácida, junto con los productos nitrogenados presentes en la atmósfera.

➢ *Ozono.* El ozono que se emite o genera a nivel troposférico, también es un gas contaminante y de efectos nocivos para el hombre, animales y plantas, tanto que se considera como un grave problema de salud en numerosas poblaciones, y su control cada vez es más exigente.

➢ *Material particulado o Polvo.* El polvo presente en la atmósfera está formado por diminutas partículas de un tamaño promedio entre 10 y 20 micras, y otras partículas ultrafinas de tamaños de dos o menos micras. Las primeras son poco estables y sedimentan rápidamente, mientras que las últimas tienen una vida promedio larga y forman aerosoles muy estables. Está compuesto de sales y óxidos de los principales elementos (sodio, silicio, magnesio, potasio, calcio). Algunas partículas finas provienen de la acción de los vientos sobre la superficie terrestre, mientras que otras son carbón negro, resultado de la combustión incompleta de madera, carbón y petróleo así como de las erupciones volcánicas. Contribuye esencialmente a la formación del hollín. Durante la respiración, sólo las partículas más gruesas son retenidas por la mucosa nasal, pero las más pequeñas penetran hasta los pulmones. Esto provoca la disminución de la superficie útil de los pulmones.

➢ *Otros contaminantes atmosféricos.* Entre éstos se pueden nombrar el flúor y sus derivados de origen industrial (Clorofluorocarbonados-CFC), radicales libres persistentes, sustancias minerales con el asbesto y el amianto y compuestos orgánicos volátiles (hidrocarburos alifáticos y aromáticos, derivados oxigenados y derivados halogenados), así como diversos metales pesados y ligeros. El plomo se disemina en la atmósfera en forma natural debido a la erupción de los volcanes y a la erosión de los suelos; pero la principal fuente actual proviene de antidetonante tetraetileno de plomo añadido a las gasolinas. Un motor de combustión que quema 1.000 litros de gasolina, puede producir 290 kg de monóxido de carbono, 33 kg de hidrocarburos no quemados, 11 kg de dióxido de nitrógeno y 1 kg de dióxido de azufre.

14.5.3. Efectos de la contaminación atmosférica

Las consecuencias de la contaminación para el hombre, a largo plazo, aún no son totalmente conocidas; sobre todo debido a la gran diversidad de las aglomeraciones humanas y a las distintas condiciones de vida características de cada país, condición social, costumbres y utilización de recursos. La Organización Mundial de la Salud ha establecido 4 niveles de contaminación del aire:

- Nivel I - Contaminación nula. Aire puro, no se observa ningún efecto negativo.
- Nivel II - Contaminación escasa. Aire débilmente impuro. Produce irritación en los órganos de los sentidos.
- Nivel III - Contaminación alta. Aire contaminado, provoca alteraciones que causan enfermedades.
- Nivel IV - Contaminación grave. Aire muy contaminado, produce enfermedades agudas o muerte prematura.

Los efectos de la contaminación del aire en espacios interiores han recibido mayor atención en los últimos años porque es allí donde las personas pasan casi 90% de su tiempo. Diversos estudios han indicado que la exposición a algunos contaminantes puede ser dos a cinco veces mayor en interiores que al aire libre. Hay muchos tipos de contaminantes de interiores, tales como el humo de los artefactos, chimeneas y cigarrillos; contaminantes orgánicos de las pinturas, colorantes, limpiadores y materiales de construcción.

Fundamentos de Ecología

La lluvia ácida puede ser tan potente como el jugo de limón o el ácido para las baterías, frecuentemente hasta 100 veces más ácida de lo que debe ser la lluvia. Puede caer no solamente como lluvia, sino como nieve, neblina, rocío, o partículas secas. En la superficie terrestre, lava metales tales como el aluminio y el mercurio del suelo hacia los ríos, lagos, y las corrientes de una manera más rápida que la lluvia natural.

El smog fotoquímico (niebla fotoquímica) es un término de la contaminación del aire que se usa frecuentemente. En realidad, el smog fotoquímico es ozono a nivel del suelo formado por la reacción de los contaminantes con la luz solar. Éste tiene un efecto perjudicial sobre la salud de los grupos de alto riesgo mencionados anteriormente. En ciudades como Los Ángeles, México, Santiago y Sao Paulo, por ejemplo, los medios de comunicación informan diariamente índices de la calidad del aire para alertar a las personas en riesgo que se encuentran al aire libre. Estos índices son una medida de los niveles de contaminantes y partículas en el aire.

El ozono troposférico es el principal oxidante fotoquímico presente en la atmósfera, además del nitrato de peroxiacetilo (PAN), y es un compuesto muy irritante del sistema respiratorio, reduciendo la capacidad de respiración. En niveles encontrados de manera rutinaria en la mayoría de las ciudades, el ozono se quema perforando las paredes de las células en los pulmones y las vías respiratorias. Los tejidos se vuelven rojos y se hinchan y, con el correr del tiempo pierden su elasticidad. Estudios recientes indican niveles altos de ozono troposférico (un componente importante del smog fotoquímico) que están apareciendo en ciertas regiones del globo (Figura 15.5).

La contaminación con material particulado o polvo ha adquirido importancia en los años recientes, especialmente en áreas cercanas a los grandes centros industriales, al grado de causar la centenares de miles de muertes de seres humanos, especialmente es Asia, como lo señala la Organización Mundial de la Salud, de acuerdo con UNEP-GEO4 (2007), tal y como se ilustra en la Figura 15.6 Las partículas están relacionadas con una amplia gama de enfermedades. Así como los niveles de las partículas aumentan, también aumenta la incidencia de obstrucción nasal, sinusitis, irritación en la garganta, ardor en los ojos u ojos rojizos, respiración sibilante, tos seca, flema y malestar o dolor del pecho, aumentando los ingresos al hospital por causa del asma, bronquitis y enfisema.

Dentro de las enfermedades que son consecuencia de la polución del aire se destacan las afecciones bronco-pulmonares, tales como: bronquitis, asma y enfisema pulmonar. La relación entre la contaminación atmosférica y la incidencia del cáncer está en estudio y se han llegado a encontrar agentes cancerígenos en varios hidrocarburos, tales como el 34-benzopireno y el metilcolantreno. Asimismo, entre las sustancias producidas por los motores de los vehículos se

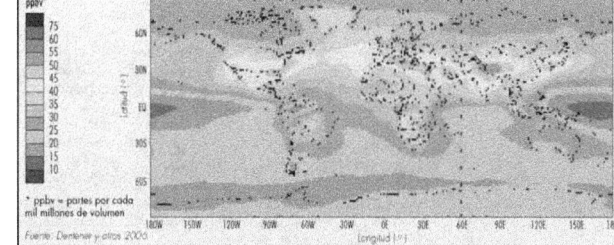

Figura 14.5. Promedio anual calculado de las concentraciones de ozono troposférico en el año 2000 a escala global.
Fuente: UNEP/GOE4 (2007).

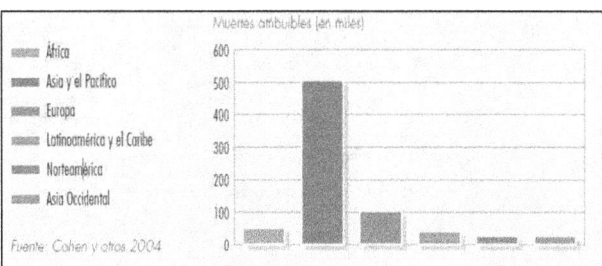

Figura 14.6. Muertes prematuras debido a la exposición exterior urbana a material particulado de tamaño interior a 10 micras (PM10) por región en el año 2000. Fuente: UNEP/GEO (2007).

Fundamentos de Ecología

ha determinado que el carbón negro y el asbesto utilizado en las bandas de freno, son responsables de la aparición de gran número de tumores malignos.

Los animales y las plantas no escapan a los efectos nocivos de la contaminación atmosférica. Se ha manifestado en el ganado vacuno, bovino, caballar, abejas y gusanos de seda. En los vegetales, se puede citar la desaparición de los líquenes de las ciudades. El pino silvestre es muy sensible a la presencia del dióxido de azufre y el flúor ataca a las coníferas impidiendo su crecimiento normal y provocando el amarilleo o dyeback.

14.5.4. Control de la contaminación atmosférica

La vigilancia de la calidad del aire tiene como objetivo conservar la pureza ambiental estableciendo los límites tolerables de contaminación y dejando en manos de las administraciones locales y los contaminadores el diseño y la adopción de medidas para garantizar que no se supere ese grado de contaminación. Un ejemplo de este tipo de legislación es el establecimiento de normas sobre la calidad atmosférica basadas, en la mayoría de los casos, en directrices sobre la calidad atmosférica, realizado por la Organización Mundial de la Salud en 1987 y actualizadas en 1999 (WHO, 2000). El control de la contaminación atmosférica se puede realizar dos niveles: emisión e inmisión. La emisión es el proceso de vertido de un contaminante a la atmósfera, mientras que la inmisión es la concentración de contaminantes, una vez emitidos, transportados y dispersados en ella. El control de la emisión de contaminantes se realiza mediante inventarios de emisiones, en zonas regionales amplias o a nivel nacional, mientras que los niveles de inmisión, se suelen efectuar a nivel urbano o nacional con estaciones automáticas de medida. De esta forma, los inventarios de emisiones controlan exclusivamente a los contaminantes primarios, con el objetivo de fijar cual es la fuente de emisión, mientras que los niveles de inmisión, lo hacen para los dos tipos de contaminación, la primaria y la secundaria.

Los inventarios de emisiones están destinados a realizar un análisis exhaustivo de los contaminantes primarios en una determinada zona, para obtener una información precisa de las fuentes de contaminación, y controlar las emisiones, buscando soluciones con base en la elaboración de estrategias para paliar la contaminación en una determinada área. Su objetivo es fundamentalmente, encontrar una relación entre la emisión de contaminantes y la fuente productora. Para ello, primero hay que determinar el tipo de fuentes que se deben controlar mediante un inventario de emisiones. Se clasifican las fuentes de emisión, según su origen, en fuentes fijas de origen industrial y fuentes móviles, debidas al transporte aéreo, terrestre y marítimo. Una vez inventariadas las emisiones e identificados los contaminantes respectivos, se registran, con técnicas e instrumentos apropiados, los valores o concentraciones respectivas y se analizan los resultados con diversos métodos de estimación de emisiones, incluyendo modelos matemáticos de simulación o el análisis y correlación con series históricas de datos. En el monitoreo de los niveles de contaminación urbana e industrial, en muchos países se utilizan redes de estaciones de medición de contaminación, las cuales realizan medidas de los contaminantes más comunes: SO_2, partículas en suspensión, CO_2, CO, óxidos de nitrógeno, ozono, benceno, hidrocarburos, compuesto orgánicos volátiles y ácido clorhídrico. Dichas estaciones cuentan también con instrumentos meteorológicos para medir factores atmosféricos, entre ellos temperatura, humedad, intensidad y dirección de vientos, radiación UV y presión, pues los mismos son determinantes de los procesos de dispersión de los contaminantes.

El control óptimo de la calidad atmosférica exige que se reduzcan al mínimo las emisiones contaminantes a la atmósfera. Estos mínimos se definen básicamente como el nivel de contaminación que se permite a cada fuente emisora y pueden alcanzarse, por ejemplo, utilizando sistemas confinados o instalando colectores y depuradores de alta eficiencia. Entre las medidas típicas de vigilancia de la calidad atmosférica se encuentran los controles de las propias fuentes como, por ejemplo, uso obligatorio de catalizadores en los vehículos o imposición de límites a las emisiones de los incineradores, planificación del uso del suelo, cierre de fábricas o reducción de tráfico en condiciones climáticas desfavorables (Schwela y Goelzer, 2003).

Organismos internacionales como la Organización Mundial de la Salud (OMS), la Organización Meteorológica Mundial (OMM) y el Programa de las Naciones Unidas para el Medio Ambiente (PNUMA) han instituido proyectos de vigilancia e investigación para aclarar las cuestiones relacionadas con la contaminación atmosférica y promover medidas que eviten un mayor deterioro de la salud pública y de las condiciones ambientales y climáticas. El Sistema Mundial de Vigilancia Ambiental, organizado y patrocinado por la OMS y el PNUMA, ha desarrollado un amplio programa cuya finalidad es proporcionar los instrumentos necesarios para un control racional de la contaminación atmosférica. El núcleo de este programa es una base de datos mundial de datos sobre concentraciones de contaminantes atmosféricos en las zonas urbanas a través del cual se ha estimado el Estándar de Calidad del Aire en el ambiente (Figura 14.7).

La mayoría de los países desarrollados y en desarrollo han adoptado normas de calidad del aire ambiente, pero las concentraciones de las partículas en la mayoría superan los niveles recomendados por la OMS (PM10). Estos resultados han proporcionado un conjunto de puntos de referencia para evaluar el estado contaminación atmosférica, a través del Estándar de Calidad del Aire y las normas PM10. Como se puede ver, sólo los países de Europa poseen estándares adecuados. La mayor parte de las normas de PM10 en los países en desarrollo son menos estrictas que los objetivos intermedios establecidos por la OMS para la promoción de una reducción progresiva de la contaminación del aire.

14.6. Contaminación del suelo

El suelo se encuentra en constante transformación y, junto con el aire y el agua, constituye la base físico-química donde se desarrolla la vida. El suelo es, sin lugar a dudas, un

Fundamentos de Ecología

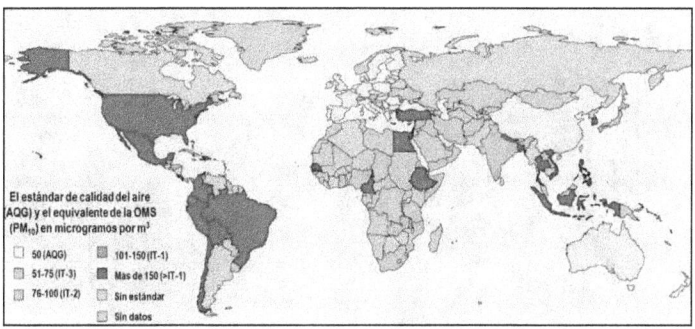

Figura 14.7. El estándar de calidad del aire los países del mundo que han acogido las normas de la OMS. Fuente: UNEP/GEO5 (2012).

componente fundamental de muchos ecosistemas y, como tal, se mantiene en equilibrio mediante su función de recibir y donar sustancias necesarias para su mantenimiento. Las sustancias contaminantes que llegan al suelo tienen diversas procedencias; unas veces son consecuencia de actividades naturales y otras, producto de actuaciones humanas. En ambos casos, las sustancias pueden llegar a la superficie o al interior del perfil del suelo. A la superficie llegan, en su mayor parte, por deposiciones naturales, vertidos antrópicos, deposición aérea, lluvia y deposición fluvial. En el interior del suelo los contaminantes proceden de infiltrados, transformaciones in situ, o ascenso capilar de capas freáticas más profundas.

Los contaminantes, una vez depositados en superficie, pueden volatilizarse, infiltrarse, biodegradarse o ser trasladados a otras zonas por organismos vivos o por escorrentía. Las sustancias que se infiltran pueden atravesar el sustrato sin reacción con los constituyentes del suelo, o interaccionar con ellos, en este caso, los elementos extraños pueden ser neutralizados, degradados, adsorbidos o precipitados. Como resultado final se produce la retención de las sustancias o su movilización, bien en el interior del suelo, bien a través de sus lixiviados a las capas freáticas. Tales sustancias incluyen compuestos orgánicos e inorgánicos, aniones y cationes, ácidos y bases, oxidantes y reductores, metales, sales, partículas coloidales y microorganismos. Muchas de las sustancias que contaminan la atmósfera, después de mantenerse cierto tiempo suspendidas en ella, caen por su mayor densidad o son arrastradas por la lluvia, pasando a formar parte de los suelos a los cuales también contaminan.

La contaminación del suelo la podemos enfocar en tres aspectos fundamentales:

1. **Contaminación urbana.** Varios son los factores que han determinado el aumento de peso/volumen de los desechos producidos por la actividad urbana: aumento de la población, creciente demanda de bienes de consumo, desarrollo del proceso de urbanización, empaquetamiento de alimentos y envasado de bebidas, intensidad de la propaganda y publicidad.

2. **Contaminación rural.** La producción agrícola y ganadera, especialmente por los insumos que requieren (agroquímicos, fertilizantes) y muchos de los desechos resultantes de estas actividades son fuente de contaminación de los suelos y causantes de su degradación paulatina.

3. **Contaminación de origen industrial.** Así como las industrias necesitan de materia prima para realizar sus operaciones, del mismo modo todas las industrias producen una serie de desechos más o menos nocivos que pueden contaminar los suelos produciendo la degradación del mismo, si no se toman medidas adecuadas. Debido al intenso desarrollo industrial de muchos países, este tipo de contaminación adquiere cada día mayores riesgos, por lo cual, las diferentes legislaciones tienen muy presente a la hora de permitir la instalación y funcionamiento de una industria, la cantidad y calidad de desperdicios que se derivan del funcionamiento de cada fábrica en particular (Figura 14.8).

Los contaminantes industriales pueden llegar al hombre por conducto de las aguas subterráneas o superficiales o por defecto en los drenajes; también por medio de las plantas que absorben dichos productos contaminantes y finalmente a través de un herbívoro que llega hasta el hombre por intermedio de las cadenas alimentarias. Son muy tóxicos los componentes de plomo, mercurio, arsénico, selenio y cadmio, que pueden acumularse en el suelo disolviéndose lentamente hasta transferirlos a las plantas, y de este modo propagarse naturalmente por medio de una cadena alimentaria. Todo lo cual hace necesario, controlar el vertido de estos productos al suelo, de modo que sean tratados de algún modo a fin de que reduzcan o eliminen su toxicidad para hacerlos inocuos o por lo menos disminuir su peligrosidad. En algunos casos se deben enterrar en capas profundas y convenientemente protegidos para evitar su contacto con las capas superiores del suelo.

Fundamentos de Ecología

Figura 14.8. Las grandes industrias procesadoras de minerales y otros materiales provocan una fuerte contaminación de los ecosistemas donde funcionan. En la foto, lagunas de residuos del procesamiento de la bauxita en Guayana.

14.6.1. Los contaminantes sólidos

Constituyen lo que generalmente llamamos residuos y provienen de la actividad cotidiana del hombre en la industria, comercio, oficina y hogar. La producción de basura oscila entre 1 y 2 kg/habitante/día. Sin embargo, estas cifras tienden a aumentar anualmente en 3% en volumen y 2% en peso, variando naturalmente en cada país. Los contaminantes sólidos presentan ciertas características que permiten al hombre clasificarlos, reciclarlos y en gran parte utilizarlos como materia prima para la fabricación de fertilizantes y materiales energéticos

Los residuos pueden clasificarse, según su origen, en cuatro grupos:

- **Residuos domiciliarios.** Provenientes de las actividades domésticas y oficinas que contienen grandes cantidades de cartón, plásticos, restos de alimentos en estado natural o cocinados. Cuando estos desechos se almacenan por mucho tiempo por fallas en los sistemas de recolección, se convierte en un medio excelente para la proliferación de insectos, ratas y microorganismos de todo tipo que conllevan un grave peligro para la salud. Incluyen principalmente restos de materia orgánica, papel, plásticos, textiles, metales, caucho, pilas, madera y otros.
- **Residuos urbanos.** Provienen de la limpieza de las calles, cloacas, tuberías y drenajes, y están constituidos principalmente por restos inorgánicos (polvo). Pueden provocar enfermedades, principalmente de tipo respiratorio por la gran cantidad de bacterias y virus que contienen.
- **Residuos industriales.** Provienen de las fábricas, plantas industriales, petroquímicas, acerías plantas nucleares, curtiembres, entre otras, y en muchos casos son desechos no recuperables que deben eliminarse en lugares adecuados; en otros casos, deben tratarse antes de ser reciclados. Los metales como mercurio, zinc, cobre y cadmio constituyen peligrosos contaminantes de origen industrial. Se emplean continuamente en la minería y la industria, entre otras muchas cosas, para fabricar abonos, pilas, municiones, fluorescentes o combustibles para el transporte. Son muy resistentes a la degradación y se acumulan en los vegetales y en los animales, sobre todo en los grandes peces depredadores de agua salada y dulce.
- **Plásticos sintéticos.** Uno de los residuos sólidos contaminantes de mayor importancia hoy día por su uso extendido, los cuales han sustituido parcialmente al papel y al vidrio en el embalaje, transporte y distribución de bienes y alimentos. Anualmente se producen 300 millones de toneladas de plásticos en el mundo, que contaminan tanto los ecosistemas urbanos y rurales como los océanos (UNEP, 2011). Al incorporarse el plástico en los envoltorios de toda clase de productos (alimentos, artefactos), una parte considerable de los desechos producidos comenzó a acumularse en el ambiente, precisamente por la resistencia de los plásticos a la corrosión, la intemperie y la degradación por microorganismos (biodegradación) (Barnes et al., 2009). La degradación de los plásticos sintéticos es muy lenta. Como ejemplo, la descomposición de productos orgánicos tarda 3 o 4 semanas y la de telas de algodón 5 meses, mientras que la del plástico puede tardar 500 años. Además, en buena medida la degradación de estos plásticos no es total y definitiva, generando partículas de plástico más pequeñas que, a pesar de ya no ser evidentes, se acumulan en los ecosistemas. La problemática generada por el uso indiscriminado de plásticos

Fundamentos de Ecología

sintéticos y su persistencia en el ambiente ha estimulado la investigación para el desarrollo de nuevos materiales y métodos de producción que permitan generar plásticos que presenten las mismas propiedades, pero que tengan un periodo de degradación más corto (Figura 14.9). Se han desarrollado cuatro tipos de plásticos degradables: fotodegradables, parcialmente biodegradables, biodegradables sintéticos y biodegradables naturales.

14.6.2. Contaminación rural

Tiene como causa las actividades del hombre en la vivienda rural, las explotaciones agrícolas y ganaderas y muchos de los desechos resultantes de estas actividades son fuente de contaminación causantes de la degradación paulatina de los suelos.

a) Contaminación por heces en los alrededores de las casas y de la comunidad. Es bastante común el tipo de disposición de las heces por parte del campesino, en particular en aquellos países en vías de desarrollo, donde las condiciones higiénicas y sanitarias no son las deseables. La solución a este problema reviste una singular importancia tanto en el aspecto social, para mejorar las condiciones de vida del campesinado, como en el aspecto ecológico, ya que reduce la contaminación del suelo y por ende, de las corrientes de aguas superficiales y subterráneas, de los alimentos y cosechas.

b) Contaminación por residuos animales. Como tales, comparten características similares con otros residuos de origen industrial y los residuos sólidos urbanos. La diferencia es que los residuos agropecuarios se producen en su entorno natural, mientras que los de origen agroindustrial son generados en procesos de transformación de productos agrícolas y los urbanos se generan en el proceso de consumo, junto con otros no orgánicos. Los residuos agropecuarios incluyen pajas, restos de cosechas, deposiciones de animales, subproductos del procesamiento agroindustrial de diferentes productos (caña de azúcar, palma aceitera, arroz, entre otros). El vertido de estos residuos en desagües, y posteriormente en cuerpos de agua, genera la contaminación y degradación de los mismos. Sin embargo, por su alto contenido de compuestos orgánicos, los residuos agropecuarios posee un alto valor energético/calórico, aprovechable para la producción de energía (gas metano) y son amenos de reciclarse en la propia unidad agropecuaria, bien sea como alimentos para el ganado, abonos, compostaje, sustrato para el cultivo de hongos o setas comestibles y cobertura de terrenos sembrados (Mulch).

c) Contaminación por pesticidas y fertilizantes. Con la introducción de los insecticidas, fungicidas y herbicidas, el equilibrio ecológico se modificó notablemente. Las poblaciones animales que se mantenían con la gran cantidad de pequeños organismos indeseables para el hombre, se han visto privados de su alimentación normal y aparecen fenómenos de competencia cuya consecuencia es la alteración de las comunidades bióticas. Entre ellos podemos nombrar el DDT, lindano aldrin, dieldrin, mexaclorociclo hexano, cloropirifos, piretrina y malathion, entre otros. Un gran porcentaje de estos pesticidas que son rociados sobre las plantas van a parar al suelo arrastrados por el viento, la lluvia o bien se hallan incorporados en los productos alimenticios cosechadas (Figura 14.10).

Finalmente, el uso de fertilizantes químicos no siempre es beneficioso. Los abonos químicos pueden contener impurezas tóxicas; los fosfatos naturales contienen metales pesados como mercurio, plomo y uranio (radiactivo). El exceso de nitratos no permite una floración normal, por lo cual disminuyen los frutos y semillas comestibles. Cuando son concentrados, contribuyen con la contaminación la eutrofización de las aguas.

d) **Otros contaminantes.** Los residuos de medicamentos como los antibióticos utilizados para prevenir y combatir enfermedades del ganado pueden provocar reacciones alérgicas en el hombre y lo que es peor, estimu-

Figura 14.9. El plástico se ha transformado en uno de los principales contaminantes de los ecosistemas urbanos y del océano.

Figura 14.10. La aplicación de pesticidas en la agricultura debe reducirse al mínimo indispensable.

lar la aparición de bacterias resistentes. Las hormonas naturales y sintéticas utilizadas para estimular el crecimiento de los animales pueden producir malformaciones en el feto y cáncer. Las micotoxinas producidas por hongos que crecen en alimentos conservados y algunos alimentos como cereales, café, lácteos y especias, son potentes cancerígenos. Las dioxinas se generan por la combustión de materiales que contienen cloro, que al llegar al suelo son absorbidos por las plantas, causan lesiones en la piel, cáncer y afectan los sistemas reproductivo e inmunológico.

14.6.3. Los compuestos orgánicos persistentes (COP) y los pesticidas

Los contaminantes orgánicos persistentes (COP) son sustancias químicas que persisten en el medio ambiente, se acumulan en concentraciones elevadas en los tejidos adiposos y son biomagnetizadas a través de la cadena alimentaria. Constituyen por tanto un grave peligro para el medio ambiente que a largo plazo representa un riesgo importante para las especies, los ecosistemas y la salud del hombre. En mayo de 2001, en Estocolmo, Suecia, un total de 127 países adoptaron un tratado de las Naciones Unidas para prohibir o minimizar el uso de 12 de las sustancias tóxicas más utilizadas en el mundo, consideradas causantes de cáncer y defectos congénitos en personas y animales. El 17 de Mayo del 2004 entró en vigor el Convenio de Estocolmo sobre Contaminantes Orgánicos Persistentes (COPs), mediante el cual se establecerán las acciones prioritarias para cumplir con el Convenio. Las 12 sustancias objeto del Convenio se listan en el Cuadro 15.2.

Más recientemente, en 2009, se han agregado los siguientes productos a la lista inicial[1]:

- Plaguicidas: clordecona, alfa hexaclorociclohexano, beta hexaclorociclohexano, lindano, pentaclorobenceno;
- Productos químicos industriales: hexabromobifenilo, éter de hexabromodifenilo y éter de heptabromodifenilo, pentaclorobenceno, ácido sulfónico de perfluorooctano, sus sales y el fluoruro de sulfonilo perfluorooctano, el éter de tetrabromodifenilo y éter de pentabromodifenilo, y
- Subproductos: alfa hexaclorociclohexano, el beta hexaclorociclohexano y pentaclorobenceno.

Para lograr sus objetivos, el Convenio establece varias medidas para disminuir la presencia de estos compuestos en el ambiente mediante acciones de restricción y prohibición en su producción y uso, así como también en la disminución de su generación por fuentes no intencionales. Las sustancias químicas que pertenecen a la categoría de los COP pueden causar cáncer y perturbar el sistema reproductor e

Cuadro 14.2. Lista de compuestos orgánicos persistentes incluidos en el Convenio de Estocolmo (2004)

Plaguicidas	Productos industriales	Productos de generación no intencional
* Aldrina Clordano	* Bifenilos policlorados	* Dibenzo-p-dioxinas
* DDT	(PCB)	policloradas (PCDD)
* Dieldrina	* Hexaclorobenceno	* Dibenzo-p-furanos
* Endrina	(HCB)	policlorados (PCDF)
* Heptacloro		
* Mirex		
* Toxafeno		

[1] http://chm.pops.int/Convention/ThePOPs/TheNewPOPs/tabid/2511/Default.aspx

Fundamentos de Ecología

inmunitario, así como el proceso de desarrollo. Constituyen especialmente un gran riesgo para los bebés y los niños, que pueden verse expuestos a altos niveles de contaminación durante la lactancia o a través de los alimentos.

Casi todos los COP son pesticidas utilizados para el combate de plagas en la agricultura. No se puede negar el hecho de que los pesticidas han servido al hombre en su lucha contra plagas y enfermedades tanto en la agricultura como en la especie humana, como es el caso del DDT en la eliminación del paludismo en muchos países. Sin embargo su uso indiscriminado tiene efectos perniciosos graves sobre los ecosistemas, pues algunos pueden persistir en el ambiente por años. Su efecto sobre la biodiversidad de las zonas agrícolas es alarmante, alterando los procesos ecológicos de interacción y equilibrio entre especies (riqueza, abundancia y distribución).

Por ejemplo, la disminución de especies herbívoras por causa de los pesticidas, provoca alteraciones en las poblaciones de especies vegetales y sustituciones de otras normalmente presentes. Igualmente, la desaparición de procesos de control biológico de especies por parásitos o parasitoides, resulta a menudo en la aparición de brotes de insectos que normalmente no son plagas. Adicionalmente, la mayor parte de las especies consideradas plagas desarrollan resistencia a los pesticidas, por lo que su eficiencia es disminuida significativamente. La contaminación de alimentos se puede presentar por la aplicación directa a ellos, por acumulación de plaguicidas en las cadenas tróficas, así como a través del manejo, transporte y almacenamiento de los productos comestibles.

Las aplicaciones de pesticidas en todo el mundo en 2002 alcanzó los 2,2 millones de t, básicamente utilizados en las actividades agropecuarias, en los programas gubernamentales de erradicación de vectores de enfermedades y en los hogares. Según datos de la OMS, unas 100.000 personas mueren al año por el uso de pesticidas y 200.000 quedan intoxicadas de forma aguda por su utilización en la agricultura y la ganadería (Figura 14.11).

La utilización incontrolada de estas sustancias ha traído innumerables perjuicios:

1. Reducen considerablemente algunas especies de insectos útiles.
2. Al eliminar las especies perjudiciales, los consumidores de éstas padecen escasez de alimentos y se establece una competencia por el alimento disponible y la población disminuye. Esto trae como consecuencia, la aparición de nuevas plagas.
3. Muchas especies de insectos sufren mutaciones genéticas que los hacen resistentes a plaguicidas específicos, lo cual su uso no es eficaz para el fin que se persigue, pero sí es dañino al hombre y al suelo.
4. Para resolver esta resistencia, se modifican y descubren otros nuevos plaguicidas, diversificándose la contaminación.
5. Como consecuencia de la amplia distribución de los plaguicidas en el aire, suelos, aguas y biota, se produce una acumulación variable de ellos en los elementos que constituyen la alimentación humana y por ende en el organismo humano
6. La toxicidad de casi todos los plaguicidas pasa a las agua, al ser arrastrados por los vientos y las lluvias, causando enfermedades y muerte en numerosas especies de aves y peces con la posible intoxicación de los seres humanos que los consumen.
7. Estas sustancias son muy resistentes a la degradación química (por acción del oxígeno y otras sustancias) y a la degradación biológica (por carencia de microorganismos desintegradores específicos) y permanecen inalterables durante 3 y más años.
8. En el caso del DDT, a medida que pasa a través de varios consumidores en una cadena alimentaria, el grado de concentración de estas sustancias aumenta en la mayoría de los casos. La OMS establece que la cantidad máxima permitida que un hombre puede ingerir al día es de 0,02 miligramos por kg de peso, o sea que un sujeto de 65 kg de peso puede tolerar al día 1,3 mg. de DDT, sin que aparezcan señales de intoxicación. En el hombre incrementa el metabolismo de la hormona mas-

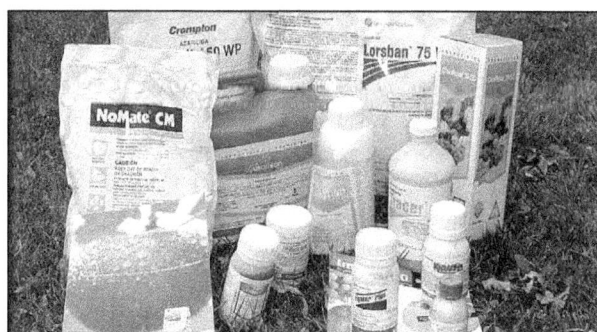

Figura 14.11. Los pesticidas comúnmente utilizados en la agricultura son todos contaminantes.

Fundamentos de Ecología

culina (testosterona), provocando un déficit de ésta en el organismo. Se han descrito casos de impotencia en trabajadores del campo que aplicaban pesticidas, que luego desaparecía con el suministro de metiltestosterona.

De otra parte, los **herbicidas** utilizados para combatir las malas hierbas que compiten con las plantas cultivadas son también contaminantes dañinos para la salud. En guerras recientes han sido utilizados algunos contra todo tipo de vegetación y son llamados "defoliantes" (2,4D, 2,5D, **piroclam** contra dicotiledóneas y **cacodilatos** que contienen arsénico contra dicotiledóneas, cloruro de paraquat). Estas armas químicas han sido utilizadas modernamente para destruir las fuentes alimentarias del enemigo. El peligro se debe no sólo a su acción destructiva inmediata, sino también a que esa destrucción precisa muchos años para compensarse.

Los biopesticidas son ciertos tipos de plaguicidas derivados de materiales naturales como animales, plantas, bacterias y ciertos minerales. Por ejemplo, el aceite de canola y el bicarbonato de sodio se utilizan como pesticidas. A finales de 2001, había aproximadamente 195 ingredientes activos registrados como biopesticidas (EPA, 2007). Los biopesticidas se dividen en tres clases principales:

1) **Pesticidas microbianos:** contienen un microorganismo (por ejemplo, una bacteria, hongo, virus o protozoos) como ingrediente activo. Los pesticidas que pueden controlar diferentes tipos de plagas, aunque cada principio activo por separado es relativamente específico para la plaga objetivo [s]. Por ejemplo, hay hongos que controlan ciertas malezas, y otros hongos que matan insectos específicos. Los plaguicidas microbianos más utilizados son subespecies y cepas de la bacteria *Bacillus thuringiensis* o *Bt*. Cada cepa de esta bacteria produce una mezcla de proteínas y, específicamente, mata a diversas especies de las larvas de insectos.

2) **Protectores Incorporados a las plantas (PIP):** son sustancias que las plantas producen a partir de material genético que se les ha agregado (transgénicos). Por ejemplo, muchas de las variedades de cultivos como soya, maíz y algunas hortalizas, tienen incorporado el gen Bt, lo que les permite producir las proteínas que matan las larvas de insectos que se alimenten de ella.

3) **Pesticidas bioquímicos:** son sustancias naturales que controlan plagas, a través de mecanismos no tóxicos. Los plaguicidas bioquímicos incluyen las sustancias, tales como las feromonas sexuales de insectos, que interfiere con el apareamiento, así como diversos extractos de plantas aromáticas que atraen a las plagas de insectos hacia trampas.

Existen muchas otras sustancias que actúan como pesticidas en contextos específicos, e incluyen los alguicidas, fungicidas, acaricidas, nematicidas, molusquicidas y rodenticidas.

14.7. Contaminación de las aguas

El agua constituye un factor indispensable para la vida. Las plantas toman las sales siempre que estén disueltas en agua; los animales y el hombre, para asimilar los productos alimenticios finales, necesitan ir acompañados con agua. El agua constituye el principal componente celular y representa 2/3 del peso total del hombre y de los animales y hasta 9/10 del peso de los vegetales. Por ejemplo, un hombre de 75 kg contiene 50 kg de agua. Diariamente un individuo necesita ingerir 2 L de agua. Algunos pobladores del Sahara pueden resistir con 5 L de agua hasta una semana. Pero las necesidades actuales de higiene personal y doméstica han elevado el consumo hasta 50 L de agua por persona y por día (Figura 14.12). Si a esto añadimos las necesidades de agua para la agricultura y ganadería, algunos países presentan un consumo promedio de hasta 500 L/habitante/día (UNEP, 2010).

Estas cifras reflejan para el futuro una grave escasez de este preciado recurso, pues las reservas de agua dulce en el planeta están calculadas en 24 millones de km^3 y la contaminación disminuye la cantidad de agua utilizable y la cali-

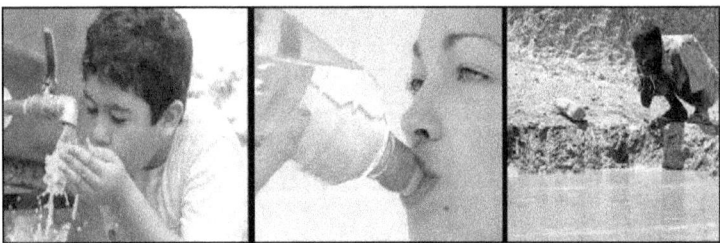

Figura 14.12. El agua potable es esencial para la humanidad, pero su acceso no es equitativo

Fundamentos de Ecología

dad de la misma. El agua destinada al consumo humano se llama **agua potable** y debe ser clara, incolora y exenta de gérmenes infecciosos. La Agencia de Protección Ambiental de los Estados Unidos exige que el agua potable esté libre de coliformes totales, *Cryptosporidium, Giardia lamblia, Legionella* y virus (entéricos)[2]; y la Farmacopea de los Estados Unidos (USP 31) recomienda que el agua potable cumpla con los requerimientos de esta agencia, así como los exigidos por la Organización Mundial de la Salud y otros Organismos reconocidos Internacionalmente. Un curso de agua se considera contaminado o polucionado cuando la composición o estado de sus aguas es modificado por la actividad del hombre de forma directa o indirecta, de manera que disminuye la facilidad de uso para lo que está destinado en estado natural. La contaminación de las aguas dulces puede ser causada por diversos elementos:

* De origen natural: erupciones volcánicas, deslaves, inundaciones.
* Sales solubles.
* Microorganismos
* Contaminación química:
  o Por detergentes.
  o Por fertilizantes
  o Por sales minerales
  o Por metales pesados
* Fenoles y otros compuestos aromáticos
* Productos fitosanitarios.
* Residuos urbanos (sólidos y líquidos)
* Térmica.
* Residuos radioactivos.

También se pueden clasificar según su naturaleza:

a) Productos Orgánicos: aminoácidos, ácidos grasos, éteres, detergentes.
b) Productos Inorgánicos: Sales disueltas en forma de iones: sodio, potasio, calcio, manganeso, cloruros, nitratos, bicarbonatos, sulfatos, fosfatos, fluoruros. Entre estas sustancias se producen reacciones térmicas diversas cuyos productos pueden ser aún más tóxicos que los originales.

La contaminación incluye tanto las modificaciones de las propiedades físicas, químicas y biológicas del agua, que pueden hacerle perder su potabilidad para el consumo diario humano o su utilización para actividades domésticas, industriales, agrícolas, etc. como los cambios de temperatura provocados por emisiones de agua caliente (polución térmica).

14.7.1. Fuentes de contaminación del agua

Aunque la contaminación del agua puede ser accidental, la mayor parte deriva de vertidos no controlados de origen diverso. Los principales son debidos a:

1) **Aguas residuales urbanas.** Comprende los residuos provenientes del consumo y uso doméstico. Los requerimientos de agua aumentan constantemente (hasta 500 litros por habitante/día) especialmente en los entornos urbanos de los países desarrollados. Uno de los principales son los detergentes.

2) **Aguas de origen industrial.** Constituyen una fuente principal en la contaminación de las aguas, tanto por su volumen como por el grado de contaminación que producen. Los principales sectores contaminantes son las industrias relacionadas con el petróleo, carbón, acero, derivados de la celulosa y papel, cementeras, minería y fundición de metales, industrias químicas que fabrican medicamentos, detergentes, pinturas, barnices, lacas y cosméticos, agroindustria procesadora de alimentos como mataderos, empacadoras, procesamiento de aceites y grasas, fabricación de alimentos para animales, elaboración de bebidas y licores y una diversidad de alimentos como harinas, galletas, bebidas aromáticas, confites y muchos otros.

3) **Aguas de origen agrícola.** Provienen principalmente de los productos utilizados en la agricultura, como fertilizantes, herbicidas y plaguicidas y de los residuos de origen animal (excreciones de la cría de cerdos, vacunos, aves y otras especies).

El PNUMA (2007) considera que los residuos urbanos y agrícolas comprometen o son potencialmente riesgosos, para la salud humana, entre ellos:

• Los residuos de agroquímicos en la escorrentía agrícola.
• Metales pesados y compuestos tóxicos en los residuos industriales.
• El grupo de contaminantes orgánicos persistentes (que incluye muchos de los plaguicidas sintéticos).
• Los compuestos endocrinos y los productos farmacéuticos y de cuidado personal.

14.7.2. ¿Cómo se calcula el grado de contaminación del agua?

a) Se calcula determinando o midiendo "la demanda bioquímica de oxígeno" o DBO, que se define como la cantidad de oxígeno (en mg/l) necesaria para oxidar bacteriológicamente toda la materia orgánica. La DBO expresa el peso de oxígeno disuelto utilizado en el proceso biológico de la degradación de las materias orgánicas que contiene el agua.

b) *Valor Normal (agua natural)* = 1 mg/l; *Valor Máximo (agua contaminada)* = 500 mg/l. Si la demanda de oxígeno necesario para degradar las sustancias orgánicas en el agua aumenta, disminuye la provisión del mismo para los seres vivos, produciendo la muerte por asfixia de muchos animales acuáticos. A partir de aquí, las bacterias aerobias que en condiciones normales mantienen el poder auto depurador del agua, son sustituidas

---

[2] http://water.epa.gov/lawsregs/rulesregs/

Fundamentos de Ecología

por bacterias anaerobias, que aceleran la putrefacción del agua.

14.7.3. Efectos de la contaminación de las aguas

Aunque el poder de biodegradación y autorregulación de las aguas es grande, si el total de materia contaminante supera ciertos límites, sobrepasa la capacidad auto-depuradora de las aguas y esto trae como consecuencia la lenta desaparición de la vida en estos ecosistemas, que se van convirtiendo en cloacas al aire libre. En Cuadro 15.3 se listan los principales agentes contaminantes del agua y su concentración máxima.

Los efectos de la contaminación de las aguas se manifiestan de diversa manera:

a) **Efectos biológicos:** los productos más tóxicos son los de origen industrial y causan verdaderas catástrofes en la fauna acuática, particularmente en los peces, los cuales sufren paralización de su metabolismo. El mayor consumo de oxígeno empleado por los microorganismos depuradores con el fin de regenerar el agua, puede causar la muerte de miles de individuos de varias especies. En cuanto al hombre. los daños causados por el agua contaminada pueden ser graves y en algunos casos hasta fatales. Entre las principales enfermedades de origen hídrico se encuentran: la fiebre tifoidea, la bilharziasis, la hepatitis, la disentería amebiana y la poliomielitis.

b) **Efectos físicos:** la contaminación del agua se manifiesta por malos olores, cambio de color, alteración de la temperatura y/o enturbamiento.

c) **Efectos químicos:** cuando existe exceso de nutrimentos y materia orgánica, se produce la eutrofización de los lagos y cuerpos de agua en general, lo cual altera el ecosistema y produce la muerte de las especies.

Cuadro 14.3. Agentes contaminantes del agua y su concentración máxima permitida.

Agente	Efectos	Concentración máxima (mg/l)
Nitratos	Origina metahemoglobilencia infantil (No permite una oxigenación completa), debido a la formación de metahemoglobina que es el producto de oxidación incompleta en la sangre.	45
Fluoruros	Su concentración elevada puede producir la fluorosis endémica y crónica, cuyos síntomas son dientes de color amarillo-parduzco o casi negro.	2,5 a 5
Arsénico	Produce intoxicación grave con cólicos repetidos, debilidad y parálisis de las extremidades inferiores. Como antídotos se usa el hidróxido férrico, que lo hace insoluble.	0,05
Mercurio	Produce intoxicación grave en bajas concentraciones; ataca al sistema nervioso y neuromotor. Como antídoto se usa el metanalsulfoxilato de sodio.	0,001
Selenio	Provoca graves intoxicaciones tanto en el hombre como en los animales.	0,01
Plomo	Produce trastornos del sistema nervioso central: cambios de conducta, intranquilidad e irritabilidad, vómitos y dolores abdominales. Antídoto: cloruro de calcio en inyección intravenosa.	0,1
Cianuros	Tóxicos de acción muy rápida sobre el sistema nervioso en concentraciones muy bajas. Antídotos: nitratos e hiposulfato sódico.	0,1
Plaguicidas	Actúan sobre el sistema parasimpático a nivel central y periférico; producen vómitos, calambres, colapso.	
Hidrocarburos	Provienen de vertidos industriales, motores y accidentes diversos como derrames petroleros. Algunos son agentes cancerígenos. Antídotos: lavado gástrico con aceite de oliva.	0,0002
Detergentes aniónicos	La intoxicación produce irritaciones del tubo digestivo. Antídoto: limón y carbonato de bismuto.	0,02
Radiactividad	Proviene de residuos radiactivos y produce cefalalgias, náuseas, vómitos. Agente cancerígeno.	

Fundamentos de Ecología

El Instituto Blacksmith, en cooperación con la Cruz Verde Suiza y la ONUDI[3], publica anualmente, desde hace varios años, un informe con las 10 sustancias más tóxicas, sobre la base de un amplio muestreo en 49 países de ingresos medios y bajos en el mundo. Para 2012, el informe reporta preliminarmente las 10 sustancias más tóxicas, el sector que la produce, así como la población en riesgo estimada tal y como aparecen en el Cuadro 15.4.

14.7.4. La calidad del agua potable y el impacto de las aguas residualesen los ecosistemas

En la medida que el agua viaja —a través del sistema hidrológico— desde los glaciares al océano, las actividades de la sociedad humana capturan, desvían, extraen, tratan y reutilizan (en algunos casos) el agua, con el fin de sustentar las necesidades básicas de las comunidades (consumo, aseo, preparación de alimentos, recreación) y las actividades agrícolas, industriales y municipales presentes en las cuencas a través de las cuales circula. A principios del siglo XXI, el mundo enfrenta una crisis de la calidad del agua, causada por el crecimiento continuo de la población, la industrialización, las prácticas de producción de alimentos, el aumento de los niveles de vida, incrementando los volúmenes de aguas de desecho o residuales.

Las aguas residuales pueden estar contaminadas con una gran variedad de distintos componentes: microorganismos, compuestos orgánicos, productos químicos de síntesis, nutrimentos disueltos, materia orgánica y metales pesados. Éstos están ya sea en solución o en forma de partículas se llevan adelante en el agua de diferentes fuentes y afectar la calidad del agua. Estos componentes pueden tener biocaracterísticas acumulativas y persistentes y sinérgicos que afectan la salud y función del ecosistema, la producción de alimentos, la salud y el bienestar humanos, socavando la seguridad humana. Más de 70% del agua se ha utilizado en otras actividades productivas, antes de entrar en las zonas urbanas.

La calidad del agua es importante para el bienestar del medio ambiente, la sociedad y la economía. Sin embargo, hay maneras de ser más eficientes y reducir nuestra huella de agua. Mejorar los servicios de agua y saneamiento y la gestión del agua requiere de inversión. Mientras el agua es extraída y utilizada a lo largo de los diversos ciclos de uso (o cadena de suministro), la calidad y cantidad del agua se reduce. La población mundial está aumentando rápidamente y alcanzará entre nueve y 11 mil millones en 2050 y en la misma medida aumentan también la producción de aguas residuales y el número de personas vulnerables a los impactos de la contaminación de las aguas residuales graves. Casi 900 millones de personas carecen de acceso al agua potable, y se estima que 2,6 millones de personas carecen de acceso a servicios básicos de saneamiento (OMS / UNICEF, 2010).

El manejo de las aguas residuales tiene un impacto directo sobre la diversidad biológica de los ecosistemas acuáticos, alterando la integridad fundamental de nuestros sistemas de soporte vital, del que dependen una amplia gama de sectores de desarrollo urbano para la producción de alimentos y la industria.

14.7.5. Implicaciones de la calidad del agua

En el año 2030, 4.900 millones de personas, aproximadamente 60% de la población mundial (estimada en 8.200 millones), vivirá en zonas urbanas. El requerimiento de agua potable al día por persona es de 4.2 L, pero se requiere de 2.000 a 5.000 litros de agua para producir la comida diaria de una persona (FAO, 2007). Los costos financieros,

Cuadro 14.4. Los 10 peores contaminantes tóxicos y estimación de la población en riesgo durante 2012.

Sector que lo produce y contaminante	Estimación de Población en riego
Minería artesanal de oro - Mercurio	3.506.600
Estados Industriales - Plomo	2.981.200
Producción agrícola - Pesticidas	2.245.000
Fundiciones de plomo - Plomo	1.988.800
Tenerías - Cromo	1.848.100
Minorías y procesos metalúrgicos - Mercurio	1.591.700
Minerías y procesos metalúrgicos - Plomo	1.239.500
Reciclaje de baterías - Plomo	967.800
Manufactura y almacenaje de Pesticidas - Pesticidas	735.400

Fuente: Instituto BlackSmith/ONUDI (2012)

---

[3] http://water.epa.gov/lawsregs/rulesregs/

Fundamentos de Ecología

ambientales y sociales de la escasez de agua, en términos de salud humana (mortalidad, morbilidad y disminución de la salud ambiental), son muy altos y se prevé que aumenten considerablemente, a menos que la gestión de las aguas residuales reciba una muy alta prioridad y se aborde el problema con urgencia. En consecuencia, el suministro de agua de buena calidad y los servicios de saneamiento a zonas densamente pobladas implican la existencia de una política pública cónsona, el desarrollo de infraestructura y una planificación significativa para su funcionamiento efectivo.

La desalación de agua de mar —una tecnología establecida desde 1950— es la única opción viable para el suministro de agua potable en muchas regiones áridas, costeras o lugares aislados tales como las islas. Para el año 2006, aproximadamente 24,5 millones de m^3 de agua por día se estaban produciendo para agua potable, el turismo, la industria y la agricultura y se espera que aumente a 98 millones de m^3 por día en 2015 (PNUMA, 2008), con las consecuencias, tanto en términos de coste económico, necesidades de energía como las ambientales y sociales. Lo grave es que con la tecnología disponible no hay margen para mejorar la eficiencia y sostenibilidad del proceso de desalinización. Los aspectos más resaltantes de las implicaciones de la calidad del agua, relacionados con la agricultura, los procesos industriales, minería y salubridad se tratan a continuación.

Los requerimientos de agua para producir alimentos y criar rebaños ganaderos varían enormemente entre países y regiones. El aumento de la producción de ganado —y el procesamiento de carne asociado— consume grandes cantidades de agua y produce volúmenes significativos de aguas residuales contaminadas. En conjunto, el exceso de nitrógeno y fósforo genera explosiones de algas, incluyendo las mareas rojas tóxicas y devastadores eventos hipóxicos, que impactan las poblaciones de peces e incluso la salud humana. Las aguas residuales sin tratar pueden contener una serie de patógenos como bacterias, parásitos y virus, sustancias químicas tóxicas (metales pesados y productos químicos orgánicos procedentes de fuentes agrícolas, industriales y domésticos). El impacto sobre la salud varía en función de la ubicación y el tipo de contaminante; sin embargo, las bacterias y las infestaciones por parásitos intestinales, se ha demostrado que presentan el mayor riesgo. Además, los agricultores en su mayoría carecen de conocimientos sobre la calidad del agua, especialmente sobre el contenido de nutrimentos, por lo que combinan agua de riego ricas en nutrimentos con fertilizantes químicos. Esto hace que la agricultura constituye una fuente de contaminación, en lugar de una etapa del saneamiento ambiental.

Procesos Industriales. En general, alrededor del 5-20% del uso del agua total se destina a la industria de recursos hídricos (WWAP, 2009), generando una proporción equivalente de las aguas residuales totales. Si no se gestionan y regulan, las aguas residuales industriales tienen el potencial de ser una fuente de contaminación altamente tóxica. La gran variedad de compuestos orgánicos complejos y metales pesados utilizados en los procesos industriales modernos, al liberarse en el medio ambiente, pueden causar desastres a la salud humana y al ambiente. La industria tiene la responsabilidad empresarial de tomar medidas para asegurar que el agua descargada es de un nivel aceptable, y asumir los costos de cualquier proceso de tratamiento y purificación necesario. La mayoría de soluciones rentables suelen centrarse en la prevención de la entrada de los contaminantes en la corriente de aguas residuales o el desarrollo de un sistema cerrado de uso del agua. La industria podría beneficiarse del acceso a los recursos de agua más limpia con menos impurezas, ya que las impurezas pueden aumentar los costos de los procesos de producción. En muchos casos, las aguas residuales de la industria no sólo drenan directamente en los ríos y lagos, sino también se filtra a través de los suelos, contaminando los acuíferos y pozos. Las aguas de enfriamiento utilizados en procesos industriales como la fabricación de acero y la producción de coque no sólo producen la descarga con una temperatura elevada que puede tener efectos adversos en la biota, sino que también pueden contaminarse con una amplia gama de sustancias tóxicas (Figura 14.13).

La minería ha sido tradicionalmente una fuente importante de descarga de aguas residuales no regulada en los países en desarrollo. El agua proveniente de las operaciones mineras puede contener partículas de limo y roca y surfactantes. Dependiendo del tipo de depósito mineral extraído, los residuos también pueden contener metales pesados como cobre, plomo, zinc, mercurio o arsénico.

Las estimaciones de la carga mundial de enfermedades humanas relacionadas con el agua proporcionan un índice simple que esconde una realidad compleja. La OMS estima que unos 2,2 millones de personas en todo el mundo mueren cada año por enfermedades diarreicas, aproximadamente 3,7% de todas las muertes, al mismo tiempo que más de la mitad de la capacidad de los servicios hospitalarios lo ocupan personas que sufren de enfermedades relacionadas con el agua.

14.7.6. Eutrofización de las aguas

La eutrofización es una de las manifestaciones palpables de la contaminación de las aguas y uno de los problemas globales más comunes en la actualidad. Se trata de un proceso por el cual los lagos, ríos y aguas costeras se hacen cada vez más ricos en biomasa vegetal, como consecuencia de la entrada de nutrimentos para las plantas, principalmente nitrógeno y fósforo, procedentes de zonas agrícolas y urbanas (Figura 14.14). Los impactos de la eutrofización ocasionan un cambio profundo del medio ambiente y graves alteraciones en la integridad ecológica de los sistemas acuáticos. Por ejemplo, la escorrentía agrícola agrava la propagación de las zonas muertas. Las prácticas agrícolas actuales convierten unos 120 millones de t de nitrógeno de la atmósfera anualmente en compuestos que contienen nitrógeno reactivo. Hasta dos terceras partes de este nitrógeno se abre paso en las vías navegables y llega a la zona costera, superando todas las entradas naturales implícitas en el ciclo del nitrógeno. Aproximadamente, de las 20 millones de toneladas de fósforo se extraen cada año para ser usados como

Fundamentos de Ecología

250

14.13. La industria termoeléctrica genera aguas contaminadas térmicamente y con sustancias inorgánicas.

Figura 14.14. La eutrofización de las aguas es un problema recurrente en muchos ecosistemas. En el lago de Maracaibo, la presencia de afloramientos de la sp es un síntoma de eutroficación.
Fotos reproducidas de: http://minci2.minci.gob.ve/reportajes/2/14936/lemna_en_el.html

fertilizantes, casi la mitad llega al mar, aproximadamente ocho veces más que los aportes naturales. En conjunto, este exceso de nitrógeno y fósforo genera desbalances en el ecosistema, impulsando el aumento desproporcionado de algas potencialmente tóxicas, que a su vez puede conducir a devastadoras eventos de hipoxia, un fenómeno que se produce en los ambientes acuáticos en la medida que la concentración del oxígeno disuelto se reduce en hasta un punto donde resulta perjudicial para los organismos acuáticos que viven en el sistema.

14.7.7. Origen de las aguas negras y su descomposición

Las aguas negras, producto del uso en el hogar y en los centros urbanos, llevan en suspensión grandes cantidades de materia orgánica y constituyen por lo mismo un medio apto para el crecimiento de millares de bacterias que realizan la transformación bioquímica de las aguas. Los innumerables desechos provenientes de la vida cotidiana humana que se evacua en una u otra forma en las alcantarillas, se mezclan con sus aguas, para formar las denominadas aguas negras, cuyo contenido tiene una estrecha relación con su poder contaminante.

En la mayoría de los casos, las aguas negras contienen alrededor de 0,1% de sustancias suspendidas o disueltas, incluyendo excrementos, orina, basura, residuos variados de calles y una variedad de materiales inconveniente que se lanzan a las alcantarillas y los albañales. Aunque no se conocen aún con toda precisión la serie completa de cambios bioquímicos que se producen en este medio, sí se conocen los resultados.

Mientras exista oxígeno en el agua, los polisacáridos, grasas y proteínas se transforman en productos mucho más sencillos e inofensivos, tales como el CO_2, los nitratos (NO_3^-) y

Fundamentos de Ecología

los sulfatos (SO_4^{++}). Al agotarse el oxígeno libre, las bacterias que lo utilizan de este modo son sustituidas progresivamente por otras que son capaces de obtenerlo a partir de compuestos que contengan oxígeno; a estas bacterias se les denomina anaerobias. Los productos finales de esta acción anaerobiótica son gases malolientes y desagradables, tales como sulfuro de hidrógeno ($H2S$), el amoniaco ($NH3$) y los mercaptanos.

Las aguas de lluvia deben desviarse del sistema de aguas servidas por un sistema separado, en todas aquellas poblaciones en las que exista un sistema de tratamiento para las aguas negras.

Como ya hemos visto, se distinguen dos procesos distintos para la descomposición orgánica de las aguas negras:
- Descomposición aeróbica: proceso mediante el cual el oxígeno libre (atmosférico o disuelto) es utilizado para realizar la descomposición de la materia orgánica.
- Descomposición anaeróbica: ocurre cuando en el proceso de descomposición se utiliza el oxígeno que forma parte de otros componentes, es decir, el oxígeno combinado. Dado un ambiente favorable, puede utilizarse provechosamente en uno u otro método o voluntad. Cada método se emplea según la conveniencia.

Cuando la escogencia del método es adecuada, se logra un mayor rendimiento y resulta más económico, pudiendo usarse por separado o combinados. A la vista de estas oportunidades de relación y combinación, la práctica de purificación de las aguas no debe ser fija, sino debe tender a avanzar en el campo de la investigación para el logro de nuevos métodos, más simples, rendidores y económicos.

El contenido se mide por su potencial contaminante, mediante ciertos métodos aprobados que la definen, más bien que por sus componentes específicos. Uno de los métodos más utilizados es el de la "Demanda Biológica de Oxígeno (DBO)", que aplicado a una muestra, nos indica su déficit de oxígeno y no propiamente el contenido.

14.7.8. El aprovechamiento y la gestión de las aguas residuales

Como su nombre lo indica, las aguas residuales son enormemente subvaloradas como un recurso potencial. Todas las aguas residuales con demasiada frecuencia se ignoran y se deja drenar. Una inversión inteligente y sostenida en el manejo de las aguas residuales generaría múltiples dividendos en la sociedad, la economía y el medio ambiente. Debe ser diseñada en función de:

(i) reducir el volumen y la magnitud de la contaminación del agua a través de prácticas preventivas,

(ii) la captura de agua una vez que ha sido contaminada,

(iii) tratar las aguas contaminadas con tecnologías y técnicas adecuadas para el retorno al medio ambiente,

(iv) siempre que sea posible con seguridad, reutilizar y reciclar el agua residual que permite preservar nutrimentos, y

(v) proporcionar una plataforma para el desarrollo de tecnologías nuevas e innovadoras y prácticas de gestión.

Si las inversiones de este tipo se escalan de forma apropiada se generarán dividendos sociales, económicos y ambientales en los años siguientes, muy superiores a las inversiones originales. La mejora de la gestión de cuencas será crucial y encontrar formas de reducir, optimizar y reciclar el agua será cada vez más esencial en el futuro. Las aguas residuales ya están siendo utilizadas para el riego y la fertilización y se pueda ampliar este papel, sobre todo para zonas periurbanas o la agricultura urbana y huertos familiares.

El manejo y tratamiento de aguas residuales tiene muchos beneficios ambientales asociados, lo que permite que los ecosistemas de las cuencas hidrográficas y las zonas productivas costera prosperen y ofrezcan servicios a sanitarios y económicos a las comunidades humanas. Su manejo inadecuado amenaza con socavar estos ecosistemas. Sin embargo, el valor de estos beneficios por lo general no se calcula, porque no están determinados directamente por el mercado, o debido a la insuficiencia de los derechos de propiedad, la presencia de externalidades, y la falta de información adecuada. La valoración de estos beneficios es necesaria para justificar las políticas de inversión adecuadas y mecanismos de financiación.

14.7.9. Normas internacionales para el agua potable

El agua se puede someter a diferentes tratamientos para eliminar sus impurezas químicas y microbiológicas. Para lograr este objetivo, existen plantas de tratamiento que permiten obtener el agua de aducción o agua potable que puede ser utilizada para el consumo (Figura 14.15). Por otra parte, muchas industrias tienen su propio sistema de tratamiento para obtener el agua adecuada para la elaboración de sus productos. En la industria, dependiendo de la calidad del agua que llega a una planta, se pueden utilizar diferentes métodos, o una combinación de ellos, para producir un agua de proceso microbiológicamente aceptable. La selección del o los métodos adecuados se debe basar en el conocimiento de la composición de agua que se recibe y la aplicabilidad de cada proceso para la corrección de los problemas presentes. La Organización Mundial de la Salud (OMS) fija como propiedades para que el agua sea potable y por lo tanto apta para el consumo humano los siguientes requisitos:

1. Ausencia de contaminantes biológicos.
2. Ausencia de contaminación radiactiva.
3. Ausencia de sustancias tóxicas.
4. Ausencia de sustancias químicas nocivas.
5. Características físicas: debe ser clara, incolora e inodora.

Desde el punto de vista bacteriológico, la ausencia o presencia de una bacteria de origen fecal, llamada *Escherichia coli*, se toma como índice para determinar o no la contaminación biológica por gérmenes infecciosos.

a) Para aguas tratadas con cloro u otros procedimientos, no se admite la presencia de ningún microorganismo coliforme en muestras de 100 ml.

Fundamentos de Ecología

Figura 14.15. Planta de tratamiento de agua para su potabilización.
Foto reproducida de: www.venezueladeverdad.gob.ve

b) Para aguas no tratadas químicamente, ninguna muestra de 100 ml debe contener bacterias de origen fecal de tipo *Escherichia coli*. Se puede tolerar ocasionalmente la presencia de hasta 3 microorganismos coliformes en 100 ml.

14.7.10. Contaminación del mar

La cadena de la contaminación llega al mar a través de los ríos, directamente del medio terrestre, o de la atmósfera, mediante precipitaciones por acción de las lluvias y el viento. Tradicionalmente, el mar ha sido considerado como un vertedero natural. El mar posee una gran capacidad de autodepuración y es un medio poco favorable para el desarrollo de la mayoría de los microorganismos patógenos. Sin embargo, la contaminación progresiva con aguas servidas convierte las aguas costeras en medio favorable para la supervivencia de bacterias patógenas, al tiempo que los contaminantes orgánicos (residuos agrícolas e industriales) provocan la eutrofización y, en casos extremos, zonas muertas. Las zonas muertas aparecen cada vez más en diversas partes del globo, especialmente aquellas donde hay un intenso desarrollo agrícola e industrial y por lo general se ubican en áreas cercanas a los estuarios y los deltas, por los cuales emanan grandes volúmenes de sedimentos y nutrimentos arrastrados desde las masas continentales (Figura 14.16).

Las fuentes de agentes contaminantes del mar más importantes son:

1. El vertido de aguas negras de las ciudades cercanas a las costas, el cual constituye un grave ambiental, especialmente para las poblaciones cercanas a los efluentes cloacales (Figura 14.17).

2. El funcionamiento de los motores marinos que utilizan derivados del petróleo y que constantemente pierden pequeñas cantidades de hidrocarburos.

3. La limpieza de los enormes depósitos de los tanqueros, que arrojan al mar grandes cantidades de residuos petroleros.

4. Los derrames de petróleo provocados por accidentes de los cargueros que los transportan. Uno de los casos más resaltantes fue el del carguero petrolero Exxon Valdez, cuando en marzo de 1989 golpeó el arrecife Prince William Sound 's Bligh, en las costas de Alaska, derramando 750.000 barriles de petróleo crudo sobre 2.100 km de costas y 28.000 km2 de océano. Se considera como uno de los más devastadores daños causados por los humanos desastres ambientales.

Más recientemente, en abril de 2010, la plataforma Deepwater Horizon (British Petroleum), ubicada en el golfo de México, se hundió como resultado de una explosión que había tenido lugar dos días antes, provocando el más importante vertido de petróleo de la historia, estimado en 779.000 toneladas de crudo. La zona cubierta por el petróleo derramado fue de 4,800 km^2, amenazando 400 especies (cocodrilos, venados, zorras, ballenas, atún, camarón y 25 millones de aves en riesgo que atraviesan diariamente la costa del Golfo de México (Figura 14.18).

En el lago de Maracaibo, donde desde hace 80 años se realizan perforaciones petroleras, según cifras del Ministerio del Ambiente, recogidas en los distintos diarios de la región, se producen mensualmente alrededor de 15 derrames en distintas escalas. Es decir, que en los últimos 10 años, el lago ha sufrido la intoxicación por causa de 1.800 derrames aproximadamente.

5. Perforaciones en el mar. Cada día aumenta el número de perforaciones de las que puede escapar un porcentaje considerable de petróleo. Las capas de petróleo

Fundamentos de Ecología

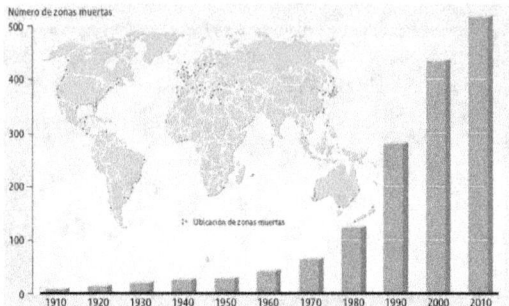

Figura 14.16. Crecimiento de las zonas muertas en el océano y ubicación relativa en las costas continentales

Figura 14.17. Las descargas de aguas servidas de Caracas llegan al mar Caribe. El Río Guaire desemboca por los lados de Santa Lucía, en el Río Tuy, el cual llega al mar en las costas de Barlovento

flotantes en el mar alcanzan las costas constituyendo la llamada marea negra, que al entrar en contacto con los ecosistemas litorales, ocasionan la muerte de una gran parte de su flora y fauna, con lo cual se rompe el equilibrio ecológico de estos sistemas marinos. Por otra parte la delgada capa de petróleo sobre la superficie de las aguas marinas, impide el intercambio gaseoso con la atmósfera y muchas especies marinos mueren por asfixia y se reduce la actividad fotosintética de las plantas marinas. Miles de aves marinas mueren, sobre todo las que se posan o sumergen en el agua para buscar su alimento, pues sus plumas se impregnan con petróleo, no pueden alzar el vuelo, se hunden y perecen.

6. Contaminaciones costeras. Otros productos de origen industrial pueden tener efectos catastróficos sobre las poblaciones costeras. En la Bahía de Minamoto, en Japón, se produjo una catástrofe por el vertido de las aguas residuales de una fábrica de acetaldehído (derivado mercurial) que las arrojaba al mar sin tratar. El contaminante mercurial recorrió toda la cadena trófica marina: fitoplancton, moluscos, crustáceos y peces que finalmente fueron consumidos por el hombre. El resultado fue aterrador: 40% de las personas afectadas fallecieron a los pocos días, víctimas de lesiones cerebrales.

14.8. Contaminación por radiactividad

El material radiactivo se encuentra en toda la naturaleza. Cantidades detectables se producen de forma natural en el suelo, rocas, agua, aire y la vegetación, desde donde puede entrar al cuerpo (por inhalación o por ingesta). Los niveles de radiación de fondo son de una combinación de terrestre y la radiación cósmica. En todo el mundo, sin embargo, hay algunas áreas con grandes poblaciones que tienen altos niveles de radiación de fondo, principalmente en Brasil, India y China. Los niveles de radiación más altos se deben a la alta concentración de minerales radiactivos en el suelo. La monacita es un mineral de tierras raras altamente insoluble que se produce en la playa de arena, junto con el mineral de ilmenita, que da las arenas de un color característico.

Fundamentos de Ecología

Figura 14.18. Los derrames petroleros contaminan severamente los ecosistemas. El derrame de la plataforma petrolera Deep Water Horizon en el Golfo de México se considera uno de las catástrofes ecológicas más importantes de los últimos años.

Además, la exposición a la radiación puede ocurrir por fuentes artificiales como los procedimientos de diagnóstico y terapéuticos médicos, los reactores nucleares generadores de electricidad, las pruebas y producción de armas nucleares y los accidentes en instalaciones nucleares como lo sucedido en Chernobyl (Rusia) en 1986 y más recientemente en Fukushima (Japón) en 2011 (Figura 14.19). Una fuente importante de contaminación radioactiva es el radón, un gas que se forma durante el proceso de descomposición del uranio natural. En el mundo natural, la dosis media para humanos es de aproximadamente 2,4 milisievert (mSv)/año. Esto es cuatro veces más que el promedio mundial de la exposición de radiación artificial, que en el año 2008 fue de alrededor de 0,6 mSv por año (UNSCEAR, 2008). En algunos países industrializados la exposición artificial es, en promedio, mayor que la exposición natural, debido a un mayor acceso a las imágenes médicas.

Los materiales radiactivos pueden emitir tres tipos de radiaciones:

1. **Rayos alfa**. Son partículas muy pesadas, casi 8000 veces más que los electrones y 4 veces más que un protón. Tienen carga positiva (+2) debido a la ausencia de los electrones y son desviadas por campos eléctricos y magnéticos. Alcanzan una velocidad igual a la veinteava parte de la de la luz (°c/20 = 15.000 km/s). Poseen una gran energía cinética ya que tienen mucha masa y una gran velocidad.

2. **Rayos beta**. Las partículas beta son electrones moviéndose a gran velocidad (próxima a la de la luz 270.000 km/s). Tienen energía cinética menor que las partículas alfa porque, aunque tienen una gran velocidad, tienen muy poca masa.

3. **Rayos gamma**. Son ondas electromagnéticas, de longitud de onda extremadamente corta. Son muy penetrantes y peligrosos. No tienen masa en reposo y se mueven a la velocidad de la luz. No tienen carga eléctrica y no son desviadas por campos eléctricos ni magnéticos. Al no tener masa tienen poco poder ionizante, pero son muy penetrantes. Los rayos gamma del Ra atraviesan hasta 15 cm de acero. Son ondas como las de la luz pero más energéticas aún que los rayos X.

Los rayos X tienen las mismas características que los rayos gamma, a pesar de que se producen de manera diferente. Cuando los electrones de alta velocidad golpean los metales, los electrones se detienen y liberan energía en forma de una onda electromagnética. Esto fue observado por primera vez por Wilhelm Roentgen en 1895.

La radiación ionizante puede actuar directamente sobre las moléculas de los componentes celulares o indirectamente en las moléculas de agua, produciendo radicales libres a partir del agua. Estos radicales libres reaccionan con las moléculas cercanas en un tiempo muy corto, lo que resulta en la rotura de enlaces químicos o de oxidación (adición de átomos de oxígeno) de las moléculas afectadas. El mayor efecto de las células es la ruptura del ADN. Dado que el ADN consta de un par de cadenas complementarias de dobles, la ruptura puede ser de una sola hebra o de ambas. La mayoría de las hebras simples pueden ser reparadas normalmente gracias a la naturaleza de doble hebra de la molécula de ADN (las dos hebras se complementan entre sí, de modo que una hebra intacta puede servir como una plantilla para la reparación de su hebra opuesta dañada). En el caso de roturas de cadena doble, sin embargo, la reparación es más difícil y pueden resultar en la inducción de mutaciones, aberraciones cromosómicas, o muerte celular.

Cuando las radiaciones se diseminan por los ecosistemas tienden a diluirse, pero al seguir el camino de las cadenas tróficas pueden acumularse en algún organismo, concentrándose en dosis peligrosas, tanto para el propio organismo, como para los que se alimenten de él.

La absorción de radiaciones ionizantes y su concentración en las cadenas alimentarias dependen de varios factores.

1. Naturaleza de los radioelementos. Revisten particular importancia los elementos cuya vida media es larga. Se entiende por vida media el tiempo en que una masa radiactiva se reduce a la mitad.

2. Especificidad del factor de concentración. Algunos organismos son especialmente aptos para que un tipo de radiación se acumule en un organismo. Podemos ver diferencias en el siguiente cuadro.

3. Naturaleza y contenido de los elementos minerales en el medio; en elementos alimenticios variados la

Fundamentos de Ecología

Figura 14.19. Los desastres nucleares de Chernobyl (1986) y Fukushima (2010) provocaron grandes daños, no sólo en las regiones circundantes, sino también a miles de kilómetros a su alrededor.

contaminación radiactiva es mucho menor. Por eso los factores de concentración serán mayores en el agua que en la tierra.

4. Naturaleza y edad de los organismos. Los mamíferos son más sensibles a los rayos gamma que los insectos y estos, mucho más que las bacterias. Las células jóvenes son más sensibles que las adultas. Los individuos jóvenes absorben más que los de edad.

5. Un aspecto todavía más importante en la contaminación radioactiva de la biosfera es el de la evacuación de los residuos resultantes de la utilización pacífica de la energía atómica. El problema subsiste sin embargo, ya que un cataclismo, terremoto, volcán u otro fenómeno podrían llevarlas a capas superficiales de donde pasarían a las cadenas tróficas. Los desperdicios sólidos o líquidos se introducen en gigantescos tanques hechos para tal efecto. En la actualidad se piensa evacuar estos productos al mar, o bien todavía mejor, en pozos perforados en el suelo dentro de cajas de paredes gruesas de plomo, de modo que no puedan ser incorporados a los ciclos biológicos.

14.9. Contaminación sónica

El ruido es uno de los problemas más graves de la sociedad moderna. El constante martilleo, los automotores, la música ruidosa, las explosiones, los aviones, etc. producen ruidos de intensidad variada que pueden ocasionar una serie de trastornos de diversa índole en el hombre.

Para tener una idea de la intensidad del ruido podemos señalar que en una habitación tranquila, la intensidad llega a 30 o 40 decibelios (dB), en la calle de 70 a 90 dB en un momento de mucho tráfico; el martilleo neumático alcanza una intensidad de 130 dB. Esta intensidad es dolorosa para el oído humano y por lo tanto sumamente pernicioso (Figura 14.20).

Se han propuesto muchas definiciones sobre el ruido y una de las más sencillas es la que lo considera como un sonido desagradable. Aquí está precisamente el poder determinar el punto o frontera entre un sonido agradable y desagradable, ya que en esta apreciación intervienen factores subjetivos como la intensidad del sonido y la cultura y costumbres.

La capacidad del oído humano para percibir sonidos está entre 16 y 16.000 ciclos por segundo (el ciclo expresa la variación del sonido por segundo). La diferencia entre la intensidad de un sonido determinado y la mímica que el oído percibe nos indica el nivel de intensidad, el cual se expresa en unidades llamadas decibelios (dB). La mínima intensidad de un sonido perceptible por el oído tendrá el valor de 0 decibelios.

Las causas más frecuentes del ruido son las industrias que originan con sus maquinarias herramientas intensos ruidos, los vehículos y aviones, aparatos electrodomésticos, los equipos de sonido a todo volumen.

Los efectos fisiológicos del ruido son principalmente los siguientes:

- La fatiga auditiva. Se traduce por la imposibilidad o dificultad de percibir sonidos cuya intensidad sea inferior a 70 dB (aumento del umbral auditivo). Además produce fatiga permanente y a partir de los 100 decibelios, cardiopatías.

- El encubrimiento: Dificultad de percibir un sonido, bajo los efectos de un sonido distinto que se superpone al primero.

- Sorderas profesionales: son una consecuencia de las profesiones que tienen que estar en contacto con ruidos intensos: carpinteros, perforadores, mecánicos, ingenieros aeronáuticos, etc.

- Traumatismos acústicos: ruptura del tímpano, desajuste en los líquidos acústicos que llevan a la pérdida de la sensibilidad auditiva. Se dice que en la actualidad se está formando generación de futuros sordos, pues cada vez se incrementa más el ruido en las ciudades.

Los efectos psicofisiológicos del ruido más sobresalientes son:

- Interrupción del sueño. Estudios electroencefalográficos permiten afirmar que un sueño normal es alterado cuando la intensidad del sonido supera los 70 dB (decibelios).

Fundamentos de Ecología

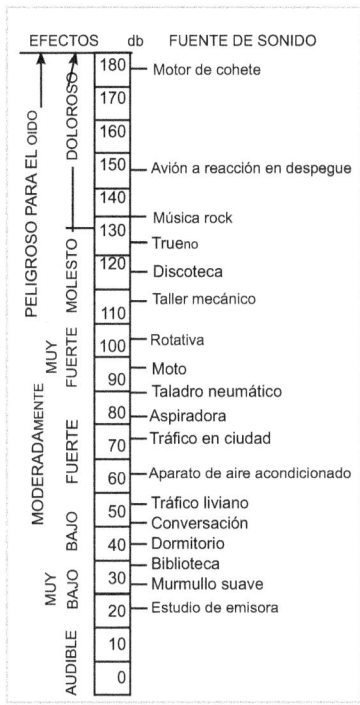

Figura 14.20. Niveles de ruido y su efecto sobre el ser humano.

- Disminución del rendimiento laboral. Se ha calculado que el ruido es el responsable del 50% de los errores mecanográficos; del 20% de los accidentes de trabajo y del 20% de las horas hombre de trabajo perdidas.
- Contribuye al estado de ansiedad. Es uno de los factores que crea tensión, angustia y ansiedad que conforman el estado denominado stress. Conducta conflictiva y agresividad e impotencia sexual.

14.10. La Basura: su incidencia en la salud pública

Todo residuo sólido putrescible o no (a excepción de las excretas) es considerado como basura. Incluye desperdicios, desechos, cenizas, productos de la limpieza de calles, animales muertos y restos sólidos procedentes de mercados o industrias.

Ampliando lo señalado previamente en la sección 15.6.1 el volumen de basura generado en las ciudades crece vertiginosamente, producto del consumo exacerbado de la sociedad. La acumulación de la basura implica el peligro de constituirse en un criadero de insectos, principalmente moscas, mosquitos y zancudos, muchos de los cuales propagan y transmiten enfermedades como gastroenteritis, fiebre tifoidea, dengue, disentería, parasitosis y otras. Los desperdicios de alimentos y materias orgánicas contenidos en las basuras atraen a las ratas, que intervienen en la propagación de enfermedades como la peste bubónica, el tifus, la leptospirosis, rickettsia e intoxicaciones alimenticias.

Las latas, botellas y recipientes capaces de almacenar agua, son criaderos de mosquitos transmisores de fiebre amarilla, paludismo o encefalitis. Los residuos alimenticios atraen a chiripas y cucarachas, las cuales al utilizar las cloacas como vías de circulación, intervienen en la propagación de enfermedades de tipo digestivo, principalmente (Figura 14.21).

La putrefacción, especialmente la anaeróbica, del contenido orgánico de las basuras, produce olores desagradables que ocasionan molestias. Si las basuras son quemadas sobre el suelo se produce humo, olores y gases tóxicos con la consiguiente contaminación atmosférica, además de existir en ciertos casos, peligro de incendios.

Las basuras —cuando son manipuladas para extraer de ellas objetos diversos— son causa de accidentes y de propagación de enfermedades (cortaduras, tétanos). Debemos recordar que a cielo abierto, aparece el fenómeno curioso de una población que vive a expensas de los residuos alimenticios y de los objetos que puedan obtener de la basura. Como ejemplo podemos citar la población que vivía alrededor del relleno sanitario de Ojo de Agua entre Caracas y La Guaira, donde se depositaba la mayor cantidad de basura de la capital de la República de Venezuela. Se calcula en 10.000 el número de personas que tenían relación más o menos directa con este relleno ya clausurado por el gobierno y trasladado a otra zona más apropiada.

Las basuras vertidas directamente sobre el suelo o en los cursos de agua producen la contaminación de aguas superficiales y subterráneas, obstruyen los drenajes naturales y provocan inundaciones. Es indudable que el manejo adecuado de las basuras se reflejará de inmediato en un aumento de la salud humana y en el mejoramiento del medio ambiente.

Todo esto permite llegar a la conclusión de que la basura es un problema que es necesario solucionar en forma adecuada para mantener el ambiente limpio evitando así enfermedades. Es precisamente en este problema, donde el saneamiento ambiental va a desempeñar junto con la educación sanitaria, una de sus más saludables funciones.

La producción diaria de residuos domésticos urbanos varía de país a país. Por ejemplo, en 1996 dicho volumen fue de 1.179 kg/hab/año en los EE UU, 620 en Austria, 348 en el Reino Unido e Italia y 322 kg/hab/año en España (OEI, 1997). En América latina las cifras son algo similares, con valores de 400 kg/hab/año en México, 340 en Brasil y 260 kg/hab/año en Venezuela. En promedio, la producción diaria varía entre 0,5 y 2 kg por persona, aproximadamente. El problema de la basura adquiere proporciones alarmantes

Fundamentos de Ecología

Figura 14.21. En los ecosistemas urbanos, la basura constituye uno de los problemas ambientales de mayor importancia.

en los barrios insalubres que, como un cordón de miseria, rodea las grandes ciudades.

14.10.1. Soluciones para el problema de la basura

La producción, recolección, transporte y eliminación de las basuras no debería constituir un problema en ningún país, pues existen técnicas adecuadas para resolver cualquier casuística que se plantee en esta materia. Sin embargo, la escasez de recursos económicos en la gran mayoría de los municipios impide adoptar las soluciones más adecuadas.

El tema del reciclaje, o la recuperación de materiales y desechos existentes en la basura, alcanza cada día mayor auge, debido a la crisis de energía, al encarecimiento de las materias primas y al aumento de precio que algunas de ellas han experimentado en los últimos tiempos. Todo ello ha conducido a considerar seriamente la posibilidad de recuperación de materiales a través del reciclado, una vez que las basuras han sido descargadas en las plantas de tratamiento, e incluso antes, mediante la puesta en marcha de campañas de recuperación previa a través de la colocación de contenedores específicos, como en el caso del vidrio, el papel, cartón, pilas, etc., cuyos productos interesa separar del resto de la basura, bien por el alto valor que alcanzan en el mercado, o para evitar una posible contaminación por la presencia de metales pesados o productos especiales que no deben entrar en contacto con la basura. En la actualidad el reciclaje es una práctica común en gran parte del mundo, debido a las regulaciones gubernamentales y las leyes de protección del ambiente. Las grandes empresas productoras de papel, cartón, caucho y vidrio adquieren, a través de intermediarios dedicados a la compra de volúmenes significativos de residuos, normalmente provenientes en su mayoría de recolectores individuales que tienen una fuente de ingreso, a veces la única, con esta actividad.

Las medidas más utilizadas en la solución de los problemas que acarrea la basura se pueden agrupar en las siguientes categorías:

1. Educación ambiental ciudadana, espacialmente de los habitantes de los barrios insalubres:
- Por medio de la educación escolar, utilizando a los maestros y alumnos como factores multiplicadores; y esto a partir de la Educación Básica.
- Instruyendo y creando conciencia en los adultos, para lo cual se utilizarían las juntas Pro-mejoras, Desarrollo de la comunidad. Demostradoras del Hogar, Inspectores de Sanidad, Consejos comunales, entre otros.
- Incentivar en todos los sectores los principios de la producción más limpia.
- Promover las tres Rs: reducir, reciclar y reutilizar

2. Almacenamiento domiciliario de la basura:
- Cada grupo familiar debe disponer de un recipiente adecuado que permita el almacenamiento de la basura, hasta ser recogida por el organismo competente.
- Escurrimiento y compactación al máximo de las basuras; con esto se reduce el espacio y se evitan los malos olores.
- Promoción de la cultura del reciclaje para la separación de la basura en sus principales componentes (papel, vidrio, metales, plásticos y orgánicos) y facilitar así la gestión inteligente del problema.

3. Recolección de la basura domiciliaria:
- Cuando los vehículos recolectores pueden llegar hasta las viviendas cada una debe colocar los pipotes o bolsas plásticas en los días y lugares señalados para facilitar su recolección. Cada vehículo es capaz de recoger la basura de 250 viviendas al día. Un vehículo de 10 a 12 m3 puede recoger la de 700 viviendas.
- La recolección debe facilitar la separación de las clases de basura, para complementar el reciclaje.
- Escogencia de las rutas más adecuadas que permitan ahorrar tiempo y multiplicar el trabajo de cada vehículo recolector.

14.10.2. Sistemas para la disposición final de la basura

En la actualidad se utilizan diversos métodos con esta finalidad. Para la adopción del método más conveniente es indispensable la investigación de la calidad y cantidad de la basura. Actualmente se diferencian varias clases de basura:

1. Las procedentes de desperdicios de comida.
2. Residuos metálicos, plásticos y de vidrio.
3. Las que contienen una mezcla de ambos.

Fundamentos de Ecología

Los métodos usados para la eliminación de la basura o desechos sólidos, se pueden reducir a dos caminos posibles: acumulación en lugares determinados y reciclaje o recirculación aprovechando los productos por diversos métodos de tratamiento. Para la acumulación o disposición final de la basura se utilizan los siguientes métodos:

1. El relleno sanitario. Consiste en depositar la basura a cielo abierto en lugares espaciosos esparciéndolas en capas delgadas y cubriéndolas con tierra y apisonándolas para reducir su volumen (aproximadamente se necesita 1 Ha. por año para cada 50.000 habitantes). El método da excelentes resultados y representa una auténtica economía cuando se dispone de un área suficientemente grande y se ajusta a las normas de higiene establecidas (Figura 14.22). Las diferentes etapas son:
   a) Depositar las basuras de una manera planeada y controlada.
   b) Esparcirla y apisonarla para formar capas delgadas con el fin de reducir el volumen.
   c) Cubrimiento del material con una capa de tierra.
   d) Apisonar nuevamente.
   e) Lo más importante sucede dentro de la masa de basura y consiste en una lenta fermentación cuyo éxito depende del funcionamiento efectivo de los microorganismos (levaduras, bacterias) presentes en la basura.
   f) Para aumentar las condiciones que aseguren la acción biológica degradadora, es necesario asegurar durante 3 días por lo menos una temperatura de unos 55°C para lo cual deben estar a no más de 55 cm de la superficie.
2. Incineración directa. Este sistema consiste en someter a la basura a la combustión rápida en hornos especializados técnicamente diseñados. Necesita una previa clasificación de la basura para evitar la producción en masa de gases tóxicos. Las cenizas resultantes deben ser dispuestas finalmente y son muy apreciadas como fertilizantes. La incineración de la basura tiene la desventaja de producir muchos residuos incombustibles, que deben seguir el camino de los rellenos y además produce humo que contamina la atmósfera.

Mediante el reciclaje de la basura (Figura 14.23) se pueden obtener los siguientes productos:

a) Producción de alimentos para animales. Principalmente se utilizan los desechos de origen orgánico, previamente escogidos, como grasa, huesos, sangre y otros que pueden utilizarse en la fabricación de alimentos concentrados para animales; y, en el caso de la grasa, se puede fabricar sebo, el cual se utiliza en la industria del jabón.

b) Conversión de la basura en abono. Triturando la basura mezclada con tierra adecuada, se puede obtener una mezcla que una vez fermentada, tiene grandes ventajas como abono con el cual se pueden mejorar y recobrar terrenos otrora improductivos.

c) Últimamente se ha recurrido a utilizar procesos que permiten una fermentación rápida por medio de temperaturas controladas (Compostaje). El resultado es la obtención de un producto parecido al "humus" que puede añadirse después a los terrenos de cultivo, con magníficos resultados.

En respuesta a las numerosas evidencias de la grave contaminación producida por el tratamiento descontrolado de los residuos, los gobiernos han adoptado normativas para imponer unas prácticas aceptables de recogida, tratamiento y eliminación de residuos

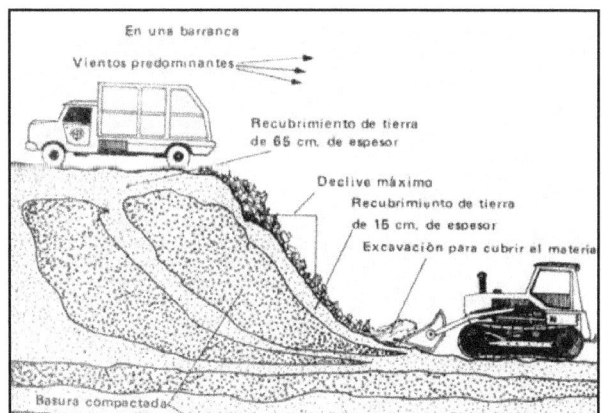

Figura 14.22. Tratamiento, reciclaje y disposición final de la basura.

Fundamentos de Ecología

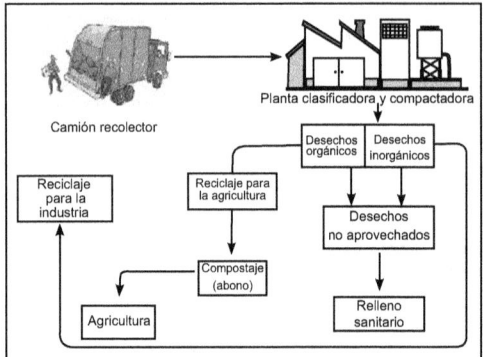

Figura 14.23. Esquema de la estructura e un relleno sanitario.

y garantizar la protección del medio ambiente. Se ha dedicado una especial atención a la definición de los criterios de un vertido sin riesgos para el medio ambiente basados en vertederos controlados, incineración y tratamiento de residuos peligrosos (Spiegel y Maystre, 2003). Para evitar una posible sobrecarga ambiental y los costes asociados a la eliminación de residuos y para promover una gestión más cuidadosa de unos recursos escasos, cada vez se está dedicando mayor atención a la minimización y el reciclado de los residuos.

Fundamentos de Ecología

Capítulo 15

La Biodiversidad y su conservación

15.1. Contexto y relevancia de la conservación

El hombre ha vivido durante mucho tiempo con la idea de que los recursos naturales son inagotables y, por lo tanto, no se ha preocupado por su continuo deterioro. Pero hoy día, la humanidad ha descubierto que la naturaleza pródiga es un bien muy frágil y que, de seguir con el uso indebido y la explotación irracional de los recursos naturales, puede correr peligro su supervivencia. Al desaparecer la naturaleza, la vida del hombre sobre la tierra habría llegado a su fin. Por esto es necesario un cambio radical en las relaciones que hasta ahora se han establecido entre el hombre y la biosfera. El hombre está en la necesidad de lograr un mejoramiento constante del medio para hacerlo más grato y equilibrado; en una palabra, mejorar la calidad de la vida.

El sistema Tierra es la base para todas las sociedades humanas y sus actividades económicas. La gente necesita aire limpio para respirar, agua potable, alimentos saludables para comer, energía para producir y transporte de mercancías y los recursos naturales que proporcionan la materia prima materiales para todos estos servicios. No obstante, los 7 mil millones de humanos que hoy vivimos, realizan una explotación colectiva de los recursos de la Tierra a un ritmo acelerado y con intensidades que superan la capacidad del sistema para absorber los residuos y neutralizar los efectos adversos sobre el medio ambiente. De hecho, el agotamiento o la degradación de varios recursos clave ya están limitando el desarrollo convencional en algunas partes del mundo (UNEP/GEO5, 2012).

Debemos estar muy conscientes de un reto inmediato que no se puede posponer más: utilizar la naturaleza de tal modo que se respeten sus leyes y se mantenga el equilibrio ecológico. La sociedad debe reflexionar sobre su comportamiento en relación con la Naturaleza y corregir el rumbo, para no continuar con la explotación incontrolada e irracional que está haciendo de los recursos naturales. Debemos anteponer el bien común al propio y utilizar los recursos naturales adecuadamente.

Hay dos enfoques conceptuales, de acuerdo con lo expresado por Berkes y Turner (2006), en que puede evolucionar el conocimiento sobre la conservación: el modelo de la **crisis de agotamiento** y el de la **comprensión ecológica**. El primero de ellos sostiene que el desarrollo y la práctica del pensamiento conservacionista dependen del aprendizaje esencial de que los recursos son agotables. Este aprendizaje surge después de una crisis de agotamiento de recursos. El segundo mecanismo enfatiza el desarrollo de prácticas de conservación después de la elaboración gradual de un acervo de conocimiento sobre el ambiente por un grupo de personas dedicadas y preocupadas, bajo un enfoque sistémico y multidimensional que aborde la complejidad de los ecosistemas y el ambiente como una totalidad. Estos dos

Figura 15.1. El bienestar de la humanidad depende de la conservación de los recursos naturales.

Fundamentos de Ecología

mecanismos pueden trabajar conjuntamente en la realidad.

Después de una perturbación, una sociedad puede auto-organizarse, aprender y adaptarse. El proceso de auto-organización, facilitado por el desarrollo del conocimiento y el aprendizaje, tiene el potencial de aumentar la **resiliencia** (capacidad de absorber las perturbaciones y reorganizar al mismo tiempo en proceso de cambio) de los sistemas de uso de los recursos. Por lo tanto, el conocimiento acerca de la conservación se puede desarrollar a través de una combinación de largo plazo de la comprensión ecológica y del aprendizaje derivado de las crisis y los errores. Lo cual le otorga valores de supervivencia y preservación, ya que aumenta la resiliencia de los sistemas socio-ecológicos integrados para enfrentar el cambio, de manera que se perpetúe la sostenibilidad, tanto del ambiente como de los grupos sociales.

El término **Conservación** no se refiere al mantenimiento inalterable de los recursos naturales, sino más bien al uso racional de los mismos. Por lo tanto, la conservación debe entenderse como el proceso de crear y aplicar principios, metodologías y procedimientos que aseguren la utilización racional de los recursos naturales. Conservar no significa no utilizar, sino administrar sabiamente la naturaleza para beneficio del hombre y de la sociedad, respetando los mecanismos ecológicos que rigen los procesos naturales.

La conservación, en último término, podemos definirla como el uso y manejo racional de los Recursos Naturales, de modo que obteniendo de ellos el mayor beneficio posible, no se agoten y puedan mantenerse productivos indefinidamente. Muchos se preguntarán si el uso moderado y manejo racional de los recursos ¿no podría frenar el impulso que trae la humanidad en su avance técnico e industrial?

En primer lugar es necesario aclarar que el culto al progreso económico y técnico, y la creencia en las ventajas del urbanismo y el fervor por el desarrollo industrial, no ha venido acompañado por el mejoramiento de la calidad de la vida y la formación estética y espiritual que hace de los hombres una especie privilegiada. Sin embargo, existe certeza de que se pueden armonizar desarrollo y conservación, pues no son incompatibles, siempre y cuando se respeten las leyes naturales y se administren racionalmente los recursos naturales.

Ceder progresos técnicos para aumentar nuestras relaciones humanistas no es perder, sino ganar. Además, el impulso desenfrenado hacia el progreso técnico e industrial, nos ha llevado frente a un despeñadero y, por fuerza, debemos detenernos. Sin embargo, debemos ser optimistas en cuanto al futuro del hombre, ya que se están haciendo esfuerzos para reducir y hasta eliminar las causas del deterioro de la naturaleza. En todos los países se está aplicando una legislación que, progresivamente, permitirá recobrar en todo su vigor nuestro deteriorado planeta, gracias a la concientización que se está logrando mediante la educación ambiental ya implantada en muchos países.

15.2. La problemática actual del deterioro del medio ambiente

El más reciente análisis de la UNEP sobre las perspectivas medioambientales globales (GEO5/UNEP, 2012) identifica un conjunto de umbrales críticos que están afectando al sistema Tierra y al medio ambiente, debido a los cambios ocurridos en los últimos 20 años. Los cambios que actualmente se observan en el sistema Tierra no tienen precedentes en la historia de la humanidad. Los esfuerzos por reducir la velocidad o la magnitud de los cambios –incluyendo una mejora en la eficiencia de los recursos y medidas de mitigación– han dado resultados moderados, pero no han conseguido revertir los cambios ambientales adversos. En los últimos cinco años no han disminuido ni la escala de los cambios ni su velocidad. A medida que se han ido acelerando las presiones de los seres humanos en el sistema Tierra

Figura 15.2. La explotación de los recursos naturales por el hombre debe hacerse racionalmente y asegurando su conservación. (Foto: A. Romero S.)

Fundamentos de Ecología

nos hemos acercado a varios umbrales críticos mundiales, regionales y locales, o los hemos superado. Una vez que se hayan cruzado esos umbrales, es probable que ocurran cambios bruscos y posiblemente irreversibles en las funciones que sustentan la vida del planeta, que traerán importantes consecuencias negativas para el bienestar humano. Un cambio brusco a escala regional se puede observar, por ejemplo, en el colapso de los ecosistemas de lagos y estuarios de agua dulce como consecuencia de la eutrofización; o el derretimiento acelerado de la capa de hielo del Ártico, así como el deshielo de los glaciares, debido a la amplificación del calentamiento global.

Las consecuencias de los cambios complejos y no lineales en el sistema Tierra ya están teniendo graves consecuencias para el bienestar humano, entre las que se incluyen:

➢ Factores múltiples e interrelacionados, como sequías combinadas con presiones sociales y económicas, que afectan la seguridad alimentaria y social.

➢ Aumento de la temperatura media por encima de ciertos umbrales en determinados lugares, lo que ha tenido importantes consecuencias en la salud humana, como un aumento de los casos de malaria.

➢ Aumento de la frecuencia y la gravedad de fenómenos climáticos, como inundaciones y sequías a niveles sin precedentes, que afectan tanto el capital natural como la seguridad humana.

➢ Variación cada vez más rápida de la temperatura y aumento del nivel del mar, que influyen en el bienestar humano en determinados lugares y en la cohesión social de muchas comunidades, entre otras, las comunidades indígenas y locales; el aumento del nivel del mar supone una amenaza para algunos bienes naturales y la seguridad alimentaria de los pequeños Estados insulares.

➢ Pérdida considerable de diversidad biológica y extinción constante de especies, deteriorando la prestación de servicios de los ecosistemas, como es el caso del colapso de una serie de actividades pesqueras y la pérdida de especies utilizadas con fines medicinales.

15.3. Concepto e importancia de los recursos naturales

Los recursos naturales constituyen sin duda el patrimonio de la humanidad, de ellos vivimos y su conservación debe ser responsabilidad de todos. Cada día se hace más patente y cierto el lema: "Conservar o morir". No hay otra alternativa, sobre todo si pensamos en la herencia que dejaremos a las futuras generaciones. Todos los conceptos y aspectos que hemos tratado a lo largo de este libro tienen que ver con los recursos naturales. Los ecosistemas son realmente emporios de recursos naturales (suelos, agua, aire, flora, fauna) que coexisten en complejos sistemas de equilibro estable, asegurando su perpetuación y evolución en el tiempo y el espacio. Como tal, un ecosistema ofrece sus servicios al hombre en muy diversas formas, por lo que la preservación del funcionamiento y de los procesos ecosistémicos es determinante para asegurar la disponibilidad de tales recursos naturales beneficiosos a la humanidad.

Entendemos por **Recursos Naturales** todos los elementos, compuestos y seres vivos que se encuentran en la Naturaleza para disfrute del hombre: **el suelo, el agua, los elementos minerales** en su estado natural, el aire y la biodiversidad **(flora y fauna)**.

Generalmente los recursos naturales se dividen en dos categorías: **renovables** y **no renovables**. Esta división es bastante artificial, pues, estrictamente hablando, todos son renovables; lo que varía es el tiempo que tardan en formarse o generarse. Así, por ejemplo, mientras el petróleo tarda centenares de millones de años en formarse, la flora o la fauna se reponen más rápidamente.

Examinadas estas categorías desde el punto de vista actual, en el que una explotación intensiva los ha agotado o lleva-

Figura 15.3. Las selvas tropicales constituyen el principal recurso natural de cualquier país, por la gran riqueza de biodiversidad que contienen. (Foto: A. Romero S.).

Fundamentos de Ecología

do a límites peligrosos, los recursos renovables podrían no serlo más, pues en la práctica escasean o se hallan tan deteriorados que dejan de ser inagotables. Aunque esto parezca una paradoja, la realidad cotidiana parece confirmarlo.

Los recursos naturales renovables son aquellos que usados racionalmente pueden aprovecharse indefinidamente, ya que se renuevan o reproducen constantemente en períodos más o menos cortos. Entre estos recursos se incluyen el **suelo, el agua, el aire,** los **elementos minerales** en su estado natural, el paisaje y la **biodiversidad**.

Los recursos Naturales no Renovables son aquellos que se forman a través de los tiempos y cuya explotación tiende a agotarlos, pues en la práctica no se reponen o renuevan. Comprenden los minerales del subsuelo como el hierro, el petróleo, el carbón y el aluminio, entre otros. La conservación de estos recursos cobra mayor importancia, pues la explotación de ellos conduce a su agotamiento o desaparición. Se impone, por tanto, un sentido moderado e inteligente de su utilización, evitando cualquier despilfarro.

15.4. Conservación del suelo

Tal y como se dijo en el capítulo 11, el suelo constituye el sustrato donde se fijan las plantas y constituye el hábitat de un gran número de especies de seres vivos; es el reservorio de las sales minerales y compuestos químicos necesarios para el desarrollo y crecimiento de las plantas. El suelo es producto de la meteorización de la roca, la cual es desintegrada y descompuesta por los factores climáticos tales como los cambios de temperatura y por la acción de los factores biológicos que, por la acción de las raíces de las plantas y otros organismos vegetales, contribuyen a disgregar o fragmentar progresivamente las rocas.

En el suelo se efectúan las transformaciones químicas que devuelven a la tierra las sustancias minerales y orgánicas. Se ha definido el suelo como la capa superficial de la corteza terrestre, constituido por un sistema complejo de partículas rocosas, sustancias químicas diversas, microorganismos, residuos orgánicos, agua y aire. El suelo forma, por lo tanto, un ecosistema frágil y limitado que es necesario proteger y defender contra las acciones que tienden a degradarlo, ya sea por uso irracional o por la contaminación.

Como tal, los suelos cumplen con importantes funciones de las cuales se derivan servicios ambientales indispensables para el sostenimiento tanto del ecosistema como de la vida humana. Tales características y funciones de los suelos determinan que la conservación de este recurso debe orientarse hacia el mantenimiento y la recuperación de su calidad, entendida como la capacidad para funcionar dentro de los límites naturales, para sostener la productividad de las plantas y animales, mantener la calidad del aire y del agua.

De acuerdo con la UNEP (2012), en lo que ha transcurrido del siglo XXI, el recurso suelo está sufriendo un grave dete-

Figura 15.4. Los suelos constituyen el sustrato esencial de los ecosistemas terrestres

rioro, mucho mayor que el experimentado en el siglo XX, debido principalmente a los siguientes factores:

➢ La presión sobre los recursos de suelo se ha incrementado durante los últimos años, a pesar de los objetivos internacionales para mejorar su gestión. Muchos ecosistemas terrestres están siendo gravemente degradadas debido a que las decisiones sobre el uso de la tierra a menudo no reconocen las funciones no económicas de los ecosistemas y los límites biofísicos de la productividad. Por ejemplo, solamente la deforestación y la degradación forestal es probable que cuesten a la economía mundial más que las pérdidas de las crisis financieras de 2008.

➢ El crecimiento económico se ha logrado mayormente a expensas de los recursos naturales y los ecosistemas. El sistema económico actual, basado en la idea del crecimiento perpetuo, resulta inapropiado dentro de un sistema ecológico que está constreñido por límites biofísicos establecidos.

➢ Las demandas por alimento, forraje, fibras, combustible y materias primas, las cuales compiten entre sí [1], están intensificando las presiones sobre los recursos. La demanda de alimentos y piensos están aumentando rápidamente debido al crecimiento de la población humana y cambios en la dieta. Este crecimiento simultáneo está provocando el cambio de uso de las tierras, la degradación del suelo y la presión sobre las áreas protegidas.

➢ El cambio climático global está similarmente poniendo una carga adicional en las áreas productivas, al restringir el uso de tierras para la producción, debido a las limitantes de los factores ecológicos (temperatura y humedad).

➢ A su vez, la urbanización y globalización crecientes están agravando dichas demandas y la competencia por el recurso. Ambos procesos amplían e intensifican la presión sobre el recurso suelo mediante el aumento de las distan-

---

[1] Por ejemplo, la capacidad instalada de producción de maíz, que inicialmente se dedicaba a la alimentación humana y animal, se está utilizando en muchos países para la producción de biocombustibles. Al mismo tiempo, la demanda de biocombustibles y materias primas también han aumentado considerablemente, impulsada por el aumento de población, mayor consumo y las políticas de biocombustibles amigables.

Fundamentos de Ecología

cias entre los lugares donde los productos se originan y donde se consumen. Las distancias mayores pueden oscurecer las causas de la disminución de los recursos y la degradación del ecosistema, provocando mayores costos ambientales debidas al transporte y la infraestructura requerida para ello.

15.5. La degradación de los suelos

La degradación de los suelos se define como una declinación a largo plazo en las funciones ecosistémicas, se mide en términos de la productividad primaria neta y es un proceso acumulativo. Los síntomas de la degradación incluyen la erosión del suelo, reducción de los nutrimentos, salinidad, escasez de agua, contaminación, alteración de los ciclos biológicos y pérdida de biodiversidad (Bai et al., 2008). Puede dividirse en dos grandes categorías. La primera se refiere a la degradación por desplazamiento del material edáfico, abarcando la erosión hídrica y la erosión eólica. Una segunda categoría se refiere a la degradación como resultado del deterioro interno, en la que se incluye la degradación química —que engloba la pérdida de nutrimentos, la contaminación, la acidificación y la salinización—, la degradación física, que abarca el encostramiento, la compactación y el deterioro de la estructura del suelo y, por último la degradación biológica, resultado de un desequilibrio en la actividad biológica en el suelo, incluida la pérdida de algunos microorganismos de importancia en los procesos de fertilidad.

Los tres tipos de degradación se encuentran íntimamente ligados entre sí; por ejemplo, el deterioro físico puede ser el inicio de un proceso de erosión hídrica, que a su vez ocasiona un deterioro químico, como la pérdida de la fertilidad.

La degradación responde a múltiples factores ambientales, como la lluvia y los vientos, y socioeconómicos o de manejo, causados por las actividades humanas. El uso de la tierra que elimina o altera la cubierta de vegetación y su densidad, deja al descubierto la superficie del suelo y propicia su degradación. El suelo desnudo queda expuesto a la acción de la energía cinética de las gotas de lluvias. Luego, en función de las características de textura estructura, contenido de materia orgánica y del relieve, se presentan alteraciones en la capacidad de infiltración del suelo, propiciando el escurrimiento superficial, causante de la erosión hídrica.

De la misma manera, el sistema de producción agropecuaria utilizado puede inducir la degradación de los suelos, especialmente por el uso inadecuado de herramientas de labranza (arado, rastra y surcos), por el excesivo pastoreo o tala e incluso por la contaminación con agroquímicos. A una escala más amplia, la carencia de regímenes de zonificación u ordenamiento ecológico de las tierras, y el desconocimiento de sus cualidades intrínsecas, puede agravar la situación de conservación de los suelos, al no disponer de normas y criterios de uso según sus capacidades.

15.5.1. La desertificación: producto de la degradación continuada de los suelos

En las regiones con biomas áridos y semiáridos, la degradación de los suelos por el manejo inadecuado y la sobreexplotación conduce a la desertificación, uno de los más graves problemas ambientales en la actualidad, y considerado como desencadenante del colapso de grandes civilizaciones en el pasado (Cartago, Grecia y el Imperio Romano). Las tierras áridas ocupan prácticamente la mitad de la superficie terrestre del planeta y, en el año 2000, albergaban a un tercio de la población humana. Más de seis millones de km2 de las tierras en Latinoamérica están siendo afectados por este fenómeno, de acuerdo con la UNEP (2010), especialmente en México, Brasil, Colombia, Ecuador, Chile y Bolivia.

Figura 15.5. La degradación por la erosión hídrica ocurre cuando los suelos no tienen vegetación protectora.

Fundamentos de Ecología

La desertificación consiste en una degradación persistente de los ecosistemas de las tierras áridas, producida por las variaciones climáticas y la actividad del hombre. La desertificación afecta al medio de vida de millones de personas en todo el mundo que dependen de los beneficios que los ecosistemas de las tierras áridas puedan proporcionarles. La escasez de agua limita la producción de cultivos, forraje, leña y otros servicios del ecosistema y por lo tanto, son muy vulnerables a un aumento de la presión del hombre y a la variabilidad del clima, en especial las tierras áridas subsaharianas y centroasiáticas (Figura 15.6). Aproximadamente entre 10 y 20% de las tierras áridas se encuentran ya degradadas. Además, la desertificación en curso es una amenaza que se cierne sobre las poblaciones más pobres y limitan las perspectivas de reducción de la pobreza. Por todo ello, la desertificación es en la actualidad uno de los mayores desafíos medioambientales y un serio obstáculo a la hora de satisfacer las necesidades básicas del hombre en las tierras áridas (UNEP, 2005a).

La envergadura del problema de desertificación llevó a las Naciones Unidas a establecer la Convención para el Combate de la Desertificación en 1994 y ratificada en 1996 por 196 estados miembros, con el objetivo de adelantar planes y proyectos en los países más seriamente afectados (en zonas áridas y semiáridas), orientados a promover y establecer programas de conservación y rescate de las tierras afectadas, mediante el escalamiento de prácticas de gestión sustentable en el uso de la tierra y el agua dentro de las poblaciones afectadas. Una serie de hechos justifican las acciones contra la desertificación (UNCCD, 2011):

➢ 75 mil millones de toneladas de suelo fértil desaparecen cada año, el más significativo de los georecursos que tenemos.

➢ 12 millones de hectáreas se pierden cada año debido específicamente a la desertificación y sequía, donde podrían haberse producido 20 millones de toneladas de grano.

➢ Una mayor aridez y persistentes sequías severas se esperan en los próximos 20-50 años en la mayor parte de África, el sur de Europa y el Oriente Medio, Australia, Sudeste de Asia y en buena parte de América del Norte y del Sur.

➢ 52% de la tierra dedicada a la agricultura está moderadamente o severamente afectada por degradación.

➢ 700 millones de personas podrían ser desplazadas en 2030 por causa de la escasez de agua.

➢ 13 millones de hectáreas de los bosques del mundo se siguen perdiendo cada año.

➢ La desertificación es un factor clave que influye en la pérdida de biodiversidad (27.000 especies amenazadas o en peligro inminente de extinción).

➢ El suelo es el segundo mayor almacén de carbono junto con los océanos. Y su degradación reduce dicha capacidad.

La erosión causada por el viento y el agua agrava el daño al arrastrar la capa superior del suelo, de modo que el terreno se convierte en una mezcla de polvo y arena de muy escasa fertilidad. Es precisamente la combinación de estos factores lo que hace que la tierra degradada se convierta en desierto. Los períodos de sequía prolongados pueden ser muy perjudiciales para la tierra. Los conflictos sociales pueden obligar a las personas a trasladarse a zonas ambientalmente frágiles, lo cual causa un exceso de presión sobre la tierra. La minería también puede ser nociva. En los años venideros, el cambio climático acelerará la tasa de desertificación en determinadas zonas, como son las zonas más secas de América Latina.

La desertificación resulta en una serie de consecuencias negativas:

➢ Reduce la resistencia de la tierra a las variaciones climáticas naturales.

➢ Perturba el ciclo natural del agua y los nutrientes.

Figura 15.6. La desertificación deteriora la capacidad productiva de los suelos. (Foto Reproducida de: cacionambientalyagroecologa.blogspot.com)

Fundamentos de Ecología

➢ Intensifica la fuerza del viento y de los incendios.

➢ Hace que los efectos de las tormentas de polvo y la sedimentación posterior se hagan sentir a miles de kilómetros del lugar donde se originaron.

El costo de la desertificación es elevado, y no solo en términos económicos, pues también constituye una amenaza para la diversidad biológica. Puede causar episodios de hambruna prolongados en países ya empobrecidos que no pueden soportar un nivel elevado de pérdidas agrícolas (Figura 15.7) Con frecuencia, las personas pobres de las zonas rurales que dependen de la tierra para sobrevivir se enfrentan al dilema de emigrar o pasar hambre. La desertificación no solo significa hambre y muerte en el mundo en desarrollo, sino que también supone un peligro mayor para la seguridad de la población mundial. Las consecuencias de la escasez de recursos incluyen los conflictos sociales, guerra civil, inestabilidad política y migraciones (UNEP, 2005a; FIDA, 2010).

15.5.2. Erosión de los suelos

El peor enemigo de los suelos es la erosión, que provoca su desgaste y degradación. Los efectos de la degradación de los suelos son bien conocidos, aunque se pueden citar algunos ejemplos para su más clara identificación, entre otros:

➢ Formación de médanos, cárcavas (o zanjas) de erosión.

➢ Sedimentación en lagos y embalses.

➢ Inundaciones de campos y poblados (por agua no retenida en los sectores altos de las cuencas).

➢ Salinización de tierras.

➢ Destrucción de la vialidad para el transporte.

➢ Formación de capas endurecidas que disminuyen la penetración del agua de lluvia.

➢ Disminución de los rendimientos.

Se entiende por erosión un proceso físico por el cual el suelo mismo o algunas de sus fracciones componentes (arena, limo, arcilla o materia orgánica) son removidas o destruidas, transportadas por el agua o por el viento y por último depositadas en otro lugar. Estos dos factores originan dos tipos de erosión: la erosión hídrica y la erosión eólica:

1. **Erosión hídrica.** Ésta se produce cuando la cantidad de agua caída es superior a la capacidad de absorción del suelo y, en consecuencia, el agua sobrante se desliza sobre el suelo, arrastrando materiales y materia orgánica. El agua que se desliza libremente por el suelo se denomina **agua de escorrentía**. Cuando el suelo que así arrastrado por la erosión llega a grandes ríos, sedimenta en ellos y forma bancos que impiden la navegación, siendo entonces necesario realizar dragados cada vez más frecuentes y costosos. Algo similar ocurre en los embalses y las represas encargadas de generar energía eléctrica y proveer agua potable a los centros urbanos importantes, donde los sedimentos van rellenando paulatinamente su capacidad, hasta inutilizarlas.

De acuerdo con la forma de acción del agua, la erosión hídrica puede ser:

a) **Laminar**, llamada así porque ocasiona la pérdida extensiva de las capas superficiales del suelo y es producida por el agua de escorrentía. Es muy perjudicial, ya que arrastra la materia orgánica del suelo y sustancias minerales (Figura 15.8).

b) **Dendriforme**, se produce en terrenos poco inclinados, en los cuales el agua va abriendo numerosos canales de poca profundidad, que forman un sistema complejo de

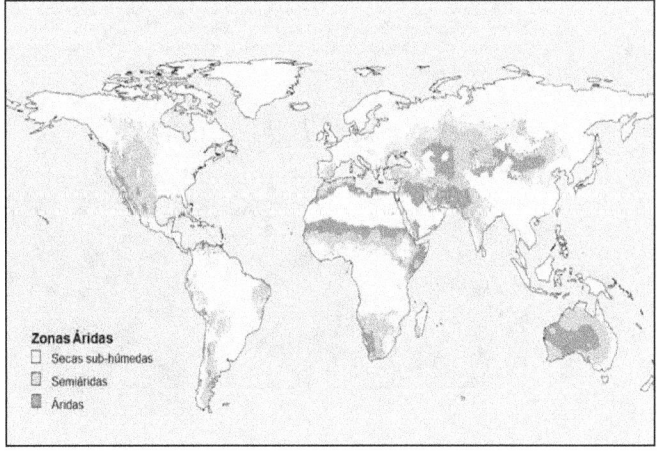

Figura 15.7. Distribución global de las zonas áridas propensas a la desertificación. Fuente: UNEP/Global Environmental Outlook: environment for development (GEO-5). (2012).

Zonas Áridas
☐ Secas sub-húmedas
☐ Semiáridas
■ Áridas

Fundamentos de Ecología

Figura 15.8. La agricultura en laderas de montañas no es recomendable, pues la escorrentía erosiona y degrada los suelos. (Foto: A. Romero S.)

pequeños surcos semejantes a una dendrita de la célula nerviosa; de ahí proviene su denominación.

c) **Acanalada**, cuando el agua, al escurrirse, abre canales y cárcavas más o menos profundas, y arrastra no sólo la superficie del suelo, sino las capas más o menos profundas. Este tipo de erosión ocurre más frecuentemente en terrenos pendientes y desprovistos de vegetación.

d) **Ribereña**, también llamada marginal, que producen las aguas en las riberas u orillas no protegidas de los ríos o quebradas.

2. **Erosión eólica.** El factor que desencadena este tipo de erosión es el viento. En este proceso, las partículas más pequeñas son levantadas por el viento (limo, arcilla y materia orgánica, en suspensión). Las más pesadas, generalmente arenas, se mueven dando saltos y cada vez que caen impactan sobre los agregados destruyéndolos, multiplicándose así su efecto destructivo. Cuando se deposita, el material removido y transportado por la erosión eólica genera innumerables inconvenientes.

Las tormentas de polvo contaminan el aire, transportan arenas formando médanos (en el continente) o dunas (en la costa) cubriendo amplias zonas pobladas, áreas cultivadas y caminos. Por lo general, se producen en zonas desprovistas de vegetación, azotadas por fuertes vientos y en extensas zonas agrícolas recién preparadas para el cultivo; por carecer de protección, el viento arrastra partículas del suelo y materia orgánica. Lo que se pierde es la porción superior del suelo (horizonte A), esto es, la zona de mejores propiedades físicas y de mayor concentración de los elementos nutritivos importantes, como nitrógeno, fósforo, azufre y potasio. Este fenómeno ocurre con frecuencia a gran escala en las regiones desérticas del globo.

15.5.3. Prácticas que empobrecen y agotan los suelos

Al daño que la erosión causa a los suelos hay que agregar el mal uso que el hombre hace de ellos. La agricultura supone la sustitución completa de un ecosistema natural (con los ciclos balanceados de nutrientes, diversidad de especies, complejidad y organización), por un ecosistema artificial altamente simplificado, compuesto de poca variedad de plantas y animales y bajo el control y la protección del hombre.

Uno de los problemas más graves en el empobrecimiento de los suelos es la utilización de **terrenos muy inclinados** para el cultivo sin las prácticas y medidas adecuadas de conservación, pues trae consigo la erosión (Figura 15.9).

Figura 15.9. Los pequeños agricultores de las zonas montañosas acostumbran sembrar en favor de la pendiente, lo cual contribuye con la erosión de los suelos. (Foto: A. Romero S).

Fundamentos de Ecología

Otra causa es la **agricultura nómada o de trashumancia**, que desforesta una zona boscosa para cultivar por pocos años (3 o 4 cosechas), luego la abandona y se traslada a otra zona donde repite el proceso, destruyendo paulatinamente grandes extensiones de zonas boscosas. En Venezuela este sistema recibe el nombre de "conuco". Al dejar desforestadas grandes áreas, las lluvias arrastran gran parte del material del suelo y lo depositan en zonas bajas, lo cual, contribuye a rellenar el cauce de los ríos y puede provocar grandes inundaciones.

El **monocultivo** es otra práctica agrícola dañina consistente en sembrar cada año en el mismo terreno la misma especie, sobre todo si es gramínea como el maíz, pues empobrece los suelos.

El empleo de **maquinarias y equipos** con tractores más potentes, más pesados y de mayor ancho de labor, si bien han permitido la intensificación de las labores agrícolas, igualmente han provocado la degradación de la estructura y compactación del suelo.

El uso intensivo de **fertilizantes** y **pesticidas** contribuye con la degradación y contaminación de los suelos, aguas y aire, creando problemas de polución ambiental y alteración de los ciclos biogeoquímicos en los ecosistemas.

Otra causa es el **sobrepastoreo**, es decir, cuando se mantiene, sobre un área de terreno, una cantidad excesiva de ganado, sea vacuno o caballar, pero sobre todo caprino. En estos casos la vegetación desaparece, el suelo se endurece y queda sin protección a merced de la acción del viento y de las aguas (Figura 15.10).

15.5.4. Medidas para la protección de los suelos y control de la erosión

En América del Norte y muchos países europeos existen políticas y programas institucionalizados para la conservación de los recursos naturales, ampliamente dotados de infraestructura, recursos operativos y conocimientos actualizados. Los mismos brindan asesoría y apoyo a los productores, a la vez que establecen incentivos para la adopción y ejecución de medidas conservacionistas. Un ejemplo concreto es el Servicio de Conservación de Suelos y Recursos Naturales del Departamento de Agricultura de los Estados Unidos. En Venezuela funcionó por muchos años (1942-1990) la Dirección de Conservación de Suelos y Aguas, adscrita al Ministerio de Agricultura y Cría, contando inclusive con un programa de Extensión Conservacionista, cuya labor permitió la preservación de muchos suelos montañosos en la región de los Andes y la cordillera de la Costa.

En muchos países emergentes y en vías de desarrollo, sin embargo, la implantación de este tipo de políticas todavía no se ha logrado satisfactoriamente y, salvo algunos casos excepcionales, los esfuerzos para la conservación no cuentan con la voluntad política y el apoyo financiero requeridos para adelantar iniciativas de educación ambiental y extensión conservacionista. Empero, organismos multilaterales como la FAO, UNEP y algunas convenciones internacionales ofrecen el conocimiento, la experticia y el apoyo necesarios para enfrentar los problemas de degradación de los suelos.

Una de las estrategias para promover la conservación y protección de los suelos y de los agroecosistemas, especialmente en los países en desarrollo, es la agricultura de conservación o agricultura conservacionista, definida por la FAO (2002) como "el conjunto de prácticas que permite la conservación y el mejoramiento de la eficiencia en el uso de los recursos naturales a través del manejo integrado de los suelos, aguas y recursos biológicos, y del uso moderado de insumos externos". La agricultura conservacionista enfatiza que el suelo es un sistema viviente, esencial para la sustentabilidad de la calidad de vida en el planeta.

Figura 15.10. El sobrepastoreo reduce la capacidad de carga de los poteros y la productividad.

Fundamentos de Ecología

De acuerdo con la FAO, las características esenciales de los sistemas de agricultura de conservación se resumen de la manera siguiente:
- No se ara, rastrea o escarda el suelo; esto es, no se revuelve el suelo o se hace muy esporádicamente, cuando las condiciones extremas lo ameriten, con equipos livianos o tracción animal.
- Se utilizan cultivos de cobertura que permanecen sobre la superficie del suelo.
- No se queman los residuos de los cultivos, los cuales permanecen en el campo y protegen el suelo.
- Se replica el sistema cerrado del reciclaje forestal.
- Se aplican cal y algunas veces fertilizantes, sobre la superficie.
- Se utilizan equipos especializados.
- El uso de la tierra es continuo.
- Las rotaciones de cultivos y los cultivos de cobertura son usados para maximizar los controles biológicos (o sea, más diversidad de especies y cultivos).

De la misma manera, los beneficios y ventajas agroambientales de la agricultura de conservación redundan en los siguientes aspectos:
- La pérdida del suelo no excede la tasa de formación del suelo.
- La fertilidad y la estructura del suelo se mantienen o se fortalecen.
- La biodiversidad es mantenida o incrementada.
- Los efectos aguas abajo de la escorrentía o de la lixiviación no afectan la calidad del agua.
- La lluvia es manejada de modo de evitar un exceso de escorrentía.
- Las emisiones de gases de invernadero se reducen.
- Los niveles de producción de alimentos se mantienen o mejoran.
- El cuidado y el respeto ambiental se difunden entre las comunidades rurales y los agricultores de todo tipo, asegurando continuidad de un manejo cabal de la tierra.

Las medidas de protección y conservación de los suelos a través de la agricultura conservacionista, se detallan a continuación (FAO, 2002; Stagnari *et al.*, 2009):

a) **Mantenimiento de una cobertura permanente y un mínimo de perturbaciones mecánicas** —a través de la labranza mínima o cero labranza— que aseguren suficiente biomasa viva o residual sobre el suelo, para prevenir su erosión y degradación. Las prácticas de aradura y rastreo excesivas provocan la compactación del suelo, al destruir su estructura de macroagregados y transformarlos en microagregados, los cuales reducen la porosidad y la capacidad de retención de agua, resultando en una pobre aireación y drenaje del perfil del suelo, la disminución de la densidad de población de la microbiota, la capacidad de las plantas para absorber agua y nutrientes, así como de la eficiencia de la fertilización. Las prácticas de la agricultura conservacionista inciden en un incremento de la materia orgánica del suelo y una mayor capacidad para la acumulación de carbono. Convencionalmente se conceptúa como abono verde (FAO, 1997) a la utilización de plantas en rotación, sucesión y asociación con cultivos comerciales, incorporándose al suelo o dejándose en la superficie, ofreciendo protección, ya sea como mantenimiento y/o recuperación de las propiedades físicas, químicas y biológicas del suelo.
La presencia de cobertura vegetal previene la erosión y minimiza la dispersión del suelo superficial por el impacto de la lluvia o del riego que se aplique, además de actuar como una esponja del agua que la mantiene por más tiempo sobre el suelo.

b) **Rotación de cultivos.** Consiste en alternar en años sucesivos la siembra de cultivos con diferentes familias y diferentes requerimientos nutritivos, por ejemplo maíz, que es un cultivo agotador, y la caraota u otras leguminosas, que ayudan a mejorar la fertilidad del suelo, debido a la fijación simbiótica del nitrógeno. En contraste, el monocultivo es la siembra repetida de una misma especie en el mismo campo, año tras año. La rotación ayuda a reducir las pérdidas de suelo por la erosión causada por la escorrentía, pues el terreno está cubierto por mayor tiempo a lo largo del año y también es beneficiosa para controlar malezas, plagas y enfermedades, siempre y cuando los cultivos bajo rotación pertenezcan a familias y géneros distintos. Es una práctica obligada en la agricultura conservacionista, pues mejora y preserva las condiciones, físicas, químicas y biológicas de los suelos.

c) **Cultivos de contorno.** Este tipo de cultivo se aplica en terrenos inclinados y consiste en preparar la tierra en surcos horizontales, siguiendo el mismo nivel o altura (curvas de nivel). Este sistema ofrece las siguientes ventajas: retiene el agua favoreciendo su infiltración en el suelo, impide la erosión y el lavado del suelo y facilita las operaciones de cultivo (Figura 15.11).

d) **Cultivo en terrazas.** Se aplica en terrenos inclinados con pequeños escalones naturales o a través del establecimiento de muros de contención pedregosos, como se observa en muchas zonas agrícolas de los Andes venezolanos (Ver Figura 15.12); ofrece la ventaja de retener el agua, facilita el trabajo agrícola y protege los suelos.

e) **Barreras rompevientos.** Consiste en plantar hileras de árboles y otras plantas menores en los bordes o linderos de las parcelas, ya que protegen los cultivos de los vientos que arrastran las partículas del suelo en determinadas zonas.

f) **Terrazas de retardación.** Éstas se construyen en los cursos de agua, torrentes, quebradas y ríos, consistentes en pequeños diques o escalones construidos con piedra, que disminuyen la fuerza de las aguas.

g) **Reforestación.** Se debe plantar con árboles (madereros o frutales) los terrenos desprovistos de vegetación, ya que permiten la mejor protección del suelo contra la erosión. Adicionalmente contribuye con el mejora-

Fundamentos de Ecología

Figura 15.11. La construcción de surcos de contorno para los cultivos evita la erosión hídrica y la pérdida del suelo arable.

Figura 15.12. La construcción de terrazas de cultivo es recomendable en la prevención de los procesos erosivos de las aguas secundarios.

miento de la biodiversidad, de la estructura y fertilidad del suelo y de la calidad de vida humana, mediante la disponibilidad de madera para leña, frutos y productos secundarios.

En Venezuela se cuenta con una gran superficie de suelos de sabana reforestados con pino caribe (cerca de 250.000 ha) en la ribera norte del río Orinoco en el sur de los estados Monagas y Anzoátegui (Figura 15.13), sembradas principalmente entre los años 1970 y 1990, por la Corporación Venezolana de Guayana. Estas plantaciones reforestadas permiten al país contar actualmente con una producción de madera en rolas de 1.251.971 m^3 durante el año 2008, equivalente a 83,4% de la producción total de madera (1.501.732 m^3) en el país (MINAMB, 2010).

h) Aplicación de fertilizantes en las cantidades estrictamente necesarias en los suelos agrícolas, para mejorar las cosechas y evitar el empobrecimiento y agotamiento de los mismos. El suelo se mejora añadiendo abonos naturales y algunos minerales como fosfatos, nitratos, urea, cal, entre otros.

i) Establecimiento de cortinas rompevientos, en una dirección perpendicular a la dirección de los vientos dominantes, los cual evita la erosión eólica y permite la conservación e la humedad del suelo.

La conservación mediante **el uso** es otra estrategia que ha sido ampliamente utilizada en la conservación de en áreas protegidas de zonas de bosque seco tropical mesoamericano —normalmente con alto grado de fragmentación— la

Fundamentos de Ecología

Figura 15.13. La reforestación de las sabanas del sur del estado Monagas con Pino caribe, iniciada en los años de la década de los 70, ha permitido no sólo proteger los suelos contra la erosión, sino que también ha creado un nuevo ecosistema con una gran biodiversidad. (Foto: reproducida de http//:www.conare.gob.ve).

cual implica una intervención institucional gubernamental y la participación activa de las comunidades humanas que hacen vida en dichas áreas, previamente capacitadas y concientizadas acerca de su papel conservacionista. Barrance et al. (2009) definen la conservación mediante el uso como la conservación de cualquier recurso, motivada por las percepciones de su utilidad. Ésta última se refiere a los beneficios económicos o de subsistencia que derivan del recurso en cuestión, incluyendo la venta de los excedentes de recursos no consumidos y la provisión de servicios ambientales como al agua y la recreación. Sus beneficios incluyen igualmente la preservación de la biodiversidad, seriamente amenazada, así como la superación de la pobreza que caracteriza los asentamientos humanos en los bosques secos tropicales.

Esta estrategia hace uso de las prácticas de la agricultura conservacionista e implica, adicionalmente, la implantación de políticas y estructuras institucionales que estudien, entre otras cosas:

a) La disponibilidad de recursos.

b) El estado actual de la pérdida de hábitats.

c) Los usos actuales de los recursos disponibles (cultivos, agua, suelos, madera para combustible, ecoturismo).

d) La densidad de ocupación humana de las áreas a ser conservadas.

Sobre esa base institucional y de investigación, se establecen programas permanentes de capacitación y acompañamiento de las mismas, que promuevan y consoliden la apropiación y el empoderamiento de las comunidades en la aplicación de medidas de conservación y de aprovechamiento eficiente de los recursos que el bosque seco tropical les ofrece (Figura 15.14).

Figura 15.14. La conservación mediante el uso es una modalidad de preservación de los recursos de suelo y biodiversidad. En la zona alta del estado Lara se orienta a las comunidades rurales para este propósito. (Foto: A, Romero S.).

Fundamentos de Ecología

15.6. Conservación del agua

El agua es, sin duda, un recurso natural indispensable para la vida. A pesar de que se considera parte fundamental de los recursos naturales renovables, el mal uso y la irresponsabilidad hacen que en muchas ciudades y regiones el abastecimiento de agua suficiente y abundante resulte actualmente un problema serio y costoso con muchas disparidades. Estas disparidades se acentúan aún más en las zonas rurales, como puede verse en la Figura 15.15, en la cual se observa el nivel medianamente bajo que presenta Venezuela.

La historia muestra un fuerte vínculo entre el desarrollo económico y el de los recursos hídricos. Hay abundantes ejemplos de cómo el agua ha contribuido a desarrollo económico y cómo éste ha exigido un mayor aprovechamiento del agua. Estos beneficios han tenido un costo y, en algunos lugares, han conducido a una creciente presión en el medio ambiente y a una fuerte competencia entre los usuarios. Nuestros requerimientos de agua para satisfacer las necesidades fundamentales y nuestra búsqueda colectiva de mejores niveles de vida —junto con la necesidad del agua para mantener los frágiles ecosistemas de nuestro planeta— lo convierten en un elemento único, e indispensable, dentro de los recursos naturales (Figura 15.16).

Las actividades humanas y los procesos demográficos, económicos y sociales implícitos pueden constituir amenazas para los recursos hídricos, siendo a su vez afectados por una serie de factores como la innovación tecnológica e institucional, las condiciones financieras y el cambio climático. El consumo de agua aumenta con el desarrollo industrial, tecnológico y social. En la actualidad se hace necesario desarrollar técnicas de purificación que permitan reutilizar las aguas servidas, ya que de otro modo, el suministro de agua apta para el consumo humano resultará cada vez más difícil.

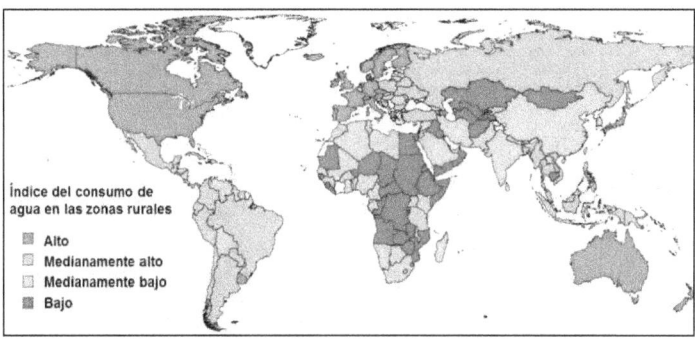

Figura 15.15. Mapa de distribución global del Índice de consumo de agua en las zonas rurales. Fuente: FAO (2008).

Figura 15.16. El agua dulce es esencial para la humanidad y se conservación y uso sustentable es imprescindible. Vista del caño Manamo en el delta del río Orinoco. (Foto: A. Romero S.)

Fundamentos de Ecología

En los océanos se encuentra 97,5% del agua en el planeta, mientras que sólo 2,5% es agua dulce (véase Figura 9.1, capítulo 9). El agua dulce se concentra mayormente en los glaciares (68,7%), en los acuíferos (30,1%), en el permafrost (0,8%) y apenas 0,4% es agua superficial o en la atmósfera. Esta última se distribuye así: 67,4% en los lagos de agua dulce, 12,2% en la humedad del suelo, 9,5% en la atmósfera, 8,5% en humedales y 1,6% en los ríos. Se estima que el volumen global de recursos de agua renovable es de ~43.600 kilómetros cúbicos, de los cuales 13.400 se encuentran en América latina y 11.600 en Asia.

En el Cuadro 15.1 se desglosa la disponibilidad de agua renovable y el consumo anual en las diferentes regiones del globo y por uso. Es de destacar la preponderancia del uso agrícola de las aguas dulces (70%), en comparación con la industria (20%) y el uso doméstico (10%) (WWAP, 2009). Se estima que el volumen de agua de lluvia que cae sobre la superficie del globo es de 110.000 km³ cada año en promedio, constituyendo la masa circulante del ciclo hidrológico global.

La Organización Mundial de la Salud (OMS) considera que la cantidad adecuada de agua para consumo humano (beber, cocinar, higiene personal y limpieza del hogar) es de 50 L/hab/día. A estas cantidades debe sumarse el aporte necesario para la agricultura, la industria y, por supuesto, la conservación de los ecosistemas acuáticos, fluviales y, en general, dependientes del agua dulce. El destino aplicado al agua dulce consumida varía mucho de una región a otra del planeta, incluso dentro de un mismo país. Por ejemplo, el mayor uso industrial es el de Europa y Norteamérica (Figura 15.17A).

En América Latina y el Caribe, por otra parte, donde mayormente se utiliza el agua es en la agricultura (Figura 15.17B), especialmente en el Cono Sur y en la región de las Guyanas, y el país con mayor proporción de uso industrial es Brasil.

Por regla general, el consumo elevado de agua potable se da en países ricos y, dentro de estos, los consumos urbanos triplican a los consumos rurales. A nivel mundial, se extraen actualmente unos 3.829 km³ de agua dulce para consumo humano, de los cuales, aproximadamente la mitad no se consume (se evapora, infiltra al suelo o vuelve a algún cauce) y, de la otra mitad, se calcula que 65% se destina a la agricultura, 25% a la industria y tan solo 10% se destina al consumo doméstico.

Casi un tercio de esta agua llega a los ríos, a los lagos y a los acuíferos (agua azul), de los cuales sólo unos 12.000 km³ se consideran fácilmente disponibles para el consumo humano. El agua de los dos tercios restantes (agua verde) constituye la humedad de la tierra o regresa a la atmósfera en forma de evaporación de la tierra húmeda y de transpiración de las plantas (PNUMA, 2007).

Por otro lado, debido a la contaminación ambiental (aguas residuales, vertidos a la atmósfera, residuos sólidos), una fracción importante del agua dulce disponible sufre algún tipo de contaminación. Las fuentes naturales de agua cuentan con procesos de autodepuración, pero cuando se emplea en exceso o es escasa, el agua empeora su calidad. Según la OMS (2012), más de 1.200 millones de personas consumen agua sin garantías sanitarias, lo que provoca entre 20.000 y 30.000 muertes diarias y gran cantidad de enfermedades.

Cuadro 15.1. Disponibilidad total y extracción de agua renovable en el mundo, por región y uso (año 2000)*

Región	Total de recursos de agua renovables	Total de agua extraída	Agricultura Cantidad	%	Industria Cantidad	%	Doméstico (urbano) Cantidad	%	% de extracción del total
África	3.936	217	186	86	9	4	22	10	5,5
Asia	11.594	2.378	1.936	81	270	11	172	7	2,5
Latino América	13.477	252	178	71	26	10	47	19	0,9
Caribe	93	13	9	69	1	8	3	23	1,0
Norte América	6.253	525	203	39	252	48	70	13	0,4
Oceanía	1.703	26	18	73	3	12	5	19	0,5
Europa	6.603	418	132	32	223	53	63	15	0,3
MUND	43.659	3.829	2.663	70	784	20	382	10	100,0

*Cantidades expresadas en kilómetros cúbicos.
Fuente: WWAP (2009)

Fundamentos de Ecología

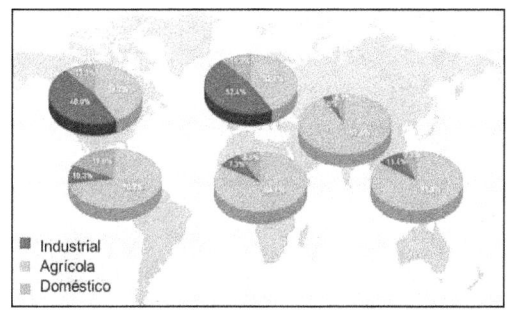

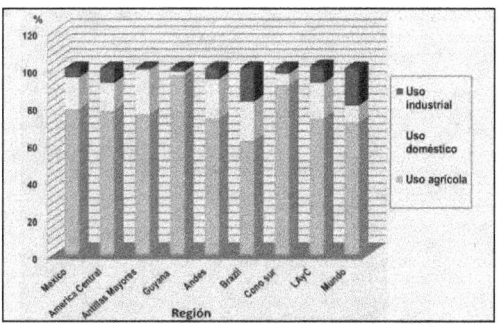

Figura 15.17. A) Comparación de los patrones de uso de agua dulce en el mundo.
B) Comparación del uso del agua en Latinoamérica
Fuente: A) Water at a glance (FAO, 2008) B) AQUASTAT (2013):
(http://www.fao.org/nr/water/aquastat/data/factsheets/aquastat_fact_sheet_mex_en.pdf

15.6.1. La situación actual del recurso agua en el mundo

Los ecosistemas de agua dulce proporcionan una amplia gama de servicios vitales para apoyar el bienestar humano. Una variedad de actividades económicas y recreativas, tales como navegación, la pesca y las actividades de pastoral depende del uso directo del agua en ecosistemas saludables (WWAP, 2009).

El bienestar del ser humano y la salud de los ecosistemas están sufriendo en muchos países por causa de los cambios del ciclo del agua, causados en su mayor parte por las presiones humanas. En los últimos 20 años, la agudización de los problemas ha generado una preocupación compartida por los gobiernos y las comunidades, lo que ha llevado a los organismos nacionales e internacionales a enfocar, analizar y plantear soluciones concretas. Es el caso del Programa de las Naciones Unidas para el Medio Ambiente (PNUMA) y el Programa Mundial del Agua de las Naciones Unidas, instancias que han congregado y coordinado múltiples estudios y proyectos para diagnosticar y encontrar alternativas de solución a los problemas del agua en el mundo.

Los aspectos fundamentales relacionados con el agua, su degradación y su conservación, se exponen a continuación, extraídos a partir de los análisis realizados por PNUMA (2007; 2009) y WWAP (2009):

- Los océanos del planeta son el regulador principal del clima de la Tierra y también un gran sumidero de gases de efecto invernadero. El ciclo del agua se está viendo afectado por cambios en el clima de larga duración a escala de continentes, regiones y cuencas oceánicas, amenazando la seguridad del ser humano. Estos cambios están afectando a las temperaturas del Ártico, al hielo marino y terrestre, y a los glaciares de las montañas entre otros. También afectan al nivel de salinidad y de acidificación de los océanos, al nivel del mar, a los patrones de precipitación, a los fenómenos meteorológicos extremos y posiblemente al régimen de circulación oceánica. La tendencia al aumento del desarrollo urbanístico y turístico tiene un impacto importante en los ecosistemas costeros.

- La disponibilidad y el uso de agua dulce son fundamentales para el bienestar humano, así como la conservación

Fundamentos de Ecología

de los recursos acuáticos. La cantidad y la calidad de recursos hídricos superficiales, subterráneos y los servicios de soporte vital de los ecosistemas están en peligro, debido al impacto del crecimiento de la población, al éxodo de las poblaciones rurales hacia las ciudades, al aumento del consumo de recursos, así como al cambio climático. Si la tendencia actual continúa, para 2025 1.800 millones de personas estarán viviendo en países o regiones con una escasez de agua total, y dos tercios de la población mundial podrían sufrir estrés hídrico.

- La degradación de la calidad al agua resultante de las actividades humanas continúa haciendo daño a la salud humana y al ecosistema (Figura 15.18). Las pesquerías marinas y de agua dulce de todo el mundo muestran una disminución a gran escala, provocado en gran medida por la sobrepesca persistente. Las poblaciones de agua dulce también sufren la degradación de sus hábitats y la alteración de los regímenes térmicos relacionados con el cambio climático y la contención artificial del agua en presas y embalses.

- En muchas regiones, las actividades humanas han alterado las tasas de erosión natural, especialmente el volumen, la frecuencia y el momento de entrada en los sedimentos de ríos y lagos, afectando procesos físico-químicos y la adaptación de las especies a los regímenes de los sedimentos pre-existentes. Las presas, embalses y otras infraestructuras pueden degradar drásticamente la función natural de transporte de sedimentos de una corriente, y reducir la provisión de los nutrimentos y los insumos químicos necesarios para el funcionamiento del ecosistema aguas abajo.

- La temperatura del agua juega un papel importante en las funciones biológicas de las especies acuáticas, tales como el desove y la migración, y afectar las tasas metabólicas en los organismos acuáticos. La alteración de los ciclos naturales de la temperatura del agua puede afectar el éxito reproductivo y los patrones de crecimiento, dando lugar a disminución de la población a largo plazo en peces y otras clases de organismos. El agua más caliente contiene menos oxígeno, altera la función metabólica y la capacidad de adaptación de las especies.

- Una serie de actividades industriales, incluyendo la minería y la producción de energía de combustibles fósiles, puede provocar la acidificación localizada de sistemas de agua dulce. La lluvia ácida, causada principalmente por la interacción de las emisiones de combustible fósil de combustión y los procesos atmosféricos, puede afectar a grandes regiones. La acidificación afecta desproporcionadamente a los organismos jóvenes, los cuales tienden a ser menos tolerantes al pH bajo. La reducción del pH también puede movilizar metales de los suelos naturales, como el aluminio, lo que lleva a tensiones adicionales o muertes entre las especies acuáticas.

- Las especies vegetales y animales de agua dulce no suelen tolerar la alta salinidad. Diversas acciones —a menudo, pero no exclusivamente— de origen antropogénico, pueden causar la acumulación de sales en el agua. Estos incluyen el drenaje agrícola de suelos salinas, la descarga de operaciones de bombeo de aguas subterráneas en la extracción de petróleo y gas u otras actividades industriales.

- La creciente incidencia de especies invasoras —que desplazan a especies endémicas y alteran la química del agua y redes alimentarias locales— afecta cada vez más a los sistemas de agua dulce y debe ser considerada un problema grave para la calidad del agua. En muchos casos las especies acuáticas han sido introducidas deliberadamente en ecosistemas distantes con fines recreativos, económicos o de otro tipo. En muchos casos, estas introducciones han diezmado las especies endémicas de peces y otros organismos acuáticos, y también degradan las cuencas hidrográficas locales.

Figura 15.18. Contaminación del agua en un río de Manila (Foto: reproducida de www.dvillegasblogspot.com).

Fundamentos de Ecología

- Diversas sustancias químicas orgánicas producidas por el hombre pueden entrar en aguas superficiales y subterráneas, incluyendo los pesticidas y otros productos químicos disueltos provenientes de procesos industriales. Muchos de estos contaminantes, incluidos los pesticidas y otros tóxicos no metálicos, son ampliamente utilizados en todo el mundo y persisten en el medio ambiente, pudiendo ser transportados a largas distancias a regiones donde nunca se producen (PNUMA 2009). Más allá de la contaminación por nitratos, las actividades agrícolas también están vinculados a la salinización de las aguas superficiales, la eutrofización (exceso de nutrimentos), los pesticidas en la escorrentía y la erosión altera y la sedimentación.

- La Unión Internacional para la Conservación de la Naturaleza (UICN), señala que cerca de 126.000 especies descritas dependen de los ecosistemas de agua dulce, aunque el número total de especies puede aumentar a más de un millón. Esta biodiversidad de agua dulce ofrece y soporta una gran cantidad de servicios de los ecosistemas, tal como se describe en la siguiente sección. La introducción de especies no nativas, especialmente peces, así como el aumento de las tasas de aporte de nutrimentos, representan las mayores amenazas para la calidad del agua para la biodiversidad nativa.

- Las grandes presas construidas para el almacenamiento de agua, la recreación o el control de inundaciones alteran el régimen hidrológico natural que afecta el tamaño, la distribución y el régimen de cursos de agua. También atrapan los sedimentos y las fuentes de alimentos utilizados en los deltas río abajo, y afectan a los regímenes de temperatura que alteran los ecosistemas. Los principales sistemas de riego extraen agua de los ríos o lagos que se utilizan en la agricultura bajo riego y reducen los flujos de los sistemas naturales (Figura 15.19).

- La Industria y la energía (fábricas de papel, fabricantes de productos farmacéuticos, plantas de fabricación de semiconductores, plantas químicas, refinerías de petróleo, instalaciones de embotellado, centrales eléctricas y procesos tales como la minería y la perforación petrolera) representan casi 20% del total de las extracciones de agua en el mundo (WWAP, 2009), y el agua suele ser devueltos a su origen en una condición degradada. Las aguas residuales industriales puede contener un número de diferentes contaminantes, entre ellas:

  - Los contaminantes microbiológicos como bacterias, virus y protozoos;
  - Los productos químicos procedentes de actividades industriales como los solventes y plaguicidas orgánicos e inorgánicos, los bifenilos policlorados (PCB), el amianto, y muchos más;
  - Los metales como el plomo, mercurio, zinc, cobre y muchos otros;
  - Los nutrientes como el fósforo y el nitrógeno;
  - La materia en suspensión como partículas y sedimentos;
  - Los cambios de temperatura a través de la descarga de calentamiento del agua de refrigeración de efluentes;
  - Productos farmacéuticos y de higiene personal.
  - Una de las principales actividades que lleva a problemas generalizados en la calidad del agua es la eliminación de desechos humanos. La contaminación fecal resulta de la descarga de aguas residuales en las aguas naturales, un método de eliminación de aguas residuales común en los países en desarrollo.
  - Las fuentes comunes de contaminación en las zonas costeras incluyen los residuos industriales, residuos urbanos, la construcción de presas, la conversión de man-

Figura 31.19. La construcción de represas para el almacenamiento de agua para generación de electricidad, provisión de riego o para consumo puede alterar el régimen hídrico de las cuencas donde se construyen. Vista de la represa de Santo Domingo, construida sobre el río del mismo nombre en Venezuela.

Fundamentos de Ecología

glares, la extracción de coral y la canalización de los humedales (WWAP, 2009).

15.6.2. Protección del recurso agua

La gestión integrada de recursos hídricos a escala de cuencas, que tenga en cuenta los acuíferos subterráneos conectados entre sí, supone una respuesta fundamental a la escasez de agua dulce. En tanto que la agricultura representa más de 70% del uso de agua mundial, se constituye en un objetivo lógico para el ahorro de agua.

El equilibrio entre el medio ambiente y las necesidades del desarrollo requiere la combinación sostenida de la tecnología, de estructuras legales e institucionales y, cuando sea factible, de factores de mercado. Este hecho es aún más evidente en los casos en los que las iniciativas se diseñen para compartir los beneficios de los servicios de ecosistemas relacionados con el agua, en lugar de simplemente compartir el recurso en cuestión y nada más. Aunque muchos ambientes costeros se están beneficiando de los acuerdos actuales como el Convenio RAMSAR, faltan acuerdos internacionales que se ocupen del problema de los sistemas transfronterizos de agua dulce, que puede ser la causa de posibles conflictos en el futuro, dada la escasez marcada de agua en muchas regiones.

Existe evidencia de que la gestión integrada de los recursos hídricos a escala de las cuencas, la mejora del tratamiento de las aguas residuales y la restauración de los pantanos, junto con la educación y la concienciación del público, son respuestas efectivas. La prevención de la contaminación es la reducción o eliminación de los residuos en las fuentes, constituyendo la estrategia más importante para la reducción o eliminación el uso de sustancias peligrosas y contaminantes. La eliminación o reducción del uso de contaminantes se puede lograr de varias maneras:

- En los asentamientos humanos, la reducción de la cantidad de materiales peligrosos utilizados y desechados y la reducción de los vertidos de aguas residuales.
- En la industria, la reformulación de los productos que producen menos contaminación y requieren menos recursos durante su fabricación y uso; en la agricultura, reduciendo el uso de materiales tóxicos para el control de plagas, aplicación de nutrientes, y el uso del agua.
- Modificación de equipos o tecnologías para que generen menos residuos.
- La implantación de una mejor formación, mantenimiento y limpieza a fin de que las fugas y emisiones fugitivas se reducen, y la reducción en el consumo de agua.
- Formulación de políticas públicas orientadas a la defensa y conservación del medio ambiente.

Entre las medidas propuestas para la conservación de este importante recurso se consideran las siguientes:

1. Educación de la población en el sentido de economizar al máximo el agua potable de uso doméstico (uso en la cocina, aseo personal, lavado familiar) y de uso general (lavado de automóviles y riego de jardines, por ejemplo).
2. Protección de los bosques y de la vegetación, especialmente en los terrenos inclinados y en las cabeceras y cursos de los ríos. El follaje de los bosques frena la fuerza de las precipitaciones pluviales y retiene parte del agua, especialmente la vegetación herbácea y los musgos juegan un papel en la retención del agua.
3. Construcción de diques, para retener el agua y formar represas o embalses que almacenan el agua para uso doméstico, riego y producción de energía hidroeléctrica. Estas represas contribuyen a controlar los ríos, evitando en muchos casos las inundaciones.
4. Reforestación de las cabeceras de los ríos y zonas montañosas desprovistas de vegetación, ya que ésta ofrece innumerables ventajas en la conservación de los suelos y de las aguas.
5. Evitar la contaminación de las aguas, poniendo en práctica medidas y leyes estrictas de prevención y penalización.

15.7. Conservación de la atmósfera

Ya hemos señalado la importancia que tiene la atmósfera para los seres vivos, pues de ella obtienen el oxígeno para la respiración. Por lo tanto, es vital mantener limpia la atmósfera. El aumento del grado de contaminación que ha alcanzado niveles alarmantes en los países desarrollados, con una alta tecnología industrial, comienza a manifestarse en muchos países en desarrollo, especialmente los países emergentes como China e India.

La utilización de los combustibles fósiles como principal fuente de energía, a partir de la revolución industrial, ha provocado el incremento progresivo de la concentración de CO_2 y otros gases en la atmósfera —con el consecuente incremento de la temperatura y la intensificación del efecto invernadero—, lo cual está provocando cambios globales en el régimen climático de las diferentes regiones del globo. Esto se traduce en fenómenos como la acidificación y el aumento del nivel del mar, la lluvia ácida, la desaparición del hielo en los polos y la ocurrencia cada vez más frecuente de huracanes y tornados, además de las variaciones extremas en la precipitación que provocan inundaciones en ciertos casos y sequía extrema en otros, así como olas de calor intenso que llegan incluso a provocar la muerte de seres humanos. En el capítulo 18 se tratarán más detalladamente las implicaciones del aumento del CO_2 en la atmósfera.

Otros gases, como el ozono troposférico, los óxidos de nitrógeno (NOX) y el dióxido de azufre, también son grandes contaminantes de la atmósfera, provenientes de la quema de combustibles fósiles y de los múltiples procesos industriales actuales, así como el óxido nitroso (NO_2) y el NH_4 provenientes de las actividades agrícolas, pues facilitan la formación de aerosoles o materia particulada (partículas sólidas de pequeño tamaño suspendidas en el aire) y promueven la acidificación de ecosistemas terrestres, dulceacuícolas (lagos y ríos) y costeros.

Fundamentos de Ecología

El metano (CH_4) es un gas con efecto invernadero que se produce por degradación de la materia orgánica, en ausencia de oxigeno; también por la digestión de algunos animales (rumiantes. Se considera que el metano es uno de los principales propulsores del efecto invernadero. El ozono troposférico es un contaminante secundario que se encuentra más cercano a la superficie terrestre, afectando a la salud humana, pues produce afecciones respiratorias. Este gas también tiene efecto invernadero ya que absorbe calor, aumentando la temperatura de la atmósfera.

Todos estos contaminantes han provocado un ritmo acelerado la contaminación del aire, a tal punto que los habitantes de las grandes ciudades sufren de problemas respiratorios graves. Se estima que más de 2 millones de personas en todo el mundo mueren prematuramente debido a la contaminación del aire. De allí que sea necesario recurrir a la adopción de normas y técnicas con el fin de eliminar gases y desechos sólidos y líquidos que tanto perjudican al ambiente (Figura 15.20).

El problema de la contaminación del ambiente es un problema universal, y se requieren medidas urgentes a nivel internacional, sobre todo en lo que se refiere a la contaminación del aire y de los océanos. Sin embargo, cada país por su cuenta debe participar en el saneamiento ambiental, elaborando una legislación adecuada y moderna de protección al ambiente. La colaboración de todos los ciudadanos se hace necesaria e imprescindible, pues es un problema que afecta a todos. Los conocimientos que la Ecología aporta a este respecto son invalorables, y llevados a la práctica pueden resolver estos problemas, contando siempre con la colaboración de todos.

La desaparición de la capa de ozono que nos protege de las radiaciones UV, se ha logrado revertir, gracias a la acción mancomunada de los países, mediante el establecimiento en 1987 del Protocolo de Montreal, al disminuir significativamente (más de 90%) la emisión de sustancias destructoras de la capa de ozono, entre 1987 y 2009 (UNEP, 2012).

En cuanto a las medidas que deben ponerse en práctica señalaremos las más importantes:

a) En primer término podemos nombrar la necesidad de normar la ubicación de las industrias y fábricas en lugares adecuados (especialmente para ellas), lejos de las poblaciones humanas. Cuando las industrias llevan tiempo establecidas en lugares donde resultan peligrosas para la población humana, se les da un plazo prudencial para que se trasladen a lugares adecuados.

b) En segundo término, debe reglamentarse la instalación de equipos adicionales que permitan eliminar los residuos gaseosos, sólido o líquidos, que suprimen o reducen la contaminación, especialmente a las industrias altamente contaminantes.

c) En cuanto a los gases emanados de los vehículos de motor se están utilizando hoy día ciertas tecnologías que permiten, por una parte, reducir el consumo de combustible y por otra, minimizar los efectos de los productos contaminantes. La eliminación reducción máxima del contenido de azufre, es una norma que se está llevando con éxito a la práctica. De este modo se elimina gran cantidad de óxido de azufre, uno de los contaminantes más peligrosos y dañinos.

d) Aunque la eficiencia de los vehículos automotores se ha incrementado, es necesario avanzar hacia la sustitución del vehículo de motor tradicional, movido por la energía química acumulada en los combustibles provenientes del petróleo, por el vehículo eléctrico, que no emite gases contaminantes por un lado y, por el otro, no produce ruidos molestos. Actualmente se están fabricando este tipo de vehículos, aunque en una escala reducida.

e) El uso de chimeneas de gran altura que permiten descargar los gases en la atmósfera, evita en parte la contaminación del suelo y áreas bajas. Sin embargo, esto no elimina la contaminación y en cada instalación es necesario tomar en cuenta el microclima existente en la región donde van a funcionar cierto tipo de industrias.

Figura 15.20. La contaminación atmosférica en las grandes ciudades, debido al alto volumen de vehículos de transporte, genera problemas respiratorios entre sus habitantes.

Fundamentos de Ecología

Cuadro 15.2. Categorías de manejo y superficie ocupada por Áreas bajo régimen de administración especial (ABRAEs) en Venezuela

Fines	Categoría de Manejo	Total Categorías	Superficie (ha)
Fines protectores	Parques Nacionales	43	12.980.512
	Monumentos Naturales	22	1.123.874
	Refugios de Fauna Silvestre	7	76.165
	Reservas de Biósfera	2	9.602.486
	Reservas Nacionales Hidráulicas	13	1.738.552
Fines protectores	Reservas de Fauna Silvestre	2	50.031
mediante usos	Áreas Críticas con Prioridad de Tratamiento	7	3.599.146
normados	Áreas de Protección de Obras Públicas	13	-
	Zonas de Reserva para la Construcción de Presas y Embalses	2	7.043
	Áreas de Recuperación Ambiental y Protección	2	557
	Zonas Protectoras	57	11.625.861
Fines productores	Reservas Forestales	10	11.327.898
	Áreas Boscosas bajo Protección	39	3.387.898
	Áreas de Aprovechamiento Agrícola Especial	6	357.955
	Áreas Rurales de Desarrollo Integrado	7	3.984.814

*Los valores oscilan entre los 50 y los 60 millones según las fuentes (debido a yuxtaposiciones entre diferentes categorías).
Fuente: Adaptado de MARNR/FUNDAMBIENTE. 1998. Principales problemas ambientales en Venezuela. Ministerio del Ambiente y de Recursos Naturales Renovables, Caracas. 145 pp. Con datos actualizados al 2001.

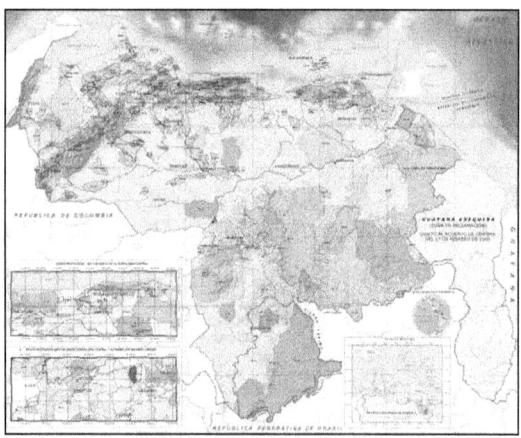

Figura 15.21. Distribución de las Áreas Naturales protegidas en Venezuela.
Fuente: Instituto Geográfico Simón Bolívar (2013).

Fundamentos de Ecología

f) Chequeo constante de las concentraciones de contaminantes de modo que no se lleguen a los límites considerados como altamente tóxicos.

g) Incrementar y fortalecer la educación de la población en todos los aspectos relacionados con la conservación de la atmósfera, para que contribuya a eliminar la basura, evitar el cigarrillo, los ruidos molestos y mantener en buen estado los vehículos.

15.8. Las áreas protegidas para la preservación del paisaje natural y la biodiversidad

El paisaje se considera un recurso natural porque forma parte del ambiente que rodea al hombre, que lo afecta y que puede influir en sus reacciones. En el mundo existen paisajes de gran belleza escénica que es necesario salvaguardar a toda costa, evitando su deterioro o su utilización con fines urbanísticos. No es sólo el valor económico el que debe contar, sino el valor espiritual que proporciona un paisaje a los habitantes y visitantes, a quienes puede llevar paz espiritual, sosiego y recreación. Estos son valores superiores intangibles que benefician a los pueblos. Al hablar de paisajes debemos hacer referencia especial, como bellezas protegidas, a los Parques Nacionales, Monumentos naturales, Reservas forestales y Santuarios de flora y fauna.

Ante el deterioro de los ecosistemas y la erosión en la biodiversidad, desde hace cierto tiempo han surgido una serie de iniciativas con el fin de proteger las cuencas hidrológicas, los bosques y selvas de potencial forestal, los paisajes y las áreas naturales para la recreación. De esta forma se establecieron las reservas forestales y los parques nacionales, que constituyeron las primeras figuras legales para el establecimiento de las áreas naturales protegidas Adicionalmente, el surgimiento del concepto de Reserva de la Biosfera con la creación del Programa MAB (*Man and Biosphere*) en el seno de UNESCO fue un hecho importante ocurrido al inicio de la década de los años setenta. La Conferencia Mundial del Medio Ambiente (1992) y la firma del Convenio de Diversidad Biológica en 1994 sentaron las bases y dieron un nuevo impulso al establecimiento de áreas protegidas con criterios científicos y una visión social de la conservación de los ecosistemas y el establecimiento de una red mundial de reservas.

Las áreas naturales protegidas son las porciones territoriales que constituyen el patrimonio más valioso y por lo tanto son sometidas a un régimen de administración especial, mediante declaración jurídica (leyes, reglamentos y decretos), representando instrumentos básicos para cumplir con los objetivos de la política nacional para la conservación, defensa y mejoramiento del ambiente. Estas áreas representan, sin duda alguna, los espacios más valiosos para la conservación de la naturaleza y para el aprovechamiento sostenido de los recursos renovables, los hábitats de especies de flora y fauna, los cuales tienen un inmenso valor ecológico, científico y económico para el futuro desarrollo del país. Siendo el instrumento más importante de política ambiental que el país ha desarrollado para la protección del ambiente y de la calidad de vida que debemos preservar para los futuros venezolanos. La necesidad de las áreas naturales, de gran belleza escénica y valor ecológico incalculable, ha motivado la protección de los recursos naturales existentes, mediante la Ley Orgánica para la Ordenación del Territorio, promulgada en 1983, y modificada en 2008, en la cual se establecen las **Áreas Bajo Régimen de Administración Especial (ABRAE)**, donde se incluyen a todas aquellas áreas que de acuerdo a las características y potencialidades ecológicas que poseen, han sido decretadas por el ejecutivo nacional para cumplir funciones productoras, protectoras y recreativas. Las Áreas Bajo Régimen de Administración Especial poseen una serie de características y potencialidades ecológicas importantes y han sido decretadas por el Ejecutivo nacional para llevar a cabo funciones productoras, protectoras y recreativas. Así mismo, mediante reglamentos especiales se determinan las actividades que pueden ser realizadas en las áreas protegidas (MINAMB, 2000).

Venezuela es uno de los países que con mayor proporción de áreas protegidas (con respecto al área total del país) en el mundo. Las ABRAE constituyen el sistema nacional de áreas protegidas, dentro del cual se ubica el subsistema nacional de Parques Nacionales. Comprende además una serie de categorías de áreas protegidas que coadyuvan en la conservación de la Diversidad Biológica de manera directa o indirecta. De acuerdo con la función genérica que cumplen, las áreas naturales protegidas pueden agruparse en cuatro grandes categorías, a saber: Parques y Monumentos, Zonas Protectoras, Reservas Naturales y la categoría de Manejo Integral de recursos naturales renovables.

En el Cuadro 15.2 se listan las categorías de manejo y la superficie ocupada por las ABRAE declaradas oficialmente y en la Figura 15.21 se observa la distribución de las mismas en el territorio nacional.

Los **Parques Nacionales** y **Monumentos Naturales** son espacios destinados fundamentalmente a la protección de muestras inalteradas de los diversos ecosistemas de importancia nacional o que representen sitios, accidentes geográficos, rasgos geológicos, lugares de gran valor escénico, de belleza sobresaliente, raros o únicos para la contemplación y apreciación del público. En estas áreas se permite la realización de actividades recreacionales, turísticas y educativas, así como la investigación científica sobre especies de plantas, animales y sus poblaciones, ademá

Las **Zonas Protectoras** son sido concebidas como áreas para la conservación de los recursos naturales renovables y los ambientes culturales, donde el aprovechamiento racional se enmarca en prácticas de manejo que garantizan la producción sostenida de los recursos naturales, restringiendo los usos y las actividades a las capacidades y limitaciones ecológicas. En esta categoría se encuentran las figuras para la protección de los márgenes de los ríos; cursos de aguas naturales y manantiales; cuencas hidrográficas, recursos escénicos y zonas protectoras de ciudades. Cumplen una importante misión en la regulación del clima, el régimen de las aguas, hábitat para la fauna silvestre (manglares, estuarios, humedales); así como, proveer espacios para la recreación y la producción agrícola. Se han decretado 57 áreas, con una

Fundamentos de Ecología

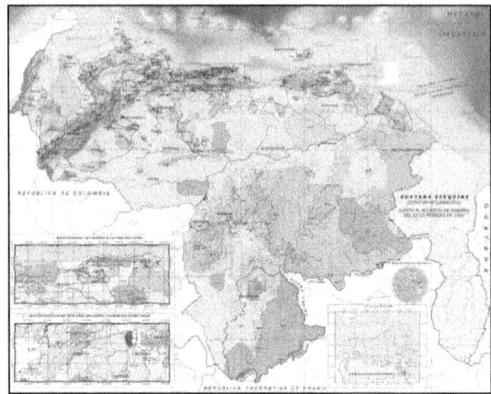

Figura 15.21. Distribución de las Áreas Naturales protegidas en Venezuela.
Fuente: Instituto Geográfico Simón Bolívar (2013).

superficie total aproximada de 11,6 millones de hectáreas, que representan 14,1% del país.

Las **Reservas Naturales** tienen la finalidad de conservar las áreas y los recursos naturales que no son requeridos en la actualidad para el desarrollo del país o porque son insuficientemente conocidas o estudiadas; así como, reservar áreas que están previstas para la ejecución de usos o actividades específicas a futuro y áreas sujetas a convenios internacionales. En esta categoría se han decretado seis áreas que incluyen, entre otras: Reservas para la Construcción de Presas y Embalses y Áreas de Protección de Obras Públicas. Se propone adicionalmente la creación de la Reserva Nacional de Recursos Naturales y la Reserva Nacional para Plantaciones Forestales.

Entre las figuras jurídicas que integran esta categoría vale la pena destacar la reciente creación de las reservas de Biosfera en el Delta del Orinoco y en la cuenca alta del río Orinoco, con una superficie estimada en 9,6 millones de hectáreas. La categoría de Manejo Integral de Recursos Naturales Renovables tiene como objetivo primordial el manejo de recursos naturales renovables para la producción sostenida de bienes y servicios ambientales, de acuerdo con los más altos intereses de la nación. El aprovechamiento racional de los recursos nacionales está limitado a su capacidad de renovación en el tiempo que representa el tope en sus tasas de extracción o de uso. Las figuras jurídicas más importantes que se incluyen bajo esta definición son las Reservas Forestales, Reservas Nacionales Hidráulicas y Reserva de Fauna.

15.9. Los Parques Nacionales

Son grandes espacios naturales que gozan de protección especial para preservar los recursos naturales de todo orden para estudios científicos y didácticos además de fines recreativos. En este caso se trata de grandes superficies en las que los conceptos de conservación pueden ser muy variados, de modo que todavía no se ha hallado una nueva nomenclatura universal. Son famosos los Parques Nacionales de Estados Unidos, y los de Zaire, Kenia, URSS y Alemania.

Los parques nacionales reúnen un conjunto de características propias:

1. Son paisajes naturales de superficie bastante grande.
2. Presentan un patrimonio biológico excepcional de interés nacional y universal.
3. Se hallan sometidos a un régimen de protección especial.
4. No se autoriza en ellos ninguna explotación de los recursos naturales tales como la caza, el cultivo, la ganadería, la pesca, las explotaciones forestales con fines hidroeléctricos o de regadío.
5. En principio no se permiten la ocupación residencial, comercial o industrial ni la construcción de carreteras, vías férreas, aeropuertos, puestos, líneas de alta tensión.

El Sistema de Parques Nacionales de Venezuela está constituido por 43 Parques Nacionales que ocupan una superficie de 12.980.512 ha (129.805 km²) y 22 Monumentos Naturales que ocupan 1.123.874 ha (11.239 km²) (Figura 15.22). En su conjunto suman una superficie de 14 millones 104.386 ha equivalentes a 141.044 km², lo que significa que 15,4% de la superficie total de Venezuela está protegida bajo esas figuras legales para la conservación de la Diversidad Biológica de nuestra más invalorable herencia natural (MARN, 2000). El mayor de todos los Parques Nacionales es el denominado Canaima, que tiene una superficie de 3.000.000 ha. En él se encuentra el Salto Ángel que es la cascada más alta del mundo (900 m. de altura).

Fundamentos de Ecología

Capítulo 16
Ecología humana y social.
I: Población y ecosistemas

16.1. El hombre en la biosfera

La humanidad, que en la actualidad ha sobrepasado 7.200 millones de individuos, está constituida por una población que en líneas generales sigue la dinámica de poblaciones tal como se estudia en las comunidades ecológicas. Pero, indudablemente, esta población, aunque forma parte de comunidades y ecosistemas, tiene características propias, o, mejor dicho, exclusivas.

Entre los rasgos sobresalientes de la población humana podemos resaltar los siguientes:

1. El ser humano es heterótrofo, pues depende directa o indirectamente de las sustancias orgánicas elaboradas por los vegetales, pero al mismo tiempo es omnívoro, pues se alimenta tanto de productos vegetales como animales. Como tal, se posiciona en el tope de casi todas las cadenas tróficas, consumiendo una porción grande de animales y plantas, apropiándose de aproximadamente un cuarto de la productividad primaria neta del ecosistema global.

2. El potencial biótico humano es relativamente alto, si se equipara con la potencialidad de la tierra para producir alimentos. Esto le da capacidad para ocupar rápidamente nuevos espacios, en especial si las condiciones son óptimas.

3. La población humana ha superado con éxito la competencia de otros organismos, en especial de parásitos e insectos. Esto ha permitido, por lo menos en los últimos cien años, erradicar, por lo menos en las regiones más prósperas del globo, una gran cantidad de enfermedades infecciosas, causa principal de muertes prematuras.

4. El hombre ha eliminado prácticamente a sus depredadores. En la actualidad, por el contrario, muchos de ellos son protegidos para evitar su extinción.

5. El desarrollo cerebral de la especie humana, a diferencia del resto de las especies, le da capacidad para acumular e intercambiar experiencias por medio de la comunicación hablada, escrita, simbológica, radial y computarizada. El carácter social-relacional le permite al ser humano desarrollar un sistema socio-cultural, esto es, el conjunto de normas, creencias y valores que moldean y determinan su comportamiento, tanto dentro del sistema social del que forma parte, como con respecto al medio ambiente en el que se desenvuelve. El hombre asume (o crea) ideas particulares sobre la realidad que lo rodea, a lo largo de su proceso cultural, al mismo tiempo que se ha complejizado la forma de percibirlo y la respuesta que da al ambiente depende de tal percepción (León, 2009).

6. Los seres humanos son por naturaleza animales sociales que se entablan en procesos de cooperación antagonista, colaboración altruista y cooptación en función de maximizar la satisfacción de sus necesidades (Nolan y Lenski, 2008), y por razones étnicas, políticas y culturales. Ello lo ha llevado a la territorialización o delimitación de territorios y espacios, lo es evidente en la existencia de más de 200 países independientes. Nolan y Lenski puntualizan que los seres humanos parecen tener un apetito insaciable por bienes y servicios, principalmente por el valor que tienen en la determinación del estatus (estratificación y poder) y por su valor utilitario.

7. Otras especies muestran una capacidad de adaptación del comportamiento a su entorno, pero para los seres humanos la adaptación socio-cultural es el principal mecanismo para responder a los cambios ambientales (Dyball, 2010). Los seres humanos pueden aprender y adaptar su comportamiento sobre la base de información proporcionada por otros seres humanos, en historias transmitidas de generación en generación y preservados en las instituciones sociales permanentes. Adicionalmente, en su evolución, el hombre ha tratado de obtener una explicación más lógica de todas aquellas cosas que le rodean, más allá de las iniciales concepciones mágico-religiosas, lográndolo parcialmente a través del desarrollo de la ciencia, como el estilo de pensamiento y acción más avanzado de los últimos 200 años (León, 2009), alcanzando una capacidad muy desarrollada para imaginar las consecuencias de la acción futura, aunque no necesariamente para actuar evitando las consecuencias indeseables.

8. Uno de los rasgos más importantes que diferencia al hombre de las demás poblaciones, es sin duda alguna el creciente dominio que ejerce sobre muchos fenómenos naturales. Este dominio es de orden cualitativo y no se puede expresar en términos cuantitativos. De hecho estamos muy distantes de dominar absolutamente la naturaleza. Pero, sin lugar a duda, ciertos factores negativos han sido superados y la vida del hombre se prolonga y transcurre con más tranquilidad. Este relativo dominio no debería traducirse en la destrucción de la naturaleza, ni tampoco en un servilismo total, sino más bien en la aceptación de una dependencia real ecológica, que significa compartir los bienes naturales con muchos otros organismos. Es decir, que la inteligencia del hombre debe lograr, idealmente, un equilibrio entre

Fundamentos de Ecología

"dar" y "recibir", que le permita disfrutar por más tiempo y en mayor medida, de la maravillosa existencia de nuestro planeta Tierra. Esto quiere decir que la supervivencia del hombre está ligada a la de los demás organismos de la biosfera y lo sensato es utilizar sabiamente los recursos naturales, retirando sólo los intereses del "capital" que constituye la naturaleza. Retirar más sería peligroso.

16.2. La Ecología Humana y Social y su relevancia

La Ecología humana esencialmente trata de las interrelaciones entre las personas y el medio ambiente. Es un enfoque interdisciplinario que busca combinar la comprensión de las realidades biofísicas de la existencia humana —como la dependencia de los recursos naturales— con las dimensiones sociales y psicológicas del bienestar y la salud humana (Dyball, 2010). Íntimamente relacionada con la Ecología humana, la Ecología social enfatiza en el análisis del sistema que conforman las redes de seres humanos —bien sea de grupos de la sociedad civil, de la comunidad y las instituciones y organizaciones que habilitan y regulan el funcionamiento de dichas redes– y cómo interaccionan con los elementos y componentes ambientales en los cuales hacen vida. En realidad ambas se enfocan en el mismo objetivo o fenómeno, aun cuando lo hacen desde perspectivas teóricas y filosóficas diferentes, pero para los fines didácticos de la exposición que sigue, la mención de cualquiera de ellas implica directa o indirectamente la otra.

El hombre y el mundo no-humano en el que vive están conectados mediante una multiplicidad de interacciones complejas, con tipos y grados variables de: interacciones, asociaciones, acoplamientos, retroinformaciones o *feedbacks*, interferencias, antagonismos, transformaciones y adaptaciones en continuo desarrollo. Tal nivel de conectividad debe examinarse teniendo en cuenta la asimetría de tales conexiones, dada la amplitud y rango de las mismas, así como la manera particular y diversa en la que ocurren y los efectos específicos de cada una. Berkes *et al.*, citados por Kaiser (2011) enfatizan sobre el tema, acotando que tal nivel de interacción y conectividad es arbitrario y artificial, con un marcado dominio del sistema social sobre el ecosistema, generando alteraciones del medio ambiente; modificaciones del paisaje, perdida de la biodiversidad y cambio climático. En este contexto, el sistema alimentario es uno de los vínculos de capital importancia entre el sistema social y el ecosistema, dado el impacto acumulativo sobre este último, al implicar un consumo de energía para el transporte y la mecanización, la aplicación de agroquímicos contaminantes de los suelos, aguas y atmósfera.

Los ecosistemas que involucran a los seres humanos y sistemas sociales pueden ser ampliamente diversos, abarcando al menos tres grandes categorías (Catton, 1994):

• Ecosistemas en donde los seres humanos son altamente dependientes del mismo, con influencias ambientales marcadas sobre su comportamiento y las instituciones sociales. Las poblaciones indígenas en la selva neotropical (p. ej., los Yanomami) y del Polo Norte (los Inuit) constituyen un ejemplo –donde las condiciones de alta complejidad y dificultad conllevan el desarrollo de una gran capacidad de adaptación al medio circundante– y han sido objeto de estudio de la Antropología (rama de la Sociología) ecológica, dando origen a un cuerpo de conocimiento denominado Ecología cultural. Otro ejemplo, desde una perspectiva distinta, son los fenómenos atmosféricos, como las tormentas tropicales, a veces transformadas en huracanes (ciclones) –procesos naturales poco predecibles en los ciclos hidrológicos de la biosfera que

Figura 16.1. El dominio del hombre sobre los ecosistemas. A la Izquierda, ecosistemas intactos; a la derecha: ecosistemas intervenidos por el hombre.

Fundamentos de Ecología

tienen lugar en la atmósfera, con el fin de descargar el calor en las zonas tropicales– y los tornados, ante los cuales los seres humanos no pueden sino refugiarse en lugar seguro, y cuyos efectos pueden ser devastadores, como fue el caso del Katrina en 2004. La intensidad y recurrencia de tales fenómenos constituye una retroinformación (*feedback*) significativa del impacto que el sistema social ejerce sobre los ecosistemas, debido al cambio climático global inducido por las actividades antropogénicas.

- En segundo lugar, hay ecosistemas dominados por los seres humanos en diversos grados, como los agroecosistemas en zonas rurales con baja densidad de población. Es aquí donde ocurre una interacción continua y permanente del sistema social y el ecosistema, mediante la agricultura; por ejemplo, cuando el hombre comunal hace uso de la primigenia técnica del fuego, con el fin de clarear zonas para el cultivo, o cuando rotura y voltea la capa arable del suelo, en la preparación de la cama adecuada para las semillas. El efecto del fuego puede causar la degradación de la biota sobre y dentro del suelo, aunque en realidad el efecto del fuego también se refleja en la mayor disponibilidad de nutrimentos y en el incremento de la biomasa subsiguiente, por encima de la existente previa a la quema. La preparación del suelo puede en muchos casos perturbar las condiciones biofísicas y bioquímicas del suelo, desmejorando su calidad, pero también puede mejorar la infiltración del exceso de lluvia y el desarrollo de las plantas que se cultivan.

- En tercer lugar, los ecosistemas (o fragmentos alterados de los mismos) fuertemente dominados por los humanos, tales como las grandes ciudades y los centros industriales, que pueden ser erróneamente percibidos –bajo un enfoque sociológico ya caduco– como casos de autosuficiencia y total independencia del hombre con respecto al ecosistema, como si estuviesen exentos de los patrones que rigen su funcionamiento y procesos (León, 2009).

Es aquí donde la Ecología humana y social tiene gran relevancia, especialmente las preocupaciones ambientales, actitudes y comportamientos inherentes en el ser humano y los grupos sociales. En tanto que el entorno ambiental puede lucir invariable a la vista del hombre –a pesar de los cambios o alteraciones que están sucediendo, dada la lentitud con la que se manifiestan–. Sus actitudes y comportamientos ante la realidad, por lo general, no son continuas o intrínsecas, pues la percepción y el conocimiento preciso sobre dichos fenómenos es normalmente bajo, aunque mantenga un estado de alerta y atención sobre los influjos de información que –certeros o sesgados, de acuerdo con las orientaciones de las fuentes de información– el sistema social le transmite constantemente acerca de los problemas ambientales y sus implicaciones (Takács-Sánta, 2007).

La Ecología humana se ocupa de toda esta gama de variación en la dominancia humana, tratando de determinar las causas y consecuencias de los diferentes grados de dominio en los ecosistemas. De acuerdo con Marten (2001), un ecosistema es todo lo que existe en un área determinada —el aire, el suelo, el agua, los organismos vivos y las estructuras físicas, incluyendo todo lo construido por el ser humano—. Las porciones vivas de un ecosistema —los microorganismos, las plantas y los animales (incluyendo a los seres humanos)— son su comunidad biológica.

Es conveniente diferenciar la Ecología Humana de la Demografía. Ésta última estudia la evolución cuantitativa en el tiempo de la población humana, las fluctuaciones de la misma y las causas que las originan. Los aspectos demográficos más relevantes se refieren a la natalidad, morbilidad, mortalidad, distribución por edades y sexo y países, migraciones, conflictos y catástrofes naturales, así como las correlaciones con los factores de bienestar, pobreza, nutrición y salud que inciden sobre algunos de ellos.

16.3. El ámbito y significación del estudio de la Ecología humana y social

Las interacciones entre los miembros de las comunidades de un ecosistema incluyen, por una parte, las interacciones en las redes alimentarias, en las cuales el hombre ocupa una posición dominante, dadas sus condiciones de omnívoro y su capacidad para controlar el entorno o nicho en que se desenvuelve. Por otra parte, el hombre mismo está involucrado en interacciones simbióticas con otros seres vivos, como es el caso de los microorganismos, los más abundantes en el componente biótico.

La microbiota se refiere a la totalidad de microbios (con sus genomas) y las interacciones con un ambiente determinado. Cada persona es huésped de cerca de 100 mil millones de microbios, predominantemente bacterias. En casi todas las partes del cuerpo —incluyendo la boca, nariz, pulmones, intestinos, vagina, orejas, cabello y piel— tiene su microbiota exclusivo. La microbiota que hace vida en el ser humano, a través de interacciones de simbiosis y comensalismo, le permiten al hombre desarrollar su capacidad de absorción de alimentos y su sistema inmunitario. Por ejemplo, la flora intestinal es necesaria para el normal funcionamiento del proceso de digestión y asimilación de los alimentos.

Betts (2011) reseña en su revisión sobre el tema, que esta carga de microbios se transmite de madre a hijo y varía a lo largo de la vida del individuo. La composición de la microbiota dependerá tanto del huésped y su dieta y hábitos de vida, como de los factores ambientales. Las bacterias entéricas en el intestino —que pueden ser de tres géneros principales: *Bacteriodes*, *Prevotella* o *Ruminococcus*— son clave para la salud humana, pues intervienen en numerosos procesos. Por ejemplo, en la inducción de las enzimas del citocromo P450, el cual es capaz de degradar y neutralizar algunos tóxicos químicos que puedan estar en los alimentos. Igualmente se sabe que algunos son capaces de sintetizar importantes sustancias como la vitamina K, así como péptidos que pueden actuar como neurotransmisores, pero de la misma manera otras familias de microbios pueden biotransformar contaminantes en otras sustancias con actividades biológicas completamente diferentes, a través de la metilamilación. Los estudios avanzados sobre este tema han llegado a determinar las diferencias entre la diversidad de microbios en el intestino a lo largo de la edad, lo que permitiría diseñar esquemas dietarios que mejoren el estado de salud de los más viejos. También relacionado con la alimentación, es el servicio que le prestan los microorganismos fermentadores a la comunidad, al facilitar la transformación utilitaria de alimentos como el pan, los quesos, la cerveza y el yogurt (Scott y Sullivan, 2008).

Otro aspecto de vital importancia de esta rama de la Ecología, es que siendo los seres humanos parte del ecosistema global ((Nolan y Lenski, 2008)), es útil pensar no tanto en la interacción de los seres humanos y el ecosistema, como en una interacción del sistema social humano con el resto del ecosistema. El sistema social incluye todo acerca de las personas, su población, la psicología y organización social que moldean su comportamiento, e incluso sus imperfecciones (estratificación social y desigualdad económica, entronización y resistencia al cambio). El sistema social es un concepto central en la Ecología humana, porque las actividades humanas que ejercen algún impacto sobre los ecosistemas están fuertemente influenciadas por la sociedad en que viven las personas (Marten, 2001). Los valores y conocimientos —que juntos constituyen nuestra cosmovisión como individuos y como sociedad— determinan la manera en que procesamos e interpretamos la información y cómo la traducimos en acción. La tecnología define nuestro repertorio de acciones posibles. Estas posibilidades son determinadas por la organización social y las instituciones sociales que especifican conductas socialmente aceptables, transformándolas en acciones reales. Al igual que los ecosistemas, los sistemas sociales pueden tener cualquier escala, desde una familia hasta la totalidad de la población humana en el planeta. En el capítulo 19 (sección 19.4) se profundiza el análisis y las implicaciones de esta concepción que denominaremos sistemas socio-ecológicos.

La Ecología humana y social se enfoca en la comprensión de los seres humanos y su medio ambiente como parte de un todo. Es una ciencia de desarrollo reciente, esencialmente interdisciplinaria, aunque no se identifica plenamente con ninguna de las ciencias de las cuales se nutre para integrar hipótesis, teorías, premisas o explicaciones acerca de los complejos fenómenos que implica la interacción entre ecosistema y el conglomerado social, aunque los humanos que conforman este último son inherentemente parte de los ecosistemas (Dyball, 2010). Su área de acción debe estar centrada en la sustentabilidad, compartiendo las preocupaciones por la limitada capacidad de la Tierra para satisfacer las demandas que los seres humanos ejercen sobre él. Debe destacarse que la sustentabilidad sólo se logra cuando, junto con las normas y reglamentaciones relacionadas que dictan los entes encargados de procurarla, se practican las actitudes y comportamientos concomitantes por parte de los seres humanos, los cuales deben entender, aprender e internalizar la visión sustentable; de otra manera, sus acciones seguirán siendo las mismas que atentan contra la preservación y defensa del medio ambiente (Irwin y Ranganathan, 2008; Friedman, 2010).

El contenido de la Ecología humana es mucho más amplio que lo expuesto hasta ahora, ya que estudia la población humana en relación con los factores externos, a la vez que los efectos del comportamiento humano sobre su medio. La Ecología humana no es una ciencia de mera estadística y descripción, sino que más bien está referida a una planificación del futuro, junto con la previsión y valoración referente a la disponibilidad de y acceso a los alimentos, la calidad de la vida, los espacios habitables y la sustentabilidad. En la medida en que el hombre mantenga el equilibrio biológico, recibirá los beneficios de una naturaleza pródiga y generosa, aunque sensible a los más mínimos cambios y, sobre todo, a intervenciones irracionales y destructivas (Lovelock, 2007).

16.4. La Ecología humana y la sustentabilidad

La Ecología humana hace una contribución fundamental para comprender y mejorar las situaciones que se etiquetan como problemas de sostenibilidad, ya que proporciona métodos que se basan en los análisis multifactoriales. Los problemas de sostenibilidad normalmente implican un cierto grado de incertidumbre científica, en la que no siempre es posible evaluar con precisión el estado de las principales variables ambientales que tienen que ser gestionadas (Fischer et al., 2012).

Por ejemplo, la evaluación del carbono almacenado en los paisajes agrícolas bajo diferentes regímenes de manejo es difícil; sin embargo, podría ser un elemento clave en la promoción de las prácticas agrícolas orientadas hacia un desarrollo sostenible. Además, los problemas de sustentabilidad, por lo general, no tienen límites claros y son transversales a muchas instituciones y límites jurisdiccionales. En muchos casos, por ejemplo, la causa última de un problema se encuentra a gran distancia en el tiempo o en el espacio en el cual se presenta dicho percance; por ejemplo, la elección de compra de un consumidor por un determinado tipo de café en un supermercado local, puede afectar —para bien o para mal— la salud ambiental del paisaje de las plantaciones de café en un país lejano; o las preferencias de los japoneses por las aleta de tiburón están afectando las poblaciones de estos animales en todo el Pacífico.

Muchos problemas devienen de las consecuencias imprevistas e involuntarias de la actividad humana que, en un momento dado, tenían sentido y se justificaban. Por ejemplo, el riego una región para aumentar la producción de alimentos tiene sentido, al igual que la construcción de autopistas para aliviar la congestión del tráfico. Sin embargo, un consecuencia indeseable del riego podría ser la movilización de sales naturales en el suelo, haciéndolo inútil para la agricultura en poco tiempo; de manera similar, las autopistas pueden hacer el viaje en vehículos particulares una opción más atractiva y, en la medida que más personas eligen este método de transporte, podría resultar en mayor volumen de vehículos e incluso en la congestión del tráfico.

La Ecología humana y social se ocupa también de cuestiones éticas sobre la forma justa en que los recursos ambientales son compartidos entre las personas y otros seres vivos, y

Fundamentos de Ecología

Figura 16.2. La destrucción de la naturaleza por el hombre es muchas veces irracional. Buscar fotos similares en banco de imágenes y armar collage.

la identificación de los aciertos y errores de las situaciones existentes y las alternativas propuestas. La construcción una central hidroeléctrica en un río puede ser la solución a un problema de generación de energía renovable, pero puede causar un problema para la ecología de la cuenca, del río y sus poblaciones de peces. Esta complejidad se agrava en tanto que individuos y grupos promueven diversas opciones de intervención para mejorar una situación, junto con variados juicios de valor —a menudo en conflicto— sobre la viabilidad y conveniencia de las soluciones propuestas.

A partir del creciente interés por el desarrollo sustentable, científicos y practicantes de diversas ciencias han convergido en la necesidad de contar con un marco integrado y sistémico para el abordaje y análisis de las interacciones del sistema humano con el medio ambiente, que constituye el punto de partida para la emergencia de las ciencias de la sustentabilidad (Scoones *et al.*, 2007). Bajo el enfoque interdisciplinario y transdisciplinario — entre la Ecología, la Sociología, la Economía y otras ciencias— las ciencias de la sustentabilidad enfatizan la necesidad de dejar atrás los enfoques lineales, mecanicistas, reduccionistas y basados en la estabilidad de los sistemas, para generar nuevos paradigmas que privilegien las visiones del mundo complejo, no lineal y muy dinámico que exhibe la naturaleza,

Progresivamente se han ido conformando enfoques que consideran la heterogeneidad, ambigüedad, incertidumbre y desconocimiento de las realidades complejas de los sistemas multidimensionales, en todas las escalas espacio-temporales y en los múltiples contextos (biológicos, sociales, políticos, culturales) en los que el sistema humano debe interactuar con el ecosistema circundante. En el capítulo 19 se trata con mayor profundidad las cuestiones relacionadas con la sustentabilidad y el desarrollo sustentable.

Fundamentos de Ecología

16.5. La población humana del globo

La evolución de la población humana sobre la tierra ha estado sujeta a numerosos vaivenes motivados por epidemias, pestes, conflictos, sequías, inundaciones y hambrunas. Se estima que la población de los primeros tiempos (~ 100.000 años a.C.) fue de algunos millares en la llanura africana. La dispersión por migración de diversos grupos hacia el resto de los continentes permitió el lento pero progresivo crecimiento poblacional, hasta hace aproximadamente 10.000 años, cuando el hombre descubre la posibilidad de producir sus alimentos a través de la manipulación y siembra de las semillas, dando lugar al nacimiento de la agricultura y al surgimiento de las primeras ciudades.

Es notable que la agricultura se desarrollara independientemente en varios espacios y tiempos, en función de las posibilidades y adaptaciones del hombre a su entorno. Se impulsa entonces un crecimiento geométrico que, a pesar de los altibajos debidos a las enfermedades y a otros factores naturales, pudo alcanzar aproximadamente los cinco millones hacia el año 6000 a.C. Guerras, escasez y enfermedades continuaron cobrando su tributo, pero las cifras subieron a 250 millones en los tiempos de Cristo y en 1700 había alcanzado los 600 millones. A partir de esta fecha se produce el verdadero salto adelante.

Las poblaciones humanas a lo largo del globo aprendieron a adaptarse y expandirse hacia nuevos hábitats y nuevas zonas climáticas, incrementaron la capacidad de soporte de sus hábitats existentes y, a través del aprendizaje y la tecnología, eludieron los factores limitantes. Hacia 1850, solamente doscientos años después, la población se había duplicado y se calculaba en 1.000 millones. En 1930 (sólo 80 años después) se había duplicado otra vez, alcanzando los 2.000 millones.

Al momento presente (2017), la población supera los 7.400 millones, lo que significa que en los últimos 140 años, se ha multiplicado por 10, y en los últimos 80, se ha triplicado. En otras palabras, solo fueron necesarios 12 años, para escalar de 5.000 a 6.000 millones, e igual cantidad de tiempo transcurrió para pasar de 6.000 a los casi 7.000 millones. Calculado de otra manera, de acuerdo con lo señalado por el PNUMA (2011), desde 1992 y hasta finales de 2011, la población creció en 1.450 millones de personas. Aproximadamente 50% de la población total habita en las zonas rurales, ocupada esencialmente en labores agrícolas, bajo las más diversos formas: productor o propietario, jornalero, ocupante, aparcero o trashumante (PNUMA, 2011).

Recordemos lo señalado en el capítulo 4 –dedicado al tema de las poblaciones– sobre la dinámica de las poblaciones en cuanto a número, densidad, estratificación por edades, tasas de natalidad y mortalidad y migraciones, pues los mismos se aplican a las poblaciones humanas, pero en contextos y escalas particulares, de acuerdo con los rasgos distintivos descritos antes. Sin embargo, es necesario tener en cuenta la evolución de patrones de estratificación, poder y desigualdad que caracterizan el entramado social, más aun en los años recientes, con la creciente globalización de la economía y la instauración de la sociedad de la información.

Los factores que determinan distribución de la población humana en la Tierra son:

1. Factores físicos: el clima, la fertilidad del suelo, la diversidad de vegetación y fauna, la provisión de agua y disponibilidad de recursos minerales.

2. Factores culturales: las tradiciones y el comportamiento asociado a las creencias y valores ancestrales, la religión y el lenguaje.

3. Factores económicos: limitantes o dificultades económicas, desempleo, intolerancia política, conflictos religiosos y guerras, políticas de poblamiento y oportunidades económicas y laborales; todos ellos generan corrientes migratorias.

En los países desarrollados, la tasa de aumento de la población ha disminuido; en ninguno de ellos la población se duplicará durante este siglo y en muchos no habrá un aumento significativo ni siquiera en los próximos cien años. En muchos de los países de América Latina, Asia y África –los llamados países en desarrollo o menos desarrollados– el tiempo de duplicación de la población se sitúa en general entre los 20 y 30 años. En general, los países en desarrollo duplicarán su población antes del año 2.050, y se prevé que todos tendrán el doble de la población actual dentro de los próximos cien años.

Esta desigual distribución hace del crecimiento poblacional un problema muy complejo y difícil. Los nacimientos se dan a un ritmo mayor, precisamente en aquellas zonas en donde los recién nacidos tienen menor probabilidad de disponer de una dieta adecuada, de un alojamiento aceptable, de escuelas, de cuidados médicos o de ocupaciones futuras. Un niño nacido de una familia americana de clase media, por ejemplo, consumirá durante su vida una cantidad mucho mayor de los recursos disponibles, que un niño nacido en un país menos desarrollado, o en un país en vías de desarrollo (consumirá doble cantidad de alimentos que el primero, y vez y media más que el segundo).

Buena parte de las causas de esta situación escapan al campo de estudio estrictamente ecológico. Pero los hechos son así, e incontrastables: los más, que son los más pobres y los que más se multiplican, consumen, explotan y contaminan menos que la minoría más rica y menos fértil.

16.6. El crecimiento demográfico

En la década de 1960-1970, la tasa de crecimiento de la población alcanzó un máximo de 2,1% anual en promedio, pero gradualmente ha ido disminuyendo hasta alcanzar 1,2%, mientras que la fecundidad disminuyó desde cinco hijos/mujer en los años 50, hasta 2,7 en el año 2000. (Cohen, 2003). En el pasado las poblaciones humanas se desarrollaban en gran parte, controladas por frenos naturales, como escasez de alimentos, sequías, catástrofes o epidemias de enfermedades. Las épocas de escasez se sucedían de cuando en cuando por la pérdida de cosechas. Sus efectos eran más dramáticos si el área de la población afectada estaba ya superpoblada. Las enfermedades tomaban dos formas: epidémicas y endémicas. Las epidemias se presentaban de forma dramática. Si bien, el efecto de las epidemias ha sido evidente, el más eficaz freno al crecimiento de la población han sido las enfermedades endémicas, que han cobrado un constante tributo de vidas humanas. Las guerras en sí raramente actuaron como control reductor, aunque sí fueron origen frecuente de enfermedades y períodos de escasez, que acabaron con mucha más gente que las muertas en los campos de batallas.

Es difícil darse cuenta de la eficacia con la cual estos frenos naturales han regulado la población humana, aunque los avances en las ciencias médicas, en las comunicaciones y en la ciencia y tecnología, en los últimos 50 años, han sido los más espectaculares de toda la historia y han contribuido a aumentar la capacidad del hombre para combatir el hambre y luchar contra las enfermedades; sin embargo, aunque la tasa de mortalidad se ha mantenido relativamente alta en muchos países, globalmente se ha incrementado la expectativa de vida (el tiempo promedio de vida del individuo), como se muestra en la Figura 16.3. Mientras en 1955 la expectativa de vida máxima era de 50-59 años, entre 2005 y 2010 ha subido a 70-79 años para un aproximado de 50% de la población mundial.

Es necesario aclarar que en la especie humana, el desarrollo poblacional no sigue las mismas secuencias que en los demás seres vivos. Su curva de crecimiento demográfico asciende constantemente, pudiendo llegar a una situación explosiva — que rebasaría la capacidad de soporte y produciría algún tipo de desastre que haría descender la población de seres humanos— a menos que el hombre con sus facultades, se anticipe y establezca los tipos de controles necesarios para reducir drásticamente el ritmo de crecimiento. Se impediría así que la densidad de población llegue a superar

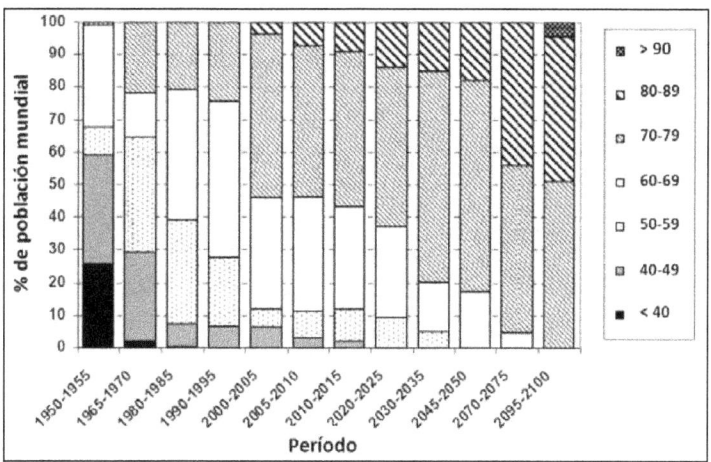

Figura 16.3. Cambios en la expectativa de vida de la población mundial. Fuente: UN (2011)

los límites de tolerancia, al tiempo que se formulen y diseñen nuevas estrategias y metodologías en la producción de alimentos y la sustentabilidad del ecosistema.

De acuerdo con los datos publicados por el *Population Reference Bureau* (Buró Referencial de la Población) que se presentan en el Cuadro 16.1 y en la Figura 16.4, se observa la tendencia de crecimiento poblacional al año 2050, la cual indica un crecimiento cercano a 1,2% anual, lo que equivale a un aumento promedio de 60 millones de personas por año, tasa interior a la experimentada durante el período 1950-2000 (1,78%). También se observa que el crecimiento absoluto será mucho mayor en los países en desarrollo (39%), en comparación con los países desarrollados (3%).

Algunos datos interesantes emergen del análisis global de las cifras reseñadas en este estudio:

- Algo más de 60% de la población se concentra en Asia, con la mayor proporción en China. Mientras que el continente americano solo posee 9,4% de la población.

Cuadro 16.1. Tendencias de la población mundial 2010-2050

Regiones	Población Total (2010)	Proyección 2050	Crecimiento Anual (%)	Población Urbana (%)	Crecimiento Urbano (%)	Tasa de Fecundación
Total	6.908,7	9.150,0	1,2	50	1,9	2,52
Reg. Desarrolladas	1.237,2	1.275,2	0,3	75	0,7	1,65
Reg. en Desarrollo	5.671,5	7.946,0	1,4	45	2,4	2,67
P. menos adelantados	854,7	1.672,4	2,3	29	4,0	4,23
África	1.009,9	1.998,5	2,3	40	3,4	4,45
Asia	4.166,7	5.231,5	1,1	42	2,3	2,30
Estados árabes	359,4	598,2	2,1	56	2,5	3,20
Oceanía	35,8	51,3	1,3	70	1,3	2,42
Europa	732,8	691,0	0,1	73	0,4	1,52
America. del Norte	351,7	448,5	1,0	82	1,3	2,02
America .Latina y Car.	588,6	729,2	1,1	80	1,6	2,17

Fuente: United Nations Population Division, World Population Prospects, The 2008 Revision.

Fundamentos de Ecología

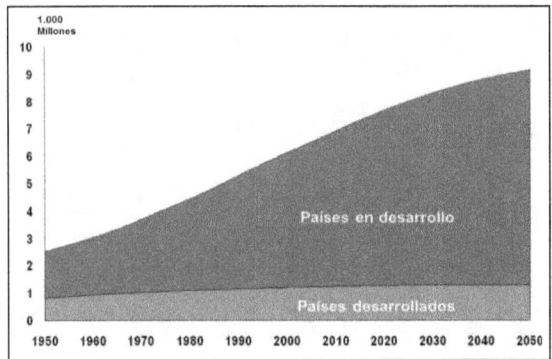

Figura 16.4. Tendencia proyectada de la población mundial al 2050
Fuente: United Nations Population Division, World Population Prospects, The 2008 Revision.

- La tasa promedio de incremento poblacional global para el período 2010-2050 será de 1,2%, inferior al experimentado durante el período 1950-2050.
- El crecimiento de los países desarrollados tendrá lugar principalmente en América del Norte, con gran influencia de las migraciones en todos ellos.
- En África, la población se duplicará, al pasar de 1.009 millones en 2010 a 1.998 en 2050.
- El desbalance geográfico en el crecimiento poblacional del siglo anterior se intensificará en la primera mitad del actual.

Las cifras correspondientes a los 10 países más poblados del mundo en el 2010, y la proyección para 2050, se presentan en el Cuadro 16.2, destacando el hecho de que entre los 10 países representan 58,7% de la población mundial, y que dos países, China e India, abarcan casi 37% de la población

Cuadro 16.2. Los 10 países más poblados del mundo en 2011 y la proyección para 2050.

| | 2010 | | 2050 |
País	Población (millones)	País	Población (millones)
China	1.348	India	1.692
India	1.241	China	1.313
Estados Unidos	312	Nigeria	433
Indonesia	238	Estados Unidos	423
Brasil	197	Pakistán	314
Pakistán	177	Indonesia	309
Bangladesh	151	Bangladesh	226
Nigeria	158	Brasil	223
Rusia	143	Etiopía	174
Japón	128	Filipinas	150

http://www.prb.org/Publications/Datasheets/2011/world-population-data-sheet/data-sheet.aspx

Fundamentos de Ecología

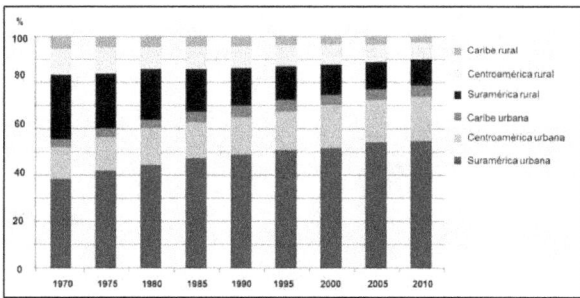

Figura 16.5. Tendencias de la población urbana y rural en América Latina y el Caribe, entre 1970 y 2010
Fuente: Reproducido de WWDR4 (2012). Fuente original: http://www.pnuma.org/geo/geoalc3/ing/graficosEn.php.

mundial, tanto en la actualidad, como en las proyecciones pero la India sustituirá a la China como el país más poblado.

Por otra parte, han emergido factores impulsores del crecimiento poblacional, fácilmente identificables: los esfuerzos concurrentes y a escala mundial para establecer servicios de salud reproductiva y campañas de uso de anticonceptivos; la urbanización globalizada y creciente, acompasada por la masiva migración rural-urbana durante la segunda mitad del siglo XX; el desarrollo económico impulsado por el crecimiento posterior a la segunda guerra mundial y el desarrollo de la ciencia y la tecnología, y los movimientos migratorios entre países y regiones (Cohen, 2003). La migración rural urbana ha sido muy marcada, especialmente en la región de Latinoamérica y el Caribe, como puede apreciarse en la Figura 16.5, cuando pasa de aproximadamente 54% en 1970 a 78% en 2010 (WWDR4, 2012).

Desde otra perspectiva, desde 1990, la proporción de la población urbana que vive en barrios marginales en el mundo en desarrollo ha disminuido notablemente, pasando de 46% en 1990 a 33% en 2010. Esta disminución demuestra que muchos de los esfuerzos por dotar a los habitantes de barrios marginales de acceso a servicios mejorados de agua, saneamiento y/o vivienda más durable han tenido éxito. Sin embargo, el número absoluto de personas que viven en barrios marginales se ha incrementado en 26% en el mismo período, sumando 171 millones más y llevando la cifra total de 656 millones en 1990 a 827 millones en 2010 (PNUMA, 2011), lo cual se explica por creciente migración de pobladores rurales hacia las zonas urbanas, lo cual incrementa la población en las grandes ciudades, especialmente en los países más densamente poblados, China e India, que representan cerca de 34% del total de población mundial.

16.7. Etapas de transición en el crecimiento de la población

En la medida en que las sociedades agrarias, basadas en la explotación de la tierra y la mano de obra, van transformándose en sociedades urbanas y tecnológicas, enmarcadas en el crecimiento económico, ocurren cambios significativos en las tendencias demográficas de la población. El modelo de transición demográfica que refleja estos cambios considera cuatro etapas principales (Figura 16.6):

* Etapa 1. Previo al proceso de transformación, la población es relativamente pequeña y estable (con una tasa de crecimiento cercana a 1%). Las tasas de natalidad y mortalidad son altas, variando de acuerdo con las condiciones cambiantes de abundancia, hambrunas, enfermedades o conflictos.

* Etapa 2. Cuando se inicia el proceso de tecnificación en las primeras etapas de crecimiento económico, al mejorar las condiciones de vida en cuanto a alimentación y salud, la tasa de mortalidad declina, pero se mantiene alta la tasa de natalidad. El resultado es un incremento en el crecimiento de la población.

* Etapa 3. Conforme avanza el proceso de desarrollo económico, las tasas de nacimiento declinan y las tasas de mortalidad se reducen, disminuyendo a su vez la tasa de crecimiento poblacional.

* Etapa 4. En la última etapa, las tasas de nacimiento y mortalidad son reducidas y muy similares, y no hay crecimiento de la población.

Todos los países transitan por estas etapas, aun cuando existen marcadas diferencias entre países desarrollados y en desarrollo. Al analizar histórica y transversalmente los diversos factores incidentes en los patrones demográficos en el mundo, el PRB (Haub and Gribble, 2009) considera que mientras que a los países desarrollados les tomó varios siglos en evolucionar dentro de las etapas de transición demográfica, a los países en desarrollo el proceso de transición ha requerido apenas decenas de años. Los avances tecnológicos y en salud de los últimos 70 años fue determinante en este fenómeno, apoyado por las campañas de planificación familiar y de vacunación que, desde los años 60, se fomentaron en casi todo el mundo, con el apoyo de organismos internacionales y países desarrollados. Sin em-

Fundamentos de Ecología

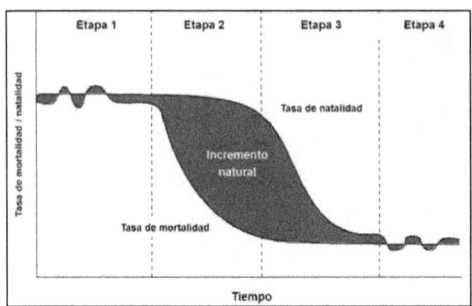

Figura 16.6. Tendencia proyectada de la población mundial al 2050. Fuente: http://www.prb.org/Publications/GraphicsBank/PopulationTrends.aspx

bargo, para algunos países el tránsito ha sido lento, como por ejemplo Afganistán, Uganda y Zambia, las cuales se ubican todavía en la primera etapa. En cambio, Guatemala, Ghana e Iraq han avanzado hacia la segunda. Mientras que países como India y Malasia se han ubicado rápidamente en la tercera etapa, y Brasil se considera dentro de la cuarta, junto con EE UU, Canadá, Japón, Alemania y otros países europeos. Esto se hará evidente cuando revisemos las secciones siguientes.

16.7.1. Evolución demográfica en Europa

Para comprender mejor el origen de los problemas actuales, debemos retornar a la Europa del siglo XVII, donde comenzaba una serie compleja de lentos cambios, conocida como transición demográfica. Con el advenimiento de la revolución industrial, el ritmo de producción de la industria comenzó a aumentar en Europa. Se abrieron nuevos mercados en otros continentes, de los cuales procedían distintos alimentos y materias primas. El comercio se expandió, y con eso mejoraron los medios de transporte que permitieron transferir alimentos y bienes de consumo a grandes distancias. En los dos siglos siguientes, la tecnología se extendió a la agricultura y a la industria, y se inició por primera vez la producción masiva e intensiva de alimentos. Se mejoraron las condiciones higiénicas y de alojamiento, que condujeron gradualmente, hasta la mitad del siglo XIX, a la posibilidad de controlar algunas enfermedades y en algunos casos a erradicarlas.

Estos avances rompieron el modelo de crecimiento lento de la población que se había mantenido en los siglos precedentes. Así, con la disminución de la tasa de mortalidad, especialmente la infantil y la lucha contra las enfermedades, la esperanza de vida aumentó, y la población europea creció. Sin embargo, después de 1875, se produjo un vuelco de esta tendencia de modo dramático, y este descenso duró hasta la segunda guerra mundial. La causa de tal fenómeno fue debido a un aumento en el uso de métodos anticonceptivos y al mayor uso difundido entre las clases más pobres. Pero esto era solamente un hecho aislado de un complejo fenómeno que tenía sus raíces en los profundos cambios sociales que estaban ocurriendo como consecuencia de la revolución industrial. Por efecto de la segunda guerra mundial, hubo una corriente migratoria hacia el resto del mundo, especialmente hacia las Américas. La América del Norte acoge más que cualquier otro país el exceso de población, absorbiendo un gran número de europeos. También algunos países de América del Sur y las colonias de África recibieron notables cantidades de emigrantes europeos.

Pero estas tendencias se han revertido en los últimos 20 años. En 2011, la población de la Unión Europea (27 países) se estimó en 502,5 millones (Marcu, 2011). La población total creció en 1,4 millones en comparación con enero de 2010, debido a los cambios naturales de 0,5 millones (la diferencia entre nacimientos y defunciones) y a una migración neta positiva de alrededor de 0,9 millones (equivalente a ~75% del incremento). La población aumentó en 20 de los 27 Estados miembros y disminuyó en siete. Hubo 5,4 millones nacimientos de niños en 2010, disminuyendo por segundo año consecutivo. La tasa bruta de natalidad en la fue de 10,7 en nacimientos vivos por cada 1 000 habitantes y la mortalidad bruta tasa fue de 9,7 por cada 1 000 habitantes.

16.7.2. Evolución demográfica del tercer mundo

Inicialmente, en la mayoría de los países del tercer mundo, la economía agraria de renta baja, se caracteriza por tasas de natalidad y de mortalidad susceptibles de sufrir fluctuaciones por el efecto de los reveses imponderables. Cuando la economía agraria de subsistencia dio paso a una economía de mercado más diversificada y más especializada, la tasa media de mortalidad decreció. Continuará decreciendo en tanto la organización socio-económica mejore y se desarrollan la medicina y la higiene. Poco más tarde la tasa de natalidad comienza a decrecer. Las dos tasas siguen una curva descendente más o menos paralela, pero la disminución de la curva de natalidad se separa en el tiempo en relación con la otra. En fin, como se vuelve más y más difícil reducir de entrada (la tasa de mortalidad), la tasa de natalidad se ase-

Fundamentos de Ecología

meja mucho a la tasa de mortalidad y la tasa de crecimiento de la población se hace más moderada. Sin embargo, se mantienen dos grandes características: riesgo de mortalidad escaso y familias de tamaño mediano. Las tasas de mortalidad no varían más que levemente de un año a otro, pero la tasa de natalidad —que traduce en lo sucesivo decisiones voluntarias y no costumbres profundamente fijadas en la población— puede variar de un año a otro.

Esta transición se inició en el siglo XX; en 1960 las tasas de fecundidad eran todavía, en la mayor parte de los países, extremadamente elevadas (índice sintético de fecundidad entre 4 y 8 en África tropical y en América Latina; tasa bruta de reproducción igual a 3,1 para el conjunto de África). Las tasas de mortalidad que permanecían superiores a las medidas mundiales estaban en descenso rápido y en numerosos casos, se redujeron de tres a cuatro veces más rápidamente que en Europa (2% en África, 14% en Asia, 9 a 10% en América Latina en 1971/1972). Ello facilitó el crecimiento poblacional de las décadas subsiguientes.

Estas tendencias en el crecimiento de la población implican una distribución de la población por edades muy diferentes con respecto al mundo desarrollado, lo cual se evidencia en las pirámides de distribución por edad, como las que se muestran en la Figura 16.7.

16.8. Los patrones de natalidad del mundo

En la actualidad, el índice de natalidad varía de 7,5 a 50 por cada mil habitantes, de acuerdo con el país. Desafortunadamente, los datos de muchos de los países no son enteramente confiables, pues tienen probablemente un índice de natalidad más alto. Esto sucede porque la gente no registra siempre todos los nacimientos, y también porque no es fácil hacer censos rigurosos en zonas de poblados pequeños y dispersos. No obstante, algunos países del África tienen cocientes de natalidad muy altos: 50,54 por mil en Niger, 47,5 en Uganda, 49,6 en Guinea, 42,9 en Etiopía y 40,8 en Congo. Otros países (Eritrea, Tanzania, Costa de Marfil y Kenia) presentan promedios cercanos a 32 por mil. En Asia, la tendencia decreciente de los 50 últimos años se ha mantenido, aunque hay grandes diferencias entre países. Por ejemplo, en Afaganistan es de 37,8, en Pakistan 24,8, Malasia 21,1 e India, 20,9. Mientras que en Thailandia la tasa de natalidad es de 12,4, en China 12,3, Rusia 11,5, Korea del Sur 8,55 y Japón con 7,3, la más baja en el continente Asiático

En América Latina, donde la población aumentó de 91 millones en 1920 a 275 millones en 1970, el índice de natalidad total promedio era de 45. En la actualidad, con una población cercana a los 590 millones, la tasa de natalidad se sitúa en 19,1 para el quinquenio 2005-2010, levemente inferior a la del quinquenio 2000-2005, que fue de 21,3. Sin embargo, algunos países presentan valores altos, por encima de 25, como es el caso de Guatemala, Belize, Honduras y Bolivia. En Venezuela la tasa de nacimientos es de 20,1, 19,6 en Nicaragua, 19,4 en Perú y 19,1 en México. Los valores más bajos, entre 16 y 18, se observan en Brasil, Colombia, Argentina, Guyana, Costa Rica y Antigua. Los valores más bajos los presenta Cuba (9,96), Barbados (12,35) Puerto Rico (11,35), Bermuda (11,2), Uruguay (13,52) y Chile (14,33).

Europa tiene un índice medio mucho más bajo que algunas de las regiones subdesarrolladas del mundo (10,7, en promedio para 2008-2010), aunque algunos países, especialmente en Europa Oriental, se encuentra índices de natalidad tanto muy bajos como muy altos. Los índices más altos de natalidad se tienen en Albania (12,15), Irlanda (16,1) y Turquía (17,9). Mientras que los más bajos están en Alemania (8,3) y Austria (8,7). Pero, el sólo índice de natalidad, dice muy poco del incremento o disminución de una población, si no se conoce también el índice de mortalidad.

16.9. La disminución de la mortalidad

Las tasas de mortalidad, en escala global, han venido disminuyendo progresivamente en los 70 años precedentes, pero muy especialmente en los últimos 20. Actualmente, varía

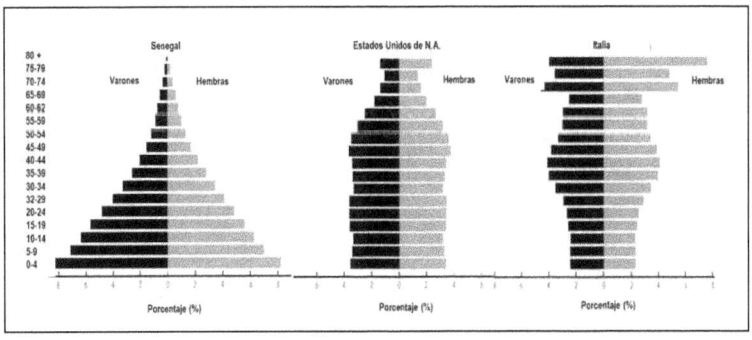

Figura 16.7. Diferencias en la distribución por edad entre Senegal, EE UU e Italia (2010). Fuente: PBR (2011).

Fundamentos de Ecología

entre 2,0 y 2,6 por mil habitantes en los pequeños países petroleros (Qatar, Kuwait y Bahréin) y entre 15 y 23 en países como Afganistán, Angola, Sur África, Nigeria, Rusia y Chad.

El fenómeno de la disminución de la mortalidad es consecuencia inmediata de los recientes progresos médicos y tiene mucho más efecto sobre los cambios de la población que las disminuciones o fluctuaciones del índice de natalidad. La disminución de la mortalidad abarca a personas de todas las edades. Sobrevive un mayor número de niños, y la longevidad se hace mayor. Por ello, la fuerte disminución del índice de mortalidad es casi completamente responsable de la presente "explosión", ya que el índice de natalidad en sí ha permanecido casi invariable.

El índice bruto de mortalidad se calcula, como el de natalidad, sobre mil individuos, aun cuando es más difícil establecerlo, en parte, porque es casi imposible distinguir entre los nacidos muertos en el parto (y poco antes del parto) y las muertes tempranas de los nacidos vivos; al tiempo que existe, también, una tendencia especialmente en áreas rurales y alejadas, de no registrar todas las muertes. Hay tendencia en la disminución de la mortalidad hacia alcanzar niveles estables, al menos en los países más desarrollados. La disminución, que comenzó en Europa (con excepción de Rusia), se ha estabilizado en este siglo. En otras partes del mundo, sin embargo, el índice de mortalidad ha comenzado a disminuir sólo en los últimos cuatro decenios —fundamentalmente por la preponderancia de jóvenes en la distribución por edad— pero es innegable que la disminución de la mortalidad ha sido muy significativa. Empero, existen países en la actualidad países que todavía soportan tasas de mortalidad elevadas, de acuerdo con los reportes de la UNICEF(2011), especialmente de menores de cinco años: 3,7 millones en el África Subsahariana, 2,5 millones en el Sur de Asia y 0,6 en el resto de Asia y 0,2 millones en América Latina y el Caribe.

La disminución de la mortalidad ha sido mostrada como un triunfo sin igual de la ciencia médica sobre la naturaleza, pero no pasa de ahí y no debemos dejarnos embaucar con tan ingenuo optimismo. Se ve ahora que se trata de un arma de doble filo y muchos comienzan a darse cuenta. Hoy, no puede ser acogida de buen grado a menos que vaya acompañada de un control de la natalidad.

Existen diversos métodos para el control de la natalidad, desde el aborto a los anticonceptivos, pasando por la esterilización del hombre o la mujer. Todos presentan algún tipo de problema, sea de orden moral, religioso, médico o simplemente práctico, que hace que ninguno sea universalmente aplicable. Y aun cuando se hubiera desarrollado un método ideal desde esos puntos de vista, y además fuera económicamente accesible para todos, nada induce a creer que daría por resultado una inmediata reducción en la tasa de natalidad, pues existen una serie de motivos socioculturales y económicos, como hemos visto, contrapuestos a esta reducción. Lo más importante a tener en cuenta es que se comprueba estadísticamente una correlación entre la falta de recursos y la elevada natalidad.

16.10. Las tendencias demográficas recientes y futuras

En un reciente análisis (Ezeh et al., 2012) se ha señalado que el cambio demográfico global durante los últimos 50 años ha sido más rápido y más universal en las últimas cinco décadas que en cualquier otro período de la historia de la humanidad, con un crecimiento de las tasas de nacimiento, mortalidad y de población que varían mucho según las regiones del mundo. Los cambios en las ratas de crecimiento poblacional entre los países del mundo se puede visualizar en la Figura 16.8.

Las tendencias de futuro, al menos para las próximas cuatro décadas, también varían considerablemente. La mayor parte de los países más pobres, especialmente en África subsahariana, se caracterizan por el rápido crecimiento de más de 2% por año. El crecimiento anual promedio de 1-2% se concentra en los países grandes, como como India e Indonesia, en el norte de África y el oeste de América Latina. Mientras que la mayoría de las economías avanzadas desarrollo y los países grandes de ingresos medios, como China y Brasil, se caracterizan por un bajo o nulo crecimiento (0-1% por año), la mayor parte de Europa del Este, Japón y algunos países de Europa occidental se caracterizan por una población en declive. Los países con rápido crecimiento enfrentan las presiones sociales, económicas y ambientales adversas, mientras que aquellos con crecimiento bajo o negativo confrontan un crecimiento la población de la tercera edad, las cargas insostenibles de los sistemas de pensiones públicas y de salud, además del lento crecimiento económico. En los países con un crecimiento bajo o negativo, las políticas para abordar el envejecimiento y muy baja fertilidad aún están evolucionando. Las principales tendencias demográficas hacia el futuro, pueden resumirse como sigue:

- Las tasas de fecundidad se han reducido a menos de tres hijos por mujer en todas las regiones del mundo, a excepción de África subsahariana, donde las mujeres, en promedio, todavía tienen más de cinco hijos.

- Mientras que la población de Europa disminuirá levemente durante los próximos cuatro décadas, la de África subsahariana aumentará a más del doble en el mismo período.

- La implementación de programas de planificación familiar voluntaria ha sido la principal respuesta política a las altas tasas de fecundidad y el rápido crecimiento de la población. Una planificación de la familia bien organizada programa puede reducir la fertilidad en alrededor de 1,5 nacimientos por mujer. El efecto sobre el futuro población puede ser muy grande. Por ejemplo, la diferencia de la fecundidad asumidas para las variantes de alta y baja en las proyecciones de población de la ONU es sólo un nacimiento por mujer, pero se obtiene una diferencia de 2,6 billones de personas en el África subsahariana para el año 2100.

- El retraso en la ejecución de los programas de planificación familiar voluntaria en los entornos con una población en rápido crecimiento tiene enormes implicaciones para el futuro demográfico las tendencias y el desarrollo socioeconómico.

Fundamentos de Ecología

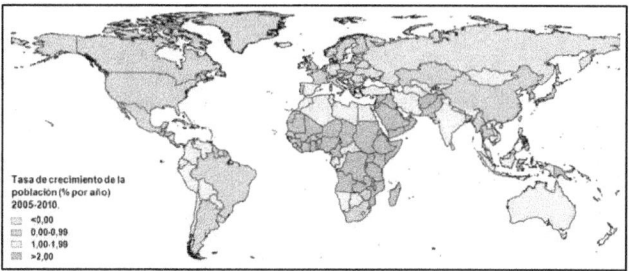

Figura 16.8. Distribución de los países de acuerdo con la tasa de incremento poblacional entre 2005 y 2010.
Fuente:http://www.un.org/en/development/desa/population/publications/database/worldPopulationPolicies_2009.shtml

- La fecundidad por debajo del nivel de reemplazo en los países económicamente avanzados es una gran amenaza para el bienestar. El rápido envejecimiento de la población en estos países plantea importantes desafíos a las pensiones públicas y los sistemas de atención de salud y podría conducir a un menor crecimiento de la renta per cápita que la existente actualmente.

- El apoyo a los esfuerzos para reducir la alta fecundidad en los países en desarrollo y al mismo tiempo abogar por políticas de mayor natalidad en los países desarrollados parece contradictorio y es un reto para la agenda mundial de desarrollo, pero es una buena política dirigida a mejorar el bienestar humano en ambos contextos.

16.11. Las Teorías de Thomas R. Malthus (1766-1834)

Hemos visto que una característica de la dinámica de las poblaciones es su potencial biótico, o sea la capacidad máxima de reproducirse cuando las condiciones del medio son óptimas. También sabemos que la población humana tiene un potencial biótico propio, que le da la posibilidad de producir una gran cantidad de descendientes, los cuales están listos para una nueva reproducción en apenas 15 años. Según esto, la especie humana está en condiciones de explotar su potencial biótico y de crecer a velocidades fantásticas, si no es frenada por fuerzas naturales: enfermedades, epidemias, guerras, hambre, o por propia decisión. (Control de la natalidad). Las teorías modernas que se ocupan de explicar la evolución demográfica y la fecundidad, comenzaron a desarrollarse a partir de los escritos y las ideas expuestas por Thomas R. Malthus, quien fue el primero que se interesó sobre los problemas del crecimiento demográfico[1].

Malthus concluyó que las poblaciones humanas no debieran sobrepasar la producción de alimentos ya que, en caso contrario ellas serían perturbadas por potentes fuerzas sobre las cuales sería difícil ejercer controles técnicos, económicos o morales. Las sombrías previsiones de Malthus no se han cumplido hasta ahora pues los progresos tecnológicos de la agricultura (abonos, mecanización, insecticidas, variedades de alto rendimiento, técnicas de cultivo) han mejorado en general la producción de alimentos de manera sensible en el mundo. La industrialización ha elevado el nivel de vida de muchos países y ha atenuado en cierta medida, los inconvenientes que origina; las migraciones de Europa hacia otros continentes han aliviado la presión demográfica que allí se ejercía. Además, lo que Malthus no se había imaginado considerar, son los cambios provocados por la actitud con respecto a la limitación de los nacimientos, lo que implicado el establecimiento de programas destinados a reducir la fecundidad y la natalidad.

La teoría maltusiana inspiró a Darwin en la elaboración de su teoría de la Evolución, al igual que a su colega Wallace. Según Darwin, al escasear los alimentos se establece una lucha por la existencia en la que prevalecen los individuos más aptos. Sin embargo, es preciso señalar que, en la práctica, la teoría maltusiana no se cumple estrictamente y se ha demostrado que el hombre en su capacidad creadora, ha encontrado la manera de obtener alimentos en proporciones, sino suficientes, por lo menos en cantidad considerable para soportar grandes aumentos en población.

La influencia de las teorías de Malthus se han evidenciado las ideas de científicos como Julian Houxley y escritores como Isaac Asimov, así como en los libros escritos por Paul Ehrlich: "La explosión demográfica" (1968); "Población, recursos y ambiente: asuntos de la Ecología humana" (1970); "Extinción" (1981), "La explosión poblacional" (1990) y otros libros. En 1972, el Club de Roma publicó el famoso manifiesto de "Los límites del Crecimiento", de corte netamente Malthusiano, de gran difusión e interés en los ámbitos académicos y políticos en los años posteriores (1975-1995). La obra de Nolan y Lenski (Human Societies, 2008), de uso extendido como texto básico en cursos de Sociología, refleja visiones similares a las malthusianas, aun cuando reformuladas para los contextos del presente.

---

[1] Siguiendo el texto de la UNESCO (1977) sobre población, se resume lo que sigue a continuación acerca de las propuestas y elaboraciones de Malthus.

Fundamentos de Ecología

16.12. Las migraciones como instancia de las relaciones sociedad-ecosistema

Existen fenómenos y procesos que reflejan la interacción entre la población de una región o país y los ecosistemas en donde hacen vida, más allá de ser el asiento de grupos humanos en regiones urbanas y rurales. Es necesario revisar aquí la situación que atraviesa una porción de la población en diversas regiones del mundo, mayormente la más pobre y desasistida —aunque no siempre es el caso—, relacionada con las carencias de fuentes de trabajo adecuado, las condiciones de su entorno ecológico, las desigualdades socioeconómicas y político-culturales y los conflictos étnicos y políticos que están teniendo lugar, no sólo ahora, sino desde hace casi 200 años, durante la época del mundo imperial y sus colonias. Nos referimos, por una parte, a los emigrantes voluntarios en busca de oportunidades y mejoras y por la otra, a los refugiados y desplazados ambientales, que deben migrar a otras regiones o países, obligados por problemas ecológicos y de subsistencia

16.12.1. Migraciones voluntarias

En muchos países subdesarrollados existen migraciones determinadas por la carencia de empleo y oportunidades de mejoramiento económico y desempeño profesional en los países de origen, como la corriente de migración permanente de ciudadanos latinoamericanos, africanos y asiáticos, hacia América del Norte y Europa; situación que, en algunos casos, implica la pérdida de recursos humanos capacitados y con competencias no aprovechadas en sus países, lo que se conoce como fuga de cerebros. Una gran parte de ellos son ventajosamente incorporados a la fuerza de trabajo el país receptor. Sin embargo, la mayoría de las migraciones ocurre entre individuos (o familias) de los estratos socioeconómicos de la clase media-baja y baja, que deben sobrevivir en muchos casos como indocumentados, expuestos a ser expatriados por las autoridades del país receptor. Tal es el caso de la ola actual de movimientos de población, que viaja como turista y luego no regresa a su país de origen, o de los que cruzan la frontera clandestinamente, desde Centroamérica hacia los EE UU (indocumentados). Esta situación, con tendencias crecientes, tal y como la vemos hoy, ha generado tensiones en el país receptor, donde se están revisando sociopolíticamente las implicaciones para la economía local y regional. En los últimos años (2009-2011) se han dictado leyes y normas restrictivas, que amenazan las vulnerables poblaciones migrantes, y las posibilidades de obtener recursos económicos para remitir a sus familiares en el país de origen. Los envíos de remesas en US$ a los familiares, por parte de los emigrados, constituyen en muchos casos un importante componente para las economías, familiares y regionales de sus países de origen.

16.12.2. Los desplazados ambientales

Borràs (2008) reseña que hace dos décadas atrás no se utilizaba el concepto de refugiado o desplazado ambiental, lo cual es común y generalizado hoy día. Son las personas, pueblos y, en las situaciones más graves, ciudades que se han visto obligados a migrar, debido a problemas relacionados con el ambiente, como desastres naturales: huracanes o tsunamis, y también por otras razones de devastación como son la deforestación, desertificación, inundaciones, o sequías. Borràs enfatiza que:

"La causa más importante de estas migraciones es el calentamiento del planeta, por el incremento de las sequías, terremotos, desertificación, deslizamientos, modificaciones en los sistemas monzónicos y de tifones, e impactos destructivos de los ambientes marinos. Al tener su medio ambiente degradado, poblaciones enteras pierden las condiciones mínimas para su supervivencia en su lugar de origen por lo que deciden migrar en busca de un mejor destino. Se incluyen además en esta categoría a los pobladores cercanos a construcciones de grandes infraestructuras, como por ejemplo las represas, que deterioran a niveles gravísimos el medio ambiente y por ende, les es imposible permanecer por falta de recursos."

Para estas personas, exista pocas o ninguna esperanza de retorno. El desplazado ambiental incluye no sólo a aquellos que tienen que trasladarse a otras zonas dentro de un mismo país, sino también a los que suelen cruzar fronteras internacionales. El África Subsahariana y Asia son las regiones del mundo de donde provienen la mayor cantidad de desplazados ambientales. Al intentar cruzar las fronteras hacia otros territorios más seguros, miles de ellos mueren cada año en las rutas migratorias, por las políticas restrictivas de los países a los que se dirigen y la militarización de las fronteras. (Figura 16.9).

Según Borràs (2008), es posible diferenciar dos categorías de refugiados ambientales:

- Los desplazados temporalmente, debido a presiones ambientales, tales como un terremoto o un ciclón y que probablemente regresarán a su hábitat original, una vez se solucionen los problemas que originaron tal desplazamiento

- Aquéllos que se han desplazado permanentemente en busca de una mejor calidad de vida porque su hábitat original es incapaz de proveerles sus necesidades mínimas, debido a la degradación exacerbada de los recursos naturales básicos, como es los pequeños propietarios cuyas tierras inundadas, salinizadas o afectadas por graves sequías les obligan a emigrar a otros lugares.

Ante la problemática causada por el calentamiento global, han surgido nuevos aspectos que no figuraban entre las preocupaciones de los gobiernos por las consecuencias de esta contingencia ambiental. Los desastres que asolan a muchos países en todas las latitudes son de diversos tipos, aunque la mayoría obedece a la acción humana, como son los que han devastado zonas específicas, como es el caso de Argentina y de Nueva Orleáns, en uno por la elevación del nivel del mar y en el otro a consecuencia de un devastador huracán. El riesgo directo que afecta a los asentamientos humanos en muchas regiones del mundo incluye: inundaciones, deslaves y movimientos de tierra, agravados por el aumento irregular de la intensidad de las lluvias, o sequías intensas que limitan la posibilidad de cultivar los alimentos;

Fundamentos de Ecología

Figura 16.9. Los desplazados ambientales constituyen uno de los más graves problemas internacionales en la actualidad.

y en las zonas costeras, por la subida del nivel del mar y mayor número e intensidad de temporales y huracanes, fenómenos que están determinados por el proceso de cambio climático global en marcha.

La degradación ambiental no puede considerarse como una causa aislada, pues existe una conexión entre los factores socioeconómicos, culturales, políticos y sociales con el medio ambiente. De esta manera, la superposición de causas son las que generalmente originan la situación del refugiado ambiental. El problema principal es identificar cuáles procesos son de tal gravedad que generan el proceso migratorio, sobre todo porque la mayoría de refugiados políticos o económicos lo son por causas, en realidad, ambientales. En todo caso, los elementos clave para reconocer el estatuto del refugiado ambiental es el de desplazamiento forzado, que les obliga a abandonar su hábitat natural a causa de una grave amenaza para su supervivencia. Esta característica permite distinguir los refugiados ambientales de los emigrantes económicos, que abandonan voluntariamente sus lugares de residencia en busca de una vida mejor, pero podrían regresar sin sufrir persecuciones.

El deterioro ecológico, por lo general, también acompaña a las hambrunas y a los conflictos armados que igualmente generan repercusiones ambientales de enorme gravedad (destrucción de cosechas, bombardeos, utilización de armas químicas. Pero los refugiados ambientales no sólo son víctimas de los desastres naturales. El impacto humano en el medio ambiente está agravando la intensidad de los desastres naturales y son los pobres quienes más sufren las consecuencias. Un ejemplo específico ocurrió el 3 de diciembre de 1984 en Bhopal (India): una fuga de gas venenoso en la planta química de pesticidas de la compañía estadounidense Union Carbide provocó la muerte por envenenamiento de 30.000 personas y la migración forzosa de otros cientos de miles ante la imposibilidad de la vida en la zona.

Las migraciones forzadas provocan graves consecuencias económicas, socio-culturales, ambientales y políticas. No solo las sociedades receptoras, sino también las abandonadas, sufren el impacto ejercido por las personas desplazadas. Estos efectos pueden ser positivos o negativos. En el primer caso, podrían convertir algunos territorios en áreas de crecimiento económico rápido; y en el segundo caso cuando, en los países subdesarrollados, los recién llegados agravan la presión sobre las infraestructuras, servicios, recursos (alimentos, agua, demandas educativas y sanitarias) y sobre los puestos de trabajo, ya de por sí escasos, creando graves conflictos. Un grupo numeroso de personas desplazadas dentro de las fronteras de un país puede suponer una grave amenaza para su seguridad nacional, pues está más expuesta a una crisis en su economía y a un deterioro en sus estructuras políticas y sociales, como se ha podido evidenciar en el África Subsahariana.

La gravedad y magnitud de las migraciones forzadas, tanto por causas del deterioro como de los desastres ambientales,, e incluso por conflictos étnicos y políticos, ha llevado al establecimiento de una instancia organizacional en las Naciones Unidas, el ACNUR, o Comisionado de las Naciones Unidas para los Refugiados, que se encarga de monitorear es estado de la situación de manera permanente, así como de canalizar la ayuda humanitaria que algunos gobiernos otorgan y la coordinación de las ONGs que se ocupan de gestionar la aplicación justa de tales ayudas.

16.13. Los servicios del ecosistema

En varios capítulos se ha hecho referencia a este concepto, señalando los beneficios que el funcionamiento y los procesos ecosistémicos brindan al ser humano, así como la creciente conciencia global de este hecho y su vinculación con el bienestar y desarrollo creciente de la sociedad. Se identificaron los cuatro aspectos básicos que enmarcan el concepto de servicios del ecosistema: apoyo, provisión, regulación y culturales. No obstante hay que enfatizar que las funciones o procesos se convierten en servicios si hay seres humanos que se benefician de ellos. Sin beneficiarios humanos no son servicios. Igualmente, debe considerarse que las decisiones relacionadas con el uso de los ecosistemas son eminentemente sociales, por lo que el aporte científico relacionado con la situación y potencialidad del ecosistema debe ser insumo esencial en la toma de decisiones relacionadas con los servicios que puede brindar el ecosistema. De allí que la principal vinculación entre la Ecología humana y los ecosistemas sea el aspecto de los servicios que éstos prestan a la humanidad, y de cómo las acciones y conductas de ésta en función de la utilización sustentable y la conservación a largo plazo de los recursos naturales embebidos en los ecosistemas.

Fundamentos de Ecología

Durante las décadas de 1970-1980, se comienza a enmarcar y visualizar a los beneficios del funcionamiento del ecosistema como servicios aprovechables utilitariamente, destacándose la dependencia de la sociedad de tales servicios. Aparejadamente surge el concepto de desarrollo sustentable, que en los años 90 se complementa con el de capital natural, para realizar el valor monetario de los servicios ecosistémicos. Los factores de la economía política del desarrollo internacional conducen al diseño de instrumentos de mercado y pagos por los servicios del ecosistema (Gómez-Baggethun, 2009), en los cuales organismos internacionales, estados y empresas establecen políticas y programas específicos que buscan, por una parte, instrumentar mecanismos de conservación y beneficios para los actores involucrados (agricultores, pescadores, comunidades), en la explotación y aprovechamiento de los servicios ecosistémicos, todo ello enmarcado ahora en las posturas clásicas y neoclásicas de la teoría económica. Esta iniciativa ha permeado en todos los ámbitos y ha recibido apoyo en muchos sectores socioeconómicos. La valoración e institucionalización económica de los servicios del ecosistema pueden, sin embargo, amenazar y socavar los valores éticos y comunitarios de la conservación, preexistentes milenariamente, al implantar los nuevos esquemas del *Homo economicus*, en contextos donde tal lógica era inexistente, especialmente al enfatizar exclusivamente los valores de intercambio y monetizar los comportamientos de los actores directos. Si el pago de dinero no es percibido como suficiente para compensar los costos de oportunidad de la conservación y protección ambiental, estos mecanismos pueden resultar contraproducentes y perjudiciales, diametralmente opuestos a los objetivos iniciales de preservación y sustentabilidad.

16.13.1. La provisión del agua esencial para el ser humano

Uno de los servicios ecosistémicos fundamentales para la humanidad es el agua. El agua es esencial para la vida, no sólo como componente de los ciclos biogeoquímicos y sustrato para el funcionamiento y procesos de los ecosistemas, sino también para el consumo individual, la higiene y el hogar, para la producción de alimentos, de energía hidroeléctrica y para todos los procesos de extracción y procesamiento de recursos utilizados en la producción de bienes de consumo dentro del sistema socioeconómico imperante.

La cantidad de agua dulce en la Tierra es finita, pero su distribución ha variado considerablemente, debido principalmente a los ciclos naturales de congelación y descongelación y las fluctuaciones en los patrones de precipitación, escorrentía de agua y los niveles de evapotranspiración. No obstante, a éstas causas naturales se agregan nuevas y continuadas actividades humanas que se han convertido en "motores" principales de las presiones que afectan a los sistemas de agua de nuestro planeta. Estas presiones están a menudo relacionadas con el desarrollo humano y el crecimiento económico (EEDR4, 2012).

La historia muestra un fuerte vínculo entre el desarrollo económico y el desarrollo de los recursos hídricos. Hay abundantes ejemplos de cómo el agua ha contribuido al desarrollo económico y cómo el desarrollo ha exigido mayor aprovechamiento de agua. Estos beneficios tuvieron un costo y en algunos lugares condujeron a una creciente presión sobre el medio ambiente y al aumento de la competencia entre los usuarios. Cuando los recursos de agua de calidad aceptable no pueden proporcionarse en cantidades sostenibles, el resultado es, por lo general, la sobreexplotación de los ecosistemas acuáticos. Los perdedores finales son los ecosistemas explotados y los organismos (incluyendo humanos) que dependen en ellos para su supervivencia y bienestar.

Cada persona requiere en promedio de 30 a 50 L de agua potable/día, pero la proporción de la población que no llega a estas cifras es muy alta. En algunos países desarrollados, el promedio diario de agua consumido puede alcanzar hasta 800 L/día/persona, pero más de la mitad de la población mundial no alcanza ni la décima parte de tal consumo.

En consecuencia, en los años recientes ha aumentado el nivel de estrés hídrico, o de escasez o vulnerabilidad, en algunas regiones del mundo. El estrés hídrico se mide un función de la cantidad de agua (en m^3) disponible por habitante, y cuando el nivel cae por debajo de 1.700 m^3/hab, se considera que existe estrés hídrico, y por debajo de 1.000 m^3/hab, hay escasez (Figura 16.10). Es notorio que los países tropicales y subtropicales, en su gran mayoría, no presentan estrés hídrico, excepto en las regiones Norte Centro-oriental de África, Medio Oriente, India y China. Las necesidades de agua para satisfacer nuestras necesidades fundamentales y la búsqueda colectiva de mejores niveles de vida, en conjunción con los requerimientos para mantener los ecosistemas frágiles del planeta, hacen al agua única entre los recursos naturales de nuestro planeta.

Las decisiones importantes que afectan la gestión del agua se toman fuera del sector y son impulsadas por factores externos, en gran medida imprevisibles: los cambios demográficos, el cambio climático, la economía mundial, el cambio de los valores y las normas sociales, la innovación tecnológica y los mercados financieros. Muchos de estos factores son dinámicos y rápidamente cambiantes. Un aspecto de impacto es el patrón de uso del agua (ver capítulo 15, sección 15.6) en los sectores agricultura, industria y energía, que ha evolucionado conforme a los cambios en los impulsores antes mencionados.

16.13.2. La apropiación humana de la productividad primaria neta

Desde un punto de vista más general, debemos entender el inmenso y creciente papel de la humanidad en la formación de procesos y patrones distintivos en la biosfera terrestre. La mayor parte de las tierras fértiles de la tierra están siendo utilizadas por el hombre, más o menos intensamente, para la extracción de recursos, producción, transporte, consumo y depósito de residuos o como espacio de vida. La producción de biomasa en tierras de cultivo, áreas de pastoreo y de bosques manejados que son aprovechados por el hombre dominan las necesidades de espacio, pero otros procesos tales como la degradación del suelo, los incendios inducidos por el hombre, la expansión de los asentamientos y la

Fundamentos de Ecología

298

infraestructura juegan un papel cada vez más importante. El impacto de la humanidad en los patrones y procesos de la biosfera se ha convertido en factor primordial en las propiedades biofísicas (por ejemplo, el albedo, el relieve superficial, y la temperatura), la cubierta vegetal, la producción primaria, la biodiversidad y los ciclos biogeoquímicos en los ecosistemas (UNEP, 2005). Como lo exponen Erb *et al.* (2009), en algunos lugares, y para determinados procesos, incluso a escala global, los impulsores socioeconómicos están empezando a saturar las grandes fuerzas de la naturaleza, por lo que los investigadores han introducido una nueva era geológica: el "Antropoceno", e incluyen explícitamente a los humanos en su interacción con la naturaleza en los estudios y análisis de las características ecológicas. En efecto, 83% de la biosfera terrestre, a excepción de Groenlandia y la Antártida, se considera que están bajo la influencia humana directa. Alrededor de 36% de la superficie bioproductiva de la Tierra ha sido clasificada como completamente dominada por el hombre. Los cambios en los ecosistemas terrestres como resultado del uso de la tierra actúan como generadores omnipresentes del cambio ambiental global. En la actualidad, el uso de la tierra resulta en grandes retos para la sostenibilidad que son tanto o más importantes y urgentes que las posibles amenazas derivadas del cambio global de la atmósfera y del clima. Para Erb y colaboradores, la integración socio-ecológica se ha convertido así en un enfoque necesario para comprender adecuadamente los retos de sostenibilidad derivados del cambio que está teniendo lugar en el ecosistema tierra.

La tierra es utilizada por las sociedades humanas, por lo menos para tres funciones básicas o servicios (UNEP, 2005):

1) Suministro de material vital y los recursos energéticos como agua, biomasa, combustibles fósiles, minerales, y otros.

2) La absorción de residuos, el almacenamiento, la amortiguación y la regulación de la capacidad de los ecosistemas.

3) El espacio requerido para albergar las infraestructuras humanas, los asentamientos urbanos, los sitios de producción, áreas verdes, recreación y esparcimiento e infraestructura de transporte.

La prestación de servicios de los ecosistemas en particular, las funciones (1) y (2) mencionadas, por lo general dependen directamente de la productividad biológica de la tierra, es decir, de su producción primaria neta (NPP), la cual es definida como la cantidad de biomasa producida por las plantas verdes, a través de la fotosíntesis, por unidad de espacio y tiempo (normalmente un año), constituyendo un factor decisivo para una amplia gama de patrones y procesos en los ecosistemas, incluyendo la biodiversidad, reservas y flujos de carbono y otros elementos, las redes tróficas y los flujos de agua, así como la recuperación de los ecosistemas. Los patrones, determinantes y consecuencias de la apropiación humana de la producción primaria neta (AHPPH), constituyen un sistema integrado de indicadores socio-ecológicos de la intensidad del uso de la tierra.

Al medir el efecto combinado de conversión de la tierra y la cosecha de biomasa sobre la disponibilidad de energía trófica (biomasa) en los ecosistemas, la AHPPN vincula los procesos naturales con los socioeconómicos y permite un análisis integrado de los ecosistemas de la tierra, al cuantificar la fracción de los flujos de energía ecológica utilizados por los seres humanos.

La base de esta evaluación son las estimaciones de la producción primaria neta de la vegetación potencial. La idea de la vegetación potencial se refiere a la vegetación que prevalece en un área definida en el suelo y bajo las condiciones actuales del clima en la ausencia de intervención humana. La AHPPN puede ser utilizada para analizar los patrones espaciales de las actividades humanas globales, demostrando que los asentamientos en su mayoría están ubicados en zonas de alta productividad, mientras que las áreas protegidas (parques y otras áreas de conservación) están en su mayoría ubicados en zonas de baja productividad biológica, y al mismo tiempo ilustran cuán imitada es nuestra comprensión actual de los aspectos esenciales del sistema terrestre. Este indicador es comúnmente utilizado por los que abogan por una sustentabilidad fuerte (Ver capítulo 19, sec. 19.3)

Este concepto se puede comprender mejor mediante el esquema mostrado en la Figura 16.11. Desde una perspectiva social, la AHPPN mide el efecto combinado de los cambios inducidos en la PPN por el uso de la tierra (ΔPPNLC) y la cosecha de biomasa (PPNh). Desde una perspectiva ecológica, AHPPN se define como la diferencia en la cantidad de la PPN que estaría disponible en la ausencia de la intervención humana (PPN0) y la fracción restante de la PPN en los ecosistemas después de la cosecha humana en las condiciones actuales (PPNt). Debe tenerse en cuenta que la PPN actual puede ser más grande que la NPP0 debido al manejo intensivo de la tierra, tales como la fertilización o la irrigación, por lo que la ΔPPNLC e incluso la AHPPN pueden ser negativas.

16.13.3. La integración del sistema humano-ambiental o socio-ecológico

Dentro de este contexto, y en adición a lo señalado en la sección 16.3, vale la pena ampliar las consideraciones específicas relacionadas con el estudio del **acoplamiento** o **integración** de los sistemas naturales y humanos (vistos bien sea desde la perspectiva socio-ecológica), cuyo análisis revela nuevos patrones y procesos complejos que no son evidentes en el estudio de cada sistema por separado. Liu *et al.* (2007) plantean que el abordaje integrado de los componentes ecológicos y humanos y sus interacciones contempla variables muy diversas, entre las que se incluyen: los patrones de paisajes, hábitats silvestres, biodiversidad, procesos socioeconómicos, redes sociales, instituciones de gobernanza, apropiación de recursos energéticos y servicios ecosistémicos.

Similarmente, toma en consideración los contextos específicos y espacio-temporales y las dinámicas emergentes de dichas interacciones y las expresiones de las variables bajo análisis. Surgen así, los efectos recíprocos mutuos que cons-

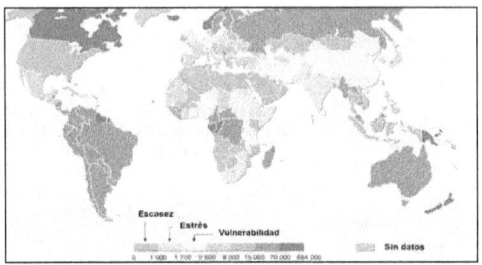

Figura 16.10. Disponibilidad de agua por persona (m3/hab) y niveles de estrés y escasez en los distintos países del mundo en 2007. Fuente: WWDR4 (2012)

tituyen ciclos de retroalimentación, por ejemplo, entre la disponibilidad y agotamiento de recursos requeridos por los sistemas humanos (leña para combustión) y sus consecuencias sobre los hábitats de ciertas especies (recursos alimenticios), lo que determina la emergencia de situaciones graves, al punto de obligar a los habitantes a una migración forzada, con todas las consecuencias que ello acarrea. De allí la necesidad de que el Estado establezca políticas y acciones conservacionistas que remedien tal situación antagónica, tanto para las necesidades de madera combustible de los humanos como para la preservación de las especies amenazadas. Otro ejemplo lo constituye la dinámica entre la expansión urbanística que requiere el desarrollo humano y las comunidades vegetales circundantes, que juegan papel esencial en los procesos de provisión y purificación del agua, lo que requiere de sistemas de gestión y gobernabilidad que aseguren un balance entre ambas necesidades y la sustentabilidad del ecosistema regional. Obviamente, en ambos ejemplos, tales interacciones (no lineales en su naturaleza) determinan umbrales —o puntos de transición entre estados alternativos de equilibrio y estabilidad— que sólo la inteligencia social y las capacidades de los gobiernos pueden modular e instaurar a través de procesos adaptativos y de cogestión, temporales o permanentes, así como los cambios en los sistemas de comportamiento, organizacionales y de conocimiento en la cultura del sistema social involucrado.

16.14. La situación actual y prospectiva de la interacción hombre-ecosistema

La interacción sociedad-ecosistema ha acarreado graves problemas de alteración y degradación de los ecosistemas, debido al inadecuado uso y manejo de los mismos, en algunas ocasiones con efectos irreversibles, como lo demuestra científicamente el programa de Evaluación de los Ecosistemas del Milenio. Las conclusiones principales de dicha evaluación y los aspectos resaltantes relacionados se resumen a continuación.

I. En los últimos 50 años, los seres humanos han transformado los ecosistemas más rápida y extensamente que en ningún otro período de tiempo comparable de la historia humana, en gran parte para resolver rápidamente las demandas crecientes de alimento, agua dulce, madera, fibra y combustible. Esto ha generado una pérdida considerable y en gran medida irreversible de la diversidad de la vida sobre la Tierra. La distribución de las especies que quedan se vuelve cada vez más similar entre las regiones del mundo. Casi un tercio de las tierras están hoy siendo cultivadas para producir servicios de aprovisionamiento para las personas

II. Los cambios realizados en los ecosistemas han contribuido a obtener considerables beneficios netos en el bienestar humano y el desarrollo económico, pero estos beneficios se han obtenido con crecientes costos consistentes en la degradación de muchos otros servicios de los ecosistemas, un mayor riesgo de cambios no lineales, y la acentuación de la pobreza de algunos grupos de personas. Estos problemas, si no se los aborda, harán disminuir considerablemente los beneficios que las generaciones venideras obtengan de los ecosistemas.

III. La degradación de los servicios de los ecosistemas podría empeorar considerablemente durante la primera mitad del presente siglo y ser un obstáculo para la consecución de los Objetivos de Desarrollo del Milenio. Si estos patrones continúan desarrollándose sin control, los problemas señalados terminarán por socavar los avances obtenidos hasta hoy en el bienestar humano.

IV. El desafío de revertir la degradación de los ecosistemas y al mismo tiempo satisfacer las mayores demandas de sus servicios puede ser parcialmente resuelto en algunos de los escenarios considerados por la Evaluación, pero ello requiere que se introduzcan cambios significativos en las políticas, instituciones y prácticas, cambios que actualmente no están en marcha. Existen muchas opciones para conservar o fortalecer servicios específicos de los ecosistemas de forma que se reduzcan las elecciones negativas que nos veamos obligados a hacer o que se ofrezcan sinergias positivas con otros servicios de los ecosistemas (MEA, 2005).

La situación actual y perspectivas de los ecosistemas se reflejan en los aspectos y resultados específicos, algunos de los cuales se resumen a continuación, los cuales sirvieron de base para llegar a las conclusiones del MEA expuestas anteriormente.

Fundamentos de Ecología

16.14.1. Estado de los ecosistemas

o La estructura y el funcionamiento de los ecosistemas del mundo han cambiado en la segunda mitad del siglo XX más rápidamente que en ningún otro período de la historia de la humanidad.

o Los sistemas de cultivo (zonas en las que al menos 30% del paisaje lo constituyen tierras laborables, agricultura migratoria, producción ganadera intensiva o acuicultura de agua dulce) abarcan en la actualidad una cuarta parte de la superficie terrestre.

o Aproximadamente 20% de los arrecifes de coral del mundo se perdieron y 20% más se degradaron en las últimas décadas del siglo XX, y alrededor de 35% de las zonas de manglares se perdió durante ese mismo tiempo.

o La cantidad de agua embalsada en presas se ha cuadriplicado desde 1960, y la cantidad de agua contenida en embalses es de tres a seis veces mayor que la de los ríos naturales. La toma de agua desde los ríos y lagos se ha duplicado desde 1960; la mayor parte del agua utilizada (70% a nivel mundial) se destina a la agricultura.

o Para 1990, más de dos tercios del área que comprenden 2 de los 14 mayores biomas terrestres y más de la mitad del área de otros 4 biomas se habían convertido, principalmente al uso agrícola.

16.14.2. Amenazas a la biodiversidad

o Los seres humanos están cambiando sustancialmente, y en gran medida de forma irreversible, la diversidad de la vida sobre la Tierra, y la mayor parte de esos cambios representan una pérdida de biodiversidad.

o En la actualidad, en la mayoría de las especies de una serie de diferentes grupos taxonómicos está disminuyendo el tamaño de la población o su área de dispersión, o ambas cosas.

o Entre 10 y 30% de las especies de mamíferos, aves y anfibios están actualmente amenazadas de extinción. En general, los hábitats de agua dulce tienden a tener la más alta proporción de especies amenazadas de extinción.

o Es previsible y probable que los ocho biomas principales del mundo se vean afectados en mayor o menor grado por: pérdida de biodiversidad, cambio climático, especies invasivas, sobre-explotación y polución (con nitrógeno y fósforo).

16.14.3. Servicios ecosistémicos

o La demanda de servicios de los ecosistemas creció considerablemente entre 1960 y 2010, ya que la población se duplicó, llegando a 7.000 millones de personas, y la economía mundial aumentó más de seis veces. Para satisfacer esa demanda, la producción de alimentos se incrementó, multiplicándose aproximadamente por dos y medio; el uso de agua se duplicó, la tala de bosques para obtener pasta de papel y papel se triplicó, la capacidad de las instalaciones hidráulicas se duplicó y la producción de madera aumentó en más de la mitad.

o No obstante, esos beneficios se han conseguido con costos cada vez mayores consistentes en la degradación de muchos servicios de los ecosistemas, el aumento del riesgo de cambios no lineales en los mismos, el aumento de la pobreza para algunos sectores de la población en muchos países, y mayores desigualdades y disparidades en las relaciones sociales.

o Aproximadamente 60% (15 de 24) de los servicios de los ecosistemas examinados en esta evaluación (con inclusión de 70% de los servicios de regulación y culturales) están siendo degradados o se están utilizando de manera no sostenible.

o A menudo, las acciones destinadas a aumentar el servicio de un ecosistema provocan la degradación de otros servicios lo que causa frecuentemente un perjuicio significativo al bienestar humano.

16.15. Análisis crítico de la Evaluación de los Ecosistemas del Milenio

Es conveniente reconocer que el conocimiento generado a través de las consultas realizadas y las conclusiones y recomendaciones de la Evaluación están teniendo resonancia en las políticas y programas que desarrollan la mayor parte de los organismos multilaterales relacionados con el ambiente y los ecosistemas, así como en muchos programas nacionales en diversos países, a la vez que están sirviendo para sustentar los éxitos y explicar los fracasos de muchas iniciativas locales apoyadas por ONGs, para el rescate y la preservación de los ecosistemas.

Un análisis realizado por el Instituto de Recursos Mundiales (Irwin y Ranganathan, 2008), sobre los resultados y recomendaciones del informe publicado (MEA, 2005), hace un balance de los servicios ecosistémicos evaluados, que se resume en el Cuadro 16.3.

La Evaluación reconoce que la degradación de los ecosistemas está exponiendo a los seres humanos a mayores riesgos en la medida que la capacidad de los ecosistemas de proveer servicios disminuye. La conservación de los ecosistemas puede presentarse como un seguro social contra riesgos en la misma forma que la seguridad social ayuda a manejar los riesgos de la vejez. Por lo general, los costos y beneficios de la degradación no están distribuidos equitativamente. Los beneficios fluyen hacia los ganadores más concentrados, y los costos hacia los perdedores más difusos. Conectar la degradación de los ecosistemas con la exacerbación de la pobreza puede ser una forma en los países más ricos para la construcción de una norma contra la explotación de los recursos naturales en detrimento del mundo en desarrollo como, por ejemplo, la importación de madera de los bosques tropicales que sea ilegal o producida de manera insustentable.

De la misma manera, se resalta la importancia de tomar en cuenta el valor, tanto de los servicios ecosistémicos que están en el mercado como los que no lo están, en las decisiones de manejo de recursos naturales. Los estudios revelan que los beneficios de gestionar los territorios para sustentar sus servicios de regulación tales como la purificación del agua y el control de inundaciones pueden exceder los beneficios de convertir los ecosistemas para producción intensiva.

---

[2] Información amplia y detallada sobre este programa, los documentos generados y sus resultados puede obtenerse en el sitio: http://www.maweb.org/en/index.aspx

Fundamentos de Ecología

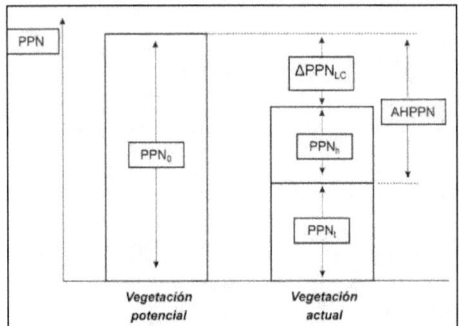

Figura 16.11. La apropiación humana de la PPN (AHPPN) en relación con la PPN potencial y actual, en función de los cambios inducidos por el uso de la tierra (ΔPPN_{LC}) y la cosecha de biomasa (PPNt).
Fuente: Erb et al. (2009)

Finalmente, el análisis del Irwin y Ranganathan (2008) resume los principales factores restrictivos y las acciones necesarias para darle sustentabilidad a los servicios ecosistémicos (Cuadro 16.4), identificados a partir de lo expresado en el informe MEA (2005). Al mismo tiempo, plantea la conveniencia de avanzar sobre la marcha en la aplicación de las recomendaciones de la Evaluación, enfocando posibles soluciones a los factores restrictivos, a través de la complementación de políticas y programas que puedan diseñarse en las diferentes escalas (locales, regionales o nacionales), en cualesquiera de los escenarios considerados, con la participación activa de los actores o grupos relevantes en las comunidades o regiones, los gobiernos nacionales, las instituciones multilaterales y las organizaciones no gubernamentales que vienen participando y apoyando el medio ambiente.

Los autores citados advierten que hay poderosos obstáculos en el camino que deben ser tomados en cuenta. Los grupos de elite que controlan las tierras y los recursos no querrán ceder ese control. Los regímenes corruptos resistirán los esfuerzos de aumentar la transparencia y la rendición de cuentas. Las comunidades rurales empoderadas podrán verse imposibilitadas de asegurar las inversiones necesarias para restaurar ecosistemas saludables capaces de sostener sus vidas.

Cuadro 16.3. El estado de los servicios ecosistémicos de acuerdo con la Evaluación de los Ecosistemas el Milenio (2005).

Servicios ecosistémicos	Degradados	Mixtos	Fortalecidos
Aprovisionamiento	• Pesca de captura • Alimentos silvestres • Leña • Recursos genéticos • Bioquímicos • Agua dulce	• Madera • Fibras	• Cultivos • Ganado • Acuacultura
Regulación	• Regulación de la calidad del aire • Regulación regional y local del clima • Regulación de la erosión • Purificación del agua • Regulación de pestes • Polinización • Regulación de riesgos naturales	• Regulación del agua (p.ej. protección contra inundaciones) • Regulación de enfermedades	• Captura de carbono
Culturales	• Valores espirituales y religiosos • Valores estéticos	• Recreación y ecoturismo	

Fuente: Irwin y Ranganathan (2008)

Fundamentos de Ecología

Cuadro 16.4. Principales factores restrictivos y acciones para sustentar los servicios ecosistémicos

Barreras	Acciones
Las personas no logran establecer la conexión entre la salud de los ecosistemas y el logro de objetivos sociales y económicos.	Desarrollar y utilizar información sobre servicios ecosistémicos: • Realizar monitoreo y evaluaciones con regularidad • Identificar efectos cruzados • Articular mensajes que llegan al público • Adaptar la información para los ciudadanos, productores y compradores
Las comunidades locales a menudo carecen de derechos claros al uso y la toma de decisiones sobre los servicios ecosistémicos sobre los que dependen sus vidas y bienestar.	Fortalecer los derechos de las comunidades locales para usar y gestionar los servicios ecosistémicos: • Asegurar que los individuos y las comunidades tengan derechos firmes sobre los servicios ecosistémicos • Descentralizar las decisiones sobre servicios ecosistémicos • Incluir las voces locales en la mesa de discusión para que influyan sobre los proyectos y políticas de desarrollo
La gestión de los servicios ecosistémicos está fragmentada entre diferentes agencias y organismos que a menudo entran en contradicción y no logran coordinar a través de distintos niveles.	Gestionar los servicios ecosistémicos a través de múltiples niveles y marcos temporales: • Establecer condiciones de cooperación con las comunidades • Establecer organizaciones puente • Utilizar prácticas de cogestión • Priorizar el trabajo a través de escalas en las instituciones nacionales
Los mecanismos de los gobiernos y las empresas para rendir cuentas sobre decisiones relativas a servicios ecosistémicos están a menudo ausentes o son débiles.	Mejorar la rendición de cuentas sobre las decisiones que afectan a los servicios ecosistémicos: • Hacer que los funcionarios electos se responsabilicen • Utilizar procesos públicos para dar seguimiento a las inversiones en ecosistemas en la consecución de objetivos de desarrollo
La gestión responsable de los servicios ecosistémicos no siempre paga. Muchos servicios ecosistémicos no tienen valor hasta que se pierden.	• Mejorar la transparencia corporativa Alinear los incentivos económicos y financieros con el cuidado de los ecosistemas: • Eliminar subsidios perversos y reformar las políticas tributarias • Incluir el riesgo ecosistémico en las evaluaciones financieras • Apoyar los mercados y los pagos de servicios ecosistémicos • Incorporar objetivos de cuidado de los ecosistemas en los objetivos de desempeño de los gerentes

Fuente: Irwin y Ranganathan (2008)

Fundamentos de Ecología

Ecología humana y social.
II. Agricultura, alimentación y nutrición

17.1. En torno a los Agroecosistemas

Tal y como lo hemos señalado en el anterior y otros capítulos del libro, uno de los servicios de provisión fundamentales que brindan los ecosistemas para la especie humana son los alimentos, recolectados, capturados o cultivados. El sistema de cultivos es el más importante de los ecosistemas artificiales creado por el hombre, y se les denomina agroecosistemas.

Al hacerse sedentario y asimilar la cultura agrícola durante la revolución neolítica, las comunidades humanas iniciaron su intervención y control de los ecosistemas, así como a extraer beneficios de su funcionamiento y de los procesos que le son inherentes. En los agroecosistemas, el componente humano modula y controla el funcionamiento del ecosistema, especialmente al sustituir las comunidades bióticas naturales con las especies de su interés y, muchas veces, bajo criterios no siempre sustentables. En un principio, los efectos humanos sobre el ecosistema natural fueron casi nulos, dada la proporción de afectación e intervención, y la abundancia relativa de paisajes y comunidades naturales. Pero en la medida que la población humana se multiplica, comienzan ampliarse las intervenciones y a manifestarse alteraciones de diversos tipos. Se considera que desde hace 3.000 años, se iniciaron las alteraciones de los ecosistemas donde los grupos de población se asentaron, aunque los deterioros causados fueron revertidos a lo largo centenares de años por la resiliencia de los ecosistemas (Ellis et al., 2013). Las propiedades de auto-organización y homeóstasis que caracterizan la complejidad de los ecosistemas le otorga la capacidad de resiliencia, para enfrentar las alteraciones y progresivamente recuperar su estado de equilibrio y estabilidad, aun cuando las funciones y procesos (flujo de energía, reciclaje de nutrimentos y producción de biomasa) están siendo alterados.

Bajo la visión de las ciencias de la sustentabilidad (Scoones et al., 2007), los agroecosistemas, como sistemas dinámicos y cambiantes, deben ser entendidos tanto en relación con su estructura (límites, componentes, redes, instituciones y relaciones) como en sus funciones —ecológicas, sociales, institucionales o económicas— que implican servicios, productos, consecuencias y significados. El agroecosistema incluye, desde este punto de vista, tanto los elementos físicos (suelo, agua, cultivos y tecnología), como las instituciones que abarcan: los agricultores y su familia, las comunidades de la cual forma parte, los servicios de extensión e investigación, crédito, facilidades de mercado, entre otras. Implícitas se encuentran las funciones: (a) del sistema agroalimentario (subsistencia, consumo, excedentes, mercadeo local,

nacional e internacional) (b) del sistema económico en general (crecimiento, inversión, desarrollo) y (c) del sistema ambiental (conservación, gestión eficiente, biodiversidad y, más recientemente, cambio climático).

Durante los miles de años de evolución y aprendizaje, los agricultores han expandido, diversificado y consolidado los agroecosistemas de manera continua y creciente, hasta llegar al estado actual, cuando ocupan aproximadamente 30% de la superficie de los paisajes terrestres. Los sistemas de cultivo, pasturas cultivadas, agricultura migratoria, agroforestería, silvicultura, cría de animales confinados o a pastoreo, cultivos de peces dulce-acuícolas, todos juntos ocupan cerca de 24% del área terrestre. Aunque inicialmente se desarrollaron en ecozonas con suelos de gran calidad y abundante precipitación, como los márgenes de ríos y lagos, o los suelos volcánicos, una gran parte de los mismos se desarrollan actualmente sobre las zonas áridas y semiáridas, en praderas y zonas húmedas y sub-húmedas tropicales y templadas, a través de la expansión de la frontera agrícola y la sustitución de ecosistemas naturales.

En muchos casos, los agroecosistemas no tienen límites o fronteras definidas con respecto a la ecozona o micro-bioma circundante, y más bien se crean mosaicos o fragmentos de agroecosistemas, dentro del ecosistema intervenido y modificado del nivel superior. La producción alimentaria en los agroecosistemas se ha intensificado mediante insumos energéticos y tecnológicos (fertilizantes, maquinarias y agroquímicos), incluyendo el regadío, así como la gestión humana. Aunque los agroecosistemas aportan solo 16% de la escorrentía, contribuyen significativamente con la polución del agua por los nutrimentos excedentes y los desechos agroindustriales asociados (MEA, 2005).

17.2. Origen de la agricultura

La agricultura fue una innovación progresiva, el resultado de un cambio gradual y evolutivo en las relaciones entre el hombre y el ecosistema donde se desenvuelve, así como del conocimiento adquirido por la experiencia y la observación durante miles de años. Sin embargo, la mayoría de los autores coincide en señalar que el hombre comienza a practicar la agricultura hace aproximadamente 11.000 años (Fussell, 1965; Zeven y de Wet, 1982; Harlan, 1998), desarrollándose independientemente en diversas regiones del mundo (Medio Oriente, Mesoamérica, Altiplanos andinos, entre otros). La agricultura ha evolucionado durante este tiempo y progresivamente ha creado la cultura de extracción y reacomodo en los agroecosistemas. Las evidencias arqueológicas, paleobotánicas, antropológicas y evolucionarias dan fe de ello.

Fundamentos de Ecología

Probablemente, las mujeres eran las encargadas de la recolección de los granos y frutos de las plantas silvestres (Fussell, 1965), pues los hombres se ocupaban de la caza y pesca. Ellas aprendieron a mantener cerca la provisión de esos alimentos, lanzando en los alrededores de los asentamientos algunas de las semillas recolectadas y observando que podían cosechar productos al final del ciclo de vida de esas plantas. Paralelamente, se inició la domesticación de algunas especies animales, especialmente bueyes, vacunos, cerdos, cabras, ovejas, gansos y gallináceas, los que fácilmente se adaptaron a la vida comunal y aportaron alimentos de gran valor proteico (carne, leche y huevos).

El hombre-agricultor, reconociendo la abundante diversidad de especies vegetales que crecían en forma silvestre, inició una escogencia de las mismas, basándose en el sentido común, las preferencias y las necesidades de diversificar la dieta, para domesticarlas e igualmente producirlas en una escala mayor. Así, se establecieron las técnicas de almacenamiento y conservación de las cosechas y la siembra, en el siguiente ciclo, de aquellas semillas de mejor calidad y apariencia. El progresivo crecimiento de la población, y su distribución en territorios adecuados para la agricultura, llevó a una concentración de poblaciones en asentamientos estables y dedicadas a la producción de determinadas especies de valor alimenticio evidente, en desmedro de algunas especies silvestres que fueron eliminadas (Rincón et al., 2006). Estos emprendimientos permitieron el crecimiento progresivo de grandes centros urbanos alrededor de las zonas agrícolas.

Así, la agricultura, tal como la conocemos y practicamos hoy, es esencial para la humanidad, y ha sido la fuente de ingresos e inversiones para el desarrollo de otros sectores productivos. Sin embargo, su valor agregado en términos económicos es superado con creces por el resto de actividades primarias (minería, energía fósil) y los sectores de industria y servicios de la economía, lo que crea limitaciones en cuanto a inversión y políticas públicas orientadas al desarrollo agrícola.

17.3. La producción mundial de alimentos

La capacidad de producción de alimentos en el mundo la debemos enfocar en función de varios factores: la superficie utilizada en los agroecosistemas, el volumen de producción, las variaciones en los rendimientos entre las distintas regiones y los patrones alimentarios y de nutrición de la población. También debe considerarse el volumen de producción alimentaria aportada por la pesca y la acuicultura.

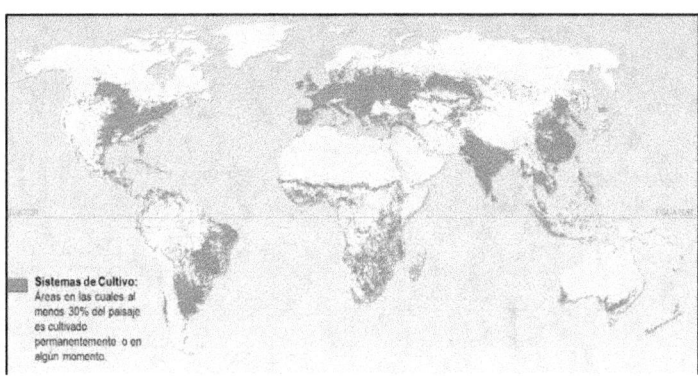

Figura 17.1. Áreas bajo sistemas de cultivo en el mundo. Fuente: UNEP/MEA (2005).

17.3.1. Áreas cultivadas

De acuerdo con las cifras de la FAO (2013), en el mundo se cultivaron 1.552 millones de ha (incluyendo tierras arables y cultivos permanentes), durante el año 2011, en comparación con las 1.521 y 1.454 millones de ha del año 1991 y 1981, respectivamente. Se evidencia un crecimiento de 6% con respecto a 1981 y de apenas 1% sobre 1991. Sin embargo, se observan disminuciones en América del Norte (-13%) y Europa (-12,5%), las cuales son compensadas por incrementos e la superficie en América del Sur (29%), África (25%), América Central (10,8%) y Asia (8%). La disminución para América del Norte y Europa ha sido producto de la expansión de las zonas urbanas y a la restauración de ciertos ecosistemas a sus estados originales, mientras que los aumentos en las otras regiones se deben a la incorporación de nuevos agroecosistemas que han sustituido a los naturales.

Si se toma en cuenta que cerca de 3.300 millones de ha están cubiertas por pastos permanentes (en su mayor parte naturales y en menor proporción cultivados) y otros 4.000 millones de ha son bosques, se puede inferir que los agroecosistemas existentes actualmente en el mundo tienen un límite establecido para su expansión, lo que significa que cualquier aumento de la superficie para producir alimentos, se hará mediante el cambio de uso de la tierra y la interven-

Fundamentos de Ecología

Cuadro 17.1. Superficie Cultivada en las regiones principales del mundo, para los años 1991, 1996, 2001, 2006 y 2011*

Región	1991	1996	2001	2006	2011
África	205.517,50	217.256,50	224.369,00	244.286,05	258.303,20
Américas	391.636,20	393.837,40	393.147,70	390.945,31	398.707,11
América del norte	239.570,50	233.753,70	230.215,80	213.559,20	210.660,14
América del centro	33.705,00	35.102,00	35.329,00	35.260,00	36.512,00
América del Sur	111.434,00	117.898,00	120.290,00	135.087,40	144.554,07
Asia	508.181,60	550.503,90	545.433,00	552.037,45	553.615,59
Europa	366.506,60	309.717,50	300.821,90	294.846,20	292.056,95
Oceanía	49.644,80	39.568,30	53.175,50	50.053,20	50.293,72
Mundo	1.521.486,70	1.510.883,60	1.516.947,10	1.532.168,21	1.552.976,57

*Cifras en 000ha
Fuente: FAOSAT (2013)

ción de los ecosistemas naturales, principalmente pasturas naturales, selvas, bosques y humedales. En la Figura 17.2 se puede apreciar la proporción de tierras bajo cultivo en el globo.

Lo señalado hasta ahora se complica ante las proyecciones estimadas por la misma FAO (2011a), según la cual la superficie agrícola por habitante viene experimentando una tendencia decreciente desde 1960, la cual se mantiene casi invariable hasta 2050 (ver Figura 16.1). Los valores reales de este indicador, de 1960 a 2010, se explican ante el crecimiento poblacional y la relativa estabilidad en la disponibilidad del recurso tierra. Sin embargo, la disminución de la superficie per cápita hacia los años 2030 y más aún en 2050, plantea la necesidad de incrementar significativamente los rendimientos por unidad de superficie, lo cual enfrenta muchos factores limitantes, y al mismo tiempo plantea unas perspectivas críticas para los ecosistemas, pues para balancear tal caída será necesario transformar los ecosistemas naturales en agroecosistemas, con todas las consecuencias indeseables que ello acarrea.

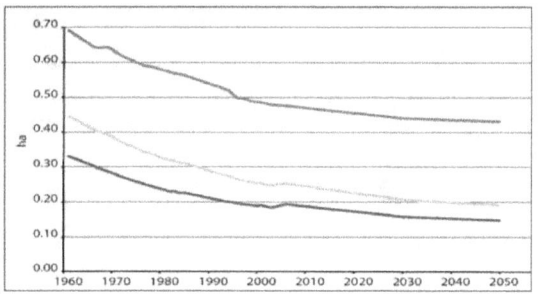

Figura 17.2. Tendencia de la superficie arable per cápita y proyección al 2050.
Fuente: Bruinsma (2011)

17.3.2. Producción y disponibilidad

El IFPRI[1] nos recuerda que en 1961, el mundo estaba alimentando 3.500 millones de personas mediante el cultivo de 1.370 millones de ha. Medio siglo más tarde (2011), la población mundial se ha duplicado a 7.000 millones, mientras que la superficie cultivada aumentó sólo 12%, hasta llegar a 1.530 millones de hectáreas. Lo que significa que la producción se triplicó, casi exclusivamente por efecto del aumento de la productividad (crecimiento en los rendimientos por unidad de superficie cultivada. Al obtener una mayor producción con los recursos existentes, la agricultura mundial ha crecido, lo que demuestra inquietudes equivo-

---

[1] El Instituto Internacional de Investigación sobre Políticas Alimentarias (IFPRI, por sus siglas en inglés) fue fundado en 1975 y es financiado por gobiernos, organizaciones internacionales y regionales y fundaciones privadas, muchas de las cuales son miembros del Grupo Consultivo internacional de investigación agrícola (www.cgiar.org).

Fundamentos de Ecología

cadas del pasado sobre el abastecimiento de alimentos. De hecho, a nivel mundial, la tendencia a largo plazo, al menos desde 1900, ha sido una de cada vez mayor abundancia de alimentos: en dólares ajustados a la inflación, los precios de los alimentos cayeron en un promedio del 1 por ciento al año en el transcurso del siglo XX (IFPRI, 2013).

En relación con la magnitud de la producción, en el Cuadro 17.2 se presentan los volúmenes de producción global de los rubros de mayor importancia en la alimentación para algunos años seleccionados entre 1970 y 2009. El incremento de la producción entre 1970 y 2009 resulta evidente, alcanzando algo más de 100% en el caso de los cereales, la carne de vacuno y leche y derivados, y más de 400%, como es el caso de las hortalizas, oleaginosas, carne de pollo y huevos. Tales incrementos se originan del incremento de los rendimientos y/o de la expansión de la producción (nuevas explotaciones).

Las tendencias específicas de la producción en el siglo XXI se pueden visualizar en la Figura 17.3, que muestra la evolución de los índices de producción de alimentos del 2000 al 2009 en las diferentes regiones del globo, tomando como base el promedio de producción 2004-2006 (=100). En todos los casos la tendencia es incremental, excepto para el Cercano Oriente, África del Norte y Oceanía-Japón.

En cuanto a los volúmenes de producción de algunos productos básicos en la alimentación, de acuerdo con la FAOSTAT (FAO, 2011)[2], el maíz ocupa en 2009 el primer lugar con 818,9 Millones de toneladas (MMt), superando al arroz, que ocupó el primer lugar en los años recientes. El trigo es el segundo cereal de mayor producción y consumo en todo el mundo con 685,6 Mt. En tercer lugar se encuentra el arroz, con una producción global de 685,2 MMt., pero el valor de la producción es superior a la del trigo, en casi 95%. La producción global de leguminosas de grano, una fuente importante de las proteínas requeridas en la dieta, especialmente en América Latina y en África, alcanzó en 2011 la cantidad de 67,8 MMt, que representa casi el doble de lo producido en 1970. Otra leguminosa de gran interés, por su producción de aceite, es la soya, cuya producción fue de 223,2 MMt en 2009, quintuplicando la producción obtenida en 1970. Esta explosión de producción de soya, especialmente en países como Brasil y Argentina, basada en la expansión de la superficie sembrada y en la utilización de semillas transgénicas, bajo patrones tecnológicos intensivos, ha aportado significativamente a la producción de aceites para consumo, aunque para algunos sectores académicos y políticos el uso de los transgénicos constituye un factor de riesgo y vulnerabilidad para los ecosistemas.

Como puede verse, los volúmenes de producción de los principales rubros alimenticios, en líneas generales, muestran cierta relación con las densidades de población de cada país, aunque no siempre es así, por lo que el porcentaje de la producción que se dedica al comercio internacional es relativamente bajo (aproximadamente 13-16%).

17.3.3. El aporte alimentario de producción pesquera y acuícola

Los productos del océano, lagos y ríos constituyen una proporción importante de los alimentos para el ser humano. Para algunas regiones del mundo, los productos de la pesca son la principal fuente de proteína que consumen. Po hallazgos paleontológicos se sabe que muchas sociedades antiguas dependían de los cuerpos de agua para la obtención de alimentos proteínicos, especialmente aquellas asentadas en las cercanías o sobre las costas marinas y zonas ribereñas. De acuerdo con la FAO (2012), en los últimos 50 años, el suministro mundial de productos pesqueros desti-

Cuadro 17.2. Producción de algunos rubros agrícolas durante los años 1970, 1980, 1990, 2000, 2005 y 2011.

RUBROS	1970	1980	1990	2000	2005	2011
Cereales	1.192.508,5	1.549.913.904	1.952.377.531	2.060.189.955	2.268.003.759	2.587.130.958
Leguminosas	43.867,4	40.786,3	59.048,9	55.438,7	60.990,2	67.839,3
Raíces/tubérculos	559.6278	522.515,5	573.936,8	699.281,3	729.278,4	806.932,1
Hortalizas	250.974,1	325.634,0	466.562,5	776.457,4	893.774,8	1.011.461,8
Oleaginosas	34.942,2	49.287,6	75.397.509	109.941,8	143.658,3	178.892.060
Carne de vacuno	100.712,0	136.763,0	179.882,2	233.477,0	259.566,4	297.221,8
Carne de Pollo	15.099,2	5.951,4	40.935,0	68.192,3	79.920,7	101.738,8
Leche y derivados	391.820,6	465.657,5	542.467,6	578.883,7	647.707,2	727.052,0
Huevos	19.540,7	26.217,4	35.247,9	51.112,6	56.698,0	70.503,1

Cifras equivalen a 000 t.
Fuente: FAOSAT (2013)

[2] Los datos presentados se tomaron de la FAO, en su página de información estadística FAOSTAT Disponible en: http://faostat.fao.org/site/444/DesktopDefault.aspx?PageID=444

Fundamentos de Ecología

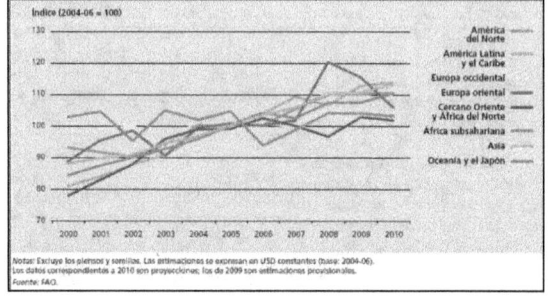

Figura 17.3. Tendencias de los índices de producción de alimentos del 2000 al 2010 en las diferentes regiones del globo. Se excluyen los piensos y semillas. Las estimaciones se expresan en US $ constantes (base: 2004-2006). Los datos correspondientes a 2010 son proyecciones y los de 2009 son estimaciones provisionales. Fuente: FAO (2010).

nados al consumo humano ha superado el crecimiento de la población mundial; actualmente, el pescado constituye una fuente esencial de alimentos nutritivos y proteínas animales para gran parte de la población mundial. Además, el sector proporciona medios de vida e ingresos, tanto directa como indirectamente, a una parte considerable de la población mundial. El pescado y los productos pesqueros se encuentran entre los productos alimenticios más comercializados a nivel mundial, con un volumen de comercio por un valor que alcanzó nuevos máximos en 2011, y se espera que siga una tendencia alcista en que los países en desarrollo sigan representando la mayor parte de las exportaciones mundiales.

La mayor parte de la pesca se realiza en los lagos y ríos y en las zonas oceánicas cercanas a las costas continentales, aunque algunas especies son capturadas a grandes distancias de las costas por la flota pesquera mundial. Aunque existen normativas y convenios internacionales relacionados con la gestión y límites de las zonas pesqueras del mundo (Figura 17.4), no existen todavía controles adecuados para su cumplimiento.

Si bien la producción de la pesca de captura se mantiene estable, la producción acuícola sigue creciendo. La acuicultura seguirá siendo uno de los sectores de producción de alimentos de origen animal de más rápido crecimiento y, en el próximo decenio, la producción total de la pesca de captura y la acuicultura superará a la de carne de vacuno, porcino y aves de corral.

La pesca y la acuicultura suministraron al mundo unos 148 millones de toneladas de pescado en 2010 (con un valor total de 217 500 millones de USD). De ellos, aproximadamente 128 millones de toneladas se destinaron al consumo humano y, según datos preliminares para 2011, la producción se incrementó hasta alcanzar los 154 millones de toneladas, de los que 131 millones de toneladas se destinaron a alimentos (Cuadro 17.3) Con el crecimiento mantenido de la producción de pescado y la mejora de los canales de distribución, el suministro mundial de alimentos pesqueros ha aumentado considerablemente en las cinco últimas décadas, con una tasa media de crecimiento del 3,2 por ciento anual en el período de 1961 a 2009, superando el índice de crecimiento de la población mundial del 1,7 por ciento anual (Figura 17.5).

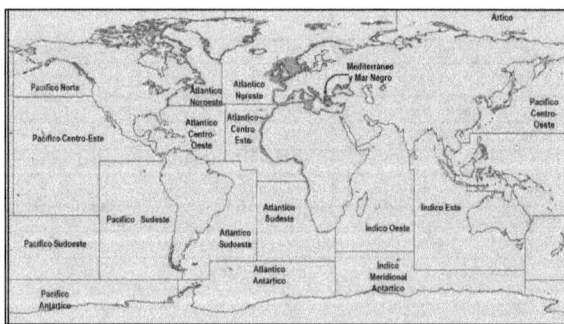

Figura 17.4. Zonas de pesquerías marinas mundiales acordadas internacionalmente. No se incluyen las áreas de pesca de aguas continentales. Fuente: FAO. (http://www.fao.org/geonetwork/srv/en/main.home?uuid=93e2e920-07cb-11dd-af4e-0017f293bd28)

Fundamentos de Ecología

Cuadro 17.3. Producción y utilización de la pesca y la acuicultura en el mundo durante el período 2006-2011
(Valores en millones de t).

	2006	2007	2008	2009	2010		2011	
Producción								
I. Pesca de captura total	90,0	90,3	89,7	89,6	88,6		90,4	
Continental			9,8	10,0	10,2	10,4	11,2	11,5
Marítima	80,2	80,4	79,5	79,2	77,4		78,9	
II. Acuicultura total	47,3	49,9	52,9	55,7	59,9		63,6	
Continental		31,3	33,4	36,0	38,1	41,7	44,3	
Marítima	16,0	16,6	16,9	17,6	18,1		19,3	
Total mundial (I+II)	137,3	140,2	142,6	145,3	148,5		154,0	
Utilización								
Consumo humano	114,3	117,3	119,7	123,6	128,3		130,8	
Usos no alimentarios		23,0	23,0	22,9	21,8		20,223,2	
Suministro per cápita (kg)	17,4	17,6	17,8	18,1	18,6		18,8	

Fuente: Elaborado con cifras de FAO (2012)

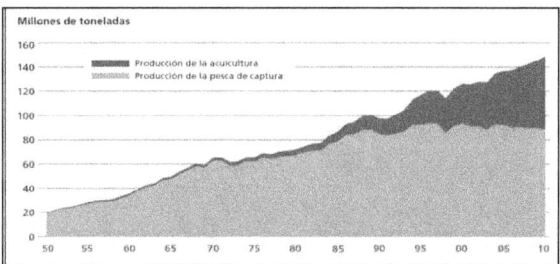

Figura 17.5. Tendencias de la producción la pesca y la acuicultura durante los últimos 64 años.
Fuente: reproducido de FAO (2016).

El suministro mundial de peces comestibles per cápita aumentó desde un promedio de 9,9 kg (equivalente en peso vivo) en la década de 1960 hasta 18,4 kg en 2009. Las cifras preliminares para 2010 señalan que el consumo de pescado seguirá aumentando hasta alcanzar los 18,6 kg (Cuadro 17.3 y Figura17.6).

De los 126 millones de toneladas de pescado disponible para consumo humano en 2009, el menor consumo se registró cn África (9,1 millones de toneladas, con 9,1 kg per cápita), mientras que las dos terceras partes del consumo total correspondieron a Asia, con 85,4 millones de toneladas (20,7 kg per cápita), de las que 42,8 millones de toneladas se consumieron fuera de China (15,4 kg per cápita). Las cifras del consumo per cápita correspondientes a Oceanía, América del Norte, Europa y América Central y el Caribe fueron 24,6 kg, 24,1 kg, 22,0 kg y 9,9 kg, respectivamente. Aunque el consumo anual per cápita de productos pesqueros ha aumentado de forma continuada en las regiones en desarrollo (de 5,2 kg en 1961 a 17,0 kg en 2009) y en los países de bajos ingresos y con déficit de alimentos (PBIDA,

de 4,9 kg en 1961 a 10,1 kg en 2009), este sigue siendo considerablemente inferior al de las regiones más desarrolladas, si bien tal diferencia se está reduciendo (FAO, 2012). 17.3.4. La crisis reciente de los precios

El panorama de la disponibilidad y acceso a los productos alimenticios ya está suficientemente complejizada con las tendencias de las áreas cultivadas y los volúmenes de producción, condicionados por las potencialidades agroecológicas, pero en los últimos cuatro años, la situación se ha tornado muy crítica, pues además de la disminución de la producción global de los productos básicos durante 2010, como la señalan las Perspectivas alimentarias de la FAO (FAO, 2011b), se ha sumado la influencia de la crisis económica global que afecta todas las economías y países. Esta situación ha impulsado el incremento de los precios de los productos básicos (maíz, arroz, trigo, sorgo, carne y leche) y de los productos oleaginosos (aceite, tortas y granos oleaginosos), los cuales habían disminuido luego de la primera subida en 2008, para remontar nuevamente, a principios de 2011, a los niveles de 2008, e incluso superarlos. La Figura

Fundamentos de Ecología

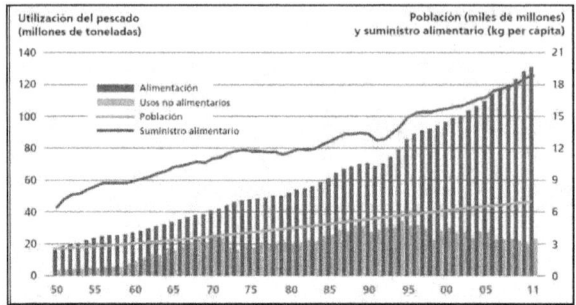

Figura 17.6. Tendencias de la producción pesquera y acuícola entre los años 1950 y 2011

Cuadro 17.5. Tendencias en la oferta de energía, proteínas y grasas totales per cápita

Período	Energía (kcal/día)	Energía (kj/día)	Proteína (g/día)	Proteína (%E)	Grasas totales (g/día)	Grasas totales (%E)
Mundo						
1995–1997	2,756	11,531	73,8	10,7	71,7	23,4
1998–2000	2,778	11,623	74,6	10,7	74,9	24,9
2001–2003	2.798	11.707	75,4	10,8	78,0	25,7
Países desarrollados						
1995–1997	3.205	13.41	97,9	12,2	115,6	32,11
1998–2000	3.251	13.602	98,8	12,2	118,9	32,15
2001–2003	3.321	13.891	100,6	12,1	122,6	33,8
Países en desarrollo						
1995–1997	2.625	10.983	66,8	10,2	58,9	20,8
1998–2000	2.645	11.067	67,8	10,3	62,5	21,9
2001–2003	2.657	11.117	68,5	10,3	68,5	22,9
Norte y Centro América						
1995–1997	3.308	13.841	97,1	11,7	116,9	31,14
1998–2000	3.405	14.247	100,1	11,8	123,2	32,12
2001–2003	3.452	14.443	101,3	11,7	128,0	33,10
Sur América						
1995–1997	2.791	11.678	74,7	10,7	81,8	26,10
1998–2000	2.826	11.824	75,9	10,7	83,2	26,11
2001–2003	2.852	11.933	76,6	10,7	84,1	26,11

Factor de conversión para el cálculo de %E: 1g de proteína = 4kcal. 1 g de grasa = 9 kcal [FAOSTAT/FBS, 2006].
Fuente: Wolmarans, P. (2009)

17.7 de la evolución de los índices de precios de los alimentos muestra muy claramente esta tendencia alcista en los precios de los productos básicos, lo cual puede tener consecuencias desastrosas, especialmente para los países importadores netos y con economías débiles o frágiles, como son los países más pobres de África y Asia.

El Instituto Internacional de Investigaciones en Política Alimentaria (IFPRI) señala el 2008 cuatro grandes factores que a nivel mundial están incidiendo en el aumento de los precios de los alimentos (von Braun, 2008):

• El incremento en la demanda de productos alimenticios.

- Los cambios en los hábitos de consumo y la mayor capacidad de adquirir alimentos más sanos y de mayor calidad.
- Los bajos niveles en los inventarios de cereales a escala mundial,
- Un cambio en el uso de los cultivos alimenticios hacia la producción de energía: ante el aumento en los precios de los combustibles fósiles, se ha estado incentivando la producción de etanol y diesel con base en productos agrícolas, especialmente maíz, aceites vegetales y azúcar, entre otros.

Los factores que impulsaron el aumento de precios durante la crisis de precios de los alimentos de 2007- 2008 entraron nuevamente en juego en la crisis de 2010-2011, incluyendo altos precios del petróleo, las políticas sobre biocombustibles que promueven la expansión de la producción de biocombustibles, mayores crisis relacionadas con el clima, como sequías e inundaciones, y una creciente demanda de las economías emergentes. Asimismo, el mundo continúa siendo vulnerable a los vaivenes de los precios debido a que las reservas de granos son extremadamente bajas y solamente unos pocos países exportan granos básicos (IFPRI, 2013). Es necesario acotar la prevalencia de los objetivos económicos en las políticas de desarrollo que adelantan tanto los gobiernos como los organismos internacionales multilaterales, lo que ha influido en gran medida en el florecimiento de las sucesivas crisis globales que hemos sufrido en los últimos 30 años, las cuales han desembocado en los incrementos de precios de los recursos (energía, tecnología), materias primas y en especial los alimentos. Especial atención merece la relación entre el precio de los recursos energéticos (combustibles e insumos que requieren de grandes cantidades de energía, como los fertilizantes) y la capacidad de producción alimentaria en el futuro, pues el incremento en el precio de los primeros puede desembocar en una disminución de los rendimientos potenciales de la segunda, al no poder cubrir el costo adicional que tal incremento implica, por una parte; y por la otra, podría generarse una escalada y alta volatilidad de los precios de los productos agrícolas, para mantener y soportar los incrementos de los recursos energéticos (Woods et al., 2010).

En este contexto, Es imposible ignorar la falta conciencia y de voluntad política de los políticos que formulan y toman decisiones sobre el rumbo del desarrollo integral sustentable, equitativo y solidario, quienes ignoran las realidades del subdesarrollo de la mayoría de países, anteponiendo más bien los criterios de globalización y acumulación que dictan los centros de poder y control de la economía mundial.

17.3.5. Los rendimientos crecientes

Otro aspecto de crucial importancia en la producción de alimentos está relacionado con los rendimientos, o el volumen de producción por unidad de superficie, de los cultivos. En los últimos 40 años, el rendimiento de los principales cultivos agrícolas se ha incrementado de manera significativa. En La Figura 17.8, se presenta la tendencia de crecimiento en el rendimiento de varios renglones de productos agrícolas entre 1976 y 2011, donde destaca el incremento de 133% de las oleaginosas, 80% en los cereales y 22% de las leguminosas. Esta evolución en los rendimientos confirma el argumento señalado en el primer párrafo de esta sección, acerca del incremento de la productividad física de los agroecosistemas y su papel en la capacidad mundial de producción de alimentos en los últimos 40 años.

Este logro ha sido producto de los avances en la investigación agrícola de los últimos 60 años, especialmente en los países avanzados, y la iniciativa de promoción y difusión de los avances a través de mecanismos de cooperación internacional, sin menoscabo de las capacidades y logros de los sistemas nacionales de investigación agrícola. Uno de ellos es digno de mencionar por el alcance que ha tenido en el de-

Figura 17.7. Tendencia del índice de precios de los alimentos durante el período 1990-2011. Fuente: (FAO, 2011b)

Fundamentos de Ecología

sarrollo de tecnologías para los países más pobres y económicamente frágiles: el Grupo Consultivo de Investigación Agrícola Internacional- GCIAI (CGIAR, por sus siglas en inglés), el cual a partir de 1961, inició el establecimiento de una red de centros de investigación internacionales, hasta llegar hoy día a 15 institutos de excelencia en la investigación agrícola distribuidos en las principales ecoregiones del mundo[3].

El primero de tales centros fue el IRRI, en Filipinas, cuyos logros en el mejoramiento y manejo del cultivo de arroz (como las variedades de alto rendimiento IR8 e IR22), fue la chispa impulsora para lo que luego se conocería como la Revolución Verde, de la cual hablaremos más adelante.

Sin embargo, es necesario destacar que el incremento de la producción ha ocurrido no sólo por el aumento de los rendimientos (~100%), sino también por el incremento de las áreas sembradas (12%). De cualquier forma, los incrementos en los rendimientos no se han distribuido uniformemente en todos los países, pues otros factores como la disponibilidad de recursos (tierras, regadío) e incentivos económicos (créditos, incentivos, precios) también influyen en el proceso productivo agrícola. De allí que subsisten brechas tecnológicas inmensas en las capacidades de producción de alimentos entre regiones y países, e incluso entre sectores de un mismo país. Lo cierto es que para el 2030 será necesario duplicar nuevamente la producción si se desea cubrir las demandas de la población para ese momento, cercana a 9.000 millones de almas.

Las perspectivas hacia el futuro indican que, a pesar del crecimiento de la producción agrícola, el potencial de mayor volumen de producción es viable principalmente a través del incremento de los rendimientos, aun con las tecnologías actuales, siempre y cuando se acompañen con los servicios de apoyo básicos (recursos de agua, insumos, capacitación, gestión eficiente y mercados seguros). Los expertos señalan que en el caso del trigo y el maíz, por ejemplo, es posible lograr incrementos hasta un techo de 20.000 kg/ha, haciendo uso eficiente e inteligente del conocimiento biológico, bioquímico y ecológico (Bruinsma, 2011). En Venezuela, por ejemplo, el rendimiento experimental del híbrido de Cacao 'Caucagua' en 1977, llegó a ~ 4.000 kg/ha (frente al promedio nacional e 300 kg/ha) (FONAIAP, 1976).

17.3.6. Producción de alimentos en América Latina

Hasta la década de los años 70, una gran parte de la agricultura latinoamericana está dirigida hacia la producción de los productos indígenas tradicionales (maíz, mandioca) o de alto valor comercial (café, cacao). Las estructuras agrícolas tradicionales, histórica y normalmente bien adaptadas a las condiciones climáticas y a una estructura social determinada, eran contraindicadas cuando se intentaba promover un aumento importante de la producción. Una gran parte de la agricultura latinoamericana, especialmente la agricultura de subsistencia (o campesina) y los numerosos pequeños productores, todavía hoy sigue orientada hacia la producción de los productos tradicionales (maíz, yuca, caraotas) o de alto valor comercial (café, cacao).

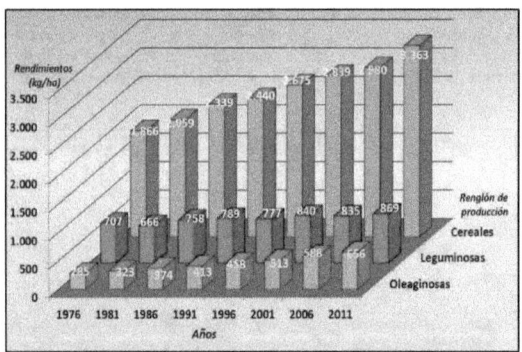

Figura 17.8. Evolución de los rendimientos de los productos básicos (cereales, 1990-2011.
Fuente: elaborado con datos de FAOSTAT-FAO (2013)

---

[2] En el sitio del GCIAI http://www.cgiar.org/ se puede obtener abundante información sobre investigación agrícola y sus logros, así como conexiones a los 15 centros diseminados por todo el muindo.

Fundamentos de Ecología

Durante el último cuarto de siglo XX y la primera decena del presente, sin embargo, se han reconfigurado los factores determinantes del sector agrícola latinoamericano debido, entre otras causas, a la creciente migración rural-urbana, la cual ha sido muy alta en muchos de los países, los nuevos enfoques de industrialización diferentes al de sustitución de importaciones, en función de supuestas ventajas comparativas, la difusión de las nuevas tecnologías de punta como la biotecnología y la creciente globalización y libre comercio de las economías regionales. Dentro de este marco de cambios ha ocurrido una expansión de la frontera agrícola y una diversificación hacia la producción de rubros distintos a los tradicionalmente explotados (café, cacao, bananos, por ejemplo), como veremos en el análisis de las cifras y tendencias que sigue. Por ejemplo, en el período 1972-1999 hubo un incremento del área de tierras arables y cultivadas en Sudamérica de 30,2 millones de ha, correspondiente a un 35,1%; en Mesoamérica de 6,3 millones de ha, es decir 21,3%; y en el Caribe de 1,8 millones de ha, o sea 32,0%.

De acuerdo con las estadísticas de FAOSTAT (2011)[4], Las tendencias de la producción de cuatro rubros fundamentales en la alimentación (Cereales, Leguminosas, Raíces y tubérculos y Hortalizas) en Latinoamérica, indican que el incremento ha sido de 61,2% en promedio, en el volumen total para los cuatro rubros. En general, casi todos los países en la mayoría de los rubros, con escasas excepciones, experimentan incrementos altamente significativos. Por ejemplo, países como Paraguay, Perú y Uruguay, la producción de cereales se triplica o cuadruplica entre 1980 y 2009, mientras que en Bolivia, Brasil y Venezuela se duplica. En Costa Rica y Nicaragua, la producción de raíces y tubérculos es aproximadamente 10 veces mayor, pero en Uruguay y Ecuador la producción ha disminuido. Las hortalizas muestran igualmente una tendencia al crecimiento acelerado de la producción, especialmente en los países centroamericanos, Venezuela y Brasil. Los aumentos en la producción de soya también han sido impresionantes, especialmente en Argentina y Brasil. Para las plantaciones comerciales (aguacate, caña de azúcar, café, cacao y palma aceitera) Las estadísticas de FAOSTAT revelan un crecimiento de la producción entre 1980 y 2009 cercano a 142%, especialmente en palma aceitera y caña de azúcar. Por ejemplo, Colombia ha multiplicado por 10 la producción de Aguacate, y por 7,5 la de palma aceitera. En los últimos años, se ha incrementado el cultivo de Soya, especialmente en Brasil y Argentina, quienes actualmente manejan una porción mayoritaria del mercado de exportación de esta leguminosa aceitera. El análisis similar para los rubros pecuarios (carne vacuna, aves, cerdos, leche, huevos y ovejas) muestra un crecimiento entre 1980 y 2009 de 142%. Los rubros con mayor crecimiento son carne de pollo, carne y leche, cercanos a 200%.

17.4. La Alimentación y la Nutrición

La alimentación tiene como objetivo aportar a los organismos vivos los elementos y compuestos orgánicos necesarios para el normal cumplimiento de la totalidad de sus funciones biológicas y fisiológicas, incluyendo el crecimiento corporal y el gasto energético. Desde el punto de vista ecológico, la alimentación provee energía y nutrimentos para el funcionamiento y procesos del ciclo vida de los organismos (crecimiento, desarrollo, reproducción, movilización y adaptación). Por otra parte, la alimentación constituye uno de los componentes esenciales de la buena salud, la calidad de vida y el bienestar (Marti, 2011). La alimentación incluye la obtención, preparación e ingestión de los alimentos. Cumple la función de proveer energía endosomática y componentes nutricionales para posibilitar el desarrollo humano y el bienestar de las personas.

La alimentación es fruto de una coevolución entre los factores ecológicos productivos y las estrategias de organización social. Los hábitos alimentarios se insertan en un contexto cultural en el que existen normas y creencias sobre los procesos de obtención, preparación e ingestión de alimentos. La alimentación, como una necesidad fisiológica para la salud del cuerpo humano, requiere del conocimiento de los procesos biológicos de asimilación de los alimentos y los líquidos ingeridos. En cambio, el sustento de la alimentación resulta más bien una cuestión de preocupación social de escala planetaria, que incluye aspectos como el manejo de los ecosistemas, los sistemas organizativos para la obtención y distribución de los alimentos, el desarrollo de tecnologías para su obtención, y las políticas económicas y de conservación para su regulación (IAASTD, 2008).

Por lo tanto, la alimentación es un tema que se refleja tanto en la cotidianidad de los hábitos alimentarios como en los grandes procesos y programas/proyectos económicos, de investigación y políticos a escala mundial.

En su esencia, la alimentación es el un conjunto de actos voluntarios y conscientes que van dirigidos a la elección, preparación e ingestión de los alimentos, fenómenos muy relacionados con el medio sociocultural, económico y ambiental, los cuales determinan al menos en gran parte, los hábitos dietéticos y estilos de vida. La dieta es lo que un organismo come o ingiere, determinado por la percepción de palatabilidad de los alimentos.

En cambio, la nutrición debe entenderse como la provisión, a las células y los organismos, de los materiales necesarios (en la forma de alimentos) necesarios para apoyar los procesos de la vida. La nutrición hace referencia a los nutrimentos que componen los alimentos y comprende un conjunto de fenómenos fisiológicos involuntarios que suceden tras la ingestión de los mismos, es decir, la digestión, la absorción o paso a la sangre desde el tubo digestivo de sus componentes o nutrientes, y su asimilación y transporte a las células que componen los diferentes tejidos del organismo.

El estatus nutricional de la población es uno de los múltiples indicadores utilizados por los gobiernos para medir la calidad de vida de la población y es el resultado de la combinación, los recursos físicos y el conocimiento de las

---

[4] http://faostat.fao.org/site/444/DesktopDefault.aspx?PageID=444#ancor

Fundamentos de Ecología

buenas prácticas de nutrición, junto con el estado de salud y el consumo de alimentos a través del tiempo. El consumo de alimentos, en términos de cantidad, calidad y diversidad, juega un papel importante en la determinación del estado nutricional y, como tal, constituye el vínculo más directo entre la agricultura y la nutrición.

El estatus nutricional de los niños muy pequeños se verá afectada por la frecuencia de la alimentación, y éste es buen un ejemplo de cómo la asignación de tiempo (en este caso, el tiempo dedicado al cuidado de los niños) afecta el estado nutricional de los individuos. Las normas sociales acerca de los alimentos que se "deben" consumir, y el conocimiento de cuáles son los alimentos adecuados y en qué cantidades también afectan el estado nutricional. Debido a que el estatus nutricional depende de la capacidad del cuerpo para absorber los nutrimentos, también se ve afectado por otras dimensiones del estado de salud de un individuo, tales como la presencia de una mucosa intestinal saludable. Por último, el estado nutricional de un individuo dentro de un hogar depende de cómo se asigna y distribuye la cantidad de alimentos entre los miembros de la familia (Hoddinott, 2012).

Los requerimientos calóricos del ser humano varían de acuerdo con la edad, sexo y nivel de actividad física tal como se muestra en el Cuadro 17.4. Los requerimientos más altos los tienen las edades comprendidas entre los 14 y 30 años en ambos sexos, siendo los del hombre entre 25 y 30% mayores que en las mujeres.

En Venezuela, en los años transcurridos entre 1960 y comienzos de los años ochenta, se habían aumentado los consumos diarios per cápita de aproximadamente 2.000 kcal y 50 g de proteína —que prevalecían en las décadas de los años 40 y 50 (4)—, hasta contar con disponibilidades alimentarias equivalentes a 2.187 kcal y 50 g de proteínas en 1962-63; a 2.385 kcal y 59,5 g de proteína en 1969-71 y, a 2.719 kcal y 68,9 g de proteína para 1979-81(4,5). Esta evolución positiva ocurrió, fundamentalmente, sobre la base de la importación de alimentos, porque las producciones de la mayor parte de los rubros de la agricultura venezolana han sido erráticos y decrecientes, con la única excepción de las hortalizas entre los productos vegetales, y el incremento apreciable de la contribución de las carnes; en particular las de aves y cerdos, producidas principalmente con alimentos provenientes de la importación (Montilla, 2004).

Una alimentación adecuada implica un equilibrio en la ingestión de cuatro compuestos orgánicos básicos: proteínas, grasas, hidratos de carbono y vitaminas; y dos compuestos inorgánicos: agua y sales minerales. De los compuestos orgánicos, los más importantes son las proteínas, ya que proveen las bases constitutivas esenciales para el organismo humano: los aminoácidos. Los lípidos proporcionan en gran cantidad las materias de depósito acumuladas en los diversos tejidos. Por otra parte, una porción de los lípidos, los protoplasmáticos, entran en la composición de la materia viva. La cantidad de energía que proporcionan los lípidos es importante (de 15 a 20%), además proporcionan una mínima parte las vitaminas liposolubles A y D, según la calidad de los lípidos.

Los alimentos también pueden clasificarse según la función que cumplen en la fisiología del cuerpo. Los que contienen fundamentalmente carbohidratos o lípidos son fuente de calorías, cumplen con una función energética; los alimentos fundamentalmente proteicos, aunque pueden aportar energía, tienen como misión principal el aportar materiales para la construcción o renovación de estructuras, es decir, una función plástica o formadora; los alimentos que por su riqueza en vitaminas o minerales controlan diversos sistemas del metabolismo se les conoce como alimentos reguladores (Cuadro 17.xx).

En cuanto a las proteínas, no todas son de la misma calidad biológica y del mismo valor nutritivo. El ser humano debe ingerir ocho aminoácidos, de los veinte que existen en las proteínas, para alimentarse adecuadamente, ya que no puede sintetizarlos en su organismo. El valor nutritivo de un alimento está, pues, definido por el contenido de esos ocho aminoácidos.

Cuadro 17.4. Requerimientos calóricos del ser humano de acuerdo con el sexo y la edad

Sexo	Edad	Sedentario	Activo
Mujer	9-13	1.600	1.800-2.200
	14-18	1.800	2.400
	19-30	2.000	2.400
	31-50	1.800	2.200
	51 +	1.600	2.000-2.200
Hombre	9-13	1.800	2.000-2.600
	14-18	2.200	2.800-3.200
	19-30	2.400	3.000
	31-50	2.200	2.800-3.000
	51 +	2.000	2.400-2.800

Fuente: Adaptado de: http://www.uned.es/pea-nutricion-y-dietetica-I/guia/guia_nutricion/recom_calorias.htm?ca=n0

Fundamentos de Ecología

Cuadro 17.5. Clasificación Funcional de los Alimentos

Plásticos	Energéticos	Reguladores
• Leche y derivados • Carne • Pescados • Huevos (clara) • Legumbres • Frutos secos y cereales	• Grasas • Frutos secos • Cereales • Raíces y tubérculos • Huevo (yema) • Hortalizas	• Frutas • Leche y derivados • Huevo y vísceras

Las proteínas de origen animal (carnes, huevos, leche) son netamente superiores a las vegetales, ya que carecen de algunos aminoácidos o los poseen en pocas cantidades. Las proteínas del maíz (zeínas) por ejemplo, carecen de cistina, serina y glicocola y poseen pocas cantidades de alanina y ácido aspártico; en las proteínas del frijol falta de lisina y la arginina. En otros términos, esas proteínas son insuficientes para el crecimiento; el maíz sólo asegura un normal equilibrio orgánico y una buena renovación de los tejidos gracias a las grandes cantidades de tirosina, ácido glutámico, fenilalanina y otras proteínas.

Es necesario resaltar la calidad de las proteínas. Los regímenes vegetarianos predominantes en muchas regiones del mundo, no proporcionan cantidades normales de buenas proteínas, en lo que respecta al contenido de aminoácidos. Además, es evidente que hoy en día no se utilizan en los regímenes normales de alimentación las más importantes fuentes de proteínas. Solamente en los países desarrollados se aprovechan intensivamente las carnes. Debe suministrarse una buena cantidad de proteínas en la época de crecimiento, en particular los aminoácidos: lisina, arginina, histidina, cistina, prolina y valina. Se observará que los aminoácidos son escasos en los alimentos vegetales en relación con los animales. De estas cantidades se recomienda que por lo menos 50% sean proteínas de alto valor biológico, es decir, de origen animal.

En términos generales, las deficiencias proteínicas acompañan a las energéticas y viceversa. Excepcionalmente algunos regímenes dietéticos pueden satisfacer una gran parte de las necesidades energéticas, sin que las necesidades proteínicas se alcancen en la proporción requerida. Tales regímenes se distribuyen en una gran parte de las zonas tropicales y subtropicales, en el seno de poblaciones indígenas que basan su alimentación en el ñame, ocumo, plátanos, mandioca y maíz.

Se ha señalado que precisamente tal alimentación —a pesar de que se basa en plantas accesibles y propias del medio tropical y subtropical— es inadecuada en relación con el clima, ya que proporciona gran cantidad de hidratos de carbono, los cuales son exclusivamente fuente de energía rápidamente consumidas por el organismo. La ingestión de los hidratos de carbono en los trópicos puede alcanzar entre 80 y 90% del total de la dieta. A tales niveles, la alimentación es netamente deficitaria, ya que apenas se alcanza de 10 a 20% de los alimentos necesarios para asegurar la incorporación de las proteínas, vitaminas y sales minerales esenciales, lo cual es muy deficitario, ya que como se expuso antes, la disponibilidad de alimentos de primera calidad en los medios socialmente bajos es realmente mínimo. Las dietas a base de arroz lavado y pulido, harinas amiláceas, tubérculos y raíces, están ampliamente difundidas en América Latina, aunque tienen poco valor alimenticio. En particular, la yuca proporciona a muchos grupos la base de sustento. El valor nutritivo de este alimento es muy variable y en el mejor de los casos, por sus características, podría representar un alimento de emergencia o alternativo, en regiones con suelos muy pobres. De hecho, el valor mayor de la yuca reside en su contenido de vitamina B1 y fibra. Pero su cultivo y producción es muy dependiente de las condiciones de suelo, ya que no soporta el aguachinamiento. Los métodos de preparación afectan igualmente su valor nutritivo.

Las **vitaminas** son fundamentales en la alimentación, ya que son los reguladores de la nutrición y de muchos procesos metabólicos. Los mismos se encuentran tanto en los alimentos vegetales como en los de origen animal. Su ingestión, a través de los alimentos naturales, no es un problema tan importante como el de las proteínas. Hoy día un gran número de vitaminas se obtienen sintéticamente, su valor en el mercado es relativamente bajo, por lo cual es fácil tratar las carencia vitamínicas, a menos que ellas no estén asociadas a casos crónicos de malnutrición, en particular de proteínas, ya que en este caso el problema es mucho más complejo. Las carencias vitamínicas son realmente importantes en las etapas de crecimiento, ya que no es fácil y frecuente controlar el estado nutritivo en los medios rurales y en las clases bajas latinoamericanas. En general, las deficiencias vitamínicas en esos períodos provocan importantes retrasos en el crecimiento y originan anomalías orgánicas que repercuten sobre el estado general de la salud del individuo durante su madurez. En las zonas con problemas severos de disponibilidad de alimentos, la nutrición es muy deficiente y las carencias humanas conducen a estados de desnutrición crónica, emanciación e incluso, la muerte (figura 17.9).

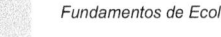
Fundamentos de Ecología

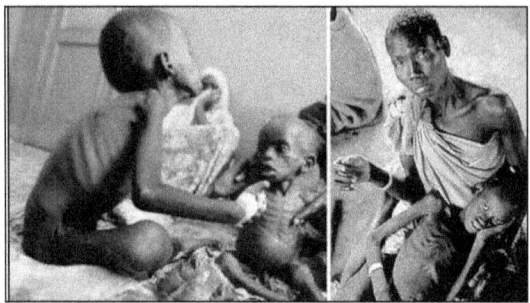

Figura 17.9. La desnutrición afecta a la mayoría de los niños de las poblaciones de países del África Noroccidental

Una dieta de mala calidad puede incluir no sólo cantidades insuficientes de vitaminas, minerales y otros micronutrimentos esenciales, sino también cantidades excesivas de otros componentes de la dieta como grasas saturadas, azúcares adicionados y sal. El exceso del consumo de estos últimos productos puede llevar a la obesidad e incrementar el riesgo de enfermedades crónicas como la diabetes, las enfermedades cardiovasculares y algunos tipos de cáncer. Estos cambios dietéticos, aunados a la insuficiencia de actividad física —con sus consiguientes efectos negativos en la salud— se están difundiendo a un ritmo muy acelerado e históricamente sin precedentes, afectando tanto a las poblaciones de escasos recursos de manera desproporcionada, como a las de muchos países avanzados. en estos últimos, los malos hábitos alimenticios y el consumo inducido de comida chatarra por la propaganda engañosa de los medios masivos, está generando altos niveles de obesidad, especialmente en los niños y jóvenes (Figura 17.10).

17.5. El problema de la provisión de alimentos

La disponibilidad y acceso a los alimentos y al agua —servicios principales de los ecosistemas para el ser humano—, son esenciales hasta el extremo de determinar el colapso de grandes civilizaciones y culturas, como los Sumerios en el extremo oriental del Asia Menor, los Polinesios navegantes en la Isla de Pascua, los Ananasi en el valle del Chaco y los Mayas en Mesoamérica (Diamond, 2006). Aunque en contextos y épocas diferentes, dichas civilizaciones se vieron afectadas por la degradación de los ecosistemas que habitaron, lo que limitó la capacidad de producir alimentos y obtener recursos energéticos (principalmente madera), provocando su extinción.

En la actualidad, no obstante, sin haber llegado a los extremos de la destrucción total de los ecosistemas que caracterizaron las sociedades en el pasado, alrededor de 12,5% de la

Figura 17.10. Dietas de mala calidad basadas en el consumo de comida chatarra, conducen a problemas de sobrepeso y obesidad mórbida.

Fundamentos de Ecología

población mundial están desnutridas o sufren hambre crónica, 2.000 millones de personas sufren de deficiencias de uno o más micronutrimentos y 1.400 millones tienen sobrepeso o están obesas (FAO-SOFA, 2013). De otra parte, algunos países no son autosuficientes en la producción alimentaria, sobre todo en Asia y África sub-Sahariana (FAO, 2010). La producción en esas regiones se ve afectada mayormente por la escasez de agua que limita las posibilidades de riego de los cultivos, y la creciente degradación de la salud de los ecosistemas, impulsada por el uso inadecuado y los procesos de cambios globales en la Tierra (desertificación). La inseguridad alimentaria se ve así potenciada, agravando los problemas de atraso económico y desajustes sociopolíticos, a menudo presentes en el contexto de mundo en desarrollo. Lo antes dicho apunta al reconocimiento de los estrechos vínculos que existen entre los alimentos, el agua, los ecosistemas y el sistema económico.

17.6 El complejo sistema agroalimentario mundial

Hasta ahora, hemos enfocado el problema de la producción de alimentos desde una perspectiva de tendencias y valores promedios nacionales y regionales relacionados con las tierras de cultivo, la producción y los rendimientos. Sin embargo, en la realidad concreta se reconoce que el sistema agroalimentario es complejo y diverso, en el cual es posible distinguir tres mundos distintos (Banco Mundial, 2008):

1. El que opera en los países netamente agrícolas, que deben basar su crecimiento económico en la agricultura, requiere de una profunda revolución en la agricultura campesina o a pequeña escala. El PIB tiene en estos países un alto componente agrícola y/o pecuario.

2. El que funciona en los países en proceso de transformación y crecimiento, donde el éxodo rural-urbano y el incipiente desarrollo industrial han generado desigualdades y niveles de pobreza, incluso extrema, causantes de tensiones sociales y políticas, que no se pueden solucionar con subsidios ni asistencia estatal. La participación de la agricultura en el PIB es baja (~ 6-8%) y la pobreza extrema prevalece en el medio rural.

3. En los países más urbanizados, incluyendo la mayor parte de América Latina, y parte de Europa y Asia Central —con gran contingente de población en los centros industriales—, aunque la agricultura representa una mínima porción del PIB, puede reducir la pobreza remanente, en la medida que:

a. Los pequeños y medianos productores suplan directamente las demandas de los centros urbanos,

b. Se creen empleos en la cadena producción-agroindustria-servicios-mercado integrada y eficiente —que agregue valor a la producción mediante la transformación, elaboración y distribución de productos innovadores—, y

c. Se introduzca el mercado de servicios ambientales, dada la estrecha vinculación entre la protección ambiental y el desarrollo agrícola. La meta es crear agroecosistemas integrados con las actividades económicas, agroindustriales y culturales, bajo sistemas de producción sustentables y con criterios de equidad y eficiencia.

En cualquiera de los tres casos, es necesario balancear el aporte que la actividad agrícola hace a los niveles de empleo y la significación económica dentro del PIB. A pesar de que este indicador es bajo en las etapas de crecimiento industrial y urbano, en los países en desarrollo y emergentes debe promoverse una agricultura ecológica y socioeconómicamente sustentable, que genere empleo en las zonas rurales y contribuya a mitigar la pobreza característica en tales zonas.

Ante la perspectiva de un crecimiento poblacional de casi 2.200 millones de personas, proyectado para el 2050, la FAO indica que para poder alimentar la población, la producción de alimentos deberá crecer en 70%, con respecto a su volumen actual. Como veremos en capítulos posteriores, si se toma en cuenta la inevitabilidad de los efectos del cambio climático en marcha, se requiere de un esfuerzo adicional para que los agroecosistemas puedan adaptarse a las nuevas condiciones de clima que imperarán en el futuro a mediano y largo plazo.

En tiempos pasados, la carencia alimentaria estaba relacionada casi siempre con la escasez de tierras y recursos para producir y con las epidemias que, al diezmar la población, la privaban de la fuerza de trabajo capaz de cultivar el campo y producir alimentos. En la actualidad, la reciente crisis económica global ha inducido incrementos significativos de los precios de los productos básicos alimenticios (cereales, azúcar, leche, carne), lo que reduce aún más la posibilidad de adquirirlos, como.

Al hablar de alimentación no nos referimos sólo a lo que comemos, sino también a todo lo que lo hace posible. A lo largo de la historia y el espacio geográfico, los sistemas alimentarios se han configurado en interacción con las características ecológicas y sociales de cada lugar. Esta interacción ha determinado y moldeado tanto las características de los alimentos disponibles, las características de los paisajes y ecosistemas, como las características de las estrategias organizativas y productivas de la sociedad.

En esencia, un sistema agroalimentario está compuesto por productores, proveedores de recursos, procesadores, consumidores, el sistema de comercialización (distribución y marketing), las relaciones de intercambio y las pérdidas implícitas en el proceso desde la finca del productor y la mesa del consumidor. Sin embargo, también se puede visualizar el sistema alimentario global como una compleja red de interacciones e intercambios del cual forman parte los agroecosistemas, unidades de producción, instituciones públicas y privadas, empresas transnacionales y nacionales y consumidores. Del mismo forman parte y participan desde los productores de maíz de la faja maicera de las llanuras de los EE UU, los grandes feedlots de producción de carne, hasta las parcelas de los millones de pequeños agricultores que todavía utilizan tracción animal, las empresas de distribución a escala local, regional nacional e internacional, los abastos, los mercados tradicionales, los supermercados, los expendios de comida (restaurantes y catering) y, por supuesto, los miles de millones de hogares de los consumidores A éstos se agregan las empresas productoras de insumos (semillas, fertilizantes, agroquímicos, maquinarias, farmacéuticas) los sistemas de transporte marítimo/aéreo intercontinental y terrestre, las bolsas agrícolas, los mercados mayoristas, las industrias procesadoras de productos agrícolas y los servicios de apoyo (banca, talleres industriales, suplidores de insumos) para toda la cadena de suministro. A este conjunto de factores se agregan, entre otros, normas y costumbres culturales, tecnologías, modos de organización, sistemas de mercadeo y políticas públicas. Todo este entramado y su complejo funcionamiento conforman infinidad de cadenas de suministro muy diversas en composición y magnitud, y representan una importante proporción del sistema económico (nacional e internacional). Para muchos, este complejo sistema es altamente ineficiente y sesgado, pues no permite la disponibilidad y el acceso de los alimentos de manera equitativa para la población en las distintas regiones del globo. Como lo señala Marti (2011)[5], el estado actual de la alimentación de la población mundial se caracteriza por diferencias cada vez más agudas en la distribución, disponibilidad y calidad de los alimentos.

En las últimas décadas, la alimentación a escala planetaria ha evolucionado hacia una polarización de las diferencias entre el medio rural y el medio urbano, así como entre los países del norte y los países del sur. Si bien la alimentación configura una de las principales necesidades de sustento del hombre —en los países del norte y el medio urbano de los países del sur—, en la realidad está determinada por los intereses de las empresas transnacionales agroalimentarias, a través de las campañas masivas en los medios de comunicación en el ámbito global. Los patrones alimentarios urbanos y asociados mayormente a los países del norte, se han homogeneizado influenciados por los intereses económicos de la industria agroalimentaria. La homogeneización alimentaria supone una pérdida de conocimiento directo de los alimentos. Poco a poco han estado promoviendo cambios en los patrones de alimentación de los países del sur, mayormente rurales, orientándolos cada vez a una dependencia de los alimentos industrialmente procesados. El patrón de alimentación urbano comporta en la actualidad un elevado consumo de proteínas y grasas de origen animal, así como de azúcares simples, lo cual tiene graves consecuencias metabólicas para el organismo. Aunado a esto, las innovaciones en las tecnologías de transformación, conservación y almacenaje de los alimentos han acelerado la homogeneización de las culturas alimentarias de las sociedades occidentales, descansando principalmente en un agresivo sistema de mercadeo global a través de los medios de comunicación masivos, incluyendo internet.

Hasta no hace mucho tiempo la alimentación se relacionaba esencialmente con la salud, y eran conocidos los problemas ocasionados por un exceso o defectos de las dietas. De una manera muy general se pensaba que los problemas de los países pobres eran el hambre o la desnutrición, mientras que los derivados de la sobrealimentación correspondían a las naciones desarrolladas. Esta idea clásica tiene que ser reconsiderada en la actualidad. Es cierto que la desnutrición sigue siendo el gran problema de los mal llamados países en desarrollo, pero empezamos ahora a conocer cómo en los países ricos, y precisamente como consecuencia de las formas de vida actuales, se dan alarmantes situaciones de desnutrición, global por exceso, pero también carencias nutricionales por inadecuada densidad nutricional de nuestras dietas. No se trata en estos casos de falta de alimentos sino de cambios en los hábitos alimentarios. Por ejemplo, la desnutrición provocada por el consumo de dietas con objetivos puramente estéticos, tratando de mantener el llamado "peso ideal", con las que, si bien se consigue el objetivo buscado por ingerir menos energía, se producen al mismo tiempo situaciones de desnutrición respecto de otros nutrientes. Y no olvidemos tampoco como las situaciones de riesgo o desnutrición afectan a grupos de población como las personas mayores (FEN, 2013).

El ejemplo anterior pretende resaltar la influencia de nuestras formas de vida en nuestra nutrición. Es obvio que ésta tiene un marcado componente social y cultural. No solamente las ideas estéticas a las que nos acabamos de referir, sino también otros muchos factores ligados a nuestra forma de vida actual influyen en ella. Realmente esta conclusión se deriva del carácter multidisciplinario de la alimentación. Curiosamente, y como se acaba de decir, hasta hace poco tiempo se pensaba que el objetivo de la nutrición era la salud. Sin embargo, sabemos hoy que no es éste el único. Comer es también un placer y la resultante de una riquísima herencia sociocultural como son los hábitos alimentarios. Gastronomía y Nutrición pueden y deben entenderse ahora más que nunca. Y la cadena alimentaria, desde la producción hasta el momento de la ingesta, procura responder a nuestras exigencias. Pero desgraciadamente el interés actual por la alimentación presenta, también, aspectos menos satisfactorios. A su alrededor ha surgido toda una serie de falacias, engaños, errores o "dietas mágicas", que en muchos casos son gravemente peligrosas para la salud. Por ejemplo, en muchas ocasiones parece haber interés en poner de relieve las cualidades de los llamados alimentos naturales o completos en oposición a los industrializados.

Preocupa hoy también, y mucho, los cambios en las formas de comer, ya que no sólo interesa lo que se come, sino cómo e incluso con quién, la denominada socialización de la comida. Hoy parece que estamos en una pendiente peligrosa en la que se unen:

• Falta de conocimiento de los alimentos,
• Desinterés por tener habilidades culinarias,
• Individualización y simplificación de las maneras de comer, e incluso

---

[5] Tomado del artículo del autor en el portal Sostenibilidad, creado y mantenido por la UNESCO y la Universidad de Cataluña. Disponible en http://portalsostenibilidad.upc.edu/detall_01.php?numapartat=3&id=196

Fundamentos de Ecología

- Falta de los valores imprescindibles que nos permitan ser suficientemente autónomos para elegir adecuadamente los alimentos que constituyan nuestra dieta,

En definitiva, es muy dificul consolidar hábitos alimentarios adecuados, en un entorno social no fácil y en el que un gran número de comidas que hacemos nos ponemos en manos de otros, la llamada alimentación institucional.

Por otro lado, la sociedad de consumo se caracteriza por una oferta desmesurada en productos y servicios a unos consumidores sin capacidad de realizar una elección racional entre ellos. Nunca hubo tanto donde elegir, ni menos tiempo y capacidad para hacerlo. Nuestras abuelas vivían entre un centenar corto de alimentos, y menos de media docena de sistemas culinarios. Hoy en día, en un hipermercado de cualquiera de nuestras ciudades, el consumidor se enfrenta a más de 30.000 productos alimenticios distintos, y con una vida media, muchos de ellos, de tan solo ocho años. Realizamos compras concentradas en uno o dos días de la semana, eligiendo rápidamente entre miles de productos desconocidos en sus detalles, y presionados por la necesidad de estar "rabiosamente sano" sin saber cómo hacerlo, ni siquiera lo que eso quiere decir; y todo ello no parece constituir el mejor marco en que pueda efectuarse una toma de decisiones razonada y razonable (FEN, 2013).

Para garantizar el acceso privado a los beneficios del sistema de comercialización global de los alimentos, las instituciones multilaterales han ampliado el marco normativo de derechos de propiedad intelectual a los alimentos y productos agrícolas, muchas veces a favor de las grandes empresas agroalimentarias. Estas reglas de juego para el crecimiento del sector agroalimentario, a escala mundial, constituyen una amenaza para la libre alimentación de la población de los países del sur (CITA).

Del otro lado de la balanza, a lo largo de la historia, los países del sur han pasado de déficits alimentarios episódicos a déficits crónicos. Algunos factores que han contribuido con ello han sido la introducción de cultivos foráneos que han substituido los cultivos autóctonos, la desarticulación de las economías domésticas y la monetarización de los sistemas locales de alimentación, así como la importación de alimentos procesados y costosos, tanto en las ciudades como en el campo.

17.7. El despilfarro (pérdidas + desperdicio) en el sistema alimentario actual

Otro aspecto de gran importancia en el sistema alimentario es la gran cantidad de pérdidas y desperdicios de productos agrícolas y de alimentos debido al inadecuado manejo de los mismos a lo largo de la cadena de suministro hasta llegar al consumidor. Los alimentos se pierden a lo largo de toda la cadena de suministro:

- En la unidad de producción del agricultor, por causa de plagas y enfermedades que afectan el cultivo y al momento de la cosecha.
- En el almacenamiento, igualmente por plagas y enfermedades.
- En el transporte, debido al mal empaque, manejo y condiciones inadecuadas en su movilización.
- En los servicios de distribución mayorista y detallista, especialmente si no hay clasificación y empaque adecuados.
- En el procesamiento (artesanal o agroindustrial) de productos agropecuarios para la elaboración de diversos tipos de alimentos procesados.

El desperdicio como tal ocurre al momento de procesar los alimentos crudos para ser consumidos, en los servicios de comida y en el hogar..

En los países de altos ingresos, la comida es en gran medida desaprovechada en la etapa de consumo, lo que significa que se descartan o eliminan los alimentos, incluso si todavía son adecuados para el consumo humano. Igualmente, las pérdidas también ocurren en las cadenas de suministro de alimentos en las regiones industrializadas, especialmente al desechar productos que no cumplen con estándares de calidad, muchas veces exagerados. En países de medianos y bajos ingresos, los alimentos se pierde durante las etapas iniciales e intermedias de la cadena de suministro de alimentos, principalmente por falta de tecnologías y sistemas de manejo eficientes, pero a nivel del consumidor el desperdicio es mucho menor, comparado con el consumidor de las regiones industrializadas.

En general, si se mide sobre una base de pérdidas per cápita, en el mundo industrializado se desperdicia mucho más comida que en los países en desarrollo y, de acuerdo con Parfitt et al. (2010), tal pérdida ocurre en mayor proporción en el nivel del consumidor (cocina del hogar, restaurantes, catering), especialmente de los frutos y vegetales frescos y de los restos de comida preparada que se conservan refrigerados.

Ortiz y Alfaro (2014) estiman que en América latina y el Caribe ocurre 6% de la pérdida mundial de alimentos y 15% de todos los alimentos disponibles cada año. Alrededor de 28% de esta pérdida de alimentos se produce a nivel del consumidor, mientras que otro 28 en la producción, 17% durante la distribución y venta, 22% durante la manipulación y el almacenamiento y el restante 6% durante el procesamiento. Según las estimaciones de la FAO, el desperdicio de alimentos per cápita de los consumidores en Europa y América del Norte es de 95 a 115 kg/año, mientras que esta cifra en África subsahariana y el Sur/Sudeste de Asia es de sólo 6 a 11 kg/año. Dado que muchos de los pequeños agricultores en los países en desarrollo viven en los márgenes de la inseguridad alimentaria, la reducción de las pérdidas de alimentos podría tener un impacto inmediato y significativo sobre sus niveles de consumo. En el capítulo 19 se amplía el tratamiento de este tema, en función de la perspectiva de la sustentabilidad socio-ecológica.

17.8. La revolución verde y sus resultados

A partir de las experiencias en el desarrollo de materiales genéticos de alto rendimiento en México durante la década de los 50 y 60, se inició el establecimiento de la red centros internacionales de investigación agrícola, cuyos dos primeros fueron el IRRI (en Filipinas) y el CIMMYT (en México). Las variedades de alto rendimiento de arroz, trigo y maíz —desarrolladas en estos centros y luego multiplicadas a escala regional— al ser ampliamente utilizadas en muchas zonas agrícolas del mundo en desarrollo, dieron origen a la denominada Revolución Verde. En esencia, este enfoque, asumido por una gran cantidad de países asiáticos, africanos y latinoamericanos, consistía en sustituir los cultivos y sistemas de siembra tradicionales (incluyendo los cultivos múltiples) por la siembra de estas variedades de alto rendimiento, y la aplicación de un paquete de prácticas que incluían altas dosis de fertilizantes, uso de agroquímicos para controlar y combatir pestes, y disponibilidad de riego.

Aunque la iniciativa tuvo un impacto inicial grande, al mejorar sustancialmente la productividad de los productores innovadores con capacidad de riesgo, al cabo de pocos años se hizo evidente que no todos los productores estaban en capacidad de imitar a los que adoptaron inicialmente tal esquema —esencialmente por la poca disponibilidad de los insumos requeridos (fertilizantes y agroquímicos) y la carencia de sistemas de riego—, lo cual generó una creciente desigualdad socioeconómica en las comunidades agrícolas, detonando conflictos sociales e incluso políticos en muchas regiones. Hoy en día se reconoce (FAO, 2011c) que esas considerables mejoras de la producción y la productividad agrícolas fueron acompañadas a menudo de efectos negativos en la base de recursos naturales de la agricultura, en un grado tal que representan un peligro para su futuro potencial productivo. Entre los efectos negativos externos de la intensificación tecnológica se incluyen la degradación de la tierra, la salinización de las zonas de regadío, la extracción excesiva de agua subterránea, el incremento de la resistencia a las plagas y la erosión de la biodiversidad. La agricultura también ha perjudicado al medio ambiente en términos más amplios mediante, por ejemplo, la deforestación, la emisión de gases de efecto invernadero y la contaminación por nitrato de las masas de agua.

Adicionalmente, la adopción del monocultivo y el uso en grandes cantidades de fertilizantes sintéticos y agroquímicos, provocó la contaminación y degradación de los agroecosistemas, en desmedro de la biodiversidad. Como lo han señalado muchos autores, el término "variedades de alto rendimiento" no es el más apropiado, ya que implica que las nuevas variedades son de alto rendimiento en sí mismas, lo cual no es enteramente cierto, pues lo distintivo de ellas es que responden altamente a ciertos insumos clave, como los fertilizantes y el riego. En ausencia de los insumos adicionales de fertilizantes y riego, se comportan igual o peor que las variedades indígenas. Otro aspecto relevante fue la escasa o nula capacidad de resistencia a las enfermedades y plagas de los ambientes en donde fueron sembradas las nuevas variedades, muy diferentes a las de las estaciones donde fueron creadas, lo cual no permitió el incremento de los rendimientos a los productores involucrados. Además, con el alto costo de los insumos adicionales, la ganancia en producción es insignificante, especialmente en agroecosistemas en desventaja, en términos de suelos, precipitación y clima (Pingali, 2012).

Finalmente, la revolución verde no tomó en cuenta el conocimiento tradicional y ancestral y el uso múltiple que los pequeños productores realizan con sus cosechas. Las variedades indígenas han evolucionado a través de una selección natural y humana, produciendo y utilizando lo que los agricultores del denominan cultivares primitivos o locales. El cultivo de variedades locales de arroz, por ejemplo, no es sólo el grano cosechado, sino también una fuente de paja para usos diversos, de follaje para el ganado y de cascaras para combustible, que las nuevas variedades mejoradas no permitían aprovechar. De allí que las políticas de investigación agrícola, tanto en el ámbito internacional como los nacionales, se están reorientando hacia la obtención de variedades e híbridos con mayor capacidad de adaptación y resistencia a los factores climáticos y biológicos adversos, aprovechando las bondades de los materiales locales y del conocimiento ancestral, esencialmente agroecológico.

17.9. Hacia un enfoque multidimensional de la agricultura

Los resultados principales del informe IAASTD (2008)[6] señalan la necesidad de visualizar la agricultura en su multifuncionalidad, diversidad, variabilidad y relevancia mundial, pues 2.600 millones de habitantes del mundo dependen de las actividades de producción agropecuaria y pesquera. En la Figura 17.11 se ilustra el concepto de integralidad y multifuncionalidad de la agricultura, mostrando las interacciones entre sociedad, economía y ambiente, por lo que los problemas de desigualdad, género, pobreza, y sustentabilidad ambiental, deben ser enfocados integralmente para asegurar tal multifuncionalidad en el sistema agrícola.

Igualmente, hacen hincapié en los grandes desafíos que implica para esta porción de la humanidad los procesos de globalización y mercantilización del sistema agroalimentario, cuya dinámica y funcionamiento genera inmensas ganancias monetarias y financieras, de las cuales están excluidos los principales productores primarios: los campesinos y pequeños productores dispersos en a lo largo del globo. Es indudable que los adelantos científicos y tecnológicos de los últimos 40 años, como lo corrobora el dicho informe, han permitido el incremento de la productividad agrícola sobre la base de la innovación con componentes tecnológicos que mejoraron la productividad de las explotaciones, apoyo institucional para reducir los precios y externalizar los costos.

AMPLIAR!!!!

---

[6] Este informe es el producto de un equipo designado ad-hoc multiinstitucional (Banco Mundial, FAO, UNEP, GEF, UNDP, OMS y UNESCO) establecido en 2002, en cuyo proceso de consulta y análisis participaron más de 400 expertos en ciencias agrícolas de más de 50 países participantes.

Fundamentos de Ecología

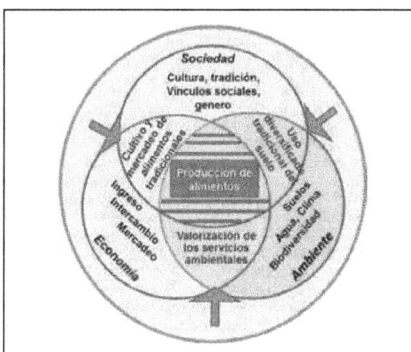

Figura 17.11. Integralidad y Multifuncionalidad de la agricultura.
Fuente: IAASTD (2008)

17.10. Seguridad e inseguridad alimentaria: el hambre y la pobreza

La magnitud de la crisis recurrente del sistema agroalimentario global —a lo largo de los últimos años—, ha llevado a la implantación de términos como la **seguridad** e **inseguridad alimentaria**. Sin duda, las causas tienen su origen, más por las desigualdades económicas, los condicionantes impuestos por las grandes empresas agroalimentarias y la estratificación social, y menos por el volumen de la producción total de alimentos. De hecho, si se distribuyese equitativamente el volumen global de alimentos producidos en el planeta, entre los 7.000 millones de habitantes, todos deberíamos tener cubiertas nuestras necesidades calóricas y nutricionales.

La seguridad alimentaria hace referencia a tres aspectos fundamentales, acceso, disponibilidad y capacidad de compra. Existe **seguridad alimentaria** cuando todas las personas tienen en todo momento acceso físico, social y económico a suficientes alimentos inocuos y nutritivos para satisfacer sus necesidades alimenticias y sus preferencias en cuanto a los alimentos, a fin de llevar una vida activa y sana. La seguridad alimentaria familiar es la aplicación de este concepto al ámbito familiar, situando a los individuos que conforman la unidad en el centro de la atención.

Existe inseguridad alimentaria cuando las personas no tienen acceso físico, social o económico suficiente a alimentos, tal y como se define más arriba. Tiene lugar cuando hay insuficiente ingestión de alimentos, que puede ser transitoria (cuando ocurre en épocas de crisis), estacional o crónica (cuando sucede de continuo). Las marcadas deficiencias en la calidad de la dieta, surgen en forma creciente como el problema nutricional principal que enfrentan las poblaciones pobres a nivel mundial, rebasando así el problema del hambre o de falta de alimentos (Marti, 2001).

Desde el año 1999, la FAO estableció un programa de monitoreo del estado de la (in)seguridad alimentaria en el mundo, a través del cual se monitorea el estado de seguridad o inseguridad alimentaria en el mundo. La FAO (1999) señala los siguientes términos relacionados, al asumir como programa permanente el seguimiento de la (in)seguridad alimentaria:

• Vulnerabilidad: presencia de factores por los que las personas corren el riesgo de sufrir inseguridad alimentaria o malnutrición.

• Subnutrición: inseguridad alimentaria crónica, en que la ingestión de alimentos no cubre las necesidades energéticas básicas de forma continua. Existe subnutrición cuando el aporte calórico es inferior a las necesidades mínimas de energía alimentaria (NMEA). Las NMEA constituyen la cantidad de energía necesaria para realizar actividades que no requieran de gran esfuerzo y para mantener un peso mínimo aceptable para la altura alcanzada. Varía en función del país y del año dependiendo de la estructura de sexo y edad de la población.

• Malnutrición: estado patológico, resultante por lo general de la subnutrición, de la insuficiencia o el exceso de uno o varios nutrientes o de una mala asimilación de los alimentos.

• Desnutrición: estado patológico resultante de una dieta deficiente en uno o varios nutrientes esenciales o de una mala asimilación de los alimentos. Entre los síntomas se encuentran: emaciación, retraso del crecimiento, insuficiencia ponderal, capacidad de aprendizaje reducida, salud delicada y baja productividad.

• Deficiencia de micronutrientes: carencia de las vitaminas y minerales esenciales que resulta de la insuficiencia o exceso de uno o varios nutrientes y determinados problemas de asimilación de alimentos.

• Hipernutrición: estado patológico resultante del consumo excesivo de alimentos.

• Emaciación: bajo peso para la estatura, que por lo general es el resultado de una disminución del peso debida a un período reciente de inanición o una enfermedad grave.

• Retraso del crecimiento: bajo peso para la edad, que refleja un caso (o casos) sostenido(s) de desnutrición.

• Insuficiencia ponderal: bajo peso para la edad, que refleja un estado resultante de una insuficiente alimentación, casos anteriores de desnutrición o salud delicada.

En 2005, el informe sobre inseguridad alimentaria (FAO, 2005), destacaba la imposibilidad de alcanzar las Metas de desarrollo del Milenio, establecidas en el 2000 por la ONU, en tanto que la reducción de la pobreza estaba estancada en casi todas las regiones del mundo, excepto América Latina y el Caribe. En 2009, la FAO (2012) reconoce que el número de persona con hambre y desnutrición sobrepasan los mil millones. Con la vulnerabilidad en incremento continuo

Fundamentos de Ecología

desde principios del siglo XX, a pesar de los bajos precios de los principales productos básicos, la crisis de los precios que explotó en 2008, ha exacerbado la crisis y la inseguridad alimentaria en 2009 creció en muchos de los países más pobres, dependiente cada vez mas de importaciones alimentarias y/o ayuda humanitaria. Todo ello, a pesar de que en 2008 se reconocía que el derecho a una alimentación adecuada era un derecho fundamental para una solución sustentable a la crisis causada por el alza de los precios.

17.10.1. Factores determinantes de la inseguridad alimentaria

Si hacemos el cálculo lineal de la distribución ideal y equitativa del volumen total de la producción alimentaria entre la población total del globo, encontramos que la actual producción es suficiente para una alimentación suficiente. Sin embargo, tal posibilidad de una distribución equitativa —y una disponibilidad real y acceso a los alimentos para cada habitante del planeta—, se ve truncada o imposibilitada por infranqueables factores económico-sociales, políticos, culturales y geopolíticos. En este contexto, se debe considerar que, aunque una porción mayoritaria de pequeños agricultores y criadores soportan la producción global de alimentos, no son ellos los que se benefician del comercio, transformación y distribución de los mismos, sino el conjunto de empresas transnacionales que en su conjunto gobiernan tales procesos. En otras palabras, los propios pequeños productores de arroz en el sureste Asiático o de yuca en el cuerno de África, no reciben ningún beneficio adicional del valor agregado al que es sometida su cosecha a través de la compleja cadena de suministros, artificiosamente impuesta por los que controlan el sistema agroalimentario globalmente; y lo que es peor, es probable que ese agricultor y su familia sufra de malnutrición.

Mucho se sabe acerca de cómo incrementar la seguridad alimentaria y mitigar la desnutrición. Sin embargo, existe una gran brecha entre el conocimiento y la acción, lo cual deja a millones de personas viviendo con el hambre y la desnutrición. A menudo los problemas de seguridad alimentaria y nutricional no son considerados en las agendas políticas o, cuando lo son, no se implementan las políticas correspondientes. Dentro de los próximos 20 años, en los países en desarrollo el número de personas pobres y desnutridas viviendo en zonas urbanas será mayor en las ciudades que en las zonas rurales. Aún en regiones con niveles relativamente bajos de urbanización, incluyendo África y partes de Asia, millones de personas pobres viven ya en las ciudades. En muchas ciudades, los niveles de desnutrición en las poblaciones más pobres son tan altos como los de las poblaciones pobres viviendo en zonas rurales.

Las razones por las cuales un determinado grupo social, conjunto de familias o personas padecen situaciones de hambre, hambrunas o inadecuado acceso a la alimentación, deben buscarse en algunos determinantes generales del funcionamiento de la economía de mercado, así como en aspectos más específicos de la producción, procesamiento y distribución de los alimentos.

Para abordar la problemática del acceso a la alimentación conviene retomar algunas de las ideas de Amartya Sen, quien ha estudiado durante 25 años esta problemática. Según este autor (Sen, 1995), las situaciones de hambruna no dependen necesariamente de la producción de alimentos, sino de la capacidad de las personas o familias para acceder a ellos. En otras palabras, no existe hambre porque falten alimentos sino porque vastos sectores no pueden acceder a ellos. Frente a enfoques que tienden a analizar de manera casi exclusiva la oferta (producción) de alimentos como determinante de las situaciones de hambruna o inadecuado acceso a la alimentación, Sen rechaza este enfoque unívoco y se centra en las posibilidades y las capacidades de las personas para acceder a la alimentación. La existencia de mecanismos de seguridad social —presentes en prácticamente todos los países, con mayor o menor incidencia— constituye una evidencia empírica de que el acceso a la alimentación no se da únicamente por la vía del mercado. Según Sen, lo que explica que en los países más desarrollados no se den de manera periódica eventos de hambruna, o de severas restricciones al acceso a la alimentación, no es un producto per cápita más elevado o una dotación de alimentos por persona más alta, sino la presencia de políticas públicas que cristalizan la posibilidad del ejercicio del derecho social a la alimentación. Los derechos sociales existentes en un país dependen de sus normas e instituciones presentes, que no se limitan al marco legal existente sino que lo trascienden ampliamente. Esto incluye diversas prácticas sociales habituales, políticas públicas y acciones colectivas. Un ejemplo de esto son los comedores comunitarios, los programas de alimentación escolar y de distribución a precios subsidiados por el Estado, como es el caso del sistema Mercal, que ha funcionado en Venezuela a partir del año 2003.

17.10.2. Hambre y pobreza van de la mano

Las diferencias de los patrones alimentarios entre países del norte y países del sur se han incrementado y las condiciones de hambruna se mantienen en muchos de los últimos. El incremento de la inseguridad, expresada en situaciones de hambre y desnutrición en que viven muchos grupos de población, resulta de una desigual distribución de los recursos y condiciones que la posibilitan. La existencia de conflictos sociales en torno al acceso y uso de los recursos para la alimentación, así como las estadísticas tanto del estado nutricional y de salud de la poblacional como del acceso a ella, demuestra la existencia de un extendido y creciente malestar.

Estas realidades, paradójicas pero inevitables, determinan en gran medida la existencia de grandes grupos de población que están sometidos a hambrunas o a déficits permanentes en la ingesta de alimentos que conducen a la desnutrición crónica —lo que ocurre en muchos países de África Subsahariana, Asia, Pacifico y el algunos de Latinoamérica—, con los terribles efectos que ello implica en el desarrollo de las capacidades individuales físicas y mentales para incorporarse en la sociedad productiva.

De acuerdo con los análisis de la Cruz Roja Internacional IFRC (2011), uno de cada 7 habitantes del globo está afec-

Fundamentos de Ecología

tado por desnutrición. Obviamente, esto ocurre en los sectores más pobres de los diferentes países afectados, que viven en las zonas rurales depauperadas y en los cinturones de miseria de las grandes ciudades. De la misma manera, las estimaciones de la FAO reportan que el número de personas hambrientas en el mundo era de 923 millones en 2007, cifra que ha aumentado hasta llegar a ~1.000 millones a principios de 2011. Las cifras más recientes revelan que en el Asia y Pacífico el hambre afecta a 578 millones de personas, mientras que en África Subsahariana son 239 millones, en Latinoamérica 53 millones, en el Medio Oriente y África del Norte 37 millones, y en los países de alto ingreso 19 millones de personas (von Grebmer et al., 2012).

La terminología usada para referirse a distintos conceptos de hambre puede ser confusa. "Hambre" se entiende usualmente como referido a las molestias asociadas con la falta de alimento. La FAO (2013) define la privación de alimento, o "subnutrición", de manera específica como el consumo por debajo de 1.800 kilocalorías por día, el mínimo requerido para la mayoría de la gente para vivir una vida saludable y productiva. El término "subnutrición" va más allá de las calorías y significa deficiencias en energía, proteínas, o vitaminas y minerales esenciales, cualquiera de ellas o sus posibles combinaciones. La malnutrición es un término amplio usado para una serie de condiciones que dificultan la buena salud, causada por una ingestión alimentaria inadecuada o desequilibrada o por una absorción deficiente de los nutrientes consumidos. Se refiere tanto a la desnutrición (privación de alimentos) como a la sobrealimentación (consumo excesivo de alimentos en relación a las necesidades energéticas).

17.10.3. El hambre y sus dimensiones

Una consecuencia directa de la pobreza —como veremos más adelante— es la desnutrición, un problema del no sólo para los pobres urbanos y para las personas sin tierra, en particular para los menos favorecidos como las mujeres y los niños. La desnutrición afecta también a la población rural y a la producción de bienes y servicios agrícolas en las fincas que son demasiado pequeñas, muy poco productivas, o muy degradadas para producir lo suficiente para una vida digna. La buena nutrición tiene, por lo tanto mucho, que aportar a la reducción de la pobreza. Es intrínseco a la acumulación de capital humano, ya que una buena nutrición es la base de una buena salud física y mental, y por lo tanto del desarrollo intelectual y social y una vida productiva. En 50% de los casos, la desnutrición se debe a la falta de saneamiento y las enfermedades (IAASTD, 2008). Este problema fundamental hace hincapié en la seguridad de los alimentos tradicionales, incluidos los problemas de higiene relacionados con la ganadería y la protección fitosanitaria, el almacenamiento de alimentos en los hogares y la manipulación inadecuada de los alimentos.

El **hambre** implica una falta de alimentos suficientes en cantidad y calidad necesarias y una dieta diversa. Sus efectos se relacionan estrechamente con los estados de salud. El hambre, por lo tanto, tiene muchas caras: la pérdida de energía, apatía, aumento de la susceptibilidad a las enfermedades, las deficiencias en el estado de nutrición, discapacidad y muerte prematura. El hambre crónica se manifiesta en las personas cuya ingestión alimentaria regular no llega a cubrir sus necesidades energéticas mínimas. La necesidad mínima diaria de energía es de unas 1 800 kcal por persona. La necesidad exacta viene determinada por la edad, tamaño corporal, nivel de actividad y condiciones fisiológicas como enfermedades, infecciones, embarazo o lactancia.

Más de 50% de los hambrientos viven en pequeñas granjas en los países en desarrollo y están conectados a la economía rural (Von Braun, 2009). La principal medida del nivel de hambre es la deficiencia de calorías, y los que padecen hambre son los que consumen menos de 2.200 calorías al día. La gravedad del hambre es mucho mayor en el África subsahariana que en el sur de Asia y otras partes del mundo. En Burundi, Etiopía, Kenya, Malawi, Ruanda, Senegal y Zambia, la mayoría de los hambrientos consumen menos de 1.600 calorías por día y, por lo tanto, están en riesgo de morir de hambre extrema o de la carencia. En los países asiáticos y latinoamericanos son más propensos a consumir entre 1.600 y 2.200 calorías al día. Con menos de 2.200 calorías al día, sin embargo, las personas siguen viviendo en la carencia sustancial, pues consumen menos de lo que se necesita para llevar a cabo cualquier actividad, incluso las más ligeras (por ejemplo, caminar, o estar de pie mucho tiempo).

De otra parte, cada año, unos nueve millones de niños en todo el mundo mueren antes de cumplir cinco años, y alrededor de un tercio de estas muertes prematuras se debe a la desnutrición (Negro et al., citados por IFRC, 2011). Sin embargo, contrariamente a la percepción popular, la gran mayoría de las muertes relacionadas con la desnutrición (hasta 90%) no se producen durante las crisis alimentarias y las hambrunas repentinas, sino como un resultado acumulativo de la desnutrición o hambre crónica a largo plazo, que poco a poco deprime o destruye el sistema inmunológico y deja a los niños especialmente vulnerables a enfermedades de las que no pueden protegerse.

El Instituto Internacional de Investigaciones sobre Políticas Alimentarias ha desarrollado una metodología para construir un Índice del hambre, que se basa en tres indicadores particulares: (1) Subnutrición: la proporción de personas subnutridas como porcentaje de la población, (2) Bajo peso infantil: la proporción de niños y niñas menores de cinco años con bajo peso, talla o emaciación y (3) Mortalidad infantil: la tasa de mortalidad entre niñas y niños menores de cinco años. En la Figura 17.12 se presenta la clasificación de los países del mundo, en función del grado de severidad del índice del hambre.

---

[7] http://www.fao.org/hunger/hunger-home/es/

Fundamentos de Ecología

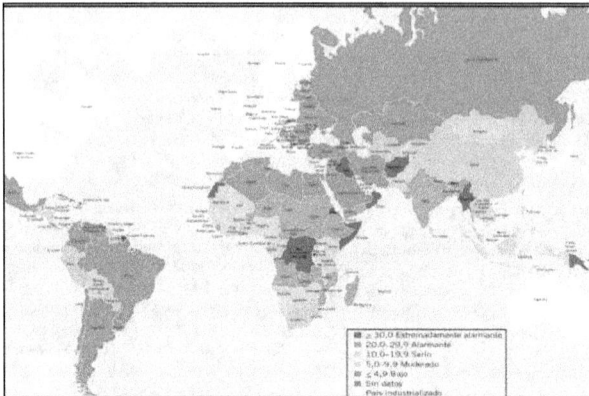

Figura 17.12. Valores del Índice global del hambre para los países del mundo. Fuente: reproducido de IFPRI (2013). Fuente: reproducido de von Grebmer et al. (2012).

Los problemas del hambre crónica y la desnutrición están arraigados y no son amenos de soluciones tecnológicas rápidas. Están más bien incrustados en la propia estructura del sistema alimentario global y su solución requiere de cambios e innovaciones en los sistemas políticos, económicos, legales y sociales (IFRC, 2011)

17.10.4. La pobreza como determinante de la inseguridad alimentaria

La pobreza es descrita por las organizaciones internacionales (UNDP, Banco Mundial) como un estado de cosas en las que alguien tiene acceso a muy pocos ingresos (un dólar por día). Agregan que en el mundo de los pobres, las personas no gozan de seguridad alimentaria, no poseen muchos activos, presentan retraso en crecimiento, no viven mucho tiempo, no saben leer ni escribir, no tienen acceso al crédito fácil, no son capaces de ahorrar mucho, no están empoderados, no pueden asegurar así contra las malas cosechas o calamidades del hogar, no tienen control sobre sus propias vidas, no tienen nexos comerciales con el resto del mundo, viven en un entorno poco saludable, sufren de "incapacidades", y están mal gobernados. Obviamente esta descripción no señala las causas de la pobreza; por ejemplo, el deterioro o las carencias del medio ambiente en que viven, la alta tasa de fertilidad y reproducción de la población, la carencia de servicios básicos indispensables, el acceso y la oportunidad de obtener alimentos, o la discriminación, exclusión y desigualdad social o étnica a la que pueda estar sometida. Esta multiplicidad de variables forma un complejo entramado en donde unas se convierten en causa de otras, no son fáciles de discriminar acerca de su origen y provienen de contextos diferentes pero interconectados (sociales, ecológicos y económicos).

Fomentar el crecimiento económico y la reducción de la pobreza no es sólo una cuestión de la política nacional, particularmente en el contexto de un mundo cada vez más globalizado. Efectivamente, como apuntan von Braun et al. (2009) la globalización puede influir en la reducción de la pobreza al ofrecer a los países oportunidades para el crecimiento y a los pobres acceso directo o indirecto a activos y mercados que anteriormente no tenía. Muchos países, sin embargo, no han sido capaces de moderar y gestionar estas oportunidades en un incremento efectivo de reducción de la pobreza. Y para aquellos que hubieran podido hacerlo, la integración en los mercados mundiales presenta algunos riesgos en el sentido de que estos países se vuelven más susceptibles a las tendencias mundiales.

17.11. Una mirada a las opciones posibles para aliviar la crisis alimentaria

Independientemente de los factores determinantes de orden socioeconómico y geopolítico prevalentes actualmente en el mundo, existen alternativas de acción que pueden influir positivamente en la reducción del hambre y la desnutrición que padece uno de cada siete habitantes del planeta. Tales alternativas radican en el seno mismo de los agroecosistemas y tienen que ver con las modalidades y enfoques asumidos por las comunidades de campesinos y agricultores para la utilización de la tierra, de sistemas de cultivo y tecnologías apropiados a sus condiciones ecológicas, sean muy favorables o no. Son muchos los ejemplos —localizados en diversas regiones del mundo— de iniciativas que han permitido reducir drásticamente las condiciones de carencia de alimentos y la pobreza, a través de enfoques innovadores, tanto en lo propiamente productivo como en lo social y humano y en el contexto ecológico.

Fundamentos de Ecología

A continuación reseñamos las principales opciones consideradas para aliviar y mejorar el proceso de producción alimentaria, antecedidas por una descripción realista de la agricultura intensiva, que servirá como punto de comparación para valorar las bondades y ventajas ecológicas de las opciones descritas más abajo.

17.11.1. La agricultura intensiva convencional

La agricultura ha evolucionado dramáticamente en los últimos 80 años, transitando por varias etapas definidas. En una primera etapa, la actividad agrícola dependía básicamente de abonos orgánicos y de la fuerza animal y del hombre, en la que éste realizaba manualmente todas las tareas y procesos necesarios para llevar a feliz término una cosecha. Luego, con la revolución industrial, aparecen los primeros tractores y otros implementos que son rápidamente incorporados al sistema productivo. Más tarde, los avances de la industria química permiten producir sintéticamente los agroquímicos, en primer lugar los fertilizantes y posteriormente los pesticidas (insecticidas, fungicidas, herbicidas y otros). Paralelamente, la genética aplicada a los cultivos permitió crear nuevas variedades e híbridos (genéticamente homogéneos) de mayor rendimiento. Todo ello ha permitido a los países desarrollados desarrollar una agricultura intensiva basada en insumos (maquinaria, implementos, agroquímicos) y más recientemente, con la utilización de variedades e híbridos de cultivos modificados genéticamente.

Como lo describen asertivamente Cohn *et al.* (2006), la agricultura —en la mayor parte de los países desarrollados (EE UU, Canadá, Gran Bretaña, Alemania, Francia y otros— consiste en medianas y grandes fincas con productores agrupados, por lo general en cooperativas o asociaciones de productores, que funcionan bajo sistemas y procesos integrados, totalmente mecanizados y producen sólo uno o unos pocos cultivos, en campos donde cada planta es genéticamente idéntica o casi idéntica. El mantenimiento de la alta productividad en estas granjas (que se asemejan a fábricas industriales) se debe a la alta mecanización, la aplicación continua de fertilizantes químicos y el uso creciente de pesticidas. En la producción de carne, miles de cerdos, vacas y pollos están confinados en enormes lotes, corrales fétidos, o en pequeñas jaulas, alimentados con una mezcla de grano y proteínas animales recicladas, dosificados con hormonas para acelerar su crecimiento y antibióticos para evitar infecciones. Normalmente, tales fincas tienen contratos estandarizados con grandes empresas agroindustriales, constituyendo el inicio de la compleja cadena de suministros del sistema agroalimentario global.

Los defensores de la agricultura intensiva (industrial) a menudo afirman que un solo trabajador agrícola en el medio oeste de EE.UU. produce tanto grano como varias personas, o incluso decenas de personas, que los que trabajan en las granjas de bajos insumos de maquinaria y agroquímicos. Este argumento hace caso omiso de la mano de obra involucrada en la fabricación y el transporte de las máquinas, productos químicos, combustibles, producción y distribución de los alimentos procesados que hacen posible la agricultura industrial.

El monocultivo, la utilización continua de agroquímicos y maquinarias pesadas generan alteraciones graves de los agroecosistemas donde se asientan estos sistemas intensivos, y a la vez generan gran cantidad de residuos contaminantes del suelo, los acuíferos, los ríos y finalmente el océano, resultando en altos niveles de degradación de los procesos y funciones ecosistémicas (UNEP, 2010). Un ejemplo palpable son las zonas muertas del océano en el golfo de México, producto de los vertidos de aguas y residuos contaminados del río Mississippi y otros ríos, producto de la agricultura intensiva desarrollada en sus grandes cuencas. Como las explotaciones agrícolas funcionan separadamente de las pecuarias, es imposible que tengan lugar los procesos agroecológicos naturales de reciclaje de nutrimentos y transformación de la biomasa, haciendo más deletéreo todavía los procesos de contaminación y degradación de los recursos suelo y agua. Este sistema se ha reproducido parcial o totalmente en muchos países en vías de desarrollo, especialmente en los países emergentes como Brasil, Argentina, México, China, Malasia y algunos otros. Pero en esos mismos países y en casi todos los demás países en desarrollo, los campesinos y pequeños productores son la mayoría, los que producen alimentos en pequeñas extensiones, algunas veces para la subsistencia del núcleo familiar y otras generando excedentes para la venta en los mercados locales o regionales. Y en el agregado de estas pequeñas producciones se basa la mayor parte de la producción. El nivel tecnológico en estas pequeñas unidades es mucho menor, en su mayoría basado en tecnologías tradicionales o locales, o en algunos casos con uso de semillas mejoradas, fertilizantes e implementos provistos a través de agencias del gobierno o por organizaciones no gubernamentales.

Sin embargo, la gran mayoría de los cientos de millones de campesinos y pequeños agricultores en las zonas rurales carece de recursos tecnológicos modernos y practican sistemas agrícolas que incluyen rotación de cultivos, siembras intercaladas de dos especies o cultivos múltiples, y al mismo tiempo la cría de ganado vacuno, porcino u ovino. Estos sistemas integrados resultan más amigables con el ambiente, favoreciendo el reciclaje de nutrimentos, el mantenimiento de la fertilidad del suelo y el control natural de las pestes, y tienen grandes posibilidades de mejorar hacia una agricultura ecológica, la que constituye una alternativa viable para la producción alimentaria sustentable.

17.11.2. Agricultura ecológica - Agroecología

Desde hace más de 20 años se viene trabajando desde diversos frentes en los conceptos de la agricultura agroecológica como una alternativa de gran potencial para apoyar la producción sustentable de alimentos. La ciencia de la agroecología, la cual se define (Altieri, 2009) como *"la aplicación de conceptos y principios ecológicos al diseño y manejo de agroecosistemas sostenibles, proporciona un marco teórico-metodológico para tasar la complejidad de los agroecosiste-*

Fundamentos de Ecología

mas." La estrategia agroecológica se basa en el manejo eficiente de los recursos naturales, en mejorar la calidad física y biológica del suelo para producir plantas fuertes y sanas, debilitando al mismo tiempo las pestes (malezas, insectos, enfermedades y nematodos) al promover organismos benéficos, a través de la diversificación funcional del agroecosistema. La Agroecología ubica la agricultura dentro de la naturaleza y a los seres humanos dentro de los sistemas naturales, en lugar de separarlos de la naturaleza e intentar controlarla con insumos y tecnologías artificiales. Algunos ejemplos concretos de las técnicas agroecológicas y prácticas incluyen los cultivos intercalados y/o múltiples, rotación de cultivos, manejo integrado de plagas (MIP) y la cría de animales, para aprovechar los residuos orgánicos como abono (en la producción de compost) y en la generación de energía (mediante biodigestores).

El desarrollo que está teniendo la agricultura ecológica en la actualidad se basa en tres aspectos principales, que son:

- La necesidad de no continuar deteriorando los agroecosistemas y recuperarlos de los impactos negativos que han producido los métodos intensivos de producción sobre el medio ambiente.
- La inseguridad alimentaria que han generado los sistemas de producción intensivos, debido a la contaminación de los productos y la proliferación de enfermedades de los animales que afectan al hombre.
- La posibilidad que tienen estos sistemas de producción de permitir que pequeños y medianos productores y agricultores de zonas desfavorecidas tengan una renta digna, producto del valor agregado que da la producción de alimentos de calidad y de alta seguridad. También los sistemas ecológicos bien manejados fomentan la diversificación de los ingresos, la potenciación de los recursos disponible y el empleo.

Las Iniciativas que implican la aplicación de la ciencia agroecológica moderna alimentada por sistemas de conocimientos autóctonos —con la participación de miles de agricultores, organizaciones no gubernamentales y algunas instituciones gubernamentales y académicas— están demostrando la posibilidad de mejorar la seguridad alimentaria, a la vez que se conservan los recursos naturales, la agrobiodiversidad y la protección de suelos y aguas en cientos de comunidades agrícolas en varias regiones (Pretty, Morrison y Hine, 2003).

Durante siglos, la agricultura de muchos países en vias de desarrollo se basaba en la disponibilidad de tierra, agua y otros recursos locales, así como en las variedades locales y el conocimiento indígena, optimizando biológica y genéticamente las diversas granjas minifundistas con solidez y desarrollando su resiliencia. De esta manera era posible el aprovechamiento del sistema natural y la mejor salud del ecosistema, en lugar de su degradación. La permanencia de millones de hectáreas agrícolas bajo el antiguo manejo tradicional representa una estrategia agrícola autóctona exitosa y constituye un tributo a la creatividad de los agricultores tradicionales, manifestada en los campos elevados, terrazas, policultivos (con varias cosechas creciendo en el mismo campo), sistemas de agroforestería, entre otros sistemas innovadores.

Las comunidades de campesinos y pequeños agricultores pueden incorporarse en los nuevos modelos de agricultura, para iniciar una transición hacia formas de agricultura que sean más ecológicas, biodiversas, sostenibles y socialmente justas, las cuales se arraigan en la racionalidad ecológica de la agricultura local tradicional a pequeña escala. Tales sistemas han alimentado la mayor parte del mundo durante siglos y siguen alimentando a millones de personas en muchas partes del planeta. La productividad y sostenibilidad de tales agroecosistemas se puede optimizar con métodos agroecológicos y de esta manera pueden formar la base de la soberanía alimentaria, definida como el derecho de cada nación o región para mantener y desarrollar su capacidad de producir cosechas de alimentos básicos con la diversidad de los cultivos correspondientes (Altieri, 2002, Cohn *et al.*, 2006). A esto debemos añadir que el énfasis estaría sobre la conformación de sistemas alimentarios locales, (vs el sistema alimentario global), que privilegie la producción diversificada, el uso de recursos locales o regionales, el consumo local, la promoción de la culinaria de la región y la mínima incorporación de insumos externos y de productos alimenticios del sistema global.

Aunque la ciencia agrícola convencional considera que las pequeñas granjas familiares son atrasadas e improductivas, la investigación ha demostrado que las granjas pequeñas son mucho más productivas que las granjas grandes, si se considera la producción total, en vez de la producción de una sola cosecha (Altieri, 2002). Estos sistemas de agricultura diversificados, en los cuales el agricultor a pequeña escala produce granos, frutas, verduras, heno y productos para la cría de animales (cerdos, caprinos, ovinos o bovinos) en el mismo campo, generan una producción total mayor que los monocultivos como el maíz cultivado a gran escala. Una granja grande puede producir más maíz por hectárea que una pequeña en la cual el maíz se cultiva como parte de un policultivo que también incluye frijol, calabaza, papas, y heno. Pero, la productividad del policultivo en términos de productos cosechados por unidad de área, es más alta que bajo un monocultivo con el mismo nivel de manejo.

17.11.3. Agricultura orgánica

La agricultura orgánica asume algunos de los principios de la agricultura ecológica y abarca prácticas que promueven la calidad ambiental y las funciones de los ecosistemas, pero no se limita a las pequeñas explotaciones y la agricultura de subsistencia, sino que se orienta también a cualquier unidad de producción que desee mejorar el medioambiente donde se asiente. Los sistemas orgánicos se basan en enfoques holísticos del proceso productivo agrícola, hacen un uso intensivo de los conocimientos y se basan en el reemplazo de insumos sintéticos por otros más ecológicos, en lo que respecta a fertilidad del suelo y manejo de plagas. Los beneficios derivados de este tipo de agricultura son, entre otros, un menor contenido de plaguicidas en los productos alimenticios y menor contaminación por plaguicidas y nutrimentos en los cursos de agua y las aguas subterráneas.

De acuerdo con la revisión dediversos autores y organizaciones (IFOAM, 1996; Altieri & Niocholls,2000; Altieri, 2009; FAO, 2011; Wezel, 2014; Wezel 2015), los principios esenciales de la agricultura orgánica se pueden resumir de la manera siguiente:

1. Producir alimentos en suficiente cantidad y de alta calidad alimenticia.
2. Interactuar con todos los sistemas naturales de forma constructiva y promotora de vida.
3. Promover y mejorar los ciclos biológicos en el sistema productivo de la finca, involucrando microorganismos, la flora y la fauna del suelo, animales y plantas.
4. Mantener y aumentar la fertilidad de los suelos en el largo plazo.
5. Promover el uso adecuado de las aguas, las fuentes de agua y las formas de vida en ella.
6. Promover la conservación del agua y del suelo.
7. Usar, en lo posible, fuentes de energía renovables para los sistemas productivos.
8. Trabajar, en lo posible, en sistemas productivos cerrados con respecto a la materia orgánica y nutrimentos.
9. Trabajar, en lo posible, con materiales y sustancias reutilizables o reciclables en la finca o en otro lugar.
10. Criar los animales de una forma que permita un comportamiento similar al natural.
11. Minimizar o evitar todas las formas de contaminación resultantes de la actividad agrícola.
12. Mantener la diversidad genética de los sistemas agrícolas y sus alrededores, incluyendo la protección de las plantas y la vida silvestre.
13. Toda persona que trabaje o está involucrada con la producción y procesamiento de alimentos orgánicos, debe tener una cualidad de vida que cubra sus necesidades básicas, obtener una remuneración económica y una satisfacción adecuada por su trabajo, incluyendo un lugar de trabajo seguro.
14. Considerar el impacto social y ecológico de las fincas.
15. Promover una cadena de producción completamente orgánica, socialmente justa y económicamente responsable.

La gran diferencia entre la agricultura orgánica y la convencional es la manera de tratar el suelo. Para la agricultura orgánica, el suelo es un sistema biológicamente activo y su elemento más importante. Para la agricultura convencional el suelo es un mero soporte mecánico de la planta. El principio básico de la agricultura orgánica consiste en mejorar la estructura y el contenido de materia orgánica del suelo, a través del suministro de macro y micronutrientes derivados de abonos animales y vegetales (compost, cubierta vegetal, viva o muerta), leguminosas fijadoras de nitrógeno y una mayor capacidad de intercambio de cationes y retención de nutrientes. En este sentido, los servicios de soporte de los ecosistemas se ven potenciados.

El compost es un abono rico en materia orgánica y nutrimentos, que se obtiene a través de un proceso relativamente sencillo de fermentación, principalmente aeróbica, de residuos orgánicos efectuado por microorganismos, bajo condiciones controladas y aceleradas de fermentación. En el compostaje, la materia orgánica de fácil descomposición se fermenta, produciendo CO_2 y agua y desprendiendo calor. A partir de esta degradación se producen materiales húmicos muy estables que captan los minerales liberados durante el proceso de compostaje y que confiere propiedades deseables a los suelos donde son aplicados. En muchos caso se utiliza también el humus producido por el cultivo de lombrices de tierra (especialmente *Eisenia foetida*) en abonos naturales o compost de 45 días. El humus de lombriz le otorga al suelo propiedades especiales en cuanto a su estructura (lo hace más poroso) y permite el desarrollo de la biodiversidad de la microbiota que hace vida en él.

En 2011, de acuerdo con la Federación Internacional de Productores de Agricultura Orgánica y el Instituto de investigaciones de Agricultura orgánica[8] (Alemania), 37,2 millones de hectáreas de tierras agrícolas son orgánicos (en el 1999, eran 11 millones). En 10 países, más de 10% de las tierras de cultivo es orgánica y se registraron 1,8 millones de productores, cuya producción representa un mercado global de 62,8 mil millones de dólares. Ante esta realidad, la agricultura orgánica representa una vía de desarrollo rural, ardua pero atractiva, para las autoridades responsables de las políticas que desean promover la conservación y la ecoeficiencia. La agricultura orgánica puede contribuir a ampliar un mercado mundial alternativo en expansión que brinda oportunidades económicas a los pequeños productores y mejora tanto el desempeño agrícola (gracias a un mayor acceso a los alimentos y a las tecnologías pertinentes) como la calidad ambiental y la equidad social. La agricultura orgánica, al igual que la agroecológica, también es considerada una opción que puede coadyuvar a la adaptación y mitigación del cambio climático (IPCC, 2007), en tanto que promueve la conservaci{on del contenido orgánico en los suelos, ayuda al secuestro del carbono y, adicionalmente, evita la contaminación de los alimentos y de cuerpos de agua.

17.11.4. Agricultura conservacionista

El cultivo con menor grado de labranza y la agricultura de conservación (que se practican actualmente en el 5% de la tierra cultivada, esto es, en cerca de 95 millones de hectáreas) son sistemas de bajo costo que durante los últimos 25

---

[8] www.fibl.org

Fundamentos de Ecología

años se han adoptado ampliamente en América del Norte y del Sur y en la actualidad se están expandiendo en Asia meridional. En el capítulo 15 (sección 15.5.4) se trató detalladamente este tema.

17.11.5. El pago por servicios ambientales

De acuerdo con un reporte de la FAO (Lipper and Neves, 2011), el Pago por Servicios Ambientales (PSA) es uno de los muchos instrumentos diferentes que pueden complementar y estimular un entorno normativo propicio para el desarrollo agrícola sostenible. En la actualidad el papel de los programas de PSA para apoyar el desarrollo sostenible de la agricultura es muy limitado. Los autores citados consideran que un proceso impulsado por el sector público en la preparación de programas de PSA, que incluya la creación de alianzas o asociaciones con el sector privado, es clave para hacer realidad el potencial de este instrumento de política para apoyar el desarrollo agrícola sostenible. El análisis indica tres áreas importantes de la participación del sector público que podrían mejorar la capacidad de los programas de PSA para apoyar el desarrollo sostenible de la agricultura: (1) la reducción de los costos de transacción y el fomento de la replicación, (2) proporcionar un entorno normativo propicio, y (3) garantizar la equidad y la obtención de múltiples beneficios. Si bien existe un potencial considerable para los cambios en los sistemas de producción agrícola que logren generar servicios ambientales, en la mayoría de los casos, para realizar sus beneficios, los programas de PSA tendrán que ser implementados con la participación de un gran número de productores y zonas agroecológicas para realizar economías de escala en los costos de transacción y gestión de riesgos.

17.11.6. Agricultura familiar

La agricultura familiar o en pequeña escala constituye una estructura básica para el desarrollo de una agricultura sustentable. Los sistemas de producción tradicionales □ como el conuco y huerto familiar□ constituyen un ejemplo del uso racional de la del ecosistema y su biodiversidad. El concepto de la agricultura familiar puede enfocarse como una forma de vida y un valor ancestral y cultural, que tiene como principal objetivo la reproducción social de la familia en condiciones dignas, donde la gestión de la unidad productiva y las inversiones en ella realizadas es hecha por individuos que mantienen entre sí lazos de familia, la mayor parte del trabajo es aportada por los miembros de la familia, la propiedad de los medios de producción (aunque no siempre de la tierra) pertenece a la familia, y es en su interior que se realiza la transmisión de valores, prácticas y experiencias. La agricultura familiar es un sistema de producción —heterogéneo y complejo— donde: la unidad doméstica y la unidad productiva están físicamente integradas, la agricultura es la principal ocupación y fuente de ingreso del núcleo familiar, la familia aporta la fracción predominante de la fuerza de trabajo utilizada en la explotación, la producción satisface el autoconsumo y el excedente se dirige al mercado.

Esto coincide con los nuevos enfoques de innovación institucional en la ciencia y tecnología para los pequeños agricultores (Santamaría, 2004) en los cuales no se enfatiza únicamente el incremento de la productividad al menor costo, sino que se determina sobre la base de consideraciones relacionadas con la sostenibilidad, equidad, soberanía y reducción de la pobreza.

El IICA (2009) clasifica la agricultura familiar de acuerdo con estratos de tamaño y niveles de ingreso agropecuario de la producción propia, distinguiendo tres clases:

a) Agricultura familiar de subsistencia. Más orientada al autoconsumo, con acceso a recursos naturales, capital e ingresos provenientes de la producción propia, insuficientes para la reproducción de la familia y, por consiguiente, una fuerte dependencia de otras fuentes de ingreso extra prediales.

b) Agricultura familiar de transición. Mayor dependencia de la producción propia, con acceso a mejores recursos naturales y mayor capital. Sus ingresos satisfacen en mayor grado los requerimientos de la reproducción familiar, pero con restricciones para garantizar la reproducción de la unidad productiva.

c) Agricultura familiar consolidada. Tiene sustento suficiente de la producción propia, porque explota recursos de mayor potencial y accede a mercados de capital, tecnologías y productos con mejor articulación, lo cual le permite acumular excedentes para la capitalización de la unidad productiva.

En la última década, el IICA y otras organizaciones multilaterales (FIDA, CEPAL), así como diversas ONGs, han promovido la agricultura familiar como una opción social, económica y ecológicamente viable y apropiada para la agricultura latinoamericana. De la misma manera, la casi totalidad de los países han establecido programas institucionales dirigidos a fomentar y consolidar esta modalidad productiva. Por ejemplo, de un total de 5.175.489 de establecimientos agropecuarios en Brasil, según el censo de 2006, se identificaron 4.367.902 unidades de agricultura familiar, lo que representa 84,4% del total, ocupando 80,25 millones de hectáreas, equivalente a 24,3% del área total de los establecimientos agropecuarios brasileños.

La agricultura familiar establece un nexo directo con los alimentos, asegurando el mantenimiento de diversas formas de propiedad, sistemas de cultivo, paisajes, culturas y tradiciones. Si bien una crítica a las pequeñas unidades de producción consiste en su poca rentabilidad, al calcular la rentabilidad de la unidad de producción, en el transcurso del tiempo se observa que los rendimientos de los cultivos pueden inclusive variar incrementando y, por ende, la rentabilidad de la finca (Vega y Flores-Barahona, 2003).

La variedad de cultivos asociados en el tiempo y en el espacio, característica de la agricultura familiar, favorece la coexistencia e interacciones benéficas entre especies y aumenta las posibilidades de sostenibilidad de los agroecosistemas, asegurando una cobertura del suelo que evita pérdidas de agua por evaporación, lixiviación de nutrientes y erosión, una fuente permanente de alimentos, además de

Fundamentos de Ecología

proveer nuevas alternativas de ingresos. Aunque el desarrollo de la agricultura familiar es básico para alimentar la creciente población de los países en desarrollo, no es posible ignorar la capacidad de producción de alimentos de la agricultura a mayor escala. Sin embargo, las tendencias hacia la modernización y diversificación de la agricultura en América latina no toman en cuenta el papel clave que tiene la agricultura familiar en la producción alimentaria del continente.

A pesar de la reducida disponibilidad de activos y de los relativos bajos niveles de productividad (Schejtman, 2008), la agricultura familiar es un importante proveedor de muchos de los alimentos básicos de consumo popular. En el caso de Brasil, produce 67% del frijol, 84% de la yuca, 49% del maíz y 52% de la leche. En Colombia, cubre más del 30% de la producción de cultivos anuales. En Ecuador 64% de las papas, 85% de las cebollas, 70% del maíz, 85% del maíz suave y 83% de la producción de carne de ovino. En Bolivia, 70% del maíz y del arroz y la casi totalidad de las papas y la yuca. En Chile, 45 % de las hortalizas de consumo interno, 43 % del maíz, trigo y arroz y 40% de la carne y leche, por citar algunos ejemplos.

Cambio climático

Capítulo 18

18.1. Contexto introductorio

Tal y como se ha mencionado reiteradamente en este libro, los ecosistemas constituyen entidades complejas, en las que las interacciones y condicionamientos entre factores bióticos y abióticos determinan la emergencia de fenómenos y estados estacionarios, cuya permanencia depende de los contextos e intensidades de dichas interacciones. Tal es el caso del cambio climático, fenómeno altamente variable e influenciado por multitud de factores, y a la vez impulsor de otros procesos y fenómenos en todas las escalas.

La comprensión precisa del concepto y los procesos relacionados con el cambio climático requiere del conocimiento de los ciclos biogeoquímicos de la biósfera, tratados en el capítulo 6. En términos sencillos, el cambio climático que nos afecta en la actualidad es simplemente la consecuencia de la alteración de dichos ciclos y sus efectos en el funcionamiento y procesos de la multitud de ecosistemas que se integran para conformar la biósfera. Recordemos que los ciclos biogeoquímicos son procesos complejos y caóticos, los cuales, por la propiedad de los sistemas complejos adaptativos, tienden a un estado de orden o equilibrio estacionario en el espacio y en el tiempo. Ello ocurre siempre y cuando la magnitud y fluctuaciones de la multitud de variables que determinan los cambios se mantengan en rangos dentro de los cuales la capacidad amortiguadora del sistema pueda regular tales variaciones, sin que ocurran cambios en el funcionamiento y procesos de los ciclos del carbono, nitrógeno, oxígeno y agua, principalmente.

En el capítulo 8 nos referimos al clima y a los factores ecológicos que lo determinan, destacando que los mismos actúan conjuntamente, como una totalidad, en la que sus interacciones —global, regional y localmente— son los que provocan las condiciones del 'tiempo meteorológico', esto es, la emergencia resultante de tales interacciones.

Señalábamos que el clima, de acuerdo con el IPCC (2007), se define como:

"...el 'tiempo promedio', o más rigurosamente, la descripción estadística en términos del promedio y la variabilidad de las magnitudes correspondientes durante un período de meses a miles o millones de años. El período clásico es de 30 años, según lo definido por la Organización Meteorológica Mundial (OMM). Estas cantidades son a menudo variables de superficie, tales como temperatura, precipitación y viento. El clima en un sentido más amplio es el estado, incluyendo una descripción estadística, del sistema climático."

El fenómeno del cambio climático se refleja precisamente en las variaciones y tendencias de los elementos o factores que lo determinan, a lo largo de períodos largos (30 años o más), modificando el estado de equilibrio inicial, y creando condiciones para que el funcionamiento de los ciclos se altere, al punto de modificar las condiciones de equilibrio que normalmente caracterizan el sistema climático.

A pesar de que el fenómeno del cambio climático es un hecho real, ampliamente discutido y comprobado por innumerables científicos y tecnólogos de las más variadas disciplinas, el hecho de no ser perceptible en el corto plazo y no afectar la inmediatez de la gran mayoría, aunado al desconocimiento generalizado de la sociedad acerca del sistema climático y su papel preponderante en la biósfera del planeta, ha conducido a que un porcentaje significativo de la población mundial no crea que tal fenómeno está sucediendo. Más aún, algunos lo consideran inexistente, argumentando que las variaciones que ocurren a lo largo del tiempo en las condiciones climáticas son procesos naturales que han ocurrido durante cientos de miles de años. Peor aún, ciertos grupos de la sociedad lo niegan rotundamente, considerándolo un engaño por parte de algunos sectores científicos y académicos con el objeto de justificar proyectos de investigación que de otra manera no tendrían asidero empírico. A esto se agrega el cabildeo realizado por numerosas empresas multinacionales relacionadas con la energía fósil, las cuales ven amenazadas sus ganancias ante los argumentos y directrices que ofrecen los defensores del cambio climático — en relación con la imperiosa necesidad de implantar la generación de energías renovables — como única opción para reducir el incremento de las temperaturas en el globo, la acidificación de los océanos, el derretimiento de los casquetes polares y la nefastas consecuencias que estos procesos tendrían sobre la biodiversidad y la vida misma en el planeta.

En este capítulo se tratarán diversos temas relacionados con el sistema climático y los cambios, algunas veces abruptos, que están teniendo lugar en la biósfera. De manera especial se describirá sucintamente un panorama general del proceso, los conceptos científicos que subyacen desde los puntos de vista meteorológico, ecológico y ecosistémico, las visiones y controversias alrededor del fenómeno, sus relaciones con los sectores energía, biodiversidad, aguan, agricultura, bosques y océanos. Al final se tratan los aspectos de adaptación y mitigación del proceso, así como las implicaciones sociales y económicas de las políticas relacionadas con el cambio climático.

18.1.1. La ciencia y la tecnología del cambio climático

Los avances de la ciencia nos han permitido conocer con gran detalle, en la mayoría de los casos, todos los factores

Fundamentos de Ecología

ecológicos naturales, incluyendo la génesis, rasgos característicos y procesos dinámicos que determinan el cambio climático. Algunos de los procesos determinantes explicados por la ciencia incluyen:

- Los fenómenos de la órbita terrestre y sus oscilaciones cíclicas, incluyendo la excentricidad, precesión e inclinación del eje de rotación (ciclos de Milankovitch),
- La radiación solar y sus fluctuaciones debidas a latitud, altitud y condiciones de la atmósfera (transparencia o turbidez), así como de la aparición periódica de las manchas solares cada 11 años.
- Los gradientes de temperatura y el ciclo del H2O a través del océano, atmósfera y ecosistemas terrestres.
- La configuración y características de las masas continentales y su dinámica (tectónica de placas y vulcanismo).
- Los flujos de energía y reciclaje de materia que mantiene en funcionamiento la vida en los ecosistemas (cadenas tróficas e interacciones intra e interespecíficas).
- La actividad antropogénica, cuya intensidad se ha magnificado en los últimos 60 años, siendo responsable de:
  o Las alteraciones de los ciclos naturales de energía, debido a uso desmedido de energía fósil y la consecuente emisión de gases de efecto invernadero,
  o La implantación de agroecosistemas (agricultura),
  o La transformación de materiales y recursos, que luego se convierten en residuos contaminantes y polución ambiental,
  o La transformación y fragmentación de hábitats, y
  o El continuo crecimiento de los centros urbanos.
- El ciclo del biogeoquímico del carbono ha sido lo suficientemente estudiado, determinándose la dinámica, el balance y los sumideros que funcionan en su tránsito permanente a través de la biosfera. Como componente esencial de las moléculas orgánicas y de la vida, el carbono determina el funcionamiento del resto de los ciclos biogeoquímicos, especialmente el nitrógeno, y se acumula en el suelo (como materia orgánica), en la biomasa (especialmente los bosques) y el los océanos (tanto por la fotosíntesis como en los depósitos sedimentarios en el fondo).
- El efecto invernadero, fenómeno que hace posible la existencia de una atmósfera con una temperatura adecuada para la vida, está sufriendo graves alteraciones causadas por la creciente emisión de CO_2 y otros gases desde hace 200 años, modificando la composición de la atmósfera y al mismo tiempo atrapando la radiación infrarroja y provocando el incremento progresivo de la temperatura atmosférica. El resultado final es lo que conocemos como cambio climático.

Todos estos aspectos han sido estudiados y analizados en sus diferentes escalas espacio-temporales, utilizando la información científica disponible y sofisticados modelos de computación, cuya interpretación permite integrar conocimientos y tendencias para simular la realidad y poder hacer previsiones, proyecciones (que no predicciones) prospectivas y retrospectivas, relacionadas con el sistema climático, con un alto grado de precisión y exactitud.

Aun cuando las técnicas y métodos de modelaje a través de la simulación y la construcción de escenarios demuestran ser útiles en el estudio del clima, cada uno es elaborado bajo premisas y con objetivos particulares, lo que dificulta la integración y explicación de los complejos procesos y variables que determinan el clima. Empero, los avances computacionales y el manejo integral de grandes cantidades de datos están logrando una integración y conciliación cada vez mayor entre las diversas metodologías e instituciones que se dedican al modelaje y la proyección del clima.

Al mismo tiempo, los avances de la Ecología y sus numerosas disciplinas, han caracterizado los componentes bióticos, abióticos y sus interacciones que conforman el ecosistema, así como las variaciones o cambios que ocurren en el tiempo y en el espacio, como se ha descrito en varios capítulos precedentes. Por ejemplo, las variaciones en las densidades de población, en los hábitats, las migraciones, e incluso las extinciones de las especies que componen la biodiversidad, constituyen elementos de análisis que se incorporan a los modelos de predicción del sistema climático, permitiendo llegar a conclusiones cada vez más precisas acerca del estado de salud o deterioro de los ecosistemas y ecorregiones, producto de las fluctuaciones del clima.

Sobre esta base, se ha establecido el consenso científico alrededor de un modelo conceptual que vincula los procesos del cambio climático con las actividades humanas, las características cambiantes del clima y las amenazas de desastres que afectan el modo de vida de la población del planeta. Dicho modelo está esquematizado en la Figura 18.1, y mismo se utilizará como referencia en el tratamiento de los tópicos desarrollados en este capítulo.

18.1.2. Implicaciones para la Ecología humana y social

Pero por encima de todo esto, están los efectos producidos por la inmensa población de seres humanos (~7.400 millones al 31/10/2016) que utilizan los recursos naturales bióticos y abióticos que proveen los ecosistemas. Al utilizarlos, modifican y alteran sus procesos, incluso hasta llegar a su completa degradación o agotamiento, acelerando los cambios naturales en los ciclos biogeoquímicos de los ecosistemas. Este efecto antropogénico es el que ha determinado en gran medida los desencadenantes de los cambios en el sistema climático global. Sin embargo, los seres humanos, en la generalidad de los casos —incluyendo los políticos y economistas, e incluso algunos científicos, interesados en el tema—, no son capaces de internalizar fácil y rápidamente el grave problema que implica su estilo de vida y sus acciones para los ecosistemas y consecuentemente, para el cambio climático.

El Programa Internacional de la Dimensión Humana-Cambio Ambiental Global Internacional (IHDP-GEC, por sus siglas en inglés) reconoce cinco características de orden

Fundamentos de Ecología

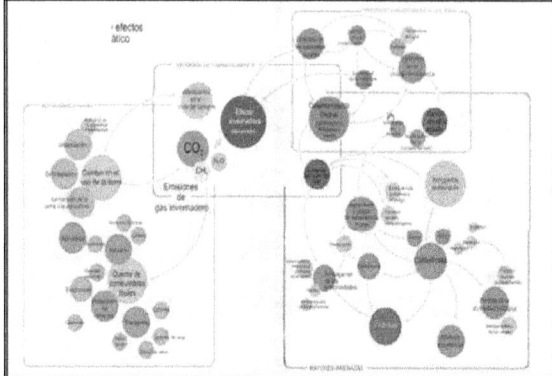

Figura 18.1. Modelo conceptual y analítico del proceso de cambio climático. Fuente: UNEP (2009a).

psicológico que complican el fenómeno de la percepción y actitudes hacia el cambio climático (IHDP-GEC, 2004):

- La baja visibilidad del cambio global.
- La extrema dilación en evidenciarse la relación causa-efecto.
- La psicofísica de los eventos de baja probabilidad.
- La distancia social entre actores y víctimas del cambio ambiental.
- El bajo índice subjetivo de costo/efectividad de la conducta protectora del ambiente.

De la revisión de los diversos autores que han abordado la dimensión psicosocial del cambio climático, se desprende que nuestro comportamiento frente al cambio climático se basa en la forma cómo percibimos el fenómeno y las teorías y predicciones acerca de la realidad. La percepción representa el proceso psicológico por el que la gente reúne información del medio y la da sentido a su mundo, un aspecto de la individualidad del ser humano, de por sí complejo y cambiante, pero que desde el punto de vista de la Ecología humana tiene grandes implicaciones en las estrategias y acciones que se plantean ante el problema del cambio climático. En algunas sociedades del primer mundo se ha desarrollado progresivamente un cierto nivel de conciencia del problema global del cambio climático, aun cuando el nivel de comprensión científica es escaso. En la mayor parte del mundo, sin embargo, el nivel de conciencia acerca del tema es mucho menor.

18.1.3. La percepción y conciencia acerca del cambio climático

En relación con la comprensión del público acerca de la ciencia relacionada con el cambio climático, Whitmarsh (2009) señala la creciente conciencia acerca del cambio climático y el efecto invernadero, a un grado tal que sólo 1% del público desconoce estos términos o no ha oído hablar de ellos. Similarmente, parece existir conciencia de las causas antropogénicas y su impacto sobre el clima, siendo capaces de identificar espontáneamente factores tales como la destrucción de los bosques y las emisiones de carbono por el transporte y las plantas generadoras de electricidad como contribuyentes del cambio climático. Sin embargo, existen diferencias cualitativas y cuantitativas en la percepción de los conceptos 'cambio climático' y 'calentamiento global', destacando una mayor preocupación por el calentamiento global, aun cuando existen concepciones erradas acerca del mismo. Por ejemplo, la destrucción de los bosques se asocia más con la provisión de oxígeno que con las emisiones de CO_2.

El impacto del problema del cambio climático es percibido mayormente en el ámbito global, en comparación con los impactos en el nivel local o individual. Ello puede explicarse por el uso indiscriminado e inconsistente de ambos términos como sinónimos en la divulgación científica que realiza la prensa en general (periódicos, radio y TV), así como por la divulgación de visiones y opiniones, algunas veces sesgadas, orientadas a enmarcar el problema en función de intereses particulares. Al respecto, Hansen et al. (2012) consideran que, ante las evidentes variaciones de la temperatura que experimentan comunidades e individuos y que dejan evidencias tangibles —como las muertes ocurridas por las intensas olas de calor o de frío ocurridas en los últimos cinco años—, es sólo recientemente que hay un creciente interés y preocupación ciudadana por los impactos del cambio climático. De allí la importancia de reorientar y enmarcar el tratamiento que se le da a este problema en los medios masivos, de manera de desarrollar una percepción adecuada y suficientemente informada acerca de lo trascendental de las consecuencias del cambio climático.

Fundamentos de Ecología

En los años recientes, se ha desarrollado una explicación convencional para la controversia sobre el cambio climático, que pone de relieve los obstáculos a la comprensión del público: un conocimiento limitado de la ciencia popularizada a través de los medios, la incapacidad de los ciudadanos comunes para evaluar la información técnica, y el uso generalizado de la heurística cognitiva resultante, no confiable para evaluar el riesgo. Un amplio estudio de los adultos estadounidenses (n=1.540), realizado por Kahan et al. (2011), encontró poco apoyo para esta explicación. En general, la mayoría de los sujetos más educados, aritmética y científicamente, eran menos probables de ver el cambio climático como una amenaza, en comparación con los menos educados. Más importante aún, una mayor cultura científica y matemática se asoció con una mayor polarización cultural: los encuestados predispuestos por sus valores a desestimar la evidencia del cambio climático fueron más despectivos, y aquellos predispuestos por sus valores a dar crédito a la evidencia se mostraron más interesados, en la medida que aumentó la alfabetización de la ciencia y las matemáticas. Los autores sugieren que esta prueba refleja un conflicto entre dos niveles de racionalidad: el nivel individual, que se caracteriza por el uso eficaz de los ciudadanos de sus conocimientos y capacidades de razonamiento para formar una percepción de riesgo que expresan sus compromisos culturales; y el nivel colectivo, que se caracteriza por la insuficiencia de los ciudadanos a converger en la mejor evidencia científica disponible sobre la manera de promover su bienestar común. Acabar con esta "tragedia de los comunes" en la percepción del riesgo, debe entenderse como el objetivo central de la ciencia de la comunicación y la divulgación científica.

18.1.4. La agenda política alrededor del cambio climático

La relevancia e impacto del cambio climático ha generado igualmente una agenda política en todos los ámbitos (regional, nacional y global), con activa participación de los organismos multilaterales y no gubernamentales, además de los gobiernos nacionales. Dicha agenda, a menudo heterogénea, incluye tanto las visiones y opiniones basadas en el consenso científico actual (el cual analizaremos más adelante), como la de los escépticos que, por diversas causas, cuestionan tal consenso y consideran que el cambio climático no existe ni representa una amenaza para la humanidad.

Dentro del conjunto de organismos multilaterales, no gubernamentales y gobiernos nacionales se discute intensamente y se intenta conciliar las opiniones y hallazgos científicos y técnicos con las realidades ecológicas, económicas, sociales y políticas imperantes en cada nación y/o región, emergiendo una política del cambio climático que hasta la fecha, y desde hace 20 años, no termina de definirse, mucho menos aplicarse. Diversos acuerdos multilaterales se han establecido, como la Convención Marco sobre el Cambio Climático de las Naciones Unidas – CMUNCC (UNFCC,

por sus siglas en inglés). Dentro de esta Convención, por ejemplo, se oficializó en 1997 el Protocolo de Kioto y, posteriormente, los Mecanismos de Desarrollo Limpio (CDM) y el Programa REDD+, los cuales han recibido críticas sustantivas de los diferentes sectores involucrados. De allí la importancia de revisar y sopesar los procesos y resultados de tales esfuerzos de negociación, así como la relevancia de las propuestas y acuerdos logrados, así como la trascendencia de los mismos, en cuento a su operatividad, equidad y justicia social. Diversas conferencias sobre el tema (Estocolmo, Cancún, Durban, Lima, entre las más recientes) no lograron ponerse de acuerdo en relación con una política global y los compromisos de los diversos países, con el fin de enfrentar el problema del cambio climático creciente. Apenas en diciembre de 2015, en la Cumbre climática de París, la Conferencia de las Partes # 21 del UNFCC, logró el consenso necesario para la firma del Acuerdo de París,

A continuación se trata el cambio climático desde los más diversos puntos de vista, incluyendo su génesis, factores determinantes y características del proceso, así como la base científica generada por el Panel Internacional del Cambio Climático (IPCC, por sus siglas en ingles). Se identifican los mitos (argumentos infundados y negación de la evidencia científica) y realidades que han surgido sobre el tema en la comunicación y tratamiento en los medios de comunicación masiva (periódicos, TV, radio, internet). De la misma manera, se analiza el impacto del cambio climático en los principales tópicos relacionados con los recursos naturales y los ecosistemas, así como los efectos que puedan tener el manejo de los mismos en el proceso e intensidad del cambio climático.

18.2. Panorama general del cambio climático

18.2.1. La génesis del cambio climático

La ciencia ha demostrado que el cambio climático se origina debido a una alteración en el funcionamiento del efecto invernadero que ocurre naturalmente en el planeta, resultado del aumento de las concentraciones de la cantidad y variedad de algunos de los gases que componen la atmósfera. Como lo señalamos en el capítulo 8, la atmósfera es una mezcla de varios gases y aerosoles (partículas sólidas y líquidas en suspensión). Su composición es sorprendentemente homogénea, resultado de procesos de mezcla que en ella ocurren. 50% de la masa de la atmósfera está concentrado por debajo de los 5 kilómetros sobre el nivel del mar y donde predominan dos gases: el nitrógeno (78%) y el oxígeno (21%). De manera natural, la atmósfera contiene pequeñas cantidades de otros gases, entre los que se encuentran el argón, el helio, y algunos gases de efecto invernadero, como el bióxido de carbono (0.035%), metano (0,00015%), óxido nitroso (0,0000016%) y vapor de agua (0,7%). Las altera-

---

[1] **La tragedia de los comunes** (en inglés *Tragedy of the commons*) es un dilema metafórico descrito por Garrett Hardin en 1968, y publicado en la revista Science (v. 162:1243-1248) que describe una situación en la cual varios individuos, motivados sólo por el interés personal y actuando independiente pero racionalmente, terminan por destruir un recurso compartido limitado (el común) aunque a

Fundamentos de Ecología

ciones provocadas por el intenso crecimiento industrial, el cambio de uso de la tierra, la contaminación y la inacción político-económica hasta ahora evidente, exacerban la magnitud del cambio experimentado en el efecto invernadero.

18.2.2. La influencia antropogénica

Una gran cantidad de gases se emiten continuamente a la atmósfera, derivados de la actividad humana, cambiando progresivamente la composición de la misma. Como ejemplo se puede mencionar que la concentración de varios de los gases de efecto invernadero ha aumentado (UNEP, 2009a). En los últimos doscientos años, la cantidad de CO_2 aumentó de 280 a 400 mg/m3 (o ppm, partes por millón) según las últimas evaluaciones; la de CH_4, de 0,7 a 1,75 mg/m3; y la de N_2O, de 0,27 a 0,316 mg/m3. Esto significa que, en volumen, ahora el CO_2 es 0,046% de la atmósfera en lugar de 0,035%; el CH_4 ahora es 0,00037% en lugar de 0,00015%, y el N_2O es 0,00000187% en vez de 0,0000016%. Aunque estas concentraciones son muy pequeñas, el cambio en ellas realmente está afectado al planeta. A los fines de un mejor entendimiento del cambio climático, es necesario analizar y comprender los conceptos de efecto invernadero y gases de efecto invernadero (GEI).

18.2.3. El efecto invernadero

El efecto invernadero es un fenómeno atmosférico natural mediante el cual se mantiene la temperatura del planeta dentro de un rango específico que permite el desarrollo de la vida, al retener parte de la energía proveniente del Sol. Como hemos señalado antes, la Tierra recibe de forma permanente un flujo energía en la forma de rayos solares; una parte de esos rayos son reflejados al espacio por las nubes, pero la mayor parte de estas ondas luminosas alcanzan la superficie terrestre. La energía recibida del Sol calienta la superficie de la Tierra y los océanos. A su vez, la superficie de la Tierra emite su energía de vuelta hacia la atmósfera y hacia el espacio exterior en forma de ondas térmicas conocidas como radiación de onda larga (radiación infrarroja).

Sin embargo, no toda la energía liberada por la Tierra es devuelta al espacio; parte de ella queda atrapada en la atmósfera, debido a la existencia de ciertos gases, denominados gases de efecto invernadero (GEI), que tienen la propiedad de absorber y re-emitir la radiación proveniente de la superficie de la Tierra. Los GEI atrapan el calor emitido por la Tierra y lo mantienen dentro de la atmósfera, actuando a modo de un "gigantesco invernadero". A este fenómeno se le conoce como efecto Invernadero (Figura 18.2). Debe acotarse que sin los GEI la Tierra sería demasiado fría para albergar la vida.

Como puede observarse en la Figura 18.2, no todo el calor que es absorbido por el efecto invernadero se mantiene en la atmósfera, sino que una parte regresa al espacio exterior. El clima terrestre depende, precisamente, del balance energético entre la radiación solar y la radiación emitida por la Tierra. Los gases de efecto invernadero son, como ya se ha reiterado, claves en este proceso.

La intensidad del efecto invernadero depende, en gran medida, de las características de la atmósfera que permite y/o impide el paso de la energía radiante y por las formas en las que se presenta la energía. El efecto invernadero se da en cualquier planeta o satélite natural que tenga atmósfera. Si la Tierra no tuviera atmósfera, sería 33°C más fría, o sea, un planeta helado.

Analógicamente, en un invernadero se tiene una superficie envolvente transparente que permite el paso de la radiación solar, pero que impide el calor producido por esa radiación salga rápidamente del interior. Esto da lugar a que se acumule el calor y que suba la temperatura del espacio

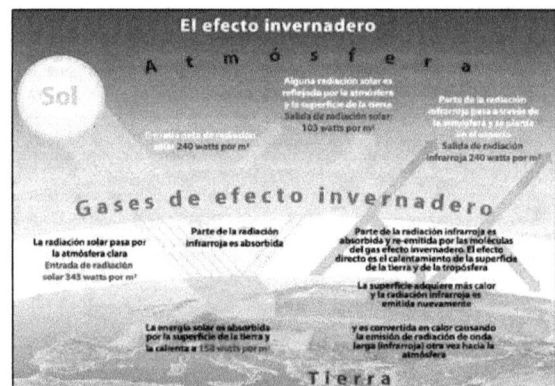

Figura 18.2. Representación esquemática del efecto invernadero. Fuente: UNEP (2009a).

Fundamentos de Ecología

interior. Para efectos de entender este fenómeno en nuestro planeta, esa superficie es, precisamente, la atmósfera. En ella, los rayos provenientes del sol son absorbidos por las diferentes partes del sistema climático: la propia atmósfera, los océanos, las zonas glaciares, los suelos y varias formas de vida. También, a través de la atmósfera, un porcentaje del calor absorbido es reflejado de regreso al espacio exterior.

El clima terrestre depende, precisamente, del balance energético entre la radiación solar recibida y la radiación térmica emitida por la Tierra. Las manifestaciones del flujo de energía en la atmósfera son las manifestaciones del clima: temperatura, lluvias, tormentas y vientos.

18.3. Los gases de efecto invernadero

De acuerdo con la Convención Marco de las Naciones Unidas sobre el Cambio Climático (CMNUCC), se entiende por gases de efecto invernadero "aquellos componentes gaseosos de la atmósfera, tanto naturales como antropogénicos (de origen humano), que absorben y re-emiten radiación infrarroja" (Artículo 1 de la CMNUCC, 1992).

Debido a que los GEI tienen la capacidad de retener el calor emitido por la superficie terrestre, actúan a manera de un gigantesco invernadero que mantiene y regula la temperatura en la Tierra. Aunque solo representan 1% de la composición atmosférica, cumplen funciones primordiales, ya que sin su existencia la Tierra sería demasiado fría para albergar la vida.

Los gases de efecto invernadero son:

- Vapor de agua (H_2O)
- Bióxido de carbono (CO_2)
- Metano (CH_4)
- Óxido nitroso (N_2O)
- Ozono (O_3)

Por su parte, los GEI generados por las actividades humanas son, además de los mencionados:

- Perfluorometano (CF_4) y perfluoroetano (C_2F_6)
- Hidrofluorocarbonos (HFC-23, HFCS-134a, HFC-152a)

- Hexafluoruro de azufre (SF_6)

Existen otros gases que, además de destruir la capa de ozono, también tienen la capacidad de retener el calor emitido por la Tierra. Tales gases son:

- Clorofluorocarbonos (CFC-11, CFC-12, CFC-113, CFC-114, etc.)
- Halones (Halon-1211, Halon-1301, Halon-2402, Halon-1202)
- Clorocarbonos: bromuro de metilo (CH3Br), tetracloruro de carbono (CCl4) metil cloroformo (CH3CCl3)
- Hidroclorofluorocarbonos (HCFC-22, HCFC-141b)

Estos gases tienen diferentes potenciales de retención de calor; es decir, algunos tienen una mayor capacidad que otros para detener la radiación de onda larga emitida por la Tierra. A dicha capacidad se le ha llamado potencial de calentamiento global. El potencial de calentamiento global de un GEI depende de su estructura molecular y de su tiempo de residencia en la atmósfera, antes de ser transformado en otro compuesto.

Los científicos han identificado el potencial de calentamiento global que tienen diversos gases, o la medida en que éstos tienen impactos en el efecto invernadero que provoca el cambio climático. Para establecer este potencial, se utiliza como referencia para el análisis el CO_2, el gas predominante en el efecto invernadero.

En este contexto, el potencial de calentamiento global considera el tiempo de vida en la atmósfera de los gases que se estudian, contemplando un horizonte de tiempo de 20, 100 y 500 años, en función de los efectos directos o indirectos que pudiese tener un gas determinado en el calentamiento global de la atmósfera. El carácter directo o indirecto de un gas de efecto invernadero se da por el hecho de que influya directamente en ocasionar el fenómeno o porque afecta el tiempo que otros gases permanecen en la atmósfera. El Cuadro 18.1 muestra los gases de efecto invernadero que han sido mejor identificados como causantes del fenómeno, sus potenciales de calentamiento global en 20, 100 y 500 años y su tiempo de vida en la atmósfera.

Cuadro 18.1. Potenciales de calentamiento global (en una base másica) en relación con el bióxido de carbono para algunos gases cuyas vidas medias han sido bien caracterizadas

Gas	Vida Media (Años)	Potencial de Calentamiento Global Horizonte Temporal		
		20 Años	100 Años	500 Años
Bióxido de carbono CO_2		1	1	1
Metano CH_4	12	72	25	7,6
Oxido Nitroso N_2O	114	289	298	153
CFC-12 CCl2F2	100	11,02	10,9	5,2
HCFC-22 CHClF2	12	5,160	1,810	549

Fuente: IPCC (2007).

Fundamentos de Ecología

También existen los GEI indirectos, porque tienen la capacidad de influir en la concentración atmosférica de otros gases de efecto invernadero. Estos gases son:
- Óxidos de nitrógeno (NOx). Este es un gas que es producto, principalmente, de la combustión.
- Monóxido de carbono (CO). Este es un gas que es producto, en su mayor proporción, de la combustión.
- Bióxido de azufre. Este es un gas que es producto, principalmente, de la combustión de combustibles con alto contenido de azufre.
- Compuestos orgánicos volátiles no metánicos (COVNM).

Todos estos gases, aunque sólo representan 1% de la composición atmosférica, cumplen funciones primordiales, ya que sin su existencia la Tierra sería demasiado fría para albergar la vida.

18.4. La importancia del bióxido de carbono

Aunque el CO_2 apenas representa una pequeña fracción del volumen de la atmósfera (0,0035%), es el gas más importante dentro de los GEI. El CO_2 es una de las varias formas que adquiere el carbono en el ciclo que tiene lugar continuamente en la biósfera (ciclo del carbono) y tiene que ver con los procesos de la vida en el planeta, ya que éste es permanentemente asimilado y liberado por los seres vivos (Ver capítulo 6). El problema es que la actividad humana ha alterado el ciclo del carbono al reducir la capacidad de absorción de carbono (al eliminar los bosques) y al liberar a la atmósfera una gran cantidad de carbono acumulado por miles de años en los yacimientos de hidrocarburos.

El carbono existe generalmente combinado con otros elementos y puede ubicarse en estado sólido, líquido y gaseoso. Es un elemento que se combina preferentemente con el oxígeno, el nitrógeno, el azufre, el fósforo y el hidrógeno y forma parte todos los compuestos orgánicos. Un ejemplo de esto son los hidrocarburos, un conjunto de compuestos orgánicos que contienen principalmente carbono e hidrógeno. Son los compuestos orgánicos más simples y son considerados como las substancias principales de las que se derivan todos los demás compuestos orgánicos. Los hidrocarburos más simples son gaseosos a la temperatura ambiente, pero a medida que aumenta su peso molecular se vuelven líquidos y finalmente sólidos. Sus tres estados físicos están representados por el gas natural, el petróleo crudo y el asfalto.

Al quemar carbón, leña o combustibles, una parte del carbono contenido en ellos reacciona y forma bióxido de carbono, que se libera a la atmósfera, donde permanece hasta ser asimilado de nuevo por medio de la fotosíntesis o absorbido por los ecosistemas acuáticos y terrestres. Es decir, el carbono se encuentra en circulación constante a través de la biósfera. Sin embargo, las crecientes emisiones a lo largo de los últimos 50 años han producido un desbalance en dicha circulación, y aunque la biomasa y el océano absorben buena parte del exceso, su acumulación en la atmósfera ha crecido sustancialmente, hasta los niveles superiores a 400 ppm en la actualidad.

18.5. Las emisiones de gases de efecto invernadero

Como se evidenciará más adelante, la actividad humana ha alterado el volumen y la proporción de los gases de efecto invernadero en la atmósfera. En particular, el volumen de estos gases ha ido aumentando cada vez de manera más acelerada y, consecuentemente, sus efectos. Esta situación no responde únicamente a procesos naturales, sino más bien a formas de organización social y productiva de la sociedad humana. Estos aumentos han ocasionado que un fenómeno benéfico para la vida –como lo es el efecto invernadero–, se torne en un tema de preocupación para los científicos, los políticos y para la sociedad que se encuentra expuesta a las consecuencias de un cambio global en el clima.

Debido a la relación entre los gases de efecto invernadero y el cambio climático, es importante identificar los sectores emisores de dichos gases y las cantidades que liberan. Lo anterior permite conocer los sectores con mayor influencia en la emisión de gases de efecto invernadero, y teóricamente, sirve de base para el diseño de políticas y acciones de captura o reducción de emisiones.

Estudios desarrollados por investigadores alrededor del mundo permiten identificar las fuentes de origen humano de los gases de efecto invernadero. Las fuentes de CO2 y N son:
- El uso industrial y doméstico de combustibles que contienen carbono (petróleo, carbón, gas natural y leña),
- La deforestación que provoca la descomposición de la materia orgánica, y
- La quema de la biomasa vegetal.

En el caso del metano los emisores principales son la agricultura, el uso de gas natural, los rellenos sanitarios, el aumento del rebaño ganadero, la quema de la biomasa vegetal y, más recientemente, el fracking para la extracción de petróleo y gas. Sin embargo, el uso indiscriminado e ineficiente de los combustibles es el principal generador de la tendencia incremental en las emisiones de gases de efecto invernadero. Unas tres cuartas partes de las emisiones antropogénicas de CO_2 en la atmósfera durante los últimos 70 años se deben a la quema de combustibles de origen fósil. El resto se debe principalmente a cambios en el uso de la tierra, especialmente la deforestación.

Las emisiones de gases de efecto invernadero se discriminan en seis categorías, contempladas por el Protocolo de Kioto:
- Energía (Consumo de combustibles fósiles y emisiones fugitivas de metano)
- Procesos Industriales (generación de energía eléctrica, procesamiento y manufactura de productos agroindustriales y de consumo)
- Solventes
- Agricultura
- Uso de suelo, cambio de uso del suelo y silvicultura
- Desechos y otros contaminantes.

Fundamentos de Ecología

18.6. El aumento en las concentraciones de los gases de efecto invernadero en la atmósfera

Las investigaciones sobre las concentraciones de gases en la atmósfera han revelado que las cantidades de los gases precursores del efecto invernadero, especialmente el bióxido de carbono, han aumentado sensiblemente (Figura 18.3).

El uso masivo de combustibles fósiles y la intensidad de los procesos industriales han ocasionado, tan sólo durante el siglo XX, mayores concentraciones de gases efecto invernadero en la atmósfera, aunado a la quema de grandes porciones de bosques y vegetación para ampliar las tierras de cultivo. Las actividades humanas resultan en emisiones de cuatro de los principales gases de efecto invernadero: CO_2, CH_4, N_2O y los halocarburos:

1. El CO_2 ha aumentado globalmente alrededor de 100 ppm (partes por millón) en los últimos 250 años, de un rango de 275 a 285 ppm en la era pre-industrial (1000-1750 d.C.) a 379 en el 2005 y ~400 en la actualidad. Durante la primera emana de mayo de 2013, en todos los periódicos del mundo, las secciones de noticias científicas reseñaban que se está llegando a una concentración de 400 ppm de CO_2 en la atmósfera.

El CO_2 ha aumentado por los combustibles fósiles usados en la generación de electricidad, calefacción y aires acondicionados para viviendas y además por los procesos industriales, incluida la producción de cemento y otros bienes. Asimismo, la deforestación libera CO_2 y reduce su absorción por las plantas. Las estimaciones más recientes muestran que las emisiones mundiales de CO_2 alcanzaron 30.600 millones de toneladas en 2010 (AIE, 2011). En la Figura 18.4 se observa la tendencia en las emisiones desde 1992 hasta 2008, donde destaca que el aumento global durante este período fue de 36%, y que el mayor incremento ha tenido lugar en los países en desarrollo.

Hay considerables diferencias entre regiones y países: 80% de emisiones de CO_2 en el mundo se genera en 19 países, principalmente aquellos con altos niveles de desarrollo económico y en los países emergentes (china, India, Brasil, Rusia, África del Sur). En 2004, estos sectores representan más de 60% de la emisión total de CO_2 globalmente, mientras que la agricultura representa 18% de las emisiones totales (PNUMA, 2011).

2. El CH_4 se ha incrementado como resultado de actividades humanas relacionadas con la agricultura y la ganadería, el gas natural y los basureros. También es liberado por procesos naturales que ocurren, por ejemplo, en los pantanos. La cantidad de metano en la atmósfera se ha más que duplicado en los últimos 250 años. Ha sido responsable de aproximadamente una quinta parte del calentamiento global. Sin embargo, el aumento constante de las emisiones se detuvo en la década de 1990. Las emisiones se mantuvieron estables durante casi una década hasta 2007, pero luego se reanudó bruscamente su ascenso. Ello, probablemente debido a la fracturación de esquistos o fracking para la extracción de petróleo-gas y a la intensificación de la agricultura y la ganadería. La abundancia de metano en la atmósfera de la Tierra varía de bajas cantidades durante la época glacial (400 ppm) a altas cantidades durante las épocas interglaciares (700 ppm).

3. Aunque los procesos naturales en la tierra y océanos liberan N2O, las actividades humanas tales como el uso de fertilizantes químicos y la quema de combustibles fósiles, las industrias química, siderúrgica, petroquímica, aluminio y cemento, junto con la producción agropecuaria, generan altas cantidades de compuestos nitrogenados.

4. Las concentraciones de halocarbonos se han incrementado principalmente por las actividades humanas, aunque los procesos naturales también son una fuente, aunque muy baja. Los halocarbonos incluyen los clorofluorocarbonos que son usados como agentes de refrigeración y otros procesos industriales, aunque su uso ha disminuido como resultado de regulaciones internacionales diseñadas para proteger la capa de ozono.

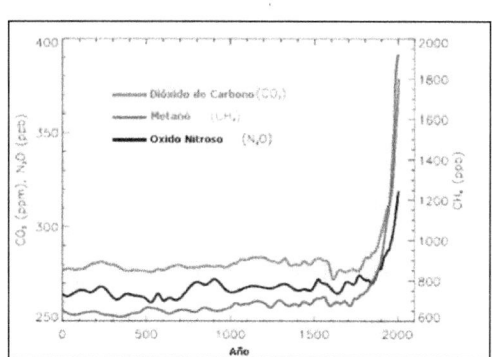

Figura 18.3. Concentraciones de gases de efecto invernadero del año 0 al 2005
Fuente: Cuarto Informe de Evaluación (IPCC, 2007).

Fundamentos de Ecología

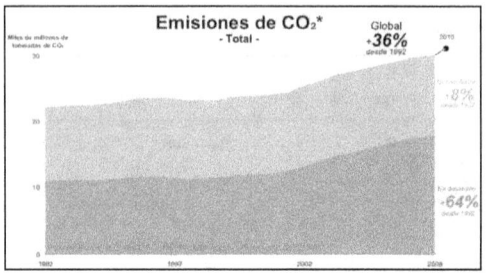

Figura 18.4. Tendencia del total de emisiones de CO2 durante el período 1992-2008, discriminada por nivel de desarrollo. Fuente: PNUMA (2011).

18.7. La base científica del cambio climático

Desde hace más de 40 años, los estudios ecológicos y climatológicos comenzaron a mostrar evidencias del proceso de cambio climático, esencialmente de los aumentos en la temperatura y en la concentración de los GEI. La progresiva acumulación de datos y registros sobre la variación de los factores climáticos (temperatura, precipitación, concentración de CO_2 y otros gases, entre muchos otros) y el desarrollo de complejos modelos matemáticos y de simulación con apoyo de las técnicas computarizadas, han permitido establecer la certeza de los procesos de cambio global en el clima. Aunque ya a mediados de la década de los años 60, la investigación sobre el clima había señalado que estaban ocurriendo cambios en los factores climáticos, el fenómeno del cambio climático alcanzó relevancia científica y política a partir de 1988, con la creación del Panel Intergubernamental de expertos sobre el Cambio Climático (IPCC, por sus siglas en inglés) en una iniciativa conjunta de la Organización Meteorológica Mundial (OMM) y el Programa de las Naciones Unidas para el Medio Ambiente (PNUMA, o UNEP, por sus siglas en inglés). El IPCC trabaja con los aportes voluntarios de miles de científicos de todo el mundo, analizando, interpretando e integrando los datos y el conocimiento que ellos generan en sus investigaciones, apoyado financieramente por las Naciones Unidas. A lo largo de sus 25 años, el IPCC ha elaborado cinco informes sucesivos, a través de los cuales se ha hecho evidente la realidad indiscutible del proceso de cambio climático global que está ocurriendo actualmente en el planeta. Es de destacar que el segundo informe, publicado en 1995, sentó las bases para el

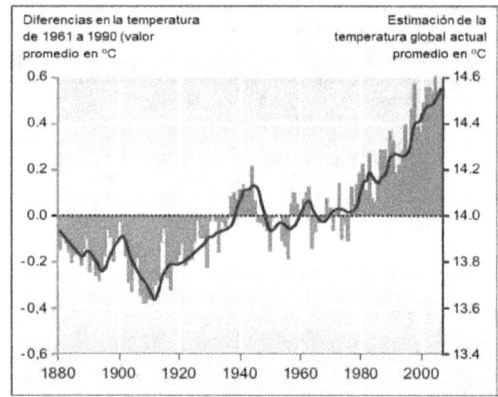

Figura 18.5. Tendencias de la temperatura promedio global en la superficie del planeta.
Fuente: IPCC (2007)

Fundamentos de Ecología

establecimiento dos años después del Protocolo de Kyoto, por las Naciones Unidas, a través de la Convención Marco sobre Cambio Climático.

a) Cambios observados en el clima: causas y efectos

- La influencia humana en el sistema climático es clara, y las emisiones antropógenas recientes de gases de efecto invernadero son las más altas de la historia. Los cambios climáticos recientes han tenido impactos generalizados en los sistemas humanos y naturales. Desde el Cuarto Informe de Evaluación (AR4) se ha comprobado que los impactos de los cambios recientes en el clima en los sistemas naturales y humanos ocurren en todos los continentes y en los océanos.

- El calentamiento en el sistema climático es inequívoco, y desde la década de 1950 muchos de los cambios observados no han tenido precedentes en los últimos decenios a milenios. La atmósfera y el océano se han calentado (Figura 18.5), los volúmenes de nieve y hielo han disminuido y el nivel del mar se ha elevado. Muchos sistemas naturales, en todos los continentes y en algunos océanos, han sido y continúan siendo afectados por cambios climáticos regionales. En todas las zonas climáticas y continentes, el papel principal del cambio climático y el aumento del dióxido de carbono atmosférico (CO_2) en los ecosistemas terrestres y de agua dulce ha sido confirmado por pruebas nuevas y más sólidas sobre fenología

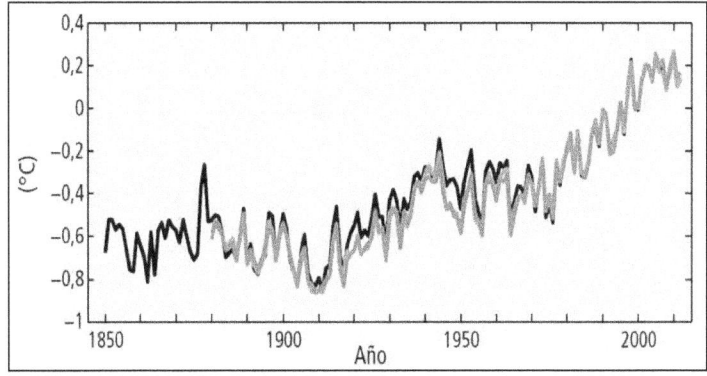

Figura 18.5. Tendencias de la temperatura promedio global en la superficie del planeta.
Fuente: Reproducido de IPCC (2014)

(alta confianza), productividad (baja confianza) y rangos de distribución Confianza media) y otros procesos que afectan a un número creciente de especies y ecosistemas.

- Es muy probable que la superficie media anual del hielo marino del Ártico haya disminuido durante el período 1979-2012 en un rango del 3,5% al 4,1% por decenio. La extensión del hielo marino del Ártico ha disminuido en cada estación y en cada decenio sucesivo desde 1979, siendo en verano cuando se ha registrado el mayor ritmo de disminución en la extensión media decenal (Figura 18-6).

- La mayor parte del aumento observado del promedio mundial de temperatura desde mediados del siglo XX se debe muy probablemente al aumento observado de las concentraciones de GEI antropogénicos. Específicamente, cada uno de los tres últimos decenios ha sido sucesivamente más cálido en la superficie de la Tierra que cualquier decenio anterior desde 1850. Es probable que el período 1983-2012 haya sido el período de 30 años más cálido de los últimos 1.400 años en el hemisferio norte, donde es posible realizar esa evaluación

(nivel de confianza medio). Los datos de temperatura de la superficie terrestre y oceánica, combinados y promediados globalmente, calculados a partir de una tendencia lineal, muestran un calentamiento de 0,85°C, durante el período 1880-2012 (IPCC, 2014). Durante 2015 y hasta septiembre de 2016, se han experimentado incrementos sucesivos del promedio de temperatura mensual, haciendo que cada mes rompa el record previo de incremento de temperatura (NOAA, 2016).

- El calentamiento antropogénico de los tres últimos decenios ha ejercido probablemente una influencia distinguible a escala mundial sobre los cambios observados en gran número de sistemas físicos y biológicos. Entre 1750 y 2011 las emisiones antropógenas de CO_2 a la atmósfera acumuladas fueron de 2 040 ± 310 $GtCO_2$. Alrededor del 40% de esas emisiones han permanecido en la atmósfera (880 ± 35 $GtCO_2$) y el resto fueron removidas de la atmósfera y almacenadas en la tierra (en plantas y suelos) y en el océano. Los océanos han absorbido alrededor del 30% del CO_2 antropógeno emitido, provocando su acidificación. Alrededor de la mitad de las emisiones

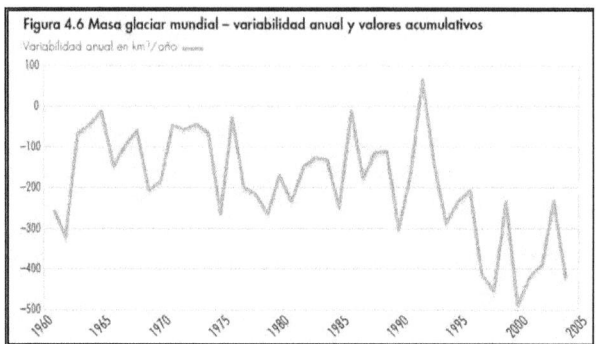

Figura 4.6 Masa glaciar mundial – variabilidad anual y valores acumulativos

Figura 18.6.
Variaciones de
la masa glaciar
mundial, de
1960 a 2005.
Fuente: UNEP/GEO4
(2007)

de CO_2 antropógenas acumuladas entre 1750 y 2011 se han producido en los últimos 40 años (Figura 18.7). Las concentraciones de N_2O en la atmósfera, por efecto de las emisiones antropogénicas, sobrepasan actualmente con mucho los valores de la era preindustrial a lo largo de miles de años, y los de CO_2 y CH4 exceden también con mucho de los valores naturales existentes en los últimos 650.000 años.

- El cambio climático futuro, inducido por las emisiones atmosféricas de gases de efecto invernadero, afectará al ciclo global del carbono, lo que a su vez, influirá en la fracción de gases de efecto invernadero antropogénico que permanece en la atmósfera, lo que intensificará el cambio climático. Esta retroinformación se denomina acoplamiento clima-carbono.

b) Detonantes y proyecciones de cambios climáticos futuros

- De subsistir las políticas actuales de mitigación del cambio climático y las correspondientes prácticas de desarrollo sostenible, las emisiones de GEI mundiales seguirán aumentando durante los próximos decenios.
- Durante los próximos dos decenios las proyecciones indican un calentamiento de aproximadamente 0,2°C por decenio. El mantenimiento de las emisiones de GEI en tasas actuales o superiores ocasionaría un mayor calentamiento e induciría numerosos cambios en el sistema climático mundial durante el siglo XXI, que muy probablemente serían mayores que los observados durante el siglo XX.
- La pauta de calentamiento futuro en la que la tierra firme se calienta más que los océanos adyacentes y en mayor medida en latitudes altas septentrionales aparece en todos los escenarios previstos.
- El calentamiento tiende a reducir la incorporación de CO_2 atmosférico por el ecosistema terrestre y por los océanos, incrementando así la fracción de emisiones antropogénicas que permanece en la atmósfera. La incorporación de CO_2 antropogénico desde el año 1750 ha intensificado la acidez de las capas superficiales del océano.
- El calentamiento antropogénico y el aumento de nivel del mar proseguirían durante siglos, aunque las emisiones de GEI se redujesen lo suficiente para estabilizar sus concentraciones, debido a las escalas de tiempo en que se desarrollan los procesos y la retroalimentación en los sistemas climáticos. Es muy improbable que la sensibilidad climática en equilibrio sea inferior a 1,5°C.
- Es probable que algunos sistemas, sectores y regiones resulten especialmente afectados por el cambio climático. Los sistemas y sectores son: ciertos ecosistemas (tundras, bosques boreales, montañas, ecosistemas de tipo mediterráneo, manglares, marismas, arrecifes coralinos, y el bioma de los hielos marinos), las costas bajas, los recursos hídricos en algunas regiones secas de latitudes medias, en los trópicos y subtrópicos secos y en las áreas que dependen de la nieve y el hielo derretidos, la agricultura en regiones de latitud baja, y la salud humana en áreas de escasa capacidad adaptativa. Las regiones son: el Ártico, África, las islas pequeñas, los grandes deltas de Asia y África. En otras regiones, incluso en algunas con alto nivel de ingresos, ciertas poblaciones, áreas y actividades pueden estar particularmente en riesgo. Algunos fenómenos climáticos de gran escala tienen el potencial de causar impactos muy grandes, especialmente después del Siglo XXI.
- Es muy probable que los impactos aumenten debido a una mayor frecuencia e intensidad de ciertos fenómenos meteorológicos extremos. Sucesos recientes han evidenciado la vulnerabilidad de algunos sectores y regiones, incluso en países desarrollados, a olas de calor, ciclones tropicales, crecidas y sequías, que resulta más preocupante que en las conclusiones de la evaluación previa.

Fundamentos de Ecología

18.7.2. Impactos del cambio climático sobre algunos ámbitos relevantes

El informe del IPCC incluye igualmente un análisis de los efectos que el cambio climático tiene en ámbitos como los ecosistemas, el agua, los océanos y la salud humana.

a) Efectos específicos sobre los Ecosistemas

- La resiliencia de numerosos ecosistemas se verá probablemente superada en el presente siglo por una combinación sin precedentes del cambio climático, perturbaciones asociadas —por ejemplo, inundaciones, sequías, incendios incontrolados, insectos, acidificación del océano— y otros detonantes del cambio global, por ejemplo, el cambio de uso de la tierra, polución, fragmentación de los sistemas naturales, sobreexplotación de recursos.

- Durante el presente siglo, la incorporación neta de carbono de los ecosistemas terrestres alcanzará probablemente un máximo antes de mediados del siglo para, seguidamente, debilitarse o incluso invertirse, amplificando de ese modo el cambio climático.

- Entre 20 y 30% aproximadamente de las especies vegetales y animales estudiadas hasta la fecha estarán probablemente expuestas a un mayor riesgo de extinción si los aumentos del promedio mundial de temperatura exceden de entre 1,5 y 2,5°C. De sobrepasar los 3,5°C, las proyecciones de los modelos predicen un nivel de extinciones cuantioso (entre 40% y 70% de las especies consideradas) en todo el mundo (ver capítulo 13, secciones 13.3 y 13.5.1) A pesar de que se ha obtenido cierto éxito de conservación en la recuperación de varias especies amenazadas y se han redescubierto algunas especies que se creían extinguidas, es factible que a lo largo de las próximas décadas los ritmos de extinción se incrementen del orden de 1.000–10.000 veces con respecto a los ritmos registrados como antecedentes (UNEP, 2005).

- Para aumentos del promedio mundial de temperatura superiores a entre 1,5 y 2,5°C y las correspondientes concentraciones de CO_2 en la atmósfera, las proyecciones indican importantes cambios en la estructura y funcionamiento de los ecosistemas, en las interacciones ecológicas y desplazamientos del ámbito geográfico de las especies, con consecuencias predominantemente negativas para la biodiversidad y para los bienes y servicios ecosistémicos (por ejemplo, suministro de agua y alimentos).

b) Efectos sobre el Agua

- Los impactos del cambio climático en el ciclo hidrológico, y en particular la disponibilidad de recursos de agua dulce, se han observado en todos los continentes y en muchas islas. Los glaciares continúan reduciéndose en todo el mundo, como resultado del cambio climático, afectando la escorrentía y los recursos hídricos aguas abajo. El cambio climático es el principal motor del calentamiento y descongelación del permafrost en las regiones montañosas de alta latitud y alta elevación. Los sistemas hidrológicos han cambiado en muchas regiones debido a cambios en la precipitación o fusión de la criósfera, que afectan los recursos hídricos, la calidad del agua y el transporte de sedimentos.

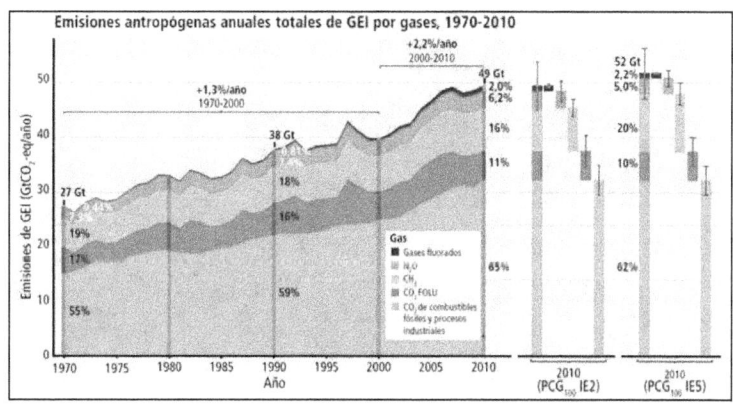

Figura 18.7. Emisiones antropógenas anuales totales de gases de efecto invernadero (GEI) (gigatonelada de CO_2-equivalente al año, GtCO2-eq/año) para el período comprendido entre 1970 y 2010, por gases: CO_2 procedente de la quema de combustibles fósiles y procesos industriales; CO_2 procedente de la silvicultura y otros usos del suelo (FOLU); metano (CH4); óxido nitroso (N2O); gases fluorados abarcados en el Protocolo de Kyoto. A la derecha se muestran las emisiones de 2010, con ponderaciones de emisiones de CO_2-equivalente basadas en valores de los Informes de Evaluación segundo y quinto del IPCC.

Fundamentos de Ecología

- La pérdida parcial de los mantos de hielo en tierras polares y/o la dilatación térmica del agua marina podría ocasionar, a escalas de tiempo muy prolongadas, aumentos de nivel del mar de varios metros, importantes alteraciones de las líneas costeras e inundaciones en extensiones bajas, y sus efectos serían máximos en los deltas pluviales e islas bajas. Los modelos actuales indican que esos cambios tendrían lugar en escalas de tiempo muy prolongadas (milenios) si subsistiera un aumento de la temperatura mundial de entre 1,9 y 4,6°C (con respecto a la era preindustrial).

c) La acidificación del océano

- La incorporación de carbono antropogénico desde 1750 ha acidificado el océano, cuyo pH ha disminuido en 0,1 unidades en promedio. Una mayor concentración de CO_2 en la atmósfera aceleraría ese proceso.
- Las proyecciones arrojan una reducción del promedio del pH en la superficie del océano mundial de entre 0,14 y 0,35 unidades durante el siglo XXI.
- Aunque los efectos de la observada acidificación del océano sobre la biosfera marina no están todavía suficientemente documentados, la acidificación progresiva de los océanos tendrá previsiblemente efectos negativos sobre los organismos marinos que producen caparazón (por ejemplo, diatomeas, corales y algunos moluscos) y sobre las especies que dependen de ellos (Ver capítulo 10, sección 10.18).
- Los organismos marinos se han movido a latitudes más altas y han cambiado su distribución de profundidad o su fenología, principalmente como resultado del calentamiento (alta confianza). Los arrecifes de coral han experimentado una mayor masa de blanqueamiento y mortalidad, impulsada principalmente por el calentamiento (alta confianza).

d) Impactos en la producción de alimentos

- Según las proyecciones, la productividad de los cultivos aumentará ligeramente en latitudes medias a altas para aumentos de la temperatura media de hasta 1 a 3°C en función del tipo de cultivo, para seguidamente disminuir por debajo de ese nivel en algunas regiones.
- En latitudes inferiores, especialmente en regiones estacionalmente secas y tropicales, la productividad de los cultivos disminuiría para aumentos de la temperatura local aún menores (de entre 1 y 2°C), que incrementarían el riesgo de hambre.
- A nivel mundial, el potencial de producción alimentaria aumentaría si el promedio local de la temperatura aumentase entre 1 y 3°C, aunque por encima de estos niveles disminuiría.
- La producción de trigo y maíz a nivel mundial y en muchos sistemas regionales ha sido afectada por el cambio climático en las últimas décadas (confianza media). Los impactos del cambio climático sobre el arroz y la soja han sido pequeños en las principales regiones de producción y en el mundo (confianza media).

- Las invasiones de especies han aumentado en las últimas décadas en todo el mundo, especialmente en los ecosistemas de agua dulce (muy alta confianza), causando a menudo la pérdida de biodiversidad u otros impactos negativos. . Una vez establecidos en un nuevo entorno, muchas especies introducidas se han convertido recientemente en invasoras debido al cambio climático.

e) Impactos sobre la salud humana

- La situación sanitaria de millones de personas resultaría afectada, ya que agravaría la malnutrición y el número de defunciones, enfermedades y lesiones causadas por fenómenos meteorológicos extremos; aumentaría la carga de enfermedades diarreicas; crecería la frecuencia de enfermedades cardiorrespiratorias debido al aumento de las concentraciones del ozono en niveles bajos de áreas urbanas por efecto del cambio climático; y se alteraría la distribución espacial de ciertas enfermedades infecciosas.
- El cambio climático reportaría algunos beneficios en áreas templadas, ya que disminuirían las defunciones por exposición al frío, además de otros efectos parcialmente perniciosos, como alteraciones del ámbito geográfico y del potencial de transmisión del paludismo en África. Tendrán una importancia decisiva ciertos factores que configuran la sanidad de las poblaciones, como la educación, la atención sanitaria, las iniciativas de salud pública o la infraestructura y el desarrollo económico.

En los cinco años que han transcurrido desde la difusión y discusión de estos resultados, han surgido nuevas evidencias y situaciones que sugieren la intensificación de estos efectos, así como posiciones enfrentadas entre los que asumen la realidad del cambio climático y los escépticos que lo niegan.

18.8. Visiones y controversias alrededor del Cambio Climático

En la abundante literatura académica y científica sobre el tema, se observa la consideración de las afirmaciones del IPCC con una actitud crítica y realista, interpretando—en sus análisis y elaboraciones— los hallazgos específicos que el informe detalla. En el ámbito de las organizaciones multilaterales que conforman la Organización de las Naciones Unidas, el apoyo al papel y vigencia de las conclusiones del IPCC es evidente. La ONU y la UNEP, en particular, están promoviendo la difusión masiva de información y conocimientos atinentes al problema, a través de consorcios y alianzas con diversas organizaciones del propio sistema de la ONU y con varias ONG interesadas y preocupadas por el pronóstico de los futuros cambios globales en el sistema climático.

Las conclusiones expuestas por el IPCC, las cuales pueden considerarse con agoreras de un futuro incierto, han sido recibidas en algunos sectores científicos, políticos y económicos con cierto escepticismo, en algunos casos, y en otros pocos como afirmaciones y declaraciones todavía carentes de un soporte empírico suficiente.

Fundamentos de Ecología

Es necesario recordar que en Filosofía, y específicamente en la Filosofía de la Ciencia, se practica comúnmente el Escepticismo, una corriente que considera que el conocimiento verdadero y definitivo es realmente inalcanzable. Hay, sin embargo, dos tipos distintos dentro de los escépticos alrededor del cambio climático. Los escépticos verdaderos utilizan los principios científicos y datos bien establecidos para llegar a hipótesis y teorías comprobables que difieren del consenso científico actual acerca del cambio climático. Este desafío es absolutamente invaluable para avanzar y mejorar nuestra comprensión de este tema. Hasta la fecha, ningún reto de este tipo a los principios básicos del calentamiento global antropogénico ha sido exitoso. No se trata de una conspiración de izquierdas o de lavado de cerebro en centros de investigación o universidades, sino lograr que la gente se familiarice con los principios científicos, los datos en bruto (muy abundantes y diversos) y la amplia literatura primaria relacionada con el calentamiento global antropogénico. De hecho, existen preguntas válidas que se pueden plantear sobre aspectos específicos del cambio climático. Estas preguntas son las que impulsan la investigación que se lleva a cabo permanentemente por miles de científicos de todo el mundo.

Vale la pena acotar que en las dos últimas décadas, los escépticos de la realidad y la importancia del cambio climático antropogénico han frecuentemente acusado a los climatólogos de "alarmismo": de sobre-interpretar o exagerar a la evidencia de los impactos humanos en el sistema climático. Sin embargo, la evidencia disponible sugiere que los científicos han sido conservadores en sus proyecciones de los impactos del cambio climático. (Brysse *et al.*, 2013) han revisado estudios recientes que muestran que al menos algunos de los atributos clave del calentamiento por efecto de los gases de efecto invernadero atmosféricos han sido más bien subestimados, en particular en las evaluaciones del Grupo de Trabajo I del IPCC; los científicos no han sido alarmistas, sino más bien al revés: han hecho estimaciones cautelosas. Los científicos, escépticos por naturaleza, practican la adhesión a las normas científicas de moderación, objetividad, racionalidad, desapasionamiento y moderación. Por ello es muy significativo que la casi totalidad de los estudiosos del cambio climático (97%) pregonan y afirman que el cambio climático es real (Cook *et al.*, 2013), en contraposición con los que niegan su existencia, quienes por lo general no son científicos, sino cabilderos y/o empresarios con intereses creados alrededor del asunto.

Una categoría diferente de escépticos cuestiona los principios básicos del cambio climático con argumentos equivocados, engañosos y/o ignorantes de las investigaciones más recientes y del consenso científico alcanzado (Cook, 2010). Sus argumentos son bien conocidos en la comunidad científica y han sido refutados con frecuencia. Los escépticos a ultranza por lo general responden a las directrices y orientaciones de sectores económicos con intereses creados, tales como las grandes corporaciones multinacionales emisoras de gases invernadero y de contaminantes de la atmósfera y las aguas. Los argumentos esgrimidos en el cabildeo y los medios de comunicación masiva han dado origen a la creación en el imaginario popular de una serie de mitos, incertidumbres o concepciones desorientadoras acerca de la realidad y relevancia del cambio climático (Whitmarsh, 2011).

Los escépticos a ultranza se han conformado en un grupo que practica la "negación científica", una estrategia de comunicación basada en una serie de características comunes, las cuales se describen a continuación:

1. *Teorías de la conspiración*. Cuando el abrumador peso de la opinión científica cree que algo es cierto, el negacionista no admiten que los científicos han estudiado de forma independiente las pruebas para llegar a la misma conclusión. En su lugar, afirman que los científicos están implicados en una compleja y secreta conspiración.

2. *Falsos expertos*. Son individuos que pretenden ser expertos, pero cuyas opiniones son incompatibles con el conocimiento establecido. Fueron utilizados ampliamente por la industria del tabaco que desarrolló una estrategia para reclutar a los científicos que contrarrestasen la creciente evidencia de los efectos nocivos del humo en los fumadores pasivos. Esta táctica a menudo se complementa con la denigración de expertos verdaderos, tratando de desacreditar su trabajo.

3. *Parcialidad en la selección de evidencias*. Esto consiste selectivamente hacer uso de documentos aislados que desafían el consenso para desacreditar la vía principal de investigación. Un ejemplo de esto, es un artículo que describe anomalías intestinales en 12 niños con autismo, sugiriendo una posible relación con la inmunización. Esto ha sido ampliamente utilizado por los activistas contra la vacunación, a pesar de que 10 de los 13 autores del artículo, posteriormente se retractaron del posible vínculo entre ambas cosas.

4. *Impredictibilidad de los resultados de las investigaciones*. La empresa tabaquera Philip Morris trató de promover un nuevo estándar para la realización de estudios epidemiológicos. Estas estrictas directrices habrían invalidado de un plumazo una gran cantidad de investigaciones sobre el efecto del tabaco sobre la salud.

5. *Declaraciones falsas y falacias lógicas*. Las falacias lógicas incluyen el uso de hombres de paja, que argumentan erróneamente los argumentos contrarios, facilitando la tarea de refutarlos. Por ejemplo, la Agencia de Protección Ambiental (EPA) de los EE.UU. determinó en 1992 que el humo ambiental del tabaco era cancerígeno. Este fue criticado nada menos que como una «amenaza para la esencia misma de los valores democráticos y la política pública democrática".

18.8.1. Mitos popularizados acerca del cambio climático

Los mitos o argumentaciones enmarcados en las posiciones que consideran el cambio climático como una falacia conceptual se han identificado plenamente. Diversos grupos y organizaciones no gubernamentales difunden continuamente comunicados y reportes de prensa en los que intentan desbancar las evidencias y argumentaciones de los científicos especializados en el tema. Bajo la figura de fundaciones sin fines de lucro u organizaciones no gubernamentales, financiadas por conglomerados industriales conservadores en la mayoría de los casos (como el *Hearland Institute* [2], la *Marshall Foundation* y la *Heritage Foundation*), así como algunos científicos escépticos —cerca de 5% del total de científicos involucrados en el tema, de acuerdo con *Angeregg* y *Harold* (2009)— se han dedicado a criticar y cuestionar continuamente las conclusiones y recomendaciones de los científicos expertos en las ciencias relacionadas con el cambio climático, intentando desvirtuar sistemáticamente el consenso científico alrededor de las conclusiones y evidencias presentadas por el IPCC.

Los principales mitos que se han creado alrededor del cambio climático, y los argumentos científicos que refutan científicamente los mismos, son los siguientes (TRS, 2007; Cook, 2010):

1) *El clima de la tierra está cambiando constantemente y no tiene nada que ver con las acciones humanas.* Este argumento, carente de base científica, es refutable por el conocimiento consensual y las evidencias empíricas en las que se sustenta una de las principales conclusiones del IPCC: el cambio climático está ocurriendo por efecto del incremento de los gases de efecto invernadero, especialmente el CO_2, pero incluyendo otros compuestos gaseosos como el N_2 y el CH_4, producto de las actividades antropogénicas (NRC, 2010). Las emisiones volcánicas y la energía solar no son suficientes para explicar los aumentos de la temperatura, tanto en los ambientes terrestres como en los oceánicos.

2) *El CO_2 solo representa una pequeña porción de la atmósfera y no puede ser considerado responsable del calentamiento global.* El CO_2, a pesar de su pequeña proporción en la atmósfera, tiene una alta capacidad de absorber calor y de esa manera potenciar el efecto invernadero. Antes de la industrialización iniciada hace 200 años, la concentración de CO_2 en la atmósfera era de 280 ppm, mientras que actualmente dicha concentración es de 400 ppm en 2015, causada principalmente por las emisiones de CO_2 provenientes de las actividades humanas, especialmente de combustibles fósiles como el carbón y el petróleo.

3) *Los aumentos en los niveles del CO_2 en la atmósfera son resultado del aumento de los incrementos de la temperatura, y no al contrario.* Está demostrado que las causas naturales del cambio climático ocurridos a través de milenios, se iniciaron por los cambios en la órbita terrestre, que a su vez causaron el incremento del CO_2 en la atmósfera y el impacto del efecto invernadero, pero dichos cambios ocurren en escalas de tiempo mucho mayores (centenares o miles de años) y, por lo general no implican cambios abruptos en las variables climáticas, como los que están ocurriendo en los años recientes. Por lo tanto, el calentamiento ocurrido durante los últimos 30 años tiene lugar por efecto del aumento del CO_2 en la atmósfera, más que por causas naturales como los cambios en la órbita terrestre o las erupciones volcánicas (TRS, 2010; NRC, 2010; UNEP, 2009a).

4) *Los modelos computarizados que predicen el cambio climático futuro no son confiables y se basan en supuestos, no hechos fehacientes.* El reciente desarrollo de las Ciencias de la Tierra, producto de la integración interdisciplinaria de los conocimientos generados por la Ecología, la Climatología, la Geología, la Sociología, las técnicas e instrumentos avanzados de teledetección y la expansión de la capacidad para manejar inmensas bases de datos (simulaciones), han permitido incrementar el entendimiento de los fenómenos climáticos y el poder de predicción de los modelos de simulación del clima. Más aún, los avances en la calibración y despliegue de técnicas de captación y medición de datos —a través de satélites consensores remotos más precisos y un mayor número de estaciones de observación— facilitan a las diversas iniciativas de modelaje del clima la generación de resultados convergentes con mayor potencia predictiva, desde diversas instituciones de investigación, con objetivos específicos diferenciados y a través períodos y escalas temporales más amplias (décadas).

Recientemente se han generado nuevos modelos de simulación acerca de cómo los diferentes componentes del sistema climático (nubes de vapor de agua, océanos, radiación solar), incluyendo el componente vivo y los contaminantes de la atmósfera, se comportan e interactúan a través del tiempo. Ello ha permitido a los científicos reproducir el curso de los fenómenos climáticos a lo largo de los últimos 100 años, a través de diversos escenarios, sobre la base de premisas racionales basadas en las actividades humanas ya conocidas y documentadas. Aunque los modelos de simulación permiten actualmente explicar eventos pasados y futuros del clima global, hasta el momento no están suficientemente desarrollados para explicar o proyectar con precisión los detalles del impacto a nivel regional y local (Hunt, Baldocchi, y Van Inghen, 2009).

5) *Todo tiene que ver con el Sol, por ejemplo, los vínculos entre los incrementos de temperatura y el número de manchas solares.* La radiación solar es un fenómeno natural, que, como se ha señalado, ha contribuido, junto con las erupciones volcánicas, con el calentamiento de la atmósfera y posterior enfriamiento, como se demostró en las reciente erupciones de 1963, 1982 y 1991, las cuales condujeron a leves enfriamientos, al bloquear parcialmente la entrada de rayos solares por las partículas aerosoles suspendidas de las cenizas volcánicas. Sin embargo, durante las tres últimas décadas, los nuevos telescopios espaciales y las mediciones satelitales directas no muestran cambios apreciables en el calor solar (UNEP, 2009a). El incremento del CO_2, debido a la combustión de recursos energéticos fósiles, es la única explicación para el cambio climático, especialmente durante la segunda mitad del siglo XX.

---

[2] www.http://heartland.org/

6) *El cambio climático está influenciado por los rayos cósmicos.* Los rayos cósmicos son partículas provenientes del espacio a una altísima velocidad, que agregan carga eléctrica a algunos componentes de la atmósfera, que a su vez podrían relacionarse con la formación de nubes y con el efecto invernadero. El argumento central es que a mayor actividad del sol, sus campos magnéticos desvían los rayos cósmicos que de otra forma entrarían en la atmósfera, resultando en menor cantidad de formación de nubes y consecuentemente, en una atmósfera más caliente (UNEP, 2010). Sin embargo, hasta ahora sólo se ha demostrado un efecto mínimo lo que aunado a los niveles estables de actividad solar en las últimas tres décadas, no explica los aumentos de temperatura que hemos observado durante ese mismo período.

7) *La escala de los efectos negativos del cambio climático está sobreestimada y no hay necesidad de acciones urgentes al respecto.* Una de las conclusiones del IPCC (2007) señala la tendencia futura de un aumento de 2 a 3°C durante este siglo, lo que significa un cambio del clima de la Tierra muy superior a los experimentados durante los últimos 10.000 años. El impacto resultante se evidenciará en cambios en las variables climáticas del hemisferio norte, creando por una parte, condiciones más apropiadas para la producción de alimentos en altas latitudes, por ejemplo en el norte de los EE UU y el sur de Canadá, y sequías extremas en las zonas tropicales.

Existen muchas otras argumentaciones de los negadores a ultranza del cambio climático, así como la respuesta a cada una de ellas pueden consultarse en el sitio web "Skeptical Science", debidamente traducidas al español. ³

18.8.2. Evidencias del cambio global en los eventos climáticos extremos

De acuerdo con las conclusiones del Cuarto Informe del IPCC–AR4 (IPCC, 2007), refrendados por el Quinto informe (IPCC, 2014), de proseguir las emisiones de GEI a una tasa igual o superior a la actual, el calentamiento aumentaría y el sistema climático mundial experimentaría durante el siglo XXI numerosos cambios, muy probablemente mayores que los observados durante el siglo XX:

o Aumentará la frecuencia de los valores extremos cálidos, de las olas de calor y de las precipitaciones intensas.

o Aumentará la intensidad de los ciclones tropicales; menor confianza en que disminuya el número de ciclones tropicales en términos mundiales.

o Desplazamiento hacia los polos de las trayectorias de las tempestades extra-tropicales, con los consiguientes cambios en las pautas de viento, precipitación y temperatura.

o Aumentarán las precipitaciones en latitudes altas, y probablemente disminuirán en la mayoría de las regiones terrestres subtropicales, como continuación de las tendencias recientemente observadas.

La UNEP (2009a) reconoce que ya no hay duda acerca de que la mayoría del incremento observado en la temperatura promedio global, desde mediados del siglo XX, es debida al incremento observado en los gases invernadero, resultantes de las actividades humanas. Al respecto, identifica igualmente las anomalías climáticas ocurridas entre 2007 y 2013 a lo largo del globo, identificando 62 regiones o áreas específicas, en las cuales se evidenciaron eventos climáticos extremos, entre los cuales se mencionan:

- La peor sequía en México en los últimos 70 años, que afecto 3,5 millones de campesinos y agricultores, 50.000 cabezas de ganado muertas y 8 millones de ha de cultivos arrasados o severamente afectados. La peor sequía en Chile, Argentina, Paraguay y Uruguay en los últimos 50 años, en el centro y sur del país.

- Varias provincias chinas sufrieron las peores sequias en 60 años, afectando casi 4 millones de personas y 10 millones de ha. Sequías similares ocurren en Taiwán, Liaonin-China, Francia y España.

- Inundaciones severas en el nordeste y en el sur de Brasil, afectando 180.000 y 1,5 millones de personas, respectivamente, así como lluvias record en Ecuador y Bolivia, el Sureste de África y la India, Pakistán, Bangladesh y Vietnam. En 2009 Bangladesh y Filipinas sufrieron inundaciones severas por lluvias torrenciales que afectaron a 12 millones de personas y 200.000 desplazados, respectivamente.

- Ciclones y tifones de gran intensidad en la región intertropical, ocho en el Caribe y Centroamérica y ocho en el Sureste Asiático, además del huracán Katrina (2005) que constituyó que afectó severamente a New Orleans y el superhuracán Sandy que diezmó la ciudad de New York a finales de 2012.

- Olas de calor intenso en el Suroeste de Australia, e incendios forestales o de vegetación que afectaron miles de hogares y 210 muertes.

- Disminución del mar de hielo ártico e inviernos cálidos en las regiones más septentrionales del Hemisferio Norte, sí como en el sur de Australia y Nueva Zelanda.

Más recientemente han ocurrido nuevos desastres (WRI,2011):

- En el verano de 2010, las inundaciones en una quinta parte de la superficie de Pakistán afectaron a más de 20 millones de personas y destruyeron 2,2 millones de hectáreas de cultivos.

- En el mismo momento, una ola de calor afectó el área de Moscú y sus alrededores, causando la muerte de 10.000 personas e inmensos incendios de turberas y bosques, así como la pérdida de la tercera parte del stock de granos rusos, lo que incidió en el aumento de los precios en todo el mundo.

---

³ http://www.skepticalscience.com/translation.php?lang=4

Fundamentos de Ecología

- Las lluvias torrenciales en Brasil originaron inundaciones y deslaves que provocaron la muerte de aproximadamente 600 personas.

En tanto que las predicciones y proyecciones de los modelos sofisticados que utilizan los científicos, incluyen la posibilidad de cambios abruptos en el sistema climático, la UNEP considera que los impactos a mediano y largo plazo pueden ser significativos.

La pérdida parcial del casquete de hielo en los polos y la expansión térmica de los océanos en escalas amplias de tiempo pueden originar el aumento del nivel del mar y, a su vez, generar inundaciones en vastas áreas del planeta: zonas costeras, las islas y las tierras bajas costeras (Alexeev et al., 2013).

Los eventos climáticos extremos afectan no solo las regiones del Sur, sino también a los países desarrollados. Por ejemplo, en los EE UU, la NOAA (2016) reporta la ocurrencia, entre 1980 y septiembre de 2016, de 83 tormentas severas, 34 huracanes tropicales, 26 inundaciones, 23 eventos de sequía, 14 tormentas invernales, 13 incendios forestales incontrolados y 7 heladas fuertes; cuyas pérdidas acumuladas totalizan más de 1.000 billones US$.

18.9. El cambio climático y su impacto en la biosfera

Como se puede evidenciar a lo largo de este capítulo, el impacto del cambio climático se manifiesta de maneras muy diversas y en ámbitos diferentes, lo cual dificulta la comprensión cabal del problema y sus implicaciones. Porque sucede que muy a menudo los cambios o alteraciones en alguno de los componentes de la biosfera, tiene consecuencias en algún otro o en varios de ellos.

A continuación se amplía la información relacionada con las principales interacciones e impactos del cambio climático en el funcionamiento y procesos de los ecosistemas y sus componentes.

18.9.1. Recursos energéticos y Clima [4]

En los últimos 200 años la energía fósil ha sido consumida por los seres humanos a una velocidad muy superior a la que se regenera, por lo que se considera no renovable. Esta energía no participa naturalmente en el balance de los ciclos biogeoquímicos del carbono y el oxígeno y los flujos unidireccionales de energía que ocurren en la biósfera, detonados por la energía solar incidente sobre la Tierra. Más bien, el consumo de energía no renovable y sus consecuencias crea perturbaciones en dichos ciclos, al inyectar grandes cantidades de CO_2 y otros gases a la biósfera. El acelerado desarrollo de la humanidad, durante los últimos 100 años, se ha basado en la capacidad de incrementar los aportes de energía requeridos para la transformación, aprovechamiento y producción de bienes y servicios, a partir de los recursos naturales renovables y no renovables. Entre los recursos no renovables esenciales están los combustibles fósiles, que no son más que la energía contenida en sumideros de carbono, acumulada durante los últimos 600 millones de años, depositada en capas profundas de la corteza terrestre en forma de carbón (hulla), petróleo y gas.

Esta energía, contenida en la biomasa producida en la época carbonífera, proviene de los procesos naturales de producción de los organismos vivos de la época. Una parte de esa biomasa, compuesta principalmente por fitoplancton, zooplancton, algas y otros seres vivos, se acumuló en las profundidades de los mares y la corteza terrestre, quedando enterradas en capas de sedimentos terrestres, producto de la dinámica tectónica y los cataclismos ocurridos en esa época. Dicha energía se denomina energía fósil, capturada en compuestos de carbono e hidrógeno, que al contacto con el oxígeno se libera como calor (Ahuja and Tatsutani, 2008).

El desarrollo científico/tecnológico actual y la capacidad de extracción y utilización de la energía contenida por millones de años en los depósitos de carbón, petróleo y gas han permitido que la raza humana, en aras de la satisfacción de sus necesidades y modos de vida, haya impulsado el desarrollo urbano e industrial en los países desarrollados, al mismo tiempo que ha introducido perturbaciones significativas en los procesos y funcionamiento de los ecosistemas. De esta manera, ha alterado, fragmentado o destruido hábitats en los distintos biomas, creando desbalances en los ciclos biogeoquímicos y el reciclaje de la materia.

Los vehículos de transporte, fábricas industriales y plantas de generación de electricidad expulsan en la atmósfera miles de millones de toneladas de CO_2 anualmente. En este contexto, el consumo exacerbado de energía fósil provoca la emisión de grandes cantidades de CO_2 y otros compuestos contaminantes de la atmósfera. Esta transferencia de carbono desde las profundidades de la corteza terrestre a la atmósfera, combinada con las alteraciones y reducción de la cubierta vegetal y del carbono del suelo, constituyen factores determinantes en las alteraciones climáticas que nos afectan actualmente (Omer, 2010).

Aun cuando en los últimos 40 años se ha mejorado la eficiencia en el aprovechamiento de los recursos energéticos (Figura 18.8), en todo el mundo existe hoy día la necesidad urgente de una profunda transformación de la infraestructura de producción y uso de energía actuales hacia niveles de mayor eficiencia y sustentabilidad (PNUMA, 2011). Este hecho es ampliamente reconocido en el contexto de la creciente preocupación sobre el cambio climático global. Pero sucede a menudo que las preocupaciones sobre sostenibilidad a largo plazo del medio ambiente se ven eclipsadas por urgencias más inmediatas de acceso y costos de la energía.

De acuerdo con el informe sobre fuentes de energía y mitigación del cambio climático del IPCC (2011), la demanda de energía y servicios asociados, para cumplir con el desarrollo social y económico y mejorar la salud humana bienestar y la salud, va en aumento. Desde 1850, aproximadamen-

---

[4] Se recomienda releer la última sección (7.17.3) del capítulo 7, con el fin de lograr una contextualización más completa para esta sección.

Fundamentos de Ecología

Figura 18.8. Relación entre el contenido de CO2 en la atmósfera y el Producto Interno Bruto mundial, entre 1992 y 2008. Fuente: UNEP/GEO5 (2012).

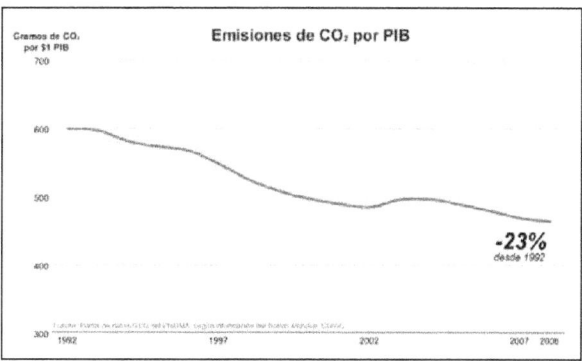

te, el uso global de combustibles fósiles (carbón, petróleo y gas) ha aumentado progresivamente hasta dominar el suministro de energía, dando lugar a un rápido crecimiento del dióxido de carbono (CO_2) liberado a la atmósfera. Para finales de 2010, las concentraciones han aumentado a más de 390 ppm, lo que representa un incremento de 39% sobre los niveles preindustriales.

No obstante, hay un reconocimiento unánime acerca de la necesidad de desarrollar y utilizar fuentes de energías renovables, o limpias, como las denominan los expertos, tales como energía eólica, energía solar, energía geotérmica y biocombustibles (etanol), en lugar de los combustibles fósiles altamente contaminantes. Estos temas relacionados con la energía renovable son pertinentes, particularmente desde la perspectiva de los países en desarrollo, donde una parte significativa de la población aún carece de acceso a servicios básicos de energía eléctrica.

Thomas Friedman, intelectual y columnista del New York Times y ganador de varios premios Pulitzer, plantea la hipótesis de que, a partir del año 2000, vivimos una nueva era: "la era del clima y la energía", la cual viene determinada por una cadena de eventos históricos ya mencionados en secciones anteriores —crecimiento poblacional, creciente urbanización, globalización, crecimiento económico no sustentable, deterioro de los ecosistemas, pérdida de biodiversidad, cambio climático, entre otros— (Friedman, 2008). Pero destaca un aspecto que considera fundamental: el mundo emprendió en los años de la década de los 60 una senda en la que empezó a aumentar vertiginosamente la demanda global de energía, de recursos naturales y de alimentos. Ello ha permitido la reconstrucción económica de Europa y Japón después de la II Guerra Mundial y, posteriormente, un desarrollo acelerado en los países industrializados, alcanzando un gran bienestar y altos niveles de calidad de vida y mejorando la eficiencia en el uso de la energía. Pero en muchos países en desarrollo, en su deseo de alcanzar los niveles y calidad de vida de los industrializados, han incrementado similarmente la demanda de bienes y servicios, y aparejadamente la demanda de energía, todo ello facilitado por la globalización de la economía.

Sin embargo, la realidad indica que este proceso es insostenible en el tiempo; el consumo de energía basada en los combustibles fósiles es la causa principal de los problemas ambientales; ha habido una especie de ceguera desde el punto de vista medioambiental, en todos los niveles y estratos. A pesar de los esfuerzos realizados durante los últimos 20 años, la situación actual se ha empeorado, al punto de poder estar llegando a un punto de inflexión o umbral más allá del cual las consecuencias pueden ser catastróficas. La irrupción de los países emergentes (BRICS[5]) en la economía global está acelerando el proceso. Para Friedman, se necesita rediseñar y reinventar el modo de vida en los países industrializados (y en desarrollo[6]), a través de una economía más limpia, más eficiente, sobre la base de energía renovable limpia o "verde", no contaminante, donde priven los valores y actitudes conservacionistas hacia los recursos naturales y la biodiversidad, las innovaciones tecnológicas limpias, el aprendizaje de las experiencias exitosas de producción y consumo limpios y los nuevos valores éticos como la responsabilidad individual, social e institucional sustentables, a escala global. De hecho, este es uno de los principios fundamentales sobre los cuales descansa la propuesta de la Economía verde (Ver capítulo 19, sección 19.10).

18.9.2 Biodiversidad y clima

Aunque en la última sección del capítulo 14 se trató el tema de las interrelaciones entre clima y biodiversidad, consideramos conveniente reseñar las conclusiones de Charles

---

[5] Brasil, Rusia, China, India y Sur África

[6] Añadido nuestro

Fundamentos de Ecología

Perrings, reconocido académico de la Universidad Estatal de Arizona, en un informe solicitado por el Banco Mundial (World Bank, 2010), quién resume acertadamente las implicaciones recursivas entre el cambio climático y la biodiversidad. Señala el autor que el cambio climático ya está induciendo una respuesta de adaptación por parte de la biodiversidad mundial. Esto incluye cambios en la distribución de las especies y la abundancia, los cambios en el momento de la reproducción en animales y plantas, los cambios en patrones de migración de animales y aves, y los cambios en la frecuencia y severidad de los brotes de plagas y enfermedades. El comportamiento de algunas especies está alterándose y ciertas relaciones mutualísticas de larga data se ven interrumpidas, así como la aparición de amenazas de extinción dentro de los hábitats y las condiciones que son necesarias para la supervivencia de especies migratorias (Mooney *et al.*, 2009). Algunos de estos efectos son el resultado directo de cambios en la temperatura, las precipitaciones, el nivel del mar o las tempestades. Otros son el efecto indirecto de los cambios, por ejemplo, en la frecuencia de los incendios forestales.

En general, las especies se están moviendo de menor a mayor altitud, y de menores a mayores latitudes, a pesar de que la rapidez de la respuesta varía considerablemente. En cualquier ecosistema, los cambios en la frecuencia e intensidad de las perturbaciones determinan la velocidad de los cambios en los ensambles de plantas y animales y sus interacciones, algunas veces potenciadas, pero en otras con consecuencias que pueden ser letales (Walther, 2010).

Desde una perspectiva conservacionista, la característica fundamental del cambio climático es que afecta diferencialmente la probabilidad de que las especies puedan ser llevadas a la extinción. Se ha argumentado que el riesgo de extinción es probable que aumente en muchas especies que ya son vulnerables, debido en parte al tiempo que le toma a muchas especies adaptarse al cambio climático. Estos impactos sobre la biodiversidad son motivo de preocupación por el costo potencialmente alto asociado con las enfermedades zoonóticas emergentes y los cambios en la distribución de los vectores de enfermedades existentes. Concretamente, los cambios en las prácticas agrícolas han sido implicados en la aparición de una serie de enfermedades zoonóticas.

Las complejas interacciones entre la biodiversidad, el cambio climático y la desertificación se pueden visualizar esquemáticamente en la Figura 18.9.

18.9.3. Agua y Clima

El agua es el principal medio a través del cual el cambio climático influye en los ecosistemas de la Tierra y por lo tanto los medios de subsistencia y el bienestar de las sociedades. Los cambios en las precipitaciones —debido a las temperaturas más altas que el promedio y las temperaturas extremas— afectarán la disponibilidad de recursos hídricos a través de cambios en la forma, frecuencia, intensidad y distribución de las precipitaciones, la humedad del suelo, el derretimiento de los glaciares y la capa de hielo de los polos y los flujos de aguas subterráneas (Bates *et al.*, 2008).

Hay una creciente evidencia de que esto ya está ocurriendo en muchas regiones, provocando un mayor deterioro de la calidad del agua en el futuro. El panorama mundial, sin

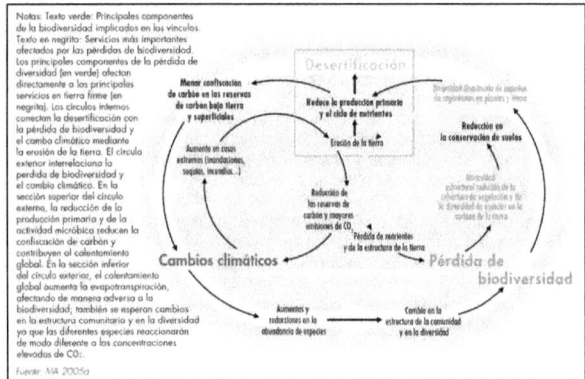

Figura 18.9. Interacciones entre el cambio climático y a biodiversidad y la desertificación.
Fuente: UNEP/GEO4 (2007).

Fundamentos de Ecología

embargo, es complicado y desigual, en las diferentes regiones, cuencas hidrográficas y localidades, las cuales están siendo afectadas en diferentes grados y de diversas maneras (UNEP, 2009; 2010).

Desde el lado de la oferta, UN-WATER (2010)[7] resalta que el cambio climático afecta el ciclo del agua directamente y la cantidad y calidad de los recursos hídricos disponibles para satisfacer las necesidades de las sociedades y los ecosistemas de diversas maneras:

- El aumento de la intensidad de las precipitaciones, causada por el cambio climático, provoca una mayor escorrentía y menor recarga de los acuíferos.
- El retroceso de los glaciares, el derretimiento del permafrost y los cambios en las precipitaciones de nieve y lluvia pueden afectar a los flujos estacionales.
- Los períodos secos más largos tienden a reducir la recarga de los acuíferos, reducir los caudales mínimos en los ríos y la disponibilidad de agua, la agricultura, el abastecimiento de agua potable, la fabricación y producción de energía, la refrigeración de las plantas térmicas y la navegación.
- El cambio climático afectará directamente la demanda de agua de la industria y uso doméstico o de riego. La demanda de agua para el riego aumentaría a medida que aumenta la transpiración, debido a las altas temperaturas.

Por otra parte, el aumento de la intensidad de las lluvias, el derretimiento del hielo glaciar y la deforestación a gran escala ya están aumentando la erosión del suelo y reduciendo los nutrimentos en la capa arable. En consecuencia, habrá cambios en el funcionamiento de los ecosistemas, lo que probablemente incrementará la pérdida de la biodiversidad y los daños en los servicios ecosistémicos. El aumento del nivel del mar tendrá graves efectos sobre los acuíferos costeros, que suministran gran parte del agua a muchas ciudades y comunidades aledañas. Este fenómeno también tendrá un impacto severo en la producción de alimentos en las principales regiones deltaicas, las cuales constituyen fuentes de alimentos en muchos países. Los ecosistemas costeros también se verían profundamente afectados, incluyendo:

o la pérdida de la productividad de los estuarios,

o la eliminación de hábitats para la reproducción de especies,

o los cambios en las islas que actúan como barreras,

o la pérdida de humedales, y

o una mayor vulnerabilidad tanto a la erosión costera como a las inundaciones.

El calentamiento global tendrá un impacto la sobre la temperatura del agua, que se espera que tengan un efecto sustancial en el flujo de energía y en el reciclaje de la materia. Esto a su vez puede dar lugar a proliferación de algas, un aumento en el afloramiento de cianobacterias tóxicas y en consecuencia una disminución de la biodiversidad. La composición y calidad del agua en ríos y lagos podrían verse afectados debido a las alteraciones en la precipitación y la temperatura de derivados del cambio climático (Bates et al., 2008).

18.9.4. Agricultura y Clima

En el capítulo 17 se trató el tema de la agricultura como una de las principales actividades humanas con implicaciones ecológicas de gran importancia, aunque no se analizó en detalle el aspecto relacionado con el cambio climático. Uno de los factores de mayor relevancia, en este sentido, es que la agricultura, además de constituir un servicio ecosistémico esencial para el ser humano, también es una fuente importante de emisión de CO_2, N_2O y de CH_4, tres de los principales gases invernadero. La continua expansión de la superficie cultivada a expensas de la deforestación, principalmente en los países en desarrollo, resta a la capacidad natural de absorción del anhídrido carbónico.

La agricultura mayormente intensiva en los países desarrollados (Norteamérica y Europa y Japón) y emergentes (China, India, Brasil, entre otros) está basada en el uso masivo de energía, especialmente combustibles para la mecanización intensiva, de grandes cantidades de fertilizantes para los cultivos y pasturas, sistemas de riego poco eficientes, y la aplicación generalizada de agroquímicos (herbicidas, insecticidas, fungicidas, antiparasitarios, antibióticos, entre otros). Ello trae como consecuencia la contaminación de suelos, ríos, lagos, acuíferos y, en general, un gran deterioro ambiental de las zonas y sistemas de producción intensiva, por lo general cercanas a los grandes centros urbanos. Por otra parte, los rebaños ganaderos, especialmente los rumiantes (bovinos, caprinos y ovinos) generan grandes cantidades de CH_4 como producto de la digestión de la fibra que consumen, representando cerca de 13% de las emisiones globales de CH_4.

En contraposición, el cambio climático amenaza con provocar daños irreversibles a los recursos naturales de los cuales depende la agricultura. Aunque un calentamiento moderado puede mejorar ligeramente el rendimiento de los cultivos en algunas áreas, en general, las consecuencias negativas eclipsarán cada vez más a las positivas. Las inundaciones y sequías se están volviendo cada vez más frecuentes y graves, lo que probablemente afectará seriamente a la productividad agrícola y a los medios de subsistencia de las comunidades rurales de los países en desarrollo y aumentará el riesgo de que se produzcan conflictos por la tierra y el agua. En países como Etiopía, Somalia, Sudan y Benín las deficiencias en la precipitación y del agua para riego han provocado migraciones de ingentes grupos de población, que

---

[7] UN-WATER es una iniciativa interinstitucional de las 28 organizaciones que componen el sistema de las naciones Unidas. Se encarga de reforzar la coordinación y la coherencia entre las entidades de las Naciones Unidas que abordan cuestiones relativas a todos los aspectos del agua dulce y del saneamiento tales como los recursos hídricos superficiales y subterráneos, la interfaz entre el agua dulce y el agua del mar y las catástrofes naturales relacionadas con el agua. Mayor información disponible en el sitio http://www.unwater.org/index.html.

Fundamentos de Ecología

terminan por convertirse en refugiados ambientales, con todas las consecuencias socio-políticas que ello implica. En extensas regiones de todos los continentes, la explotación continuada del agua de los grandes acuíferos, está haciendo cada vez más difícil extracción, en tanto que la reposición natural de los mismos es mucho más lenta que la tasa de uso para riego y consumo a la cual están sometidos. Además, el cambio climático propicia la propagación de plagas y especies invasoras y puede aumentar el alcance geográfico de algunas enfermedades.

El reconocimiento de que el cambio climático podría tener consecuencias negativas para la producción agrícola ha generado el deseo de aumentar la resiliencia en sistemas agrícolas. La agricultura practicada bajo enfoques agroecológicos puede ayudar a mitigar el cambio climático, al favorecer la captura de carbono por el suelo, reducir el uso de recursos químicos (pesticidas y fertilizantes), mejorar y favorecer la biodiversidad y propiciar el reciclaje de recursos dentro de las unidades de producción. Un método racional y rentable puede ser la aplicación de una mayor diversificación de los cultivos agrícolas. la diversificación de cultivos puede mejorar la resistencia en una variedad de formas: al generar una mayor capacidad para suprimir los brotes de plagas y amortiguar la transmisión de patógenos, que pueden empeorar bajo cambios climáticos futuros, así como por la sobrecarga de la producción agrícola debida a los efectos de una mayor variabilidad del clima y los fenómenos extremos. Sin embargo, los incentivos económicos que fomentan la producción de un selecto grupo de cultivos, el impulso de las estrategias de agrobiotecnología, y la creencia de que los monocultivos son más productivos que los sistemas diversificados, han sido obstáculos en la promoción de esta estrategia. No obstante, la diversificación de cultivos puede ser implementada en una variedad de formas y en una variedad de escalas, permitiendo a los agricultores elegir una estrategia que aumente tanto la resiliencia como la obtención de beneficios económicos (Lin, 2011).

Recientemente ha surgido el debate en torno a la interacción entre el uso de la tierra, la producción alimentaria y la producción de biocombustibles, referida a sus implicaciones para los programas como las Metas de Desarrollo del Milenio de la ONU, la Erradicación del Hambre y la Pobreza, el Desarrollo Sostenible y la mitigación/adaptación al cambio climático. Si bien es cierto que los biocombustibles se perfilan como una alternativa para reducir las emisiones causantes del cambio climático, no menos cierto es que el uso de la superficie cultivable para la producción cultivos a ser utilizados en la producción industrial de biocombustibles (maíz, caña de azúcar, palma aceitera, yuca, entre otros) va en desmedro de la producción de alimentos para una población cada vez mayor en el planeta. La UNEP (2009a) reconoce que esta situación, junto con los eventos climáticos extremos de los últimos años, los altos precios de los alimentos y la especulación en los mercados internacionales, son factores determinantes de la crisis e inseguridad alimentaria de los años recientes. Igualmente señalan que la competencia entre producción de alimentos y producción de combustibles, junto con la continua degradación de las tierras arables puede provocar en el futuro una disminución de 8 a 20% en la superficie agrícola requerida para mediados del siglo XXI.

En este contexto, Harvey y Pilgrim (2011) plantean que esta situación se debe, principalmente a la creciente demanda y el cambio de los patrones alimentarios, la demanda de energía y materiales derivados de la biomasa, en el contexto del agotamiento del petróleo, las emisiones de gases de efecto invernadero de las actuales prácticas agrícolas, el cambio de uso del suelo y el consecuente cambio climático en sí, como una restricción de los altos niveles de productividad sobre la tierra disponible para el cultivo. Consideran que la suposición de que el aumento de la demanda de materiales energéticos aumentará la competencia por la tierra se basa en la premisa de que, en primer lugar, los recursos petroquímicos serán menores y a un costo cada vez más alto y volátil, y que, en segundo lugar, los sustitutos de los combustibles fósiles para el transporte se obtendrán en medida significativa sólo por los biocombustibles y la biotecnología industrial. Ante la mayor demanda combinada de alimentos y de energía, la presión sobre la conversión de tierras se incrementa, dando lugar a un mayor cambio climático, que a su vez puede afectar la productividad y la disponibilidad de tierra, creando así un círculo vicioso potencial. A ello se agrega la tendencia a la disminución en la rata de crecimiento de los rendimientos de los principales cultivos observada durante los últimos 40 años. Dada la urgencia y los cambios radicales que se necesitan para cumplir con la compleja interacción energía-alimentos-ambiente, serán necesarios nuevos modos de gobernanza económica, a escala nacional, regional e internacional, incluyendo nuevos marcos regulatorios para la sustentabilidad y nuevos enfoques en las relaciones geopolíticas y económicas globales entre países y sectores económicos.

A partir de 2010, la FAO viene promoviendo el concepto y la estrategia de la "agricultura climáticamente inteligente", como una alternativa para hacer frente a los efectos deletéreos que el cambio climático pueda tener sobre más de 800 millones de almas en el globo que dependen enteramente de la producción agrícola de subsistencia (FAO, 2016a). La agricultura climáticamente inteligente (CSA, siglas en inglés) constituye un enfoque que ayuda a orientar las acciones necesarias para transformar y reorientar los sistemas agrícolas con el fin de apoyar eficazmente el desarrollo y garantizar la seguridad alimentaria en el contexto de un clima cambiante. La CSA persigue tres objetivos principales: el aumento sostenible de la productividad y los ingresos agrícolas, la adaptación y la creación de resiliencia ante el cambio climático y la reducción y/o absorción de gases de efecto invernadero, en la medida de lo posible.

La CSA constituye un enfoque para desarrollar estrategias agrícolas encaminadas a garantizar la seguridad alimentaria sostenible en el marco del cambio climático. Para la FAO, la CSA provee los medios para ayudar a las partes interesadas a identificar, en los niveles local, nacional e internacional, estrategias agrícolas acordes con las condiciones de cada lugar.

Fundamentos de Ecología

El punto de partida para el análisis de la agricultura climáticamente inteligente son las tecnologías y prácticas a las que los países ya han dado prioridad en sus políticas y planificación agrícolas. Se utiliza información sobre las tendencias del cambio climático recientes y previstas a corto plazo para evaluar el potencial de estas tecnologías y prácticas con respecto a la seguridad alimentaria y la adaptación climática en condiciones de cambio climático específicas de cada lugar, y determinar los ajustes que pueda ser necesario realizar. Entre los ejemplos de estos tipos de ajustes se incluyen la modificación de las épocas de siembra y la adopción de variedades resistentes al calor y a la sequía; el desarrollo de nuevos cultivares; la modificación de la variedad de cultivos y ganado de la granja; la mejora de las prácticas de gestión del suelo y del agua, incluyendo la agricultura de conservación; la integración del uso de previsiones climáticas en la toma de decisiones sobre los cultivos; la ampliación del uso del riego; el aumento de la diversidad agrícola regional; y el cambio a fuentes de subsistencia no agrícolas. Puesto que las condiciones locales varían, una característica esencial de la agricultura climáticamente inteligente es determinar los efectos de las estrategias de intensificación agrícola sobre la seguridad alimentaria, la adaptación y la mitigación en lugares específicos. Esto es especialmente importante en los países en desarrollo, donde el crecimiento agrícola es generalmente una prioridad absoluta (FAO, 2016a).

18.9.5. Bosques y Clima

Los bosques desempeñan un papel importante en el ciclo global del carbono. Los árboles absorben carbono de la atmósfera y lo acumulan en la madera; ese carbono se libera a la atmósfera cuando la madera se quema o se descompone. Se calcula que la combustión de madera por sí sola es responsable de la sexta parte de todas las emisiones de gases de efecto invernadero generadas por el hombre, debido principalmente a la deforestación. De la misma manera, los bosques se ven afectados por el cambio climático. Las variaciones en los regímenes de temperatura y precipitación pueden tener efectos en la ecofisiología de los ecosistemas forestales, así como en las comunidades de animales (vertebrados e invertebrados) que hacen vida en ellos.

Sin embargo, los bosques juegan un papel esencial en el ciclo del carbono y en la prestación de servicios ecosistémicos aprovechables por el hombre, pues contribuyen a almacenar el carbono en la madera y raíces, al tiempo que facilitan el mismo proceso en la capa arable del suelo (carbono orgánico del suelo y de la materia orgánica que contiene).

A finales de 2010 se acordó en la Convención Marco de las Naciones Unidas sobre el Cambio Climático establecer un mecanismo para recompensar a los países en vías de desarrollo que reduzcan sus emisiones de carbono debidas a la deforestación y a la degradación de los bosques. Se trata del mecanismo de Reducción de emisiones por deforestación y degradación de los bosques (REDD+), una de las alternativas planteadas dentro de los mecanismos de desarrollo limpio, el cual se expondrá en la última sección del capítulo.

18.9.6. Océanos y clima

Aunque uno de los más importantes efectos del cambio climático es la acidificación de los océanos (ver capítulo 10, sección 10.18), la revisión de diversos estudios recientes indican que el rápido aumento las concentraciones de gases de invernadero está conduciendo a los sistemas oceánicos hacia condiciones no observadas u ocurrentes en millones de años, con el riesgo asociado de transformación ecológica fundamental e irreversible (Hoegh-Guldberg y Bruno, 2010). Los impactos del cambio climático antropogénico hasta la fecha incluyen:

- la disminución de la productividad del océano,
- la alteración de la dinámica de la red alimentaria,
- la reducción de abundancia de especies formadoras de hábitat, cambios en su distribución, y
- una mayor incidencia de enfermedades en muchas especies animales y vegetales.

De la misma manera, Doney (2010) argumentan que el cambio climático, el aumento de dióxido de carbono en la atmósfera, los aportes de nutrientes en exceso, y la contaminación en sus múltiples formas están alterando fundamentalmente la química del océano, a menudo en una escala global y, en algunos casos, a tasas muy superiores a las del registro geológico histórico y reciente. La mayoría de las tendencias observadas incluyen un cambio en la química ácido-básica del agua marina, la reducción de oxígeno en el subsuelo, tanto cerca de la costa aguas costeras como en alta mar, el aumento de los niveles costeros de nitrógeno y el aumento generalizado de mercurio y contaminantes orgánicos persistentes. La mayoría de estas perturbaciones, encadenadas directa o indirectamente con la combustión de combustibles fósiles, el uso de fertilizantes y la actividad industrial humana, se prevé que crezcan en las próximas décadas, lo que resulta en el aumento de los impactos negativos sobre la biota del océano y los recursos marinos.

Boyd y Hutchins (2012) han revisado diversos estudios sobre la respuesta de la biota marina ante los cambios globales recientes, y una de las conclusiones se refiere a las diferentes respuestas de la biodiversidad oceánica, dependiendo de su posición en las cadenas tróficas, dada la heterogeneidad l y la interacción de los factores impulsores de los cambios. Los más afectados por los factores impulsores son los productores primarios y descomponedores, los que, en muchos casos, son afectados por la temperatura, los nutrimentos disueltos y el pH, mientras que los de 2º y 3er niveles tienen mayores posibilidades de adaptación, debido a su plasticidad fenotípica y capacidad de movimiento hacia otros hábitats. Los peces y otras especies de la zona pelágica, a su vez, son menos afectados que los de la béntica, aunque los factores de carácter global, como la temperatura y la concentración de CO_2, son los que más alteraciones causan en las zonas pelágicas de altamar. En cambio, en las zonas costeras, el exceso de nutrimentos y las partículas orgánicas persistentes provocan mayores alteraciones sobre la biota.

Fundamentos de Ecología

A escala mundial, aproximadamente mil millones de personas dependen de la pesca como su principal fuente de proteína y la mitad de ellas dependen de la pesca y de la acuicultura como medio de vida, sobre todo en los países en desarrollo. La producción primaria anual de los océanos ha disminuido aproximadamente 6% en los últimos 30 años (1980-2010). El cambio climático está afectando la estabilidad y riqueza en los arrecifes coralinos, el pasto marino, los estuarios, las salinas y los manglares, incluyendo a miles de especies que tienen sus hábitats en estos ecosistemas marinos, creando enormes desafíos y altos costos para las sociedades en todo el mundo, particularmente en los países en desarrollo. El cambio climático se prevé que conducirá a una redistribución a gran escala de la pesca comercial, incluyendo una caída de hasta 40% de la captura en los mares tropicales.

Los arrecifes coralinos están siendo impactados negativamente por el cambio climático, especialmente por el incremento de la temperatura en los océanos (Crabbe, 2009), dado que su rango de temperatura para el crecimiento es estrecho, así como por el incremento de CO_2 disuelto, el cual afecta la formación de los compuestos de calcio que los constituyen. El blanqueo de los corales, debido a la pérdida de los flagelados autótrofos zooxanthellae —que interactúan simbióticamente con foraminíferos y radiolarios—, es producto del incremento de la temperatura, así como la reducción de su crecimiento y productividad, pudiendo llegar incluso a desaparecer y, con ellos, la diversidad que habita sobre los corales.

Debido a su ubicación en áreas con alta densidad poblacional, los estuarios sufren degradación por muchos factores, incluyendo sedimentación, por la erosión del suelo y la deforestación; sobrepastoreo y otras prácticas agrícolas pobres; sobrepesca; drenaje y relleno de humedales; residuos de eutrofización debido a excesivos nutrientes de las aguas residuales; contaminantes como metales pesados, PCB, radionúclidos y hidrocarburos de aguas residuales.

18.10. Respuestas al cambio climático

Uno de los referentes más popularizados en relación con el cambio climático es la reducción de emisiones de gases de efecto invernadero (GEI). Los científicos han demostrado, como hemos visto en secciones anteriores, que el principal detonante del cambio climático actual es la creciente emisión de GEI, mayormente debida a la acción antropogénica. De los GEI, el CO_2 es el que tiene mayor impacto sobre el sistema climático. Las respuestas que emergen ante este proceso se refieren a la adaptación y mitigación del cambio climático y a las políticas que se han establecido para enfrentar el problema.

18.10.1. Adaptación y Mitigación del cambio climático

La adaptación se refiere al ajuste de los sistemas naturales y humanos en respuesta a los estímulos esperados del clima o sus efectos. Específicamente, la adaptación incluye las iniciativas y medidas orientadas a reducir la vulnerabilidad o a incrementar la resiliencia de los sistemas naturales y humanos frente a los impactos actuales o proyectados del cambio climático (WRI, 2010; IPCC, 2011).

En relación con la Adaptación al cambio climático, el IPCC (2007) concluye:

- Es muy probable que impongan costos anuales netos que aumentarán con el tiempo ya que las temperaturas globales están aumentando.
- Algunos esfuerzos de adaptación están ocurriendo hoy día, que observados y proyectados en función del cambio climático futuro, sin embargo tienen un resultado limitado.
- La adaptación será necesaria para abordar los impactos resultantes del calentamiento que ya es inevitable debido a las emisiones pasadas.
- Una amplia gama de opciones de adaptación está disponible, pero la adaptación más extensa que en la actualidad ocurriendo es necesario para reducir la vulnerabilidad al cambio climático en el futuro. Hay barreras, límites y los costos, pero no se entienden completamente.
- La vulnerabilidad al cambio climático puede verse agravada por la presencia de otros factores de estrés. La vulnerabilidad futura depende no sólo del cambio climático, sino también de las modalidades de desarrollo.
- Muchos de los impactos pueden evitarse, reducirse o retrasarse por medio de mitigación.
- Una cartera de medidas de adaptación y mitigación pueden disminuir los riesgos asociados con el cambio del clima.

La mitigación es el conjunto de cambios en las actividades o cambios tecnológicos que reducen la vulnerabilidad de un sistema natural o humano a los efectos del cambio climático, y que buscan reducir el consumo de recursos y las emisiones por cada unidad de producto. Aunque varias políticas sociales, económicas y tecnológicas podrían lograr una reducción de las emisiones, en relación con el cambio climático, la mitigación significa implantar políticas que reduzcan la emisión de GEI y promuevan la captura y almacenamiento del carbono. La capacidad de mitigación se refiere a las habilidades, competencias, idoneidad y aptitud que un país ha alcanzado y depende de la tecnología, instituciones, infraestructura, equidad y manejo de información sobre los aspectos relacionados con el cambio climático.

A pesar del aparente nivel de conciencia en los ámbitos internacionales y nacionales, las iniciativas tendientes tanto a la adaptación como a la mitigación del cambio climático propenden a ser más reactivas que proactivas, especialmente en los países en desarrollo donde, cuando ocurren, es como consecuencia de episodios de desastres climáticos o pérdidas en las capacidades de obtener beneficios ecosistémicos. En los países desarrollados se observa una mayor proactividad, especialmente en las políticas nacionales gubernamentales de planificación o previsión, aun cuando a nivel regional, local e individual no siempre existe la respuesta esperada, a menos que existan razones utilitarias o de riesgo inminentes para los involucrados, si no se instrumentan tales iniciativas (Berrang-Ford et al., 2011).

Fundamentos de Ecología

El IPCC (2011) considera que hay un alto nivel de coincidencia y abundante evidencia de que, con las políticas actuales de mitigación de los efectos del cambio climático —y con las prácticas de desarrollo sostenible que aquellas requieren—, las emisiones mundiales de GEI seguirán aumentando en los próximos decenios.

En este contexto, un aspecto relevante del último informe del IPCC (2014) tiene que ver con las respuestas de los ámbitos políticos y económicos ante la realidad inescapable del cambio climático en curso. Dentro de sus conclusiones, destacan algunos aspectos álgidos, que se deben considerar antes de tratar el tema de las políticas nacionales e internacionales emergidas para enfrentar la gran amenaza futura que representa el cambio climático:

- Existe ya un cierto grado de adaptación planificada (de las actividades humanas) para reducir la vulnerabilidad al cambio climático, pero será necesario que la misma sea de mayor alcance.
- Se dispone ya (o se dispondrá de aquí a 2030, según las proyecciones) de un amplio abanico de opciones de mitigación en todos los sectores. El potencial de mitigación económico bastaría para compensar el crecimiento proyectado de las emisiones mundiales o para reducir las emisiones a unos niveles inferiores a los actuales en el año 2030.
- En ausencia de medidas de mitigación, el cambio climático desbordaría probablemente, a largo plazo, la capacidad de adaptación de los sistemas naturales, gestionados y humanos.
- Muchos impactos pueden ser reducidos, retardados o evitados mediante medidas de mitigación. Los esfuerzos y las inversiones de los dos o tres próximos decenios influirán en gran medida en las oportunidades de conseguir unos niveles de estabilización más bajos. Un aplazamiento de la reducción de emisiones limita considerablemente las oportunidades de alcanzar unos niveles de estabilización más bajos e incrementa el riesgo de impactos más graves del cambio climático.
- Los niveles de estabilización para las concentraciones de GEI estudiadas pueden conseguirse implantando una cartera de tecnologías disponibles en la actualidad, más otras que previsiblemente se comercializarán en los decenios próximos, siempre y cuando haya unos incentivos apropiados y eficaces y se eliminen los obstáculos. Además, sería necesario insistir en las actividades de I&D para mejorar el rendimiento técnico, reducir costos y conseguir la aceptación social de las nuevas tecnologías. Cuanto más bajo sean los niveles de estabilización, mayor será la necesidad de invertir en nuevas tecnologías durante los próximos decenios.
- La modificación de las estrategias de desarrollo para conseguir un desarrollo más sostenible puede contribuir en gran medida a las medidas mitigación y adaptación al cambio climático y a la reducción de la vulnerabilidad. Las decisiones sobre políticas macroeconómicas y de otra índole aparentemente no relacionadas con el cambio climático, pueden afectar considerablemente a las emisiones.

Una de las iniciativas con gran potencial para la mitigación y adaptación al cambio climático son las áreas protegidas que desde los años 60 se vienen incrementado en diferentes regiones y países del mundo, con el apoyo y asesoría de la red de organismos multilaterales de la ONU. Las áreas protegidas constituyen un medio efectivo y comprobado para mantener los servicios ecosistémicos y los ecosistemas naturales a través de los sistemas de áreas protegidas a escala de los paisajes terrestres y marinos. Están respaldadas por planes de gestión, en muchos países, aptos para facilitar respuestas rápidas ante nueva información o condiciones nuevas relacionadas con el cambio climático. Cuentan con equipos y personal dotados de conocimientos técnicos y de capacidad de gestión, inclusive para entender cómo gestionan ecosistemas para generar determinados servicios ecosistémicos vitales para la adaptación al cambio climático.

18.10.2. La política y la economía del cambio climático

Aunque previamente se reconoce que existe consenso general acerca del problema de la contaminación y degradación del medio ambiente (ver capítulo 15), la Convención sobre el Cambio Climático de la ONU (UNFCCC, por sus siglas en inglés)), establecida en 1992, marca el inicio de las negociaciones, acuerdos y programas para estabilizar las concentraciones de GEI en la atmósfera en un nivel que previniera las interferencias antropogénicas en el sistema climático, de tal manera que los ecosistemas pudieran adaptarse naturalmente al cambio climático, la producción de alimentos no se viera amenazada y el desarrollo económico se hiciera sustentable. Sin embargo, el tratado no establece límites mandatorios en la emisión de GEI ni mecanismos obligantes para los países. Cinco años después, en 1997, se firma el Protocolo de Kyoto, el cual establece las obligaciones de los países miembros para reducir sus emisiones de GEI, a través de mecanismos flexibles que incluyen los Mecanismos de Desarrollo Limpio (MDL), más conocidos como CDM (por sus siglas en inglés) y el Comercio Internacional de Emisiones y la Implementación Conjunta (los cuales reseñamos más adelante).

Posteriormente, a través de las conferencias sucesivas de las partes (COP), si bien se discutieron delinearon y especificaron acciones y mecanismos para la implantación del Protocolo de Kyoto, tales como el Plan de acción de Bali (2007), el acuerdo de Copenhagen (en 2009), la reunión de Cancún (en 2010) y la reciente reunión de Durban (en 2011), los avances en la instrumentación de las metas establecidas en 1997 no terminan de materializarse y más bien han sido pospuestas para 2020. La polarización entre los países desarrollados (Unión Europea, EE UU, Canadá, Japón, Australia), los países emergentes (Brasil, China, India y Sur África) y los países en desarrollo continúa siendo la piedra de tranca fundamental para las decisiones y compromisos concretos que realmente enfrenten el problema de las altas emisiones de GEI.

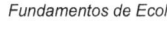

Fundamentos de Ecología

Sin embargo, en la economía global, la red de organizaciones industriales y multinacionales de los países desarrollados, que se señalan como sectores responsables de las emisiones de GEI, consideran que su papel está constreñido o circunscrito a intervenir para aliviar la situación bajo criterios económicos y de mercado que no modifiquen el "estatus quo" en el cual operan.

Un ejemplo de ello lo constituye la iniciativa de los países industrializados que, a través de la Organización económica para la Cooperación y el Desarrollo (OECD), inició en 2007 un estudio sobre la Economía de los Ecosistemas y la Biodiversidad (TEEB, por sus siglas en ingles), conjuntamente con la IUCN, orientado a la valoración económica de los servicios de los ecosistemas a lo largo del planeta, reconociendo valores ecológicos, socioculturales y monetarios (TEEB, 2010).

Las conclusiones y recomendaciones de dicho estudio enfatizan y se basan en la necesidad de reconocer el valor monetario de los servicios y el desarrollo de estrategias de gestión orientadas a la mercantilización de los servicios del ecosistema, que incluyen, entre otros, los pagos por servicios ambientales, créditos de carbono (cap and trade), reducción de emisiones por deforestación y degradación de los bosques (REDD+).

De esta manera, cualquier iniciativa a desarrollar se transforma en un enfoque de mercados o negocios (reales, paralelos o hipotéticos) e incentivos (económicos o fiscales), ignorando otras estrategias de conservación, por ejemplo, las basadas en el conocimiento ancestral local y en aspectos éticos, espirituales y culturales, o el fortalecimiento de las iniciativas para establecer y delimitar áreas naturales protegidas.

Más aún, algunos opinan que la metodología y criterios de valoración utilizados por esta estrategia se ha construido de forma marginal, instrumental, antropocéntrica, individual, subjetiva y contexto-dependiente (World Bank, 2010). Por otra parte, en su mayor parte, los servicios de los ecosistemas son valorados a través de su impacto en la producción de bienes o efectos no comercializados, esto es, desde una perspectiva humana, mientras que el valor de los ecosistemas como recursos naturales debe derivarse de los servicios que producen.

En otras palabras, a pesar de reconocer el valor inconmensurable del capital natural que encierran los ecosistemas, el servicio prestado por los ecosistemas se monetariza en función del valor que representa financiera y fiscalmente, en términos de crecimiento y desarrollo económico. En el capítulo 19 se trata con mayor profundidad el concepto de capital natural.

18.10.3. Mecanismos e instrumentos de la política de cambio climático

Los Mecanismos de Desarrollo Limpio (MDL), definidos en el artículo 12 del protocolo de Kyoto, e iniciados en la práctica en 2005, es el principal programa internacional de compensación que existe en la actualidad, y aunque no es perfecto, ha ayudado a establecer un mercado global para la reducción de las emisiones. Los MDL generan compensaciones a través de la inversión en proyectos de reducción, eliminación y/o secuestro de carbono en países en desarrollo, coordinados a través de la UNFCCC, que ha establecido un conjunto de metodologías, reglas, procedimientos y estructuras institucionales para su implementación. Hasta 2011 se había establecido un fondo de US$ 2,7 billones, con el cual se están financiando 3.500 proyectos en 72 países en desarrollo, incluyendo China, India, México, Brasil, Chile, Perú, Nicaragua, Costa Rica, Honduras, Cambodia, Malasia, Tailandia, entre otros.

El MDL está regido por los signatarios del Protocolo a través de la Junta Ejecutiva.

Este mecanismo ofrece a los países industrializados la posibilidad de transferir tecnologías limpias a países en vías de desarrollo, mediante inversiones en proyectos de reducción de emisiones o sumideros, recibiendo a cambio certificados de emisión que servirán como suplemento a sus reducciones internas, dichas reducciones deberán ser verificadas y certificadas por entidades independientes. Para obtener la certificación de las emisiones, tanto el país industrializado como el país en desarrollo receptor del proyecto, deberán demostrar una reducción de las emisiones mensurable y prolongada en tiempo real. El MDL funciona bajo tres modalidades: Bonos de carbono, Aplicación conjunta y la iniciativa REDD+.

A) Bonos de Carbono (o Comercio internacional de emisiones)

Los bonos de carbono son un mecanismo internacional de descontaminación para reducir las emisiones contaminantes al medio ambiente; es uno de los tres mecanismos propuestos en el Protocolo de Kioto para la reducción de emisiones causantes del calentamiento global o GEI. La transacción de los bonos de carbono —un bono de carbono representa el derecho a emitir una tonelada de dióxido de carbono— permite mitigar la generación de gases invernadero, beneficiando a las empresas que no emiten o disminuyen la emisión y haciendo pagar a las que emiten más de lo permitido. El sistema ofrece incentivos económicos para que empresas privadas contribuyan a la mejora de la calidad ambiental y de esa manera regular la emisión generada por sus procesos productivos, considerando el derecho a emitir CO_2 como un bien canjeable y con un precio establecido en el mercado.

Las reducciones de emisiones de GEI se miden en toneladas de CO2 equivalente y se traducen en Certificados de Emisiones Reducidas (CER). Un CER equivale a una tonelada de CO2 que se deja de emitir a la atmósfera, y puede ser vendido en el mercado de carbono a países del Anexo I (industrializados, de acuerdo a la nomenclatura del Protocolo de Kioto). Los tipos de proyecto que pueden aplicar a una certificación son, por ejemplo, generación de energía renovable, mejoramiento de eficiencia energética de procesos, forestación, limpieza de áreas costeras, lagos y ríos. Una autoridad central (normalmente un gobierno o una organización internacional) establece un límite sobre la cantidad de gases contaminantes que pueden ser emitidos.

Las empresas son obligadas a gestionar un número de bonos (también conocidos como derechos o créditos), que representan el derecho a emitir una cantidad determinada de residuos. Las compañías que necesiten aumentar las emisiones por encima de su límite deberán comprar créditos a otras compañías que contaminen por debajo del límite que marca el número de créditos que le ha sido concedido. La transferencia de créditos es entendida como una compra. En efecto, el comprador está pagando una cantidad de dinero por contaminar, mientras que el vendedor se ve recompensado por haber logrado reducir sus emisiones. De esta forma se consigue, en teoría, que las compañías que hagan efectiva la reducción de emisiones son las que lo hagan de forma más eficiente (a menor coste), minimizando la factura agregada que la industria paga por conseguir la reducción.

El comercio de derechos de emisión es visto como un enfoque más eficiente que la tasación o la regulación directa. Puede ser más barato y, políticamente más deseable para las industrias existentes, puesto que la concesión de permisos se hace con determinadas exenciones, proporcionales a las emisiones históricas. Además, la mayoría del dinero generado por este sistema se destina a actividades medioambientales. Las críticas al comercio de derechos de emisión se basan en la dificultad de controlar todas las actividades de la industria y de asignar los derechos iniciales a cada compañía.

B) Aplicación conjunta (AC)

A través de la AC, un país industrializado (su Gobiernos, empresas u otras organizaciones privadas) podrá invertir en otro país industrializado y operar en un proyecto encaminado a reducir las emisiones de gases de efecto invernadero o incrementar la absorción por los sumideros. Cabe rescatar que existen una serie de requisitos que deben cumplirse debidamente para poder hacer uso de este mecanismo, y en cualquier caso, los proyectos deberán someterse a su certificación por entidades independientes. Los beneficios para el inversor consisten en obtener certificados para reducir emisiones a un precio menor del que le habría costado en su ámbito nacional. El país receptor será beneficiario de la inversión y la tecnología. Estos proyectos podrían haber entrado en funcionamiento desde el 2000, pero los certificados entraron en vigencia a partir de 2008.

C) La iniciativa REDD+ (Reducción de emisiones por deforestación y degradación de los bosques)

Auspiciada por la FAO, PNUD y UNEP en 2008, la iniciativa de reducción de emisiones por deforestación y degradación de los bosques (REDD+) tiene como objetivo materializar el mandato de la COP-13 (Bali) de la UNFCCC, luego ratificado por la COP-16 (Cancún) de diseñar estrategias y mecanismos alternativos de reducción de emisiones de GEI (FAO/PNUD/UNEP, 2008). En esencia, el programa REDD+ es una inversión orientada a mantener y mejorar el capital natural, específicamente los bosques, con miras a detener, disminuir o revertir los factores impulsores de la deforestación y degradación de los bosques en los países tropicales, contribuyendo así al mejoramiento de los servicios ecosistémicos y la conservación de la amplia biodiversidad contenida en los bosques tropicales (Sukhdevb et al., 2011). El objetivo de este programa es combatir estas emisiones mediante el desarrollo de programas de gestión sostenible de los bosques, poniendo en valor, además de los recursos madereros, los otros bienes y servicios que pueden aportar los bosques a las regiones donde se encuentran y a sus países, centrándose en las comunidades y en los usuarios de los bosques. Un grupo de países desarrollados ha establecido un fondo financiero para la implantación del programa REED+, de proyectos en 14 países: Bolivia, Cambodia, República Democrática del Congo (DRC), Ecuador, Indonesia, Nigeria, Panamá, Papúa New Guinea, Paraguay, Filipinas, Islas Salomón, Tanzania, Viet Nam y Zambia. En tanto que estos proyectos apenas se han iniciado, es difícil determinar el impacto que puedan tener en las economías de dichos países, pero se reconoce el gran potencial que presenta para mejorar los esfuerzos de desarrollo sustentable de los mismos. Hasta ahora se han prometido más de 4.000 millones de dólares para tomar acciones inmediatas. Pero la gran cantidad de problemas y la falta de gobernanza en estas actividades han generado numerosas críticas, muchas de ellas documentadas, sobre la formulación e implantación de los proyectos en diversos países, Guyana, Tailandia, Indonesia y Bolivia, entre otros.

Lo expuesto en esta sección sobre la respuesta ante el cambio climático intenta dibujar un panorama sintético de las iniciativas de la sociedad actual sobre el tema. Como es de esperarse, en la corriente científica relacionada con la economía política del cambio climático se puede encontrar una inmensidad de estudios, investigaciones, y propuestas, por lo general con muchas divergencias y convergencias en los análisis, discusiones, reflexiones, programas y proyectos sobre el estado actual de los procesos que están en marcha o deberían iniciarse, y de las políticas e instrumentos innovadores que podrían detener un proceso que viene avanzando irremediablemente desde hace más de 30 años, afectando directa o indirectamente la estabilidad y permanencia de la civilización, tal y como la vivimos hoy. Pero este es un tema más inherente a la Ecología política, que escapa al propósito fundamental de este libro.

Fundamentos de Ecología

La sustentabilidad como paradigma ecológico

Capítulo

19.1. Contexto introductorio

A lo largo de este libro se ha venido destacando la primacía del medio ambiente como el contexto natural en el cual emerge y evoluciona la vida. Desde diversos puntos de vista se han enfocado sucesivamente el conjunto de elementos componentes de esa compleja manifestación de la naturaleza, en la que recursos y diversidad se entrelazan; en función de un estado de equilibrio de las complejas interacciones que constantemente están produciéndose para conformar los ecosistemas; desde una escala microscópica, como es la biota del suelo, hasta la global, que es la biosfera. El papel de la especie dominante, el ser humano, en tanto que representa la emergencia más perfeccionada del sistema viviente, ha evolucionado inteligentemente en aras de controlar y disponer de los recursos del ecosistema, creando, a través de su existencia, una cultura o manera de ver el mundo enmarcada en sus relaciones sociales y modos de vida, prevaleciendo una visión antropocéntrica, por encima de la biocéntrica o ecocéntrica, que parte de la premisa falsa de que los recursos de la biósfera son infinitos. Al mismo tiempo, tal dominio implica transformaciones, la mayor parte de las veces, esencialmente disruptivas del equilibrio inicial del cual surgen. Porque hasta hace poco, el examen de esta relación hombre-ecosistema no se enfocaba de manera sistémica y holística, analizándose cada parte por separado, sin enfocar y desentrañar las complejas interacciones que de hecho condicionan y afectan el funcionamiento de los ecosistemas donde el hombre habita y de los cuales obtiene servicios indispensables para su mantenimiento y evolución.

Rockström et al. (2009), en un artículo ampliamente citado y discutido en la comunidad científica durante los últimos siete años, consideran que las presiones antropogénicas en el sistema de la Tierra han llegado a una escala donde ya no puede negarse que existe un abrupto cambio ambiental global, proponiendo un nuevo enfoque de la sostenibilidad integral en el que definen los límites planetarios necesarios dentro de los cuales la humanidad pueda operar con seguridad. Transgredir uno o más límites planetarios puede ser perjudicial o incluso catastrófico, debido al riesgo de traspasar umbrales que desencadenen un cambio del medio ambiente no lineal y abrupto, a escala continental y planetaria. Los autores identifican nueve límites planetarios y, con base en los conocimientos científicos actuales, proponen las debidas cuantificaciones para siete de ellos:

- El cambio climático (concentración de CO2 en la atmósfera <350 ppm y/o un cambio máximo de 1 W/m2 en el forzamiento radiativo),

- Acidificación de los océanos (pH del agua de mar superficial estado de saturación con respecto a la aragonita ≥ 80% del nivel pre-industrial),

- El ozono estratosférico (<5% de reducción en la concentración del O3 con respecto al nivel pre-industrial de 290 unidades Dobson),

- Ciclo biogeoquímico del nitrógeno (limitar la fijación industrial y agrícola de N2 a 35 Tg N/año) y el ciclo del fósforo (ingreso anual de P en los océanos que no exceda 10 veces el fondo natural desgaste del P),

- El uso mundial de agua dulce (<4.000 km3/año de uso consuntivo de los recursos de escorrentía),

- El cambio del sistema Tierra (<15 % de la superficie terrestre libre de hielo bajo tierras cultivadas),

- La velocidad a la que se pierde la diversidad biológica (tasa anual de <10 extinciones por millón de especies).

- La contaminación química y

- La carga de aerosoles atmosféricos.

En la Figura 19.1 se visualizan los límites planetarios identificados por Rockström et al. (2009), quienes estiman que la humanidad ya ha transgredido tres límites planetarios: el cambio climático, la pérdida de biodiversidad y los cambios en los ciclos globales del nitrógeno y del fósforo. Los límites planetarios son interdependientes, porque uno de ellos puede transgredir o modificar la magnitud de otros o provocar su transgresión. Los impactos sociales de transgredir estos límites estarán en función de la capacidad de recuperación socio-ecológica de las sociedades afectadas.

Los límites propuestos son sólo estimaciones preliminares, rodeados de grandes incertidumbres y lagunas de conocimiento. Llenar esas lagunas requerirá grandes avances en la ciencia y resiliencia del sistema de la Tierra. La resiliencia puede definirse como la capacidad de un sistema y sus componentes para anticipar, absorber, adaptarse o recuperarse de los efectos de un shock o estrés de manera oportuna y eficiente. El concepto propuesto de "límites planetarios" sienta las bases para cambiar el actual enfoque de la gobernanza y la gestión, desde los análisis esencialmente sectoriales de límites de crecimiento destinado a minimizar las externalidades negativas, hacia la estimación precisa del espacio seguro para el desarrollo humano. Los límites planetarios definen, por así decirlo, los límites del "campo de juego planetario" para la humanidad, si queremos estar seguros de evitar grandes cambios ambientales inducidos por el hombre en una escala global, al tiempo que se asegura un tránsito viable y seguro hacia la sustentabilidad.

Fundamentos de Ecología

356

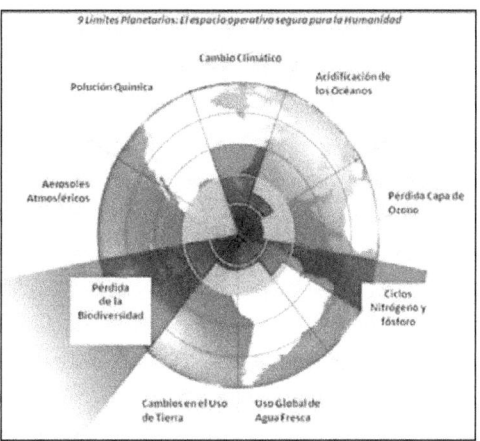

Figura 9.1. Límites planetarios: el espacio operativo seguro para la humanidad. Fuente: Rockström *et al.*, (2009)

Rockström y Sachs (2013) enfatizan que el concepto de límites planetarios se ha desarrollado para delinear un espacio operativo seguro para la humanidad que lleva una baja probabilidad de dañar los sistemas de soporte de vida en la Tierra, hasta el punto de que ya no son capaces de apoyar el crecimiento económico y el desarrollo humano. Existe evidencia científica sólida y creciente de que hemos entrado en una nueva época geológica, el Antropoceno, donde la humanidad se ha convertido en una fuerza global de cambio a escala planetaria (Crutzen, 2002). Por primera vez se evidencian los cambios producidos por humanos en el funcionamiento del sistema terrestre, desde el derretimiento acelerado de las capas de hielo hasta los cambios en los patrones de lluvias y el socavamiento de los ecosistemas y la biodiversidad. Estos cambios ambientales globales pueden socavar las oportunidades de desarrollo a largo plazo y desencadenar cambios abruptos para las sociedades humanas (por ejemplo, olas de calor, sequías e inundaciones, aumento rápido del nivel del mar, pandemias y colapso del ecosistema).

De allí que se requiere de una visión estratégica que considere y concilie un conjunto de aspectos determinantes (Steffen *et al.*, 2015):

➢ Los efectos del cambio climático,
➢ La tasa de pérdida de la biodiversidad,
➢ La creciente contaminación de la atmósfera, los recursos hídricos y la superficie terrestre

➢ El diseño y puesta en práctica de innovaciones sustentables que permitan el aprovechamiento y la explotación de los recursos a una tasa que no exceda su capacidad y asegure su preservación.
➢ Las innovaciones institucionales y políticas a través de las cuales sea posible inducir e implementar políticas alimentarias y de protección del ambiente, ambas eficientes y equitativas, para todos los países y regiones por igual.

La relevancia de lo anteriormente expuesto puede entenderse mejor, si se revisa la reseña histórica presentada en el Capítulo 14 (sec. 14.2.1) sobre de los acontecimientos y avances durante los últimos 50 años en el marco multilateral para enfrentar el creciente deterioro del medio ambiente —por efecto de la contaminación de la atmósfera, los suelos y las aguas—, con el fin de propiciar la sustentabilidad del planeta. La Cumbre Mundial de Desarrollo Sustentable (Río + 20), en junio de 2012, celebrada en Río de Janeiro, tuvo como tema central del debate el DS, pero sus resultados fueron considerados —por la mayoría de la comunidad interesada en el asunto— como una reiteración de compromisos a futuro y sin propuestas ni acuerdos concretos inmediatos. El acuerdo de la ONU, en septiembre de 2015, que establece las Metas del Desarrollo Sustentable para el año 2030[1], en sustitución de las metas del Desarrollo del Milenio y el énfasis puesto conceptos como los límites planetarios, ha creado un clima de optimismo y esperanza para muchos países que sufren las consecuencias del desarrollo desigual característico del planeta en los últimos siglos.

---

[1] Una relación detallada de las metas del desarrollo sustentable aprobadas unánimemente por las Naciones Unidas puede consultarse en: http://www.un.org/sustainabledevelopment/es/objetivos-de-desarrollo-sostenible/

Fundamentos de Ecología

Tanto Rockström et al. (2009) como, Rockström y Sachs (2013) y Steffen et al. (2015) consideran que la trayectoria del Desarrollo Sostenible debe abordar los límites planetarios en una nueva forma: no por una lucha abierta por los recursos, ni por la contracción de los niveles de ingresos altos, ni por las restricciones en el crecimiento de los países de ingreso medio o bajo. Más bien, el mundo debe vivir dentro de los límites del planeta a través de la implementación de nuevas tecnologías sostenibles y nuevas reglas de juego globales. La visión deseable es que un proceso ordenado y cooperativo permite mejorar dramáticamente los resultados para todas las partes del mundo.

19.2. La sustentabilidad como necesidad y como desafío

Con una población cercana a 7.480 millones de individuos en la actualidad —y con la perspectiva cierta de un crecimiento constante e inevitable— la especie humana ha reconfigurado —y en muchos casos continua haciéndolo— el ecosistema, bajo la visión egoísta de especie dominante, capaz de intervenir a voluntad su entorno, —como si nos perteneciera exclusivamente a nosotros— independientemente del entramado natural que ha regido la evolución de la vida desde hace más de 3 mil millones de años (Lovelock, 2007). Ello ha tenido, y continua teniendo, cuantiosas y graves consecuencias en el funcionamiento y procesos globales de los diversos ecosistemas, de los cuales el hombre forma parte (Glaeser y Glaser, 2010). A pesar de la propiedad particular de manejo del conocimiento abstracto que posee —diferente al conocimiento evolucionario, implícito en el resto de las especies (Pooper, 1987)—, el hombre moderno apenas comienza a caer en cuenta de las posibilidades finitas y limitadas de éxito de tal empresa de control y transformación de su entorno. Ante este inexorable dilema, la sociedad humana se percata de la necesidad apremiante de inventar y arbitrar soluciones que impidan desembocar en el resultado de inestabilidad y degradación —que ya se ha hecho evidente— a lo largo de las diversas escalas de funcionamiento y de los procesos ecosistémicos.

Las últimas estimaciones indican que es necesario un aumento de alrededor de 70% en la producción agrícola mundial para satisfacer la demanda de alimentos y la nutrición para el año 2050 (FAO, 2009). Este reto debe enfrentarse a través de la promoción de los sistemas de producción que sean ecológicamente racionales y sostenibles, respetando las sinergias y vínculos entre la biodiversidad agrícola y la seguridad alimentaria. A pesar de que los avances tecnológicos en el uso de insumos y variedades de alto rendimiento han contribuido a mejorar la producción agrícola, el aumento progresivo del número de personas desnutridas en el mundo muestra que aún queda mucho por hacer, especialmente en el ámbito de las relaciones sociales y políticas de las naciones.

El reto futuro de alimentar una población cercana a los 9 mil millones de personas en el 2050, como lo plantean Godfray et al. (2010), requiere de la reconfiguración del sistema alimentario global —y no solamente de los agroecosistemas—, lo que implica cambios significativos en las formas en que se producen, almacenan, procesan, distribuyen y se accede a los alimentos. Es necesaria una visión estratégica que tome en cuenta y concilie un conjunto de aspectos determinantes:

- La finitud de los recursos globales disponibles, incluyendo la biodiversidad,
- El incremento en el costo de los alimentos,
- La competencia por tierras, agua y energía entre los productores,
- Los efectos del cambio climático,
- La necesidad de mejorar los rendimientos —especialmente en los países pobres— incluyendo las posibilidades que ofrece la biotecnología,
- El diseño y puesta en práctica de innovaciones sustentables, esto es, que permitan el aprovechamiento y la explotación de los recursos a una tasa que no exceda su capacidad y asegure su preservación.
- Las innovaciones institucionales y políticas a través de las cuales sea posible inducir e implementar políticas alimentarias eficientes y equitativas para todos los países y regiones por igual.

Bajo este panorama surge la idea de la **sustentabilidad**, más allá de los paradigmas económicos y políticos vigentes, como única opción capaz de asegurar la supervivencia y estabilidad en el presente y, sobretodo, en el futuro previsible. Se deriva así el concepto de **Desarrollo Sustentable**, —en contraposición con el trajinado concepto del desarrollo (a secas)—, el cual ha evolucionado desde sus elaboraciones sencillas, aun cuando difusas, de hace 30 años, a partir de los postulados del informe Bruntland (1984), acerca de la indivisibilidad entre las actividades, ambiciones y necesidades humanas y el medio ambiente, hasta los principios integradores y explícitos que hoy día manejan (algunos de) los entornos socio-políticos y económicos, tanto nacionales como internacionales.

La definición de desarrollo sostenible del reporte "Nuestro futuro común" dice textualmente:

"Está en manos de la humanidad hacer que el desarrollo sea sostenible, es decir, asegurar que satisfaga las necesidades del presente sin comprometer la capacidad de las futuras generaciones para satisfacer las propias. El concepto de desarrollo sostenible implica límites, no límites absolutos, sino limitaciones que imponen a los recursos del medio ambiente el estado actual de la tecnología y de la organización social y la capacidad de la biósfera de absorber los efectos de las actividades humanas, pero tanto la tecnología como la organización social pueden ser ordenadas y mejoradas de manera que abran el camino a una nueva era de crecimiento económico" (CMMAD, 1988:13).

La literatura sobre DS ha crecido vertiginosamente durante los últimos 25 años, destacando las posiciones más diversas, y a veces encontradas, en torno a la concepción, premisas,

Fundamentos de Ecología

enfoques, planes, acciones relacionadas con la aplicación y utilidad del concepto de DS inicialmente propuesto. Como bien lo señala Gudynas (2011), muchos de estos documentos citan de manera parcial los elementos de la definición anterior. Muchas veces se define a la sustentabilidad solamente como un asunto de responsabilidades con las generaciones futuras, mientras que en el mundo empresarial se prefiere recordar solamente la necesidad de una nueva era de crecimiento económico.

Para los ambientalistas, el asunto radica en "cuidar la Tierra". El éxito del concepto y su constante invocación se deben a su polisemia, que permite un uso muy variado; los defensores de las definiciones parciales se sienten cómodos con ella, en tanto tiene un contenido positivo y proactivo. Ello ha conducido a que el DS se haya convertido en una etiqueta bajo la cual hay muy distintas conceptualizaciones que atienden muy distintas dimensiones, cada una por su lado y pretendiendo ser la mejor (Gudynas, 2011).

En los últimos años, algunos de los asuntos discutidos y analizados incluyen, entre otros:

- La paradoja entre el bienestar humano y los servicios ecosistémicos,
- La ausencia del factor "recursos naturales" en la macroeconomía y la ignorancia del "capital natural",
- La falta de atención y de percepción de la naturaleza compleja adaptativa del proceso,
- La poca atención a los valores y las tendencias pasadas y recientes del desarrollo vis a vis la perspectiva ambiental.

El análisis conceptual-filosófico realizado por Jabareen (2008; 2009), con base en una revisión sobre las distintas interpretaciones y discursos acerca del DS, puede ser esclarecedor de la complejidad interpretativa que el DS encierra, la cual concluye identificando siete conceptos que en conjunto sintetizan y ensamblan su propuesta del marco teórico del DS:

1) Paradoja ética;
2) La reserva o acervo de Capital natural;
3) Equidad;
4) Eco-forma;
5) Administración integrada;
6) Agenda política global, y
7) Utopía.

Cada concepto representa significados distintivos y aspectos de los fundamentos teóricos del DS:

1) La **paradoja ética** descansa en el corazón de este marco. La paradoja entre la "sostenibilidad" y el "desarrollo" se articula en términos de ética. En otras palabras, la fundamentación ontológica del marco teórico del desarrollo sostenible se basa en la paradoja no resuelta de la sostenibilidad que, como tal, puede simultáneamente referirse a ideologías y prácticas ambientales disímiles y contradictorias. En consecuencia, el DS tolera diversas interpretaciones y prácticas que varían entre la "Ecología suave", que permite intervenciones intensivas (antropocentrismo), y "Ecología profunda", que permite sólo acepta intervenciones menores en la naturaleza (ecocentrismo).

2) El **capital natural** representa el aspecto material del mundo teórico (epistemológico) de la sostenibilidad: el medio ambiente natural y los activos de recursos de desarrollo y conservación. El marco teórico de sostenibilidad aboga por mantener constante el capital natural en beneficio de las futuras generaciones (sustentabilidad fuerte).

3) El concepto de **equidad** representa los aspectos sociales (epistemológicos) de la sustentabilidad débil. Abarca diferentes conceptos como la justicia ambiental, social y económica, la equidad social, calidad de vida, la libertad, la democracia, la participación y el empoderamiento. En términos generales, la sostenibilidad es vista como una cuestión de equidad distributiva, al compartir la capacidad del bienestar de las generaciones actuales y futuras de las personas.

4) La **eco-forma** representa la forma ecológicamente deseable de los espacios urbanos y las comunidades. Este concepto representa la forma espacial deseada de los hábitats humanos: ciudades, pueblos y barrios. El diseño "sostenible" tiene como objetivo crear eco-formas, que no son más que flujos de energías eficientes y diseñadas para una larga vida. Sus principios comunes podrían ser explicados por el concepto de "compresión tiempo-espacio-energía", que requiere la reducción del tiempo y el espacio con el fin de reducir el uso de energía.

5) El concepto de **gestión integrada** representa la visión integradora y holística de los aspectos del desarrollo social, el crecimiento económico y protección del medio ambiente. De acuerdo con el mundo teórico de la sostenibilidad, la integración de preocupaciones ambientales, sociales y económicos en la planificación y gestión de SD es esencial. Se cree que con el fin de lograr la integridad ecológica, es decir, para preservar la CN, necesitamos planteamientos integradores y holísticos para la gestión medioambiental.

6) La **agenda política global** representa un nuevo discurso político mundial sobre el ambiente, reconstituido en torno a las ideas de sostenibilidad. Desde la Cumbre de Rio-1992, este discurso se ha extendido más allá de los conceptos puramente ecológicos para incluir diversas cuestiones internacionales, como la seguridad, la paz, el comercio, el patrimonio, el hambre, la vivienda, y otros servicios básicos. Sin embargo, el concepto refleja las profundas disputas políticas entre los países del Norte y del Sur, donde el Norte demanda que "no hay desarrollo sin sostenibilidad", mientras que para el Sur "no hay sostenibilidad sin desarrollo".

7) El concepto de **utopía** representa las visiones de los hábitats humanos basadas en la SD. Generalmente, tales utopías imaginan una sociedad perfecta en la que prevalezca la justicia, las personas son perfectamente felices, viven y prosperan en armonía con la naturaleza, y la vida avanza sin problemas, sin abusos o escasez.

Fundamentos de Ecología

Esta utopía trasciende las preocupaciones ecológicas primordiales de la sostenibilidad para incorporar conceptos políticos y sociales como la solidaridad, la espiritualidad y la asignación equitativa de los recursos.

19.3. Las visiones de sustentabilidad

En la Economía ambiental se ha distinguido entre la sustentabilidad débil, la sustentabilidad fuerte y la sustentabilidad superfuerte. La primera hace hincapié como condición de sustentabilidad en el mantenimiento de la suma del CN y el capital hecho por el hombre (medios de producción generados). Ambas formas de capital serían intercambiables o sustituibles en esta visión. Lo que importa es que el acervo total de capital en la sociedad no disminuya.

La **sustentabilidad débil** sostiene que una buena gestión ambiental se basa en la valoración económica y el ingreso de la naturaleza al mercado. Los componentes ambientales deben tener un precio (valor de uso o de cambio), y en lo posible deben estar bajo derechos de propiedad, desembocando así en el concepto de "capital natural". Esta posición es compatible con las posturas de la economía neoclásica, donde el CN sería otro factor de producción. Esta corriente entiende que existe una sustitución casi perfecta entre las diferentes formas de capital; se puede pasar de CN a otras formas de capital construidas por el ser humano, y viceversa.

Para la **sustentabilidad fuerte**, debe procurarse mantener el CN, de manera independiente de la evolución del capital hecho por el hombre. Pero si ambos tipos de capital no son sustituibles entre sí, habrá ciertos niveles de CN que actúen como límites por debajo de los cuales no pueda descenderse aunque pueda aumentar el capital del segundo tipo. El concepto económico de sustentabilidad fuerte es de interés adicional porque implica que dichos límites inferiores sean fijados no por el mercado sino por otros mecanismos sociales más amplios, donde esté representado un mayor espectro de la sociedad. Sin duda alguna, las generaciones futuras no alcanzarán, pese a estos artificios, a estar presentes en el momento del establecimiento de esos límites, pero al menos se asegura una toma de decisiones de mayor cobertura.

El interés mayor que surge del análisis de la teoría de la sustentabilidad fuerte es que la propia noción de límites impuestos desde fuera de la economía parece en principio enteramente coincidente con el establecimiento de normas mínimas de protección ambiental. Como es necesario asegurar la conservación y el mantenimiento de ecosistemas y especies, se plantea la necesidad de salvaguardar componentes como especies o ecosistemas, concebidos como un CN crítico, que no puede ser convertido en otras formas de capital, y que debe reconocer no sólo el valor económico sino también un valor ecológico.

Finalmente, la **sustentabilidad superfuerte** apunta más allá de las valoraciones económicas y ecológicas, afirmando que existen múltiples escalas de valoración de la naturaleza. Son posturas que implican un cuestionamiento sustancial al desarrollo actual, defendiendo los valores propios de la naturaleza (econcentricas), y que reclaman alternativas de mayor alcance (Gudynas, 2011).

El informe del IAASTD (2008)[2], por su parte, es partidario de la sustentabilidad fuerte, señalando enfáticamente que los objetivos de DS deben situarse en el contexto de:

1) Las disparidades sociales y económicas actuales, así como la incertidumbre política en relación con las guerras y los conflictos;
2) La incertidumbre acerca de la capacidad de producir y tener acceso a suficientes alimentos de forma sostenible;
3) La incertidumbre acerca del futuro de los precios mundiales de los alimentos;
4) Los cambios en la economía del consumo energético basado en los combustibles fósiles;
5) La aparición de nuevos competidores en el sector de los recursos naturales;
6) El aumento del número de enfermedades crónicas que son, en parte, consecuencia de carencias nutricionales y la mala calidad de los alimentos, así como la inocuidad alimentaria, y
7) Condiciones ambientales cambiantes y una concienciación cada vez mayor acerca de la responsabilidad del hombre con respecto al mantenimiento de los servicios mundiales de los ecosistemas (suministro, reglamentación, aspectos culturales y apoyo).

19.4. Los sistemas socio-ecológicos

Para comprender y enfrentar el desafío de una transición hacia la sustentabilidad, es necesario el análisis del régimen socio-ecológico actual de manera integral, bajo una concepción distinta a la actual: el crecimiento ilimitado de la producción y el consumo material como indicador de la calidad de vida y el bienestar deseables. La ciencia ha demostrado fehacientemente que existe un umbral más allá del cual, el crecimiento continuo ya no contribuye con el mejoramiento de la calidad de vida y, al contrario la deteriora, constituyéndose más bien en un obstáculo al generar la escasez y deterioro, tanto de los limitados y finitos recursos naturales (suelos, aguas y atmósfera) y energéticos, como del espacio y los paisajes ocupados (cambio climático, pérdida de biodiversidad), como bien lo afirma Rockström *et al.* (2009).

Un sistema socio-ecológico se refiere a una unidad "bio-geo-física" y sus actores sociales e instituciones asociadas. Se puede definir como aquel sistema que cohesiona los fac-

---

[2] La Evaluación Internacional del Papel del Conocimiento, la Ciencia y la Tecnología para el Desarrollo (IAASTD, por sus siglas en inglés) es un esfuerzo internacional iniciado por el Banco Mundial con el objeto de evaluar la pertinencia, calidad y eficacia de los conocimientos, la ciencia y la tecnología agrícolas (CCTA), y la eficacia del gasto público y las políticas del sector privado y los arreglos institucionales. El proyecto se desarrolló a partir de un proceso consultivo con participación de 900 participantes y 110 países. La IAASTD se lanzó como un proceso intergubernamental, con el copatrocinio de la FAO, el Fondo Medio Ambiental Global, el PNUD, el PNUMA, la UNESCO, el Banco Mundial y la OMS.

Fundamentos de Ecología

tores biofísicos y sociales que interactúan regularmente de una manera continua, enmarcado en contextos y escalas espacio-temporales y organizativas, por lo general vinculados jerárquicamente y permanentemente dinámicos, complejos y adaptativos (Folke, 2006). En términos de recursos, engloba aquellos que son críticos (naturales, socioeconómicos y culturales), cuyo flujo y uso está regulado por una combinación de los sistemas ecológico y social.

Los investigadores han utilizado el concepto de los sistemas socio-ecológicos para enfatizar la integralidad del ser humano con la naturaleza y hacer hincapié en que la delimitación entre los sistemas sociales y los sistemas ecológicos es artificial y arbitraria. El enfoque del sistema socio-ecológico sostiene que los sistemas sociales y ecológicos están vinculados mediante mecanismos de retroinformación (positiva y/o negativa), y que ambos son complejos y resilientes (Walker et al., 2004; Alessa et al., 2009).

En los sistemas socio-ecológicos, las interacciones entre los sistemas sociales y ecológicos se dan por doble vía. Por un lado, las intervenciones y actividades de carácter cultural, político, social y económico producen cambios y transformaciones en el ambiente y la naturaleza (p.ej. la minería, la pesca y las actividades agrícolas). Por otro lado, las dinámicas de los ecosistemas influencian la cultura, las relaciones de poder y las actividades económicas de los seres humanos, como es el caso de los desastres naturales (sequías, inundaciones) y el cambio climático (Salas-Zapata et al., 2012).

De esta manera, la capacidad adaptativa en un sistema socio-ecológico significa que las actividades humanas deben ajustarse a las características y dinámicas de los ecosistemas con los que se relacionan, de manera que éstos no produzcan transformaciones que lleven a estados prolongados de sufrimiento humano. Por esa razón es más preciso entender la sustentabilidad de un sistema como la resiliencia socio-ecológica del mismo. En este contexto, la resiliencia se refiere a la capacidad de los sistemas socio-ecológicos para absorber perturbaciones recurrentes, de manera de mantener los procesos y estructuras y retroinformaciones (feedback) esenciales, a través de la transformación de su capacidad adaptativa, del aprendizaje y la innovación (Folke, 2006). Así, una alta resiliencia socio-ecológica es sinónimo de sustentabilidad, a la vez que una escasa supone una limitada sustentabilidad para el sistema (Berkes et al., citado por Salas-Zapata, 2012).

La cultura prevaleciente desde los inicios de la revolución industrial condujo a visiones de un mundo con recursos infinitos e inagotables, mientras que los arreglos institucionales se diseñaron para la extracción máxima de recursos y la producción y mercadeo de bienes y servicios, no sólo superfluos sino también muchas veces superiores a las capacidades reales que los ecosistemas pueden proveer (Beddoe et al., 2009). El actual régimen socio-ecológico, por tanto, debe enfocarse en reflexionar, aprender de las experiencias y rediseñar los patrones de calidad de vida para que se adapten a la realidad del entorno físico-biológico.

Fundamentos de Ecología

19.5. El capital natural y la sustentabilidad

Como ya ha sido mencionado en capítulos anteriores (caps. 2 y 13), los ecosistemas generan numerosos bienes y servicios para el bienestar humano. Algunos de los beneficios que nos generan los ecosistemas se obtienen a través de los mercados, mientras que otros son consumidos o disfrutados por los humanos sin la mediación de transacciones mercantiles (Gómez-Baggethun y de Groot, 2007). Dicha relación se puede visualizar en la Figura. 19.2. El capital natural (CN) incluye los bienes naturales de la Tierra (suelo, aire, agua, flora y fauna) y los servicios derivados de los ecosistemas, que hacen posible la vida humana. Desde una perspectiva ecológica, el CN no puede ser concebido como una simple agregación de elementos. Además de estos componentes (estructura del ecosistema), el CN engloba todos aquellos procesos e interacciones entre los mismos (funcionamiento del ecosistema) que determinan su integridad y resiliencia ecológica.

A lo largo de las tres últimas décadas, enfoques como la Economía ambiental y la Economía ecológica han tratado de volver a conectar el sistema económico con el sistema ecológico que lo sustenta: la primera, valorando las externalidades ambientales de cara a su incorporación en la contabilidad económica; la segunda, cuestionando los fundamentos y axiomas sobre los que reposa la Economía neoclásica y tratando de desarrollar un nuevo marco conceptual y metodológico de análisis que refleje e incorpore los costes físicos de la actividad económica.

Los bienes y servicios provenientes del CN tienen un valor anual de 7,3 trillones de US$ dólares (equivalente a 13% del Producto total bruto mundial), según lo señala el reporte Trucost (2013), y proporcionan alimentos, fibras, agua, salud, energía, seguridad climática y otros servicios esenciales para la humanidad. Ninguno de estos servicios, ni el acervo de CN que los produce, son adecuadamente valuados en comparación con el capital social y financiero. Aunque sean fundamentales para nuestro bienestar, su uso diario pasa casi inadvertido en el sistema económico vigente. En realidad, dichos costes se consideran **externalidades** de los procesos económicos (industriales y comerciales).

Los activos de CN se dividen en dos categorías: los que no son renovables y se negocian, como los combustibles fósiles y minerales, y los que proporcionan bienes y servicios renovables y finitos para los que normalmente no existe un precio, como el aire limpio, el suelo, los cuerpos de agua (incluyendo la subterránea) y la biodiversidad. Durante la última década, los precios de las materias primas, así como los riesgos, están creciendo por la sobre-explotación de los cada vez más escasos recursos del invalorable capital natural.

La creciente demanda de las empresas por el CN y una oferta decreciente debido a la degradación y fenómenos como la sequía del medio ambiente, están contribuyendo a la escasez de recursos naturales, entre ellos el agua. El agotamiento de los bienes y servicios provistos por los ecosistemas, resultante de los daños causados por la contami-

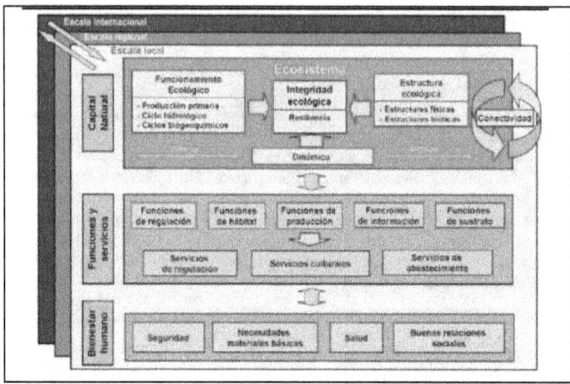

Figura 19.2. Relaciones entre el capital natural y bienestar humano. Las funciones de los ecosistemas permiten generar todo un flujo de beneficios y productos que inciden en todos las componentes básicas del bienestar humano.
Fuente: Gómez-Baggethun y de Groot (2007).

nación, el cambio climático o el cambio de uso de la tierra, genera las externalidades de tipo económico, social y medioambiental.

Las políticas gubernamentales para hacer frente al desafío incluyen regulaciones ambientales e instrumentos mercantilizados que pueden internalizar los costos de CN y reducir la rentabilidad de las actividades contaminantes. En la ausencia de regulación, estos costos suelen permanecer exteriorizados, a menos que un evento como la sequía provoque la internalización rápida a lo largo de las cadenas de suministro a través de la volatilidad de precios de productos básicos (aunque los costes derivados de la sequía no necesariamente son proporcionales a la externalidad de cualquier riego).

19.6. Principios del desarrollo sustentable

Como se ha señalado, los términos DS y sustentabilidad han sido utilizados muy laxamente, a lo largo de los pasados 30 años,—por algunos grupos, instituciones y gobiernos— pero recientemente comienza a emerger una concepción más clara y de mayor alcance, basada en cuatro principios fundamentales (Waas, 2011):

- Normatividad, pues estará determinada por nuestras visiones del mundo y decisiones basadas en nuestras creencias y valores.
- Equidad, que asegure iguales beneficios para todos los componentes, tanto del ecosistema, como del entramado social y, más importante aún, que las necesidades y aspiraciones de las sucesivas generaciones puedan ser satisfechas, haciendo uso racional de los recursos y conservándolos para ellas.
- Integridad, en la que la cultura, las instituciones y los procesos socioeconómicos funcionen armoniosamente, basados en el conocimiento científico y la innovación, bajo una visión inter y transdisciplinaria, sistémica y holística.
- Dinamicidad, cumpliendo con el atributo más importante de los ecosistemas, su dinamismo y cambio constante, pues el DS no es una meta definitiva y finita, sino un largo viaje cuyo destino final siempre estará sometido a un proceso evolutivo permanente.

En esencia, el modelo fundamental del DS se puede visualizar en la Figura 19.3. La interacción sistémica y holística entre sociedad, economía y ambiente constituye la base de la sustentabilidad. El concepto de sustentabilidad se fundamenta en el reconocimiento de las limitaciones y la potencialidad de la naturaleza, así como del entorno ambiental, inspirando una nueva comprensión del mundo para enfrentar los desafíos de la humanidad en el tercer milenio; promueve una nueva alianza naturaleza-cultura fundando una nueva economía, reorientando los potenciales de la ciencia y la tecnología, y construyendo una nueva cultura política fundada en una ética de la sustentabilidad –en valores, creencias, sentimientos y saberes– que renuevan los sentidos existenciales, los mundos de vida y las formas de habitar el planeta Tierra.

Como lo señalan Kates et al. (2005), el DS se concibe en la actualidad como:

"un proceso integrador y contextualizado (en un entorno real y concreto), a través del cual la sociedad humana puede avanzar en sus metas de supervivencia y bienestar —mediante del uso inteligente y mesurado de los recursos que la naturaleza provee a través de los ecosistemas—

Fundamentos de Ecología

siempre y cuando prevalezcan acciones basadas en los valores y la sensibilidad ecológica que aseguren que dicho uso no comprometa la capacidad de las generaciones futuras para igualmente alcanzar sus necesidades y metas de bienestar".

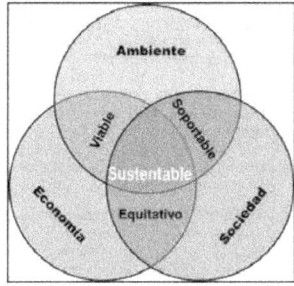

Figura 19.3. Modelo fundamental del desarrollo sustentable.

De esta manera, esta concepción de DS implica la consideración integral de las siguientes interrogantes:

1. ¿Qué es lo que se necesita sustentar?: la naturaleza, el sistema de soporte de la vida y las comunidades, con sus correspondientes categorías intermedias, los ecosistemas, el ambiente y la cultura, respectivamente.
2. ¿Qué es lo que se quiere desarrollar?: el hombre (enfatizando el desarrollo humano, expectativas de vida, equidad, salud educación, oportunidades), la economía (bienestar, producción limpia, consumo sustentable) y la sociedad (capital social, instituciones, regiones, Estados).
3. ¿Cuál es el nivel de inclusividad y exhaustividad de ambos aspectos (sustentar y desarrollar) y el alcance en el tiempo (10 años, una generación, permanentemente)?

En relación con la tercera interrogante, dentro del enfoque de sustentabilidad son cruciales los conceptos de equidad inter e intra-generacional. El primer concepto nos llama a ver a la Tierra y sus recursos no sólo como una oportunidad de inversión, sino como un fideicomiso o una fundación, legada a nosotros por nuestros antepasados, con el objetivo de que nosotros la disfrutemos y después la entreguemos a nuestros herederos para que ellos la disfruten también. El segundo concepto se refiere a las desigualdades dentro de segmentos diferentes de la misma generación, donde los segmentos más pobres sufren más los impactos y las consecuencias de la degradación ambiental y son más vulnerables a los desastres (Masera, 2002).

Por lo tanto, se requiere un cambio existencial, como bien lo señala León (2009), puesto que la especie humana ha participado desde su emergencia:

"…en los procesos vitales en una forma articulada con el resto de los componentes ecosistémicos, fundiéndose en interacciones positivas, producto de la optimización de los flujos de energía, materia e información…. Ya lo cultural, aceptado como la actuación humana, descenderá de su pedestal antropocéntrico, para incorporarse en términos muy diferentes a las creencias y valores que hasta ahora había sustentado".

León enfatiza que la vida del hombre en este naciente siglo no va a depender de la disponibilidad de los recursos ni de los avances tecnológicos, sino más bien de la habilidad que logre cultural y existencialmente para participar en los procesos del ecosistema.

19.7. El enfoque ecosistémico: base de las iniciativas de desarrollo sustentable

Como consecuencia de la creciente internalización de estos principios del DS, ha surgido el enfoque ecosistémico (EE), propuesto por el Convenio de Diversidad Biológica en el año 2000, en el marco de las discusiones sobre biodiversidad y DS (CBD, 2004). El enfoque ecosistémico es una estrategia para la gestión integrada de la tierra, agua y recursos vivos que promueve la conservación y uso sostenible de manera equitativa. El EE sirvió de base conceptual para la iniciativa de la "Evaluación de los Ecosistemas del Milenio", realizada durante los años 2001 a 2004, bajo el liderazgo de la UNEP (2005). El EE se basa en la aplicación de metodologías científicas apropiadas centradas en los niveles de organización biológica, que abarcan la estructura esencial, procesos, funciones e interacciones entre organismos y su ambiente. Reconoce que los seres humanos, con su diversidad cultural, son un componente integral de muchos ecosistemas.

El EE requiere de la gestión adaptativa para lidiar con la naturaleza compleja y dinámica de los ecosistemas, por un lado, y la falta de conocimiento o comprensión de su funcionamiento por el otro. Los objetivos prioritarios son la conservación tanto de la biodiversidad como de la estructura de los ecosistemas y los servicios que éstos prestan para el bienestar de la sociedad. El CBD ha establecido los 12 principios básicos para la aplicación del enfoque ecosistémico en los programas y proyectos orientados a la conservación y uso sustentable de la biodiversidad[3]. Dichos principios integran aspectos sociales, económicos, ecológicos, políticos y culturales en un área geográfica definida por límites ecológicos, al tiempo que enfatizan la necesidad de mantener una visión holística y sinérgica entre los agentes involucrados (población, instituciones, políticas) y las bases de datos información sobre recursos, pues la gestión de las iniciativas de conservación debe ser adaptativa y dinámica, basada en el manejo eficiente y eficaz del conocimiento disponible.

---

[3] Tales principios pueden consultarse en detalle en: http://www.cbd.int/doc/publications/ea-text-en.pdf

Fundamentos de Ecología

La UNEP (2012) reconoce que este enfoque no pretende reemplazar a otros enfoques de conservación y manejo, sino más bien complementarlos y sustentarlos. Los enfoques tales como las áreas protegidas, los corredores o los programas de conservación de especies, así como las acciones realizadas dentro de los marcos nacionales legislativos y de políticas existentes, pueden integrarse para manejar situaciones ecológicas complejas. En América Latina se han adelantado diversos proyectos que aplican el EE en varias iniciativas de conservación y gestión de recursos naturales: bosques, ecorregiones, aguas, humedales, cuencas hidrográficas, áreas protegidas, entre otros (Andrade, 2007). La aplicación del EE en el desarrollo agrícola ha conducido al concepto de intensificación sustentable, el cual se discute más adelante (Sec. 19.8.5).

19.8. Los indicadores de la sustentabilidad

Ante el carácter difuso y complejo que caracteriza el proceso de DS, se reconoce la necesidad de contar con indicadores que permitan se evaluación. Sin embargo, dada la complejidad del proceso y sus diferentes componentes y escalas, no existe todavía un indicador preciso y confiable que permita evaluar el DS de manera integral. A lo largo de los años, se han utilizado diversos indicadores que Ness et al. (2007) han agrupado en tres categorías principales:

1) Indicadores e índices individuales o integrados, que cuantifican algunos aspectos (sociales, económicos o ambientales) o la agregación de los mismos. Se caracterizan por su simplicidad, amplio alcance y continuidad, pues son indicadores retrospectivos de tendencias durante períodos finitos (años, quinquenios, décadas). Entre éstos destacan la huella ecológica y los índices de bienestar, sustentabilidad ambiental y desarrollo humano.

2) Valoraciones relacionadas con los productos, enfocados en los flujos de materia y/o energía desde la perspectiva de los ciclos de vida de productos y servicios. Entre éstos se encuentran la evaluación del ciclo de vida, el costo del ciclo de vida, el análisis de flujo material de productos, el análisis de energía/producto.

3) Herramientas de evaluación integral, en el ámbito de las políticas e implantación de programas/proyectos. Los más utilizados son los análisis multicriterio, costo-beneficio, análisis de riesgo y vulnerabilidad, evaluación de impacto y evaluaciones monetarias (de precios, de ingresos, de transporte y de reposición).

La tendencia reciente es la utilización combinada de indicadores, buscando instrumentos que permitan valorar integralmente la integración naturaleza sociedad, la dimensión temporal y la espacial. La consideración detallada de estos indicadores escapa a los propósitos de este texto, pero es conveniente revisar dos de ellos que son frecuentemente utilizados: la Huella ecológica y el Índice de la Sociedad Sustentable (ISS).

19.8.1 La huella ecológica

La huella ecológica es un índice ambiental de carácter integrador del impacto ejercido por una comunidad humana, ciudad, región o país sobre su entorno. Wackernagel y Rees (2001) definieron la huella ecológica (en inglés, footprint o ecological footprint) como el área de territorio ecológicamente productivo (cultivos, pastos, bosques o ecosistema acuático) necesaria para generar los recursos utilizados y para asimilar los residuos producidos por una población definida con un nivel de vida específico indefinidamente, donde sea que se encuentre esta área. El éxito de este índice se basa en su sencillez, lo que lo hace fácilmente asimilable por el gran público. Su valor clarificador y su potencial didáctico, hacen de la huella ecológica una referencia clave para todos los que se preocupan por la sostenibilidad.

La diferencia entre el área disponible (capacidad de carga) y el área consumida (huella ecológica) en un lugar determinado es el déficit ecológico. Este pone de manifiesto la sobreexplotación del CN y la incapacidad de regeneración tanto a nivel global como local. La huella ecológica, quizás por su simplicidad, presenta algunas limitaciones, pero éstas no hacen más que subestimar el impacto real del hombre sobre la Tierra, y sobreestimar la biocapacidad de la naturaleza. Mientras que el índice expresado en hectáreas es más limitado a la hora de establecer comparaciones, el índice en hectáreas por habitante refleja mejor nuestro nivel de consumo e impacto sobre la Tierra. Este índice se ha convertido en la medida más importante del mundo para analizar y evaluar la demanda de la humanidad sobre la naturaleza. La huella ecológica es un indicador ambiental de carácter integrador del impacto que ejerce una cierta comunidad humana – país, región o ciudad– sobre su entorno, considerando tanto los recursos necesarios como los residuos generados para el mantenimiento del modelo de producción y consumo de la comunidad.

La metodología de cálculo consiste en contabilizar el consumo de las diferentes categorías y transformarlo en la superficie biológica productiva apropiada a través de índices de productividad. Habitualmente se diferencian cinco categorías de consumo (dentro de las que se pueden hacer las subdivisiones que se quieran): alimentación, vivienda, transporte, bienes de consumo y servicios. Por lo que respecta a la superficie biológica productiva, las categorías son: cultivos, pastos, bosques, mar productivo, terreno construido y área de absorción de dióxido de carbono. La huella ecológica se expresa como la superficie necesaria para producir los recursos consumidos por un ciudadano medio de una determinada comunidad humana, así como la necesaria para absorber los residuos que genera, independientemente de la localización de estas áreas (Cuadro 19.1). Esto incluye las áreas de producción de los recursos que consume, el espacio para el alojamiento de sus edificios y carreteras y los ecosistemas requeridos para absorber las emisiones de desechos, como por ejemplo el dióxido de carbono.

Cuadro 19.1. Clases de superficies consideradas en el cálculo de la huella ecológica.

Fundamentos de Ecología

Cuadro 19.1. Clases de superficies consideradas en el cálculo de la huella ecológica.

Cultivos	Superficies con actividad agrícola y que constituyen la tierra más productiva ecológicamente hablando pues es donde hay una mayor producción neta de biomasa utilizable por las comunidades humanas.
Pastos	Espacios utilizados para el pastoreo de ganado, y en general considerablemente menos productiva que la agrícola.
Bosques	Superficies forestales ya sean naturales o repobladas, pero siempre que se encuentren en explotación.
Zonas pesqueras	Superficies marinas en las que existe una producción biológica mínima para que pueda ser aprovechada por la sociedad humana.
Superficie urbana	Considera las áreas urbanizadas u ocupadas por infraestructuras
Área de absorción de CO_2	Superficies de bosque necesarias para la absorción de la emisión de CO_2 debido al consumo de combustibles fósiles para la producción de energía.

Fuente: http://www.footprintnetwork.org/en/index.php/GFN/page/footprint_science_introduction/

También se toma en cuenta la oferta de recursos naturales o biocapacidad, referida a la cantidad de área biológicamente productiva disponible para prestar estos servicios. La medida puede realizarse a muy diferentes escalas: individuo (la huella ecológica de una persona), poblaciones (la huella ecológica de una ciudad, de una región, de un país), comunidades (la huella ecológica de las sociedades agrícolas, de las sociedades industrializadas).

Un elemento complementario es el análisis del conjunto de actividades humanas y las demandas de superficie (huellas ecológicas) asociadas a cada una de ellas. Para ello se pueden establecer las categorías generales que se muestran en el Cuadro 19.2. La consideración de estas categorías de actividades nos permite analizar la huella ecológica a partir de los sectores demandantes de superficies, pudiendo evaluar así en que ámbitos puede ser más prioritario incidir.

El objetivo fundamental de calcular las huellas ecológicas es evaluar el impacto sobre el planeta de un determinado modo o forma de vida y compararlo con la biocapacidad del planeta. La biocapacidad es una medida del área biológicamente productiva existente, capaz de regenerar los recursos naturales bajo la forma de alimentos, fibra y madera, y de secuestrar dióxido de carbono. Esta medida se efectúa teniendo en cuenta cinco categorías: campos de cultivo, tierras de pastoreo, zonas de pesca, tierras de bosques y tierra urbanizada. Juntas, satisfacen la demanda humana contemplada en las categorías de la Huella. Consecuentemente, es un indicador clave para la sostenibilidad. Concebida en 1990 por Mathis Wackernagel y William Rees, de la Universidad de British Columbia, la huella ecológica es ahora de uso generalizado por los científicos, empresas, gobiernos, agencias, individuos e instituciones que trabajan

Cuadro 19.2. Tipología de actividades vinculadas a la huella ecológica

Alimentación	Superficies necesarias para la producción de alimentación vegetal o animal, incluyendo los costes energéticos asociados a su producción
Vivienda y servicios	Superficies demandadas por el sector doméstico y servicios, sea en forma de energía o terrenos ocupados.
Movilidad y Transportes	Superficies asociadas al consumo energético y terrenos ocupados por infraestructuras de comunicación y transporte.
Bienes de consumo	Superficies necesarias para la producción de bienes de consumo, sea en forma de energía y materias primas para su producción, o bien terrenos directamente ocupados para la actividad industrial

Fuente: http://www.footprintnetwork.org/en/index.php/GFN/page/footprint_science_introduction/

Fundamentos de Ecología

para controlar el uso de los recursos ecológicos y promover el desarrollo sostenible[4].

La Huella Ecológica está generada por los hábitos de los consumidores y la eficiencia con la que se utilizan los bienes y servicios. El creciente déficit de biocapacidad, producido cuando una población utiliza más biocapacidad de la que puede aportarse y regenerarse en un año, está provocado por la combinación de las altas tasas de consumo, que están aumentando más rápido que las mejoras en eficiencia (al crecer la huella de las personas), y las poblaciones, que crecen más rápido que la capacidad de la biosfera (produciendo un descenso de la biocapacidad por persona) (WWF, 2016).

Desde principios de la década del setenta del siglo XX, los seres humanos demandamos más de lo que el planeta puede reponer, es decir, tenemos un sobregiro ecológico. En 2012 se necesitaba la biocapacidad equivalente a 1,6 ha de tierras para suministrar los recursos naturales y los servicios que la humanidad consumió ese año (Global Footprint Network, 2016). La tendencia de la huella ecológica global, reflejada en el Índice Planeta Vivo (WWF, 2016), entre 1970 y 2012 se puede apreciar en la Figura 19.4. Como puede apreciarse, el Índice Planeta Vivo mundial revela una disminución del 58% (rango de -48 a -66%) entre 1970 y 2012. La huella ecológica desagregada por componente del ecosistema se puede visualizar en la Figura 19.5. Destaca la proporción de la huella ecológica del CO_2, así como la correspondiente a los componentes de uso de la tierra (agrícola, pastos, bosques).

Siguiendo el enfoque de la huella ecológica, se han desarrollado los conceptos de huella del carbono, del agua, de la construcción, de los bosques y agrícola. La huella del carbono se refiere a la cantidad neta de gases de efecto invernadero emitidos por un producto, un individuo, una organización o una nación en un período de un año, y da una idea de cuánto contamina un producto, individuo u organización. Se expresa en toneladas de CO_2 equivalente. El concepto de la huella de carbono ha captado el interés en el campo de los negocios, de los consumidores y también de los formuladores de políticas. Muchos negocios consideran la huella de carbono de sus clientes como un indicador de riesgo de inversión. De allí que conocer la huella de carbono de un producto u organización y poder certificarla de acuerdo con los estándares internacionales, se ha convertido en una estrategia no sólo de protección del ambiente sino de competitividad de mercado.

De otra parte, Hoekstra *et al.* (2012) definieron y desarrollaron una herramienta que calcula el consumo directo e indirecto de agua por parte de un consumidor o un productor a la que llamaron Huella Hídrica —también conocida como huella hidrológica—. Aunque el concepto fue formulado inicialmente en 2002 por el primero de los autores. La huella hídrica o hidrológica cuantifica el volumen total de agua consumida y/o contaminada por unidad de tiempo que se usa para producir un bien o un servicio, que consume un individuo, una comunidad o una fábrica. Este modo de cálculo nos indica, por ejemplo, que tomar un pocillo de café equivale a consumir 140 L de agua o que comer 1 kg de asado representa tomar 16.000 L de agua, porque se tiene en cuenta toda el agua utilizada en los procesos involucrados en la cadena de suministro del producto. Entre los países que se encuentran comprometidos en reducir sus huellas se puede mencionar Holanda, Francia, Australia, Canadá, Nueva Zelanda, entre otros.

La huella hídrica está compuesta por tres tipos de uso del agua, conocidos como huella hídrica azul, verde y gris. La huella hídrica verde es el volumen de aguas pluviales almacenado en el suelo que se evapora de los campos de

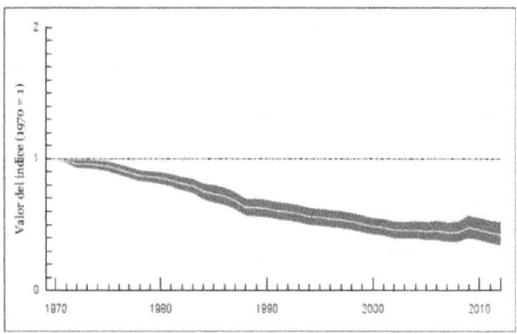

Figura 19.4. Índice Planeta Vivo: tendencia de la huella ecológica y la biocapacidad por persona entre 1961 y 2012 en el ámbito global. Fuente: WWF (2016).

---

[4] Mayor información sobre el concepto de la huella ecológica y su metodología puede verse en el sitio: http://www.footprintnetwork.org/en/index.php/GFN/page/footprint_science_introduction/

Fundamentos de Ecología

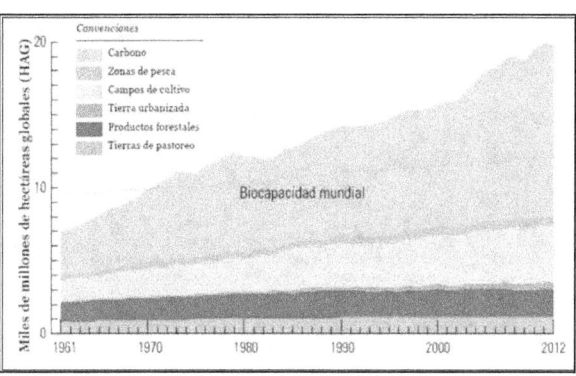

Figura 19.5. Tendencias de la huella ecológica entre 1961 y 2012, de acuerdo con los componentes de los ecosistemas en el ámbito global. Fuente: WWF (2016).

cultivos. La huella hídrica azul es el volumen de agua dulce extraído de los cuerpos de agua, que es utilizado y no devuelto. Esta huella está representada principalmente por la evaporación del agua de regadío de los campos de cultivo. La huella hídrica gris es el volumen de agua contaminada como resultado de los procesos de producción. Se calcula como el volumen de agua requerido para diluir los contaminantes a tal concentración que la calidad del agua alcance estándares aceptables. Hoekstra y Wiedmann (2014) calculan de manera similar la huella del fósforo, del nitrógeno reactivo y de la biodiversidad. También es posible calcular la huella ecológica de una empresa, de una ciudad y la huella de cada individuo, pudiéndose derivar una huella ecológica per cápita, en función de los patrones de consumo y de los diferentes componentes de las cadenas de suministro que elaboran y colocan los productos en manos del consumidor, esto es, de la intensidad de uso o desperdicio de los recursos naturales para la generación de una unidad de producto consumido.

Igualmente, la huella ecológica causada por la perdida y desperdicio de los alimentos está siendo en la actualidad objeto de numerosos análisis, pues como se ha señalado en el capítulo 16, poco más de la tercera parte de los alimentos producidos en el mundo se pierde o es desperdiciado, con un costo superior 1.200 millardos de dólares (US$). Los alimentos que se pierden después de la cosecha, y los alimentos que se desperdician a lo largo de la cadena de distribución y consumo —es decir, el desperdicio de alimentos— dan origen a un doble impacto ambiental adverso, el cual se traduce en una presión indebida sobre los recursos naturales y los servicios ecosistémicos y ocasiona contaminación por el efecto de los descartes alimentarios, además de las pérdidas implícitas en las huellas de carbono e hídricas generadas durante el proceso de producción de lo que luego se perderá o desperdiciará (FAO, 2014).

19.8.2. El Índice de Sociedad Sustentable (ISS)

Este indicador es producido anualmente por La Fundación para una Sociedad Sostenible (SSF, por sus siglas en inglés), una organización sin fines de lucro establecida en 2006 con base en Holanda, con el objetivo de estimular y ayudar a las sociedades en su desarrollo hacia la sostenibilidad. La SSF tiene su sede en Holanda y opera a nivel mundial. El índice está calculado sobre la base de los datos oficiales de 146 países, tomando en cuenta tres dimensiones principales y ocho categorías: Bienestar humano (necesidades básicas, salud y desarrollo personal y social), bienestar ambiental (ambiente y naturaleza, recursos naturales y clima y energía) y bienestar económico (en transición y economía), dentro de las diferentes categorías se subsumen un total de 21 indicadores[5]. De acuerdo con la Fundación que lo genera, este índice está basado en la concepción y definición de DS propuesto por el Informe Bruntland. El SSI integra el bienestar humano y bienestar ambiental, como los objetivos que se persiguen en una visión del desarrollo de un mundo sostenible, que reafirmó la declaración de las Naciones Unidas Rio+20 (2012). Sin bienestar humano y bienestar ambiental es un callejón sin salida: bienestar ambiental sin bienestar humano no tiene sentido, al menos no desde un punto de antropocéntrico. El bienestar económico no es un fin en sí mismo, sino más bien una condición previa para lograr el bienestar humano y ambiental. Se puede considerar como una salvaguarda para la sustentabilidad. Los resultados globales del ISS arrojan resultados desesperanzadores, según la misma Fundación, pues como se ilustra en la Figura 19.6, el estado actual en las categorías y los indicadores respectivos indican que el mundo está lejos de ser sustentable. Para tener una idea de cómo varía el ISS entre los distintos países del globo, en la Figura 19.7 se presentan los gráficos correspondientes a Argentina, Colombia, Venezuela, Brasil, Suecia y Kenia.

---

[5] La lista de los indicadores se puede consultar en el Informe 2012 de la Sociedad Sustentable, disponible en: http://www.ssfindex.com/cms/wp-content/uploads/ssi2012.pdf

Fundamentos de Ecología

Aunque algunos indicadores del ISS en el año 2012 muestran mejoras con respecto a 2006, el balance general no es del todo mejor (Figura 19.7). A pesar de la mejora de los indicadores PIB, Suficiente agua potable, Servicios sanitarios, Vida saludable y Educación, han empeorado Empleo, Emisión de gases de invernadero, Energías Renovables, Recursos renovables de agua y Consumo. El análisis detallado de los datos por dimensiones permite inferir que ha habido una modesta mejoría en el bienestar humano en algunas regiones, especialmente de Asia, África y Suramérica, mientras que el bienestar ambiental ha mejorado medianamente en Europa, Norteamérica y en menor escala en Oceanía, Centro y Suramérica, pero ha empeorado en el resto de las regiones del mundo.

La evolución de varios indicadores del ISS entre 2006 y 2014 se puede visualizar en la Figura 19.8, destacando la disminución relativa de varios de los indicadores ambientales, tales como los recursos de agua renovables, la energía renovable y los gases de efecto invernadero

19.9. Hacia la Producción y Consumo Sustentables

19.9.1. Consumo versus consumismo

Desde la perspectiva socioeconómica y cultural, el consumo es una actividad esencial en la vida diaria de los habitantes de cualquier ciudad o pueblo, por pequeño que sea. Aún más, si se lo reduce a su forma arquetípica en tanto ciclo metabólico de ingesta, digestión y excreción, el consumo es una condición permanente e inamovible de la vida y un aspecto inalienable de ésta, y no está atado ni a la época ni a la historia. Desde ese punto de vista, se trata de una función imprescindible para la supervivencia biológica que los seres humanos, compartimos con el resto de los seres vivos, y sus raíces son tan antiguas como la vida misma. Aunque el consumismo era practicado a lo largo de la historia por las minorías o élites que ejercían el poder, con la expansión de las relaciones socioeconómicas y la consolidación de la clase burguesa en el Renacimiento y la posterior Revolu-

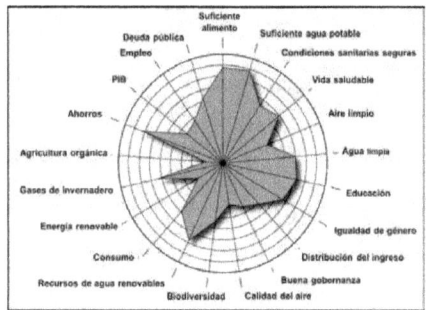

Figura 19.6. Valores del ISS global en el año 2012. Fuente: ISS (2012). Fuente: ISS (2012).

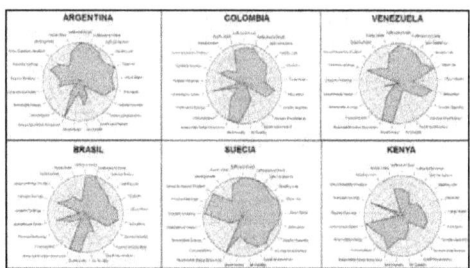

Figura 19.7. Valores del ISS para Argentina, Colombia, Venezuela, Brasil, Suecia y Kenya en el año 2012. Una comparación con el gráfico de la Figura 19.5 (promedio global), da una idea del estado de cada país. Fuente: ISS (2012).

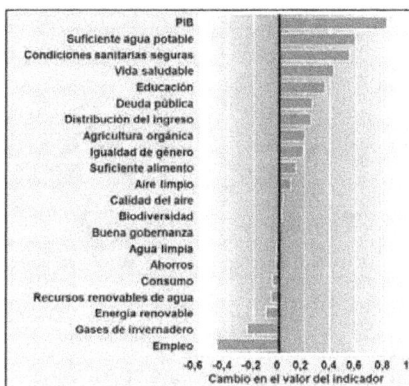

Figura 19.8. Cambios en algunos indicadores del ISS entre 2006 y 2014. Fuente: SSI (2014).

ción industrial de la que emergió la clase media, el consumo de la sociedad actual se ha incrementado aceleradamente gracias a la globalización, emergiendo el consumismo, como una forma particularmente importante, por no decir central, en la mayoría de las personas; el propósito mismo de su existencia, un momento en que nuestra capacidad de querer, de desear y de anhelar, y en especial nuestra capacidad de experimentar esas emociones repetidamente, es el fundamento de toda la economía de las relaciones humanas (Bauman, 2007). Si a ello se agrega la vertiginosa promoción y publicidad, ya vigente desde mediados del siglo pasado, impulsada por internet durante los últimos 20 años, el consumo dejó de ser el mecanismo de satisfacción de las necesidades básicas de la clase media, para transformarse en el consumismo (basado en el mercadeo y distribución de bienes y servicios), ahora como un comportamiento que deja atrás la satisfacción de necesidades y se transforma en la satisfacción de los deseos y anhelos (que nunca estarán completamente satisfechos), deviniendo en un atributo de la sociedad cibernética del presente siglo.

Sobre la base de lo expuesto en los párrafos anteriores, se puede destacar que la compleja y diversificada maquinaria de la economía global y el marketing social incorpora la producción y distribución de los más variados bienes de consumo, independientemente de los costos de transacción y las externalidades que pueda implicar, en cuanto al uso desmedido de los recursos naturales para la obtención de materias primas y su transformación en artefactos consumibles, con el consecuente impacto negativo y, en algunos casos destructivo, sobre dichos recursos. De allí la importancia de considerar la necesidad de comprender el concepto de consumo sustentable, como alternativa válida para enfrentar el impacto negativo sobre el medio ambiente de las tendencias consumistas de la sociedad actual.

Fundamentos de Ecología

19.9.2. Producción y consumo sustentable

El análisis de la producción y el consumo sustentable (PCS) requiere un enfoque holístico, de acuerdo con la UNEP (2012a). Con base en la perspectiva del "Ciclo de Vida", considera el uso total de los recursos, así como las emisiones resultantes, efluentes y residuos, con el objetivo de minimizar los impactos ambientales negativos, incluyendo también la promoción del bienestar. Su enfoque en la gestión sostenible y eficiente de los recursos —en todas las etapas de las cadenas de valor de los bienes y servicios— fomenta el desarrollo de los procesos que utilizan menos recursos y generan menos residuos, incluidas las sustancias peligrosas, de manera de lograr beneficios ambientales y mejorar la productividad y las ganancias económicas. Tales mejoras también pueden aumentar la competitividad de las empresas, convirtiendo las soluciones al reto de la sostenibilidad en oportunidades de negocio, empleo y exportaciones. La PCS también impulsa la captura y reciclaje de los recursos, convirtiendo así los flujos de residuos en flujos de valor. El objetivo fundamental del PCS es disociar el crecimiento económico de la degradación ambiental. El logro de la PCS permitirá mantener las mejoras en el desarrollo económico y el bienestar humano de los que dependemos, incluyendo en los sectores de la salud y la educación. En síntesis, la PCS tiene como objetivo Hacer Más y mejor con Menos a través de todo el ciclo de vida de los productos. Más, expresado en términos de bienes y servicios, y Menos con un impacto reducido en términos de utilización de recursos, la degradación ambiental, los residuos y la contaminación.

El aspecto central de la SCP es el análisis del ciclo de vida y su gestión, que se basa en criterios de precaución y prevención. Su objetivo es evitar el desplazamiento de los problemas entre las etapas de consumo y producción, áreas geográficas o categorías de impacto en el ciclo de vida. El enfoque del ciclo de vida abarca toda la cadena de valor, desde el momento en que un producto se ha diseñado y desarrollado, hasta la selección, adquisición y suministro de materias primas. En él se examinan las fases de fabricación, envasado y distribución, considerando los impactos potenciales a través de las fases de venta, compra, uso y servicio. Por último, se analizan los impactos de los productos cuando son reciclados, reutilizados o eliminados.

Aun cuando los expertos que se preocupan sobre el tema y los formuladores de políticas no hayan alcanzado criterios unívocos, lo que sí es cierto es que progresivamente se ha conformado una conciencia clara en el hombre (atento a, y conocedor de la realidad de su entorno) sobre la necesidad de evolucionar hacia sistemas de producción y aprovechamiento de los ecosistemas más eficientes, menos dilapidadores y más preocupados por su preservación y protección: en síntesis, una producción más limpia (PML) y un consumo sustentable. Esto se demuestra en las reseñas en éste y los capítulos anteriores a iniciativas como la del CDB, UNEP, MEA, entre otras, que encaran la situación y promueven nuevos paradigmas para la intervención humana de los ecosistemas, con valores y objetivos de conservación de la biodiversidad, recuperación de los ecosistemas degradados y de rectificación de los parámetros económicos e industriales, altamente contaminantes en sus consecuencias, prevalecientes en los últimos 30 años.

Desde mediados de la década de los noventa, el Programa de las Naciones Unidas para el Medio y el Desarrollo Industrial definen la PML como: "la aplicación continua de una estrategia ambiental preventiva integrada a los procesos, productos y servicios para aumentar la eficiencia y reducir los riesgos para los seres humanos y el medio ambiente" (PNUMA, 2006).

19.9.3. Objetivos y herramientas para la PML

La PML tiene como propósito integrar los objetivos ambientales en el proceso de producción para reducir desechos y emisiones en lo que se refiere a la cantidad y toxicidad y así reducir los costos. La premisa esencial de la PML es anticipar y prevenir, antes que reaccionar y corregir. La PML ofrece varias ventajas:

* Presenta un potencial de soluciones para mejorar la eficiencia económica de la empresa, pues contribuye a reducir la cantidad de materiales y energía usados.
* Debido a una exploración intensiva del proceso de producción, la minimización de desechos y emisiones generalmente induce un proceso de innovación dentro de la compañía.
* Puede asumirse la responsabilidad por el proceso de producción como un todo; los riesgos en el campo de responsabilidad ambiental, fortaleciendo la responsabilidad social y ambiental corporativa.
* La minimización de desechos y emisiones es un paso hacia un desarrollo económico más sostenido.

Varias técnicas complementarias entre sí deben aplicarse, si se quiere funcionar bajo el enfoque de PML:

* Mantenimiento: disposiciones adecuadas para evitar fugas y derrames de sustancias y productos, procedimientos de mantenimiento y prácticas para lograr un adecuado funcionamiento estandarizado.
* Cambio de los insumos: sustitución de insumos peligrosos o no renovables por materiales menos peligrosos o renovables, o materiales con una vida útil más larga.
* Mejor control de procesos: la modificación de los procedimientos de trabajo, manuales de instrucción para operación de maquinaria y el mantenimiento de registros para el funcionamiento de los procesos con mayor eficiencia, menores tasas de residuos y generación de emisiones;
* Modificaciones de equipos: modificación de los equipos de producción con el fin de ejecutar los procesos de mayor eficiencia y con mínima generación de contaminantes.
* Innovaciones en la tecnología de procesos: la sustitución de la tecnología, la secuencia de procesamiento y/o síntesis, con nuevas tecnologías de mayor eficiencia.
* Recuperación/Reutilización: la reutilización de los materiales consumidos en el proceso mismo o para otra aplicación útil dentro de la empresa.
* Aprovechamiento de subproductos útiles: la transformación de los residuos previamente desechados en mate-

riales que pueden ser reutilizados o reciclados para otra aplicación fuera de la empresa.

* Modificación del producto: modificación de las características del producto con el fin de minimizar los impactos ambientales del producto durante o después de su uso (disposición) o reducir al mínimo los impactos ambientales de su producción.

La principal diferencia entre el control de la contaminación y la PML reside en el tiempo. El control de la contaminación se produce en tiempo pasado, con el planteamiento de 'reaccionar y tratar'. La Producción Más Limpia mira hacia el futuro, 'anticipar y prevenir ' es su filosofía. La centralización en corrientes específicas de residuos se sustituye por la centralización en procesos específicos de fabricación.

Por otra parte, la minimización de los residuos –identificación de un residuo producido y el plan para reducir su volumen y toxicidad– es un primer paso útil hacia la mejoría de la gestión de residuos peligrosos que puede traer algunos resultados rápidos y benéficos. En los procesos productivos, la PML conduce al ahorro de materias primas, agua y/o energía; a la eliminación de materias primas tóxicas y peligrosas; y a la reducción, en la fuente, de la cantidad y toxicidad de todas las emisiones y los desechos, durante el proceso de producción (CPL, 2011). En los productos, se busca reducir los impactos negativos de éstos sobre el ambiente, la salud y la seguridad, durante todo su ciclo de vida, desde la extracción de las materias primas, pasando por la transformación y uso, hasta la disposición final del producto. En los servicios, la PML implica incorporar el quehacer ambiental en el diseño y la prestación de los mismos.

En este mismo contexto, los nuevos paradigmas de innovación y desempeño de muchas empresas integran a sus premisas de rentabilidad eficiencia y competitividad del DS, con el fin de valorar el impacto ambiental de los procesos extractivos y productivos, lo que ha planteado el paradigma de la producción limpia. Este enfoque, concentrado en la prevención —más que en el control o abatimiento de las emisiones contaminantes— y en la eficiencia energética, ha sido promovido por organismos multilaterales como la PNUD, UNEP y la OEDC, así como muchas organizaciones no gubernamentales y empresas, y busca la ecoeficiencia (producir más con menos) y la reducción al mínimo de los impactos ambientales que a menudo implican los procesos industriales de extracción, manufactura o procesamiento de recursos naturales. La ecoeficiencia es uno de los movimientos más expandidos en la actualidad para colocar la necesaria y fundamental colaboración público-privada en el centro de las estrategias de sostenibilidad, en un contexto global de crecimiento económico y desarrollo de los mercados que va más allá de las fronteras nacionales (Leal, 2005).

Sin embargo, para las empresas industriales, la implantación de criterios y mecanismos de producción limpia acarrean, por lo general, innovaciones en la cadena productiva que implican costos adicionales que muchas veces son altos, lo que genera una reducción de su retorno a la inversión. En muchos casos, es necesario el rediseño del proceso de producción, lo que requiere de mayores inversiones en investi-

Fundamentos de Ecología

370

gación y desarrollo. Todo ello frena la toma de decisiones acerca de la aplicación de tales mecanismos (CLP, 2011).

La prevención de la contaminación consiste en el uso de procesos, prácticas y/o productos que permiten reducir o eliminar la generación de contaminantes en sus fuentes de origen; es decir, que reducen o eliminan las sustancias contaminantes que podrían penetrar en cualquier corriente de residuos o emitirse al ambiente (incluyendo fugas), antes de ser tratadas o eliminadas, protegiendo los recursos naturales a través de la conservación o del incremento en la eficiencia de su uso racional.

Una cosa en común de todos estos retos es la necesidad de un esfuerzo concertado y cooperativo para superarlos. En nuestro mundo interconectado, las cadenas de suministro están verdaderamente globalizadas. La extracción de recursos, la producción de insumos intermedios, la distribución, la comercialización, la eliminación de residuos y la reutilización de la mayoría de los productos tiene lugar en el entramado, a veces difuso, de las economías nacionales del mundo (UNEP, 2012a).

19.9.4. El manejo de los residuos: las siete "R"

Dado que existen ciertos flujos de residuos cuya cantidad es imposible o difícil de reducir en su fuente de origen (por ejemplo, la sangre en un matadero de ganado vacuno; las plumas en un matadero de pollos; agua de refrigeración; y otros), no siempre es posible aplicar medidas de prevención de la contaminación y, por ende, es necesario recurrir a prácticas basadas en las tres R: reciclar, reusar y recuperar, cuyas definiciones genéricas más simples son las siguientes:

- Reciclar: convertir un residuo en insumo o en un nuevo producto.
- Reusar: utilizar un residuo, en un proceso, en el estado en el que se encuentre.
- Recuperar: aprovechar o extraer componentes útiles de un residuo.

El reciclaje de residuos puede ser interno o externo. El reciclaje es interno cuando se lo practica en el ámbito de las operaciones que generan los residuos objeto de reciclaje. Cuando éste se practica como un reuso cíclico de residuos en la misma operación que los genera, se denomina "reciclaje en circuito cerrado". El reciclaje externo se refiere a la utilización del residuo en otro proceso u operación diferente del que lo generó. Por otra parte, tanto el reciclaje como el reuso pueden efectuarse por recuperación.

Algunos ecologistas agregan otras cuatro R: Reflexionar, Rechazar, Reducir y Reclamar :

- Reflexionar: elegir bienes y servicios comprometidos con el medio ambiente, utilizar la bicicleta y el transporte público en lugar del coche privado, apoyar el uso de las energías renovables y huir en lo posible del uso de combustibles fósiles, consumir alimentos frescos, de temporada y locales.
- Rechazar: los productos tóxicos, no biodegradables o no reciclables deben quedar fuera de la lista de compra. Este tipo de productos pueden estar en muchos ámbitos del hogar y, siempre que se pueda, hay que rechazar su uso y sustituirlos por otros más respetuosos con el medio ambiente.
- Reducir: el resultado es evidente: menos bienes, menos gastos, menos explotación de los recursos naturales y menos contaminación y residuos. No hay que dejar de consumir, sino hacerlo con cabeza. Antes de adquirir un nuevo producto, conviene preguntarse si de verdad es necesario.
- Reclamar: los consumidores pueden y deben tener una participación activa en las actividades que influyen en su vida cotidiana. La ley ampara la posibilidad de reclamar y exigir actuaciones que contribuyan a mejorar el medio ambiente y la calidad de vida de los ciudadanos.

19.9.5. La ecoeficiencia energética

Es indudable que actualmente la sociedad global es una sociedad energética. Virtualmente cada una de nuestras acciones implica un consumo de energía (trabajar, salir de paseo, ver TV o navegar por internet, preparar los alimentos….). No quiere decir esto que antes no se consumía energía, sino más bien que el consumo se ha incrementado geométricamente en los últimos 70 años, cuando se hizo ubicuo el uso de los combustibles fósiles. Sin embargo, en términos per cápita, el aumento del consumo total de energía primaria no se ha traducido en un acceso más equitativo a los servicios energéticos entre los países industrializados y las naciones en vías de desarrollo. Empero, en las naciones industrializadas, las subvenciones que fomentan el derroche de combustibles fósiles superaron los 500.000 millones de dólares (USD) en 2009 (IEA, 2011). De otra parte, existe una desproporcionada diferencia entre el consumo de los países desarrollados y las economías emergentes con respecto a los países del tercer mundo, especialmente de África y el Sudeste asiático, donde cerca de 1.300 millones (aprox. 20% de la población mundial) de personas carecen de acceso a la electricidad Adicionalmente, en muchos de estos países, las fuentes bioenergéticas tradicionales (combustión de la madera y otros productos o residuos orgánicos) son altamente ineficientes y causantes de la contaminación del interior de los hogares y sus consecuencias para la salud. Está claro que se necesitará más energía para impulsar el crecimiento económico mundial y ofrecer oportunidades a los miles de millones de personas de los países en desarrollo que no tienen acceso a unos servicios energéticos adecuados. Sin embargo, la cantidad de energía adicional requerida para satisfacer los servicios energéticos que se necesitarán en el futuro dependerá de la eficiencia con la que se produzca, se suministre y se utilice la energía (UNDP, 2000).

La eficiencia energética se define como la habilidad de lograr objetivos productivos empleando la menor cantidad de energía posible. Es un componente clave en la transición hacia la PML, la cual se ha enfocado en fomentar el uso de energía limpia, esto es, la sustitución de los combustibles fósiles como el petróleo y el carbón, por biocombustibles u otras fuentes de energía (eólica, solar, hidráulica y geotérmica). Los biocombustibles como, por ejemplo el etanol, obtenido a partir de la biomasa de caña de azúcar, el maíz y otros cultivos, o el biodiesel derivado de la palma aceitera o de la jathropa), efectivamente reducen la emisión de CO_2 y la contaminación de la atmósfera. No obstante, el uso de la tierra para la producción de biocombustibles atenta contra el secuestro de carbono que puede representar su uso, por ejemplo, en la producción forestal o en la producción de alimentos.

Desde hace varios años se sabe que la eficiencia energética puede lograrse utilizando otros tipos de fuentes energéticas, entre las cuales se incluye también, el aprovechamiento de los residuos orgánicos mediante biodigestores, una alternativa poco explotada y muy eficiente para generar metano y butano, especialmente en áreas donde no llega el servicio eléctrico; y hay recientes experiencias parciales con el uso de microalgas para la producción de biodiesel, aunque se requiere mayor investigación y desarrollo tecnológico que permitan el escalamiento de su producción mediante procesos industriales competitivos (Mata et al., 2010).

Ante el imperativo de reducir la emisión de CO_2 a la atmósfera, existe un creciente interés por el uso de las energías limpias. Por ejemplo, los colectores solares en techos se utilizan para producir agua caliente y la calefacción de ambientes en aproximadamente 80 millones de hogares en todo el mundo. La capacidad de aprovechamiento solar directo representa 185 giga watt térmicos (GWt) globalmente. En total, las energías renovables aportan 19% de la demanda mundial, proporción que ha venido creciendo en los últimos.

19.10. El consumo sustentable

El tránsito de la sociedad productiva a la sociedad del consumo se inició hace mucho tiempo. El consumo se ha constituido en una norma de existencia, y en la sociedad moderna el consumidor exige de las agencias y actores sociales la provisión de más y más bienes de consumo, inducido subliminalmente por los mecanismos de mercadeo masivo (consumismo). El desproporcionado consumo per cápita en los países ricos es el mayor problema actual de la sostenibilidad global. Tradicionalmente, los estudiosos de la Ecología social se han centrado en el consumo conspicuo, que está motivado por su posible influencia sobre otros miembros de la sociedad. Se ha sugerido que el consumo conspicuo cumple funciones socio-psicológicas, tales como la creación de identidad o reconocimiento de sus pares y puede incluir un símbolo de estatus, como coches caros o cierta ropa de marca de fábrica.

Más recientemente, la atención se ha desplazado hacia el consumo discreto. Esto se relaciona con conductas cotidianas, como bañarse, el lavado o el uso de tecnologías modernas de comunicación o el aire acondicionado. Tales actividades se refieren a los hábitos cotidianos que se dan por sentado o se expresan como "necesidades". La investigación de cómo estas prácticas se han convertido en necesidades revela que dan forma y han sido moldeadas por el desarrollo tecnológico. Por ejemplo, la aplicación generalizada de aire acondicionado en los países más ricos ha generado expectativas de temperaturas confortables en el interior, con independencia de las variaciones estacionales y la ubicación geográfica (Fischer et al., 2012).

La definición más completa de consumo sustentable es la propuesta en el Simposio de Oslo en 1994 y adoptada por la tercera sesión de la Comisión para el Desarrollo Sustentable (CSD III) en 1995. Así, el consumo sustentable se definió como: el uso de productos y servicios relacionados que responden a las necesidades básicas y promueven una mejor calidad de vida, al mismo tiempo que minimizan el uso de los recursos naturales y materiales tóxicos, tanto como la emisión de desechos y residuos contaminantes a lo largo del ciclo de vida de los productos, de manera de asegurar que no se están comprometiendo las necesidades de las generaciones futuras. Hess (2010) señala que en la actualidad esta concepción sigue teniendo plena vigencia, al punto que es utilizada por la Unión Europea la OECD y la red de organismos multilaterales. Sobre esta base, se han establecido numerosas iniciativas gubernamentales (nacionales y multilaterales) orientadas al establecimiento de políticas y normativas que faciliten la tarea nada fácil de cambiar las actitudes valores y comportamientos de los consumidores, algunas de ellas relacionadas también con la producción limpia y la generación de productos con mayor vida útil y eficientes en términos de energía consumida. Muchas experiencias locales o regionales en diversos países han mostrado ser efectivas, pero todavía se carece de instrumentos de política y regulaciones normativas que permitan su escalamiento.

Aunque la política global de producción y el consumo sustentables desarrollada por los entes multilaterales (ONU y organismos adscritos), recientemente se ha reconocido que el programa de Desarrollo de las Metas del Milenio, esfuerzo internacional iniciado en 1999, no incluyó en sus actividades la promoción de la producción y el consumo sustentable, lo que haya incidido en el cumplimiento de algunos de los 7 grandes objetivos inicialmente planteados, como lo reconoce la misma Comisión de Desarrollo Sustentable de la ONU.

19.11. La falta de sustentabilidad en el sector alimentario

Como ejemplo pertinente para nuestros propósitos, es un hecho demostrado que las pérdidas de alimentos representan casi 40% de la producción agroalimentaria (productos crudos y procesados), debido al inadecuado manejo en la cocina doméstica y en los negocios expendedores de alimentos (restaurantes, catering). Recientemente, el Consejo de Defensa de los Recursos Naturales (Gunders, 2012) señala que en los EE UU, hoy en día, 40% de los alimentos adquiridos para consumo, se desechan como desperdicio. Esto no sólo significa que los estadounidenses están perdiendo el equivalente de 165 mil millones de US$ cada año, sino también que el alimento no consumido termina pudriéndose como el principal desecho de los vertederos de residuos sólidos urbanos. A su vez, este desperdicio representa casi 25% de las emisiones de metano de ese país.

Fundamentos de Ecología

La FAO viene desarrollando un programa para la reducción de las pérdidas y el desperdicio de los alimentos desde 2009, destacando la magnitud desproporcionada de las pérdidas de productos alimenticios, tanto en durante el proceso productivo y la cosecha, en su transporte, procesamiento y distribución al mayor y al detal, como en los hogares del consumidor final. En la Figura 19.9 se puede observar la magnitud de dichas pérdidas, asociada con la huella de carbono que las mismas generan.

Una reducción de las pérdidas de alimentos de tan sólo en 15% sería suficiente para alimentar a más de 25 millones de estadounidenses cada año, y en momentos en que uno de cada seis estadounidenses carece de un suministro seguro de alimentos en sus mesas. El consumidor estadounidense promedio gasta 10 veces más volumen de alimentos que una persona del Sudeste de Asia, y de 12 a 50% de los que consumía un estadounidense en la década de los setenta del siglo pasado (NRC, 2006). Esto significa que hubo una época en que el desperdicio era mucho menor y que se puede recuperar dicho nivel. Ello dependerá, en última instancia, de un conjunto de soluciones coordinadas, incluyendo cambios en la cadena de suministro y operación, los incentivos de mercado mejorados, una mayor conciencia pública y los cambios en el comportamiento del consumidor.

El aumento de la eficiencia del sistema alimentario es una solución que requiere esfuerzos de colaboración de empresas, gobiernos y consumidores; estos últimos pueden desperdiciar menos alimentos mediante las compras de cantidades sensatas (las que se van a utilizar, recordando que la mayoría de los alimentos son perecederos, incluso en el refrigerador), sabiendo que la comida se echa a perder, adquiriendo productos que estén perfectamente comestibles (sanos y limpios), aun cuando sean menos atractivos estéticamente, cocinando sólo la cantidad de comida que necesitan y sin duda, consumiendo todo lo servido. Gustavsson *et al.* (2011) llegan a la misma conclusión y agregan que se da también el caso de la pérdida (incineración) de grandes volúmenes de lotes de alimentos brutos, simplemente porque no poseen las características de tamaño, peso unitario o color que demandan los distribuidores minoristas en función de las preferencias de los consumidores.

Un aspecto más revelador de la situación que se analiza es que por primera vez en la historia, entre segmentos ricos y pobres de la sociedad, hay más de 1.000 millones de adultos con sobrepeso, y por lo menos 300 millones de ellos obesos. Y esto ocurre a pesar de que se han hecho mejoras significativas en el aumento del consumo de alimentos por persona, con una subida de casi 400 kcal/persona/día, al pasar de 2.411 a 2.789 kcal/persona/día entre 1971 y 2001 (Kearney, 2010). Ello es debido esencialmente a una alimentación que, aunque abundante, no está nutricionalmente balanceada, lo cual se origina en los hábitos de consumo de gran parte de la población, de la llamada "comida chatarra" que se expende en negocios de comida rápida. Esta ingesta la realizan principalmente niños y jóvenes, inducidos por el sistema de mercadeo masivo de tales negocios. La obesidad es sólo uno de estos desafíos que predispone a una población de numerosas enfermedades crónicas relacionadas con la diabetes a enfermedad cardiovascular, hipertensión, accidente cerebrovascular, e incluso ciertas formas de cáncer (Giovannucci *et al.*, 2012).

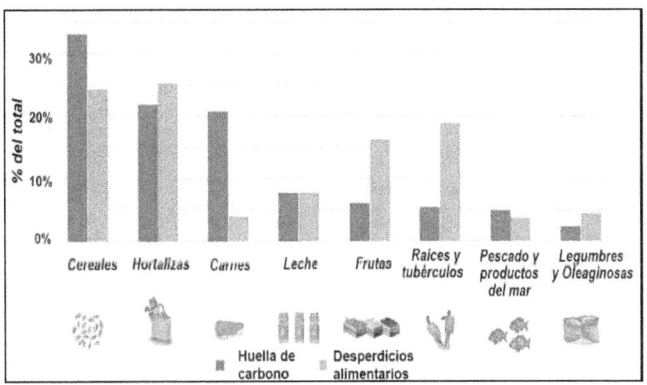

Figura 19.9. Contribución de los diferentes rubros agrícolas a la huella de carbono y al desperdicio/pérdida de alimentos. Fuente: FAO (2015)

---

[7] http://sustainabledevelopment.un.org/content/documents/5483bioregional3.pdf

Fundamentos de Ecología

Obviamente, la reducción de las pérdidas en el sector procesador y consumidor requiere de la educación y la inducción de nuevos valores y preferencias en los hábitos y costumbres de la alimentación y nutrición de los ciudadanos, mediante campañas específicamente diseñadas para tales efectos y el uso de los medios de comunicación masivos (radio, TV, internet, materiales impresos).

19.12. Una agricultura más limpia y eficiente

Aunque el tema de la agricultura se trató detalladamente en el capítulo 17 (Sec. 17.10.1), es indudable que ocupa el centro de cualquier discusión relacionada con la sustentabilidad, pues la producción alimentaria tiene una relación compleja con los recursos naturales y el medio ambiente. La UNEP (2005) señala que 24% de la superficie terrestre es ocupada por agroecosistemas, los cuales continúan expandiéndose en algunas regiones, pero en otras se están reduciendo; también indica que las oportunidades para una expansión mayor de los agroecosistemas se están reduciendo, y sólo se podría ampliar sobre tierras de baja calidad o marginales, o reduciendo la cubierta forestal, con todas las consecuencias indeseables para el ambiente y la sociedad.

Como se señaló en el capítulo 17, los enfoques actuales para maximizar la producción dentro de los sistemas agrícolas son insostenibles; se necesitan nuevas metodologías que utilizan todos los elementos del sistema agrícola, incluyendo una mejor gestión del suelo y la valorización y explotación de poblaciones de microorganismos beneficiosos del suelo. Porque los correspondientes roles que tienen las ciencias de la Agronomía, la Ciencia el suelo y la Agroecología se han descuidado en los últimos años (TRS, 2009). Mientras que la agricultura requiere grandes cantidades de recursos tierra y agua, también debe mantener la cantidad y la calidad de los mismos con el fin de mantener su viabilidad. El sector agrícola genera residuos y la contaminación que pueden influir negativamente en los paisajes y hábitats de vida silvestre. Por ejemplo, la agricultura es la principal fuente de contaminación de nitratos tanto en aguas subterráneas como superficiales, de fosfato en los cursos de agua y la liberación de potentes gases de efecto invernadero (metano y óxido nitroso) en la atmósfera. Pero debe anotarse que la agricultura y la silvicultura son reconocidas por tener externalidades potencialmente positivas, tales como la provisión de servicios ambientales y a través de almacenamiento de agua y su purificación, el secuestro de carbono y el mantenimiento de los paisajes rurales (FAO, 2012b).

Pero sucede que la producción agrícola intensiva practicada en los países desarrollados y en algunos sectores de los países emergentes y en vías de desarrollo influye negativamente sobre la sustentabilidad de las tierras y de las aguas, generando graves problemas que se reflejan en problemas de desertificación, salinidad, contaminación de cursos de agua (eutrofización e hipoxia) e incluso zonas muertas[8]. Los agricultores tendrán que ser ecoeficientes: producir mucho más alimento en menos tierra, con menos consumo de agua, utilizando menos energía fósil, fertilizantes químicos y pesticidas, y al mismo tiempo respetando los ecosistemas sensibles.

La intensificación sustentable de la producción de alimentos debe acompañarse de una acción concertada regional y nacional e internacionalmente, en aras de reducir el efecto invernadero y las emisiones de gases procedentes de la agricultura, para evitar una mayor aceleración del cambio climático y las amenazas a la viabilidad a largo plazo. La productividad de las explotaciones se puede mejorar a través de economías de escala y la adopción de sistemas de producción más eficientes técnicamente. Sin embargo, el crecimiento a largo plazo de la productividad para el sector en su conjunto requiere de una continua fuente de innovaciones tecnológicas, sociales y nuevos modelos de negocio adecuados a la escala local (TRS, 2012).

Para que la agricultura pueda responder a los retos del futuro, la innovación no sólo es necesaria para mejorar la eficiencia con la que los insumos se convierten en productos, sino también para reducir los residuos y conservar los escasos recursos naturales, eliminando la contaminación de los cursos de agua requeridos para la provisión de la población, pues 2.800 millones de personas en 2009 en todo el mundo viven en áreas bajo estrés hídrico, porque es más barato evitar las emisiones de residuos que el tratamiento de las aguas dañadas (OCDE, 2011a). Las posibles soluciones que se han considerado para lograr una PML en la agricultura incluyen la reorientación de los sistemas agrícolas hacia la agroecología, la promoción de la agricultura orgánica, el fomento de la agricultura conservacionista y más recientemente la intensificación sustentable de los agroecosistemas, en contraste con la intensificación tecnológica que ha imperado durante los últimos 60 años.

Beedington (2010) añade que la ciencia y la tecnología pueden contribuir de forma importante, al proporcionar soluciones prácticas en el marco de la intensificación sustentable. Asegurar esta contribución requiere fijar una alta prioridad tanto en los enfoques de investigación (contextual y participativa) como para facilitar el despliegue mundial de las tecnologías existentes y emergentes. Se necesitarán técnicas de diversas disciplinas, que van desde biotecnología y la ingeniería hasta los nuevos campos como la nanotecnología. En pocas palabras, se requiere una nueva 'revolución verde', enfocada en áreas como: mejora de los cultivos para obtener mayor resistencia a la sequía y a las plaga y enfermedades, el uso inteligente del agua y de los fertilizantes; nuevos pesticidas y su gestión eficaz para evitar problemas de resistencia, incluyendo la introducción de la nuevos métodos biológicos (no químicos) para la protección de cultivos, la reducción de las pérdidas posteriores a la cosecha y una ganadería y producción marina más sostenibles.

---

[8] La escorrentía de los grandes ríos provoca la aparición de zonas muertas en sus desembocaduras, como es el caso de una porción de la región norte del golfo de México, que abarca más de 12.000 km2, debido principalmente a las sustancias tóxicas (agroquímicos y nutrientes reactivos) que provienen del río Mississippi

Fundamentos de Ecología

19.13. La intensificación de los sistemas agrícolas de los pequeños y medianos productores

La intensificación de la agricultura ha venido adquiriendo relevancia en la agenda de organizaciones multilaterales, nacionales y no gubernamentales. Las discusiones iniciales no tenían debidamente clarificado la conjunción y sinergia entre ambos términos: intensificación y sustentabilidad. El tratamiento que ha recibido el tema se ha caracterizado en dos vertientes principales, la intensificación desde el punto de vista tecnológico, por una parte, y la intensificación sustentable de los sistemas agrícolas que consideren los contextos sociales, ecológicos y culturales. Como lo señalan Garnett y Godfray (2012), es necesario el tratamiento equitativo de ambos términos, considerando los ámbitos espacio-temporales y el accionar socioeconómico de los sistemas agrícolas que requieren su estatus actual y su desempeño futuro. La intensificación sustentable de la agricultura no debe pretender ser "la nueva visión estratégica y sociopolítica" para el alivio de la pobreza y el hambre, sino más bien un complemento que haga sinergia con los programas globales de desarrollo sustentable (donde los programas de mejoramiento de los sistemas agrícolas es uno de muchos otros aspectos considerados), enfocando las capacidades de producción antes que el aumento de la productividad per se, que permitan la optimización de ésta; privilegiando las consideraciones éticas y ambientales por encima de las meramente económicas.

La intensificación sostenible de la producción agrícola (ISPA) es el primer objetivo estratégico de la FAO (2011c) para la segunda década del presente siglo. Para alcanzar dicho objetivo, la FAO ha aprobado el empleo del enfoque ecosistémico en la gestión agrícola. Básicamente, el enfoque ecosistémico emplea insumos como la tierra, el agua, las semillas y el fertilizante para complementar los procesos naturales que respaldan el crecimiento de las plantas, tales como la polinización, la depredación natural para luchar contra las plagas y la acción de la biota del suelo que permite a las plantas acceder a los nutrientes. El enfoque ecosistémico debe aplicarse a lo largo de toda la cadena alimentaria con vistas a incrementar la eficiencia y a reforzar el sistema alimentario mundial. En el ámbito de los sistemas agrícolas, la ordenación debería basarse en procesos biológicos y en la integración de diversas especies de plantas, así como en el uso racional de insumos externos como fertilizantes y plaguicidas. Entre tales sistemas y prácticas se incluyen los siguientes:

- El mantenimiento del suelo sano para mejorar la nutrición de los cultivos.
- El cultivo de una gran diversidad de especies y variedades en asociaciones, rotaciones y secuencias.
- El uso de variedades bien adaptadas y de alto rendimiento y de semillas de buena calidad.
- El manejo integrado de plagas, enfermedades y malas hierbas, principalmente mediante control biológico y prácticas culturales.
- La gestión eficiente del agua.

Las **prácticas agrícolas necesarias** para aplicar dichos principios variarán en función de las condiciones y necesidades locales. No obstante, en todos los casos deberán:

- *Reducir al mínimo la alteración del suelo mediante la minimización de la labranza mecánica* para conservar la materia orgánica, la estructura y la salud general del suelo.
- *Mejorar y conservar la cubierta orgánica protectora* de la superficie del suelo empleando cultivos, cultivos de cobertura o residuos de cultivos con vistas a proteger la superficie del suelo, conservar agua y nutrimentos, promover la actividad biológica del suelo y promover el manejo integrado de las malas hierbas y las plagas.
- *Cultivar una mayor variedad de especies de plantas*, tanto perennes como anuales, en asociaciones: intercalando maíz y caraota, por ejemplo, osecuencias y rotaciones en las que se pueden incluir árboles, arbustos, pastos y cultivos para mejorar la nutrición de los cultivos y mejorar la resistencia del sistema.

Aplicadas conjuntamente o en diversas combinaciones, las prácticas recomendadas contribuyen a proporcionar importantes servicios ecosistémicos y trabajan de manera sinérgica para producir resultados positivos en cuanto a la productividad general y de cada factor.

Esta estrategia de la FAO, como puede verse, integra algunas de las opciones reseñadas anteriormente en este capítulo (agroecológica, agricultura orgánica y familiar), así como los planteamientos del capítulo anterior en relación con los ecosistemas. Tal y como lo evidencia el Cuadro 19.3, podría tener un efecto positivo en la provisión de los servicios que el ecosistema está en capacidad de ofrecer.

En este mismo contexto, muchas experiencias locales han demostrado fehacientemente que la aplicación integrada de las prácticas de intensificación sustentable reduce la huella ecológica de los agroecosistemas (Montelier Panel, 2012):

- La labranza mínima y la cero labranza, que permiten conservar las propiedades físicas del suelo, la materia orgánica y la salud del suelo, al tiempo que se evita la compactación producida por la maquinaria.
- El uso del control biológico de pestes, mediante el manejo integrado con prácticas culturales
- El mantenimiento de los residuos de cosecha en el campo, para prevenir la erosión y la pérdida de humedad.
- La aplicación de biofertilizantes (Rhyzobium y micorrizas) los cuales, a la vez que fijan nitrógeno, ayudan a la diversificación de las parcelas productivas con diversas especies anuales y perennes en asociaciones, combinaciones, secuencias o rotaciones.
- La prudencia en el uso de agroquímicos (dosis de fertilizantes mínimas aplicadas correctamente, herbicidas incorporados a la semilla, bioicidas como Bacillus thuringiensis, Thrichoderma sp o Babesia sp;
- Técnicas de riego controlado (goteo, por chorrito) en función de las necesidades reales del cultivo y del régimen de evapotranspiración local;

Fundamentos de Ecología

Cuadro 19.3. Contribución de las prácticas aplicadas en el sistema de intensificación agrícola sostenible a importantes servicios del ecosistema

Componente del sistema

Objetivo	Cubierta orgánica	Labranza mínima o nula	Leguminosas para suministrar nutrientes a las plantas	Rotación de cultivos
Estimular unas condiciones óptimas en el suelo forestal	*	*		
Reducir la pérdida de humedad por evaporación de la superficie del suelo	*			
Reducir la pérdida de humedad por evaporación de las capas superiores del suelo	*	*		
Reducir al mínimo la oxidación de la materia orgánica del suelo y la pérdida de CO_2		*		
Reducir al mínimo la compactación del suelo		*		
Reducir al mínimo las fluctuaciones de la temperatura en la superficie del suelo	*			
Proporcionar un suministro regular de materia orgánica como sustrato para la actividad de los organismos del suelo	*			
Aumentar y mantener la cantidad de nitrógeno presente en la zona de las raíces	*	*		*
Incrementar la capacidad de intercambio de cationes en la zona de las raíces	*	*		
Ampliar al máximo la infiltración de agua de la lluvia y reducir al mínimo la escorrentía	*	*		
Reducir al mínimo la pérdida del suelo debido a la escorrentía y al viento	*	*		
Permitir y mantener el acodo natural de los horizontes del suelo mediante la actuación de la biota del suelo	*	*		
Reducir al mínimo las malezas	*	*		*
Incrementar la tasa de producción de biomasa	*	*		*
Acelerar la recuperación de la porosidad del suelo mediante la biota del suelo	*	*		
Reducir la mano de obra empleada	*			
Reducir el combustible o energía empleados	*	*		*
Reciclar nutrientes	*	*		*
Reducir la presión de plagas ejercida por los patógenos				*
Reconstruir las condiciones y dinámicas del suelo dañadas	*	*		*
Servicios de polinización	*	*		*

Fuente: FAO (2011c)

- La combinación de la producción de cultivos con la cría de ganado, aprovechando los subproductos de la cosecha para la alimentación de los animales y los desechos orgánicos para la fertilización de las siembras.

Para lograr que efectivamente se alcance la ecoeficiencia en los agroecosistemas, estas prácticas, deberán estar acompañadas de los adecuados servicios de apoyo (capacitación, crédito, infraestructura), sistemas de información de mercados locales y regionales, asesoría técnica (extensión integral y organización comunitaria) y la participación consiente y proactiva de los grupos de agricultores. La integración de la provisión de tecnologías y la intervención socio-institucional orientada a inducir procesos de aprendizaje e innovación —aprovechando las oportunidades que ofrecen las tecnologías de información y comunicación—, es la manera más fácil de lograr un impacto significativo en el sistema socio-ecológico. Por lo que se puede considerar la ecoeficiencia en los agroecosistemas como un proceso multifuncional, similar al que se describió en el capítulo 17 (sec. 17.5.2).

Adicionalmente, hay un gran potencial para reducir las emisiones de GEI netas del sistema alimentario, a través de la gestión sustentable del mercadeo y de la demanda, tales como la reducción de las pérdidas en las cadenas de suministro de alimentos (recolección en finca, transporte, almacenaje, procesamiento y distribución) y en el consumo eficiente en hogares.

Fundamentos de Ecología

19.13. La Economía verde: una visión somera del concepto

Desde principios de la última década del siglo XX, se ha venido manejando el concepto de Economía verde (EV) como una posible alternativa a la crisis ambiental reinante en el globo. Al igual que el DS, ha habido una profusión de literatura sobre la EV, tanto en el ámbito científico como en el económico y político. Las conceptualizaciones, interpretaciones y críticas son variadas y con visiones muy diferentes, de acuerdo con la fuente (UN-DESA, 2010). Dado que en la última Conferencia sobre Desarrollo Sustentable (Río + 20) ha habido un explícito reconocimiento del papel de la EV para el futuro sostenible, conviene revisar algunos puntos de vista de manera de poder visualizar el alcance y las implicaciones que se derivan en relación con el desarrollo sustentable.

El acuerdo de Rio+20, plasmado en el reporte: El futuro que queremos, enfatiza que la Economía verde —en el contexto del desarrollo sostenible y la erradicación de la pobreza— es uno de los instrumentos más importantes disponibles para lograr el desarrollo sostenible y que podría ofrecer alternativas en cuanto a formulación de políticas, pero debería consistir en un conjunto de normas flexibles y adaptadas localmente. Específicamente, entre otras menciones a lo largo de los 283 apartados (o párrafos) que contiene, en el apartado N° 60 declara:

"Reconocemos que la economía verde en el contexto del desarrollo sostenible y la erradicación de la pobreza mejorará nuestra capacidad para gestionar los recursos naturales de manera sostenible con menos consecuencias negativas para el medio ambiente, mejorará el aprovechamiento de los recursos y reducirá los desechos".

Y en apartado, N° 61:

"Reconocemos que la adopción de medidas urgentes en relación con las modalidades insostenibles de producción y consumo, cuando ocurran, sigue siendo fundamental para ocuparse de la sostenibilidad ambiental y promover la conservación y el uso sostenible de la diversidad biológica y los ecosistemas, la regeneración de los recursos naturales y la promoción de un crecimiento mundial inclusivo y equitativo (UN, 2012a).

Sin embargo, de acuerdo con la UNCTAD (2010), la economía verde puede tener varios significados y alcances diferentes y puede ser vista como:

- Un sector económico (por ejemplo, los bosques, la tierra, el agua, la biodiversidad, la energía);
- Las buenas prácticas, como el consumo y la producción sostenibles, estrategias integradas, responsabilidad social corporativa, la divulgación huella de carbono, entre otros,
- Un conjunto de buenas políticas para lograr objetivos de desarrollo sostenible (por ejemplo, los precios, los impuestos, los subsidios, la inversión pública, la educación y la investigación y desarrollo).
- El proceso de transición, la participación de las políticas y prácticas descritas anteriormente,
- Un punto final deseado, donde son universalmente adoptadas buenas políticas y prácticas y existe una estructura compatible de incentivos y una estructura de apoyo económico.

La UNEP define una Economía verde como "una economía baja en carbono y eficiente en el uso de los recursos naturales, además de los insumos convencionales (trabajo, energía fósil y capital)". Una economía verde valora e invierte en el CN y ofrece mejores condiciones para garantizar un crecimiento sostenible y busca conservar y preservar el medio ambiente en el entendido que éste es fundamental para garantizar la sustentabilidad de la producción para las generaciones futuras.

Una economía verde debe estar signada por un aumento sustancial de las inversiones en sectores económicos que aprovechan y mejoran el CN de la Tierra o reducen las carencias ecológicas y los riesgos medioambientales. Estos sectores incluyen las energías renovables, el transporte de bajo carbono, los edificios energéticamente eficientes, tecnologías limpias, el mejoramiento de la gestión de residuos, el mantenimiento de la provisión de agua dulce, el fomento de la agricultura sostenible, la silvicultura y la pesca. Estas inversiones están impulsadas por, o con el apoyo de, reformas de las políticas nacionales de regulación de los mercados y su infraestructura (UNEP, 2011).

Un informe del Sistema Económico Latinoamericano y del Caribe (SELA, 2012) apunta que en los últimos años, el concepto de Economía ambiental o ecológica, que originalmente había estado confinado a los círculos académicos, ha empezado a penetrar y dominar la agenda política y económica en diversos foros internacionales. Destacan los trabajos y aportaciones realizados por el Programa de Naciones Unidas para el Medio Ambiente (PNUMA) y la Organización para la Cooperación y el Desarrollo Económicos (OCDE). Las diversas agencias del Sistema de Naciones Unidas han identificado a la economía verde como "la inversión en sectores como las tecnologías de eficiencia energética, las energías renovables, el transporte público, la agricultura sostenible, el turismo respetuoso con el medio ambiente y la gestión sostenible de los recursos naturales, incluidos los ecosistemas y la biodiversidad".

Se reconoce que sustituir el CN por el capital físico es costoso y que la infraestructura necesaria para limpiar los activos naturales como el agua, la tierra y el aire contaminados puede ser onerosa, pero el costo de la inacción puede ser aún mayor. Enverdecer el crecimiento en estos momentos, sostiene el informe de la OCDE, es necesario para evitar una mayor erosión del CN, como puede ser mayor escasez de agua y otros recursos, un incremento en la contaminación, así como mayores riesgos derivados del cambio climático y la pérdida de biodiversidad, todo lo cual puede socavar el crecimiento futuro. Para el SELA, una economía verde necesariamente tiene que ser redistributiva y debe enfocarse en políticas que hagan incluyentes el crecimiento y el desarrollo, sobre todo a los grupos más vulnerables en las áreas rurales, grupos indígenas o mujeres, quienes tradicionalmente han enfrentado las mayores barreras para avanzar en la escala económica. Ella tendría que constituirse a partir de un sistema económico que considera en su equilibrio general holístico la interacción justa de los agentes económicos y los factores de producción, el respeto y buen funcionamiento de los equilibrios implícitos del CN y de los ecosistemas del medio ambiente, las necesidades de la sociedad y la correcta armonía entre los países desarrollados, emergentes y en desarrollo a fin de promover un desarrollo incluyente (SELA, 2012).

La EV va más allá de lo ambiental en su ámbito de aplicación, pues también se trata del desarrollo y la Economía. Desde una perspectiva de desarrollo, hay una serie de maneras en que una economía verde podría beneficiar tanto a los países desarrollados y en desarrollo. Una EV no sólo se debe mantener, sino también mejorar el valor de todas las actividades que realizan los pequeños agricultores de todo el mundo, dependientes fundamentalmente de un medio ambiente sano. Debe ayudar a reducir la pobreza energética mediante el suministro de sistemas de distribución de energía renovable de bajo costo. De ser exitosa, la EV debería ayudar a reducir la vulnerabilidad de los pobres a los efectos del desenfrenado del cambio climático, la degradación del océano desertificación y la pérdida de la biodiversidad, así como los impactos de la contaminación local del aire, suelo y agua, contribuyendo con los postulados esenciales de la sostenibilidad.

Desde esta perspectiva, Khor (2011) considera que el concepto y alcance de la EV debe ser multidimensional y enfocarse no sólo en la crisis ambiental, sino también en el desarrollo socio-económico y la equidad, y flexibilizado en función de las condiciones específicas del desarrollo, condiciones y prioridades de cada país o región, tal y como se planteó inicialmente en la Conferencia de Río de 1992. También existe el riesgo de que el medio ambiente, y por ende la EV, pueda ser usado de manera inapropiada por los países para fines comerciales proteccionistas y que, los países desarrollados en particular puedan utilizarlo como un mecanismo para justificar medidas comerciales unilaterales contra los productos de los países en vías de desarrollo, sobre la base de los acuerdos establecidos en el seno de la Organización Mundial del Comercio, especialmente en relación con los sistemas tarifarios del comercio, los subsidios a la agricultura y a la investigación/desarrollo.

De lo expuesto en esta sección se desprende que las implicaciones económicas y políticas de la EV son cruciales para su implantación, pero su discusión y análisis escapan del propósito de este libro. Instituciones como la UNEP, FAO, PNUD y otras organizaciones multilaterales han producido en los últimos 10 años una abundante literatura sobre el tema de la Economía Verde. Algunos think tanks de universidades y grupos independientes de investigación, consultoría y análisis de políticas han emitido sus visiones críticas relacionadas con la Economía verde, entre los cuales se pueden consultar:

• El grupoETC-http://www.etcgroup.org/es/content/%C2%BFqui%C3%A9n-controlar%C3%A1-la-econom%C3%ADa-verde•Conservação Internacional, Brasil-http://www.conservacao.org/publicacoes/politica ambiental8.php

• Instituto Transnacional – www.tni.org/sites/www.tni.org/

• Centro del Sur (South Centre) - http://www.southcentre.org/index.php?option=com_content&view=article&id=1810%3Asb65&catid=144%3Asouth-bulletin-individual-articles&Itemid=287&lang=es

• GRAIN - http://www.grain.org/es/entries?utf8=%E2%9C%93&q=econom%C3%ADa+verde

• IBON--International

• http://rio20.net/wp-content/uploads/2011/11/IBON-Policy-Brief-on-Green-Economy.pdf

• Greenpeace – http://Greenpeace.org

• Biodiversidad en América Latina - http://www.biodiversidadla.org/Principal/Recursos_graficos_y_multimedia/Video/Video_Economia_verde_un_negocio_pintado

Fundamentos de Ecología

Bibliografía [1]

Agrawal, A.; Ackerly, D; Adler, F; Arnold AE; Cáceres C; Doak DF; ...Werner, E. 2007. Filling key gaps in population and community ecology. Front. Ecol. Environ. 5(3):145–152.

Ahuja, D; Tatsutani M. 2008. Sustainable energy for Developing Countries. Trieste, The Academy of sciences for the developing world (TWAS). 48 p. Consultado el 5/01/2012. Disponible en http://twas.ictp.it/publications/excellence-in-science/publications/twas-reports

Alessa, L; Kliskey, A; Altaweel, M. 2009. Towards a typology for social-ecological systems. Sustainability: Science, practice & Policy 5(1):31-42.

Alexeev, VA; Ivanov VV; Kwok, R; Smedsrud, LH. 2013. North Atlantic warming and declining volume of arctic sea ice. The Cryosphere Discussions (7):245-265.

Altieri, MA. 2002. Agroecology: the science of natural resource management for poor farmers in marginal environments. Agriculture, ecosistems and environment (93):1-24.

Altieri, MA. 2009. Agroecología, pequeñas fincas y soberanía alimentaria. Ecología Política, 38:25-35.

Altieri, M. y C. I. Nicholls. 2000. Agroecología. Teoría y práctica para una agricultura sustentable. 1ª edición. Programa de las Naciones Unidas para el Medio Ambiente. Red de Formación Ambiental para América Latina y el Caribe. Consultado el 15-10-2011. Disponible en http://www.agoeco.org/brasil/material/Agro01.pdf

Amat-García, G., Amat-García, E; Ariza-Marín, E. 2011. Insectos invasores en los tiempos del cambio climático. Investigación y ciencia (Col.) XVIII(4):44-53

Anderegg, WRL; Harold, J. 2009. Climate Science and the Dynamics of Expert Consensus. Stanford, Center for Conservation Biology/Stanford University. 24 p.

Andrade P., Á. (Ed.). 2007. Aplicación del Enfoque Ecosistémico en Latinoamérica. Bogotá, Colombia. CEM-UICN. 87 p.

Appeltans, W., Bouchet, P; Boxshall, GA; Fauchald, K; Gordon, DP; ... Costello MJ. (Eds). 2011. World Register of Marine Species. Consultado el 08-29-2011. Disponible en http://www.marinespecies.org

Arico, S; Salpin, C. 2005. Bioprospecting of Genetic Resources in the Deep Seabed: Scientific, Legal and Policy Aspects. Yokohama, Japan. United Nations University, Institute of Advanced Studies. 76 p.

Ausubel, JH; and Waggoner, PE. 2008. Dematerialization: Variety, caution, and persistence. Proceedings of the National Academy of Sciences 105(35):12774-12779. Consultado el 20-09-2011. Disponible en http://www.pnas.org/content/105/35/12774.full.pdf

Bai, ZG; Dent, DL; Olsson, L; Schaepman, ME. 2008. Global assessment of land degradation and improvement. 1. Identification by remote sensing. Report 2008/01, Wageningen ISRIC–World Soil Information. 65 p.

Baillie, JEM; Butcher, ER. 2012. Priceless or Worthless? The world's most threatened species. Zoological Society of London, United Kingdom.123 p.

Balmford, A; Rodrigues, A; Walpole, M; ten Brink, P; Kettunen, M; Braat, L; de Groot, R. 2008. Review on the Economics of Biodiversity Loss: Scoping the Science. London, University of Cambridge/UNEP/WCMC. 258 p.

Barange, M; Field, JG; Steffen, W. 2010. Marine ecosystems and global change. Intro-duction: oceans in the earth system. London, Oxford University Press. Consultado el: 27-08-2011. Disponible en http://books.google.com/books?id=vUsk4tskgwsC&printsec=frontcover&dq=-%22marine+ecosystems%22&hl=en&ei=GYJXTNv-As-xcdyCtL8M&sa=X&oi=book_result&ct=result&resnum=6&ved=0CEMQ6AEwBQ#v=onepage&q&f=false

Barbour, AB; Montgomery, ML; Adamson, AA; Díaz-Ferguson, E; Silliman, BR. 2010. Mangrove use by the invasive lionfish Pterois volitans. Mar. Ecol. Prog. Ser. 401. pp:291-294.

Barnes, DKA; Galgani, F; Thompson, RC; Barlaz, M. 2009. Accumulation and fragmentation of plastic debris in global environments. Phil. Trans. R. Soc. (364)1526:1985-1998.

Baron, JS; LeRoy Poff, N; Angermeier, PL; Dahm, CN; Gleick, PH; Hairston Jr, Steinman, AD. 2003. Ecosistemas de Agua Dulce Sustentables. Tópicos en Ecología (Washington, Sociedad Norteamericana de Ecología), 10:1-15.

Barot, S; Blouin, M; Fontaine, S; Jouquet, P; Lata, JC. 2007. A Tale of Four Stories: Soil Ecology, Theory, Evolution and the Publication System. PLoS ONE 2(11):e1248.

Barrance, A;

Schreckenberg, K; Gordon, J. 2009. Conservation through use: Lessons from the Mesoamerican dry forest London, Overseas Development Institute. 124 p.

Barrett, SCH. 2011. Why Reproductive Systems Matter for the Invasion Biology of Plants. In Fifty years of invasion ecology: the legacy of Charles Elton. DM Richardson (Ed). West Sussex, England, Wiley-Blackwell Pub. pp:195-210.

---

[1] Las referencias han sido elaboradas de acuerdo con las Normas establecidas por el Instituto Interamericano de Cooperación para la Agricultura en la publicación: IICA/Catie. 2016. Redacción de Referencias Bibliográficas: Normas técnicas para las ciencias agroalimentarias (5ª Ed.). Costa Rica, IICA. 79 p. Dicha normativa se elaboró a partir de la amplia experiencia de miles de usuarios de universidades e instituciones de investigación de toda América, y constituye un importante recurso para evidenciar mejor y armonizar los resultados de la ciencia en el continente americano.

Bascompte, J. 2009. Mutualistic networks. Front. Ecol. Environ. 7(8):429–436

Bascompte, J; Jordano, P. 2007. Plant-Animal Mutualistic Networks: The Architecture of Biodiversity. Annu. Rev. Ecol. Evol. Syst. 38:567-593.

Bascompte, J; Jordano, P; Melián, CJ; Olesen, JM; 2003. The nested assembly of plant–animal mutualistic networks. Proceedings of the National Academy of Sciences 100(16):9383-9387.

Bastolla, U; Fortuna, MA; Pascual-García, A; Ferrera, A; Luque, B; Bascompte, J. 2009. The architecture of mutualistic networks minimizes competition and increases biodiversity. Nature, 458(23):1018-1021

Bates, BC., Kundzewicz, ZW; Wu, S;. Palutikof, JP. (Eds.). 2008. El Cambio Climático y el Agua. Documento técnico del Grupo Intergubernamental de Expertos sobre el Cambio Climático, Secretaría del IPCC, Ginebra, 224 págs.

Beddington, J. 2010. Food security: contributions from science to a new and greener revolution. Phil. Trans. R. Soc. B, 365:61-71

Beddoe, R; Costanza, R; Farley, J; Garza, E; Kent, J; Kubiszewskia, I; … Woodward, J. 2009. Overcoming systemic roadblocks to sustainability: The evolutionary redesign of worldviews, institutions, and technologies. Proceedings of the National Academy of Sciences, 106(8), 2483-2489.

Bengtsson, J; Ahnström, J; Weibull, AC. 2005. The effects of organic agriculture on biodiversity and abundance: a meta-analysis. Journal of Applied Ecology 42:261–269.

Bennet, A; Saunders, D. 2010. Habitat fragmentation and landscape change. In Sodhi NS; Ehrlich, PR. Conservation Biology for All. New York, Oxford University Press. pp:88-106.

Bennett, D. 1999. Tecnologías de producción más limpias. In OIT. Enciclopedia de salud y seguridad en el trabajo. Vol. II. 7. El medio ambiente. Cap. 55. Control de la contaminación ambiental.

Berkes, F; Turner, N. 2006. Knowledge, Learning and the Evolution of Conservation Practice for Social-Ecological System Resilience. Human Ecology 34(4):479-494.

Berman-Frank, I; Chen, Gao, Y; Fennel, M; Follows, M; Milligan, AJ; Falkowski, P. 2008. Feedbacks between the Nitrogen, Carbon and Oxygen Cycles. Chap. 35. In Nitrogen in the Marine Environment. R.Vijayaraj (compilator). Amsterdam, Elsevier. pp:1511-1536

Berrang-Ford, L; Ford, JD; Paterson, J. 2011. Are we adapting to climate change?. Global Environmental Change 21(1):25-33.

Betts, KS. 2011. A Study in Balance: How Microbiomes Are Changing the Shape of Environmental Health. Environmental Health Perspectives, 119(8):A341- A346.

Blacksmith Institute. 2012. The World's Worst Pollution Problems: Assessing Health Risks at Hazardous Waste Sites. New York. The Blacksmith Institute/Green Cross (Switzerland).

Bobbink, R; Hicks, K; Galloway, J; Spranger, T; Alkemade, R; Ashmore, M; … De Vries, W. 2010. Global assessment of nitrogen deposition effects on terrestrial plant diversity: a synthesis. Ecological Applications, 20(1):30-59.

Böcelder-Everything about insects. 2013. Consultado el: 10-08-2014. Disponible en www.facebook.com/ento.bocek o http://www.gezerilaclama.com/.

Boero F; Bonsdorff, E. 2007. A conceptual framework for marine biodiversity and ecosystem functioning. Marine Ecology 28 (Suppl. 1):134–145

Borch, T; Kretzschmar, R; Kappler, A; Cappellen, PV; M. Ginder-Vogel, Voegelin A; Campbell, K. 2009. Biogeochemical redox processes and their impact on contaminant dynamics. Environmental science & technology 44(1):15-23.

Borràs P, S. 2008. Aproximación al concepto de refugiado ambiental: origen y regulación jurídica internacional". In "III Seminario sobre los agentes de la cooperación al desarrollo: refugiados ambientales, refugiados invisibles", Dirección General de Servicios y Acción Solidaria, Universidad de Cádiz. Consultado el 20-10-2011. Disponible en http://www.uca.es/web/servicios/uca_solidaria/contenido/formacion/iii_seminario_agentes_cooperacion/ponencias/1_abril_aprox_concepto_refugiado_ambiental.pdf

Boyd, PW; Hutchins, DA. 2012. Understanding the responses of ocean biota to a complex matrix of cumulative anthropogenic change. Mar. Ecol. Prog. Ser. 470:125-135.

Bruinsma J. 2011. The resources outlook: by how much do land, water and crop yields need to increase by 2050?. In Food and Agriculture Organization - FAO. 2011b. Looking ahead in world food and agriculture: Perspectives to 2050. Piero Conforti (Ed.), Rome. FAO, pp: 233-277

Brysse, K; Oreskes, N; O'Reilly, J; Oppenheimer, M. 2013. Climate change prediction: Erring on the side of least drama?. Global Environmental Change 23(1):327-337.

Burgiel, SW; Muir, AA. 2010. Invasive Species, Climate Change and Ecosystem- Based Adaptation: Addressing Multiple Drivers of Global Change. Global Invasive Species Programme (GISP), Washington, DC and Nairobi, Kenya. 54 p.

Burke, L; Reytar, K; Spalding M; Perry, A. 2011. Reefs at Risk Revisited. Washington D.C., World Resources Institute. 72 p. Consultado el 18-03-2013. Disponible en http://www.wri.org/publication/reefs-at-risk-revisited-coral-triangle

Cabrera, G; Crespo, G. 2001. Influencia de la biota edáfica en la fertilidad de los suelos en ecosistemas de pastizales. Revista Cubana de Ciencia Agrícola [en línea] vol. 35 Consultado el 09-03-2011. Disponible en http://redalyc.uaemex.mx/src/inicio/ArtPdfRed.jsp?iCve=193014947002

Callieri, C. 2007. Picophytoplankton in freshwater ecostems: the importance of small-sized phototrophs. Freshwater reviews 1:1-28

Camacho B; A. Ariosa R, L. 2000. Diccionario de términos ambientales. La Habana, Ediciones Centro Félix Varela. 76 p. Consultado el 02-02-2011. Disponible en http://www.revistafuturos.info/download/down_16/diccionario_amb.PDF

Fundamentos de Ecología

Cañedo-Andalia, R. 2009. El conocimiento y la era de la complejidad. ACIMED. 20(1). Disponible en http://scielo.sld.cu

Capra, F.. (2002). The hidden connections: a science for sustainable living. New York. Anchor Books edition, 300p.

Capra F; Henderson, H. 2009. A conceptual framework for finding solutions to our current crisis that are economically sound, ecologically sustainable, and socially just. In Capra, F; Henderson, H. Qualitative Growth. Consultado el 11-08-2011. Disponible en http://criseoportunidade.wordpress.com/2009/qualitative-growth-carpa-frijof-e-hazel-henderson

Cardinale, BJ; Srivastava, DS; Duffy, JE; Wright, JP; Downing, AL; Sankaran, M; Jouseau, C. 2006. Effects of biodiversity on the functioning of trophic groups and ecosystems. Nature 443:989-992.

Carvallo, GO. 2009. Especies exóticas e invasiones biológicas. Ciencia Ahora 12(23):15-21.

Chacón Pinilla, J. 2005. El Bentos Abisal. In Ecosistemas Marinos. Consultado el 29-08-2012. Disponible en: http://www.biotech.bioetica.org/ap2.htm

Chao, S. 2012. Forest Peoples: Numbers across the world. London, Forest Peoples Programme. 24 p.

Chapman, A. 2009. Numbers of Living Species in Australia and the world (2nd Ed). Camberra, Department of the Environment, Water, Heritage and the Arts. Commonwealth of Australia. 78 p.

Chapuis-Lardy, L; Le Bayon, R; Brossard, M; López-Hernández, D; Blanchart, E. 2011. Role of Soil Macrofauna in Phosphorus Cycling. In Bünemann, EK; Oberson, A; Frossard, E. (eds.), Phosphorus in Action, Soil Biology 26. Spinger-Verlag.

Chensheng, LU; Warchol, KM; Callahan, RA. 2012. In situ replication of honey bee colony collapse disorder. Bulletin of Insectology, 65(1):99-106.

Chomitz, KM. 2007. At loggerheads? Agricultural expansion, poverty reduction, and environment in the tropical forests. Washington DC, World Bank. 284 p.

Churchman, CW. 1968. The Systems Approach. New York: Delacorte Press.

Cifuentes L, JL; Torres G, MP; Frías M, M. 1997. El océano y sus recursos II. Las ciencias del mar: oceanografía geológica y oceanografía química. En: Biblioteca digital ILCE - Ciencia para todos. Consultado el 13/03/2013. Disponible en http://bibliotecadigital.ilce.edu.mx/sites/ciencia/volumen1/ciencia2/12/htm/sec_2.html

Clark, WC. 2010. Sustainable development and sustainability science. In Toward a Science of Sustainability, eds. Levin, Simon A. and William C. Clark. Report from Toward a Science of Sustainability Conference, Airlie Center, Warrenton, Virginia, November 29, 2009 – December 2, 2009, 55-65. Consultado el 13/08/2012. Disponible en http://www.nsf.gov/mps/dms/documents/SustainabilityWorkshopReport.pdf.

Cohen, JE. 2003. Human Population: The Next Half Century. Science 302(5648):1172-1175

Cohn, A., J; Cook, M; Fernández, R; Steward, C. (Eds.). 2006. Agroecology and the Struggle for Food Sovereignty in the Americas. London, International Institute for Environment and Development (IIED), Yale School of Forestry and Environmental Studies (Yale F&ES), IUCN Commission on Environmental, Economic and Social Policy (CEESP). 202 p.

Coleman, DC. (2008). From peds to paradoxes: Linkages between soil biota and their influences on ecological processes. Soil Biology & Biochemistry 40:271–289

CMMAD (Comisión Mundial para el Medio Ambiente y el Desarrollo). 1988. Nuestro futuro común. Madrid: Alianza.

CPL (Consejo Nacional de Producción Limpia). 2011. Principios & Herramientas en Producción Limpia. Santiago de Chile, CPL. Consultado el 19/09/12. Disponible en http://www.produccionlimpia.cl/link.cgi/Documentos/GuiasyManuales/616.

CSIC (Consejo Superior de Investigaciones Científicas). 2008. Invasiones biológicas. M. Vilà, F; Valladares, A; Traveset, L; Santamaría, P. (Comps.) Madrid, CSIC, 215 p. (COLECCIÓN DIVULGACIÓN)

Convención de Ramsar. 2010. Cómo abordar la modificación de las características ecológicas de los humedales: Cómo abordar la modificación de las características ecológicas de los Sitios Ramsar y otros humedales. Secretaría de la Convención de Ramsar, Gland (Suiza). 80 p. (Manuales Ramsar para el uso racional de los humedales, 4ª edición, N° 19).

CBD (Convention on Biological Diversity). 2001. Global Biodiversity Outlook, Montreal, Canada, Secretariat of the Convention on Biological Diversity. 282 p.

CBD (Convention on Biological Diversity). 2004 The Ecosystem Approach. Montreal: Secretariat of the Convention on Biological Diversity 50 p. (CBD Guidelines)

CBD (Convention on Biological Diversity). 2009. Especies exóticas invasivas. Una amenaza a la diversidad biológica. Montreal, CBD. 51 p.

CBD (Convention on Biological Diversity). 2010. Global Biodiversity Outlook 3. Montreal, CBD. 94 p.

CBD (Convention on Biological Diversity). 2014. Global Biodiversity Outlook 4. Montreal, CBD. 155 p.

Cook, J. 2010. The Scientific Guide to Global Warming Skepticism. Consultado el 02-05-2013. Disponible en: www.skeptical.com.

Cook, J; Nuccitelli, D; Green, SA; Richardson, M; Winkler, B; Painting, R; ... & Skuce, A. 2013. Quantifying the consensus on anthropogenic global warming in the scientific literature. Environmental research letters, 8(2), 024024. 7 pp.

Corcoran, E; Nellemann, C; Baker, E; Bos, R; Osborn, D; Savelli, H. (Eds) 2010. Sick Water? The central role of wastewater management in sustainable development. A Rapid Response Assessment. United Nations Environment Programme, UN-HABITAT, GRID-Arendal. 86 p.

Costello MJ; Coll, M; Danovaro, R; Halpin, P; Ojaveer, H; Miloslavich, P. 2010. A Census of Marine Biodiversi-

Fundamentos de Ecología

ty Knowledge, Resources, and Future Challenges. PLoS ONE 5(8)e. Consultado el 20.02.12. Disponible en http://hubs.plos.org/web/biodiversity/article/10.1371/journal.pone.0012110

Crabbe M, JC. 2009. Climate change and tropical marine agriculture. Journal of Experimental Botany 60(10):2839–2844.

Daily, G; Polasky, CS; Goldstein, J; Kareiva, PM; Mooney, HA; Pejchar, L; Ricketts, T; Salzman, J; R; Shallenberger. 2009. Ecosystem services in decision making: time to deliver. Front. Ecol. Environ. 7(1):21–28.

Daniel, R. 2005. The Metagenomics of Soil. Nature reviews, 3: 470-478.

Dasgupta, P. (Lead Author); Niggol S, S. (Topic Editor). 2008. Natural capital and economic growth. In Encyclopedia of Earth, Cutler J. Cleveland (ed.) Washington, D.C. Environmental Information Coalition, and National Council for Science and the Environment. Consultado el 15-15-2014. Disponible en http://www.eoearth.org/article/Natural_capital_and_economic_growth.

Dawson, TP; Jackson, ST; House, JI; Prentice, IC; Mace, GM. 2011. Beyond Predictions: Biodiversity Conservation in a Changing Climate. Science 332(6205):53-58

De la Fuente EB; Suárez. SA. 2008. Problemas ambientales asociados a la actividad humana: la agricultura. Agricultura Austral 18:238-252.

Di Salvo, A; Romero, N; Briceño, J. 2009. Estudio de los ecosistemas desde la perspectiva de la complejidad. Multiciencias 9(3):242-248

Diamond, J. 2006. Colapso. Por qué unas sociedades perduran y otras desaparecen. Barcelona, Debate. 747 p.

Dirzo, R; Young, HS; Galetti, M; Ceballos, G; Isaac, N; Collen, B. 2014. Defaunation in the Anthropocene. Science 345(6195):401-406

UN-DESA (United Nations Division for Sustainable Development). 2010. The Transition to a Green Economy: Benefits, Challenges and Risks from a Sustainable Development Perspective. Report by a Panel of Experts to Second Preparatory Committee Meeting for United Nations Conference on Sustainable Development. 97 p.

Doney, SC. 2010. The growing human footprint on coastal and open-ocean biogeochemistry. Science 328(5985):1512-1516.

Doney, SC; Balch, WM; Fabry, VJ; Feely, RA. 2009. Ocean Acidification: A Critical Emerging Problem for the Ocean Sciences. Oceanography 22(4):16- 25

Doney, SC; Ruckelshaus, M; Duffy, JE; Barry, JP; Chan, CA; English, F; Talley, LD. 2012. Climate change impacts on marine ecosystems. Annu. Rev. Marine. Sci. 4:11-37.

Doney, SC; Fabry, VJ; Feely, RA; Kleypas, JA. 2009a. Ocean Acidification: The Other CO_2 Problem. Annu. Rev. Mar. Sci. 1:169–92

Duffy, JE; Cardinale, BJ; France, KE; McIntyre, PB; Thébault E; Loreau. M. 2007. The functional role of biodiversity in ecosystems: incorporating trophic complexity. Ecology Letters 10: 522–538

Dyball, R. 2010. Human Ecology as Method, In Brown, V; Harris, J; Russell, J. (Eds.) Tackling Wicked Problems with the Transdisciplinay Imagination. London: Earthscan. pp 273-284

Ehrenfeld, JG; Ravit, B; Elgersma, K. 2005. Feedback in the plant-soil system. Annu. Rev. Environ. Resour. 30:75–115

Ehrlich, R. Folke, C; Jansson, A; Jansson, B; Kautsky, N; Levin, S; ... Walker, B. 2000. The value of nature and the nature of value. Science 289(5478):395-396. Consultado el 22-09-2012. Disponible en: http://www.sciencemag.org/cgi/content/summary/289/5478/395

Jiménez JJ; Thomas R. (Eds.). 2003. El Arado Natural: las comunidades de macroinvertebrados del suelo en las sabanas neotropicales de Colombia. Cali, Centro Internacional de Agricultura Tropical. 444p.

Elena-Rosselló, R; Gómez Sanz, V; Ortega Quero, M; Sánchez de Ron D; García del Barrio, JM. 2005. El Ambiente Biogeoclimático: Desde la Ecofisiología a las relaciones funcionales a nivel de Paisaje. Invest Agrar: Sist Recur For. 14(3):513-524.

Ellis, EC; Ramankutty. N. 2008. Putting people in the map: anthropogenic biomes of the world. Front. Ecol. Environ. 6(8):439–447.

Ellis, EC; Kaplan, J; Fuller, D; Vavrus, Goldewijk K; Verburg. P. 2013. Used planet: A global history. PNAS Early edition. 8p. Consultado el 02-05-13. Disponible en: www.pnas.org/cgi/doi/10.1073/pnas.1217241110

Ellis, EC; Goldewijk, KK; Siebert, S; Lightman D; Ramankutty. N. 2010. Anthropogenic transformation of the biomes, 1700 to 2000. Global Ecol. Biogeogr. 19:589–606

Elosegui, A; Butturini, A. 2009. El transporte de materiales inorgánicos disueltos y particulados. In Conceptos y técnicas de ecología fluvial. (Elosegui A; Sabater J. eds.). Bilbao, FBBVA. pp:85-96.

EPA. Environmental Protection Agency 2007. Draggan, S. (Topic Editor) "Types of pesticides". In Encyclopedia of Earth. Cutler J. Cleveland (Ed.) Washington, DC. Environmental Information Coalition, National Council for Science and the Environment. Consultado el 20-09-11. Disponible en: http://www.eoearth.org/article/Types_of_pesticides?topic=49552

Erb, K-H; Krausmann, F; Gaube, V; Gingrich, S; Bondeau, A; Fischer-Kowalski M; Haberl, H. 2009. Analyzing the global human appropriation of net primary production: Trajectories, processes and implications", Ecological Economics (69):250–259.

Eriksen, M; Lebreton, LCM; Carson, HS; Thiel, M; Moore, CJ; Borrero, JC; ... Reisser, J. 2014. Plastic Pollution in the World's Oceans: More than 5 Trillion Plastic Pieces Weighing over 250,000 Tons Afloat at Sea. PLoS ONE 9(12):e111913.

European Commission – Environment 2011. Biodiversity and Health. Brussels, Science for Environment Policy, Future Briefs Nº 2. 7 p.

Fundamentos de Ecología

Ewel, J; Madriz A; Tosi Jr, J. 1976. Zonas de vida de Venezuela. Memoria explicativa sobre el mapa ecológico. Caracas, Fondo Nacional de Investigaciones Agropecuarias. 270 p.

Ezeh, AC; Bongaarts J; Mberu. B. 2012. Global population trends and policy options. The Lancet, 380:142-48.

Fabricius, KE. 2005. Effects of terrestrial runoff on the ecology of corals and coral reefs: review and synthesis. Marine Pollution Bulletin, (50):125–146

FAO (Organización de las naciones Unidas para la para la Alimentación y la Agricultura). 2002. Evaluación de los Recursos Forestales Mundiales 2000 - Informe Principal. Roma. Organización de las Naciones Unidas para la Agricultura y la Alimentación. (ESTUDIO FAO MONTES 140).

FAO (Organización de las naciones Unidas para la para la Alimentación y la Agricultura). 2007. Water at a glance. Rome. FAO.

FAO (Food and Agriculture Organization of the United Nations). 2009a. Strategic Framework 2010-2019. Rome, FAO Conference, 18-23 November, 2009. Consultado el 09-09-2011. Disponible en ftp://ftp.fao.org/docrep/fao/meeting/017/k5864e01.pdf

FAO (Organización de las naciones Unidas para la para la Alimentación y la Agricultura). 2010. Evaluación de los recursos forestales mundiales 2010. Estudio FAO – Montes 163. Roma, FAO. Consultado el 09-09-2011. Disponible en http://www.fao.org/forestry/fra/fra2010/en/.

FAO (Food and Agriculture Organization of the United Nations). 2011. Global food losses and food waste – Extent, causes and prevention. Rome, FAO

FAO (Food and Agriculture Organization of the United Nations). 2011a. Looking ahead in world food and agriculture: Perspectives to 2050. Piero Conforti (edit), Rome. FAO. pp:233-277

FAO (Organización de las naciones Unidas para la para la Alimentación y la Agricultura). 2011b. Perspectivas alimentarias-Junio 2011. Roma, Sistema Mundial de información y Alerta sobre la agricultura y alimentación/FAO.

FAO (Organización de las naciones Unidas para la para la Alimentación y la Agricultura). 2011c. Ahorrar para crecer (on-line). Consultado el 12-10-2011. Disponible en http://www.fao.org/ag/save-and-grow/es/1/index.html

FAO (Organización de las naciones Unidas para la para la Alimentación y la Agricultura). 2012. El estado mundial de la pesca y la acuicultura. 2012. Roma, FAO. 231p. Consultado el 18-03-2013. Disponible en http://www.fao.org/docrep/016/i2727s/i2727s00.htm

FAO (Organización de las naciones Unidas para la para la Alimentación y la Agricultura). 2012a. El estado de los bosques del mundo. Roma, FAO. 63p. Consultado el 18-04-2013. Disponible en http://www.fao.org/docrep/016/i3010s/i3010s00.htm

FAO (Organización de las naciones Unidas para la para la Alimentación y la Agricultura). 2012b. FAO Statistical Yearbook. Rome, FAO. (On-line edition). Consultado el 11-04-2013. Disponible en http://www.fao.org/economic/ess/ess-publications/ess-yearbook/yearbook2012/en/

FAO (Organización de las naciones Unidas para la para la Alimentación y la Agricultura). 2013. FAOSTAT. Consultado el 01-05-2013. Disponible en http://www.fao.org/corp/statistics/en/

FAO (Organización de las naciones Unidas para la para la Alimentación y la Agricultura). 2016. El estado mundial de la Agricultura y la alimentación 2016: cambio climático, agricultura y seguridad alimentaria. Roma, FAO. 191p. Consultado el 01-09-2016. Disponible en http://www.fao.org/3/a-i6030s.pdf

FAO (Organización de las naciones Unidas para la para la Alimentación y la Agricultura). 2016a. El estado mundial de la pesca y la acuicultura 2016: Contribución a la seguridad alimentaria y la nutrición para todos. Roma, FAO. 224 pp.

FAO (Organización de las naciones Unidas para la para la Alimentación y la Agricultura); CINE (Centre for Indigenous Peoples' Nutrition and Environment). 2009. Indigenous Peoples' food systems: the many dimensions of culture, diversity and environment for nutrition and health. Canada, McGill University. Consultado el 09-09-2011. Disponible en http://www.fao.org/docrep/012/i0370e/i0370e00.htm.

FAO (Food and Agriculture Organization of the United Nations); UNDP/UNEP. 2008. UN Collaborative Programme on Reducing Emissions from Deforestation and Forest Degradation in Developing Countries (UN-REDD). Framework Document. Génova, UN-REDD Program Secretariat. 29 p.

FEN (Fundación Española de la Nutrición). 2013. Libro Blanco de la Nutrición en España. Madrid, FEN. 605p.

Fierer, N; Grandy, AS; Six, J; Paul, EA. 2009. Searching for unifying principles in soil ecology. Soil Biology and Biochemistry 41(11):2249-2256.

Filippelli, GM. 2002. The global phosphorus cycle. Reviews in mineralogy and geochemistry, 48(1):391-425.

Fischer, G; van Velthuizen, H; Shah, M; Nachtergaele, F. 2002. Global Agro-ecological Assessment for Agriculture in the 21st Century: Methodology and Results. Roma, International Institute for Applied Systems Analysis/ Food and Agriculture Organization of the United Nations. 119 p.

Fischer, J; Dyball, R; Fazey, I; Gross, C; Dovers, S; Ehrlich, PR; Brulle, R; Carleton, JC; Borden, RJ. 2012. Human behavior and sustainability. Frontiers in Ecology and the Environment, 10(3):153-160.

Fischlin, A; Midgley, GF; Price, JT; Leemans, R; Gopal, B; Turley, C; … Velichko, AA. 2007. Ecosystems, their properties, goods, and services. IN: Climate Change 2007: Impacts, Adaptation and Vulnerability. Contribution of Working Group II to the Fourth Assessment Report of the Intergovernmental Panel on Climate Change, Parry, ML; Canziani, OF; Palutikof, JP; van der Linden PJ; Hanson, CE. (Eds.) Cambridge University Press, Cambridge, pp:211-272.

Fishera, B; Turnera RK; Morling, P. 2009. Defining and classifying ecosystem services for decision making. Ecological Economics 68:643-653

Fitter, A; T; Elmqvist, R; Haines-Young, M; Potschin, A; Rinaldo, H Setä Lä, S; ... Murlis, J. 2010. An Assessment of Ecosystem Services and Biodiversity in Europe. In Issues in Environmental Science and Technology. Vol. 30. Ecosystem Services. Hester RE; Harrison, R.M. London, Royal Society of Chemistry. pp:1-28

Folke, C. 2006. Resilience: The emergence of a perspective for social–ecological systems analyses. Global environmental change 16(3):253-267.

FONAIAP (Fondo Nacional de Investigaciones Agropecuarias) 1976. Informe Anual FONAIAP. Caracas, FONAIAP, 144 p.

FIDA (Fondo Internacional de Desarrollo Agrícola). 2010. Desertificación. Roma, FIDA.

Franco, M. 1990. Ecología de poblaciones. Rev. Ciencias (Mex.) (4, especial):5-9

Friedman, T. 2010. Caliente, plana y abarrotada: por qué el mundo necesita una revolución verde. Barcelona, Edit. Planeta, 612 p.

FUNDAMBIENTE (Fundación de Educación Ambiental). 2006. Recursos hídricos de Venezuela. Caracas, FUNDAMBIENTE/MINANMB. 167 p.

Fussel GE. 1965. Farming Technique from Prehistoric to Modern Times. London. Pergamon Press. 269 p.

Galloway JN; Aber, JD; Erisman, JW; Seitzinger, SP; Howarth, RW; Cowling EB; Cosby, BJ. 2003. The Nitrogen Cascade, BioScience 53(4):341-356

Garrido E; Bennett, AE; Fornoni, J; Strauss, SY. 2010. Variation in arbuscular mycorrhizal fungi colonization modifies the expression of tolerance to above-ground defoliation. J. of Ecol, 98:43–49.

Gaston, KJ. 2010. Biodiversity. In Sodhi NS; Ehrlich, PR. 2010. Conservation Biology for All. New York, Oxford University Press. pp:27-42

Gianoli, E. 2004. Plasticidad fenotípica adaptativa en plantas. In Fisiología ecológica en plantas: Mecanismos y Respuestas a Estrés en los Ecosistemas. Valparaíso (Chile), EUV. pp:13-25.

Giannuzzo, AN. 2010. Los estudios sobre el ambiente y la ciencia ambiental. Scientiae Studia, 8(1):129-156.

Giovannucci D; Scherr, S; Nierenberg, D; Hebebrand, C; Shapiro, J; Milder, J; K. Wheeler. 2012. Food and Agriculture: the future of sustainability. A strategic input to the Sustainable Development in the 21st Century (SD21) project. New York: United Nations Department of Economic and Social Affairs, Division for Sustainable Development. 79 p.

Glaeser, B; Glaser, M. 2010. Global change and coastal threats: The Indonesian case. An attempt in multi-level social-ecological research. Human Ecology Review 17(2):135-147.

Godfray, HCJ; Beddington, JR; Crute, IR; Haddad, L; Lawrence, D. Muir, JF; Toulmin, C. 2010. Food Security: The Challenge of Feeding 9 Billion People. Science 327(5967):812-818

Gómez-Baggethun, E; de Groot, R. 2007. Capital natural y funciones de los ecosistemas: explorando las bases ecológicas de la economía. Ecosistemas 16(3):4-14.

Gómez-Baggethuna, E; de Groot, R; Lomasa PL; Montesa, C. 2010. The history of ecosystem services in economic theory and practice: From early notions to markets and payment schemes. Ecological Economics 69 (6):1209-1218.

Gonçalves, RJ; Souza, MS; Aigo, J; Modenutti, B; Balseiro, E; Villafañe, VE; Cussac, V; Walter-Helbling E. 2010. Responses of plankton and fish and temperate zones to UVR and temperature in a context of global change. Ecologia Austral 20:129-153.

Goncalves, J; Becker, T; Braun, A; Campilan, D; de H; ChavezFajber, , E; Vernooy, R. (Eds). 2006. Investigación y desarrollo participativo para la agricultura y el manejo sostenible de recursos naturales: libro de consulta Vol. 1: Comprendiendo Investigación y Desarrollo Participativo, Ottawa, CIP-UPWARD/IDRC. 286 p.

González-Chávez,MCA;Gutiérrez-Castorena,MC;Wright, S. 2004. Hongos micorrízicos arbusculares en una agregación del suelo y su estabilidad. Terra Latinoamericana [en línea], vol. 22 [consultado el 09-03-2011]. Disponible en: http://redalyc.uaemex.mx/src/inicio/ArtPdfRed.jsp?iCve=57311096014.

Gorham, E. 1991. Biogeochemistry: its origin and development. Biogeochemistry, 13(3):199-239.

GPNM (Global Partnership on Nutrient Management). 2010. Building the foundations for sustainable nutrient management. Nairobi, UNEP/GPNM. 28 p.

Gruber, N; Galloway, JN. 2008. An Earth-system perspective of the global nitrogen cycle. Nature. 451(7176):293-296

Gudynas E. 2011. Ambiente, sustentabilidad y desarrollo: una revisión de los encuentros y desencuentros. In "Contornos educativos de la sustentabilidad", Reyes Ruiz J; Castro Rosales, E. (Eds). México, Universidad de Guadalajara, Editorial Universitaria pp:109-144

Guimarães Jr, PR; Rico-Gray, V; dos Reis SF; Thompson, JN. 2006. Asymmetries in specialization in ant–plant mutualistic networks. Proc. R. Soc. B 273(3548):2041-2047. Consultado el 08-08-2012 Disponible en http://rspb.royalsocietypublishing.org

Gunders, D. 2012. Wasted: How America Is Losing Up to 40 Percent of Its Food from Farm to Fork to Landfill. Washington, Natural Resources Defense Council. 26 p. (Issue PAPER 12-06-B)

Gustavsson, J; Cederberg, C; Sonesson, U; van Otterdijk, R; Meybeck, A. 2011. Global food losses and waste: extent, causes and prevention. Rome, Food and Agriculture Organization of the United Nations. 29 p

Hansen, J; Sato, M; Ruedy, R. 2012. Perception of climate change. Proceedings of the National Academy of Sciences, 109(37):E2415-E2423.

Harlan JR. 1998. Distribution of Agricultural Origins: A Global Perspective. In Damania, AB; Valkoum J; Willcox G; Qualset CO. (Eds.) 1998. The originis of Agriculture and Crop Domestication. Aleppo, Syria. ICARDA. pp:1-4.

Harvey, M; Pilgrim, S. 2011. The new competition for land: Food, energy, and climate change. Food Policy Vol 36 (Suppl. 1):S40-S51

Hastings, A; Byers, JE; Crooks, JA; Cuddington, Jones, K; Lambrinos, CG; ... Wilson. G. 2007. Ecosystem engineering in space and time. Ecology Letters, 10:153–164.

Haub Cl; Gribble, J. 2011. The World at 7 Billion, Population Bulletin 66(2):1-13

Hedlund, K; Griffiths, B; Christensenc, S; Scheud, S; Setälä, H; Tscharntke T; Verhoef, H. 2004. Trophic interactions in changing landscapes: responses of soil food webs. Basic and Applied Ecology 5(6):495-503.

Hernández G, R. 2002. Botánica on-line. Mérida, Fac. de Ciencias Foestales, ULA Consultado el 22/08/11 Disponible en http://www.forest.ula.ve/~rubenhg/nutricionmineral/.

Hillebrand, H; Matthiessen, B.2009. Biodiversity in a complex world: consolidation and progress in functional biodiversity research. Ecology Letters 12:1405-1419

Hobson, P; Ibisch, PL. 2010. An alternative conceptual framework for Sustainability: systemics and thermodynamics. In Ibisch, PLA; Vega E; Herrmann, TM. (Eds.) 2010. Interdependence of biodiversity and development under global change. Technical Series No. 54. Secretariat of the Convention on Biological Diversity, Montreal (second corrected edition). pp:127-148.

Hoddinott, J. 2012. Agriculture, Health, and Nutrition: Toward Conceptualizing the Linkages. In International Food Policy Research Institute (IFPRI). Reshaping agriculture for nutrition and health. Fan S; Pandya-Lorch, R. (Eds.) 2012. Washington, DC. International Food Policy Research Institute. pp:13-20.

Hoegh-Guldberg, O; Bruno, JF. 2001. The Impact of Climate Change on the World's Marine Ecosystems. Science 32(1523):1523-1528.

Hoekstra, AY; Chapagain, AK; Aldaya, MM; Mekonnen, MM. 2011. The water footprint assessment manual: Setting the global standard. London, EarthScan. 203 p.

Hoekstra, AY; Wiedmann, TO. 2014. Humanity's unsustainable environmental footprint. Science 344(6188):1114-1117.

Hofmann, GE; Barry, JP; Edmunds, PJ; Gates, RD; Hutchins, DA; Klinger, T; Sewell, MA. 2010. The effect of ocean acidification on calcifying organisms in marine ecosystems: an organism-to-ecosystem perspective. Annual Review of Ecology, Evolution, and Systematics 41:127-147.

Hokche, O; Berry PE; Huber, O. (Eds.) 2008. Nuevo catálogo de la flora vascular de Venezuela. Fundación Instituto Botánico de Venezuela "Dr. Tobías Lasser". Caracas, Venezuela. 859 p.

Hole, DG; Perkins, AJ; Wilson, JD; Alexander, IH; Grice PV; Evans, AD. 2005. Does organic farming benefit biodiversity?. Biological Conservation 122:113–130.

Hooper DU; Chapin, FS; Ewel, JJ; Hector, A; Inchausti, P; Lavorel, S; ... Schmid, B. 2005. Effects of biodiversity on ecosystem functioning: a consensus of current knowledge. Ecological Monographs, 75(1):3–35.

Hughes, AR; Inouye, BD; Johnson, MTJ; Underwood N; Vellendç, M. 2008. Ecological consequences of genetic diversity. Ecology Letters 11:609–623

Hunt, J; Baldocchi, D; Van Inghen. C. 2009. Redefining ecological science using data. In Hey T; Stewart T; Tolle, K. (Eds.). The Fourth paradigm: data-intensive scientific discovery. Redmond, Microsoft Corporation. 252 p

IGBP (International Geosphere-Biosphere Programme); IOC-UNESCO; SCOR-ICSU. 2013. Ocean Acidification: Summary for Policymakers – Third Symposium on the Ocean in a High-CO2 World. Stockholm, Sweden. 27 p.

Ibisch, PL; Vega E, A; Herrmann TM (eds.) 2010a. Interdependence of biodiversity and development under global change. Secretariat of the Convention on Biological Diversity, Montreal (second corrected edition). Technical Series No. 54. 226 p.

Ibisch PL; Hobson, P; Vega E, A. 2010b. Mutual mainstreaming of biodiversity conservation and human development: towards a more radical ecosystem approach. In Ibisch, PL; Vega E, A; Herrmann TM (eds.) 20102010. Interdependence of biodiversity and development under global change. Secretariat of the Convention on Biological Diversity, Montreal (2° corrected ed.). Technical Series No. 54, pp:15-34

Ings, TC; Montoya, JM; Bascompte, J. Blüthgen, N; Brown, Carsten, L; Dormann, F; Edwards, F; ... Woodwar, G. 2009. Ecological networks – beyond food webs. Journal of Animal Ecology 78:253-269.

IICA (Instituto Interamericano de Cooperación para la Agricultura) 2009. Innovaciones institucionales y tecnológicas para sistemas productivos basados en agricultura familiar/FORAGRO, IICA, GFAR, San José, IICA. 50 p.

Instituto Internacional de Investigación sobre Políticas Alimentarias – (IFPRI). 2013. Informe de Políticas Alimentarias Mundiales 2011. Washington, D.C.

IPGRI (International Plant Genetic Resources Institute). 2004. Diversity for well-being, making the most of agricultural biodiversity. Maccarese, Roma, Instituto Internacional de Recursos Fitogenéticos. Consultado el 15-06-2014. Disponible en http://www.bioversityinternational.org/

IEA (International Energy Agency) 2011. Key World Energy Statistics. Paris, IEA/OEDC. 80 p.

IFRC (International Federation of Red Cross and Red Crescent Societies) 2011. World Disasters Report: Focus on hunger and malnutrition. Paris, IFRC, 251 p.

IFPRI (International Food Policy Research Institute) 2009. The poorest and hungry: assessments, analyses, and actions. (J. R. von Braun, Vargas Hill, R. Pandya-Lorch,

Eds.). Washington, International Food Policy Research Institute. 586 p.

IFPRI. (International Food Policy Research Institute) 2013. Global Food Policy Report 2012. Washington, IFPRI. 131 p.

IPBES (Intergovernmental Science-Policy Platform on Biodiversity and Ecosystem Services). 2016. Summary for policymakers of the assessment report of the IPBES on pollinators, pollination and food production. Potts, Imperatriz-Fonseca, SG; VL; Ngo, HT; Biesmeijer, JC; Breeze, TD; ... Viana F. (eds.). Bonn, Germany, IPBES Secretariat.

IPCC (Grupo Intergubernamental de Expertos sobre el Cambio Climático). 2007. Cambio climático 2007: Informe de síntesis. Contribución de los Grupos de trabajo I, II y III al Cuarto Informe de evaluación del Grupo Intergubernamental de Expertos sobre el Cambio Climático. Pachauri, RK; Reisinger, A. (Equipo de redacción principal). Ginebra, Suiza IPCC.

IPCC (Grupo Intergubernamental de Expertos sobre el Cambio Climático). 2011. Informe especial sobre fuentes de energía renovables y mitigación del cambio climático. Resumen para responsables de políticas Informe del Grupo de trabajo III Ginebra, Suiza. IPCC.

IPCC (Grupo Intergubernamental de Expertos sobre el Cambio Climático). 2014. Cambio climático 2014: Informe de síntesis. Contribución de los Grupos de trabajo I, II y III al Quinto Informe de Evaluación Pachauri, RK; Meyer, LA. (eds.). Ginebra, Ginebra, Suiza IPCC.

Irwin, F; Ranganathan, J; 2008. Restaurando el capital natural - Un programa de acción para sustentar los servicios ecosistémicos. Wahington D.C., World Resources Institute.

IUSS (Grupo de Trabajo WRB). 2007. Base Referencial Mundial del Recurso Suelo. Primera actualización 2007. Informes sobre Recursos Mundiales de Suelos No. 103. FAO, Roma. [consultado el 25-03-13] Disponible en http://ftp.fao.org/docrep/fao/011/a0510s/a0510s00.pdf

Jabareen, Y. 2008. A new conceptual framework for sustainable development. Environ. Dev. Sustain. 10:179-192.

Jabareen, Y. 2009. Building a Conceptual Framework: Philosophy, Definitions, and Procedure. International Journal of Qualitative Methods, 8(4):52-62

Jiménez Jaén, JJ; Decaëns, T; Thomas, RJ; Lavelle, P. 2003. La macrofauna del suelo: un recurso natural aprovechable pero poco conocido. In: El Arado Natural: las comunidades de macroinvertebrados del suelo en las sabanas neotropicales de Colombia. 2003. J.J. Jiménez y R. Thomas (Eds.). Cali, Centro Internacional de Agricultura Tropical. pp:1-13

Johnson, KS; Berelson, WM; Boss, E; Chase, Z; Claustre H; ... Riser, SC. 2009. Observing biogeochemical cycles at global scales with profiling floats and gliders: prospects for a global array. Oceanography 22(3):216-225.

Jose S; Gillespie AR; Pallardy, SG. 2004. Interspecific interactions in temperate agroforestry. Agroforestry Systems 61:237-255.

Kaiser, ML. 2011. Food Security: an ecological–social analysis to promote social development. Journal of community practice 19:62–79.

Kates, RW. (ed.). 2010. Readings in Sustainability Science and Technology. Center for International Development, Harvard University. Cambridge, MA: Harvard University, 54 p. (CID Working Paper No. 213).

Kates, RW; Parris, TM. 2003. Long-term trends and a sustainability transition. Proceedings of the National Academy of Sciences 100(14):8062-8067. Consultado el 26-09-2016 Disponible en http://www.pnas.org/content/100/14/8062.full.pdf

Kates, R; Parris, TM; Leiserowitz, AA. 2005. What is sustainable development? Environment 47(3): 9-21. Consultado el 28-07-2016. Disponible en http://www.environment-magazine.org/Editorials/Kates-apr05-full.html

Kathiresan, K; Bingham, BL. 2001. Biology of mangroves and mangrove ecosystems. Advances in Marine Biology 40:81-251.

Kayranli, B; Scholz, M; Mustafa A; Hedmark, Å. 2010. Carbon Storage and Fluxes within Freshwater Wetlands: a Critical Review. Wetlands 30:111–124.

Kearney, J. 2010. Food consumption trends and drivers. Phil. Trans. R. Soc. B, 365: 2793-2807.

Kellner, JB; Litvin, SY; Hastings, A; Micheli F; Mumby, PJ. 2010. Disentangling trophic interactions inside a Caribbean marine reserve. Ecological Applications, 20(7):1979-1992

Khor, M. 2011. Risks and uses of the green economy concept in the context of sustainable development, poverty and equity. Geneva, SOUTH CENTRE. 43p. (Research Paper n° 40).

Kuris, D; Marcogliese, J; Martinez, ND; Memmott, J; Lafferty, PA; St. Allesina, D; Likens, AM. 1992. The Ecosystem Approach: its use and abuse. Oldendorf/Luhe (Germany) Ecology Institute. 166 p.

Lafferty, KD; Allesina, S; Arim, M; Briggs, CJ; De Leo, G; Dobson, AP; .... Thieltges, DW. 2008. Parasites in food webs: the ultimate missing links. Ecology Letters,11: 533–546.

Laing, A; Evans, JL. 2011. Introducción a la meteorología tropical (2ª ed.). Libro en línea. Philadelphia, The COMET Program/National Center for Atmospheric Research. [Consultado el 20-02-2013] Disponible en http://www.meted.ucar.edu/tropical/textbook_2nd_edition_es/index.htm.

Lasso, CA; Lew, D; Taphorn, D; DoNascimiento, C; Lasso-Alcalá, O; Provenzano F; Machado-Allison, A. 2004. Biodiversidad ictiológica continental de Venezuela. Parte I. Lista de especies y distribución por cuencas. Memoria de la Fundación La Salle de Ciencias Naturales, (159-160):105-195

Lasso, CA; Sánchez-Duarte, P; Lasso-Alcalá, O; Martín R; Samudio H; González-Oropeza, K; Hernández-Acevedo J; L. Mesa. 2009. Lista de los peces del delta del río Orinoco, Venezuela. Biota Colombiana 10(1-2):123-148.

Laurance, W. 2010. Habitat destruction: death by a thousand cuts. In Sodhi NS; Ehrlich, PR. Conservation Biology for All. New York, Oxford University Press. pp:73-86.

Lavelle, P. 2009. Ecology and the challenge of a multifunctional use of soil. Pesq. agropec. bras., Brasília 44(8):803-810.

Le Quéré, C; Harrison, SP; Colin Prentice, I; Buitenhuis, ET; Aumont, O; Bopp, L. ... Wolf-Gladrow, D. 2005. Ecosystem dynamics based on plankton functional types for global ocean biogeochemistry models. Global Change Biology 11:2016–2040.

Leal, J. 2005. Ecoeficiencia: marco de análisis, indicadores y experiencias. Santiago de Chile, ONU/CEPAL. 82 p. (Serie Medio ambiente y desarrollo N° 105).

Leibold, M; Geddes. P. 2005. El concepto de nicho en las metacomunidades. Ecología Austral 15:117-129.

Lenski G; Nolan, P. 2008. Human Societies: An Introduction to Macrosociology (3rd ed.). Boulder (CO), Paradigm Publishers. 654 p.

León Q, JB. 2009. El ambiente: paradigma del nuevo milenio. Caracas, edit. Alfa. 186 p.

Letourneau, DK; Bothwell, SG. 2008. Comparison of organic and conventional farms: challenging ecologists to make biodiversity functional. Front Ecol Environ 6(8):430-438

Likens, G. 1992. The Ecosystem Approach: its use and abuse. Oldendorf/Luhe (Germany) Ecology Institute. 166 p.

Lin, BB. 2011. Resilience in agriculture through crop diversification: adaptive management for environmental change. BioScience, 61(3):183-193.

Link, J. 2002. Does food web theory work for marine ecosystems? Mar. Ecol. Prog. Ser. 230:1-9,

Lipper, L; Neves, B. 2011. Payments for environmental services: what role in sustainable agricultural development? Romer, ESA/FAO. 21p. (ESA Working Paper No. 11-20) Consultado el 21-9-2014. Disponible en www.fao.org/es/esa

Liu, J; Dietz, T; Carpenter, SR; Alberti, M; Folke, C; Moran, E; ... Taylor, WW. 2007. Complexity of coupled human and natural systems. Science 317(5844):1513-1516.

Liu, Y; Villalba, G; Ayres, RU; Schroder, H. 2008. Global Phosphorus Flows and Environmental Impacts from a Consumption Perspective. Journal of Industrial. Ecology 12(2):229- 247.

Lovejoy, TE. 2010. Climate change. In Sodhi NS; Ehrlich, PR. 2010. Conservation Biology for All. New York, Oxford University Press. pp:153-162.

Lovelock, J. 2007. La venganza de la Tierra: la teoría de Gaia y la evolución de la humanidad. Barcelona, Edit. Planeta, 249 p.

Lowe, S; Browne, M; Boudjelas, S; De Poorter, M. 2004. 100 de las Especies Exóticas Invasoras más dañinas del mundo. Ginebra, Comisión de Supervivencia de Especies (CSE)/UICN, 12 p.

Mader, S. 2008. Biología (9ª ed.). Mexico, McGraw-Hill Interamericana. 950 p.

Machado-Allison, A. 2006. Contribuciones al conocimiento de la ictiología continental venezolana. Acta Biol. Venez. 26(1):13-52

Mack, RN; Simberloff, D; Lonsdale, WM. 2000. Invasiones Biológicas: Causas, Epidemiología, Consecuencias globales y Control. Washington, Sociedad Norteamericana de Ecología. 15p. (Tópicos en Ecología N° 5).

Malhi, Y; Roberts, JT; Betts, RA; Killeen, TJ; Li, W; Nobre, CA. 2008. Climate Change, Deforestation, and the Fate of the Amazon. Science 319(5860):169-172

Marcu, M. 2011. Eurostat: Statistics in focus, 38/2011, Luxemburg, European Union. Consultado el 21-11-2013. Available in: http://epp.eurostat.ec.europa.eu/cache/ITY_OFFPUB/KS-SF-11-038/EN/KS-SF-11-038-EN.PDF

Márquez, E. 2000. Laboratorio de Biología de Poblaciones y Evolución (EA2181). Cap. 5. Caracas, Universidad simón Bolívar. Consultado el 22-01-2013. Disponible en: http://prof.usb.ve/ejmarque/cursos/index.html#top

Masera, D. 2002. Hacia un consumo sustentable. In La transición hacia el desarrollo sustentable. Perspectivas de América Latina y el Caribe. Leff, E; Ezcurra, E; Pisanty, I; Romero L, P. (Eds.) 2002. México, Instituto Nacional de Ecología (INE-SEMARNAT)/PNUMA/UAM. Pp:61-89.

Mata, TM; Martins, AA; Caetano, NS. 2010. Microalgae for biodiesel production and other applications: A review. Renewable and Sustainable Energy Reviews 14(1):217-232.

McNeely, JA; Mainka, SA. 2009. Conservation for a New Era. IUCN, Gland, Switzerland.

Meehl, GA; Stocker, TF; Collins, WD; Friedlingstein, P; Gaye, AT; Gregory, JM; ... Zhao, ZC. 2007. "Global Climate Projections." In Climate Change 2007: The Physical Science Basis. Contribution of Working Group I to the Fourth Assessment Report of the Intergovernmental Panel on Climate Change. 2007. Solomon, S; Qin, D; Manning, M; Chen, Z; Marquis, M; Averyt, KB. (Eds.) Cambridge: Cambridge University Press.

Meli, P. 2003. Restauración ecológica de bosques tropicales. Veinte años de investigación académica. Interciencia 28(10):581-589.

Miller TEX; Rudolf, HW. 2011. Thinking inside the box: community-level consequences of stage-structured populations. Trends in Ecol. and Evol. 26(9):457-466

Miller, GT. 2007 Ciencia ambiental, desarrollo sostenible. Un enfoque integral (8ª ed.). México, Cencage Learning Inc. 323p. + Supl.

Miller, G; Spoolman, SE. 2010. Principios de Ecología (5a Ed.). México, Cencage Learning Inc. 274 p.

MARNR (Ministerio del Ambiente y los Recursos Naturales Renovables). 2000. Primer informe de país para la Convención de Diversidad Biológica. Caracas, MARNR, 224 p.

MARNR (Ministerio del Ambiente y los Recursos Naturales Renovables). 2010. Estadísticas Forestales 2008. Caracas, MINAMB. 178p.

Mittelbach, GG. Community Ecology. 2012. New York, Sinauer Associates Inc. 400 p

Montilla, JJ. (2004). La Inseguridad Alimentaria en Venezuela. An. Venez. Nutr, 17(1):3-10 Consultado el 05-5- 2013. Disponible en http://www.scielo.org.ve/scielo.

php?script=sci_arttext&pid=S0798-07522004000100006&-lng=es&nrm=iso.

Montoya, JM; Pimm, SL; Sole, RV. 2006. Ecological networks and their fragility. Nature, 442:259-264.

Montpellier Panel. 2013. Sustainable Intensification: A New Paradigm for African Agriculture, London. Consultado el 26-04-13. Disponible en www.ag4impact.org.

Naeem, S. 2002. Ecosystem consequences of biodiversity loss: the evolution of a paradigm. Ecology 83(6):1537-1552.

NCR (National Research Council). 2006. Dynamic Changes in Marine Ecosystems: Fishing, Food Webs, and Future Options. Washington, DC. National Academic Press, 153 p.

NCR (National Research Council). 2010. Advancing the science of climate change. Washington, DC. National Academic Press, 152 p

NCR (National Research Council). 2010a. Ocean Acidification: A National Strategy to Meet the Challenges of a Changing Ocean. Washington, DC. National Academic Press, 152 p

Ness, B; Urbel-Piirsalu, E; Anderberg S; Olsson, L. 2007. Categorising tools for sustainability assessment. Ecological Economics 60(3):498-508.

NOAA (National Oceanic & Atmospheric Administration/NCEI) 2016. U.S. Billion-Dollar Weather and Climate Disasters https://www.ncdc.noaa.gov/billions/

Norberg, J. 2004. Biodiversity and ecosystem functioning: A complex adaptive systems approach. Limnol. Oceanogr. 49(4, part 2):1269-1277.

Novoa, D; Mendoza, J; Marcano L; Cárdenas, J. 1998. El Atlas pesquero marítimo de Venezuela. Caracas, SARPA/MAC. 197 p.

Odum, EP. 1969. La estrategia de desarrollo de los ecosistemas. Consultado el 02-05-2012. Disponible en http://habitat.aq.upm.es/boletin/n26/aeodu.html

Odum, EP. 1963. Ecology. Holt, Rinehart & Winston, Nueva York.

Odum, HT. 1971. Environment, power and society. New York. Wiley-Interscience, 83 p.

OECD (Organization for Economic Cooperation and Development). 2011. Benefits of Investing in Water and Sanitation: an OECD Perspective, Brusells, OECD Publishing.

Olenin S; Ducrotoy, JP. 2006. The concept of biotope in marine ecology and coastal management. Marine Pollution Bulletin 53:20-29

Olson, DM; E; Dinerstein, E; Wikramanayake , Burgess, G; N. Powell, Underwood, E; … Kassem. K. 2001. Terrestrial Ecoregions of the World: A New Map of Life on Earth. BioScience, 51(11):933-938

Omer, AM. 2010. Sustainable Energy Development and Environment. Research Journal of Environmental and Earth Sciences, 2(2):55-75,

Ortega GD. 2013. Sequía: causas y efectos de un fenómeno global. Rev. Ciencia-UANL (16)61:8-15

Overeem, I; Syvitski, JPM. 2009. Dynamics and Vulnerability of Delta Systems. LOICZ Reports & Studies No. 35. GKSS Research Center, Geesthacht, 54 p.

Oyama, K. 2002. Nuevos Paradigmas y fronteras. Rev. Ciencia (Méx) 67:20-31

Painter, LE; Beschta, RL; Larsen, EJ; Ripple, WJ. 2015. Recovering aspen follow changing elk dynamics in Yellowstone: evidence of a trophic cascade? Ecology 96(1):252-263.

Parfitt, J; Barthel M; Macnaughton, S. 2010. Food waste within food supply chains: quantification and potential for change to 2050. Phil. Trans. R. Soc. B 365:3065-3081

Paruelo J; Batista, W. 2006. El flujo de energía en los ecosistemas. In Van Esso, M. (Ed.). Fundamentos de Ecología. Buenos Aires, Editorial Fac. de Agronomía. 176 p.

Payton, I; Fenner, M; Lee, W. 2002. Keystone species: the concept and its relevance for conservation in New Zealand. Wellington, NZ, Dpt. Of Conservation. (Science ofr Conservation # 203)

Peel MC; Finlayson B.L; McMahon, TA. 2007. Updated world map of the Köppen-Geiger climate classification. Hydrol. Earth Syst. Sci. 11:1633-1644.

Pejchar, L; Mooney, H. 2009. Invasive species, ecosystem services and human well-being. Trends in Ecol. and Evol. 24:497-504.

Peltzer DA; Wardle DA; Allison, VJ; Troy Baisden W; Bardgett RD; …. Walker. LR. 2010. Understanding ecosystem retrogression. Ecological Monographs, 80(4):509-529

Peres. CA. 2010. Overharvesting. In Sodhi NS; Ehrlich, PR. 2010. Conservation Biology for All. New York, Oxford University Press. pp:107-130.

Perez-Hernandez, R; Lew D. 2001. Las clasificaciones e hipótesis biogeográficas para la guayana venezolana. Interciencia, (26)9:373-382. Consultado el 09-09-12. Disponible en: http://www.scielo.org.ve/scielo.php?script=sci_arttext&pid=S0378-18442001000900002&lng=es&nrm=iso

Perfecto, I; Vandermeera, J. 2008. Biodiversity Conservation in Tropical Agroecosystems: A New Conservation Paradigm. Ann. N.Y. Acad. Sci. 1134:173–200.

Perry, RI; Cury, P; Brander, K; Jennings, S; Möllmann C; Planque, B. 2010. Sensitivity of marine systems to climate and fishing: Concepts, issues and management responses. Journal of Marine Systems 79(3-4):427-435.

Pimm SL; Jenkins, CN. 2010. Extinctions and the practice of preventing them. In Sodhi NS; Ehrlich, PR. 2010. Conservation Biology for All. New York, Oxford University Press. pp:181-198

Pingali, PL. 2012. Green Revolution: Impacts, limits, and the path ahead. PNAS 109(31):12302–12308

Pliscoff, P; Fuentes-Castillo, T. 2011. Modelación de la distribución de especies y ecosistemas en el tiempo y en el espacio: una revisión de las nuevas herra-mientas y enfoques disponibles. Revista de Geografía Norte Grande 48:61-79

Polidoro, BA; Livingstone, SR; Carpenter, KE; Hutchinson, B; Mast, RB; Pilcher, N; Sadovy de Mitcheson Y; Valenti, S. 2008. Status of the world's marine species. In The 2008 Review of The IUCN Red List of Threatened Species. IUCN, Gland. Switzerland.

Pope III, CA; Ezzati M; Dockery, DW. 2009. Fine-Particulate Air Pollution and Life Expectancy in the United States. The New England journal of Medicine 360(4):376-386,

PBR (Population Reference Bureau). 2011. Population Reference Bureau's Population Handbook (Sixth Edition). Handbook. (6th Ed). Washington, PBR. 33 p.

Poulin L; Thieltge, DW. 2008. Parasites in food webs: the ultimate missing links. Ecology Letters 11:533–546.

Pozo, J; Elosegui, A. 2009. El marco físico: la cuenca. In Conceptos y técnicas de ecología fluvial. Elosegui A; Sabater, J. (Eds). Bilbao, FBBVA. pp:39-49.

Prat, N. 2003. El agua en los ecosistemas: motor y sustancia de la vida. Consultado el 23-08-2011 http://www.energiasostenible.net/agua_ecosist_02.htm

Pretty, J; Morrison, JI; Hine, RE. 2003. Reducing Food Poverty by Increasing Agricultural Sustainability in Developing Countries, Agriculture, Ecosystems and Environment 95:217-34.

Prigonine, I; Stengers, I. 1984. Order out of chaos: man's new dialogue with nature. New York, Bantam books.

PNUMA (Programa de las Naciones Unidas para el Medio Ambiente). 2011. Seguimiento a nuestro medio ambiente en transformación: de Río a Río+20 (1992-2012). Nairobi, División de Evaluación y Alerta Temprana (DEWA), PNUMA.

PNUMA (Programa de las Naciones Unidas para el Medio Ambiente). 2002) Perspectivas del medio ambiente mundial – GEO3: Pasado presente y futuro, Madrid, PNUMA. Publicado por Ed. Mundi-Prensa.

PNUMA (Programa de las Naciones Unidas para el Medio Ambiente). 2007. Perspectivas del medio ambiente mundial – GEO4: Medio Ambiente para el Desarrollo. Nairobi, PNUMA. 540p.

PNUMA (Programa de las Naciones Unidas para el Medio Ambiente). 2006. Acuerdos Ambientales y Producción más Limpia. Paris, Fr. UNEP/DTIE Production and Consumption Branch.

Rabalais, NN. 2002. Nitrogen in Aquatic Ecosystems. Ambio, Vol. 31(2):102-112

Rahmstorf, S. 2006 Thermohaline Ocean Circulation. In Encyclopedia of Quaternary Sciences, S. A. Elias (Ed). Amsterdam, Elsevier.

Ramsar. 2010. Uso racional de los humedales: Conceptos y enfoques para el uso racional de los humedales. Manuales Ramsar para el uso racional de los humedales, 4ª edición, vol. 1. Secretaría de la Convención de Ramsar, Gland (Suiza).

Raudesepp-Hearne, C; Peterson, G; Tengo, M; Bennett, E; Holland, T; Benessaiah, K; MacDonald, G; Pfeifer, L. 2010. Untangling the environmentalist's paradox: Why is human well-being increasing as ecosystem services degrade? Bioscience 60(8):576-589.

Reay, DS; Dentener, F; Smith, P; Grace, J; Feely, RA. 2008. Global nitrogen deposition and carbon sinks. Nature Geoscience 1(7):430-437.

Redman, CL. 1990. Los orígenes de la civilización: Desde los primeros agricultores hasta la sociedad urbana en el Próximo Oriente. Resumen por David Chacobo Barcelona, Edit. Crítica.

Reid, WV; Mooney, HA; Cropper, A; Capistrano, D; Carpenter, SR; Chopra, K; ... Zurek, P. (Eds.) 2005. Ecosystems and Human Well-being: Synthesis. Island Press, Washington, District of Columbia.

REN21. 2012. Renewables 2012 Global Status Report Paris, REN21 Secretariat. 171 p.

Rico-Gray, V; Oliveira, PS. 2007. The ecology and evolution of ant-plant interactions. University of Chicago Press.

Rijnsdorp, AD; Peck, MA; Engelhard, GH; Möllmann, C; Pinnegar, JK. 2009. Resolving the effect of climate change on fish populations. ICES Journal of Marine Science 66:1570–1583.

Rillig MC; Mummey, DL. (2006). Mycorrhizas and soil structure. New Phytologist 171: 41–53.

Rincón, A; Pérez D; Romero S, A; 2006. Agricultura Tropical Sustentable y Biodiversidad. Revista Digital CENIAP HOY Nº 11 mayo-agosto, 2006. Maracay, Aragua, Venezuela. Consultado el 01-10-2011. Disponible en: http://sian.inia.gob.ve/repositorio/revistas_tec/ceniaphoy/articulos/n11/arti/rincon_a.htm

Rockström, J; Steffen, W; Noone, K; Persson, Å; Chapin III, FS; Lambin, E; ... Foley, J. 2009. Planetary boundaries: exploring the safe operating space for humanity. Ecology and society 14(2):32-41.

Rockström, J; Sachs, JD. 2013. Sustainable Development and Planetary Boundaries. Paper Submitted to the High Level Panel on the Post-2015 Development Agenda. New York, SSDN. 45 p.

Rodríguez, JP; Rojas-Suárez, F. (Eds). 2008. Libro Rojo de la Fauna Venezolana, tercera edición. Caracas, Venezuela. Provita y Shell Venezuela, SA,

Rodríguez, JP; y Rojas-Suárez, F. 2010. Libro Rojo de la Fauna Venezolana: actualización periódica de la situación de las especies amenazadas del país. In A. Machado-Allison (Ed.). Simposio Investigación y Manejo de Fauna Silvestre en Venezuela en homenaje al Dr. Juhani Ojasti. Caracas, Academia de Ciencias Físicas, Matemáticas y Naturales y Embajada de Finlandia en la República Bolivariana de Venezuela. pp:121-132

Rojas, N; Lemus, M; Rojas, L; Martínez, G; Ramos, Y; Chung, KS. 2009. Contenido de mercurio en Perna viridis en la costa norte del Estado Sucre, Venezuela. Ciencias Marinas, 35(1): 91–99.

Roopsind, I; Xavier, B; Henry, V. 2010. Ecosystem services education modules. GSI Project, United Nations Development Programme, Guyana. 42 p.

Sabater, JJ; Donato, C; Giorgi A; Elosegui A. 2009. El río como ecosistema. EN: Conceptos y técnicas de ecología fluvial. (Elosegui A; Sabater, J. (Eds). Bilbao, FBBVA. pp:15-21.

Salas-Zapata, WA; Ríos-Osorio LA; Álvarez-Del Castillo, J. 2012. Marco conceptual para entender la sustentabilidad de los sistemas socio-ecológicos. Ecología Austral 22:74-79.

Sanchez Carrillo, J. 1981. Mesoclimas en Venezuela. Maracay, FONAIP/CENIAP

Santamaría G, Julio. 2004. Theories of action for institutional innovation in rural R&D organizations. The Hague. ISNAR. 12 p. (ISNAR Briefing paper 72)

Sayer, J; Sunderland, T; Ghazoul, J; Pfund, JL; Sheil, D; Meijaard, E; ... van Oosten, Buck, 2013. Ten principles for a landscape approach to reconciling agriculture, conservation, and other competing land uses. Proceedings of the National Academy of Sciences 110(21): 8349-8356.

Sheley, R; Mangold, J; Anderson, J. 2006 Potential for Successional Theory to Guide Restoration of Invasive-Plant-Dominated Rangeland. Ecological Monographs, 76(3):365–379

Schelford VE. 1915 Principles and problems in ecology as illustrated by animals. Journal of Ecology 3: 1-23

Schejtman, Alexander (2008). Alcances sobre la agricultura familiar en América Latina. Santiago de Chile, Rimisp (Centro Latinoamericano para el Desarrollo Rural). Consultado el 21-10-2011. Disponible en: http://www.rimisp.org/FCKeditor/UserFiles/File/documentos/docs/pdf/Alcances_agricultura_familiar_ALatina_AlejandroSchejtman.pdf

Scherer-Lorenzen, M. 2005. Biodiversity and ecosystem functioning: basic principles. In Biodiversity: Structure and Function, [Eds. W. Barthlott, K. E. Linsenmair, and S. Porembski]. Encyclopedia of Life Support Systems (EOLSS), Developed under the Auspices of the UNESCO, Oxford,UK, Eolss Publishers

Schluter, D. 2009. Evidence for Ecological Speciation and Its Alternative. Science Vol. 323(5915):737-740. Consultado el 02-08-2011. Disponible en http://www.sciencemag.org/cgi/content/full/323/5915/737

Schneider, T; Riedel, K. 2010. Environmental proteomics: Analysis of structure and function of microbial communities. Proteomics 10:785–798.

Schultz, J. 2005. The Ecozones of theWorld: The Ecological Divisions of the Geosphere. Berlin, Springer-Verlag. 252 p.

Schüttler; E; Karez, CS. (Eds). 2009. Especies exóticas invasoras en las Reservas de Biosfera de América Latina y el Caribe. Montevideo. UNESCO-Of. Reg. ALyC. 305 p

Schwela, D; Goelzer, B. 2003. Gestión de la Contaminación Atmosférica. IN: Enciclopedia de salud y seguridad en el trabajo. Vol. II, Cap. 55: Control de la contaminación ambiental. Génova. Organización International del Trabajo.

SCOPE (Scientific Committee of the Environment). 1977. SCOPE Report 10. Environmental issues. Holdgate M; White, G. (Eds). SCOPE/International Council of Scientific Unions (ICSU), Wiley & Sons, New York. 224p.

Scoones, I; Leach, M; Smith, A; Stagl, S; Stirling, A; Thompson, J. 2007. Dynamic Systems and the Challenge of Sustainability, STEPS Working Paper 1, Brighton: STEPS Centre, Univ. of Sussex. 67p.

Scott, R; Sullivan, W. 2008. Ecology of Fermented Foods. Human Ecology Rev. 15(1):25-31.

Sekercioglu, CH. 2010. Ecosystem functions and services. In Sodhi NS; Ehrlich, PR. (Eds). Conservation Biology for All. New York, Oxford Univ. Press. pp:45-67.

Selin, NE. 2009. Global Biogeochemical Cycling of Mercury: A Review. Annu. Rev. Environ. Resour. 34:43-63

Sheley, RL; Mangold, JM; Anderson, JL. 2006. Potential for Successional Theory to Guide Restoration of Invasive-Plant-Dominated Rangeland Ecological Monographs, 76(3):365-379

Sherman, K; Hempel. G. (Eds.) 2009. The UNEP Large Marine Ecosystems Report: A perspective on changing conditions in LMEs of the world's Regional Seas. Nairobi, United Nations Environmental Programme. 852 p. (UNEP Regional Seas Report and Sudies N° 182).

Simberloff, D. 2010. Invasive species. In Sodhi NS; Ehrlich, PR. (Eds). Conservation Biology for All. New York, Oxford University Press. pp:131-152.

Simula, Markku. 2009. Hacia una Definición de Degradación de los Bosques. Roma, FAO. Dpto. Evaluación de los Recursos Forestales 63p. (Documento de trabajo 154).

SELA (Sistema Económico Latinoamericano y del Caribe). 2012. La visión de la economía verde en América Latina y el Caribe. Caracas, Venezuela, Secretaría Permanente del SELA. (SP/Di N° 1-12)

Smith, TM; Smith, RL. 2007. Ecología (6a ed.). Madrid, Pearson/Addison Wesley.

SER International (Society for Ecological Restoration). 2004. Principios de SER International sobre la restauración ecológica. Grupo de trabajo sobre ciencia y políticas. Tucson, Society for Ecological Restoration International. Disponible en: http://www.ser.org/content/ecological_restoration_primer.asp

Sodhi NS; Ehrlich, PR. 2010. Conservation Biology for All. New York, Oxford University Press. 344p.

Spalding, MD; Fox, HE; Allen, GR; Davidson, N; Ferdaña, ZA; Finlayson, M; Halpern, BS; Jorge, MA;... Robertson J. 2007. Marine Ecoregions of the World: A Bioregionalization of Coastal and Shelf Areas. BioScience (57)7:573-583.

Spiegel, J; Maystre, LY. 2003. Control de la Contaminación ambiental. In Enciclopedia de salud y seguridad en el trabajo, Vol. 7. El medio ambiente, Cap. 55. Tecnologías de producción más limpias. Génova. Organización International del Trabajo. pp:55.2-55.58.

Stagnari, F; Ramazzotti S; Pisante, M. 2009. Conservation Agriculture: A Different Approach for Crop Production Through Sustainable Soil and Water Management: A Review. In Organic Farming, Pest Control and Remediation of Soil Pollutants. Lichtfouse E. (Ed.), Switzerland. Springer Science Pub. Sustainable Agriculture Reviews 1:55-83.

Starr, C; Taggart, R. 2004. Biology: Unidad y diversidad de la vida. México, Thomson Learning. 933 p.

Steffen, W; Richardson, K; Rockström, J; Cornell, SE; Fetzer, I; Bennett, EM; ... Folke, C. 2015. Planetary boundaries: Guiding human development on a changing planet. Science, 347(6223):1259855-9pp.

Sukhdevb, P; Prabhua, R; Kumara, P; Bassic, A; Patwa-Shaha, W; Entersa, T; Greenwalta, J. 2011. REDD+ and a Green Economy: Opportunities for a mutually supportive relationship. Geneva, UN-REDD Program Secretariat. (UN-REDD Programme Policy brief # 01)

Takács-Sánta, A. 2007. Barriers to Environmental Concern. Human Ecology Review 14(1):26-38

TEEB (The Economics of Ecosystems and Biodiversity). 2010. Biodiversity, ecosystems and ecosystem services. (Chap. 2) - The Economics of Ecosystems and Biodiversity: The Ecological and Economic Foundations. Nairobi (Ken). UNEP. 96 p.

Thébault, E; Loreau. M. 2006. The relationship between biodiversity and ecosystem functioning in food webs. Ecol. Res. (Special suppl.) 21:17–25

Thompson, JN. 2009. The Coevolving Web of Life (American Society of Naturalists Presidential Address, Minneapolis, MN). The American Naturalist 173(2):125-140

TRS (The Royal Society). 2007. Climate change controversies: a simple guide. London, Met Office. Consultado el 28-12-2011. Available in www.metoffice.gov.uk.

TRS (The Royal Society). 2008. Climate change: The big picture. London, Met Office. Consultado el 28-12-2011. Available in www.metoffice.gov.uk.

TRS (The Royal Society). 2010. Climate change-a summary of the science, London, The Royal Society Publishing. 16 p.

Tugel, A; Lewandowski A; Happe-vonArb, D. (Eds.). 2000. Soil Biology Primer. Rev. ed. Ankeny, Iowa: Soil and Water Conservation Society. Consultado el 03-09-2012. Available at www.soils.usda.gov/sqi/concepts/soil_biology/biology.html

Tuomisto, H. 2010. A consistent terminology for quantifying species diversity? Yes, it does exist. Oecologia 4:853-860

Turbé, A; De Toni, A; Benito, P; Lavelle, P; Ruiz, N; Van der Putten, WH; Labouze E; Mudgal, S. 2010. Soil biodiversity: functions, threats and tools for policy makers. Bio Intelligence Service, IRD, and NIOO, Report for European Commission. (DG Environment). 250p.

Ulanowicz, RE. 2009. The dual nature of ecosystem dynamics. Ecological Modelling 220:1886-1892.

UNFPA (United Nations Population Fund). 2010. Estado Mundial de la población. Génova, UNFPA. 107 p.

UNEP (United Nations Environment Programme). 2012a. Global Outlook on SCP Policies: taking action together. Nairobi, UNEP. 224p.

UNEP/GRID-Arendal. 2005. Vital climate change graphics (2nd ed.). Nairobi, UNEP/GRID-Arendal. 22 p.

UN (United Nations). 2012. World Mortality Report. New York, UN-Department of Economic and Social Affairs-Population Division 43p.

United Nations Environment Programme/Millennium Ecosystem Assessment – UNEP/MEA. 2005. Ecosystems and Human Well-being: Current state and trends. Washington, DC, Island Press. [On line] Disponible en: http://www.maweb.org/documents/document.356.aspx.pdf. [consultado el 02-05-2012]

UNEP (United Nations Environment Programme). 2005a. Millennium Ecosystem Assessment – UNEP/MEA. Biodiversity. IN United Nations Environment Programme/ Millennium Ecosystem Assessment – UNEP/MEA. Ecosystems and Human Well-being: Current state and trends. Washington, DC, Island Press. pp: 77-122.

UNEP (United Nations Environment Programme). 2005b. Millennium Ecosystem Assessment – MEA. Ecosystems and Human Well-being: Desertification Synthesis. Washington, DC. UNEP/World Resources Institute, 36 p.

UNEP (United Nations Environment Programme). (2005c). Marine Fisheries Systems (Chapter 18). In Millennium Ecosystem Assessment - MEA.) Ecosystems and Human Well-being: Current state and trends. Washington, DC, Island Press. pp: 477-511.

UNEP (United Nations Environment Programme). 2007. Global Environmental Outlook: environment for development (GEO-4). 539 p.

UNEP (United Nations Environment Programme). 2009. UNEP Yearbook 2009. Nairobi, UNEP, 64 p.

UNEP (United Nations Environment Programme). 2009a. Climate in Peril: a popular guide to the latest IPCC reports, UNEP. 60p.

UNEP (United Nations Environment Programme). 2009b. The environmental food crisis – The environment's role in averting future food crises. A UNEP rapid response assessment. Norway, UNEP-GRID-Arendal (www.grida.no). 101 p.

UNEP (United Nations Environment Programme). UNEP. 2010. Clearing the waters: a focus con water quality solutions. Nairobi, UNEP. 88 p.

UNEP (United Nations Environment Programme). 2010b. Climate Change Science Compendium 2009. UNEP. 72 p.

UNEP (United Nations Environment Programme). 2010c. Advancing the biodiversity Agenda: A UN system-wide contribution.

UNEP (United Nations Environment Programme). 2010d. Global Synthesis: A report from the Regional Seas Conventions and Action Plans for the Marine Biodiversity Assessment and Outlook Series. Nairobi, UNEP/Regional Seas Programme. 55 p

UNEP (United Nations Environment Programme). UNEP. 2011. UNEP Yearbook 2011. Nairobi, UNEP, 79pUN (United Nations). 2012a. Report of the United Nations Conference on Sustainable Development. Rio de Janeiro, Brazil 20–22 June 2012. (A/CONF.216/16).

UNEP (United Nations Environment Programme). 2012. Global Environmental Outlook: environment for development (GEO-5). 525 p.

UNEP (United Nations Environment Programme). UNEP. 2013. UNEP Yearbook 2013. Nairobi, UNEP, 68 p.

UNSCEAR (United Nations Scientific Committee on the effects of Atomic radiation). 2008. Sources and effects of ionizing radiation. New York, ONU. 24 p.

UN-WATER. 2010. Climate Change Adaptation: The Pivotal Role of Water (Policy brief). Consultado el 20/1/12. Consultado el 13-11-2013. Disponible en http://www.unwater.org/fileadmin/user_upload/unwater_new/docs/unw_ccpol_web.pdf

Valdovinos, FS; Ramos-Jiliberto, R; Garay-Narváez, L; Pasquinell U; Dunne, JA. (2010). Consequences of adaptive behavior for the structure and dynamics of food webs. Ecology Letters, 13:1546-1559.

Van der Heijden MGA; Bardgett, RD; van Straalen, NM. 2008. The unseen majority: soil microbes as drivers of plant diversity and productivity in terrestrial ecosystems. Ecology Letters 11:296-310.

SSI (Sustainable Society Index). 2014. The Hague, The Netherlands, Sustainable Society Foundation. Consultado el 11-12-2016. Disponible en: http://www.ssfindex.com/

Van Valen, L. 1976). Ecological species, multispecies, and oaks. Taxon 25:233–239.

Vargas R, O. 2011. Restauración Ecológica: Biodiversidad y Conservación. Acta Biológica Colombiana 16(2):221-246.

Vargas R, O; Reyes B, SP; Gómez R, PA; Díaz T, JE. 2010. Guías técnicas para la Restauración Ecológica del bosque altoandino. Bogotá, Universidad Nacional de Colombia, Grupo de Restauración Ecológica, Departamento de Biología. 92 p.

Vargas, O. (Ed.). 2007. Guía metodológica para la Restauración Ecológica del bosque altoandino. Bogotá, Grupo de Restauración Ecológica, Departamento de Biología Universidad Nacional de Colombia. 189 p.

Vavilov, NI. 1931. El Problema del Origen de la Agricultura Mundial a la Luz de las Últimas Investigaciones. (Trad. P. Huerga N.). Trabajo presentado en el Segundo Congreso Internacional de Historia de la Ciencia, Londres (1931). En: Materiales para la Historia Social de la Ciencia, EL CATOBLEPAS, octubre 2004, N° 32. Consultado el 21-06-2011. Disponible en www.nodulo.org/ec/2004/ no322p17.htm.

Vázquez, DP. 2005. Reconsiderando el nicho hutchinsoniano. Ecología Austral 15:149-158.

Vázquez, DP; N; Blüthgen, Cagnolo, L; Chacoff,, NP. 2009. Uniting pattern and process in plant–animal mutualistic networks: a review. Annals of Botany 103:1445-1457

Vega, K; Flores-Barahona, M. 200. Experimentación campesina del cultivo de yuca (Manihot esculenta) en monocultivo y en asociación con frijol alacín (Vigna ungiculada) en el Sur de Honduras. Honduras. Centro Internacional de Información Sobre Cultivos de Cobertura. Noticias sobre cultivos de cobertura (Boletín N° 14).

Vega P, E. 2000. Ecología, arcos de vegetación y sistemas complejos: ¿Incipiente menage à trois?. Ciencias (Méx.) 59:24-31

Viana, VM. 2010. Sustainable Development in Practice: Lessons Learned from Amazonas. London, International Institute for Environment and Development. 60p. (Environmental Governance series No. 3).

Vié, JC; Hilton-Taylor C; Stuart, SN. (Eds.). 2009. Wildlife in a Changing World – An Analysis of the 2008 IUCN Red List of Threatened Species. Gland, Switzerland, IUCN. 180 p.

Vilà M, S; Bacher, P; Hulme, M; Kenis, M; Kobelt, W; Nentwig, D; Sol Solarz, W. 2006. Impactos ecológicos de las invasiones de plantas y vertebrados terrestres en Europa. Ecosistemas. 2006/2. Consultado el 05-07.2012. Disponible en http://www.revistaecosistemas.net/articulo.asp?Id=425&Id_Categoria=2&tipo=portada)

Vitousek, PM; Aber, J; Howarth, RW; Likens, GE; Matson, PA; Schindler, DW; Schlesinger WH; Tilman, GD. 1997. Human alteration of the global nitrogen cycle: causes and consequences. Washington, DC. Ecological Society of America. 16 p.

von Braun, J. 2007. The world food situation: New driving forces and required actions. Washington, EE UU, IFPRI. 18 p.

von Braun, J; Vargas H, R; Pandya-Lorch, R. (2009). The Poorest and the Hungry: A Synthesis of Analyses and Actions. In IFPRI. (2009. The poorest and hungry: assessments, analyses, and actions. von Braun, J; Vargas H, R; Pandya-Lorch, R. (Eds.). Washington, International Food Policy Research Institute. 586 p.

von Grebmer, K; Ringler, C; Rosegrant, MW; Olofinbiyi, T; Wiesmann, D; Fritschel, H; ... Rahall, J. 2012. Índice Global del Hambre 2012. Washington, IFPRI/Concern Worldwide/Green Scenery.

Waas, T; Hugé, J; Verbruggen A; Wright, T. 2011. Sustainable Development: A Bird's Eye View. Sustainability, 3:1637-1661.

Wackernagel, M; Rees, W. 2001. Nuestra huella ecológica: reduciendo el impacto humano sobre la Tierra. Madrid, Lom Ediciones, 207p.

Walker, B; Holling, CS; Carpenter, SR; Kinzig, A. 2004. Resilience, adaptability and transformability in social-ecological systems. Ecology and society 9(2), 5.

Walker, LR; del Moral, R. 2008. Lessons from primary succession for restoration of severely damaged habitats. Applied Vegetation Science 12:55-67.

Walker, LR; Walker, J; del Moral, R. 2007. Forging a New Alliance Between Succession and Restoration. In Walker, LR; Walker, J; Hobbs, RJ. 2007. Linking restoration and succession in theory and practice. New York, NY, Springer. pp:1-18

Walker, LR; Walker, J; Hobbs, RJ. 2007. Linking restoration and succession in theory and practice. New York, NY, Springer.

Walther, GR. (2010). Community and ecosystem responses to recent climate change. Phil. Trans. R. Soc. B 365 (1549):2019-2024

Wardle, DA., Bardgett, RD; Klironomos, JN; Setälä, H; van der Putten, WH; Wall, DH. 2004. Ecological Linkages Between Aboveground and Belowground Biota. Science 304(5677):1629-1633.

Whitmarsh, L. 2009. What's in a name? Commonalities and differences in public understanding of "climate change" and "global warming". Public Understand. Sci. 18:401-420

Whitmarsh, L. 2011. Scepticism and uncertainty about climate change: Dimensions, determinants and change over time. Global Environmental Change 21(2):690–700

Wolmarans, P. 2009. Background Paper on Global Trends in Food Production, Intake and Composition. Ann. Nutr. Metab. 55:244-272

Woods, J; Williams, A; Hughes, JK; Black, M; Murphy, R. (2010). Energy and the food system. Phil. Trans. R. Soc. B 365:2991-3006

World Bank. 2010. Biodiversity, Ecosystem Services, and Climate Change: The Economic Problem. Washington, World Bank. (Environmental Economics Series # 120).

WHO (World Health Organization). 2000. Air quality guidelines for Europe (2nd edition). Geneve, WHO Regional Publications. (European Series, No. 91).

WHO (World Health Organization). 2011. Guidelines for Drinking-water Quality (4th. Ed) Geneve, WHO.

(WRI) World Resources Institute. (in collaboration with United Nations Development Programme, United Nations Environment Programme, and World Bank). 2011. World Resources 2010–2011: Decision Making in a Changing Climate—Adaptation Challenges and Choices. Washington, DC: WRI.

WWF (World Wilderness Fund). 2016. Informe Planeta Vivo 2016. Riesgo y resiliencia en el Antropoceno. Gland, Suiza: WWW International.

Worm, B; Barbier, EB; Beaumont, N; Duffy, JE; Folke, C; Halpern, BS; ... Watson, R. 2006. Impacts of Biodiversity Loss on Ocean Ecosystem Services. Science 314(5800):787-790.

WWAP (World Water Assessment Programme). 2009. The United Nations World Water Development Report 3: Water in a Changing World. Paris: UNESCO/WWAP, and London: Earthscan. Consultado el 30-08-2014. Disponible en http://www.unesco.org/new/en/natural-sciences/environment/water/wwap/wwdr/wwdr3-2009/downloads-wwdr3/

WWAP (World Water Assessment Programme). (2012). The United Nations World Water Development Report 4: Managing Water under Uncertainty and Risk. Paris, UNESCO. 318 p.

Zedler, JB; Kercher, S. 2005. Wetland Resources: Status, Trends, Ecosystem Services, and Restorability. Annu. Rev. Environ. Resour. 30:39–74.

Zeven, AC; de Wet, JM. (1982). Dictionary of cultivated plants and their regions of diversity: excluding most ornamentals, forest trees and lower plants. Cradles of agriculture and regions of diversity. Center for Agricultural Publishing and Documentation. Wageningen, pp:21-31.

Fundamentos de Ecología

www.ingramcontent.com/pod-product-compliance
Lightning Source LLC
Chambersburg PA
CBHW052340220526
45465CB00003BA/890